SOLIDWORKS 2020
中文版自学视频教程

本书部分实例

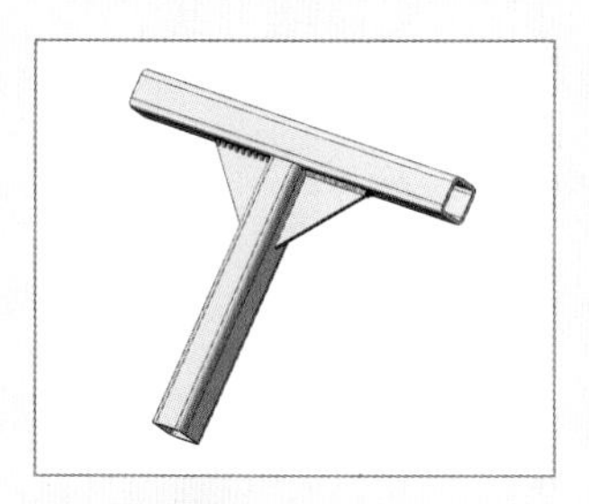
T 形架

U 形槽

吧台椅

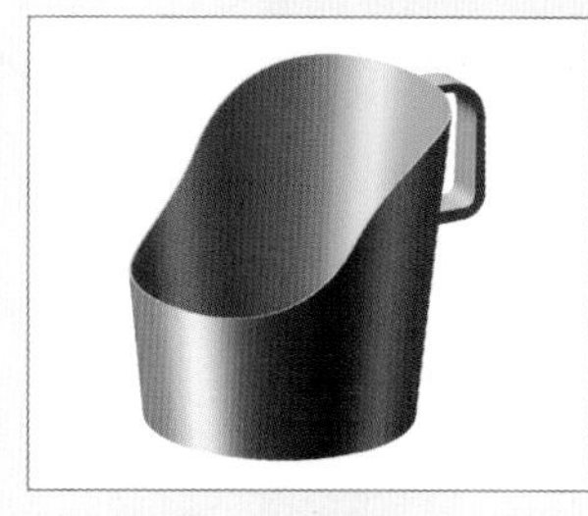
杯托

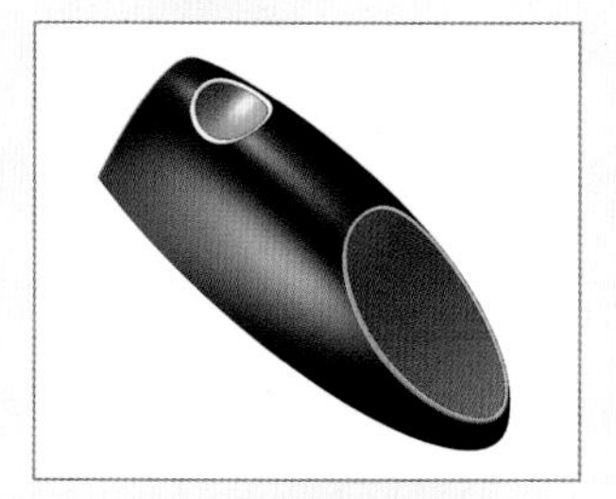
音量控制器

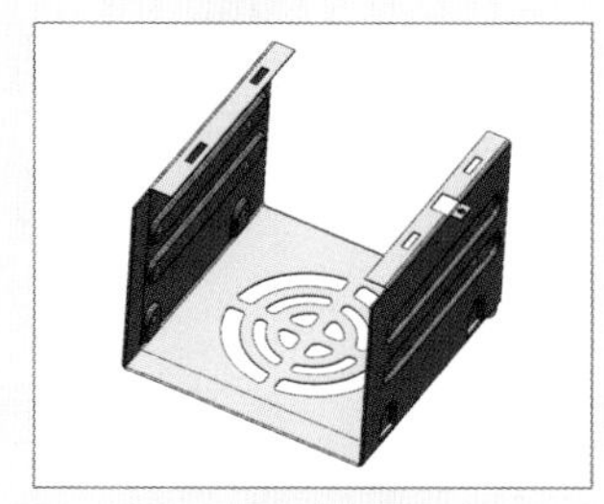
硬盘支架

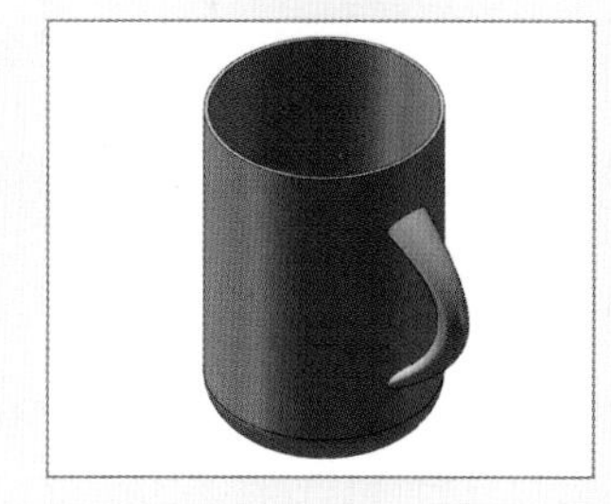
茶杯

茶壶装配体

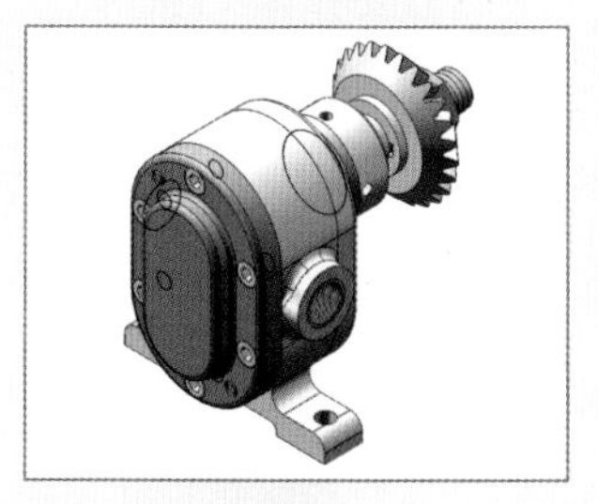
齿轮泵装配

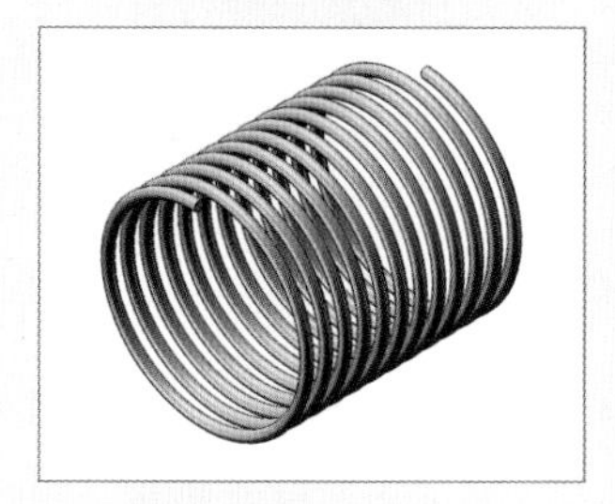
弹簧

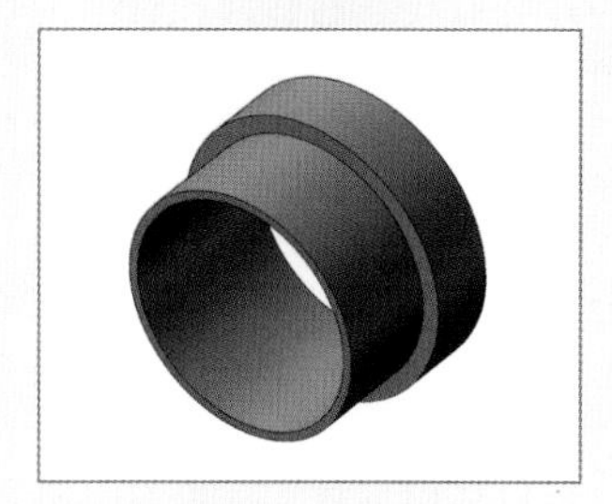
挡圈

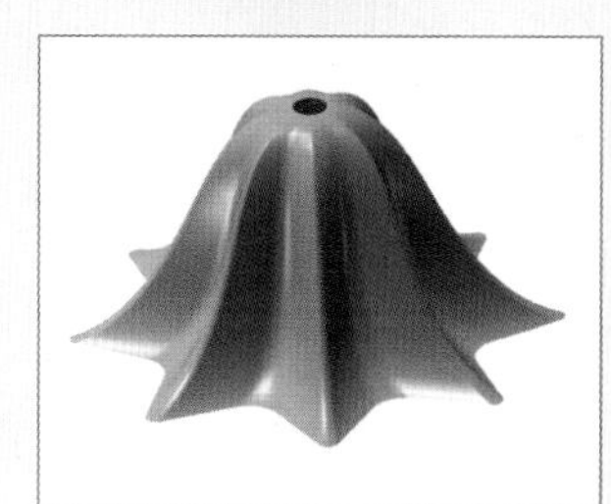
灯罩

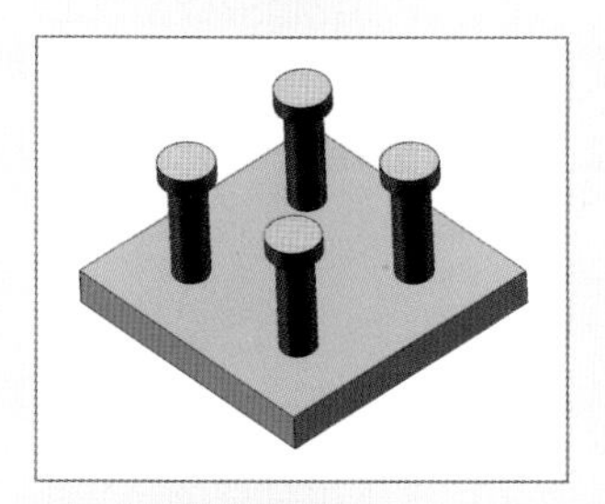
底盘装配体

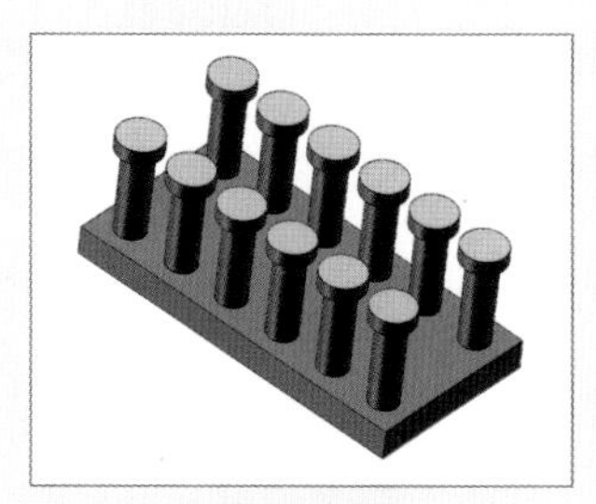
底座装配体

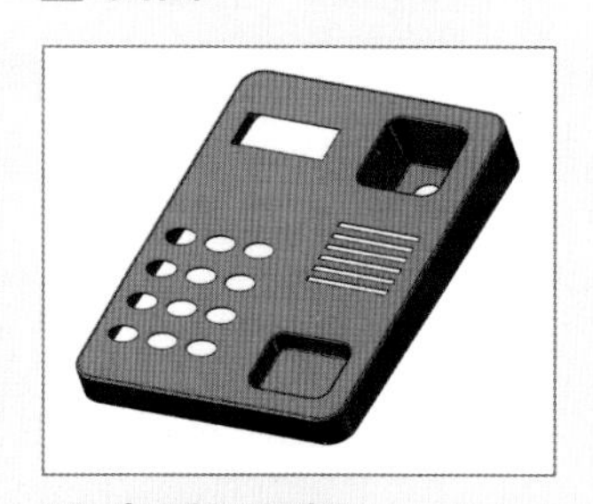
电话机面板

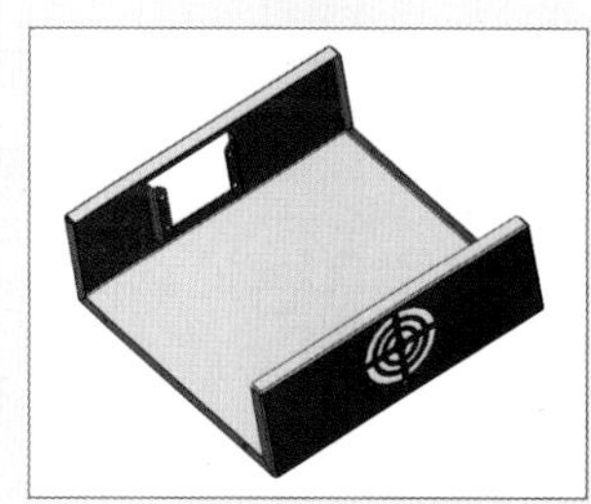
电气箱

电气支架

多功能开瓶器

阀盖

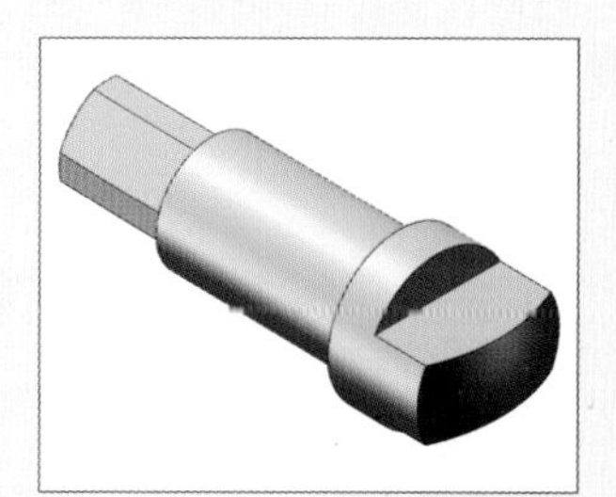
阀杆

本书部分实例

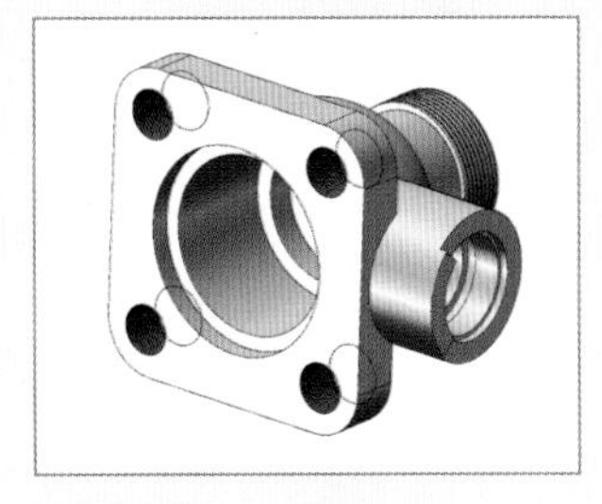
阀体

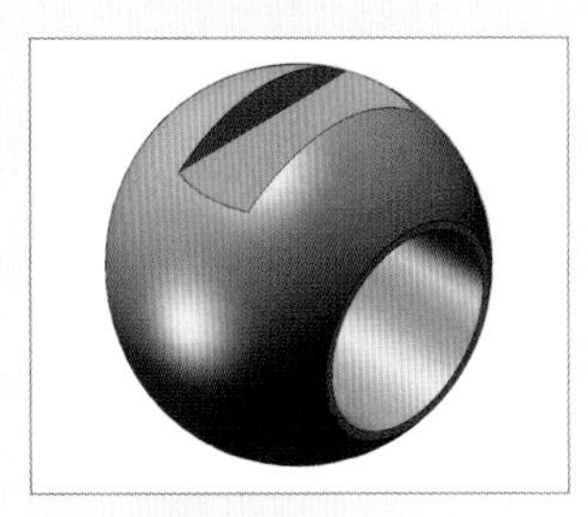
阀芯

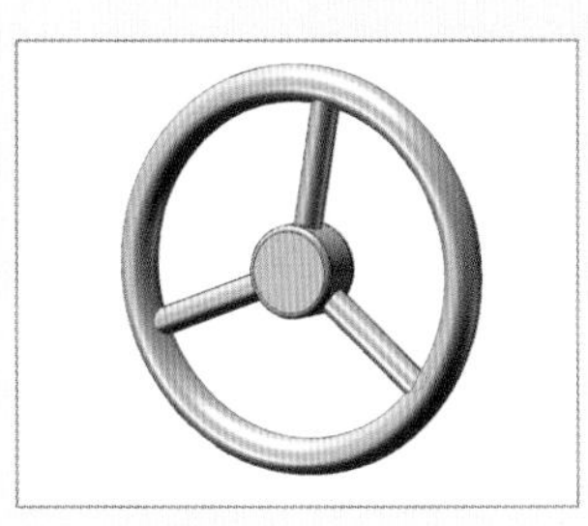
方向盘

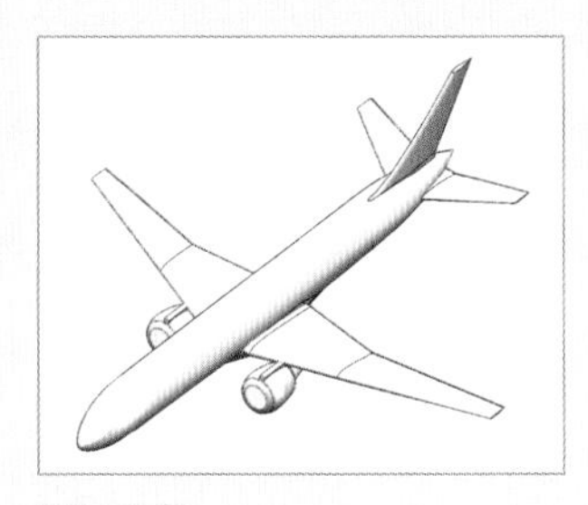
飞机

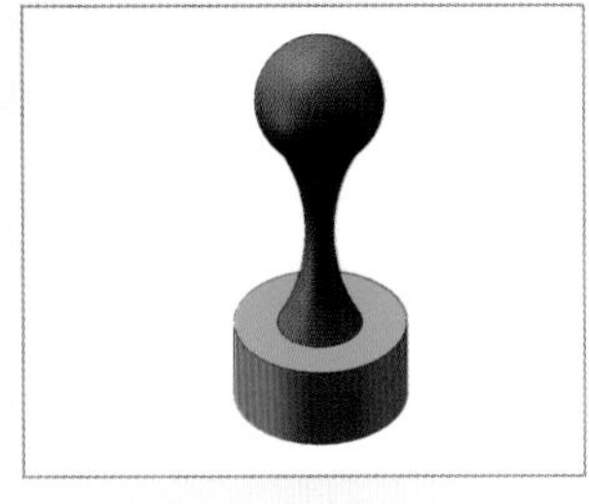
公章

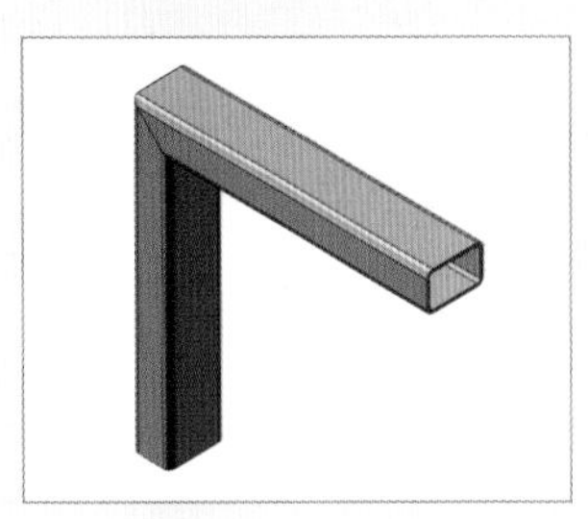
管接头

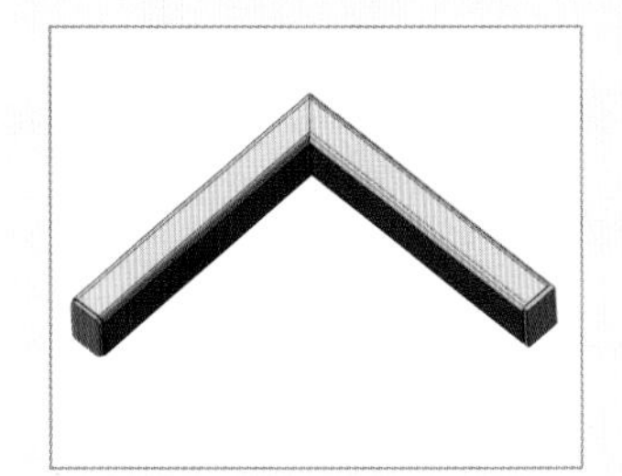
管接头加盖

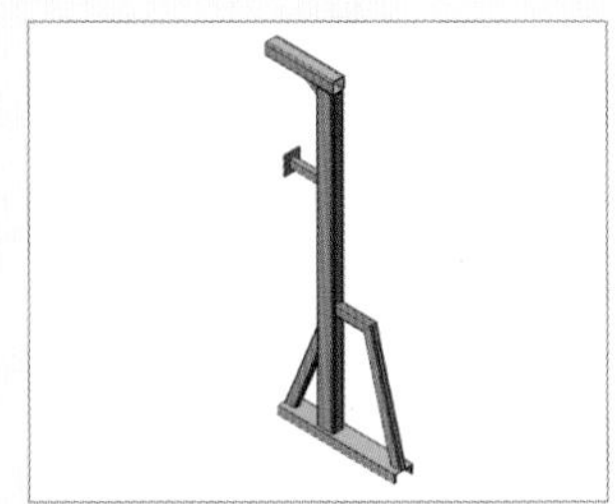
焊接支架

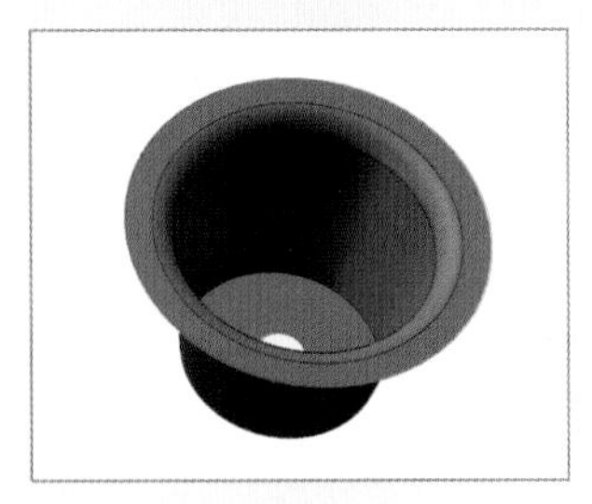
花盆

机箱装配

健身器材

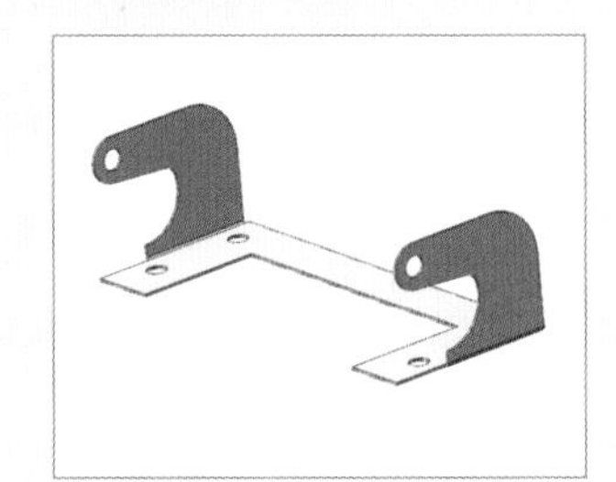
铰链

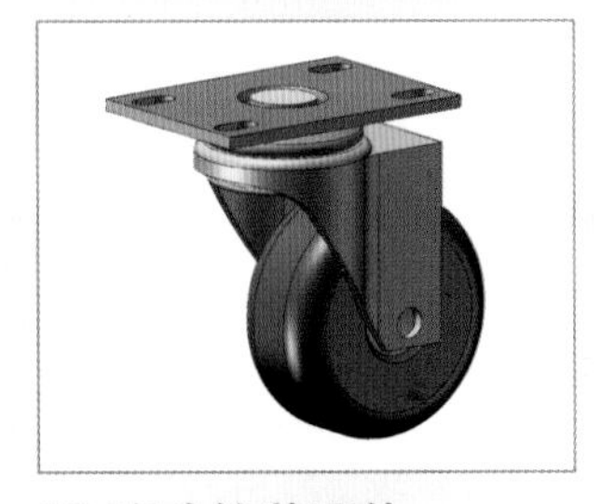
移动轮装配体

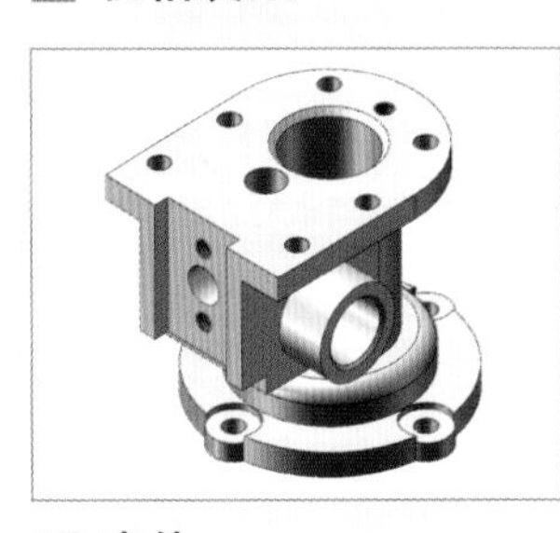
壳体

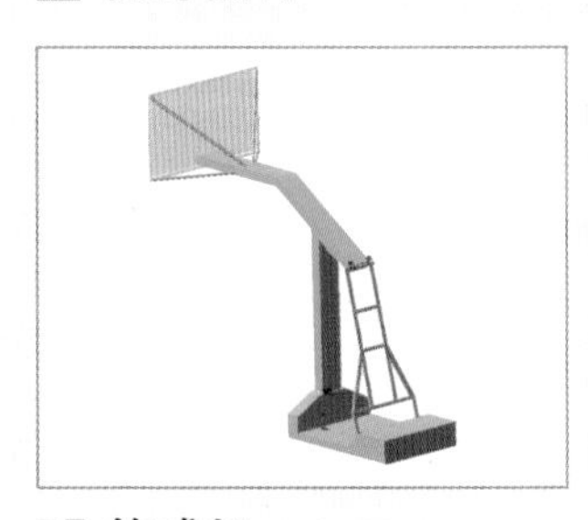
篮球架

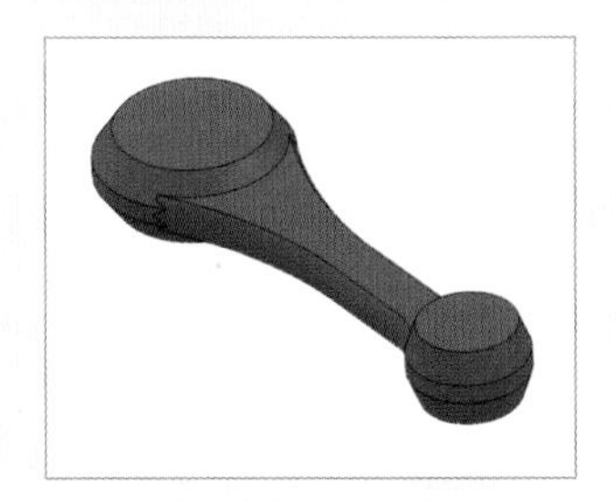
连杆基体

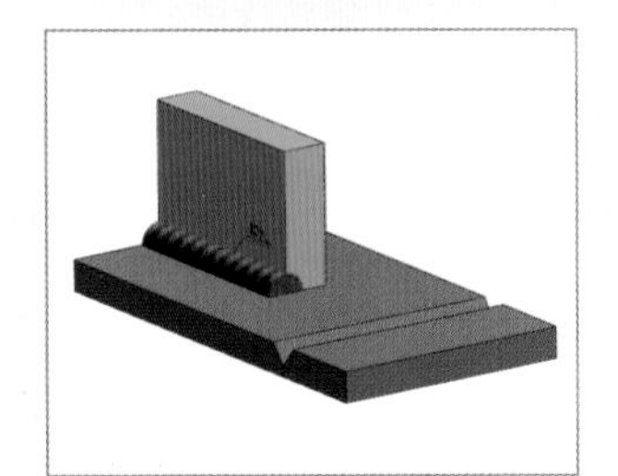
连接板

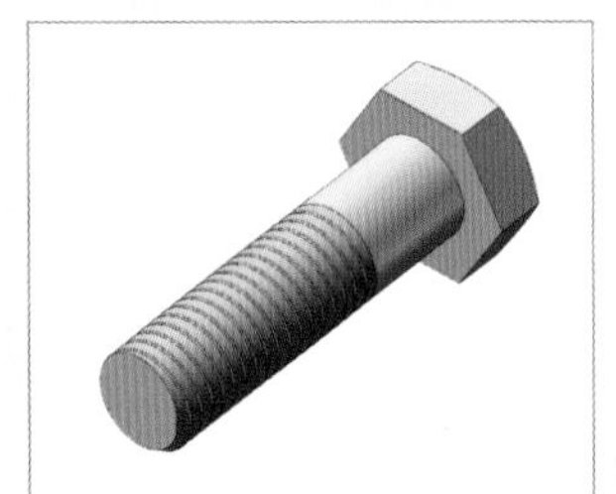
螺栓

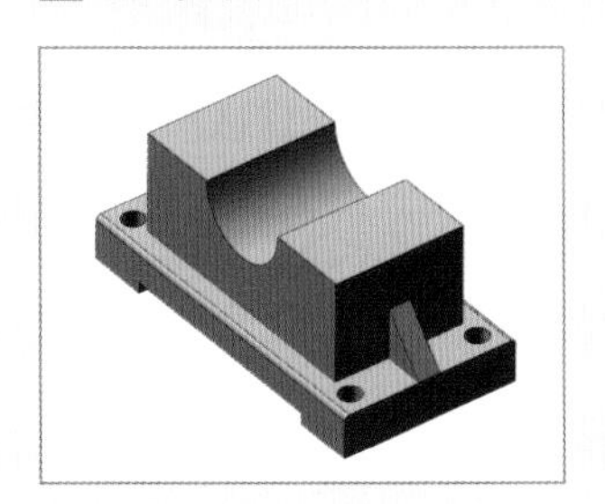
轴承座

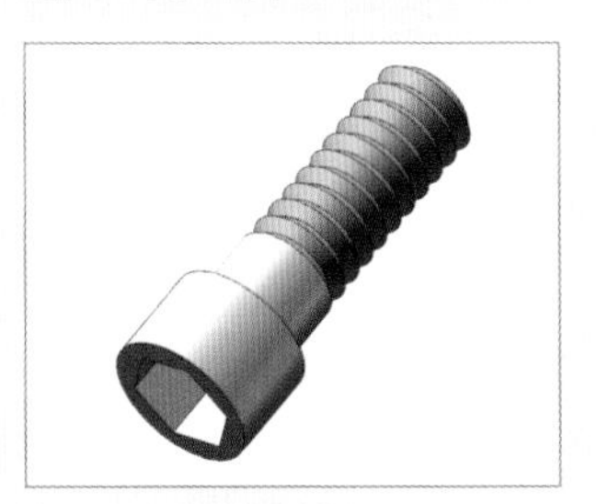
内六角螺钉

本书部分实例

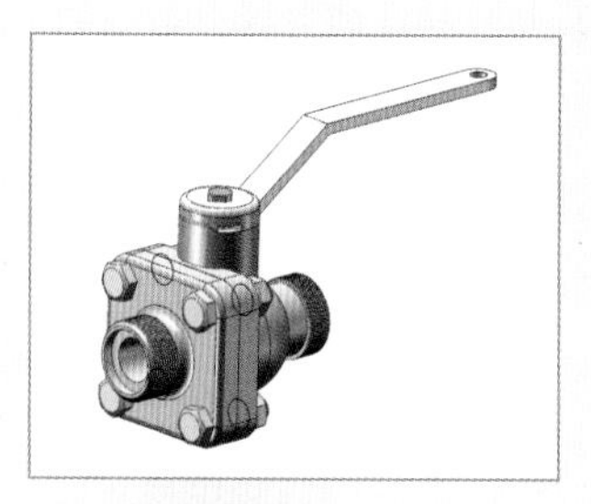

球阀装配体

烧杯

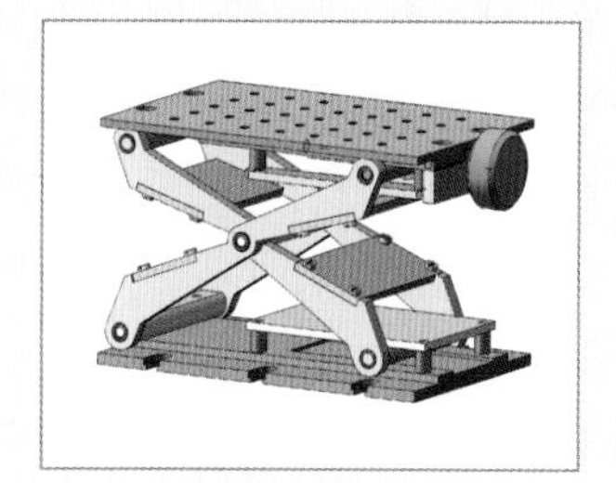

升降台

十字螺丝刀

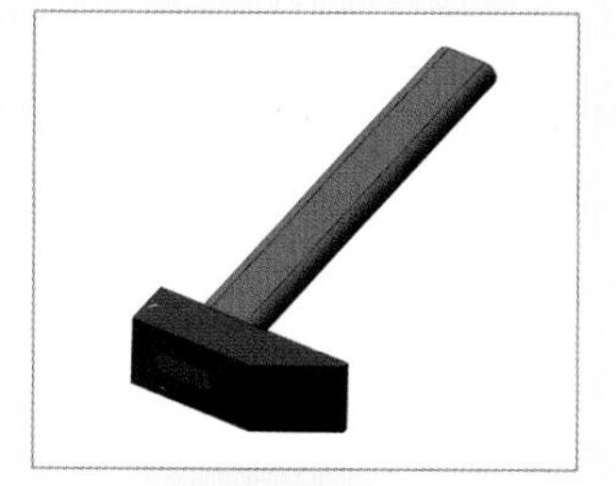

手锤装配体

手推车车架

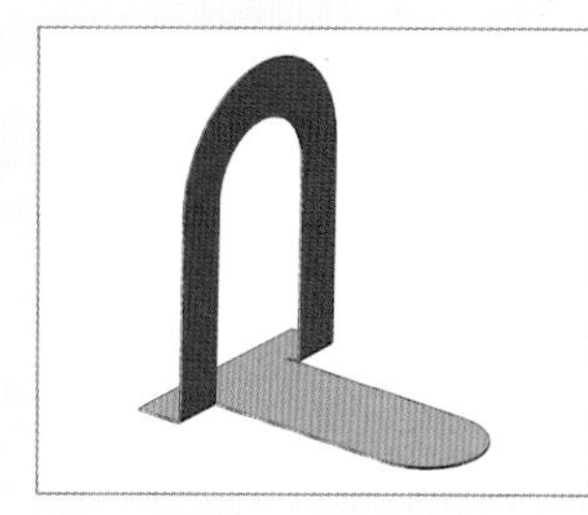

书架

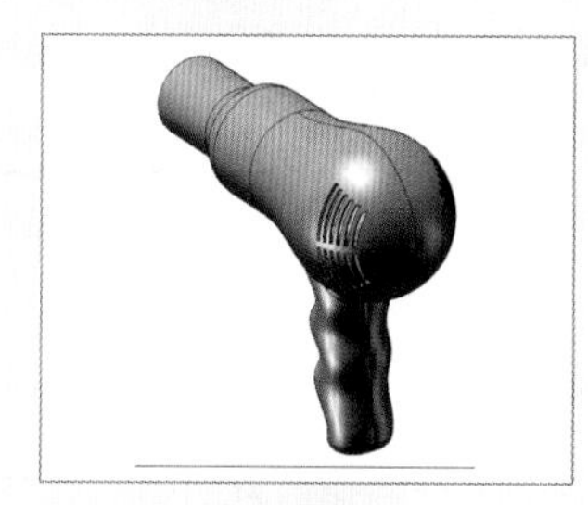

塑料焊接器

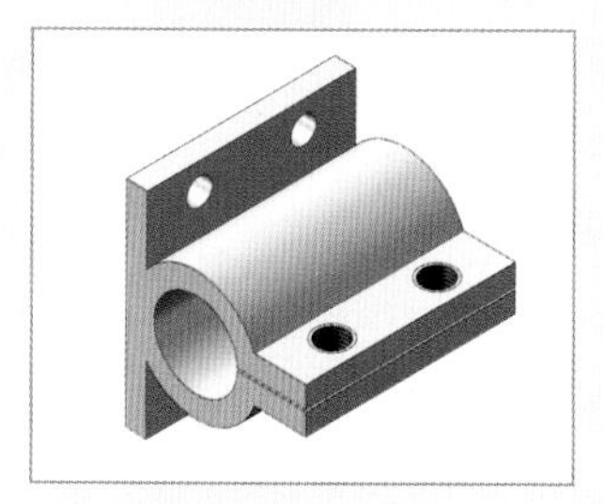

锁紧件

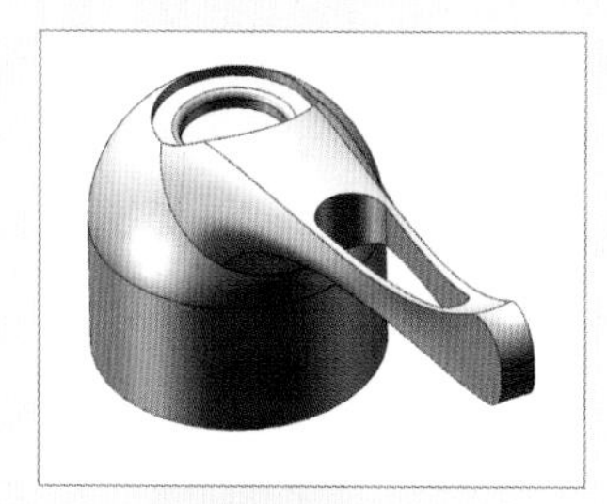

卫浴把手

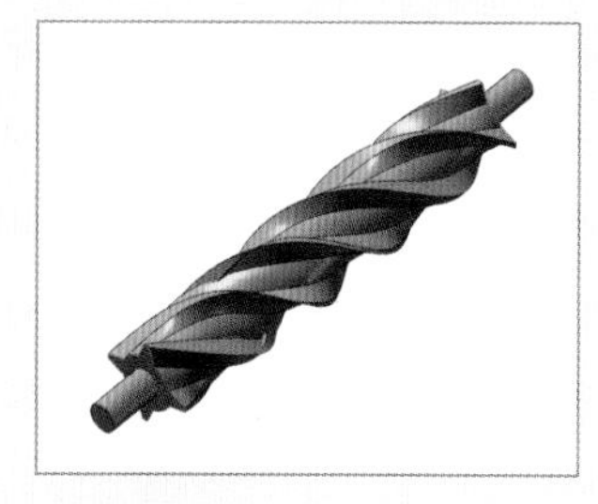

铣刀

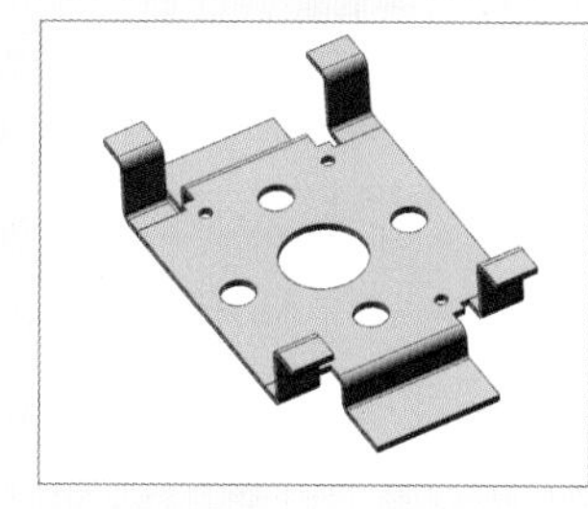

校准架

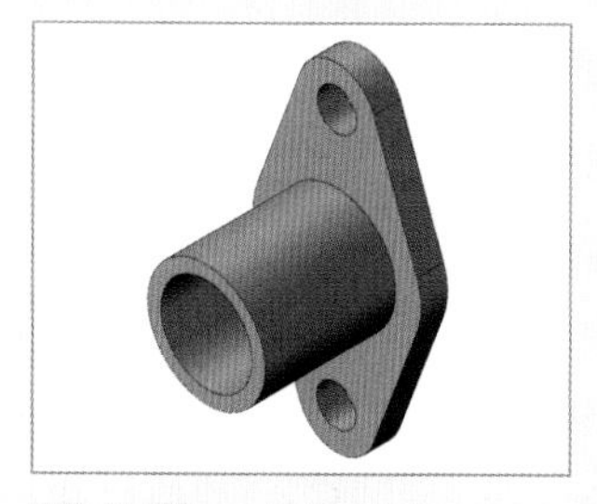

压盖

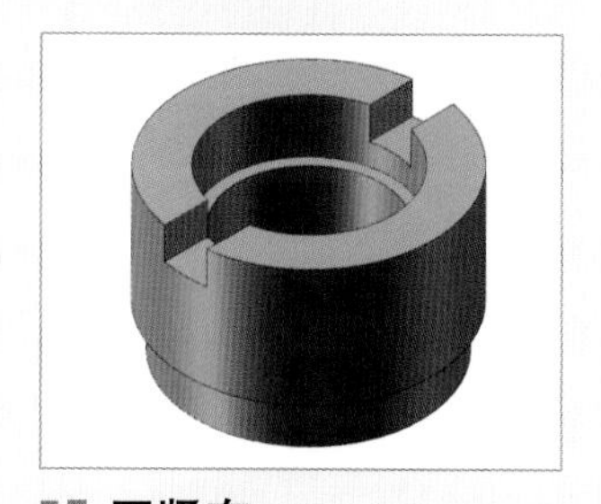

压紧套

支架

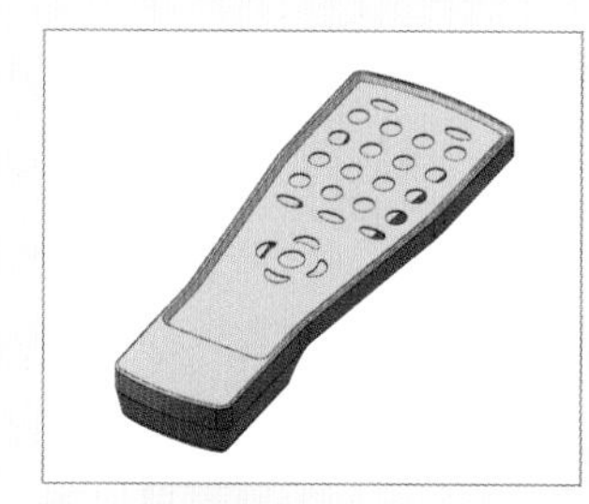

遥控器

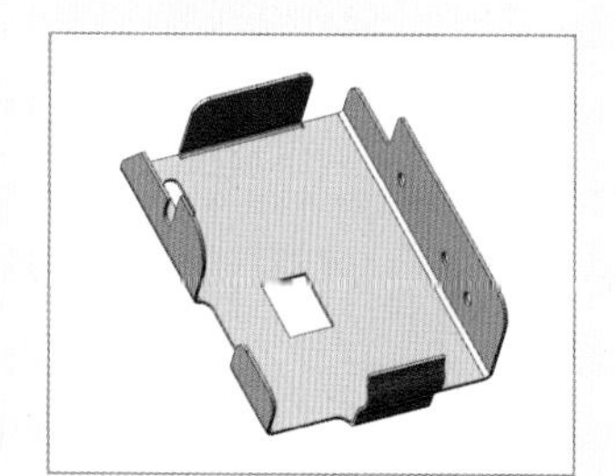

仪表面板

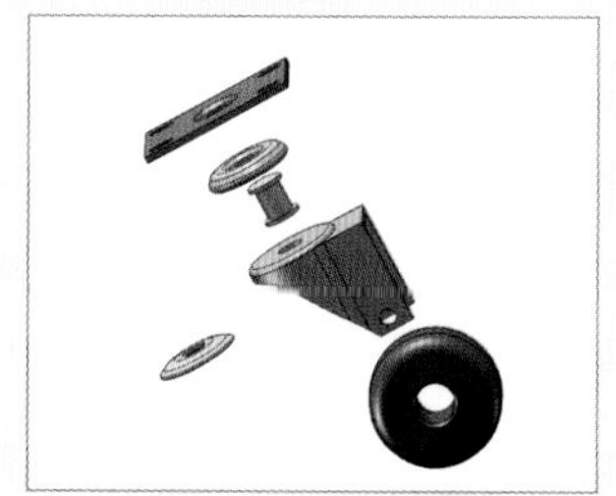

移动轮爆炸

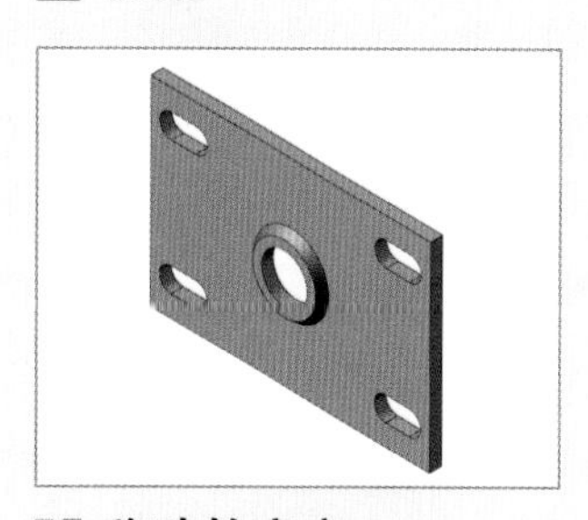

移动轮底座

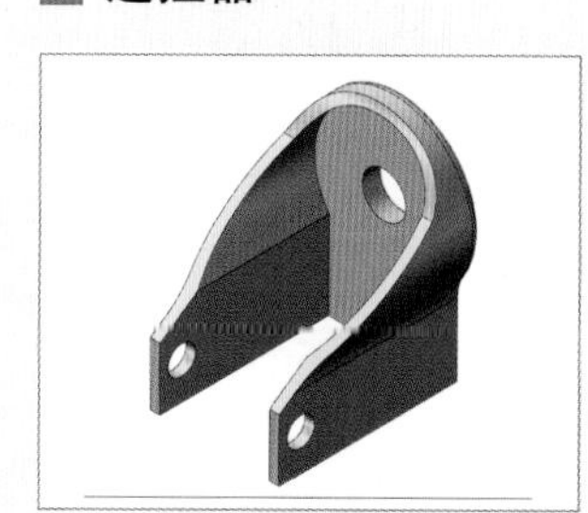

移动轮支架

本书部分实例

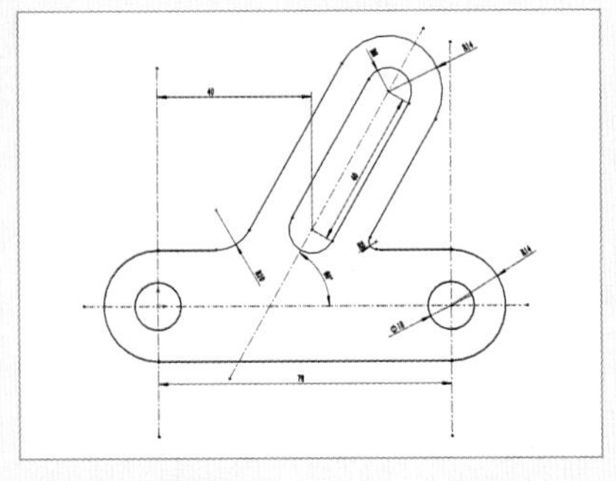

拨叉草图

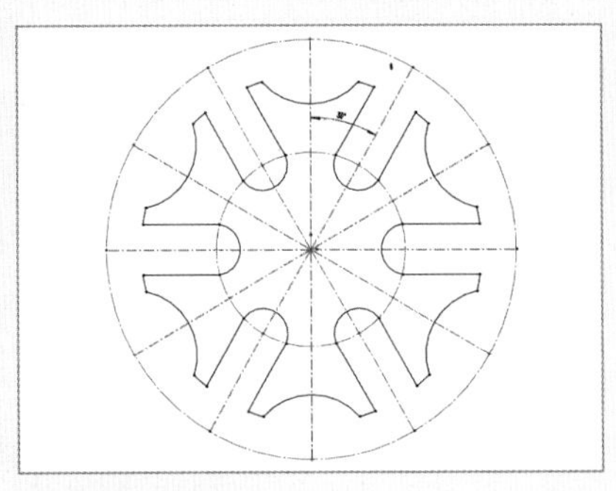

槽轮草图

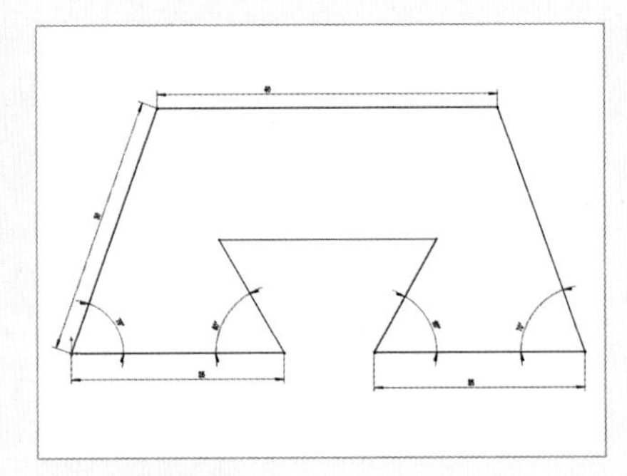

卡座草图

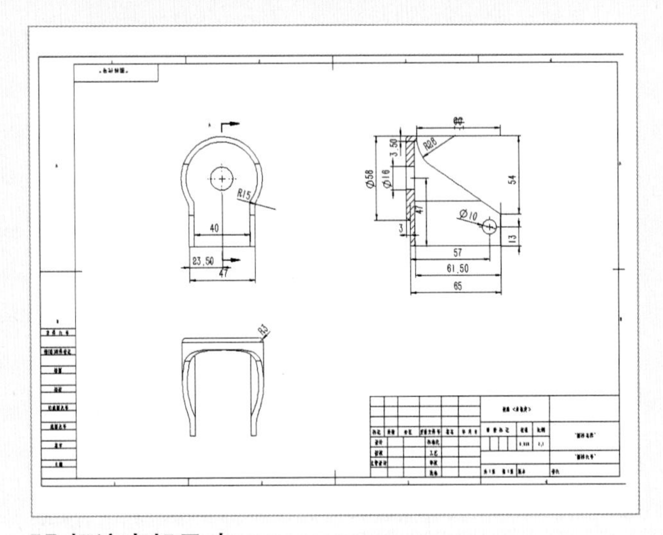

标注支架尺寸

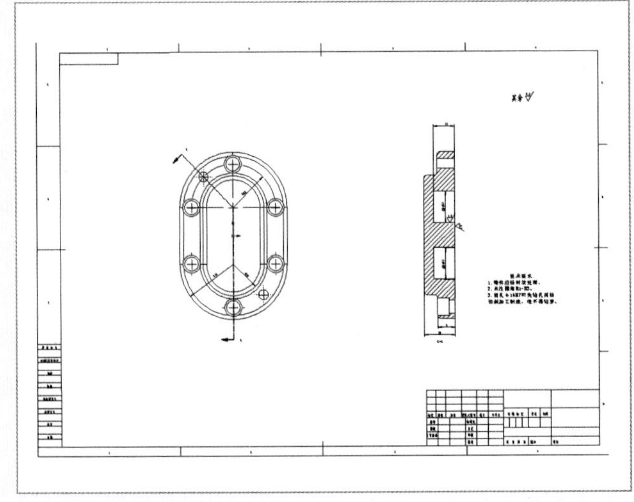

齿轮泵前盖工程图

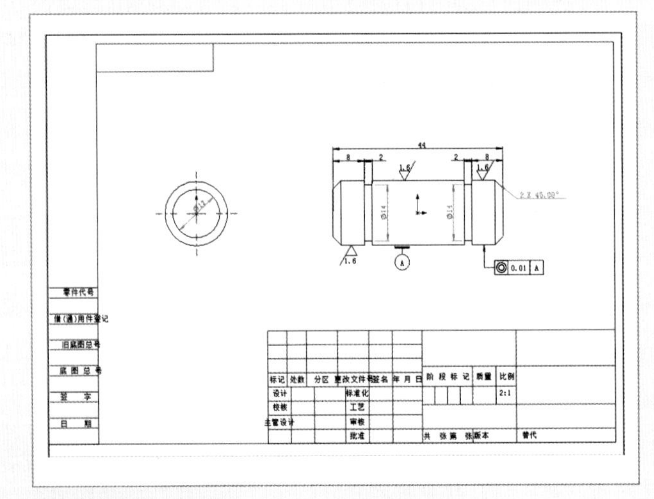

支撑轴工程图

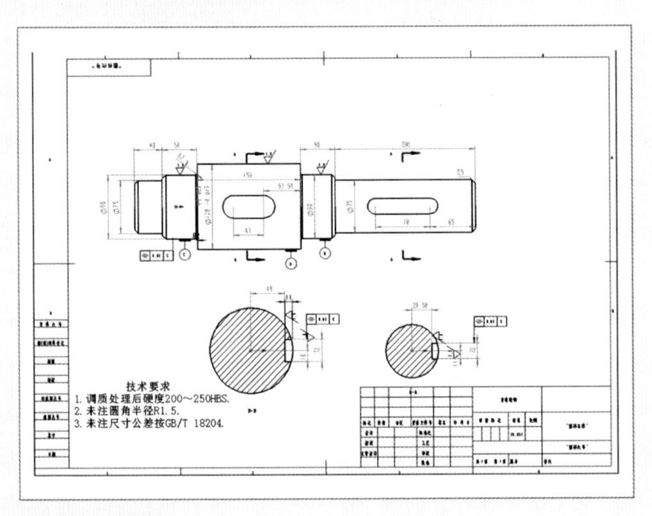

轴工程图

CAD/CAM/CAE 自学视频教程

SOLIDWORKS 2020 中文版 自学视频教程

CAD/CAM/CAE 技术联盟　编著

清华大学出版社
北　京

内 容 简 介

本书综合介绍了SOLIDWORKS 2020中文版的基础知识和应用技巧。全书共11章，分别介绍了SOLIDWORKS 2020入门、辅助工具、草图绘制、基础特征建模、放置特征建模、3D草图和曲线、曲面、飞机曲面造型设计综合实例、装配体设计、工程图绘制、球阀设计综合实例等内容。全书解说翔实，由浅入深，从易到难，语言简洁，思路清晰，图文并茂。每一章的知识点都配有案例讲解，有助于读者对知识点更进一步的了解，同时每章最后配有巩固练习实例，有助于读者对全章知识点进行综合运用。

本书配备了极为丰富的学习资源，包括全书实例的配套视频、源文件及素材。为了拓展视野，还赠送了12套SOLIDWORKS行业案例设计方案、同步视频讲解以及全国三维建模大赛试题集。

图书在版编目（CIP）数据

SOLIDWORKS 2020中文版自学视频教程 / CAD/CAM/CAE技术联盟编著. —北京：清华大学出版社，2021.3
CAD/CAM/CAE自学视频教程
ISBN 978-7-302-56724-0

Ⅰ. ①S… Ⅱ. ①C… Ⅲ. ①计算机辅助设计—应用软件—教材 Ⅳ. ①TP391.72

中国版本图书馆CIP数据核字（2020）第210733号

责任编辑：杨静华　贾小红
封面设计：李志伟
版式设计：文森时代
责任校对：马军令
责任印制：宋　林

出版发行：清华大学出版社
网　　址：http://www.tup.com.cn，http://www.wqbook.com
地　　址：北京清华大学学研大厦A座　　邮　　编：100084
社 总 机：010-62770175　　邮　　购：010-62786544
投稿与读者服务：010-62776969，c-service@tup.tsinghua.edu.cn
质量反馈：010-62772015，zhiliang@tup.tsinghua.edu.cn
印 刷 者：北京富博印刷有限公司
装 订 者：北京市密云县京文制本装订厂
经　　销：全国新华书店
开　　本：203mm×260mm　　印　　张：24.25　　插　　页：2　　字　　数：631千字
版　　次：2021年5月第1版　　印　　次：2021年5月第1次印刷
定　　价：89.80元

产品编号：078489-01

前　言

Preface

SOLIDWORKS 是由著名的三维 CAD 软件开发供应商 SOLIDWORKS 公司发布的三维机械设计软件，可以最大限度地利用机械、模具、消费品设计师们的创造力，他们只需用同类软件所需时间的一小部分即可设计出更好、更有吸引力、更有创新力、在市场上更受欢迎的产品。SOLIDWORKS 已成为目前市场上扩展性最佳的软件产品，也是唯一集三维设计、分析、产品数据管理、多用户协作以及模具设计、线路设计等功能于一体的软件。

一、本书的编写目的和特色

为了平衡 SOLIDWORKS 软件市场日新月异的变化及广大三维软件用户的需求，本书综合多位经验丰富的老师，通过基础讲解软件、知识讲解与实例巩固同行，使读者能更全面地了解 SOLIDWORKS 软件的使用。

具体而言，本书具有如下几个相对明显的特色。

1．作者权威

本书的笔者都是在高校多年从事计算机图形教学研究的一线人员，他们具有丰富的教学实践经验与教材编写经验，有一些执笔作者是国内 SOLIDWORKS 图书出版界知名的作者，前期出版的一些相关书籍经过市场检验很受读者欢迎。多年的教学工作使他们能够准确地把握学生的心理与实际需求，本书是笔者总结多年的设计经验以及教学的心得体会，历时多年精心准备，力求全面细致地讲解 SOLIDWORKS 在工业设计应用领域的各种功能和使用方法。

2．内容宽泛

就本书而言，我们的目的是编写一本书对工科各专业具有普适性的基础应用学习书籍。本书知识点全面，包罗了 SOLIDWORKS 常用的全部的功能，内容涵盖了二维草图、基础特征、放置特征、三维草图和曲线、曲面、装配图、工程图、钣金、焊接等知识。语言上尽量做到浅显易懂、言简意赅。

3．实例丰富

本书的实例不管是数量还是种类，都非常丰富。从数量上说，本书结合大量的工业设计实例详细讲解 SOLIDWORKS 知识要点，包含大小共 55 个实例，让读者在学习案例的过程中潜移默化地掌握 SOLIDWORKS 软件操作技巧。从种类上说，本书专业面宽泛，实例的行业分布广泛，以普通工业造型和机械零件造型为主，以建筑、电气等专业方向的实例为辅。

4．提升技能

本书从全面提升 SOLIDWORKS 设计能力的角度出发，结合大量的案例来讲解如何利用 SOLIDWORKS 进行工程设计，让读者懂得计算机辅助设计并能够独立地完成各种工程设计。

本书中有很多实例本身就是工程设计项目案例，经过笔者精心提炼和改编，不仅能帮助读者学好知识点，更重要的是能帮助读者掌握实际的操作技能，同时培养工程设计的实践能力。

Note

二、本书的基本内容

本书除了丰富的书本内容外，还包括海量的配套资源，具体如下。

1. 书本内容

本书重点介绍了 SOLIDWORKS 2020 中文版在产品设计中的应用方法与技巧。全书共 11 章，分别介绍 SOLIDWORKS 2020 入门、辅助工具、草图绘制、基础特征建模、放置特征建模、3D 草图和曲线、曲面、飞机曲面造型设计综合实例、装配体设计、工程图绘制、球阀综合实例等内容。全书解说翔实，由浅入深，从易到难，语言简洁，思路清晰，图文并茂。每一章的知识点都配有案例讲解，有助于读者对知识点更进一步的了解，同时每章最后配有巩固练习实例，有助于读者对全章知识点的综合运用。

2. 配套电子资源

为了方便读者学习，本书对大多数实例，专门制作了配套教学文件方便读者参考和使用。

本书所有实例操作需要的原始文件和结果文件以及上机实验实例的原始文件和结果文件都在随书电子资料的“源文件”目录下，读者可以下载到计算机硬盘下参考和使用。

配套文件中有两个重要的目录希望读者关注，“源文件”目录是本书所有实例操作需要的原始文件和结果文件以及上机实验实例的原始文件和结果文件；“视频演示”目录是本书所有实例的操作过程视频 MP4 文件，总共时长近 30 小时。此外，本书还赠送大量 SOLIDWORKS 建模、曲面造型、钣金和焊接实例操作过程视频文件，帮助读者进一步开拓视野，提高 SOLIDWORKS 工程设计能力。

三、关于本书的服务

1.“SOLIDWORKS 2020 简体中文版”安装软件的获取

按照本书上的实例进行操作练习，以及使用 SOLIDWORKS 2020 进行绘图，需要事先在计算机上安装 SOLIDWORKS 2020 软件，书中未有配套软件。“SOLIDWORKS 2020 简体中文版”安装软件可以登录 http://www.solidworks.com.cn 联系购买正版软件，或者使用其试用版。另外，当地电脑城、软件经销商一般有售。

2. 关于本书的技术问题或有关本书信息的发布

读者朋友遇到有关本书的技术问题，可以扫描封底“文泉云盘”二维码查看是否已发布相关勘误/解疑文档，如果没有，可在下方寻找作者联系方式，或点击“读者反馈”留下问题，我们会及时回复。

3. 关于手机在线学习

扫描书中二维码，可在手机中观看对应教学视频。充分利用碎片化时间，随时随地学习提升。需要强调的是，书中给出的只是实例的重点步骤，实例详细操作过程可通过视频来仔细领会。

四、致谢

在本书的写作过程中，策划编辑贾小红和艾子琪女士给予了我们很大的帮助和支持，并提出了很多中肯的建议，在此表示感谢。同时，还要感谢清华大学出版社的所有编审人员为本书的出版所付出的辛勤劳动。本书的成功出版是大家共同努力的结果，谢谢你们。

由于时间仓促，加之笔者水平有限，疏漏之处在所难免，希望广大读者提出宝贵的意见，我们将及时回复。

编　者

目　录

Contents

Note

Note

第1章

SOLIDWORKS 2020 入门

本章学习要点和目标任务：

- ☑ SOLIDWORKS 2020 简介
- ☑ 基本操作
- ☑ 系统设置
- ☑ 工作环境设置

本章主要介绍 SOLIDWORKS 软件的基本操作，如打开和关闭文件。同时简单介绍了软件术语，对后面章节的应用会起到很大作用。

1.1 SOLIDWORKS 2020 简介

Note

视频讲解

SOLIDWORKS 是达索系统（Dassault Systemes S.A）下的子公司（专门负责研发与销售机械设计软件）推出的视窗产品。达索公司是负责系统性的软件供应，并为制造厂商提供具有 Internet 整合能力的支援服务。

SOLIDWORKS 公司推出的 SOLIDWORKS 2020 在创新性、使用的方便性以及界面的人性化等方面都得到了增强，性能和质量也得到大幅度的提高，同时开发了更多 SOLIDWORKS 新设计功能，使产品开发流程发生根本性的变革；支持全球性的协作和连接，增强了项目的广泛合作。

SOLIDWORKS 2020 在用户界面、草图绘制、特征、成本、零件、装配体、SOLIDWORKS Enterprise PDM、Simulation、运动算例、工程图、出详图、钣金设计、输出和输入以及网络协同等方面都得到了增强，用户可以更方便地使用该软件。本节将介绍 SOLIDWORKS 2020 的一些基本操作。

1.1.1 启动 SOLIDWORKS 2020

SOLIDWORKS 2020 安装完成后，就可以启动该软件了。在 Windows 操作环境下，单击屏幕左下角的“开始”→“所有程序”→SOLIDWORKS 2020→SOLIDWORKS 2020×64 Edition 命令，或者双击桌面上 SOLIDWORKS 2020×64 Edition 的快捷图标，就可以启动该软件了。SOLIDWORKS 2020 的随机启动画面如图 1-1 所示。

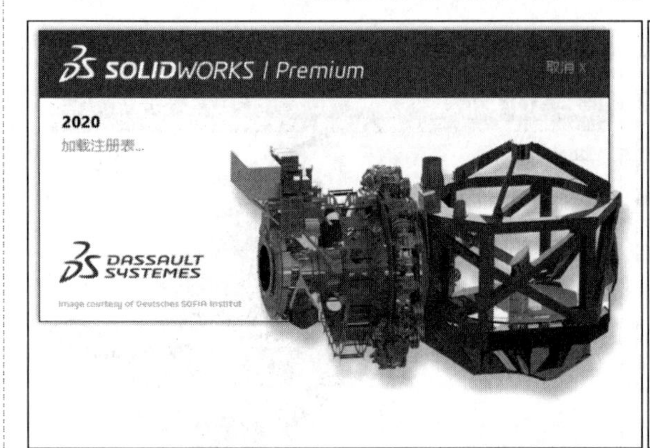

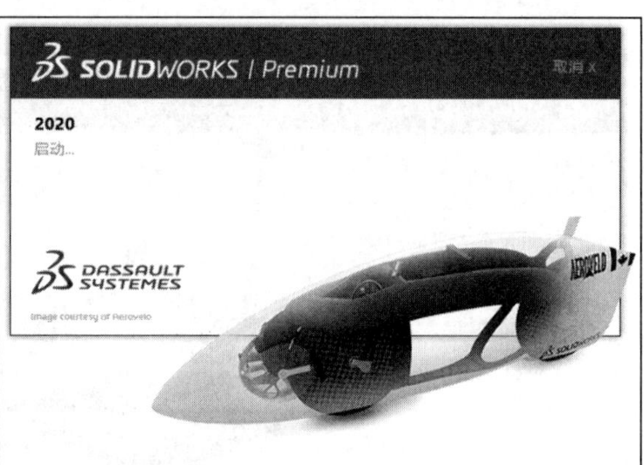

图 1-1 SOLIDWORKS 2020 的随机启动画面

启动画面消失后，系统进入 SOLIDWORKS 2020 的初始界面，初始界面中只有快速访问工具栏，如图 1-2 所示，用户可在设计过程中根据自己的需要打开其他工具栏。

图 1-2　SOLIDWORKS 2020 的初始界面

1.1.2　退出 SOLIDWORKS 2020

在文件编辑并保存完成后，就可以退出 SOLIDWORKS 2020 系统。选择菜单栏中的“文件”→“退出”命令，或者单击系统操作界面右上角的“退出”按钮✖，可直接退出。

如果对文件进行了编辑而没有保存文件，或者在操作过程中，不小心执行了退出命令，则系统会弹出如图 1-3 所示的提示框。如果要保存对文件的修改，则单击提示框中的“全部保存”按钮，系统会保存修改后的文件，并退出 SOLIDWORKS 系统。如果不保存对文件的修改，则单击提示框中的“不保存”按钮，系统不保存修改后的文件，并退出 SOLIDWORKS 系统。单击“取消”按钮，则取消退出操作，回到原来的操作界面。

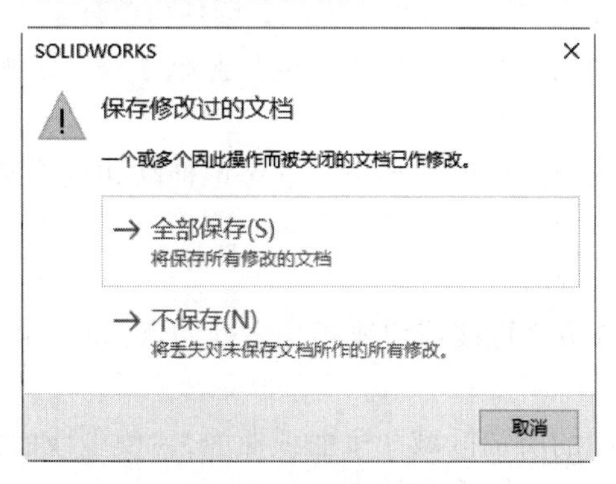

图 1-3　系统提示框

1.1.3　SOLIDWORKS 术语

在学习使用一个软件之前，需要对这个软件中常用的一些术语进行简单的了解，从而避免对

一些语言理解上的歧义。

1．窗口

SOLIDWORKS 文件窗口有两个窗格，如图 1-4 所示。

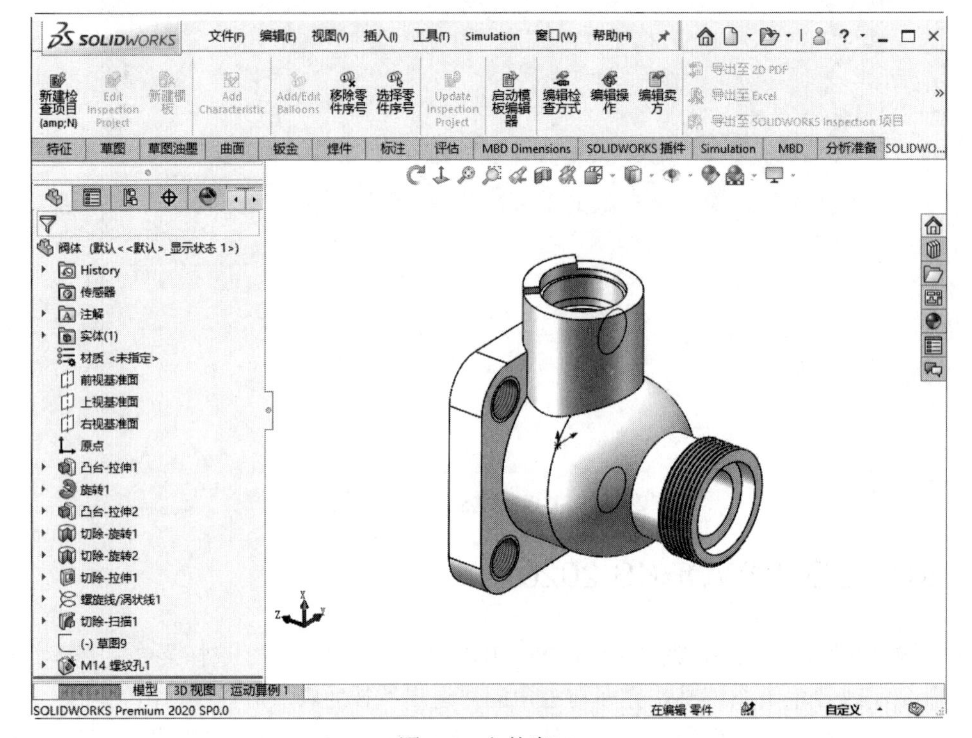

图 1-4 文件窗口

窗口的左侧窗格包含以下项目。

☑ FeatureManager 设计树列出零件、装配体或工程图的结构。

☑ 属性管理器提供了绘制草图及与 SOLIDWORKS 2020 应用程序交互的另一种方法。

☑ ConfigurationManager 提供了在文件中生成、选择和查看零件及装配体的多种配置的方法。

窗口的右侧窗格为图形区域，此窗格用于生成和操纵零件、装配体或工程图。

2．控标

控标允许用户在不退出图形区域的情形下，动态地拖动和设置某些参数，如图 1-5 所示。

3．常用模型术语

常用模型术语，如图 1-6 所示。

☑ 顶点：顶点为两个或多个直线或边线相交之处的点。顶点可选作绘制草图、标注尺寸以及许多其他用途。

☑ 面：面为模型或曲面的所选区域（平面或曲面），模型或曲面带有边界，可帮助定义模型或曲面的形状。例如，矩形实体有 6 个面。

☑ 原点：模型原点显示为蓝色，代表模型的(0,0,0)坐标。当激活草图时，草图原点显示为红色，代表草图的(0,0,0)坐标。尺寸和几何关系可以加入模型原点，但不能加入草图原点。

☑ 平面：平面是平的构造几何体。平面可用于绘制草图、生成模型的剖面视图，以及用于拔模特征中的中性面等。

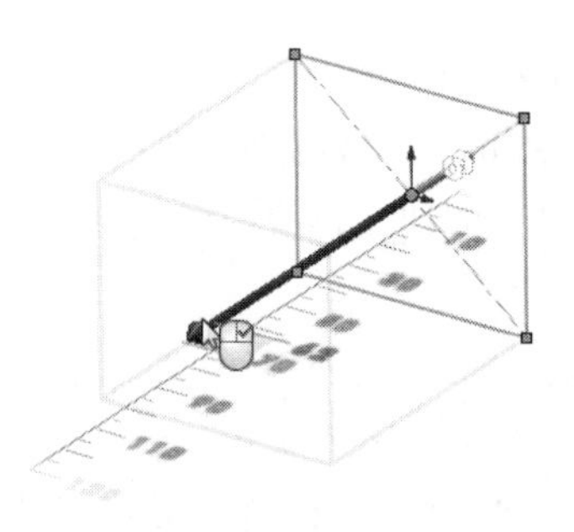

图 1-5 控标

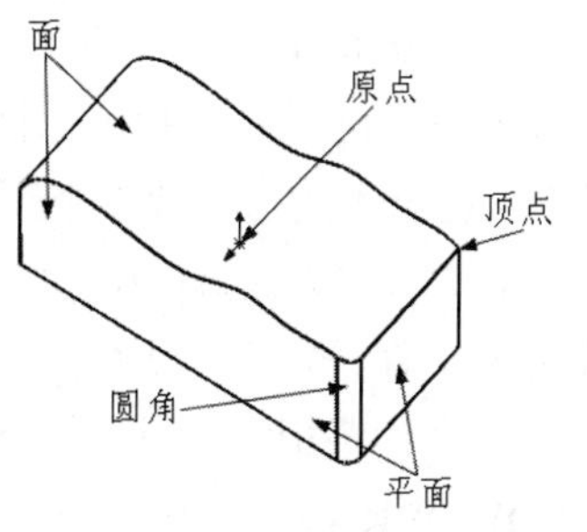

图 1-6 常用模型术语

☑ 圆角：圆角为草图内或曲面或实体上的角或边的内部圆形。

此外，还有一些其他模型术语如下。

☑ 轴：轴为穿过圆锥面、圆柱体或圆周阵列中心的直线。插入轴有助于建造模型特征或阵列。

☑ 特征：特征为单个形状，如与其他特征结合则构成零件。有些特征，如凸台和切除，则由草图生成。有些特征，如抽壳和圆角，则为修改特征而成的几何体。

☑ 几何关系：几何关系为草图实体之间或草图实体与基准面、基准轴、边线或顶点之间的几何约束，可以自动或手动添加这些项目。

☑ 模型：模型为零件或装配体文件中的三维实体几何体。

☑ 自由度：即没有尺寸或几何关系定义的几何体可自由移动。在二维草图中，有 3 种自由度，即沿 X 和 Y 轴移动以及绕 Z 轴旋转（垂直于草图平面的轴）。在三维草图中，有 6 种自由度，即沿 X、Y 和 Z 轴移动，以及绕 X、Y 和 Z 轴旋转。

☑ 坐标系：坐标系为平面系统，用来给特征、零件和装配体指定笛卡尔坐标。零件和装配体文件包含默认坐标系；其他坐标系可以用参考几何体定义，用于测量工具以及将文件输出为其他文件格式。

1.2 基本操作

视频讲解

SOLIDWORKS 公司推出的 SOLIDWORKS 2020，不但改善了传统机械设计的模式，而且具有强大的建模功能和参数设计功能。在创新性、使用的方便性以及界面的人性化等方面都得到了增强。大大缩短了产品设计的时间，提高了产品设计的效率。

相对于原来的版本，SOLIDWORKS 2020 在用户界面、草图绘制、特征、零件、装配体、工程图、出详图、钣金设计、输出和输入以及网络协同等方面都得到了增强，用户可以更方便地使用该软件。

1.2.1 新建文件

建立新模型前，需要建立新的文件。执行新建文件命令，主要有如下两种调用方法。

☑ 工具栏：单击快速访问工具栏中的“新建”按钮。

☑ 菜单栏：选择菜单栏中的“文件”→“新建”命令。

执行上述操作，此时系统弹出如图 1-7 所示的“新建 SOLIDWORKS 文件”对话框。在该对话框中有零件、装配体及工程图 3 个图标。单击对话框中需要创建文件类型的图标，然后单击“确定”按钮，就可以建立相应类型的文件了。

不同类型的文件，其工作环境是不同的，SOLIDWORKS 提供了不同类型文件的默认工作环境，对应不同的文件模板，当然用户也可以根据自己的需要修改其设置。

在 SOLIDWORKS 2020 中，“新建 SOLIDWORKS 文件”对话框有两个版本可供选择，一个是高级版本，另一个是新手版本。

新手版本中使用较简单的对话框，提供零件、装配体和工程图文档的说明。

单击图 1-7 中的“高级”按钮就会进入高级版本显示模式，如图 1-8 所示。高级版本在各个标签上显示模板图标的对话框，当选择某一文件类型时，模板预览出现在预览框中。在该版本中，用户可以保存模板添加自己的标签，也可以选择 Tutorial 标签来访问指导教程模板，如图 1-8 所示。

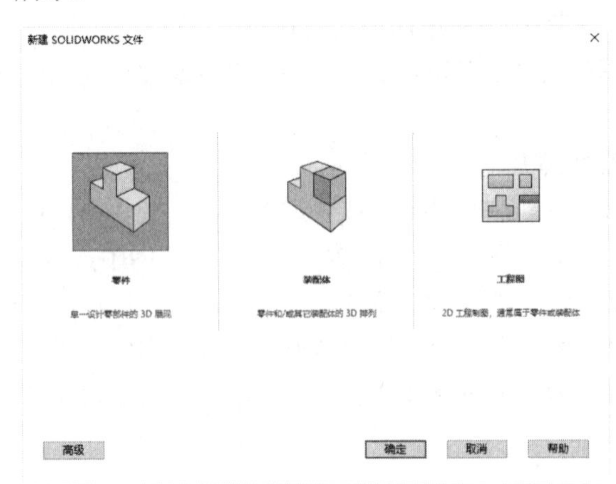

图 1-7 “新建 SOLIDWORKS 文件”对话框

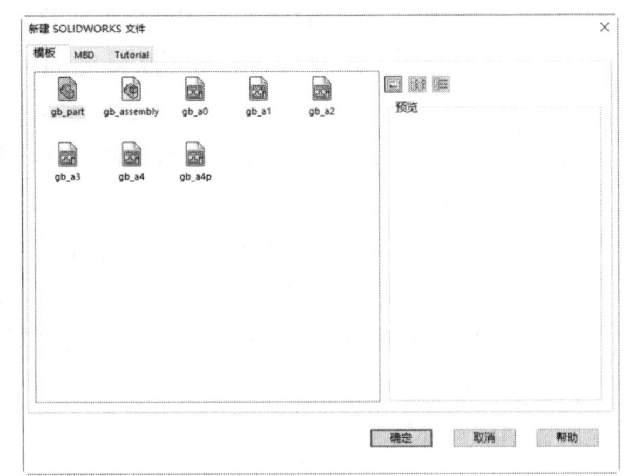

图 1-8 高级版本“新建 SOLIDWORKS 文件”对话框

1.2.2 打开文件

在 SOLIDWORKS 2020 中，可以打开已存储的文件，对其进行相应的编辑和操作。执行打开文件命令，主要有如下两种调用方法。

☑ 工具栏：单击快速访问工具栏中的“打开”按钮。

☑ 菜单栏：选择菜单栏中的“文件”→“打开”命令。

执行上述操作后，此时系统弹出如图 1-9 所示的“打开”对话框。在对话框的文件类型下拉菜单中选择文件的类型，此时在对话框中会显示文件夹中对应类型的文件。选择“预览”选项，被选择的文件就会显示在对话框中“预览”窗口中，然后单击对话框中的“打开”按钮，就可以打开选择的文件，对其进行相应的编辑和操作。

在文件类型下拉菜单中，并不限于 SOLIDWORKS 类型的文件，如*.sldprt、*.sldasm 和*.slddrw。SOLIDWORKS 软件还可以调用其他软件所形成的图形对其进行编辑，图 1-10 所示就

是 SOLIDWORKS 可以打开的其他类型的文件。

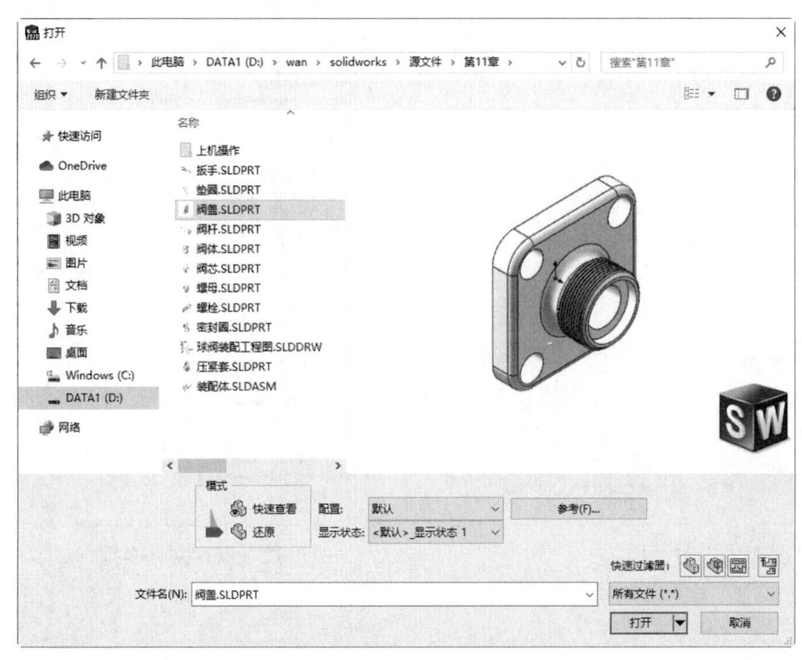

图 1-9　“打开”对话框

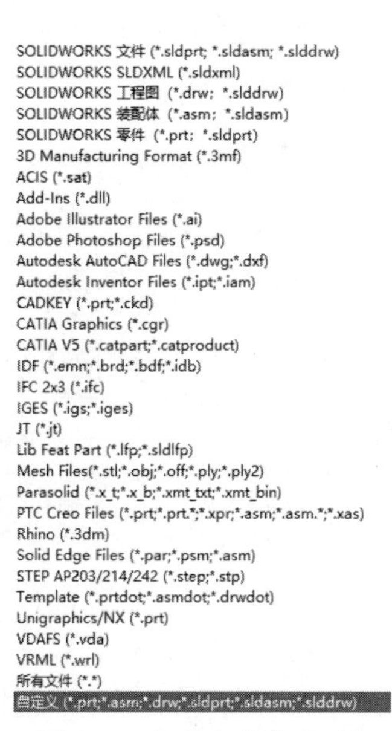

图 1-10　打开文件类型列表

Note

1.2.3　保存文件

已编辑的图形只有保存起来，在需要时才能打开该文件，对其进行相应的编辑和操作。执行打开文件命令，主要有如下两种调用方法。

☑　工具栏：单击快速访问工具栏中的“保存”按钮。

☑　菜单栏：选择菜单栏中的“文件”→“保存”命令。

执行上述操作后，此时系统弹出如图 1-11 所示的“另存为”对话框。在对话框上方选择文件存放的路径；“文件名”一栏用于输入要保存的文件名称；“保存类型”一栏用于选择所要保存文件的类型。通常情况下，在不同的工作模式下，系统会自动设置文件的保存类型。

在“保存类型”下拉菜单中，并不限于 SOLIDWORKS 类型的文件，如*.sldprt、*.sldasm 和*.slddrw。也就是说，SOLIDWORKS 不但可以把文件保存为自身的类型，还可以保存为其他类型，方便其他软件对其调用并进行编辑。图 1-12 所示是 SOLIDWORKS 可以保存为其他文件的类型。

在图 1-11 所示的“另存为”对话框中，可以在文件保存的同时另外保存一份备份文件。保存备份文件，需要预先设置保存的文件目录。

设置备份文件保存目录的步骤如下。

（1）执行命令。选择菜单栏中的“工具”→“选项”命令。

（2）设置保存目录。系统弹出如图 1-13 所示的“系统选项”对话框，单击对话框中的“备份/恢复”选项，在右侧界面中可以修改保存备份文件的目录。

Note

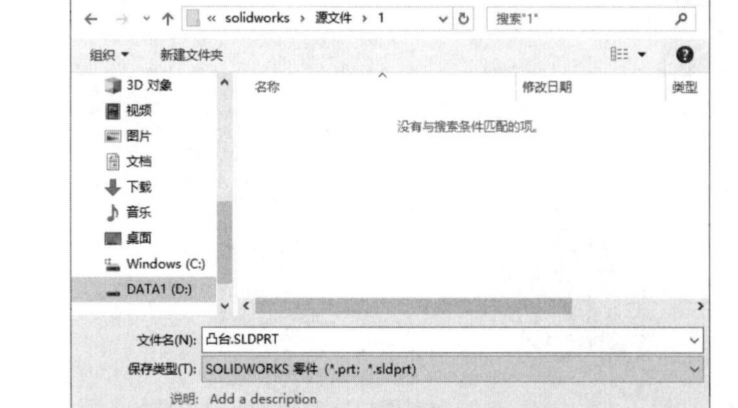

图 1-11 “另存为”对话框

SOLIDWORKS 零件 (*.prt; *.sldprt)
3D Manufacturing Format (*.3mf)
3D XML (*.3dxml)
ACIS (*.sat)
Additive Manufacturing File (*.amf)
Adobe Illustrator Files (*.ai)
Adobe Photoshop Files (*.psd)
Adobe Portable Document Format (*.pdf)
CATIA Graphics (*.cgr)
Dwg (*.dwg)
Dxf (*.dxf)
eDrawings (*.eprt)
Form Tool (*.sldftp)
HCG (*.hcg)
HOOPS HSF (*.hsf)
IFC 2x3 (*.ifc)
IFC 4 (*.ifc)
IGES (*.igs)
JPEG (*.jpg)
Lib Feat Part (*.sldlfp)
Microsoft XAML (*.xaml)
Parasolid (*.x_t;*.x_b)
Part Templates (*.prtdot)
Polygon File Format (*.ply)
Portable Network Graphics (*.png)
ProE/Creo Part (*.prt)
STEP AP203 (*.step;*.stp)
STEP AP214 (*.step;*.stp)
STL (*.stl)
Tif (*.tif)

图 1-12 保存文件类型

图 1-13 “系统选项”对话框

视频讲解

1.3 用户界面

新建一个零件文件后，SOLIDWORKS 2020 的用户界面如图 1-14 所示。

装配体文件和工程图文件与零件文件的用户界面类似，在此不再一一罗列。

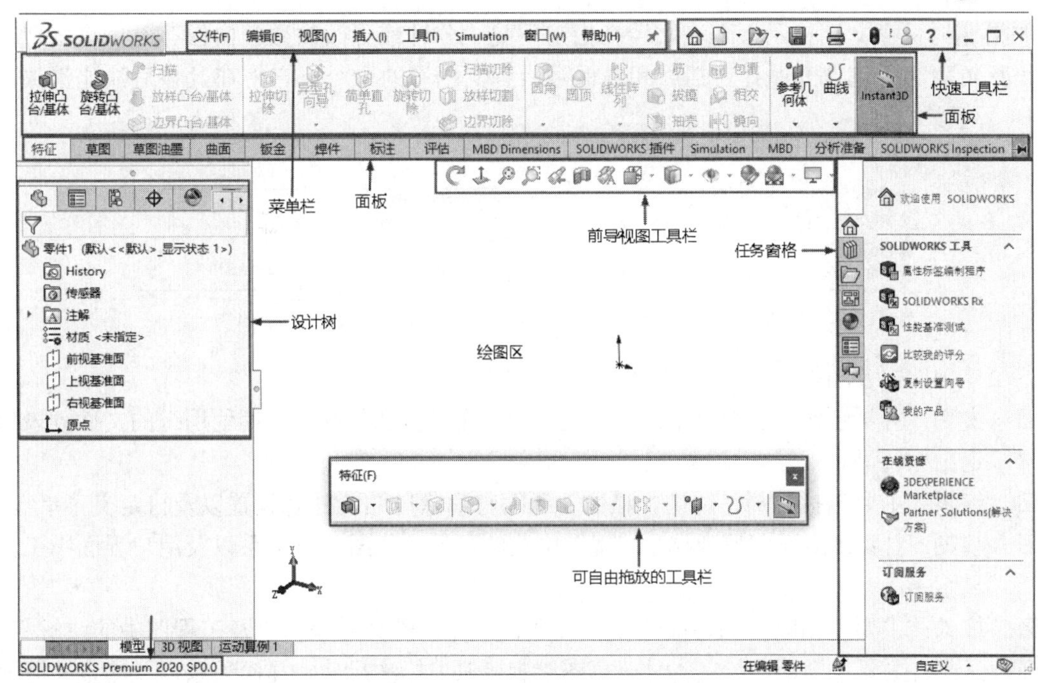

图 1-14　SOLIDWORKS 界面

用户界面包括菜单栏、工具栏以及状态栏等。菜单栏包含了所有的 SOLIDWORKS 命令，工具栏可根据文件类型（零件、装配体、或工程图）来调整和放置并设定其显示状态，而 SOLIDWORKS 窗口底部的状态栏则可以提供设计人员正执行的功能有关的信息。

1.3.1　菜单栏

菜单栏显示在左上角图标的右侧，如图 1-15 所示，默认情况下菜单栏是隐藏的。

图 1-15　默认菜单栏

要显示菜单栏需要将鼠标移动到 SOLIDWORKS 图标或单击它，如图 1-16 所示，若要始终保持菜单栏可见，需要将“图钉”图标更改为钉住状态，其中最关键的功能集中在“插入”与“工具”菜单中。

图 1-16　菜单栏

通过单击工具按钮旁边的下移方向键，可以扩展显示带有附加功能的弹出菜单，如图 1-17 所示。用户可以访问工具栏中的大多数文件菜单命令。例如，“保存”下拉按钮下弹出的菜单包括“保存”“另存为”“保存所有”等选项。

SOLIDWORKS 的菜单项对应于不同的工作环境，相应的菜单以及其中的选项会有所不同。在以后应用中会发现，当进行一定任务操作时，不起作用的菜单命令会临时变灰，且无法应用该菜单命令。

如果选择保存文档提示，则当文档在指定间隔（分钟或更改次数）内保存时，将出现一个透明信息框。其中包含“保存文档”和“保存所有文档”的命令，它将在几秒后淡化消失，如图 1-18 所示。

Note

图 1-17　弹出菜单

图 1-18　未保存文档通知

各菜单项的主要功能如下。

☑　文件：主要包括新建、打开和关闭文件，页面设置和打印、近期使用过的文件列表以及退出系统等。

☑　编辑：主要包括复制、剪切、粘贴、压缩与解除压缩、外观设置以及自定义菜单等。

☑　视图：主要包括视图外观显示、视图中注解显示、草图几何关系以及用户界面中工具栏显示等。

☑　插入：主要包括零件的特征建模、钣金、焊件、模具的编辑以及工程图中的注解等。

☑　工具：主要包括草图绘制实体、草图绘制工具、标注尺寸、几何关系以及测量和截面属性等。

☑　窗口：主要包括文件在工作区的排列方式以及显示工作区的文件列表等。

☑　帮助：主要包括在线帮助以及软件的其他信息等。

用户可以根据不同的工作环境，自行设定符合个人风格的菜单项。自定义菜单的操作步骤如下。

（1）执行命令。选择菜单栏中的“工具”→“自定义”命令，或者右击任何工具栏，在系统弹出的快捷菜单中选择“自定义”命令，如图 1-19 所示。

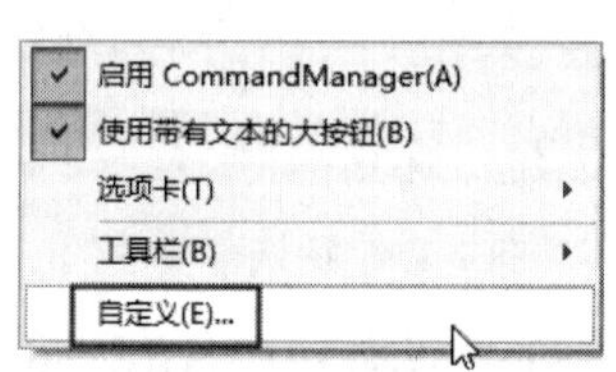

图 1-19　右键系统快捷菜单

（2）设置菜单。此时系统弹出“自定义”对话框，选择“菜单”选项卡，根据需要进行修改如图 1-20 所示。

（3）确认设置。单击“自定义”对话框中的“确定”按钮，完成菜单设置。

“自定义”对话框中的“菜单”选项卡可以实现对菜单的重新命名、移除或者添加。各部分意义如下。

☑　类别：指定要改变菜单的类别。

☑　命令：选择想要添加、重新命名、重排或者移除的命令。

☑　要改变什么菜单：显示所选择菜单的编码名称。

☑　菜单上的位置：选择所设置的命令在菜单位置，包括自动、在顶端或者在底端 3 个位置。

Note

图 1-20　“自定义”对话框

☑　命令名称：显示所选择命令的编码名称。

☑　说明：显示所选择命令的说明。

提示：

自定义菜单时，必须有 SOLIDWORKS 文件被激活，否则不能定义菜单栏。

1.3.2　工具栏

SOLIDWORKS 中有很多可以按需要显示或隐藏的内置工具栏。选择菜单栏中的“视图”→“工具栏”命令，或者在工具栏区域右击，弹出“工具栏”菜单。选择“自定义”命令，在打开的“自定义”对话框中选中“视图”复选框，会出现浮动的“视图”工具栏，可以自由拖动将其放置在需要的位置上，如图 1-14 所示。

此外，还可以设定一些工具栏在没有文件打开时可显示，或者根据文件类型（零件、装配体或工程图）来放置工具栏并设定其显示状态（自定义、显示或隐藏）。例如，保持“自定义”对话框的打开状态，在 SOLIDWORKS 用户界面中，可对工具栏按钮进行如下操作。

☑　从工具栏上一个位置拖动到另一位置。

☑　从一工具栏拖动到另一工具栏。

☑　从工具栏拖动到图形区中，即从工具栏上将之移除。

有关工具栏命令的各种功能和具体操作方法将在后面的章节中做具体的介绍。

在使用工具栏或工具栏中的命令时，将指针移动到工具栏图标附近，会弹出消息提示，显示该工具的名称及相应的功能，显示一段时间后，该提示会自动消失。

Note

1.3.3　状态栏

状态栏位于 SOLIDWORKS 用户界面底端的水平区域，提供了当前窗口中正在编辑的内容的状态，以及指针位置坐标、草图状态等信息。典型信息如下。

☑ 重建模型图标：在更改了草图或零件而需要重建模型时，重建模型图标会显示在状态栏中。

☑ 草图状态：在编辑草图过程中，状态栏中会出现 5 种草图状态，即完全定义、过定义、欠定义、没有找到解、发现无效的解。在考虑零件完成之前，最好应该完全定义草图。

1.3.4　FeatureManager 设计树

FeatureManager 设计树位于 SOLIDWORKS 用户界面的左侧，是 SOLIDWORKS 中比较常用的部分，它提供了激活的零件、装配体或工程图的大纲视图，从而可以很方便地查看模型或装配体的构造情况，或者查看工程图中的不同图纸和视图。

FeatureManager 设计树和图形区是动态链接的。在使用时可以在任何窗格中选择特征、草图、工程视图和构造几何线。FeatureManager 设计树可以用来组织和记录模型中各个要素及要素之间的参数信息和相互关系，以及模型、特征和零件之间的约束关系等，几乎包含了所有设计信息。FeatureManager 设计树如图 1-21 所示。

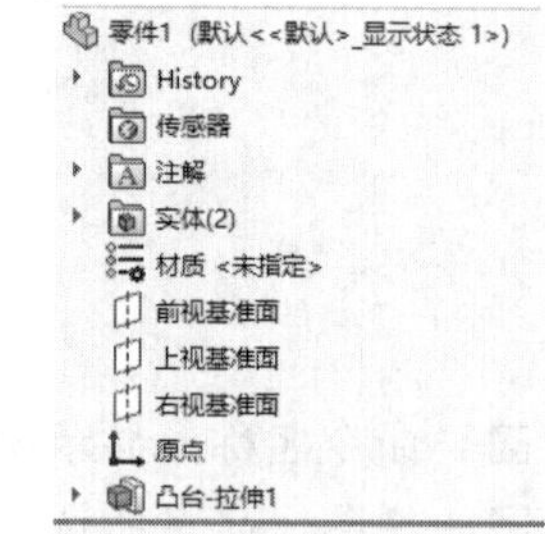

图 1-21　FeatureManager 设计树

对 FeatureManager 设计树的熟练操作是应用 SOLIDWORKS 的基础，也是应用 SOLIDWORKS 的重点，由于其功能强大，不能一一列举，在后几章节中会多次用到，只有在学习的过程中熟练应用设计树的功能，才能加快建模的速度和效率。

视频讲解

1.4　系统设置

系统设置用来根据用户的需要自定义 SOLIDWORKS 的功能，SOLIDWORKS 系统包括系统选项和文件属性两部分，并强调了系统选项和文件属性之间的不同。

系统设置将选项对话框从结构形式上分为“系统选项”和“文件属性”两个选项卡，每个选项卡上列出的选项以树型格式显示在对话框左侧。单击其中一个项目时，该项目的选项出现在对话框右侧，可以对相应的选项进行设置。

在设置中需要注意的是，系统选项的设置保存在注册表中，它不是文件的一部分，这些设置的更改会影响当前和将来的所有文件。文件属性仅应用于当前的文件，“文件属性”选项卡仅在文件打开时可用。

Note

1.4.1 系统选项设置

系统设置用于设置与性能有关的系统默认设置，如系统的颜色设置（包括系统中各部分的颜色、PropertyManager 颜色、PropertyManager 外壳颜色及其他相关联的颜色设置）、文件的默认路径、是否备份文件及备份文件的路径等。所以在使用该软件前，都要进行系统选项设置，以便设置适合自己的使用方式。

利用菜单命令设置系统选项的操作步骤如下。

（1）执行命令。选择菜单栏中的“工具”→“选项”命令，此时系统弹出如图 1-22 所示的“系统选项”对话框。

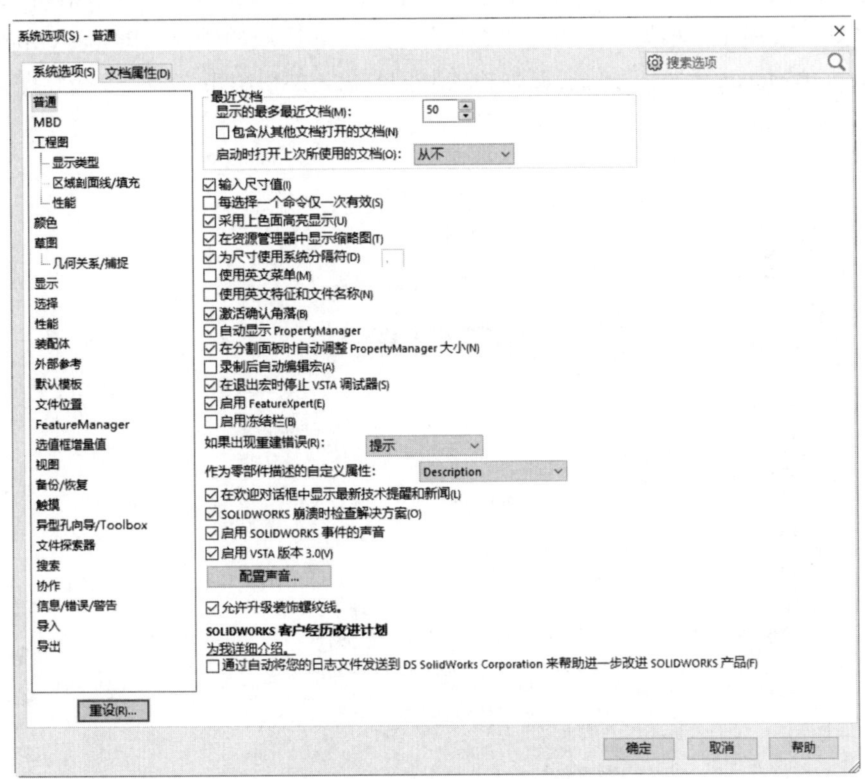

图 1-22 “系统选项”对话框

（2）设置选项。单击“系统选项”选项卡中左侧需要设置的项目，该项目的选项出现在对话框右侧，然后根据需要选中需要的选项。

（3）确认设置。单击对话框右下侧的“确定”按钮，完成系统选项的设置。

下面将简单介绍几种常用的系统选项设置。

☑ 设置菜单和特征的语言类型。对于中文版本的系统来说，系统默认的菜单和文件特征为中文语言类型。如果要改变菜单和文件特征的语言类型，单击“系统选项”选项卡中的“普通”选项，然后选中右侧的“使用英文菜单”和“使用英文特征和文件名称”复选框，则表示使用英文菜单类型和英文文件特征类型。如果不选中这两个复选框，则使用中文菜单类型和中文文件特征类型。

Note

提示：

对于中文版本的软件系统，安装后系统默认的为中文菜单，但可以设置为英文菜单，选中“使用英文菜单”复选框，可以设置系统为英文菜单，但必须退出并重新启动 SOLIDWORKS，该设置才能有效，其他选项设置不必重新启动软件系统即可生效。选中“使用英文特征和文件名称”复选框时，“FeatureManager 设计树”中的特征名称和自动创建的文件名都会以英文显示，如果原来是英文的，则选中此复选框时英文特征和文件名不会被更新。

☑ 设置颜色。设置颜色主要用来设置软件操作界面的颜色，包括“系统颜色”中的各区域颜色的设置、PropertyManager 颜色、PropertyManager 外壳颜色及其他相关联的颜色设置。该设置主要是为了个性化的操作界面。单击“系统选项”选项卡中的“颜色”选项，如图 1-23 所示，根据需要设置“系统颜色”中各区域的颜色、PropertyManager 颜色、PropertyManager 外壳颜色及其他相关联的颜色，然后单击“确定”按钮即可完成设置。

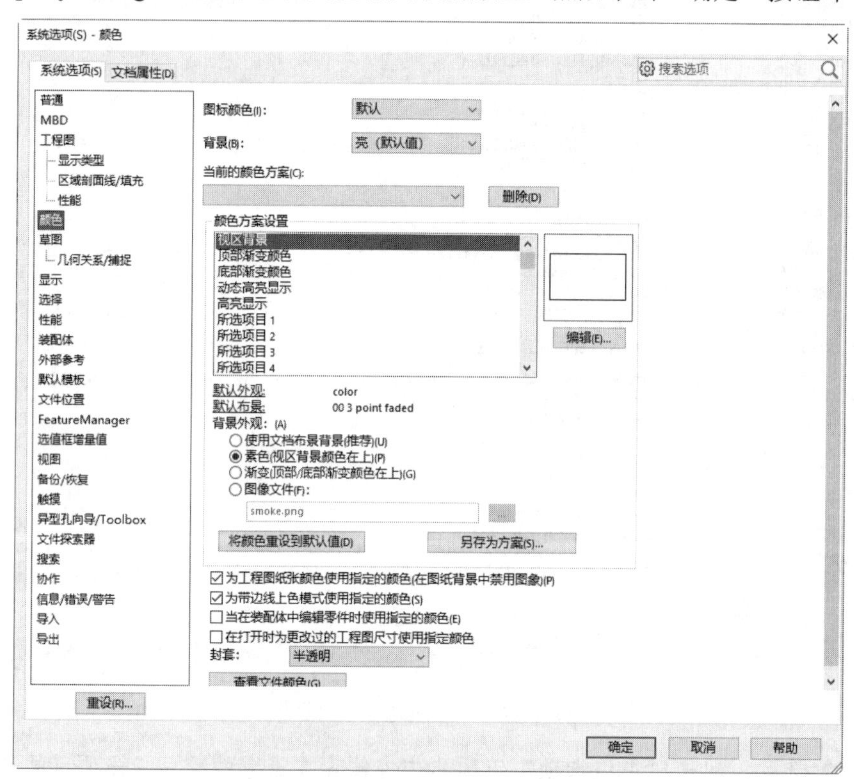

图 1-23 “颜色”选项设置对话框

☑ 设置草图几何关系/捕捉。设置草图绘制中的“几何关系/捕捉”对于能否智能地捕捉到绘制点的位置很关键，对于提高绘图效率很重要。首先单击“系统选项”选项卡中的“草图”选项的下一级“几何关系/捕捉”选项，然后单击“确定”按钮即可完成设置，如图 1-24 所示。这是系统默认的设置，一般在设置时不选择“自动几何关系”，因为对于设计者来说，需要添加自己的几何关系，如果和系统自动添加的几何关系有冲突，容易形成过定义。

图 1-24 “几何关系/捕捉”选项设置对话框

☑ 设置文件位置。该选项主要用来定义组成设计文件的一些系统文件，如“文件模板”“材料明细表模板”等。单击“系统选项”选项卡中的“文件位置”选项，如图 1-25 所示。通过该选项可以将系统默认的“文件模板”“材质数据库”“纹理”“设计库”“图纸格式”“材料明细表模板”等的存放位置设置为自定义的位置。

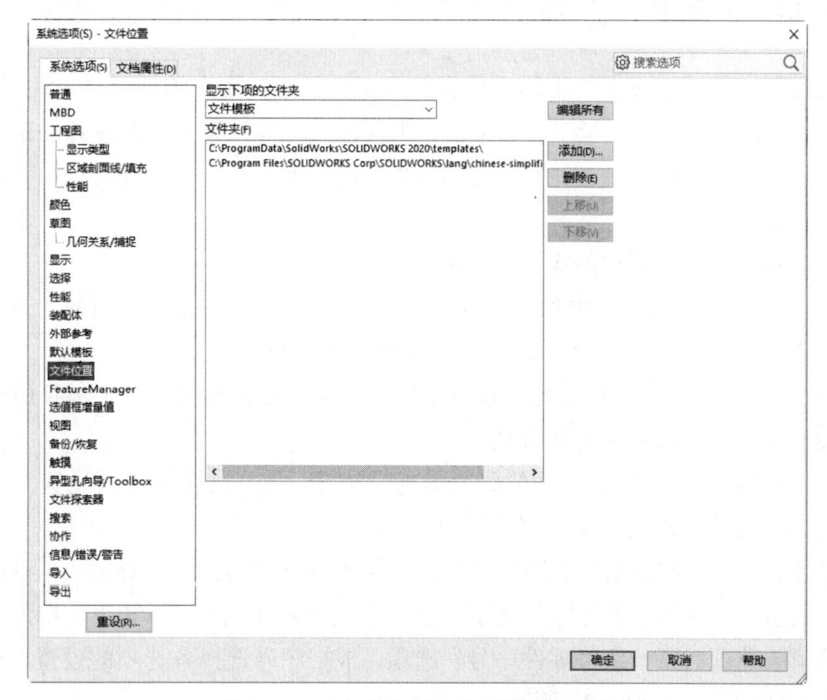

图 1-25 “文件位置”选项设置对话框

Note

☑ 设置备份文件。该选项主要用来自动备份保存文件。单击“系统选项”选项卡中的“备份/恢复”选项，如图 1-26 所示。通过该选项可以设置自动保存的时间间隔、备份份数及备份文件的存放位置，从而防止系统死机时丢失设计文件。

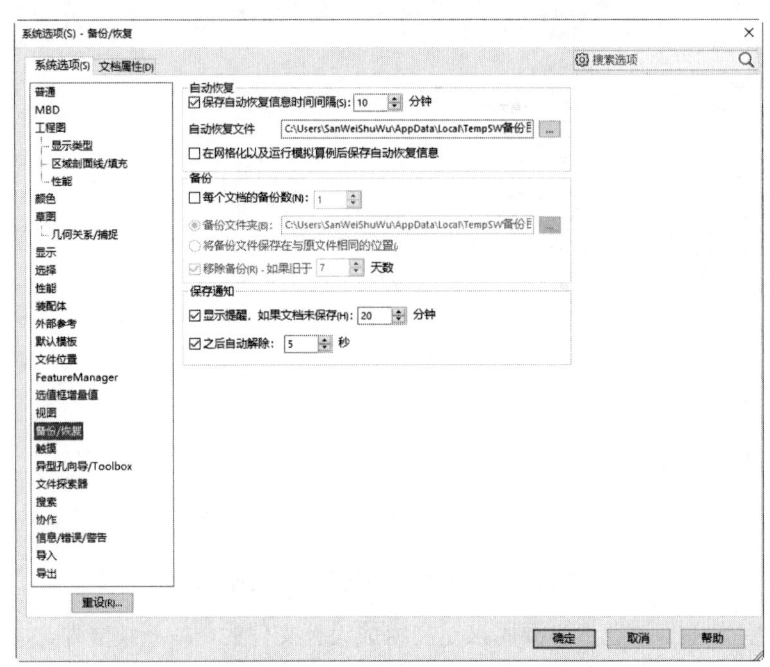

图 1-26 “备份/恢复”选项设置对话框

1.4.2 文件属性设置

文件属性设置主要用来设置与工程零件详图和工程装配详图有关的尺寸、注释、零件序号、箭头、虚拟交点、注释显示、注释字体、单位、工程图颜色等设置。需要注意的是，“文档属性”设置仅能应用于当前打开的文件，并且“文档属性”选项卡仅在文件打开时可用。新建文件的属性可以从文件的模板中获取。

利用菜单命令设置文件属性的操作步骤如下。

（1）执行命令。选择菜单栏中的“工具”→“选项”命令，在系统弹出的对话框中选择“文档属性”选项卡，打开如图 1-27 所示的“文档属性”对话框。

（2）设置选项。单击“文档属性”选项卡中左侧需要设置的项目，该项目的选项出现在对话框右侧，然后根据需要选中需要的选项。

（3）确认设置。单击对话框右下侧的“确定”按钮，完成文件属性的设置。

下面将简单介绍几种常用的文件属性设置。

☑ 设置零件序号。该选项主要用来设置装配图中零件序号的标注样式，即设置单个零件序号、成组零件序号、零件序号文字及自动零级序号布局等。单击“文档属性”选项卡中“注解”选项的下一级“零件序号”选项，根据序号选择各选项的设置，然后单击“确定”按钮即可，如图 1-28 所示。

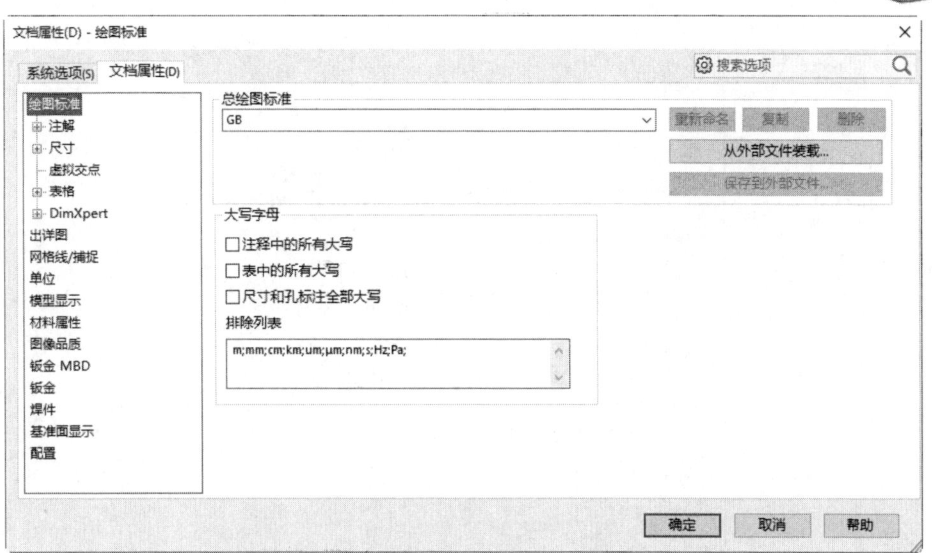

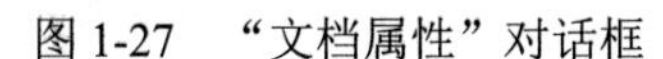

图 1-27 “文档属性”对话框

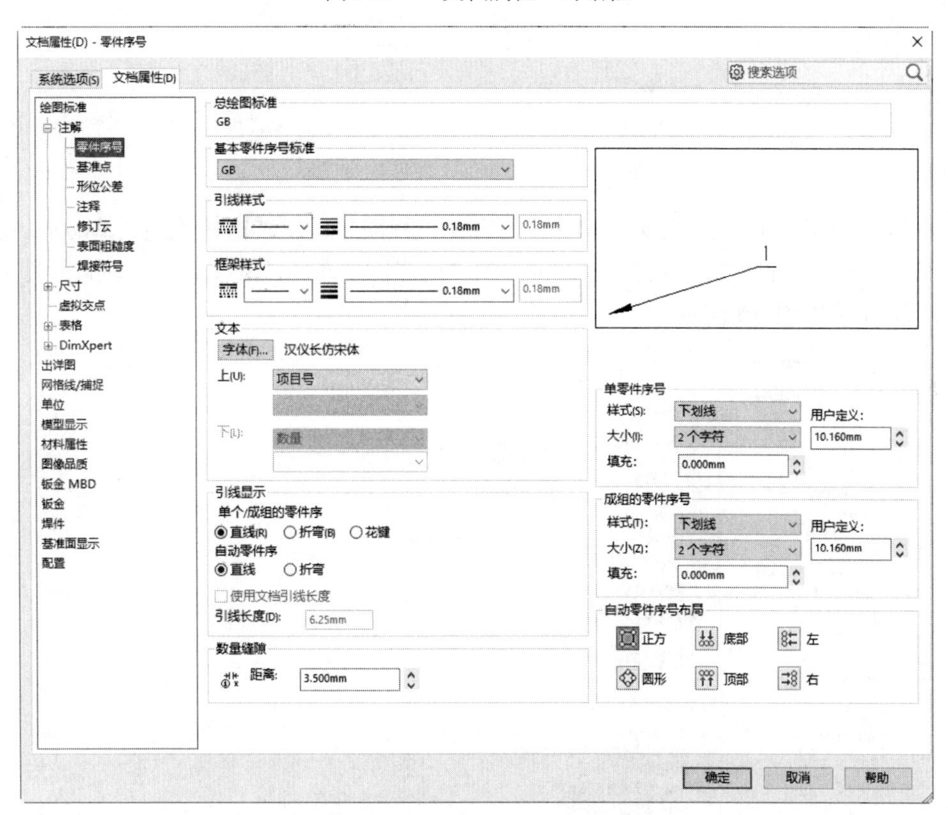

图 1-28 “零件序号”选项设置对话框

☑ 设置尺寸。对于一个高级用户来说，工程图尺寸标注设置非常重要，主要用来设置尺寸标注时的文字是否加括号、位置的对齐方式、等距距离、箭头样式及位置等参数。单击“文档属性”选项卡中的“尺寸”选项，即可进行设置，如图 1-29 所示。

Note

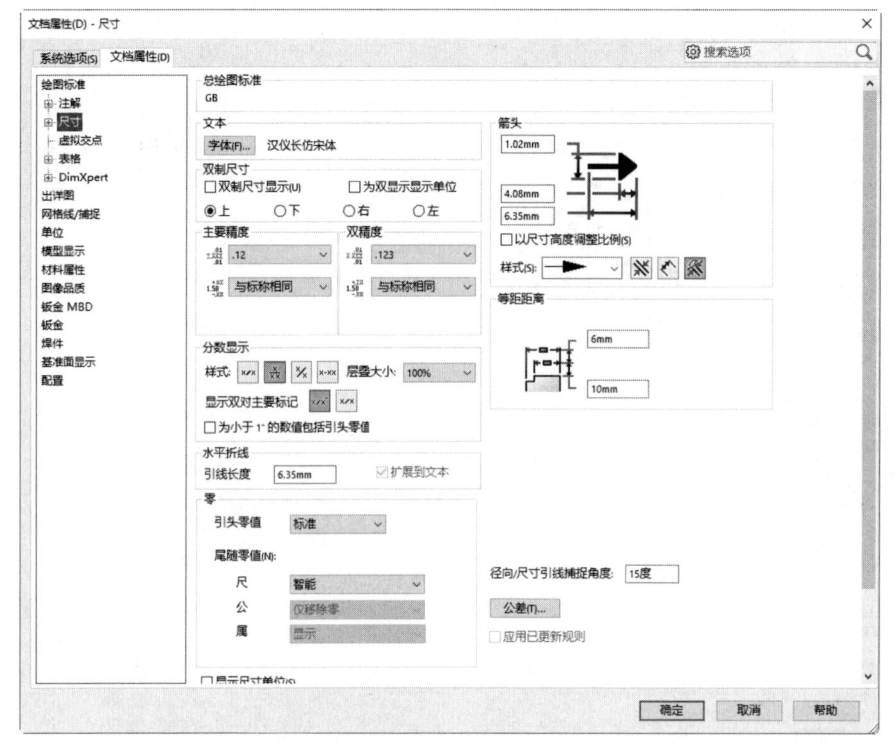

图 1-29　“尺寸”选项设置对话框

☑　设置出详图。该选项主要用来设置是否在工程图中显示装饰螺纹线、基准点、基准目标等选项。单击“文档属性”选项卡中的“出详图”选项，选中其中选项即可进行相应的设置，如图 1-30 所示。

图 1-30　“出详图”选项设置对话框

☑　设置单位。设置单位主要包括设置单位系统、长度单位、角度单位、双制单位及小数位

数等。单位系统设置主要是针对各个国家的使用标准不同而设置的，有 5 个选项。单击“文档属性”选项卡中的“单位”选项，根据需要选择设置即可，如图 1-31 所示。

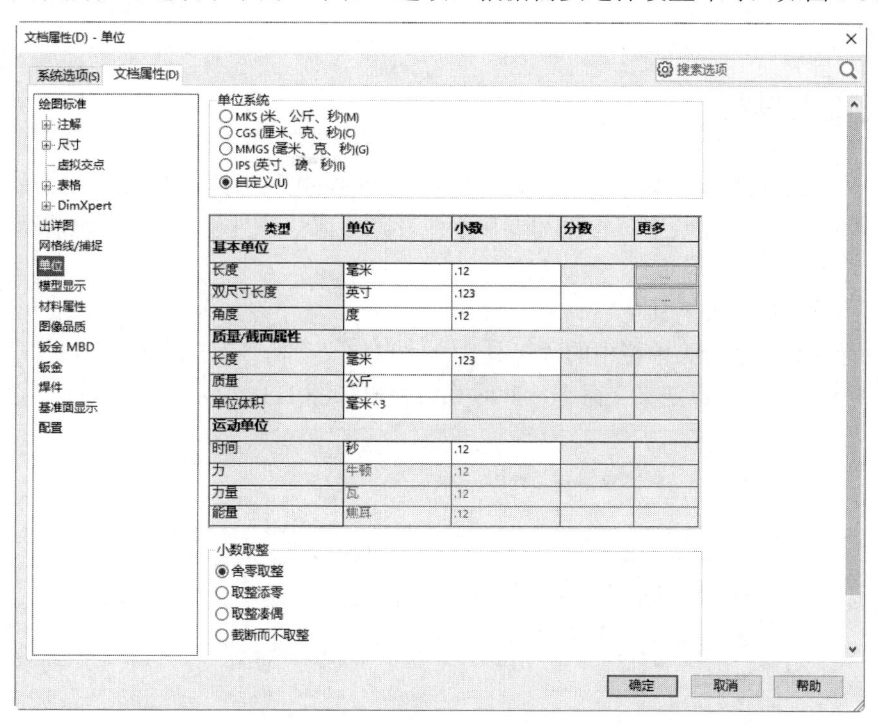

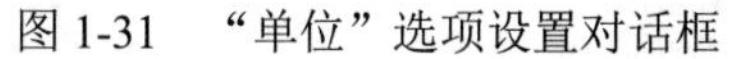

图 1-31　“单位”选项设置对话框

系统默认一个单位的小数位数为 2，如果将对话框中“长度单位”栏中的“小数位数”设置为 0，则图形中尺寸标注的小数位数将改变。图 1-32 为设置前后的图形比较。

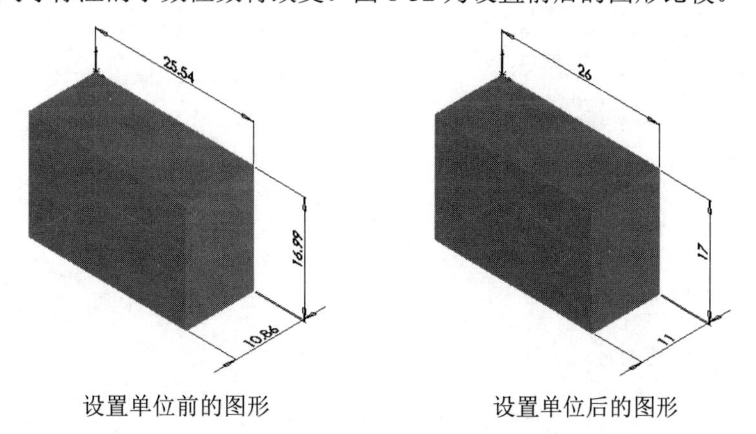

设置单位前的图形　　　　设置单位后的图形

图 1-32　设置单位前后图形比较

1.5　工作环境设置

视频讲解

要熟练地使用一套软件，必须先认识软件的工作环境，然后设置适合自己的使用环境，这样可以使设计更加便捷。SOLIDWORKS 软件同其他软件一样，用户可以根据自己的需要显示或者隐藏工具栏，以及添加或者删除工具栏中的命令按钮，还可以根据需要设置零件、装配体和工程图的工作界面。

Note

1.5.1　设置工具栏

SOLIDWORKS 系统默认显示的工具栏是比较常用的，其他工具栏由于绘图区域限制处于隐藏状态。在建模过程中，用户可以根据需要显示或者隐藏部分工具栏，设置方法有两种，下面将分别介绍。

1．利用菜单命令设置工具栏

（1）执行命令。选择菜单栏中的“工具”→“自定义”命令，或者在工具栏区域右击，在弹出的快捷菜单中选择“自定义”命令，此时系统弹出如图 1-33 所示的“自定义”对话框。

图 1-33　“自定义”对话框

（2）设置工具栏。选择“工具栏”选项卡，此时会显示系统所有的工具栏，选中需要的工具栏。

（3）确认设置。单击对话框中的“确定”按钮，则操作界面上会显示选择的工具栏。

如果要隐藏已经显示的工具栏，单击已经选中的工具栏，则取消选中，然后单击“确定”按钮，此时操作界面上会隐藏选中的工具栏。

2．利用鼠标右键设置工具栏

（1）执行命令。在操作界面的工具栏中右击，系统会显示设置工具栏的快捷菜单，如图 1-34（a）所示。如在工具栏的标签上右击，系统会显示设置选项卡标签的快捷菜单，如图 1-34（b）所示。

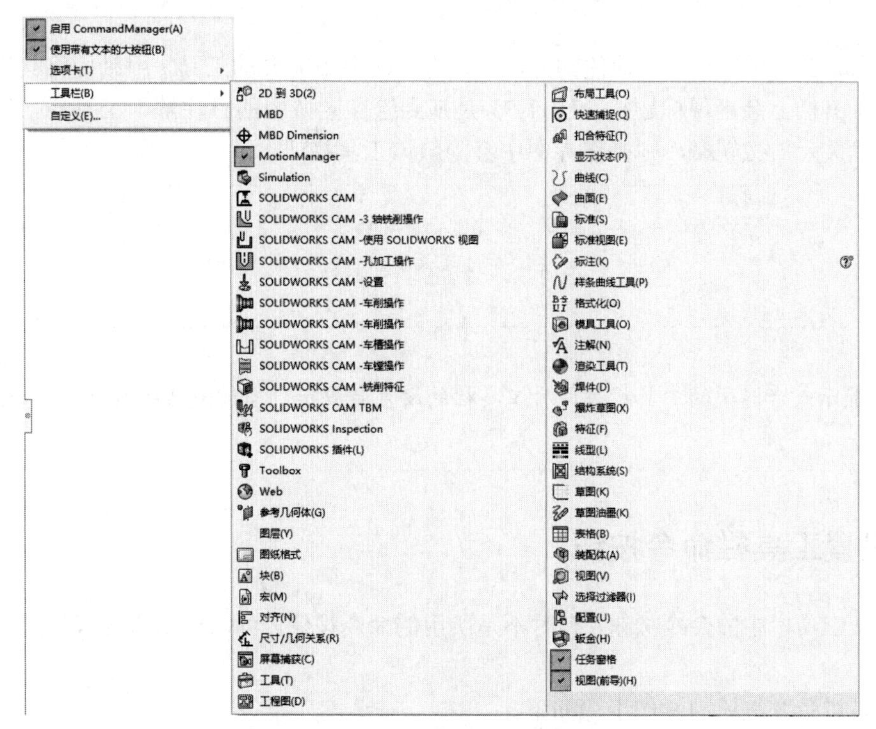

（a）设置工具栏的快捷菜单

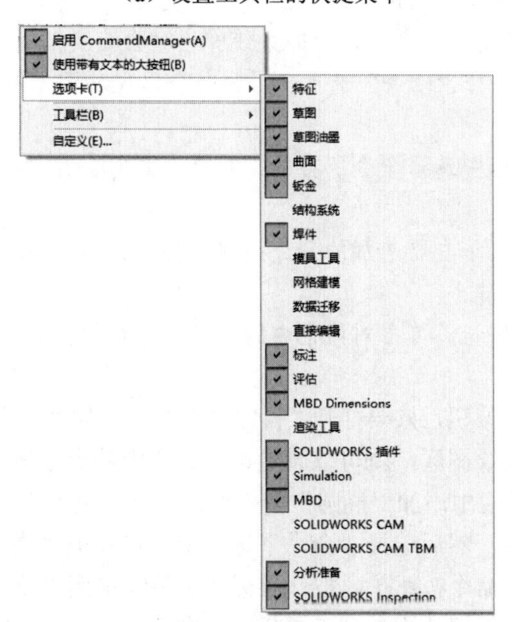

（b）设置选项卡标签的快捷菜单

图 1-34　工具栏快捷菜单

（2）设置工具栏。如果单击需要的工具栏，前面复选框的颜色会加深，则操作界面上会显示选择的工具栏。

如果单击已经显示的工具栏，前面复选框的颜色会变浅，则操作界面上会隐藏选择的工具栏。

另外，隐藏工具栏还有一个简便的方法，即将界面中不需要的工具，用鼠标将其拖到绘图区域中，此时工具栏上会出现标题栏。图 1-35 是拖到绘图区域中的“注解”工具栏，然后单击工具栏右上角“关闭”按钮，则操作界面中会隐藏该工具栏。

图 1-35　“注解”工具栏

提示：

当选择显示或者隐藏的工具栏时，对工具栏的设置会应用到当前激活的 SOLIDWORKS 文件类型中。

1.5.2　设置工具栏命令按钮

系统默认工具栏中的命令按钮，有时不是所用的命令按钮，可以根据需要添加或者删除命令按钮。

设置工具栏命令按钮的操作步骤如下。

（1）执行命令。选择菜单栏中的“工具”→“自定义”命令，或者在工具栏区域右击，在弹出的快捷菜单中选择“自定义”命令，此时系统弹出“自定义”对话框。

（2）设置命令按钮。选择“命令”选项卡，此时会出现如图 1-36 所示的“命令”选项卡的类别和按钮选项。

（3）在“类别”列表框中选择命令所在的工具栏，此时会在“按钮”栏出现该工具栏中所有的命令按钮。

（4）在“按钮”栏中，单击要增加的命令按钮，然后按住鼠标左键拖动该按钮到要放置的工具栏上，然后松开鼠标左键。

（5）确认添加的命令按钮。单击对话框中的“确定”按钮，则工具栏上会显示添加的命令按钮。

如果要删除无用的命令按钮，只要打开“自定义”对话框的“命令”选项卡，然后在要删除的按钮上用鼠标左键拖动到绘图区，就可以删除该工具栏中的命令按钮。

例如，在“草图”工具栏中添加“椭圆”命令按钮。首先执行“工具”→“自定义”菜单命令，进入“自定义”对话框，然后选择“命令”选项卡，在左侧“类别”栏中选择“草图”。在“按钮”栏中单击“椭圆”命令按钮，按住鼠标左键将其拖到“草图”工具栏中合适的位置，然后松开鼠标左键，该命令按钮就添加到工具栏中。图 1-37 所示为“草图”工具栏添加命令按钮前后的变化情况。

图 1-36　“自定义”对话框

（a）添加命令按钮前

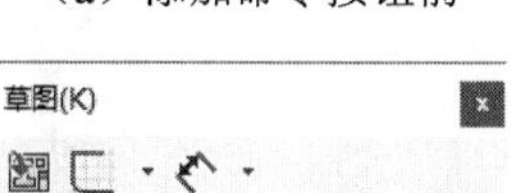

（b）添加命令按钮后

图 1-37　“草图”工具栏添加命令按钮前后变化情况

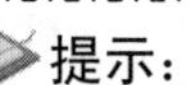
提示：

在工具栏中添加或者删除命令按钮时，对工具栏的设置会应用到当前激活的 SOLIDWORKS 文件类型中。

1.5.3　设置快捷键

除了使用菜单栏和工具栏中命令按钮执行命令外，SOLIDWORKS 软件还可以让用户通过自行设置快捷键方式来执行命令。操作步骤如下。

（1）执行命令。选择菜单栏中的“工具”→“自定义”命令，或者在工具栏区域右击，在弹出的快捷菜单中选择“自定义”命令，此时系统弹出“自定义”对话框。

（2）设置快捷键。选择“键盘”选项卡，此时会出现如图 1-38 所示的“键盘”选项卡的类别和命令选项。

（3）在“类别”选项选择菜单类，然后在“命令”选项选择要设置快捷键的命令。

（4）在“快捷键”栏中输入要设置的快捷键，输入的快捷键就会出现在“快捷键”栏中。

（5）确认设置的快捷键。单击对话框中的“确定”按钮，快捷键设置成功。

Note

图 1-38 “键盘”选项卡

提示：

（1）如果设置的快捷键已经被使用过，则系统会提示该快捷键已经被使用，必须更改要设置的快捷键。

（2）如果要取消设置的快捷键，在对话框中选择“快捷键”一栏中设置的快捷键，然后单击对话框中的“移除快捷键”按钮，则该快捷键就会被取消。

1.5.4 设置背景

在 SOLIDWORKS 中，可以更改操作界面的背景及颜色，以设置个性化的用户界面。

设置背景的操作步骤如下。

（1）执行命令。选择菜单栏中的“工具”→“选项”命令，此时系统弹出“系统选项”对话框，如图 1-39 所示。

（2）设置颜色。在“系统选项”选项卡中选择“颜色”选项，如图 1-39 所示。

（3）在右侧“颜色方案设置”栏中选择“视区背景”，然后单击“编辑”按钮，此时系统弹出如图 1-40 所示的“颜色”对话框，在其中选择设置的颜色，然后单击“确定”按钮。也可以使用该方式，设置其他选项的颜色。

（4）确认背景颜色设置。单击对话框中的“确定”按钮，系统背景颜色设置成功。

在图 1-39 所示的对话框中，选中下面 4 个不同的选项，可以得到不同背景效果，用户可以自行设置，在此不再赘述。设置背景后的效果如图 1-41 所示。

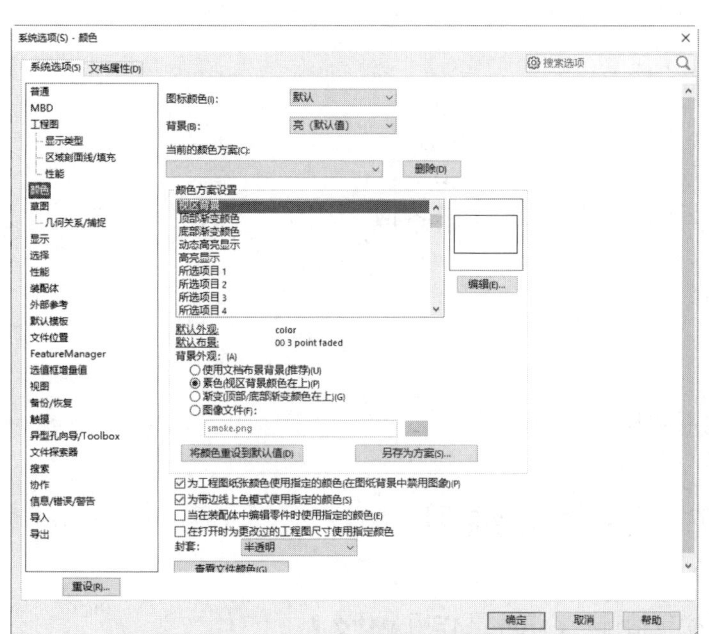

图 1-39　“系统选项”对话框

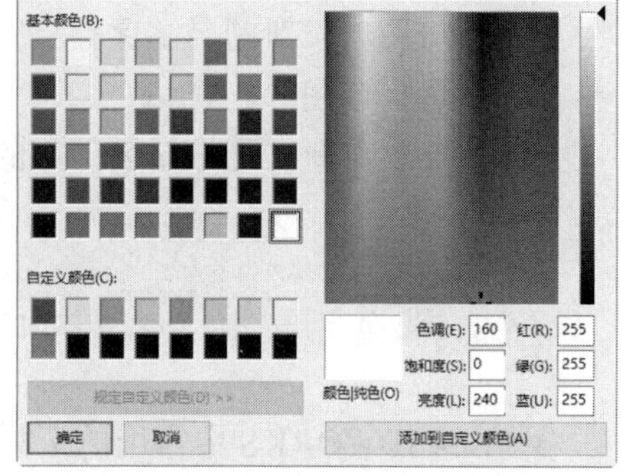

图 1-40　“颜色”对话框

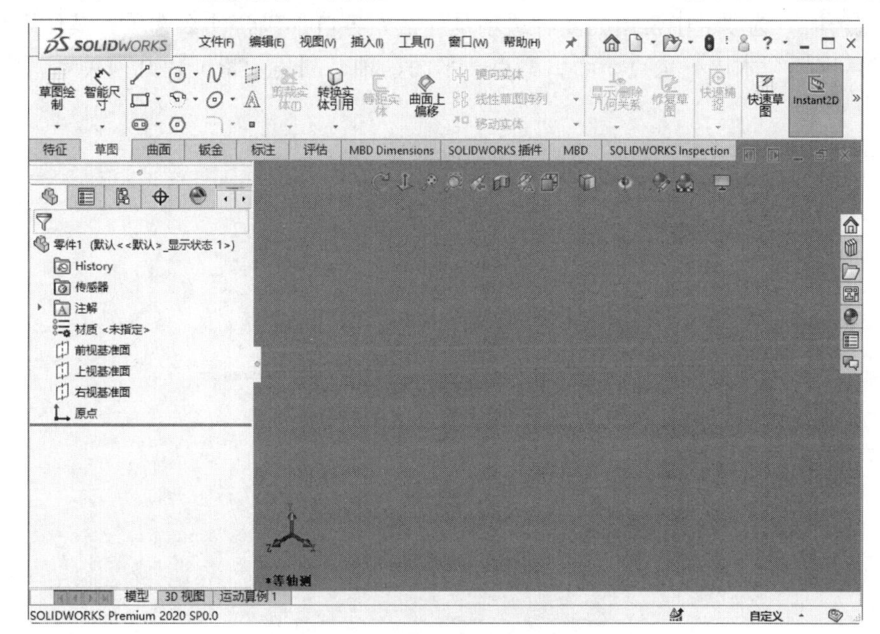

图 1-41　设置背景后的效果

1.6　上 机 操 作

1．熟悉操作界面。

操作提示：

（1）启动 SOLIDWORKS 2020，进入绘图界面。

（2）调整操作界面大小。

（3）打开、移动、关闭工具栏。

2．打开、保存文件。

Note

操作提示：

（1）启动 SOLIDWORKS 2020，新建一文件，进入绘图界面。

（2）打开已经保存过的零件图形。

（3）进行自动保存设置。

（4）将图形以新的名字保存。

（5）退出该图形。

（6）尝试重新打开按新名保存的原图形。

1.7 思考与练习

1．SOLIDWORKS 中常用的工具栏包括哪些？其主要作用是什么？

2．如何自定义工具栏？

3．“系统选项”选项卡中常用的 4 种选项是什么？各自都包含什么选项？其作用是什么？

4．熟悉常用模型术语：顶点、面、原点、平面、轴、圆角、特征、几何关系、模型、自由度、坐标系。

第2章

辅助工具

本章学习要点和目标任务:

☑ 参考几何体

☑ 查询

☑ 零件的特征管理

☑ 零件的显示

在建模过程中经常会用到一些辅助工具，如基准平面、基准轴，同时更改零件中的特征顺序，因此在学习零件建模之前应灵活运用辅助工具。

本章主要讲述参考几何体、查询、零件的特征管理和零件的显示相关内容。

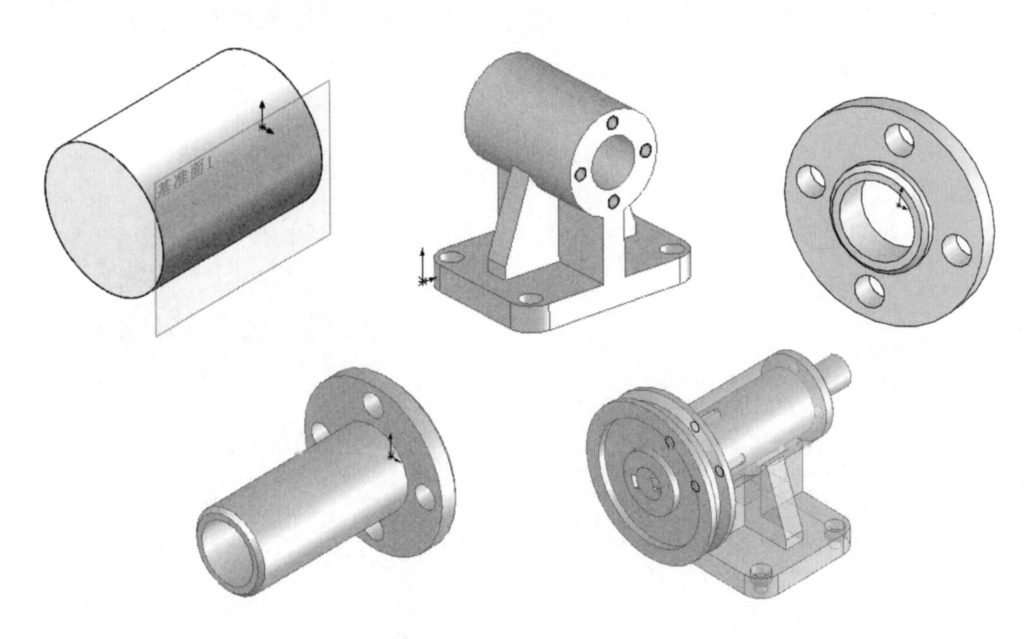

Note

2.1 参考几何体

参考几何体主要包括基准面、基准轴、坐标系和点 4 个部分。“参考几何体”操控板如图 2-1 所示，各参考几何体的功能如下。

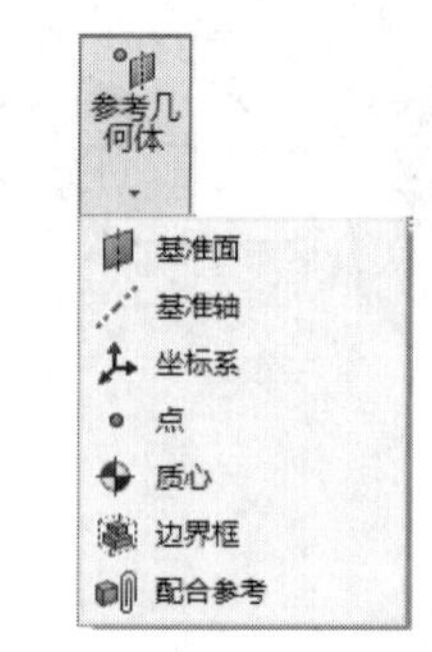

图 2-1 “参考几何体”操控板

2.1.1 基准面

基准面主要应用于零件图和装配图中，可以利用基准面来绘制草图，生成模型的剖面视图，用于拔模特征中的中性面等。

SOLIDWORKS 提供了前视基准面、上视基准面和右视基准面 3 个默认的相互垂直的基准面。通常情况下，用户在这 3 个基准面上绘制草图，然后使用特征命令创建实体模型即可绘制需要的图形。但是，对于一些特殊的特征，比如创建扫描和放样特征却需要在不同的基准面上绘制草图，才能完成模型的构建，这就需要创建新的基准面。执行基准面命令，主要有如下 3 种调用方法。

☑ 面板：单击“特征”面板中的“参考几何体”→“基准面”按钮。

☑ 工具栏：单击“特征”工具栏中的“参考几何体”→“基准面”按钮或单击“参考几何体”工具栏中的“基准面”按钮。

☑ 菜单栏：选择菜单栏中的“插入”→“参考几何体”→“基准面”命令。

执行上述操作后，弹出“基准面”属性管理器，如图 2-2 所示。

创建基准面有 6 种方式：通过直线和点方式、点和平行面方式、两面夹角方式、等距距离方式、垂直于曲线方式与曲面切平面方式，下面将详细介绍。

视频讲解

1. 通过直线和点方式

该方式用于创建一个通过边线、轴或者草图线及点或者通过三点的基准面。创建步骤如下。

（1）打开文件。打开原始文件“源文件\第 2 章\基准面 1.prt”，如图 2-3 所示。

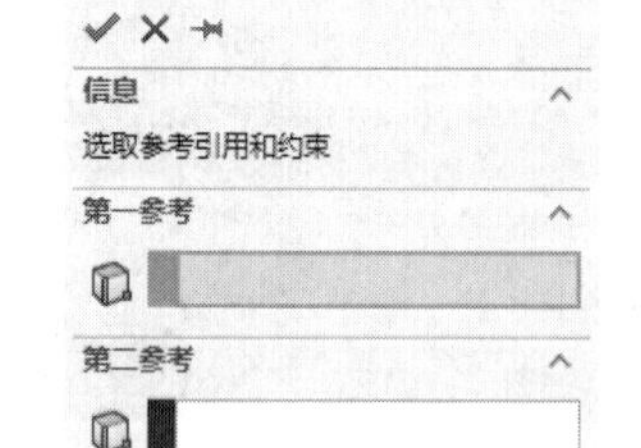

图 2-2 “基准面”属性管理器

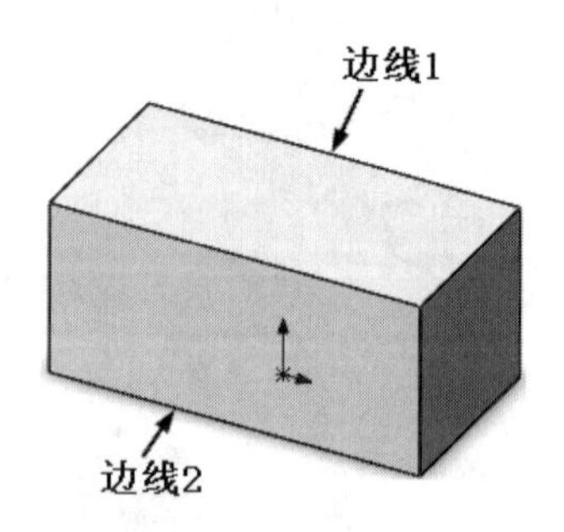

图 2-3 零件

（2）执行基准面命令。单击“特征”面板中的“基准面”按钮，此时系统弹出如图 2-4 所示的“基准面”属性管理器。

（3）设置属性管理器。在第一参考中的“参考实体”栏，选择如图 2-3 所示的边线 1。在第二参考中的“参考实体”栏，选择如图 2-3 所示的边线 2 的中点，生成基准面。

（4）确认生成的基准面。单击“基准面”属性管理器中的“确定”按钮✔创建一个基准面，如图 2-5 所示。

视频讲解

2．点和平行面方式

该方式用于创建一个通过点且平行于基准面或者面的基准面。创建步骤如下。

（1）打开文件。打开原始文件“源文件\第 2 章\基准面 1.prt”，如图 2-6 所示。

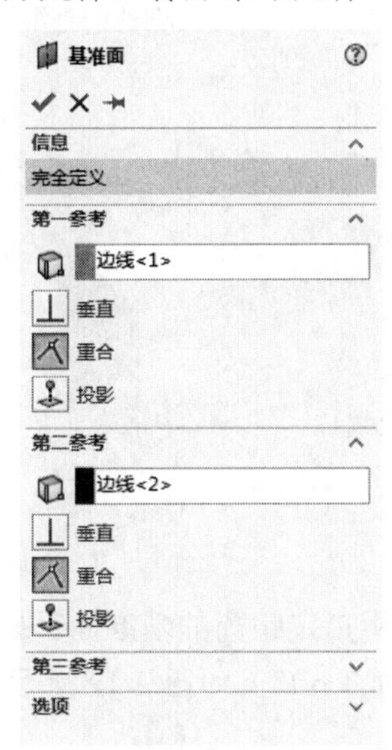

图 2-4　“基准面”属性管理器

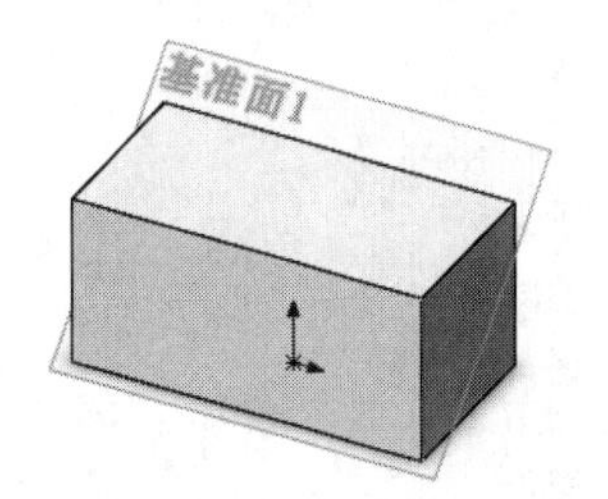

图 2-5　直线和点方式创建的基准面

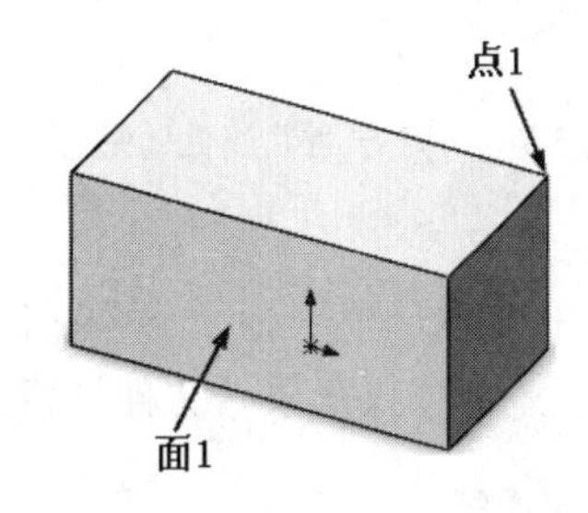

图 2-6　零件

（2）执行基准面命令。单击“特征”面板中的“基准面”按钮，此时系统弹出如图 2-7 所示的“基准面”属性管理器。

（3）设置属性管理器。选择如图 2-6 所示的面 1。

（4）确认添加的基准面。单击“基准面”属性管理器中的“确定”按钮✔，创建基准面如图 2-8 所示。

视频讲解

3．两面夹角方式

该方式用于创建一个通过一条边线、轴线或者草图线，并与一个面或者基准面成一定角度的基准面。操作步骤如下。

（1）打开文件。打开原始文件“源文件\第 2 章\基准面 1.prt”，如图 2-9 所示。

（2）执行基准面命令。单击“特征”面板中的“基准面”按钮，此时系统弹出如图 2-10 所示的“基准面”属性管理器。

（3）设置属性管理器。单击“两面夹角”按钮，设置基准面的创建方式为两面夹角方式。在“角度”栏中输入值 60 度；在第一参考的“参考实体”栏中，选择如图 2-9 所示的边线 1 和第二参考的“参考实体”栏中选择如图 2-9 所示的面 1。

（4）确认添加的基准面。单击“基准面”属性管理器中的“确定”按钮✔，创建一个基准面，如图 2-11 所示。

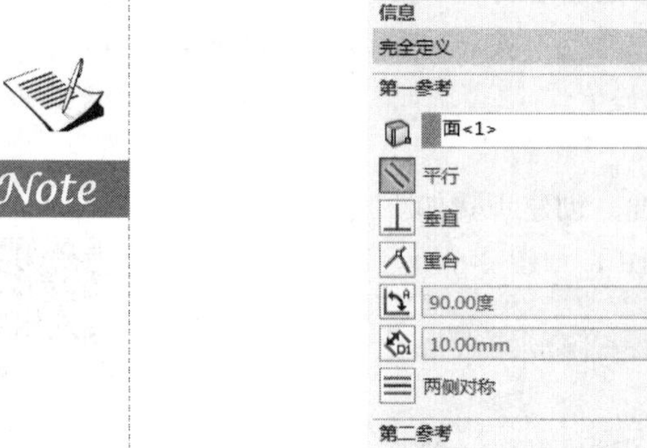

图 2-7 “基准面”属性管理器

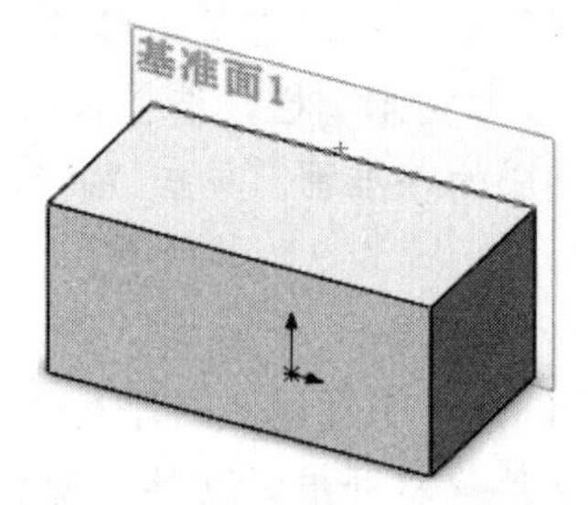

图 2-8 点和平行面方式创建的基准面

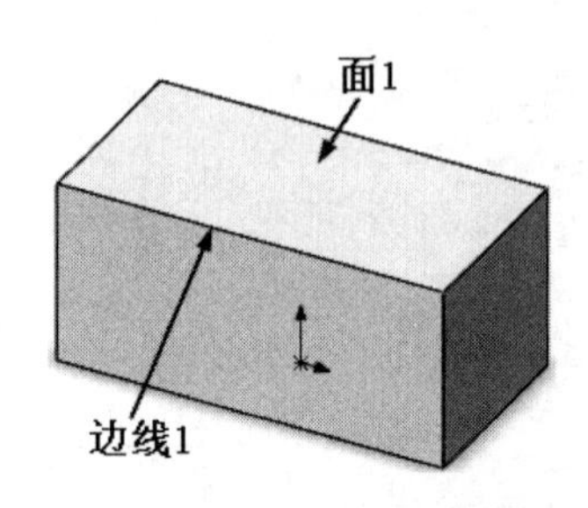

图 2-9 零件

4．等距距离方式

该方式用于创建一个平行于一个基准面或者面，并等距指定距离的基准面。操作步骤如下。

（1）打开文件。打开原始文件“源文件\第 2 章\基准面 1.prt”，如图 2-12 所示。

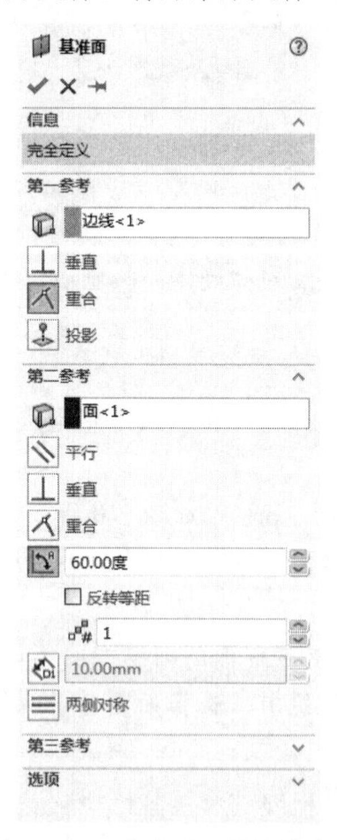

图 2-10 “基准面”属性管理器

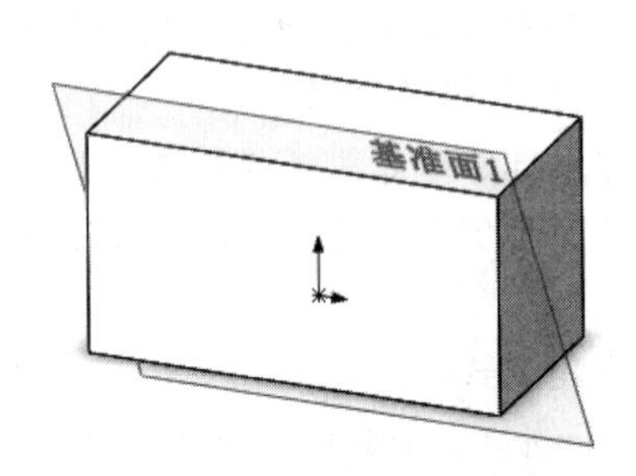

图 2-11 两面夹角方式创建的基准面

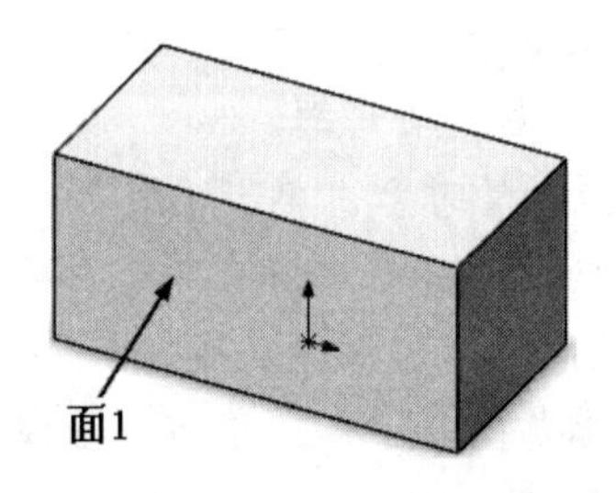

图 2-12 拉伸的图形

（2）执行基准面命令。单击“特征”面板中的“基准面”按钮，此时系统弹出如图 2-13 所示的“基准面”属性管理器。

（3）设置基准面。单击“偏移距离”按钮，设置基准面的创建方式为偏移距离方式。在“距离”栏中输入值 10mm；在第一参考的“参考实体”栏中，选择如图 2-12 所示的面 1。可以设置生成基准面相对于参考面的方向。

Note

（4）确认添加的基准面。单击“基准面”属性管理器中的“确定”按钮✔，创建一个基准面，如图 2-14 所示。

视频讲解

5．垂直于曲线方式

该方式用于创建一个通过一个点且垂直于一条边线或者曲线的基准面。操作步骤如下。

（1）打开文件。打开原始文件“源文件\第 2 章\基准面 2.prt”，如图 2-15 所示。

图 2-13　“基准面”属性管理器

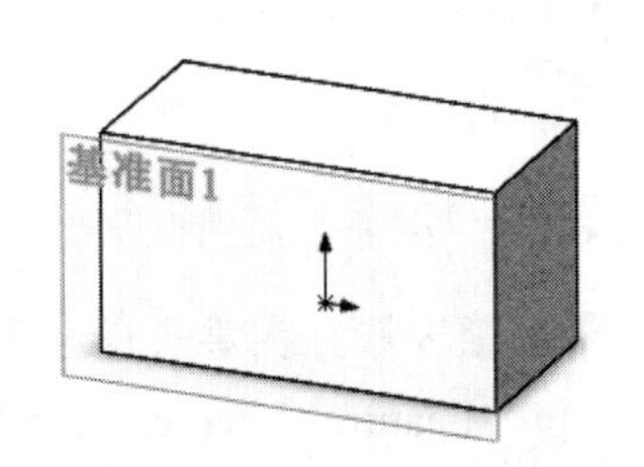

图 2-14　等距距离方式创建的基准面

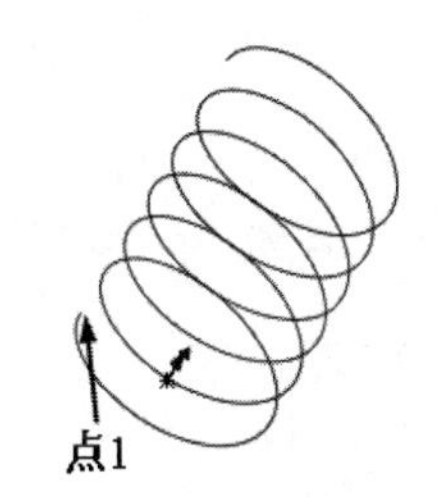

图 2-15　生成的螺旋线

（2）执行基准面命令。单击“特征”面板中的“基准面”按钮，此时系统弹出如图 2-16 所示的“基准面”属性管理器。

（3）设置属性管理器。在第一参考的“参考实体”栏中，选择如图 2-15 所示的螺旋线和在第二参考的“参考实体”栏中选择如图 2-15 所示的点 1。

（4）确认添加的基准面。单击“基准面”属性管理器中的“确定”按钮✔，则创建了一个通过点 1 且与螺旋线垂直的基准面，如图 2-17 所示。

6．曲面切平面方式

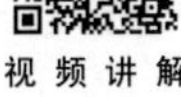

视频讲解

该方式用于创建一个与空间面或圆形曲面相切于一点的基准面。操作步骤如下。

（1）打开文件。打开原始文件“源文件\第 2 章\基准面 3.prt”，如图 2-18 所示。

（2）执行基准面命令。单击“特征”面板中的“基准面”按钮，此时系统弹出如图 2-19 所示的“基准面”属性管理器。

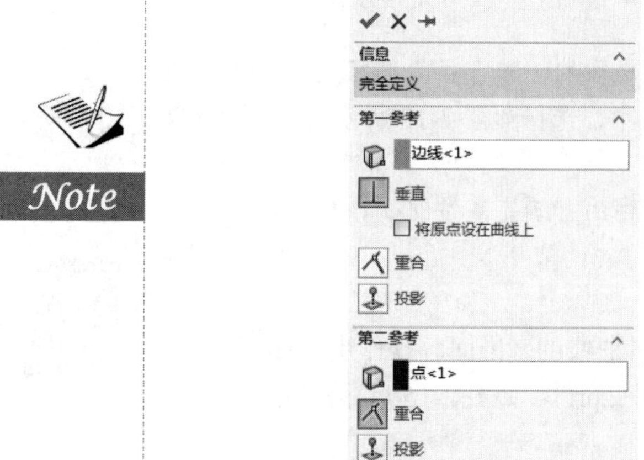

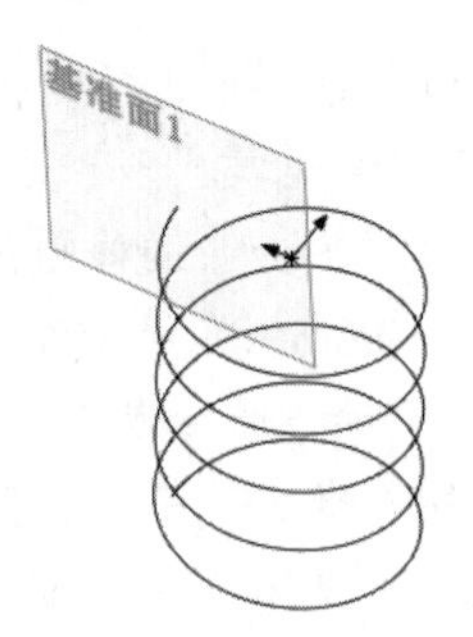

图 2-17　垂直于曲线方式创建的基准面

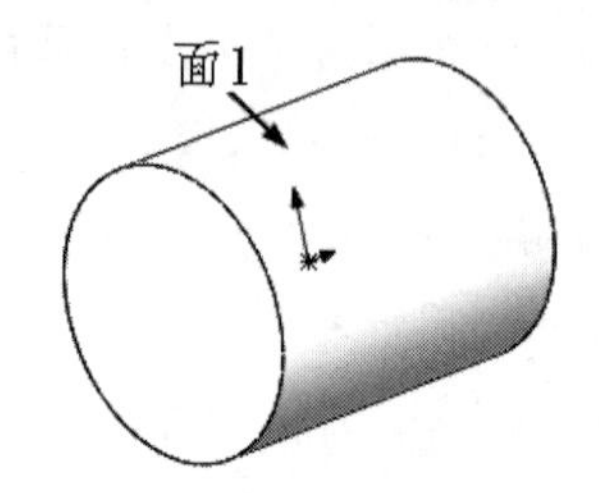

图 2-16　“基准面”属性管理器

图 2-18　基准面 3

（3）设置属性管理器。在第一参考和第二参考的“参考实体”栏中，分别选择如图 2-18 所示的圆柱体表面和“FeatureManager 设计树”中的上视基准面。

（4）确认添加的基准面。单击“基准面”属性管理器中的“确定”按钮✓，则创建一个与圆柱体表面相切且与垂直于上视基准面的基准面，如图 2-20 所示。

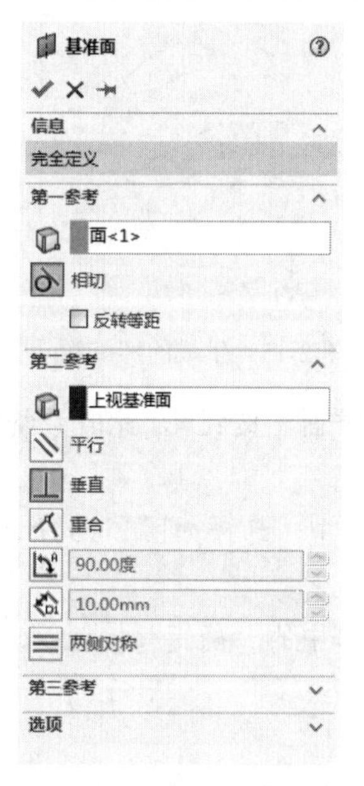

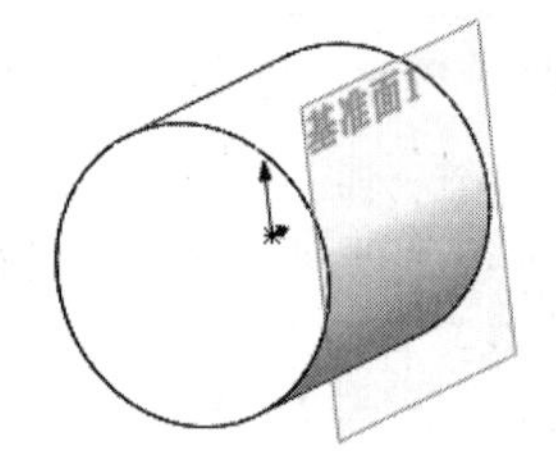

图 2-19　“基准面”属性管理器

图 2-20　曲面切平面方式创建的基准面

2.1.2　基准轴

基准轴通常在成草图几何体时或者圆周阵列中使用。每一个圆柱和圆锥面都有一条轴线。临

时轴是由模型中的圆锥和圆柱隐含生成的，可以选择菜单栏中的“视图”→“临时轴”命令来隐藏或显示所有临时轴。执行基准轴命令，主要有如下 3 种调用方法。

☑　面板：单击“特征”面板中的“基准轴”按钮⟋。

☑　工具栏：单击“特征”工具栏中的“基准轴”按钮⟋，或单击“参考几何体”工具栏中的“基准轴”按钮⟋。

☑　菜单栏：选择菜单栏中的“插入”→“参考几何体”→“基准轴”命令。

Note

执行上述方式后，弹出“基准轴”属性管理器，如图 2-21 所示。

创建基准轴有 5 种方式：一直线/边线/轴方式、两平面方式、两点/顶点方式、圆柱/圆锥面方式与点和面/基准面方式，下面将详细介绍。

视频讲解

1．一直线/边线/轴方式

选择一草图的直线、实体的边线或者轴，创建所选直线所在的轴线。操作步骤如下。

（1）打开文件。打开原始文件“源文件\第 2 章\基准轴 1.prt”，如图 2-22 所示。

（2）执行基准轴命令。单击“特征”面板中的“基准轴”按钮⟋，此时系统弹出如图 2-23 所示的“基准轴”属性管理器。

图 2-21　“基准轴”属性管理器

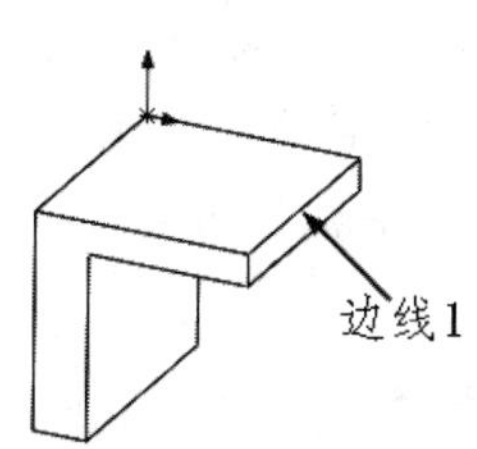
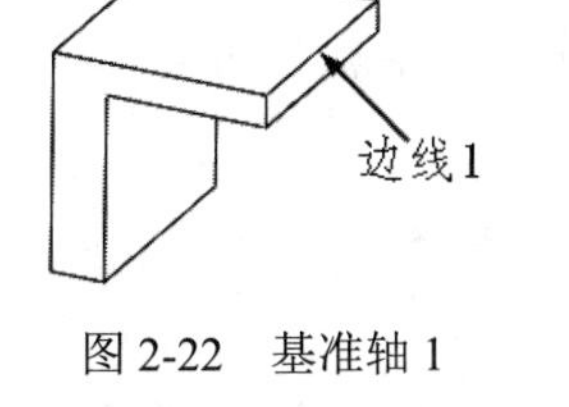

图 2-22　基准轴 1

图 2-23　“基准轴”属性管理器

（3）设置属性管理器。单击“一直线/边线/轴”按钮⟋，设置基准轴的创建方式为一直线/边线/轴方式。在“参考实体”栏中，选择如图 2-22 所示的边线 1。

（4）确认添加的基准轴。单击“基准轴”属性管理器中的“确定”按钮✔，创建一个边线 1 所在的基准轴，如图 2-24 所示。

图 2-24　一直线/边线/轴方式创建的基准轴

视频讲解

2．两平面方式

将所选两平面的交线作为基准轴。操作步骤如下。

（1）打开文件。打开原始文件“源文件\第 2 章\基准轴 1.prt”，如图 2-25 所示。

（2）执行基准轴命令。单击“特征”面板中的“基准轴”按钮⟋，此时系统弹出如图 2-26 所示的“基准轴”属性管理器。

（3）设置属性管理器。单击“两平面”按钮，设置基准轴的创建方式为两平面方式。在“参考实体”栏中，选择如图 2-25 所示的面 1 和面 2。

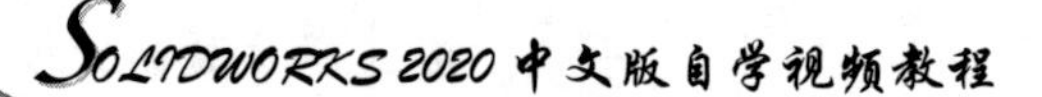

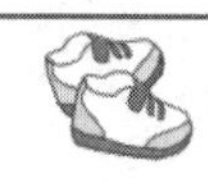

（4）确认添加的基准轴。单击“基准轴”属性管理器中的“确定”按钮✔，以两平面的交线创建一个基准轴，如图 2-27 所示。

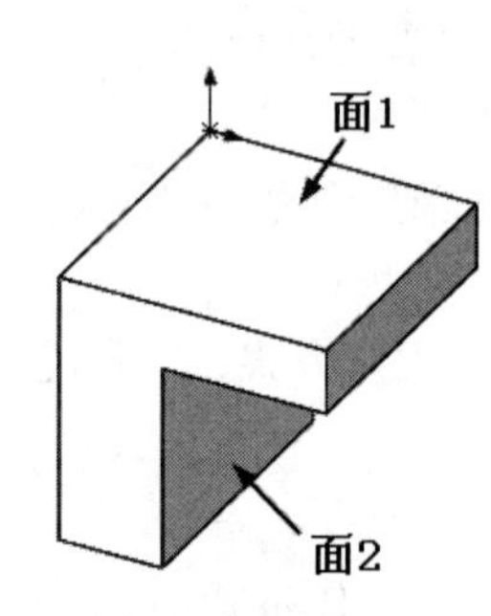

图 2-25　基准轴 1

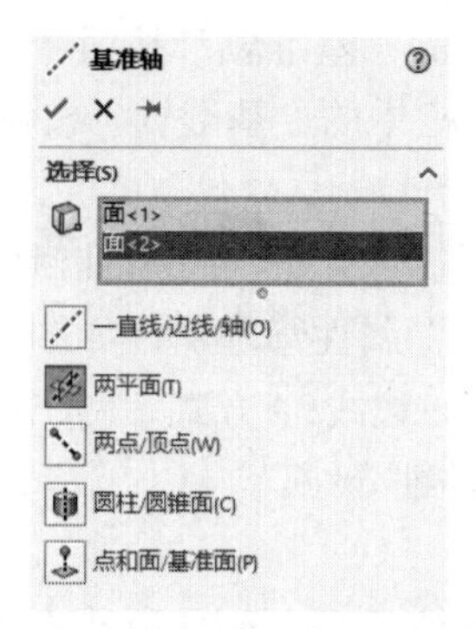

图 2-26　“基准轴”属性管理器

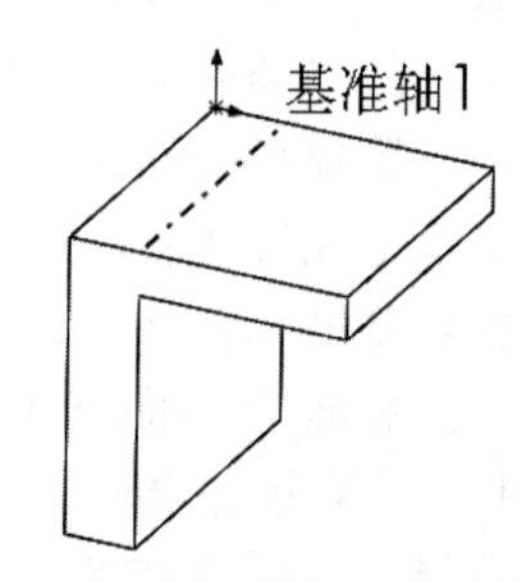

图 2-27　两平面方式创建的基准轴

视频讲解

3．两点/顶点方式

将两个点或者两个顶点的连线作为基准轴。操作步骤如下。

（1）打开文件。打开原始文件“源文件\第 2 章\基准轴 1.prt”，如图 2-28 所示。

（2）执行基准轴命令。单击“特征”面板中的“基准轴”按钮，此时系统弹出如图 2-29 所示的“基准轴”属性管理器。

（3）设置属性管理器。单击“两点/顶点”按钮，设置基准轴的创建方式为两点/顶点方式。在“参考实体”栏中，选择如图 2-28 所示的顶点 1 和顶点 2。

（4）确认添加的基准轴。单击“基准轴”属性管理器中的“确定”按钮✔，以两顶点的交线创建一个基准轴，如图 2-30 所示。

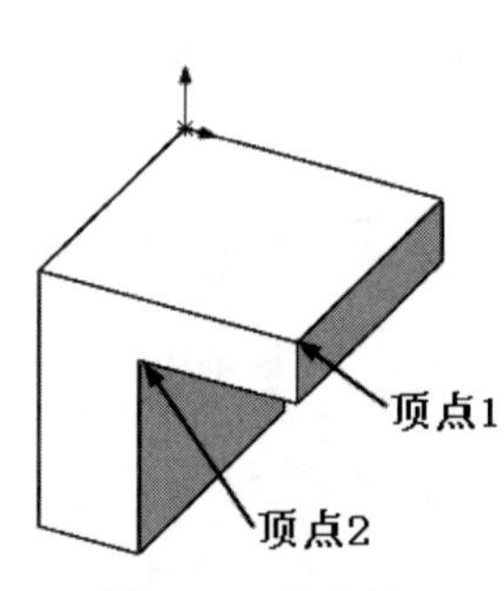

图 2-28　基准轴 1

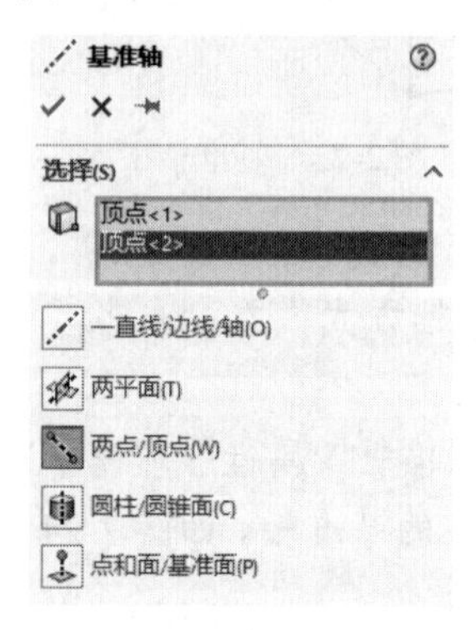

图 2-29　“基准轴”属性管理器

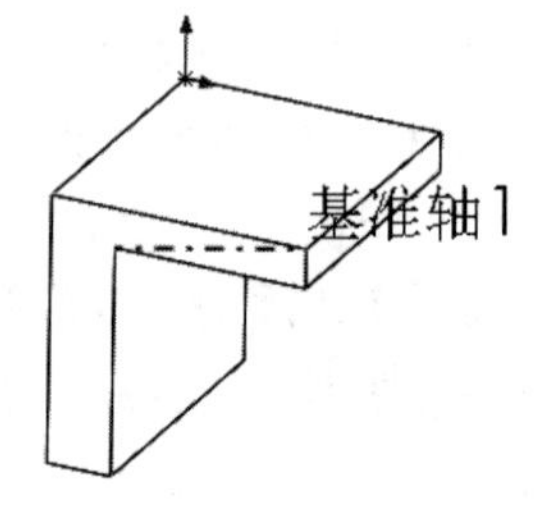

图 2-30　两点/顶点方式创建的基准轴

视频讲解

4．圆柱/圆锥面方式

选择圆柱面或者圆锥面，将其临时轴确定为基准轴。操作步骤如下。

（1）打开文件。打开原始文件“源文件\第 2 章\基准轴 2.prt”，如图 2-31 所示。

（2）执行基准轴命令。单击“特征”面板中的“基准轴”按钮，此时系统弹出如图 2-32 所示的“基准轴”属性管理器。

（3）设置属性管理器。单击“圆柱/圆锥面”按钮，设置基准轴的创建方式为圆柱/圆锥面方式。在“参考实体”栏中，选择如图 2-31 所示圆柱体的面 1。

（4）确认添加的基准轴。单击“基准轴”属性管理器中的“确定”按钮✓，将圆柱体临时轴确定为基准轴，结果如图 2-33 所示。

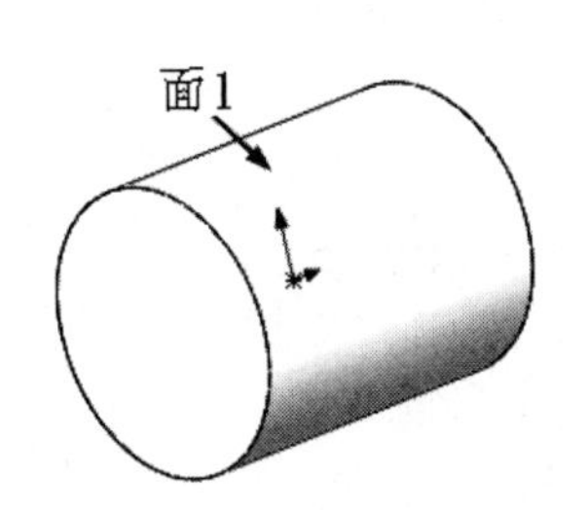

图 2-31　基准轴 2

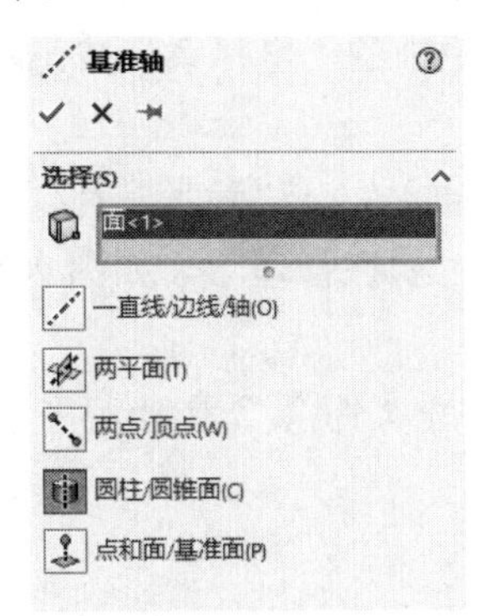

图 2-32　“基准轴”属性管理器

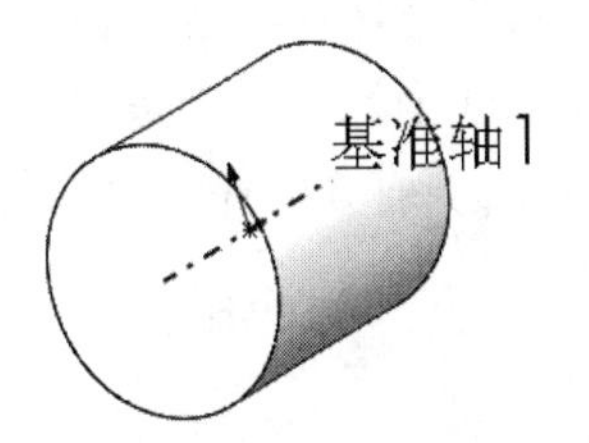

图 2-33　创建基准轴

5．点和面/基准面方式

选择一曲面或者基准面以及顶点、点或者中点，创建一个通过所选点并且垂直于所选面的基准轴。操作步骤如下。

（1）打开文件。打开原始文件“源文件\第 2 章\基准轴 3.prt”，如图 2-34 所示。

（2）执行基准轴命令。单击“特征”面板中的“基准轴”按钮，此时系统弹出如图 2-35 所示的“基准轴”属性管理器。

（3）设置属性管理器。单击“点和面/基准面”按钮，设置基准轴的创建方式为点和面/基准面方式。在“参考实体”栏中，选择如图 2-34 所示的边线 1 的中点和面 1。

（4）确认添加的基准轴。单击“基准轴”属性管理器中的“确定”按钮✓，创建一个通过边线 1 的中点且垂直于面 1 的基准轴，如图 2-36 所示。

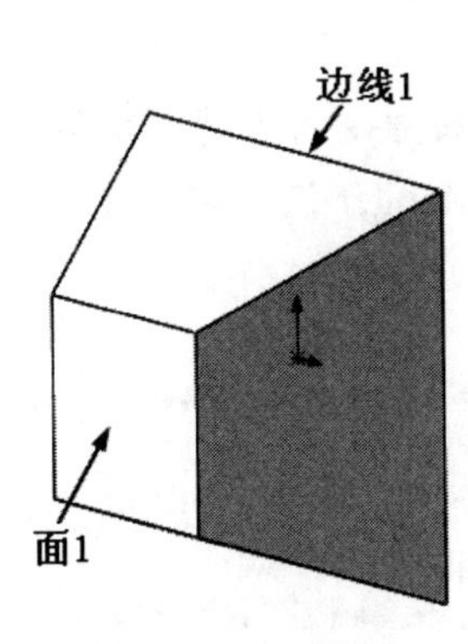

图 2-34　基准轴 3

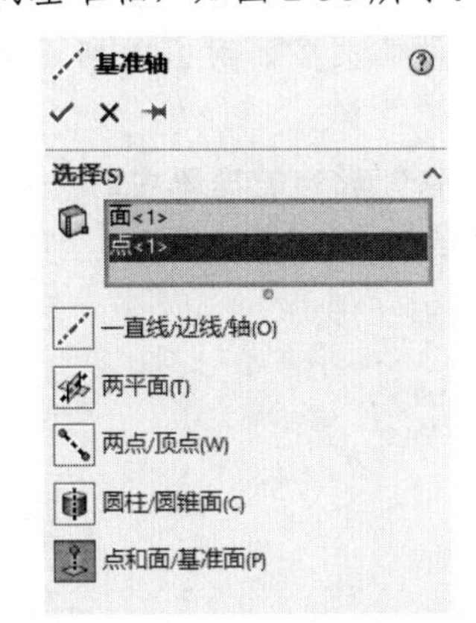

图 2-35　“基准轴”属性管理器

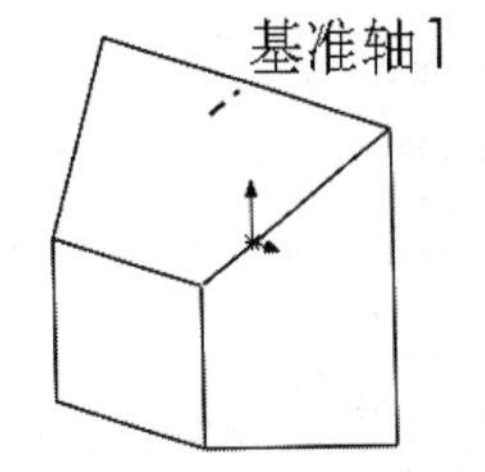

图 2-36　点和面/基准面方式创建的基准轴

2.1.3　坐标系

坐标系主要用来定义零件或装配体的坐标系。此坐标系与测量和质量属性工具一同使用，可用于将 SOLIDWORKS 文件输出至 IGES、STL、ACIS、STEP、Parasolid、VRML 和 VDA 文件。

执行坐标系命令，主要有如下 3 种调用方法。

☑ 面板：单击“特征”面板中的“坐标系”按钮。

☑ 工具栏：单击“特征”工具栏中的“坐标系”按钮或单击“参考几何体”工具栏中的“坐标系”按钮。

☑ 菜单栏：选择菜单栏中的“插入”→“参考几何体”→“坐标系”命令。

执行上述操作后，打开“坐标系”属性管理器，如图 2-37 所示。

创建坐标系的步骤如下。

（1）打开文件。打开原始文件“源文件\第 2 章\坐标系.prt”，如图 2-38 所示。

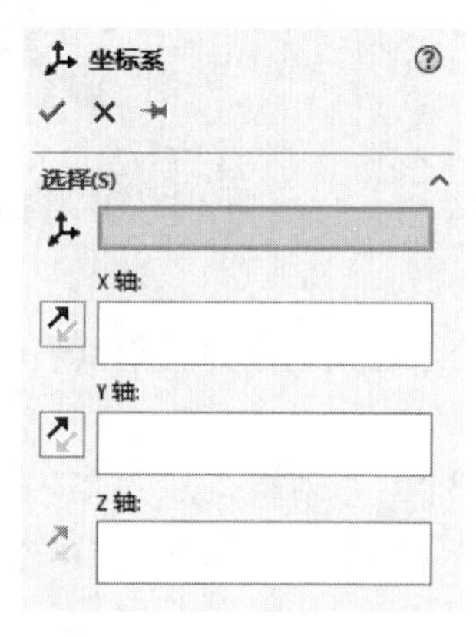

图 2-37 “坐标系”属性管理器

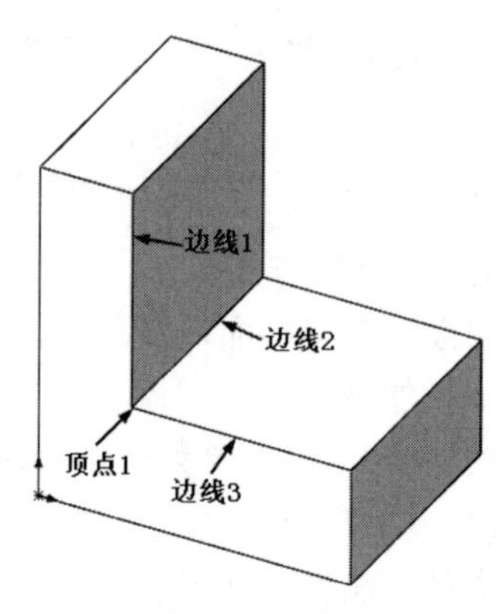

图 2-38 坐标系

（2）执行坐标系命令。单击“特征”面板中的“坐标系”按钮，此时系统弹出如图 2-39 所示的“坐标系”属性管理器。

（3）设置属性管理器。在“原点”栏中，选择如图 2-38 所示的顶点 1；在“X 轴”栏中，选择如图 2-38 所示的边线 1；在“Y 轴”栏中，选择如图 2-38 所示中的边线 2；在“Z 轴”栏中，选择如图 2-38 所示的边线 3。

（4）确认添加的坐标系。单击“坐标系”属性管理器中的“确定”按钮✓，创建一个新的坐标系，结果如图 2-40 所示。此时所创建的坐标系也会显示在“FeatureManger 设计树”中，如图 2-41 所示。

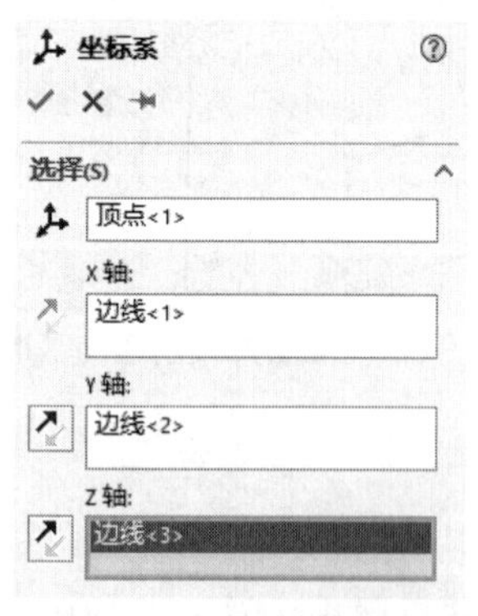

图 2-39 “坐标系”属性管理器

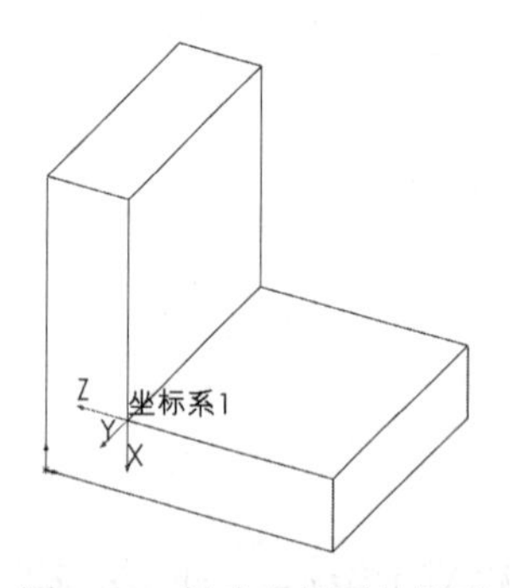

图 2-40 创建坐标系的图形

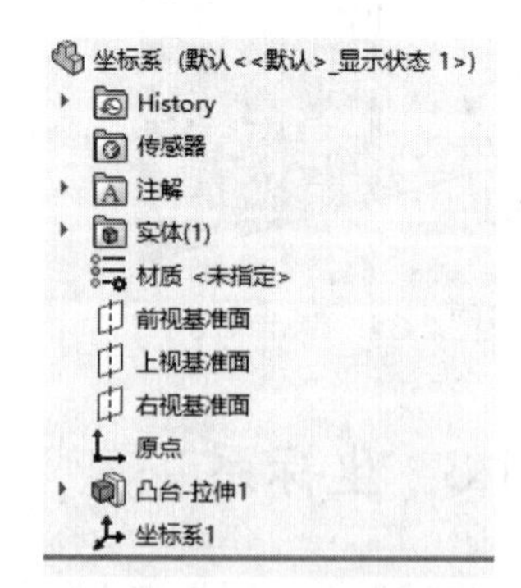

图 2-41 FeatureManger 设计树

提示：

在“坐标系”属性管理器中，每一步设置都可以形成一个新的坐标系，并可以单击方向按钮调整坐标轴的方向。

2.2　查　　询

查询功能主要是查询所建模型的表面积、体积及质量等相关信息，计算设计零部件的结构强度、安全因子等。SOLIDWORKS 提供了 3 种查询功能：测量、质量特性与截面属性。这 3 个按钮命令按钮位于“工具”工具栏中，如图 2-42 所示。

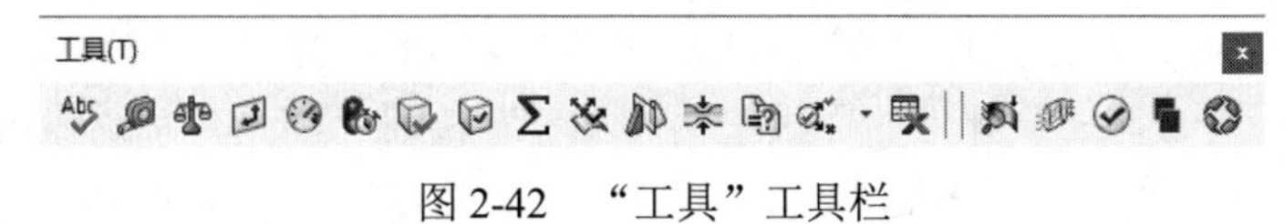

图 2-42　“工具”工具栏

2.2.1　测量

测量功能可以测量草图、3D 模型、装配体或者工程图中直线、点、曲面、基准面的距离、角度、半径以及大小，以及它们之间的距离、角度、半径或尺寸。当测量两个实体之间的距离时，delta X、Y 和 Z 的距离会显示出来。当选择一个顶点或草图点时，会显示其 X、Y 和 Z 坐标值。执行测量命令，主要有如下 3 种调用方法。

☑　面板：单击“评估”面板中的“测量”按钮。

☑　工具栏：单击“工具”工具栏中的“测量”按钮。

☑　菜单栏：选择菜单栏中的“工具”→“评估”→“测量”命令。

1．测量点坐标

主要测量草图中的点、模型中的顶点坐标。操作步骤如下。

（1）打开文件。打开原始文件“源文件\第 2 章\测量.prt”，如图 2-43 所示。

（2）执行测量命令。单击“评估”面板中的“测量”按钮，此时系统弹出如图 2-44 所示的“测量”对话框。

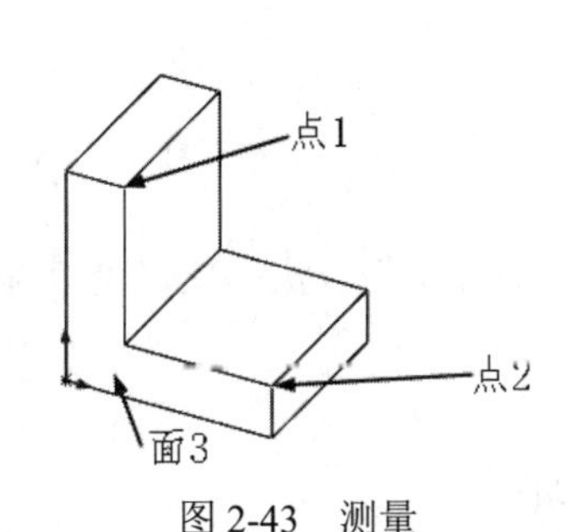

图 2-43　测量

图 2-44　“测量”点坐标对话框

视频讲解

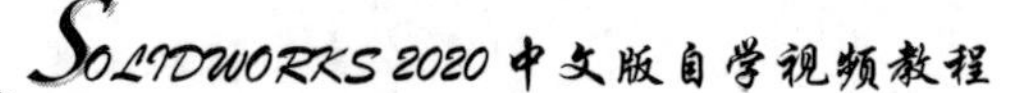

（3）选择测量点。单击如图 2-43 所示的点 1，“测量”点坐标对话框中便会显示该点的坐标值。

2．测量距离

主要用来测量两点、两条边和两面之间的距离。操作步骤如下。

（1）打开文件。打开原始文件“源文件\第 2 章\测量.prt”，如图 2-43 所示。

（2）执行测量命令。单击“评估”面板中的“测量”按钮，此时系统弹出“测量”对话框。

（3）选择测量点。单击如图 2-43 所示的点 1 和点 2，则“测量”距离对话框中便会显示所选两点的绝对距离以及 X、Y 和 Z 坐标的数值，如图 2-45 所示。

3．测量面积与周长

测量面积与周长主要用来测量实体某一表面的面积与周长。

（1）打开文件。打开原始文件“源文件\第 2 章\测量.prt”，如图 2-43 所示。

（2）执行测量命令。单击“评估”面板中的“测量”按钮，此时系统弹出“测量”对话框。

（3）选择测量面。单击如图 2-43 所示的面 3，则“测量”面积和周长对话框中便会显示该面的面积与周长，如图 2-46 所示。

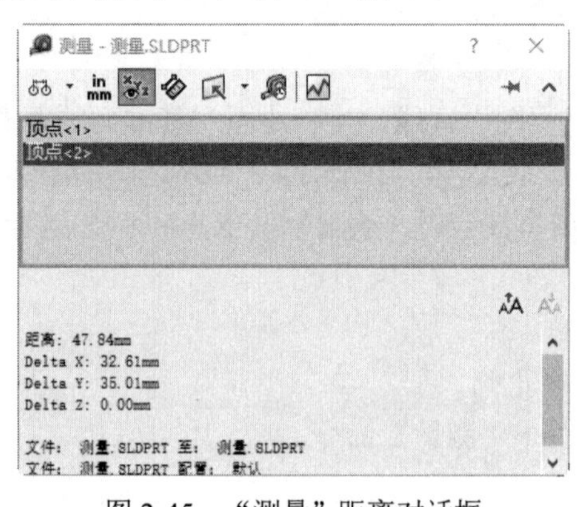

图 2-45　“测量”距离对话框

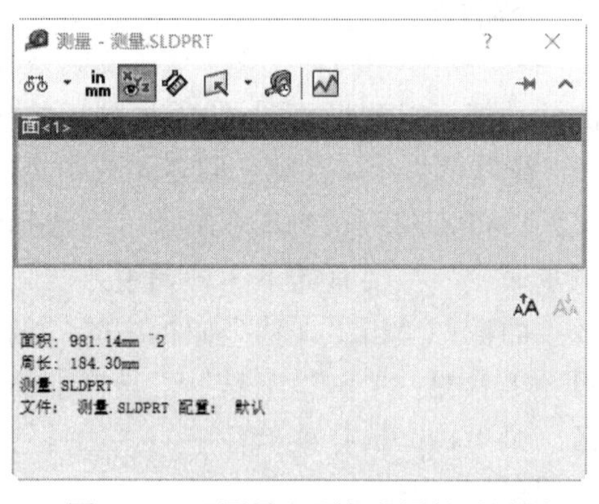

图 2-46　“测量”面积和周长对话框

提示：

执行“测量”命令时，可以不必关闭属性管理器而切换不同的文件。当前激活的文件名会出现在“测量”对话框的顶部，如果选择了已激活文件中的某一测量项目，则对话框中的测量信息会自动更新。

视频讲解

2.2.2　质量特性

质量特性功能可以测量模型实体的质量、体积、表面积与惯性矩等。执行质量特性命令，主要有如下 3 种调用方法。

☑　面板：单击“评估”面板中的“质量特性”按钮。

☑　工具栏：单击“工具”工具栏中的“质量特性”按钮。

☑　菜单栏：选择菜单栏中的“工具”→“质量特性”命令。

操作步骤如下。

（1）打开文件。打开原始文件“源文件\第2章\测量.prt”，如图2-43所示。

（2）执行质量特性命令。单击“评估”面板中的“质量特性”按钮，此时系统弹出如图2-47所示的“质量属性”对话框。在对话框中会自动计算出该模型实体的质量、体积、表面积与惯性矩等，模型实体的主轴和质量中心则显示在视图中，如图2-48所示。

Note

（3）设置密度。单击“质量属性”对话框中的“选项”按钮，则系统弹出如图2-49所示的“质量/剖面属性选项”对话框，选中“使用自定义设定”单选按钮，在“材料属性”的“密度”栏中可以设置模型实体的密度。

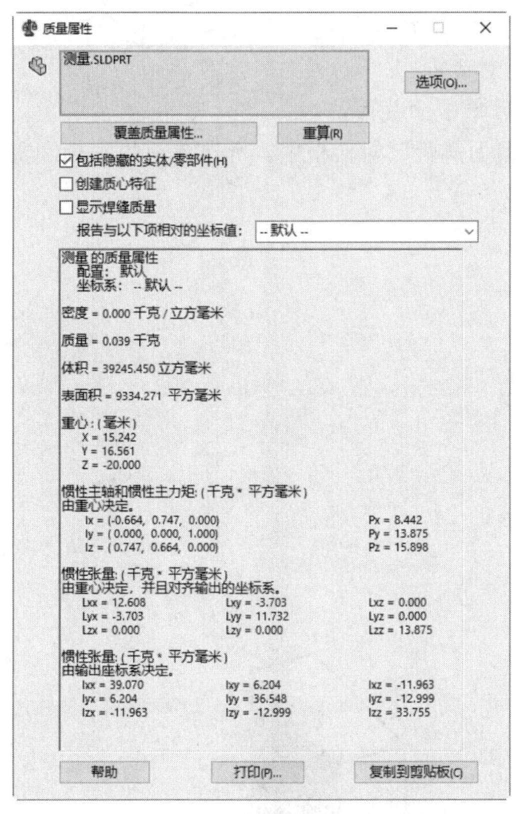

图2-47 “质量属性”对话框

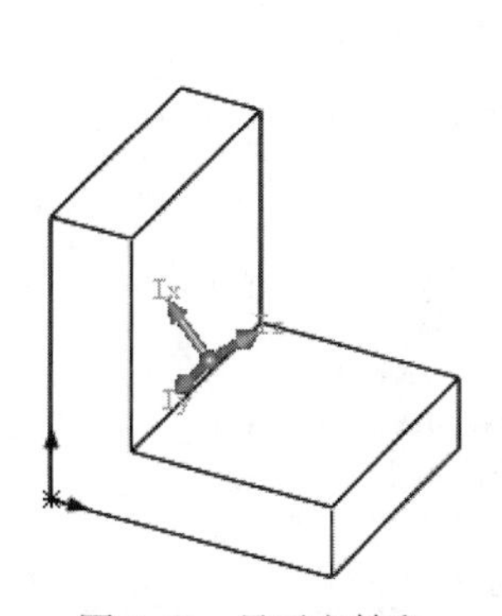

图2-48 显示主轴和质量中心的视图

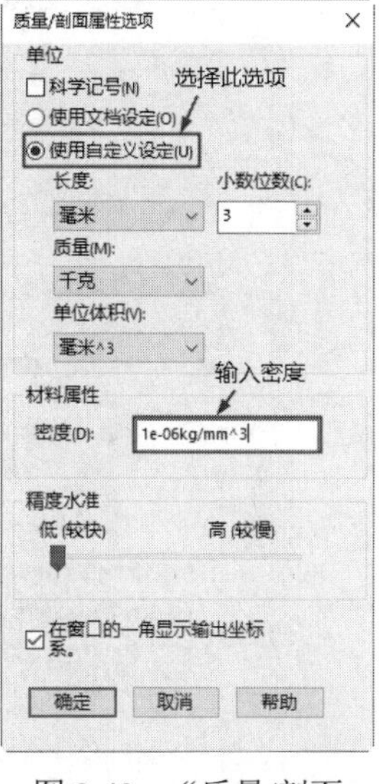

图2-49 “质量/剖面属性选项”对话框

提示：

在计算另一个零件质量特性时，不需要关闭“质量属性”对话框，选择需要计算的零部件，然后单击“重算”按钮即可。

2.2.3 剖面属性

视频讲解

剖面属性可以查询草图、模型实体重心平面或者剖面的某些特性，如剖面面积、剖面重心的坐标、在重心的面惯性矩、在重心的面惯性极力矩、位于主轴和零件轴之间的角度以及面心的二次矩等。执行剖面属性命令，主要有如下 3 种调用方法。

☑ 面板：单击“评估”面板中的“剖面属性”按钮。

☑ 工具栏：单击“工具”工具栏中的“剖面属性”按钮。

☑ 菜单栏：选择菜单栏中的“工具”→“剖面属性”命令。

操作步骤如下。

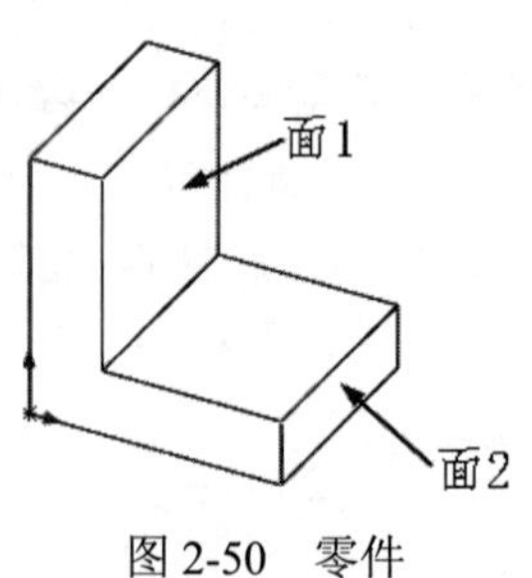

图 2-50　零件

（1）打开文件。打开原始文件“源文件\第 2 章\测量.prt”，如图 2-50 所示。

（2）执行截面属性命令。单击“评估”面板中的“剖面属性”按钮，此时系统弹出如图 2-51 所示的“截面属性”对话框。

（3）选择截面。单击如图 2-50 所示的面 1，然后单击“截面属性”对话框中的“重算”按钮，计算结果出现在“截面属性”对话框中。所选截面的主轴和重心显示在视图中，如图 2-52 所示。

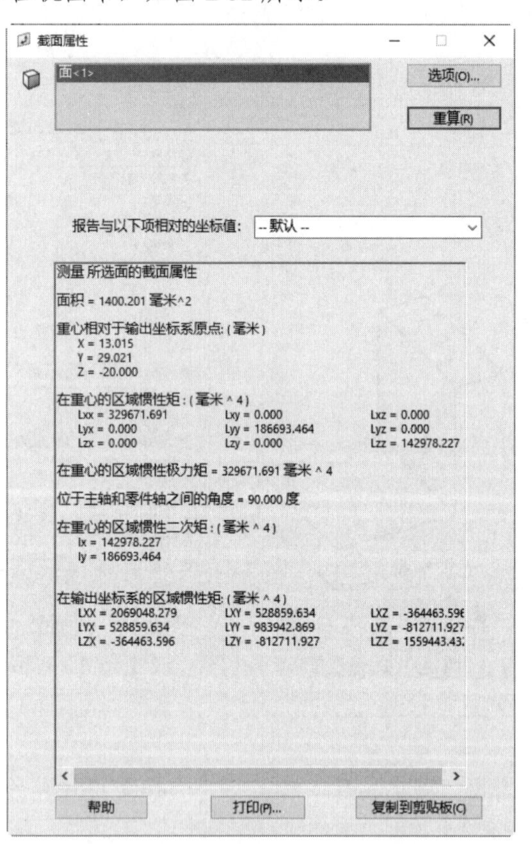

图 2-51　“截面属性”面 1 对话框

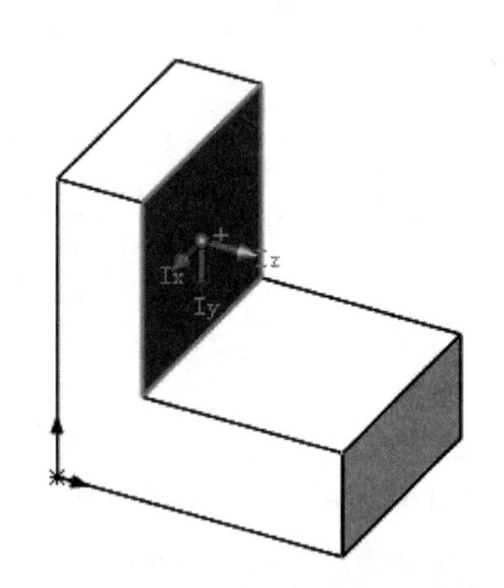

图 2-52　面 1 显示主轴和重心的图形

（4）截面属性不仅可以查询单个截面的属性，而且还可以查询多个平行截面的联合属性。如图 2-53 为图 2-50 所示的面 1 和面 2 的联合属性，如图 2-54 所示为面 1 和面 2 的主轴和重心显示。

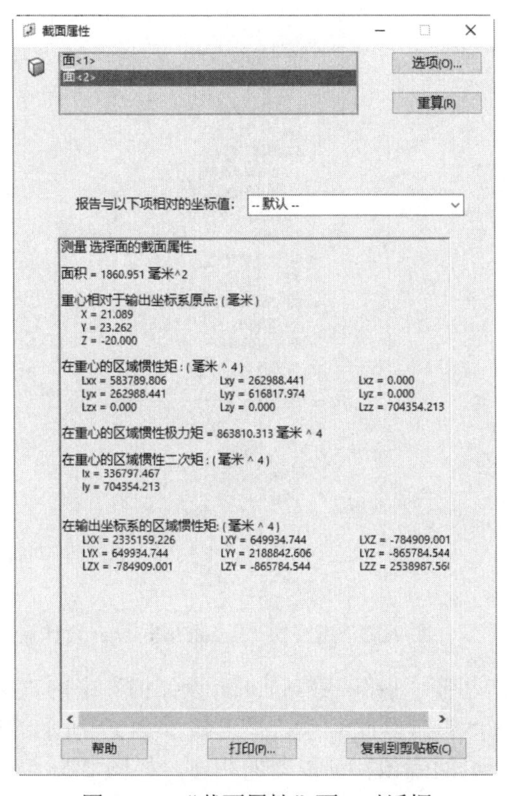

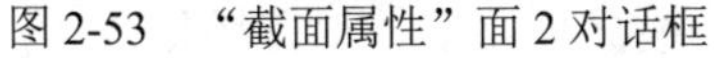

图 2-53　“截面属性”面 2 对话框

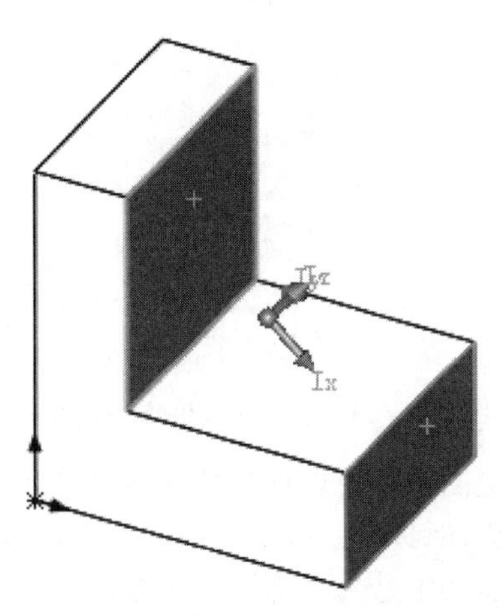

图 2-54　联合显示主轴和重心的图形

2.3　零件的特征管理

零件的建模过程实际上是创建和管理特征的过程。

2.3.1　退回与插入特征

视频讲解

退回特征命令可以查看某一特征生成前后模型的状态；插入特征命令用于在某一特征之后插入新的特征。

（1）退回特征有两种方式，第一种为使用“退回控制棒”，另一种为使用快捷菜单。

在“FeatureManager 设计树”的最底端有一条黄黑色粗实线，该线就是“退回控制棒”。如图 2-55 所示为基座的零件图，如图 2-56 所示为基座的“FeatureManager 设计树”。当将鼠标放置在“退回控制棒”上时，光标变为☝。单击鼠标左键，此时“退回控制棒”以蓝色显示，然后拖动鼠标到欲查看的特征上，并释放鼠标。此时基座的“FeatureManager 设计树”如图 2-57 所示，基座如图 2-58 所示。

如图 2-58 所示，查看特征后的特征在零件模型上没有显示，表明该零件模型退回到了该特征以前的状态。

图 2-55　基座的零件

Note

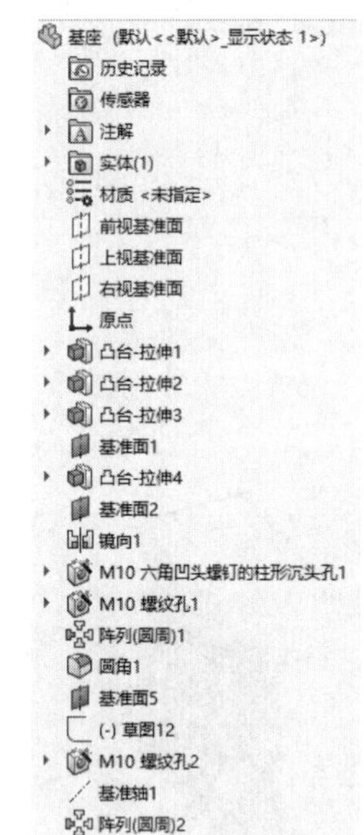

图 2-56　基座的“FeatureManager 设计树”

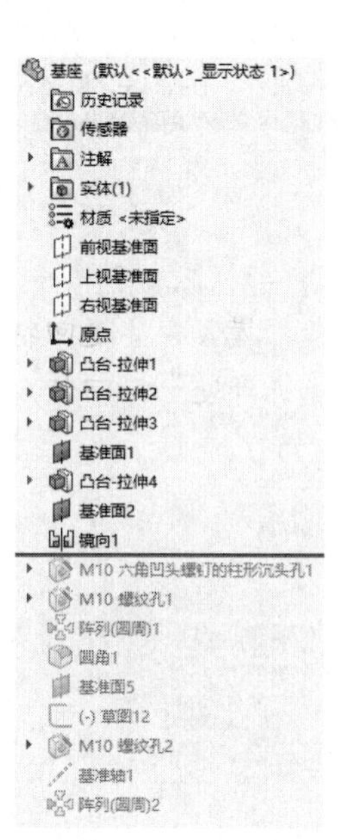

图 2-57　退回的“FeatureManager 设计树”

退回特征可以使用快捷菜单进行操作，单击基座“FeatureManager 设计树”中的“M10 六角凹头螺钉的柱形沉头孔 1”特征，然后单击鼠标右键，此时系统弹出如图 2-59 所示的快捷菜单，在其中选择“退回”命令，此时该零件模型退回到该特征以前的状态，如图 2-58 所示。也可以在退回状态下，使用如图 2-60 所示的快捷菜单，根据需要选择退回操作。

图 2-58　退回的基座

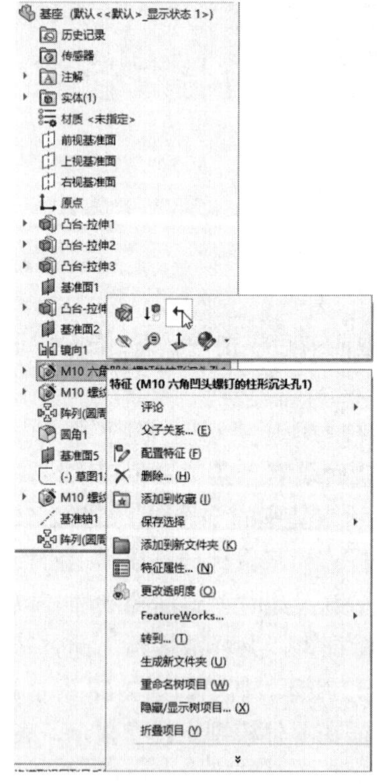

图 2-59　快捷菜单

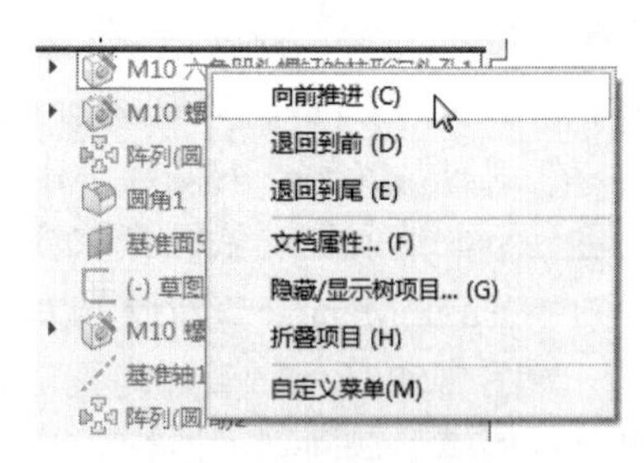

图 2-60　退回快捷菜单

在如图 2-60 所示的快捷菜单中，“向前推进”命令表示为退回到下一个特征；“退回到前”命令表示退回到上一退回特征状态；“退回到尾”命令表示退回到特征模型的末尾，即处于模型的原始状态。

提示：

（1）当零件模型处于退回特征状态时将无法访问该零件工程图和基于该零件的装配图。

（2）不能保存处于退回特征状态的零件图，在保存零件时，系统将自动释放退回状态。

（3）在重新创建零件的模型时，处于退回状态的特征不会被考虑，即视其处于压缩状态。

（2）插入特征是零件设计中一项非常实用的操作，包括以下步骤。

① 将“FeatureManager 设计树”中的“退回控制棒”拖到需要插入特征的位置。

② 根据设计需要生成新的特征。

③ 将“退回控制棒”拖动到设计树的最后位置，完成特征插入。

2.3.2　压缩与解除压缩特征

（1）压缩特征可以从“FeatureManager 设计树”中选择需要压缩的特征，也可以从视图中选择需要压缩特征的一个面。操作方式如下。

☑ 工具栏：选择要压缩的特征，单击“特征”工具栏中的“压缩”按钮↓。

☑ 菜单栏：选择要压缩的特征，选择菜单栏中的“编辑”→“压缩”→“此配置”命令。

☑ 快捷菜单：在“FeatureManager 设计树”中，选择需要压缩的特征，然后右击，在弹出的快捷菜单中选择“压缩”命令，如图 2-61 所示。

☑ 对话框：在“FeatureManager 设计树”中，选择需要压缩的特征，然后右击，在弹出的快捷菜单中选择“特征属性”命令。在弹出的“特征属性”对话框中选中“压缩”复选框，然后单击“确定”按钮，如图 2-62 所示。

特征被压缩后，在模型中不再被显示，但是并没有被删除，被压缩的特征在“FeatureManager 设计树”中以灰色显示。图 2-63 所示为例中基座后面 4 个特征被压缩后的图形，图 2-64 所示为压缩后的“FeatureManager 设计树”。

（2）解除压缩特征必须从“FeatureManager 设计树”中选择需要解压缩的特征，而不能从视图中选择该特征的某一个面，因为视图中该特征不被显示。

☑ 工具栏：选择要解除压缩的特征，单击“特征”工具栏中的“解除压缩”按钮↑。

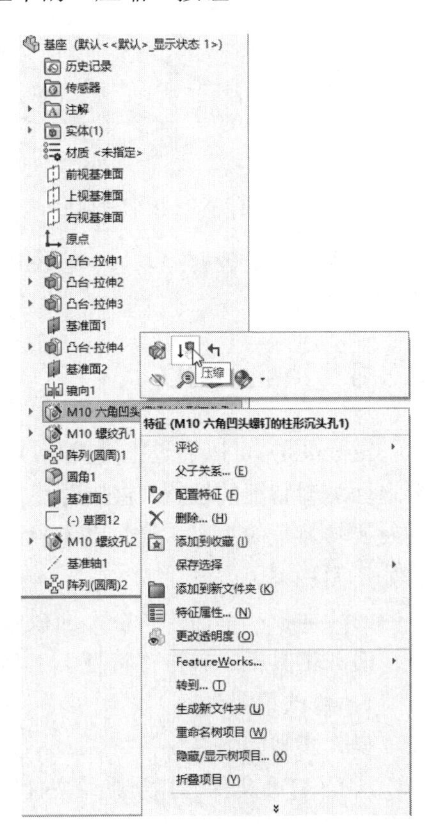

图 2-61　快捷菜单

☑ 菜单栏：选择要解除压缩的特征，选择菜单栏中的“编辑”→“解除压缩”→“此配置”命令。

☑ 快捷菜单：选择要解除压缩的特征，右击，在弹出的快捷菜单中选择“解除压缩”命令。

☑ 对话框：选择要解除压缩的特征，右击，在弹出的快捷菜单中选择“特征属性”命令。在弹出的“特征属性”对话框中取消选中“压缩”复选框，然后单击“确定”按钮。

Note

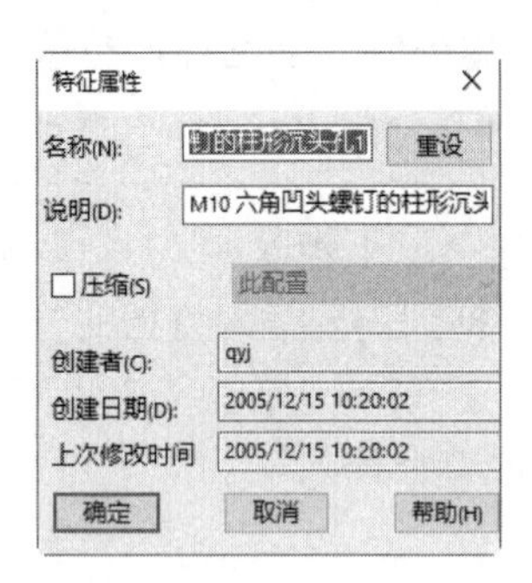

图 2-62 “特征属性”对话框

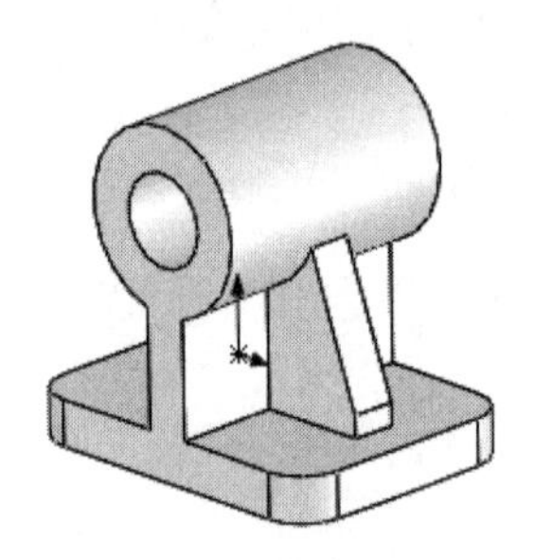

图 2-63 压缩特征后的基座

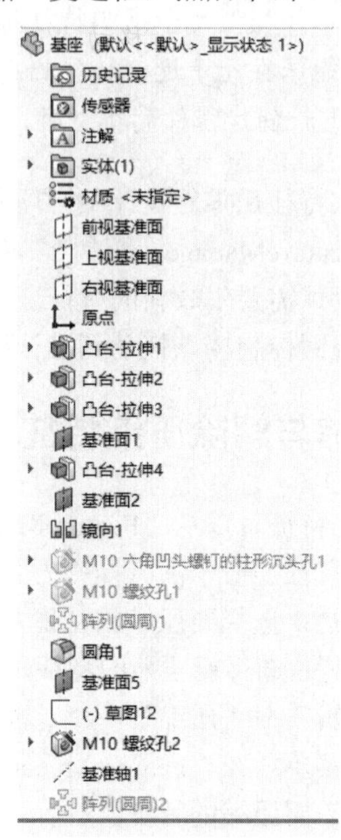

图 2-64 压缩后的“FeatureManager 设计树”

压缩的特征被解除以后，视图中将显示该特征，“FeatureManager 设计树”中该特征将以正常模式显示。

视频讲解

2.3.3 Instant3D

Instant3D 可以通过拖动控标或标尺来快速生成和修改模型几何体。动态修改是指系统不需要退回编辑特征的位置，直接对特征进行修改的命令。动态修改是通过控标移动、旋转和调整拉伸及旋转特征的大小。通过动态修改可以修改特征也可以修改草图。执行 Instant3D 命令，主要有如下两种调用方法。

☑ 面板：单击“特征”面板中的 Instant3D 按钮。

☑ 工具栏：单击“特征”工具栏中的 Instant3D 按钮。

1．修改草图

操作步骤如下。

（1）打开文件。打开原始文件“源文件\第 2 章\法兰盘.prt”，如图 2-65 所示。

图 2-65 法兰盘

（2）执行命令。单击“特征”面板中的 Instant3D 按钮，开始动态修改特征操作。

（3）选择需要修改的特征。单击“FeatureManager 设计树”中的“拉伸 1”，视图中该特征被亮显，如图 2-66 所示。同时，出现该特征的修改控标。

（4）修改草图。鼠标移动直径为 80 的控标，屏幕出现标尺，使用屏幕上的标尺可精确测量修改，如图 2-67 所示，对草图进行修改，如图 2-68 所示。

（5）退出修改特征。单击“特征”面板中的 Instant3D 按钮，退出 Instant3D 特征操作，修改后的图形如图 2-69 所示。

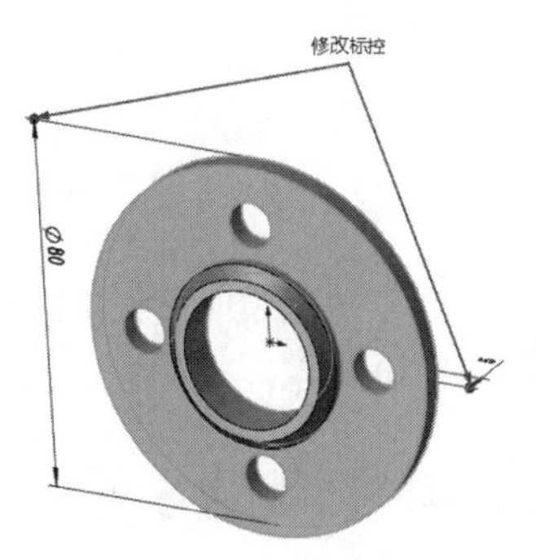

图 2-66　选择特征的图形

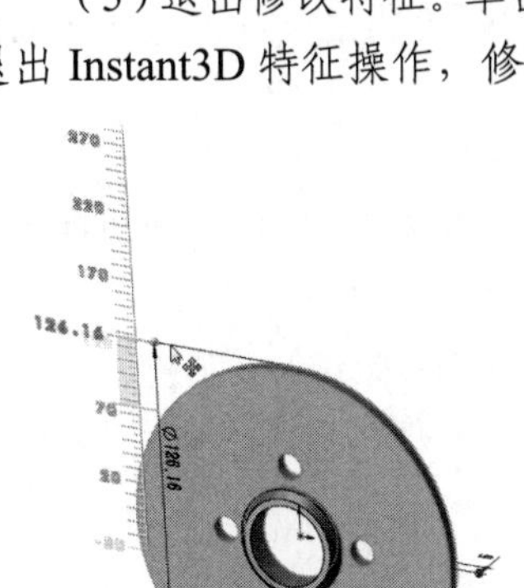

图 2-67　修改草图

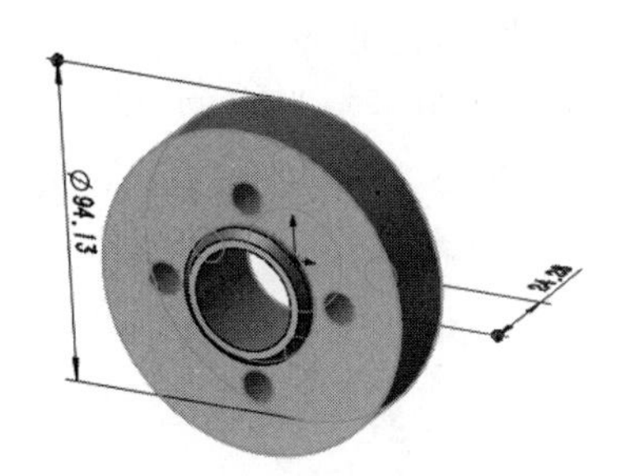

图 2-68　修改后的草图

图 2-69　修改后的图形

2．修改特征

操作步骤如下。

（1）执行命令。单击“特征”面板中的 Instant3D 按钮，开始动态修改特征操作。

（2）选择需要修改的特征。单击“FeatureManager 设计树”中的“拉伸 2”，视图中该特征被亮显，同时显示该特征的修改控标，如图 2-70 所示。

（3）通过控标修改特征。拖动距离为 5 的修改控标，调整拉伸的长度，如图 2-71 所示。

（4）退出修改特征。单击“特征”面板中的 Instant3D 按钮，退出 Instant3D 特征操作，修改后的图形如图 2-72 所示。

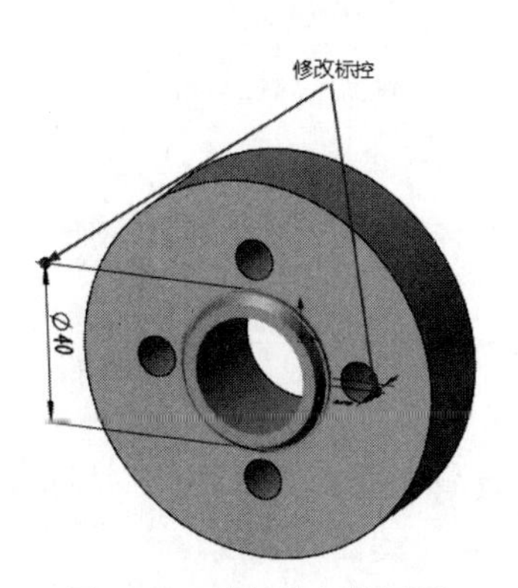

图 2-70　选择特征的图形

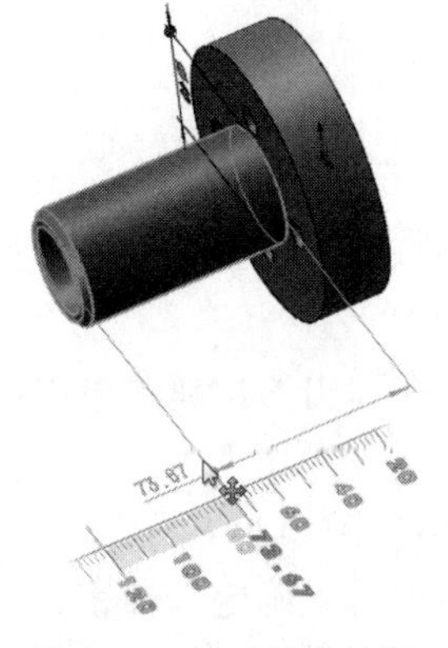

图 2-71　拖动修改控标

图 2-72　修改后的图形

2.4 零件的显示

Note

零件建模时，SOLIDWORKS 提供了默认的颜色、材质及光源等外观显示。还可以根据实际需要设置零件的颜色、纹理及照明度，使设计的零件更加接近实际情况。

2.4.1 设置零件的颜色

设置零件的颜色包括设置整个零件的颜色属性、设置所选特征的颜色属性以及设置所选面的颜色属性。

视频讲解

1．设置零件的颜色属性

（1）执行命令。右击“FeatureManager 设计树”中的文件名称“支架”，在弹出的快捷菜单中选择“外观”→“外观”命令，如图 2-73 所示。

（2）设置属性管理器。系统弹出如图 2-74 所示的“颜色”属性管理器，在“颜色”栏中选择需要的颜色，然后单击属性管理器中的“确定”按钮✓。此时整个零件以设置的颜色显示。

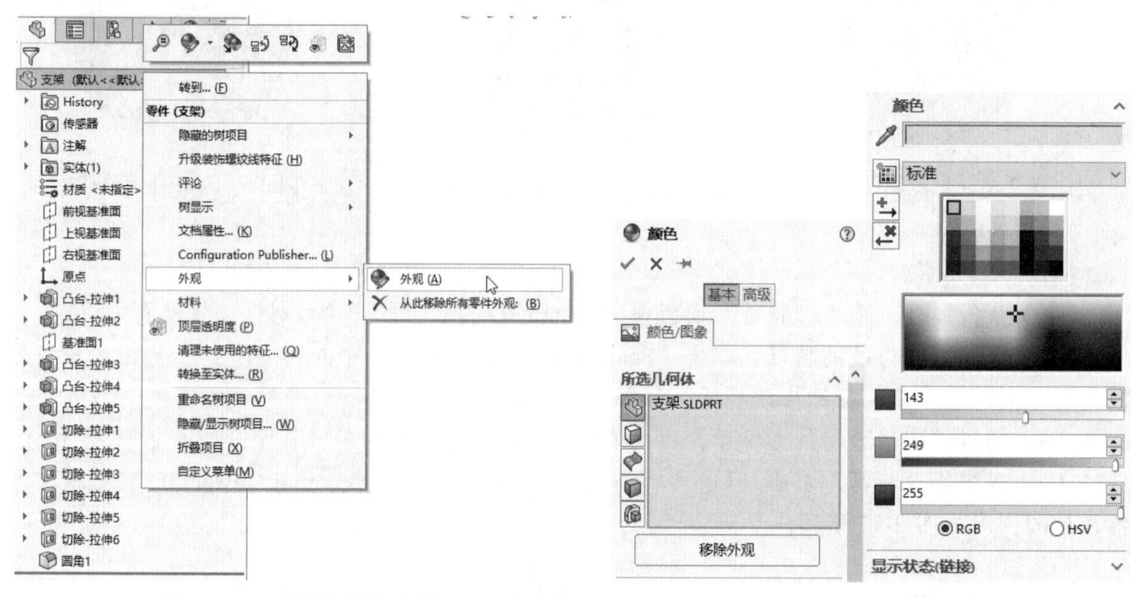

图 2-73　设置颜色快捷菜单

图 2-74　“颜色”属性管理器

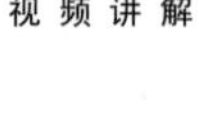

2．设置所选特征的颜色属性

（1）选择需要修改的特征。在“FeatureManager 设计树”中选择需要改变颜色的特征，可以按 Ctrl 键选择多个特征。

（2）执行命令。右击所选特征，在弹出的快捷菜单中单击“外观”按钮，选择要添加“外观”属性的特征，如图 2-75 所示。

（3）设置属性管理器。系统弹出如图 2-74 所示的“颜色”属性管理器，在“颜色”栏中选择需要的颜色，然后单击属性管理器中的“确定”按钮✓。此时零件如图 2-76 所示。

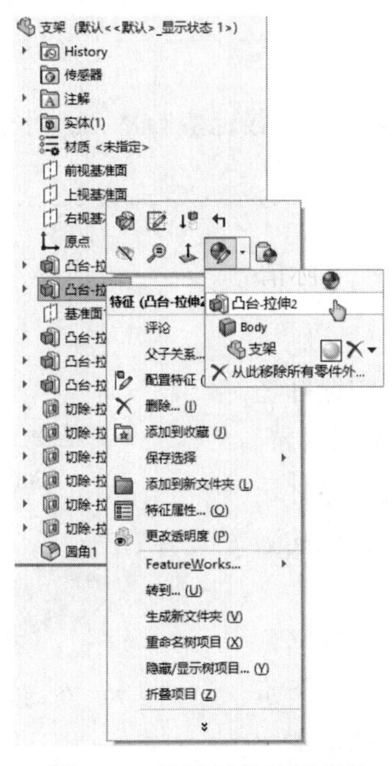

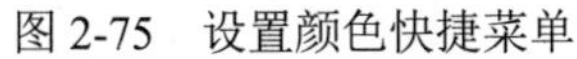

图 2-75　设置颜色快捷菜单

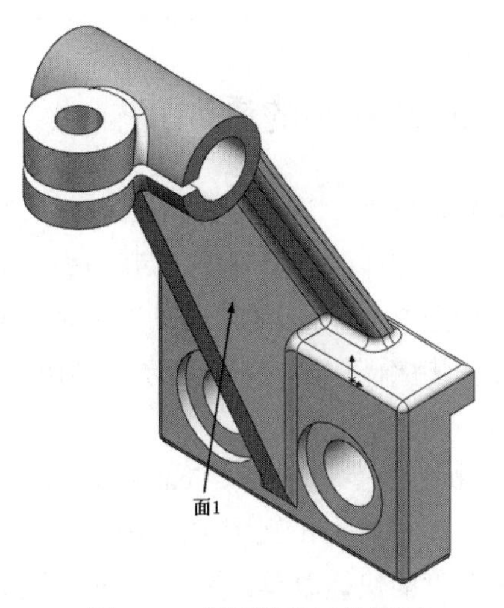

图 2-76　设置颜色后的图形

3．设置所选面的颜色属性

（1）选择修改面。右击如图 2-76 所示的面 1，此时系统弹出如图 2-75 所示的快捷菜单。

（2）执行命令。在弹出的快捷菜单上单击“外观”按钮，选择“面”栏，如图 2-77 所示，此时系统弹出如图 2-74 所示的“颜色”属性管理器。

（3）设置属性管理器。在“选择现有颜色或添加颜色”栏中选择需要的颜色，然后单击属性管理器中的“确定”按钮✓。此时零件如图 2-78 所示。

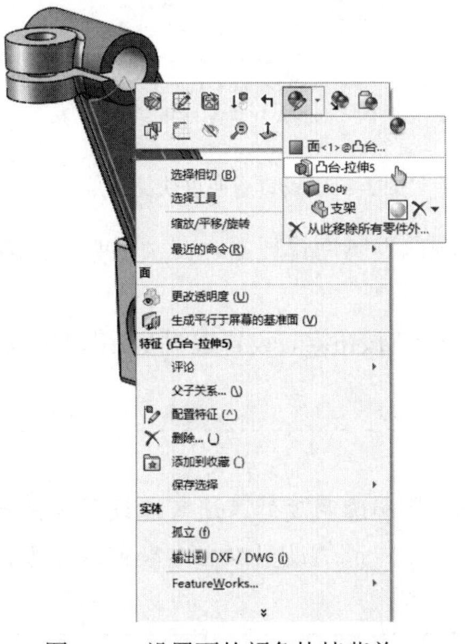

图 2-77　设置面的颜色快捷菜单

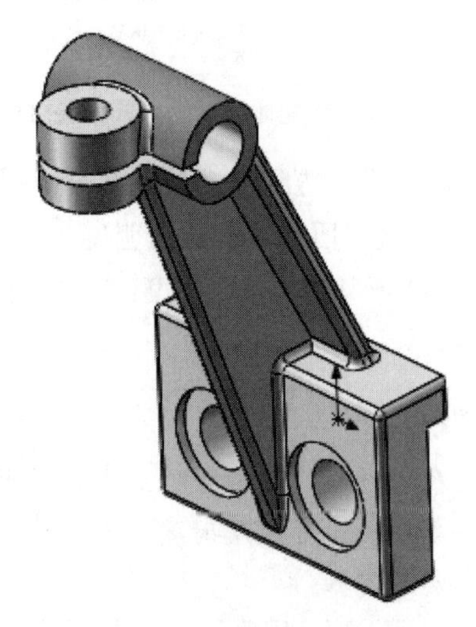

图 2-78　设置颜色后的图形

提示：

对于单个零件而言，设置实体颜色可以渲染实体，使其更加接近实际情况。对于装配体而言，设置零件颜色可以使其具有层次感，方便观测。

Note

视频讲解

2.4.2 设置零件的透明度

在装配体零件中，外面零件遮挡内部的零件，给零件的选择造成困难。设置零件的透明度后，可以透过透明零件选择非透明对象。下面通过如图 2-79 所示的“传动装配体”装配文件说明设置零件透明度的操作步骤，如图 2-80 所示为装配体文件的“FeatureManager 设计树”。

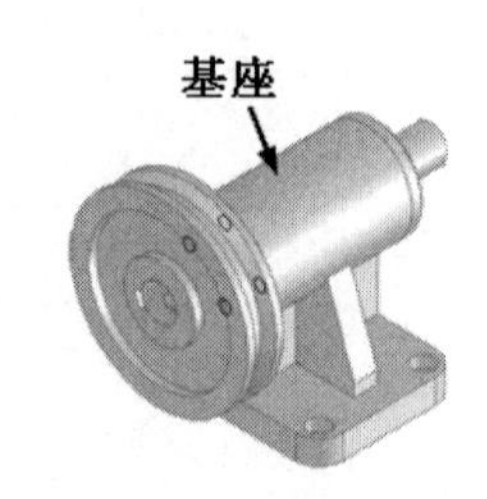

图 2-79 传动装配体文件

（1）执行命令。右击“FeatureManager 设计树”中的文件名称“基座<1>”，或者右击视图中的基座，此时系统弹出如图 2-81 所示的设置透明度的快捷菜单，单击“外观”按钮，在弹出的菜单中选择如图 2-81 所示的选项。

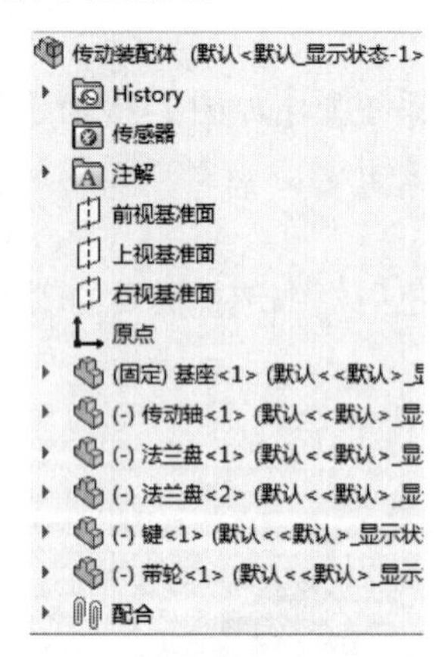

图 2-80 装配体文件的“FeatureManager 设计树”

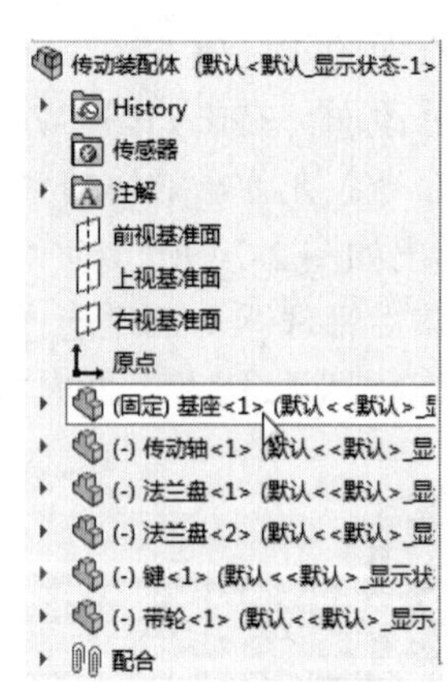

图 2-81 设置透明度快捷菜单

（2）设置透明度。系统弹出如图 2-82 所示的“颜色”属性管理器，在“照明度”的“透明量”栏，调节所选零件的透明度。

（3）确认设置的透明度。单击属性管理器中的“确定”按钮✓，设置透明度后的图形如图 2-83 所示。

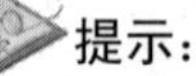

提示：

在“颜色”属性管理器中除了可以设置零件的颜色和透明度外，还可以设置其他光学属性，如环境光源、反射度、光泽度、明暗度和发射率等。通过设置以上参数可以把零件渲染为真实的实体。

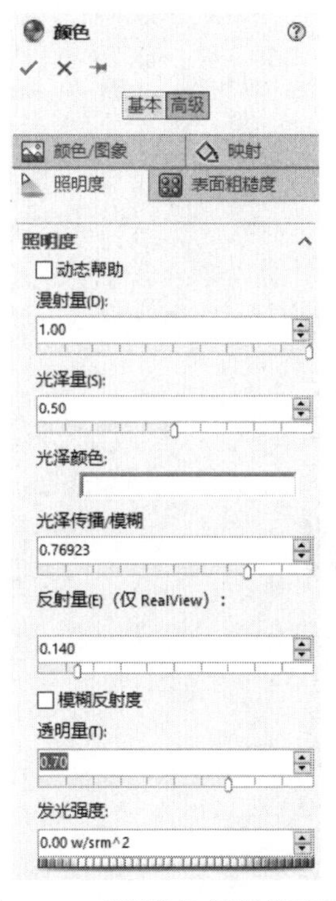

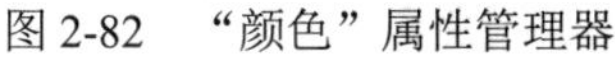

图 2-82　“颜色”属性管理器

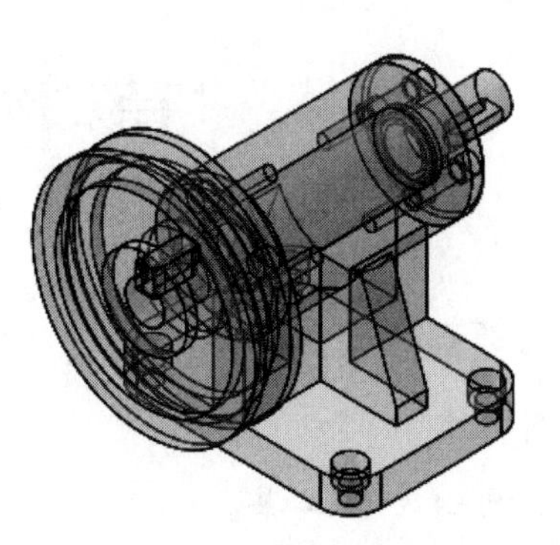

图 2-83　设置透明度后的图形

2.5　上 机 操 作

1．创建相距前视基准面 100mm 的基准面。

操作提示：

（1）选择零件图标，进入零件图模式。

（2）选择前视基准面，利用“基准平面”命令，在打开的属性管理器中输入距离为 100。

2．对传动装配体文件中的各个零件更改颜色。

操作提示：

（1）打开传动装配体文件。

（2）更改各个零件的颜色。

2.6　思考与练习

1．创建基准面有几种方式？练习用这几种方式创建基准面。

2．打开绘制好的实体图，练习改变颜色。

3．在打开的实体图中，对各步特征进行压缩，观察图形的变化。再对各步进行恢复，观察图形的变化。

第3章

草图绘制

本章学习要点和目标任务：

☑ 草图概述

☑ 草图绘制实体工具

☑ 草图工具

☑ 添加几何关系

☑ 尺寸标注

本章主要介绍“草图”工具栏中草图绘制工具的使用方法。由于SOLIDWORKS中大部分特征都需要先建立草图轮廓，因此本节的学习非常重要，能否熟练掌握草图的绘制和编辑方法，决定了能否快速三维建模，能否提高工程设计的效率，能否灵活地把该软件应用到其他领域。

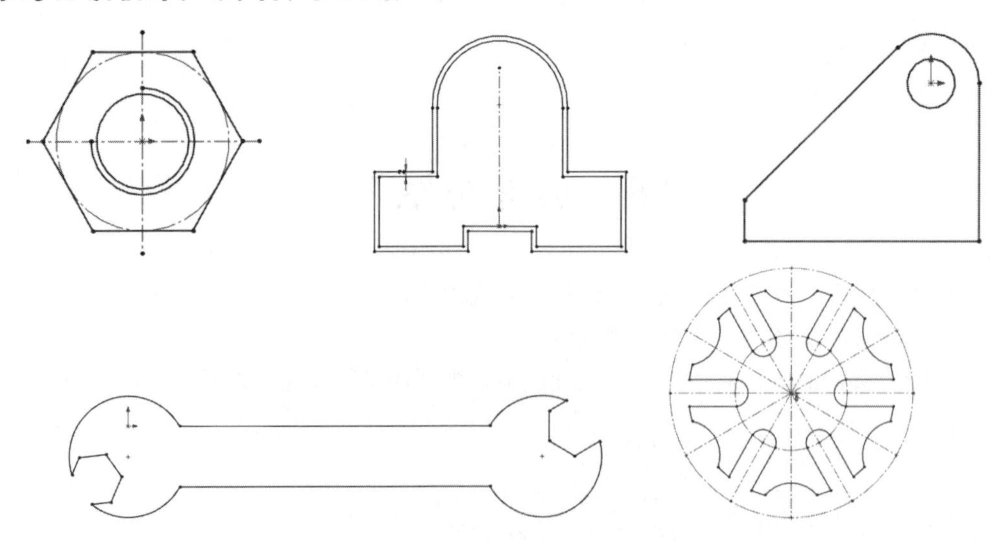

3.1 草图概述

Note

本节主要介绍如何开始进入草图绘制环境以及退出草图绘制状态。

3.1.1 进入草图绘制

视频讲解

绘制二维草图，必须进入草图绘制状态。草图必须在平面上绘制，这个平面可以是基准面，也可以是三维模型上的平面。由于开始进入草图绘制状态时，没有三维模型，因此必须指定基准面。进入草图绘制，有 3 种方式。

☑ 面板：单击"草图"面板中的"草图绘制"按钮。

☑ 工具栏：单击"草图"工具栏中的"草图绘制"按钮。

☑ 菜单栏：选择菜单栏中的"插入"→"草图绘制"命令。

操作步骤如下。

（1）在特征管理区中选择要绘制的基准面，即前视基准面、右视基准面和上视基准面中的一个面。

（2）单击"前导视图"工具栏中的"正视于"按钮，旋转基准面。

（3）单击"草图"面板中的"草图绘制"按钮，或者单击要绘制的草图实体，进入草图绘制状态。

3.1.2 退出草图绘制

视频讲解

草图绘制完毕后，可立即建立特征，也可以退出草图绘制再建立特征。有些特征的建立，需要多个草图，如扫描实体等，因此需要了解退出草图绘制的方法。退出草图绘制，有 4 种方式。

☑ 面板：单击"草图"面板中的"退出草图"按钮。

☑ 工具栏：单击"草图"工具栏中的"退出草图"按钮。

☑ 菜单栏：选择菜单栏中的"插入"→"退出草图"命令。

☑ 单击界面右上角的"退出草图"按钮

操作步骤如下。

（1）执行上述操作，完成草图，退出草图绘制状态。

（2）单击右上角的"关闭草图"按钮✖，弹出系统提示框，提示用户是否保存对草图的修改，如图 3-1 所示，然后根据需要单击其中的按钮，退出草图绘制状态。

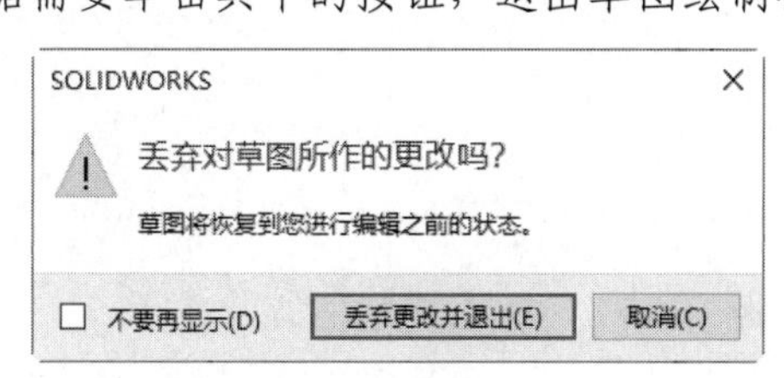

图 3-1 系统提示框

3.2 草图绘制实体工具

Note

绘制草图必须认识草图绘制的工具。

3.2.1 点

视频讲解

“点”命令还可以生成草图中两条不平行线段的交点以及特征实体中两个不平行边缘的交点，产生的交点作为辅助图形，用于标注尺寸或者添加几何关系，并不影响实体模型的建立。执行点命令，主要有如下3种调用方法。

☑ 面板：单击“草图”面板中的“点按钮▫。

☑ 工具栏：单击“草图”工具栏中的“点”按钮▫。

☑ 菜单栏：选择菜单栏中的“工具”→“草图绘制实体”→“点”命令。

执行“点”命令后，光标变为绘图光标。在图形区中的任何位置单击，都可以绘制点，如图3-2所示。

图3-2 绘制点

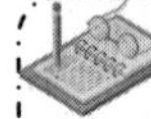

提示：

绘制的点不影响三维建模的外形，只起参考作用。

视频讲解

3.2.2 直线与中心线

直线与中心线的绘制方法相同，执行不同的命令，按照类似的操作步骤，在图形区绘制相应的图形即可。执行直线命令，主要有如下3种调用方法。

☑ 面板：单击“草图”面板中的“直线”按钮⟋。

☑ 工具栏：单击“草图”工具栏中的“直线”按钮⟋。

☑ 菜单栏：选择菜单栏中的“工具”→“草图绘制实体”→“直线”命令。

直线分为3种类型，即水平直线、竖直直线和任意角度直线。在绘制过程中，不同类型的直线其显示方式也不同，下面将分别介绍。

☑ 水平直线：在绘制直线过程中，笔形光标附近会出现水平直线图标符号━，如图3-3所示。

☑ 竖直直线：在绘制直线过程中，笔形光标附近会出现竖直直线图标符号┃，如图3-4所示。

☑ 任意角度直线：在绘制直线过程中，笔形光标附近会出现任意角度直线图标符号⟋，如图3-5所示。

图3-3 绘制水平直线　　图3-4 绘制竖直直线　　图3-5 绘制任意角度直线

在绘制直线的过程中，尺寸显示在直线下方，可供参考。一般在绘制中，首先绘制一条直线，然后标注尺寸，直线也随着改变长度和角度。

提示：

绘制直线的方式有两种：拖动式和单击式。拖动式就是在绘制直线的起点，按住鼠标左键开始拖动鼠标，直到直线终点放开。单击式就是在绘制直线的起点处单击一下，然后在直线终点处单击一下。

系统默认设置绘制草图时不能直接更改尺寸，光标上方显示的参数，如图 3-6 所示。选择菜单栏中的“工具”→“选项”命令，打开“系统选项-草图”对话框，选择“系统选项”选项卡中的“草图”选项，选中“在生成实体时启用荧屏上数字输入”复选框，如图 3-7 所示。单击“确定”按钮后，绘制草图时，尺寸显示在草图的下方，可以直接输入尺寸，更改尺寸。

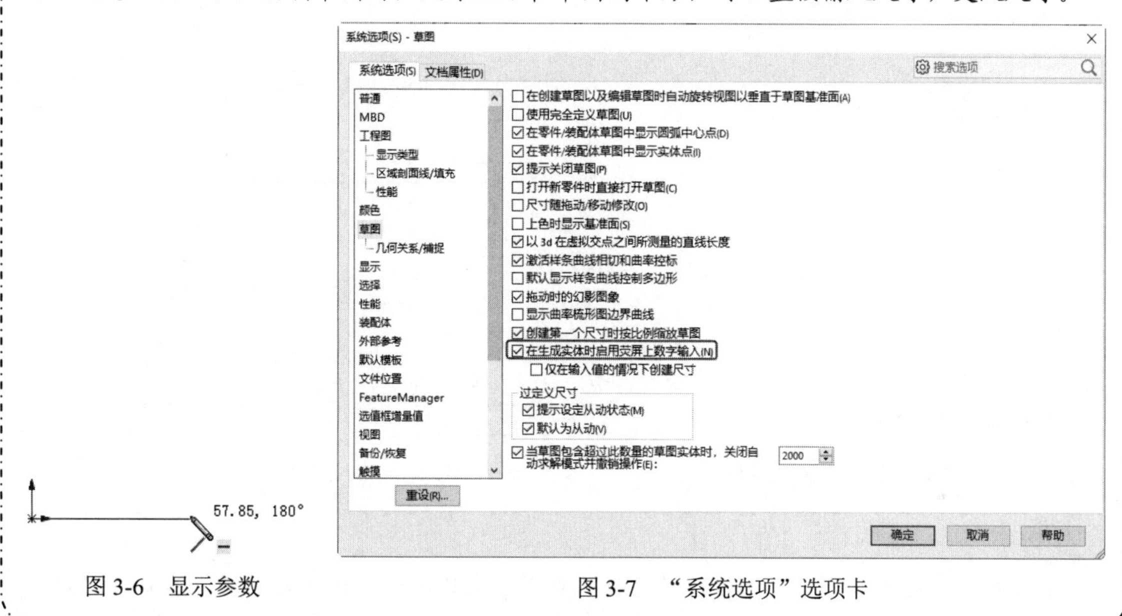

图 3-6　显示参数　　　　图 3-7　“系统选项”选项卡

在 SOLIDWORKS2020 中有一个“中点线”绘图功能。单击“草图”面板中的“中点线”按钮，在绘图区域中任点一点，绘制一条以该点为中点向两侧延伸的线段，如图 3-8 所示。

14.37, 180°

图 3-8　中点线

3.2.3　实例——卡座草图

视频讲解

本例利用直线命令绘制卡座草图，如图 3-9 所示。

图 3-9　卡座草图

操作步骤如下。

（1）设置草绘平面。在左侧的“FeatureMannger 设计树”中选择“前视基准面”作为绘图基准面。单击“前导视图”工具栏中的“正视于”按钮，旋转基准面。

（2）绘制草图。单击“草图”面板中的“草图绘制”按钮，进入草图绘制状态。

（3）绘制直线。单击“草图”面板中的“直线”按钮，捕捉原点为起点，绘制一条斜直

Note

线，在属性管理器中输入长度为 30mm，按 Tab 键输入角度为 70°，如图 3-10 所示；继续绘制一条水平直线，输入长度为 40mm；继续绘制一条斜直线，输入长度为 30mm，角度为 290°；继续绘制一条长度为 25mm 的水平直线，再绘制长度为 15mm，角度为 60°的斜直线；继续绘制一条长度为 25.47mm 的水平直线，然后绘制一条长度为 15mm，角度为 300°的斜直线，最后连接到原点，如图 3-11 所示。

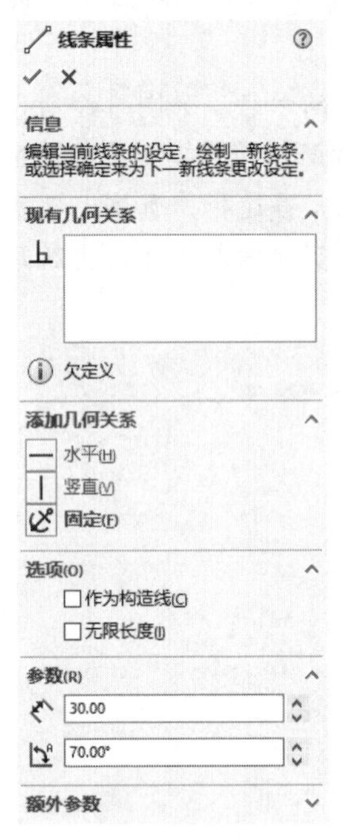

图 3-10 “线条属性”属性管理器

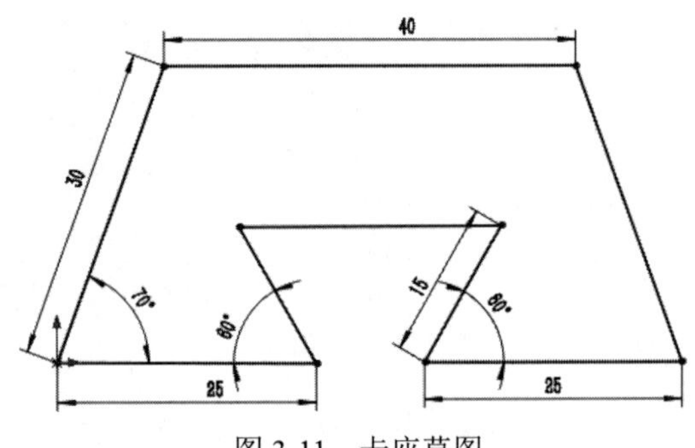

图 3-11 卡座草图

提示：

学习完几何关系和尺寸标注后，可直接先画卡座大体轮廓，通过几何约束和尺寸标注来完成卡座草图的绘制，如图 3-11 所示。

视频讲解

3.2.4 绘制圆

绘制的基于周边或中心的圆。执行圆命令，主要有如下 3 种调用方法。

☑ 面板：单击“草图”面板中的“圆”按钮等。

☑ 工具栏：单击“草图”工具栏中的“圆”按钮等。

☑ 菜单栏：选择菜单栏中的“工具”→“草图绘制实体”→“圆”命令等。

当执行“圆”命令时，系统弹出“圆”属性管理器，如图 3-12 所示。

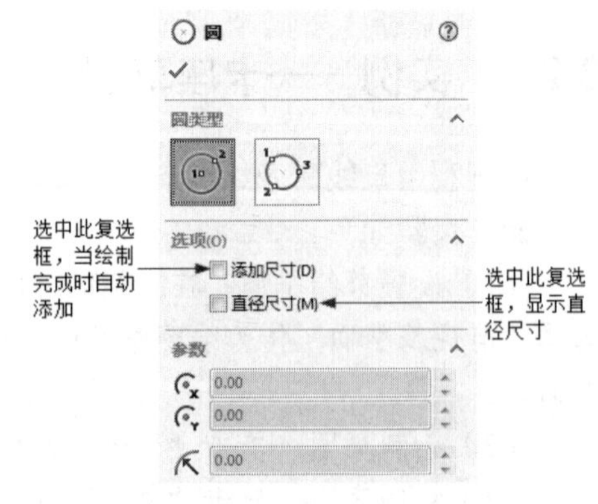

图 3-12 “圆”属性管理器

圆绘制完成后，可以通过拖动修改圆草图。通过

鼠标左键拖动圆的周边可以改变圆的半径，拖动圆的圆心可以改变圆的位置。同时，也可以通过如图 3-12 所示的“圆”属性管理器修改圆的属性，在“参数”选项中修改圆心坐标和圆的半径。

系统提供两种方式来绘制圆，一种是绘制基于中心的圆（见图 3-13），另一种是绘制基于周边的圆（见图 3-14）。

Note

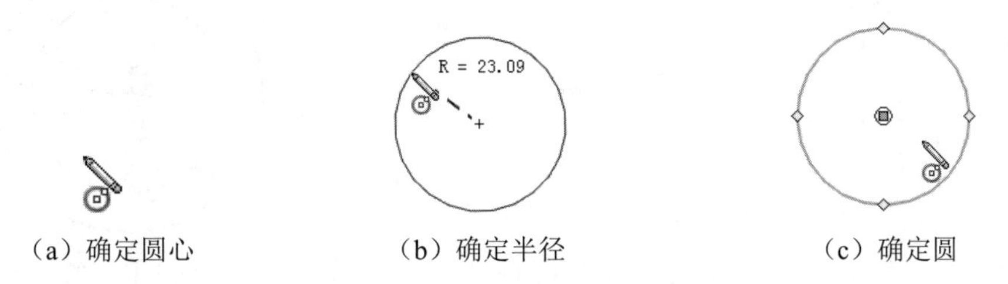

（a）确定圆心　　（b）确定半径　　（c）确定圆

图 3-13　基于中心的圆的绘制过程

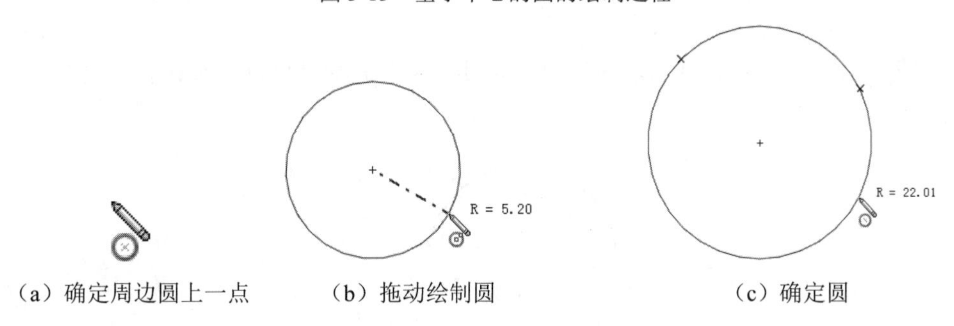

（a）确定周边圆上一点　　（b）拖动绘制圆　　（c）确定圆

图 3-14　基于周边的圆的绘制过程

3.2.5　实例——垫圈草图

视频讲解

本例利用圆命令绘制垫圈草图，绘制流程图如图 3-15 所示。

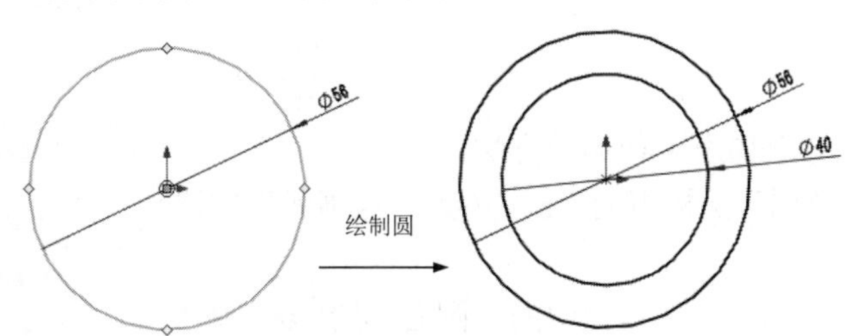

图 3-15　垫圈绘制流程图

操作步骤如下。

（1）设置草绘平面。在左侧的“FeatureMannger 设计树”中选择“前视基准面”作为绘图基准面，单击“前导视图”工具栏中的“正视于”按钮，旋转基准面。

（2）绘制草图。单击“草图”面板中的“草图绘制”按钮，进入草图绘制状态。

（3）绘制圆 1。单击“草图”面板中的“圆”按钮，弹出如图 3-16 所示的“圆”属性管理器，选中“添加尺寸”“直径尺寸”复选框（若“添加尺寸”“直径尺寸”复选框显示为灰色，可按如下设置：工具→选项→系统选项→草图，选中“在生成实体时启用荧幕上数字输入”复选框）。以原点为圆心，拖动圆到合适位置，绘制直径为 56mm 的圆，如图 3-17 所示。

（4）绘制圆 2。继续以原点为圆心，绘制直径为 40mm 的圆 2，如图 3-18 所示。

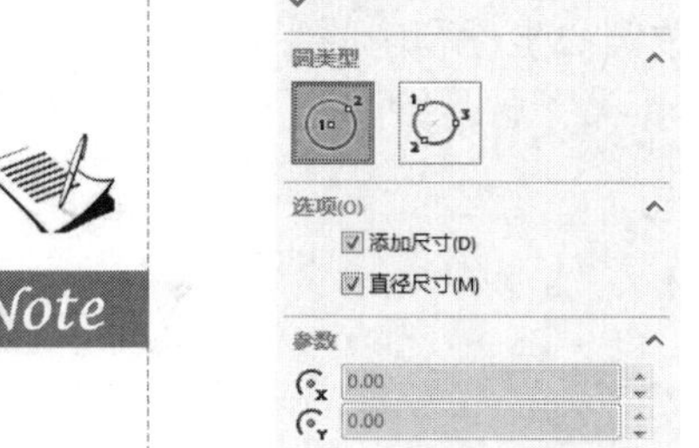

图 3-16 “圆”属性管理器

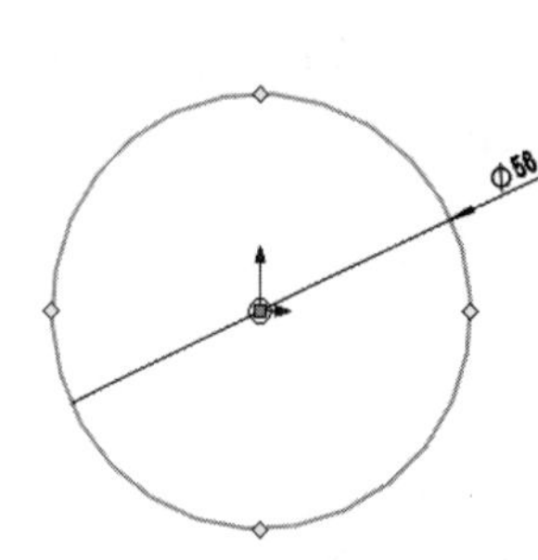

图 3-17 绘制圆 1

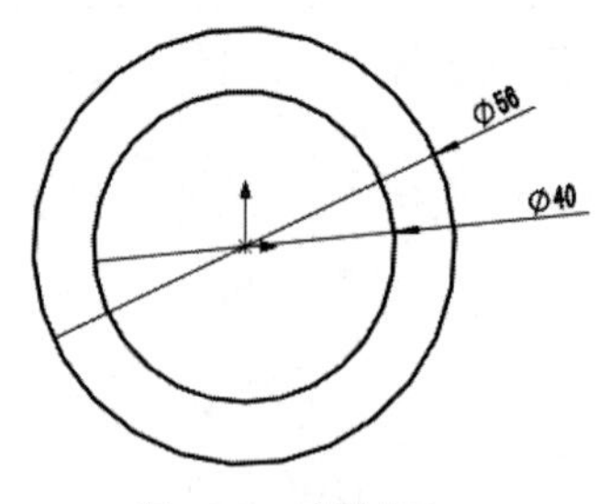

图 3-18 绘制圆 2

提示：

如果需要修改图形大小，可以双击图中的尺寸，在打开的“修改”对话框中更改尺寸值，如图 3-19 所示。

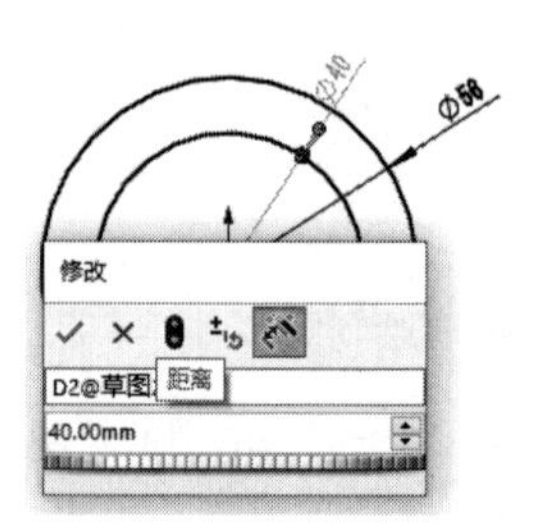

图 3-19 “修改”对话框

视频讲解

3.2.6 绘制圆弧

执行圆弧命令，主要有如下 3 种调用方法。

☑ 面板：单击“草图”面板中的“圆心/起/终点画弧”按钮等。

☑ 工具栏：单击“草图”工具栏中的“圆心/起/终点画弧”按钮等。

☑ 菜单栏：选择菜单栏中的“工具”→“草图绘制实体”→“圆心/起/终点画弧”命令等。

执行“圆弧”命令，系统弹出如图 3-20 所示的“圆弧”属性管理器。

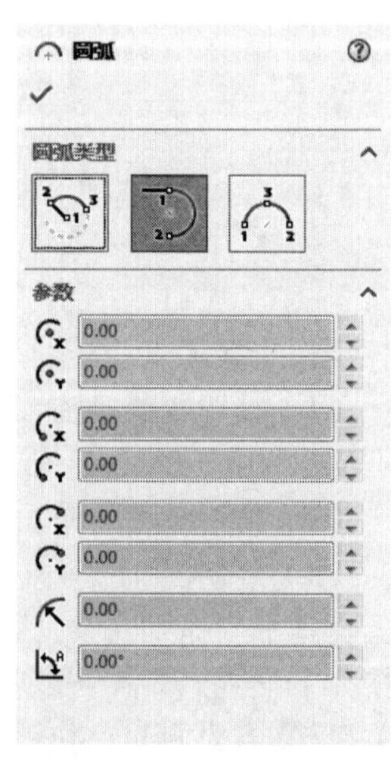

图 3-20 “圆弧”属性管理器

绘制圆弧时，通常有以下几种方式。

☑ “圆心/起/终点画弧”方法是先指定圆弧的圆心，然后顺序拖动光标指定圆弧的起点和终点，确定圆弧的大小和方向，如图 3-21 所示。

☑ “切线弧”是指生成一条与草图实体相切的弧线。草图

实体可以是直线、圆弧、椭圆和样条曲线等，如图 3-22 所示。

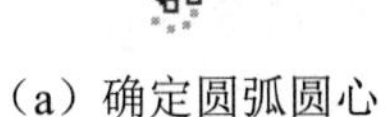

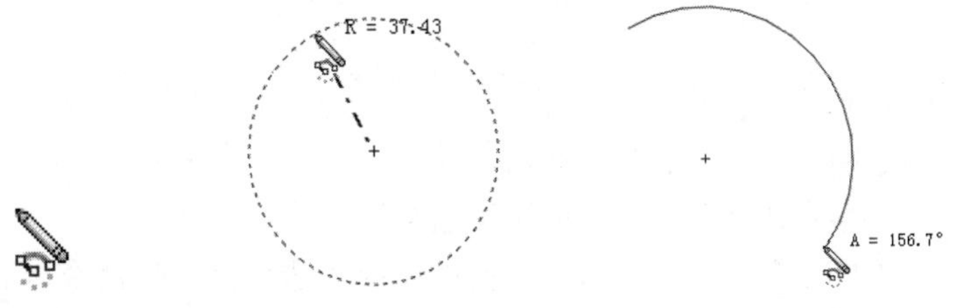

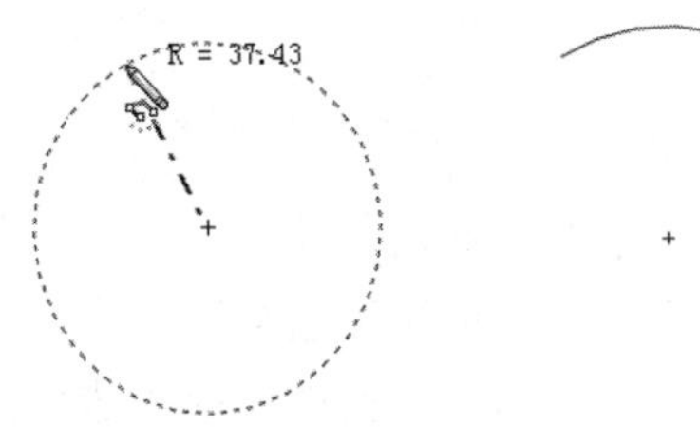

（a）确定圆弧圆心　（b）拖动确定起点　（c）拖动确定终点

图 3-21　用“圆心/起/终点”方法绘制圆弧的过程

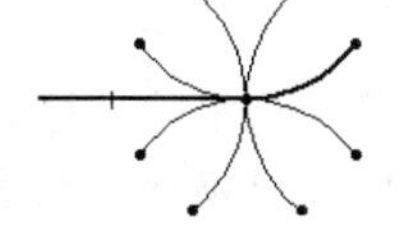

图 3-22　绘制的 8 种切线弧

☑　“三点圆弧”是通过起点、终点与中点的方式绘制圆弧，如图 3-23 所示。

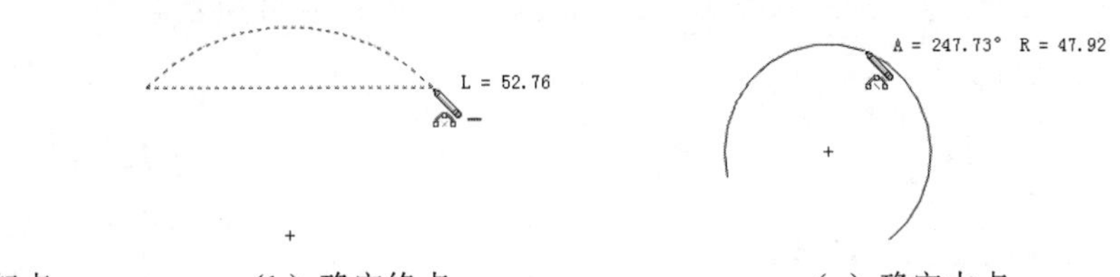

（a）确定起点　（b）确定终点　（c）确定中点

图 3-23　绘制“三点圆弧”的过程

提示：

使用“直线”转换为绘制“圆弧”的状态，必须先将光标拖回至所绘直线的终点，然后拖出才能绘制圆弧，如图 3-24 所示。也可以在此状态下右击，此时系统弹出的快捷菜单如图 3-25 所示，选择“转到圆弧”命令即可绘制圆弧，同样在绘制圆弧的状态下，选择快捷菜单中的“转到直线”命令绘制直线，如图 3-26 所示。

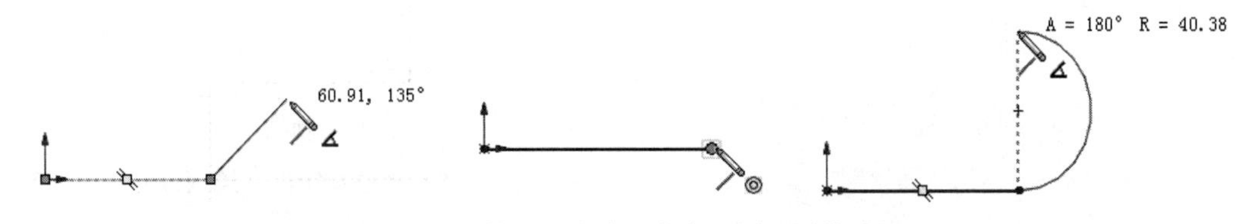

图 3-24　使用“直线”命令绘制圆弧的过程

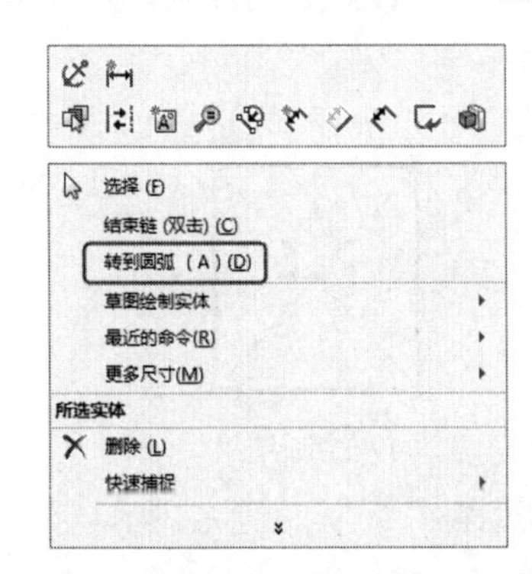

图 3-25　使用“直线”命令绘制圆弧的快捷菜单

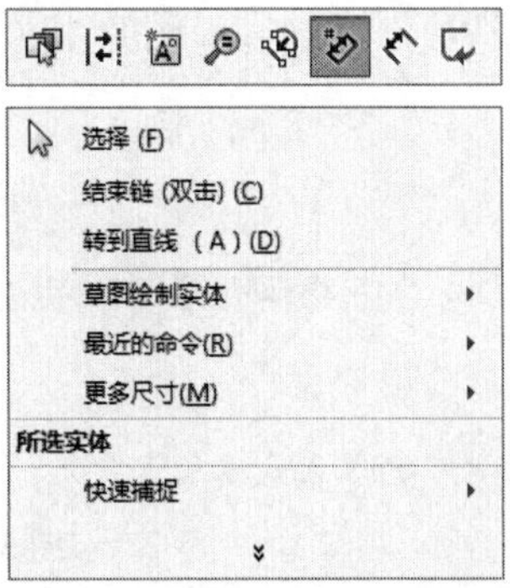

选择 (E)
结束链 (双击) (C)
转到直线 (A) (D)
草图绘制实体
最近的命令(R)
更多尺寸(M)
所选实体
快速捕捉

图 3-26　使用“圆弧”命令绘制直线的快捷菜单

3.2.7　绘制矩形

Note

视频讲解

执行矩形命令，主要有如下 3 种调用方法。

☑　面板：单击“草图”面板中的“边角矩形”按钮▭等。

☑　工具栏：单击“草图”工具栏中的“边角矩形”按钮▭等。

☑　菜单栏：选择菜单栏中的“工具”→“草图绘制实体”→“边角矩形”命令等。

执行“矩形”命令，系统弹出如图 3-27 所示的“矩形”属性管理器。

绘制矩形时，通常有以下几种方式。

☑　“边角矩形”命令绘制矩形的方法是标准的矩形草图绘制方法，即指定矩形的左上与右下的端点确定矩形的长度和宽度，绘制过程如图 3-28 所示。

图 3-27　“矩形”属性管理器

（a）确定第一角点

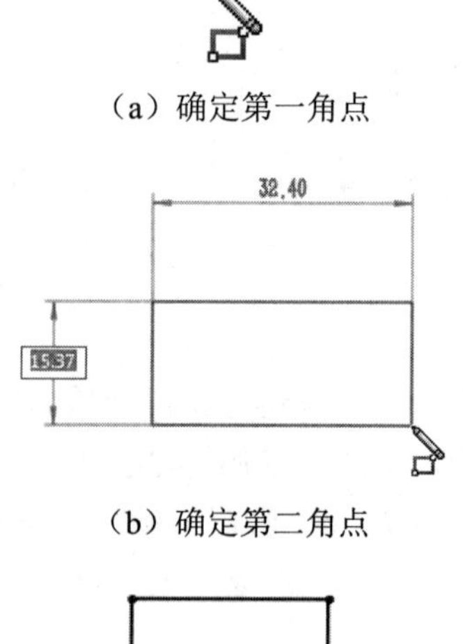

（b）确定第二角点

（c）绘制结果

图 3-28　“边角矩形”绘制过程

☑　“中心矩形”命令绘制矩形的方法是指定矩形的中心与右上的端点确定矩形的中心和 4 条边线，绘制过程如图 3-29 所示。

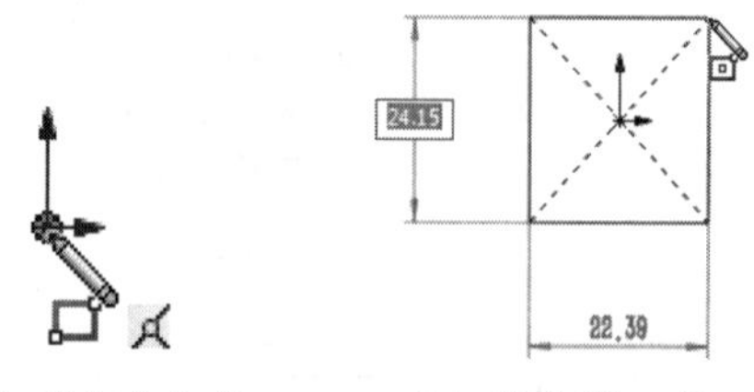

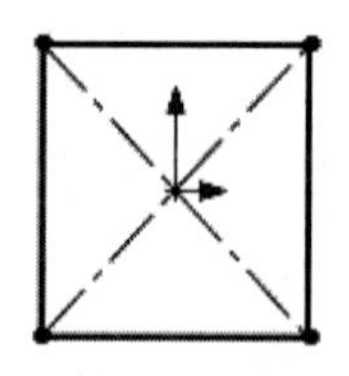

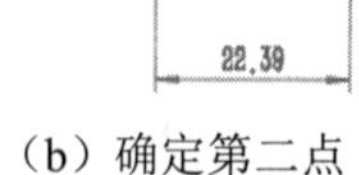

（a）确定中心点　（b）确定第二点　（c）绘制结果

图 3-29　“中心矩形”绘制过程

☑　“三点边角矩形”命令是通过制定 3 个点来确定矩形，前面两个点来定义角度和一条边，第 3 点来确定另一条边，绘制过程如图 3-30 所示。

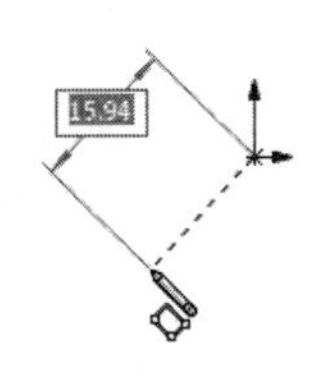

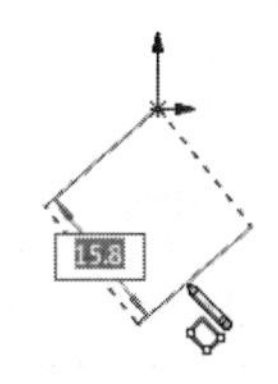

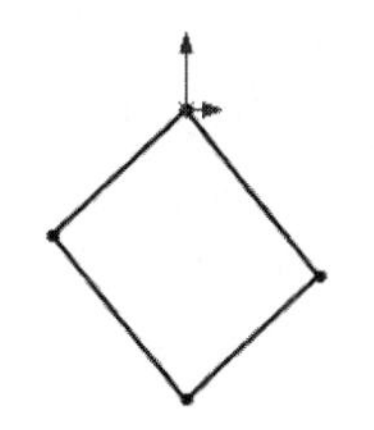

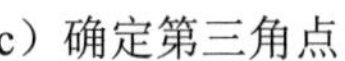

（a）确定第一角点　（b）确定第二角点　（c）确定第三角点

图 3-30　“三点边角矩形”绘制过程

☑　“三点中心矩形”命令是通过制定 3 个点来确定矩形，绘制过程如图 3-31 所示。

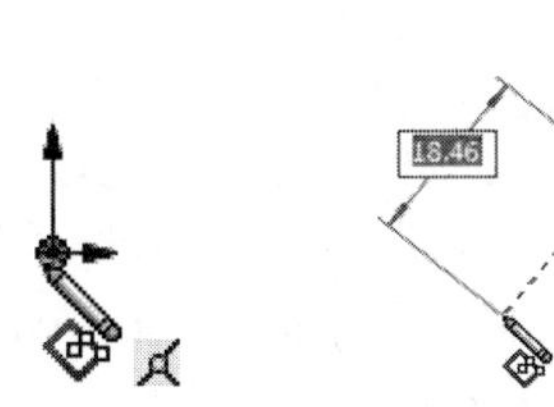

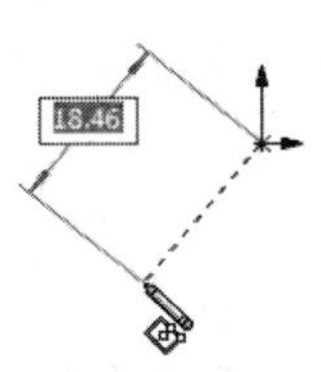

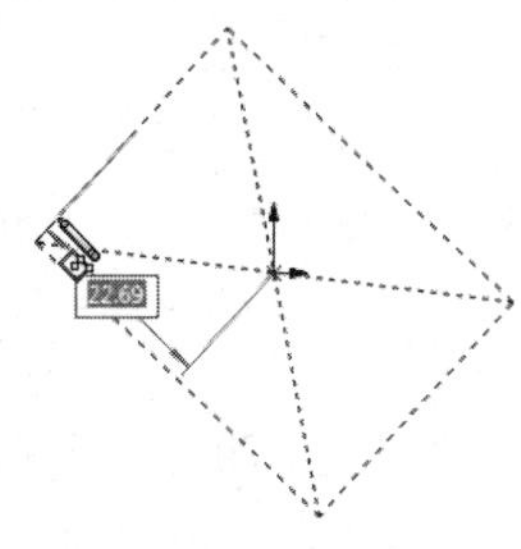

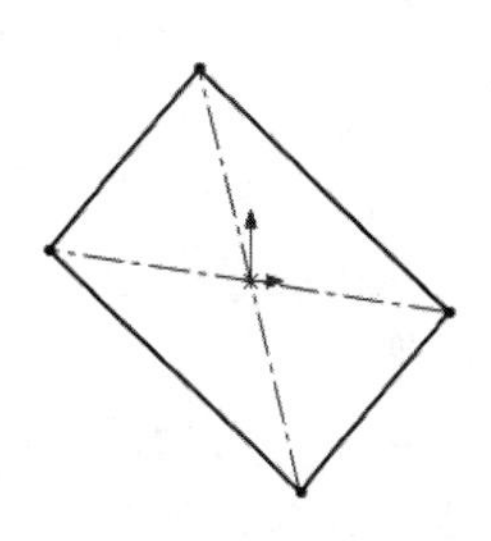

（a）确定中心点　（b）确定第二点　（c）确定第三点　（d）结果

图 3-31　“三点中心矩形”绘制过程

☑　“平行四边形”命令既可以生成平行四边形，也可以生成边线与草图网格线不平行或不垂直的矩形，绘制过程如图 3-32 所示。

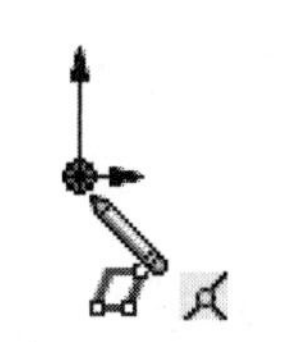

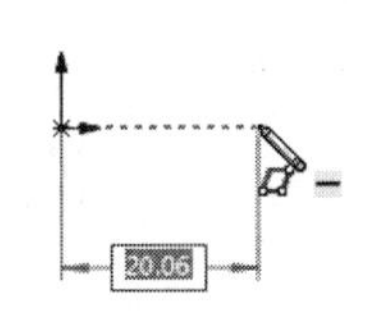

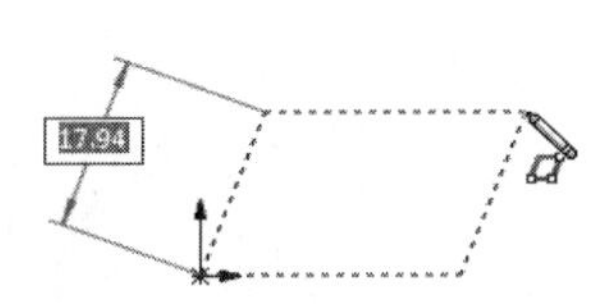

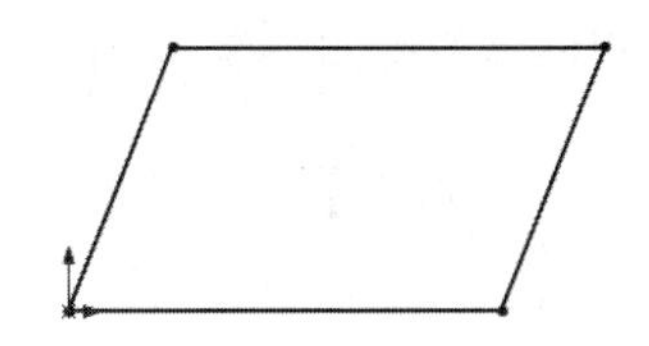

（a）确定第一点　（b）确定第二点　（c）确定第三点　（d）绘制结果

图 3-32　“平行四边形”绘制过程

提示：

矩形绘制完毕后，按住鼠标左键拖动矩形的一个角点，可以动态地改变四边的尺寸；按住 Ctrl 键，移动光标可以改变平行四边形的形状。

3.2.8　绘制多边形

视频讲解

多边形命令用于绘制边数为 3～40 的等边多边形。执行多边形命令，主要有如下 3 种调用方法。

☑　面板：单击“草图”面板中的“多边形”按钮⊙。

☑　工具栏：单击“草图”工具栏中的“多边形”按钮⊙。

☑　菜单栏：选择菜单栏中的“工具”→“草图绘制实体”→“多边形”命令。

执行“多边形”命令，光标变为形状，弹出的“多边形”属性管理器如图 3-33 所示。

Note

图 3-33 “多边形”属性管理器

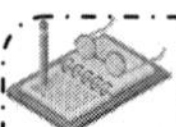

提示：

多边形有内切圆和外接圆两种方式，两者的区别主要在于标注方法的不同。内切圆是表示圆中心到各边的垂直距离，外接圆是表示圆中心到多边形端点的距离。

视频讲解

3.2.9 实例——螺母草图

首先利用多边形命令绘制螺母外形，然后利用圆命令绘制孔，最后利用圆弧绘制螺纹，绘制螺母的流程图如图 3-34 所示。

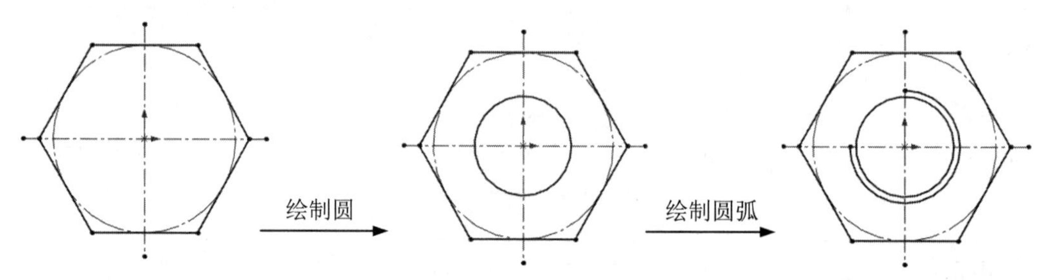

图 3-34 绘制螺母的流程图

操作步骤如下。

（1）设置草绘平面。在左侧的“FeatureMannger 设计树”中选择“前视基准面”作为绘图基准面，单击“前导视图”工具栏中的“正视于”按钮，旋转基准面。

（2）绘制草图。单击“草图”面板中的“草图绘制”按钮，进入草图绘制状态。

（3）绘制中心线。单击“草图”面板中的“中心线”按钮，绘制一条水平和一条竖直中心线。

（4）绘制多边形。单击“草图”面板中的“多边形”按钮，弹出“多边形”属性管理器，输入边数为 6，选中“内切圆”单选按钮，以中心线交点为圆心，将光标移动一段距离，圆直径栏中输入内切圆直径为 30mm，如图 3-35 所示，单击“确定”按钮，完成正六边形的绘制，如图 3-36 所示。

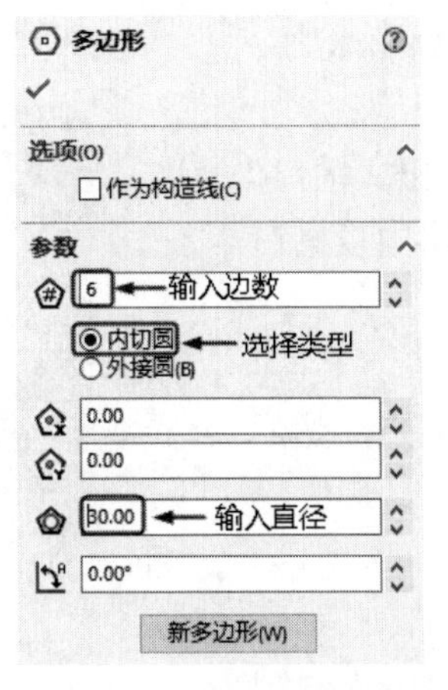

图 3-35 “多边形”属性管理器

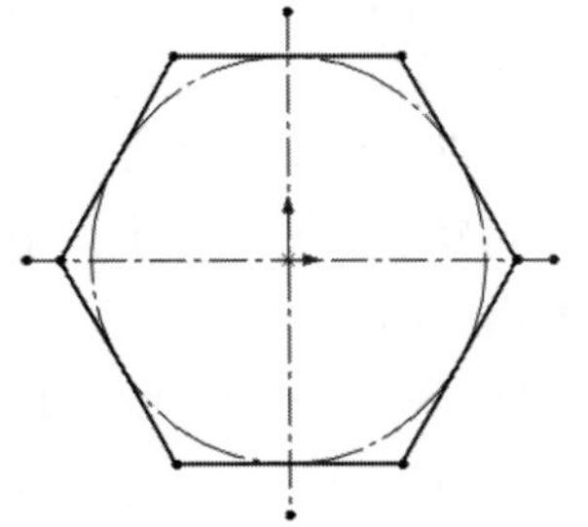
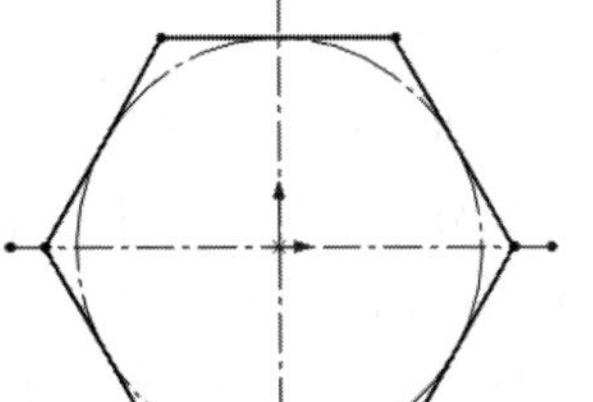

图 3-36 绘制正六边形

Note

（5）绘制圆。单击“草图”面板中的“圆”按钮，在原点处绘制一个半径为 8 的圆，如图 3-37 所示。

（6）绘制圆弧。单击“草图”面板中的“圆心/起/终点画弧”按钮，以原点为圆心，以竖直中心线为起点，水平中心线为终点，绘制一个四分之三圆弧，在“圆弧”属性管理器中输入 Y 轴距离为 9mm，如图 3-38 所示，单击“确定”按钮，绘制的圆弧如图 3-39 所示。

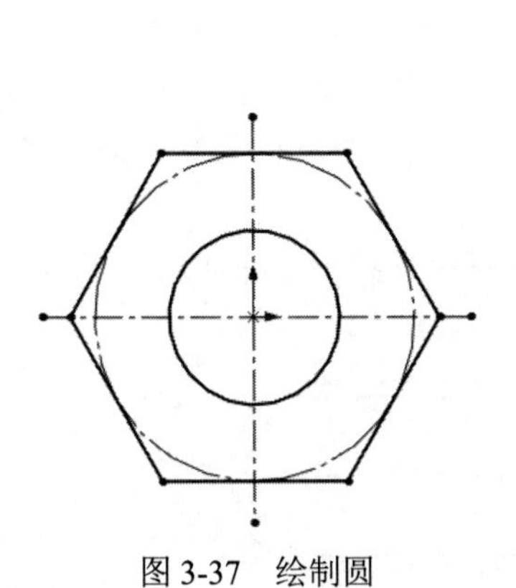

图 3-37 绘制圆

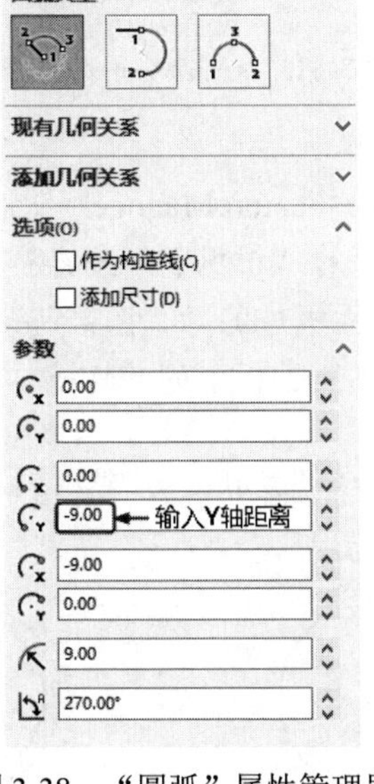

图 3-38 “圆弧”属性管理器

图 3-39 绘制圆弧

3.2.10 绘制槽口

视频讲解

执行槽口命令，主要有如下 3 种调用方法。

☑ 面板：单击“草图”面板中的“直槽口”按钮等。

☑ 工具栏：单击“草图”工具栏中的“直槽口”按钮等。

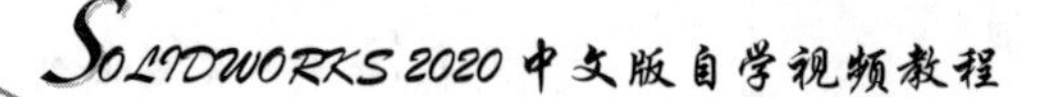

Note

☑ 菜单栏：选择菜单栏中的“工具”→“草图绘制实体”→“直槽口”命令等。

执行“槽口”命令，此时光标变为形状。系统弹出“槽口”属性管理器，如图 3-40 所示。根据需要设置属性管理器中直槽口的参数。

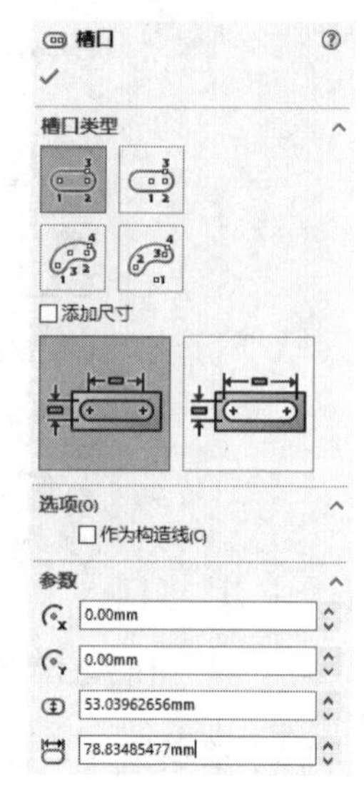

图 3-40 “槽口”属性管理器

绘制槽口时，通常有以下几种方式。

☑ 直槽口：先确定直槽口的水平中心线的两个端点，然后确定直槽口的两端圆弧半径。

☑ 中心点直槽口：从中心点绘制直槽口。

☑ 三点圆弧槽口：在圆弧上用三点绘制圆弧槽口。

☑ 中心点圆弧槽口：用圆弧半径的中心点和两个端点绘制圆弧槽口。

视频讲解

3.2.11 实例——圆头平键草图

利用直槽口命令绘制圆头平键，绘制圆头平键的流程图如图 3-41 所示。

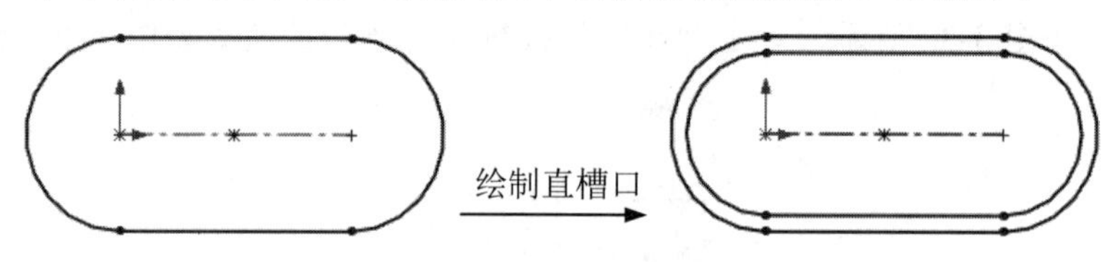

图 3-41 绘制圆头平键的流程图

操作步骤如下。

（1）设置草绘平面。在左侧的“FeatureMannger 设计树”中选择“前视基准面”作为绘图基准面。单击“前导视图”工具栏中的“正视于”按钮，旋转基准面。

（2）绘制草图。单击“草图”面板中的“草图绘制”按钮，进入草图绘制状态。

（3）绘制直槽口 1。单击“草图”面板中的“直槽口”按钮，在图形区绘制直槽口 1，如图 3-42 所示。

（4）绘制直槽口 2。单击“草图”面板中的“直槽口”按钮，捕捉水平中心线两端点，在图形区绘制直槽口 2，如图 3-43 所示。

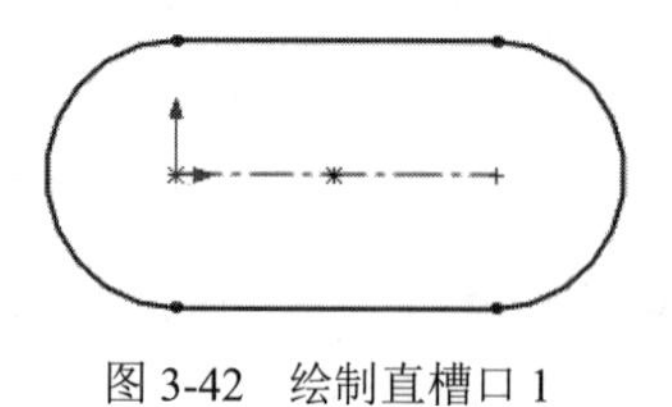
图 3-42 绘制直槽口 1

图 3-43 绘制直槽口 2

视频讲解

3.2.12 绘制样条曲线

执行样条曲线命令，主要有如下 3 种调用方法。

☑ 面板：单击“草图”面板中的“样条曲线”按钮。

Note

☑　工具栏：单击“草图”工具栏中的“样条曲线”按钮。

☑　菜单栏：选择菜单栏中的“工具”→“草图绘制实体”→“样条曲线”命令。

执行“样条曲线”命令，样条曲线绘制完毕后，可以通过以下方式，对样条曲线进行编辑和修改。

（1）样条曲线属性管理器。“样条曲线”属性管理器如图 3-44 所示，在“参数”选项组中可以实现对样条曲线的各种参数进行修改。

（2）样条曲线上的点。选择要修改的样条曲线，此时样条曲线上会出现点，按住鼠标左键拖动这些点就可以实现对样条曲线的修改，如图 3-45 所示为样条曲线的修改过程，拖动点 1 到点 2 位置，图 3-45（a）为修改前的图形，图 3-45（b）为修改后的图形。

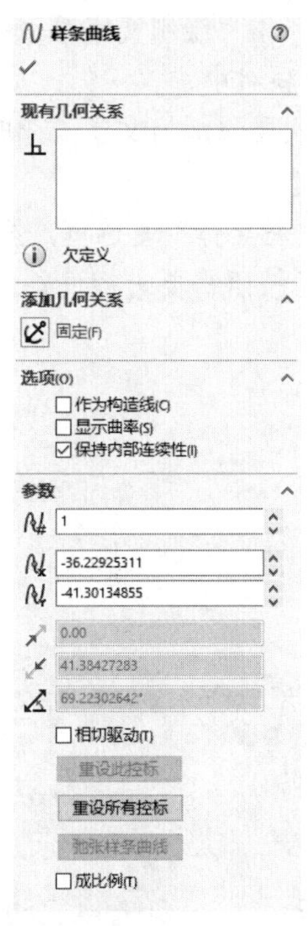

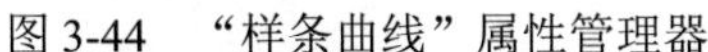

图 3-44　“样条曲线”属性管理器

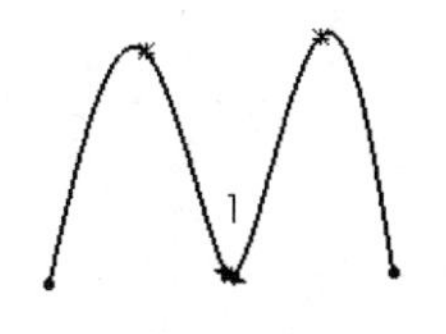

（a）修改前的图形

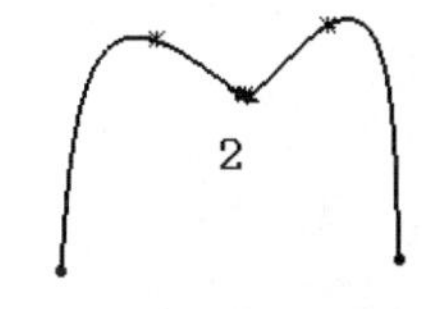

（b）修改后的图形

图 3-45　样条曲线的修改过程

（3）插入样条曲线型值点。确定样条曲线形状的点称为型值点，即除样条曲线端点以外的点。在样条曲线绘制以后，还可以插入一些型值点。右击样条曲线，在弹出的快捷菜单中选择“插入样条曲线型值点”命令，然后在需要添加的位置单击即可。

（4）删除样条曲线型值点。若要删除样条曲线上的型值点，则单击选择要删除的点，然后按 Delete 键即可。

样条曲线的编辑还有其他一些功能，如显示样条曲线控标、显示拐点、显示最小半径与显示曲率检查等，在此不一一介绍，用户可以右击，选择相应的功能，进行练习。

提示：

系统提供了强大的样条曲线绘制功能，样条曲线至少需要两个点，并且可以在端点指定相切。

3.2.13 绘制草图文字

Note

视频讲解

执行草图文字命令，主要有如下 3 种调用方法。

☑ 面板：单击“草图”面板中的“文字”按钮。

☑ 工具栏：单击“草图”工具栏中的“文字”按钮。

☑ 菜单栏：选择菜单栏中的“工具”→“草图绘制实体”→“文字”命令。

执行“文字”命令后，系统弹出“草图文字”属性管理器，如图 3-46 所示。

操作步骤如下：

（1）在图形区中选择一边线、曲线、草图或草图线段，作为绘制文字草图的定位线，此时所选择的边线显示在“草图文字”属性管理器的“曲线”选项组中。

（2）在“草图文字”属性管理器的“文字”选项中输入要添加的文字。此时，添加的文字显示在图形区曲线上。

（3）如果不需要系统默认的字体，则取消选中“使用文档字体”复选框，然后单击“字体”按钮，此时系统弹出“选择字体”对话框，如图 3-47 所示，按照需要进行设置。

图 3-46 “草图文字”属性管理器

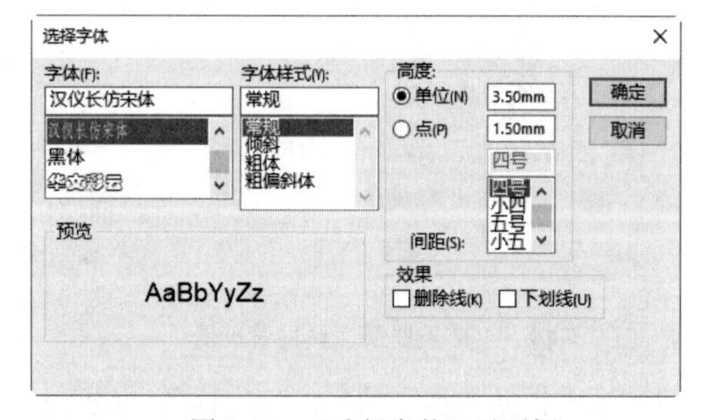

图 3-47 “选择字体”对话框

（4）设置好字体后，单击“选择字体”对话框中的“确定”按钮，然后单击“草图文字”属性管理器中的“确定”按钮✓，完成草图文字的绘制。

草图文字可以在零件特征面上添加，用于拉伸和切除文字，形成立体效果。文字可以添加在任何连续曲线或边线组中，包括由直线、圆弧或样条曲线组成的圆或轮廓。

提示：

在草图绘制模式下，双击已绘制的草图文字，在系统弹出的“草图文字”属性管理器中，可以对其进行修改。

3.3　草图工具

本节主要介绍草图工具的使用方法，如圆角、倒角、等距实体、转换实体引用、剪裁、延伸与镜像。

Note

视频讲解

3.3.1　绘制圆角

绘制圆角工具是将两个草图实体的交叉处剪裁掉角部，生成一个与两个草图实体都相切的圆弧，此工具在二维和三维草图中均可使用。执行绘制圆角命令，主要有如下 3 种调用方法。

☑　面板：单击“草图”面板中的“绘制圆角”按钮。

☑　工具栏：单击“草图”工具栏中的“绘制圆角”按钮。

☑　菜单栏：选择菜单栏中的“工具”→“草图工具”→“绘制圆角”命令。

执行“绘制圆角”命令，此时系统弹出“绘制圆角”属性管理器，如图 3-48 所示。

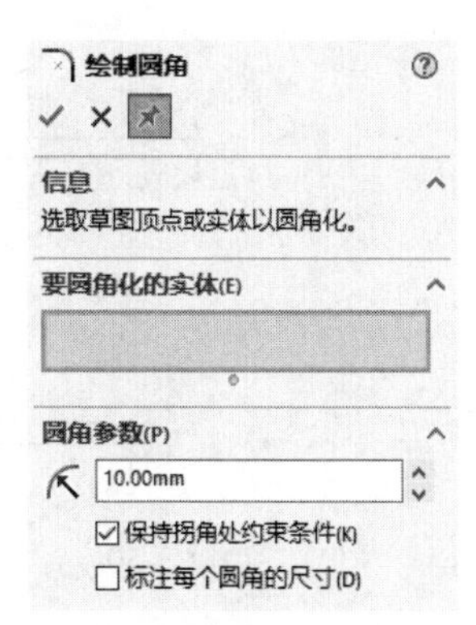

图 3-48　“绘制圆角”属性管理器

选中“保持拐角处约束条件”复选框，将保留虚拟交点。如果不选中该复选框，且顶点具有尺寸或几何关系，将会询问是否想在生成圆角时删除这些几何关系。

> **提示：**
>
> SOLIDWORKS 可以将两个非交叉的草图实体进行倒圆角操作。执行完“圆角”命令后，草图实体将被拉伸，边角将被圆角处理。

视频讲解

3.3.2　实例——型钢截面

首先利用直线绘制型钢截面的大体轮廓，然后利用智能尺寸标注尺寸，最后利用绘制圆角命令对其进行圆角处理。绘制型钢截面的流程图如图 3-49 所示。

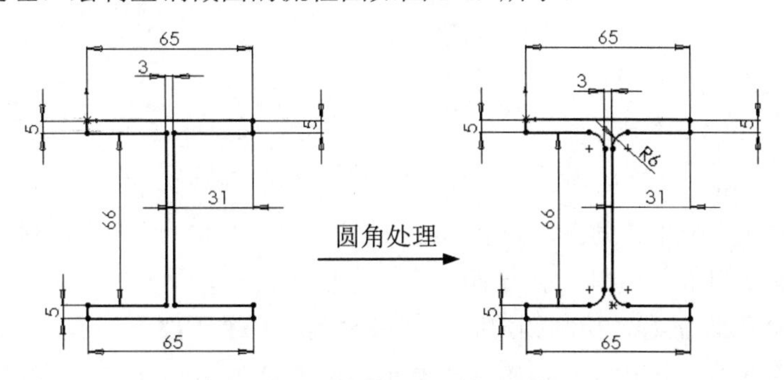

图 3-49　绘制型钢截面的流程图

操作步骤如下。

（1）设置草绘平面。在左侧的“FeatureMannger 设计树”中选择“前视基准面”作为绘图基准面。单击“前导视图”工具栏中的“正视于”按钮，旋转基准面。

Note

（2）进入草图。单击“草图”面板中的“草图绘制”按钮，进入草图绘制状态。

（3）绘制截面。单击“草图”面板中的“直线”按钮，绘制一系列直线段。

（4）标注尺寸。单击“草图”面板中的“智能尺寸”按钮，标注上一步绘制草图的尺寸，如图 3-50 所示。

（5）绘制圆角。单击“草图”面板中的“绘制圆角”按钮，此时系统弹出“绘制圆角”属性管理器。在“半径”栏中输入值 6mm，然后单击“确定”按钮✔。结果如图 3-51 所示

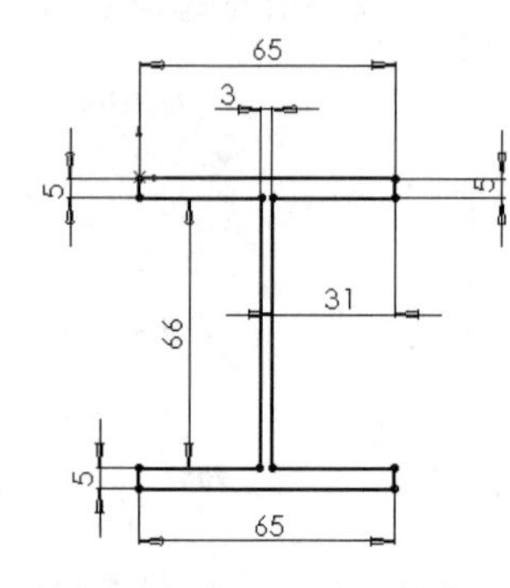

图 3-50　标注尺寸后的草图

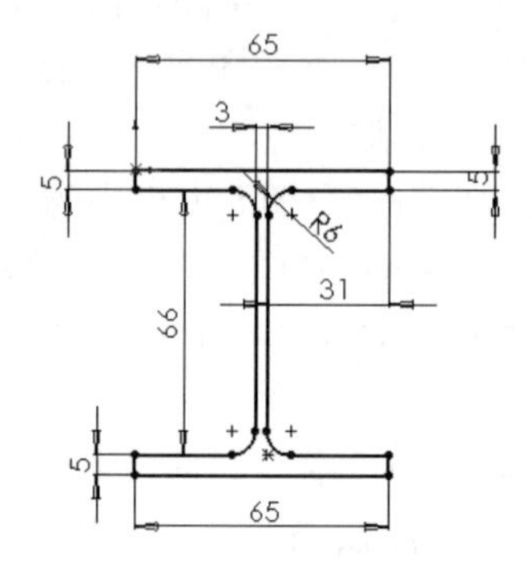

图 3-51　绘制圆角后的草图

3.3.3　绘制倒角

视频讲解

绘制倒角工具是将倒角应用到相邻的草图实体中，此工具在二维和三维草图中均可使用。执行倒角命令，主要有如下 3 种调用方法。

☑　面板：单击“草图”面板中的“倒角”按钮。

☑　工具栏：单击“草图”工具栏中的“倒角”按钮。

☑　菜单栏：选择菜单栏中的“工具”→“草图工具”→“倒角”命令。

执行“倒角”命令，此时系统弹出“绘制倒角”属性管理器，如图 3-52 所示。

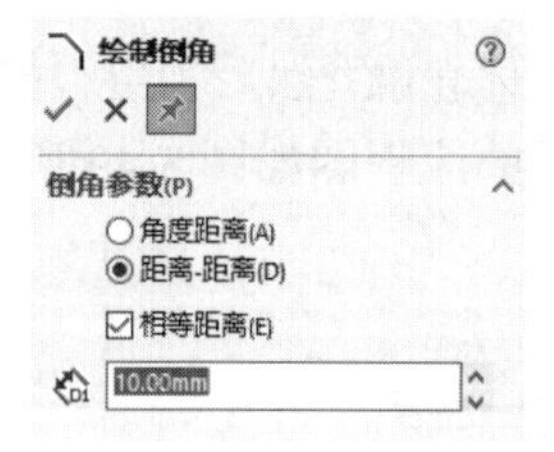

图 3-52　“绘制倒角”属性管理器

倒角的选取方法与圆角相同。“绘制倒角”属性管理器中提供了倒角的两种设置方式，分别是“角度距离”设置倒角方式和“距离-距离”设置倒角方式。

以“距离-距离”设置方式绘制倒角时，如果设置的两个距离不相等，选择不同草图实体的次序不同，绘制的结果也不相同。如图 3-53 所示，设置 D1＝10mm、D2＝20mm，如图 3-53（a）所示为原始图形；如图 3-53（b）所示为先选取左侧的直线，后选择右侧直线形成的倒角；如

图 3-53（c）所示为先选取右侧的直线，后选择左侧直线形成的倒角。

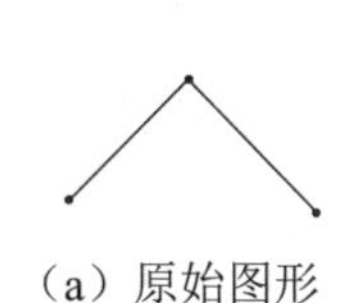

（a）原始图形

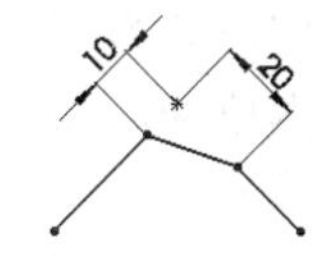

（b）先左后右的图形

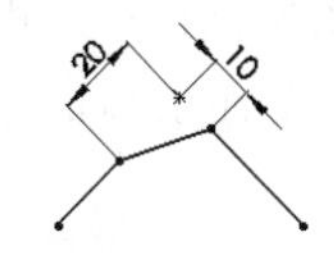

（c）先右后左的图形

图 3-53　选择直线次序不同形成的倒角

Note

视频讲解

3.3.4　等距实体

等距实体工具是按特定的距离等距一个或者多个草图实体、所选模型边线、模型面。例如样条曲线或圆弧、模型边线组、环等之类的草图实体。执行等距实体命令，主要有如下 3 种调用方法。

☑　面板：单击“草图”面板中的“等距实体”按钮。

☑　工具栏：单击“草图”工具栏中的“等距实体”按钮。

☑　菜单栏：选择菜单栏中的“工具”→“草图工具”→“等距实体”命令。

执行“等距实体”命令，弹出的“等距实体”属性管理器如图 3-54 所示。

“等距实体”属性管理器中各选项的含义如下。

☑　“等距距离”文本框：设定数值以特定距离来等距草图实体。

☑　“添加尺寸”复选框：选中该复选框将在草图中添加等距距离的尺寸标注，这不会影响到包括在原有草图实体中的任何尺寸。

☑　“反向”复选框：选中该复选框将更改单向等距实体的方向。

☑　“选择链”复选框：选中该复选框将生成所有连续草图实体的等距。

☑　“双向”复选框：选中该复选框将在草图中双向生成等距实体。

☑　“基本几何体”复选框：选中该复选框将原有草图实体转换到构造性直线。

☑　“偏移几何体”复选框：选中该复选框将偏移的草图实体转换到构造性直线。

☑　“顶端加盖”复选框：选中该复选框将通过选择双向并添加一顶盖来延伸原有非相交草图实体。

如图 3-55 所示为按照如图 3-54 所示的“等距实体”属性管理器进行设置后，选取中间草图实体中任意一部分得到的图形。

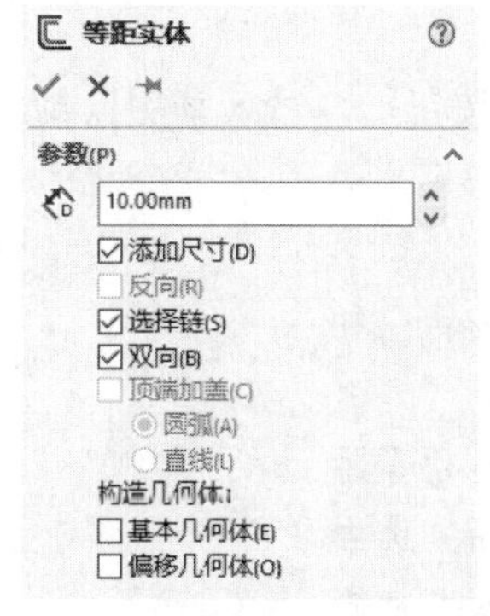

图 3-54　“等距实体“属性管理器

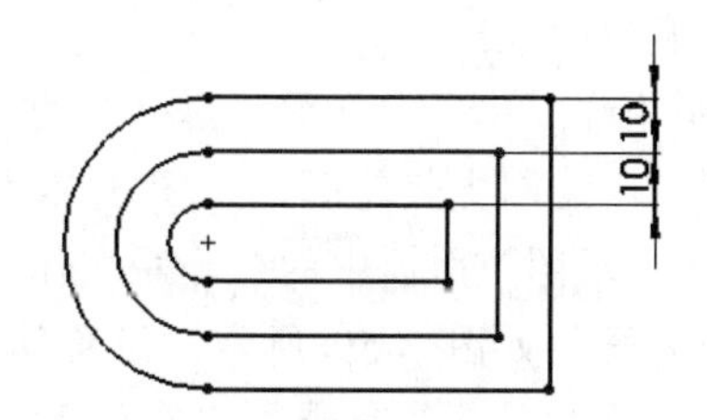

图 3-55　等距后的草图实体

如图 3-56 所示为在模型面上添加草图实体的过程，图 3-56（a）为原始图形，图 3-56（b）为等距实体后的图形。执行过程为：先选择如图 3-56（a）所示的模型的上表面，然后进入草图绘制状态，再执行等距实体命令，设置参数为单向等距距离，距离为 10mm。

（a）原始图形

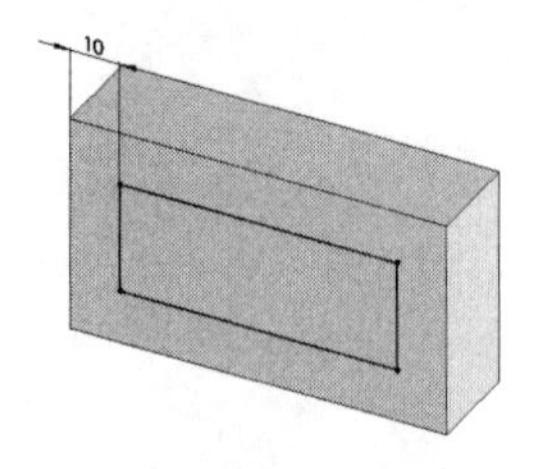

（b）等距实体后的图形

图 3-56　模型面上添加草图实体过程

提示：

在草图绘制状态下，双击等距距离的尺寸，然后更改数值，就可以修改等距实体的距离。在双向等距中，修改单个数值就可以更改两个等距的尺寸。

视频讲解

3.3.5　实例——支架草图

首先利用中心线绘制竖直中心线，然后利用直线和圆弧命令绘制支架轮廓，最后利用等距实体命令完成支架草图的绘制。绘制支架的流程图如图 3-57 所示。

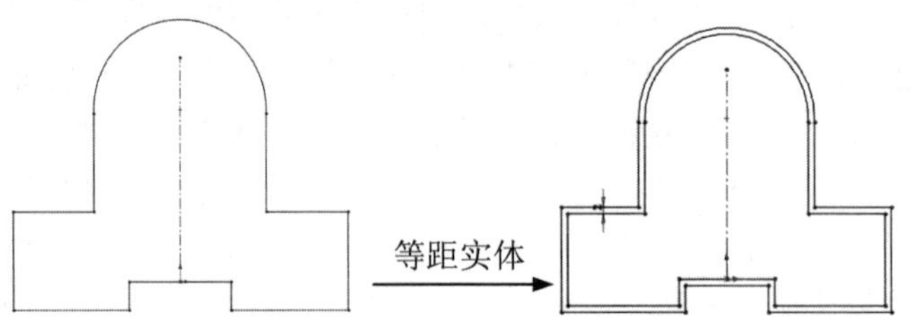

图 3-57　绘制支架的流程图

操作步骤如下。

（1）设置草绘平面。在左侧的“FeatureMannger 设计树”中选择“前视基准面”作为绘图基准面。

（2）绘制草图。单击“草图”面板中的“草图绘制”按钮，进入草图绘制状态。

（3）绘制中心线。单击“草图”面板中的“中心线”按钮，绘制过原点竖直中心线。

（4）绘制轮廓。单击“草图”面板中的“三点圆弧”按钮和“直线”按钮，绘制支架轮廓，如图 3-58 所示。

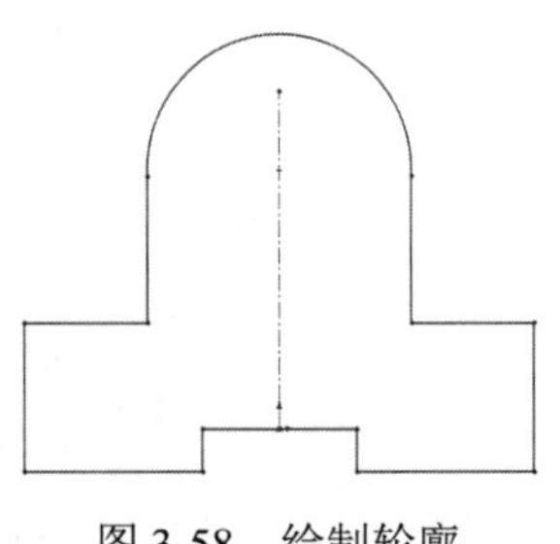

图 3-58　绘制轮廓

（5）单击“草图”面板中的“等距实体”按钮，弹出“等距实体”属性管理器，如图 3-59 所示，设置等距距离为 2mm，选中“选择链”和“添加尺寸”复选框，在绘图区选择边线，单击“确定”按钮✔，完成操作，结果如图 3-60 所示。

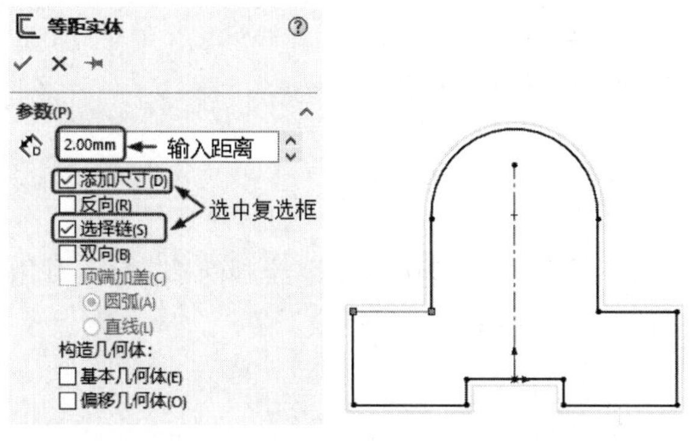

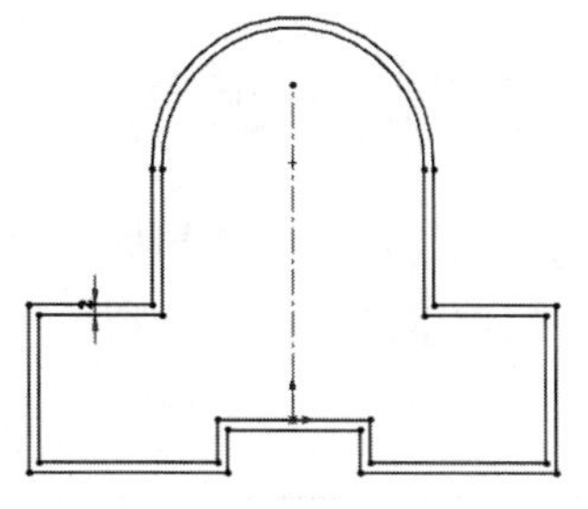

图 3-59 “等距实体”属性管理器　　　　图 3-60 支架垫片草图

视频讲解

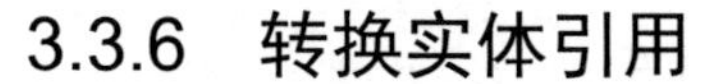

3.3.6 转换实体引用

转换实体引用是通过已有的模型或者草图，将其边线、环、面、曲线、外部草图轮廓线、一组边线或一组草图曲线投影到草图基准面上。通过这种方式，可以在草图基准面上生成一个或多个草图实体。使用该命令时，如果引用的实体发生更改，那么转换的草图实体也会相应地改变。执行转换实体引用命令，主要有如下 3 种调用方法。

☑ 面板：单击“草图”面板中的“转换实体引用”按钮。

☑ 工具栏：单击“草图”工具栏中的“转换实体引用”按钮。

☑ 菜单栏：选择菜单栏中的“工具”→“草图工具”→“转换实体引用”命令。

执行“转换实体引用”命令，弹出“转换实体引用”属性管理器，如图 3-61 所示。

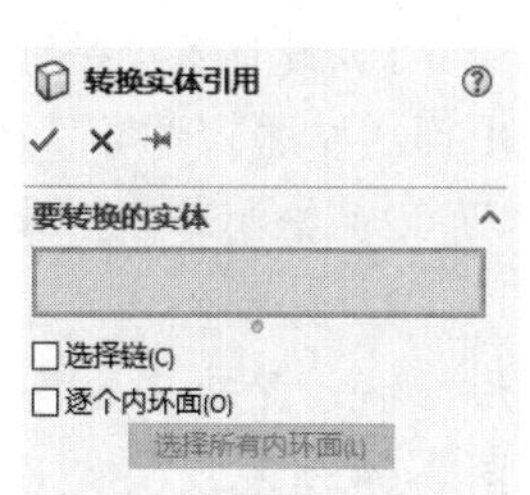

图 3-61 “转换实体引用”属性管理器

视频讲解

3.3.7 草图剪裁

草图剪裁是常用的草图编辑命令。执行剪裁实体命令，主要有如下 3 种调用方法。

☑ 面板：单击“草图”面板中的“剪裁实体”按钮。

☑ 工具栏：单击“草图”工具栏中的“剪裁实体”按钮。

☑ 菜单栏：选择菜单栏中的“工具”→“草图工具”→“剪裁实体”命令。

执行“剪裁实体”命令，弹出“剪裁”属性管理器，如图 3-62 所示。

根据剪裁草图实体的不同，可以选择不同的剪裁模式，下面将介绍不同类型的草图剪裁模式。

☑ 强劲剪裁：通过将光标拖过每个草图实体来剪裁草图实体。

☑ 边角：剪裁两个草图实体，直到它们在虚拟边角处相交。

☑ 在内剪除：选择两个边界实体，然后选择要剪裁的实体，剪裁位于两个边界实体外的草图实体。

图 3-62 “剪裁”属性管理器

☑ 在外剪除：剪裁位于两个边界实体内的草图实体。

☑ 剪裁到最近端：将一草图实体裁剪到最近端交叉实体。

3.3.8 实例——扳手草图

Note

视频讲解

首先利用矩形命令绘制扳手中间部分，然后利用圆和多边形命令绘制两端，最后利用剪裁实体命令，修剪多余线段。绘制扳手的流程图如图 3-63 所示。

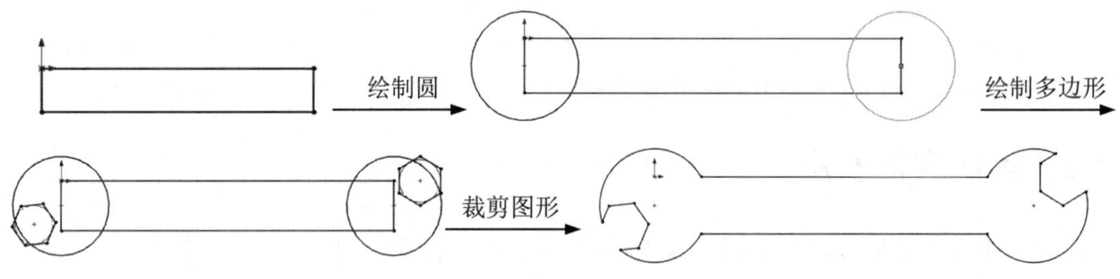

图 3-63　绘制扳手的流程图

操作步骤如下。

（1）设置草绘平面。在左侧的“FeatureMannger 设计树”中选择“前视基准面”作为绘图基准面。单击“前导视图”工具栏中的“正视于”按钮，旋转基准面。

（2）绘制草图。单击“草图”面板中的“草图绘制”按钮，进入草图绘制状态。

（3）绘制矩形。单击“草图”面板中的“边角矩形”按钮，以原点为一个角点绘制一个矩形，输入 Y 方向距离为 30mm，输入 X 方向距离为 220mm，在图形区绘制适当大小的矩形，如图 3-64 所示。

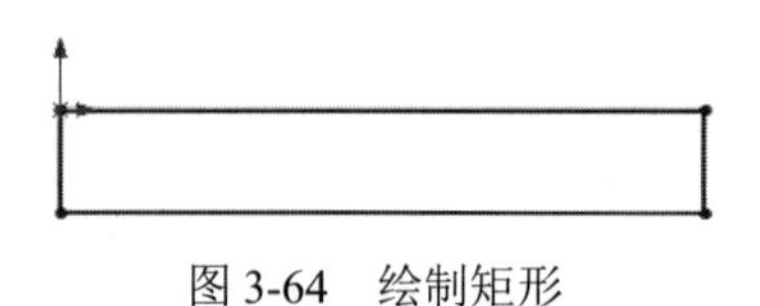

图 3-64　绘制矩形

（4）绘制圆。单击“草图”面板中的“圆”按钮，捕捉矩形两端点为圆心。绘制半径为 30 的圆，如图 3-65 所示。

（5）绘制多边形。单击“草图”面板中的“多边形”按钮，绘制六边形，输入 X 方向坐标为-19，Y 方向坐标为-22，内切圆直径为 30，角度为 220°；重复上述操作，输入 X 方向坐标为-239，Y 方向坐标为-11，内切圆直径为 30，角度为 20°，如图 3-66 所示。

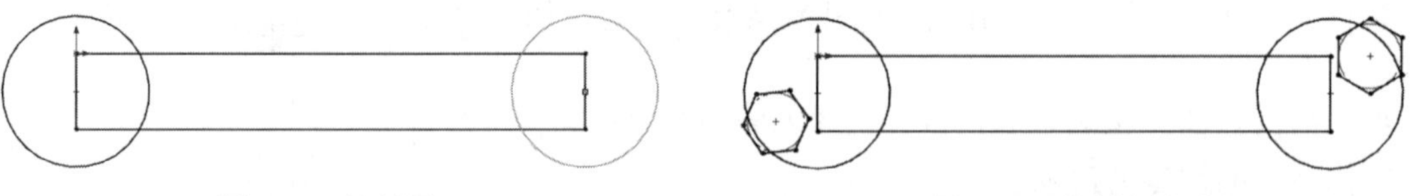

图 3-65　绘制圆　　　　图 3-66　绘制六边形

（6）剪裁实体。单击“草图”面板中的“剪裁实体”按钮，弹出如图 3-67 所示的“剪裁”属性管理器，单击“剪裁到最近端”按钮，修剪扳手多余图形，如图 3-68 所示。

Note

图 3-67　“剪裁”属性管理器

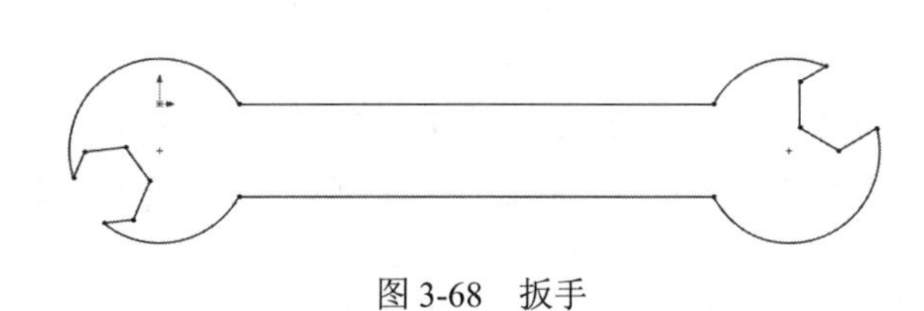

图 3-68　扳手

3.3.9　草图延伸

视频讲解

草图延伸是常用的草图编辑工具。利用该工具可以将草图实体延伸至另一个草图实体。执行草图延伸命令，主要有如下 3 种调用方法。

☑　面板：单击“草图”面板中的“延伸实体”按钮。

☑　工具栏：单击“草图”工具栏中的“延伸实体”按钮。

☑　菜单栏：选择菜单栏中的“工具”→“草图工具”→“延伸实体”命令。

在延伸草图实体时，如果两个方向都可以延伸，而只需要单一方向延伸时，单击延伸方向一侧的实体部分即可实现，在执行该命令过程中，实体延伸的结果在预览时会以红色显示。

3.3.10　实例——轴承座草图

视频讲解

首先利用圆命令绘制圆，然后利用直线命令绘制连续线段并设置与圆相切，利用延伸命令将直线延伸至圆，再利用剪裁实体命令修剪多余线段，最后利用圆命令完成轴承座的绘制。绘制轴承座的流程图如图 3-69 所示。

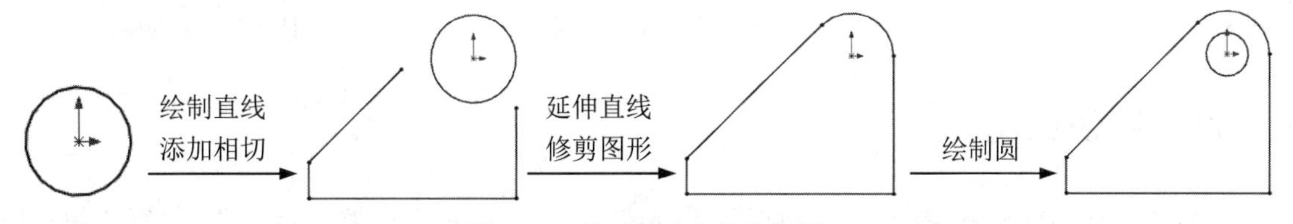

图 3-69　绘制轴承座的流程图

操作步骤如下。

（1）设置草绘平面。在左侧的“FeatureMannger 设计树”中选择“前视基准面”作为绘图基准面。单击“前导视图”工具栏中的“正视于”按钮，旋转基准面。

（2）绘制草图。单击“草图”面板中的“草图绘制”按钮，进入草图绘制状态。

（3）绘制圆。单击“草图”面板中的“圆”按钮，在图形区绘制适当大小的圆，如图 3-70 所示。

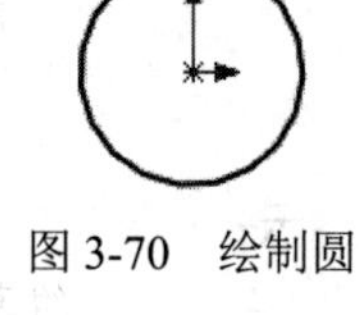

图 3-70　绘制圆

（4）绘制直线。单击“草图”面板中的“直线”按钮，绘制连续直线，如图 3-71 所示。

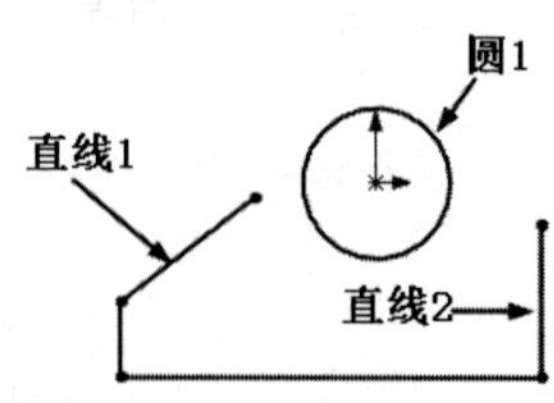

图 3-71　绘制直线

（5）设置线属性。按住 Ctrl 键，选择图 3-71 中直线 1、圆 1，弹出“属性”属性管理器，如图 3-72 所示，单击“相切”按钮，添加相切关系；同样的方法为如图 3-71 所示的直线 2、圆 1 添加“相切”关系，如图 3-73 所示。

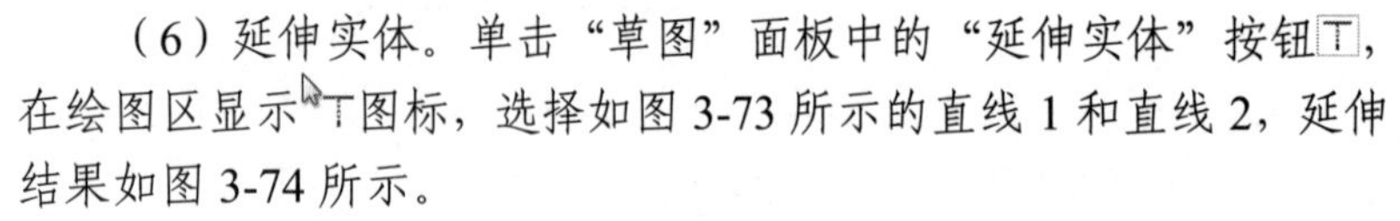

（6）延伸实体。单击“草图”面板中的“延伸实体”按钮，在绘图区显示图标，选择如图 3-73 所示的直线 1 和直线 2，延伸结果如图 3-74 所示。

（7）剪裁实体。单击“草图”面板中的“剪裁实体”按钮，修剪多余图形，如图 3-75 所示。

（8）绘制圆。单击“草图”面板中的“圆”按钮，捕捉原点为圆心，绘制圆，如图 3-76 所示。

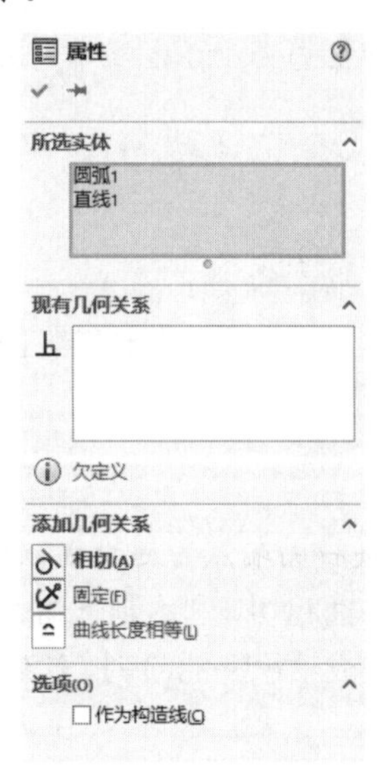

图 3-72　“属性”属性管理器

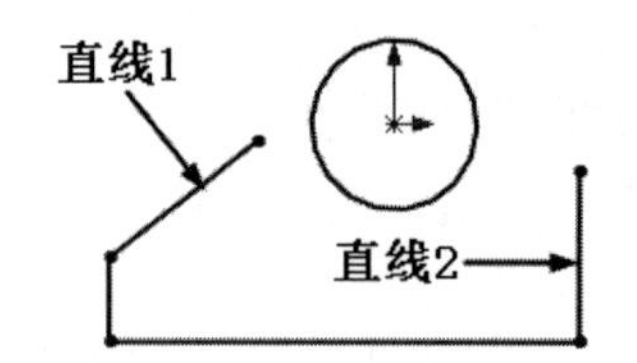

图 3-73　添加“相切”关系

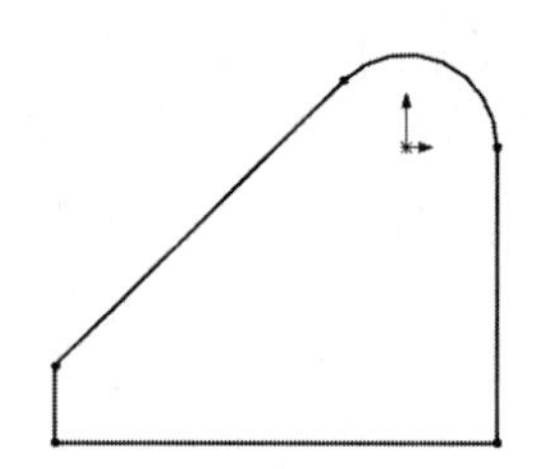

图 3-75　修剪图形

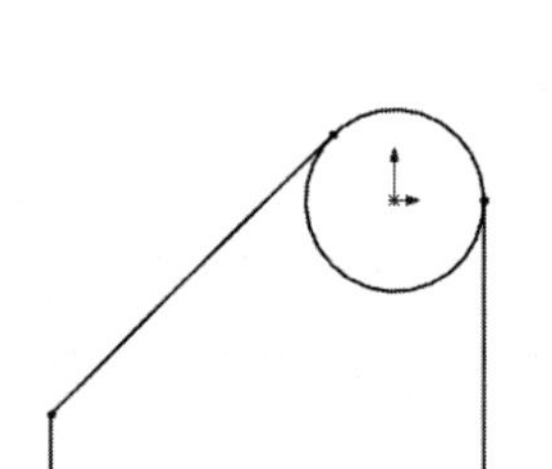

图 3-74　延伸结果

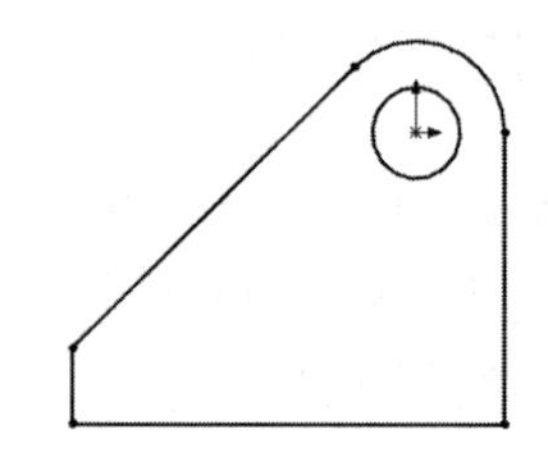

图 3-76　绘制圆

3.3.11　镜像草图

在 SOLIDWORKS 中，镜像点不再仅限于构造线，它可以是任意类型的直线。执行镜像实体命令，主要有如下 3 种调用方法。

☑　面板：单击“草图”面板中的“镜像实体”按钮。

☑　工具栏：单击“草图”工具栏中的“镜像实体”按钮。

☑ 菜单栏：选择菜单栏中的“工具”→“草图工具”→“镜像实体”命令。

执行“镜像实体”命令，系统弹出“镜像”属性管理器，如图3-77所示。

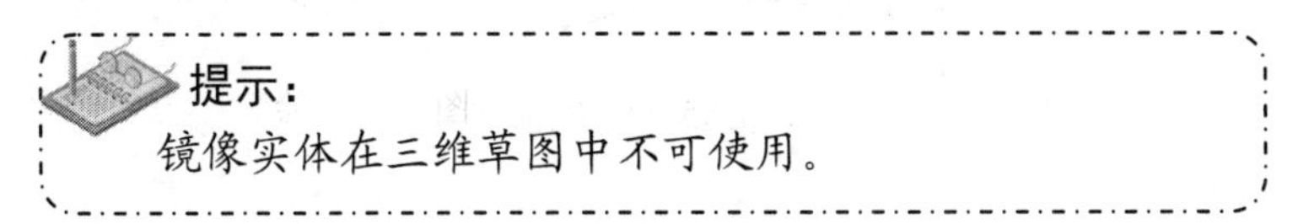

提示：

镜像实体在三维草图中不可使用。

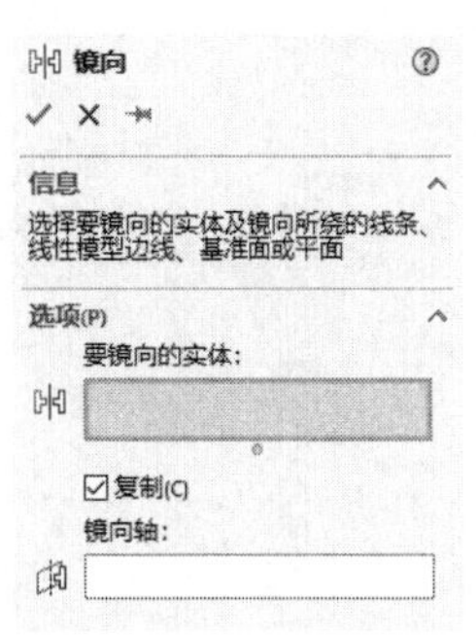

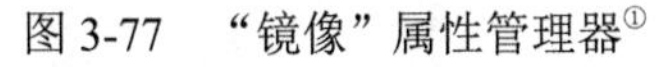

图3-77 “镜像”属性管理器[1]

Note

视频讲解

3.3.12 实例——手柄草图

首先绘制中心线，然后利用直线和圆弧命令绘制一侧手柄图形，最后利用镜像命令完成手柄的绘制。绘制手柄的流程图如图3-78所示。

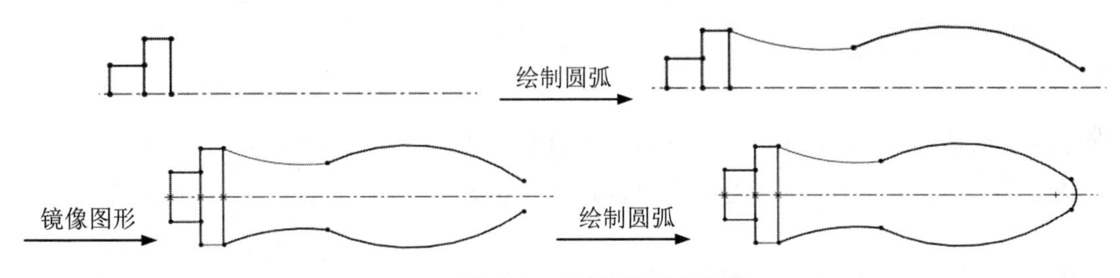

图3-78 绘制手柄的流程图

操作步骤如下。

（1）设置草绘平面。在左侧的“FeatureMannger 设计树”中选择“前视基准面”作为绘图基准面。单击“前导视图”工具栏中的“正视于”按钮，旋转基准面。

（2）绘制草图。单击“草图”面板中的“草图绘制”按钮，进入草图绘制状态。

（3）绘制中心线。单击“草图”面板中的“中心线”按钮，绘制水平中心线。

（4）绘制直线。单击“草图”面板中的“直线”按钮，绘制直线，如图3-79所示。

（5）绘制圆弧。单击“草图”面板中的“三点圆弧”按钮，捕捉右侧端点为起点连续绘制两端圆弧，如图3-80所示。

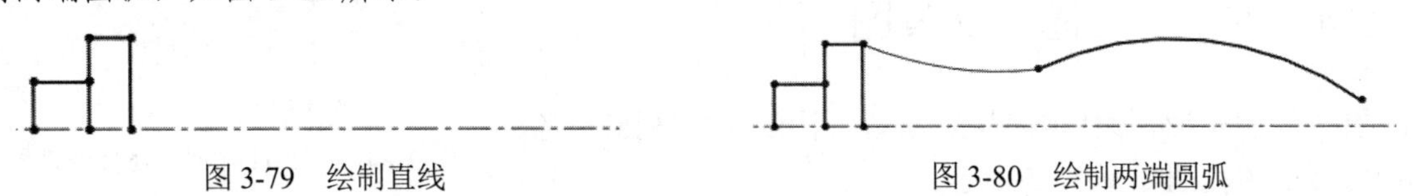

图3-79 绘制直线　　　　图3-80 绘制两端圆弧

（6）镜像草图。单击“草图”面板中的“镜像实体”按钮，弹出“镜像”属性管理器，如图3-81所示，选取所有的图形为要镜像的实体，选中“复制”复选框，选取水平中心线为镜像曲线，单击“确定”按钮✔，镜像结果如图3-82所示。

（7）绘制圆弧。单击“草图”面板中的“三点圆弧”按钮，选取圆弧的两端点绘制圆弧，手柄草图如图3-83所示。

[1] 本书中的“镜像”与软件中的“镜向”为同一内容，后文不再赘述。

Note

图 3-81 “镜像”属性管理器

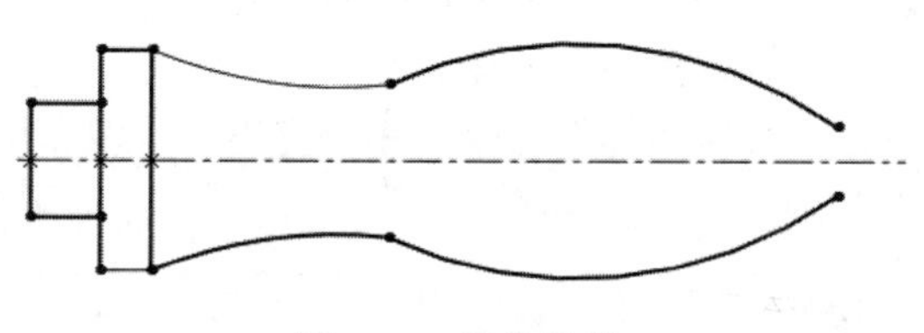

图 3-82 镜像结果

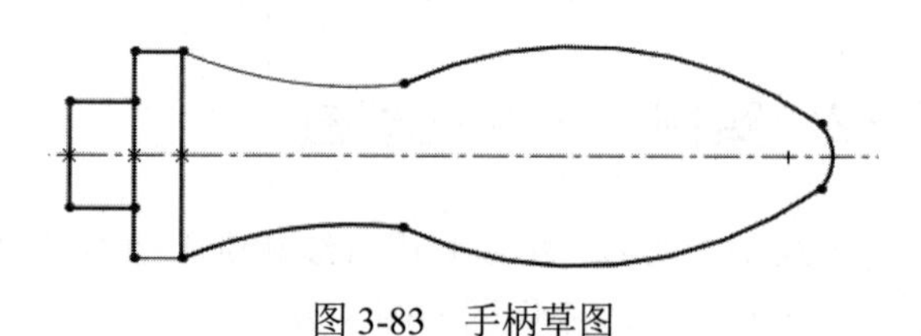

图 3-83 手柄草图

视频讲解

3.3.13 线性草图阵列

线性草图阵列是将草图实体沿一个或者两个轴复制生成多个排列图形。执行线性草图阵列命令，主要有如下 3 种调用方法。

☑ 面板：单击“草图”面板中的“线性草图阵列”按钮。

☑ 工具栏：单击“草图”工具栏中的“线性草图阵列”按钮。

☑ 菜单栏：选择菜单栏中的“工具”→“草图工具”→“线性草图阵列”命令。

执行“线性草图阵列”命令，系统弹出“线性阵列”属性管理器，如图 3-84 所示。

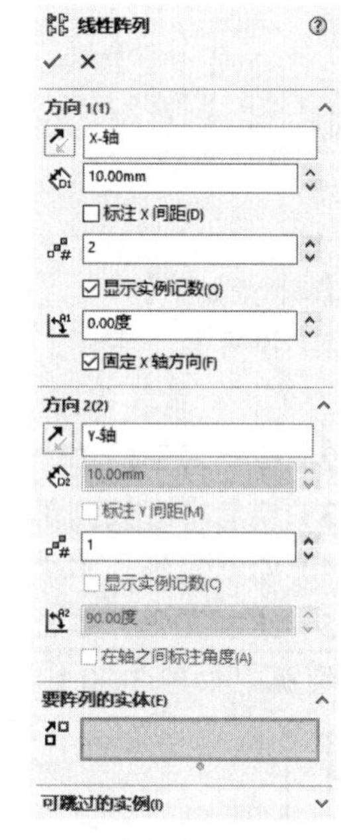

图 3-84 “线性阵列”属性管理器

视频讲解

3.3.14 实例——固定板草图

首先绘制矩形，然后绘制圆，最后利用线性阵列圆。绘制固定板的流程图如图 3-85 所示。

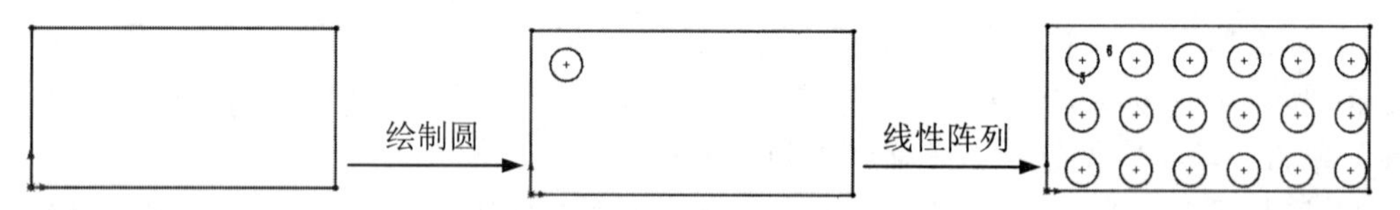

图 3-85 绘制固定板的流程图

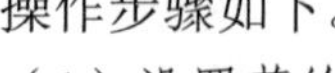

操作步骤如下。

（1）设置草绘平面。在左侧的“FeatureMannger 设计树”中选择“前视基准面”作为绘图

Note

基准面。单击“前导视图”工具栏中的“正视于”按钮，旋转基准面。

（2）绘制草图。单击“草图”面板中的“草图绘制”按钮，进入草图绘制状态。

（3）绘制矩形。单击“草图”面板中的“矩形”按钮，在图形区绘制大小为 30mm×60mm 的矩形，如图 3-86 所示。

（4）绘制圆。单击“草图”面板中的“圆”按钮，在矩形内部绘制半径为 3mm 的圆，如图 3-87 所示。

图 3-86 绘制矩形　　图 3-87 绘制圆

（5）绘制线性阵列。单击“草图”面板中的“线性草图阵列”按钮，弹出“线性阵列”属性管理器，如图 3-88 所示。在方向 1 中输入距离为 10mm，实例个数为 6；在方向 2 中输入距离为 10mm，实例个数为 3，选择上步绘制的圆为要阵列的实体，如图 3-88 所示。单击“确定”按钮✓，阵列后图形如图 3-89 所示。

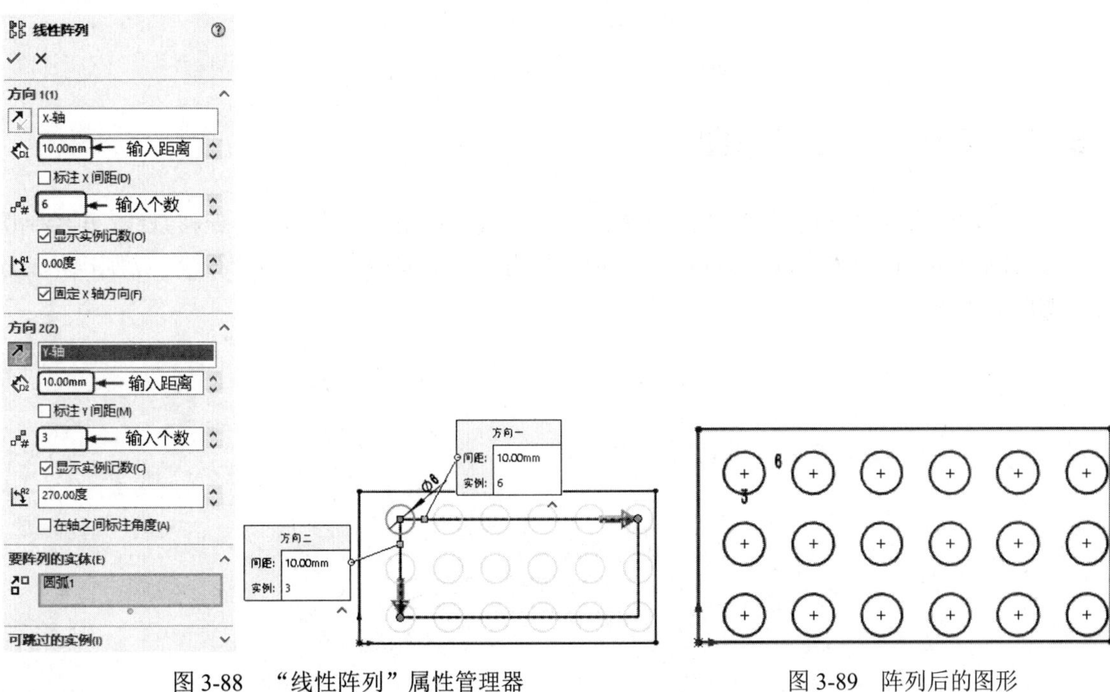

图 3-88 “线性阵列”属性管理器　　图 3-89 阵列后的图形

3.3.15 圆周草图阵列

视频讲解

圆周草图阵列是将草图实体沿一个指定大小的圆弧进行环状阵列。执行圆周草图阵列命令，主要有如下 3 种调用方法。

☑ 面板：单击“草图”面板中的“圆周草图阵列”按钮。

☑ 工具栏：单击“草图”工具栏中的“圆周草图阵列”按钮。

Note

☑ 菜单栏：选择菜单栏中的“工具”→“草图工具”→“圆周阵列”命令。

执行“圆周草图阵列”命令，此时系统弹出“圆周阵列”属性管理器，如图 3-90 所示。

图 3-90 “圆周阵列”属性管理器

视频讲解

3.3.16 实例——槽轮草图

首先利用圆命令绘制构造圆和圆，然后绘制中心线并利用等距实体命令偏移直线，再绘制圆弧并利用圆周阵列命令将直线和圆弧阵列，最后利用剪裁实体命令修剪多余线段。绘制槽轮的流程图如图 3-91 所示。

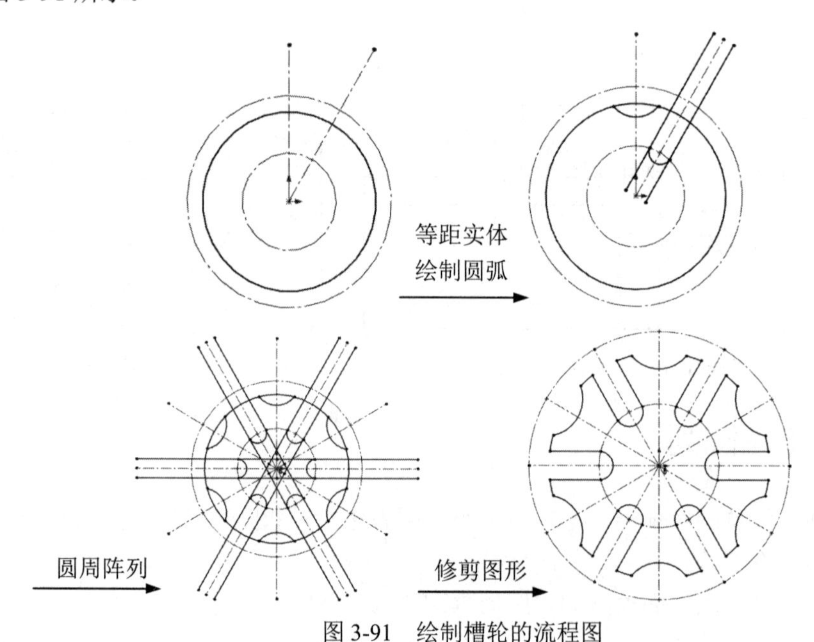

图 3-91 绘制槽轮的流程图

操作步骤如下。

（1）设置草绘平面。在左侧的“FeatureMannger 设计树”中选择“前视基准面”作为绘图基准面，单击“前导视图”工具栏中的“正视于”按钮，旋转基准面。

（2）绘制草图。单击“草图”面板中的“草图绘制”按钮，进入草图绘制状态。

（3）绘制构造圆。单击“草图”面板中的“圆”按钮，弹出“圆”属性管理器，以原点为圆心，拖动圆到合适位置单击，在属性管理器中输入半径为 32.5mm，选中“作为构造线”复选框，如图 3-92 所示。单击“确定”按钮，完成第一个构造圆的绘制；重复“圆”命令，绘制半径为 15mm 的构造圆，如图 3-93 所示。

（4）绘制圆。单击“草图”面板中的“圆”按钮，弹出“圆”属性管理器，以原点为圆心，拖动圆到合适位置单击，在属性管理器中输入半径为 27.5mm，单击“确定”按钮，完成圆的绘制。

（5）绘制中心线。单击“草图”面板中的“中心线”按钮，绘制一条竖直中心线和相对于竖直中心线夹角为 30° 的斜中心线，如图 3-94 所示。

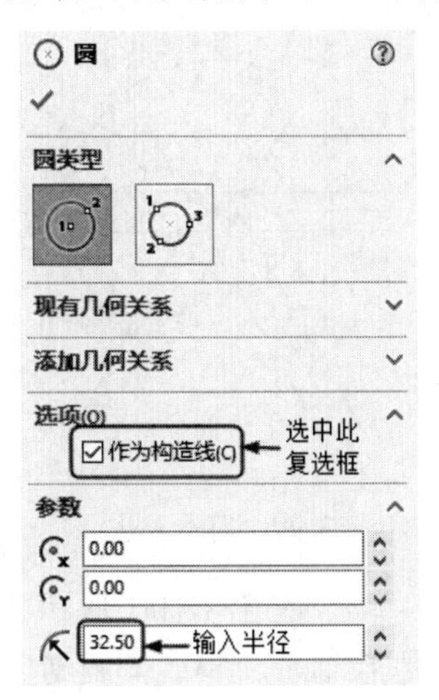

图 3-92　“圆”属性管理器

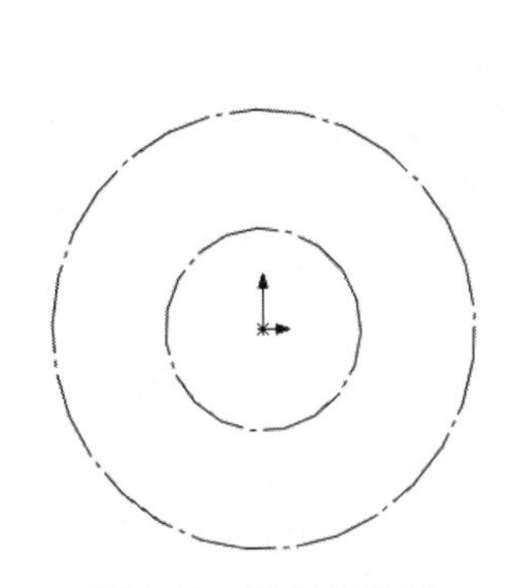

图 3-93　绘制构造圆

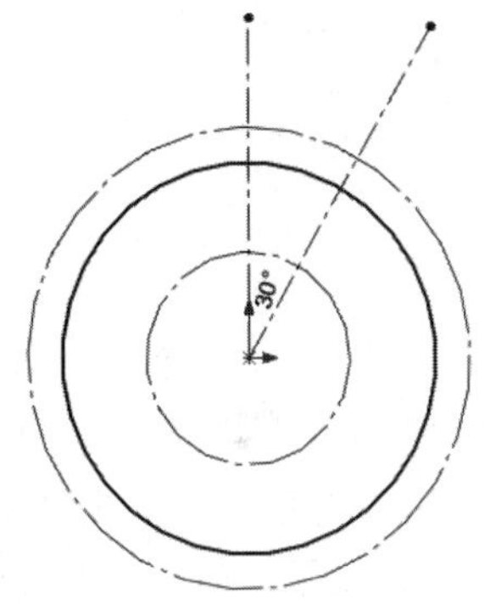

图 3-94　绘制中心线

（6）绘制等距线。单击“草图”面板中的“等距实体”按钮，弹出“等距实体”属性管理器，输入距离为 3.5mm，选中“双向”复选框，如图 3-95 所示。选取斜中心线为等距线，单击“确定”按钮，完成等距线的绘制如图 3-96 所示。

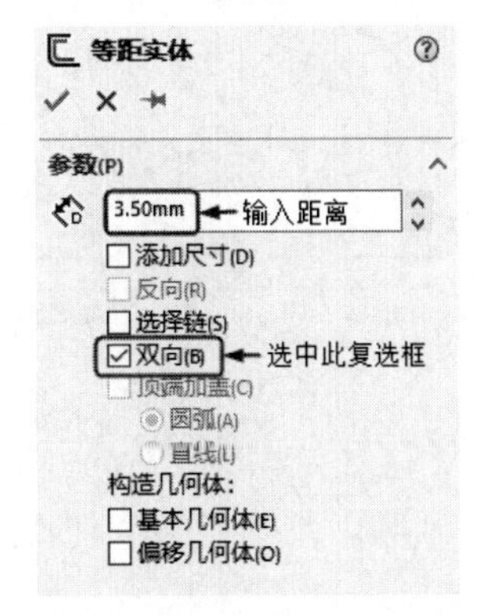

图 3-95　“等距实体”属性管理器

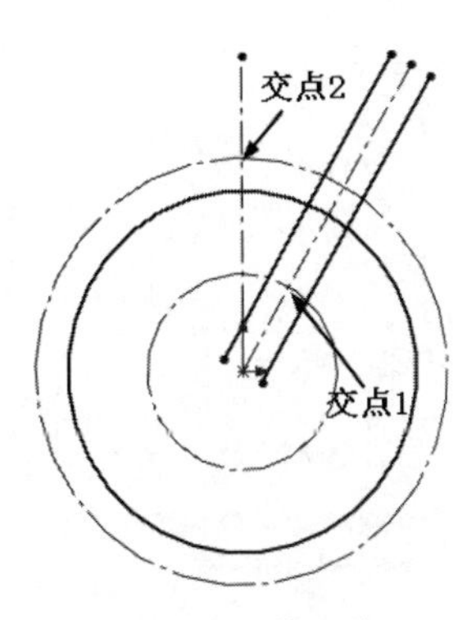

图 3-96　等距线

（7）绘制圆弧。单击“草图”面板中的“圆心/起/终点画弧”按钮，以交点1为圆心，以斜直线和小构造圆的交点为起点或终点绘制圆弧；重复“圆弧”命令，以交点2为圆心，绘制半径为9mm的圆弧，如图3-97所示。

Note

（8）圆周阵列。单击“草图”面板中的“圆周草图阵列”按钮，弹出“圆周阵列”属性管理器，选取圆心为阵列中心，然后在图形区中选取斜直线、斜中心线和圆弧，输入阵列个数为6，选中“等间距”复选框，如图3-98所示，单击“确定”按钮✓，阵列后图形如图3-99所示。

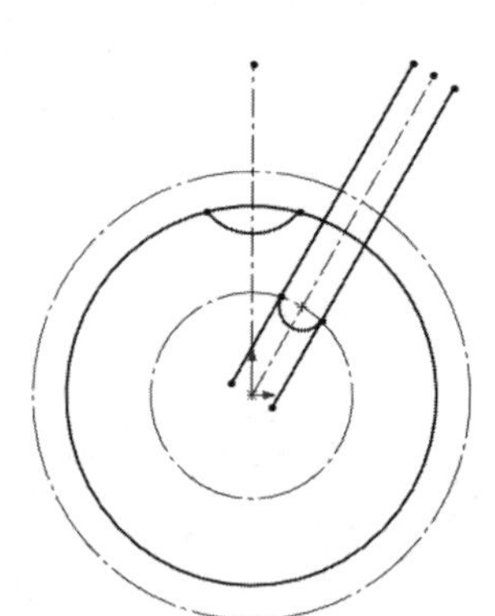

图3-97　绘制圆弧

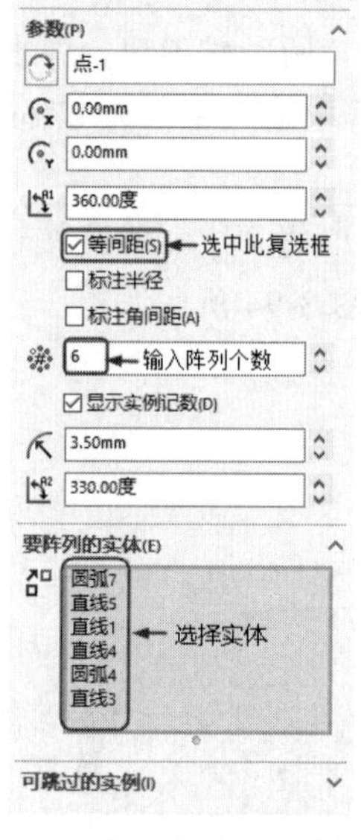

图3-98　“圆周阵列”属性管理器

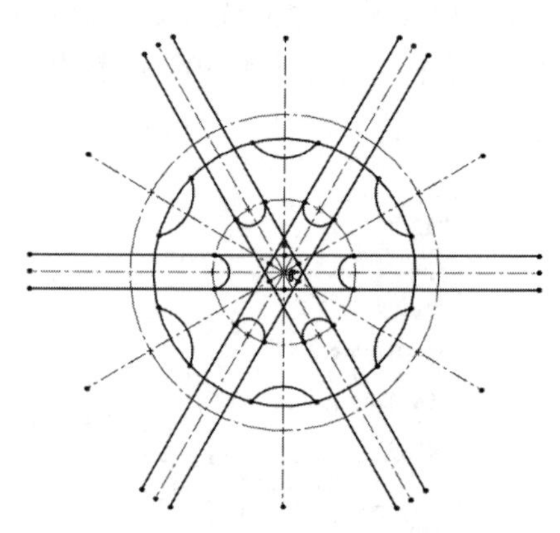

图3-99　阵列后图形

（9）修剪图形。单击“草图”面板中的“剪裁实体”按钮，弹出如图3-100所示的“剪裁”属性管理器，单击“强劲剪裁”按钮，修剪外围多余线条，然后单击“剪裁到最近端”按钮，修剪细节部分，槽轮草图如图3-101所示。

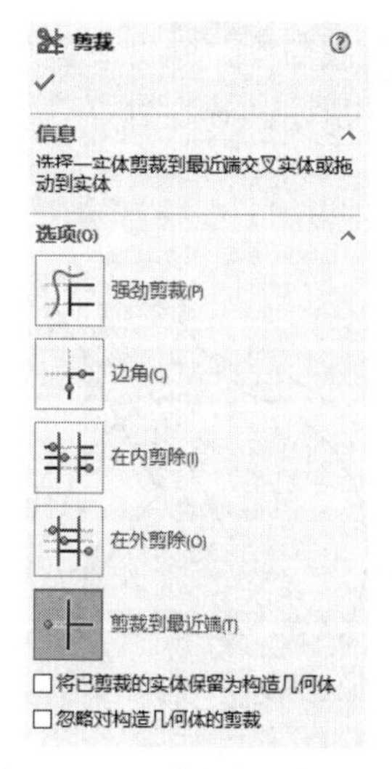

图3-100　“剪裁”属性管理器

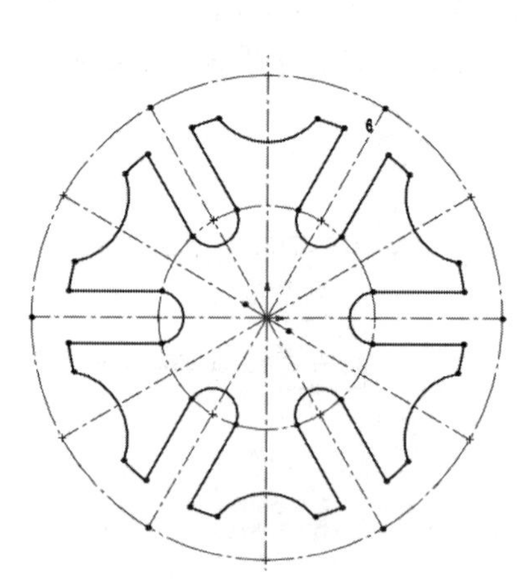

图3-101　槽轮草图

3.4　几何关系

Note

几何关系为草图实体之间或草图实体与基准面、基准轴、边线或顶点之间的几何约束。

使用 SOLIDWORKS 自动添加几何关系后，在绘制草图时光标会改变形状以显示可以生成哪些几何关系。图 3-102 显示了不同几何关系对应的光标指针形状。

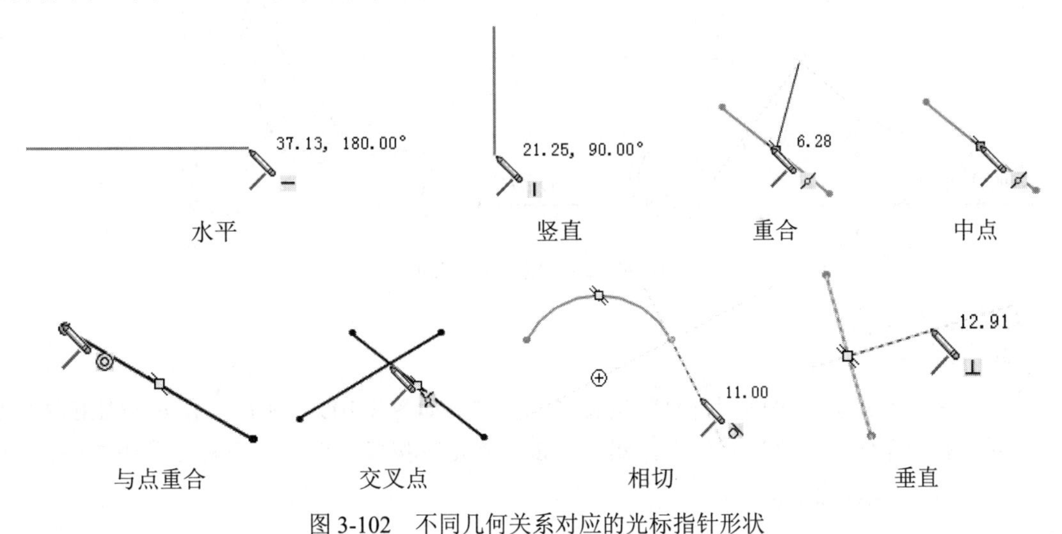

图 3-102　不同几何关系对应的光标指针形状

3.4.1　添加几何关系

视频讲解

利用“添加几何关系”按钮上可以在草图实体之间或草图实体与基准面、基准轴、边线或顶点之间生成几何关系。执行添加几何关系命令，主要有如下 3 种调用方法。

☑　面板：单击“草图”面板中的“添加几何关系”按钮上。

☑　工具栏：单击“草图”工具栏中的“添加几何关系”按钮上。

☑　菜单栏：选择菜单栏中的“工具”→“几何关系”→“添加”命令。

执行“添加几何关系”命令，系统弹出添加几何关系属性管理器，如图 3-103 所示。

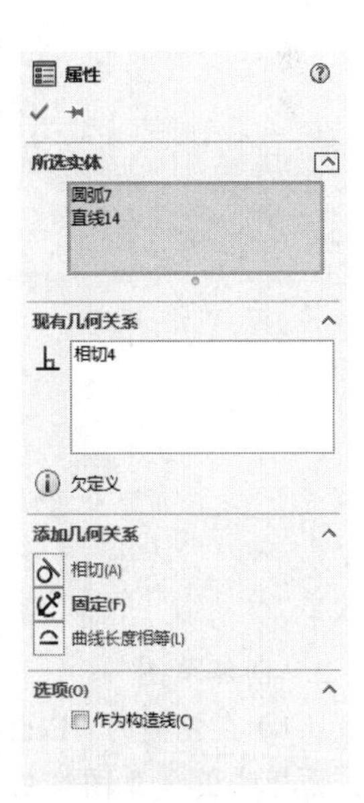

图 3-103　添加几何关系属性管理器

3.4.2　实例——绘制拨叉草图

视频讲解

本例首先绘制构造线构建大概轮廓，绘制的过程中要用到约束工具，然后对其进行修剪和倒圆角操作，最后标注图形尺寸，完成草图的绘制。绘制拨叉草图的流程图如图 3-104 所示。

Note

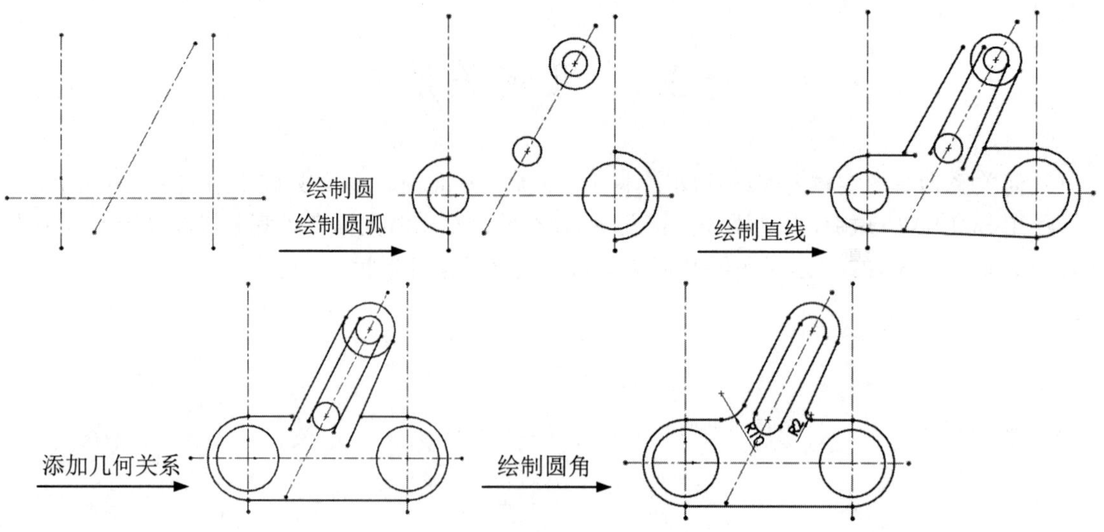

图 3-104　绘制拨叉草图的流程图

操作步骤如下。

1. 新建文件

单击快速访问工具栏中的"新建"按钮，在弹出如图 3-105 所示的"新建 SOLIDWORKS 文件"对话框中单击"零件"按钮，然后单击"确定"按钮，创建一个新的零件文件。

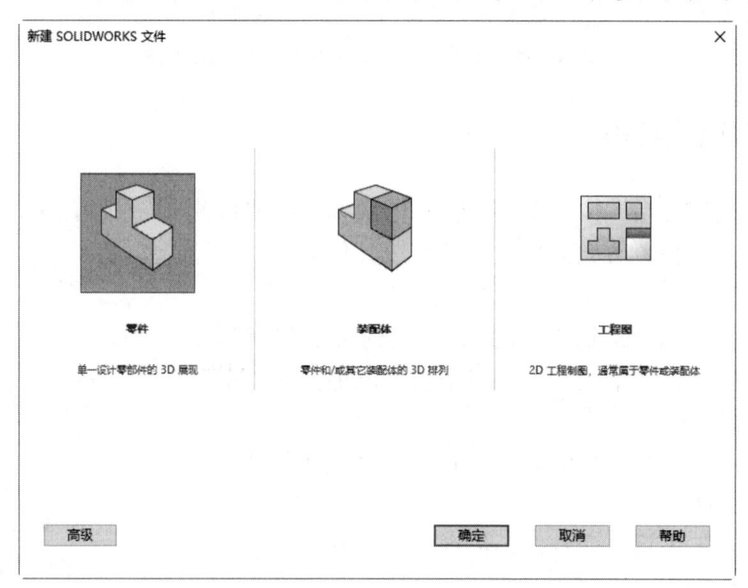

图 3-105　"新建 SOLIDWORKS 文件"对话框

2. 创建草图

（1）在左侧的"FeatureMannger 设计树"中选择"前视基准面"作为绘图基准面。单击"草图"面板中的"草图绘制"按钮，进入草图绘制状态。

（2）单击"草图"面板中的"中心线"按钮，弹出"插入线条"属性管理器，如图 3-106 所示。单击"确定"按钮✓，绘制的中心线如图 3-107 所示。

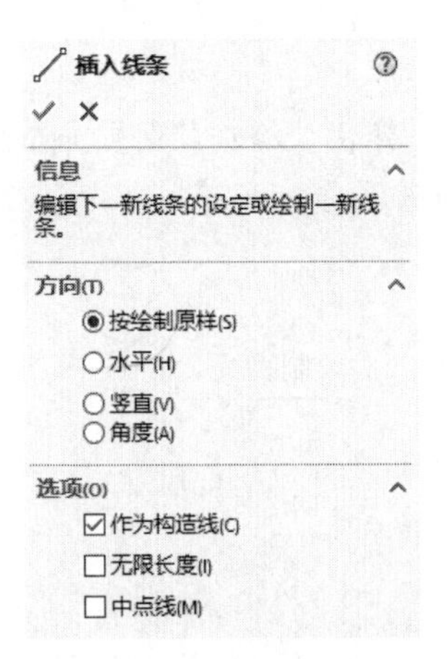

图 3-106　“插入线条”属性管理器

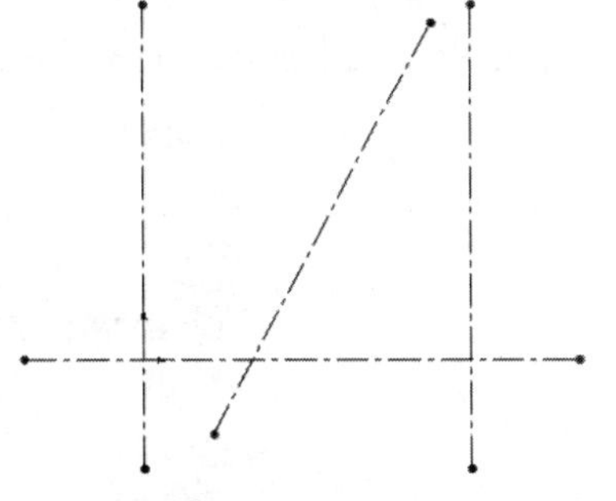

图 3-107　绘制中心线

（3）单击“草图”面板中的“圆”按钮，弹出“圆”属性管理器。分别捕捉两竖直直线和水平直线的交点为圆心（此时鼠标变成），单击“确定”按钮✔，绘制圆，如图 3-108 所示。

（4）单击“草图”面板中的“圆心/起/终点画弧”按钮，弹出“圆弧”属性管理器，分别以上步绘制圆的圆心绘制两个圆弧，单击“确定”按钮✔，如图 3-109 所示。

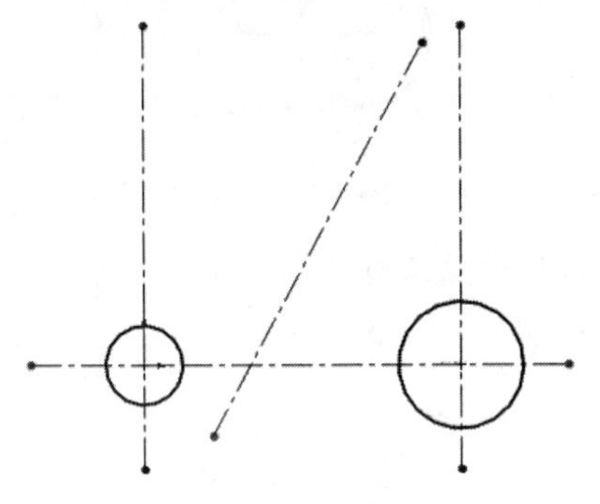

图 3-108　绘制圆

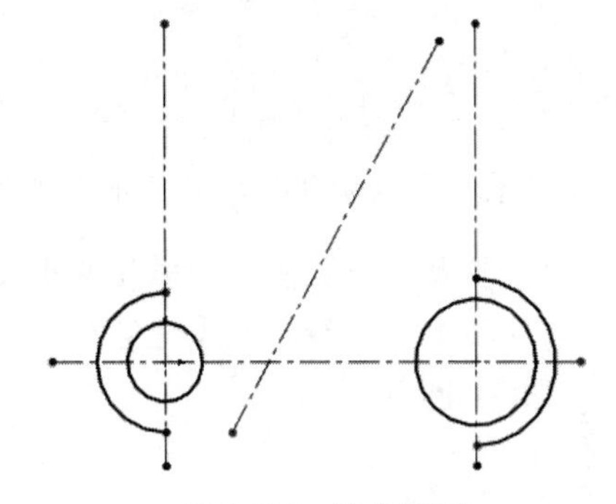

图 3-109　绘制圆弧

（5）单击“草图”面板中的“圆”按钮，弹出“圆”属性管理器，分别在斜中心线上绘制 3 个圆，单击“确定”按钮✔，绘制 3 个圆，如图 3-110 所示。

（6）单击“草图”面板中的“直线”按钮，弹出“插入线条”属性管理器，绘制直线，如图 3-111 所示。

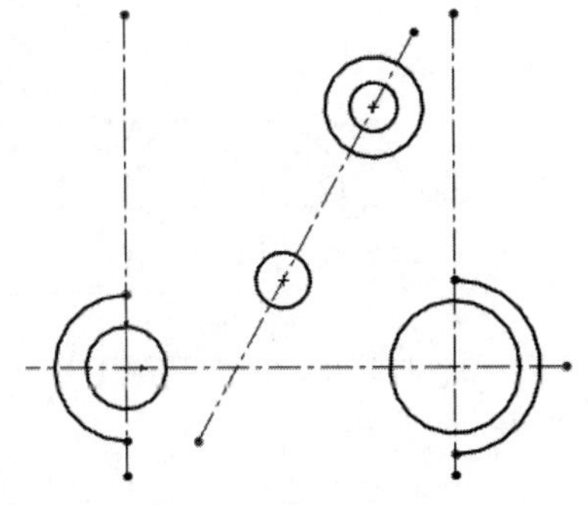

图 3-110　绘制 3 个圆

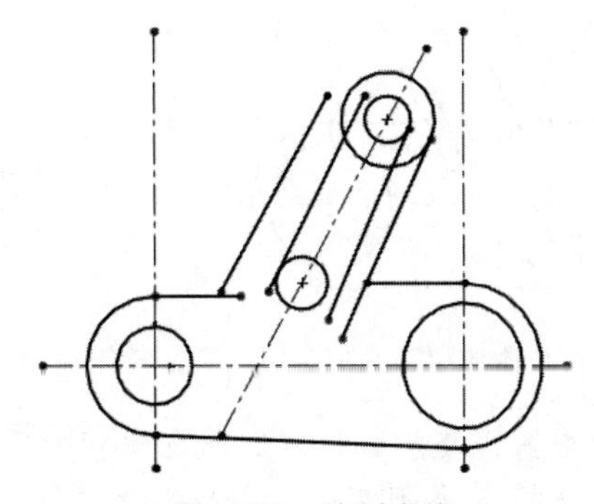

图 3-111　绘制直线

Note

3. 添加约束

（1）单击“草图”面板中的“添加几何关系”按钮⊥，弹出“添加几何关系”属性管理器，如图 3-112 所示。选择步骤（3）中绘制的两个圆，在属性管理器中单击“相等”按钮=，使两个圆相等。添加相等约束 1 如图 3-113 所示。

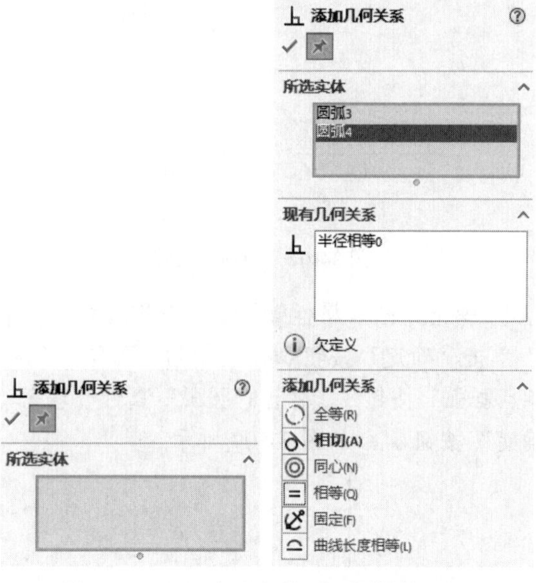

图 3-112　“添加几何关系”属性管理器

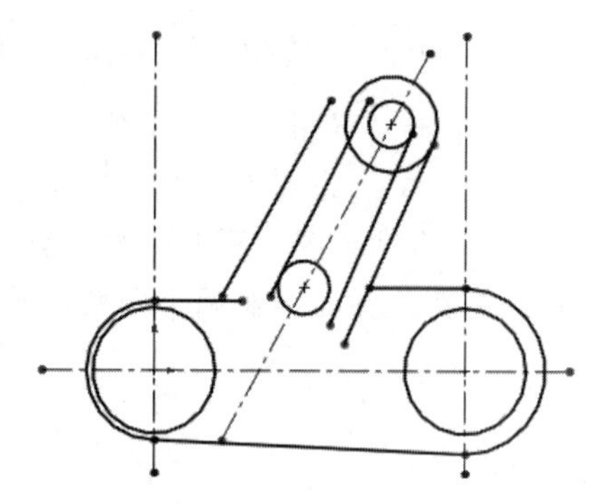

图 3-113　添加相等约束 1

（2）同上步骤，分别使两圆弧和两小圆相等，添加相等约束 2 如图 3-114 所示。

（3）选择小圆和直线，在属性管理器中单击“相切”按钮，使小圆和直线相切，添加相切约束 1 如图 3-115 所示。

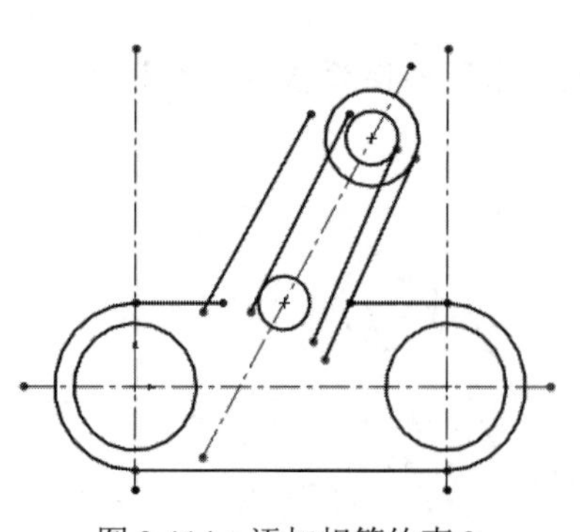

图 3-114　添加相等约束 2

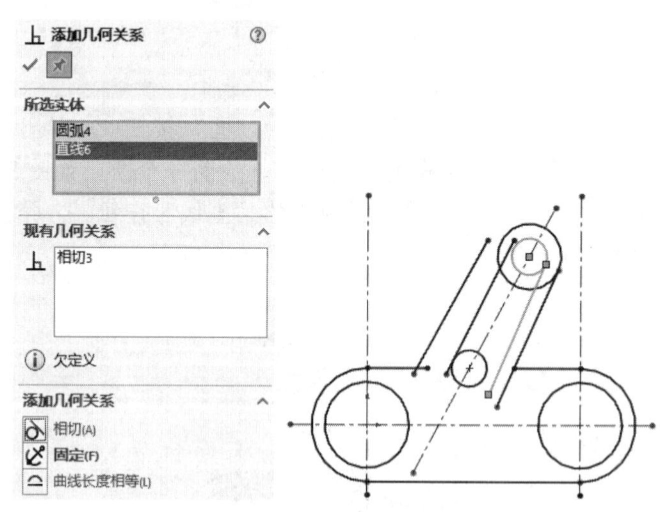

图 3-115　添加相切约束 1

（4）重复上述步骤，分别使直线和圆相切。

（5）选择 4 条斜直线，在属性管理器中单击“平行”按钮，添加相切约束 2 如图 3-116 所示。

4. 编辑草图

（1）单击“草图”面板中的“绘制圆角”按钮，弹出如图3-117所示的“绘制圆角”属性管理器，输入圆角半径为10mm，选择视图中左边的两条直线，单击“确定”按钮✓，绘制的圆角1如图3-118所示。

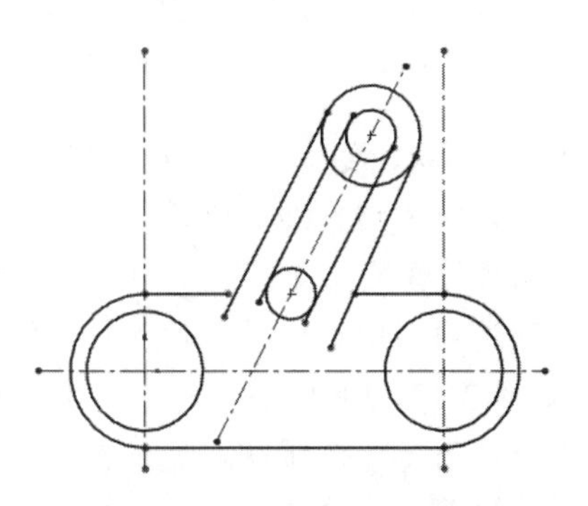

图3-116　添加相切约束2

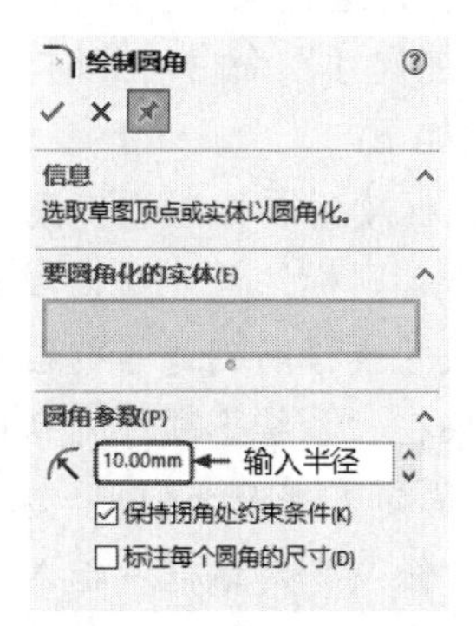

图3-117　“绘制圆角”属性管理器

（2）重复“绘制圆角”命令，在右侧绘制半径为2mm的圆角2，如图3-119所示。

（3）单击“草图”面板中的“剪裁实体”按钮，弹出“剪裁”属性管理器，单击“剪裁到最近端”按钮，剪裁多余的线段，单击“确定”按钮✓，裁剪的图形如图3-120所示。

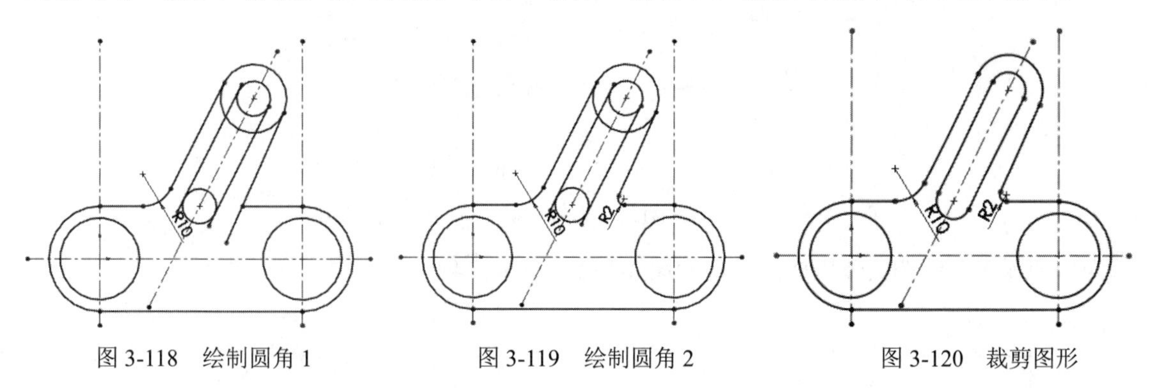

图3-118　绘制圆角1　　图3-119　绘制圆角2　　图3-120　裁剪图形

3.5　尺寸标注

SOLIDWORKS 2020是一种尺寸驱动式系统，用户可以指定尺寸及各实体间的几何关系，更改尺寸将改变零件的尺寸与形状。尺寸标注是草图绘制过程中的重要组成部分。SOLIDWORKS虽然可以捕捉用户的设计意图，自动进行尺寸标注，但由于各种原因有时自动标注的尺寸不理想，此时用户必须自己进行尺寸标注。

在SOLIDWORKS 2020中可以使用多种度量单位，包括埃、纳米、微米、毫米、厘米、米、英寸、英尺。设置单位的方法在第1章中已讲述，这里不再赘述。

Note

3.5.1　智能尺寸

视频讲解

执行添加几何关系命令，主要有如下3种调用方法。

Note

☑ 面板：单击“草图”面板中的“智能尺寸”按钮。

☑ 工具栏：单击“草图”工具栏中的“智能尺寸”按钮或单击“尺寸/几何关系”工具栏中的“智能尺寸”按钮。

☑ 菜单栏：选择菜单栏中的“工具”→“尺寸”→“智能尺寸”命令。

执行“智能尺寸”命令，此时光标变为形状。

操作步骤如下：

（1）将光标放到要标注的直线上，这时光标变为形状，要标注的直线以黄色高亮度显示。

（2）单击，则标注尺寸线出现并随着光标移动，如图 3-121（a）所示。

（3）将尺寸线移动到适当的位置后单击，则尺寸线被固定下来。

（4）如果在“系统选项”对话框的“系统选项”选项卡中选中了“输入尺寸值”复选框，则当尺寸线被固定下来时会弹出“修改”对话框，如图 3-121（b）所示。

（5）在“修改”对话框中输入直线的长度，单击“确定”按钮✔，完成标注。

（6）如果没有选中“输入尺寸值”复选框，则需要双击尺寸值，弹出“修改”对话框对尺寸进行修改。

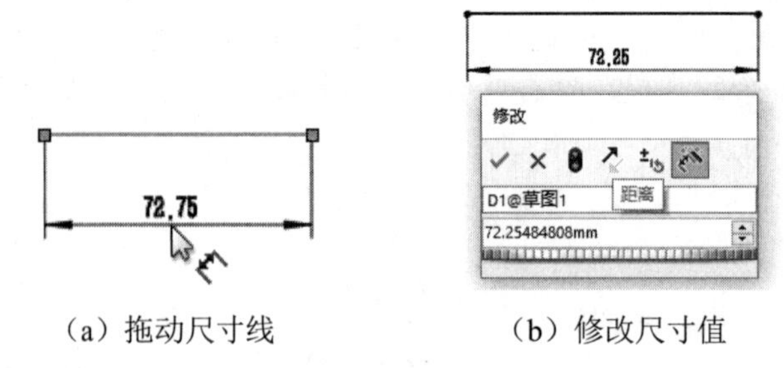

（a）拖动尺寸线　　（b）修改尺寸值

图 3-121　直线标注

为一个或多个所选实体生成尺寸，如图 3-122～图 3-124 所示。

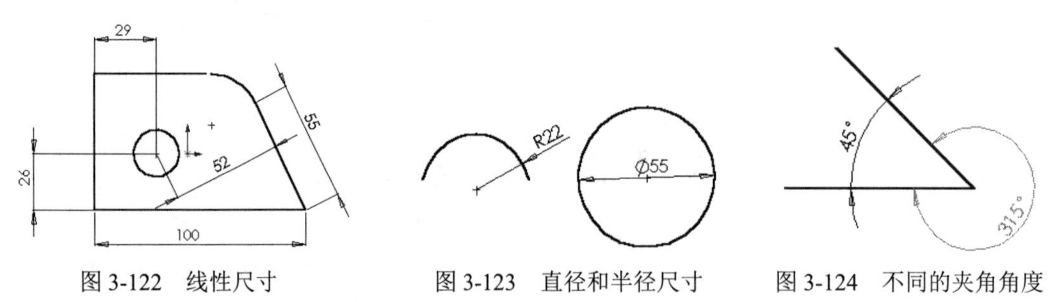

图 3-122　线性尺寸　　图 3-123　直径和半径尺寸　　图 3-124　不同的夹角角度

提示：

绘制的草图，在欠定义时系统默认为蓝色，在完全定义后，图形的颜色将变为黑色。标注中的其他颜色遵循系统默认。

视频讲解

3.5.2　实例——标注拨叉草图

首先标注距离尺寸，然后标注半径尺寸，再标注直径尺寸，最后标注角度尺寸。标注拨叉草

图的流程图如图 3-125 所示。

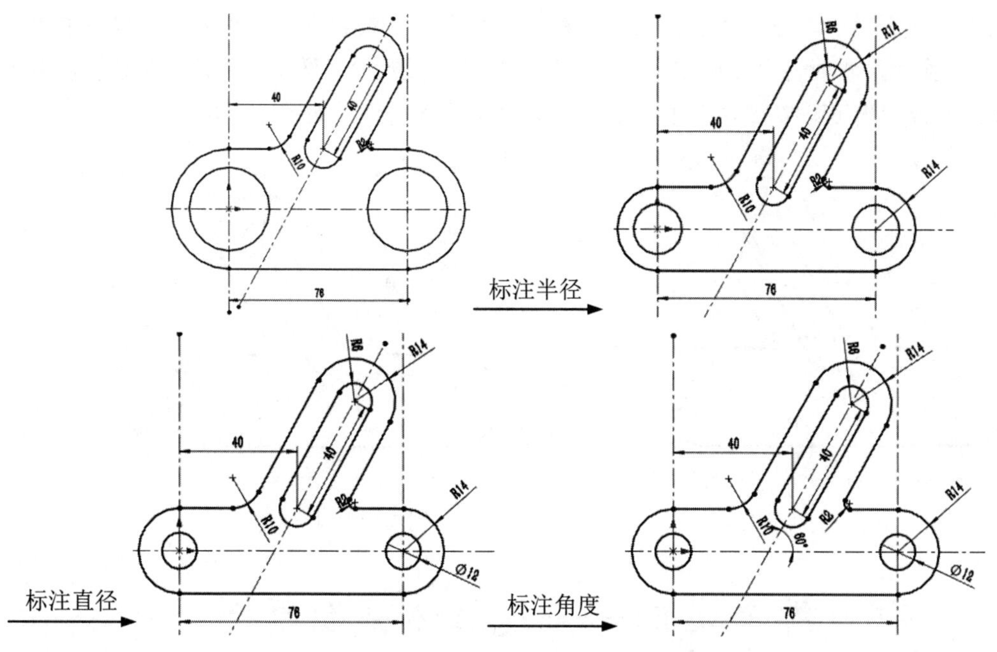

图 3-125　标注拨叉草图的流程图

操作步骤如下。

（1）打开文件。单击快速访问工具栏中的“打开”按钮，打开 3.4.2 节绘制的拨叉草图。

（2）标注距离尺寸。单击“草图”面板中的“智能尺寸”按钮，在视图中选取两条竖直中心线，拖动尺寸到适当位置，单击放置尺寸，弹出如图 3-126 所示的“修改”对话框，输入尺寸值为 76，单击“确定”按钮，两中心线之间的距离随尺寸值变化；同理标注其他距离尺寸，如图 3-127 所示。

（3）标注半径尺寸。单击“草图”面板中的“智能尺寸”按钮，在视图中选取圆弧，拖动尺寸到适当位置，单击放置尺寸，弹出“修改”对话框，输入尺寸值为 14，单击“确定”按钮，圆弧随尺寸值变化；同理标注其他圆弧，如图 3-128 所示。

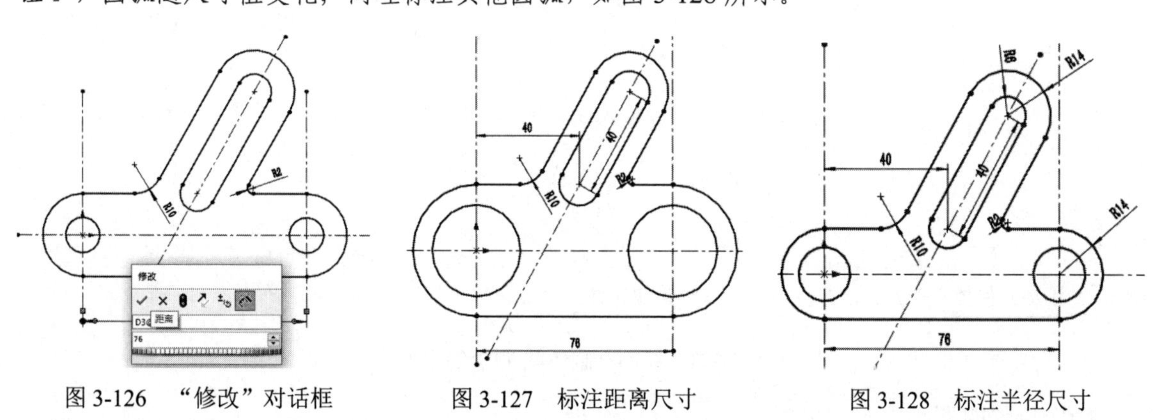

图 3-126　“修改”对话框　　图 3-127　标注距离尺寸　　图 3-128　标注半径尺寸

（4）标注直径尺寸。单击“草图”面板中的“智能尺寸”按钮，在视图中选取圆弧，拖动尺寸到适当位置，单击放置尺寸，弹出“修改”对话框，输入尺寸值为 12，单击“确定”按

钮✓，圆弧随尺寸值变化，如图 3-129 所示。

（5）标注角度尺寸。单击“草图”面板中的“智能尺寸”按钮，在视图中选取斜中心线和水平中心线，拖动尺寸到斜中心线右侧适当位置，单击放置尺寸，弹出“修改”对话框，输入角度值为 60，单击“确定”按钮✓，中心线位置会随角度值变化，如图 3-130 所示。

Note

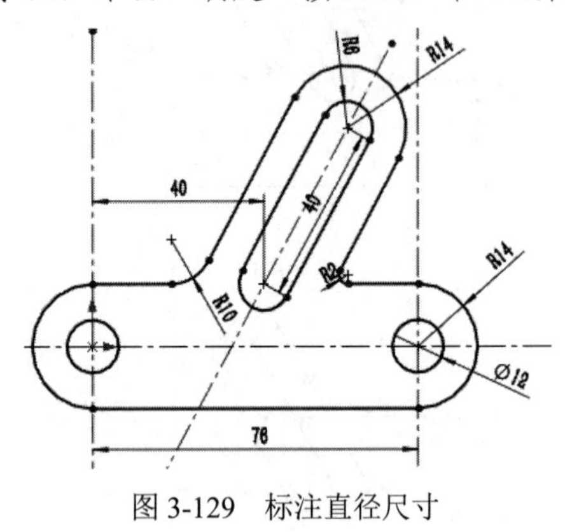

图 3-129　标注直径尺寸

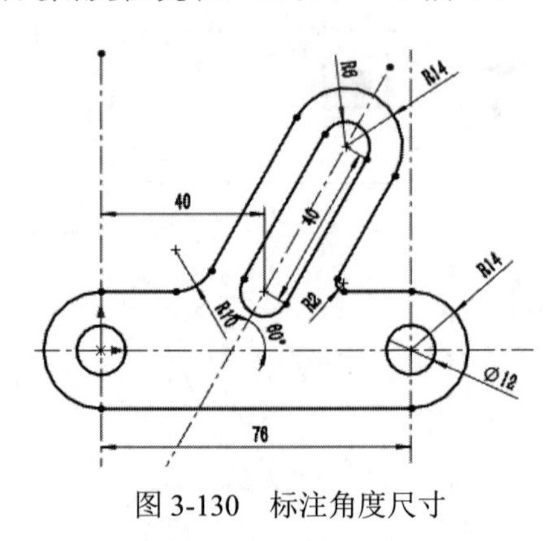

图 3-130　标注角度尺寸

视频讲解

3.6　综合实例——气缸体截面草图

本图形关于两坐标轴对称，所以先绘制关于轴对称的部分实体图形，再利用镜像或阵列的方式进行复制，完成整个图形的绘制。绘制气缸体截面的流程图如图 3-131 所示。

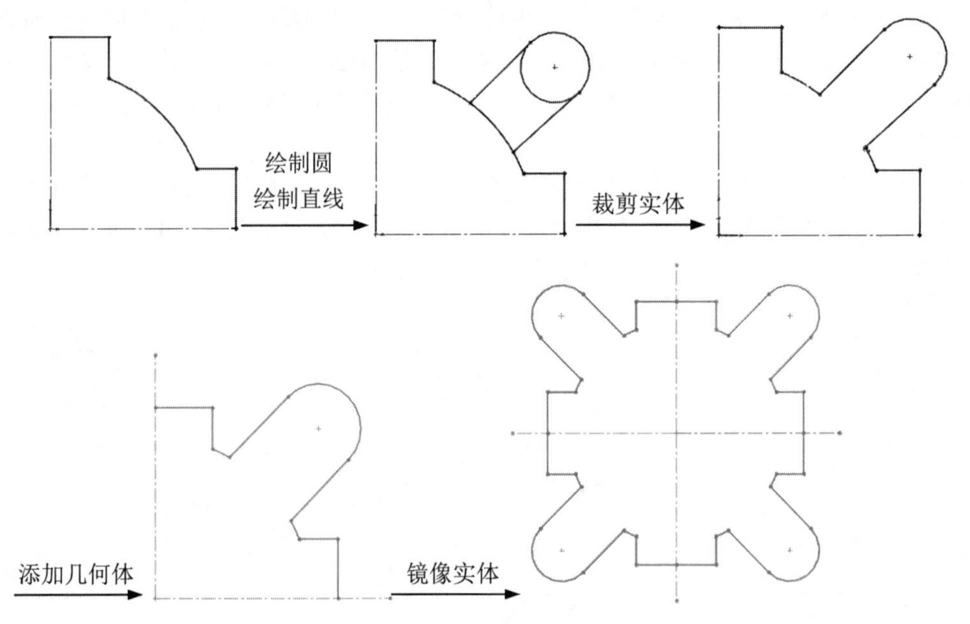

图 3-131　绘制气缸体截面的流程图

操作步骤如下。

（1）新建文件。单击快速访问工具栏中的“新建”按钮，系统弹出“新建 SOLIDWORKS

文件”对话框，单击“零件”按钮，然后单击“确定”按钮，创建一个新的零件文件。

（2）新建草图。在“FeatureManager 设计树”中选择“前视基准面”作为草图绘制基准面，单击“草图绘制”按钮，新建一张草图。

Note

（3）绘制截面草图。单击“草图”面板中的“中心线”按钮，绘制垂直相交的中心线；再单击“草图”面板中的“直线”按钮和“圆心/起/终点画弧”按钮，绘制直线段和圆弧；单击“草图”面板中的“智能尺寸”按钮，标注尺寸，如图 3-132 所示。

（4）绘制圆和直线段。单击“草图”面板中的“圆”按钮和“直线”按钮，绘制一个圆和两条直线段，如图 3-133 所示。

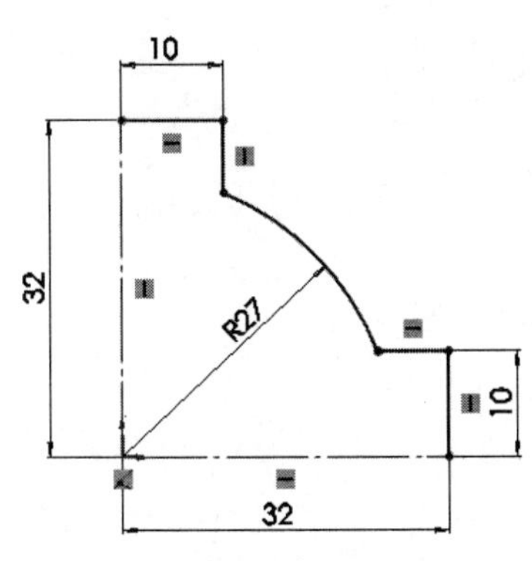

图 3-132　绘制截面草图

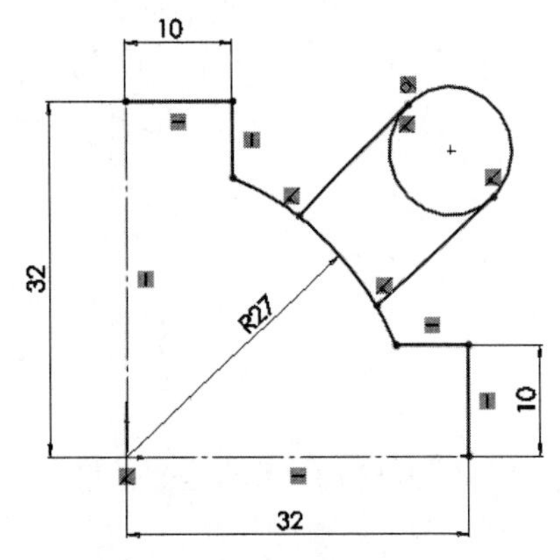

图 3-133　绘制圆和直线段

（5）添加几何关系。按住 Ctrl 键分别选择两条直线段和圆，将几何关系添加为“相切”，使两线段均与圆相切。

（6）裁剪图形。单击“草图”面板中的“剪裁实体”按钮，裁剪多余的圆弧，如图 3-134 所示。

（7）标注尺寸。单击“草图”面板中的“智能尺寸”按钮，标注尺寸，如图 3-135 所示。

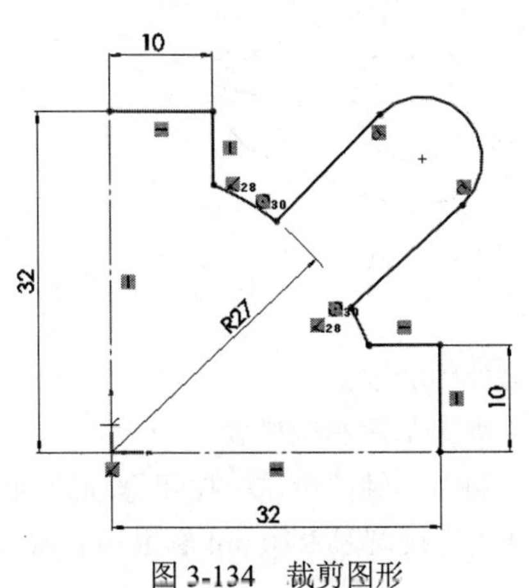

图 3-134　裁剪图形

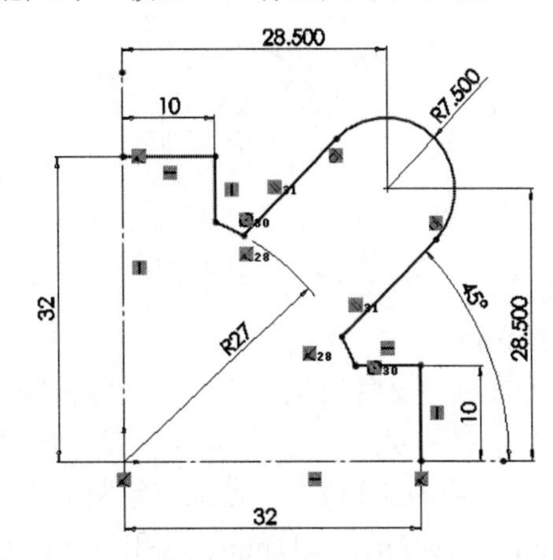

图 3-135　标注尺寸

（8）阵列草图。单击“草图”面板中的“圆周草图阵列”按钮，选择草图进行阵列，阵列数目为 4，如图 3-136 所示。

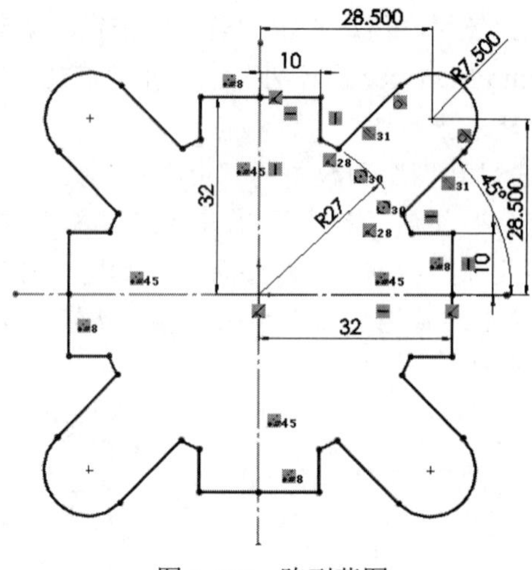

图 3-136　阵列草图

3.7　上 机 操 作

1．绘制如图 3-137 所示的挡圈草图。

操作提示：

（1）选择零件图标，进入零件图模式。

（2）选择前视基准面，单击“草图绘制”按钮，进入草图绘制模式。

（3）利用中心线、圆命令，绘制如图 3-137 所示的挡圈草图。

（4）利用“智能尺寸”命令，标注尺寸如图 3-137 所示。

2．绘制如图 3-138 所示的压盖草图。

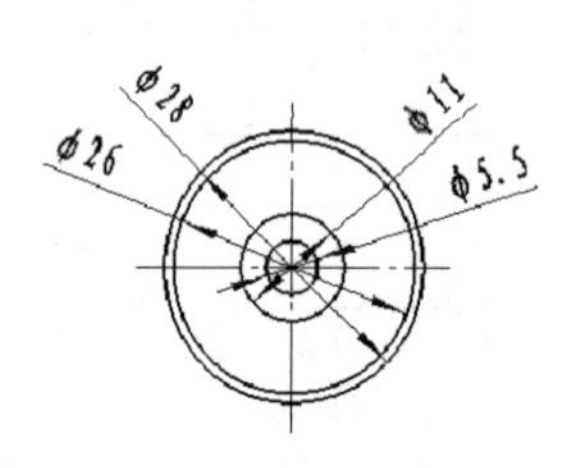

图 3-137　挡圈草图

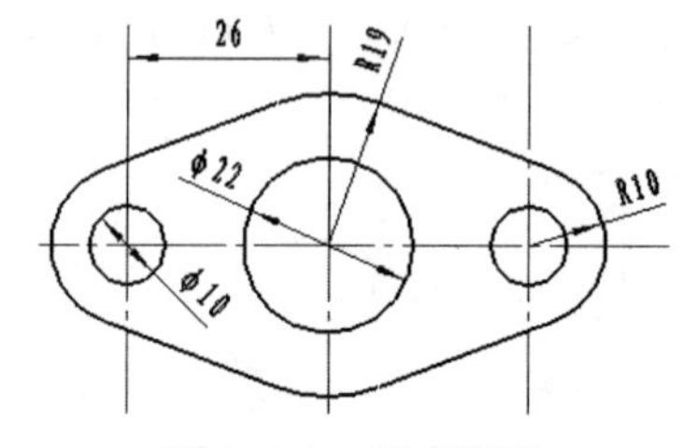

图 3-138　压盖草图

操作提示：

（1）在新建文件对话框中，选择零件图标，进入零件图模式。

（2）选择前视基准面，单击（草图绘制）按钮，进入草图绘制模式。

（3）利用中心线命令，过原点绘制如图 3-138 所示的中心轴；单击按钮分别绘制 3 段圆弧 R10mm、R19mm 和 R11mm；利用直线命令，绘制直线连接圆弧 R10mm 和 R19mm；利用圆命令，绘制 Ø10mm 的圆。

（4）利用几何关系命令，选择图示圆弧、直线，保证其同心、相切的关系。

（5）利用镜像命令，选择绘制完成的图形，以中心线为对称轴，进行镜像，得到如图 3-138

所示的压盖草图。

（6）利用智能尺寸，标注尺寸如图 3-138 所示。

3.8　思考与练习

1．绘制如图 3-139 所示棘轮。

2．绘制如图 3-140 所示凸轮。

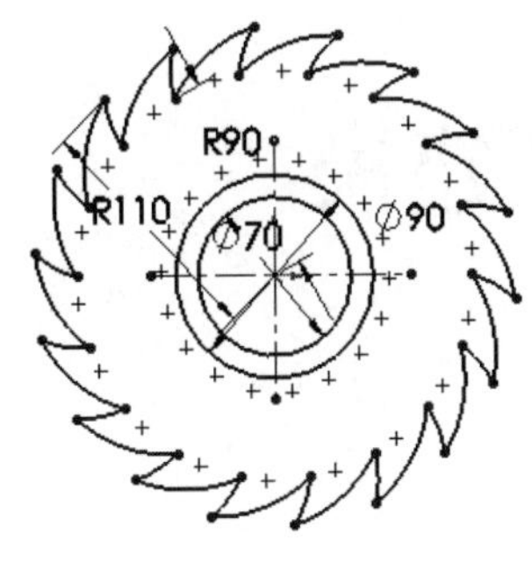

图 3-139　棘轮

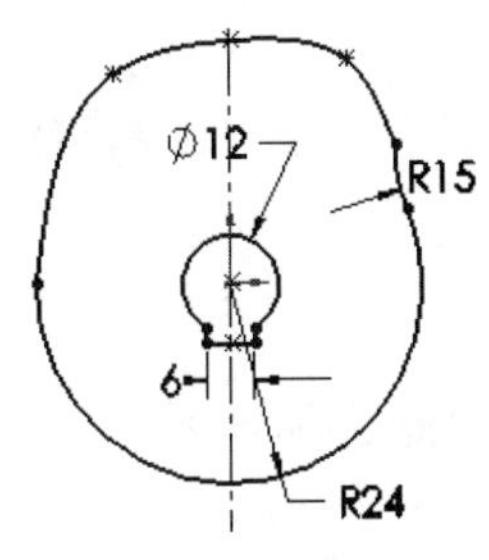

图 3-140　凸轮

3．样条曲线有几种生成方式？

4．查找草图绘制按钮和编辑按钮有哪些？熟悉各个按钮的使用。

5．找到添加几何关系和智能标注的按钮，思考草图几何关系和智能标注的不同含义。

6．在进行草图绘制时，应注意哪些事项？

7．在绘制圆时，“圆”命令和“周边圆”命令的异同有哪些？

8．使用“圆心/起/终点画弧”工具、“切线弧”工具和“三点圆弧”工具绘制圆弧的异同有哪些？

9．镜像实体与动态镜像实体的区别是什么？

第4章

基础特征建模

本章学习要点和目标任务：

☑ 拉伸特征

☑ 旋转特征

☑ 扫描特征

☑ 放样特征

基础特征建模是三维实体最基本的绘制方式，可以构成三维实体的基本造型。基础特征建模相当于二维草图中的基本图元，是最基本的三维实体绘制方式。基础特征建模主要包括拉伸特征、拉伸切除特征、旋转特征、旋转切除特征、扫描特征、扫描切除特征、放样特征和放样切除特征等。

4.1　拉 伸 特 征

Note

视频讲解

拉伸特征是将一个用草图描述的截面，沿指定的方向（一般情况下是沿垂直于截面方向）延伸一段距离后所形成的特征。拉伸是 SOLIDWORKS 模型中最常见的类型，具有相同截面、有一定长度的实体，如长方体、圆柱体等都可以由拉伸特征来形成。

4.1.1　拉伸凸台/基体

SOLIDWORKS 可以对闭环或开环草图进行实体拉伸。所不同的是，如果草图本身是一个开环图形，则拉伸凸台/基体工具只能将其拉伸为薄壁；如果草图是一个闭环图形，则既可以选择将其拉伸为薄壁特征，也可以选择将其拉伸为实体特征。执行拉伸凸台/基体命令，主要有如下 3 种调用方法。

☑　面板：单击“特征”面板中的“拉伸凸台/基体”按钮。

☑　工具栏：单击“特征”工具栏中的“拉伸凸台/基体”按钮。

☑　菜单栏：选择菜单栏中的“插入”→“凸台/基体”→“拉伸凸台/基体”命令。

执行“拉伸凸台/基体”命令，系统弹出“凸台-拉伸”属性管理器，如图 4-1 所示。

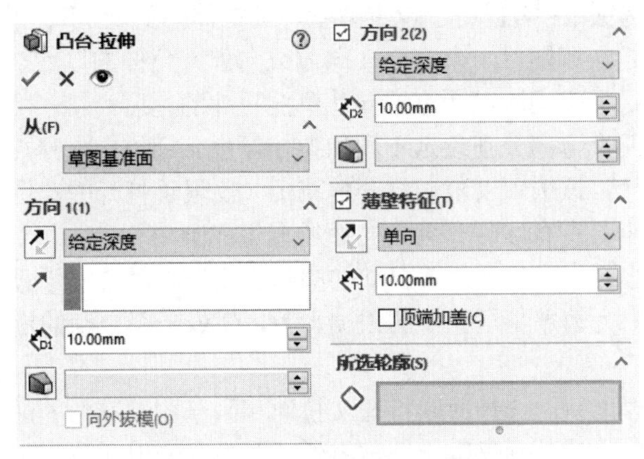

图 4-1　“凸台-拉伸”属性管理器

“凸台-拉伸”属性管理器中一些选项的含义如下所述。

☑　“从”选项组：利用该选项组下拉列表中的选项可以设定拉伸特征的开始条件，下拉列表中包括草图基准面、曲面/面/基准面、顶点、等距（从与当前草图基准面等距的基准面开始拉伸，这时需要在输入等距值中设定等距距离）。

☑　“方向 1/方向 2”选项组：决定特征延伸的方式，并设定终止条件类型。如有必要，单击“反向”按钮可以与预览中所示方向相反的方向延伸特征。下拉列表中列出了如下几种拉伸方法。

- 给定深度：设定深度，从草图的基准面以指定的距离延伸特征。
- 成形到一顶点：在图形区域选择一个顶点，从草图基准面拉伸特征到一个平面，这个平面将平行于草图基准面且穿越指定的顶点。

- 成形到一面：在图形区域选择一个要延伸到的面或基准面作为面/基准面，从草图的基准面拉伸特征到所选的曲面以生成特征。
- 到离指定面指定的距离：在图形区域选择一个面或基准面作为面/基准面，然后输入等距距离。选择转化曲面可以使拉伸结束在参考曲面转化处，而非实际的等距。必要时，选择反向等距以便以反方向等距移动。
- 成形到实体：在图形区域选择要拉伸的实体作为实体/曲面实体。在装配件中拉伸时可以使用"成形到实体"，以延伸草图到所选的实体。
- 两侧对称：设定深度，从草图基准面向两个方向对称拉伸特征。
- 拉伸方向：表示在图形区域选择方向向量以垂直于草图轮廓的方向拉伸草图。可以通过选择不同的平面产生不同的拉伸方向，如图 4-2 所示。

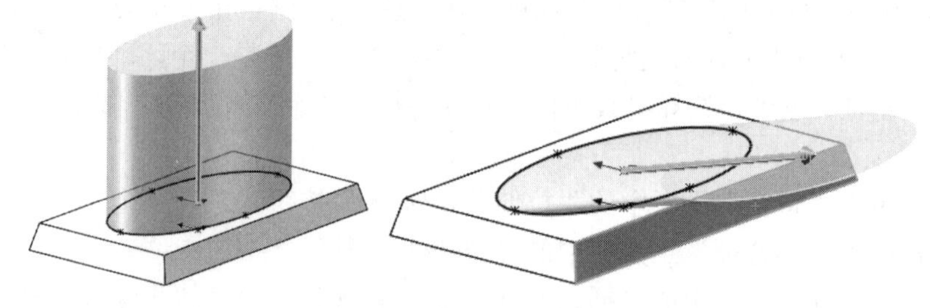

图 4-2　不同拉伸方向效果

☑ "薄壁特征"选项组：类型用于设定薄壁特征拉伸的类型，其下拉列表中包括如下选项。

- 单向：设定从草图以一个方向（向内或向外）拉伸的厚度。
- 两侧对称：设定同时以两个方向从草图拉伸的厚度。
- 双向：对两个方向分别设定不同的拉伸厚度，即方向 1 厚度和方向 2 厚度。
- 自动加圆角：该选项仅限于打开的草图（仅限于打开的草图，图中并未出现），表示在每一个具有直线相交夹角的边线上生成圆角。
- （圆角半径）：当选中"自动加圆角"复选框时，用于设定圆角的内半径。
- 顶端加盖：为薄壁特征拉伸的顶端加盖，生成一个中空的零件。同时必须指定加盖厚度。
- （加盖厚度）：选择薄壁特征从拉伸端到草图基准面的加盖厚度。
- 与厚度相等：该选项仅限于钣金零件（图中并未出现），表示自动将拉伸凸台的深度连接到基体特征的厚度。

提示：

如果生成的是一个闭环的轮廓草图，可以选中"顶端加盖"复选框，此时将为特征的顶端加上封盖，生成一个中空的零件。

如果生成的是一个开环的轮廓草图，可以选中"自动加圆角"复选框，此时自动在每个具有相交夹角的边线上生成圆角。

视频讲解

4.1.2　实例——接圈

首先绘制接圈接口草图并拉伸，然后绘制轴套部分。绘制接圈的流程图如图 4-3 所示。

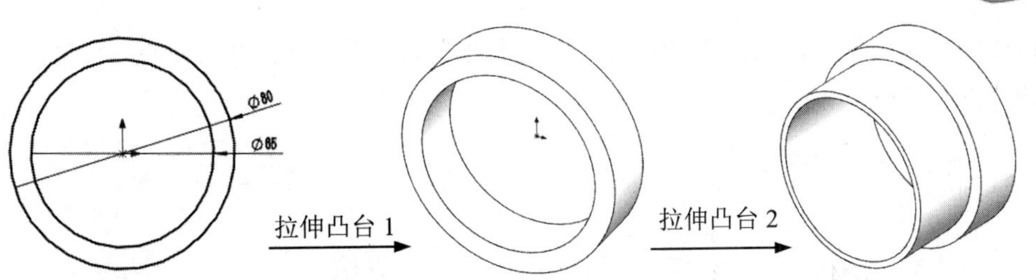

图 4-3　绘制接圈的流程图

操作步骤如下。

（1）新建文件。单击快速访问工具栏中的“新建”按钮，在弹出的“新建 SOLIDWORKS 文件”对话框中单击“零件”按钮，然后单击“确定”按钮，创建一个新的零件文件。

（2）绘制接口草图。在左侧的“FeatureManager 设计树”中选择“前视基准面”作为绘制图形的基准面。单击“草图”面板中的“圆”按钮，以原点为圆心绘制两个同心圆。单击“草图”面板中的“智能尺寸”按钮，标注草图的尺寸，如图 4-4 所示。

提示：

在使用 SOLIDWORKS 绘制草图时，为了直观地显示草图，需要正视于绘制草图的基准面，在对草图进行 3D 操作时，同样为了更好地观测视图，需要将图形设置为等轴测显示。

（3）拉伸实体。单击“特征”面板中的“拉伸凸台/基体”按钮，此时系统弹出“凸台-拉伸”属性管理器。输入深度值为 20mm，其他采用默认设置，如图 4-5 所示，然后单击“确定”按钮✓，拉伸实体如图 4-6 所示。

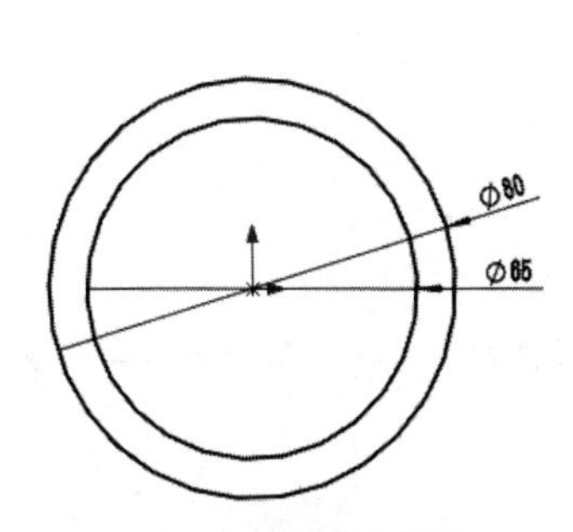

图 4-4　绘制的草图

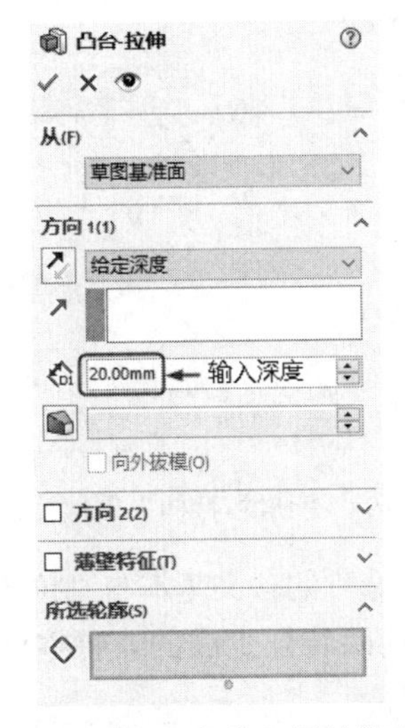

图 4-5　“凸台-拉伸”属性管理器

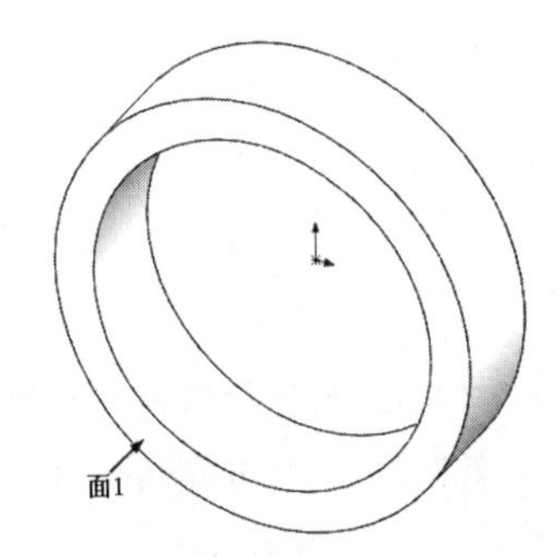

图 4-6　拉伸实体

（4）绘制草图。选取如图 4-6 所示的表面 1，然后单击“前导视图”工具栏中的“正视于”按钮，将该表面作为绘制图形的基准面。单击“草图”面板中的“圆”按钮，以原点为圆心绘制两个同心圆。单击“草图”面板中的“智能尺寸”按钮，标注上一步绘制草图的尺寸，如图 4-7 所示。

（5）拉伸实体。单击“特征”面板中的“拉伸凸台/基体”按钮，此时系统弹出“凸台-

拉伸”属性管理器。输入深度值为 30mm，其他采用默认设置，然后单击“确定”按钮✔，绘制的接圈如图 4-8 所示。

Note

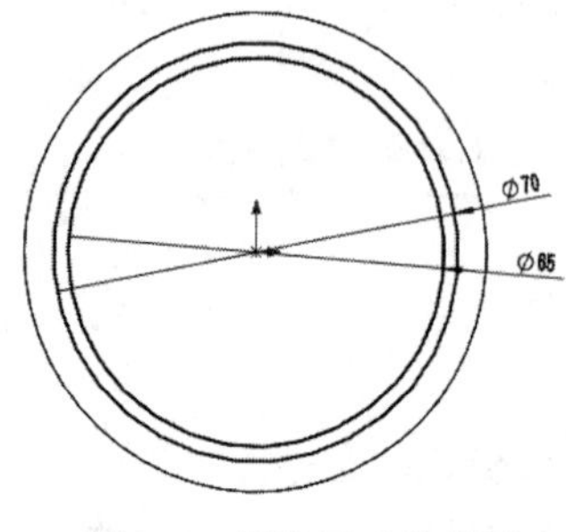

图 4-7　标注尺寸的草图

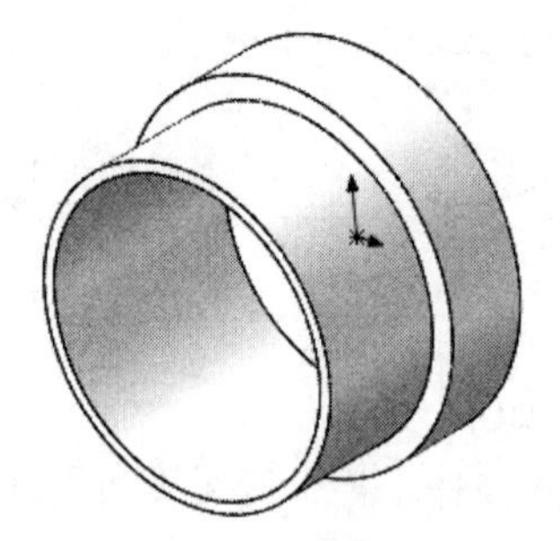
图 4-8　接圈

视频讲解

4.1.3　拉伸切除特征

执行拉伸切除命令，主要有如下 3 种调用方法。

☑　面板：单击“特征”面板中的“拉伸切除”按钮。

☑　工具栏：单击“特征”工具栏中的“拉伸切除”按钮。

☑　菜单栏：选择菜单栏中的“插入”→“切除”→“拉伸”命令。

执行“拉伸切除”命令，弹出“切除-拉伸”属性管理器，如图 4-9 所示。

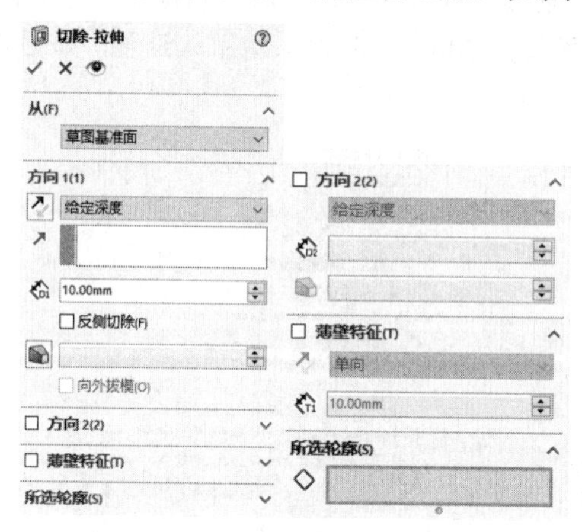

图 4-9　“切除-拉伸”属性管理器

“切除-拉伸”属性管理器中其他选项的含义基本与“拉伸凸台/基体”类似，在此不一一介绍。如图 4-10 所示展示了利用拉伸切除特征生成的 4 种零件效果。

切除拉伸

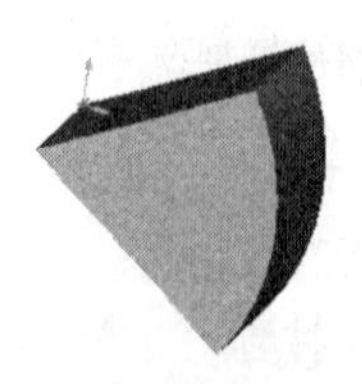
反侧切除

拔模切除

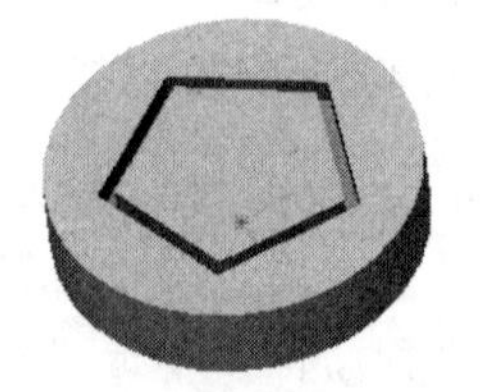
薄壁切除

图 4-10　利用拉伸切除特征生成的几种零件效果

提示：

下面以如图 4-11 所示为例，说明“反侧切除”复选框对拉伸切除特征的影响。如图 4-11（a）所示为绘制的草图轮廓；如图 4-11（b）所示为取消对“反侧切除”复选框选中的拉伸切除特征；如图 4-11（c）所示为选中“反侧切除”复选框的拉伸切除特征。

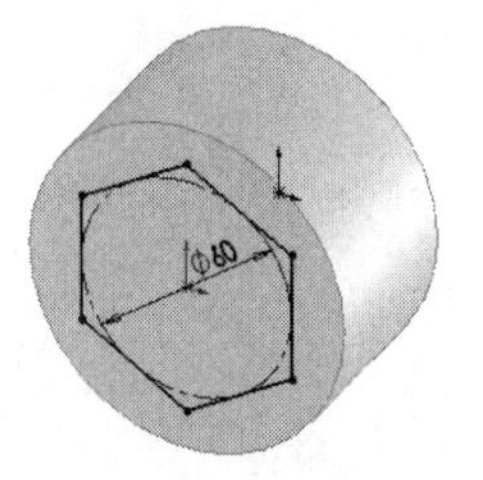

（a）绘制的草图轮廓

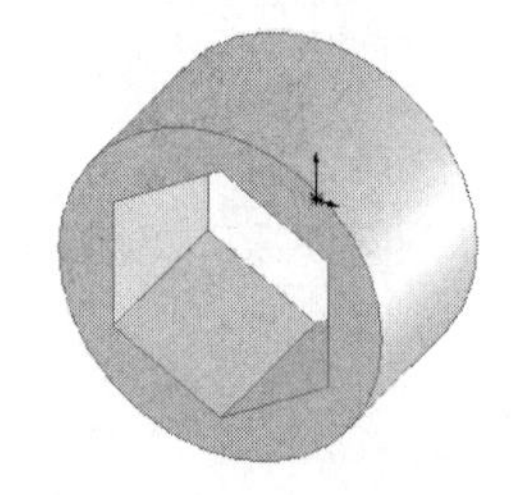

（b）未选中复选框的特征

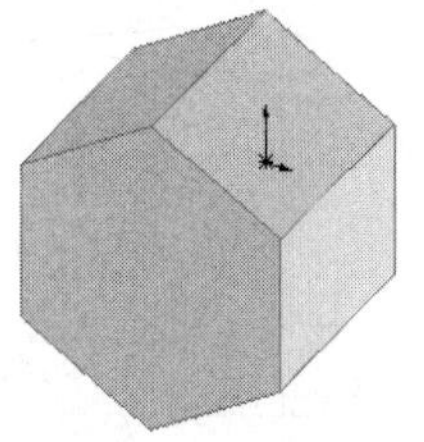

（c）选中复选框的特征

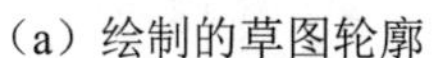

图 4-11　“反侧切除”复选框对拉伸切除特征的影响

4.1.4　实例——压盖

视频讲解

首先绘制草图通过拉伸命令创建压盖底座，然后绘制圆并通过拉伸命令创建轴套，最后通过拉伸切除创建孔。绘制压盖的流程图如图 4-12 所示。

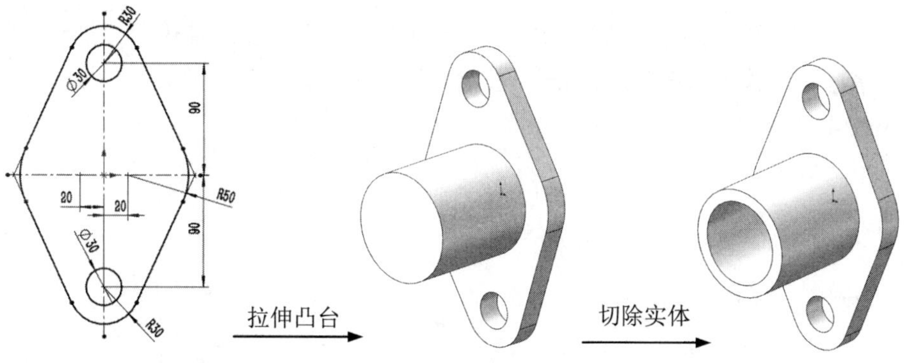

图 4-12　绘制压盖的流程图

操作步骤如下。

（1）新建文件。单击快速访问工具栏中的“新建”按钮，在弹出的“新建 SOLIDWORKS 文件”对话框中单击“零件”按钮，然后单击“确定”按钮，创建一个新的零件文件。

（2）绘制草图。在左侧的“FeatureManager 设计树”中选择“前视基准面”作为绘制图形的基准面。单击“草图”面板中的“中心线”按钮，通过原点分别绘制一条水平中心线和一条垂直中心线。单击“草图”面板中的“直线”按钮、“圆”按钮、“添加几何关系”按钮和“绘制圆角”按钮，绘制的底座草图如图 4-13 所示。

（3）拉伸实体。单击“特征”面板中的“拉伸凸台/基体”按钮，设定拉伸的“终止条件”为“给定深度”。输入深度值为 20mm，其他采用默认设置，如图 4-14 所示。单击“确定”按钮✔，

Note

完成底板的创建。

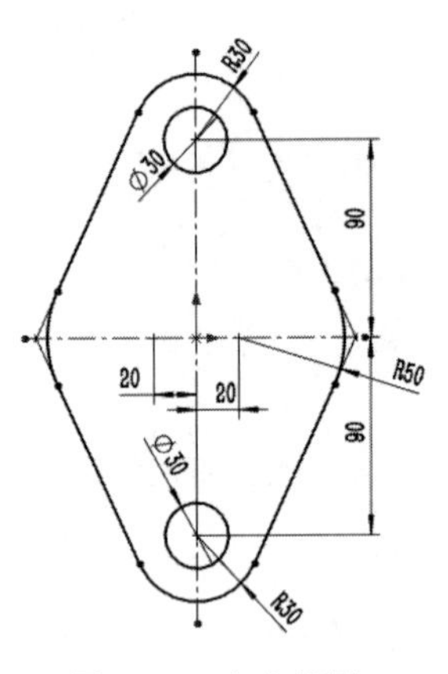

图 4-13　底座草图

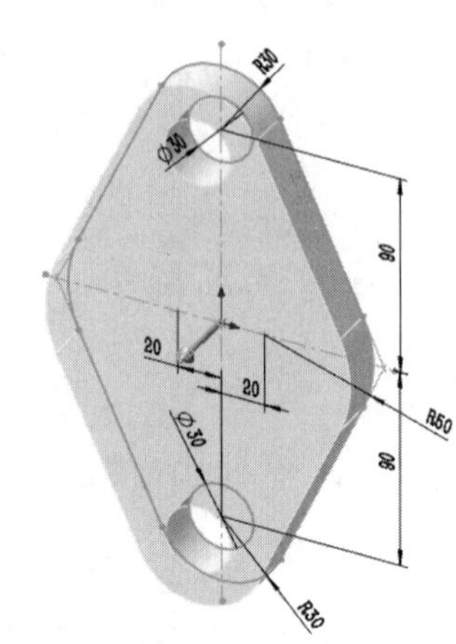

图 4-14　设置拉伸参数

（4）绘制圆。选择上面完成的底板上表面，单击“草图”面板中的“草图绘制”按钮，新建一张草图。单击“前导视图”工具栏中的“正视于”按钮，使绘图平面转为正视方向。单击“草图”面板中的“圆”按钮，以系统坐标原点为圆心绘制一个直径为 90mm 的圆，如图 4-15 所示。

（5）拉伸实体，形成轴套。单击“特征”面板中的“拉伸凸台/基体”按钮，弹出“凸台-拉伸”属性管理器。输入深度为 100mm，其他采用默认设置，单击“确定”按钮✔，完成轴套的创建，如图 4-16 所示。

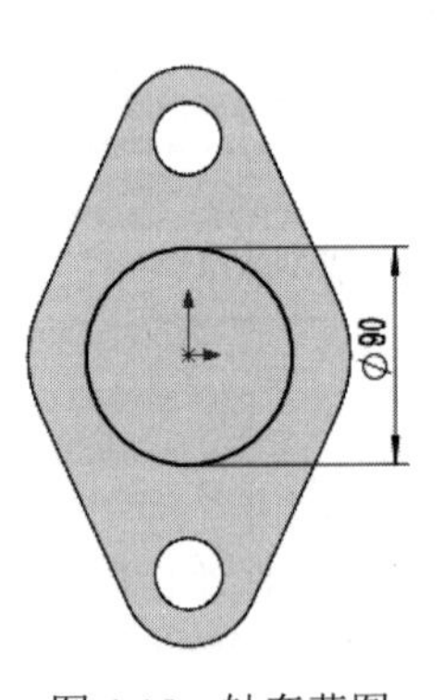

图 4-15　轴套草图

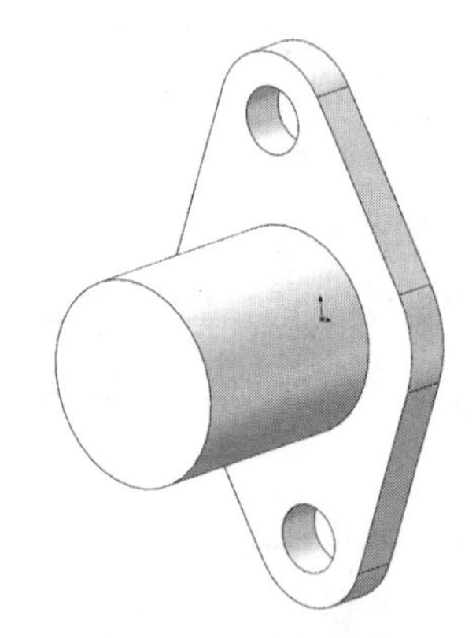

图 4-16　生成轴套

（6）绘制圆。选择上面完成的轴套上表面为草图绘制面。单击“草图”面板中的“圆”按钮，以系统坐标原点为圆心绘制一个直径为 70mm 的圆，如图 4-17 所示。

（7）切除实体。单击“特征”面板中的“拉伸切除”按钮，弹出如图 4-18 所示的“切除-拉伸”属性管理器，设定拉伸的“终止条件”为“完全贯穿”，其他采用默认设置，单击“确定”按钮✔，完成轴孔的创建，如图 4-19 所示。

Note

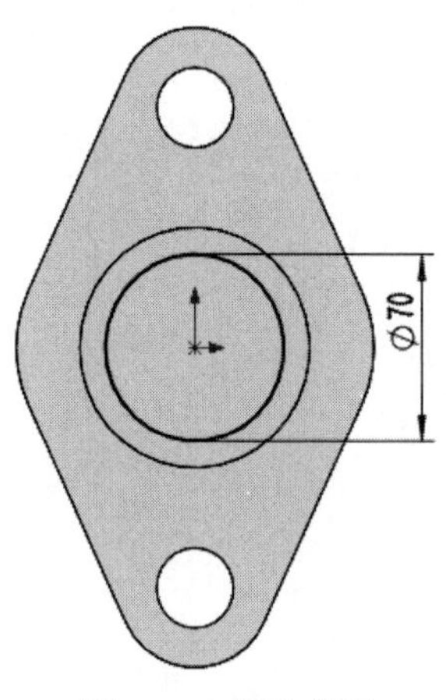

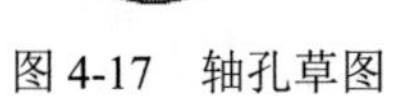
图4-17　轴孔草图

图4-18　“切除-拉伸”属性管理器

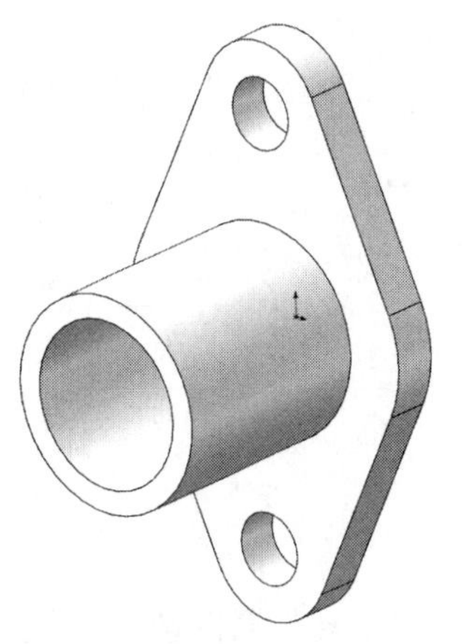

图4-19　压盖

4.2　旋转特征

旋转特征是由特征截面绕中心线旋转而成的一类特征，它适用于构造回转体零件。旋转特征应用比较广泛，是比较常用的特征建模工具。主要应用在以下零件的建模中。

☑　环形零件，如图4-20所示。

☑　球形零件，如图4-21所示。

☑　轴类零件，如图4-22所示。

☑　形状规则的轮毂类零件，如图4-23所示。

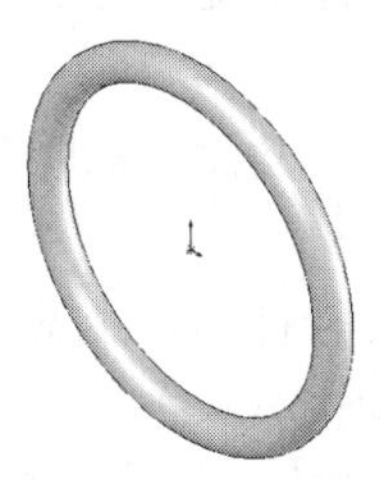

图4-20　环形零件

图4-21　球形零件

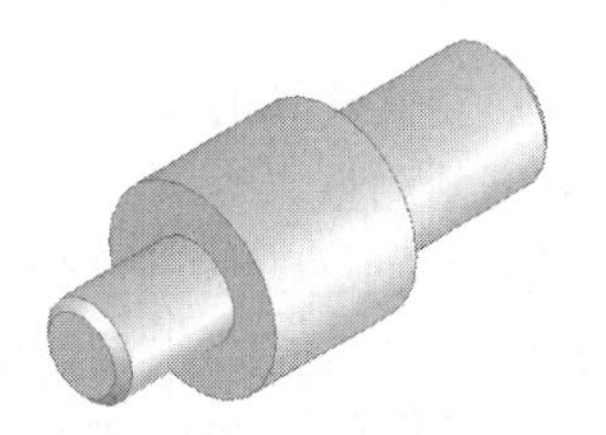

图4-22　轴类零件

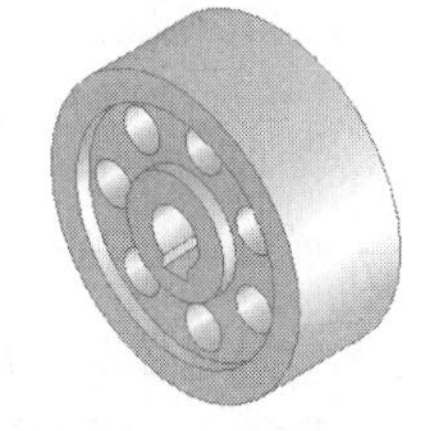

图4-23　轮毂类零件

4.2.1　旋转凸台/基体

视频讲解

旋转特征是由特征截面绕中心线旋转而成的一类特征，它适用于构造回转体零件。

执行旋转凸台/基体命令，主要有如下3种调用方法。

☑　面板：单击“特征”面板中的“旋转凸台/基体”按钮。

☑　工具栏：单击“特征”工具栏中的“旋转凸台/基体”按钮。

☑　菜单栏：选择菜单栏中的“插入”→“凸台/基体”→“旋转凸台/基体”命令。

执行上述命令后，弹出“旋转”属性管理器，如图4-24所示。

Note

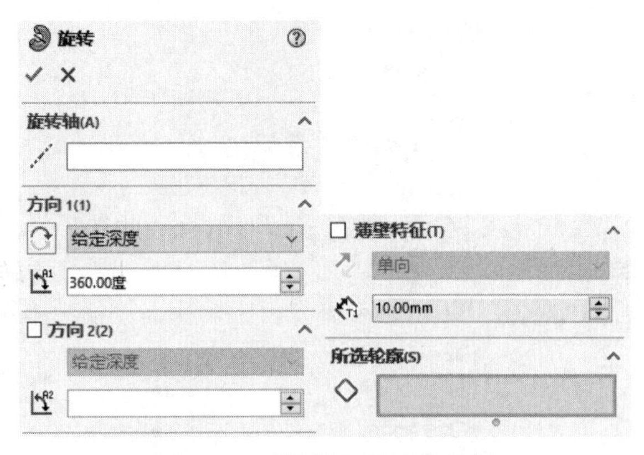

图 4-24 “旋转”属性管理器

“旋转”属性管理器中其他选项的含义如下。

☑ “旋转轴”选择一特征旋转所绕的轴。根据所生成的旋转特征类型，其可能为中心线、直线或一边线。

☑ “方向 1”选项组：“旋转类型”选项是相对于草图基准面设定旋转特征的终止条件。如有必要，单击“反向”按钮来反转旋转方向；可以选择以下选项之一。

- 给定深度：从草图以单一方向生成旋转。在方向 1 角度中设定由旋转所包容的角度。
- 成形到一顶点：从草图基准面生成旋转到顶点中所指定的顶点。
- 成形到一面：从草图基准面生成旋转到面/基准面中所指定的曲面。
- 到离指定面指定的距离：从草图基准面生成旋转到面/基准面中所指定曲面的指定等距，可在等距距离中设定距离。必要时，可选择反向等距以便以反方向等距移动。
- 两侧对称：从草图基准面以顺时针和逆时针方向生成旋转，此位于旋转方向 1 角度的中央。
- “角度”选项：定义旋转的角度。系统默认的旋转角度为 360°。角度以顺时针方向从所选草图开始测量。

☑ “方向 2”选项组：“旋转类型”选项是相对于草图基准面设定旋转特征的终止条件。如有必要，单击“反向”按钮来反转旋转方向。可以选择以下选项之一。

- 给定深度：从草图以单一方向生成旋转。在方向 2 角度中设定由旋转所包容的角度。
- 成形到一顶点：从草图基准面生成旋转到顶点中所指定的顶点。
- 成形到一面：从草图基准面生成旋转到面/基准面中所指定的曲面。
- 到离指定面指定的距离：从草图基准面生成旋转到面/基准面中所指定曲面的指定等距，可以在等距距离中设定距离。必要时，可以选择反向等距以便以反方向等距移动。
- “角度”选项：定义旋转的角度。系统默认的旋转角度为 360°。角度以顺时针方向从所选草图开始测量。

☑ “薄壁特征”选项组：薄壁特征类型用来定义厚度的方向。其下拉选项说明如下。

- 单向：从草图以单一方向添加薄壁体积。如有必要，可单击“反向”按钮来反转薄壁体积添加的方向。

- 两侧对称：以草图为中心，在草图两侧均等应用薄壁体积来添加薄壁体积。
- 双向：在草图两侧添加薄壁体积。方向 1 厚度从草图向外添加薄壁体积，方向 2 厚度从草图向内添加薄壁体积。
- 方向 1 厚度：为单向和两侧对称薄壁特征旋转设定薄壁体积厚度。

☑ “所选轮廓”选项组：当使用多轮廓生成旋转时使用此选项组。将指针指在图形区域的位置上时，位置改变颜色，单击图形区域的位置可以生成旋转的预览，这时草图的区域出现在所选轮廓◇框中。另外，用户可以选择任何区域组合生成单一或多实体零件。

提示：

实体旋转特征的草图可以包含一个或多个闭环的非相交轮廓。对于包含多个轮廓的基体旋转特征，其中一个轮廓必须包含所有其他轮廓。薄壁或曲面旋转特征的草图只能包含一个开环或闭环的非相交轮廓。轮廓不能与中心线交叉。如果草图包含一条以上的中心线，则选择一条中心线用作旋转轴。

4.2.2　实例——手柄

视频讲解

首先绘制手柄端部草图并拉伸，然后绘制过渡部分，再绘制扶手部分，最后对图形相应部分进行圆角处理。绘制手柄的流程图如图 4-25 所示。

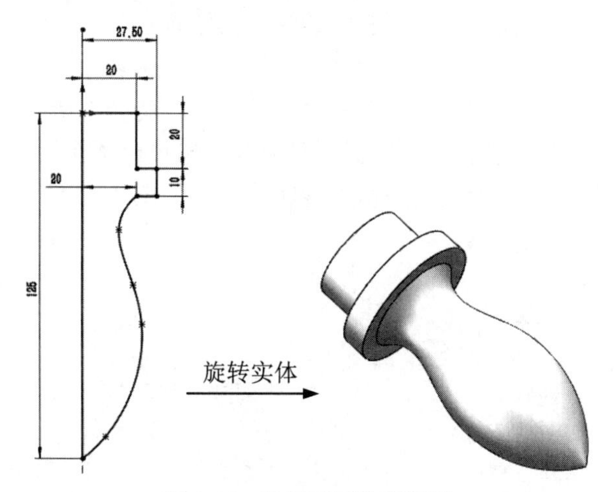

图 4-25　绘制手柄的流程图

操作步骤如下。

（1）新建文件。单击快速访问工具栏中的“新建”按钮，在弹出的“新建 SOLIDWORKS 文件”对话框中单击“零件”按钮，然后单击“确定”按钮，创建一个新的零件文件。

（2）绘制草图。在左侧的“FeatureManager 设计树”中选择“前视基准面”作为绘制图形的基准面。单击“草图”面板中的“中心线”按钮，绘制一条通过原点的竖直中心线；单击“草图”面板中的“直线”按钮和“样条曲线”按钮，绘制手柄轮廓；单击“草图”面板中的“智能尺寸”按钮，标注草图的尺寸，如图 4-26 所示。

（3）旋转实体。单击“特征”面板中的“旋转凸台/基体”按钮，此时系统弹出如图 4-27

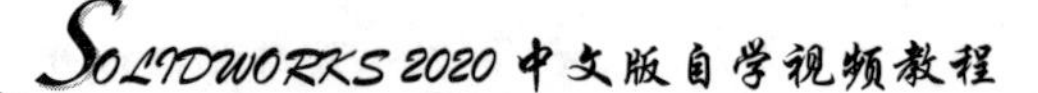

所示的“旋转”属性管理器。系统自动选择图 4-26 中的竖直中心线为旋转轴，输入旋转角度为 360°，单击“确定”按钮✓，旋转生成实体。绘制的手柄如图 4-28 所示。

Note

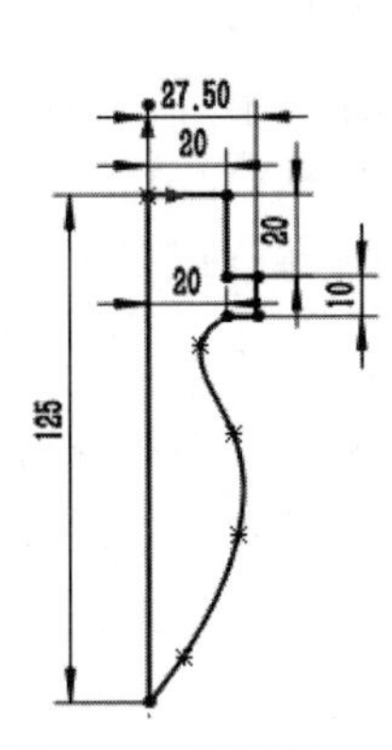

图 4-26　绘制的草图

图 4-27　“旋转”属性管理器

图 4-28　手柄

视频讲解

4.2.3　旋转切除

与旋转凸台/基体特征不同的是，旋转切除特征用来产生切除特征，也就是用来去除材料。执行旋转切除命令，主要有如下 3 种调用方法。

☑　面板：单击“特征”面板中的“旋转切除”按钮。

☑　工具栏：单击“特征”工具栏中的“旋转切除”按钮。

☑　菜单栏：选择菜单栏中的“插入”→“切除”→“旋转”命令。

执行上述命令后，弹出“切除-旋转”属性管理器，选择模型面上的一个草图轮廓和一条中心线。同时在右侧的图形区中显示生成的切除旋转特征，如图 4-29 所示。

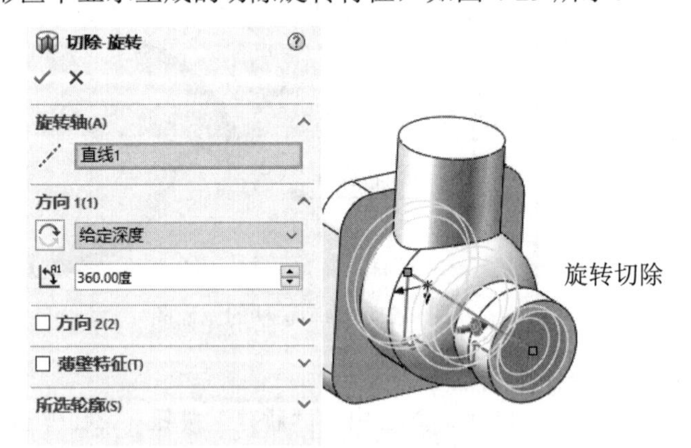

图 4-29　“切除-旋转”属性管理器

视频讲解

4.2.4　实例——转向轴

首先绘制转向轴主体轮廓草图并拉伸实体，然后旋转切除中间轴。绘制转向轴的流程图如图 4-30 所示。

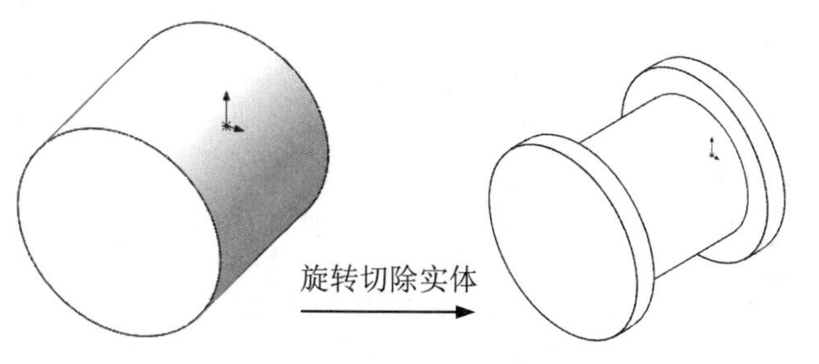

图 4-30　绘制转向轴的流程图

操作步骤如下。

（1）新建文件。单击快速访问工具栏中的“新建”按钮，在弹出的“新建 SOLIDWORKS 文件”对话框中单击“零件”按钮，然后单击“确定”按钮，创建一个新的零件文件。

（2）绘制草图。在左侧的“FeatureManager 设计树”中选择“前视基准面”作为绘制图形的基准面。单击“草图”面板中的“圆”按钮，以原点为圆心绘制一个直径为 22mm 的圆。

（3）拉伸实体。单击“特征”面板中的“拉伸凸台/基体”按钮，此时系统弹出“凸台-拉伸”属性管理器。输入深度值为 29mm，其他采用默认设置，如图 4-31 所示，然后单击“确定”按钮✔。拉伸后的图形如图 4-32 所示。

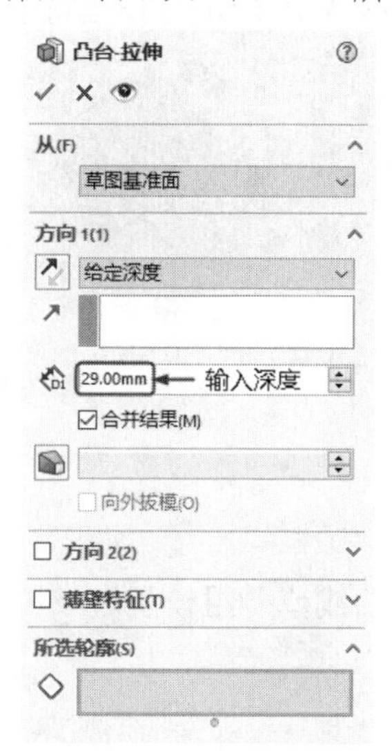

图 4-31　“凸台-拉伸”属性管理器

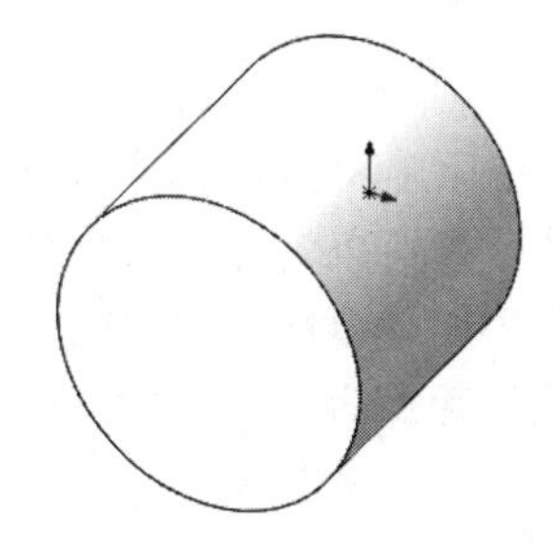

图 4-32　拉伸后的图形

（4）绘制草图。在左侧的“FeatureManager 设计树”中选择“右视基准面”，然后单击“前导视图”工具栏中的“正视于”按钮，将该基准面作为绘制图形的基准面。单击“草图”面板中的“边角矩形”按钮，在上一步设置的基准面上绘制一个矩形；单击“草图”面板中的“中心线”按钮，绘制一条通过原点的水平中心线。单击“草图”面板中的“智能尺寸”按钮，标注上一步绘制草图的尺寸，如图 4-33 所示。

（5）旋转切除实体。单击“特征”面板中的“旋转切除”按钮，此时系统弹出“切除-旋转”属性管理器。选取图 4-34 中的水平中心线为旋转轴，其他采用默认设置，单击“确定”按钮✔。绘制的移动轮转向轴如图 4-35 所示。

Note

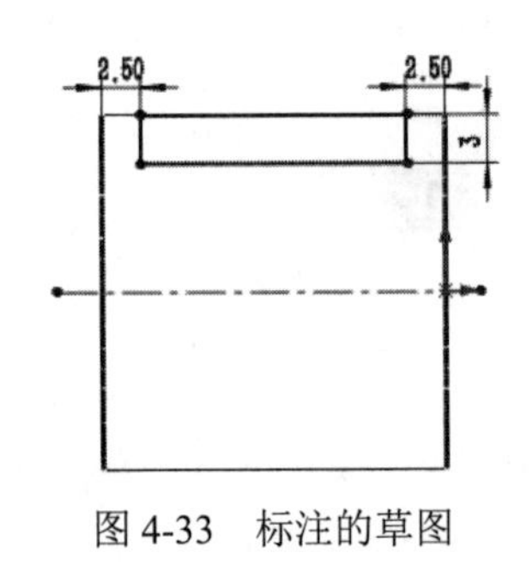

图 4-33　标注的草图

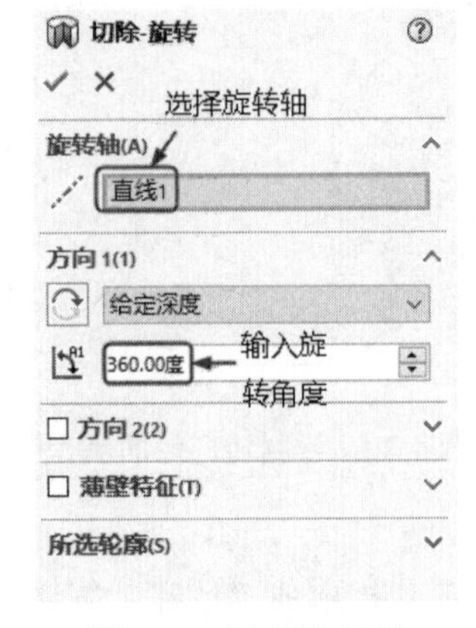

图 4-34　选择旋转轴

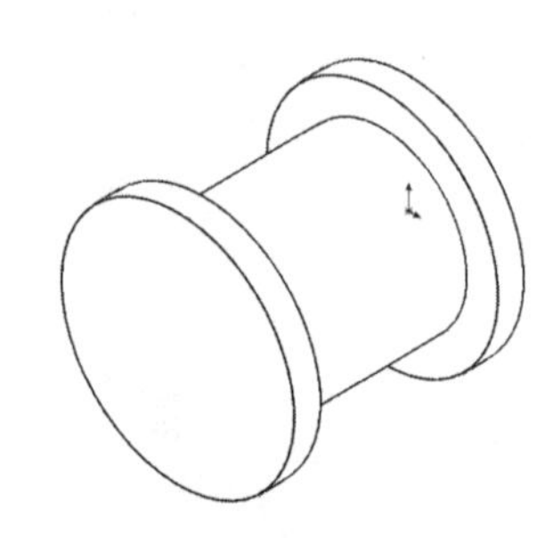
图 4-35　移动轮转向轴

4.3　扫描特征

扫描特征是指由二维草绘平面沿一平面或空间轨迹线扫描而成的一类特征。沿着一条路径移动轮廓（截面）可以生成基体、凸台、切除或曲面。如图 4-36 所示是扫描特征实例。

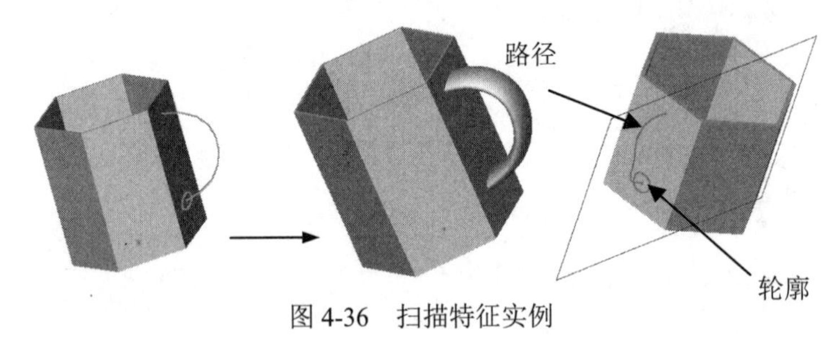

图 4-36　扫描特征实例

SOLIDWORKS 2020 的扫描特征遵循以下规则。

☑　扫描路径可以为开环或闭环。

☑　路径可以是草图中包含的一组草图曲线、一条曲线或一组模型边线。

☑　路径的起点必须位于轮廓的基准面上。

4.3.1　扫描

视频讲解

扫描特征属于叠加特征。执行扫描命令，主要有如下 3 种调用方法。

☑　面板：单击“特征”面板中的“扫描”按钮。

☑　工具栏：单击“特征”工具栏中的“扫描”按钮。

☑　菜单栏：选择菜单栏中的“插入”→“凸台/基体”→“扫描”命令。

执行上述命令后，弹出“扫描”属性管理器，如图 4-37 所示。

“扫描”属性管理器中的选项说明如下。

☑　“轮廓和路径”选项组。

- 草图轮廓：设定用来生成扫描的草图轮廓（截面）。扫描时应在图形区域或“FeatureManager 设计树”中选取草图轮廓。基体或凸台扫描特征的轮廓应为闭环，

Note

而曲面扫描特征的轮廓可为开环或闭环。

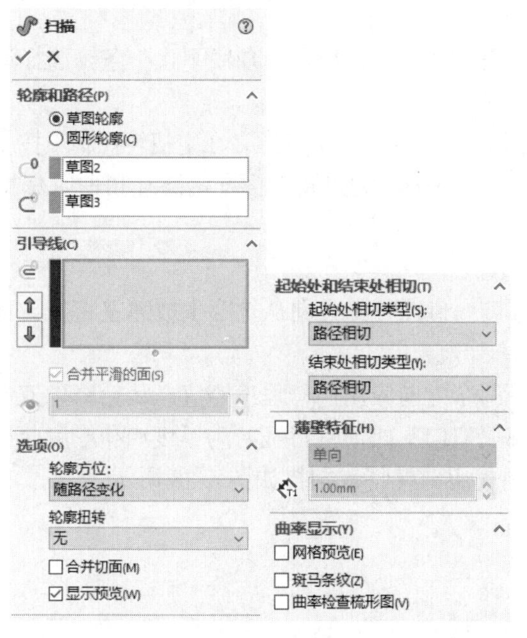

图 4-37　“扫描”属性管理器

- 圆形轮廓：直接在模型上沿草图线、边线或曲线创建实体杆或空心管筒，而无须绘制草图。
- 路径：设定轮廓扫描的路径。扫描时应在图形区域或特征管理器中选取路径草图。路径可以是开环或闭环，也可以是包含在草图中的一组绘制的曲线、一条曲线或一组模型边线，但路径的起点必须位于轮廓的基准面上。

> 提示：
> 不论是截面、路径或所形成的实体，都不能自相交叉。

☑ “引导线”选项组。

- 引导线：在轮廓沿路径扫描时加以引导。
- 上移和下移、：调整引导线的顺序。选择一引导线并调整轮廓顺序。
- 合并平滑的面：消除以改进带引导线扫描的性能，并在引导线或路径不是曲率连续的所有点处分割扫描。因此，引导线中的直线和圆弧会更精确地匹配。
- 显示截面：显示扫描的截面。选择箭头按截面数观看轮廓并解疑。

> 提示：
> 引导线必须与轮廓或轮廓草图中的点重合。

☑ “选项”选项组：用来控制轮廓在沿路径扫描时的方向。其下包含的选项如下所述。

- 随路径变化：扫描时截面相对于路径方向仍时刻保持同一角度。
- 保持法向不变：扫描时截面时刻与开始截面平行。

Note

- ⇘ 随路径和第一引导线变化：如果引导线不止一条，选择该项，扫描将随第一条引导线变化。
- ⇘ 随第一和第二引导线变化：如果引导线不止一条，选择该项，扫描将随第一条和第二条引导线同时变化。
- ⇘ 指定扭转值：扫描时沿路径扭转截面。在定扭转控制下按度数、弧度或圈数定义扭转。
- ⇘ 以法向不变沿路径扭曲：通过将截面在沿路径扭曲时保持与开始截面平行而沿路径扭曲。

☑ “薄壁特征”选项组。

- ⇘ 单向：使用厚度值以单一方向从轮廓生成薄壁特征。如有必要，可单击“反向”按钮。
- ⇘ 两侧对称：以两个方向应用同一厚度值，从轮廓以双向生成薄壁特征。
- ⇘ 双向：从轮廓以双向生成薄壁特征，为厚度和厚度设定单独数值。

执行上述命令后，弹出使用薄壁特征扫描如图 4-38 所示。

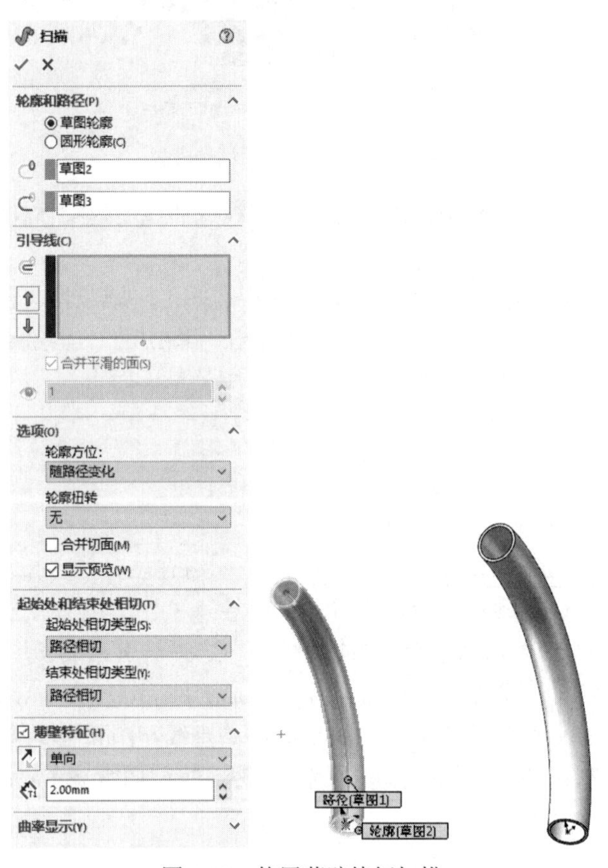

图 4-38　使用薄壁特征扫描

☑ “曲率显示”选项组。

- ⇘ 网格预览：选中此复选框可以显示和更改生成扫描实体的网格。
- ⇘ 斑马条纹：选中此复选框可以显示生成扫描实体的斑马条纹。

- ⇘ 曲率检查梳形图：选中此复选框可以显示模型曲面上的曲率梳形图以分析相邻曲面

的接合和变换方式。

☑ 其他选项。

- 路径对齐类型：该选项在“方向/扭转控制”中选择随路径变化时可用，表示当路径上出现少许波动和不均匀波动，使轮廓不能对齐时，可以将轮廓稳定下来。选择“无”，垂直于轮廓而对齐轮廓，不进行纠正；“最小扭转（只对于3D路径）”，阻止轮廓在随路径变化时自我相交；“方向向量”，以方向向量所选择的方向对齐轮廓，并选择设定方向向量的实体；“所有面”，当路径包括相邻面时，使扫描轮廓在几何关系可能的情况下与相邻面相切。
- 合并切面：选中该复选框，如果扫描轮廓具有相切线段，可使所产生的扫描中的相应曲面相切。保持相切的面可以是基准面、圆柱面或锥面。扫描时，其他相邻面被合并，轮廓被近似处理，而且草图圆弧可以转换为样条曲线。
- 显示预览：选中该复选框，可以显示扫描的上色预览。取消选中该复选框则只显示轮廓和路径。
- 合并结果：选中该复选框，可以将实体合并成一个实体。
- 与结束端面对齐：选中该复选框，可以将扫描轮廓延伸到路径所碰到的最后面。扫描的面被延伸或缩短，以与扫描端点处的面匹配，而不要求额外的几何体。此选项常用于螺旋线。

4.3.2 实例——弹簧

首先绘制一个圆形草图，然后生成螺旋线，作为弹簧的外形路径；再绘制一个圆，作为弹簧的外形轮廓；然后执行扫描命令，生成弹簧实体。绘制弹簧的流程图如图4-39所示。

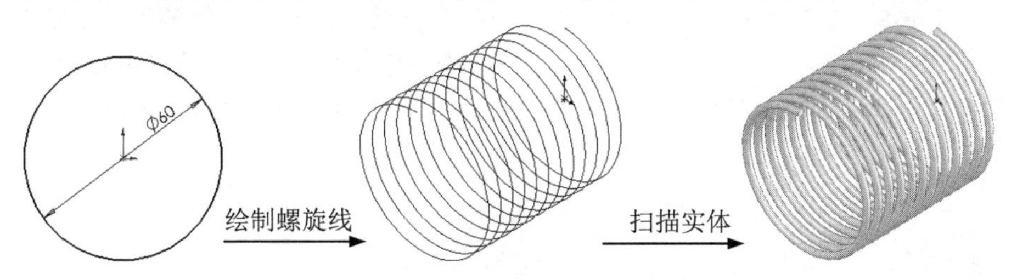

图4-39 绘制弹簧的流程图

操作步骤如下。

（1）新建文件。单击快速访问工具栏中的“新建”按钮，在弹出的“新建 SOLIDWORKS 文件”对话框中单击“零件”按钮，然后单击“确定”按钮，创建一个新的零件文件。

（2）绘制草图。在左侧的“FeatureManager设计树”中选择“前视基准面”作为绘制图形的基准面。单击“草图”面板中的“圆”按钮，以原点为圆心绘制一个圆。单击“草图”面板中的“智能尺寸”按钮，标注上一步绘制圆的直径，如图4-40所示。

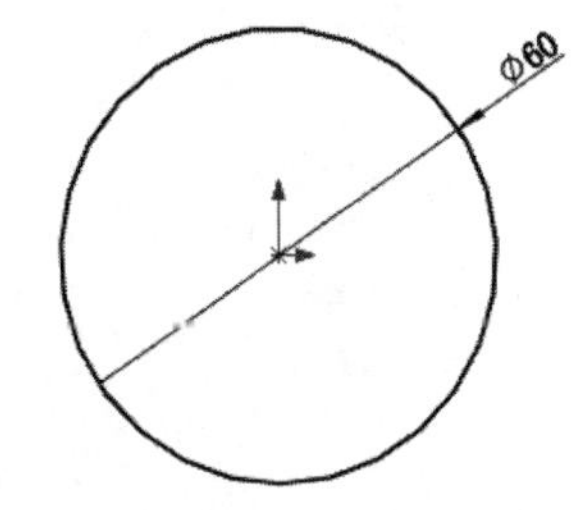

图4-40 标注的草图

（3）生成螺旋线。单击“特征”面板中的“螺旋线和涡状线”按钮，此时系统弹出如图4-41所示的“螺旋线/涡状线”属性管理

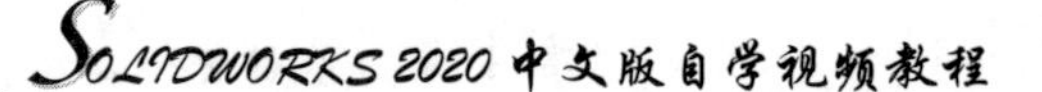

Note

器。选择“螺距和圈数”定义方式，输入螺距为6mm，圈数为12，其他采用默认设置，单击“确定”按钮✓，生成的螺旋线如图4-42所示，然后退出草图绘制状态。

（4）绘制草图。在左侧的“FeatureManager设计树”中选择“右视基准面”，然后单击“前导视图”工具栏中的“正视于”按钮，将该基准面作为绘制图形的基准面。单击“草图”面板中的“圆”按钮，以螺旋线右上端点为圆心绘制一个圆。单击“草图”面板中的“智能尺寸”按钮，标注上一步绘制圆的直径，如图4-43所示，然后退出草图绘制状态。

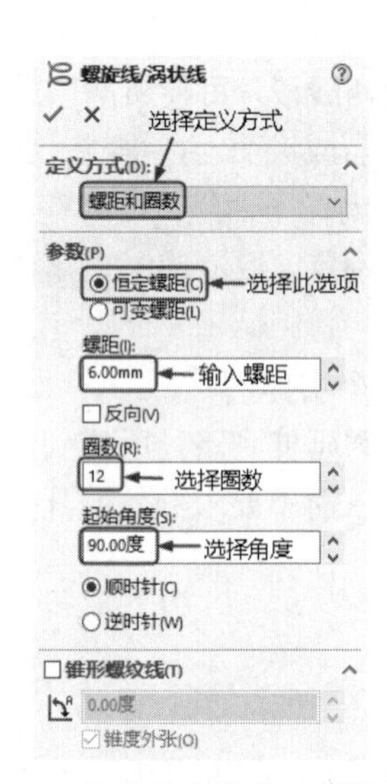

图4-41 “螺旋线/涡状线”属性管理器

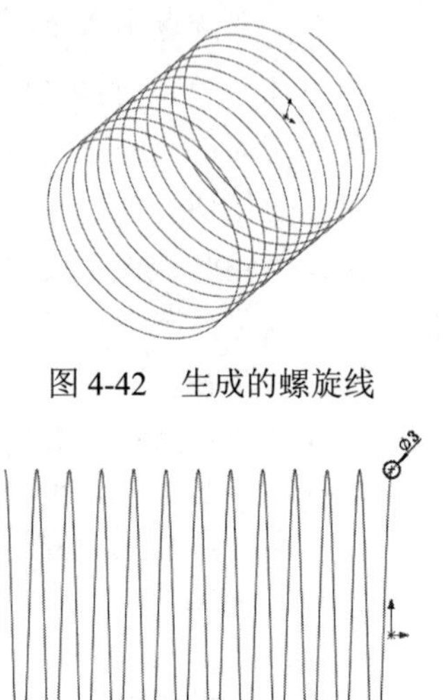

图4-42 生成的螺旋线

图4-43 标注的草图

（5）扫描实体。单击“特征”面板中的“扫描”按钮，此时系统弹出“扫描”属性管理器。在“轮廓”栏中，选择如图4-40所示绘制的圆；在“路径”栏中，选择图4-42生成的螺旋线。单击属性管理器中的“确定”按钮✓，扫描后的图形如图4-44所示。绘制的弹簧如图4-45所示。

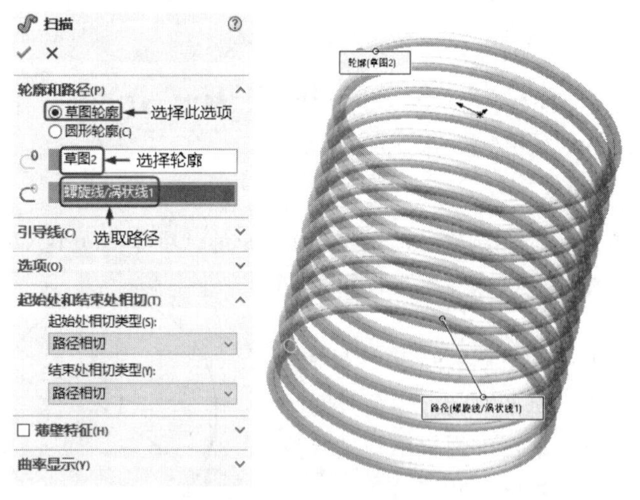

图4-44 扫描后的图形

图4-45 弹簧

Note

4.3.3　切除扫描

切除扫描特征属于切割特征。执行扫描切除命令，主要有如下 3 种调用方法。

☑　面板：单击“特征”面板中的“扫描切除”按钮。

☑　工具栏：单击“特征”工具栏中的“扫描切除”按钮。

☑　菜单栏：选择菜单栏中的“插入”→“切除”→“扫描”命令。

执行上述命令后，弹出“切除-扫描”属性管理器，同时在右侧的图形区中显示生成的切除扫描特征，如图 4-46 所示。

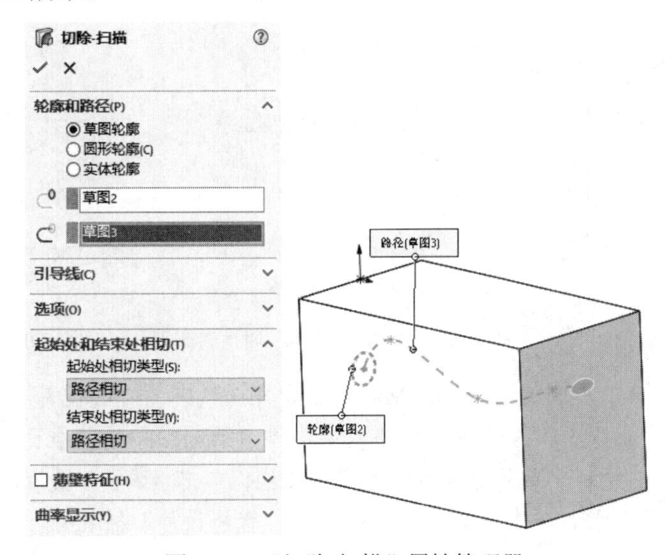

图 4-46　“切除-扫描”属性管理器

4.3.4　实例——螺母

首先绘制螺母外形轮廓草图并拉伸实体，然后旋转切除边缘的倒角，最后绘制内侧的螺纹。绘制螺母的流程图如图 4-47 所示。

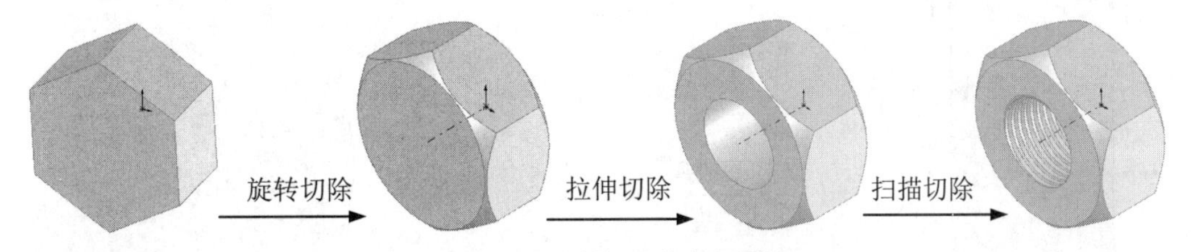

图 4-47　绘制螺母的流程图

操作步骤如下。

（1）新建文件。单击快速访问工具栏中的“新建”按钮，在弹出的“新建 SOLIDWORKS 文件”对话框中单击“零件”按钮，然后单击“确定”按钮，创建一个新的零件文件。

（2）绘制草图。在左侧的“FeatureManager 设计树”中选择“前视基准面”作为绘制图形的基准面。单击“草图”面板中的“多边形”按钮，以原点为圆心绘制一个正六边形，其中有

Note

一个角点在原点的正上方。单击“草图”面板中的“智能尺寸”按钮，标注上一步绘制草图的尺寸，结果如图4-48所示。

（3）拉伸实体。单击“特征”面板中的“拉伸凸台/基体”按钮，此时系统弹出“凸台-拉伸”属性管理器。输入深度值为30mm，其他采用默认设置，如图4-49所示，然后单击“确定”按钮✓，拉伸后的图形如图4-50所示。

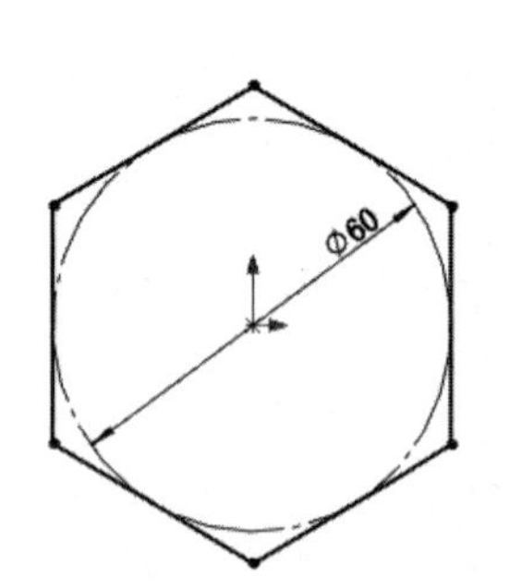

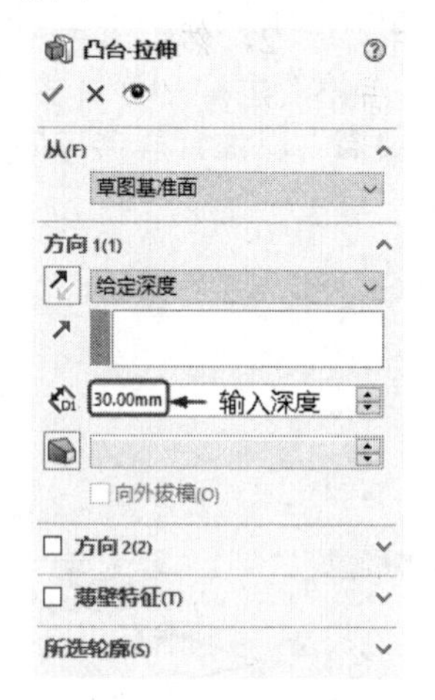

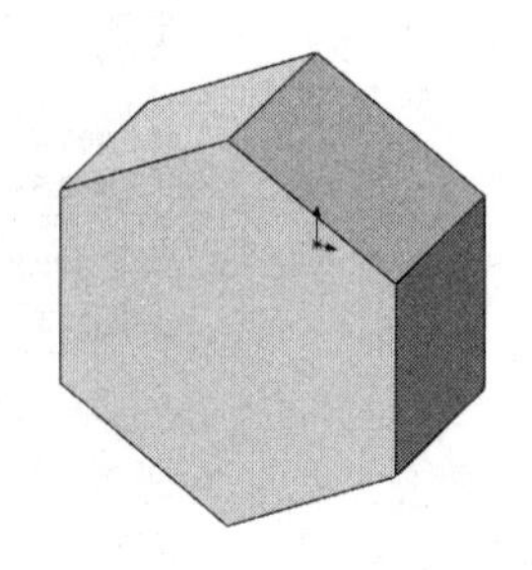

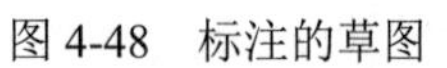

图4-48　标注的草图　　图4-49　“凸台-拉伸”属性管理器　　图4-50　拉伸后的图形

（4）绘制草图。单击左侧的“FeatureManager设计树”中的“右视基准面”，然后单击“前导视图”工具栏中的“正视于”按钮，将该基准面作为绘制图形的基准面。单击“草图”面板中的“中心线”按钮，绘制一条通过原点的水平中心线；单击“草图”面板中的“直线”按钮，绘制螺母两侧的两个三角形。单击“草图”面板中的“智能尺寸”按钮，标注上一步绘制草图的尺寸，如图4-51所示。

（5）旋转切除实体。单击“特征”面板中的“旋转切除”按钮，此时系统弹出“切除-旋转”属性管理器，如图4-52所示。选择绘制的水平中心线为旋转轴，然后单击“确定”按钮✓。旋转切除后的图形如图4-53所示。

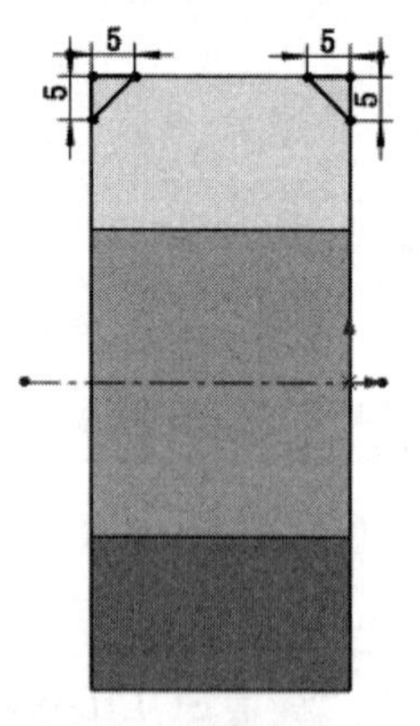

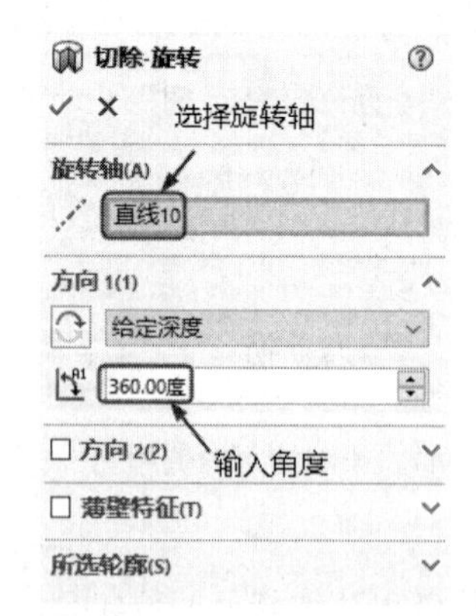

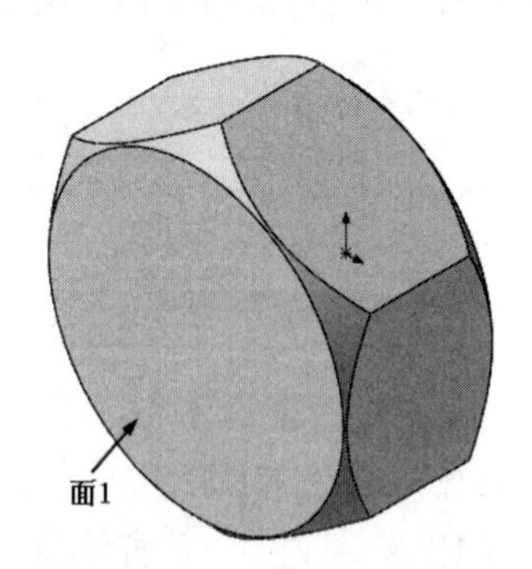

图4-51　标注的草图　　图4-52　“切除-旋转”属性管理器　　图4-53　旋转切除后的图形

（6）绘制草图。单击图4-53中的面1，然后单击“前导视图”工具栏中的“正视于”按钮，将该表面作为绘制图形的基准面。单击“草图”面板中的“圆”按钮，以原点为圆心绘

制一个圆。单击“草图”面板中的“智能尺寸”按钮，标注圆的直径，如图4-54所示。

（7）拉伸切除实体。单击“特征”面板中的“拉伸切除”按钮，此时系统弹出如图4-55所示的“切除-拉伸”属性管理器。设置“终止条件”为“完全贯穿”，其他采用默认设置，然后单击“确定”按钮✓，拉伸切除后的图形如图4-56所示。

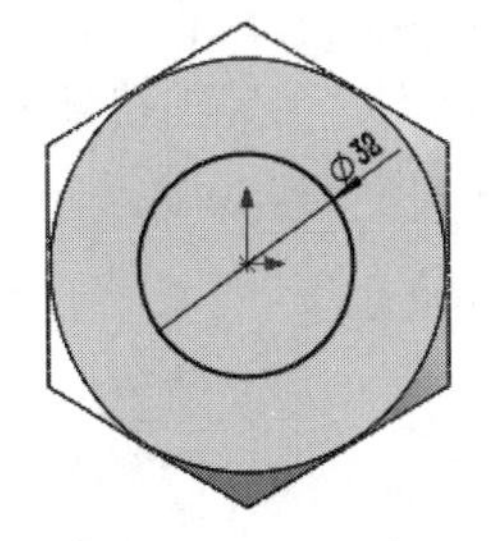

图4-54 标注的草图

（8）绘制草图。单击图4-56中的面2，然后单击“前导视图”工具栏中的“正视于”按钮，将该表面作为绘制图形的基准面。单击“草图”面板中的“圆”按钮，以原点为圆心绘制一个圆。单击“草图”面板中的“智能尺寸”按钮，标注圆的直径，如图4-57所示。

（9）生成螺旋线。单击“特征”面板中的“螺旋线和涡状线”按钮，此时系统弹出“螺旋线/涡状线”属性管理器。如图4-58所示进行设置后，单击“确定”按钮✓。生成的螺旋线如图4-59所示。

图4-55 “切除-拉伸”属性管理器

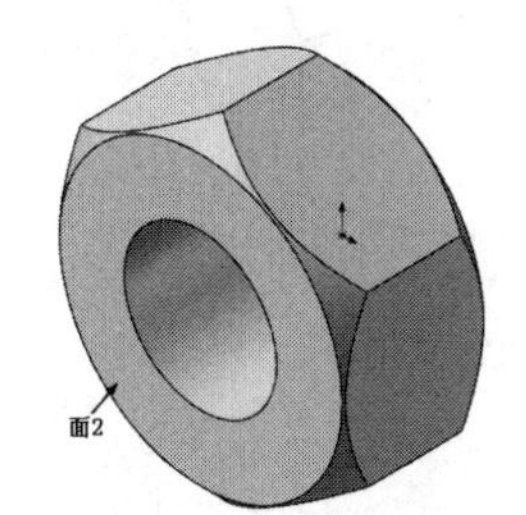

图4-56 拉伸切除后的图形

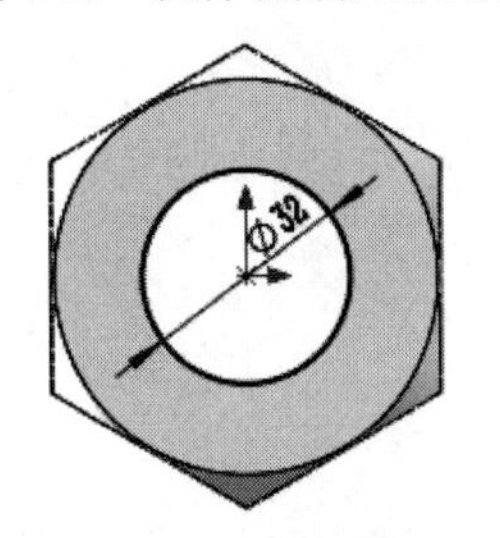

图4-57 标注的草图

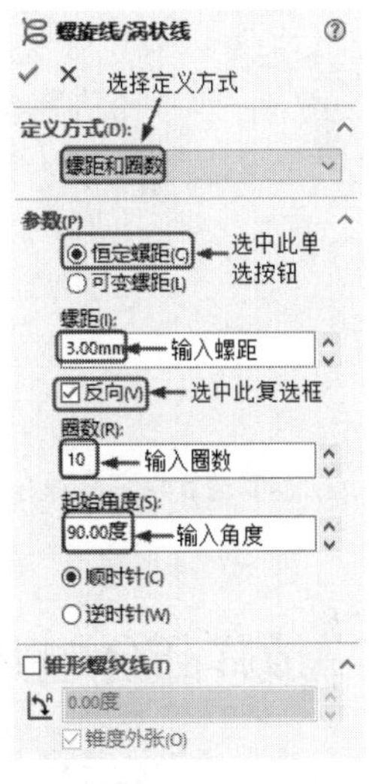

图4-58 “螺旋线/涡状线”属性管理器

（10）绘制草图。在左侧的“FeatureManager设计树”中选择“右视基准面”，然后单击“前导视图”工具栏中的“正视于”按钮，将该基准面作为绘制图形的基准面。单击“草图”面板中的“多边形”按钮，以螺旋线右上端点为圆心绘制一个正三角形。单击“草图”面板中的“智能尺寸”按钮，标注上一步绘制正三角形的内切圆的直径，如图4-60所示，然后退出草图绘制状态。

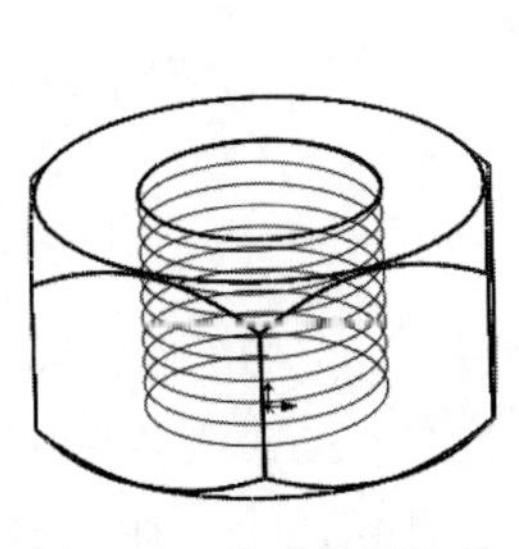

图4-59 生成的螺旋线

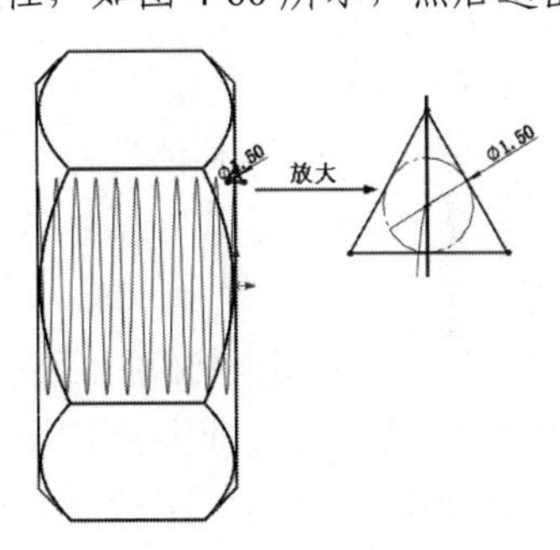

图4-60 标注的草图

Note

（11）扫描切除实体。单击“特征”面板中的“扫描切除”按钮，此时系统弹出“切除-扫描”属性管理器。选择正三角形为扫描轮廓；选择如图 4-61 所示绘制的螺旋线为扫描路径。单击“确定”按钮✓，绘制的螺母如图 4-62 所示。

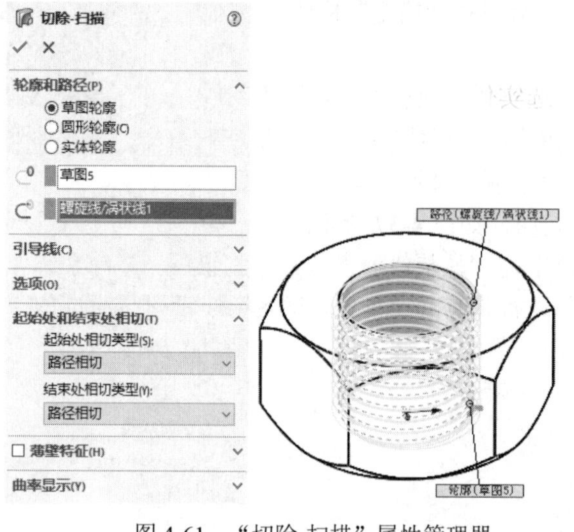

图 4-61 “切除-扫描”属性管理器

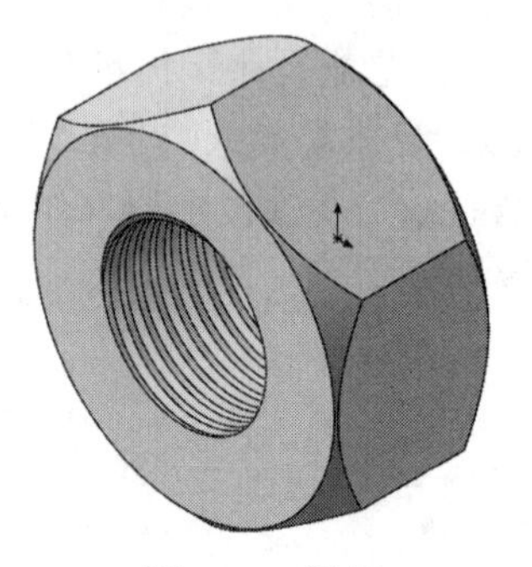

图 4-62 螺母

4.4 放样特征

所谓放样是指连接多个剖面或轮廓形成的基体、凸台或切除，通过在轮廓之间进行过渡来生成特征。

4.4.1 放样凸台/基体

视频讲解

放样特征需要连接多个面上的轮廓，这些面可以平行也可以相交。执行扫描命令，主要有如下 3 种调用方法。

- ☑ 面板：单击“特征”面板中的“放样凸台/基体”按钮。
- ☑ 工具栏：单击“特征”工具栏中的“放样凸台/基体”按钮。
- ☑ 菜单栏：选择菜单栏中的“插入”→“凸台/基体”→“放样凸台/基体”命令。

执行上述命令后，弹出“放样”属性管理器，如图 4-63 所示。

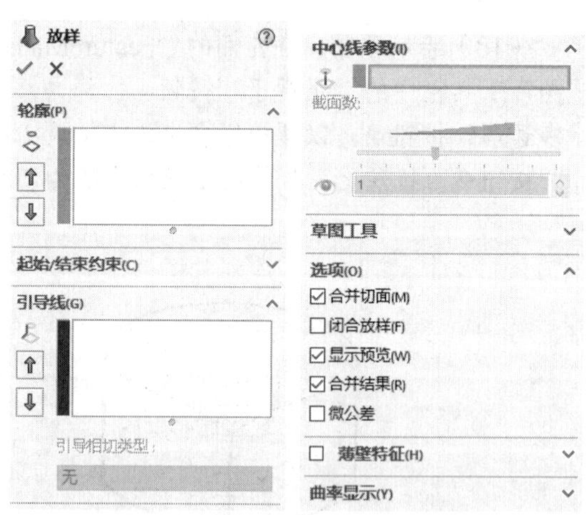

图 4-63 “放样”属性管理器

“放样”属性管理器中的选项说明如下。

（1）“轮廓”选项组：该选项组决定用来生成放样的轮廓，选择要连接的草图轮廓、面或边线。放样根据轮廓选择的顺序而生成，对

于每个轮廓，都需要选择想要放样路径经过的点。

其中的"上移"按钮或"下移"按钮用来调整轮廓的顺序。放样时选择一个轮廓并调整轮廓顺序，如果放样预览显示不理想，可以重新选择或组序草图以在轮廓上连接不同的点。

（2）"起始/结束约束"选项组："开始约束"和"结束约束"应用约束以控制开始和结束轮廓的相切。

- ☑ 方向向量：表示根据方向向量的所选实体而应用相切约束。
- ☑ 垂直于轮廓：表示垂直于开始或结束轮廓的相切约束。选择该选项，需要设定拔模角度和起始或结束处相切长度。
- ☑ 与面相切：表示放样在起始处和终止处与现有几何体的相切。此选项只有在放样附加在现有的几何体时才可以使用。
- ☑ 与面的曲率：表示在所选开始和轮廓处应用平滑、具有美感的曲率连续放样。此选项只有在附加放样到现有几何体时才可用。

（3）拔模角度：该选项在"起始/结束约束"选择"方向向量"或"垂直于轮廓"时可用，表示给开始或结束轮廓应用拔模角度。如有必要，可单击"反向"按钮，也可沿引导线应用拔模角度。

（4）起始和结束处相切长度：该选项在"起始/结束约束"选择"无"时不可使用，表示控制对放样的影响量，相切长度的效果限制到下一部分。如有必要，可单击"反转相切方向"按钮，反转相切的方向。

（5）应用到所有：选中此复选框，显示为整个轮廓控制所有约束的控标。取消选中，可允许单个线段控制多个控标。拖动控标可以修改相切长度。

（6）"引导线"选项组。

- ☑ 引导线感应，控制引导线对放样的影响力。
  - ⇘ 到下一引线：将引导线感应延伸到下一引导线。
  - ⇘ 到下一尖角：只将引导线感应延伸到下一尖角。尖角为轮廓的硬边角。
  - ⇘ 到下一边线：将引导线感应延伸到下一边线。
  - ⇘ 整体：将引导线影响力延伸到整个放样。
- ☑ 引导线相切类型，控制放样与引导线相遇处的相切。
  - ⇘ 无：没有应用相切约束。
  - ⇘ 垂直于轮廓：垂直于引导线的基准面应用相切约束。
  - ⇘ 方向向量：根据为方向向量的所选实体而应用相切约束。
  - ⇘ 与面相切：（在引导线位于现有几何体的边线上时可用）。在位于引导线路径上的相邻面之间添加边侧相切，从而在相邻面之间生成更平滑的过渡。

（7）"中心线参数"选项组。

- ☑ 中心线：使用中心线引导放样形状，可与引导线同时存在。
- ☑ 截面数：在轮廓之间并绕中心线添加截面。移动滑杆来调整截面数。
- ☑ 显示截面：显示放样截面。

（8）"选项"选项组。

- ☑ 合并切面：如果相对应的放样线段相切，可选中该复选框，以使生成的放样中相应的曲面保持相切。保持相切的面可以是基准面、圆柱面或锥面，其他相邻的面被合并，截面

Note

将被近似处理。

☑ 闭合放样：沿放样方向生成一个闭合实体，如图 4-64 所示。此选项会自动连接最后一个和第一个草图。

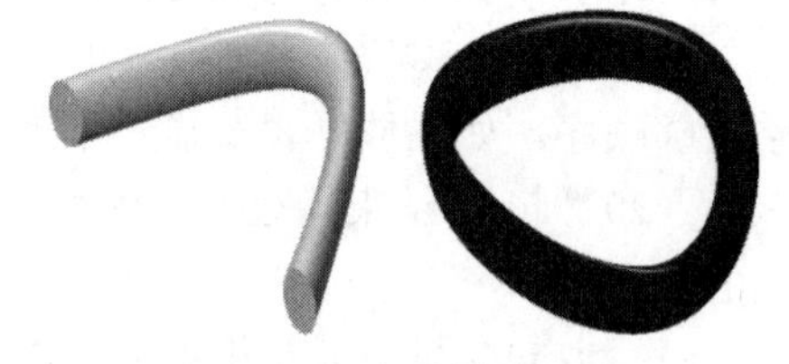

图 4-64 闭合放样前后对比

☑ 显示预览：选中该复选框，显示放样的上色预览。取消选中则只能观看路径和引导线。

☑ 合并结果：选中该复选框，合并所有放样要素。取消选中则不能合并所有放样要素。

☑ 微公差：使用微小的几何图形为零件创建放样。严格容差适用于边缘较小的零件。

（9）“薄壁特征”选项：用于选择轮廓以生成一薄壁放样，其中包括如下选项。

☑ 单向：使用厚度值以单一方向从轮廓生成薄壁特征。如有必要，可单击“反向”按钮使其反向。

☑ 两侧对称：两个方向应用同一厚度值从轮廓以双向生成薄壁特征。

☑ 双向：从轮廓以双向生成薄壁特征，可为厚度和厚度设定单独数值。

（10）“曲率显示”选项组。

☑ 网格预览：选中此复选框可以显示和更改生成扫描实体的网格。

☑ 斑马条纹：选中此复选框可以显示生成扫描实体的斑马条纹。

☑ 曲率检查梳形图：选中此复选框可以显示模型曲面上的曲率梳形图以分析相邻曲面的接合和变换方式。

视频讲解

4.4.2 实例——显示器

首先绘制显示屏轮廓草图并拉伸实体，然后拉伸切除实体，再绘制显示器的支撑架，最后绘制显示器的底座。绘制显示器的流程图如图 4-65 所示。

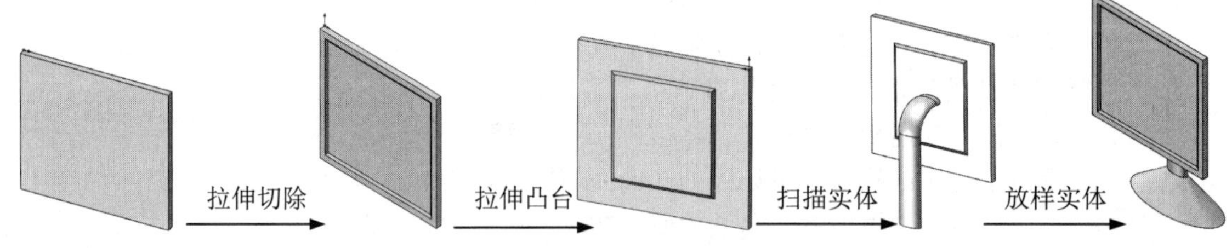

图 4-65 绘制显示器的流程图

操作步骤如下。

（1）新建文件。单击快速访问工具栏中的“新建”按钮，在弹出的“新建 SOLIDWORKS 文件”对话框中单击“零件”按钮，然后单击“确定”按钮，创建一个新的零件文件。

（2）绘制草图。在左侧的“FeatureManager 设计树”中选择“前视基准面”作为绘制图形的基准面，单击“草图”面板中的“边角矩形”按钮，以原点为角点绘制一个矩形。单击“草图”面板中的“智能尺寸”按钮，标注矩形各边的尺寸，如图 4-66 所示。

（3）拉伸实体。单击“特征”面板中的“拉伸凸台/基体”按钮，此时系统弹出“凸台-拉伸”属性管理器。输入深度值为 20mm，其他采用默认设置，如图 4-67 所示，然后单击“确

定”按钮✓。拉伸后的图形如图4-68所示。

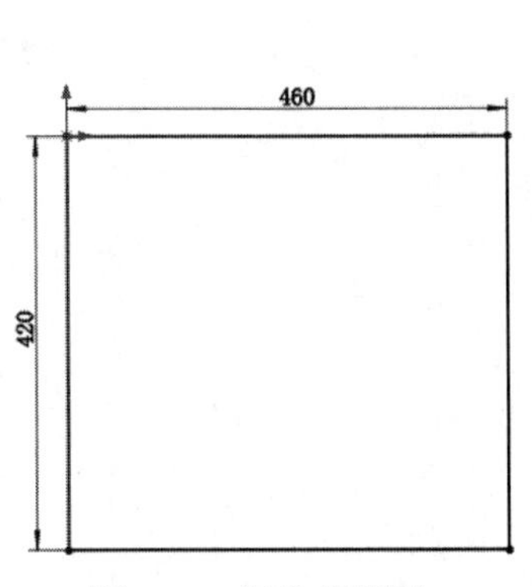

图4-66　标注的草图

图4-67　“凸台-拉伸”属性管理器

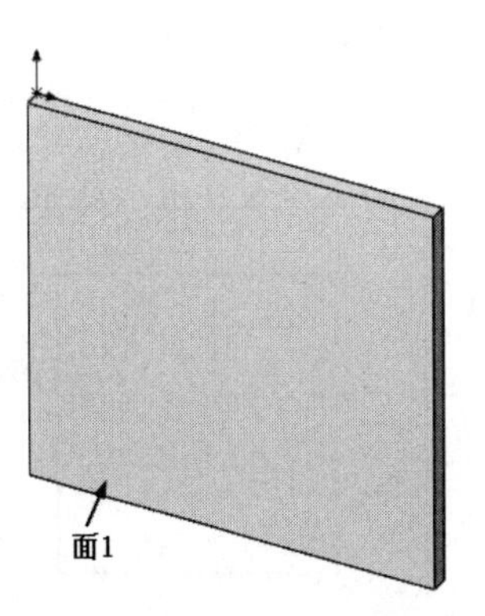

图4-68　拉伸后的图形

（4）绘制草图。选择图4-68中的面1，然后单击“前导视图”工具栏中的“正视于”按钮，将该表面作为绘制图形的基准面。单击“草图”面板中的“边角矩形”按钮，在上一步设置的基准面上绘制一个矩形。单击“草图”面板中的“智能尺寸”按钮，标注矩形各边的尺寸，如图4-69所示。

（5）拉伸切除实体。单击“特征”面板中的“拉伸切除”按钮，此时系统弹出如图4-70所示的“切除-拉伸”属性管理器。输入深度值为5mm，输入拔模角度为60°，其他采用默认设置，单击“确定”按钮✓，如图4-71所示。

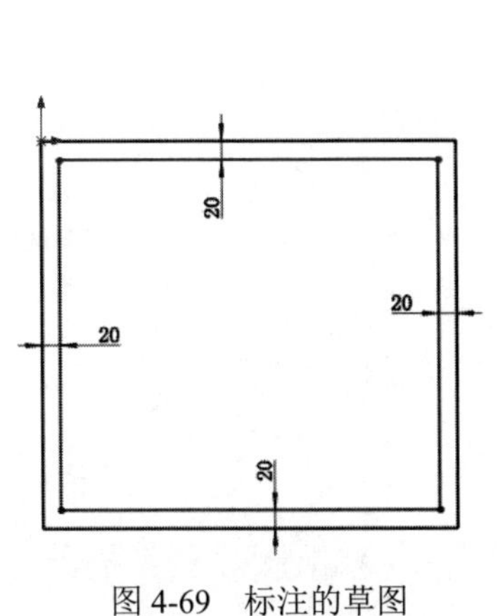

图4-69　标注的草图

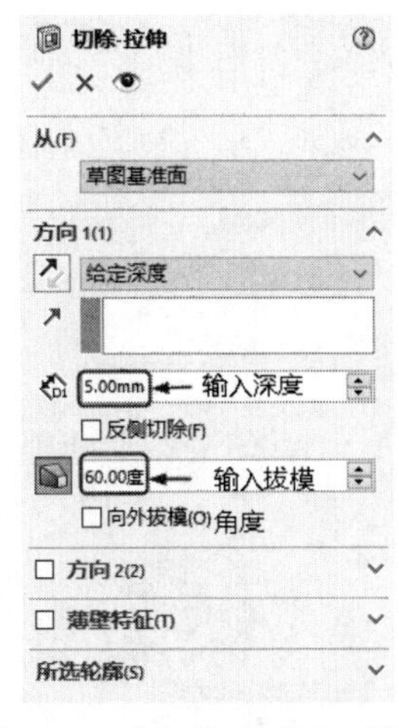

图4-70　“切除-拉伸”对话框

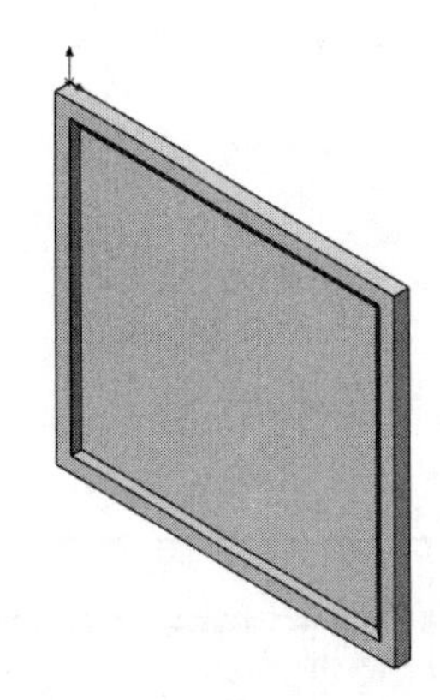

图4-71　拉伸切除后的图形

（6）绘制草图。选择图4-71中的后面的表面，然后单击“前导视图”工具栏中的“正视于”按钮，将该表面作为绘制图形的基准面。单击“草图”面板中的“边角矩形”按钮，在上一步设置的基准面上绘制一个矩形。单击“草图”面板中的“智能尺寸”按钮，标注矩形各边的尺寸及其定位尺寸，如图4-72所示。

（7）拉伸实体。单击“特征”面板中的“拉伸凸台/基体”按钮，此时系统弹出“凸台-

Note

拉伸”属性管理器。输入深度值为 5mm，输入拔模角度值为 60°，其他采用默认设置，如图 4-73 所示。单击“确定”按钮✔。拉伸后的图形如图 4-74 所示。

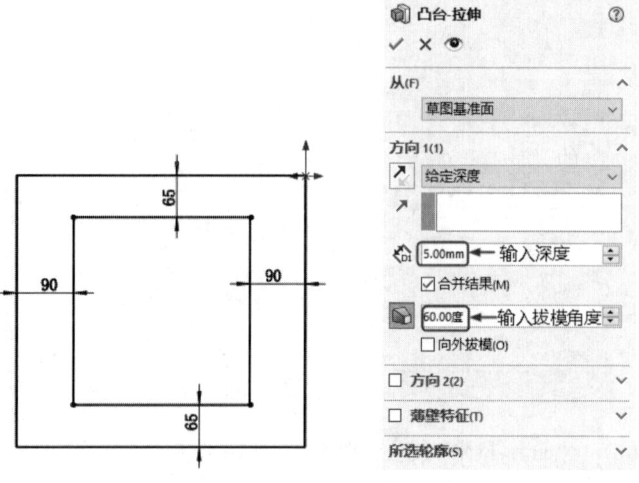

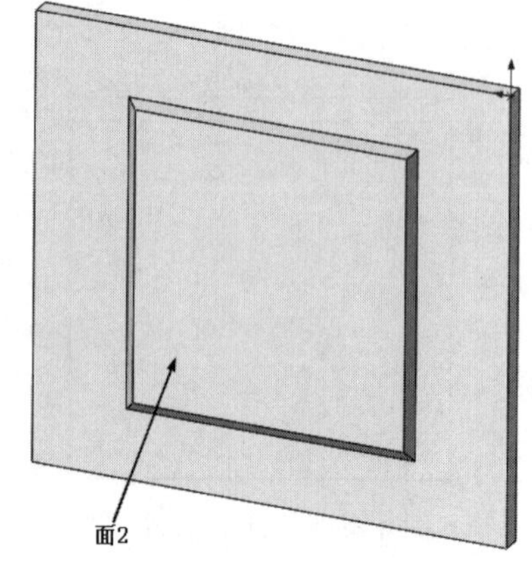

图 4-72　标注的草图　　图 4-73　“凸台-拉伸”属性管理器　　图 4-74　拉伸后的图形

（8）绘制草图。选择图 4-74 中的面 2，然后单击“前导视图”工具栏中的“正视于”按钮，将该表面作为绘制图形的基准面。单击“草图”面板中的“椭圆”按钮，在上一步设置的基准面上绘制一个椭圆。单击“草图”面板中的“智能尺寸”按钮，标注椭圆的尺寸及其定位尺寸，如图 4-75 所示，然后退出草图绘制状态。

（9）添加基准面。在左侧的“FeatureMannger 设计树”中选择“右视基准面”，然后单击“特征”面板中的“基准面”按钮，此时系统弹出如图 4-76 所示的“基准面”属性管理器。输入距离为 230mm，并调整设置基准面的方向，单击“确定”按钮✔，添加一个新的基准面，如图 4-77 所示。

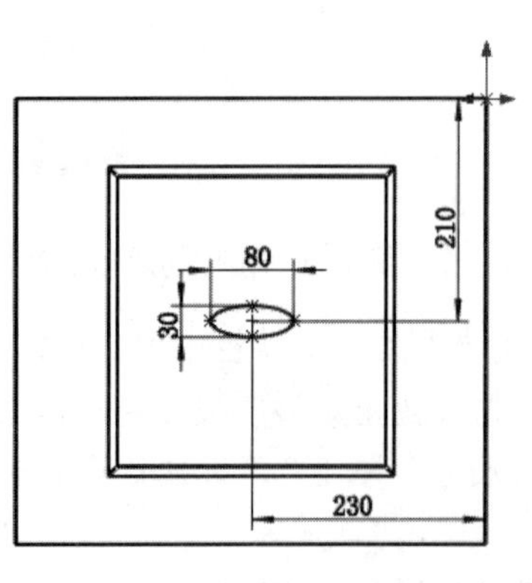

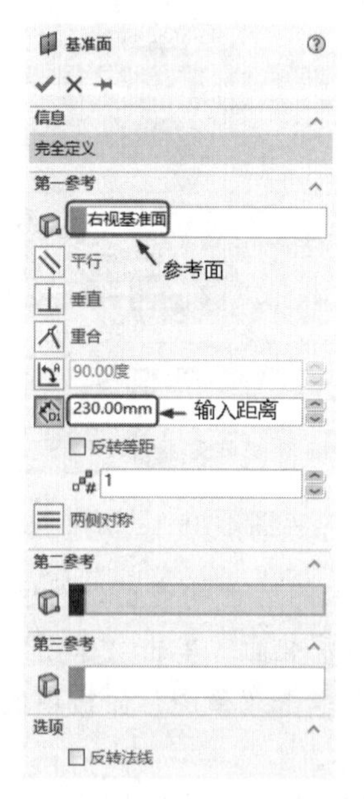

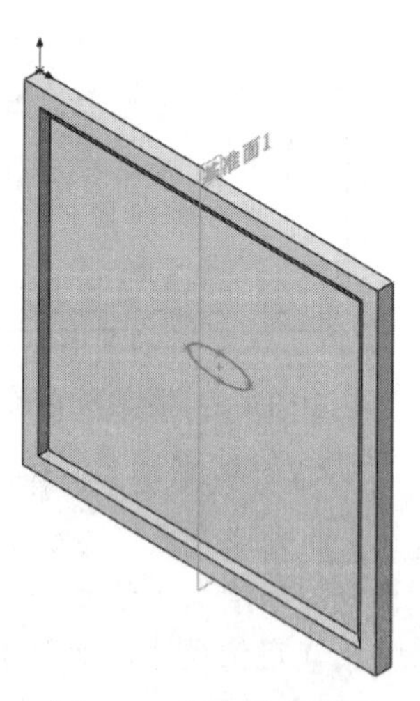

图 4-75　标注的草图　　图 4-76　“基准面”属性管理器　　图 4-77　添加的基准面

（10）绘制草图。选择上一步添加的基准面，然后单击“前导视图”工具栏中的“正视于”按钮，将该基准面作为绘制图形的基准面。单击“草图”面板中的“直线”按钮，以椭圆中心为起点绘制两条直线段。单击“草图”面板中的“智能尺寸”按钮，标注直线的尺寸。单击“草图”面板中的“绘制圆角”按钮，此时系统弹出“绘制圆角”属性管理器。输入半径值为80mm，然后选择上一步绘制的两条直线段。绘制圆角后的图形如图 4-78 所示，然后退出草图绘制状态。

Note

（11）扫描实体。单击“特征”面板中的“扫描”按钮，此时系统弹出“扫描”属性管理器。选择椭圆为扫描轮廓；选择直线段为扫描路径，如图 4-79 所示。单击“确定”按钮✔。扫描后的图形如图 4-80 所示。

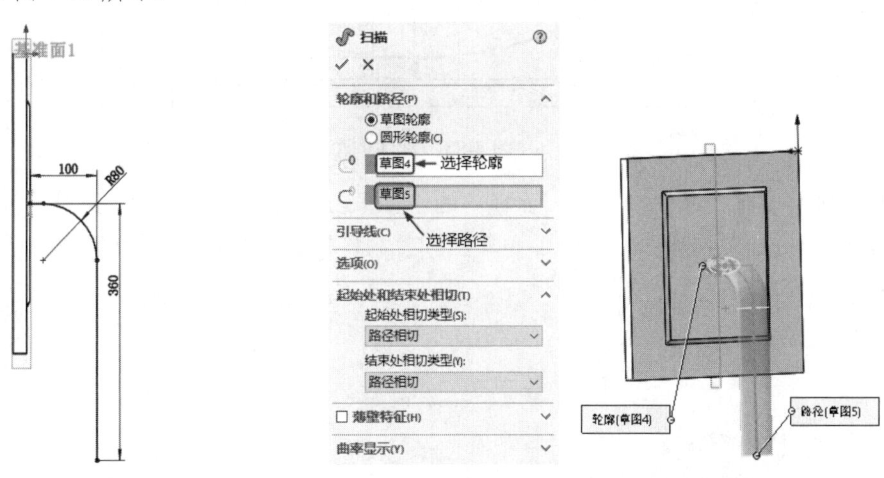

图 4-78　绘制圆角后的图形　　　　图 4-79　“扫描”属性管理器

（12）添加基准面。单击“特征”面板中的“基准面”按钮，此时系统弹出“基准面”属性管理器。选取图 4-80 中的面 1 为参考面，输入距离值为 100mm，如图 4-81 所示，并调整设置基准面的方向。单击“确定”按钮✔，添加一个新的基准面，如图 4-82 所示。

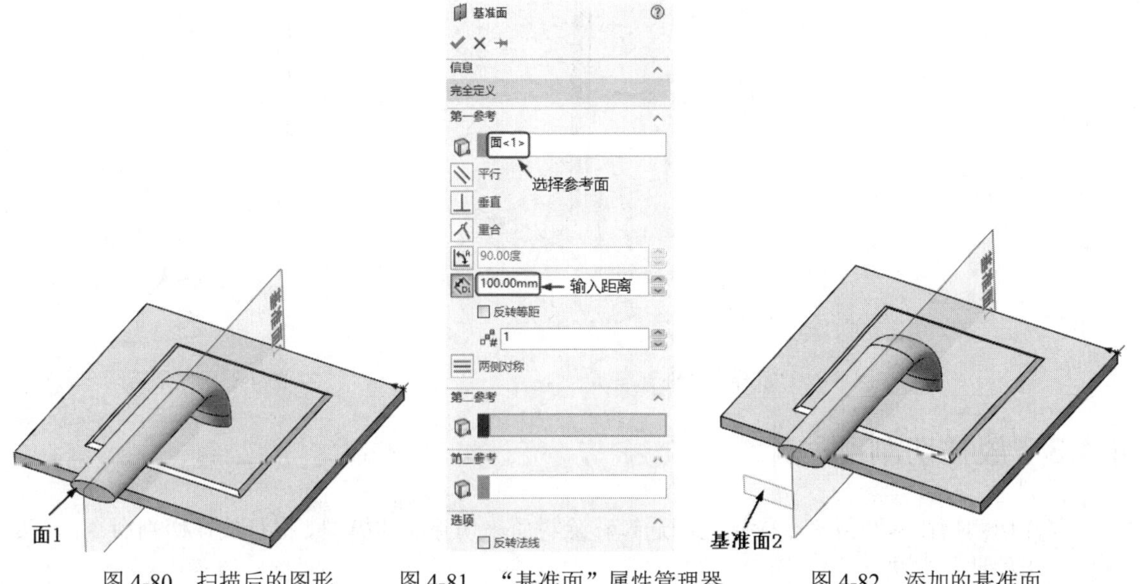

图 4-80　扫描后的图形　　图 4-81　“基准面”属性管理器　　图 4-82　添加的基准面

Note

（13）绘制草图。选择上一步添加的基准面，然后单击“前导视图”工具栏中的“正视于”按钮⊥，将该基准面作为绘制图形的基准面。单击“草图”面板中的“椭圆”按钮⊙，在上一步设置的基准面上以图4-80中的面1的中点为圆心绘制一个椭圆。单击“草图”面板中的“智能尺寸”按钮，标注椭圆的尺寸及其定位尺寸，如图4-83所示，然后退出草图绘制状态。

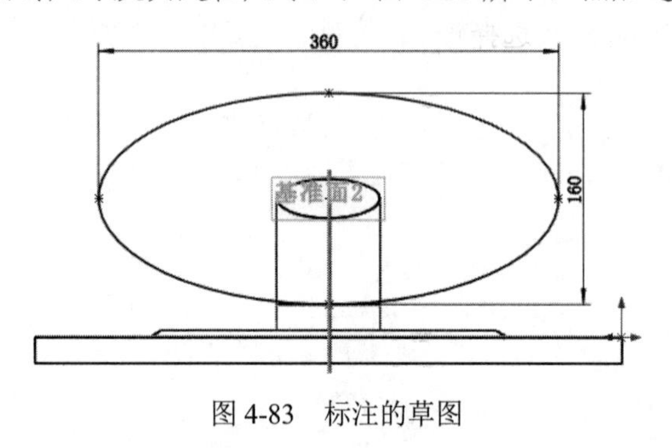

图4-83　标注的草图

（14）放样实体。单击“特征”面板中的“放样凸台/基体”按钮，此时系统弹出“放样”属性管理器。选择图4-84中的边线1和草图6为放样轮廓，然后单击“确定”按钮✓。绘制的显示器如图4-85所示。

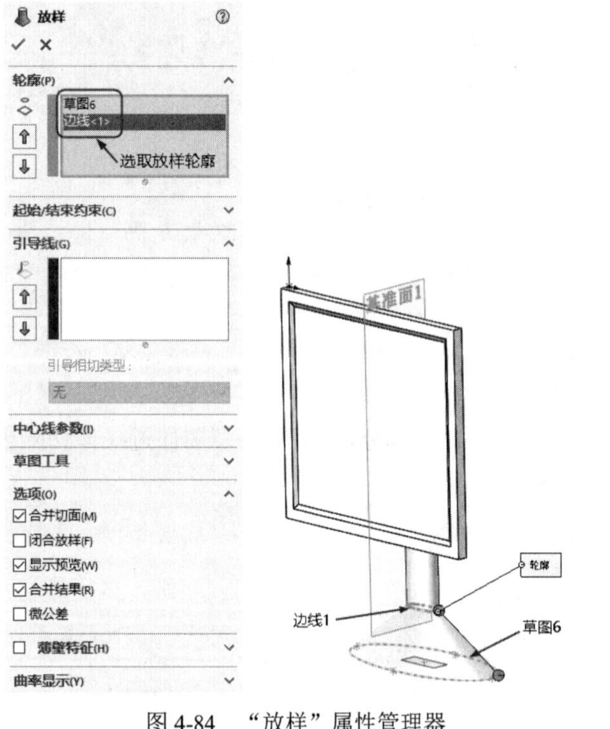

图4-84　“放样”属性管理器　　　　图4-85　显示器

视频讲解

4.4.3　放样切割

放样切割指在两个或多个轮廓之间通过移除材质来切除实体模型。执行放样切割命令，主要有如下3种调用方法。

☑ 面板：单击“特征”面板中的“放样切割”按钮。

☑ 工具栏：单击“特征”工具栏中的“放样切割”按钮。

☑ 菜单栏：选择菜单栏中的“插入”→“切除”→“放样”命令。

执行上述命令后，弹出“切除-放样”属性管理器，单击每个轮廓上相应的点，按顺序选择空间轮廓和其他轮廓的面，此时被选择轮廓显示在“轮廓”选项组中，在右侧的图形区中显示生成的放样特征，如图 4-86 所示。

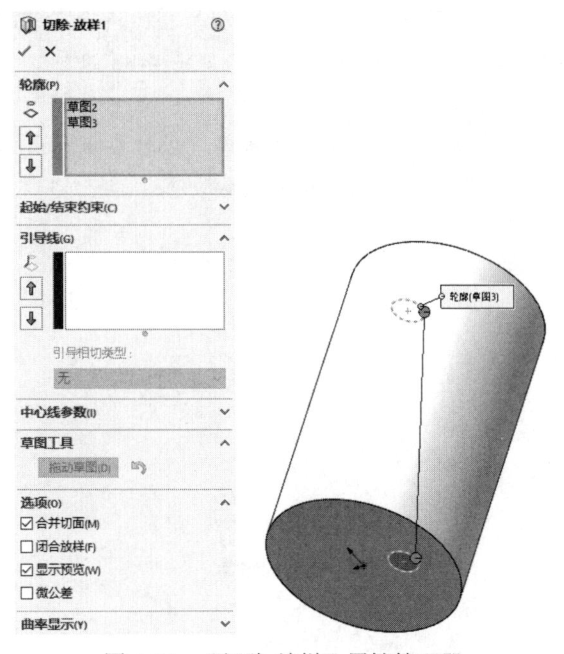

图 4-86　“切除-放样”属性管理器

4.5　综合实例——十字螺丝刀

首先绘制螺丝刀主体轮廓草图通过旋转创建主体部分，然后绘制草图通过拉伸切除创建细化手柄，最后通过扫描切除创建十字头部。绘制十字螺丝刀的流程图如图 4-87 所示。

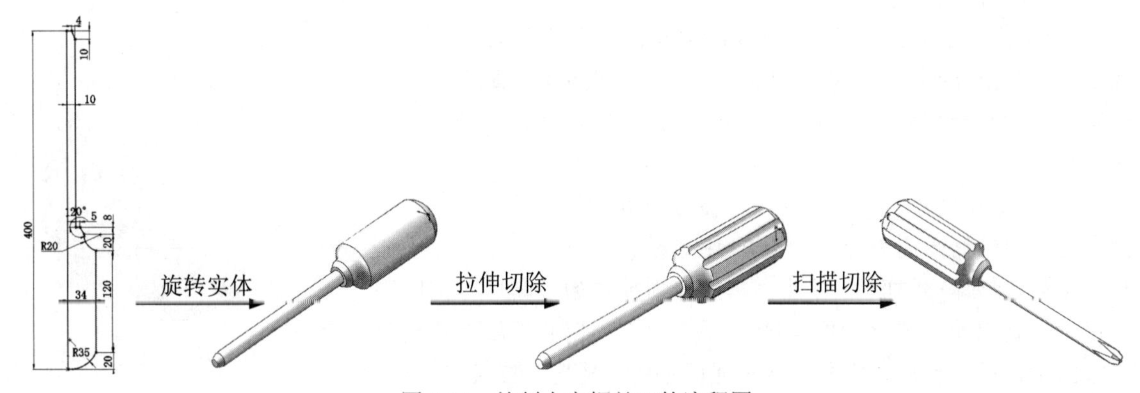

图 4-87　绘制十字螺丝刀的流程图

Note

操作步骤如下。

1．新建文件

单击快速访问工具栏中的“新建”按钮，在弹出的“新建 SOLIDWORKS 文件”对话框中单击“零件”按钮，然后单击“确定”按钮✓，创建一个新的零件文件。

2．绘制草图

在左侧的“FeatureManager 设计树”中选择“上视基准面”作为绘图基准面。单击“草图”面板中的“三点圆弧”按钮和“直线”按钮，绘制草图。单击“草图”面板中的“智能尺寸”按钮，标注上一步绘制的草图，并添加几何关系，如图 4-88 所示。

3．旋转实体

单击“特征”面板中的“旋转凸台/基体”按钮，此时系统弹出如图 4-89 所示的“旋转”属性管理器。输入旋转角度为 360°，其他采用默认设置，单击“确定”按钮✓。旋转实体如图 4-90 所示。

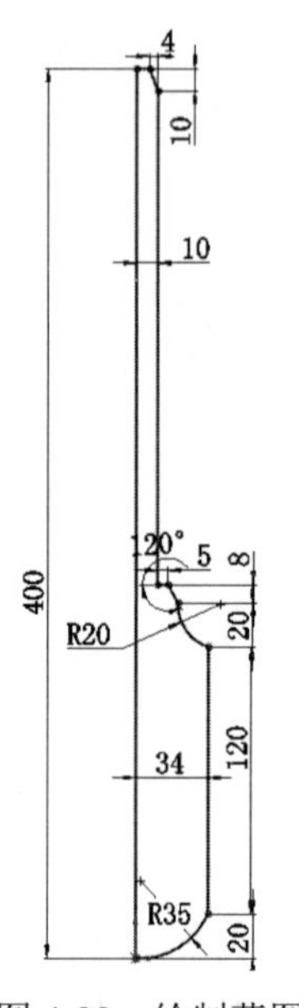

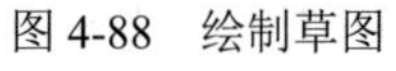
图 4-88　绘制草图

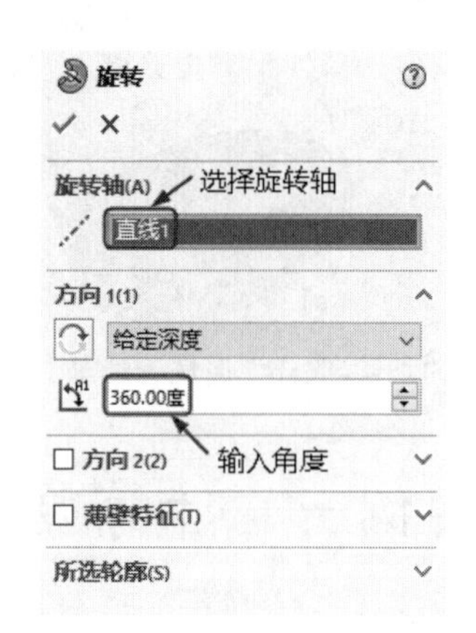

图 4-89　“旋转”属性管理器

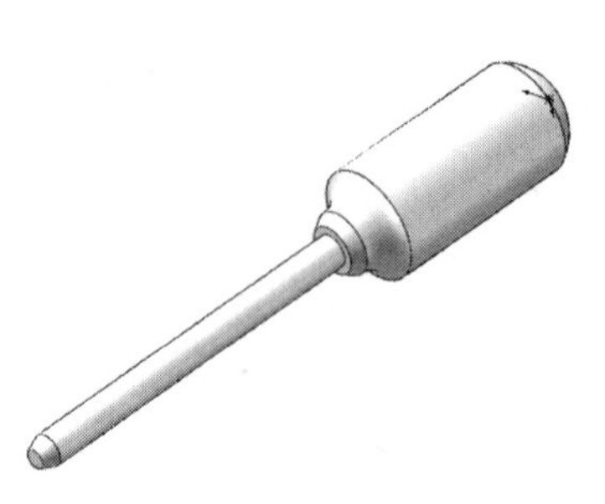

图 4-90　旋转实体

4．绘制草图

（1）绘制圆。在左侧的“FeatureManager 设计树”中选择“前视基准面”作为绘图基准面。单击“草图”面板中的“圆”按钮，以原点为圆心绘制一个大圆，并以原点正上方的大圆处为圆心绘制一个小圆。

（2）标注尺寸。单击“草图”面板中的“智能尺寸”按钮，标注上一步绘制圆的直径，如图 4-91 所示。

（3）圆周阵列草图。单击“草图”面板中的“圆周草图阵列”按钮，此时系统弹出如图 4-92 所示的“圆周阵列”属性管理器。按照图示进行设置后，单击属性管理器中的“确定”按钮✓。阵列后的草图如图 4-93 所示。

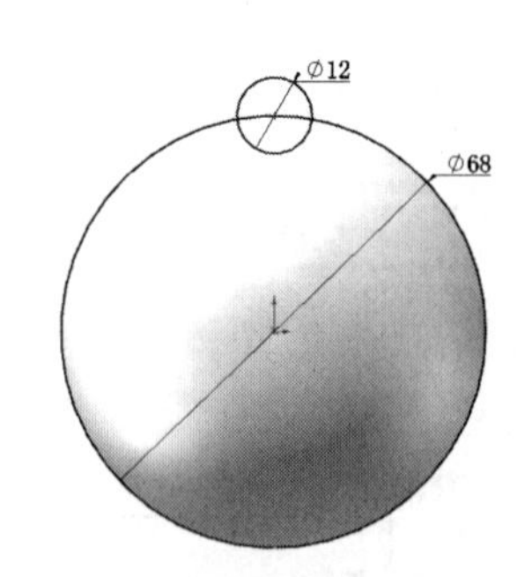

图 4-91　标注的草图

（4）剪裁实体。单击“草图”面板中的“剪裁实体”按钮，剪裁图中相应的圆弧处，剪裁后的草图如图4-94所示。

5. 拉伸切除实体

单击“特征”面板中的“拉伸切除”按钮，此时系统弹出如图4-95所示的“切除-拉伸”属性管理器。设置“终止条件”为“完全贯穿”，选中“反侧切除”复选框，然后单击“确定”按钮✓，切除实体如图4-96所示。

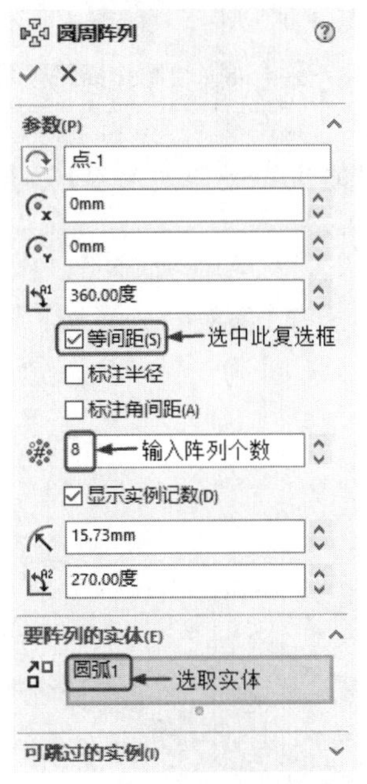

图4-92　“圆周阵列”属性管理器

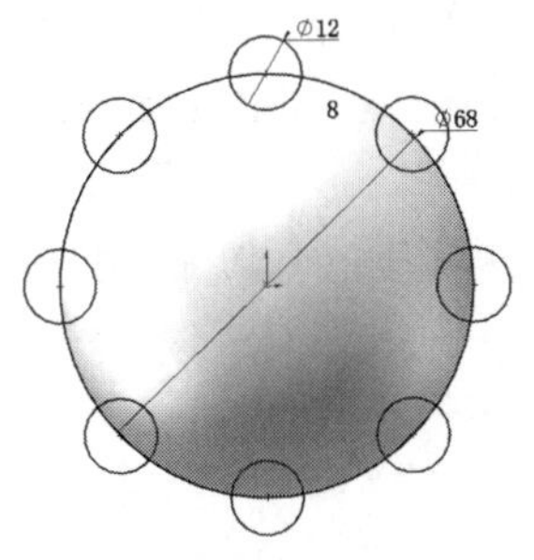

图4-93　阵列后的草图

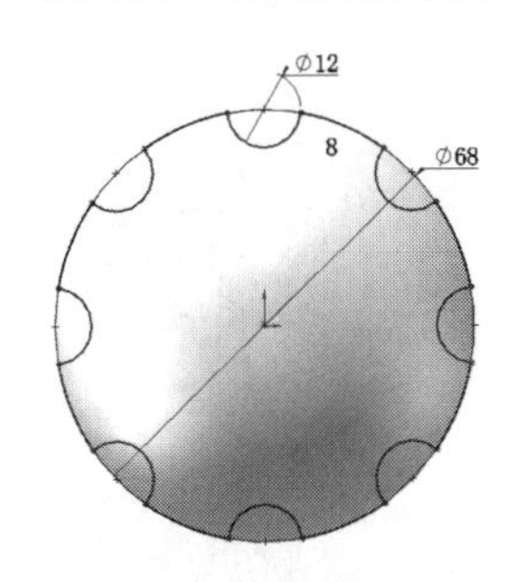

图4-94　剪裁后的草图

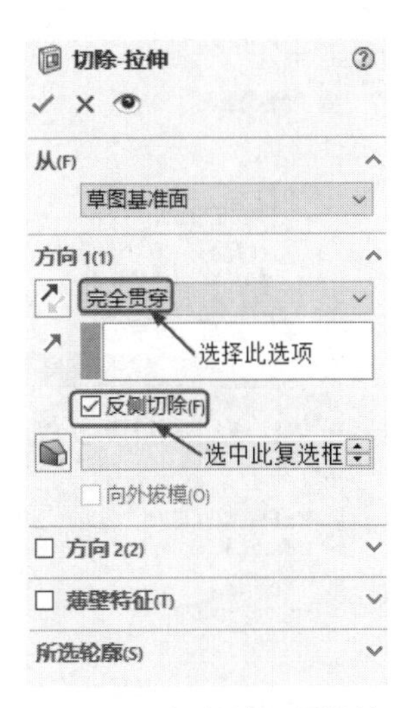

图4-95　“切除-拉伸”属性管理器

6. 绘制轮廓草图

单击图4-96中的前表面，然后单击“前导视图”工具栏中的“正视于”按钮，将该表面作为绘制图形的基准面。单击“草图”面板中的“转换实体引用”按钮、“中心线”按钮、“直线”按钮和“剪裁实体”按钮，绘制如图4-97所示的草图并标注尺寸。单击“退出草图”按钮，退出草图。

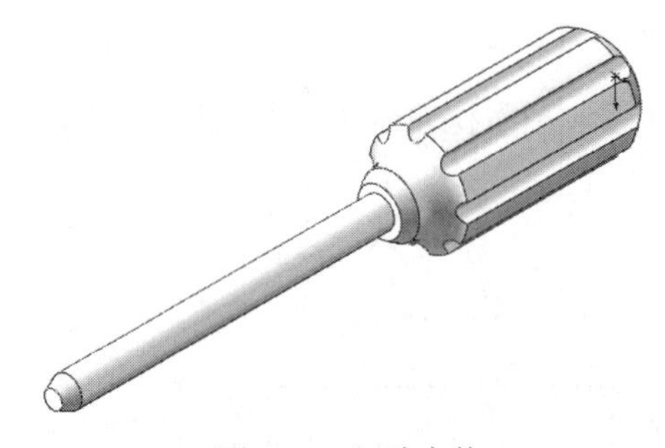

图4-96　切除实体

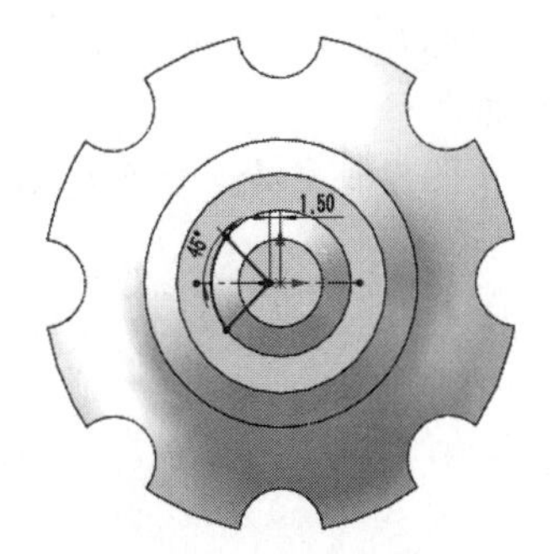

图4-97　标注的草图

7. 绘制路径草图

在左侧的“FeatureManager设计树”中选择“上视基准面”作为绘图基准面。然后单击“前

Note

导视图”工具栏中的“正视于”按钮，将该表面作为绘制图形的基准面。单击“草图”面板中的“直线”按钮，绘制如图 4-98 所示的草图并标注尺寸。单击“退出草图”按钮，退出草图。

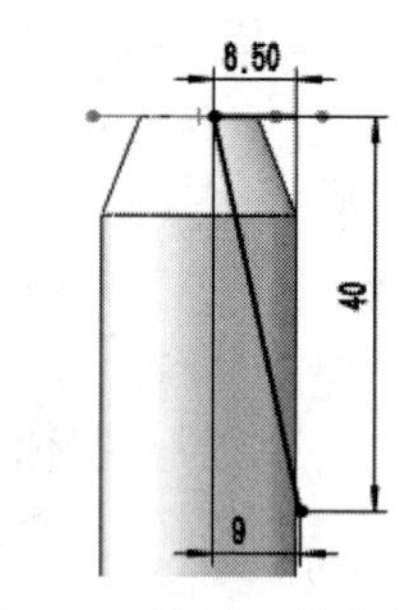

图 4-98 绘制扫描路径草图

8. 切除扫描实体

单击“特征”面板中的“扫描切除”按钮，此时系统弹出如图 4-99 所示的“切除-扫描”属性管理器。在视图中选择扫描轮廓草图为扫描轮廓，选择扫描路径草图为扫描路径，然后单击“确定”按钮✔。创建的切除扫描实体如图 4-100 所示。

9. 创建其他切除扫描特征

重复步骤（6）～步骤（8），创建其他 3 个切除扫描特征，创建的十字头部如图 4-101 所示。

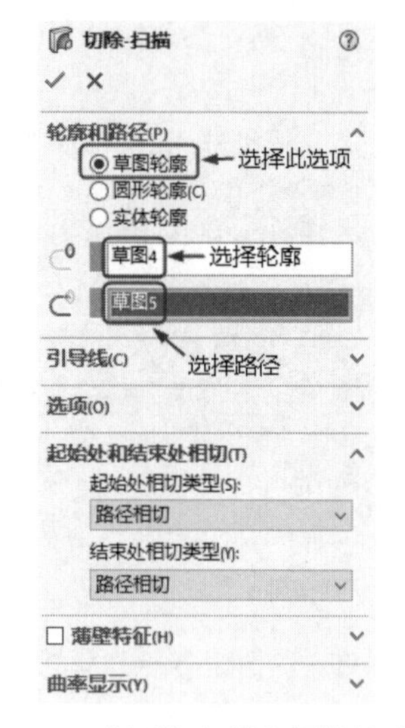

图 4-99 “切除-扫描”属性管理器

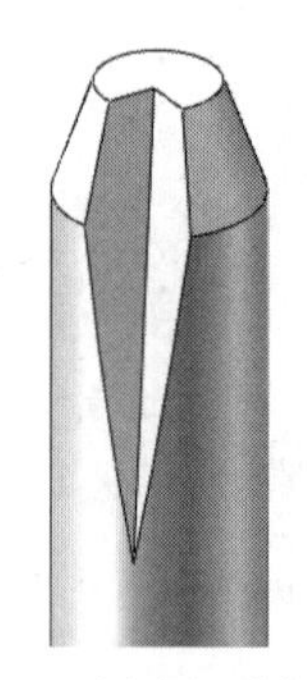
图 4-100 创建切除扫描实体

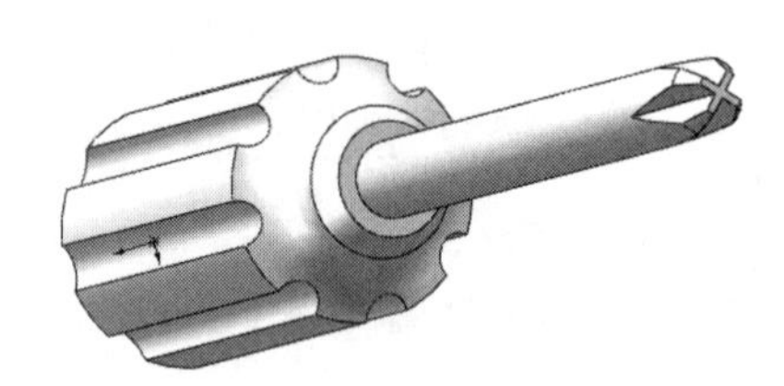
图 4-101 创建十字头部

4.6 上机操作

1. 绘制如图 4-102 所示的手柄。

操作提示：

利用草图绘制命令，绘制草图，如图 4-103 所示。利用拉伸命令，设置拉伸距离为 260，创建拉伸体。

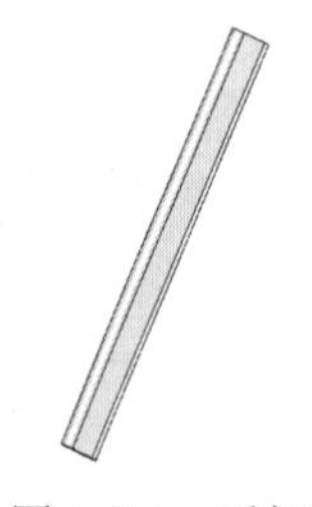
图 4-102 手柄

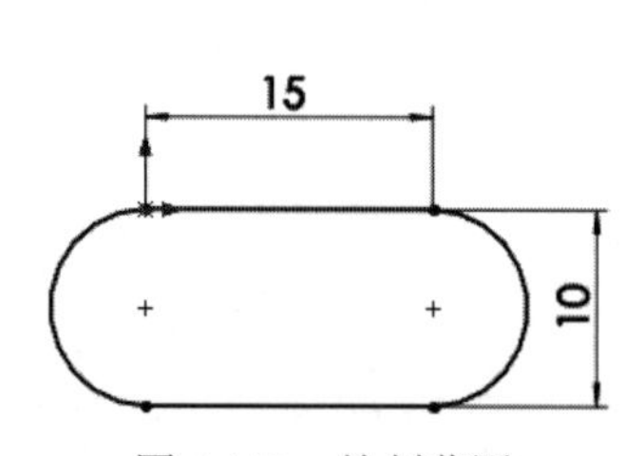

图 4-103 绘制草图

2．绘制如图 4-104 所示的锤头。

操作提示：

（1）利用矩形命令，绘制草图，如图 4-105 所示。利用拉伸命令，设置拉伸距离为 20。

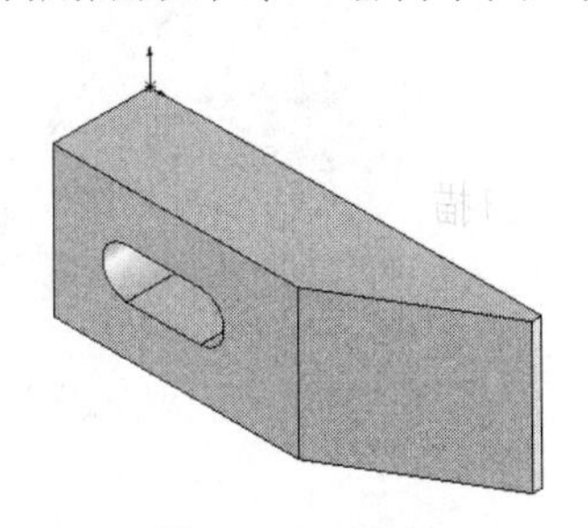

图 4-104　锤头

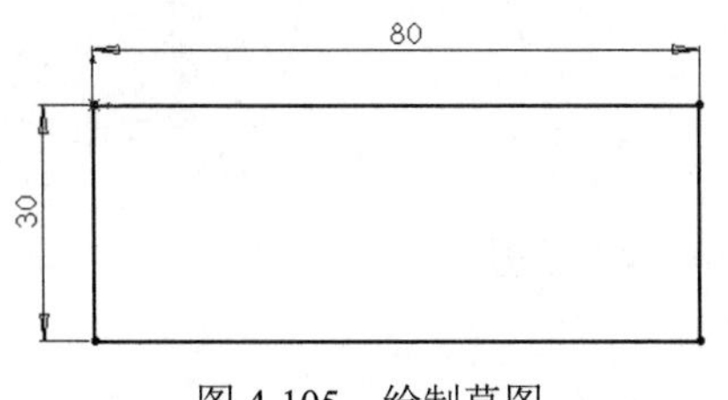

图 4-105　绘制草图

（2）选择拉伸体的上表面，利用直线命令，绘制草图，如图 4-106 所示。利用拉伸切除命令，设置“终止条件”为“完全贯穿”。

（3）选择拉伸体的侧面。利用草图绘制命令，绘制如图 4-107 所示的草图，利用拉伸切除命令，设置“终止条件”为“完全贯穿”。

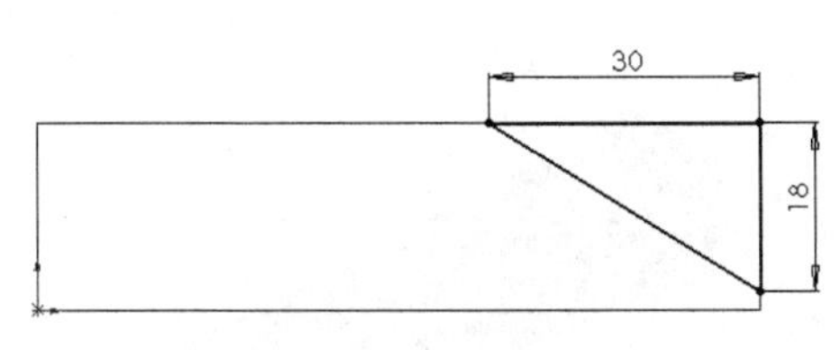

图 4-106　绘制草图

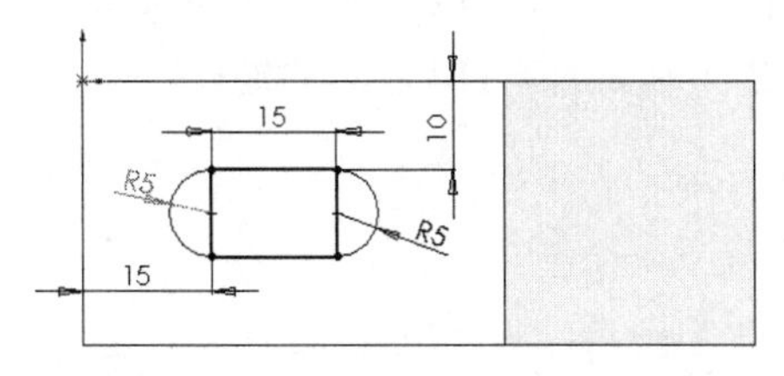

图 4-107　绘制草图

3．绘制如图 4-108 所示的公章。

操作提示：

（1）利用草绘命令，绘制如图 4-109 所示的草图。利用旋转命令，采用默认设置，完成主体创建。

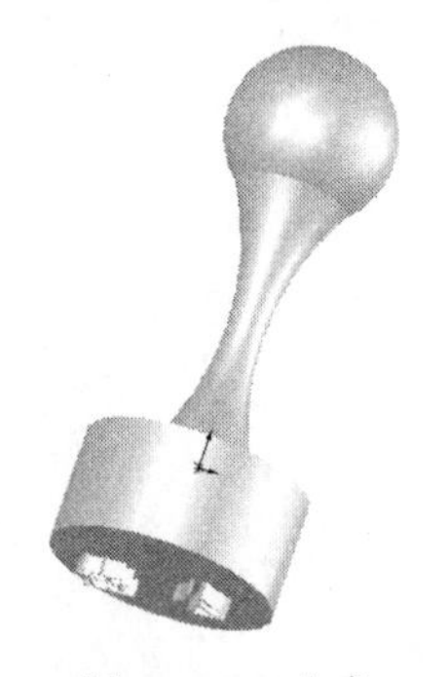

图 4-108　公章

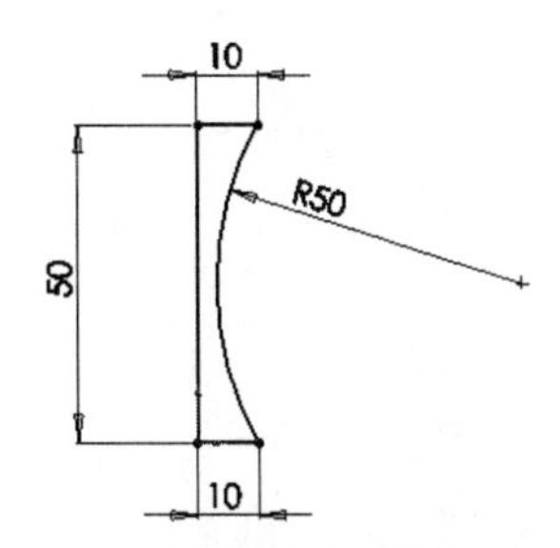

图 4-109　绘制草图

（2）利用圆弧命令，绘制如图 4-110 所示的草图。利用旋转命令，采用默认设置，完成主体创建。

（3）利用圆命令，绘制如图 4-111 所示的草图。利用拉伸命令，设置拉伸距离为 20。

（4）利用文字命令，绘制如图 4-112 所示的草图。利用拉伸命令，设置拉伸距离为 3。

Note

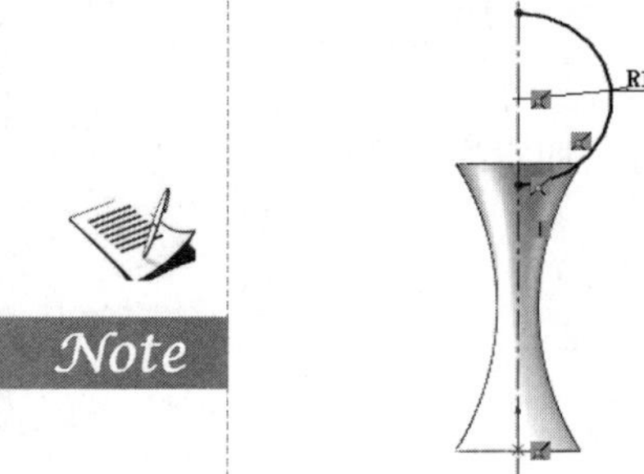

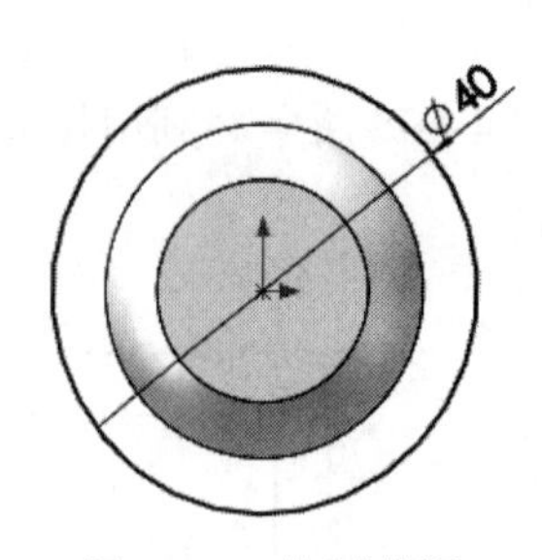

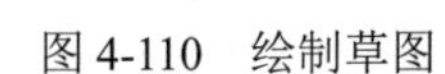

图 4-110　绘制草图　　图 4-111　绘制草图　　图 4-112　绘制草图

4.7　思考与练习

1．在拉伸特征中，如何创建拔模特征和薄壁特征？
2．引导线扫描和引导线放样的异同有哪些？
3．绘制如图 4-113 所示的连杆基体。
4．绘制如图 4-114 所示的摇杆。

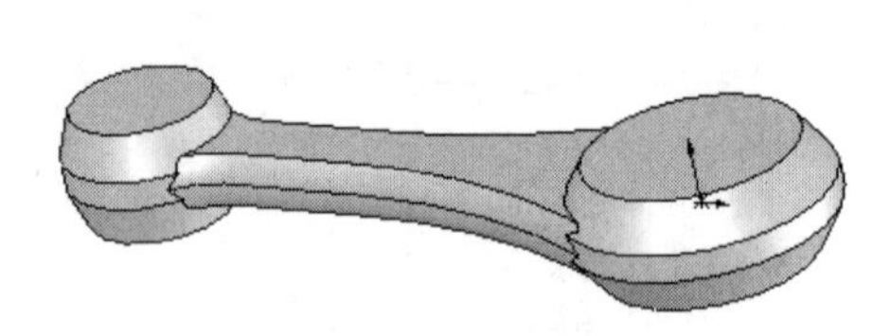

图 4-113　连杆基体

图 4-114　摇杆

第5章

放置特征建模

本章学习要点和目标任务：

☑ 圆角（倒角）特征

☑ 拔模特征

☑ 抽壳特征

☑ 孔特征

☑ 筋特征

☑ 阵列特征

☑ 镜像特征

在复杂的建模过程中，前面所学的基本特征命令有时不能完成相应的建模，需要利用一些高级的特征工具来完成模型的绘制或提高绘制的效率和规范性。这些功能使模型创建更精细化，能更广泛地应用于各行业。

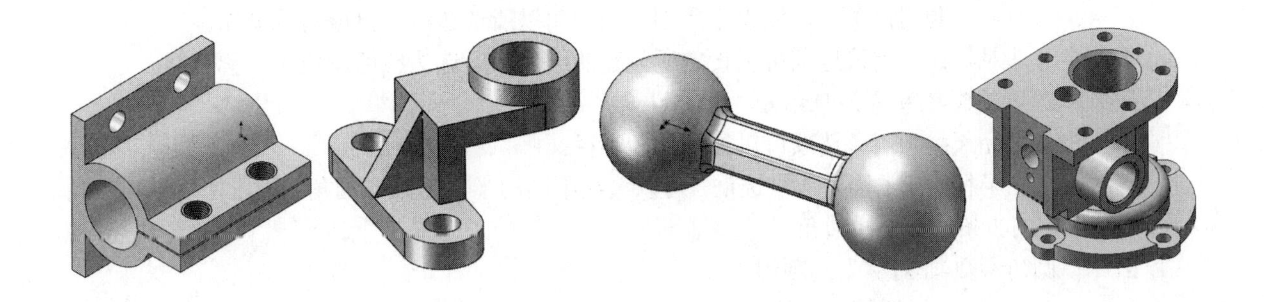

5.1 圆角（倒角）特征

Note

使用圆角特征可以在一个零件上生成内圆角或外圆角。圆角特征在零件设计中起着重要作用。大多数情况下，如果能在零件特征上加入圆角，则有助于造型上的变化，或是产生平滑的效果。

5.1.1 创建圆角特征

视频讲解

执行圆角命令，主要有如下 3 种调用方法。

☑ 面板：单击“特征”面板中的“圆角”按钮。

☑ 工具栏：单击“特征”工具栏中的“圆角”按钮。

☑ 菜单栏：选择菜单栏中的“插入”→“特征”→“圆角”命令。

执行上述命令后，弹出如图 5-1 所示的“圆角”属性管理器。“圆角”属性管理器中部分选项的含义说明如下。

图 5-1 “圆角”属性管理器

视频讲解

☑ “圆角类型”选项组。

- 恒定大小：恒定大小圆角特征是指对所选边线以相同的圆角半径进行倒圆角操作。

☑ “要圆角化的项目”选项组。

- 边线、面、特征和环：在图形区域选择要圆角处理的实体。
- 切线延伸：选中该复选框，可将圆角延伸到所有与所选面相切的面。
- 完整预览：选中该复选框，可用来显示所有边线的圆角预览。
- 部分预览：选中该复选框，可只显示一条边线的圆角预览。按 A 键可依次观看每个圆角的预览。
- 无预览：可提高复杂模型的重建时间。

☑ “圆角参数”选项组。

- 对称：利用该选项可以设定所创建的圆角以所选边线两侧成对称分布。
- 非对称：利用该选项可以设定所创建的圆角以所选边线两侧成不对称分布。

☑ “圆角参数-对称”选项组。

- 半径：利用该选项可以设定圆角半径。
- 多半径圆角：选中该复选框，可以边线不同的半径值生成圆角。可以使用不同半径的 3 条边线生成边角。

☑ “圆角参数-非对称”选项组。

- 距离 1：设置圆角一侧的半径。
- 距离 2：设置圆角的另一侧的半径。

Note

- 反向：反转距离 1和距离 2的尺寸。

☑ “轮廓”选项组：设置圆角的轮廓类型，定义圆角的横截面形状。
- 圆锥：设置定义曲线重量的比率。输入值介于 0 和 1 之间。
- 圆锥半径：设置沿曲线的肩部点的曲率半径。
- 曲率连续：在相邻曲面之间创建更为光顺的曲率。

☑ “逆转参数”选项组：这些选项在混合曲面之间沿着零件边线进入圆角生成平滑的过渡。可通过选择一顶点和一半径，为每条边线指定相同或不同的逆转距离，如图 5-2 所示。在设定逆转参数前，需在“圆角项目”下选择“多半径圆角”。在图形区域，为边线、面、特征和环选择 3 条带共同顶点的边线，必须选择所有汇合于共同顶点的边线。其中各选项说明如下。
- 距离：从顶点测量而设定圆角逆转距离。
- 逆转顶点：在图形区域选择一个或多个顶点。逆转圆角边线在所选顶点汇合。
- 逆转距离：以相应的逆转距离值赋予边线。若想将一个不同逆转距离应用到边线，可在逆转顶点下选择一顶点，再在逆转距离下选择一条边线，然后设定一个距离。
- 设定所有：单击该按钮，可将当前的距离应用到逆转距离下的所有边线。

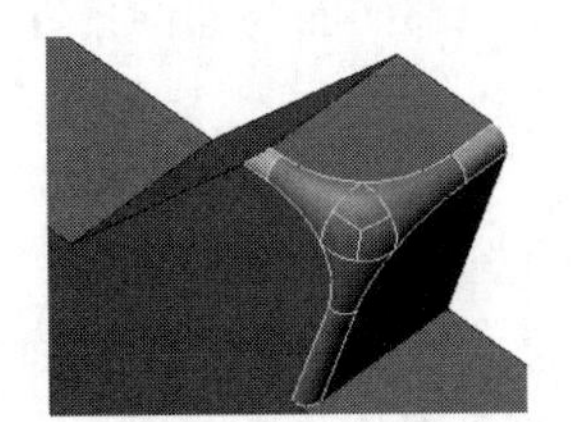

逆转距离对所有边线相同

逆转距离对所有边线不同

图 5-2　逆转圆角的应用

☑ “圆角选项”选项组。
- 通过面选择：启用通过面来选择边线。
- 保持特征：选中该复选框，如果应用一个大到可覆盖特征的圆角半径，则保持切除或凸台特征可见，取消选中该复选框，则以圆角包罗切除或凸台特征。如图 5-3（a）和图 5-3（b）所示为“保持特征”应用到圆角生成正面凸台和右切除特征的模型，如图 5-3（c）所示为“保持特征”应用到所有圆角的模型。

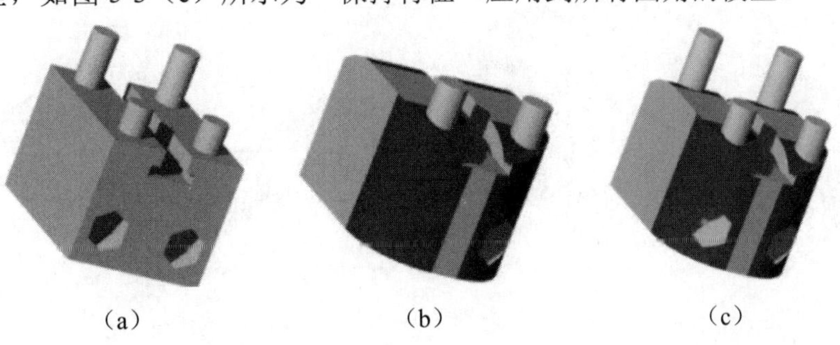

（a）　（b）　（c）

图 5-3　“保持特征”选项的应用

Note

- 圆形角：选中该复选框，可生成带圆形角的等半径圆角。这时必须选择至少两个相邻边线来圆角化。圆形角圆角在边线之间有一个平滑过渡，可消除边线汇合处的尖锐接合点，图 5-4（a）为无圆形角应用了等半径圆角的效果；图 5-4（b）为带圆形角应用了等半径圆角的效果。

☑ “扩展方式”选项组：该选项组用于控制在单一闭合边线（如圆、样条曲线、椭圆）上圆角在与边线汇合时的行为，包括如下选项。

- 默认：系统根据集合条件选择“保持边线”或“保持曲面”选项。
- 保持边线：模型边线保持不变，而圆角调整，在许多情况下，圆角的顶部边线中会有沉陷。
- 保持曲面：圆角边线调整为连续和平滑，而模型边线更改为与圆角边线匹配。

☑ “变量大小”选项组：使用变量大小圆角特征可以为每条所选边线指定不同的半径值，还可以为具有公共边线的面指定多个半径。

- 平滑过渡：生成一个圆角，当一个圆角边线与一个邻面结合时，圆角半径从一个半径平滑地变化为另一个半径。
- 直线过渡：生成一个圆角，圆角半径从一个半径线性地变化成另一个半径，但是不与邻近圆角的边线相结合。

☑ “面圆角”选项组：使用面圆角特征可以将不相邻的面与面圆角混合，生成具有两个或多个相邻、不连续面的零件。

- 包络控制线：选择零件上一条边线或面上一条投影分割线作为决定面圆角形状的边界。圆角的半径由控制线和要圆角化的边线之间的距离驱动。
- 曲率连续：解决不连续问题并在相邻曲面之间生成更平滑的曲率。欲核实曲率连续性的效果，可显示斑马条纹，也可使用曲率工具分析曲率。

提示：

曲率连续圆角不同于标准圆角，它们有一个样条曲线横断面，而不是圆形横断面。曲率连续圆角比标准圆角更平滑，因为边界处在曲率中无跳跃。标准圆角包括一个边界处跳跃，因为它们在边界处相切连续。

- 等宽：生成等量宽度的圆角。等宽的应用效果如图 5-5 所示。

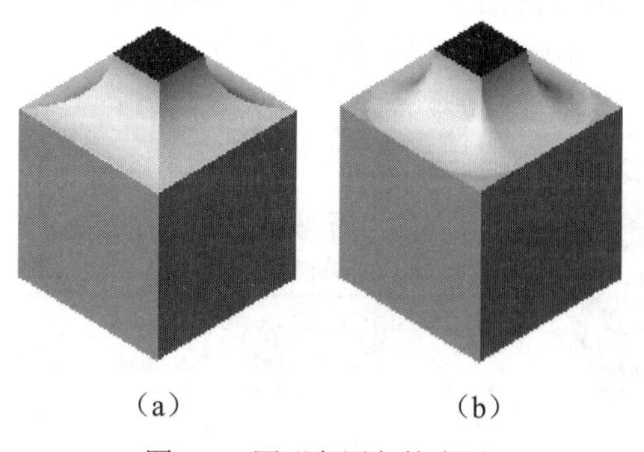

（a）　　（b）

图 5-4　圆形角圆角的应用

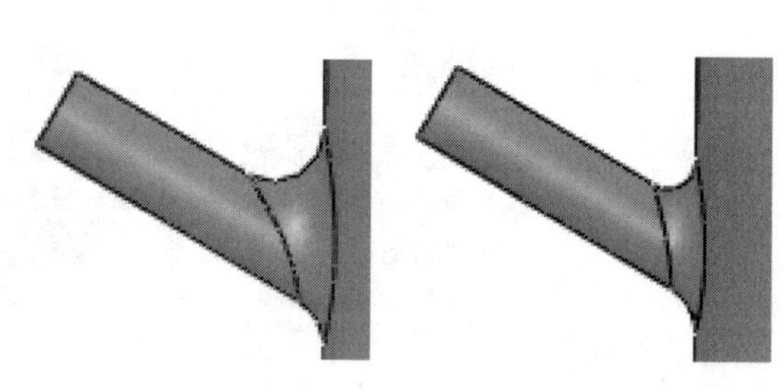

图 5-5　等宽的应用

- 辅助点：在可能不清楚在何处发生面混合时解决模糊选择。在辅助点顶点中单击，然后单击要插入面圆角的边侧上的一个顶点，圆角会在靠近辅助点的位置生成。

☑ 完整圆角：使用完整圆角特征可以选择 3 个相邻面组（一个或多个切面），并应用与此 3 个面组相切的圆角。

Note

视频讲解

5.1.2　实例——垫片

首先绘制底座主体轮廓草图并拉伸实体，然后旋转切除其他轮廓图形，最后绘制中间的轴孔，并对其他部分进行相应的处理。绘制垫片的流程图如图 5-6 所示。

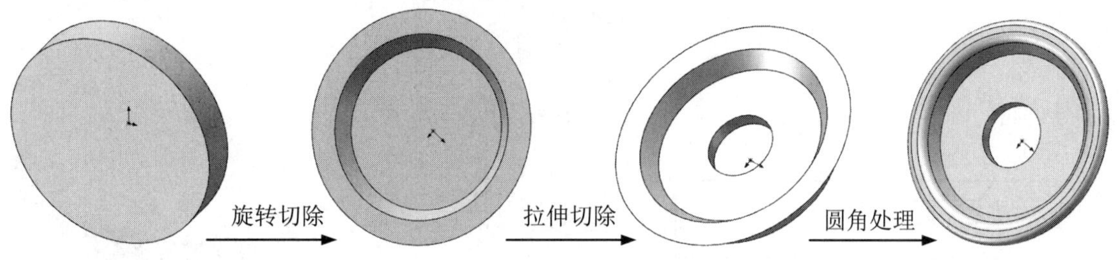

图 5-6　绘制垫片的流程图

操作步骤如下。

（1）新建文件。单击快速访问工具栏中的“新建”按钮，在弹出的“新建 SOLIDWORKS 文件”对话框中单击“零件”按钮，然后单击“确定”按钮，创建一个新的零件文件。

（2）绘制草图。在左侧的“FeatureManager 设计树”中选择“前视基准面”作为绘制图形的基准面。单击“草图”面板中的“圆”按钮，以原点为圆心绘制一个直径为 58mm 的圆。

（3）拉伸实体。单击“特征”面板中的“拉伸凸台/基体”按钮，此时系统弹出“凸台-拉伸”属性管理器。输入深度值为 10mm，其他采用默认设置，如图 5-7 所示，然后单击“确定”按钮。拉伸后的图形如图 5-8 所示。

图 5-7　“凸台-拉伸”属性管理器

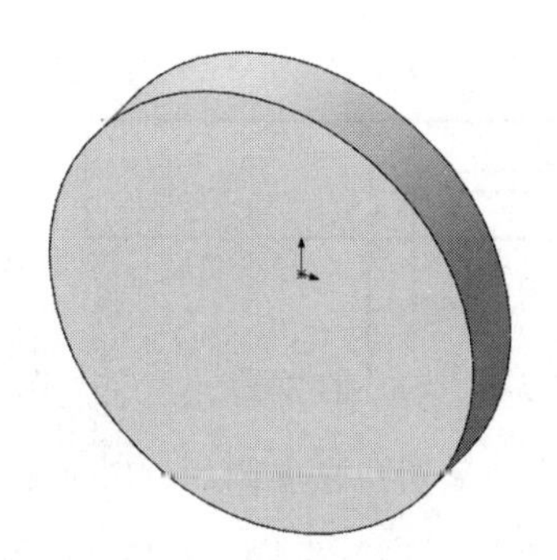

图 5-8　拉伸后的图形

（4）绘制草图。在左侧的“FeatureManager 设计树”中选择“上视基准面”，然后单击“前

Note

导视图”工具栏中的“正视于”按钮，将该基准面作为绘制图形的基准面。单击“草图”面板中的“直线”按钮，以原点为起点绘制4条直线；单击“草图”面板中的“中心线”按钮，绘制一条通过原点的竖直中心线；单击“草图”面板中的“智能尺寸”按钮，标注上一步绘制草图的尺寸，如图5-9所示。

（5）旋转切除实体。单击“特征”面板中的“旋转切除”按钮，此时系统弹出“切除-旋转”属性管理器，采用默认设置，如图5-10所示。单击“确定”按钮✓。旋转切除后的图形如图5-11所示。

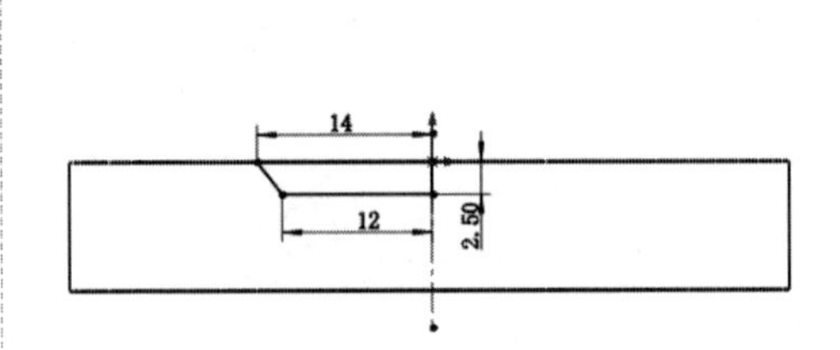

图5-9　标注的草图

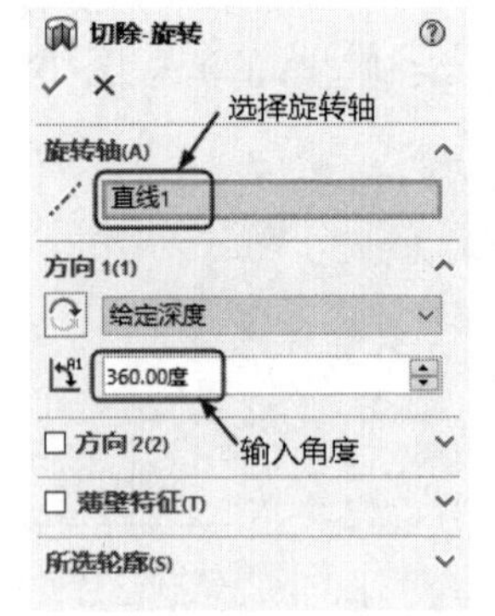

图5-10　“切除-旋转”属性管理器

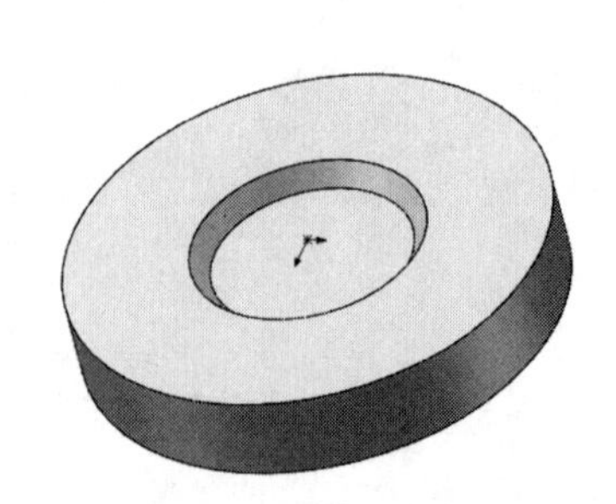

图5-11　旋转切除后的图形

（6）绘制草图。在左侧的“FeatureManager设计树”中选择“上视基准面”，然后单击“前导视图”工具栏中的“正视于”按钮，将该基准面作为绘制图形的基准面。单击“草图”面板中的“直线”按钮，以原点正下方的边线为起点绘制4条直线；单击“草图”面板中的“中心线”按钮，绘制一条通过原点的竖直中心线。标注草图的尺寸，如图5-12所示。

（7）旋转切除实体。单击“特征”面板中的“旋转切除”按钮，此时系统弹出如图5-13所示的“切除-旋转”属性管理器，采用默认设置，单击“确定”按钮✓。旋转切除后的图形如图5-14所示。

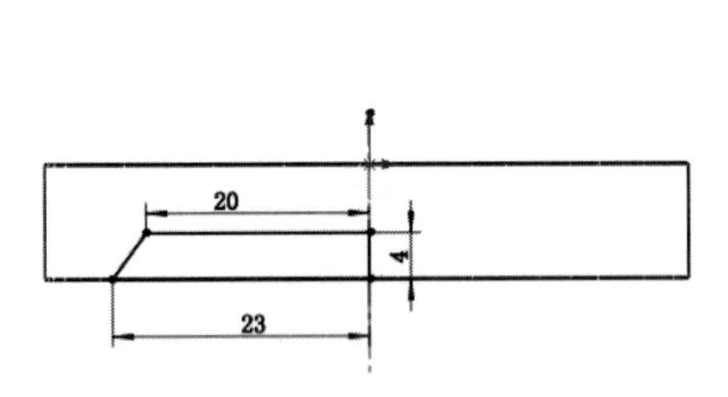

图5-12　标注的草图

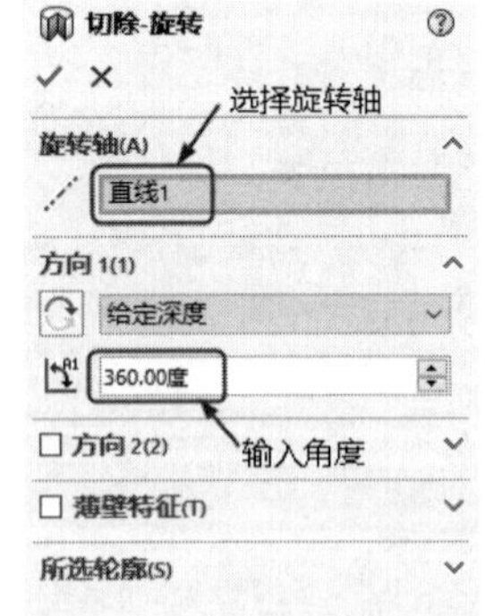

图5-13　“切除-旋转”属性管理器

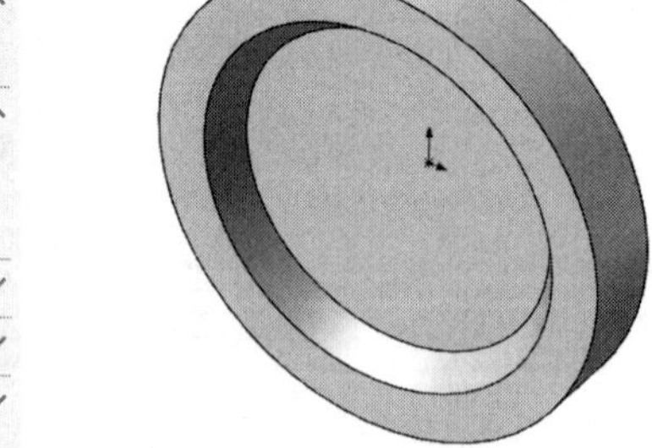

图5-14　旋转切除后的图形

（8）绘制草图。在左侧的“FeatureManager设计树”中选择“上视基准面”，然后单击“前导视图”工具栏中的“正视于”按钮，将该基准面作为绘制图形的基准面。单击“草图”面板中的“直线”按钮，以圆点左侧边线为起点绘制3条直线；单击“草图”面板中的“中心线”按钮，绘制一条通过原点的竖直中心线。单击“草图”面板中的“智能尺寸”按钮，标注上

一步绘制草图的尺寸，如图 5-15 所示。

（9）旋转切除实体。单击“特征”面板中的“旋转切除”按钮，此时系统弹出“切除-旋转”属性管理器，采用默认设置，如图 5-16 所示。单击“确定”按钮✓，旋转切除后的图形如图 5-17 所示。

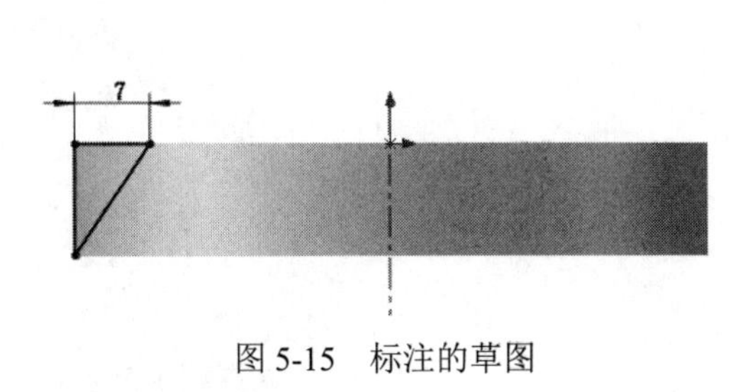

图 5-15　标注的草图

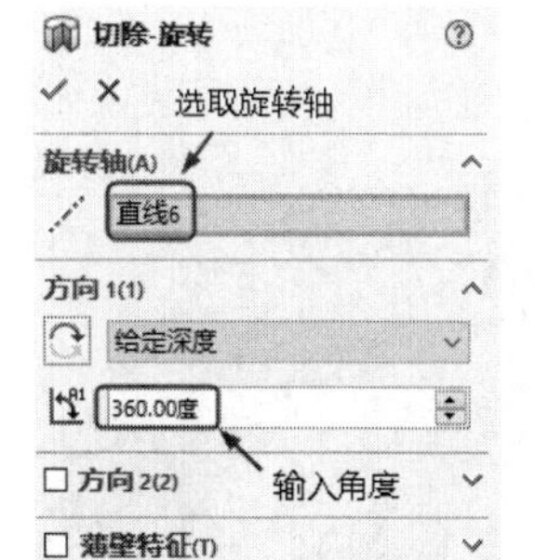

图 5-16　“切除-旋转”属性管理器

（10）绘制草图。单击图 5-17 中的面 1，然后单击“前导视图”工具栏中的“正视于”按钮，将该表面作为绘制图形的基准面。单击“草图”面板中的“圆”按钮，以原点为圆心绘制一个直径为 16mm 的圆。

（11）拉伸切除实体。单击“特征”面板中的“切除拉伸”按钮，此时系统弹出“切除-拉伸”属性管理器。设置“终止条件”为“完全贯穿”，如图 5-18 所示。单击“确定”按钮✓。拉伸切除后的图形如图 5-19 所示。

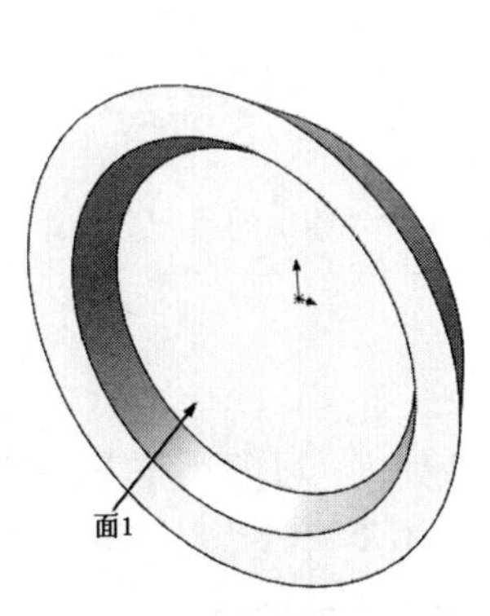

图 5-17　旋转切除后的图形

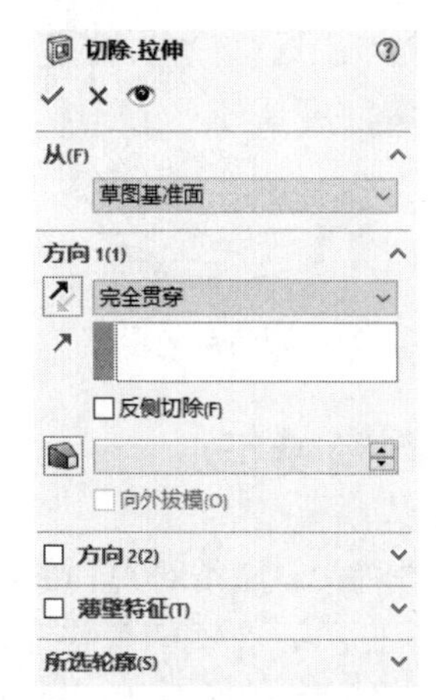

图 5-18　“切除-拉伸”属性管理器

（12）圆角实体。单击“特征”面板中的“圆角”按钮，此时系统弹出“圆角”属性管理器，如图 5-20 所示。输入半径值为 5mm，选择图 5-19 中的边线 1，然后单击“确定”按钮✓。重复此命令，将边线 2 圆角设为半径为 1.5mm 的圆角；将边线 3 圆角设为半径为 2mm 的圆角，圆角后的图形如图 5-21 所示。

（13）绘制另一个轴承垫片。绘制步骤与此例相同，只是尺寸不同，在此不再赘述，结果如图 5-22 所示。

Note

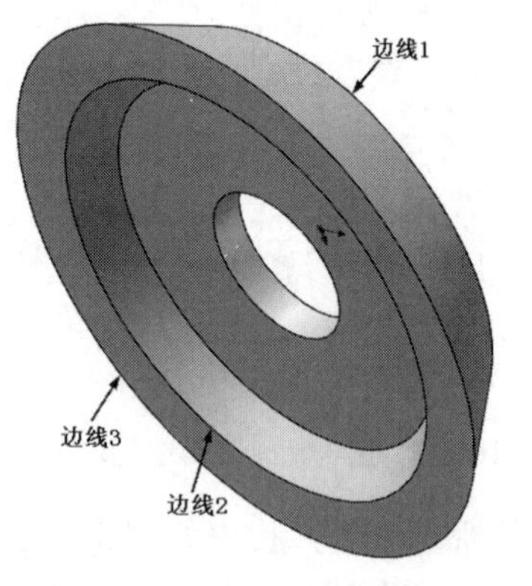

图 5-19　拉伸切除后的图形

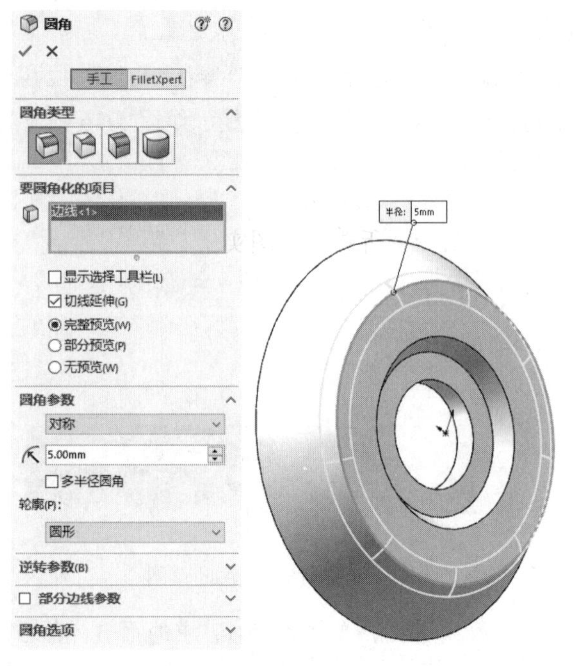

图 5-20　“圆角”属性管理器

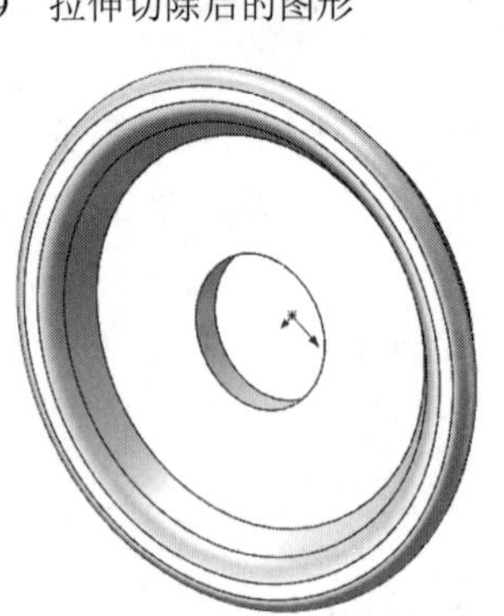

图 5-21　圆角后的图形

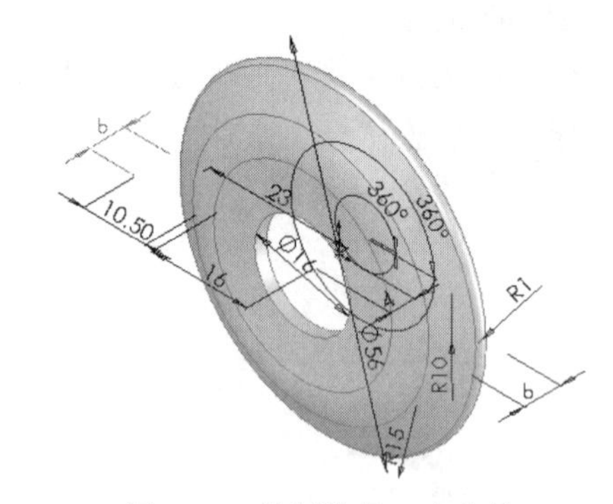

图 5-22　绘制的另一个垫片

视频讲解

5.1.3　创建倒角特征

在零件设计过程中，通常对锐利的零件边角进行倒角处理，以防止伤人和避免应力集中，便于搬运、装配等。此外，有些倒角特征也是机械加工过程中不可缺少的工艺。与圆角特征类似，倒角特征是对边或角进行倒角。执行倒角命令，主要有如下 3 种调用方法。

☑　面板：单击“特征”面板中的“倒角”按钮。

☑　工具栏：单击“特征”工具栏中的“倒角”按钮。

☑　菜单栏：选择菜单栏中的“插入”→“特征”→“倒角”命令。

执行上述命令后，弹出“倒角”属性管理器。

“倒角”属性管理器的部分选项说明如下。

☑　“角度距离”选项包括如下两项。

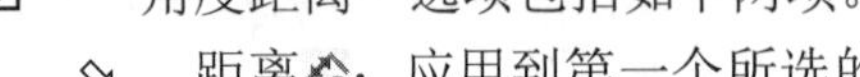

➢　距离：应用到第一个所选的草图实体。

- 角度：应用到从第一个草图实体开始的第二个草图实体。

采用“角度距离”类型生成倒角时的“倒角”属性管理器如图 5-23 所示。

☑ “距离-距离”选项包括如下两项。
- 距离 1：选中“相等距离”复选框后，该选项表示应用到两个草图实体。
- 距离 1及距离 2：“相等距离”复选框被取消选中后，距离 1选项表示应用到第一个所选的草图实体，距离 2选项表示应用到第二个所选的草图实体。

Note

采用“距离-距离”类型生成倒角时的“倒角”属性管理器如图 5-24 所示。

☑ 等距面：选择该选项后，可在所选倒角边线的一侧输入两个距离值，或选中“相等距离”复选框并指定一个单一数值。

采用“等距面”类型生成倒角时的“倒角”属性管理器如图 5-25 所示。

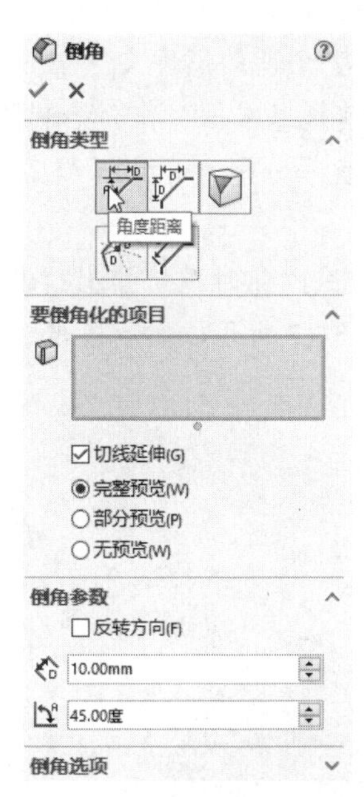

图 5-23 “倒角”属性管理器

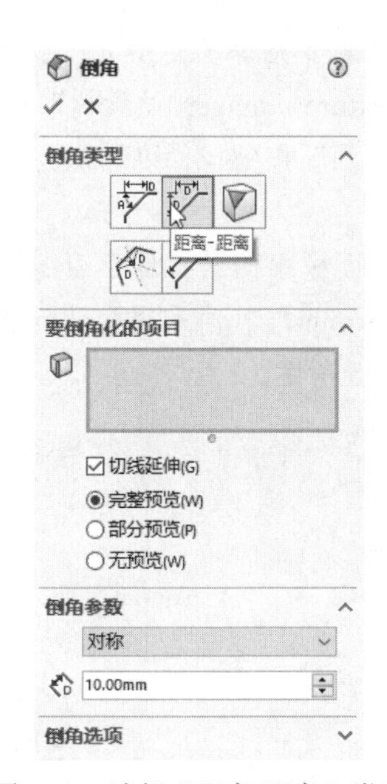

图 5-24 选择“距离-距离”类型生成的“倒角”属性管理器

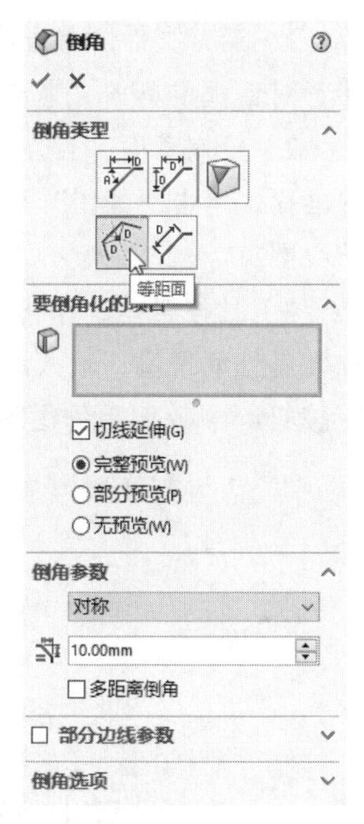

图 5-25 选择“等距面”类型生成的“倒角”属性管理器

☑ 保持特征：如果应用一个大到可覆盖特征的倒角半径，选中该复选框表示保持切除或凸台特征可见；取消选中该复选框，则以倒角形式包罗切除或凸台特征。

☑ 切线延伸：选中该复选框表示将倒角延伸到所有与所选面相切的面。

☑ 完整预览：选中该单选按钮表示显示所有边线的倒角预览。

☑ 部分预览：选中该单选按钮表示只显示一条边线的倒角预览。按 A 键可依次观看每个倒角预览。

☑ 无预览：选中该单选按钮可以提高复杂模型的重建效率。

5.1.4 实例——轮子

首先绘制轮子主体轮廓草图并拉伸实体，然后对相应的部分进行切除拉伸实体和圆角处理。

Note

绘制移动轮轮子的流程图如图 5-26 所示。

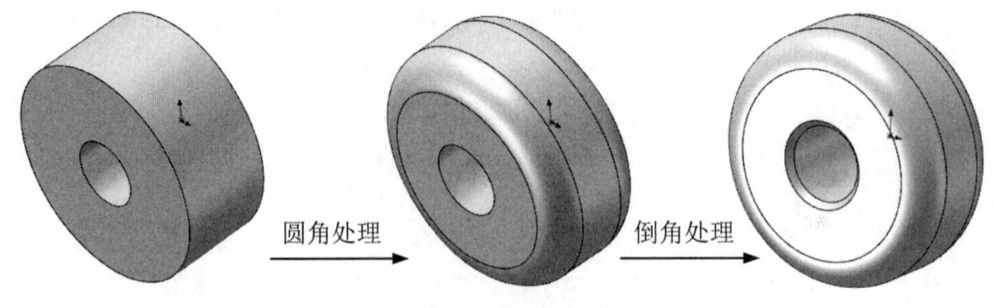

图 5-26　绘制移动轮轮子的流程图

操作步骤如下。

（1）新建文件。单击快速访问工具栏中的“新建”按钮，在弹出的“新建 SOLIDWORKS 文件”对话框中单击“零件”按钮，然后单击“确定”按钮，创建一个新的零件文件。

（2）绘制草图。在左侧的“FeatureManager 设计树”中选择“前视基准面”作为绘制图形的基准面。单击“草图”面板中的“圆”按钮，以原点为圆心绘制直径分别为 80mm 和 24mm 的同心圆。

（3）拉伸实体。单击“特征”面板中的“拉伸凸台/基体”按钮，此时系统弹出“凸台-拉伸”属性管理器。输入深度值为 36mm，其他采用默认设置，如图 5-27 所示，然后单击 “确定”按钮✓。拉伸后的图形如图 5-28 所示。

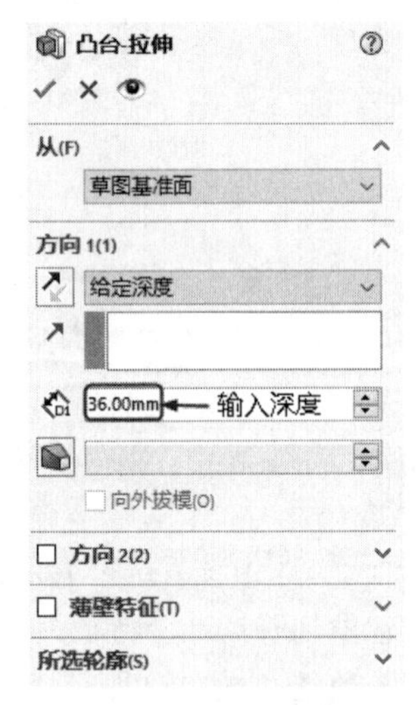

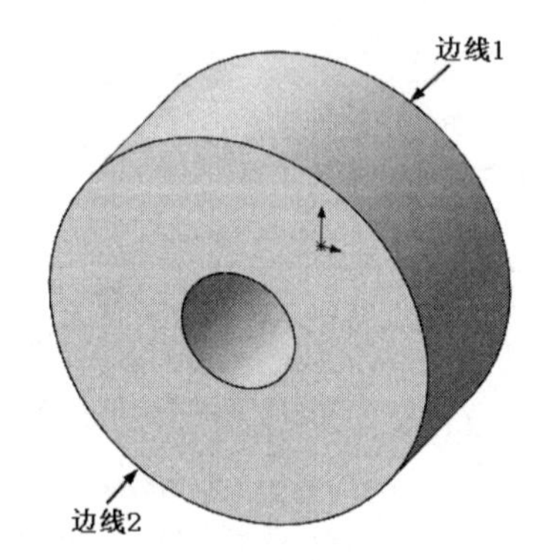

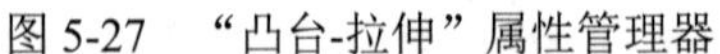

图 5-27　“凸台-拉伸”属性管理器　　　　图 5-28　拉伸后的图形

（4）圆角实体。单击“特征”面板中的“圆角”按钮，此时系统弹出“圆角”属性管理器，如图 5-29 所示。输入半径值为 10mm，然后选择图 5-28 中的边线 1 和边线 2。单击“确定”按钮✓，拉伸后的图形如图 5-30 所示。

（5）倒角实体。单击“特征”面板中的“倒角”按钮，此时系统弹出“倒角”属性管理器。输入距离值为 2mm，输入角度值为 45°，如图 5-31 所示，然后选择图 5-30 中的边线 1 和边线 2。单击“确定”按钮✓，绘制的移动轮轮子如图 5-32 所示。

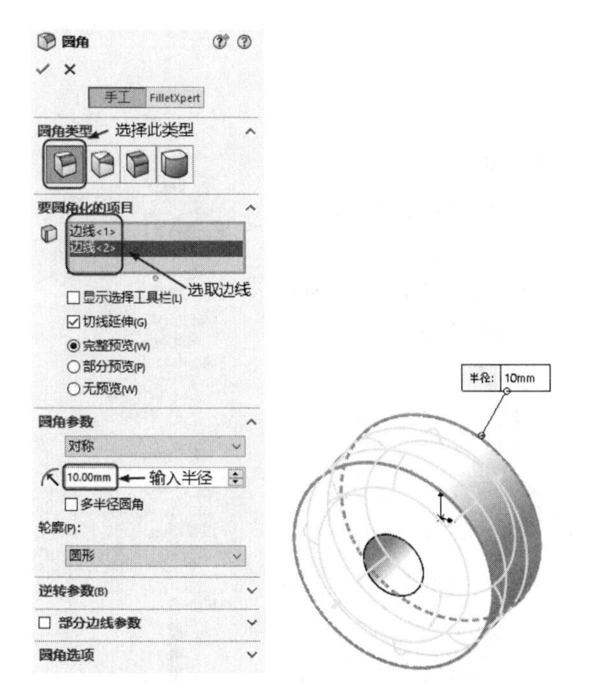

图 5-29 “圆角”属性管理器

边线1

边线2

图 5-30 拉伸后的图形

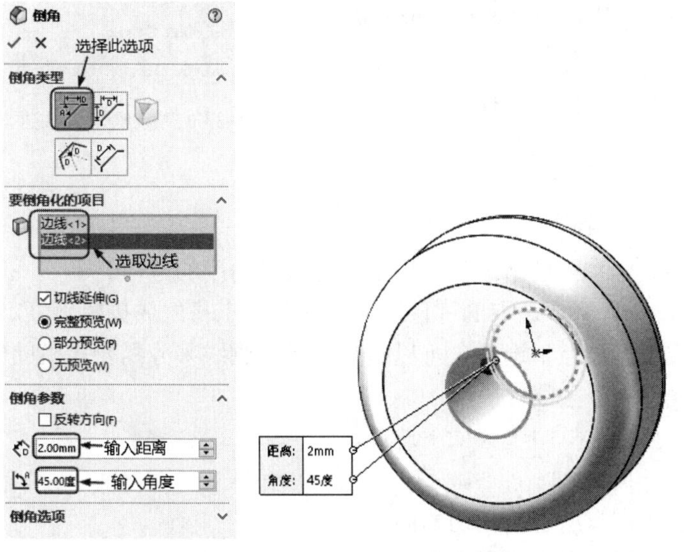

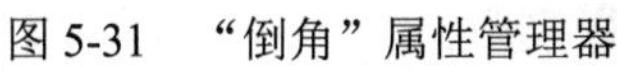
图 5-31 “倒角”属性管理器

图 5-32 移动轮轮子

5.2 拔模特征

拔模是零件模型上常见的特征，是以指定的角度斜削模型中所选的面。经常应用于铸造零件，由于拔模角度的存在可以使型腔零件更容易脱出模具。SOLIDWORKS 提供了丰富的拔模功能。用户既可以在现有的零件上插入拔模特征，也可以在拉伸特征的同时进行拔模。本节主要介绍在现有的零件上插入拔模特征。

5.2.1 创建拔模特征

视频讲解

要在现有的零件上插入拔模特征，从而以特定角度斜削所选的面，可以使用中性面拔模、分型线拔模和阶梯拔模。执行拔模命令，主要有如下3种调用方法。

☑ 面板：单击“特征”面板中的“拔模”按钮。

☑ 工具栏：单击“特征”工具栏中的“拔模”按钮。

☑ 菜单栏：选择菜单栏中的“插入”→“特征”→“拔模”命令。

执行上述命令后，弹出“拔模”属性管理器，如图5-33所示。

“拔模”属性管理器选项说明如下。

☑ 拔模类型。

- 中性面：使用中性面拔模可拔模一些外部面、所有外部面、一些内部面、所有内部面、相切的面或内部和外部面组合。
- 分型线：分型线拔模可以对分型线周围的曲面进行拔模，分型线可以是空间的。
- 阶梯拔模：阶梯拔模为分型线拔模的变体，阶梯拔模即用作拔模方向的基准面旋转而生成一个面。
- 锥形阶梯：使拔模曲面与锥形曲面一样。
- 垂直阶梯：使拔模曲面垂直于原主要面。

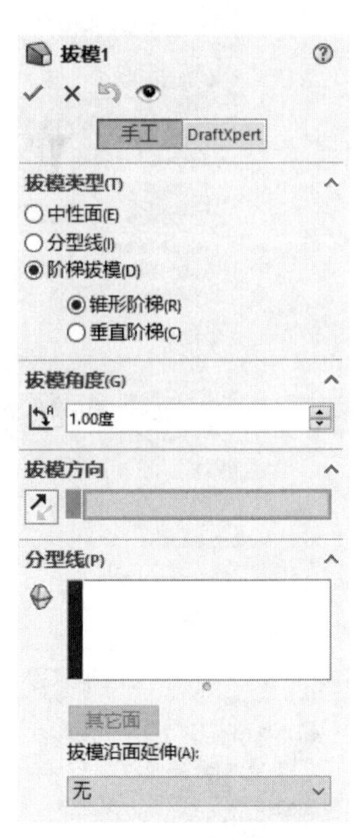

图5-33 “拔模”属性管理器

☑ 拔模角度：用于输入拔模角度。

☑ 中性面：“中性面”拔模类型下选择。

☑ 拔模方向：“分型线”“阶梯拔模”类型下选择。用于确定拔模角度的方向。

☑ 拔模面：“中性面”类型下选择。用于选取的零件表面，在此面上将生成拔模斜度。

☑ 分型线：“分型线”“阶梯拔模”类型下选择。可以定义一条分割线来分离要拔模的面，也可以使用现有的模型边线作为分型线。

☑ 拔模沿面延伸：该选项的下拉列表框中包含如下选项。

- 无：只在所选的面上进行拔模。
- 沿切面：将拔模延伸到所有与所选面相切的面。
- 所有面：将所有从中性面拉伸的面进行拔模。
- 内部的面：将所有从中性面拉伸的内部面进行拔模。
- 外部的面：将所有在中性面旁边的外部面进行拔模。

提示：

分型线的定义必须满足以下条件。

（1）在每个拔模面上，至少有一条分型线线段与基准面重合。

（2）其他所有分型线线段处于基准面的拔模方向上。

（3）任何一条分型线线段都不能与基准面垂直。

5.2.2 实例——陀螺

这是一个比较规则的实体，主要由圆柱体、圆锥体和球体组成。首先绘制圆柱体，然后拔模，再绘制圆锥体，最后绘制球体。绘制陀螺的流程图如图5-34所示。

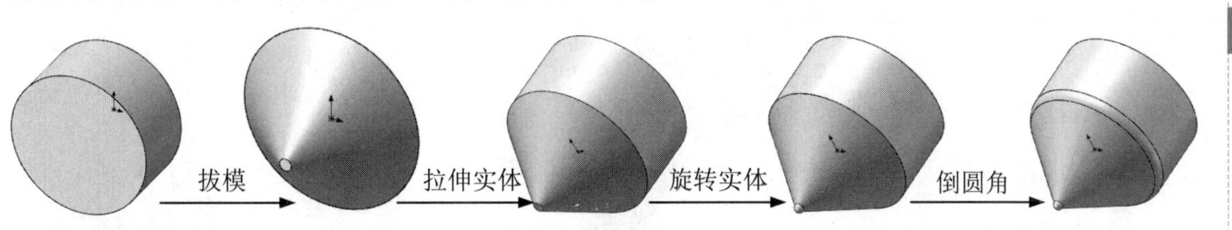

图5-34 绘制陀螺的流程图

操作步骤如下。

（1）新建文件。单击快速访问工具栏中的“新建”按钮，在弹出的“新建 SOLIDWORKS 文件”对话框中单击“零件”按钮，然后单击“确定”按钮，创建一个新的零件文件。

（2）绘制草图。在左侧的“FeatureManager 设计树”中选择“前视基准面”作为绘制图形的基准面。单击“草图”面板中的“圆”按钮，以原点为圆心绘制一个直径为20mm的圆。

（3）拉伸实体。单击“特征”面板中的“拉伸凸台/基体”按钮，此时系统弹出如图5-35所示的“凸台-拉伸”属性管理器，输入深度为10mm，其他采用默认设置，单击“确定”按钮，拉伸后的图形如图5-36所示。

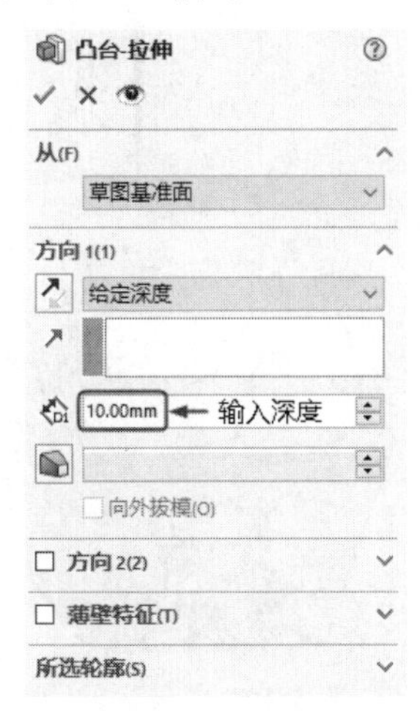

图5-35 “凸台-拉伸”属性管理器

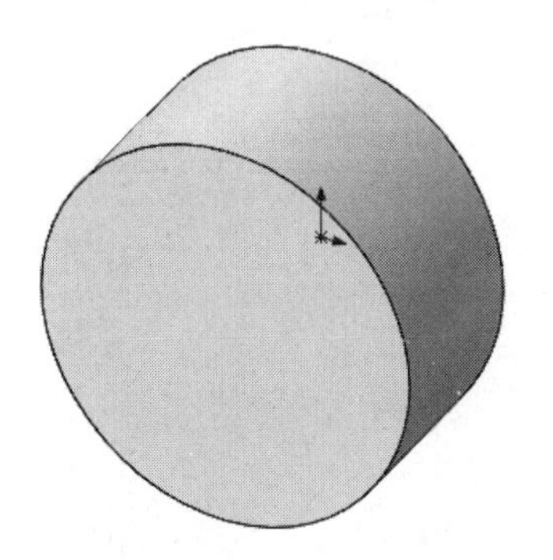

图5-36 拉伸后的图形

（4）拔模操作。单击“特征”面板中的“拔模”按钮，系统弹出如图5-37所示的“拔模”属性管理器，选取前视基准面为中性面，选取拉伸体的外圆柱面为拔模面，输入拔模角度为43°，单击“确定”按钮，拔模后的图形如图5-38所示。

（5）设置基准面。在左侧的“FeatureManager 设计树”中选择“前视基准面”，然后单击“前导视图”工具栏中的“正视于”按钮，将该表面作为绘制图形的基准面。单击“草图”面板中的“转换实体引用”按钮，提取大圆边线。

Note

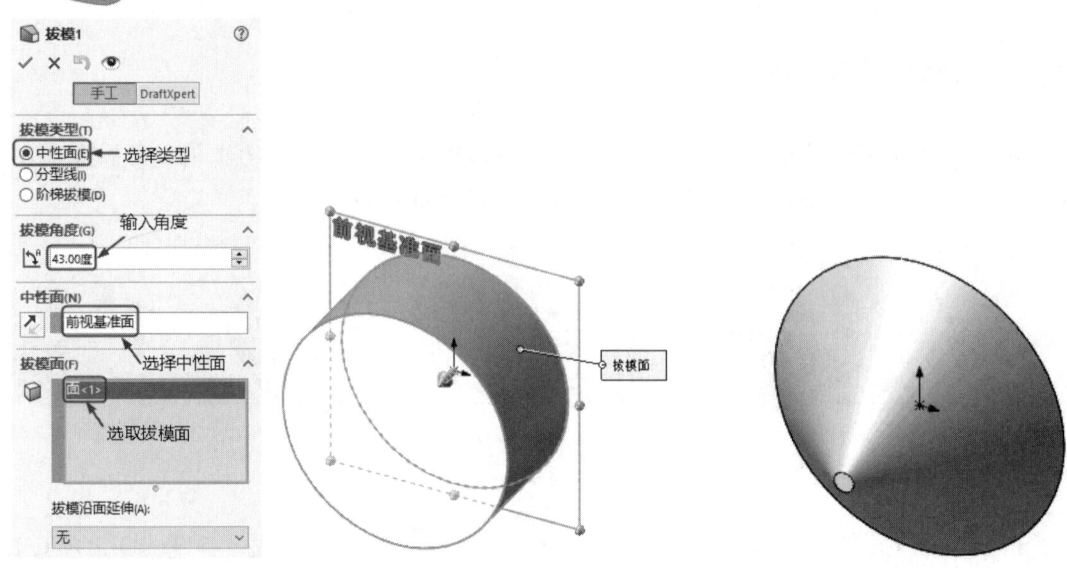

图5-37 “拔模”属性管理器　　图5-38 拔模后的图形

（6）拉伸实体。单击“特征”面板中的“拉伸凸台/基体”按钮，此时系统弹出如图5-39所示的“凸台-拉伸”属性管理器。输入深度值为10mm；单击“反向”按钮，调整拉伸方向，单击“确定”按钮✔，拉伸后的图形如图5-40所示。

图5-39 “凸台-拉伸”属性管理器

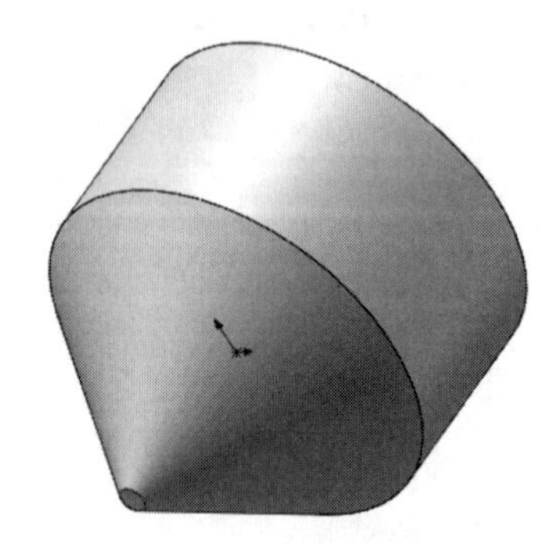

图5-40 拉伸后的图形

（7）设置基准面。在左侧的“FeatureManager设计树”中选择“上视基准面”，然后单击“前导视图”工具栏中的“正视于”按钮，将该基准面作为绘制图形的基准面。单击“草图”面板中的“中心线”按钮，绘制一条通过原点的竖直中心线；单击“草图”面板中的“圆心/起/终点画弧”按钮，绘制一个圆弧。圆心为中心线和最下端直线的交点，起点为最下端直线左端的端点，终点为逆时针方向与竖直中心线的交点；单击“草图”面板中的“直线”按钮，绘制从最下端直线左端到中心线的直线段，如图5-41所示。

（8）旋转为球体。单击“特征”面板中的“旋转凸台/基体”按钮，此时弹出提示框。单

击“是”按钮，弹出如图5-42所示的“旋转”属性管理器，采用默认设置，旋转后的图形如图5-43所示。

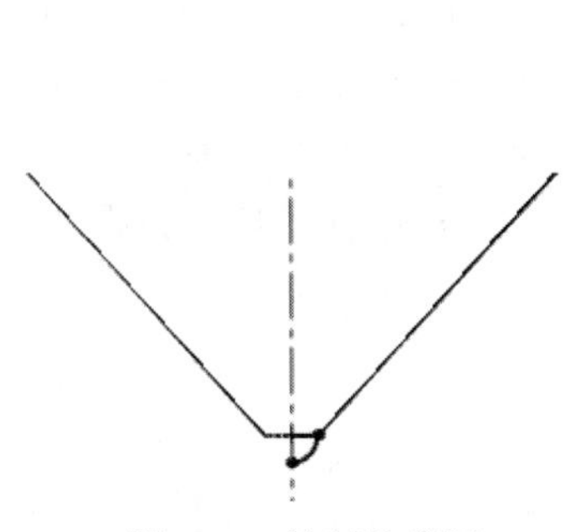

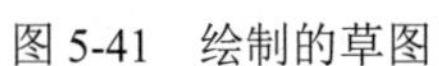
图5-41　绘制的草图

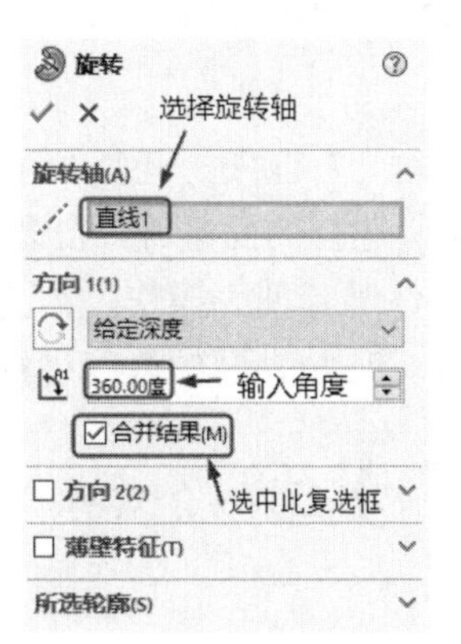

图5-42　“旋转”属性管理器

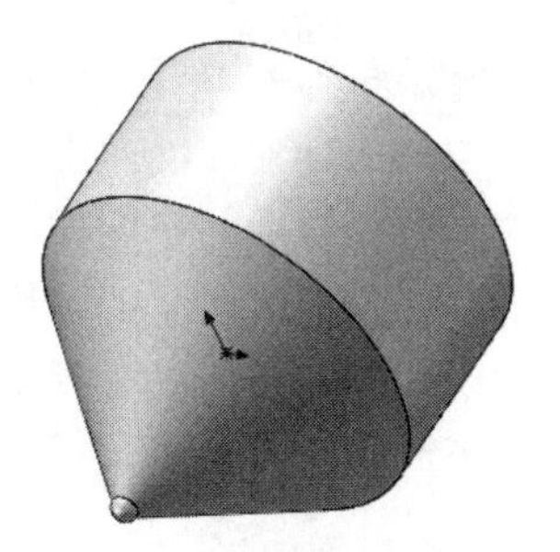
图5-43　旋转后的图形

提示：

在使用“旋转凸台/基体”命令时，需要有一个旋转轴和一个要旋转的草图。需要生成实体时，草图应是闭合的；需要生成薄壁特征时，草图应是非闭合的。

（9）圆角实体。单击“特征”面板中的“圆角”按钮，此时系统弹出如图5-44所示的“圆角”属性管理器。输入半径值为2mm，然后选取图5-44中的边线1，单击“确定”按钮✓，绘制的陀螺如图5-45所示。

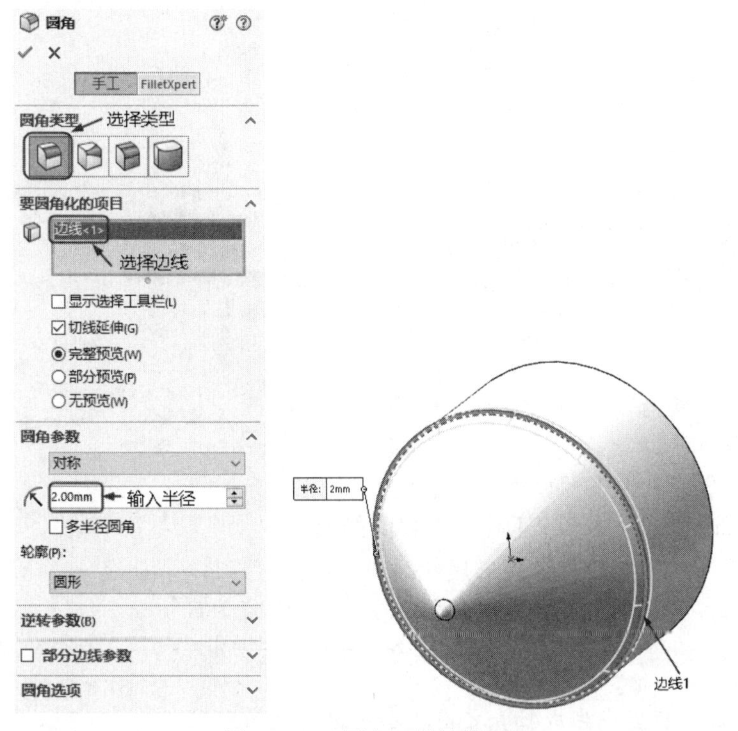

图5-44　“圆角”属性管理器

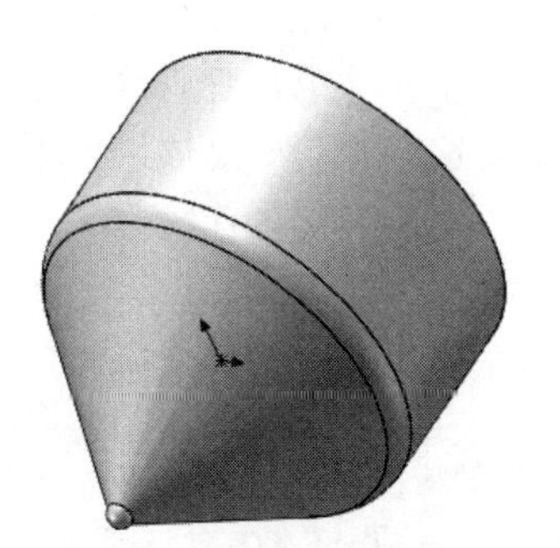
图5-45　陀螺

5.3 抽壳特征

Note

抽壳特征是零件建模中的重要特征，它能使一些复杂工作变得简单化。当在零件的一个面上抽壳时，系统会掏空零件的内部，使所选择的面敞开，在剩余的面上生成薄壁特征。如果没有选择模型上的任何面，而直接对实体零件进行抽壳操作，则会生成一个闭合、掏空的模型。通常，抽壳时各个表面的厚度相等，也可以对某些表面的厚度进行单独指定，这样抽壳特征完成之后，各个零件表面的厚度就不相等了。

如图 5-46 所示是对零件创建抽壳特征后建模的实例。

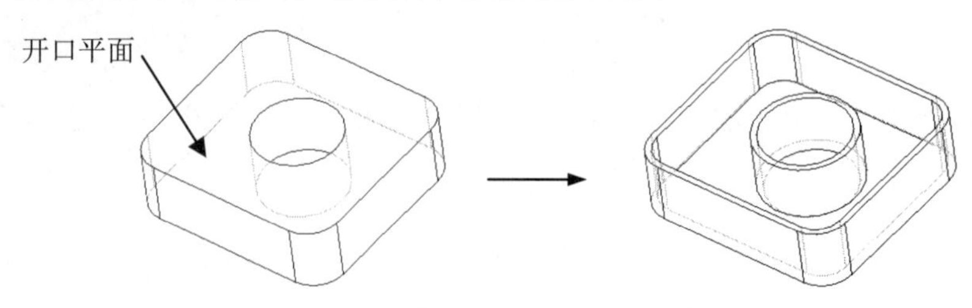

图 5-46　抽壳特征实例

视频讲解

5.3.1 创建抽壳特征

当在零件上的一个面使用抽壳工具进行抽壳操作时，系统会掏空零件的内部，使所选择的面敞开，并在剩余的面上生成薄壁特征。

如果没有选择模型上的任何面，则抽壳实体零件时将生成一个闭合、掏空的模型。通常在抽壳时指定各个表面原厚度相等，也可以对某些表面厚度单独进行指定。

执行抽壳命令，主要有如下 3 种调用方法。

☑ 面板：单击“特征”面板中的“抽壳”按钮。

☑ 工具栏：单击“特征”工具栏中的“抽壳”按钮。

☑ 菜单栏：选择菜单栏中的“插入”→“特征”→“抽壳”命令。

图 5-47　“抽壳”属性管理器

执行上述命令后，弹出“抽壳”属性管理器，如图 5-47 所示。“抽壳”属性管理器选项说明如下。

☑ 厚度：该选项用来设定保留的面的厚度。

☑ 移除的面：在图形区域选择一个或多个面作为要移除的面。

☑ 壳厚朝外：选中该复选框，可增加零件的外部尺寸。

☑ 显示预览：选中该复选框，可显示抽壳特征的预览。

提示：

如果想在零件上添加圆角特征，应当在生成抽壳之前对零件进行圆角处理。

5.3.2　实例——移动轮支架

Note

视频讲解

首先拉伸实体轮廓，然后利用抽壳命令完成实体框架操作，再多次拉伸切除局部实体，最后进行倒圆角操作对实体进行最后完善。绘制移动轮支架的流程图如图 5-48 所示。

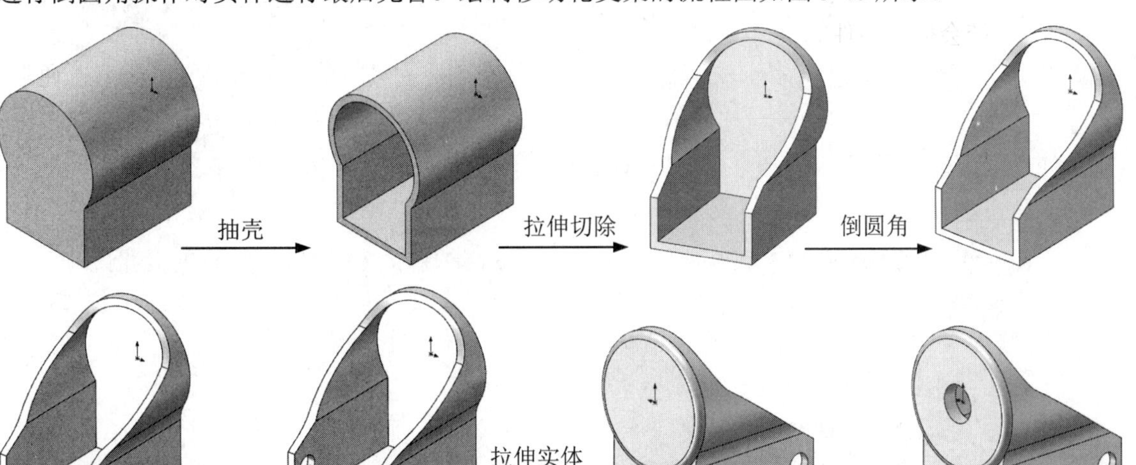

图 5-48　绘制移动轮支架的流程图

操作步骤如下。

（1）新建文件。单击快速访问工具栏中的“新建”按钮，在弹出的“新建 SOLIDWORKS 文件”对话框中单击“零件”按钮，然后单击“确定”按钮，创建一个新的零件文件。

（2）绘制草图。在左侧的“FeatureManager 设计树”中选择“前视基准面”作为绘制图形的基准面。单击“草图”面板中的“圆”按钮，以原点为圆心绘制一个直径为 58mm 的圆；单击“草图”面板中的“直线”按钮，在相应的位置绘制 3 条直线。单击“草图”面板中的“智能尺寸”按钮，标注上一步绘制草图的尺寸。单击“草图”面板中的“剪裁实体”按钮，裁剪直线之间的圆弧。结果如图 5-49 所示。

（3）拉伸实体。单击“特征”面板中的“拉伸凸台/基体”按钮，此时系统弹出如图 5-50 所示的“凸台-拉伸”属性管理器。输入深度值为 65mm，其他采用默认设置，然后单击“确定”按钮✓。拉伸后的图形如图 5-51 所示。

（4）抽壳操作。单击“特征”面板中的“抽壳”按钮，此时系统弹出如图 5-52 所示的“抽壳”属性管理器。输入厚度值为 3.5mm，选取如图 5-52 右侧所示的面为移除面。单击“确定”按钮✓，抽壳后的图形如图 5-53 所示。

（5）绘制草图。在左侧的“FeatureManager 设计树”中选择“右视基准面”，然后单击“前导视图”工具栏中的“正视于”按钮，将该基准面作为绘制图形的基准面。单击“草图”面板中的“直线”按钮，绘制 3 条直线；单击“草图”面板中的“三点圆弧”按钮，绘制一个圆弧。单击“草图”面板中的“智能尺寸”按钮，标注上一步绘制的草图的尺寸，如图 5-54 所示。

Note

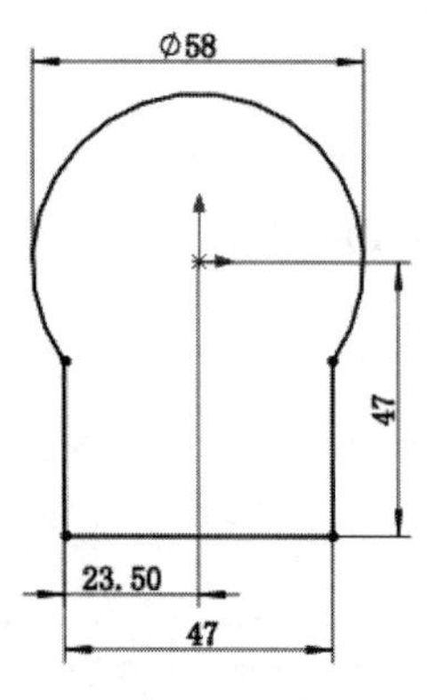

图 5-49　裁剪的草图

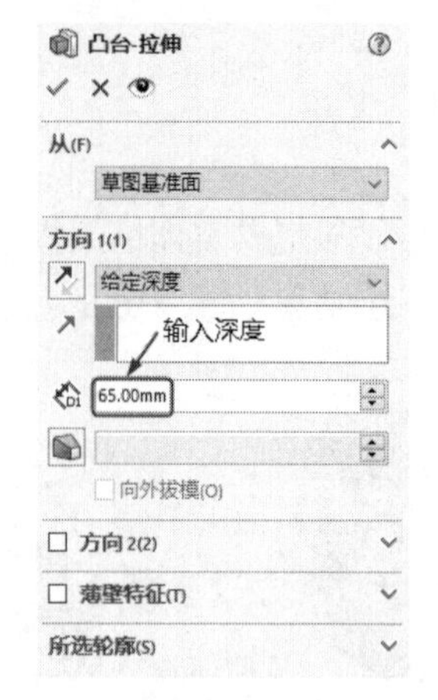

图 5-50　“凸台-拉伸”属性管理器

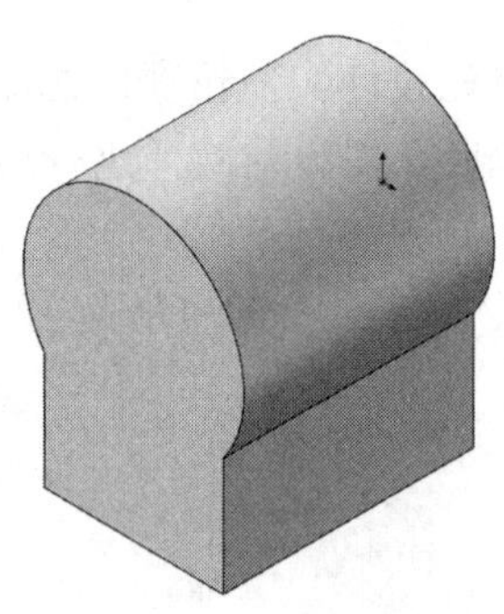

图 5-51　拉伸后的图形

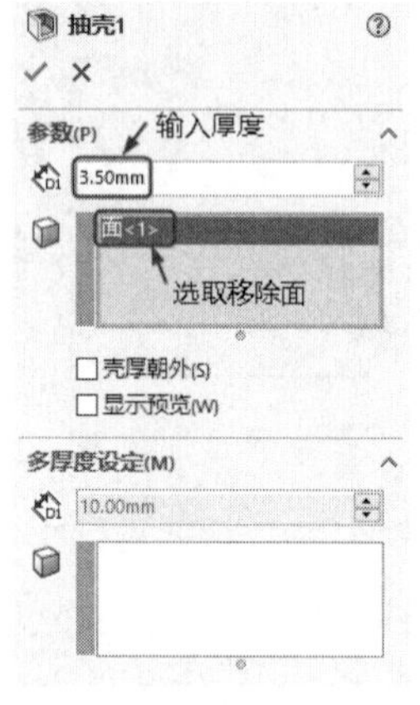

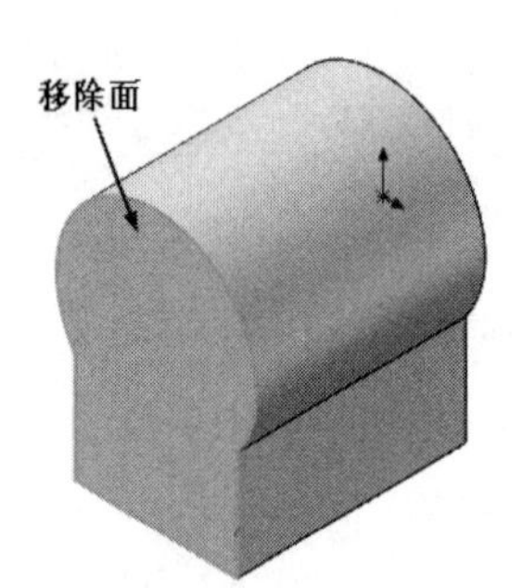

图 5-52　“抽壳”属性管理器

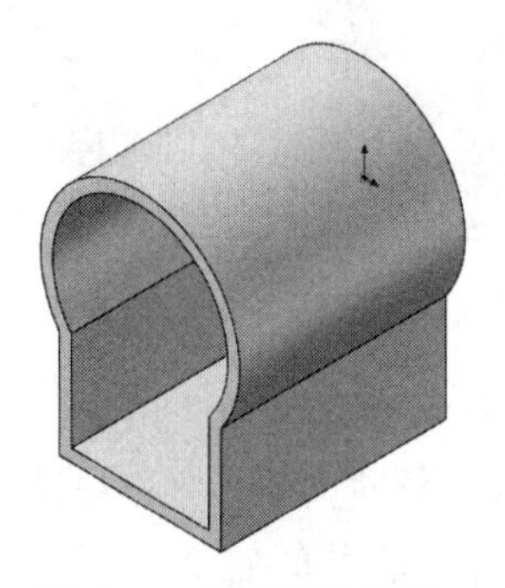

图 5-53　抽壳后的图形

（6）切除实体。单击“特征”面板中的“拉伸切除”按钮，此时系统弹出“切除-拉伸”属性管理器。选择“终止条件”为“完全贯穿”，如图 5-55 所示。单击“确定”按钮✓。切除后的图形如图 5-56 所示。

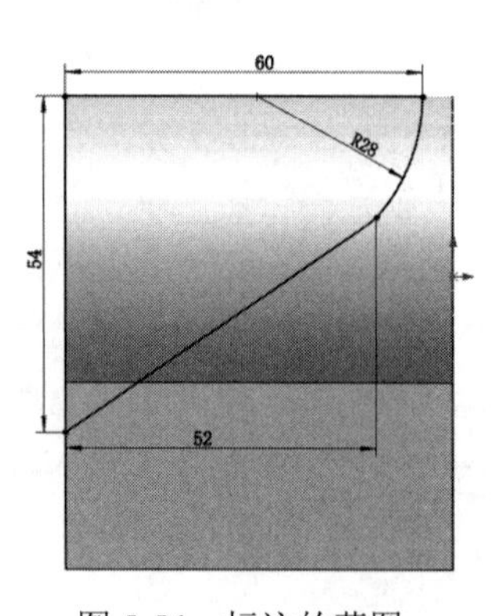

图 5-54　标注的草图

图 5-55　“切除-拉伸”属性管理器

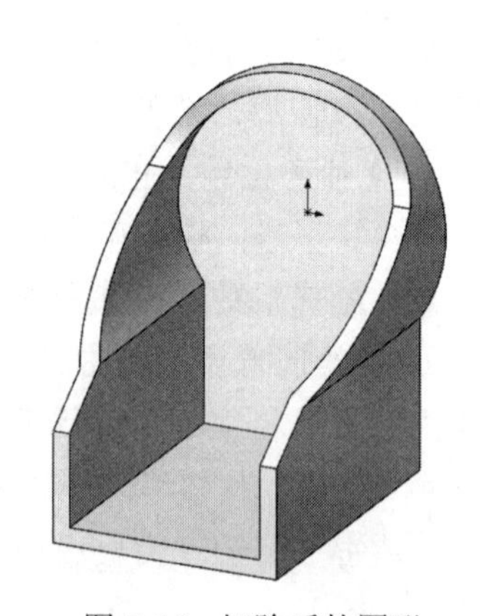

图 5-56　切除后的图形

（7）圆角处理。单击“特征”面板中的“圆角”按钮，此时系统弹出“圆角”属性管理器。输入半径值为 15mm，然后选择图 5-57 中的边线 1 和边线 2。单击“确定”按钮✓，圆角后的图形如图 5-58 所示。

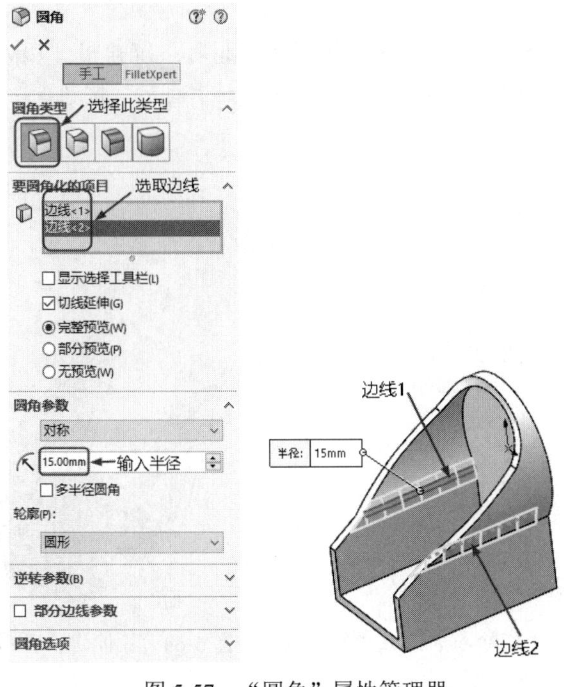

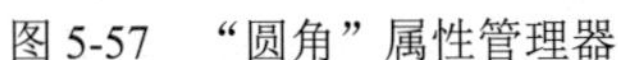

图 5-57　“圆角”属性管理器

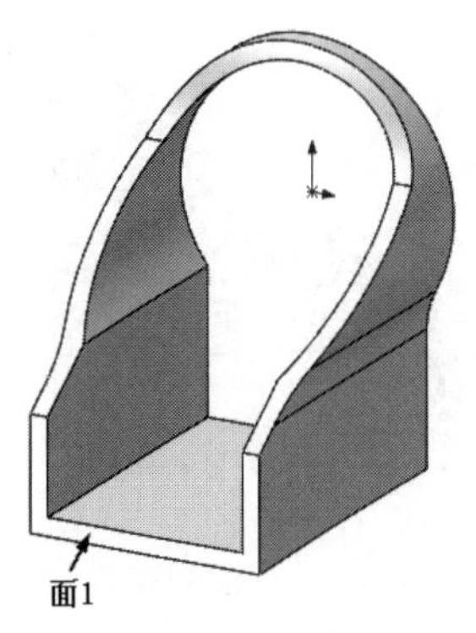

图 5-58　圆角后的图形

（8）绘制草图。单击图 5-58 中的面 1，然后单击“前导视图”工具栏中的“正视于”按钮，将该表面作为绘制图形的基准面。单击“草图”面板中的“边角矩形”按钮，绘制一个矩形。单击“草图”面板中的“智能尺寸”按钮，标注上一步绘制草图的尺寸，如图 5-59 所示。

（9）切除实体。单击“特征”面板中的“拉伸切除”按钮，此时系统弹出“切除-拉伸”属性管理器。输入深度值为 61.5mm，其他采用默认设置，如图 5-60 所示，然后单击“确定”按钮✓。拉伸切除后的图形如图 5-61 所示。

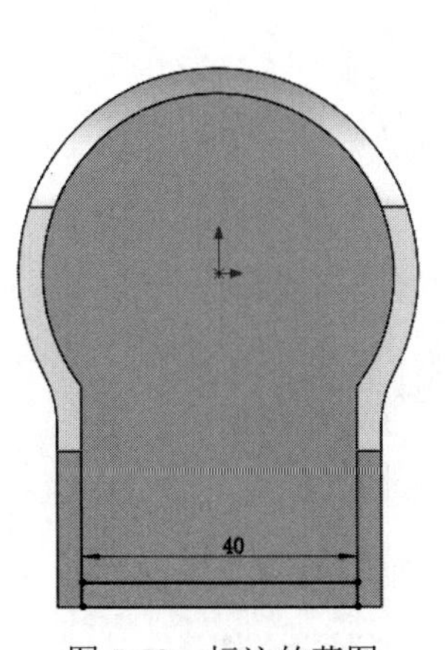

图 5-59　标注的草图

图 5-60　“切除-拉伸”属性管理器

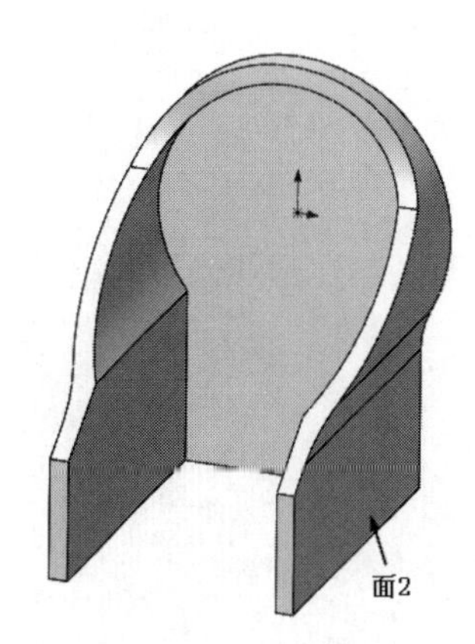

图 5-61　拉伸切除后的图形

Note

（10）绘制草图。单击图 5-61 中的面 2，然后单击“前导视图”工具栏中的“正视于”按钮，将该表面作为绘制图形的基准面。单击“草图”面板中的“圆”按钮，在上一步设置的基准面上绘制一个圆。单击“草图”面板中的“智能尺寸”按钮，标注上一步绘制圆的直径及其定位尺寸，如图 5-62 所示。

（11）切除实体。单击“特征”面板中的“拉伸切除”按钮，此时系统弹出“切除-拉伸”属性管理器。设置“终止条件”为“完全贯穿”，如图 5-63 所示。单击“确定”按钮。拉伸切除后的图形如图 5-64 所示。

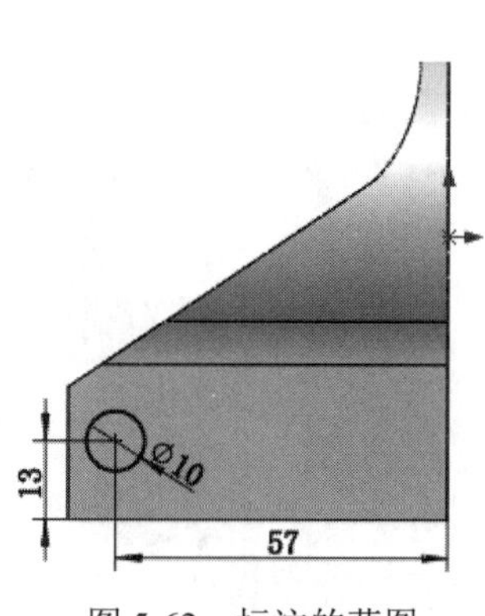

图 5-62　标注的草图

图 5-63　“切除-拉伸”属性管理器

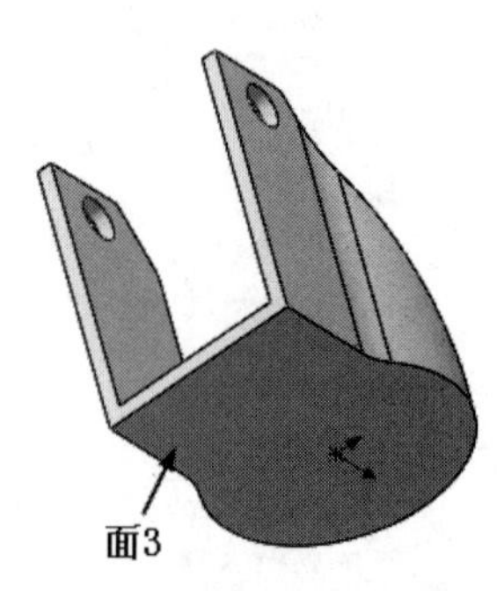

图 5-64　拉伸切除后的图形

（12）绘制草图。单击图 5-64 中的面 3，然后单击“前导视图”工具栏中的“正视于”按钮，将该表面作为绘制图形的基准面。单击“草图”面板中的“圆”按钮，在上一步设置的基准面上绘制一个直径为 58mm 的圆。

（13）拉伸实体。单击“特征”面板中的“拉伸凸台/基体”按钮，此时系统弹出“凸台-拉伸”属性管理器。输入深度值为 3mm，其他采用默认设置，如图 5-65 所示，然后单击“确定”按钮，拉伸后的图形如图 5-66 所示。

图 5-65　“凸台-拉伸”属性管理器

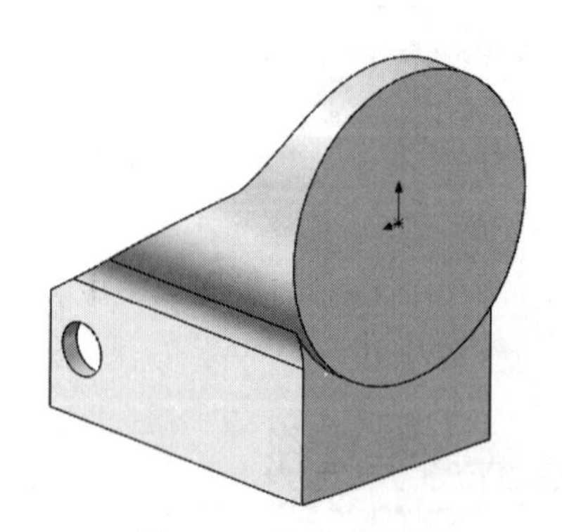

图 5-66　拉伸后的图形

（14）圆角处理。单击“特征”面板中的“圆角”按钮，此时系统弹出“圆角”属性管理器。输入半径值为 3mm，然后选择图 5-67 中的边线 1。单击“确定”按钮✓，圆角后的图形如图 5-68 所示。

（15）绘制草图。单击图 5-68 中的面 4，然后单击“前导视图”工具栏中的“正视于”按钮，将该表面作为绘制图形的基准面。单击“草图”面板中的“圆”按钮，在上一步设置的基准面上绘制一个直径为 16mm 的圆。

（16）切除实体。单击“特征”面板中的“拉伸切除”按钮，此时系统弹出“切除-拉伸”属性管理器。设置“终止条件”为“完全贯穿”。单击“确定”按钮✓，绘制的移动轮支架如图 5-69 所示。

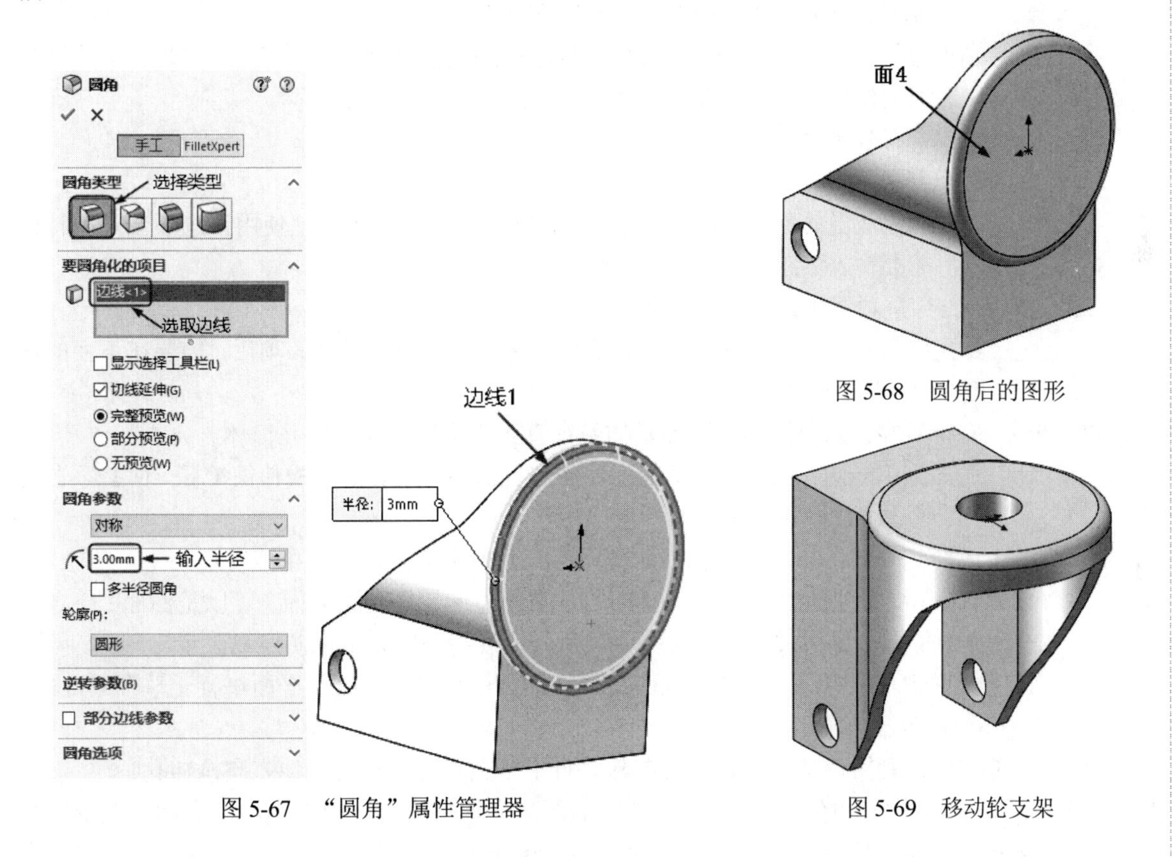

图 5-67　“圆角”属性管理器

图 5-68　圆角后的图形

图 5-69　移动轮支架

5.4　孔　特　征

钻孔特征是指在已有的零件上生成各种类型的孔特征。SOLIDWORKS 提供了两大类孔特征：简单直孔和异型孔。

5.4.1　创建简单直孔

简单直孔是指在确定的平面上，设置孔的直径和深度。孔深度的“终止条件”类型与拉伸切

Note

除的“终止条件”类型基本相同。

执行简单直孔命令，主要有如下两种调用方法。

☑ 工具栏：单击“特征”工具栏中的“简单直孔”按钮。

☑ 菜单栏：选择菜单栏中的“插入”→“特征”→“简单直孔”命令。

执行上述命令后，弹出“孔”属性管理器，如图5-70所示。

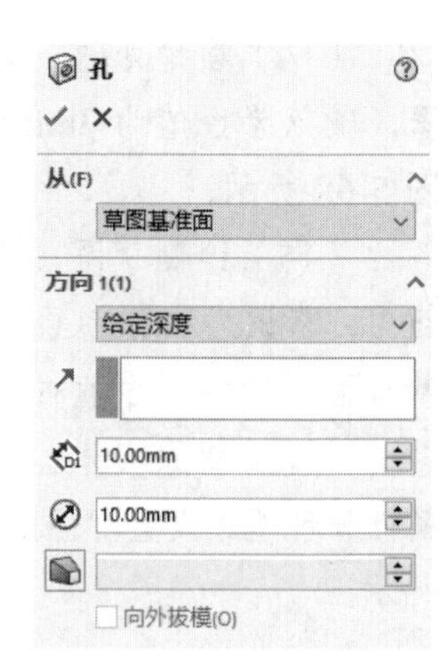

图5-70 “孔”属性管理器

“孔”属性管理器中各属性选项说明如下。

☑ “从”选项组：选择不同的开始条件之后，后面的选项内容也将有所不同，其下拉列表中主要包括如下选项。

  - 草图基准面：从草图所处的同一基准面开始简单直孔。
  - 曲面/面/基准面：从这些实体之一开始简单直孔。使用该选项创建孔特征时，需要为“曲面/面/基准面”选择一个有效实体。
  - 顶点：从为“顶点”所选择的顶点开始简单直孔。
  - 等距：在从当前草图基准面等距的基准面上开始简单直孔。使用该选项创建孔特征时，需要输入等距值设定等距距离。

☑ “方向1”选项组中包括如下选项。

  - 给定深度：从草图的基准面以指定的距离延伸特征。选择该项后，需要在下面的深度微调框中输入指定深度。
  - 完全贯穿：从草图的基准面延伸特征直到贯穿所有现有的几何体。
  - 成形到下一面：从草图的基准面拉伸特征到下一面，以生成特征（下一面必须在同一零件上）。
  - 成形到一面：从草图的基准面拉伸特征到所选的曲面，以生成特征。
  - 到离指定面指定的距离：从草图的基准面拉伸特征到距某面（可以是曲面）特定距离的位置，以生成特征。选择该项后，需要指定特定的面和距离。
  - 成形到一顶点：从草图基准面拉伸特征到一个平面，这个平面平行于草图基准面，且穿越指定的顶点。

☑ 拉伸方向：利用该选项可以设置向除垂直于草图轮廓以外的其他方向拉伸孔。

☑ 面/平面：当选择“到离指定面指定的距离”选项时会出现该选项，表示在图形区域选择一个面或基准面，在选取成形到曲面或到离指定面指定的距离为终止条件时要设定孔的深度。

☑ 顶点：在图形区域选择一顶点或中点，在选择“成形到顶点”为终止条件时要设定孔深度。

☑ 孔直径选项：指定孔的直径。

☑ 拔模打开/关闭：利用该选项添加拔模到孔。设定拔模角度可以指定拔模度数。

提示：

在确定简单孔的位置时，可以通过标注尺寸的方式来确定，对于特殊的图形可以通过添加几何关系来确定。

Note

视频讲解

5.4.2 创建异型孔

异型孔即具有复杂轮廓的孔，主要包括柱形沉头孔、锥形沉头孔、孔、直螺纹孔、锥形螺纹孔、旧制孔、柱孔槽口、锥孔槽口和槽口 9 种。异型孔的类型和位置都是在“孔规格”属性管理器中完成。执行异形孔向导命令，主要有如下 3 种调用方法。

☑ 面板：单击“特征”面板中的“异形孔向导”按钮。

☑ 工具栏：单击“特征”工具栏中的“异形孔向导”按钮。

☑ 菜单栏：选择菜单栏中的“插入”→“特征”→“孔向导”命令。

执行上述命令后，弹出“孔规格”属性管理器，如图 5-71 所示。

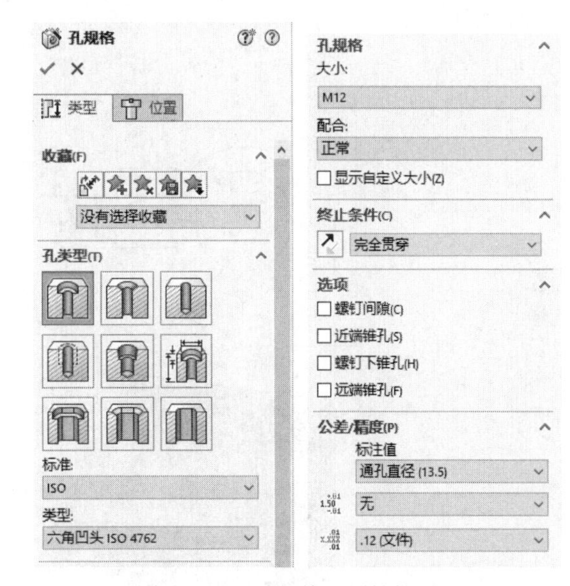

图 5-71 “孔规格”属性管理器

“孔规格”属性管理器中各参数说明如下。

☑ 标准：在该选项的下拉列表框中可以选择与柱形沉头孔连接的紧固件的标准，如 ISO、AnsiMetric、JIS 等。

☑ 类型：在该选项的下拉列表框中可以选择与柱形沉头孔对应的紧固件的螺栓类型，如六角凹头、六角螺栓、凹肩螺钉、六角螺钉和平盘头十字切槽等。一旦选择了紧固件的螺栓类型，异型孔向导将立即更新对应参数栏中的项目。

☑ 大小：在该选项的下拉列表框中可以选择柱形沉头孔对应的紧固件的尺寸，如 M12、M64 等。

☑ 配合：用来为扣件选择套合。下拉列表中包括“分紧密”“正常”“松弛”3 种，分别表示柱孔与对应的紧固件配合较紧、正常范围或配合较松散。

☑ 终止条件：利用该选项组可以选择孔的终止条件，这些终止条件包括“给定深度”“完全贯穿”“成形到下一面”“成形到一顶点”“成形到一面”“到离指定面指定的距离”等选项。

☑ 选项：其中包括如下选项。

  ➢ 螺钉间隙：设定螺钉间隙值，将使用文档单位把该值添加到扣件头之上。
  ➢ 近端锥孔：用于设置近端口的直径和角度。
  ➢ 螺钉下锥孔：用于设置端口底端的直径和角度。
  ➢ 远端锥孔：用于设置远端处的直径和角度。

☑ 收藏：该选项组中包括如下选项。

  ➢ 应用默认/无收藏：默认设置为没有选择常用类型。
  ➢ 添加或更新收藏：添加常用类型。
  ➢ 删除收藏：删除所选的常用类型。

- 保存收藏：单击此按钮，浏览到文件夹，可以编辑文件名称。
- 装入收藏：单击此按钮，浏览到文件夹，可以选择一常用类型。

☑ 显示自定义大小：大小调整选项会根据孔类型的不同而发生变化，可调整的内容包括“直径”“深度”“底部角度”。

Note

视频讲解

5.4.3 实例——锁紧件

首先绘制锁紧件的主体轮廓草图并拉伸实体，然后绘制固定螺纹孔，以及锁紧螺纹孔。绘制流程图如图5-72所示。

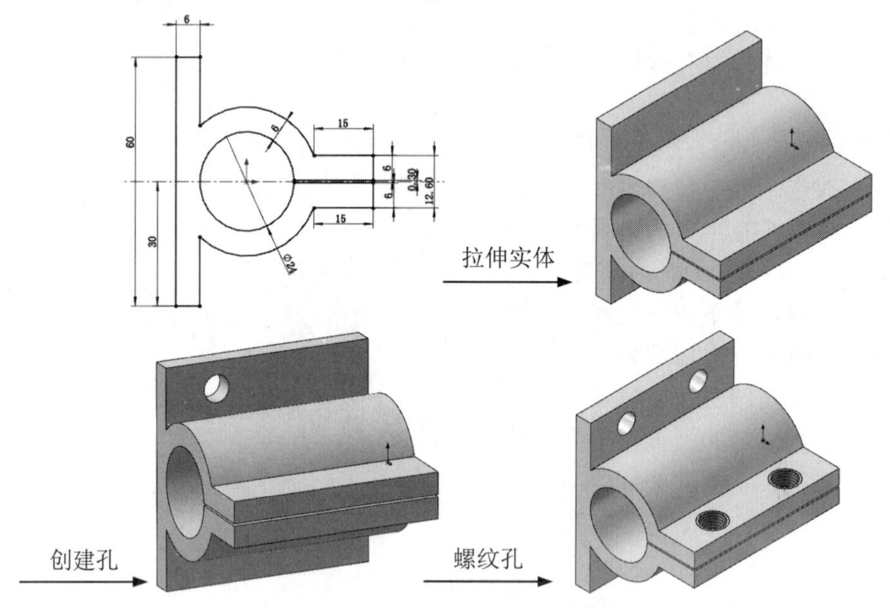

图5-72　绘制流程图

操作步骤如下。

（1）新建文件。单击快速访问工具栏中的“新建”按钮，在弹出的“新建SOLIDWORKS文件”对话框中单击“零件”按钮，然后单击“确定”按钮，创建一个新的零件文件。

（2）绘制草图。在左侧的“FeatureManager设计树”中选择“前视基准面”作为绘制图形的基准面。单击“草图”面板中的“圆”按钮，以原点为圆心绘制一个圆；单击“草图”面板中的“直线”按钮，绘制一系列的直线；单击“草图”面板中的“三点圆弧”按钮，绘制圆弧；最后单击“草图”面板中的“中心线”按钮，绘制一条通过原点的水平中心线。单击“草图”面板中的“智能尺寸”按钮，标注上一步绘制草图的尺寸，如图5-73所示。

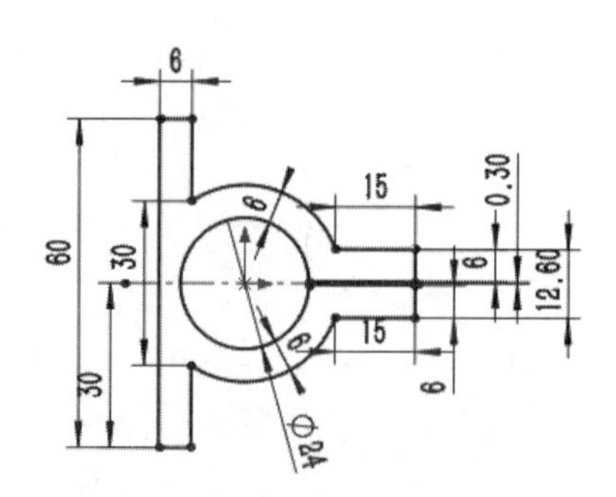

图5-73　标注的草图

（3）拉伸实体。单击“特征”面板中的“拉伸凸台/基体”按钮，此时系统弹出“凸台-拉伸”属性管理器。输入深度值为60mm，其他采用默认设置，如图5-74所示，然后单击“确定”按钮，拉伸后的图形如图5-75所示。

（4）创建简单直孔。单击“特征”面板中的“简单直孔”按钮，单击图 5-75 中的面 1 为孔放置面，系统弹出如图 5-76 所示的“孔”属性管理器，设置“终止条件”为“完全贯穿”，输入直径为 7.5mm，单击“确定”按钮✓，创建的简单孔如图 5-77 所示。

图 5-74　“凸台-拉伸”属性管理器

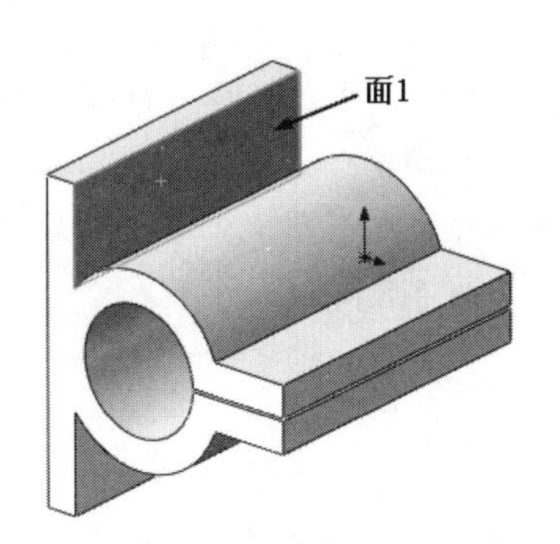

图 5-75　拉伸后的图形

图 5-76　“孔”属性管理器

（5）编辑孔位置。在左侧的“FeatureManager 设计树”中选择“孔 1”，鼠标右击，在弹出的快捷菜单中单击“编辑草图”按钮，如图 5-78 所示，进入草绘环境。单击“草图”面板中的“智能尺寸”按钮，标注定位尺寸，如图 5-79 所示。创建的孔 1 如图 5-80 所示。

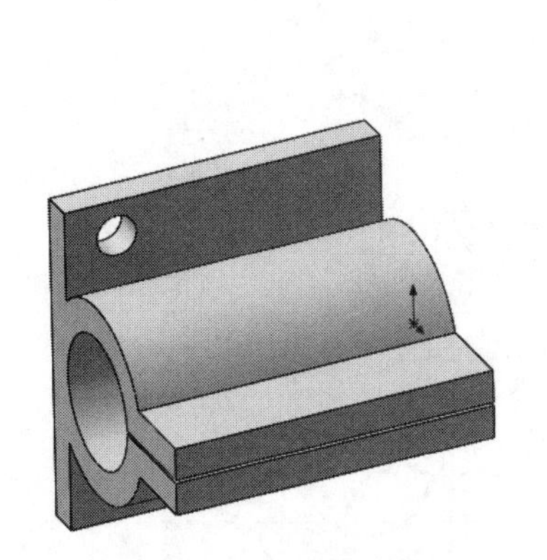

图 5-77　创建简单孔

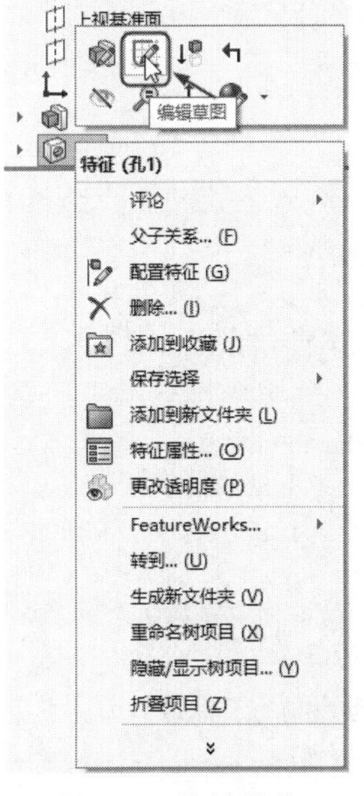

图 5-78　快捷菜单

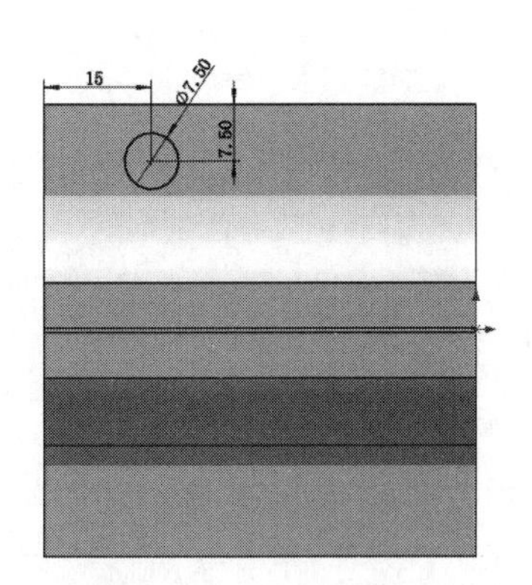

图 5-79　标注定位尺寸

（6）创建其他 3 个孔。重复步骤（4）和步骤（5），创建参数相同的其他 3 个孔，如图 5-81 所示。

Note

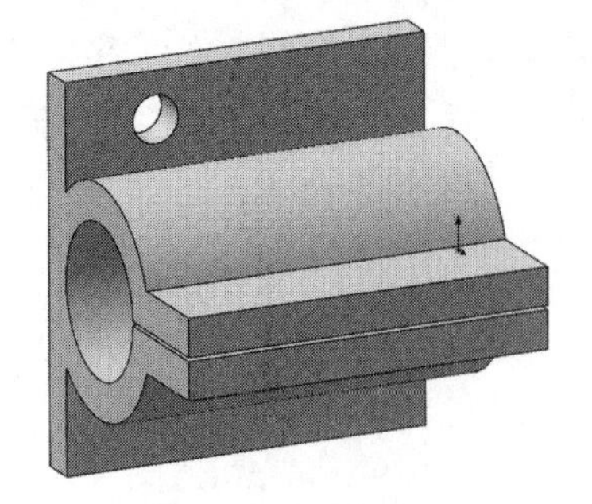

图 5-80　创建孔 1

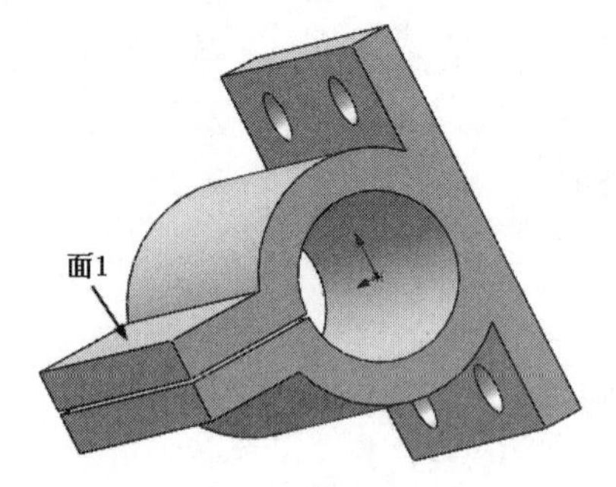

图 5-81　创建 4 个孔

（7）添加柱形沉头孔。单击“特征”面板中的“异型孔向导”按钮，此时系统弹出“孔规格”属性管理器，按照如图 5-82 所示设置，单击“位置”按钮，弹出如图 5-83 所示的“位置”选项卡，在面 1 上添加两个孔，并标注孔的位置，如图 5-84 所示。单击“确定”按钮✓，完成柱形沉头孔的绘制。钻孔后的图形如图 5-85 所示。

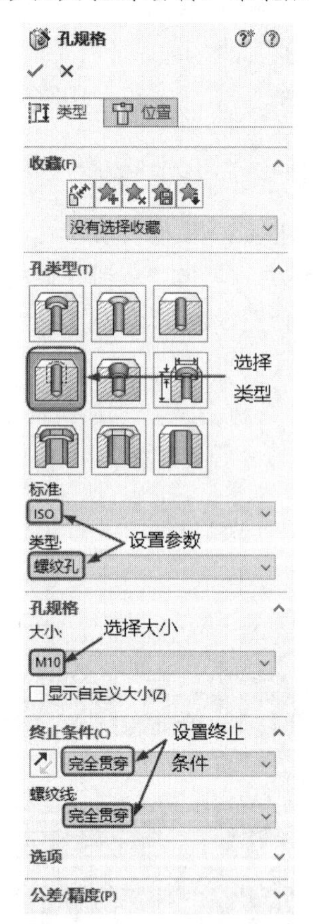

图 5-82　“孔规格”属性管理器

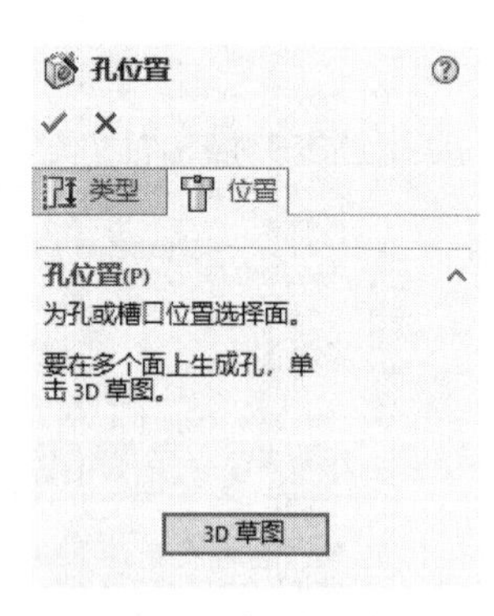

图 5-83　“位置”选项卡

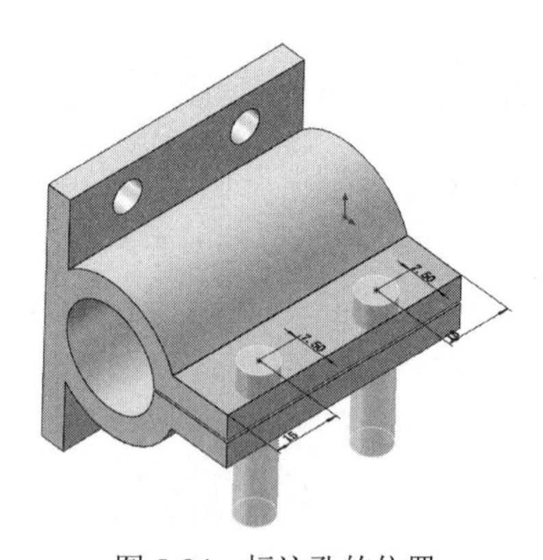

图 5-84　标注孔的位置

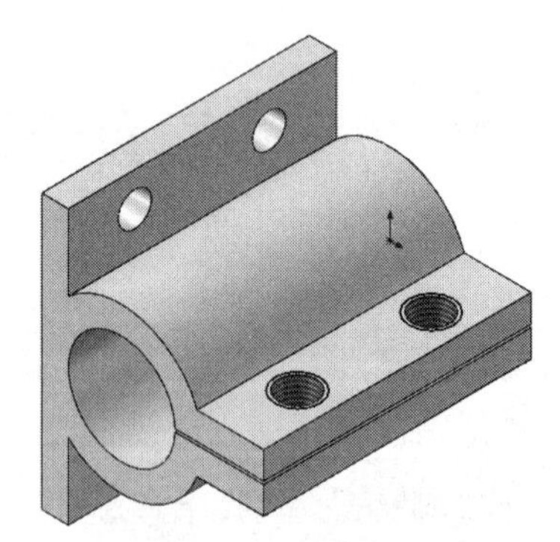

图 5-85　钻孔后的图形

提示：

常用的异型孔有柱形沉头孔、锥形沉头孔、孔和直螺纹孔等。异型孔向导命令集成了机械设计中所有孔的类型，使用该命令可以很方便地绘制各种类型的孔。

Note

5.5 筋 特 征

筋是零件上增加强度的部分，它是一种从开环或闭环草图轮廓生成的特殊拉伸实体，它在草图轮廓与现有零件之间添加指定方向和厚度的材料。

视频讲解

5.5.1 创建筋特征

在 SOLIDWORKS 中，筋实际上是由开环的草图轮廓生成的特殊类型的拉伸特征。执行筋命令，主要有如下 3 种调用方法。

☑ 面板：单击“特征”面板中的“筋”按钮。

☑ 工具栏：单击“特征”工具栏中的“筋”按钮。

☑ 菜单栏：选择菜单栏中的“插入”→“特征”→“筋”命令。

执行上述命令后，打开“筋”属性管理器，如图 5-86 所示。

图 5-86　“筋”属性管理器

“筋”属性管理器中的选项含义说明如下。

☑ 厚度：可添加厚度到所选草图边上，包括如下选项。

- 第一边：只添加材料到草图的一边。
- 两侧：将材料均匀添加到草图的两边。
- 第二边：只添加材料到草图的另一边。

☑ 筋厚度：设置筋的厚度。

☑ 拉伸方向：设置筋的拉伸方向，包括如下选项。

- 平行于草图：平行于草图生成筋拉伸。
- 垂直于草图：垂直于草图生成筋拉伸。

视频讲解

5.5.2 实例——支座

本例首先绘制草图，拉伸成底座，接着创建扫描特征创建拐角，最终创建筋特征。绘制支座的流程图如图 5-87 所示。

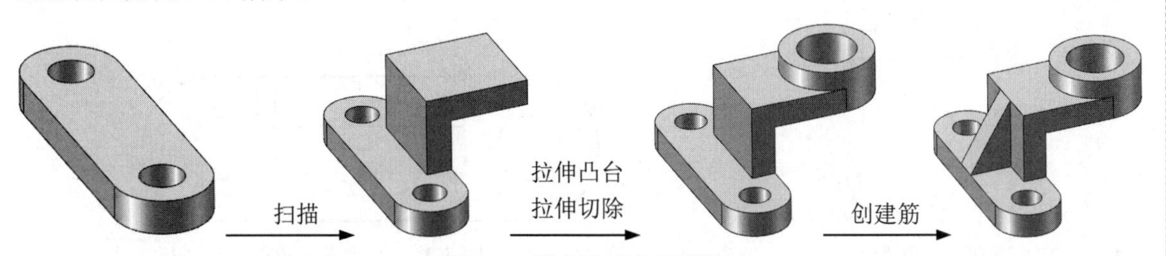

图 5-87　绘制支座的流程图

操作步骤如下。

（1）新建文件。单击快速访问工具栏中的“新建”按钮，在弹出的“新建 SOLIDWORKS 文件”对话框中单击“零件”按钮，然后单击“确定”按钮，创建一个新的零件文件。

Note

（2）绘制草图。在左侧的“FeatureManager 设计树”中选择“前视基准面”作为绘制图形的基准面。单击“草图”面板中的“中心点直槽口”按钮、“圆”按钮和“智能尺寸”按钮，绘制草图，如图 5-88 所示。

（3）拉伸实体。单击“特征”面板中的“拉伸凸台/基体”按钮，此时系统弹出“凸台-拉伸”属性管理器。输入深度值为 28mm，其他采用默认设置，如图 5-89 所示，然后单击“确定”按钮✓。

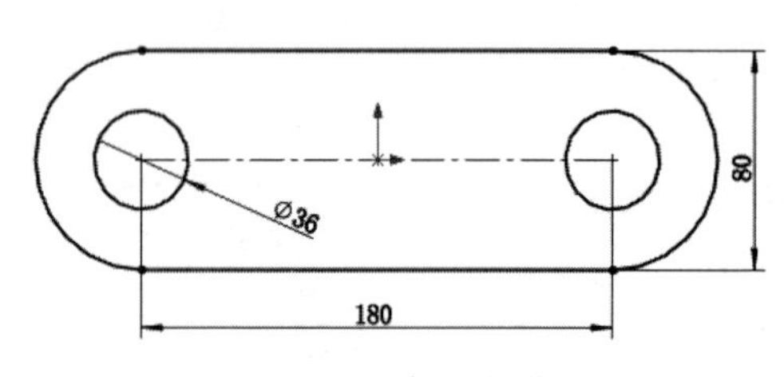

图 5-88　标注的草图

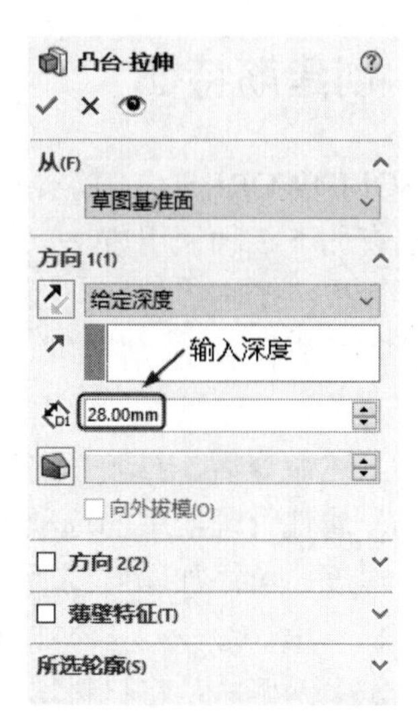

图 5-89　“凸台-拉伸”属性管理器

（4）绘制扫描路径草图。在左侧的“FeatureManager 设计树”中选择“右视基准面”作为绘制图形的基准面。单击“草图”面板中的“直线”按钮和“智能尺寸”按钮，绘制路径草图，如图 5-90 所示。

（5）绘制扫描轮廓草图。选择凸台拉伸的上表面作为绘制图形的基准面。单击“草图”面板中的“边角矩形”按钮和“智能尺寸”按钮，绘制轮廓草图，如图 5-91 所示。

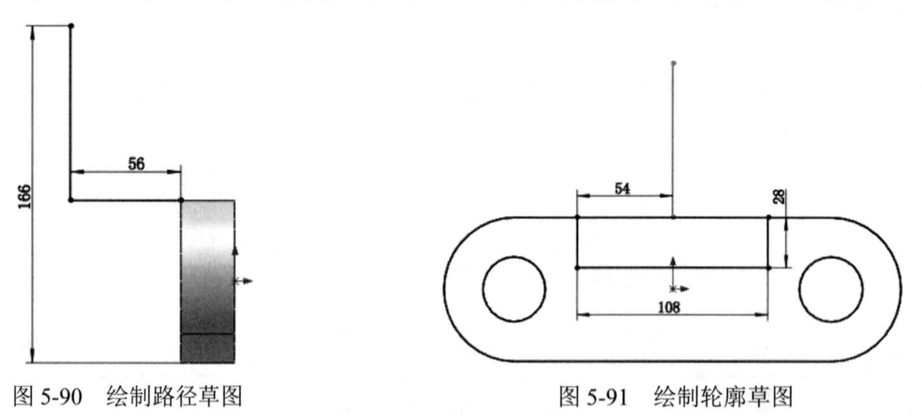

图 5-90　绘制路径草图

图 5-91　绘制轮廓草图

（6）扫描实体。单击“特征”面板中的“扫描”按钮，弹出如图 5-92 所示的“扫描”属性管理器，选取图 5-91 中的草图为轮廓，再选取图 5-90 中的草图为路径，单击“确定”按钮✓，扫描实体如图 5-93 所示。

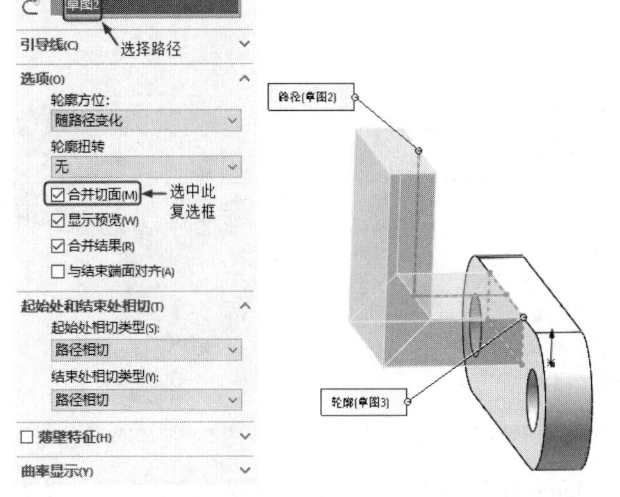

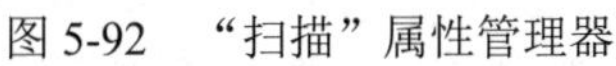

图 5-92　“扫描”属性管理器

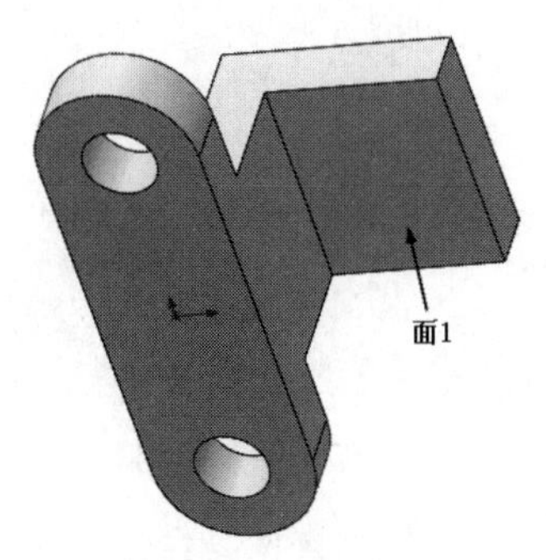

图 5-93　扫描实体

（7）绘制草图。选取图 5-93 中的面 1 作为绘制图形的基准面。单击“草图”面板中的“圆”按钮，绘制草图，如图 5-94 所示。

（8）拉伸实体。单击“特征”面板中的“拉伸凸台/基体”按钮，此时系统弹出“凸台-拉伸”属性管理器。输入深度值为 50mm，其他采用默认设置，如图 5-95 所示，然后单击“确定”按钮✓，拉伸实体如图 5-96 所示。

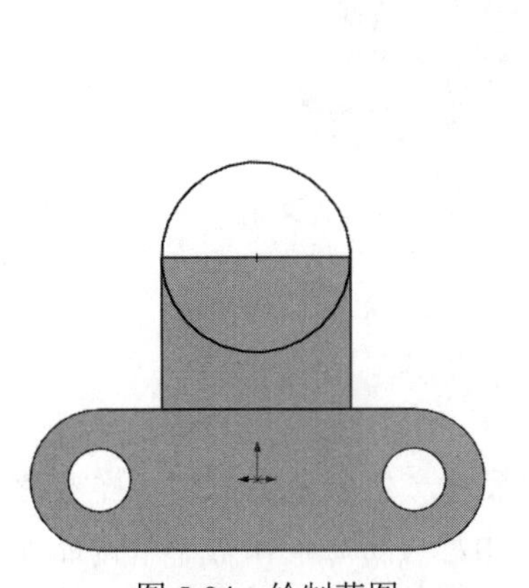

图 5-94　绘制草图

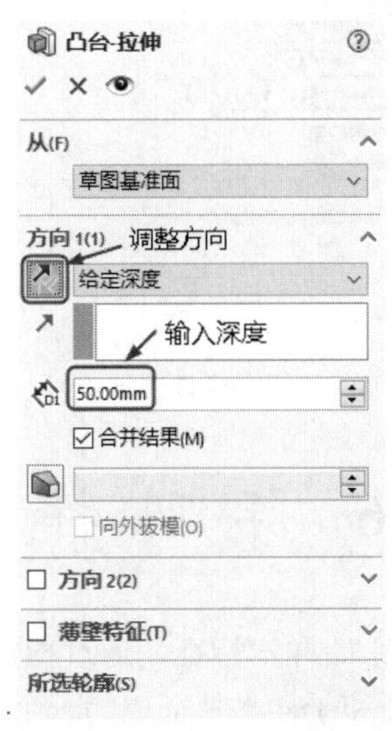

图 5-95　“凸台-拉伸”属性管理器

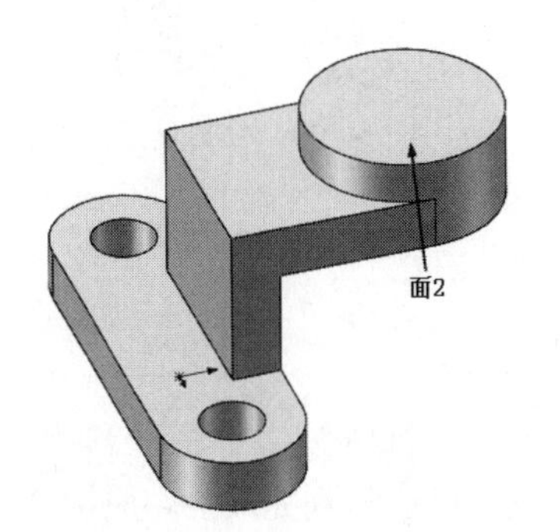

图 5-96　拉伸实体

（9）绘制草图。选取图 5-96 中的面 2 作为绘制图形的基准面。单击“草图”面板中的“圆”按钮和“智能尺寸”按钮，绘制草图，如图 5-97 所示。

（10）拉伸实体。单击“特征”面板中的“拉伸切除”按钮，此时系统弹出“切除-拉伸”属性管理器。设置“终止条件”为“完全贯穿”，如图 5-98 所示，然后单击“确定”按钮✓，切除拉伸实体如图 5-99 所示。

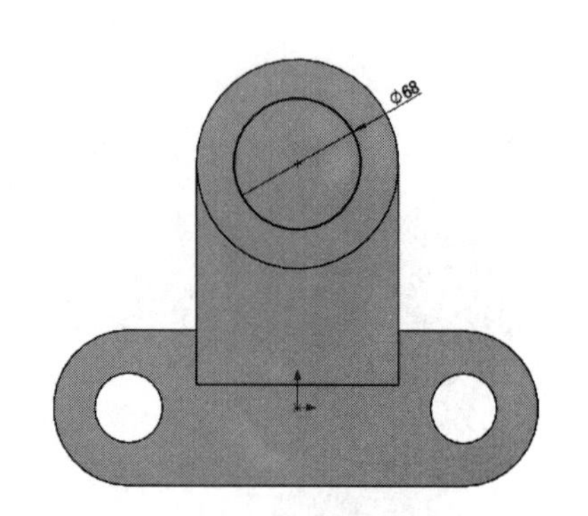

图 5-97　绘制草图

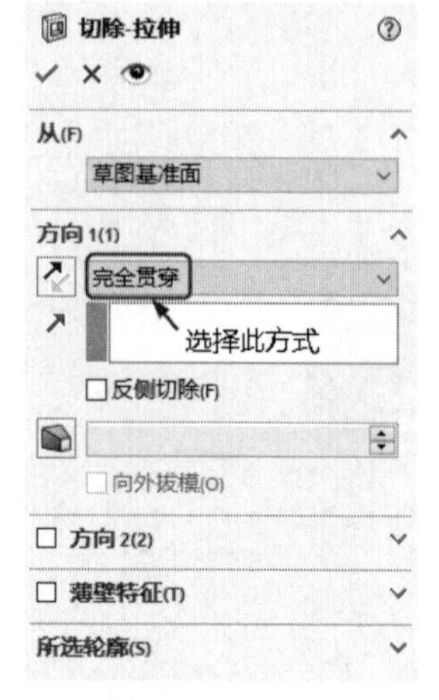

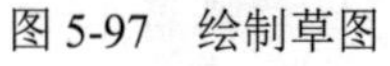

图 5-98　“切除-拉伸”属性管理器

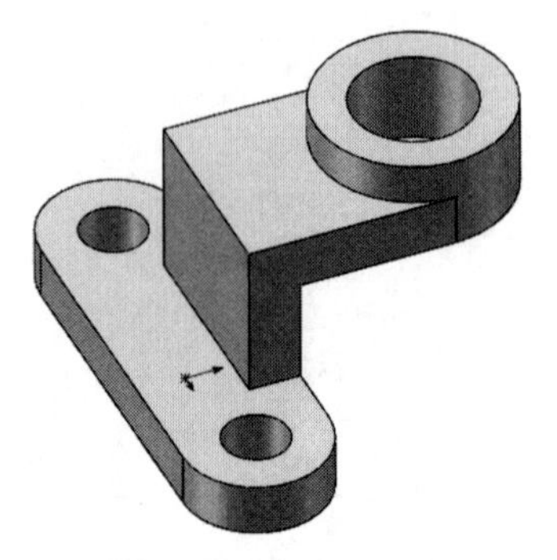

图 5-99　切除拉伸实体

（11）绘制草图。在左侧的“FeatureManager 设计树”中选择“右视基准面”作为绘制图形的基准面。单击“草图”面板中的“直线”按钮，绘制草图，如图 5-100 所示。

（12）创建筋。单击“特征”面板中的“筋”按钮，弹出“筋”属性管理器，单击“两侧”按钮，输入深度为 30mm，如图 5-101 所示。单击“确定”按钮✓，绘制的支座如图 5-102 所示。

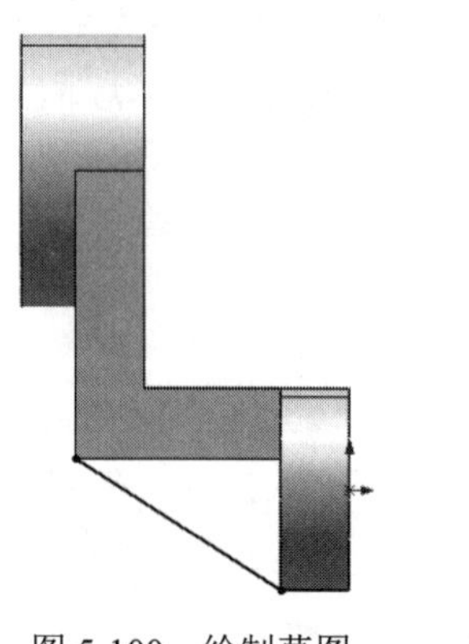

图 5-100　绘制草图

图 5-101　“筋”属性管理器

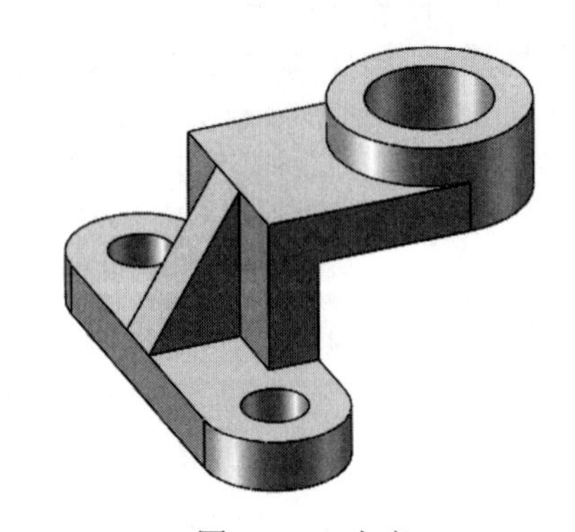

图 5-102　支座

5.6　阵列特征

特征阵列用于将任意特征作为原始样本特征，通过指定阵列尺寸产生多个类似的子样本特征。特征阵列完成后，原始样本特征和子样本特征成为一个整体，用户可将它们作为一个特征进行相关的操作，如删除、修改等。如果修改了原始样本特征，则阵列中的所有子样本特征也随之更改。

SOLIDWORKS 2020 提供了线性阵列、圆周阵列、草图驱动阵列、曲线驱动阵列、表格驱动

阵列、填充阵列和变量阵列 7 种阵列方式。下面详细介绍前两种常用的阵列方式。

5.6.1 线性阵列

线性阵列是指沿一条或两条直线路径生成多个子样本特征。执行线性阵列命令，主要有如下 3 种调用方法。

☑ 面板：单击“特征”面板中的“线性阵列”按钮。

☑ 工具栏：单击“特征”工具栏中的“线性阵列”按钮。

☑ 菜单栏：选择菜单栏中的“插入”→“阵列/镜像”→“线性阵列”命令。

执行上述命令后，弹出“线性阵列”属性管理器，如图 5-103 所示。

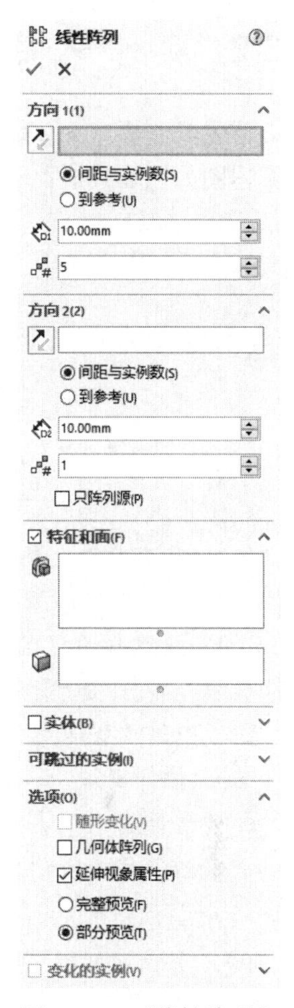

图 5-103 “线性阵列”属性管理器

“线性阵列”属性管理器中主要功能选项的说明如下。

☑ “方向”选项组：可以选择线性边线、草图线、轴线性尺寸、平面的面和曲面、圆锥面和曲面、圆形边线和参考平面作为方向。

- 反向：单击此按钮，改变阵列方向。
- 间距：设定阵列实例之间的间距。
- 实例数：设定阵列实例之间的数量，此数量包括原有特征或选择。

☑ 到参考：根据选定参考几何图形设定实例数和间距。

- 参考几何体：设定控制阵列的参考几何图形。
- 偏移距离：从参考几何图形设定上一个阵列实例的距离。
- 反转等距方向：反转从参考几何图形偏移阵列的方向。
- 重心：计算从参考几何图形到阵列特征重心的偏移距离。
- 所选参考：计算从参考几何图形到选定源特征几何图形参考的偏移距离。
- 源参考：设定计算偏移距离的源特征几何图形。

☑ 要阵列的实体：可以在多实体零件中选择实体生成阵列。

☑ 可跳过的实例：表示在生成阵列时可以跳过图形区域选择的阵列实例。先将鼠标移动到每个阵列实例上，当鼠标指针变为时，单击以选择阵列实例，阵列实例的坐标出现在图形区域即可跳过实例。

☑ “选项”选项组。

- “随形变化”复选框：表示允许重复时阵列更改。
- “延伸视象属性”复选框：可用来将 SOLIDWORKS 的颜色、纹理和装饰螺纹数据延伸给所有阵列实例。

提示：

当使用特型特征来生成线性阵列时，所有阵列的特征都必须在相同的面上。

如果要选择多个原始样本特征，在选择特征时，需按住 Ctrl 键。

Note

视频讲解

5.6.2 实例——底座

首先绘制底座主体轮廓草图并拉伸实体，然后绘制中间的轴孔，最后绘制连接孔。绘制底座的流程图如图 5-104 所示。

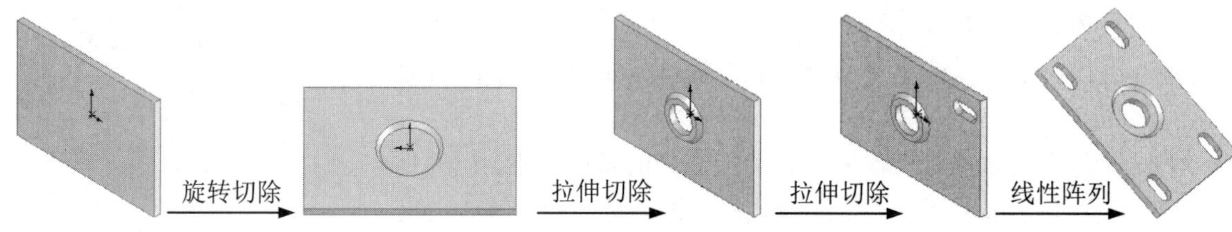

图 5-104　绘制底座的流程图

操作步骤如下。

（1）新建文件。单击快速访问工具栏中的“新建”按钮，在弹出的“新建 SOLIDWORKS 文件”对话框中单击“零件”按钮，然后单击“确定”按钮，创建一个新的零件文件。

（2）绘制草图。在左侧的“FeatureManager 设计树”中选择“前视基准面”作为绘制图形的基准面。单击“草图”面板中的“中心矩形”按钮，以原点为中心点绘制一个矩形。单击“草图”面板中的“智能尺寸”按钮，标注矩形各边的尺寸，如图 5-105 所示。

（3）拉伸实体。单击“特征”面板中的“拉伸凸台/基体”按钮，此时系统弹出如图 5-106 所示的“凸台-拉伸”属性管理器。输入深度值为 4mm，其他采用默认设置，然后单击“确定”按钮✓，拉伸后的图形如图 5-107 所示。

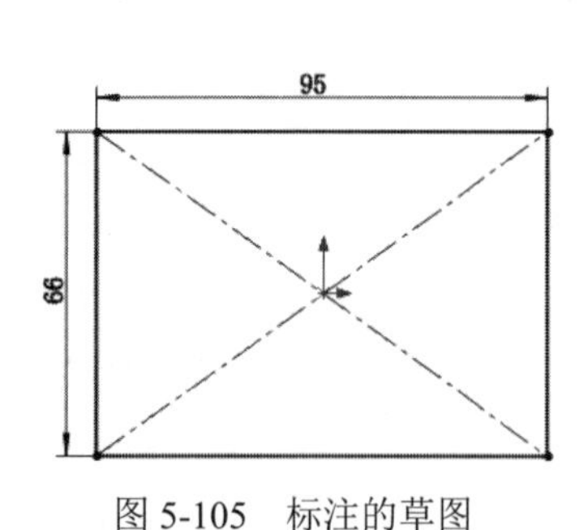

图 5-105　标注的草图

图 5-106　“凸台-拉伸”属性管理器

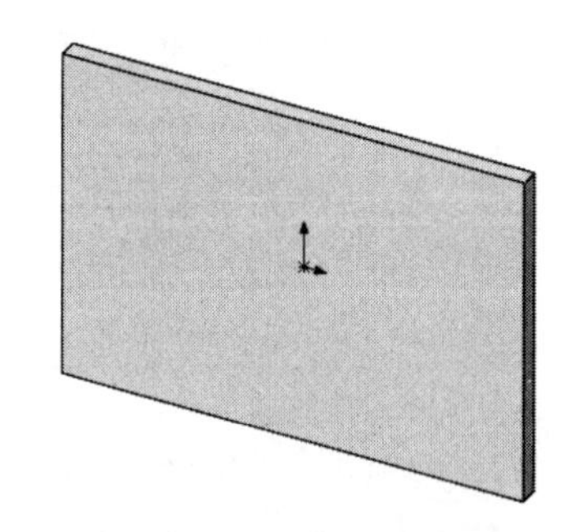

图 5-107　拉伸后的图形

（4）绘制草图。在左侧的“FeatureManager 设计树”中选择“上视基准面”，然后单击“前导视图”工具栏中的“正视于”按钮，将该基准面作为绘制图形的基准面。单击“草图”面板

中的“直线”按钮，以原点为起点绘制4条直线；单击“草图”面板中的“中心线”按钮，绘制一条通过原点的竖直中心线。单击“草图”面板中的“智能尺寸”按钮，标注上一步绘制草图的尺寸，如图5-108所示。

（5）旋转切除实体。单击“特征”面板中的“旋转切除”按钮，此时系统弹出如图5-109所示的“切除-旋转”属性管理器，采用默认设置。单击“确定”按钮✓。旋转切除后的图形如图5-110所示。

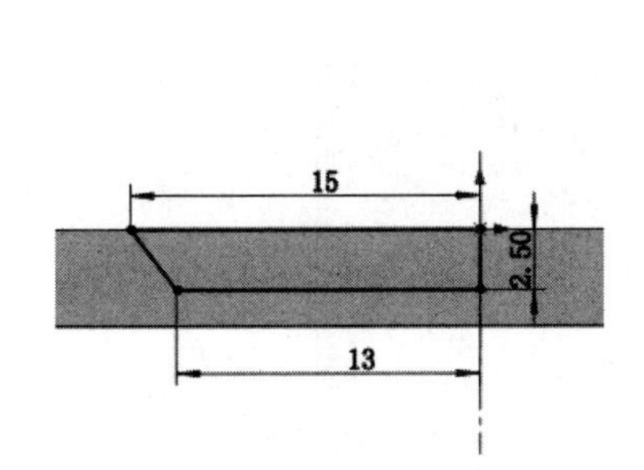

图5-108　标注的草图

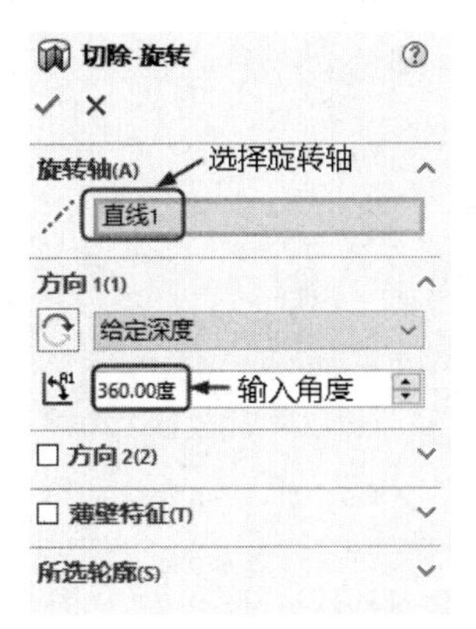

图5-109　“切除-旋转”属性管理器

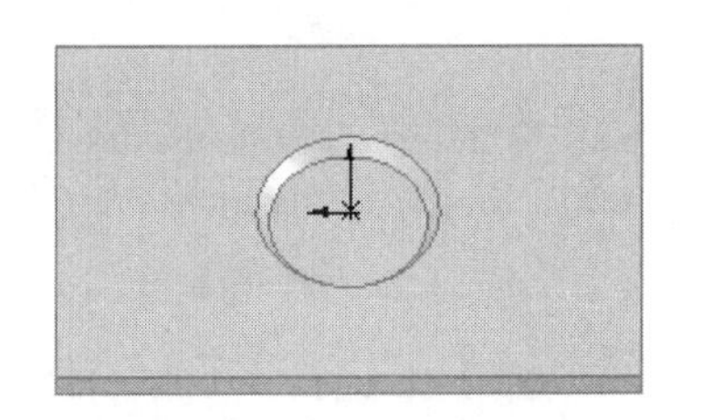

图5-110　旋转切除后的图形

（6）绘制草图。在左侧的“FeatureManager设计树”中选择“上视基准面”，然后单击“前导视图”工具栏中的“正视于”按钮，将该基准面作为绘制图形的基准面。单击“草图”面板中的“直线”按钮，以原点正下方的边线为起点绘制4条直线；单击“草图”面板中的“中心线”按钮，绘制一条通过原点的竖直中心线。单击“草图”面板中的“智能尺寸”按钮，标注草图的尺寸，如图5-111所示。

（7）旋转凸台实体。单击“特征”面板中的“旋转凸台/基体”按钮，此时系统弹出如图5-112所示的“旋转”属性管理器，采用默认设置。单击“确定”按钮✓。旋转后的图形如图5-113所示。

（8）绘制草图。单击图5-113中的面1，然后单击“前导视图”工具栏中的“正视于”按钮，将该表面作为绘制图形的基准面。单击“草图”面板中的“圆”按钮，以原点为圆心绘制一个直径为16mm的圆。

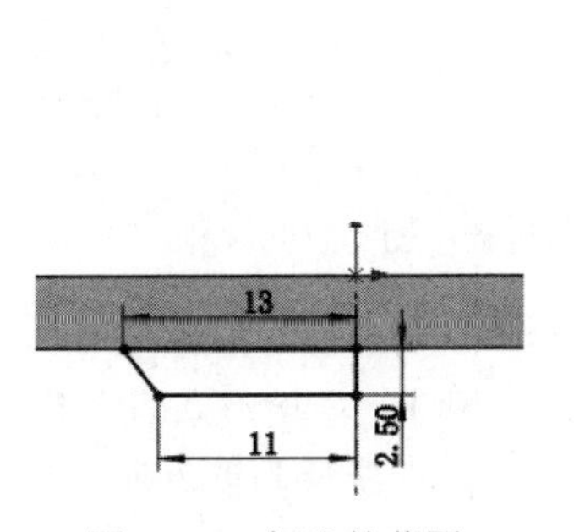

图5-111　标注的草图

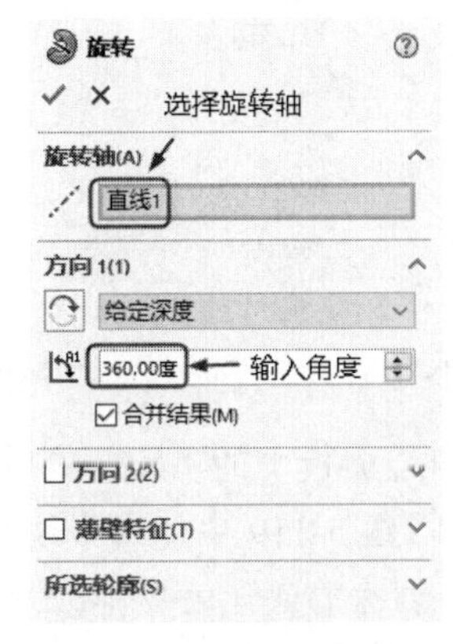

图5-112　“旋转”属性管理器

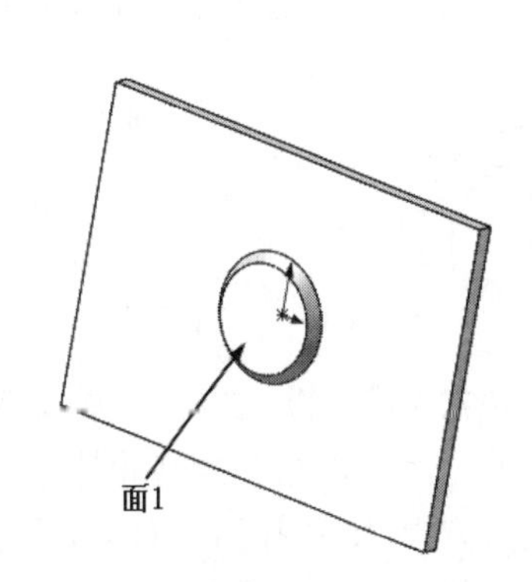

图5-113　旋转凸台后的图形

Note

（9）拉伸切除实体。单击“特征”面板中的“切除拉伸”按钮，此时系统弹出如图5-114所示“切除-拉伸”属性管理器。设置“终止条件”为“完全贯穿”，单击“确定”按钮✔。拉伸切除后的图形如图5-115所示。

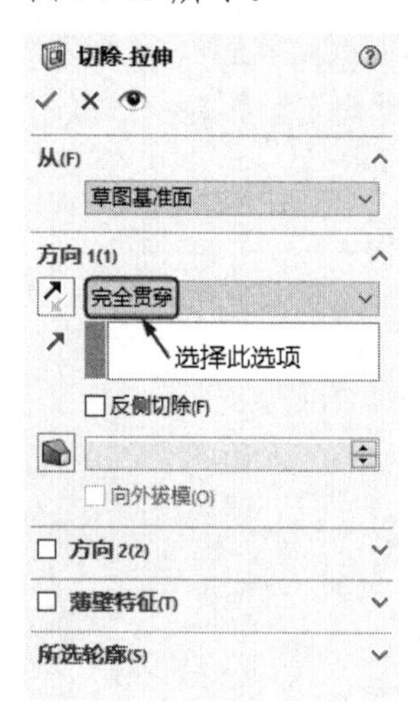

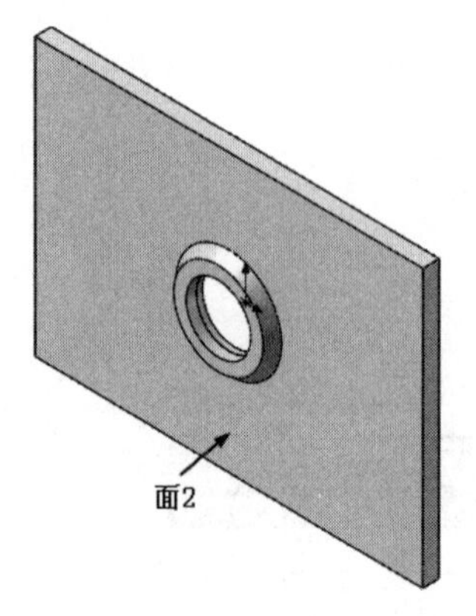

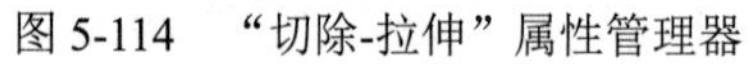
图5-114 “切除-拉伸”属性管理器　　图5-115 拉伸切除后的图形

（10）绘制草图。单击图5-115中的面2，然后单击“前导视图”工具栏中的“正视于”按钮，将该表面作为绘制图形的基准面。单击“草图”面板中的“直槽口”按钮，绘制草图。单击“草图”面板中的“智能尺寸”按钮，标注草图，如图5-116所示。

（11）拉伸切除实体。单击“特征”面板中的“切除拉伸”按钮，此时系统弹出如图5-117所示的“切除-拉伸”属性管理器。设置“终止条件”为“完全贯穿”，然后单击“确定”按钮✔。拉伸切除后的图形如图5-118所示。

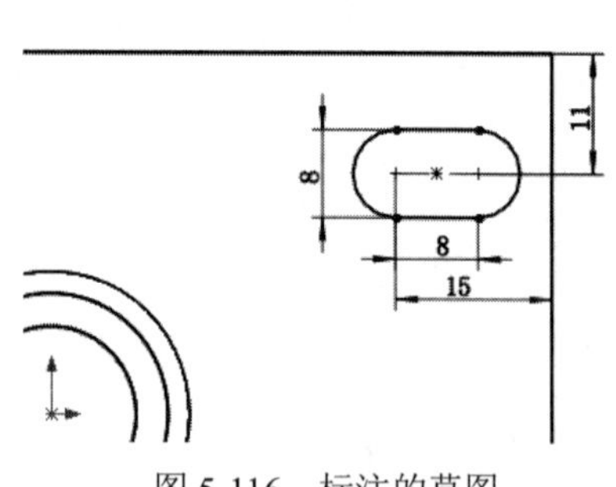

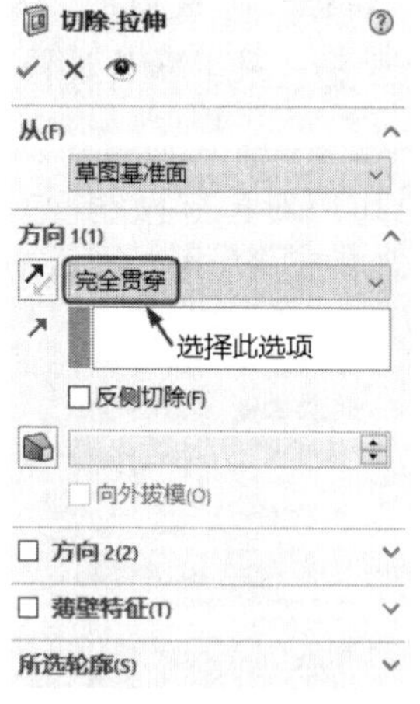

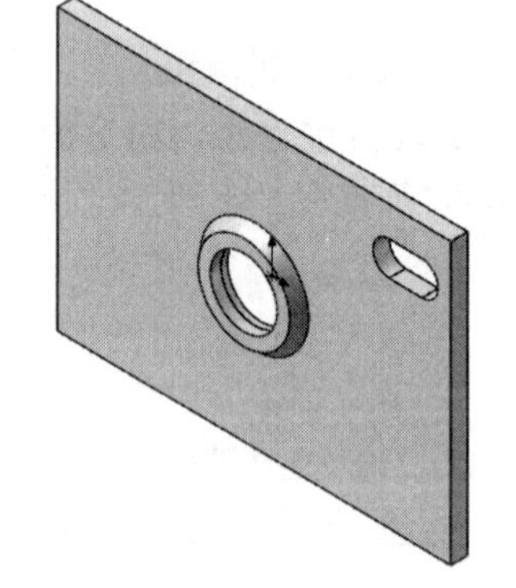

图5-116 标注的草图　　图5-117 “切除-拉伸”属性管理器　图5-118 拉伸切除后的图形

（12）线性阵列实体。单击“特征”面板中的“线性阵列”按钮，此时系统弹出如图5-119所示的“线性阵列”属性管理器。选择图5-119中的水平边线为方向1；选择图5-119中的竖直边线为方向2；选择图5-118中的拉伸切除的实体为要阵列的特征，并调整阵列的方向。单击“确定”按钮✔，绘制的移动轮底座如图5-120所示。

Note

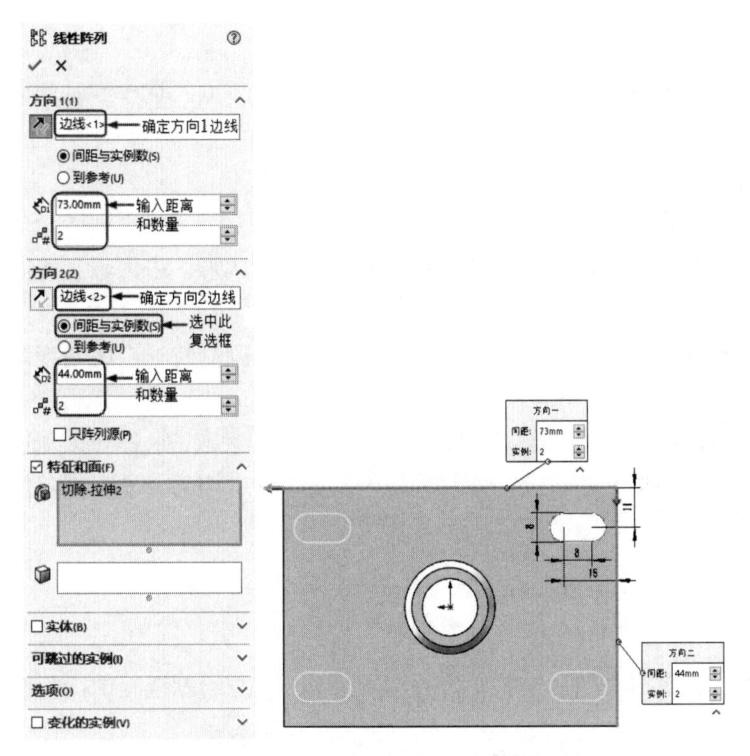

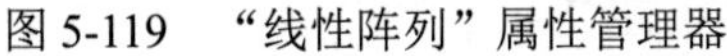

图 5-119　“线性阵列”属性管理器

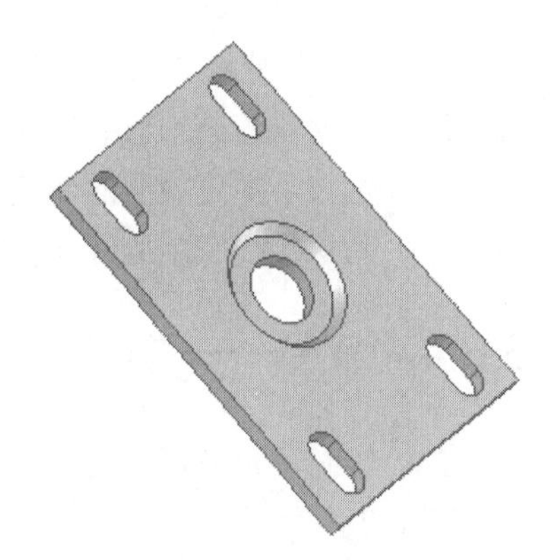

图 5-120　移动轮底座

5.6.3　圆周阵列

视频讲解

圆周阵列是指绕一个轴心以圆周路径生成多个子样本特征。如图 5-121 所示为圆周阵列 1 的零件模型的参数。在创建圆周阵列特征之前，首先要选择一个中心轴，这个轴可以是基准轴或者临时轴。每一个圆柱和圆锥面都有一条轴线，称之为临时轴。临时轴是由模型中的圆柱和圆锥隐含生成的，在图形区中一般不可见。在生成圆周阵列时需要使用临时轴，选择菜单栏中的“视图”→“临时轴”命令就可以显示临时轴了。此时该菜单旁边出现标记“√”，表示临时轴可见。此外，还可以生成基准轴作为中心轴。

执行圆周阵列命令，主要有如下 3 种调用方法。

☑　面板：单击“特征”面板中的“圆周阵列”按钮。

☑　工具栏：单击“特征”工具栏中的“圆周阵列”按钮。

☑　菜单栏：选择菜单栏中的“插入”→“阵列/镜像”→“圆周阵列”命令。

执行上述命令后，弹出“阵列（圆周）”属性管理器，如图 5-121 所示。

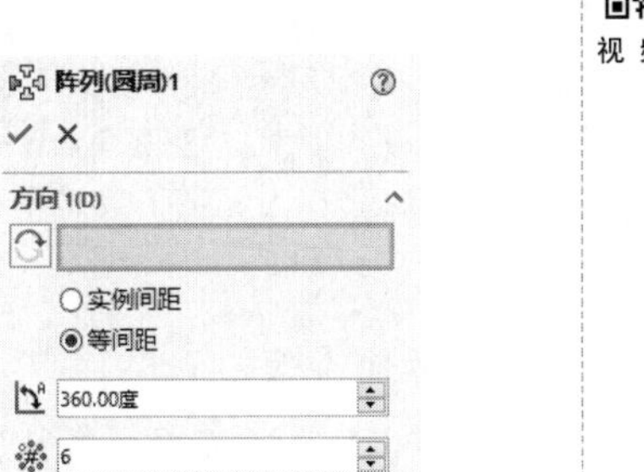

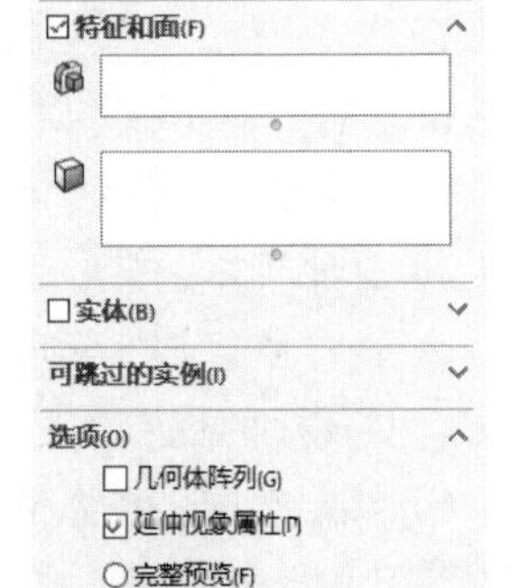

图 5-121　“阵列（圆周）”属性管理器

Note

“阵列（圆周）”属性管理器中的部分选项说明如下

☑ “参数”选项组：单击第一个列表框，然后在图形区中选择中心轴，则所选中心轴的名称显示在该列表框中。

- 反向：可以翻转阵列方向。
- 角度：指定阵列特征之间的角度。
- 实例数：指定阵列的特征数（包括原始样本特征）。此时在图形区中可以预览阵列效果。
- 等间距：选中此单选按钮，则总角度将默认为360°，所有的阵列特征会等角度均匀分布。

☑ 几何体阵列：选中此复选框，则只复制原始样本特征而不对它进行求解，这样可以加速生成及重建模型的速度。但是如果某些特征的面与零件的其余部分合并在一起，则不能为这些特征生成几何体阵列。

5.6.4 实例——链轮

视频讲解

首先绘制链轮外形轮廓草图并拉伸实体，然后绘制轮齿并圆周阵列轮齿。绘制链轮的流程图如图5-122所示。

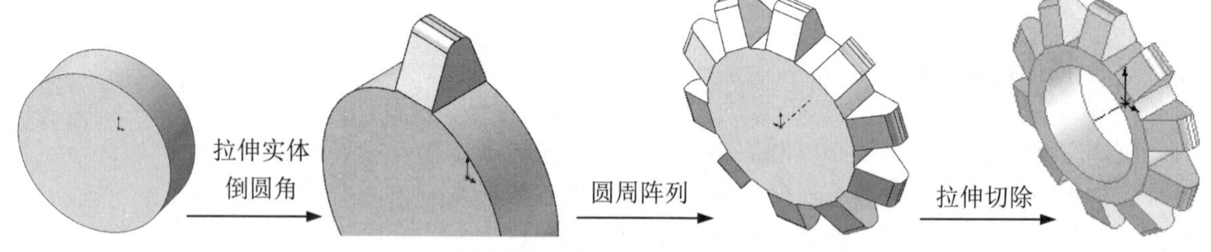

图5-122　绘制链轮的流程图

操作步骤如下。

（1）新建文件。单击快速访问工具栏中的“新建”按钮，在弹出的“新建SOLIDWORKS文件”对话框中单击“零件”按钮，然后单击“确定”按钮，创建一个新的零件文件。

（2）绘制草图。在左侧的“FeatureManager设计树”中选择“前视基准面”作为绘制图形的基准面。单击“草图”面板中的“圆”按钮，以原点为圆心绘制一个圆。单击“草图”面板中的“智能尺寸”按钮，标注圆的直径，如图5-123所示。

（3）拉伸实体。单击“特征”面板中的“拉伸凸台/基体”按钮，此时系统弹出如图5-124所示“凸台-拉伸”属性管理器。输入深度值为60mm，其他采用默认设置，然后单击“确定”按钮✔，拉伸后的图形如图5-125所示。

（4）绘制草图。在左侧的“FeatureManager设计树”中选择“右视基准面”，然后单击“前导视图”工具栏中的“正视于”按钮，将该表面作为绘制图形的基准面。单击“草图”面板中的“直线”按钮，绘制一系列直线段。单击“草图”面板中的“智能尺寸”按钮，标注上一步绘制草图的尺寸及其定位尺寸，如图5-126所示。

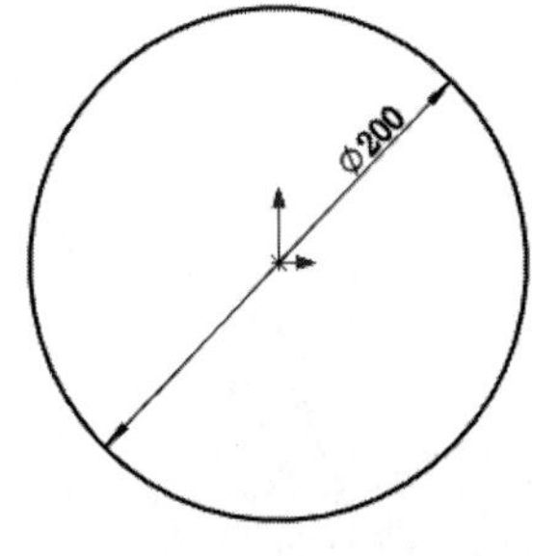

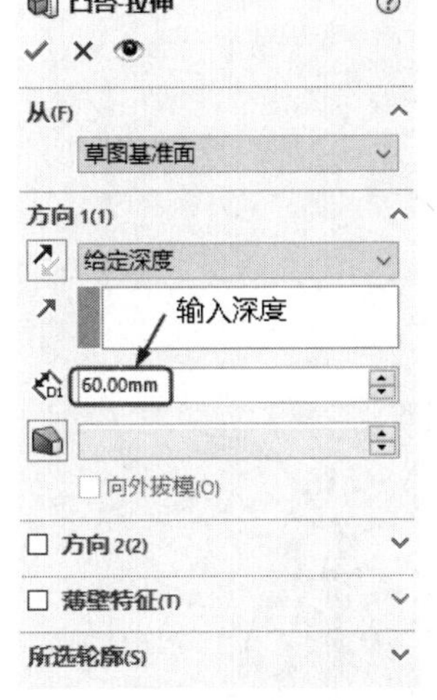

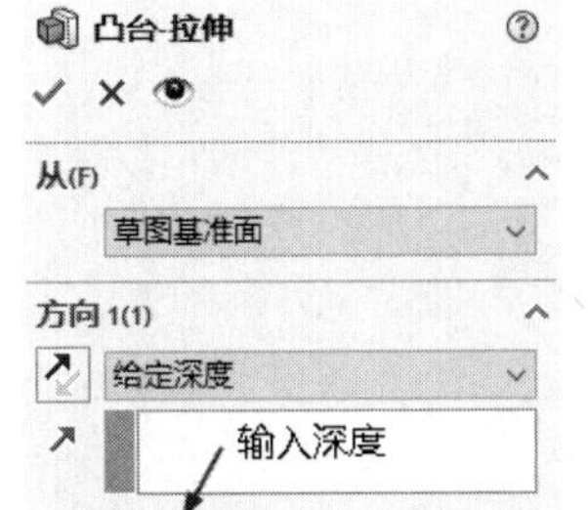

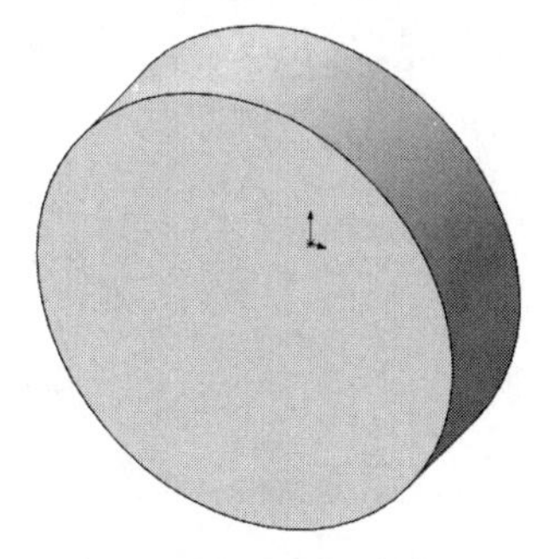

图 5-123 标注的草图　　图 5-124 “凸台-拉伸”属性管理器　　图 5-125 拉伸后的图形

（5）拉伸实体。单击“特征”面板中的“拉伸凸台/基体”按钮，此时系统弹出如图 5-127 所示的“凸台-拉伸”属性管理器。设置“终止条件”为“两侧对称”，输入深度值为 40mm，然后单击“确定”按钮✓，拉伸后的图形如图 5-128 所示。

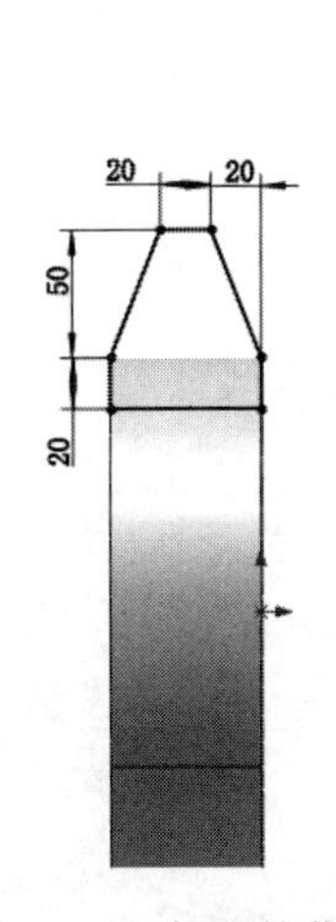

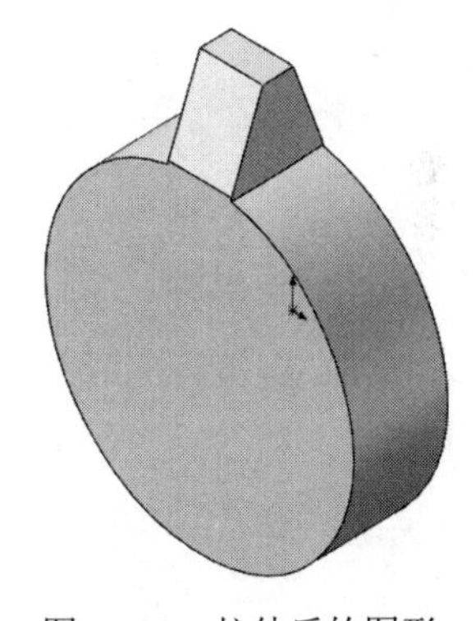

图 5-126 标注的草图　　图 5-127 “凸台-拉伸”属性管理器　　图 5-128 拉伸后的图形

（6）圆角实体。单击“特征”面板中的“圆角”按钮，此时系统弹出“圆角”属性管理器。输入半径值为 10mm，然后选择图 5-129 中的边线 1 和边线 2。单击“确定”按钮✓，圆角后的图形如图 5-130 所示。

（7）圆周阵列实体。单击“特征”面板中的“圆周阵列”按钮，此时系统弹出如图 5-131 所示的“阵列（圆周）”属性管理器，选择绘制的轮齿为要阵列的特征；选择图 5-131 中圆柱体的临时轴为阵列轴（临时轴可通过“视图”→“隐藏/显示”→“临时轴”命令进行临时轴的显示和隐藏设置），单击“确定”按钮✓，阵列后的图形如图 5-132 所示。

Note

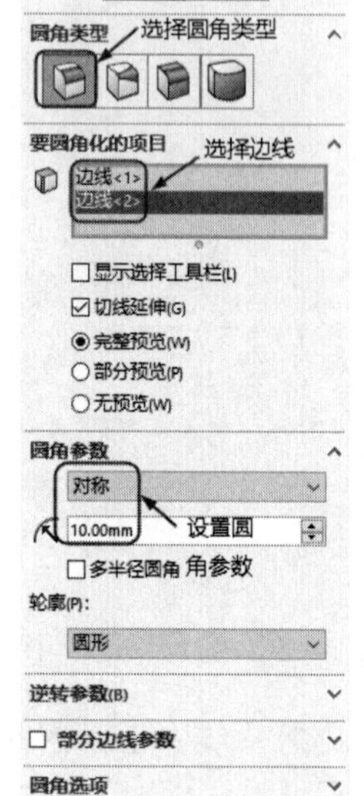

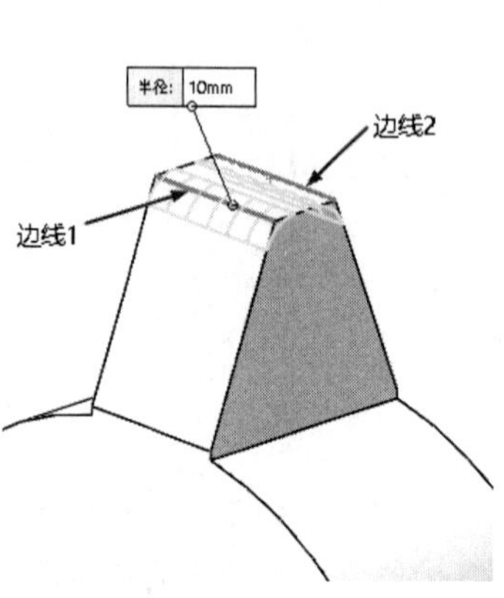

图 5-129 “圆角”属性管理器

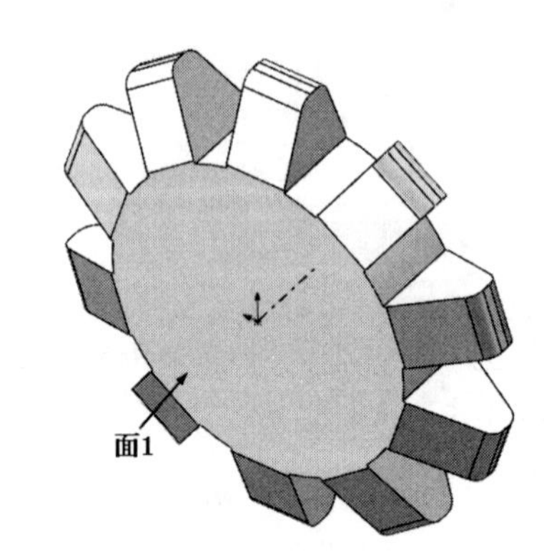

图 5-130 圆角后的图形

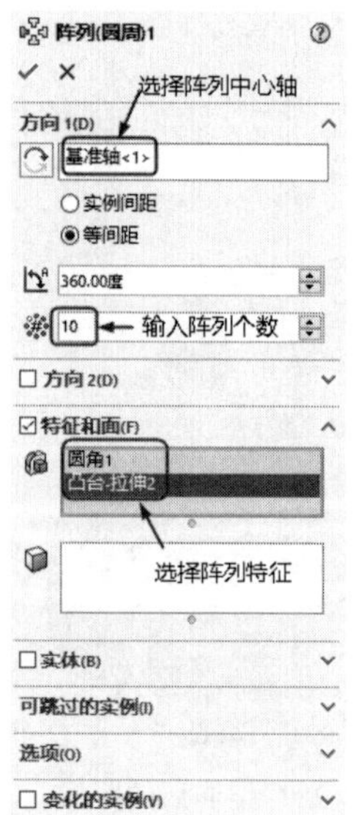

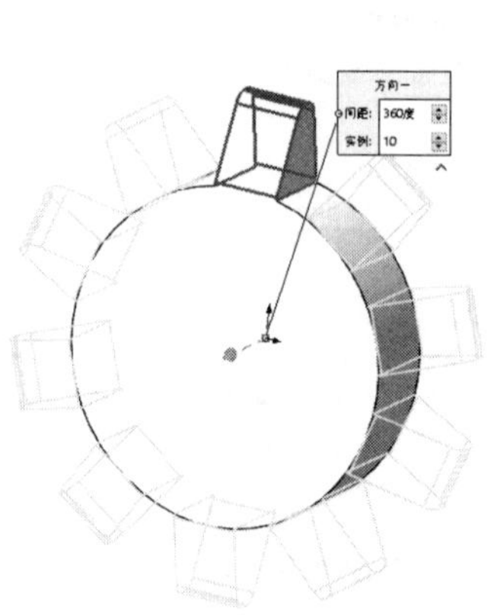

图 5-131 “阵列（圆周）”属性管理器

面1

图 5-132 阵列后的图形

（8）绘制草图。单击图 5-132 中的面 1，然后单击“前导视图”工具栏中的“正视于”按钮，将该表面作为绘制图形的基准面。单击“草图”面板中的“圆”按钮，以原点为圆心绘制一个圆。单击“草图”面板中的“智能尺寸”按钮，标注上一步绘制圆的直径，如图 5-133 所示。

（9）拉伸切除实体。单击“特征”面板中的“拉伸切除”按钮，此时系统弹出如图 5-134 所示的“切除-拉伸”属性管理器。设置“终止条件”为“完全贯穿”，然后单击“确定”按钮✓，绘制的链轮如图 5-135 所示。

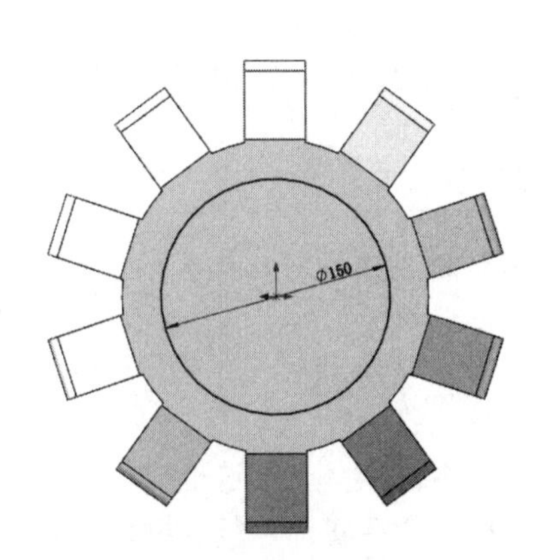

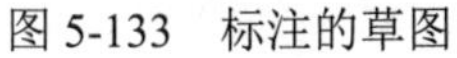

图 5-133 标注的草图

图 5-134 “切除-拉伸”属性管理器

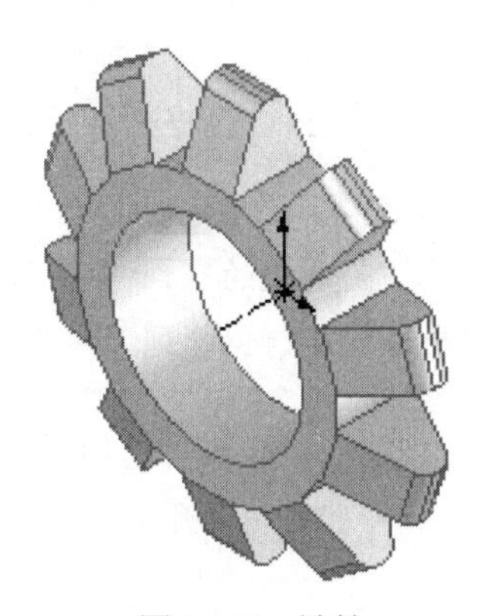

图 5-135 链轮

5.7 镜 像 特 征

如果零件结构是对称的，用户可以只创建零件模型的一半，然后使用镜像特征的方法生成整个零件。如果修改了原始特征，则镜像的特征也随之更改。

5.7.1 创建镜像特征

视频讲解

利用“镜像特征”工具沿面或基准面镜像，可以生成一个特征（或多个特征）的副本。在 SOLIDWORKS 中，可选择特征或构成特征的面或实体进行镜像，也可在单一模型或多实体零件中选择一个实体来生成一个镜像实体。

执行镜像命令，主要有如下 3 种调用方法。

☑ 面板：单击“特征”面板中的“镜像”按钮。

☑ 工具栏：单击“特征”工具栏中的“镜像”按钮。

☑ 菜单栏：选择菜单栏中的“插入”→“阵列/镜像”→“镜像”命令。

执行上述命令后，打开“镜像”属性管理器，如图 5-136 所示。

图 5-136 “镜像”属性管理器

“镜像”属性管理器中的主要选项说明如下。

☑ 镜像面/基准面：用于在图形区域选择一个面或基准面。可选择特征、构成特征的面或带多实体零件的实体。

☑ 要镜像的特征：可以通过单击模型中的一个或多个特征或使用特征管理器中弹出的部分来选择要镜像的特征。

☑ 要镜像的面：在图形区域单击构成要镜像的特征的面。“要镜像的面”对于在输入过程中包括特征的面但不包括特征本身的输入零件很有用。像多实体零件上的阵列，可以实现如下操作。

- 在“要镜像的特征”中从特征管理器选择阵列。
- 在“选项”中选择几何体阵列。几何体阵列的选项可以加速特征阵列的生成及重建。
- 根据要应用阵列的实体，在特征范围中选择。

提示：

在系统的默认中，几何体阵列是不被复选的，除非当使用特征或圆顶特征来生成阵列。另外，几何体阵列只可用于要镜像的特征和要镜像的面。

☑ “选项”选项组：包括如下选项。

- 合并实体：当在实体零件上选择一个面并取消选中“合并实体”复选框时，可生成附加到原有实体但为单独实体的镜像实体。如果选中“合并实体”复选框，原有零件和镜像的零件会成为单一实体。
- 缝合曲面：如果通过将镜像面附加到原有面但在曲面之间无交叉或缝隙来镜像曲面，可选中“缝合曲面”复选框将两个曲面缝合在一起。

5.7.2 实例——哑铃

视频讲解

这是一个比较简单的实体。首先绘制哑铃的一端，然后绘制哑铃手柄，最后镜像哑铃的另一端。绘制哑铃的流程图如图 5-137 所示。

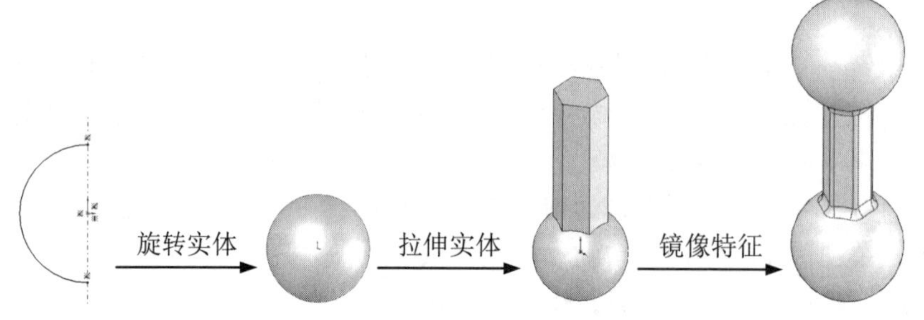

图 5-137　绘制哑铃的流程图

操作步骤如下。

（1）新建文件。单击快速访问工具栏中的“新建”按钮，在弹出的“新建 SOLIDWORKS 文件”对话框中单击“零件”按钮，然后单击“确定”按钮，创建一个新的零件文件。

（2）绘制草图。在左侧的“FeatureManager 设计树”中选择“前视基准面”作为绘制图形的基准面。单击“草图”面板中的“中心线”按钮，绘制一条通过原点竖直中心线，长度大约为 120mm；单击“草图”面板中的“圆心/起/终点画弧”按钮，以原点为圆心绘制一个半圆；单击“草图”面板中的“智能尺寸”按钮，标注半圆尺寸，如图 5-138 所示。

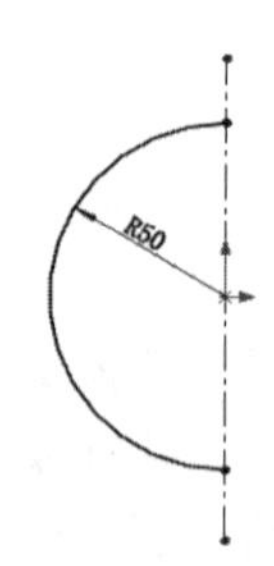

图 5-138　标注的草图

（3）旋转实体。单击“特征”面板中的“旋转凸台/基体”按钮，此时系统弹出如图 5-139 所示的系统提示框。因为哑铃的端部是非薄壁

实体，单击“是”按钮，此时系统弹出如图 5-140 所示的“旋转”属性管理器。采用默认设置，单击“确定”按钮✔，旋转后的图形如图 5-141 所示。

SOLIDWORKS

当前草图是开环的。若是要完成一个非薄壁的旋转特征需要一个闭环的草图，请问是否要自动将此草图封闭？

是(Y)　否(N)

图 5-139　系统提示框

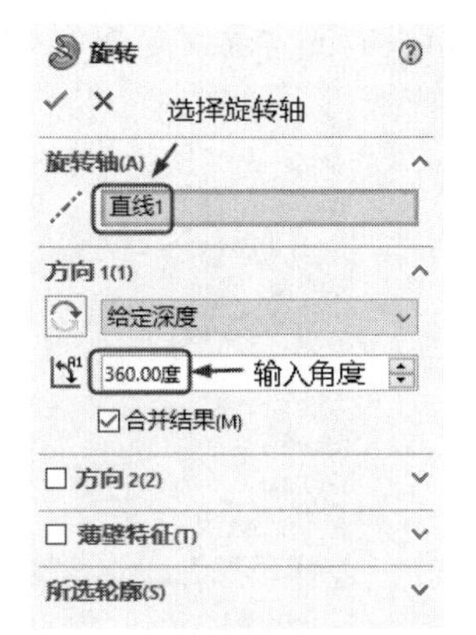

图 5-140　“旋转”属性管理器

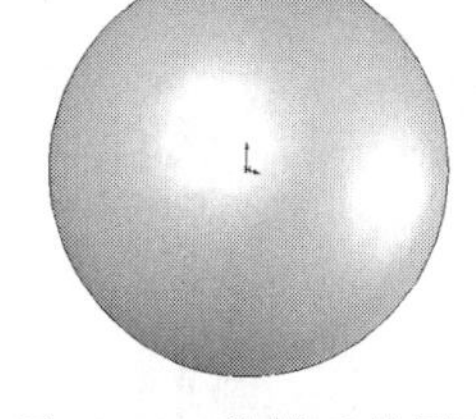

图 5-141　旋转后的图形

提示：

在使用旋转命令时，可以根据实际情况决定是否将草图闭合，但在绘制时一般不把草图闭合，而是根据出现的系统提示框进行设置。

（4）设置基准面。在左侧的“FeatureManager 设计树”中选择“上视基准面”，然后单击“前导视图”工具栏中的“正视于”按钮，将该基准面作为绘制图形的基准面，单击“草图”面板中的“多边形”按钮，此时系统弹出如图 5-142 所示的“多边形”属性管理器。绘制一个多边形，其中心坐标在原点。在“圆直径”栏中输入值 40mm。单击“草图”面板中的“绘制圆角”按钮，圆角半径设为 5mm，单击“确定”按钮✔，结果如图 5-143 所示。

（5）拉伸实体。单击“特征”面板中的“拉伸凸台/基体”按钮，此时系统弹出如图 5-144 所示的“凸台-拉伸”属性管理器。输入深度值为 200mm，其他采用默认设置，单击“确定”按钮✔。拉伸后的图形如图 5-145 所示。

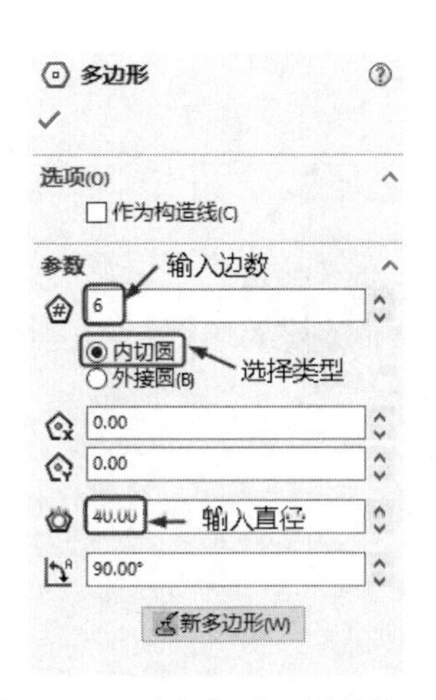

图 5-142　“多边形”属性管理器

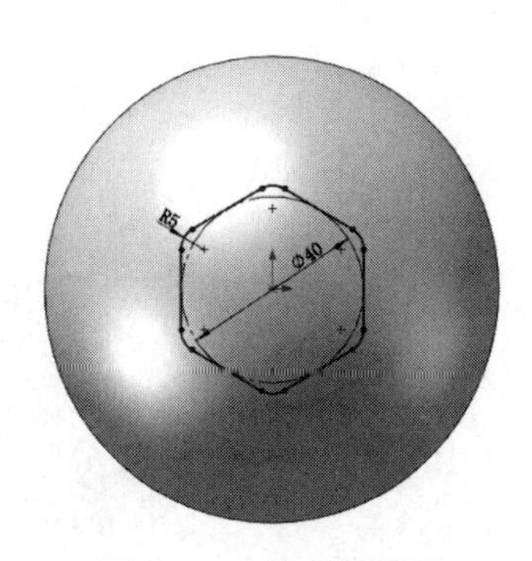

图 5-143　绘制的草图

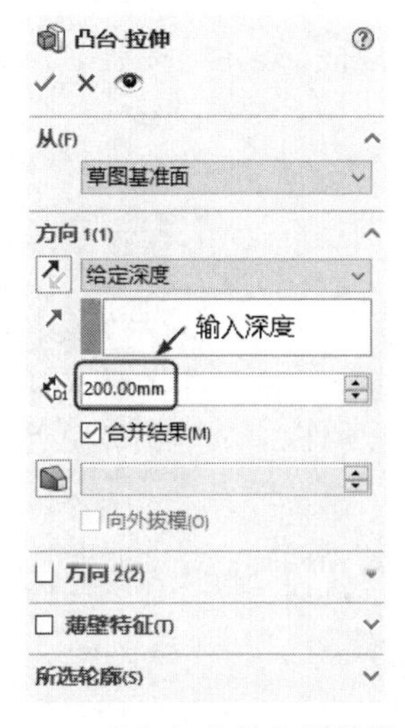

图 5-144　“凸台-拉伸”属性管理器

Note

（6）添加基准面。在左侧的“FeatureManager 设计树”中选择“上视基准面”添加新的基准面。单击“特征”面板中的“基准面”按钮，此时系统弹出如图 5-146 所示的“基准面”属性管理器。输入距离为 100mm，单击“确定”按钮✓，添加的基准面如图 5-147 所示。

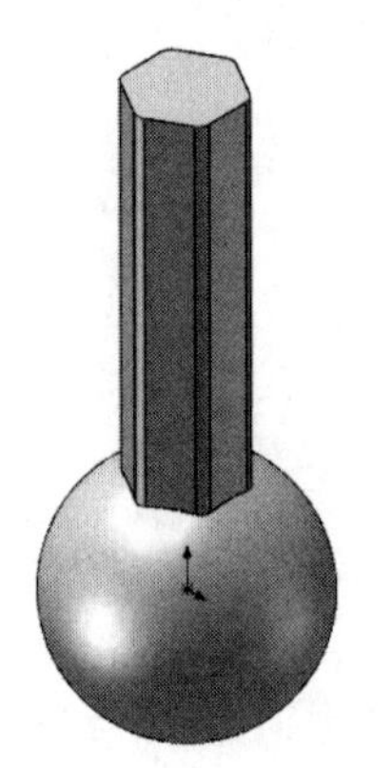

图 5-145　拉伸后的图形

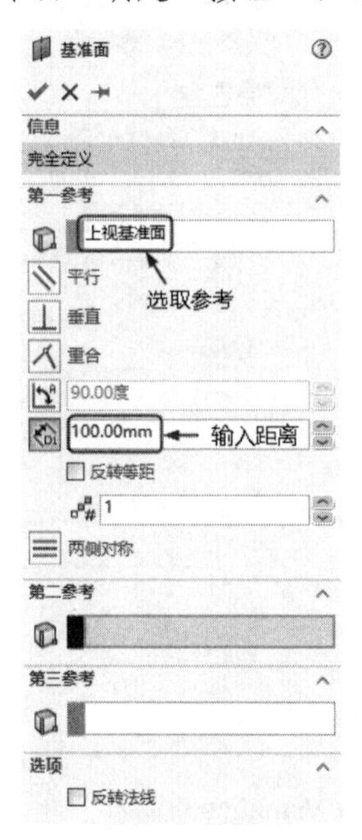

图 5-146　“基准面”属性管理器

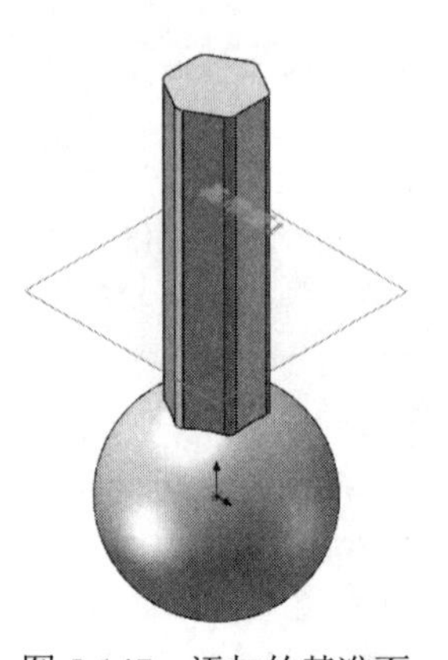

图 5-147　添加的基准面

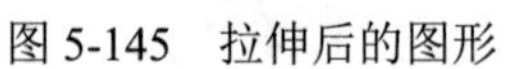

提示：

基准面在 SOLIDWORKS 中是很常用的命令，基准面可以通过较多的方式生成，它对于绘制不规则的图形有很好的帮助作用。

（7）镜像实体。单击“特征”面板中的“镜像”按钮，此时系统弹出如图 5-148 所示的“镜像”属性管理器。选择图 5-147 中的基准面为镜像面；选择已绘制的哑铃端部为要镜像的特征，单击“确定”按钮✓，镜像后的图形如图 5-149 所示。

图 5-148　“镜像”属性管理器

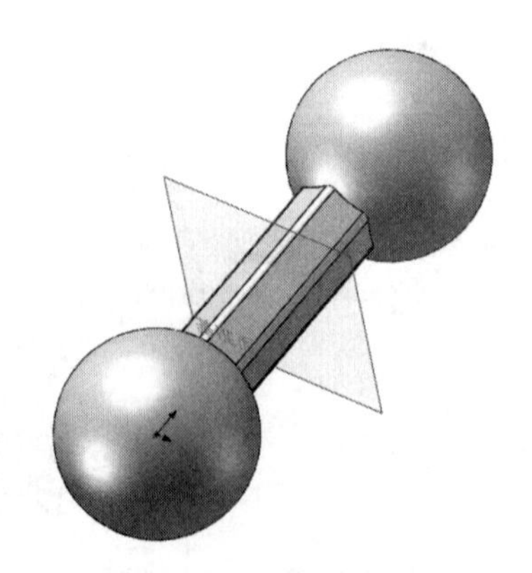

图 5-149　镜像后的图形

Note

（8）设置显示属性。单击“视图”→“隐藏/显示”菜单，此时系统弹出如图 5-150 所示的下拉菜单，如果哪项被选中，则视图中会显示哪项对应的图形。单击“基准面”选项，视图中的基准面将被显示。

（9）圆角实体。单击“特征”面板中的“圆角”按钮，此时系统弹出“圆角”属性管理器，如图 5-151 所示。输入半径值为 10mm，选择图 5-151 中标注的两个边线。单击“确定”按钮✓。圆角参数如图 5-151 所示，绘制的哑铃如图 5-152 所示。

图 5-150　“视图”下拉菜单

图 5-151　设置圆角参数

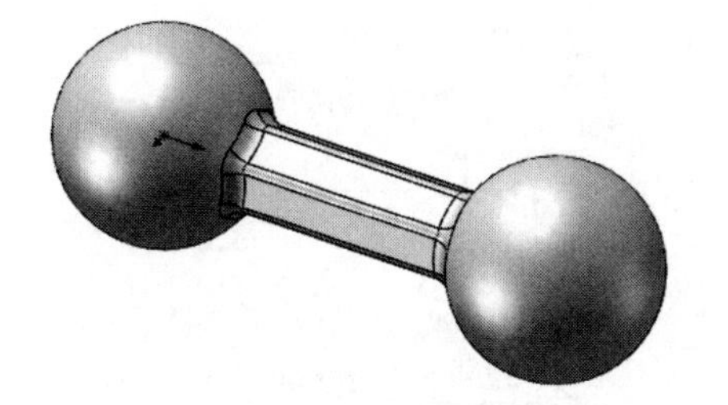

图 5-152　哑铃

5.8　综合实例——壳体

视频讲解

壳体类零件大多为铸件，一般起支承、容纳、定位和密封等作用，内外形状一般较为复杂。

Note

创建时首先利用旋转、拉伸及拉伸切除命令来绘制壳体的底座主体轮廓，然后主要利用拉伸命令来绘制壳体上半部分，之后生成安装沉头孔及其他工作部分用孔，最后生成壳体的肋及其倒角和圆角。绘制壳体的流程图如图5-153所示。

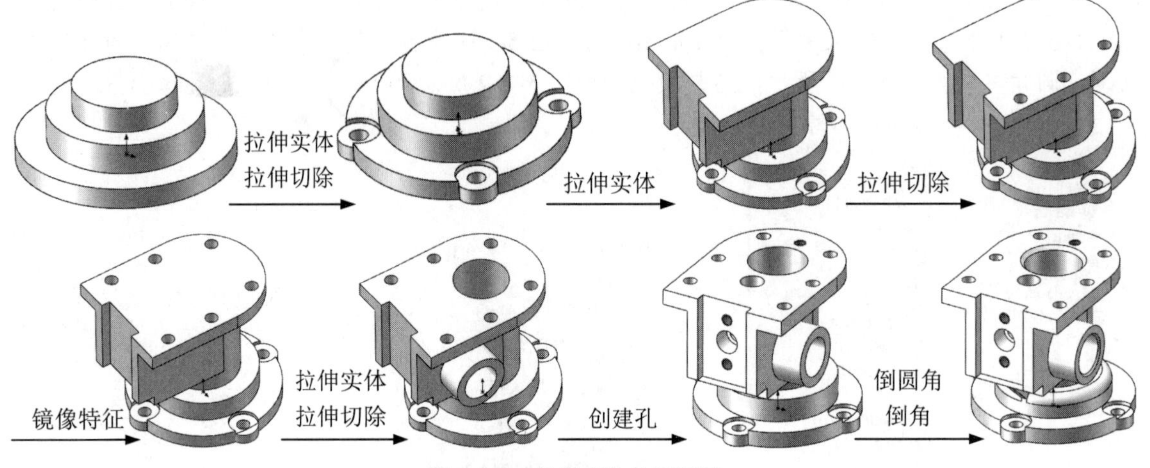

图5-153　绘制壳体的流程图

操作步骤如下。

1. 创建底座主体轮廓

（1）新建文件。单击快速访问工具栏中的“新建”按钮，在弹出的“新建SOLIDWORKS文件”对话框中单击“零件”按钮，然后单击“确定”按钮，创建一个新的零件文件。

（2）绘制草图。在左侧的“FeatureManager设计树”中选择“前视基准面”作为绘图基准面，然后单击“草图”面板中的“中心线”按钮，绘制一条中心线。单击“草图”面板中的“直线”按钮，在绘图区域绘制底座的外形轮廓线。单击“草图”面板中的“智能尺寸”按钮，对草图进行尺寸标注，调整草图尺寸，如图5-154所示。

（3）旋转生成底座实体。单击“特征”面板中的“旋转凸台/基体”按钮，系统弹出“旋转”属性管理器，如图5-155所示。采用默认设置，单击“确定”按钮✓，旋转生成的实体如图5-156所示。

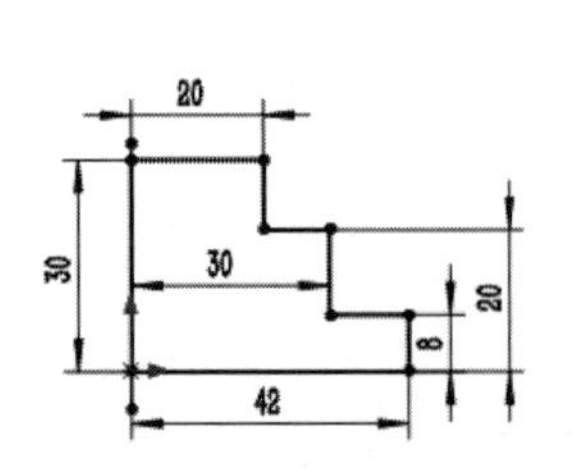

图5-154　标注底座轮廓草图

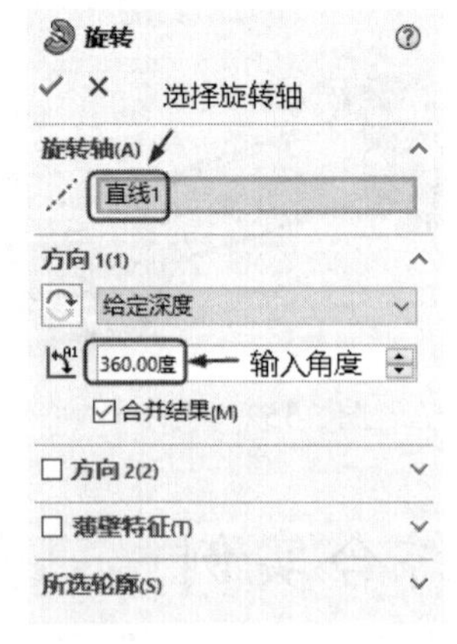

图5-155　“旋转”属性管理器

图5-156　旋转生成的实体

（4）绘制草图。在左侧的“FeatureManager 设计树”中选择“上视基准面”作为绘图基准面，然后单击“草图”面板中的“圆”按钮⊙，绘制如图 5-157 所示的草图，并标注尺寸。

（5）拉伸实体。单击“特征”面板中的“拉伸凸台/基体”按钮，此时系统弹出“凸台-拉伸”属性管理器，输入深度值为 6mm，其他设置如图 5-158 所示，单击“确定”按钮✓，拉伸后的效果如图 5-159 所示。

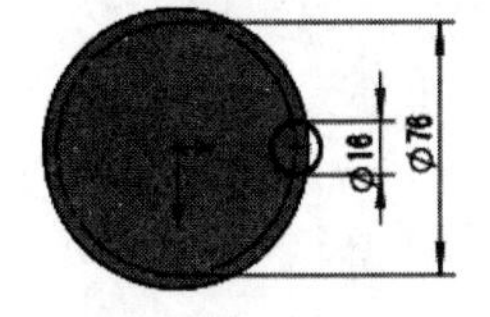

图 5-157　绘制草图

图 5-158　“凸台-拉伸”属性管理器

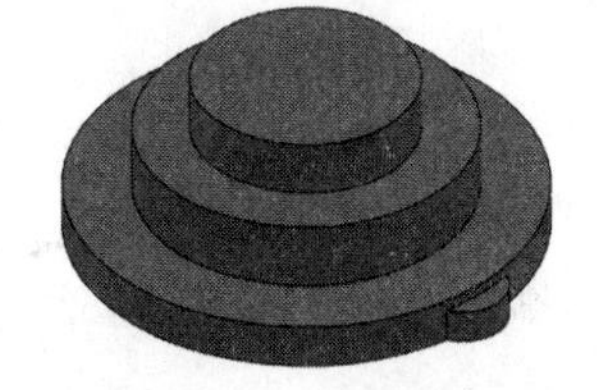

图 5-159　拉伸后的效果

（6）设置基准面。单击刚才创建圆柱实体顶面，然后单击“前导视图”工具栏中的“正视于”按钮，将该表面作为绘制图形的基准面。选择刚才创建圆柱体的草图，然后单击“草图”面板中的“转换实体引用”按钮，生成草图。

（7）拉伸切除实体。单击“特征”面板中的“拉伸切除”按钮，此时系统弹出“切除-拉伸”属性管理器，输入深度值为 2mm，然后单击“确定”按钮✓，拉伸切除特征如图 5-160 所示。

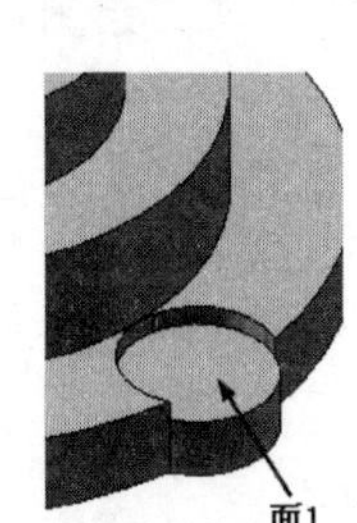

图 5-160　拉伸切除特征

（8）设置基准面。选择图 5-160 中的面 1，单击“前导视图”工具栏中的“正视于”按钮，将该表面作为绘制图形的基准面。绘制如图 5-161 所示的草图并标注尺寸。

（9）切除拉伸实体。切除拉伸 Ø7 圆孔特征，设置切除的“终止条件”为“完全贯穿”，得到切除拉伸 2 特征。

（10）显示临时轴。选择菜单栏中的“视图”→“隐藏/显示”→“临时轴”命令，将隐藏的临时轴显示出来。

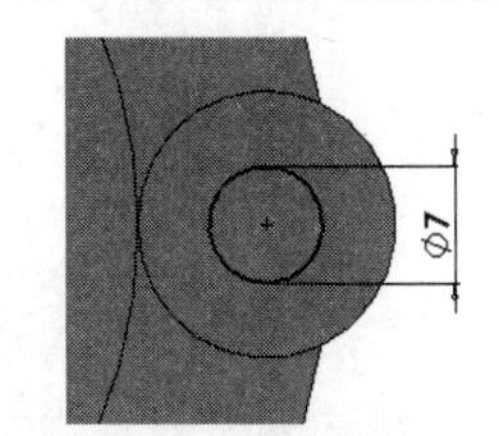

图 5-161　绘制草图

（11）圆周阵列实体。单击“特征”面板中的“圆周阵列”按钮，单击图 5-162 中的临时轴 1，输入角度值为 360°，输入阵列个数为 4；选择创建的拉伸和切除特征为要阵列的特征，单击“确定”按钮✓。

2. 创建壳体上半部分

（1）绘制草图。单击底座实体顶面，然后单击“前导视图”工具栏中的“正视于”按钮，将该表面作为绘制图形的基准面。单击“草图”面板中的“直线”按钮和“圆”按钮⊙，绘制凸台草图，如图 5-163 所示。

Note

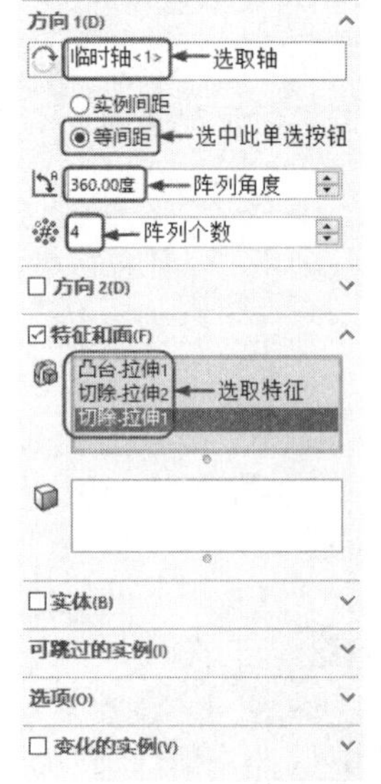

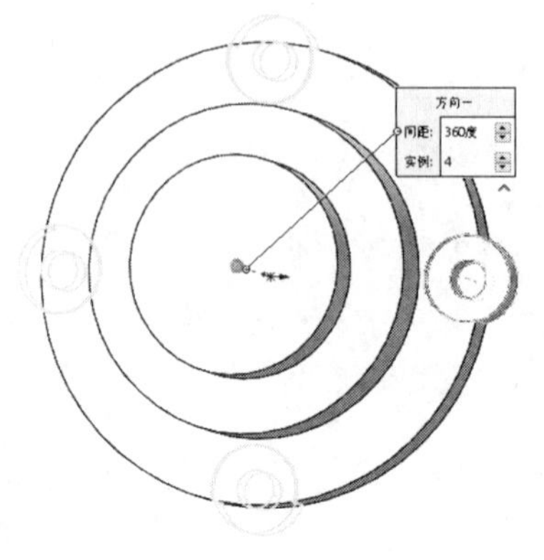

图 5-162　圆周阵列实体

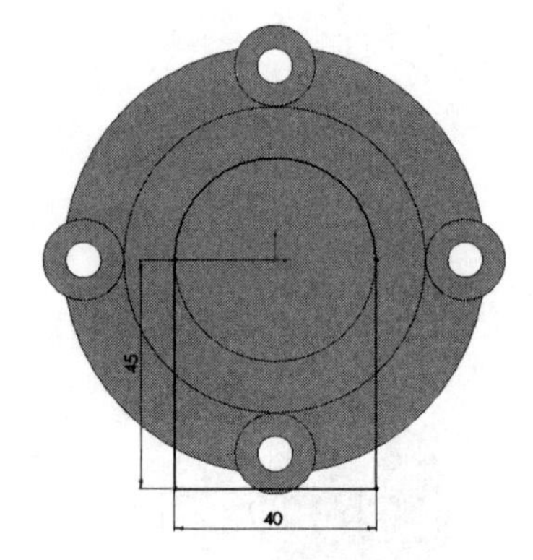

图 5-163　绘制草图

（2）拉伸实体。单击“特征”面板中的“拉伸凸台/基体”按钮，拉伸生成实体，拉伸深度为 6mm，如图 5-164 所示。

（3）绘制草图。单击创建的凸台顶面，然后单击“前导视图”工具栏中的“正视于”按钮，将该表面作为绘制图形的基准面。单击“草图”面板中的“直线”按钮和“圆”按钮，绘制如图 5-165 所示的凸台草图；单击“草图”面板中的“智能尺寸”按钮，对草图进行尺寸标注，调整草图尺寸，如图 5-165 所示。

（4）拉伸实体。单击“特征”面板中的“拉伸凸台/基体”按钮，拉伸生成实体，拉伸深度为 36mm，如图 5-166 所示。

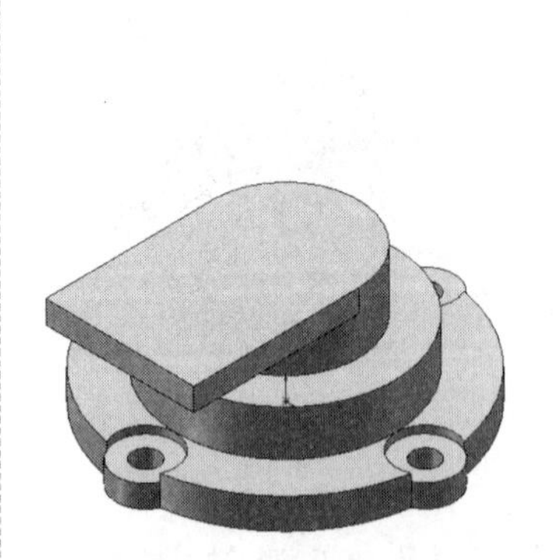

图 5-164　拉伸实体

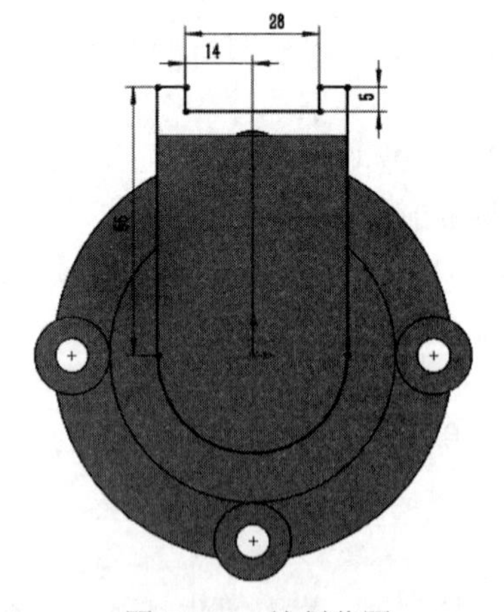

图 5-165　绘制草图

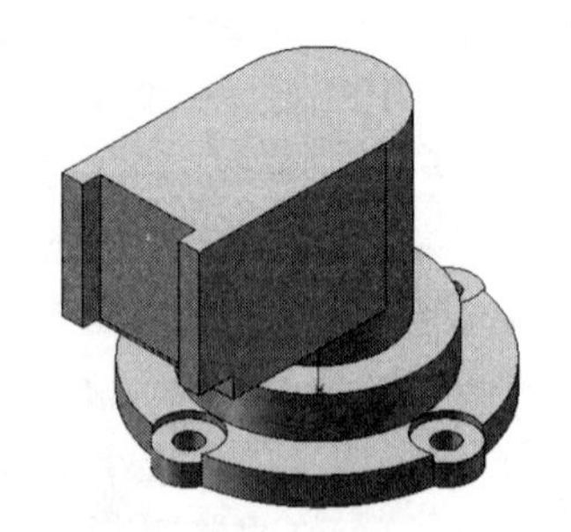

图 5-166　拉伸实体

（5）绘制草图。单击刚才所建凸台顶面，然后单击“前导视图”工具栏中的“正视于”按钮，将该表面作为绘制图形的基准面。单击“草图”面板中的“圆”按钮，绘制如图 5-167

所示的凸台草图；单击“草图”面板中的“智能尺寸”按钮，对草图进行尺寸标注，调整草图尺寸，如图 5-167 所示。

（6）拉伸实体。单击“特征”面板中的“拉伸凸台/基体”按钮，拉伸生成实体，拉伸深度为 16mm，如图 5-168 所示。

（7）绘制草图。单击所建凸台顶面，然后单击“前导视图”工具栏中的“正视于”按钮，将该表面作为绘制图形的基准面。利用草图绘制工具绘制如图 5-169 所示的凸台草图，单击“草图”面板中的“智能尺寸”按钮，对草图进行尺寸标注，调整草图尺寸，如图 5-169 所示。

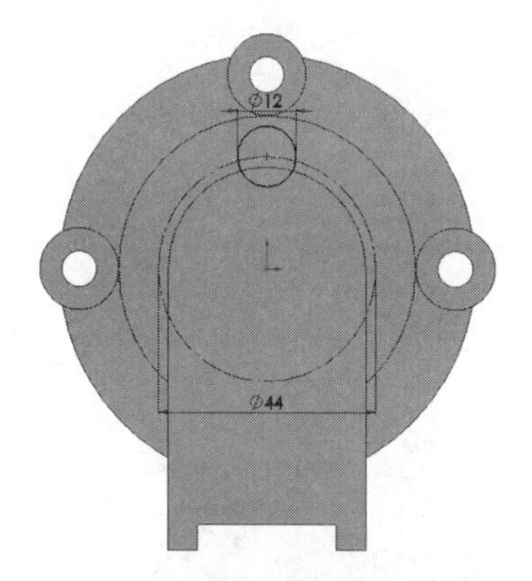

图 5-167　绘制草图

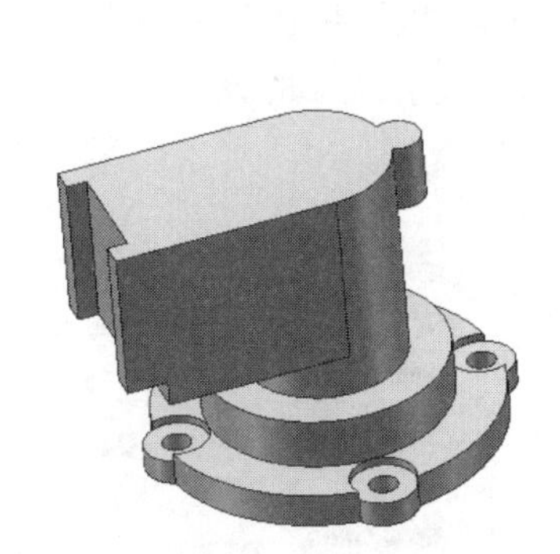

图 5-168　拉伸实体

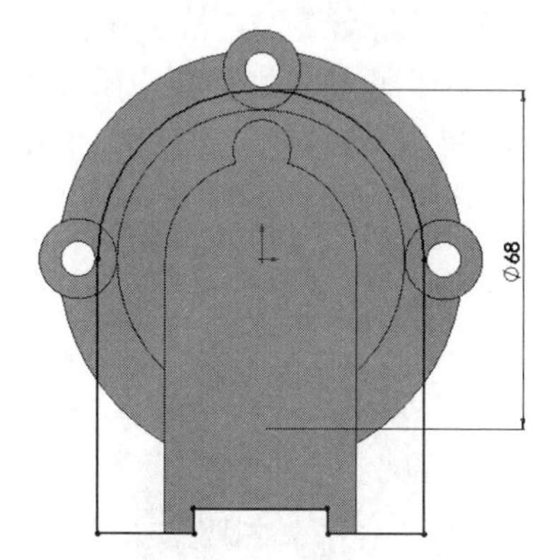

图 5-169　绘制草图

（8）拉伸实体。单击“特征”面板中的“拉伸凸台/基体”按钮，拉伸生成实体，拉伸深度为 8mm，结果如图 5-170 所示。

3. 创建安装孔

（1）绘制草图。单击图 5-170 中的面 2，然后单击“前导视图”工具栏中的“正视于”按钮，将该表面作为绘制图形的基准面。单击“草图”面板中的“中心线”按钮和“圆”按钮。绘制凸台草图，单击“草图”面板中的“智能尺寸”按钮，对草图进行尺寸标注，调整草图尺寸，如图 5-171 所示。

（2）拉伸切除实体。单击“特征”面板中的“拉伸切除”按钮，拉伸切除深度为 2mm，单击“确定”按钮，拉伸切除实体如图 5-172 所示。

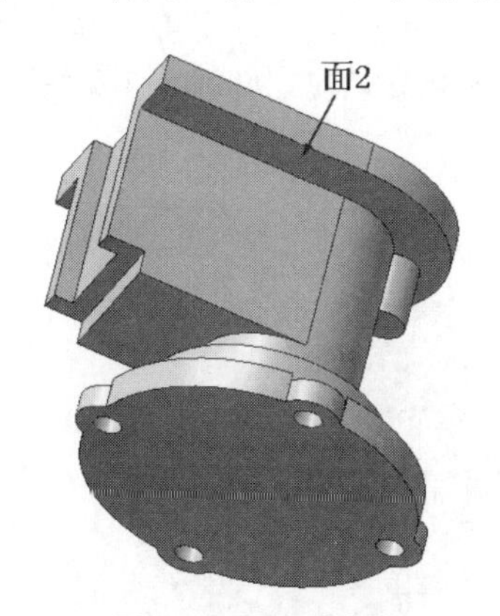

图 5-170　拉伸实体

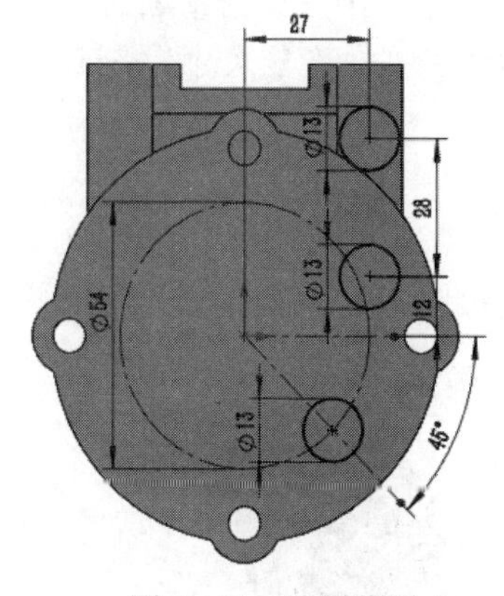

图 5-171　绘制草图

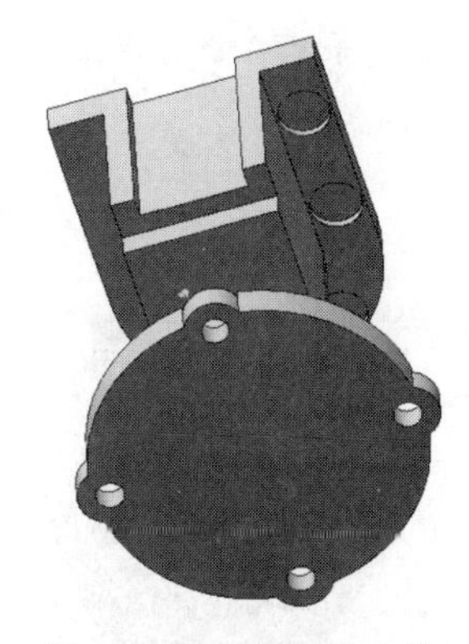

图 5-172　拉伸切除实体

（3）绘制草图。单击如图 5-172 所示的沉头孔底面，然后单击“前导视图”工具栏中的“正

Note

视于”按钮，将该表面作为绘制图形的基准面。单击“草图”面板中的“圆”按钮，绘制安装孔草图；单击“草图”面板中的“智能尺寸”按钮，对圆进行尺寸标注，如图 5-173 所示。

（4）拉伸切除实体。单击“特征”面板中的“拉伸切除”按钮，拉伸切除深度为 6mm，然后单击“确定”按钮✓。生成的沉头孔如图 5-174 所示。

（5）镜像实体。单击“特征”面板中的“镜像”按钮，系统弹出“镜像”属性管理器。选择右视基准面作为镜像面；选择前面步骤建立的所有特征为镜像特征，其余参数如图 5-175 所示。单击“确定”按钮✓，完成顶部安装孔特征的镜像。

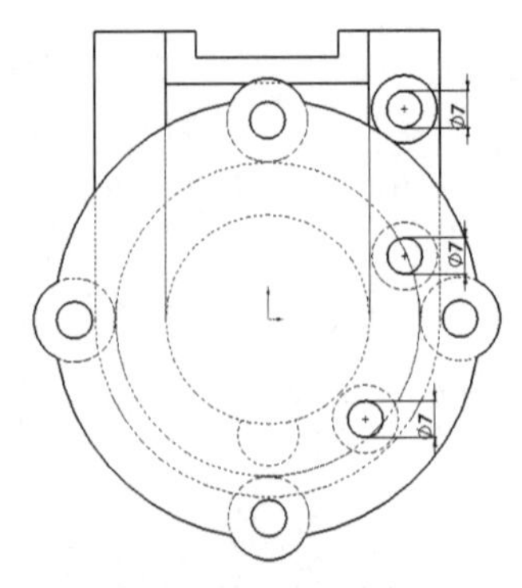

图 5-173　绘制草图

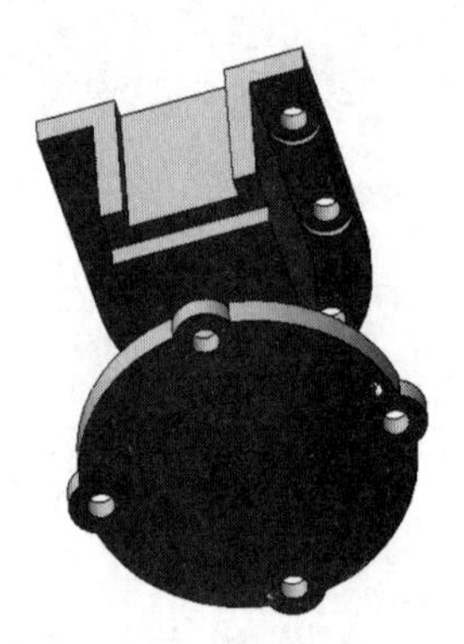

图 5-174　生成的沉头孔

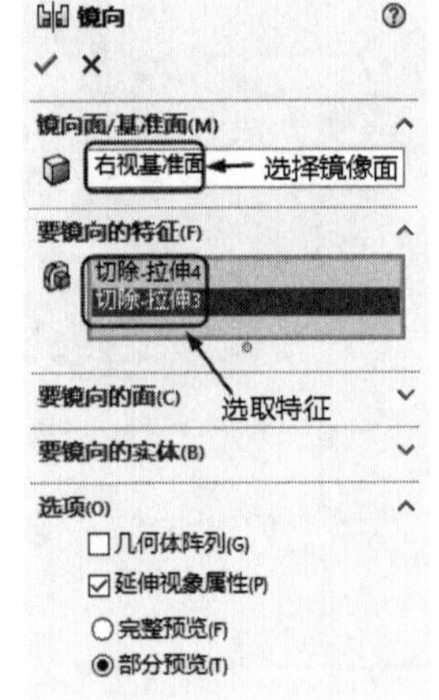

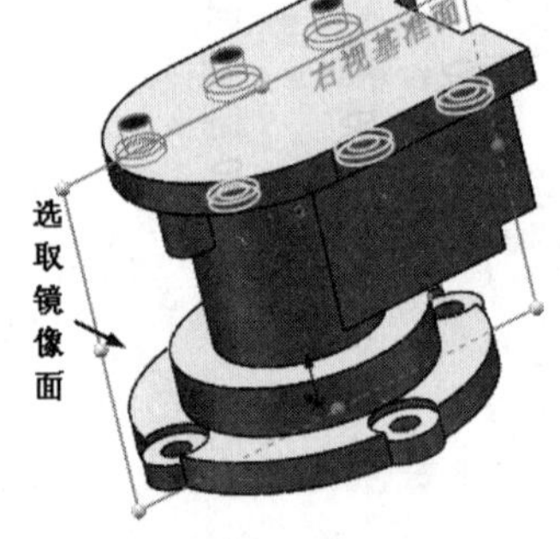

图 5-175　镜像实体

（6）绘制草图。选择所建壳体底面作为绘图基准面，然后单击“草图”面板中的“圆”按钮，绘制一个圆。单击“草图”面板中的“智能尺寸”按钮，标注圆的直径，如图 5-176 所示。

（7）拉伸切除实体。单击“特征”面板中的“拉伸切除”按钮，拉伸切除深度为 2mm，单击“确定”按钮✓，生成的底孔如图 5-177 所示

（8）绘制草图。选择所建底孔底面作为绘图基准面，然后单击“草图”面板中的“圆”按钮，绘制一个圆。单击“草图”面板中的“智能尺寸”按钮，标注圆的直径为 30mm，如图 5-178 所示。

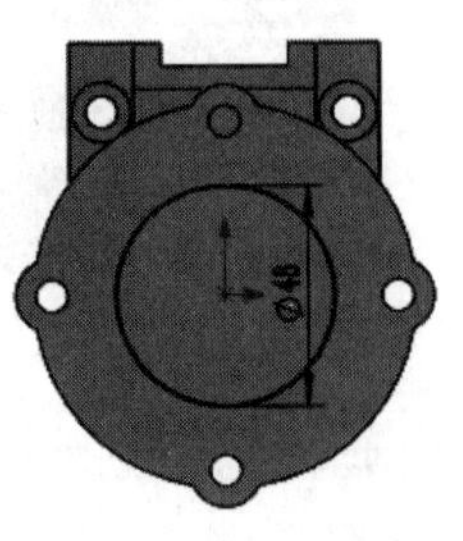

图 5-176　绘制草图

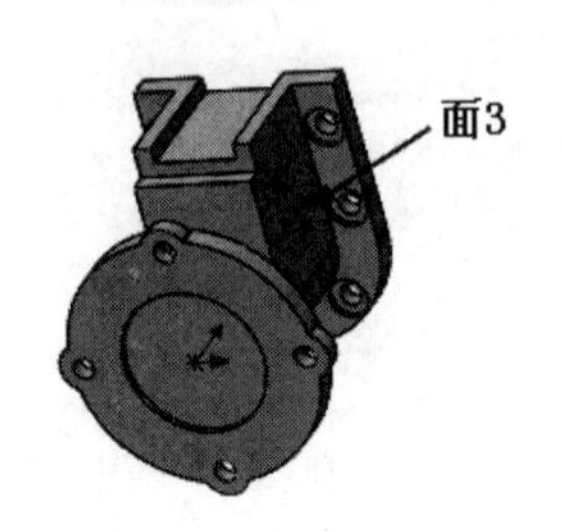

图 5-177　生成底孔

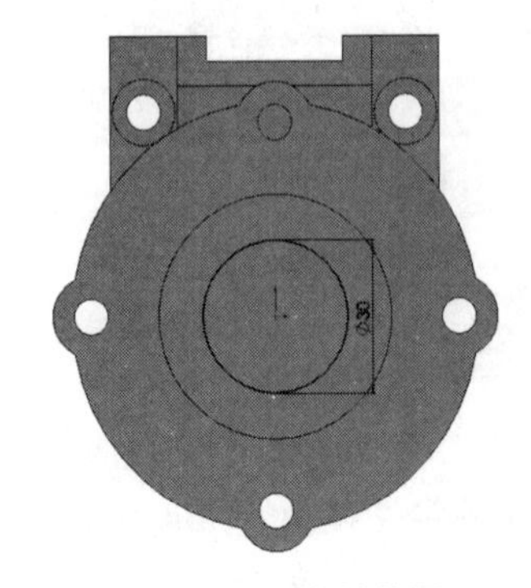

图 5-178　绘制草图

Note

(9) 拉伸切除实体。单击“特征”面板中的“拉伸切除”按钮，设置“终止条件”为“完全贯穿”，单击“确定”按钮✔，生成的通孔如图5-179所示

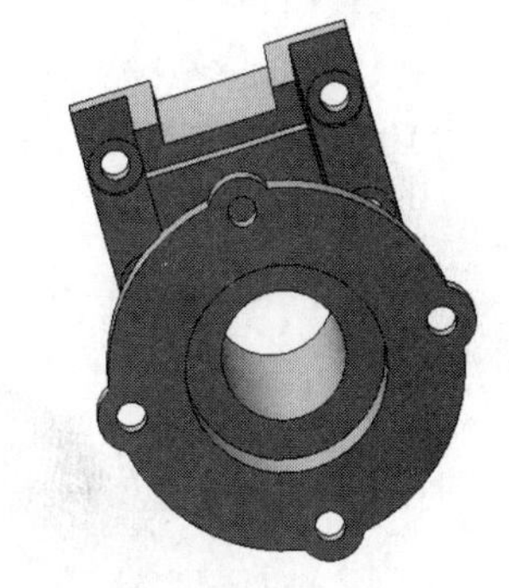

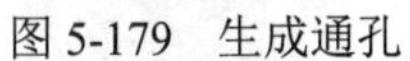
图5-179　生成通孔

(10) 绘制草图。单击图5-177中的面3，然后单击“前导视图”工具栏中的“正视于”按钮，将该表面作为绘制图形的基准面。单击“草图”面板中的“圆”按钮，绘制一个圆。单击“草图”面板中的“智能尺寸”按钮，标注圆的直径为30mm，如图5-180所示。

(11) 拉伸实体。单击“特征”面板中的“拉伸凸台/基体”按钮，拉伸生成实体，拉伸深度为16mm，拉伸侧面凸台孔如图5-181所示。

(12) 设置基准面。单击壳体的上表面的平面，然后单击“前导视图”工具栏中的“正视于”按钮，将该表面作为绘制图形的基准面。

(13) 添加孔。单击“特征”面板中的“异型孔向导”按钮，选择孔，在“孔规格”属性管理器的“大小”栏中选择Ø12规格，设置“终止条件”为“给定深度”，深度设为40mm。其他设置如图5-182所示。选择“孔规格”属性管理器中的“位置”选项卡。利用草图绘制工具设置孔的位置，如图5-183所示，最后单击“确定”按钮✔，添加孔后的效果如图5-184所示（利用钻孔工具添加的孔具有加工时生成的底部倒角）。

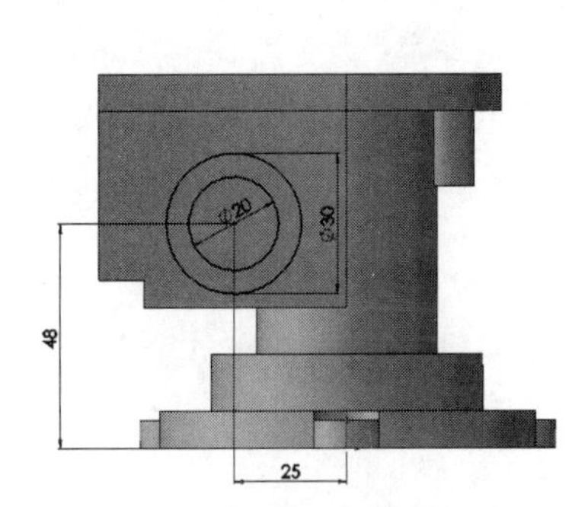

图5-180　绘制草图

图5-182　孔规格参数设置

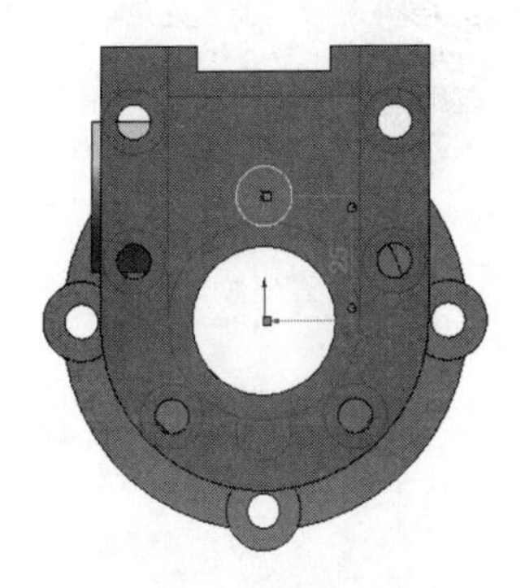
图5-183　设置孔的位置

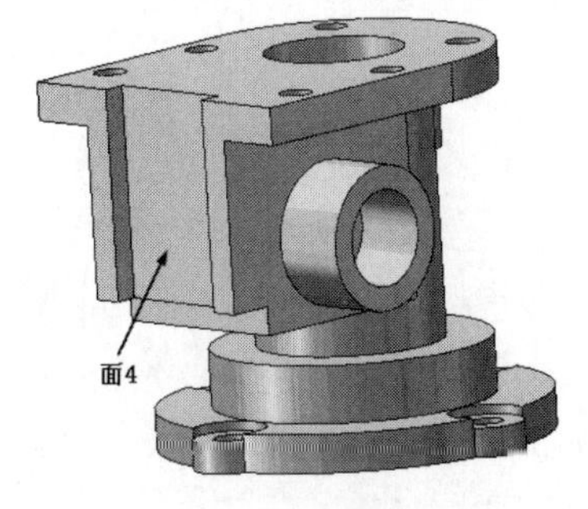

图5-181　拉伸侧面凸台孔

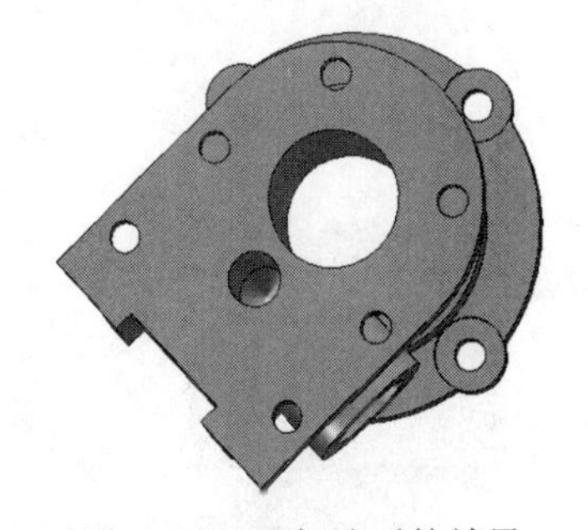
图5-184　添加孔后的效果

(14) 绘制草图。单击图5-181中的面4，然后单击“前导视图”工具栏中的“正视于”按钮，将该表面作为绘制图形的基准面。单击“草图”面板中的“圆”按钮，绘制一个圆。单

击“草图”面板中的“智能尺寸”按钮，标注圆的直径为12mm，如图5-185所示。

（15）拉伸切除实体。单击“特征”面板中的“拉伸切除”按钮，拉伸生成实体，拉伸深度为10mm。创建正面Ø12孔如图5-186所示。

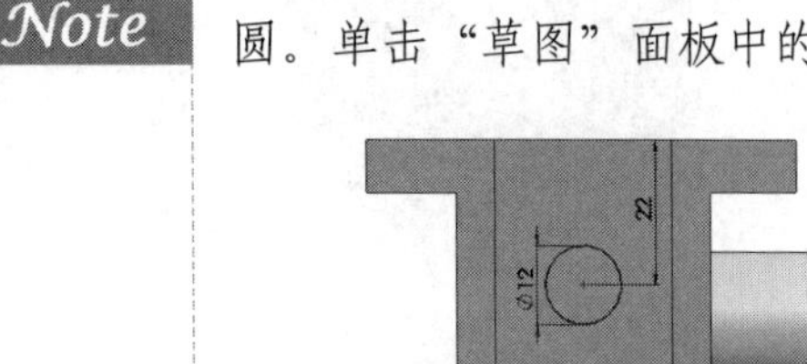

（16）绘制草图。单击刚才建立Ø12孔的底面，然后单击“前导视图”工具栏中的“正视于”按钮，将该表面作为绘制图形的基准面。单击“草图”面板中的“圆”按钮，绘制一个圆。单击“草图”面板中的“智能尺寸”按钮，标注圆的直径为8mm，如图5-187所示。

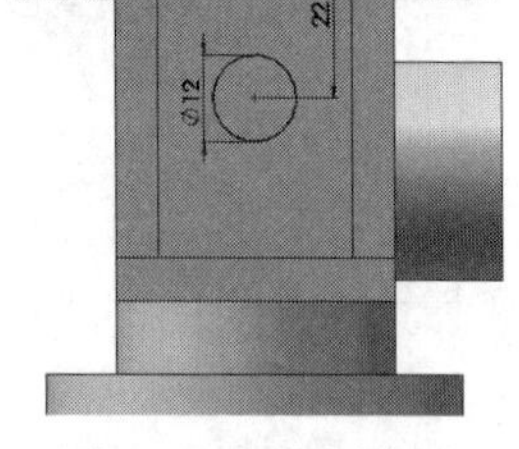

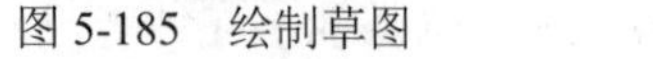
图5-185 绘制草图

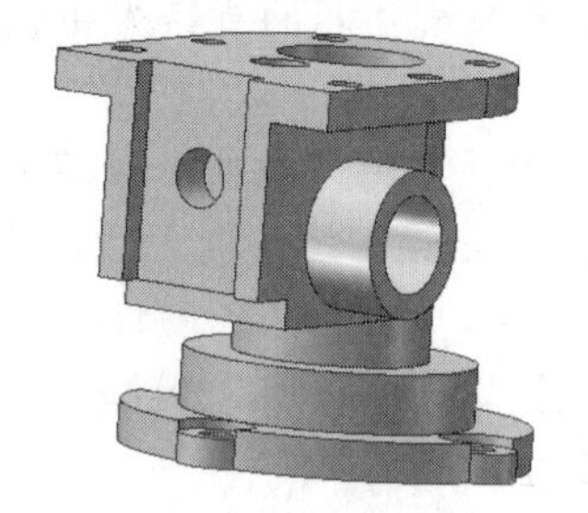

图5-186 创建正面Ø12孔

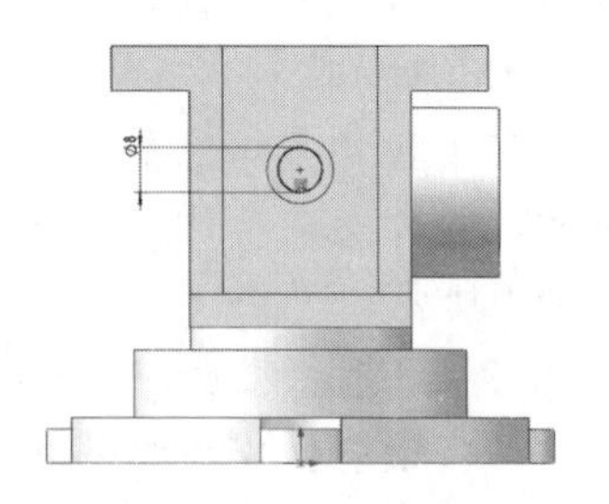

图5-187 绘制草图

（17）拉伸实体。单击“特征”面板中的“拉伸切除”按钮，拉伸生成实体，拉伸深度为12mm，创建正面Ø18孔如图5-188所示。

（18）设置基准面。单击所建壳体的顶面，然后单击“前导视图”工具栏中的“正视于”按钮，将该表面作为绘制图形的基准面。

（19）添加孔。单击“特征”面板中的“异型孔向导”按钮，选择直螺纹孔，在“孔规格”属性管理器的“大小”栏中选择M6规格，设置“终止条件”为“给定深度”，深度设为18mm。其他设置如图5-189所示。单击“确定”按钮✓。在左侧的“FeatureManager设计树”中右击“M6螺纹孔1”中的第一个草图，在弹出的快捷菜单中单击“编辑草图”按钮，利用草图绘制工具确定孔的位置，如图5-190所示。单击“确定”按钮完成草图修改。

图5-188 创建正面Ø18孔

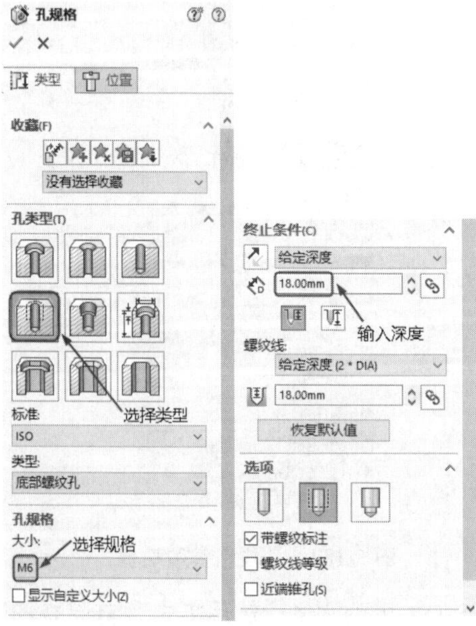

图5-189 孔规格参数设置

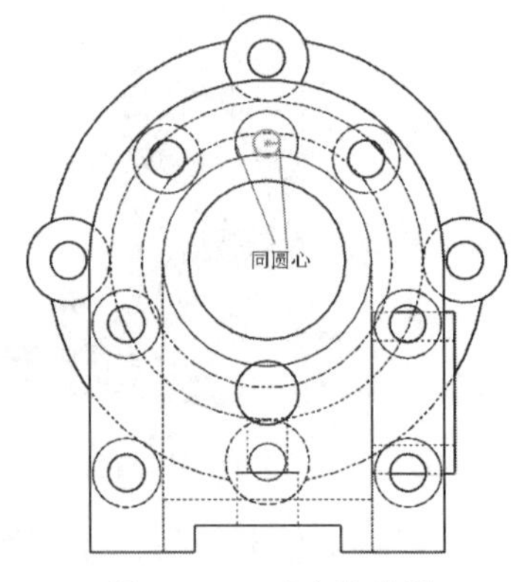

图5-190 确定孔位置

Note

（20）设置基准面。单击图 5-181 中的面 4，然后单击“前导视图”工具栏中的“正视于”按钮，将该表面作为绘制图形的基准面。

（21）添加孔。单击“特征”面板中的“异型孔向导”按钮，选择直螺纹孔，在“孔规格”属性管理器的“大小”栏中选择 M6 规格，设置“终止条件”为“给定深度”，深度设为 15mm。其他设置如图 5-191 所示。选择“孔规格”属性管理器中的“位置”选项卡。在添加孔的所建平面上适当位置单击，再添加一个 M6 孔，单击“确定”按钮。在左侧的“FeatureManager 设计树”中右击“M6 螺纹孔 2”中的第一个草图，在弹出的快捷菜单中单击“编辑草图”按钮，利用草图绘制工具确定两孔的位置，如图 5-192 所示。单击“确定”按钮，绘制的草图如图 5-193 所示。

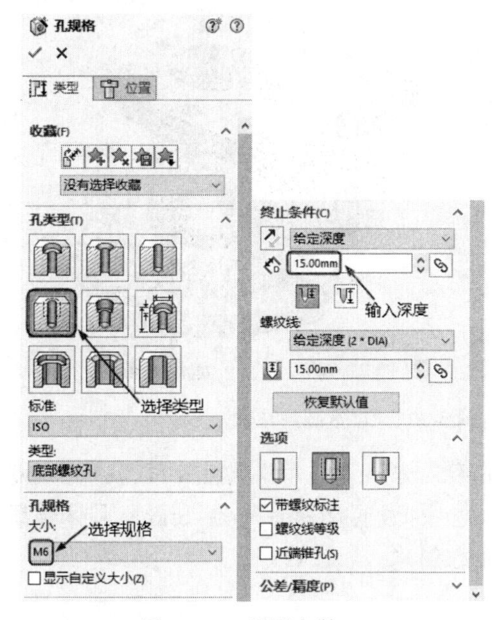

图 5-191　设置参数

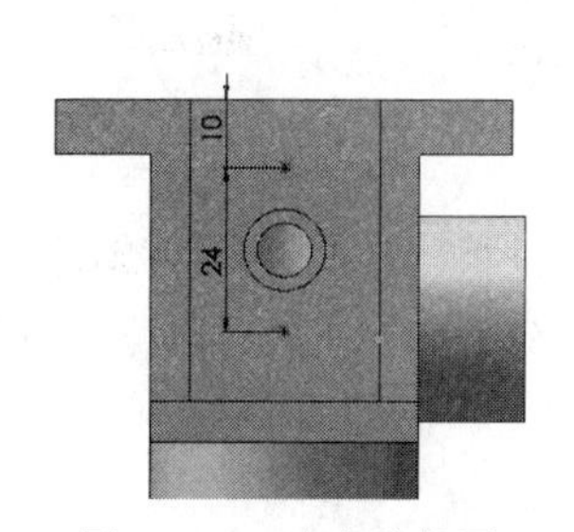

图 5-192　确定孔位置

图 5-193　绘制草图

4. 细节处理

（1）创建肋。在“FeatureManager 设计树”中选择“右视基准面”，然后单击“前导视图”工具栏中的“正视于”按钮，将该表面作为绘制图形的基准面。单击“特征”面板中的“肋”按钮，系统自动进入草图绘制状态。单击“草图”面板中的“直线”按钮，在绘图区域绘制肋的轮廓线，如图 5-194 所示。单击“确定”按钮，完成肋草图的绘制，如图 5-195 所示。系统弹出“筋”属性管理器，单击“两侧”按钮，然后输入距离为 3mm；其余选项设置如图 5-196 所示。在绘图区域选择如图 5-196 所示的拉伸方向，然后单击“确定”按钮。

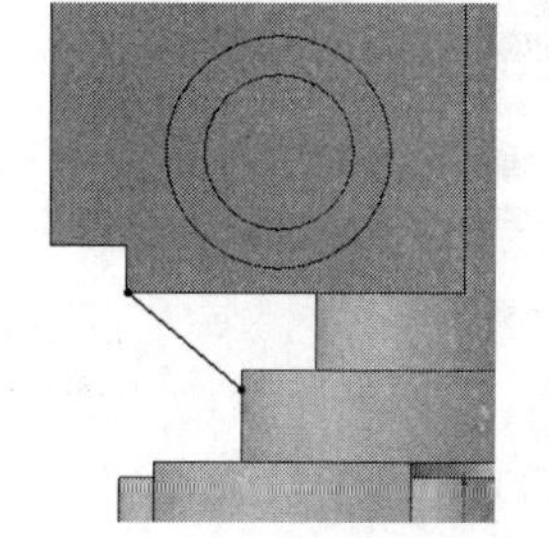

图 5-194　绘制肋草图

图 5-195　绘制草图

（2）圆角。单击“特征”面板中的“圆角”按钮，弹出“圆角”属性管理器。在右侧的图形区域中选择如图 5-197 所示的边线；设置圆角半径为 5mm；具体选项如图 5-197 所示。单击

Note

"确定"按钮✔，完成底座部分圆角的创建。

图 5-196　绘制肋

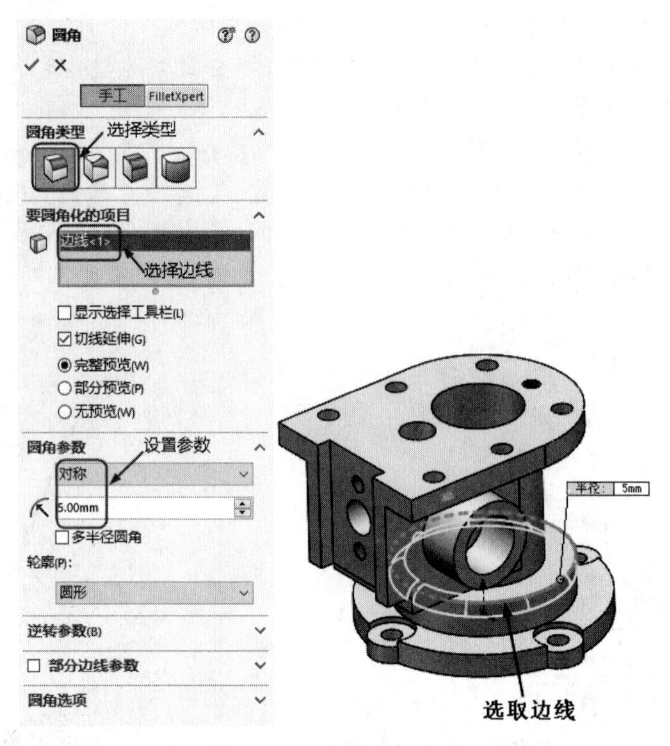

图 5-197　设置圆角选项

（3）倒角 1。单击"特征"面板中的"倒角"按钮，弹出"倒角"属性管理器。在右侧的图形区域中选择如图 5-198 所示的顶面与底面的两条边线；设置倒角半径为 2mm；具体选项如图 5-198 所示。单击"确定"按钮✔，完成 2mm 倒角的创建。

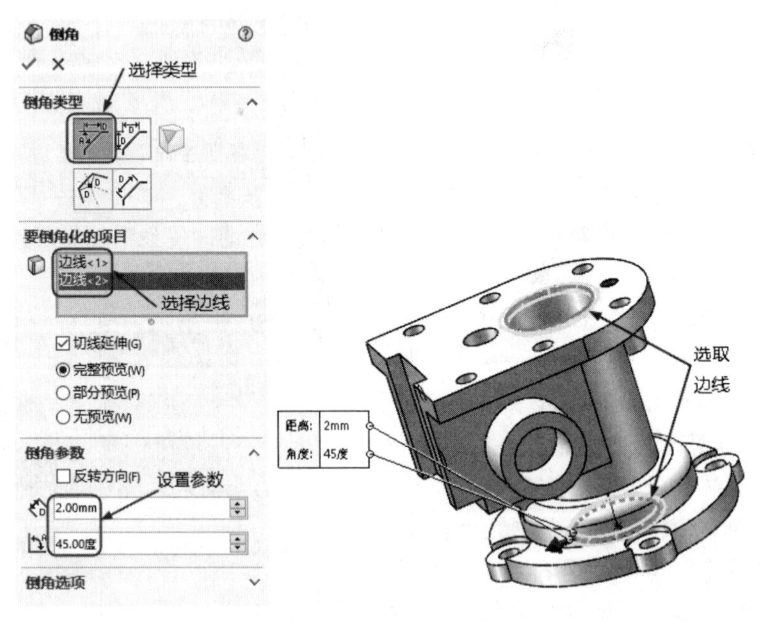

图 5-198　设置倒角选项

（4）倒角 2。单击“特征”面板中的“倒角”按钮，弹出“倒角”属性管理器。在右侧的图形区域中选择如图 5-199 所示的边线；设置倒角半径 1mm，具体选项如图 5-199 所示。单击“确定”按钮✔，完成 1mm 倒角的创建。最后完成效果如图 5-200 所示。

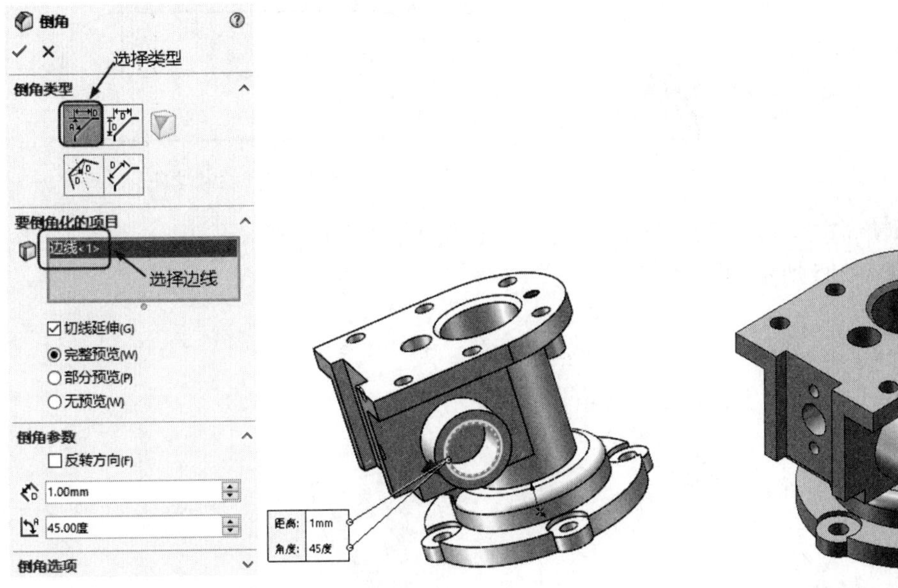

图 5-199　倒角 2 的参数设置

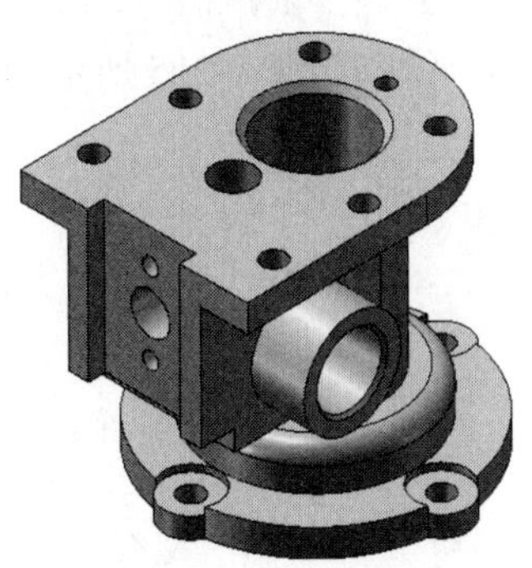

图 5-200　壳体

5.9　上 机 操 作

1．绘制如图 5-201 所示的闪盘盖。

操作提示：

（1）利用草图绘制命令，绘制草图，如图 5-202 所示，利用拉伸命令，设置拉伸距离为 9，创建拉伸体。

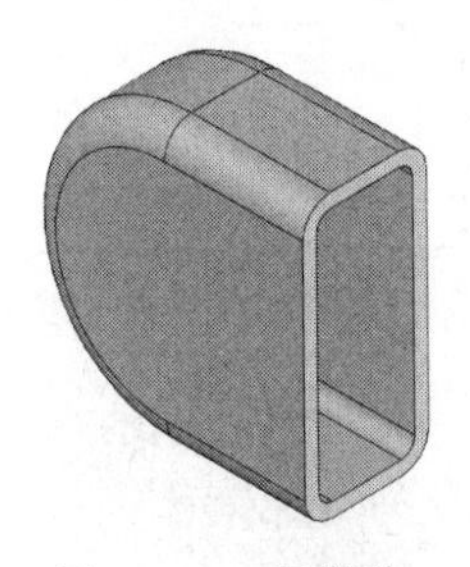

图 5-201　闪盘盖

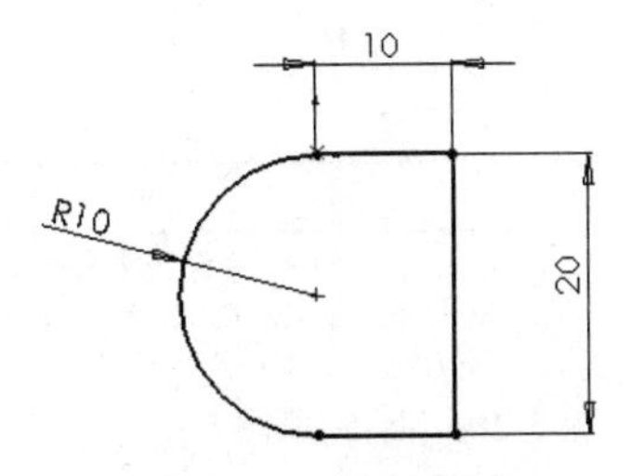

图 5-202　绘制草图

（2）利用圆命令，设半径为 2mm，选择拉伸体的边线进行圆角。

（3）利用抽壳命令，设置厚度为 1。

2．绘制如图 5-203 所示的圆头平键。

操作提示：

（1）利用草图绘制命令，绘制草图，如图 5-204 所示，利用拉伸命令，设置拉伸距离为 9mm，

Note

创建拉伸体。

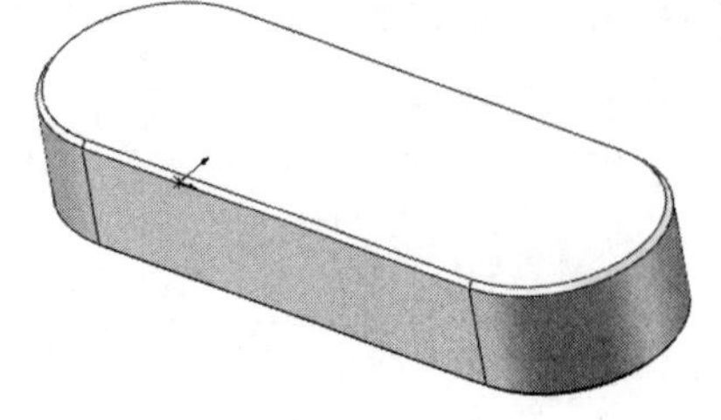

图 5-203　圆头平键

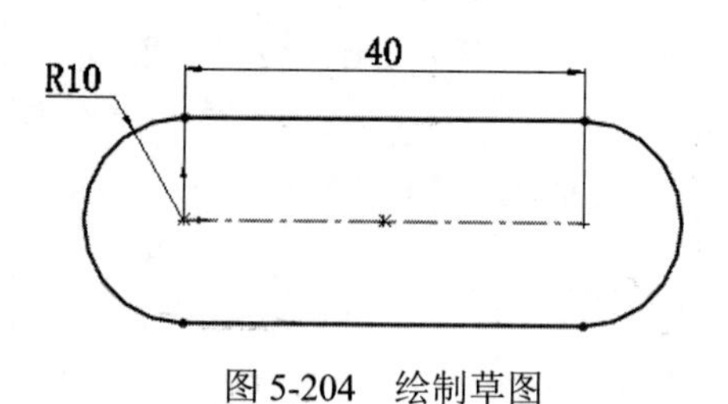

图 5-204　绘制草图

（2）利用倒角命令，距离为 0.5mm，选择拉伸体的边线进行倒角。

3．绘制如图 5-205 所示的轴承座。

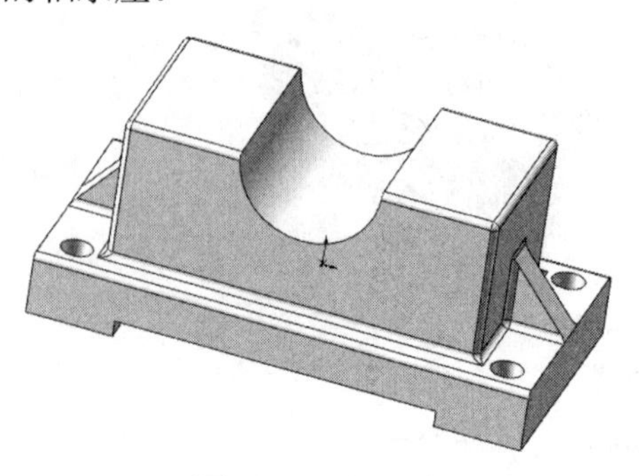

图 5-205　轴承座

操作提示：

（1）利用草图绘制命令，绘制草图，如图 5-206 所示，利用拉伸命令，设置“终止条件”为“两侧对称”，拉伸距离为 80mm，创建拉伸体。

（2）利用草图绘制命令，绘制草图，如图 5-207 所示，利用拉伸命令，设置“终止条件”为“两侧对称”，拉伸距离为 60mm，创建拉伸体。

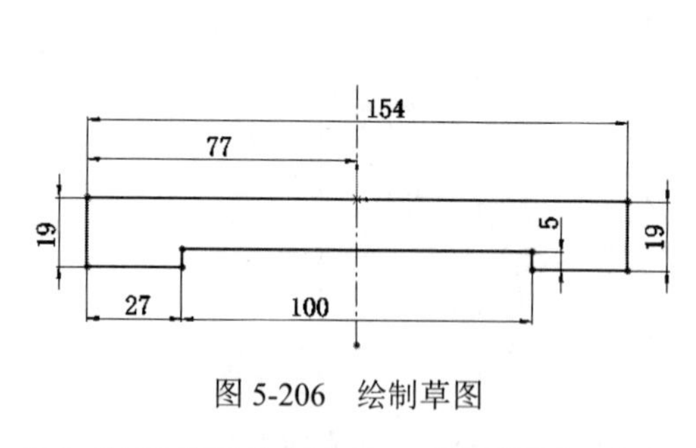

图 5-206　绘制草图

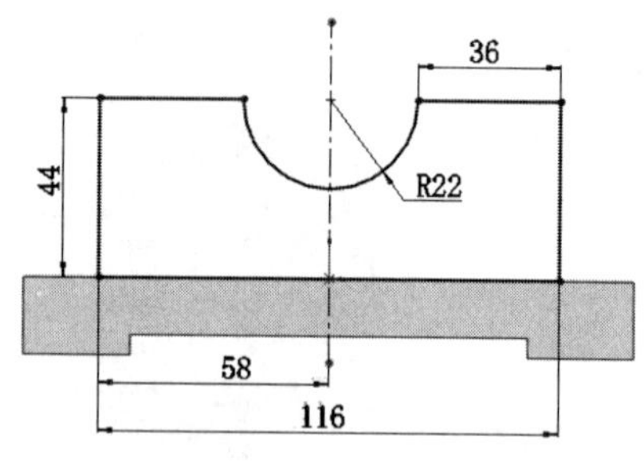

图 5-207　绘制草图

（3）利用草图绘制命令，绘制草图，如图 5-208 所示，利用筋命令，设置厚度为两侧，厚度值为 10mm，创建筋。在另一侧创建相同参数的筋特征。

（4）利用草图绘制命令，绘制草图，如图 5-209 所示，利用切除拉伸命令，设置“终止条件”为“完全贯穿”，创建孔。

（5）利用圆角命令，选取轴承座边线倒圆角，圆角半径为 2mm。

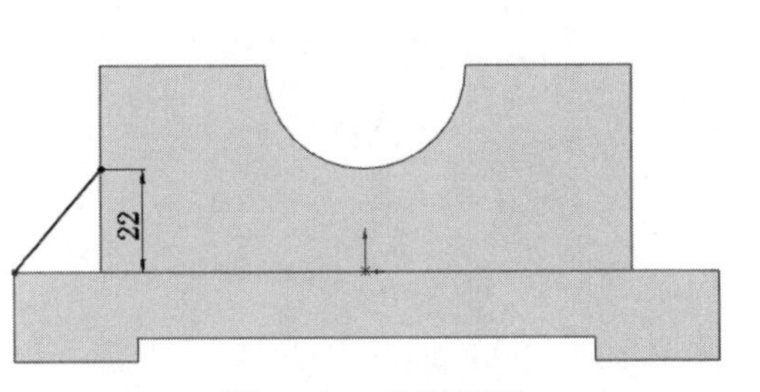

图 5-208　绘制草图

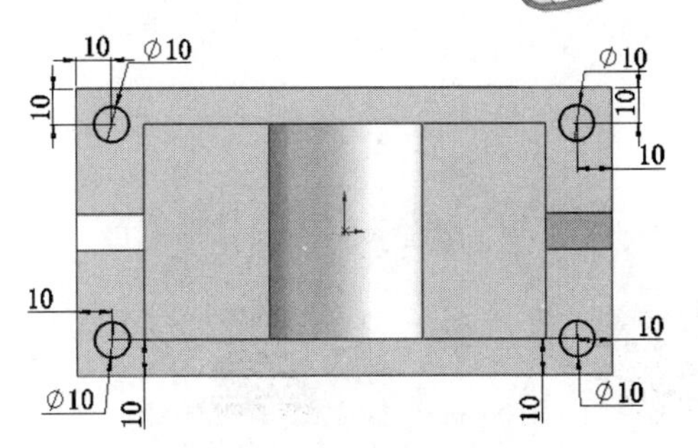

图 5-209　绘制草图

5.10　思考与练习

1．圆角特征有哪些优缺点？
2．拔模特征有哪些优缺点？
3．异型孔包括哪些？在创建其特征时应注意哪几点？
4．读者根据所学的线性阵列和圆周阵列，自己学习曲线驱动阵列和草绘驱动阵列。
5．绘制如图 5-210 所示的方向盘。
6．绘制如图 5-211 所示的手把。

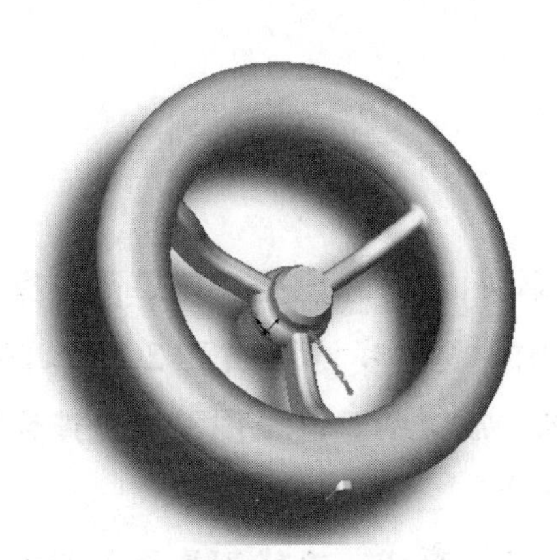

图 5-210　方向盘

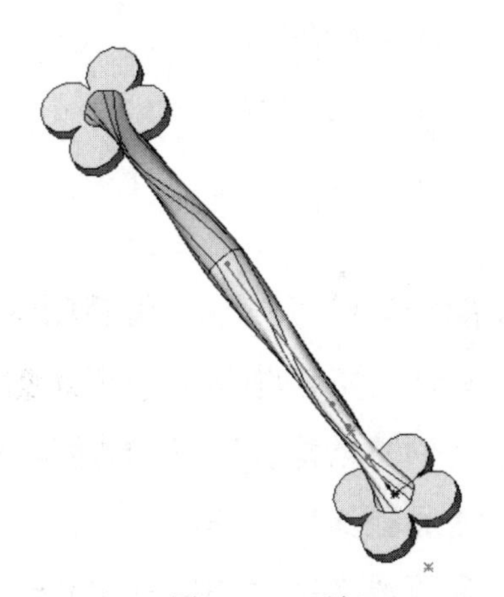

图 5-211　手把

第6章 3D 草图和曲线

本章学习要点和目标任务：

- ☑ 三维空间直线
- ☑ 投影曲线
- ☑ 组合曲线
- ☑ 螺旋线/涡状线
- ☑ 分割线

草图绘制除了包括二维草图外，还有 3D 草图；3D 草图是空间草图，有别于一般平面直线，不但拓宽了草图的绘制范围，同时更进一步地增强了 SOLIDWORKS 软件的模型创建功能。3D 草图功能多应用在扫描、放样的三维草图路径，或为管道、电缆、线和管线生成路径。

本章简要介绍了 3D 草图的一些基本操作，3D 直线、曲线都是重点阐述对象，不但是对二维草图的升级，同时也为绘制复杂不规则的模型打下了坚实的基础。

Note

视频讲解

6.1　三维草图

在学习曲线生成方式之前，首先要了解 3D 草图的绘制，它是生成空间曲线的基础。

SOLIDWORKS 可以直接在基准面上或者在三维空间的任意点绘制 3D 草图实体，绘制的 3D 草图可以作为扫描路径、扫描的引导线，也可以作为放样路径、放样中心线等。

6.1.1　绘制三维空间直线

（1）新建一个文件。单击“标准视图”工具栏中的“等轴测”按钮，设置视图方向为等轴测方向。在该视图方向下，坐标 X、Y、Z 3 个方向均可见，可以比较方便地绘制 3D 草图。

（2）选择菜单栏中的“插入”→“3D 草图”命令，或者单击“草图”工具栏中的“3D 草图”按钮，或者单击“草图”面板中的“3D 草图”按钮，进入 3D 草图绘制状态。

（3）单击“草图”工具栏中需要绘制的草图工具，例如单击“直线”按钮，开始绘制 3D 空间直线，注意此时在绘图区中出现了空间控标，如图 6-1 所示。

图 6-1　空间控标

（4）以原点为起点绘制草图，基准面为控标提示的基准面，方向由光标拖动决定，如图 6-2 所示为在 XY 基准面上绘制草图。

（5）步骤（4）是在 XY 基准面上绘制直线，当继续绘制直线时，控标会显示出来。按 Tab 键，可以改变绘制的基准面，依次为 XY、YZ、ZX 基准面。如图 6-3 所示为在 YZ 基准面上绘制草图。按 Tab 键依次绘制其他基准面上的草图，绘制完的 3D 草图如图 6-4 所示。

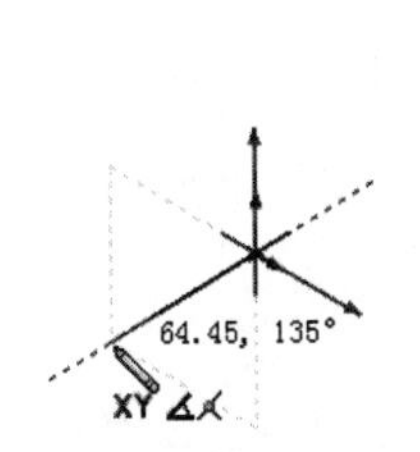

图 6-2　在 XY 基准面上绘制草图

图 6-3　在 YZ 基准面上绘制草图

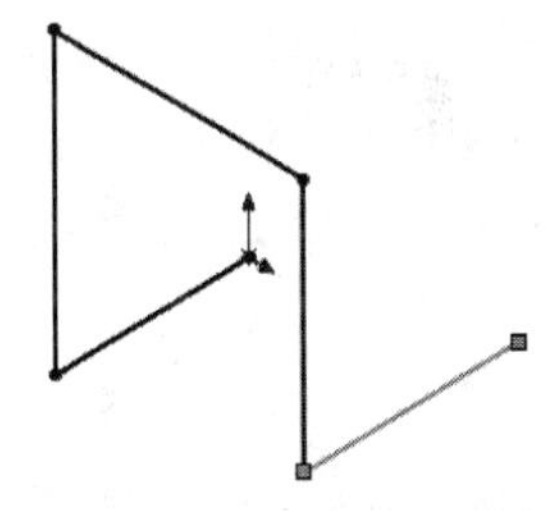

图 6-4　绘制完的 3D 草图

（6）单击“草图”面板中的“3D 草图”按钮，或者在绘图区右击，在弹出的快捷菜单中选择“退出草图”命令，退出 3D 草图绘制状态。

提示：

在绘制三维草图时，绘制的基准面要以控标显示为准，不要主观判断，通过按 Tab 键，变换视图的基准面。

2D 草图和 3D 草图既有相似之处，又有不同之处。在绘制 3D 草图时，2D 草图中的所有圆、弧、矩形、直线、样条曲线和点等工具都可用，曲面上的样条曲线工具只能用在三维草图中。在添加几何关系时，2D 草图中大多数几何关系都可用于 3D 草图中，但是对称、阵列、等距和等

长线例外。

另外需要注意的是，对于2D草图，其绘制的草图实体是所有几何体在草绘基准面上的投影，而三维草图是空间实体。

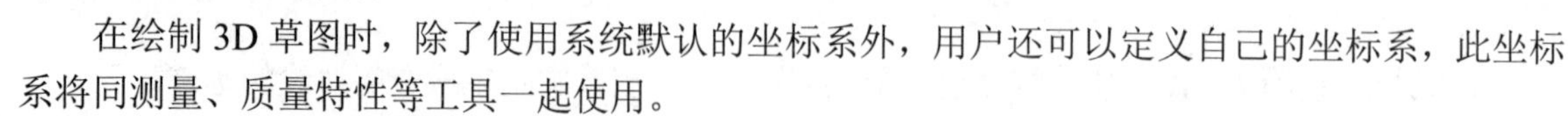

在绘制3D草图时，除了使用系统默认的坐标系外，用户还可以定义自己的坐标系，此坐标系将同测量、质量特性等工具一起使用。

Note

视频讲解

6.1.2 实例——健身器材轮廓

本例绘制健身器材轮廓。利用二维草图命令和三维草图命令完成健身器材轮廓的创建，绘制健身器材轮廓的流程图如图6-5所示。

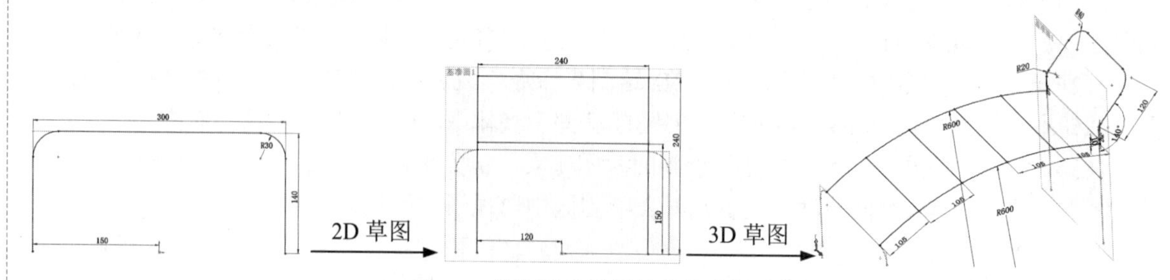

图6-5 绘制健身器材轮廓的流程图

操作步骤如下。

（1）新建文件。单击快速访问工具栏中的“新建”按钮，在弹出的“新建SOLIDWORKS文件”对话框中单击“零件”按钮，然后单击“确定”按钮，创建一个新的零件文件。

（2）绘制草图。在左侧“FeatureManager设计树”中选择“前视基准面”，然后单击“标准视图”工具栏中的“正视于”按钮，将该基准面作为绘制图形的基准面。单击“草图”面板中的“草图绘制”按钮，进入草图绘制状态。单击“草图”面板中的“直线”按钮和“绘制圆角”按钮，绘制如图6-6所示的草图并标注尺寸。

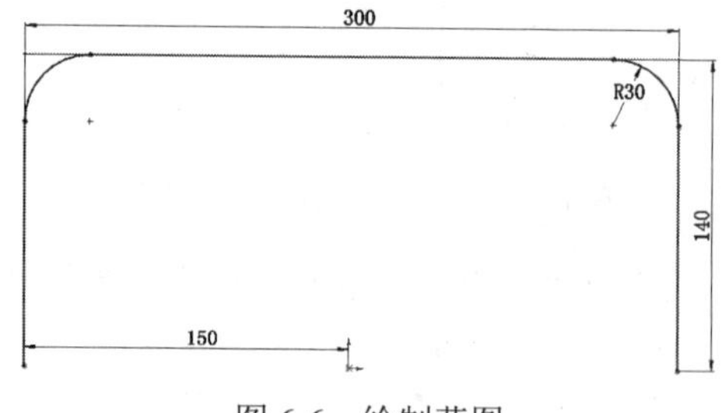

图6-6 绘制草图

（3）创建基准面。单击“特征”面板中的“基准面”按钮，弹出如图6-7所示的“基准面”属性管理器。选择“前视基准面”为参考面，输入偏移距离为500mm，单击“确定”按钮，完成基准面1的创建。

（4）设置基准面。在左侧“FeatureManager设计树”中选择“基准面1”，然后单击“标准视图”工具栏中的“正视于”按钮，将该基准面作为绘制图形的基准面。单击“草图”面板中的“草图绘制”按钮，进入草图绘制状态。单击“草图”面板中的“直线”按钮，绘制如

图 6-8 所示的草图并标注尺寸，最后退出草图。

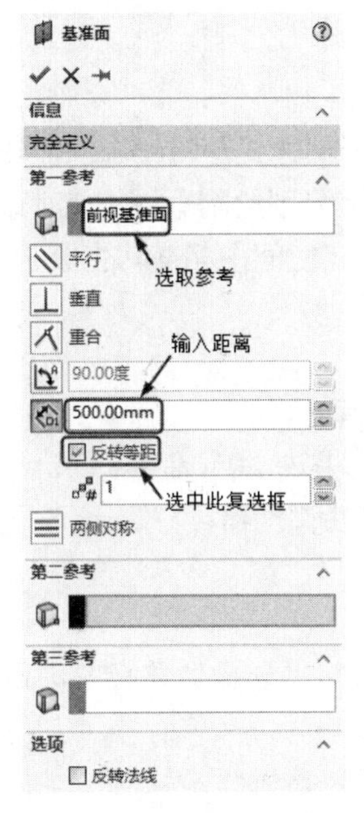

图 6-7 “基准面”属性管理器

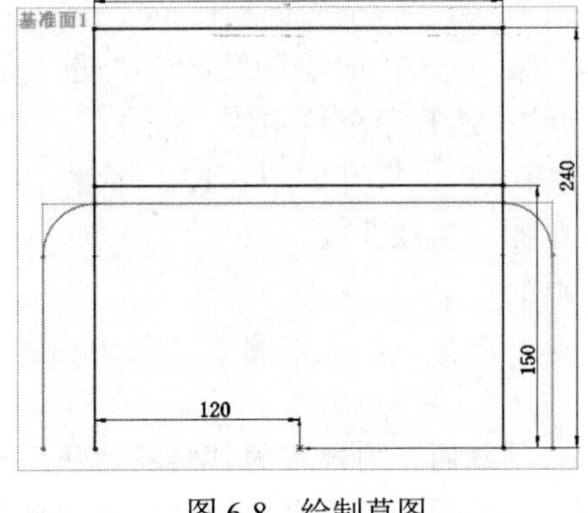

图 6-8 绘制草图

（5）绘制草图。单击“草图”面板中的“3D 草图”按钮，单击“草图”面板中的“直线”按钮、“三点圆弧”按钮和“绘制圆角”按钮，绘制如图 6-9 所示的草图并标注尺寸。健身器材轮廓如图 6-10 所示。

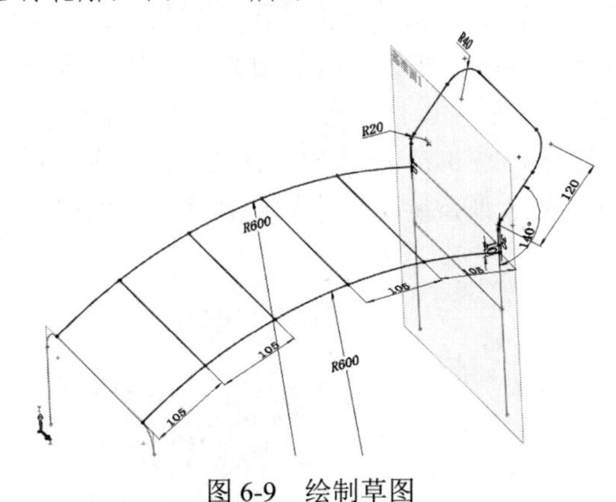

图 6-9 绘制草图

图 6-10 健身器材轮廓

6.2 创建曲线

曲线是构建复杂实体的基本要素，SOLIDWORKS 提供专用的“曲线”工具栏，如图 6-11 所示。

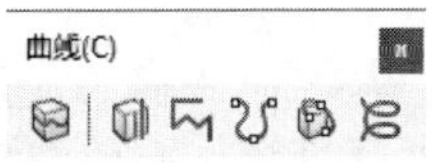

图 6-11 “曲线”工具栏

在“曲线”工具栏中，SOLIDWORKS 创建曲线的方式主要有分割线、投影曲线、组合曲线、通过 XYZ 点的曲线、通过参考点的曲线与螺旋线/涡状线等。本节主要介绍各种不同曲线的创建方式。

6.2.1 投影曲线

Note

视频讲解

在 SOLIDWORKS 中，投影曲线主要有两种创建方式。一种方式是将绘制的曲线投影到模型面上，生成一条 3D 曲线；另一种方式是在两个相交的基准面上分别绘制草图，此时系统会将每一个草图沿所在平面的垂直方向投影得到一个曲面，这两个曲面在空间中相交，生成一条三维曲线。

执行投影曲线命令，主要有如下 3 种调用方法。

☑ 面板：单击“特征”面板中的“投影曲线”按钮。

☑ 工具栏：单击“曲线”工具栏中的“投影曲线”按钮。

☑ 菜单栏：选择菜单栏中的“插入”→“曲线”→“投影曲线”命令。

执行上述方式后，打开如图 6-12 所示的“投影曲线”属性管理器。

1．在模型面上生成曲线

操作步骤如下。

（1）新建一个文件，在左侧的“FeatureManager 设计树”中选择“前视基准面”作为草绘基准面。

（2）单击“草图”面板中的“样条曲线”按钮，绘制样条曲线。

（3）单击“曲面”工具栏中的“拉伸曲面”按钮，系统弹出“曲面-拉伸”属性管理器。输入深度值为 120mm，单击“确定”按钮✔，生成拉伸曲面。

（4）单击“特征”面板中的“基准面”按钮，系统弹出“基准面”属性管理器。选择“上视基准面”作为参考面，单击“确定”按钮✔，添加基准面 1。

（5）在新平面上绘制样条曲线 1，如图 6-13 所示。绘制完毕退出草图绘制状态。

（6）单击“特征”面板中的“投影曲线”按钮，系统弹出“投影曲线”属性管理器。

（7）选中“面上草图”单选按钮，在“要投影的草图”列表框中，单击选择如图 6-13 所示的样条曲线 1；在“投影面”列表框中，单击选择如图 6-13 所示的曲面 2；在视图中观测投影曲线的方向，是否投影到曲面，选中“反转投影”复选框，使曲线投影到曲面上。“投影曲线”属性管理器设置如图 6-14 所示。

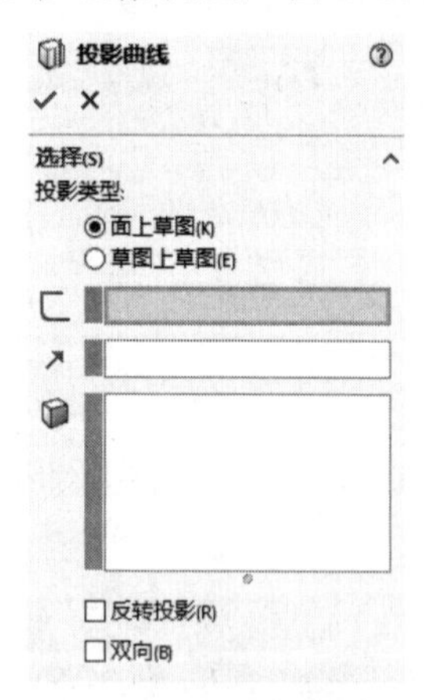

图 6-12 “投影曲线”属性管理器

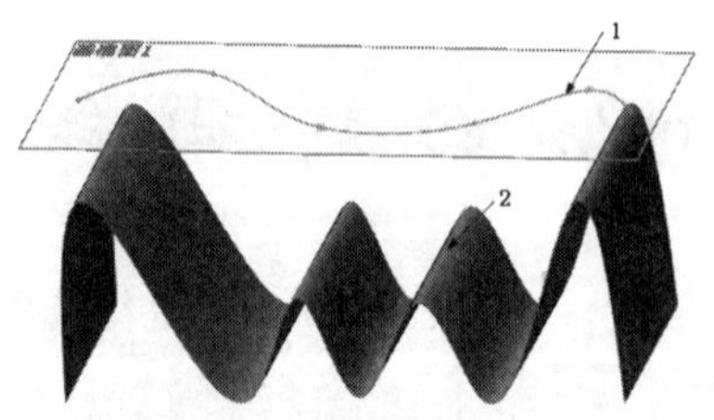
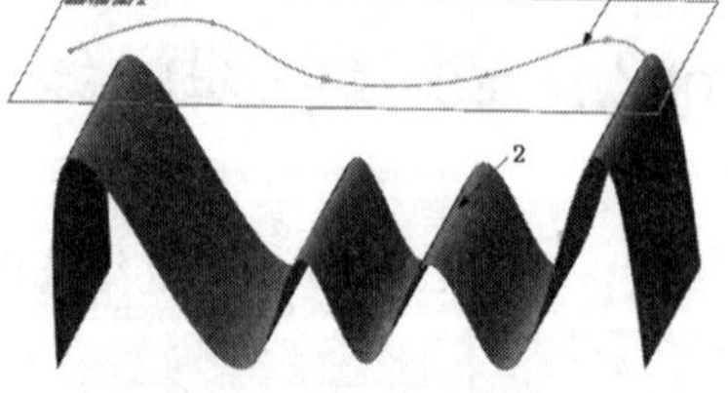

图 6-13 绘制样条曲线 1

图 6-14 “投影曲线”属性管理器

（8）单击“确定”按钮✔，生成的投影曲线 1，如图 6-15 所示。

2．在相交基准面上生成曲线

操作步骤如下。

（1）新建一个文件，在左侧的“FeatureManager 设计树”中选择“前视基准面”作为草绘基准面。绘制一条样条曲线 2，如图 6-16 所示，然后退出草图绘制状态。

（2）在左侧的“FeatureManager 设计树”中选择“上视基准面”作为草绘基准面。绘制一条样条曲线 3，如图 6-17 所示，然后退出草图绘制状态。

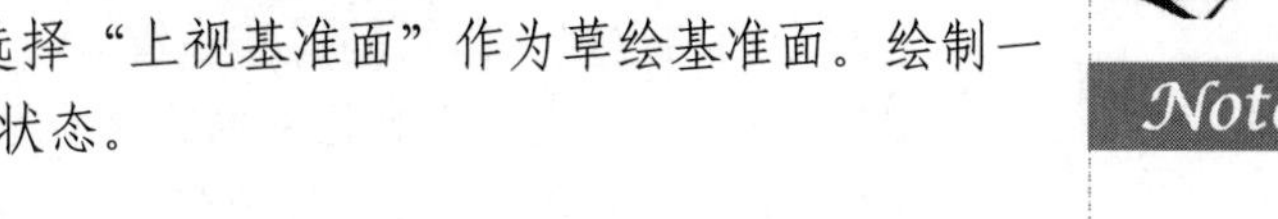

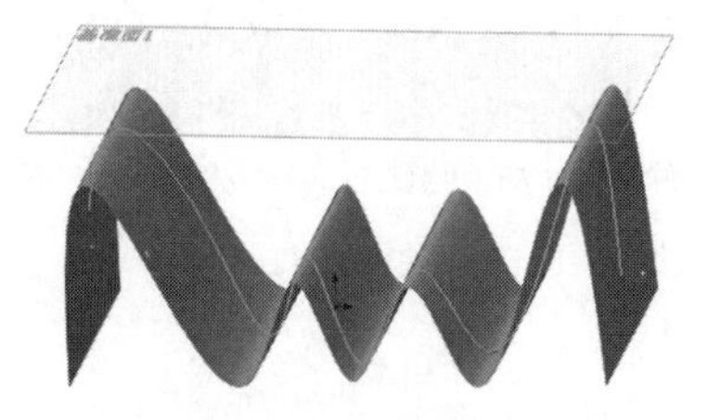

图 6-15　投影曲线 1

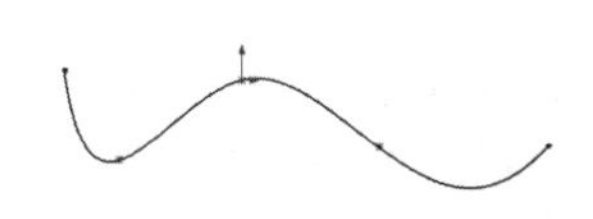

图 6-16　绘制样条曲线 2

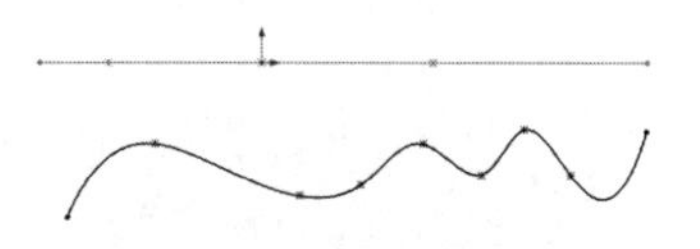

图 6-17　绘制样条曲线 3

（3）选择菜单栏中的“插入”→“曲线”→“投影曲线”命令，系统弹出的“投影曲线”属性管理器。

（4）选中“草图上草图”单选按钮，在“要投影的草图”列表框中选择如图 6-17 所示的两条样条曲线，如图 6-18 所示。

（5）单击“确定”按钮，生成投影曲线 2，如图 6-19 所示。

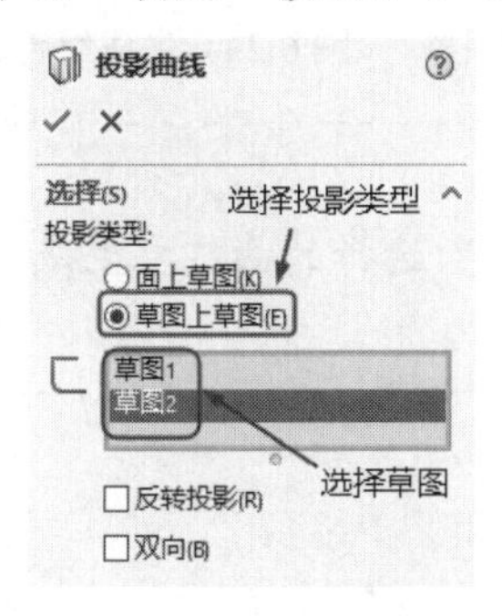

图 6-18　“投影曲线”属性管理器

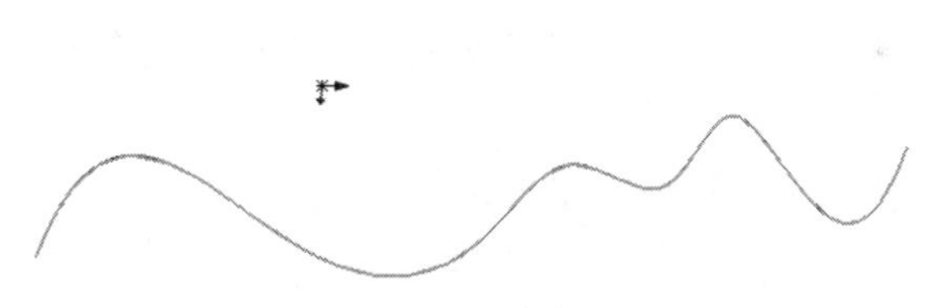

图 6-19　投影曲线 2

提示：

如果在选择“投影曲线”命令之前，先选择了生成投影曲线的草图，则在选择“投影曲线”命令后，“投影曲线”属性管理器会自动选择合适的投影类型。

6.2.2　组合曲线

视频讲解

组合曲线是指将曲线、草图几何和模型边线组合为一条单一曲线，生成的该组合曲线可以作为生成放样或扫描的引导曲线、轮廓线。

执行组合曲线命令，主要有如下 3 种调用方法。

☑　面板：单击“特征”面板中的“组合曲线”按钮。

☑　工具栏：单击“曲线”工具栏中的“组合曲线”按钮。

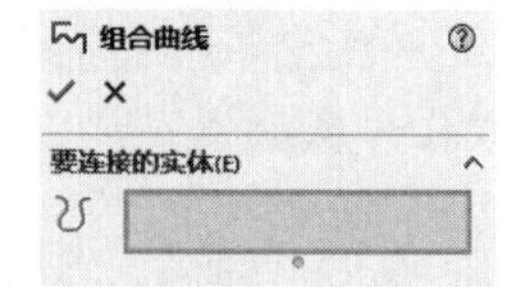

图 6-20 “组合曲线”属性管理器

☑ 菜单栏：选择菜单栏中的“插入”→“曲线”→“组合曲线”命令。

执行上述方式后，弹出如图 6-20 所示的“组合曲线”属性管理器。

下面介绍创建组合曲线的操作步骤。

（1）单击“曲线”工具栏中的“组合曲线”按钮，系统弹出“组合曲线”属性管理器。

（2）在“要连接的实体”选项组中，选择如图 6-21 所示的边线 1、边线 2、边线 3、边线 4、边线 5 和边线 6，如图 6-22 所示。

（3）单击“确定”按钮✓，生成所需要的组合曲线。生成组合曲线后的图形如图 6-23 所示。

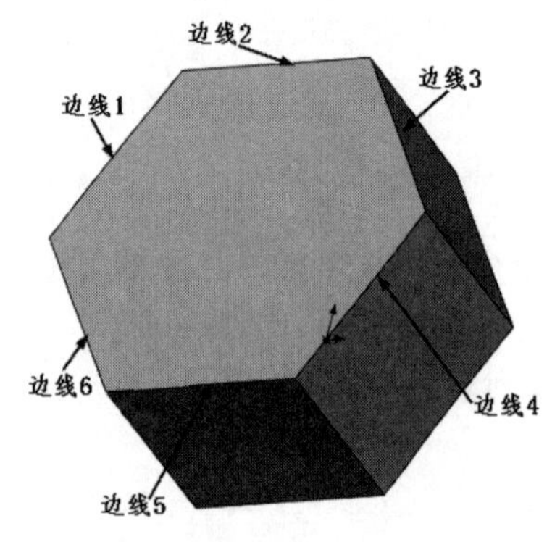

图 6-21 打开的文件实体

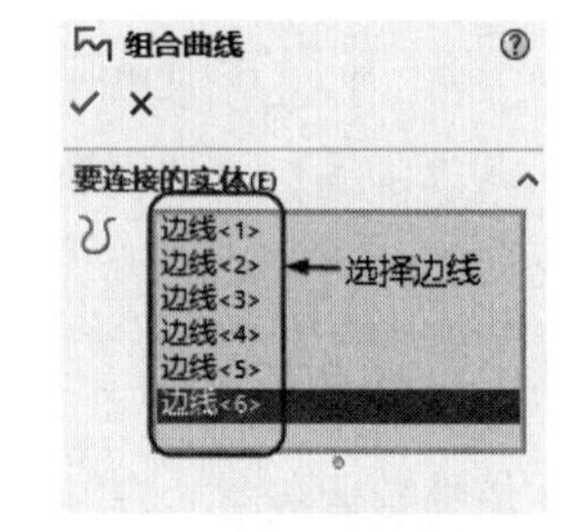

图 6-22 “组合曲线”属性管理器

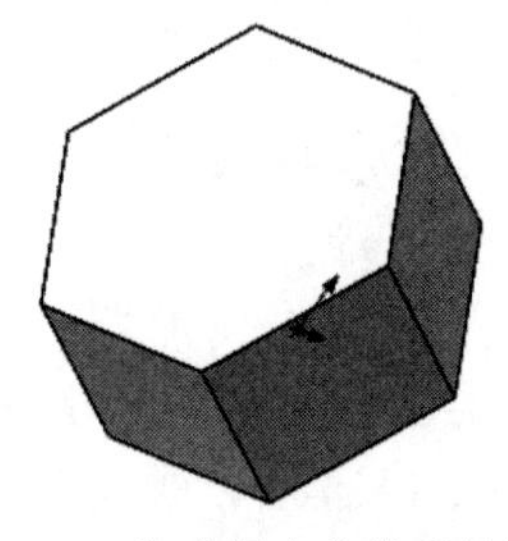

图 6-23 生成组合曲线后的图形

提示：

在创建组合曲线时，所选择的曲线必须是连续的，因为所选择的曲线要生成一条曲线。生成的组合曲线可以是开环的，也可以是闭合的。

视频讲解

6.2.3 螺旋线/涡状线

螺旋线/涡状线通常在零件中生成，这种曲线可以被当成一个路径或者引导曲线使用在扫描的特征上，或作为放样特征的引导曲线，通常用来生成螺纹、弹簧和发条等零件。

执行螺旋线/涡状线命令，主要有如下 3 种调用方法。

☑ 面板：单击“特征”面板中的“螺旋线/涡状线”按钮。

☑ 工具栏：单击“曲线”工具栏中的“螺旋线/涡状线”按钮。

☑ 菜单栏：选择菜单栏中的“插入”→“曲线”→“螺旋线/涡状线”命令。

执行上述方式后，首先绘制一个圆或选择一个包含单一圆的草图作为定义螺旋线的横截面，然后弹出“螺旋线/涡状线”属性管理器，如图 6-24 所示。

（1）“定义方式”选择“螺距和圈数”时，各选项依次说明如下。

☑ 恒定螺距：在螺旋线中生成恒定螺距。

- 螺距：为每个螺距设定半径更改比率。螺距值必须至少为 0.001，且不大于 200000。
- 圈数：设定旋转数。
- 反向：选中该复选框，可将螺旋线从原点处往后延伸，或生成一个向内涡状线。

- ⇘ 起始角度：设定在绘制圆的什么地方开始初始旋转。
- ⇘ 顺时针：选中该单选按钮，可设定旋转方向为顺时针。
- ⇘ 逆时针：选中该单选按钮，可设定旋转方向为逆时针。

☑ 可变螺距：按指定的“区域参数”生成可变的螺距。

- ⇘ 区域参数：调整可变螺距螺旋线生成的圈数、高度、直径及螺距。
- ⇘ 起始角度：指定第一圈螺旋线的起始角度。
- ⇘ “顺时针”或“逆时针”：决定螺旋线的旋转方向。

☑ “锥形螺纹线”选项组用于设置生成锥形螺纹线。

- ⇘ 锥度角度：用于设定锥度角度。
- ⇘ 锥度外张：选中该复选框，可将螺纹线锥度外张。

（2）“定义方式”选择“涡状线”时，弹出的属性管理器如图 6-25 所示，参数简单说明如下。

☑ “螺距”和“圈数”：用于指定涡状线的螺距和圈数。

☑ 反向：选中该复选框，将生成一个内张的涡状线。

☑ 起始角度：指定涡状线的起始位置。

☑ “顺时针”或“逆时针”：决定涡状线的旋转方向。

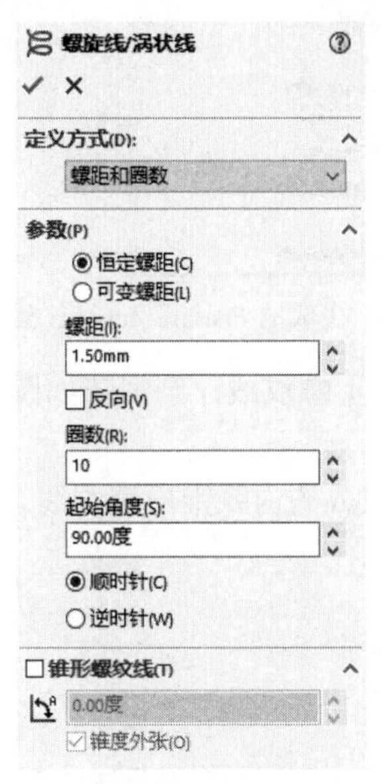

图 6-24　“螺旋线/涡状线”属性管理器

图 6-25　“涡状线”属性管理器

1．创建螺旋线

操作步骤如下。

（1）新建一个文件，在左侧的“FeatureManager 设计树”中选择“前视基准面”作为草绘基准面。

（2）单击“草图”面板中的“圆”按钮，在步骤（1）中设置的基准面上绘制一个圆，然后单击“草图”面板中的“智能尺寸”按钮，标注绘制圆的尺寸 1，如图 6-26 所示。

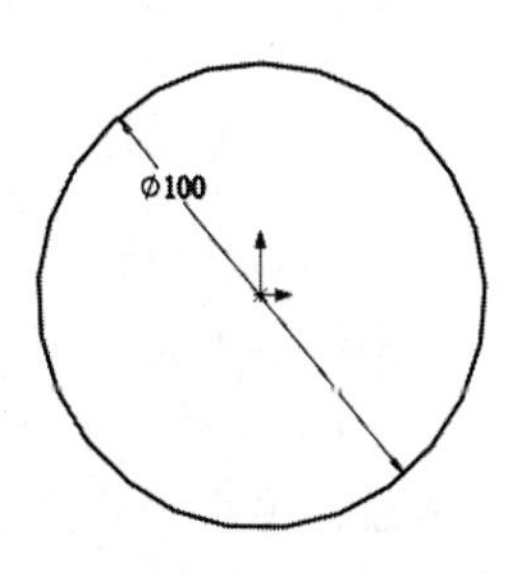

图 6-26　标注尺寸 1

（3）选择菜单栏中的“插入”→“曲线”→“螺旋线/涡状线”命

令，或者单击“曲线”工具栏中的“螺旋线/涡状线”按钮，系统弹出“螺旋线/涡状线”属性管理器。

（4）在“定义方式”选项组中选择“螺距和圈数”选项；选中“恒定螺距”单选按钮；输入螺距值为 15mm；输入圈数为 6；输入起始角度 135 度，其他设置如图 6-27 所示。

（5）单击“确定”按钮，生成所需要的螺旋线。

（6）鼠标右击，在弹出的快捷菜单中选择“旋转视图”命令，将视图以合适的方向显示。生成的 FeatureManager 设计树及其螺旋线如图 6-28 所示。

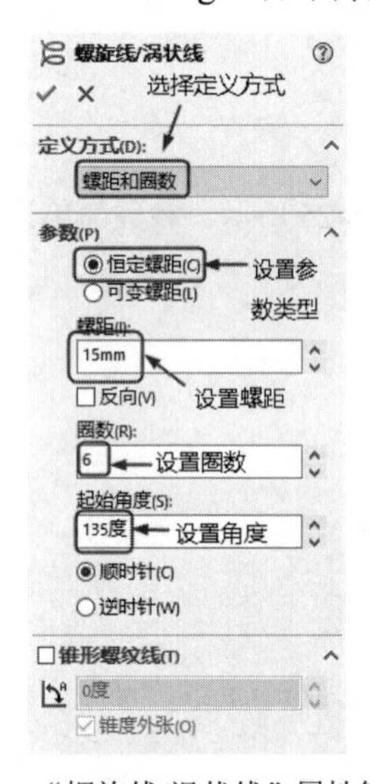

图 6-27 “螺旋线/涡状线”属性管理器

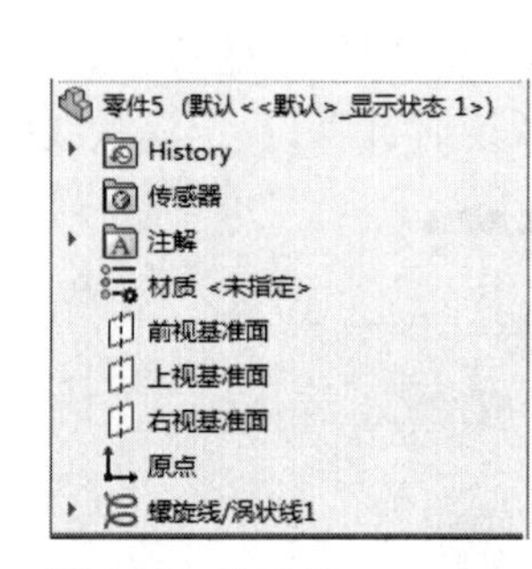

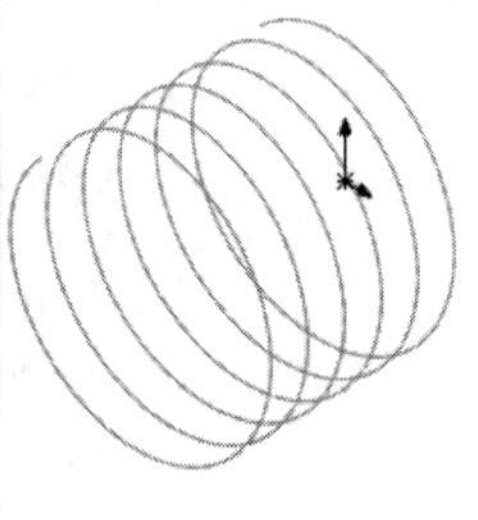

图 6-28 生成的 FeatureManager 设计树及其螺旋线

使用该命令还可以生成锥形螺纹线，如果要绘制锥形螺纹线，则需在如图 6-27 所示的“螺旋线/涡状线”属性管理器中选中“锥度螺纹线”复选框。

如图 6-29 所示为取消选中“锥度外张”复选框后生成的内张锥形螺纹线。如图 6-30 所示为选中“锥度外张”复选框后生成的外张锥形螺纹线。

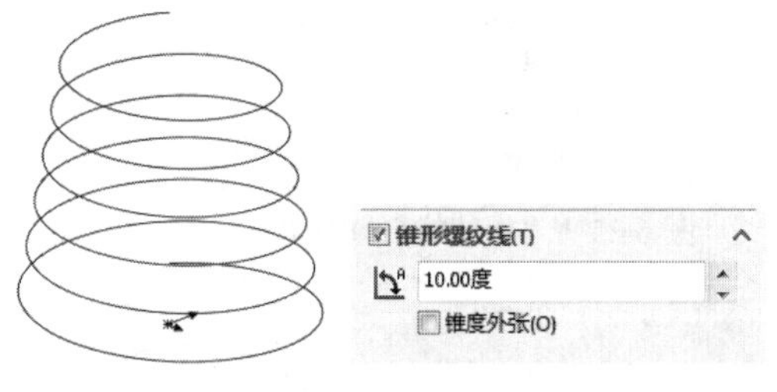

图 6-29 内张锥形螺纹线

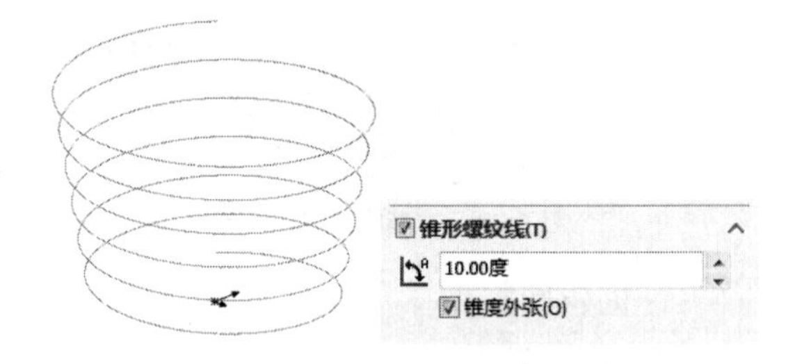

图 6-30 外张锥形螺纹线

2. 创建涡状线

操作步骤如下。

（1）新建一个文件，在左侧的“FeatureManager 设计树”中选择“前视基准面”作为草绘基准面。单击“草图”面板中的“圆”按钮，在步骤（1）中设置的基准面上绘制一个圆，然后单击“草图”面板中的“智能尺寸”按钮，标注绘制圆的尺寸 2，如图 6-31 所示。

（2）单击“曲线”工具栏中的“螺旋线/涡状线”按钮，系统弹出“螺旋线/涡状线”属性管理器。

（3）在“定义方式”选项组中选择“涡状线”选项；输入螺距值为15mm；输入圈数为6；输入起始角度135度，其他设置如图6-32所示。

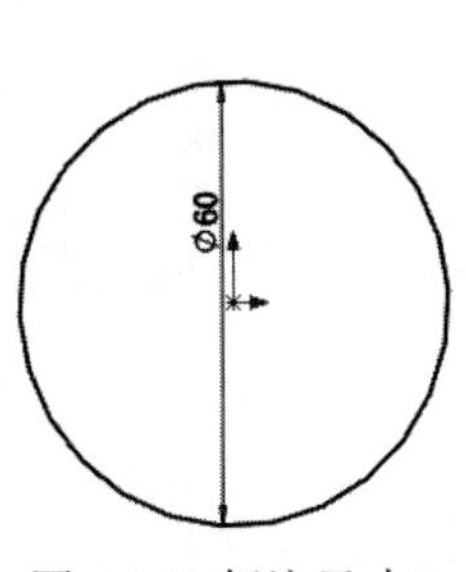

图6-31　标注尺寸2

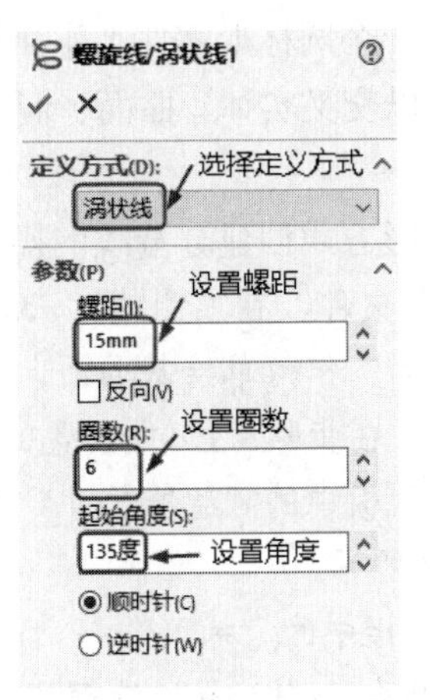

图6-32　“螺旋线/涡状线”属性管理器

（4）单击“确定”按钮✓，生成的FeatureManager设计树及其涡状线如图6-33所示。

SOLIDWORKS既可以生成顺时针涡状线，也可以生成逆时针涡状线。在选择菜单栏中的命令时，系统默认的生成方式为顺时针方式，顺时针涡状线如图6-34所示。在如图6-32所示的“螺旋线/涡状线”属性管理器中选中“逆时针”单选按钮，就可以生成逆时针方向的涡状线，如图6-35所示。

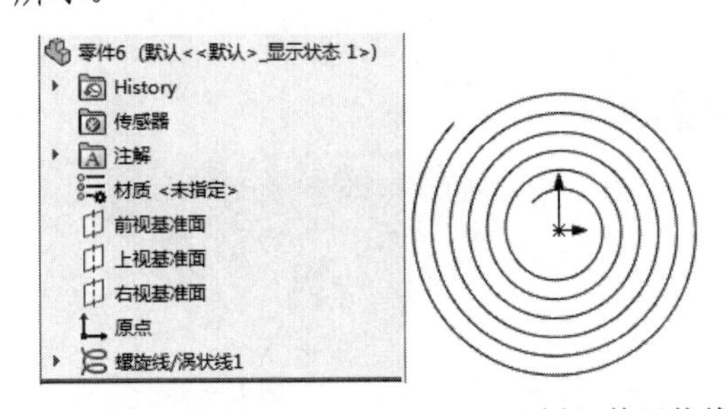

图6-33　生成的FeatureManager设计树及其涡状线

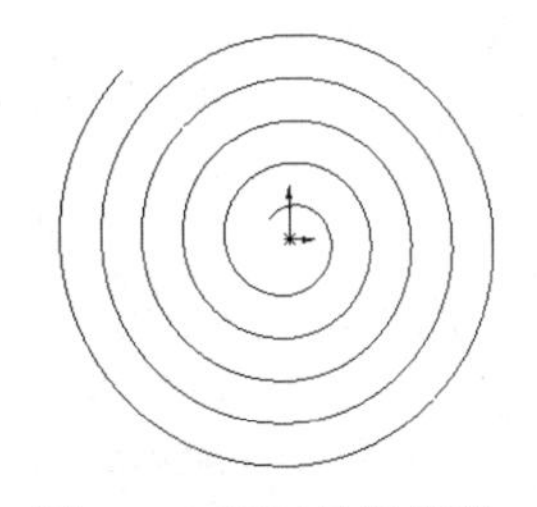

图6-34　顺时针涡状线

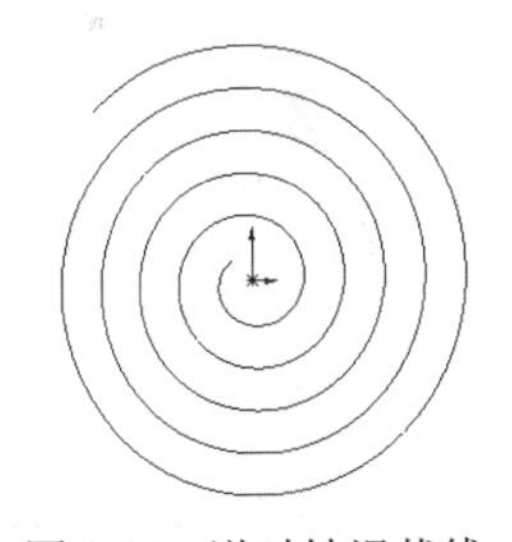

图6-35　逆时针涡状线

6.2.4　分割线

分割线工具将草图投影到曲面或平面上，它可以将所选的面分割为多个分离的面，从而可以选择操作其中一个分离面，也可将草图投影到曲面实体生成分割线。分割线可用来创建拔模特征、混合面圆角，并可延展曲面来切除模具。

执行分割线命令，主要有如下3种调用方法。

☑　面板：单击“特征”面板中的“分割线”按钮。

☑　工具栏：单击“曲线”工具栏中的“分割线”按钮。

☑　菜单栏：选择菜单栏中的“插入”→“曲线”→“分割线”命令。

Note

执行上述方式后，弹出“分割线”属性管理器，如图6-36所示。

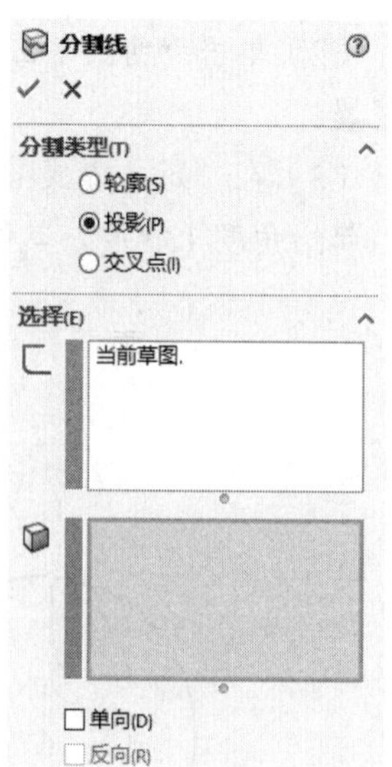
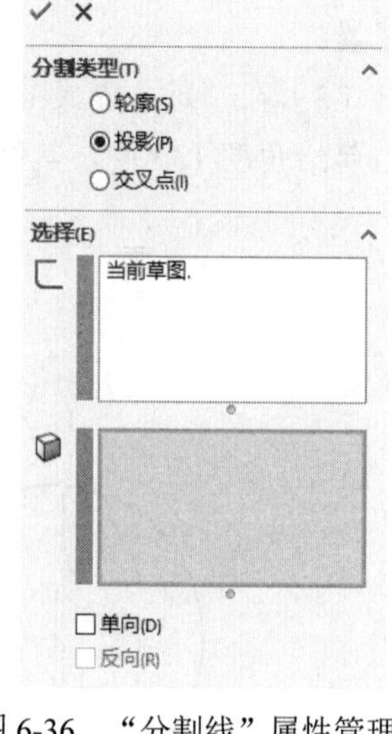

图6-36　“分割线”属性管理器

“分割线”属性管理器中的部分选项说明如下。

☑　投影：将一条草图线投影到一个表面上创建分割线。

☑　轮廓：在一个圆柱形零件上生成一条分割线。

☑　交叉点：以交叉实体、曲面、面、基准面或曲面样条曲线分割面。

下面介绍以投影方式创建分割线的操作步骤。

（1）新建一个文件，在左侧的“FeatureManager 设计树”中选择“前视基准面”作为草绘基准面。单击“草图”面板中的“多边形”按钮，在步骤（1）中设置的基准面上绘制一个圆，然后单击“草图”面板中的“智能尺寸”按钮，标注绘制矩形的尺寸，如图6-37所示。

（2）选择菜单栏中的“插入”→“凸台/基体”→“拉伸”命令，系统弹出“凸台-拉伸”属性管理器。设置“终止条件”为“给定深度”，输入距离为60mm，如图6-38所示，单击“确定”按钮✓。创建的拉伸特征如图6-39所示。

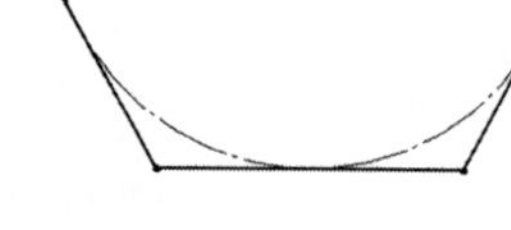

图6-37　标注尺寸

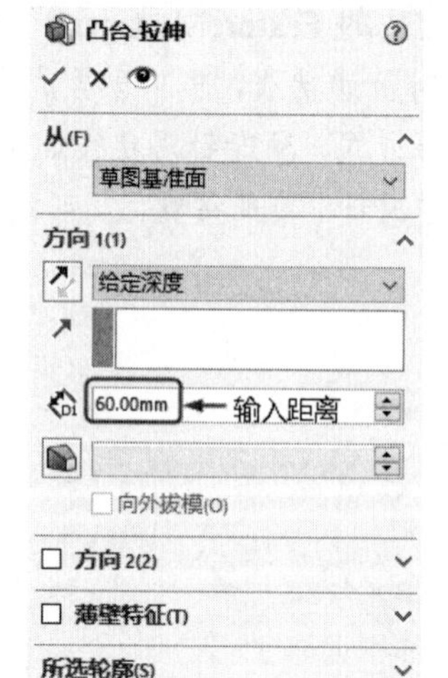

图6-38　“凸台-拉伸”属性管理器

面1

图6-39　创建拉伸特征

（3）选择菜单栏中的“插入”→“参考几何体”→“基准面”命令，系统弹出“基准面”属性管理器。选择如图6-39所示的面1参考面；在“等距距离”文本框中输入“30mm”，并调整基准面的方向，“基准面”属性管理器设置如图6-40所示。单击“确定”按钮✓，添加一个新的基准面1，添加基准面后的图形如图6-41所示。

（4）选取上一步创建的基准面作为草绘基准面。绘制一条样条曲线，如图6-42所示，然后退出草图绘制状态，如图6-43所示。

（5）单击“曲线”工具栏中的“分割线”按钮，系统弹出“分割线”属性管理器。

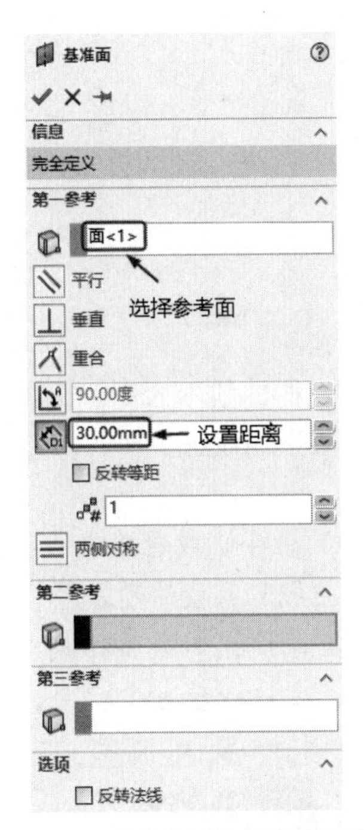

图 6-40　“基准面”属性管理器

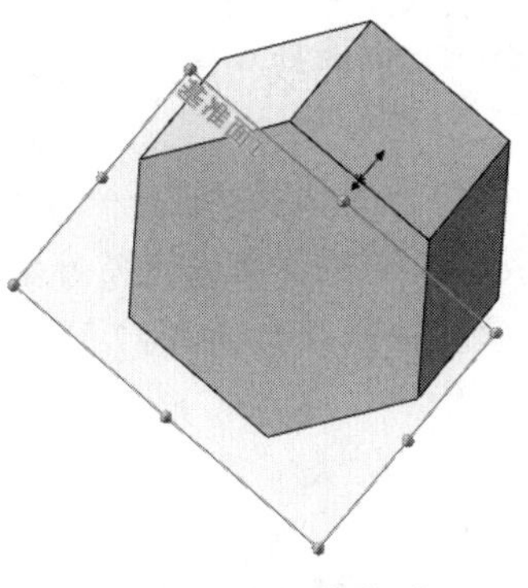

图 6-41　添加基准面 1

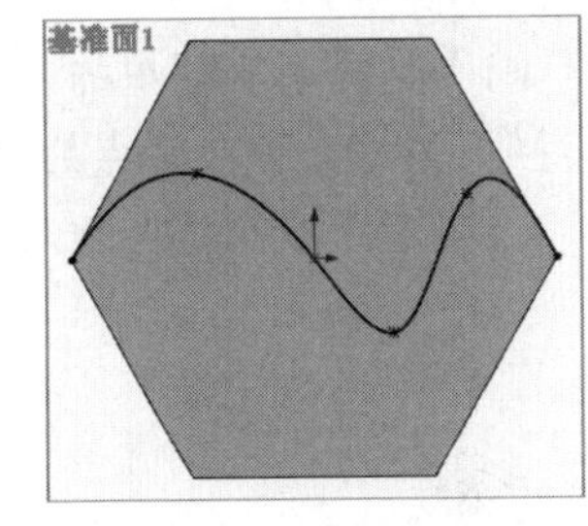

图 6-42　绘制样条曲线

（6）在“分割类型”选项组中选中“投影”单选按钮；选择如图 6-43 所示的草图 2 为要投影的草图；选择如图 6-43 所示的面 1 为要分割的面，具体设置如图 6-44 所示。

（7）单击“确定”按钮✔，生成的分割线如图 6-45 所示。

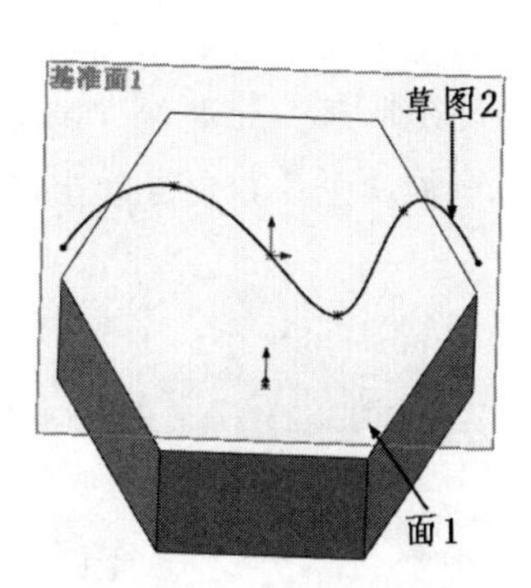

图 6-43　等轴测视图

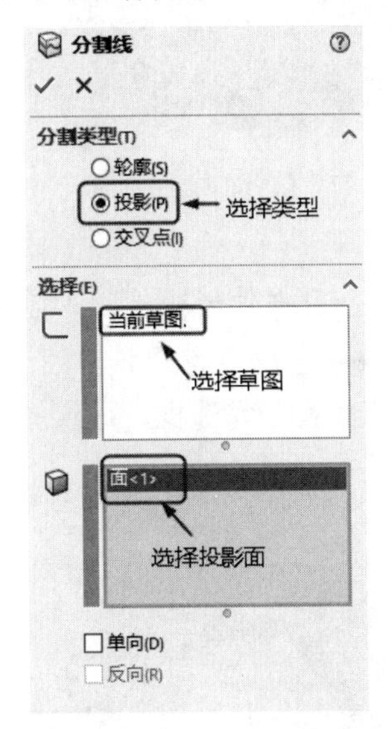

图 6-44　“分割线”属性管理器

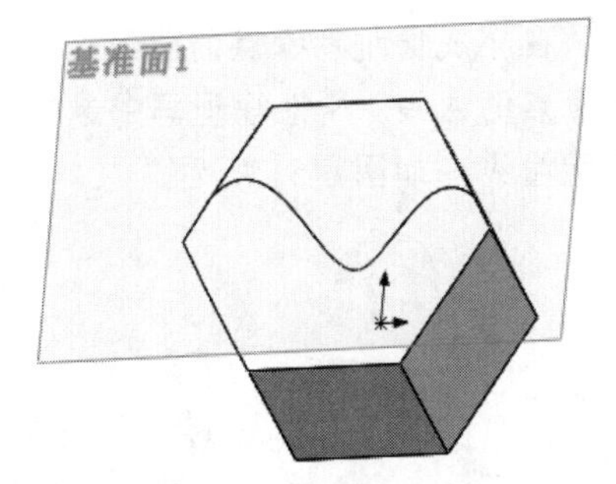

图 6-45　生成的分割线

提示：

在使用投影方式绘制投影草图时，绘制的草图在投影面上的投影必须穿过要投影的面，否则系统会提示错误，而不能生成分割线。

6.2.5 通过参考点的曲线

视频讲解

通过参考点的曲线是指生成一个或者多个平面上点的曲线。

执行通过参考点的曲线命令，主要有如下 3 种调用方法。

☑ 面板：单击“特征”面板中的“通过参考点的曲线”按钮。

☑ 工具栏：单击“曲线”工具栏中的“通过参考点的曲线”按钮。

☑ 菜单栏：选择菜单栏中的“插入”→“曲线”→“通过参考点的曲线”命令。

执行上述方式后，打开“通过参考点的曲线”属性管理器，如图 6-46 所示。

操作步骤如下。

（1）选择菜单栏中的“插入”→“曲线”→“通过参考点的曲线”命令，或者单击“曲线”工具栏中的“通过参考点的曲线”按钮，系统弹出“通过参考点的曲线”属性管理器。

（2）在“通过点”选项组中依次单击选择如图 6-47 所示的点，其他设置如图 6-48 所示。

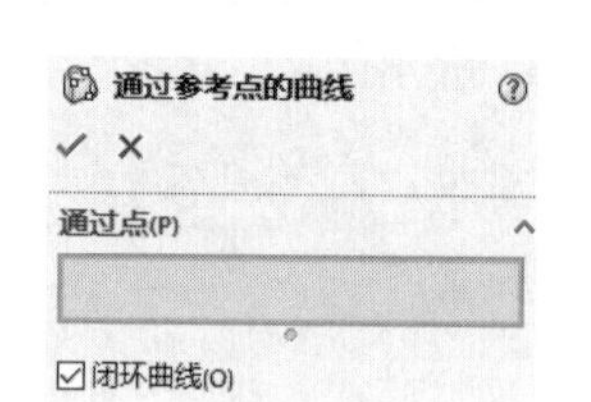

图 6-46 “通过参考点的曲线”属性管理器

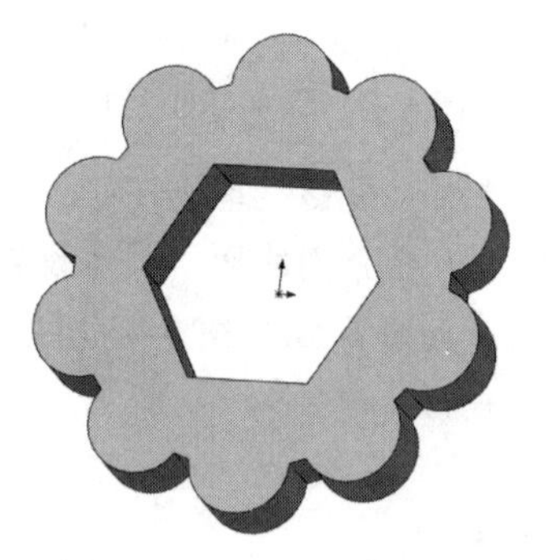

图 6-47 打开的文件实体

图 6-48 “通过参考点的曲线”属性管理器

（3）单击“确定”按钮✓，生成通过参考点的曲线。生成曲线后的图形如图 6-49 所示。

在生成通过参考点的曲线时，系统默认生成的为开环曲线，如图 6-50 所示。如果在“通过参考点的曲线”属性管理器中选中“闭环曲线”复选框，则选择菜单栏中的命令后，会自动生成闭环曲线，如图 6-51 所示。

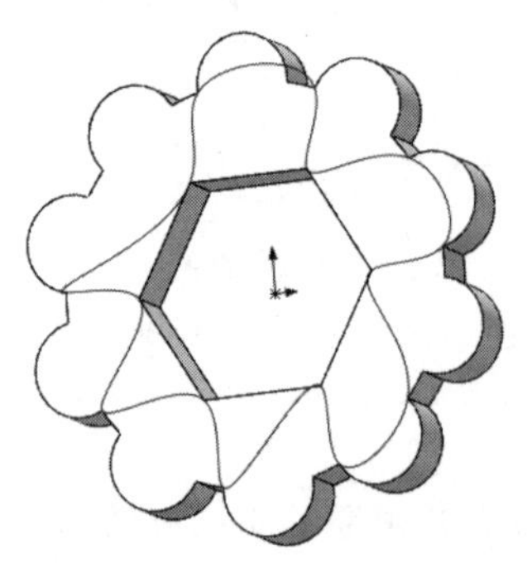

图 6-49 生成曲线后的图形

图 6-50 通过参考点的开环曲线

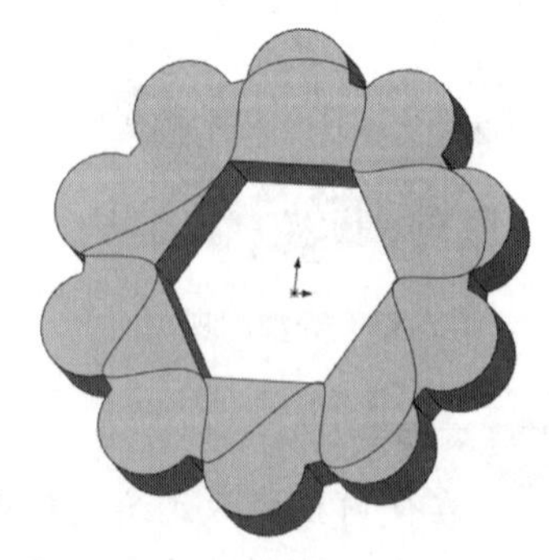

图 6-51 通过参考点的闭环曲线

6.2.6　通过 XYZ 点的曲线

通过 XYZ 点的曲线是指生成通过用户定义的点的样条曲线。在 SOLIDWORKS 中，用户既可以自定义样条曲线通过的点，也可以利用点坐标文件生成样条曲线。

执行通过 XYZ 点的曲线命令，主要有如下 3 种调用方法。

☑　面板：单击“特征”面板中的“通过 XYZ 点的曲线”按钮。

☑　工具栏：单击“曲线”工具栏中的“通过 XYZ 点的曲线”按钮。

☑　菜单栏：选择菜单栏中的“插入”→“曲线”→“通过 XYZ 点的曲线”命令。

下面介绍创建通过 XYZ 点的曲线的操作步骤。

（1）选择菜单栏中的“插入”→“曲线”→“通过 XYZ 点的曲线”命令，或者单击“曲线”工具栏中的“通过 XYZ 的曲线”按钮，系统弹出的“曲线文件”对话框如图 6-52 所示。

（2）单击 X、Y 和 Z 坐标列各单元格并在每个单元格中输入一个点坐标。

（3）在最后一行的单元格中双击时，系统会自动增加一个新行。

（4）如果要在行的上面插入一个新行，只要单击该行，然后单击“曲线文件”对话框中的“插入”按钮即可；如果要删除某一行的坐标，单击该行，然后按 Delete 键即可。

（5）设置好的曲线文件可以保存下来。单击“曲线文件”对话框中的“保存”按钮或者“另存为”按钮，系统弹出“另存为”对话框，选择合适的路径，输入文件名称，单击“保存”按钮即可。

（6）如图 6-53 所示为一个设置好的“曲线文件”对话框，单击对话框中的“确定”按钮，即可生成通过 XYZ 的曲线，如图 6-54 所示。

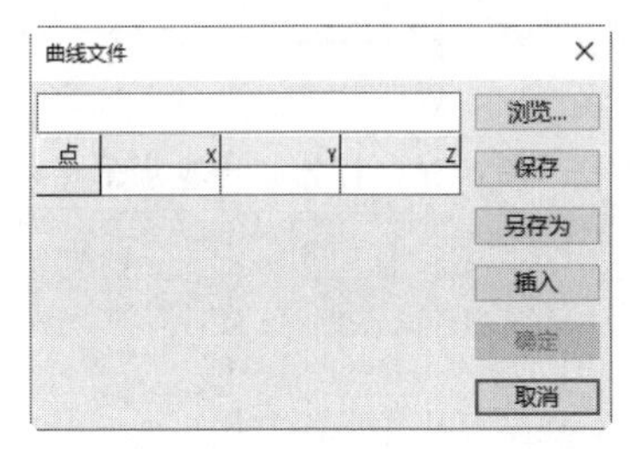

图 6-52　“曲线文件”对话框

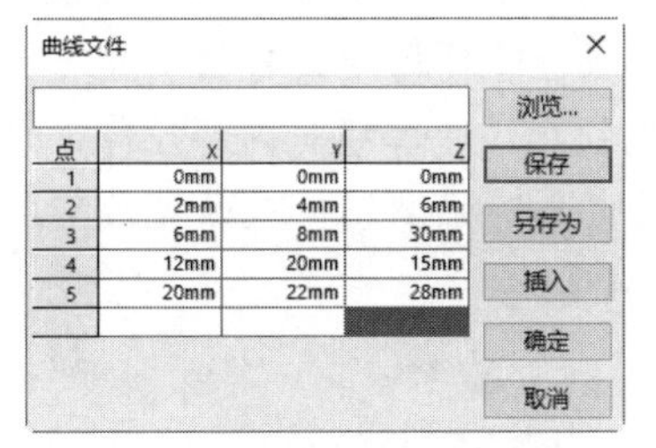

图 6-53　设置好的“曲线文件”对话框

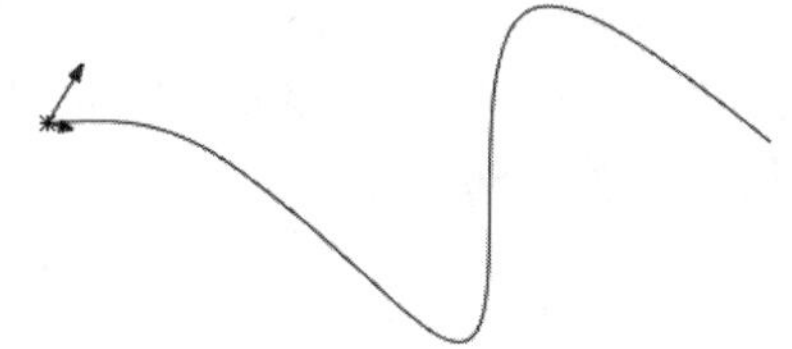

图 6-54　通过 XYZ 点的曲线

保存曲线文件时，SOLIDWORKS 默认文件的扩展名称为“*.sldcrv”，如果没有指定扩展名，SOLIDWORKS 应用程序会自动添加扩展名“.sldcrv”。

在 SOLIDWORKS 中，除了在“曲线文件”对话框中输入坐标来定义曲线外，还可以通过文本编辑器、Excel 等应用程序生成坐标文件，将其保存为“*.txt”文件，然后导入系统即可。

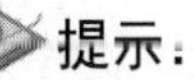

提示：

在使用文本编辑器、Excel 等应用程序生成坐标文件时，文件中必须只包含坐标数据，而不能是 X、Y 或 Z 的标号及其他无关数据。

Note

视频讲解

6.3 综合实例——杯托

本例主要利用旋转，拉伸切除，放样和分割线命令完成绘制。绘制的流程图如图 6-55 所示。

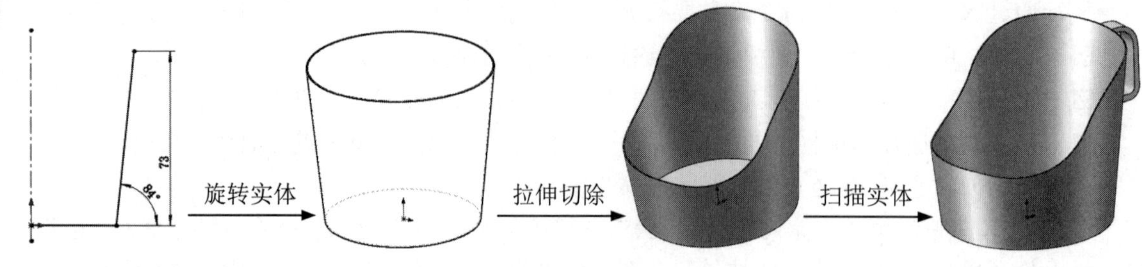

图 6-55 流程图

操作步骤如下。

（1）新建文件。单击快速访问工具栏中的“新建”按钮，在弹出的“新建 SOLIDWORKS 文件”对话框中单击“零件”按钮，然后单击“确定”按钮，创建一个新的零件文件。

（2）绘制草图。选择“前视基准面”作为绘制图形的基准面。单击“草图”面板中的“中心线”按钮，绘制一条通过原点的竖直中心线；单击“草图”面板中的“直线”按钮，绘制杯体旋转轮廓；单击“草图”面板中的“智能尺寸”按钮，标注草图的尺寸，如图 6-56 所示。

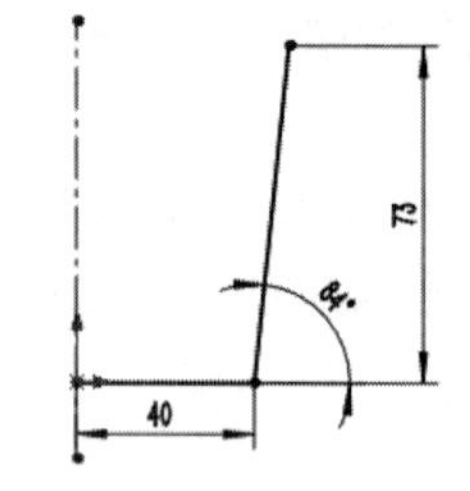

图 6-56 杯体旋转轮廓草图

（3）创建旋转薄壁特征。单击“特征”面板中的“旋转”按钮。在弹出的如图 6-57 所示的询问对话框中单击“否”按钮。在弹出的如图 6-58 所示的“旋转”属性管理器中设置旋转角度为 360°。单击薄壁拉伸的“反向”按钮，使薄壁向内部拉伸，设置薄壁的厚度为 0.5mm。单击“确定”按钮，生成薄壁旋转特征，如图 6-59 所示。

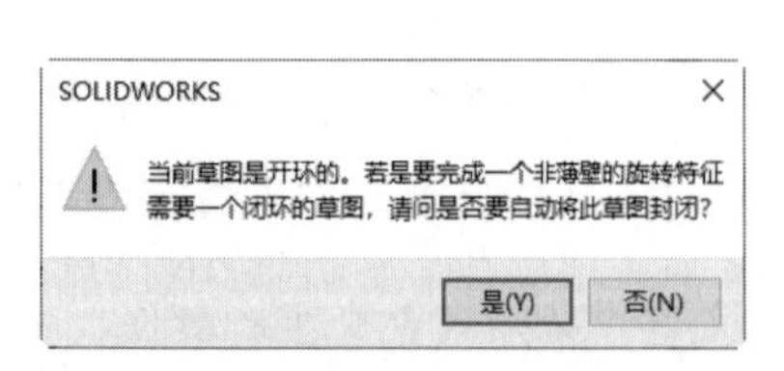

图 6-57 询问对话框

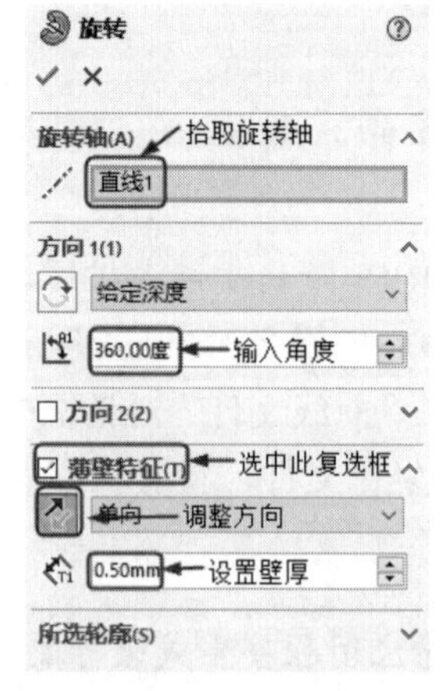

图 6-58 “旋转”属性管理器

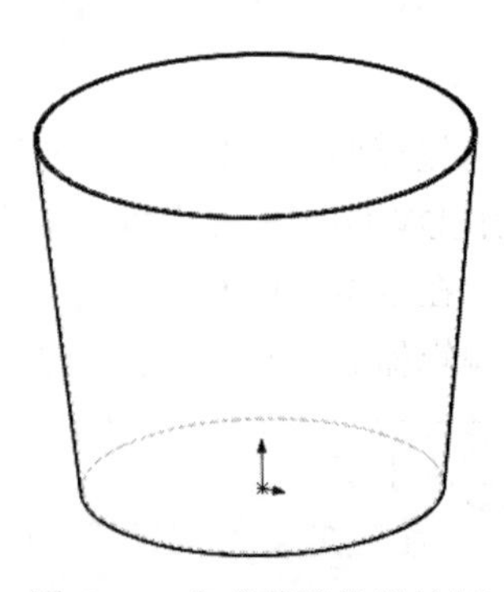
图 6-59 生成薄壁旋转特征

（4）绘制草图。在左侧的“FeatureManager 设计树”中选择“前视基准面”作为绘制图形

的基准面。单击“草图”面板中的“直线”按钮和“圆弧”按钮，绘制如图 6-60 所示的草图。

（5）切除特征。单击“特征”面板中的“拉伸切除”按钮，弹出“切除-拉伸”属性管理器，设置“方向 1”中的“终止条件”为“完全贯穿-两者”，如图 6-61 所示。单击“确定”按钮✔，切除特征如图 6-62 所示。

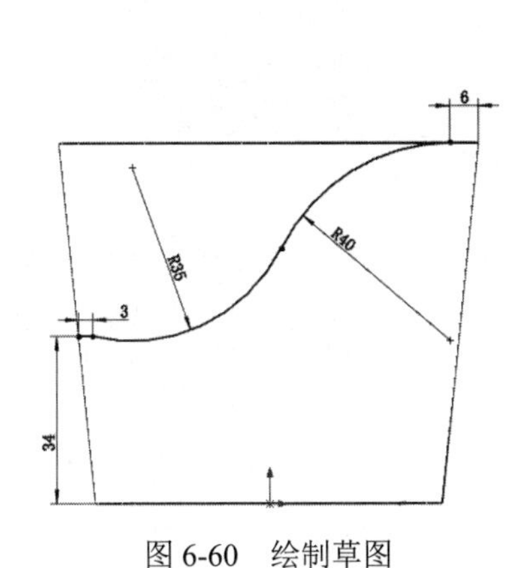

图 6-60　绘制草图

图 6-61　“切除-拉伸”属性管理器

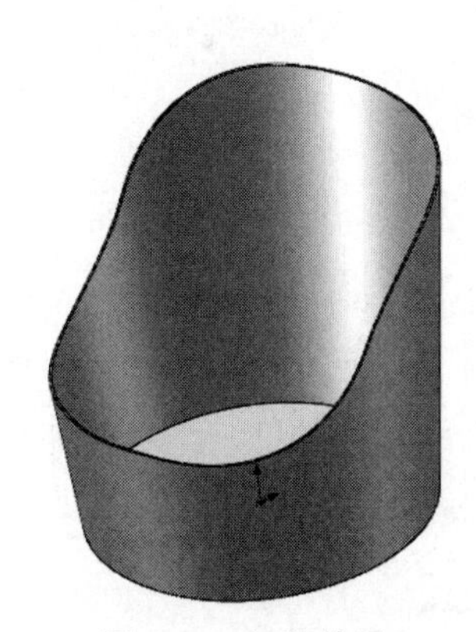

图 6-62　切除特征

（6）绘制放样中心线。在左侧的“FeatureManager 设计树”中选择“前视基准面”作为绘制图形的基准面。单击“草图”面板中的“直线”按钮和“绘制圆角”按钮，绘制如图 6-63 所示的草图 1。

（7）绘制轮廓草图 1。在左侧的“FeatureManager 设计树”中选择“右视基准面”作为绘制图形的基准面。单击“草图”面板中的“矩形”按钮，绘制如图 6-64 所示的轮廓草图 1，退出草图；重复“草图”命令，绘制如图 6-65 所示的轮廓草图 2。

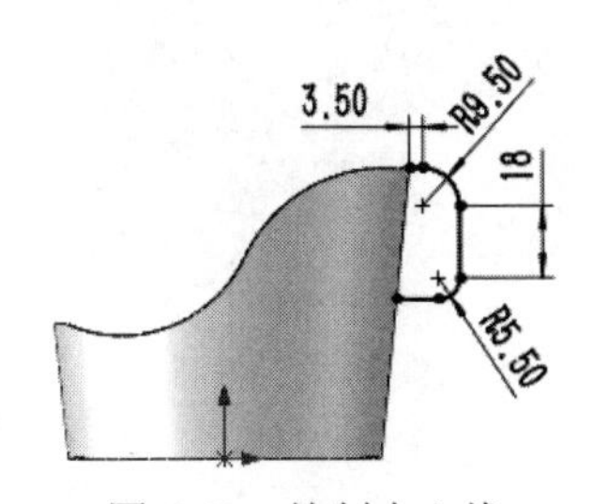

图 6-63　绘制中心线

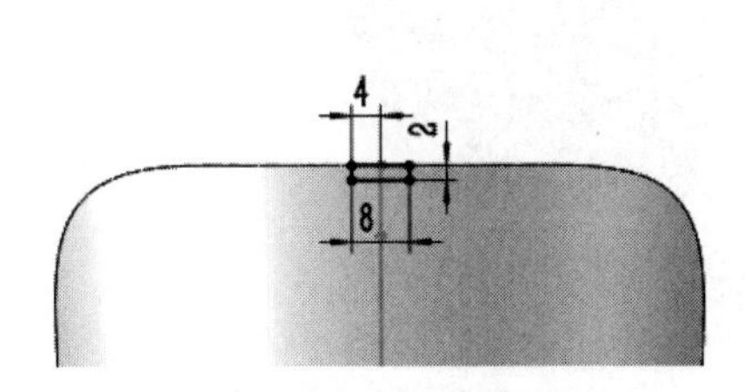

图 6-64　绘制轮廓草图 1

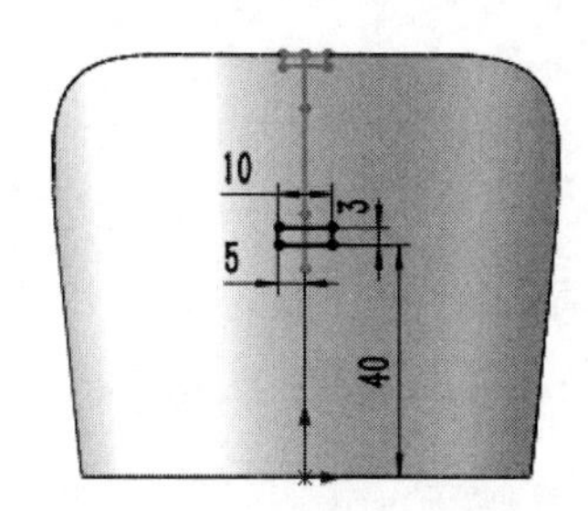

图 6-65　绘制轮廓草图 2

（8）切除特征。单击“特征”面板中的“分割线”按钮，弹出“分割线”属性管理器，选中“投影”单选按钮，选取图 6-64 中的草图 1 为要投影的草图，选取外表面为要分割的面，如图 6-66 所示。单击“确定”按钮✔；重复“分割线”命令，将轮廓草图 2 分割到面，如图 6-67 所示。

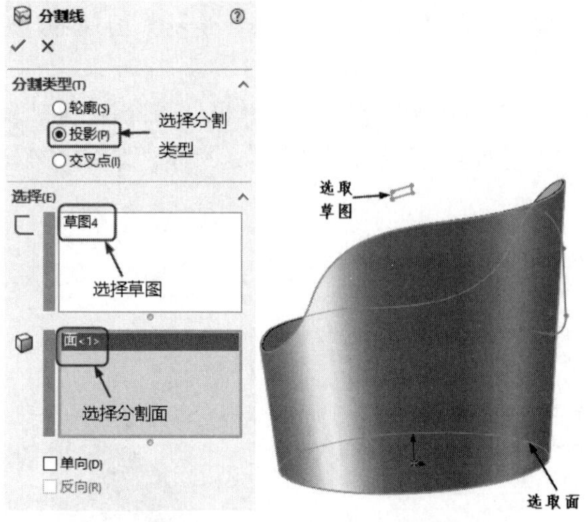

图 6-66 “分割线”属性管理器

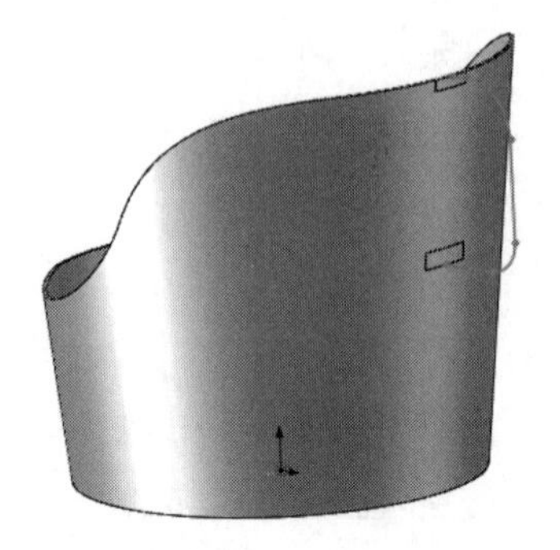

图 6-67 分割线

（9）放样手柄。单击“特征”面板中的“放样凸台/基体”按钮，弹出“放样”属性管理器，选取放样为轮廓，选取图 6-68 中的草图为放样中心线，单击“确定”按钮，生成沿中心线的放样特征，绘制的杯托如图 6-69 所示。

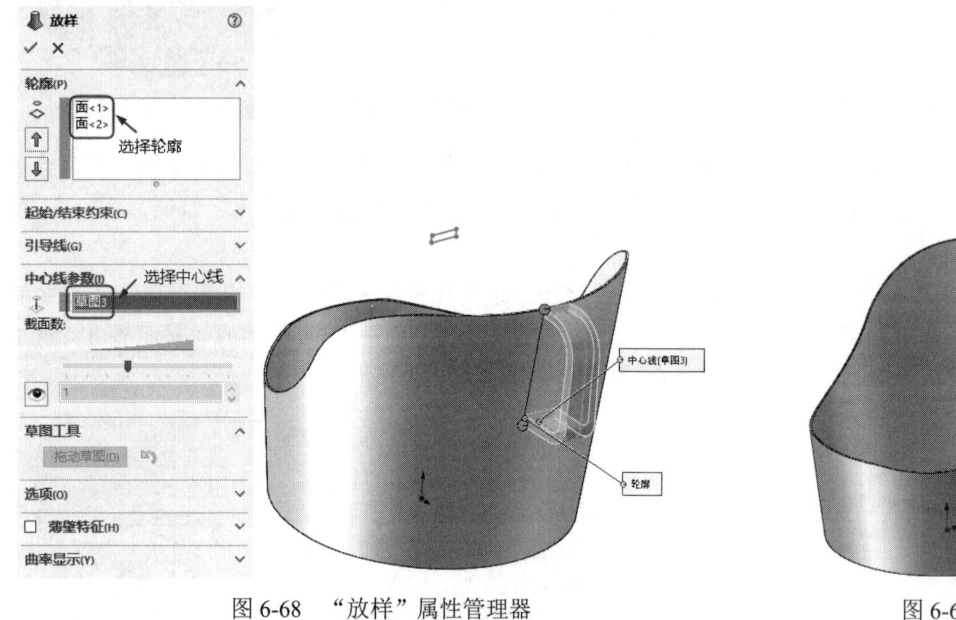

图 6-68 “放样”属性管理器

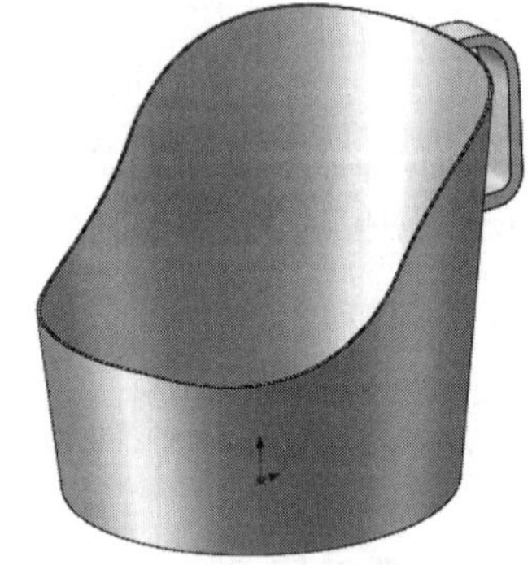

图 6-69 杯托

6.4 上 机 操 作

1．绘制如图 6-70 所示的办公椅。

操作提示：

（1）利用 3D 草图绘制命令，绘制扫描路径草图，如图 6-71 所示。

（2）利用圆命令，绘制扫描轮廓草图，如图 6-72 所示。

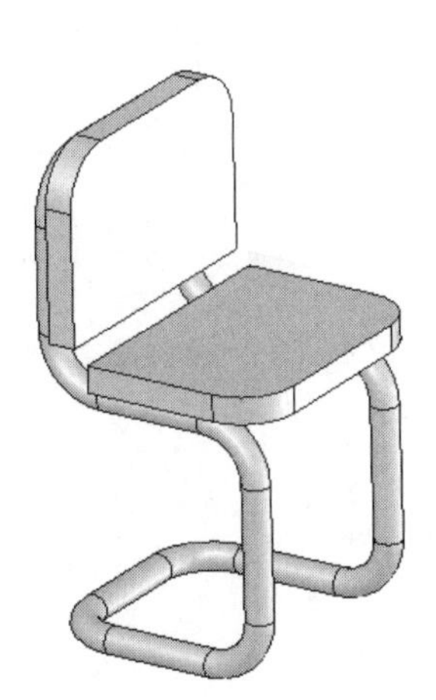

图 6-70　办公椅

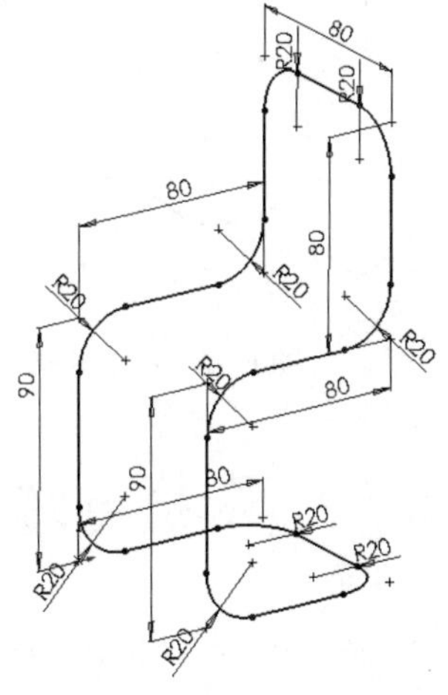

图 6-71　绘制路径草图

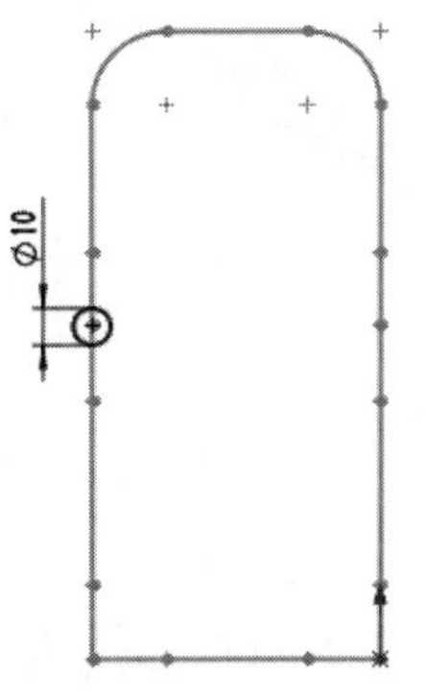

图 6-72　绘制轮廓草图

（3）利用草绘命令，绘制如图 6-73 所示的草图。利用拉伸命令，设置拉伸距离为 10mm，创建拉伸特征。

（4）利用草绘命令，绘制如图 6-74 所示的草图。利用拉伸命令，设置拉伸距离为 10mm，创建拉伸特征。

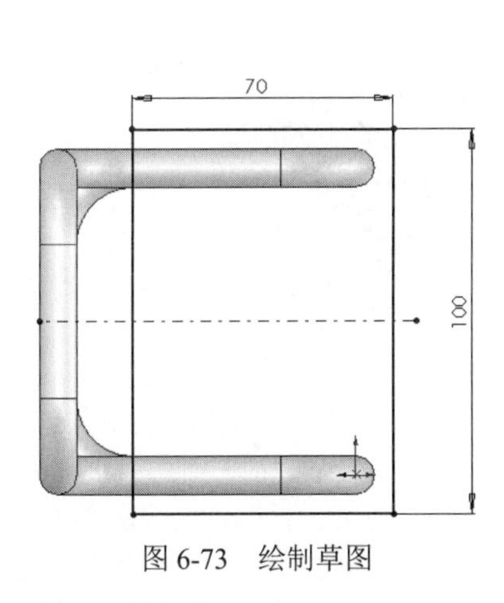

图 6-73　绘制草图

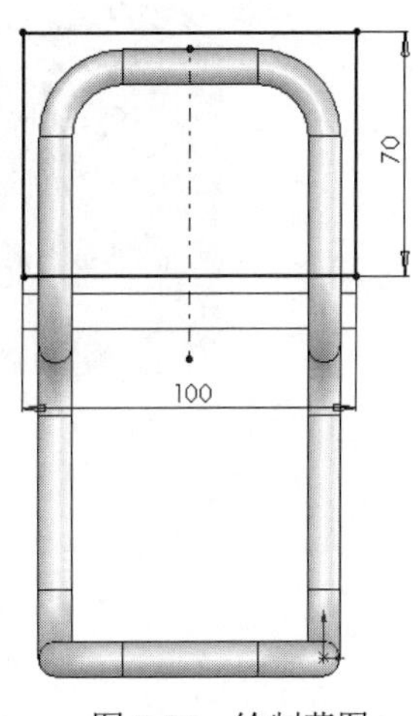

图 6-74　绘制草图

（5）利用绘制圆角命令，绘制椅座和靠背上的圆角，设置圆角为 20 度，并创建圆角特征。

2．绘制如图 6-75 所示的球棒。

操作提示：

（1）利用圆命令，绘制草图，如图 6-76 所示，利用拉伸命令，设置“终止条件”为“两侧对称”，输入拉伸距离为 160mm，创建拉伸体。

（2）利用直线命令，绘制草图，如图 6-77 所示，利用分割线命令，将拉伸体分割。

（3）利用拔模命令，将分割后的拉伸体进行拔模处理，拔模角度为 1。

（4）利用圆顶命令，将分割后的拉伸体进行圆顶处理，输入距离为 5mm。

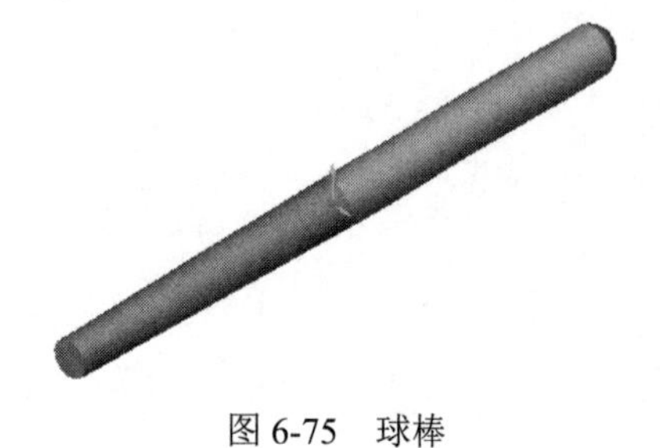

图 6-75　球棒

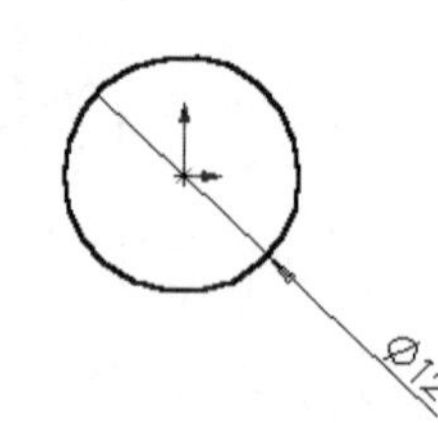

图 6-76　绘制草图

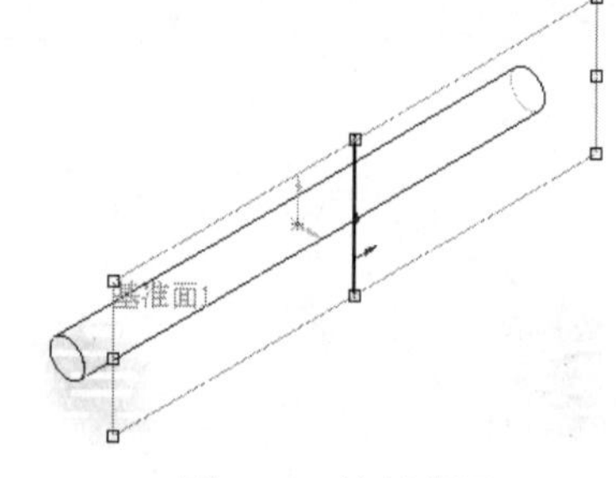

图 6-77　绘制草图

6.5　思考与练习

1．“草图”工具栏中的草图绘制命令和 3D 草图绘制命令有何区别？

2．练习各种空间曲线的生成：投影曲线，通过参考点的曲线，通过 XYZ 点的曲线，组合曲线，分割线，从草图投影到平面或曲面的曲线，螺旋线和涡状线。理解它们的定义和产生方式的不同。

3．绘制如图 6-78 所示的茶杯。

4．绘制如图 6-79 所示的内六角螺钉。

图 6-78　茶杯

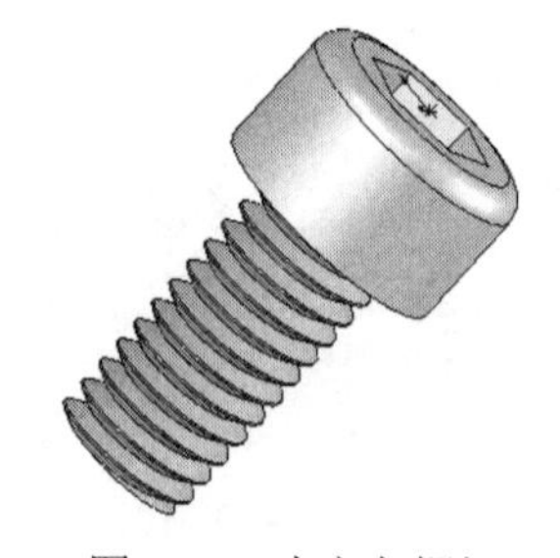

图 6-79　内六角螺钉

第7章

曲　　面

本章学习要点和目标任务：

- ☑ 创建曲面
- ☑ 缝合曲面
- ☑ 延伸曲面
- ☑ 等距曲面
- ☑ 延展曲面

曲面是一种可用来生成实体特征的几何体，它用来描述相连的零厚度几何体。本章将介绍曲面创建和编辑的相关功能以及相应的实例。

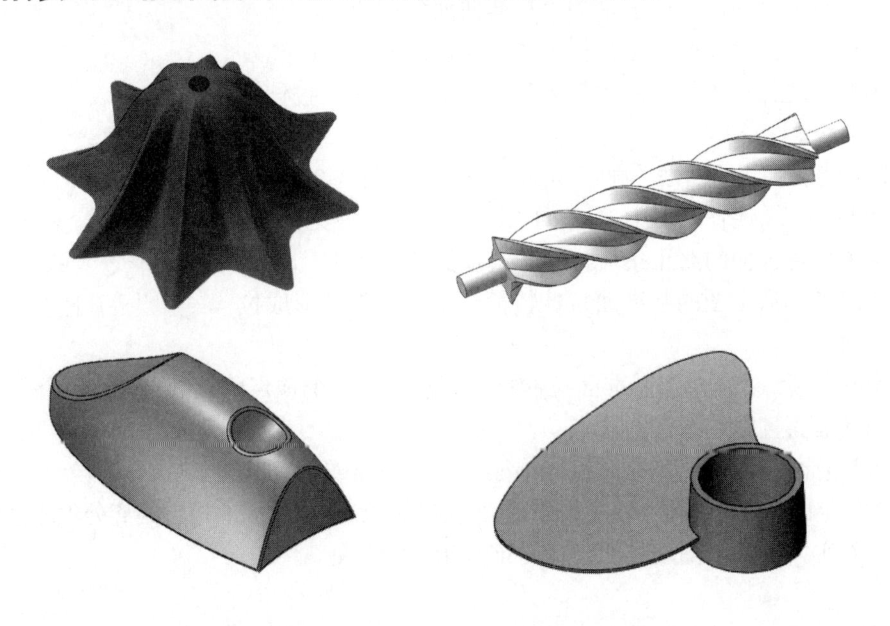

7.1 创建曲面

Note

一个零件中可以有多个曲面实体。SOLIDWORKS 提供了专门的“曲面”工具栏，如图 7-1 所示。利用该工具栏中的按钮既可以生成曲面，也可以对曲面进行编辑。

图 7-1 “曲面”工具栏

SOLIDWORKS 提供多种方式来创建曲面，主要有以下几种。

☑ 由草图或基准面上的一组闭环边线插入一个平面。

☑ 由草图拉伸、旋转、扫描或者放样生成曲面。

☑ 由现有面或者曲面生成等距曲面。

☑ 从其他程序（如 CATIA、ACIS、Pro/ENGINEER、Unigraphics、SolidEdge、Autodesk Inventor 等）输入曲面文件。

☑ 由多个曲面组合成新的曲面。

视频讲解

7.1.1 拉伸曲面

拉伸曲面是指将一条曲线拉伸为曲面。拉伸曲面可以从以下几种情况开始拉伸，即从草图所在的基准面拉伸、从指定的曲面/面/基准面开始拉伸、从草图的顶点开始拉伸以及从与当前草图基准面等距的基准面上开始拉伸等。

执行拉伸曲面命令，主要有如下 3 种调用方法。

☑ 面板：单击“曲面”面板中的“拉伸曲面”按钮。

☑ 工具栏：单击“曲面”工具栏中的“拉伸曲面”按钮。

☑ 菜单栏：选择菜单栏中的“插入”→“曲面”→“拉伸曲面”命令。

执行上述命令，弹出“曲面-拉伸”属性管理器，如图 7-2 所示。

图 7-2 “曲面-拉伸”属性管理器

在“曲面-拉伸”属性管理器中，“方向 1”选项组的“终止条件”下拉列表框用来设置拉伸的终止条件，其各选项的意义如下。

☑ 给定深度：从草图的基准面拉伸特征到指定距离处形成拉伸曲面。

☑ 成形到一顶点：从草图基准面拉伸特征到模型的一个顶点所在的平面，这个平面平行于草图基准面且穿越指定的顶点。

☑ 成形到一面：从草图基准面拉伸特征到指定的面或者基准面。

☑ 到离指定面指定的距离：从草图基准面拉伸特征到离指定面的指定距离处生成拉伸曲面。

☑ 成形到实体：从草图基准面拉伸特征到指定实体处。

☑ 两侧对称：以指定的距离拉伸曲面，并且拉伸的曲面关于草图基准面对称。

7.1.2 旋转曲面

旋转曲面是指将交叉或者不交叉的草图，用所选轮廓指针生成旋转曲面。旋转曲面主要由 3 部分组成，即旋转轴、旋转类型和旋转角度。

执行旋转曲面命令，主要有如下 3 种调用方法。

☑ 面板：单击“曲面”面板中的“旋转曲面”按钮。

☑ 工具栏：单击“曲面”工具栏中的“旋转曲面”按钮。

☑ 菜单栏：选择菜单栏中的“插入”→“曲面”→“旋转曲面”命令。

执行上述命令，弹出“曲面-旋转”属性管理器，如图 7-3 所示。

图 7-3 “曲面-旋转”属性管理器

在“曲面-旋转”属性管理器中，“旋转类型”是相对于草图基准面设定旋转特征的终止条件，其各选项的意义如下。

☑ 给定深度：从草图以单一方向生成旋转。在方向 1 角度中设定由旋转所包容的角度。

☑ 成形到一顶点：从草图基准面生成旋转到顶点中所指定的顶点。

☑ 成形到一面：从草图基准面生成旋转到面/基准面中所指定的曲面。

☑ 到离指定面指定的距离：从草图基准面生成旋转到面/基准面中所指定曲面的指定等距，可在等距距离中设定距离。必要时，可选择反向等距以便以反方向等距移动。

☑ 两侧对称：草图以所在平面为中面分别向两个方向旋转，并且关于中面对称。

提示：

生成旋转曲面时，绘制的样条曲线可以和中心线交叉，但是不能穿越。

7.1.3 扫描曲面

视频讲解

扫描曲面是指通过轮廓和路径的方式生成曲面，与扫描特征类似，也可以通过引导线扫描曲面。

执行扫描曲面命令，主要有如下 3 种调用方法。

☑ 面板：单击“曲面”面板中的“扫描曲面”按钮。

☑ 工具栏：单击“曲面”工具栏中的“扫描曲面”按钮。

☑ 菜单栏：选择菜单栏中的“插入”→“曲面”→“扫描曲面”命令。

执行上述命令，弹出“曲面-扫描”属性管理器，如图 7-4 所示。

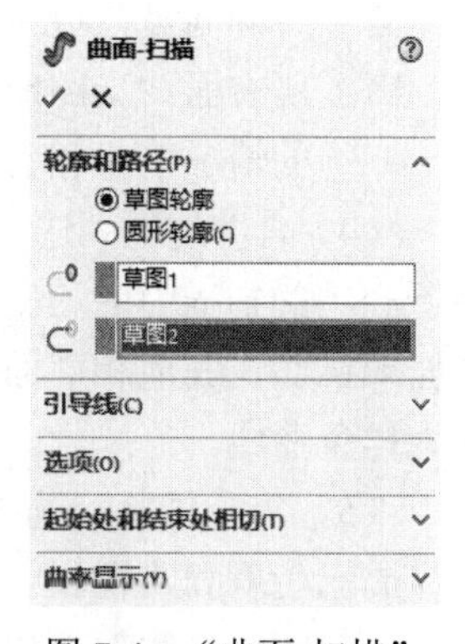

图 7-4 “曲面-扫描”属性管理器

“曲面-扫描”属性管理器中的选项含义说明如下。

（1）“轮廓和路径”选项组。

☑ 轮廓：设定用来生成扫描的草图轮廓（截面），曲面扫描特征的轮廓可为开环或闭环。

☑ 路径：设定轮廓扫描的路径。路径可以是开环或闭合，可以是包含在草图中的一组绘制的曲线、一条曲线或一组模型边线。路径的起点必须位于轮廓的基准面上。

☑ 圆形轮廓：该选项可直接在模型上沿草图线、边线或曲线创建实体杆或空心管筒，而无须绘制草图。

（2）“选项”选项组：“方向/扭转控制”下拉列表中包括如下选项。典型的“方向/扭转控制”效果如图 7-5 所示。

无扭转　随路径变化　沿路径扭转　以法向不变沿路径扭曲

图 7-5　“方向/扭转控制”效果

☑ 随路径变化：使截面与路径的角度始终保持同一角度。

☑ 保持法向不变：使截面总是与起始截面保持平行。

☑ 随路径和第一引导线变化：如果引导线不止一条，选择此项将使扫描随较长的一条引导线变化。

☑ 随第一和第二引导线变化：如果引导线不止一条，选择此项将使扫描随第一条和第二条引导线同时变化。

☑ 沿路径扭转：选择此项可以沿路径扭转截面。在定义方式下，按度数、弧度或旋转定义扭转。

☑ 以法向不变沿路径扭曲：选择此项可以通过将截面在沿路径扭曲时保持与开始截面平行，而沿路径扭曲截面。

（3）“路径对齐类型”下拉列表中包括如下选项。

☑ 无：没有应用相切，既保持垂直于轮廓，又对齐轮廓，不进行纠正。

☑ 最小扭转：阻止轮廓在随路径变化时自我相交，仅相对于三维路径。

☑ 方向向量：以方向向量所选择的方向对齐轮廓。

☑ 所有面：当路径包括相邻面时，使扫描轮廓在几何关系可能的情况下与相邻面相切。

（4）合并切面：选中该复选框，如果扫描轮廓具有相切线段，可使所产生的扫描中的相应曲面相切。保持相切的面可以是基准面、圆柱面或锥面，其他相邻面被合并，轮廓被近似处理，草图圆弧可以转换为样条曲线。

（5）显示预览：选中该复选框，将显示扫描的预览；取消选中，则只显示轮廓和路径。

（6）“引导线”选项组，如图 7-6 所示。

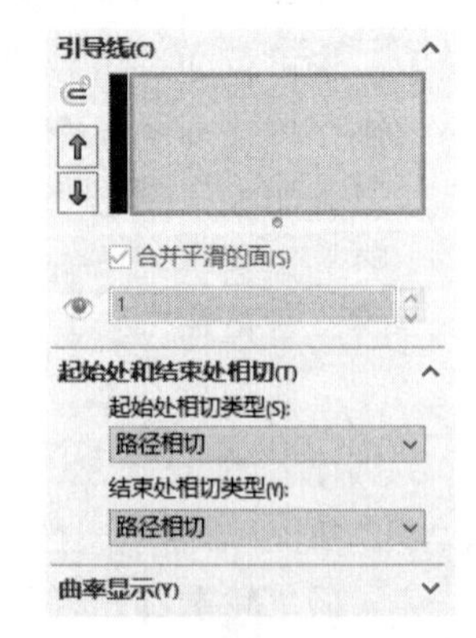

图 7-6　“引导线”选项组

☑ 引导线：单击该按钮，在图形区域选择引导线后，可在轮廓沿路径扫描时加以引导。

Note

☑　上移⬆或下移⬇：单击这两个按钮，可改变使用引导线的顺序。

☑　显示截面👁：选择该选项，然后单击箭头，根据截面数量查看并修正轮廓。

☑　合并平滑的面：选中该复选框，可以控制是否要合并平滑的面；取消选中，可以改进带引导线扫描的性能。

（7）“起始处/结束处相切”选项组。

☑　“起始处相切类型”下拉列表中包括如下选项。

- 无：表示没应用相切。
- 路径相切：表示垂直于开始点路径而生成扫描。

☑　“结束处相切类型”下拉列表中包括如下选项。

- 无：表示没应用相切。
- 路径相切：表示垂直于结束点路径而生成扫描。

（8）“曲率显示”选项组。

☑　网格预览：选中此复选框可以显示和更改生成扫描曲面的网格。

☑　斑马条纹：选中此复选框可以显示生成扫描曲面的斑马条纹。

☑　曲率检查梳形图：选中此复选框可以显示模型曲面上的曲率梳形图以分析相邻曲面的接合和变换方式。

> **提示：**
>
> 在使用引导线扫描曲面时，引导线必须贯穿轮廓草图，通常需要在引导线和轮廓草图之间建立重合和穿透几何关系。

7.1.4　放样曲面

视频讲解

放样曲面是指通过曲线之间的平滑过渡而生成曲面的方法。放样曲面主要由放样的轮廓曲线组成，如果有必要可以使用引导线。

执行放样曲面命令，主要有如下 3 种调用方法。

☑　面板：单击“曲面”面板中的“放样曲面”按钮。

☑　工具栏：单击“曲面”工具栏中的“放样曲面”按钮。

☑　菜单栏：选择菜单栏中的“插入”→“曲面”→“放样曲面”命令。

执行上述命令，弹出“曲面-放样”属性管理器，如图 7-7 所示。

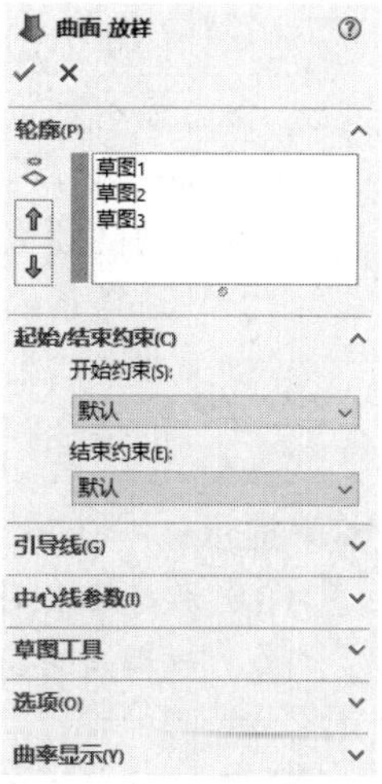

“曲面-放样”属性管理器中的部分选项说明如下。

☑　“轮廓”选项组。在选择时，除了可以通过单击“上移”按钮⬆或“下移”按钮⬇来重新安排轮廓外，还可以进行如下操作。

- 如果预览的曲线指示连接错误的顶点，单击该顶点所在的轮廓取消选择，然后再单击选取轮廓中的其他点。
- 如果要清除所有选择重新开始，可在图形区域右击，在弹出的快捷菜单中选择“清除选择”命令。

图 7-7　“曲面-放样”属性管理器

Note

☑ “起始/结束约束”选项组。

- 无：不应用相切。
- 方向向量：放样与所选的边线或轴相切，或与所选基准面的法线相切。
- 垂直于轮廓：应用垂直于开始或结束轮廓的相切约束。
- 与面相切：使相邻面在所选开始或结束轮廓处相切。在附加放样到现有几何体时可用。
- 与面的曲率：在所选开始或结束轮廓处应用平滑且具有美感的曲率连续放样。在附加放样到现有几何体时可用。

☑ “中心线参数”选项组：在该选项组中，可使用中心线引导放样形状。中心线可与引导线共存。

- 截面数：在轮廓之间绕中心线添加截面，移动滑竿可调整截面数。
- 显示截面：用来显示放样截面，单击箭头可以显示截面。

☑ “草图工具”选项组。选中“拖动草图”复选框，激活拖动模式，可在编辑放样特征时从任何已为放样定义了轮廓线的 3D 草图中拖动任何 3D 草图线段、点或基准面。

☑ “选项”选项组。

- 合并切面：如果相对应的放样线段是相切的，单击“保持相切”按钮可以使放样中相应的曲面保持相切，如图 7-8 所示。

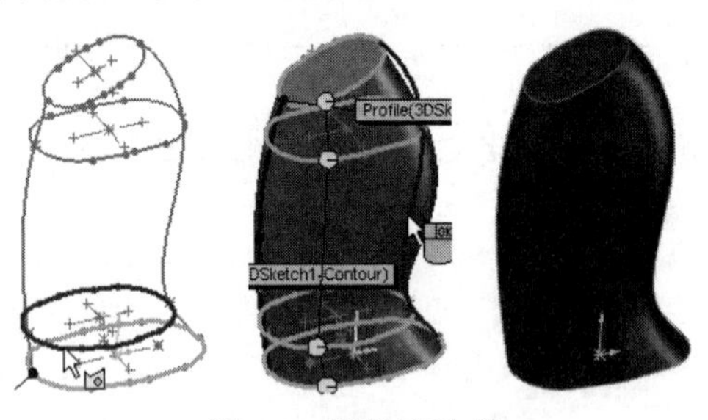

图 7-8 链轮廓放样

- 封闭放样：单击“选项”选项组中的“封闭放样”按钮，沿着放样的方向生成闭环的实体。此选项会自动连接最后一个和第一个草图。
- 显示预览：选中该复选框，可显示放样的预览。取消选中，则只观看路径和引导线。

☑ “曲率显示”选项组。

- 网格预览：选中此复选框可以显示和更改生成放样曲面的网格。
- 斑马条纹：选中此复选框可以显示生成放样曲面的斑马条纹。
- 曲率检查梳形图：选中此复选框可以显示模型曲面上的曲率梳形图以分析相邻曲面的接合和变换方式。

提示：

（1）放样曲面时，轮廓曲线的基准面不一定要平行。

（2）放样曲面时，可以应用引导线控制放样曲面的形状。

视频讲解

7.1.5 实例——灯罩

首先绘制灯罩曲线，然后通过放样曲面命令创建灯罩。绘制灯罩的流程图如图 7-9 所示。

Note

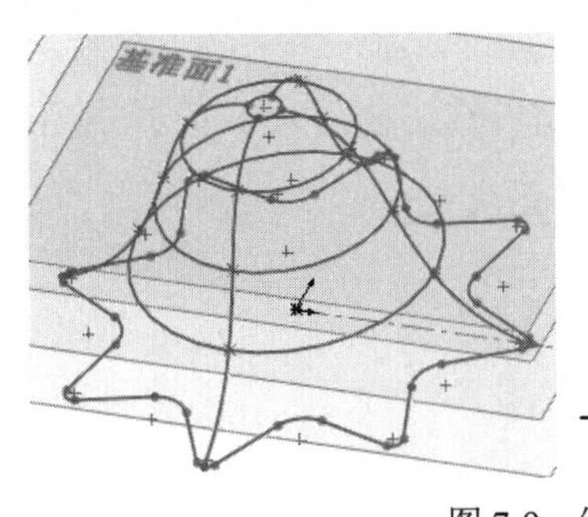

放样曲面

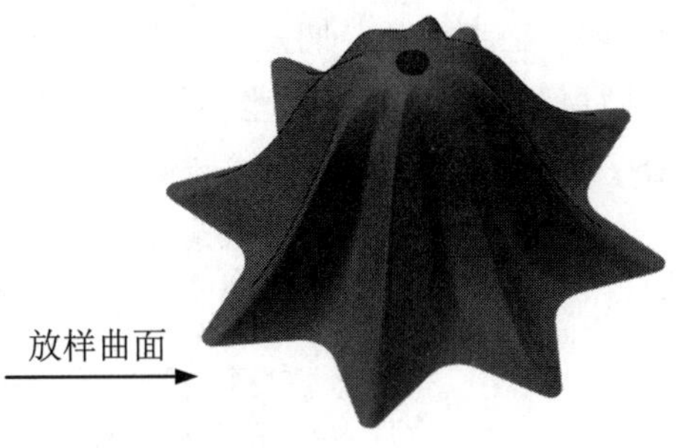

图 7-9 绘制灯罩的流程图

操作步骤如下。

（1）新建文件。单击快速访问工具栏中的“新建”按钮，在弹出的“新建 SOLIDWRKS 文件”对话框中单击“零件”按钮，然后单击“确定”按钮，创建一个新的零件文件。

（2）创建基准面。单击“特征”面板中的“基准面”按钮，弹出如图 7-10 所示的“基准面”属性管理器。选择“前视基准面”为参考面，输入偏移距离为 20mm，单击“确定”按钮✔，完成基准面 1 的创建。重复“基准面”命令，分别创建距离前视基准面为 40mm、60mm 和 70mm 的基准面，如图 7-11 所示。

（3）设置基准面。在左侧的“FeatureManager 设计树”中选择“前视基准面”，然后单击“前导视图”工具栏中的“正视于”按钮，将该基准面作为绘制图形的基准面。

（4）绘制草图 1。

① 单击“草图”面板中的“中心线”按钮，绘制一条水平中心线，单击“草图”工具栏中的“直线”按钮，绘制如图 7-12 所示的草图并标注尺寸。

② 单击“草图”面板中的“镜像实体”按钮，弹出“镜像”属性管理器，选择上一步创建的直线为要镜像的实体，选择水平中心线为镜像点，选中“复制”复选框，如图 7-13 所示。单击“确定”按钮✔，绘制的镜像草图如图 7-14 所示。

图 7-10 “基准面”属性管理器

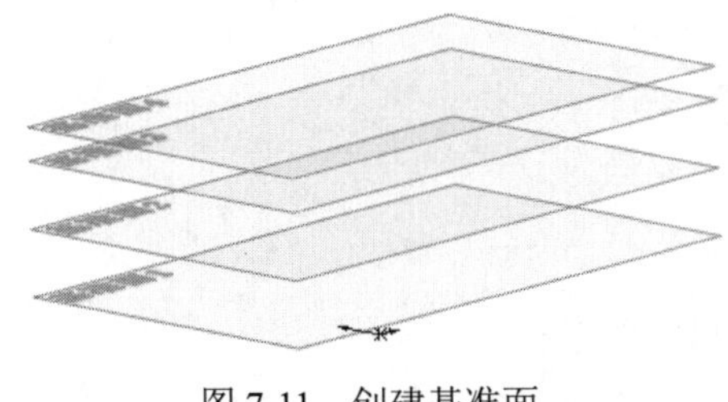

图 7-11 创建基准面

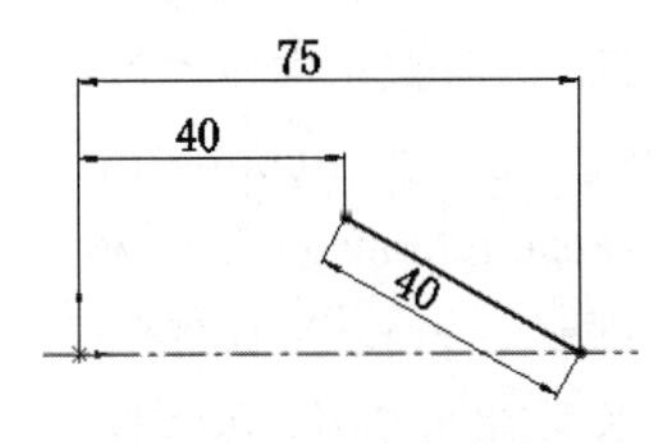

图 7-12 绘制的草图

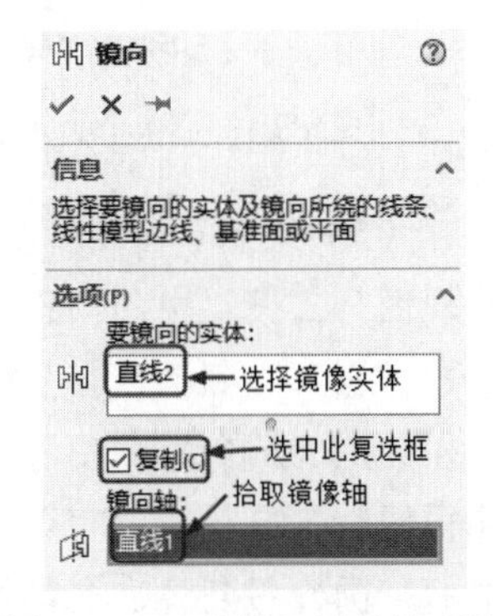

图 7-13 “镜像”属性管理器

Note

③ 单击“草图”面板中的“圆周阵列”按钮，弹出“圆周阵列”属性管理器，选择上两步创建的直线为圆周阵列实体，选择坐标原点为中心点，输入阵列个数为8，选中“等间距”复选框，如图7-15所示。单击“确定”按钮✔，圆周阵列直线如图7-16所示。

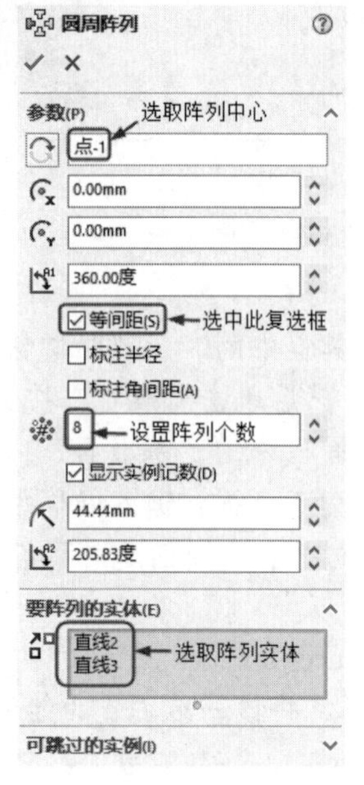

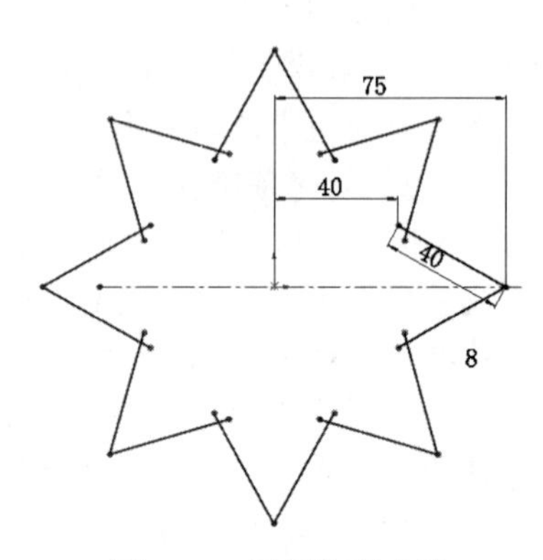

图7-14　镜像草图　　图7-15　“圆周阵列”属性管理器　　图7-16　圆周阵列直线

④ 单击“草图”面板中的“绘制圆角”按钮，弹出“绘制圆角”属性管理器，分别输入圆角半径为10mm和3mm，如图7-17所示。单击“确定”按钮✔，绘制的圆角如图7-18所示。

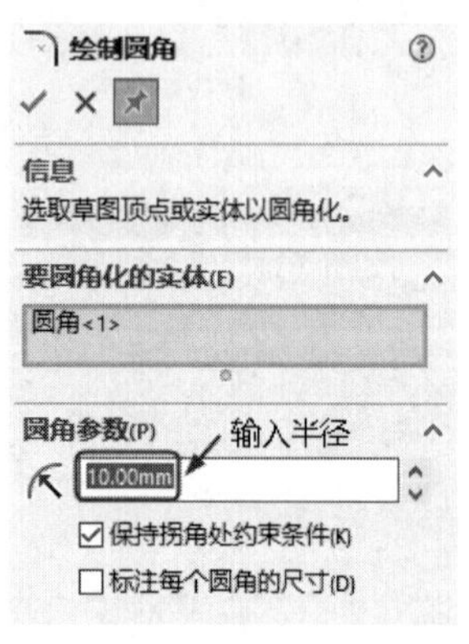

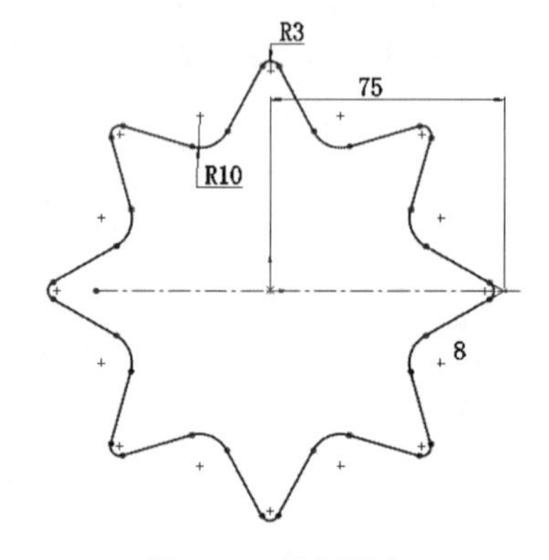

图7-17　“绘制圆角”属性管理器　　图7-18　绘制圆角

（5）绘制草图2。在左侧的“FeatureManager设计树”中选择“基准面1”，然后单击“前导视图”工具栏中的“正视于”按钮，将该基准面作为绘制图形的基准面。单击“草图”面板中的“圆”按钮，在坐标原点处绘制直径为90mm的圆。

（6）绘制草图3。在左侧的“FeatureManager设计树”中选择“基准面2”，然后单击“前导视图”工具栏中的“正视于”按钮，将该基准面作为绘制图形的基准面。单击“草图”面板中的“圆”按钮，在坐标原点处绘制直径为70mm的圆。

（7）绘制草图 4。在左侧的“FeatureManager 设计树”中选择“基准面 3”，然后单击“前导视图”工具栏中的“正视于”按钮，将该基准面作为绘制图形的基准面。单击“草图”面板中的“圆”按钮，在坐标原点处绘制直径为 50mm 的圆。

（8）绘制草图 5。在左侧的“FeatureManager 设计树”中选择“基准面 4”，然后单击“前导视图”工具栏中的“正视于”按钮，将该基准面作为绘制图形的基准面。单击“草图”面板中的“圆”按钮，在坐标原点处绘制直径为 10mm 的圆，如图 7-19 所示。

（9）绘制草图 6。在左侧的“FeatureManager 设计树”中选择“上视基准面”，然后单击“前导视图”工具栏中的“正视于”按钮，将该基准面作为绘制图形的基准面。单击“草图”面板中的“样条曲线”按钮，捕捉圆的节点绘制样条曲线，如图 7-20 所示。单击“退出草图”按钮，退出草图。

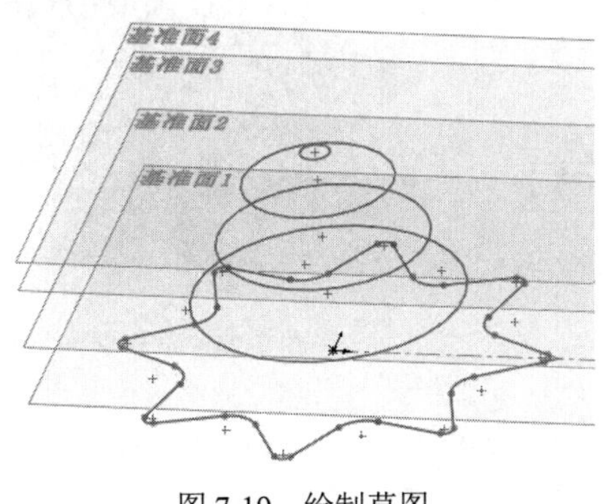

图 7-19　绘制草图

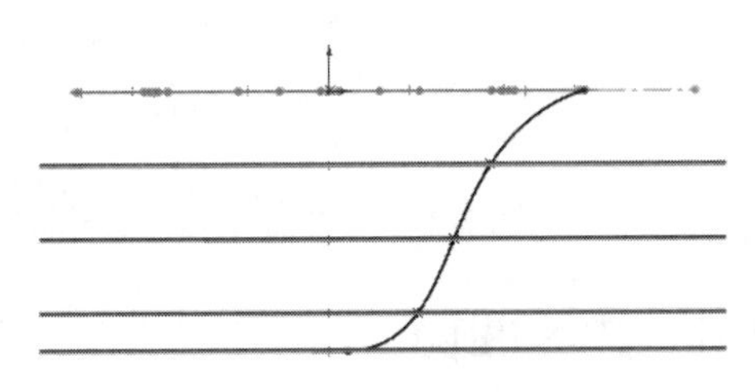

图 7-20　绘制草图

（10）重复上一步，在上视基准面的另一侧创建样条曲线，如图 7-21 所示。

（11）绘制草图 7。在左侧的“FeatureManager 设计树”中选择“右视基准面”，然后单击“前导视图”工具栏中的“正视于”按钮，将该基准面作为绘制图形的基准面。单击“草图”面板中的“样条曲线”按钮，捕捉圆的节点绘制样条曲线。单击“退出草图”按钮，退出草图。

（12）重复上一步，在右视基准面的另一侧创建样条曲线，如图 7-22 所示。

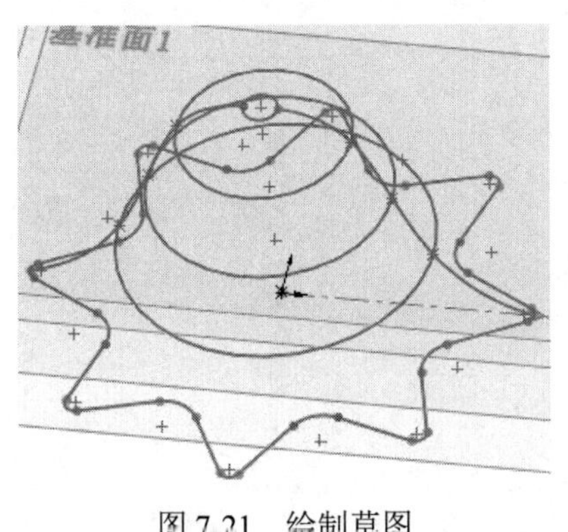

图 7 21　绘制草图

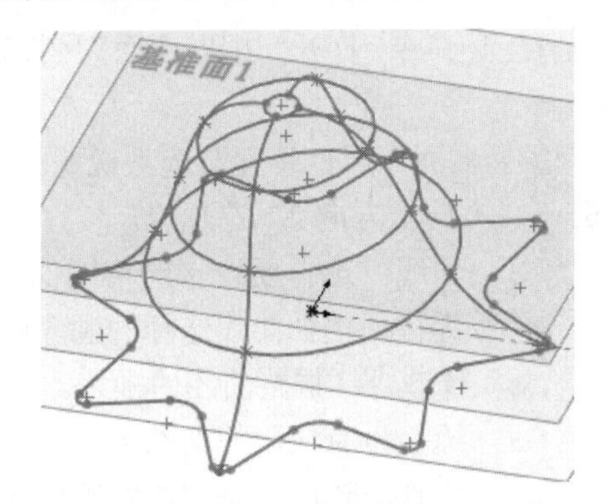

图 7-22　绘制草图

（13）放样曲面。单击“曲面”面板中的“放样曲面”按钮，此时系统弹出如图 7-23 所示的“曲面-放样”属性管理器。选择草图 1 和草图 5 为轮廓，选择 4 条样条曲线为引导线，单击“确定”按钮✔，放样曲面如图 7-24 所示。

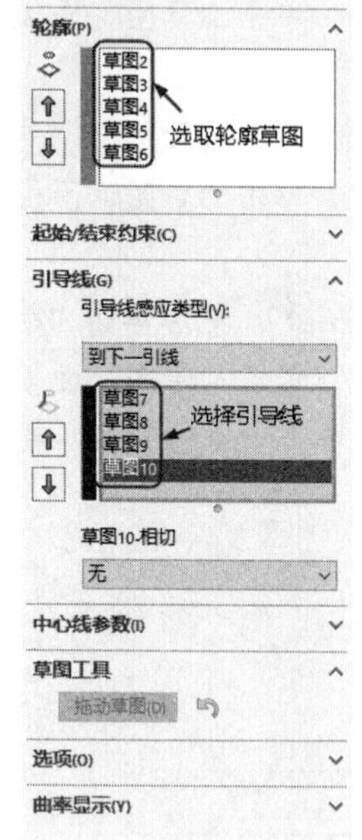

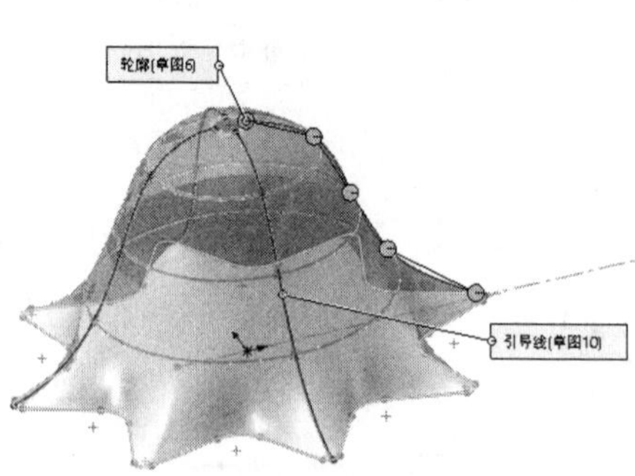

图 7-23 “曲面-放样”属性管理器

图 7-24 放样曲面

视频讲解

7.1.6 边界曲面

可以指定草图曲线、边线、面以及其他草图实体控制边界特征的形状。

执行边界曲面命令，主要有如下 3 种调用方法。

☑ 面板：单击“曲面”面板中的“边界曲面”按钮。

☑ 工具栏：单击“曲面”工具栏中的“边界曲面”按钮。

☑ 菜单栏：选择菜单栏中的“插入”→“曲面”→“边界曲面”命令。

执行上述命令，打开“边界-曲面”属性管理器，如图 7-25 所示。

“边界-曲面”属性管理器选项说明如下。

☑ “方向 1/方向 2”选项组。

- 曲线：选择要连接的草图曲线、面或边线。边界特征根据曲线选择的顺序而生成。
- 或：调整曲线的顺序。
- 无：没有应用相切约束。
- 垂直于轮廓：垂直曲线应用相切约束。
- 方向向量：为方向向量的所选视图而应用相切约束。
- 与面相切：使相邻面在所选曲线上相切。
- 与面的曲率：在所选曲线处应用平滑、具有美

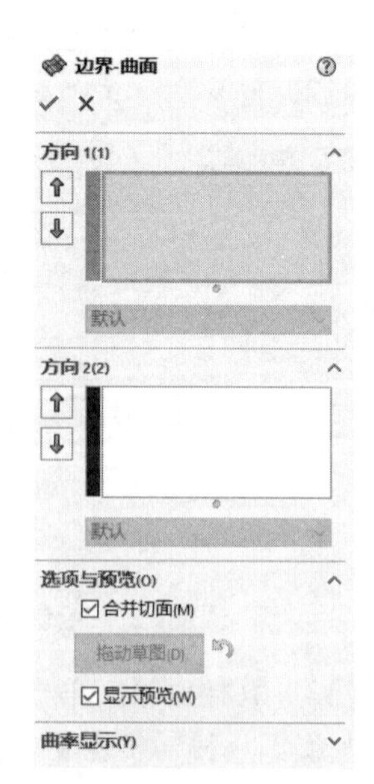

图 7-25 “边界-曲面”属性管理器

感的曲率连续曲面。

☑ “选项与预览”选项组。

　➢ 合并切面：如果对应的线段相切，则会使所生成的边界特征中的曲面保持相切。

　➢ 显示预览：显示边界特色的上色预览。

☑ “曲率显示”选项组。

　➢ 网格密度：调整网格的行数。

　➢ 比例：调整曲率检查梳形图的大小。

　➢ 密度：调整曲率检查梳形图的显示行数。

7.1.7　填充曲面

填充曲面是指在现有模型边线、草图或者曲线定义的边界内构成带任何边数的曲面修补。

执行填充曲面命令，主要有如下 3 种调用方法。

☑ 面板：单击“曲面”面板中的“填充曲面”按钮。

☑ 工具栏：单击“曲面”工具栏中的“填充曲面”按钮。

☑ 菜单栏：选择菜单栏中的“插入”→“曲面”→“填充曲面”命令。

执行上述命令，打开“填充曲面”属性管理器，如图 7-26 所示。

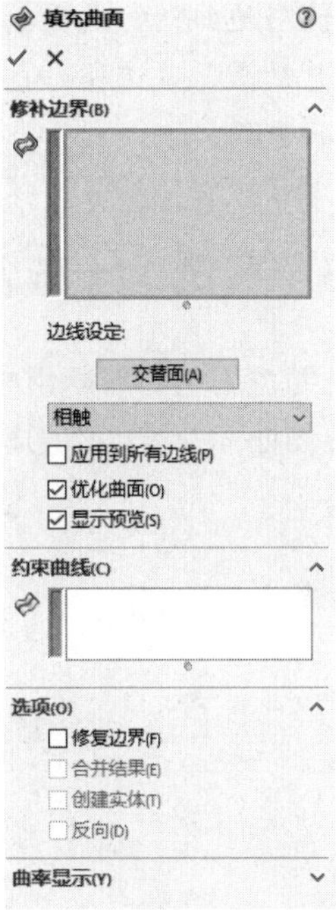

图 7-26　“填充曲面”属性管理器

“填充曲面”属性管理器的部分选项说明如下。

（1）“修补边界”选项组。

☑ 修补边界：选择要修补边界的边线。

☑ 交替面：可为修补的曲率控制反转边界面。只在实体模型上生成修补时使用。

☑ 曲率控制：定义在所生成的修补上进行控制的类型。

　➢ 相触：在所选边界内生成曲面。

　➢ 相切：在所选边界内生成曲面，但保持修补边线的相切。

　➢ 曲率：在与相邻曲面交界的边界边线上生成与所选曲面的曲率相配套的曲面。

☑ 应用到所有边线：选中此复选框，将相同的曲率控制应用到所有边线。如果在将接触以及相切应用到不同边线后选中此复选框，将应用当前选择到所有边线。

☑ 优化曲面：优化曲面是与放样的曲面相类似的简化曲面修补。优化的曲面修补的潜在优势包括重建时间加快以及当与模型中的其他特征一起使用时增强的稳定性。

☑ 显示预览：在修补上显示网格线以帮助直观地查看曲率。

（2）“选项”选项组。

☑ 修复边界：通过自动建造遗失部分或裁剪过大部分来构造有效边界。

☑ 合并结果：当所有边界都属于同一实体时，可以使用曲面填充来修补实体。如果至少有

一个边线是开环薄边，选中“合并结果”复选框，那么曲面填充会用边线所属的曲面缝合。如果所有边界实体都是开环边线，那么可以选择生成实体。

☑ 创建实体：如果所有边界实体都是开环曲面边线，那么形成实体是有可能的。默认情况下，取消选中“创建实体”复选框。

☑ 反向：当用填充曲面修补实体时，如果填充曲面显示的方向不符合需要，选中“反向”复选框更改方向。

Note

（3）“曲率显示”选项组。

☑ 网格密度：调整网格的行数。

☑ 比例：调整曲率检查梳形图的大小。

☑ 密度：调整曲率检查梳形图的显示行数。

提示：

使用边线进行曲面填充时，所选择的边线必须是封闭的曲线。如果选中属性管理器中的“合并结果”复选框，则填充的曲面将和边线的曲面组成一个实体，否则填充的曲面为一个独立的曲面。

视频讲解

7.1.8 实例——铣刀

铣刀由刀刃和刀柄组成。首先绘制刀刃部分的草图，通过边界曲面命令创建刀刃，然后利用通过拉伸曲面命令创建刀柄，绘制流程图如图 7-27 所示。

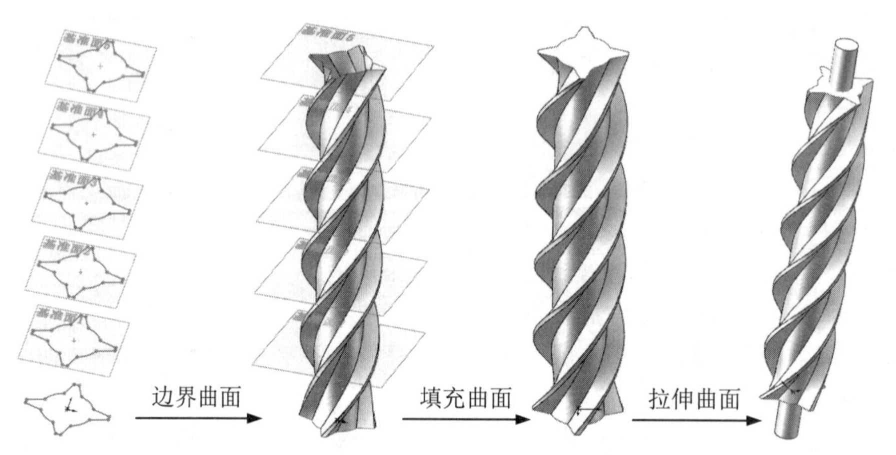

图 7-27　绘制流程图

操作步骤如下。

（1）新建文件。单击快速访问工具栏中的“新建”按钮，在弹出的“新建 SOLIDWORKS 文件”对话框中单击“零件”按钮，然后单击“确定”按钮，创建一个新的零件文件。

（2）绘制草图。在左侧的“FeatureManager 设计树”中选择“前视基准面”，然后单击“前导视图”工具栏中的“正视于”按钮，将该基准面作为绘制图形的基准面。单击“草图”面板中的“圆”按钮、“直线”按钮和“圆周阵列”按钮，绘制如图 7-28 所示的草图并标注尺寸。

Note

(3) 创建基准面。单击“特征”面板中的“基准面”按钮，弹出如图 7-29 所示的“基准面”属性管理器。选择“前视基准面”为参考面，输入偏移距离为 30mm，输入基准面数为 5，单击“确定”按钮✔，完成基准面的创建，如图 7-30 所示。

(4) 绘制草图。在左侧的“FeatureManager 设计树”中选择“基准面 1”，然后单击“前导视图”工具栏中的“正视于”按钮，将该基准面作为绘制图形的基准面。单击“草图”面板中的“转换实体引用”按钮，将草图 1 转换到基准面 1 上。

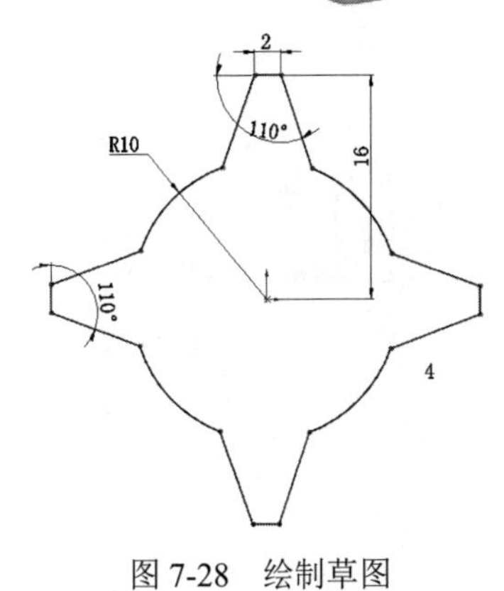

图 7-28 绘制草图

(5) 重复上述步骤，在基准面 2、基准面 3、基准面 4、基准面 5 上创建草图，如图 7-31 所示。

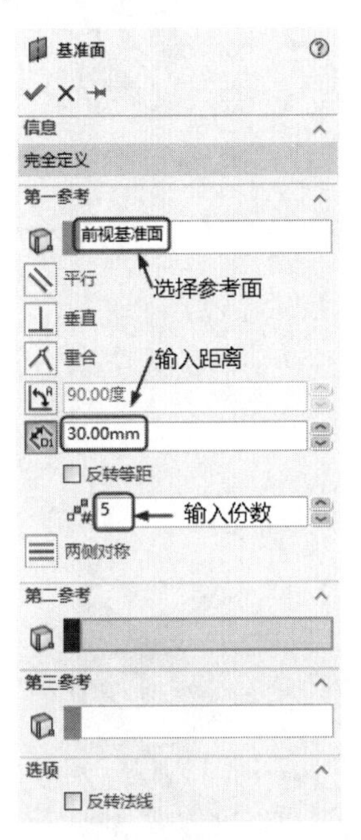

图 7-29 “基准面”属性管理器

图 7-30 创建基准面

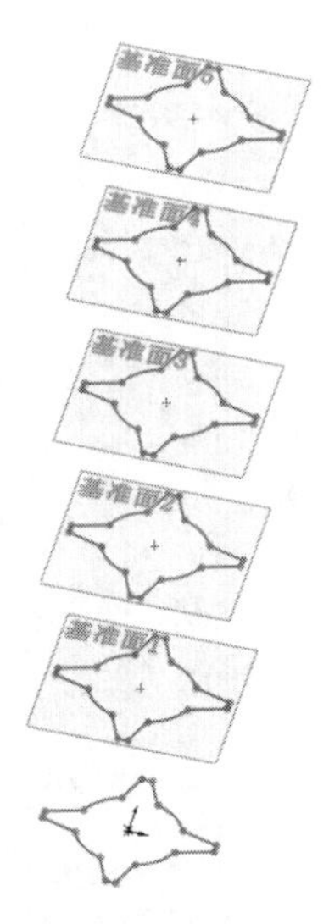

图 7-31 绘制草图

(6) 边界曲面。单击“曲面”面板中的“边界曲面”按钮，此时系统弹出如图 7-32 所示的“边界-曲面”属性管理器。选择前面创建的 6 个草图为边界曲面，单击“确定”按钮✔，创建的刀刃如图 7-33 所示。

提示：

选择边界曲面时，注意拾取点的顺序为螺旋式选取。

(7) 填充曲面。单击“曲面”面板中的“填充曲面”按钮，此时系统弹出如图 7-34 所示的“填充曲面”属性管理器。选择边界曲面的边线，单击“确定”按钮✔。重复“填充曲面”命令，在边界曲面的另一端创建填充曲面，如图 7-35 所示。

Note

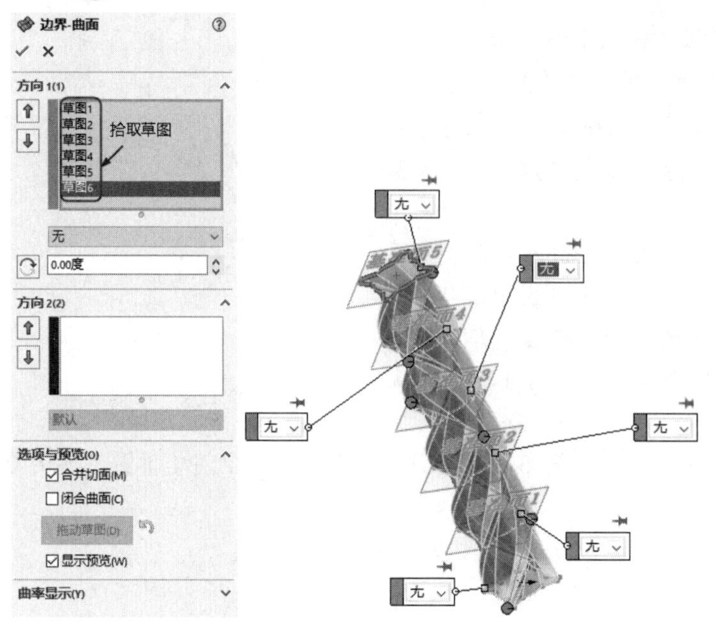

图 7-32 “边界-曲面”属性管理器

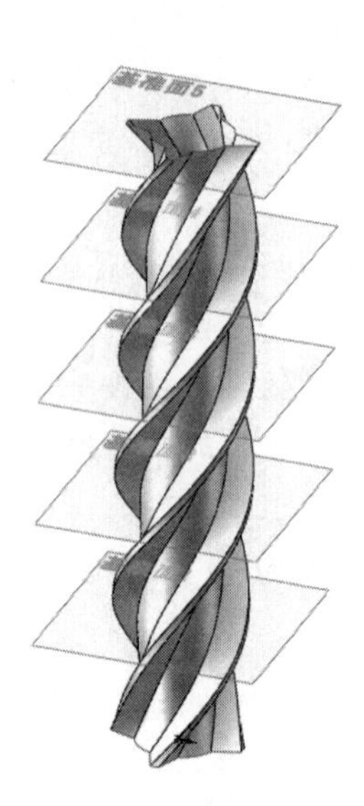

图 7-33 创建刀刃

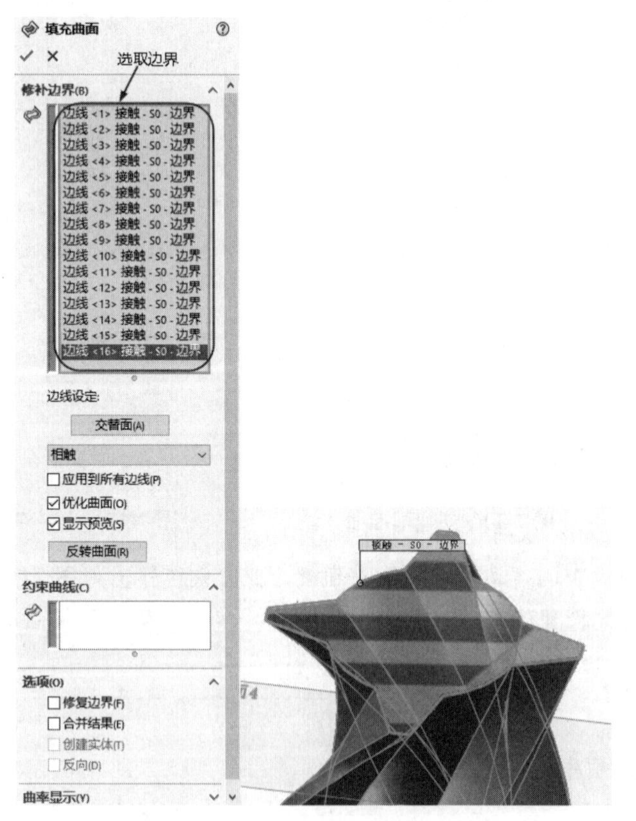

图 7-34 “填充曲面”属性管理器

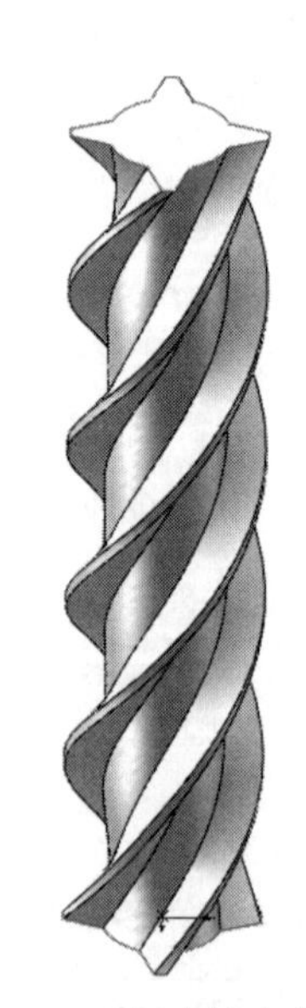

图 7-35 创建填充曲面

（8）绘制草图。在左侧的“FeatureManager 设计树”中选择“基准面 5”，然后单击“前导视图”工具栏中的“正视于”按钮，将该基准面作为绘制图形的基准面。单击“草图”面板中

的“圆”按钮⊙，在坐标原点处绘制直径为 10mm 的圆。

（9）拉伸曲面。单击“曲面”面板中的“拉伸曲面”按钮，此时系统弹出如图 7-36 所示的“曲面-拉伸”属性管理器。选择上一步创建的草图，在方向 1 中输入深度为 20mm，在方向 2 中输入深度为 170mm，并选中“封底”复选框，单击“确定”按钮✔，绘制的铣刀如图 7-37 所示。

Note

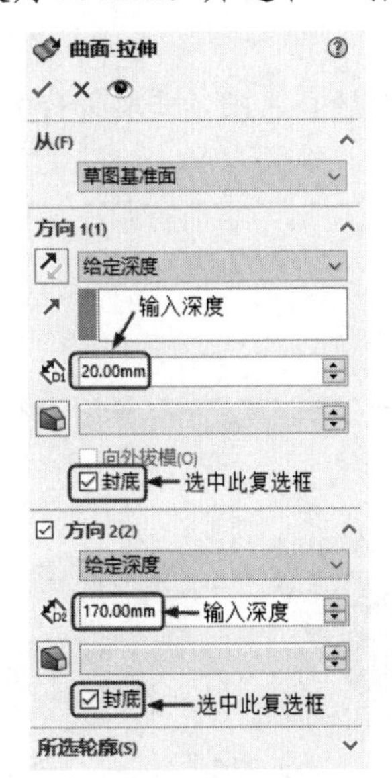

图 7-36 “曲面-拉伸”属性管理器

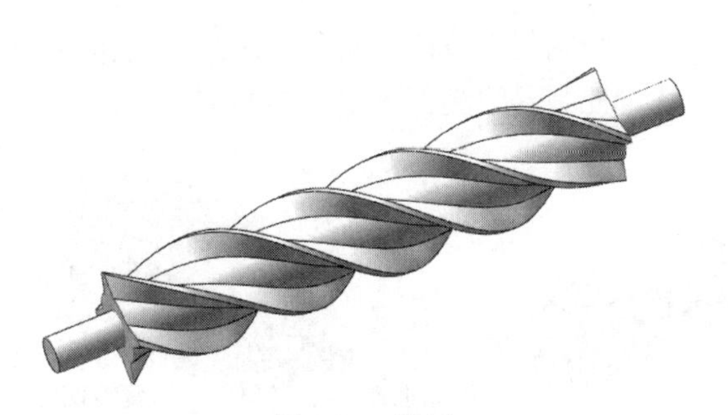

图 7-37 铣刀

7.2 编辑曲面

除了 7.1 节讲述的基本曲面绘制功能外，SOLIDWORKS 还提供了一些曲面编辑功能来帮助完成复杂曲面的绘制。下面简要讲述。

7.2.1 缝合曲面

视频讲解

缝合曲面是将相连的两个或多个面和曲面连接成一体。执行缝合曲面命令，主要有如下 3 种调用方法。

☑ 面板：单击“曲面”面板中的“缝合曲面”按钮。

☑ 工具栏：单击“曲面”工具栏中的“缝合曲面”按钮。

☑ 菜单栏：选择菜单栏中的“插入”→“曲面”→“缝合曲面”命令。

执行上述命令，弹出“缝合曲面”属性管理器，如图 7-38 所示。

“缝合曲面”属性管理器的选项说明如下。

☑ 缝合公差：控制哪些缝隙缝合在一起，哪些保持打开。大小低于公差的缝隙会缝合。

☑ 显示范围中的缝隙：只显示范围中的缝隙。拖动滑杆更改缝隙范围。

图 7-38 “缝合曲面”属性管理器

Note

提示：

（1）曲面的边线必须相邻并且不重叠。

（2）要缝合的曲面不必处于同一基准面上。

（3）可以选择整个曲面实体或选择一个或多个相邻曲面实体。

（4）缝合曲面不吸收用于生成它们的曲面。

（5）空间曲面经过剪裁、拉伸和圆角等操作后，可以自动缝合，而不需要进行缝合曲面操作。

视频讲解

7.2.2 实例——音量控制器

首先绘制利用放样曲面和平面曲面创建主体，然后利用旋转切除创建造型，最后进行倒圆角。绘制音量控制器的流程图如图 7-39 所示。

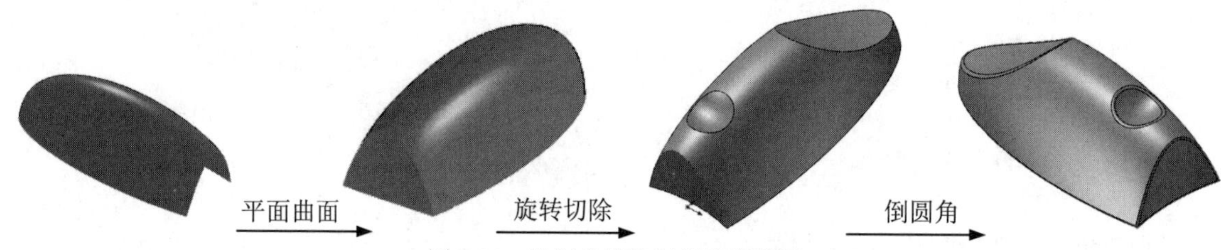

图 7-39 绘制音量控制器的流程图

操作步骤如下。

（1）新建文件。单击快速访问工具栏中的“新建”按钮，在弹出的“新建 SOLIDWORKS 文件”对话框中单击“零件”按钮，然后单击“确定”按钮，创建一个新的零件文件。

（2）绘制草图 1。在左侧的“FeatureManager 设计树”中选择“前视基准面”作为绘制图形的基准面。单击“草图”工具栏中的“部分椭圆”按钮，绘制一个椭圆弧。单击“草图”工具栏中的“智能尺寸”按钮，标注草图尺寸，如图 7-40 所示。

（3）绘制草图 2。在左侧的“FeatureManager 设计树”中选择“右视基准面”作为绘制图形的基准面。单击“草图”工具栏中的“样条曲线”按钮，绘制草图。单击“草图”工具栏中的“智能尺寸”按钮，标注草图尺寸，如图 7-41 所示。

（4）绘制草图 3。在左侧的“FeatureManager 设计树”中选择“上视基准面”作为绘制图形的基准面。单击“草图”工具栏中的“样条曲线”按钮，绘制草图。单击“草图”工具栏中的“智能尺寸”按钮，标注草图尺寸，如图 7-42 所示。

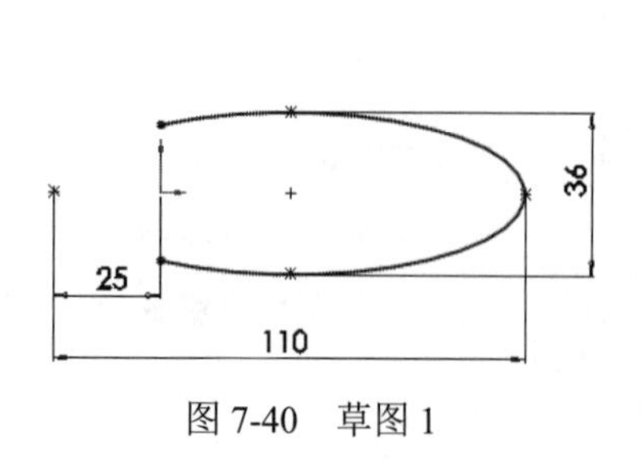

图 7-40 草图 1

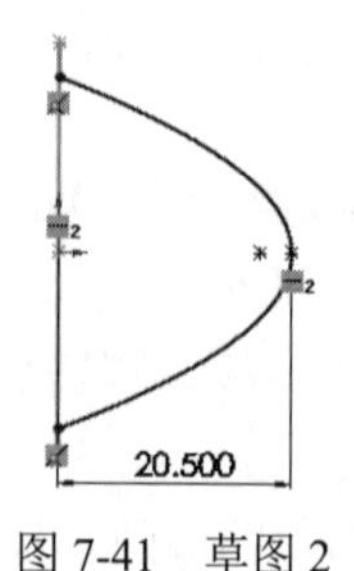

图 7-41 草图 2

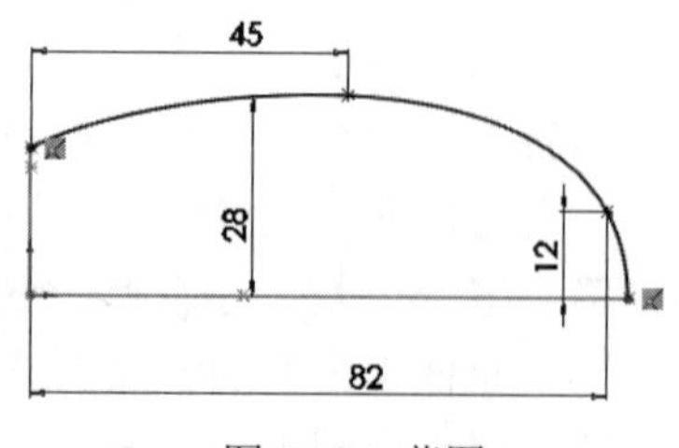

图 7-42 草图 3

Note

（5）放样曲面。单击“曲面”面板中的“放样曲面”按钮，弹出“曲面-放样”属性管理器，如图 7-43 所示，选取草图 1 和草图 2 为轮廓曲线，选取草图 3 为引导线，其他采用默认设置，单击“确定”按钮✓，生成的放样曲面如图 7-44 所示。

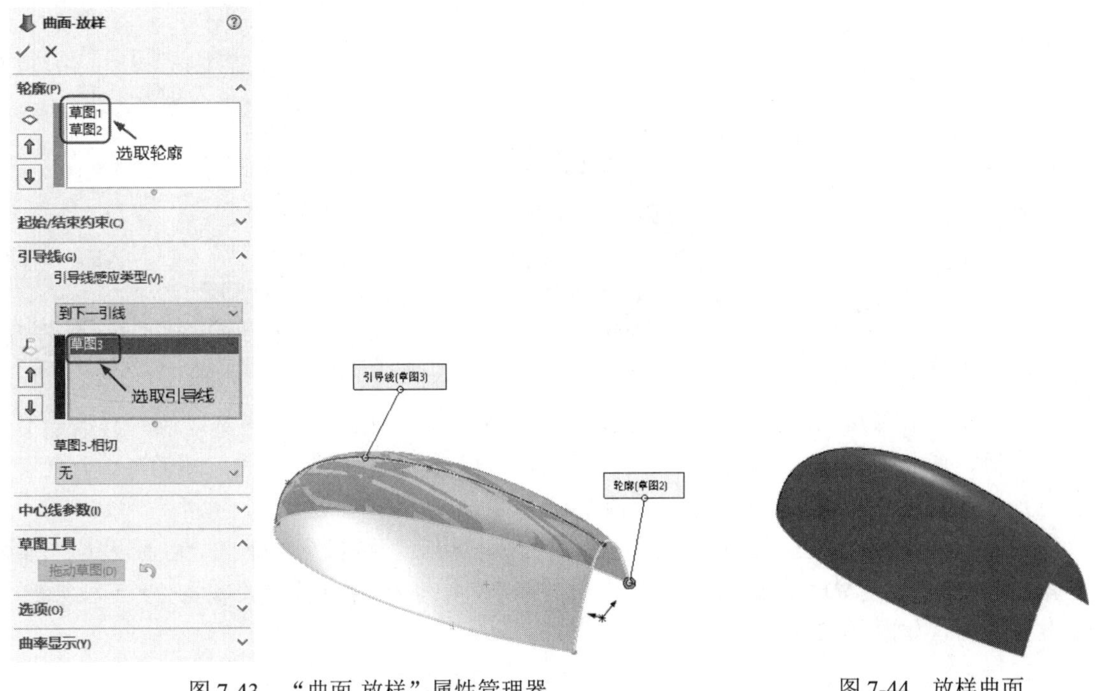

图 7-43 “曲面-放样”属性管理器　　图 7-44 放样曲面

（6）绘制草图 4。在左侧的“FeatureManager 设计树”中选择“前视基准面”作为绘制图形的基准面。单击“草图”面板中的“转换实体引用”按钮，提取轮廓边线，如图 7-45 所示。

（7）创建曲面。单击“曲面”面板中的“平面区域”按钮，弹出如图 7-46 所示的“平面”属性管理器，选取步骤（6）绘制的草图为边界，单击“确定”按钮✓，生成平面曲面，如图 7-47 所示。

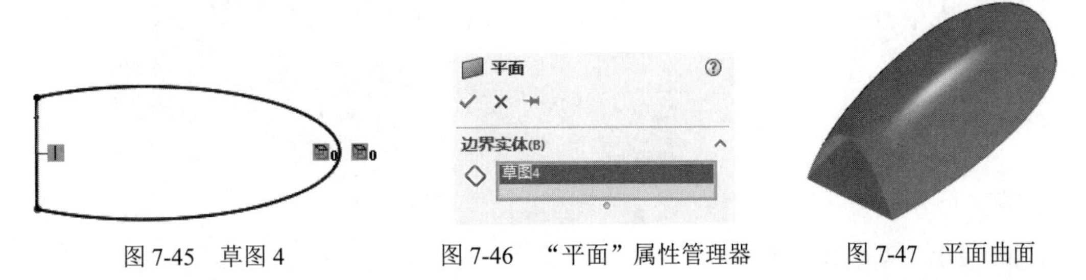

图 7-45 草图 4　　图 7-46 “平面”属性管理器　　图 7-47 平面曲面

（8）绘制草图 5。在左侧的“FeatureManager 设计树”中选择“右视基准面”作为绘制图形的基准面。单击“草图”面板中的“转换实体引用”按钮，提取轮廓边线，如图 7-48 所示。

（9）创建曲面。单击“曲面”面板中的“平面区域”按钮，弹出“平面”属性管理器，选取步骤（8）绘制的草图为边界，单击“确定”按钮✓，生成平面曲面，如图 7-49 所示。

（10）缝合曲面。单击“曲面”面板中的“缝合曲面”按钮，弹出如图 7-50 所示的“曲面-缝合”属性管理器，选取生成的 3 个曲面，选中“创建实体”复选框，单击“确定”按钮✓，

完成曲面缝合。

Note

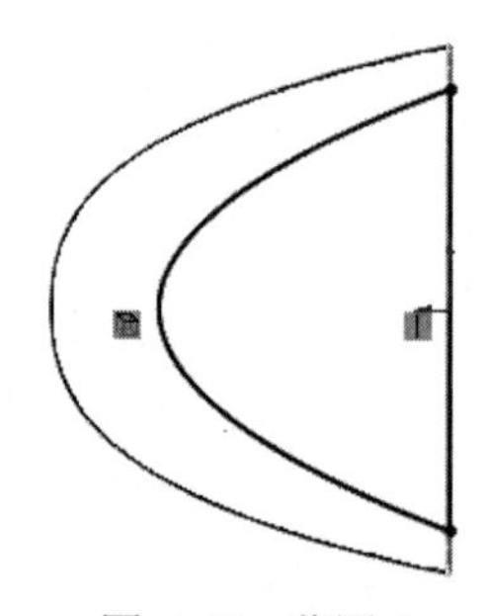

图 7-48 草图 5

图 7-49 平面曲面

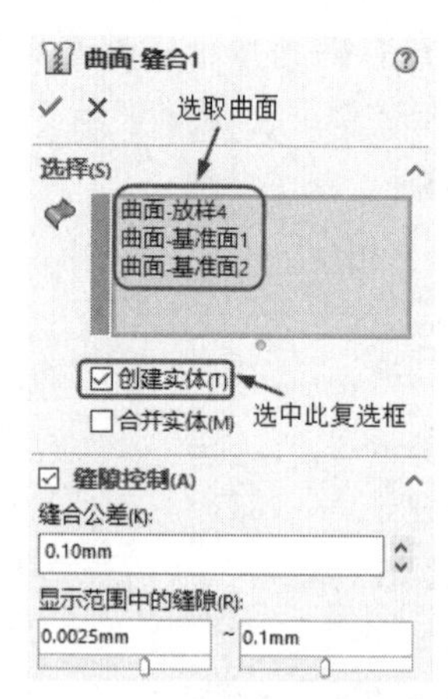

图 7-50 “曲面-缝合”属性管理器

（11）绘制草图 6。在左侧的“FeatureManager 设计树”中选择“前视基准面”作为绘制图形的基准面。单击“草图”面板中的“三点圆弧”按钮，绘制草图。单击“草图”工具栏中的“智能尺寸”按钮，标注草图尺寸，如图 7-51 所示。

（12）放样曲面。单击“曲面”工具栏中的“放样曲面”按钮，弹出“曲面-放样”属性管理器，选取上一步创建的草图和曲面边线为放样轮廓，其他采用默认设置，单击“确定”按钮✔，生成放样曲面，如图 7-52 所示。

图 7-51 草图 6

图 7-52 放样曲面

（13）曲面切割实体。选择菜单栏中的“插入”→“切除”→“使用曲面”命令，弹出“使用曲面切除”属性管理器，选取上一步生成的放样曲面作为切除面，如图 7-53 所示，单击“确定”按钮✔。

（14）绘制草图 7。在左侧的“FeatureManager 设计树”中选择“上视基准面”作为绘制图形的基准面。单击“草图”面板中的“中心线”按钮、“椭圆”按钮、“直线”按钮、“剪裁实体”按钮，绘制草图。单击“草图”面板中的“智能尺寸”按钮，标注草图尺寸，如图 7-54 所示。

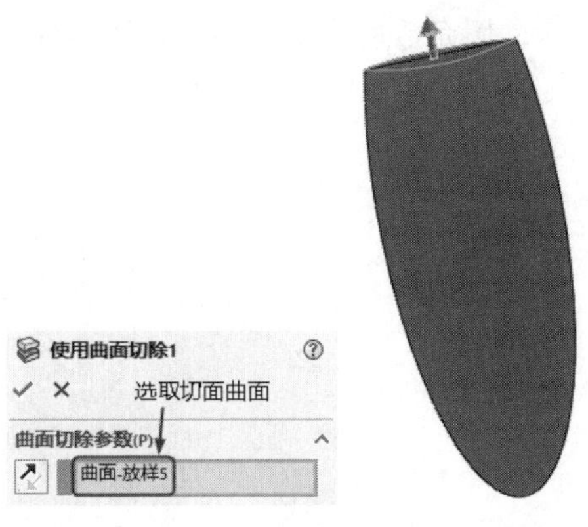

图 7-53 曲面切割实体

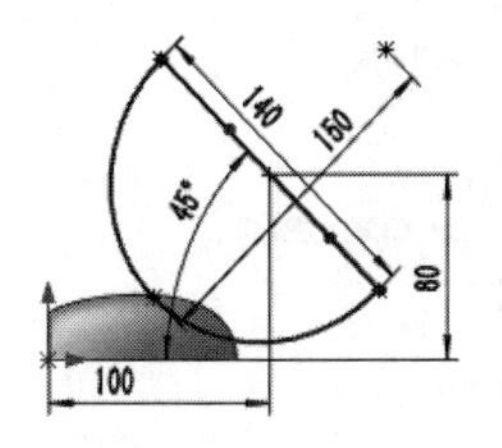

图 7-54 草图 7

(15) 切削造型槽 1。单击“特征”面板中的“旋转切除”按钮，弹出如图 7-55 所示的“切除-旋转”属性管理器，采用默认设置，单击“确定”按钮✔，切削的造型槽 1 如图 7-56 所示。

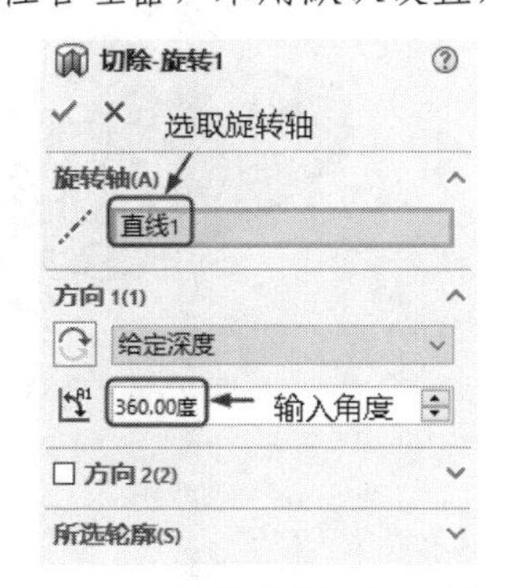

图 7-55 “切除-旋转”属性管理器

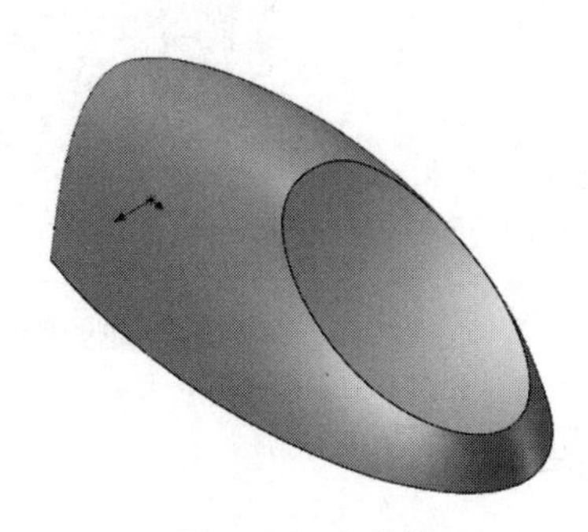

图 7-56 造型槽 1

(16) 绘制草图 8。在左侧的“FeatureManager 设计树”中选择“上视基准面”作为绘制图形的基准面。单击“草图”面板中的“中心线”按钮、“椭圆”按钮、“直线”按钮、“剪裁实体”按钮，绘制草图。单击“草图”面板中的“智能尺寸”按钮，标注草图尺寸，如图 7-57 所示。

(17) 切削造型槽 2。单击“特征”面板中的“旋转切除”按钮，弹出“切除-旋转”属性管理器，采用默认设置，单击“确定”按钮✔，切削的造型槽 2 如图 7-58 所示。

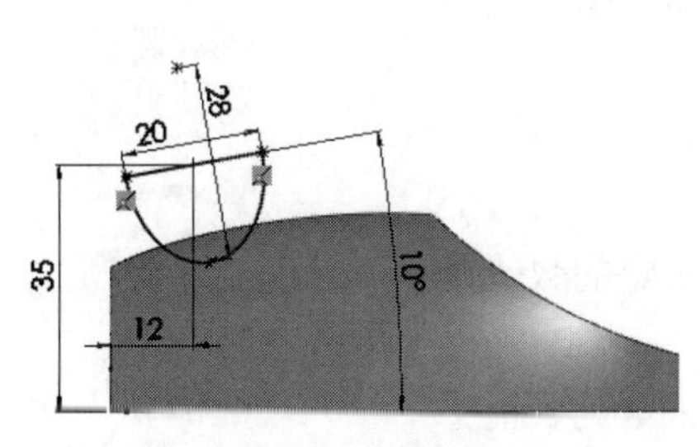

图 7-57 草图 8

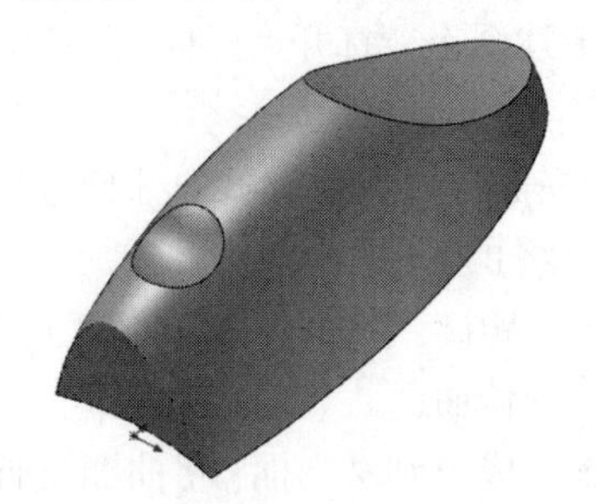

图 7-58 造型槽 2

(18) 圆角实体。单击“特征”面板中的“圆角”按钮，此时系统弹出“圆角”属性管理器，如图 7-59 所示。输入半径值为 1mm，选择造型槽的边线，然后单击“确定”按钮✔。重复

Note

此命令，将各边缘线圆角为半径为 0.5mm 的圆角；圆角后的音量控制器如图 7-60 所示。

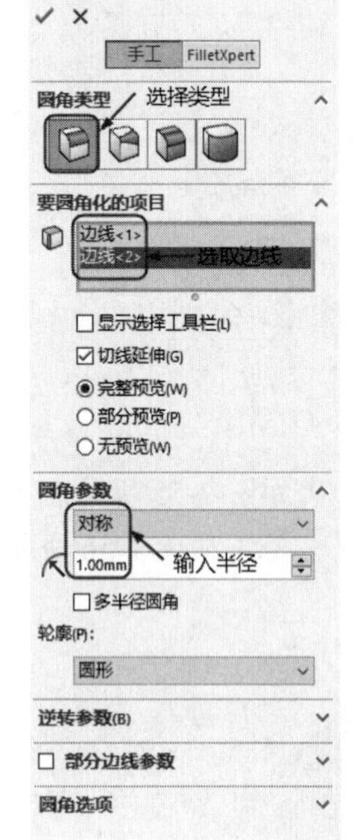

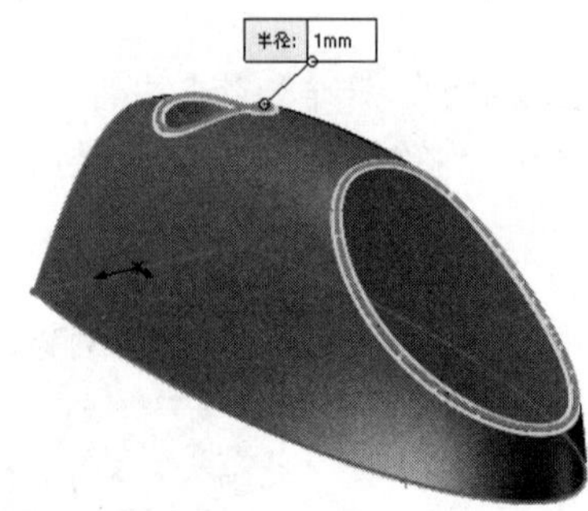

图 7-59 “圆角”属性管理器

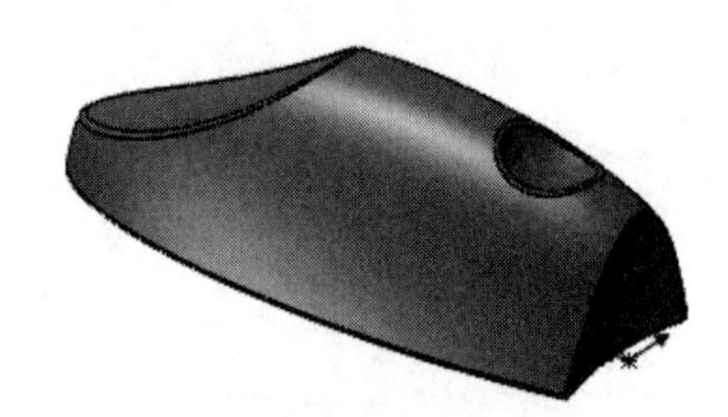

图 7-60 音量控制器

视频讲解

7.2.3 延伸曲面

延伸曲面是指将现有曲面的边缘，沿着切线方向，以直线或者随曲面的弧度方向产生附加的延伸曲面。

执行延伸曲面命令，主要有如下 3 种调用方法。

☑ 面板：单击“曲面”面板中的“延伸曲面”按钮。

☑ 工具栏：单击“曲面”工具栏中的“延伸曲面”按钮。

☑ 菜单栏：选择菜单栏中的“插入”→“曲面”→“延伸曲面”命令。

执行上述命令，打开“延伸曲面”属性管理器，如图 7-61 所示。

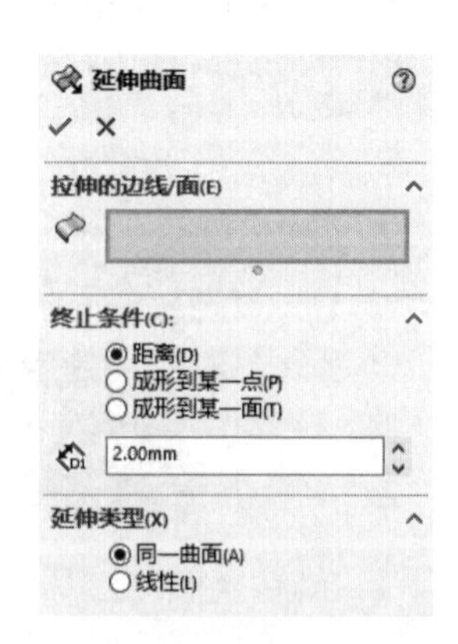

图 7-61 “延伸曲面”属性管理器

“延伸曲面”属性管理器中部分选项说明如下。

☑ “终止条件”选项组。

- 距离：按照在（距离）文本框中指定的数值延伸曲面。
- 成形到某一面：将曲面延伸到曲面/面列表框中选择的曲面或者面。
- 成形到某一点：将曲面延伸到顶点列表框中选择的顶点或者点。

☑ “延伸类型”选项组。

- 同一曲面：是指沿曲面的几何体延伸曲面，如图 7-62 所示。
- 线性：是指沿边线相切于原有曲面来延伸曲面，如图 7-63 所示。

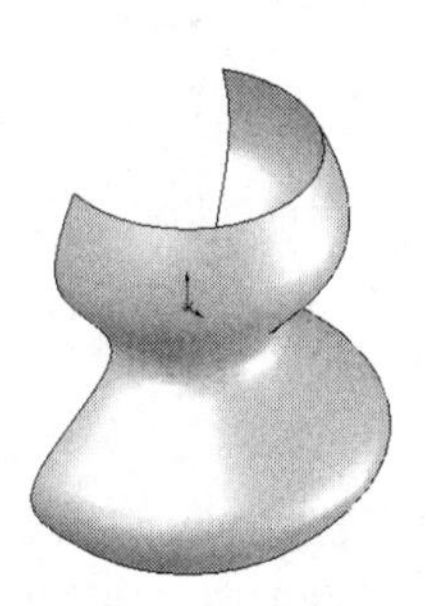

图 7-62　同一曲面类型生成的延伸曲面

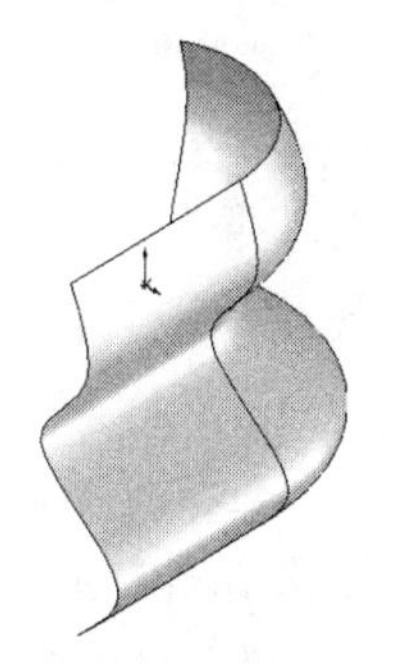

图 7-63　线性类型生成的延伸曲面

7.2.4　剪裁曲面

视频讲解

剪裁曲面是指使用曲面、基准面或者草图作为剪裁工具来剪裁相交曲面，也可以将曲面和其他曲面联合使用作为相互的剪裁工具。

剪裁曲面有标准和相互两种类型。标准类型是指使用曲面、草图实体、曲线、基准面等来剪裁曲面；相互类型是指曲面本身来剪裁多个曲面。

执行剪裁曲面命令，主要有如下 3 种调用方法。

☑ 面板：单击“曲面”面板中的“剪裁曲面”按钮。

☑ 工具栏：单击“曲面”工具栏中的“剪裁曲面”按钮。

☑ 菜单栏：选择菜单栏中的“插入”→“曲面”→“剪裁曲面”命令。

执行上述命令，弹出“剪裁曲面”属性管理器，如图 7-64 所示。

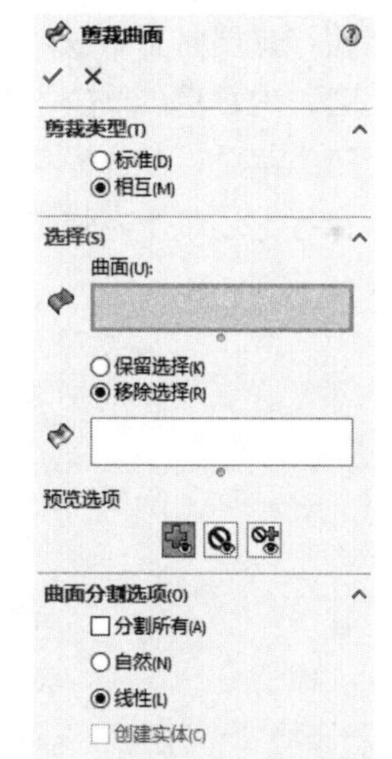

图 7-64　“剪裁曲面”属性管理器

“剪裁曲面”属性管理器部分选项说明如下。

☑ 如果选择“剪裁类型”为“标准”，则使用曲面、草图实体、曲线、基准面等来剪裁曲面。

☑ 如果选择“剪裁类型”为“相互”，则在“选择”选项组中单击“剪裁曲面”项目中按钮右侧的显示框，然后在图形区域选择使用曲面本身来剪裁多个曲面。

☑ 保留选择：选中该单选按钮，未在要保留的部分下所列举的交叉曲面会被丢弃。

☑ 移除选择：选中该单选按钮，单击“要移除的部分”按钮右侧的显示框，然后在图形区域选择曲面作为丢弃要移除的部分。

7.2.5　等距曲面

视频讲解

对于已经存在的曲面（不论是模型的轮廓面还是生成的曲面），都可以像等距曲线一样生成

等距曲面。

执行等距曲面命令，主要有如下 3 种调用方法。

☑ 面板：单击“曲面”面板中的“等距曲面”按钮。

☑ 工具栏：单击“曲面”工具栏中的“等距曲面”按钮。

☑ 菜单栏：选择菜单栏中的“插入”→“曲面”→“等距曲面”命令。

执行上述命令，弹出“等距曲面”属性管理器，如图 7-65 所示。

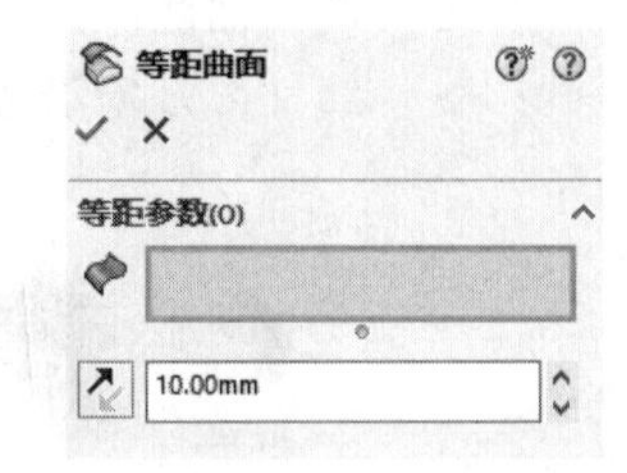

图 7-65 “等距曲面”属性管理器

Note

“等距曲面”属性管理器选项说明如下。

☑ 单击按钮右侧的显示框，然后在右面的图形区域选择要等距的模型面或生成的曲面。

☑ 在“等距参数”栏的微调框中指定等距面之间的距离。此时在右面的图形区域中显示等距曲面的效果。

☑ 如果等距面的方向有误，单击“反向”按钮，反转等距方向。

视频讲解

7.2.6 延展曲面

用户可以通过延展分割线、边线，并平行于所选基准面来生成曲面。延展曲面在拆模时最常用。当零件进行模塑，产生公母模之前，必须先生成模块与分模面，延展曲面就用来生成分模面。

执行延展曲面命令，主要有如下两种调用方法。

☑ 工具栏：单击“曲面”工具栏中的“延展曲面”按钮。

☑ 菜单栏：选择菜单栏中的“插入”→“曲面”→“延展曲面”命令。

执行上述命令，弹出“延展曲面”属性管理器，如图 7-66 所示。

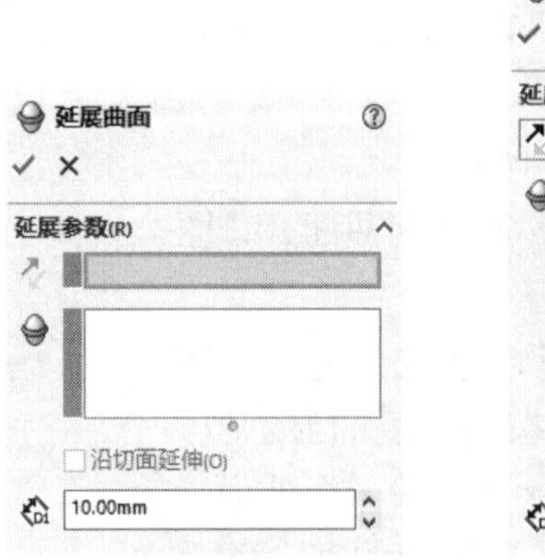

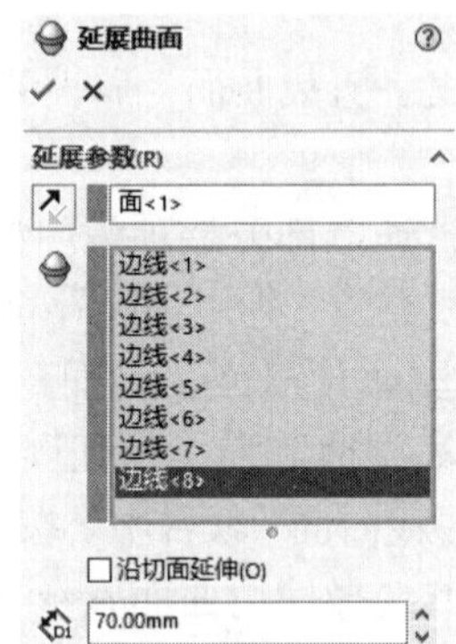

图 7-66 “延展曲面”属性管理器

“延展曲面”属性管理器选项说明如下。

☑ 延展曲面：在右面的图形区域中选择要延展的边线。

☑ 选择面：在图形区域中选择模型面的方向作为与延展曲面的方向，如图 7-67 所示。延展方向将平行于模型面。

☑ 宽度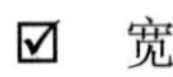：指定曲面的宽度。

☑ “沿切面延伸”复选框：曲面继续沿零件的切面延伸。

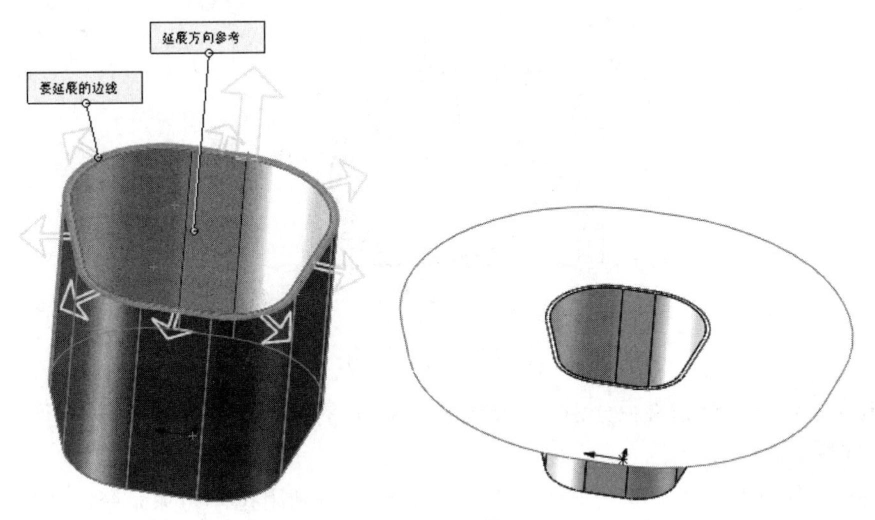

图 7-67 延展曲面

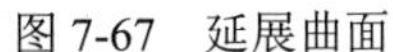

7.3 上 机 操 作

1．绘制如图 7-68 所示的电扇单叶。

操作提示：

（1）利用草图绘制命令，分别在基准面上绘制如图 7-69 所示的 4 个草图，利用放样曲面命令，创建曲面，再利用加厚命令，将曲面加厚，厚度为 2mm（图 7-69 中基准面 1 与前视基准面的距离为 150mm；基准面 2 在草图 1 的右端点上；基准面 3 在草图 1 的左端点上）。

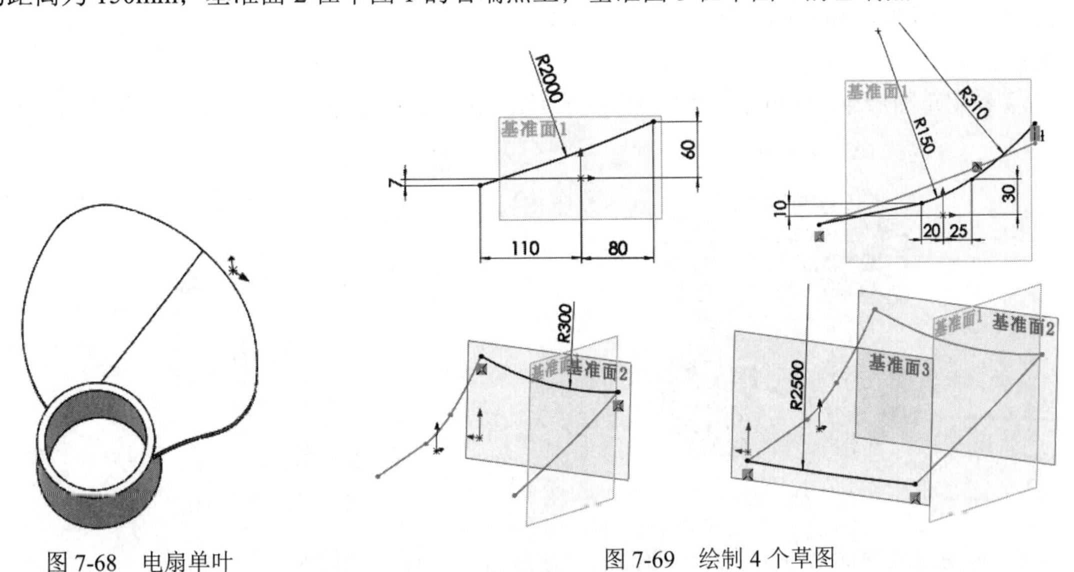

图 7-68 电扇单叶

图 7-69 绘制 4 个草图

（2）利用草绘命令，绘制如图 7-70 所示的草图，利用拉伸切除，设置“终止条件”为“完

全贯穿-两者”，并选中“反侧切除”复选框（图 7-70 中基准面 4 与上视基准面的距离为 45mm）。

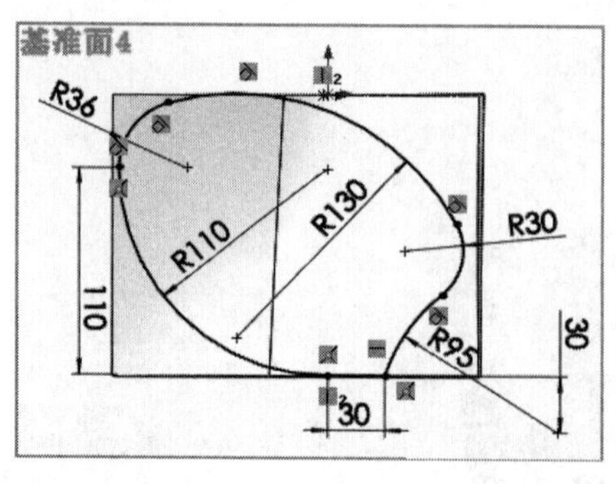

图 7-70　绘制草图

（3）利用圆命令，绘制直径分别为 74mm 和 78mm 的两个圆，如图 7-71 所示。利用放样命令，创建放样特征。

（4）利用等距实体命令，绘制如图 7-72 所示的草图，利用拉伸切除命令，设置“终止条件”为“完全贯穿”。

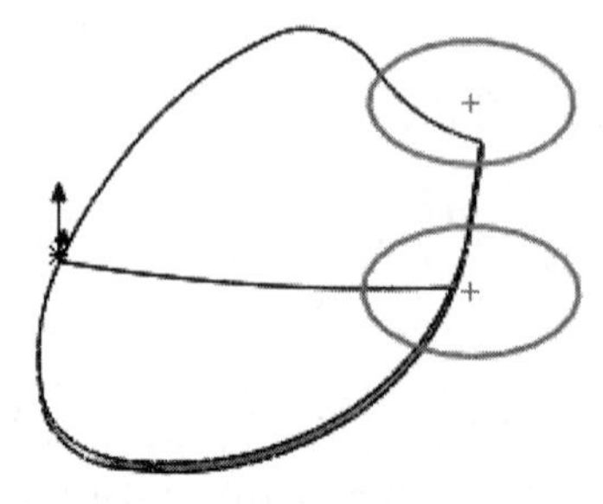

图 7-71　绘制圆

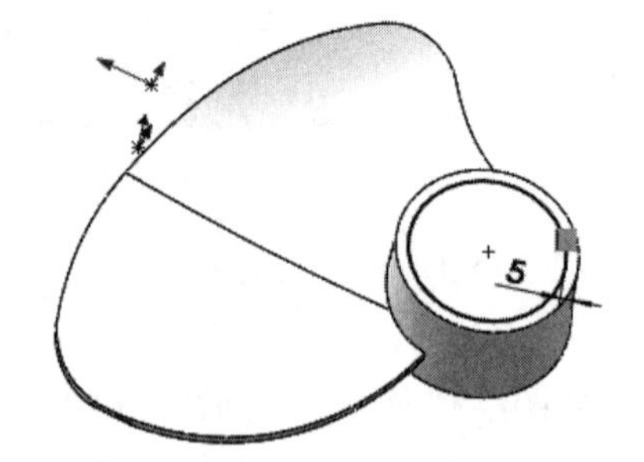

图 7-72　绘制草图

2．绘制如图 7-73 所示的花盆。

操作提示：

（1）利用草图命令，绘制如图 7-74 所示的草图，利用旋转曲面命令进行曲面旋转生成盆体。

图 7-73　花盆

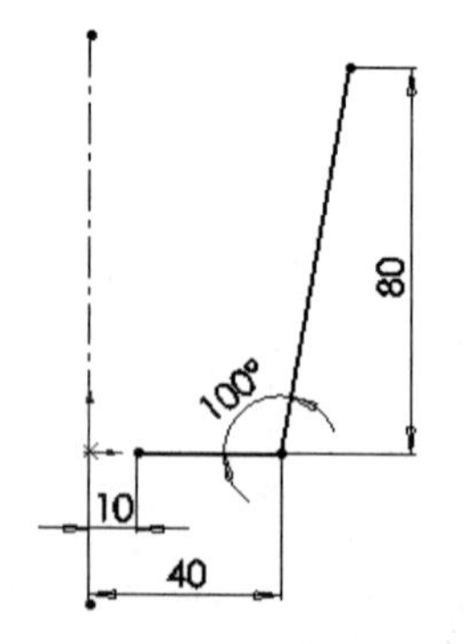

图 7-74　绘制草图

（2）利用延展曲面命令，将旋转曲面的上边线进行延展，延展距离为 20mm。

（3）利用缝合曲面命令，将旋转曲面和延展后的曲面缝合。

（4）利用圆角命令，设置圆角半径为 10mm，进行圆角处理。

7.4　思考与练习

1．曲面特征与实体特征的异同有哪些？
2．延伸曲面与延展曲面的异同有哪些？
3．绘制如图 7-75 所示的烧杯。
4．绘制如图 7-76 所示的塑料焊接器。

图 7-75　烧杯

图 7-76　塑料焊接器

第8章

飞机曲面造型设计综合实例

本章学习要点和目标任务：

- ☑ 机身
- ☑ 机翼
- ☑ 水平尾翼
- ☑ 竖直尾翼
- ☑ 发动机
- ☑ 渲染

SOLIDWORKS 是创新的易学易用的标准的三维设计软件，具有全面的实体建模功能，可以生成各种实体，广泛地应用在各种行业。可以应用于机械零件设计、装配体设计、电子产品设计、钣金设计、模具设计等行业中。应用范围广泛，如机械设计、工业设计、飞行器设计、电子设计、消费品设计、通信器材设计、汽车制造设计等领域。

本章通过飞机模型的绘制，再次熟悉 SOLIDWORKS 的一些基本操作，快速地按照设计思想绘制出草图，并运用曲面与尺寸，绘制模型实体、最后渲染出图，完整地绘制出飞机模型。

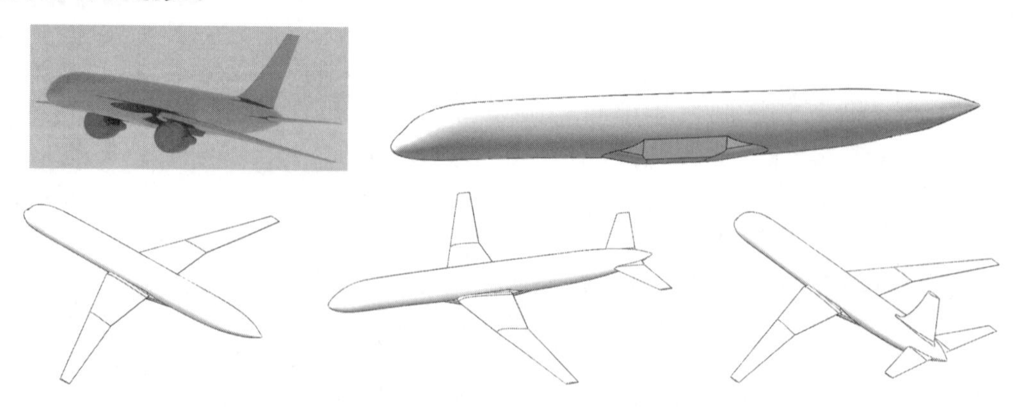

8.1　机　　身

本章创建的飞机，如图 8-1 所示。

图 8-1　飞机

飞机主要是由机身、机翼、尾翼、发动机等组成，通过本章的学习使读者掌握通过曲线创建曲面完成模型的创建。绘制飞机的流程图如图 8-2 所示。

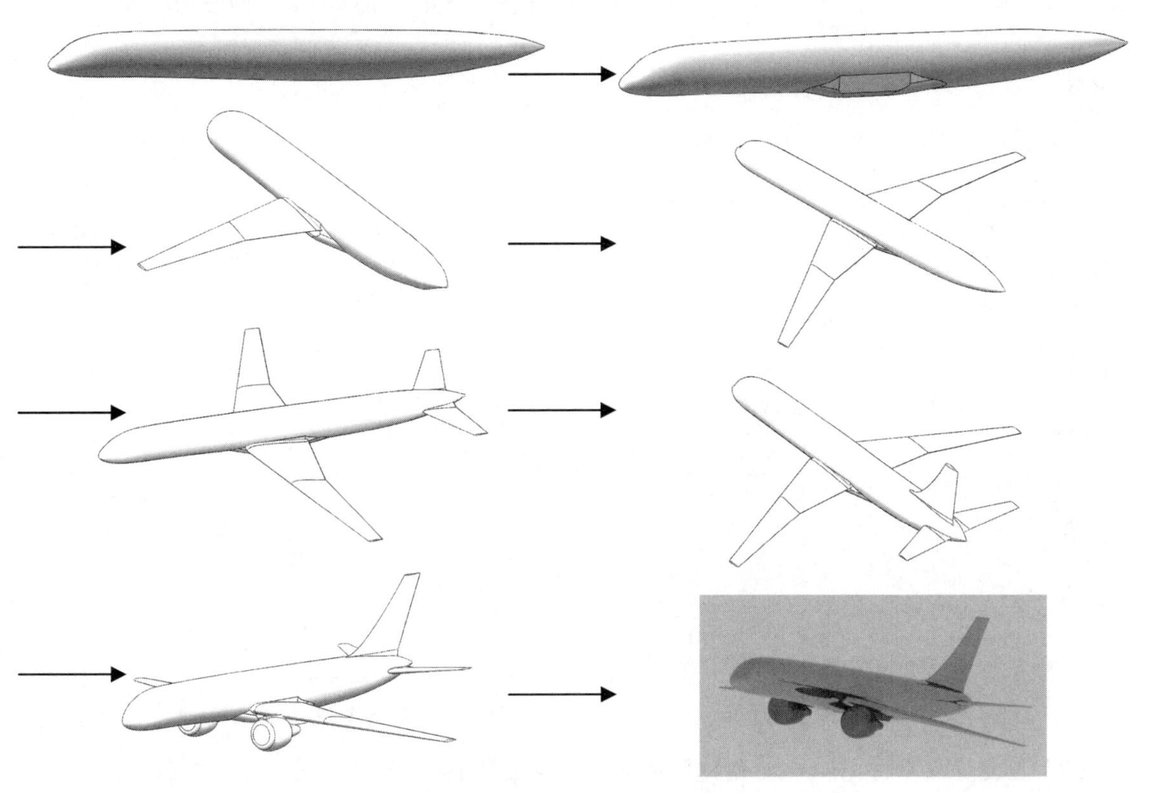

图 8-2　绘制飞机的流程图

操作步骤如下。

1. 绘制草图

（1）新建文件。启动 SOLIDWORKS 2020，单击“标准”工具栏中的“新建”按钮，或选择菜单栏中的“文件”→“新建”命令，在弹出的“新建 SOLIDWORKS 文件”对话框中单击

Note

“零件”按钮，然后单击“确定”按钮，新建一个零件文件。

（2）设置基准面。在左侧“FeatureManager 设计树”中选择“前视基准面”，然后单击“前导视图”工具栏中的“正视于”按钮，将该基准面作为绘制图形的基准面。单击“草图”工具栏中的“草图绘制”按钮，进入草图绘制状态。

（3）绘制草图 1。单击“草图”工具栏中的“点”按钮，在坐标原点处绘制一点，单击“退出草图”按钮，退出草图绘制环境，完成草图 1 的绘制。

（4）创建基准面 1。执行“插入”→“参考几何体”→“基准面”菜单命令，或者单击“特征”工具栏中的“基准面”按钮，弹出如图 8-3 所示的“基准面”属性管理器。选择“前视基准面”为参考面，输入偏移距离为 20mm，选中“反转等距”复选框。单击“确定”按钮✔，完成基准面 1 的创建。

（5）设置基准面。在左侧“FeatureManager 设计树”中选择“基准面 1”，然后单击“前导视图”工具栏中的“正视于”按钮，将该基准面作为绘制图形的基准面。单击“草图”工具栏中的“草图绘制”按钮，进入草图绘制状态。

（6）绘制草图 2。单击“草图”工具栏中的“样条曲线”按钮，绘制如图 8-4 所示的草图并标注尺寸，单击“退出草图”按钮，退出草图绘制环境，完成草图 2 的绘制。

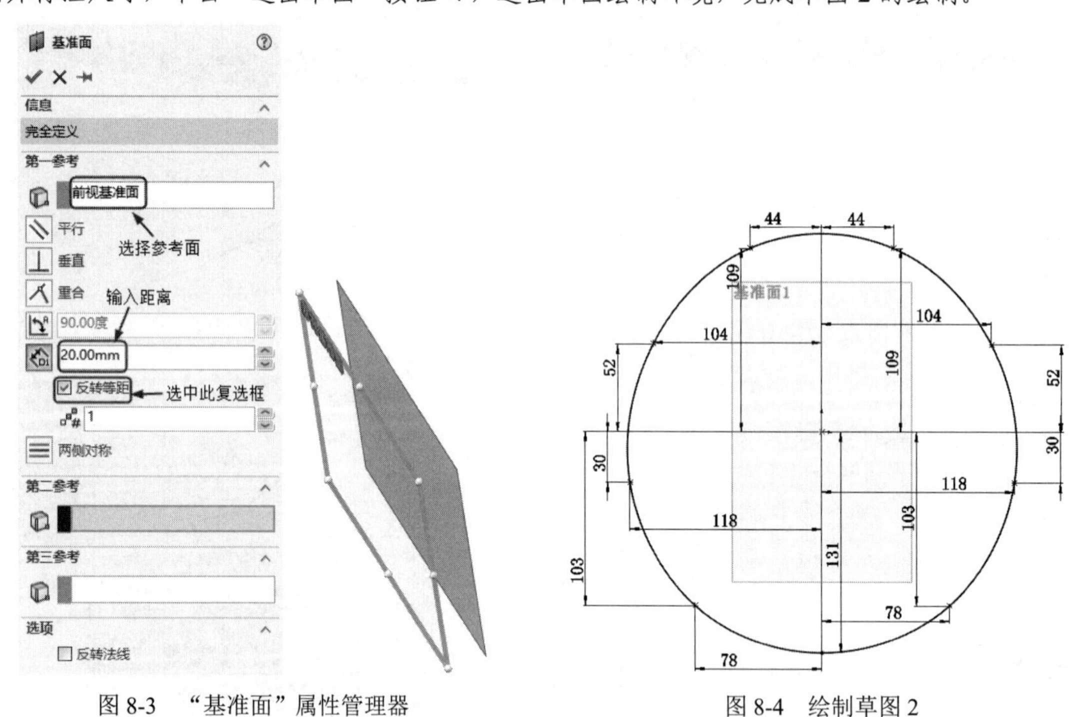

图 8-3 “基准面”属性管理器

图 8-4 绘制草图 2

（7）重复步骤（4）～（6），创建距离前视基准面为 100mm 的基准面 2，并在基准面 2 上利用“样条曲线”命令，创建如图 8-5 所示的草图 3。

（8）重复步骤（4）～（6），创建距离前视基准面为 300mm 的基准面 3，并在基准面 3 上利用“样条曲线”命令，创建如图 8-6 所示的草图 4。

（9）重复步骤（4）～（6），创建距离前视基准面为 600mm 的基准面 4，并在基准面 4 上利用“样条曲线”命令，创建如图 8-7 所示的草图 5。

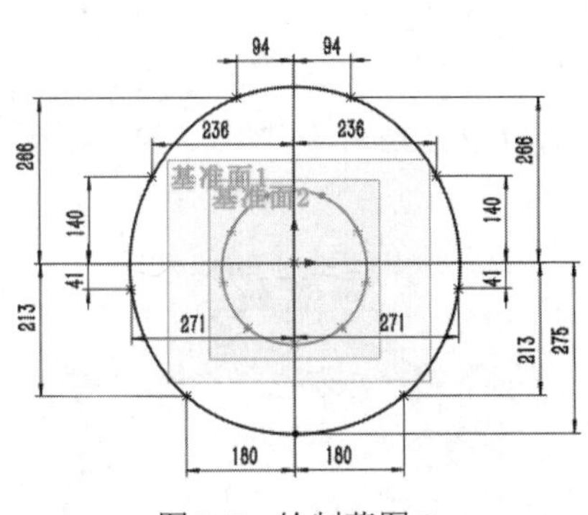

图 8-5　绘制草图 3

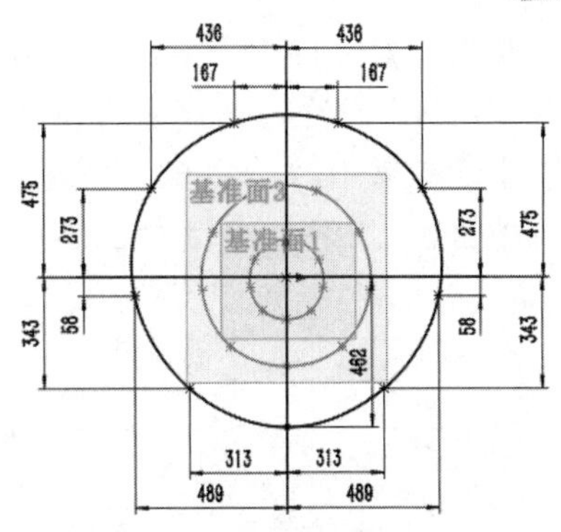

图 8-6　绘制草图 4

（10）重复步骤（4）～（6），创建距离前视基准面为 850mm 的基准面 5，并在基准面 5 上利用“样条曲线”命令，创建如图 8-8 所示的草图 6。

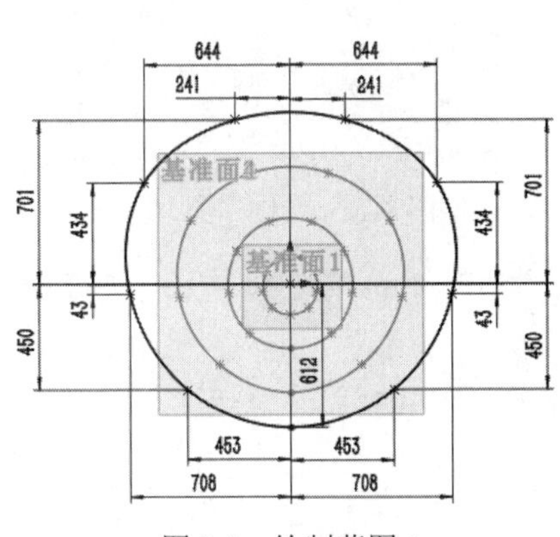

图 8-7　绘制草图 5

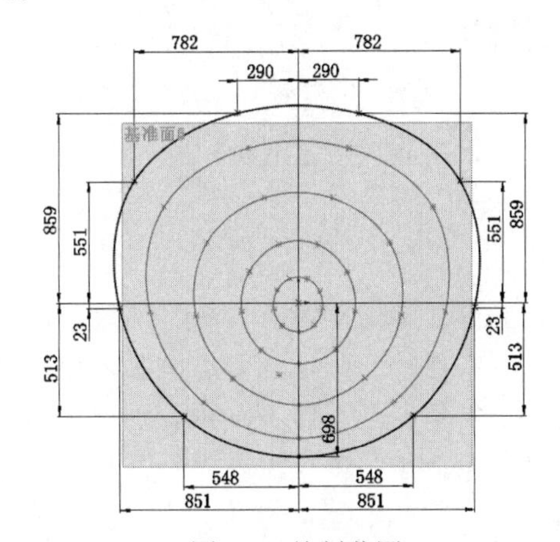

图 8-8　绘制草图 6

（11）重复步骤（4）～（6），创建距离前视基准面为 1100mm 的基准面 6，并在基准面 6 上利用“样条曲线”命令，创建如图 8-9 所示的草图 7。

（12）重复步骤（4）～（6），创建距离前视基准面为 1410mm 的基准面 7，并在基准面 7 上利用“样条曲线”命令，创建如图 8-10 所示的草图 8。

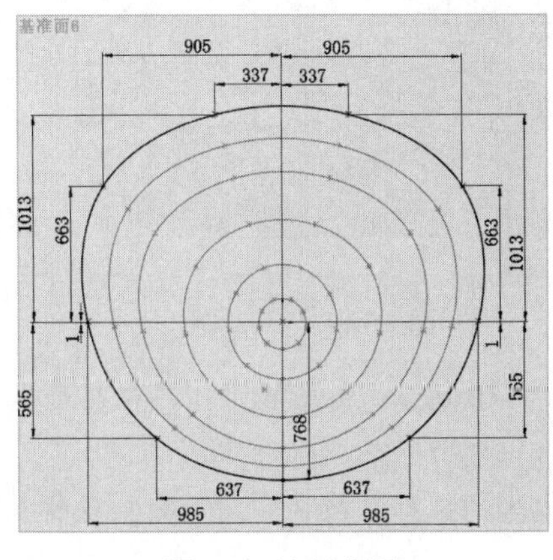

图 8-9　绘制草图 7

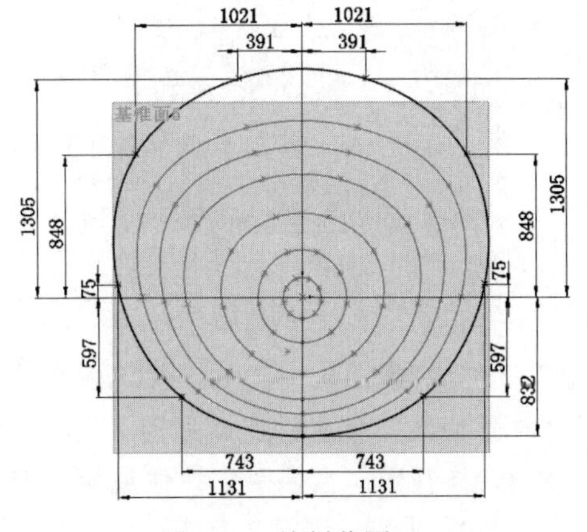

图 8-10　绘制草图 8

Note

（13）重复步骤（4）～（6），创建距离前视基准面为 1710mm 的基准面 8，并在基准面 8 上利用“样条曲线”命令，创建如图 8-11 所示的草图 9。

（14）重复步骤（4）～（6），创建距离前视基准面为 2210mm 的基准面 9，并在基准面 9 上利用“样条曲线”命令，创建如图 8-12 所示的草图 10。

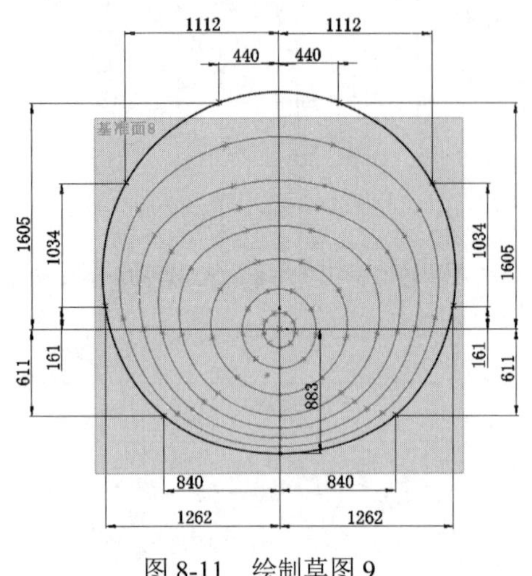

图 8-11　绘制草图 9

图 8-12　绘制草图 10

（15）重复步骤（4）～（6），创建距离前视基准面为 3210mm 的基准面 10，并在基准面 10 上利用“样条曲线”命令，创建如图 8-13 所示的草图 11。

（16）重复步骤（4）～（6），创建距离前视基准面为 4710mm 的基准面 11，并在基准面 11 上利用“样条曲线”命令，创建如图 8-14 所示的草图 12。

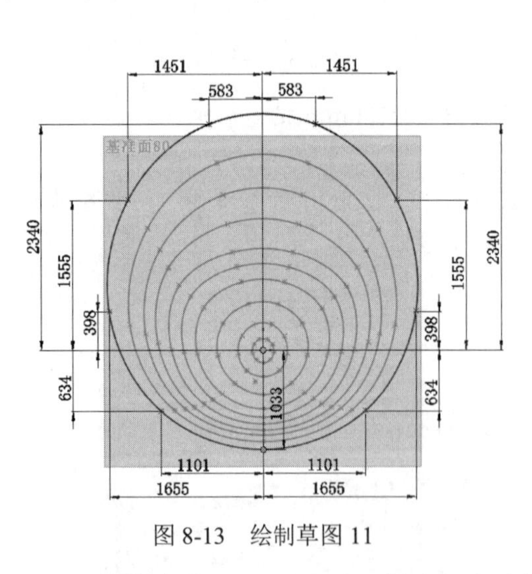

图 8-13　绘制草图 11

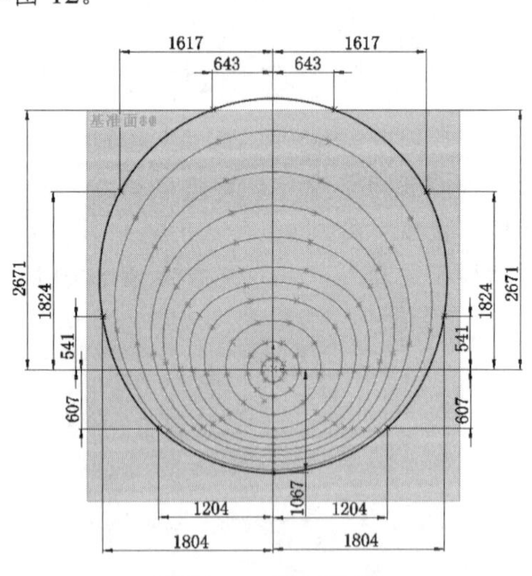

图 8-14　绘制草图 12

（17）重复步骤（4）～（6），创建距离前视基准面为 7100mm 的基准面 12，并在基准面 12 上利用“样条曲线”命令，创建如图 8-15 所示的草图 13。

（18）切换视图。在视图中按住鼠标中键不放，当出现“旋转”按钮时，拖动鼠标将视图旋转到合适位置观察，如图 8-16 所示。

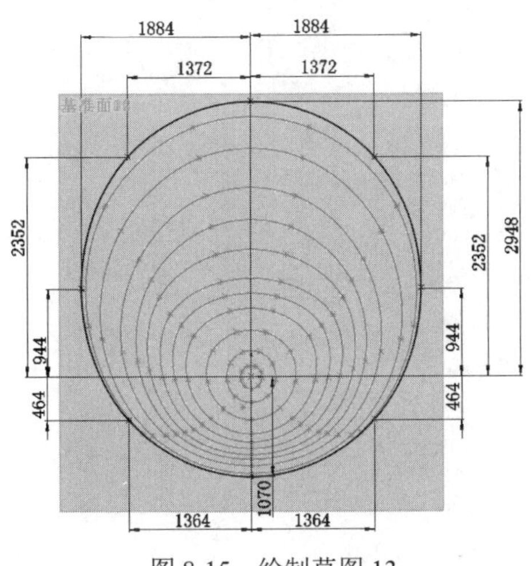

图 8-15　绘制草图 13

图 8-16　切换视图

（19）重复步骤（4）～（6），创建距离前视基准面为 35200mm 的基准面 13，并在基准面 13 上利用“样条曲线”命令，创建如图 8-17 所示的草图 14。

（20）重复步骤（4）～（6），创建距离前视基准面为 36700mm 的基准面 14，并在基准面 14 上利用“样条曲线”命令，创建如图 8-18 所示的草图 15。

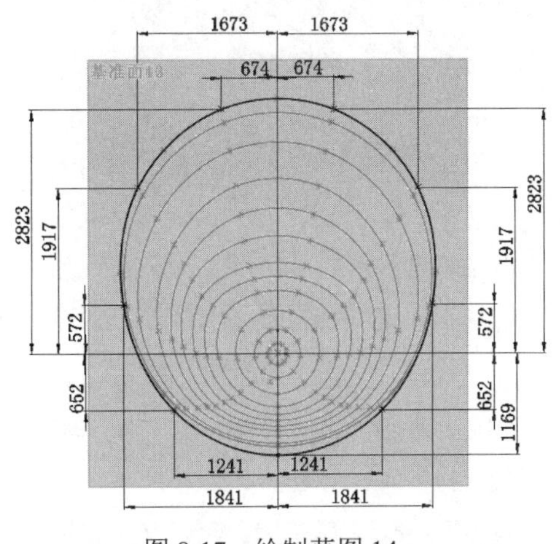

图 8-17　绘制草图 14

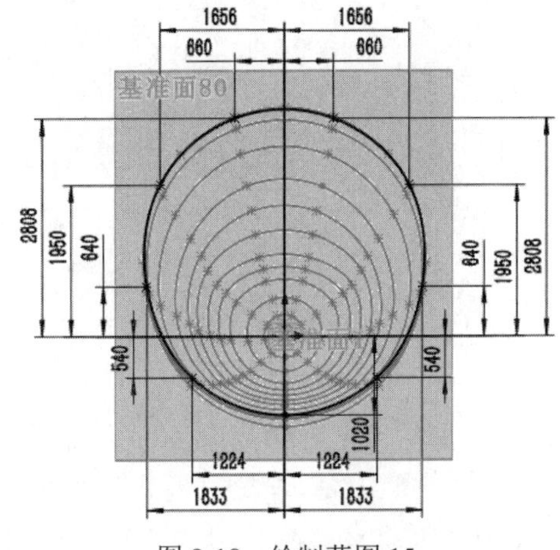

图 8-18　绘制草图 15

（21）重复步骤（4）～（6），创建距离前视基准面为 38200mm 的基准面 15，并在基准面 15 上利用“样条曲线”命令，创建如图 8-19 所示的草图 16。

（22）重复步骤（4）～（6），创建距离前视基准面为 39700mm 的基准面 16，并在基准面 16 上利用“样条曲线”命令，创建如图 8-20 所示的草图 17。

（23）重复步骤（4）～（6），创建距离前视基准面为 41200mm 的基准面 17，并在基准面 17 上利用“样条曲线”命令，创建如图 8-21 所示的草图 18。

（24）重复步骤（4）～（6），创建距离前视基准面为 42700mm 的基准面 18，并在基准面 18 上利用“样条曲线”命令，创建如图 8-22 所示的草图 19。

（25）重复步骤（4）～（6），创建距离前视基准面为 44200mm 的基准面 19，并在基准面 19 上利用“样条曲线”命令，创建如图 8-23 所示的草图 20。

Note

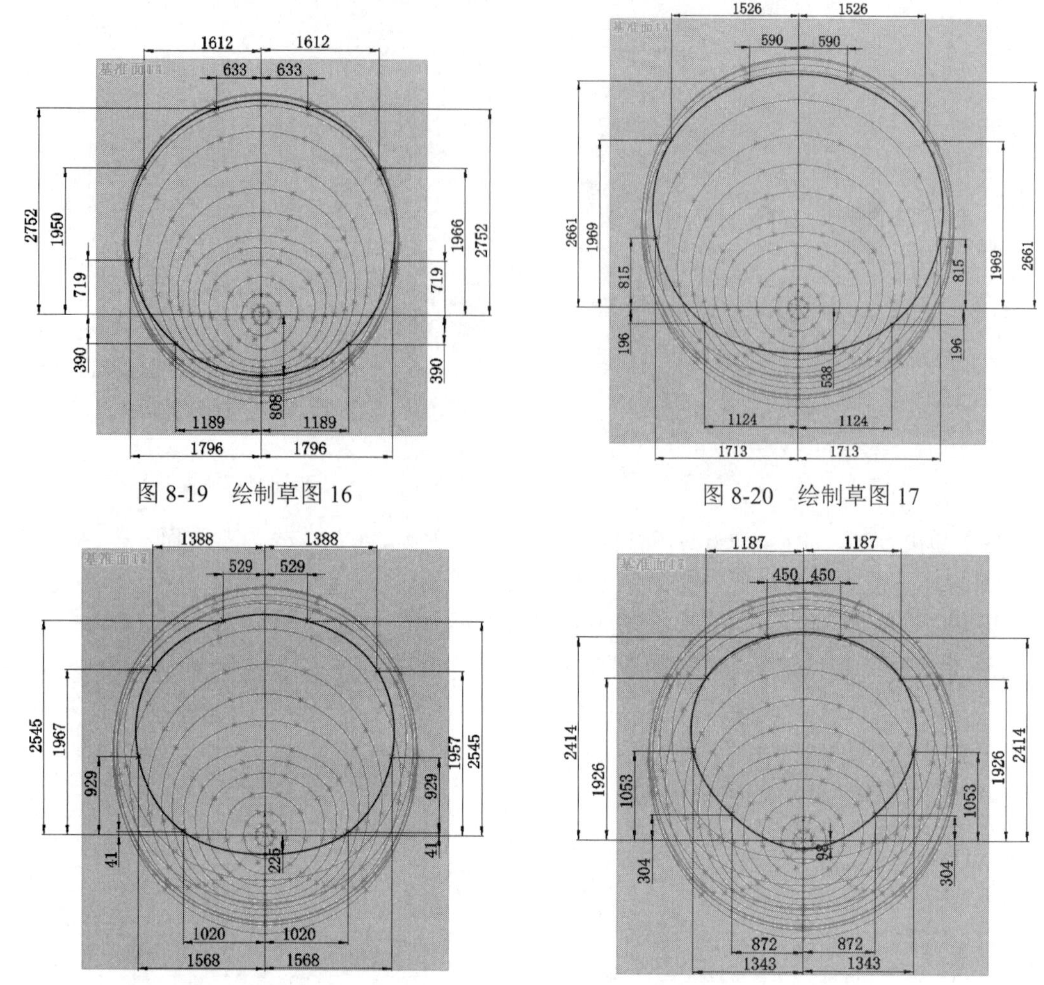

图 8-19　绘制草图 16　　图 8-20　绘制草图 17

图 8-21　绘制草图 18　　图 8-22　绘制草图 19

（26）重复步骤（4）～（6），创建距离前视基准面为 46965mm 的基准面 20，并在基准面 20 上利用“样条曲线”命令，创建如图 8-24 所示的草图 21。

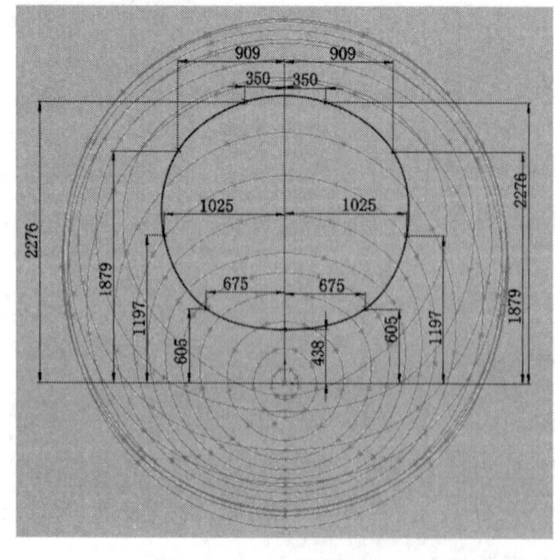

图 8-23　绘制草图 20

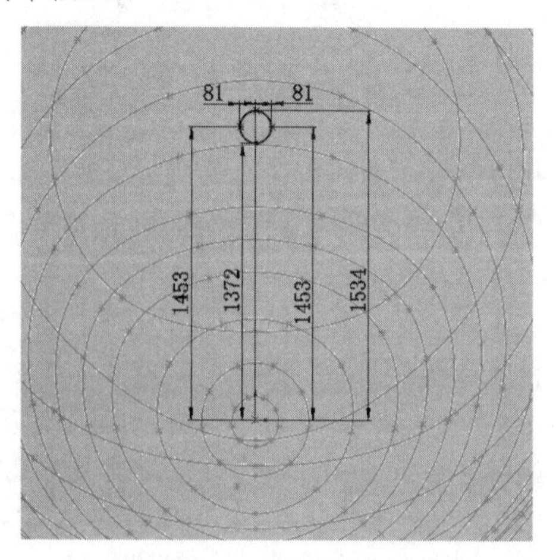

图 8-24　绘制草图 21

（27）切换视图。在视图中按住鼠标中键不放，当出现“旋转”按钮时，拖动鼠标将视图旋转到合适位置观察，如图 8-25 所示。

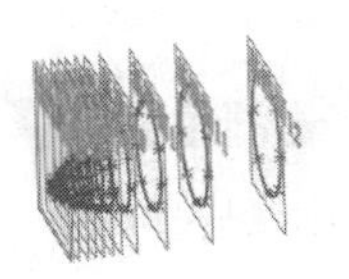

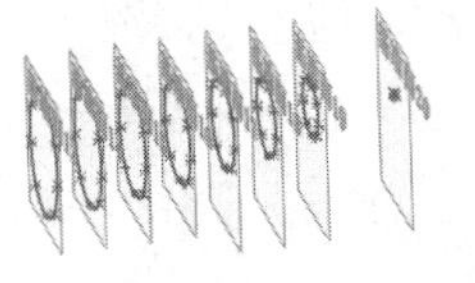

图 8-25　切换视图

2. 创建机身主体

（1）放样曲面。执行“插入”→“曲面”→“放样曲面”菜单命令，或者单击“曲面”工具栏中的“放样曲面”按钮，系统弹出“曲面-放样”属性管理器；如图 8-26 所示，在“轮廓”选项框中，依次选择图 8-25 中的草图 1 到草图 21，单击“确定”按钮，生成放样曲面，效果如图 8-27 所示。

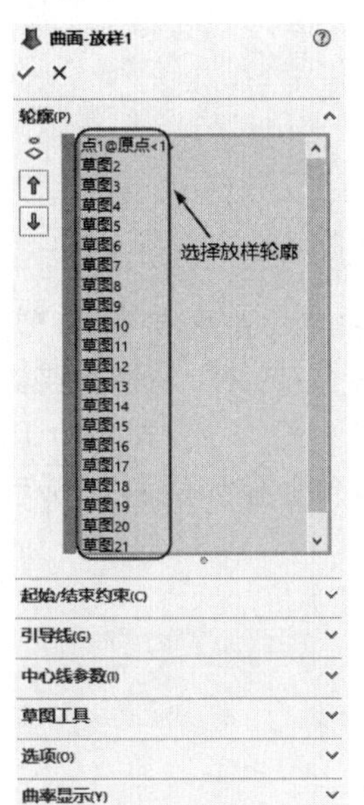

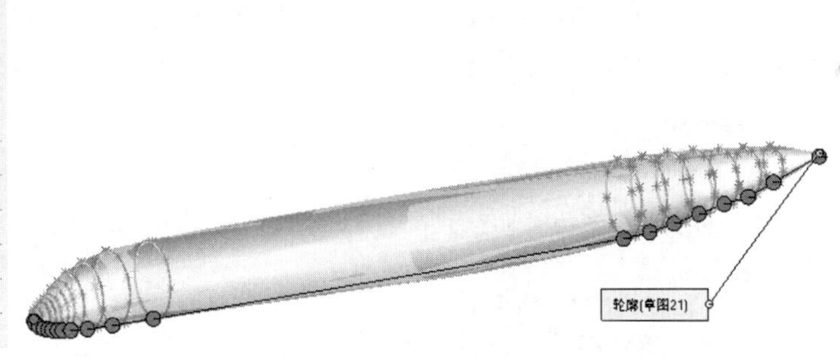

图 8-26　“曲面-放样”属性管理器

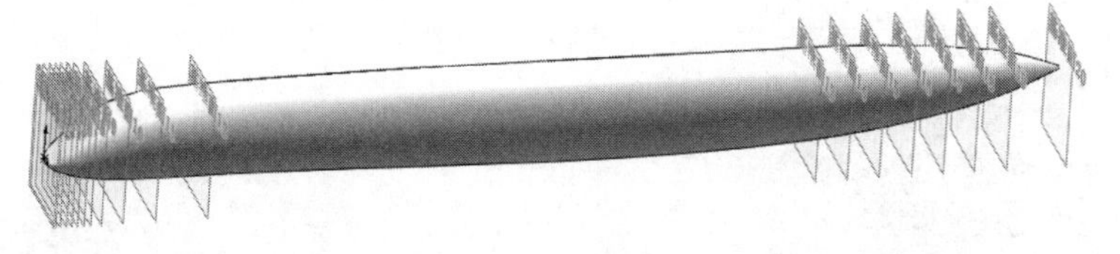

图 8-27　放样曲面

（2）隐藏基准面。在左侧“FeatureManager 设计树”中选择前面所建的基准面，然后右击，在弹出的快捷菜单中单击“隐藏”按钮，如图 8-28 所示，将基准面隐藏，如图 8-29 所示。

（3）设置基准面。在左侧“FeatureManager 设计树”中选择“上视基准面”，然后单击“前导视图”工具栏中的“正视于”按钮，将该基准面作为绘制图形的基准面。单击“草图”工具

Note

栏中的“草图绘制”按钮，进入草图绘制状态。

（4）绘制草图22。单击“草图”工具栏中的“边角矩形”按钮和“绘制倒角”按钮，绘制如图8-30所示的草图并标注尺寸。

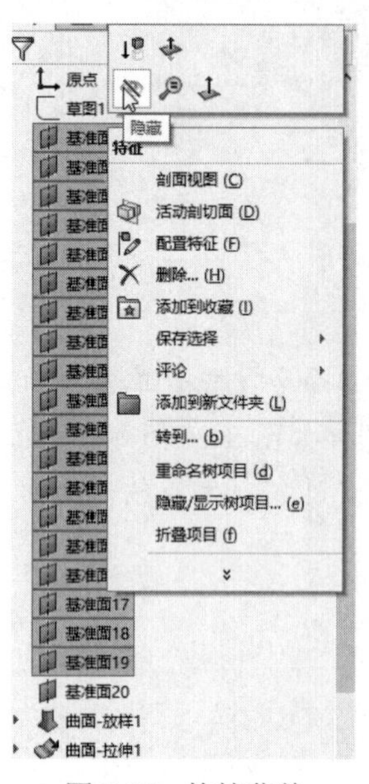

图8-28　快捷菜单

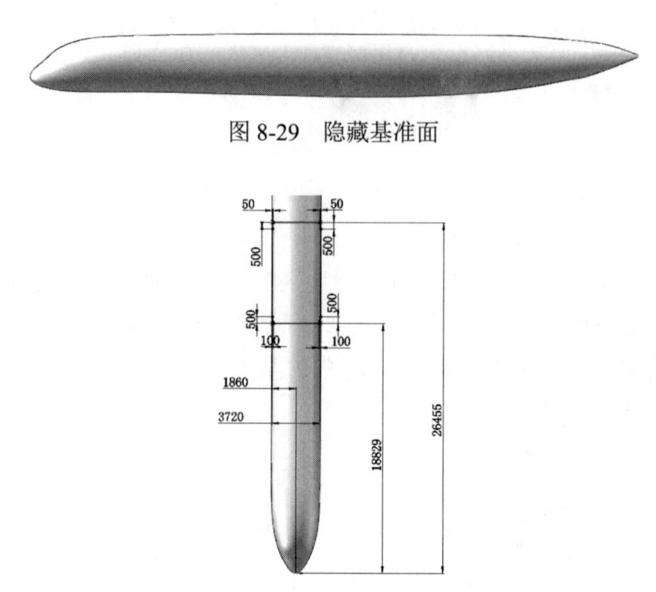

图8-29　隐藏基准面

图8-30　绘制草图22

（5）拉伸曲面。执行“插入”→“曲面”→“拉伸曲面”菜单命令，或者单击“曲面”工具栏中的“拉伸曲面”按钮，此时系统弹出如图8-31所示的“曲面-拉伸”属性管理器。选择上一步创建的草图，在方向1中输入拉伸距离为607mm，在方向2中输入拉伸距离为1520mm，并选中“封底”复选框，单击属性管理器中的“确定”按钮✔。拉伸曲面如图8-32所示。

图8-31　“曲面-拉伸”属性管理器

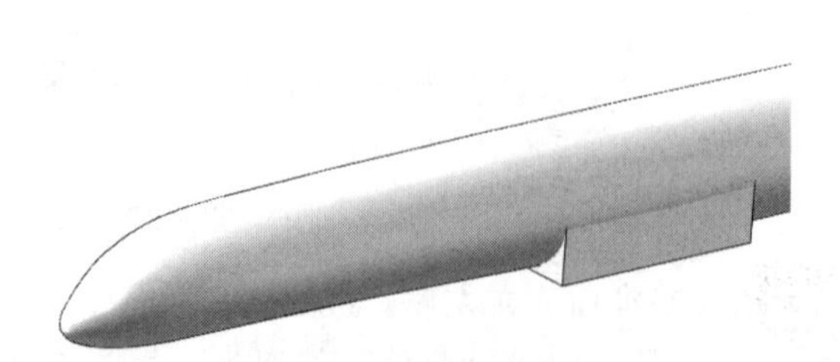
图8-32　拉伸曲面

（6）剪裁曲面。执行“插入”→“曲面”→“剪裁曲面”菜单命令，或者单击“曲面”工具

栏中的“剪裁曲面”按钮，此时系统弹出如图 8-33 所示的“曲面-剪裁”属性管理器。选中“相互”单选按钮，选择放样曲面和拉伸曲面为裁剪曲面，选中“保留选择”单选按钮，选择如图 8-33 所示的两个曲面为要保留的面，单击属性管理器中的“确定”按钮✔。裁剪曲面如图 8-34 所示。

Note

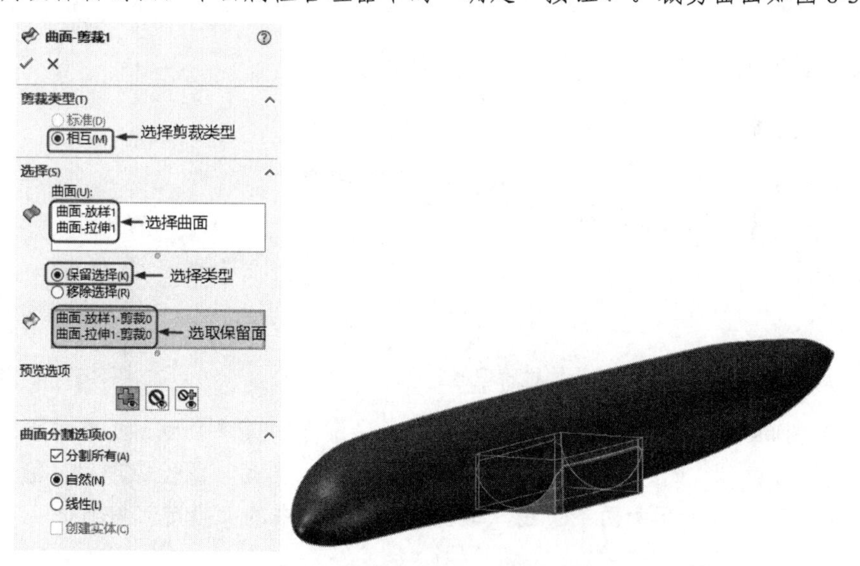

图 8-33　“曲面-剪裁”属性管理器

（7）拔模处理。执行“插入”→“特征”→“拔模”菜单命令，或者单击“特征”工具栏中的“拔模”按钮，或者单击“特征”面板中的“拔模”按钮，此时系统弹出如图 8-35 所示的 DraftXpert 属性管理器。单击“手工”按钮，切换到“拔模”属性管理器，选择“中性面”拔模类型，输入拔模角度为 80 度，选择图 8-36 所示的拉伸曲面前端面为拔模面，底面为中性面，单击属性管理器中的“确定”按钮✔，完成前端面的拔模；重复“拔模”命令，对拉伸曲面的后端面进行拔模处理，拔模角度为 85 度，拔膜曲面如图 8-37 所示。

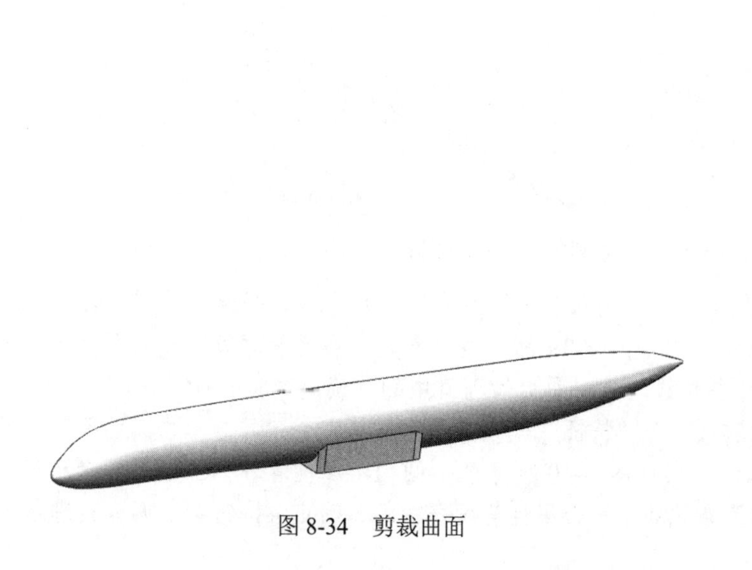

图 8-34　剪裁曲面

图 8-35　DraftXpert 属性管理器

Note

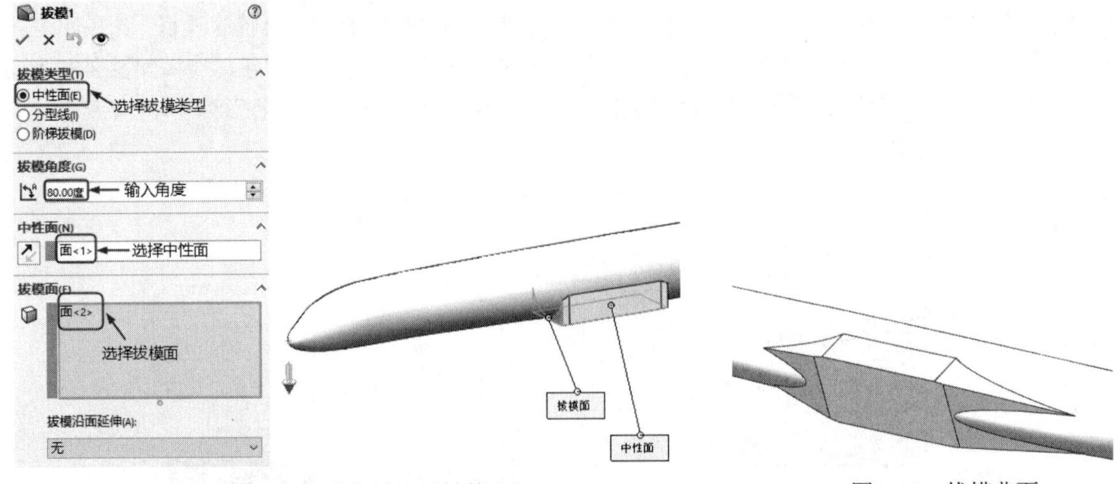

图 8-36　“拔模”属性管理器　　图 8-37　拔模曲面

（8）曲面圆角 1。执行“插入”→“特征”→“圆角”菜单命令，或者单击“曲面”工具栏中的“圆角”按钮，此时系统弹出如图 8-38 所示的“圆角”属性管理器。输入圆角半径为 800mm，选择如图 8-38 所示的两条边线，单击属性管理器中的“确定”按钮✔。

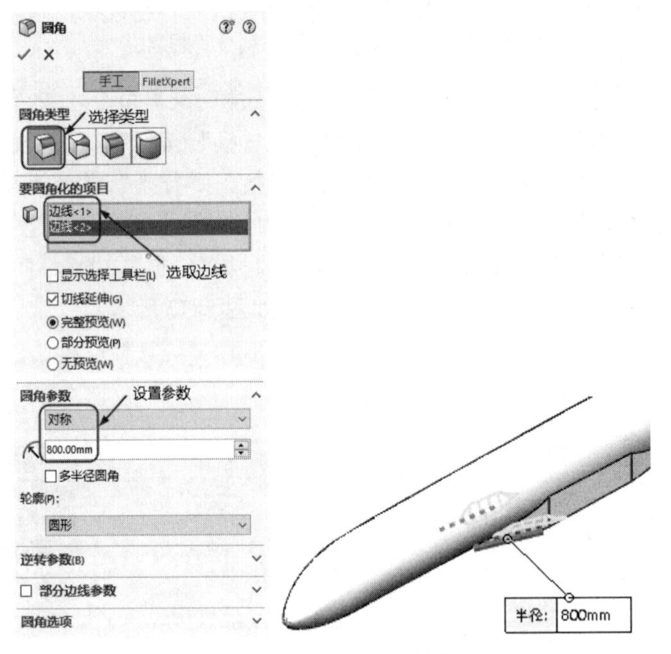

图 8-38　“圆角”属性管理器

（9）曲面圆角 2。执行“插入”→“特征”→“圆角”菜单命令，或者单击“曲面”工具栏中的“圆角”按钮，此时系统弹出如图 8-39 所示的“圆角”属性管理器。输入圆角半径为 400mm，选择如图 8-39 所示的两条边线，单击属性管理器中的“确定”按钮✔。

（10）曲面圆角 3。执行“插入”→“特征”→“圆角”菜单命令，或者单击“曲面”工具栏中的“圆角”按钮，此时系统弹出如图 8-40 所示的“圆角”属性管理器。输入圆角半径为 1000mm，选择如图 8-40 所示的两条边线，单击属性管理器中的“确定”按钮✔。圆角处理后的

图形如图 8-41 所示。

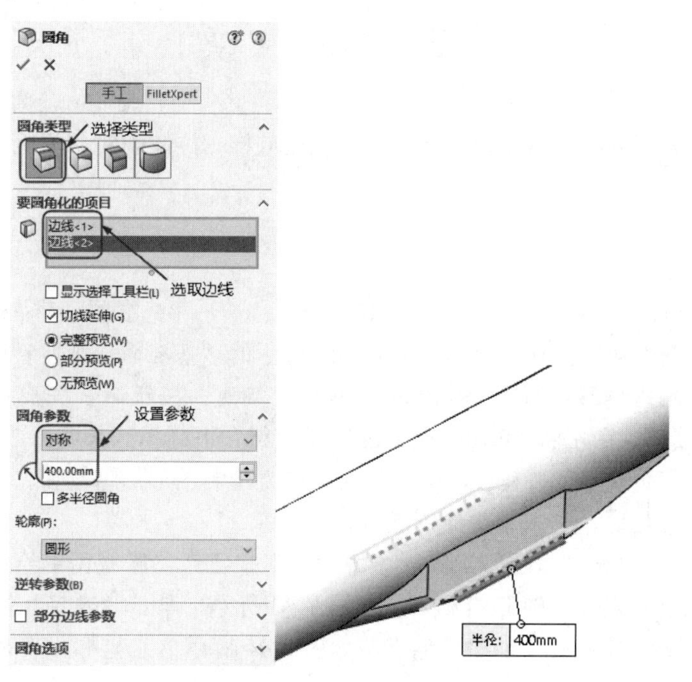

图 8-39 “圆角”属性管理器

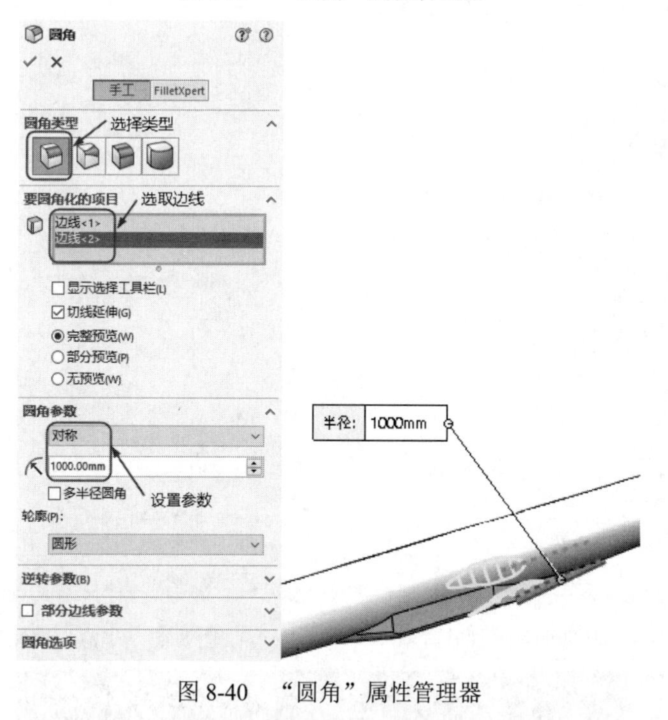

图 8-40 “圆角”属性管理器

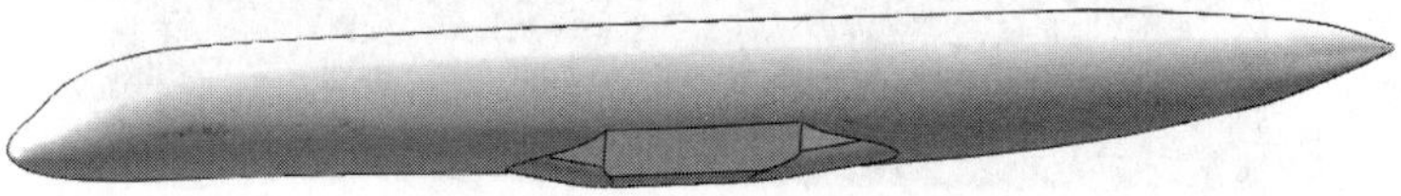

图 8-41 圆角处理后的图形

8.2 机　　翼

Note

视频讲解

首先绘制放样轮廓线，然后创建引导线，再通过放样、拉伸创建一侧机翼，最后镜像创建另一侧机翼。

操作步骤如下。

1. 创建曲线

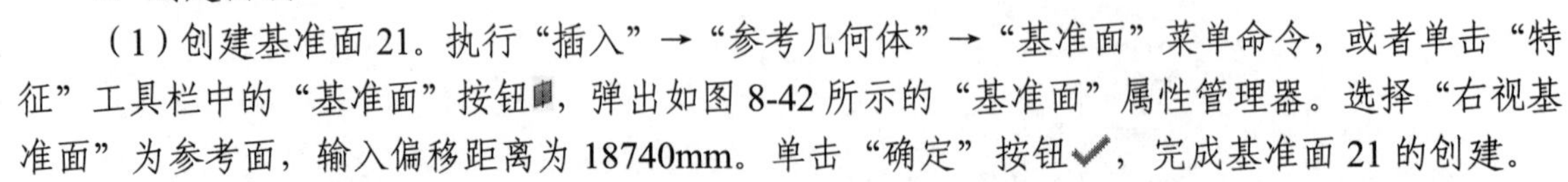

（1）创建基准面21。执行“插入”→“参考几何体”→“基准面”菜单命令，或者单击“特征”工具栏中的“基准面”按钮，弹出如图8-42所示的“基准面”属性管理器。选择“右视基准面”为参考面，输入偏移距离为18740mm。单击“确定”按钮✔，完成基准面21的创建。

（2）设置基准面。在左侧“FeatureManager设计树”中选择“基准面21”，然后单击“前导视图”工具栏中的“正视于”按钮，将该基准面作为绘制图形的基准面。单击“草图”工具栏中的“草图绘制”按钮，进入草图绘制状态。

（3）绘制草图。单击“草图”工具栏中的“点”按钮，在视图中绘制一点，弹出“点”属性管理器，输入坐标点（29015, -1359），如图8-43所示。单击“确定”按钮✔，完成点的创建。重复“点”命令，在视图中创建其他点，如图8-44所示。点坐标如表8-1所示。

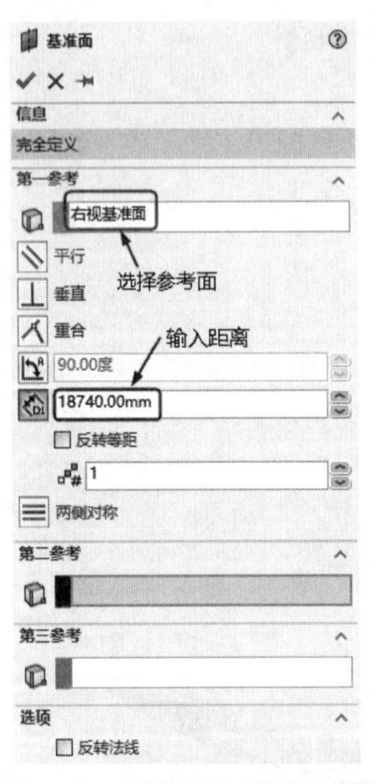

图8-42　“基准面”属性管理器

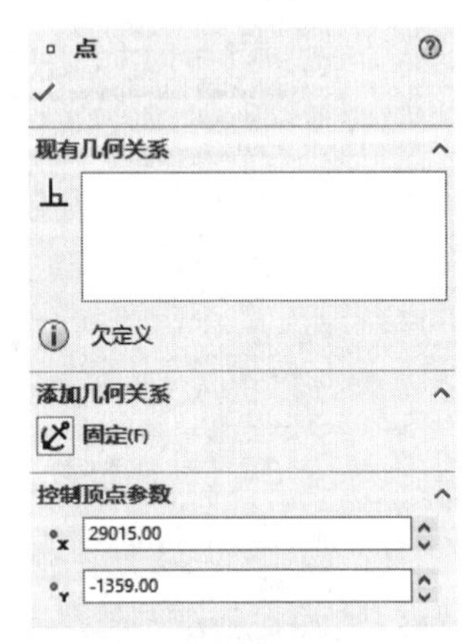

图8-43　“点”属性管理器

图8-44　绘制点

Note

表 8-1 点坐标

点	坐 标	点	坐 标
点 1	29015, -1359	点 6	27607, -1274
点 2	28689, -1319	点 7	27471, -1276
点 3	28329, -1294	点 8	27301, -1303
点 4	27990, -1286	点 9	27213, -1372
点 5	27756, -1275		

（4）单击“草图”工具栏中的“中心线”按钮，绘制一条穿过点 9 的水平中心线。

（5）单击“草图”工具栏中的“镜像实体”按钮，将点 1～点 8 以水平中心线进行镜像。

（6）单击“草图”工具栏中的“样条曲线”按钮和“直线“按钮，连接视图中所有的点，单击“退出草图”按钮，完成样条曲线的绘制，如图 8-45 所示。

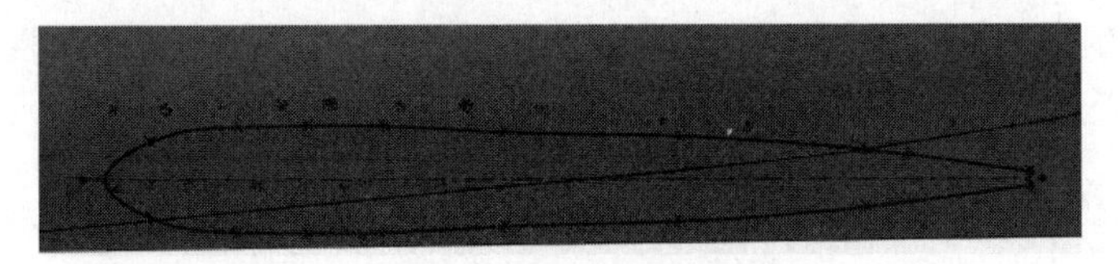

图 8-45 绘制样条曲线

读者也可以直接绘制样条曲线，然后标注尺寸来完成草图的绘制，还可以直接绘制样条后分别拾取样条上各个关键点，更改坐标值。

（7）创建基准面 22。执行“插入”→“参考几何体”→“基准面”菜单命令，或者单击“特征”工具栏中的“基准面”按钮，弹出“基准面”属性管理器。选择“右视基准面”为参考面，输入偏移距离为 2300mm。单击“确定”按钮，完成基准面 22 的创建。

（8）设置基准面。在左侧“FeatureManager 设计树”中选择“基准面 22”，然后单击“前导视图”工具栏中的“正视于”按钮，将该基准面作为绘制图形的基准面。单击“草图”工具栏中的“草图绘制”按钮，进入草图绘制状态。

（9）绘制草图。单击“草图”工具栏中的“点”按钮，在视图中绘制一点，弹出“点”属性管理器，输入坐标点，单击“确定”按钮，完成点的创建。重复“点”命令，在视图中创建其他点。点坐标如表 8-2 所示。

表 8-2 点坐标

点	坐 标	点	坐 标
点 1	26241, -146	点 7	18863, 263
点 2	24203, 59	点 8	18723, 213
点 3	23272, 157	点 9	18581, 140
点 4	22021, 268	点 10	18434, 35
点 5	21137, 325	点 11	18320, -159
点 6	19836, 361		

（10）单击“草图”工具栏中的“中心线”按钮，绘制一条穿过点 11 的水平中心线。

（11）单击“草图”工具栏中的“镜像实体”按钮，将点 1～点 10 以水平中心线进行镜像。

（12）单击“草图”工具栏中的“样条曲线”按钮和“直线”按钮，连接视图中所有的

点，单击“退出草图”按钮，完成样条曲线的绘制，如图8-46所示。

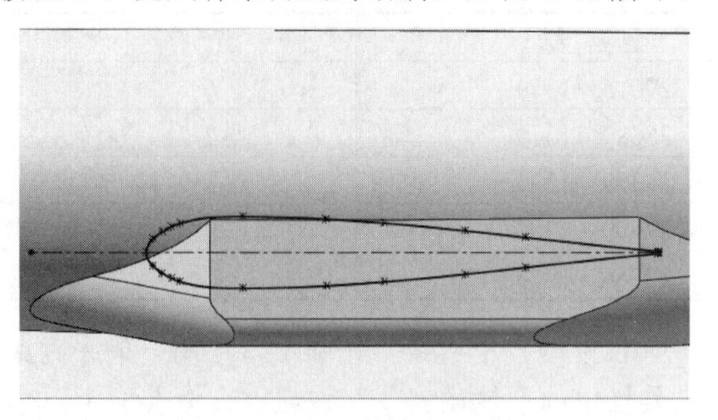

图8-46　绘制样条曲线

Note

（13）创建基准面23。执行“插入”→“参考几何体”→“基准面”菜单命令，或者单击“特征”工具栏中的“基准面”按钮，弹出如图8-47所示的“基准面”属性管理器。在视图中选择两个草图的中心线。单击“确定”按钮✔，完成基准面23的创建。

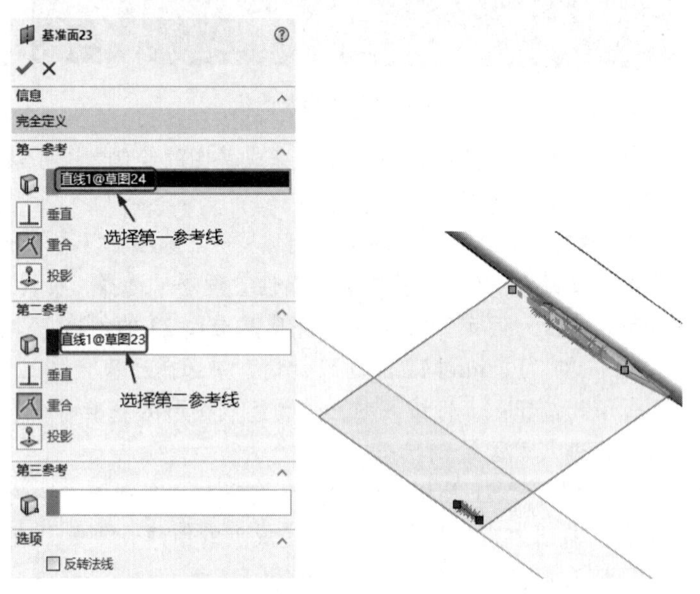

图8-47　“基准面”属性管理器

（14）设置基准面。在左侧“FeatureManager设计树”中选择“基准面23”，然后单击“前导视图”工具栏中的“正视于”按钮，将该基准面作为绘制图形的基准面。单击“草图”工具栏中的“草图绘制”按钮，进入草图绘制状态。

（15）绘制草图。单击“草图”工具栏中的“直线”按钮，绘制如图8-48所示的草图，单击“退出草图”按钮，退出草图绘制环境。

（16）设置基准面。在左侧“FeatureManager设计树”中选择“基准面23”，然后单击“前导视图”工具栏中的“正视于”按钮，将该基准面作为绘制图形的基准面。单击“草图”工具栏中的“草图绘制”按钮，进入草图绘制状态。

（17）绘制草图。单击“草图”工具栏中的“直线”按钮，绘制如图8-49所示的草图并标注尺寸，单击“退出草图”按钮，退出草图绘制环境。

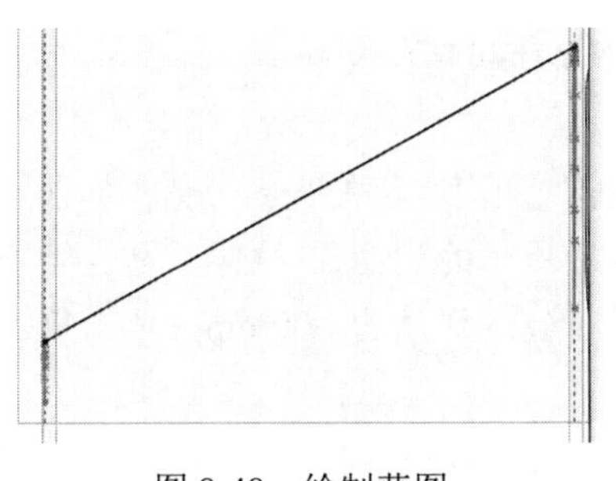

图 8-48　绘制草图

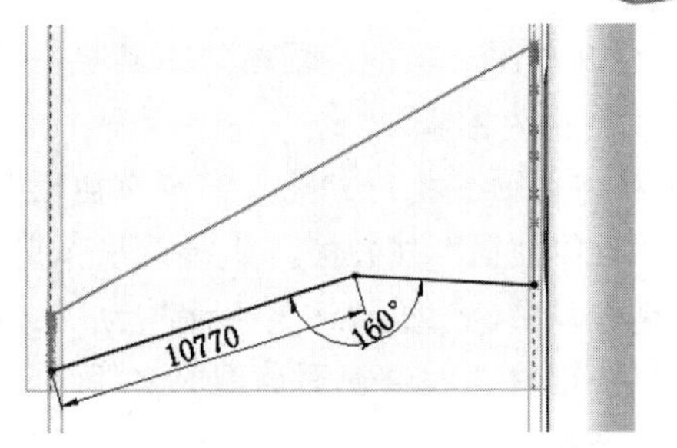

图 8-49　绘制草图

2. 创建曲面

（1）放样曲面。执行“插入”→“曲面”→“放样曲面”菜单命令，或者单击“曲面”工具栏中的“放样曲面”按钮，系统弹出“曲面-放样”属性管理器，如图 8-50 所示，依次选择图 8-45 和图 8-46 中的样条曲线为轮廓，依次选择图 8-48 和图 8-49 中的线段为引导线，单击“确定”按钮✔，生成放样曲面，隐藏基准面后的放样曲面如图 8-51 所示。

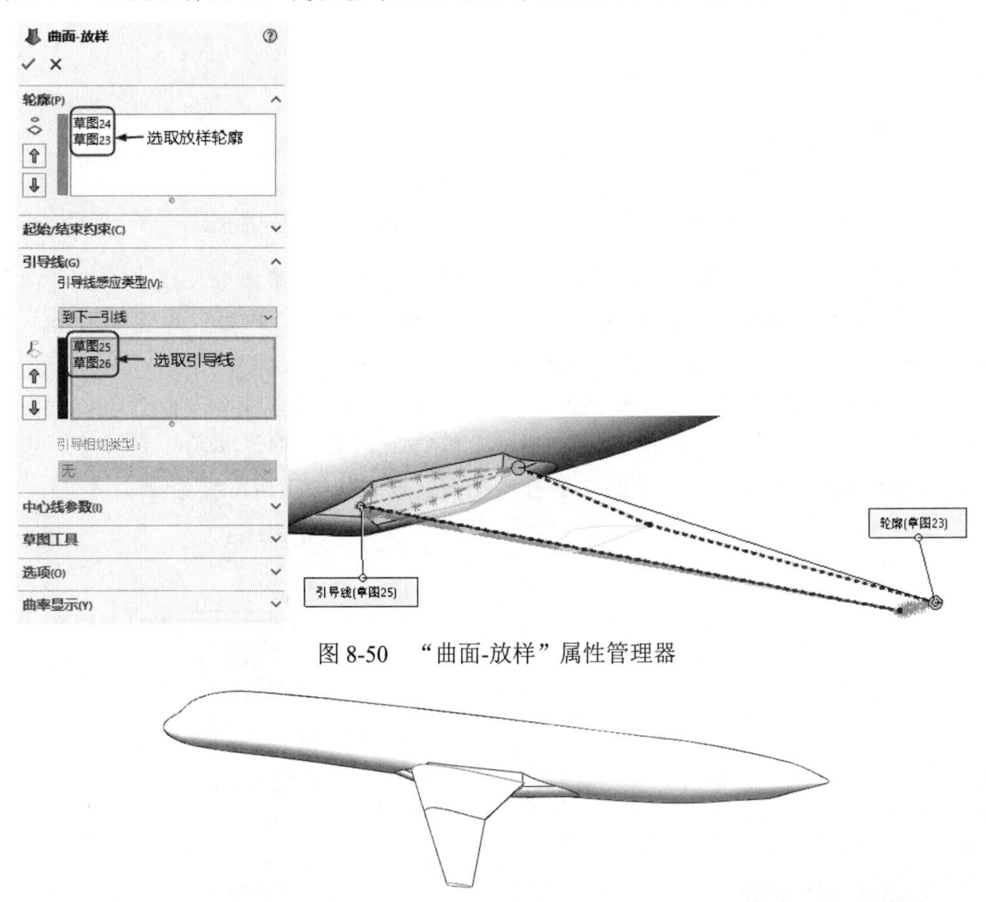

图 8-50　“曲面-放样”属性管理器

图 8-51　放样曲面

（2）设置基准面。在左侧“FeatureManager 设计树”中选择“基准面 22”，然后单击“前导视图”工具栏中的“正视于”按钮，将该基准面作为绘制图形的基准面。单击“草图”工具栏中的“草图绘制”按钮，进入草图绘制状态。

Note

（3）绘制草图。单击“草图”工具栏中的“转换实体引用”按钮，将放样曲面在基准面22上的边线转换为图素。

（4）拉伸曲面。执行“插入”→“曲面”→“拉伸曲面”菜单命令，或者单击“曲面”工具栏中的“拉伸曲面”按钮，此时系统弹出如图8-52所示的“曲面-拉伸”属性管理器。选择上一步创建的草图，设置“终止条件”为“给定深度”，输入深度为600mm，单击属性管理器中的“确定”按钮✔，拉伸曲面如图8-53所示。

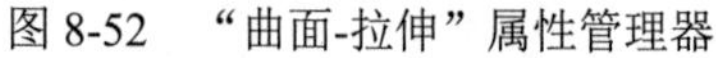

图8-52 “曲面-拉伸”属性管理器

图8-53 拉伸曲面

（5）平面曲面。执行“插入”→“曲面”→“平面区域”菜单命令，或者单击“曲面”工具栏中的“平面曲面”按钮，此时系统弹出如图8-54所示的“平面”属性管理器。选择如图8-54所示的边线为边界，单击属性管理器中的“确定”按钮✔。

（6）缝合曲面。执行“插入”→“曲面”→“缝合曲面”菜单命令，或者单击“曲面”工具栏中的“缝合曲面”按钮，此时系统弹出如图8-55所示的“曲面-缝合”属性管理器。选择放样曲面，拉伸曲面和平面区域基准面，单击属性管理器中的“确定”按钮✔。

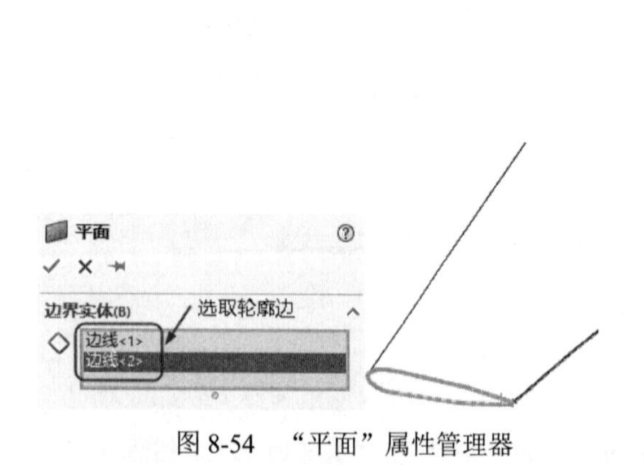

图8-54 “平面”属性管理器

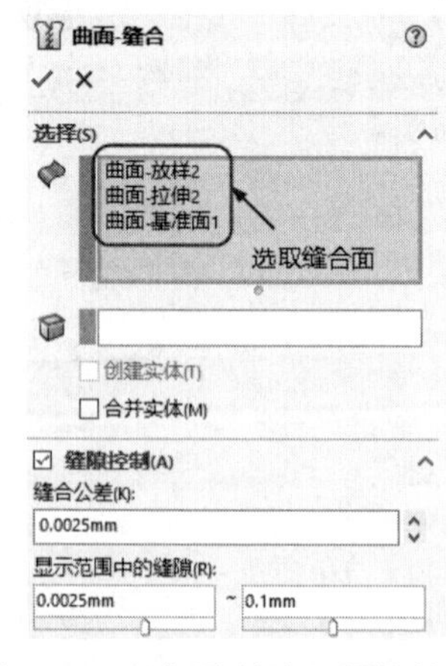

图8-55 “曲面-缝合”属性管理器

（7）剪裁曲面。执行“插入”→“曲面”→“剪裁曲面”菜单命令，或者单击“曲面”工具栏中的“剪裁曲面”按钮，此时系统弹出如图8-56所示的“曲面-剪裁”属性管理器。选中

“标准”单选按钮，选择机身为裁剪曲面，选中“保留选择”单选按钮，选择机翼为要保留的面，单击属性管理器中的“确定”按钮✔，剪裁曲面如图 8-57 所示。

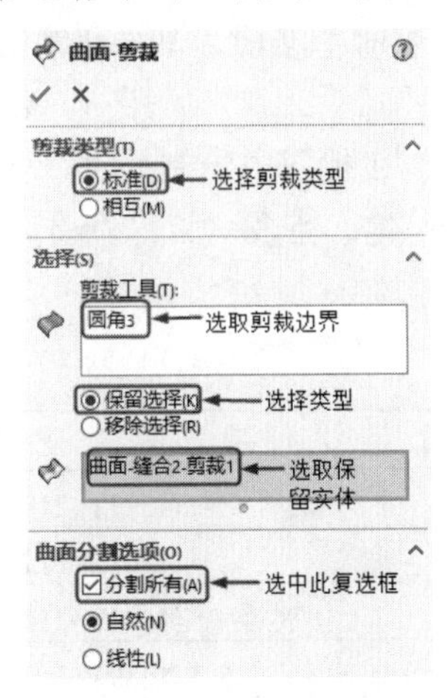

图 8-56　“曲面-剪裁”属性管理器

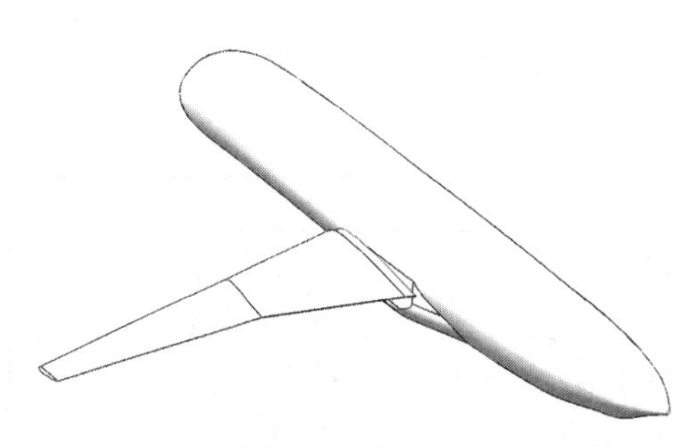

图 8-57　剪裁曲面

（8）镜像机翼。执行“插入”→“阵列/镜像”→“镜像”菜单命令，或者单击“特征”工具栏中的“镜像”按钮，此时系统弹出如图 8-58 所示的“镜像”属性管理器。选择“右视基准面”为镜像基准面，选择机翼为要镜像的实体，单击属性管理器中的“确定”按钮✔，结果如图 8-59 所示。

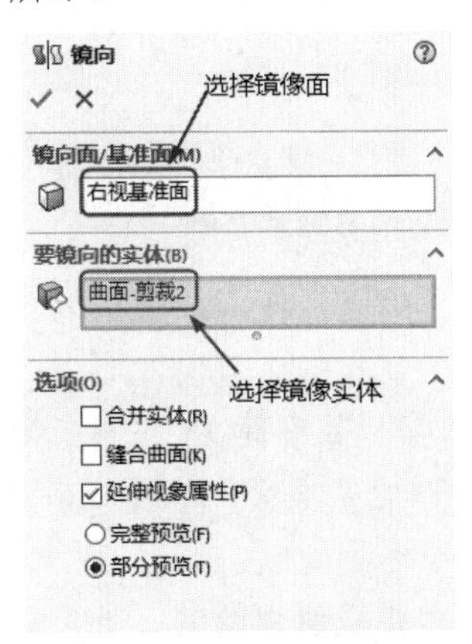

图 8-58　“镜像”属性管理器

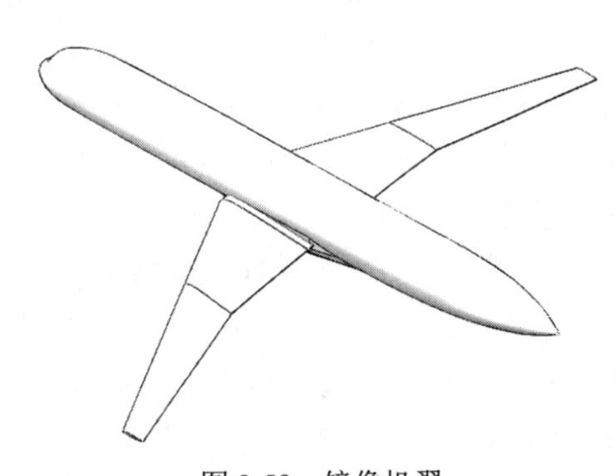

图 8-59　镜像机翼

8.3　水 平 尾 翼

首先绘制放样轮廓线，再通过放样、拉伸创建一侧水平尾翼，最后镜像创建另一侧水平尾翼。操作步骤如下。

1. 创建曲线

（1）创建基准面 24。执行“插入”→“参考几何体”→“基准面”菜单命令，或者单击“特征”工具栏中的“基准面”按钮，弹出“基准面”属性管理器。选择“右视基准面”为参考面，输入偏移距离为7540mm。单击“确定”按钮✔，完成基准面24的创建。

（2）设置基准面。在左侧“FeatureManager设计树”中选择“基准面24”，然后单击“前导视图”工具栏中的“正视于”按钮，将该基准面作为绘制图形的基准面。单击“草图”工具栏中的“草图绘制”按钮，进入草图绘制状态。

（3）绘制草图。单击“草图”工具栏中的“点”按钮，在视图中绘制一点，弹出“点”属性管理器，输入坐标点，单击“确定”按钮✔，完成点的创建。重复“点”命令，在视图中创建其他点。点坐标如表8-3所示。

表8-3　点坐标

点	坐　标	点	坐　标
点1	46637, 2139	点6	45111, 2198
点2	46495, 2151	点7	45012, 2177
点3	45867, 2191	点8	44919, 2147
点4	45462, 2205	点9	44897, 2126
点5	45207, 2206		

（4）单击“草图”工具栏中的“中心线”按钮，绘制一条穿过点9的水平中心线。

（5）单击“草图”工具栏中的“镜像实体”按钮，将点1～点8以水平中心线进行镜像。

（6）单击“草图”工具栏中的“样条曲线”按钮和“直线“按钮，连接视图中所有点，单击“退出草图”按钮，完成样条曲线的绘制，如图8-60所示。

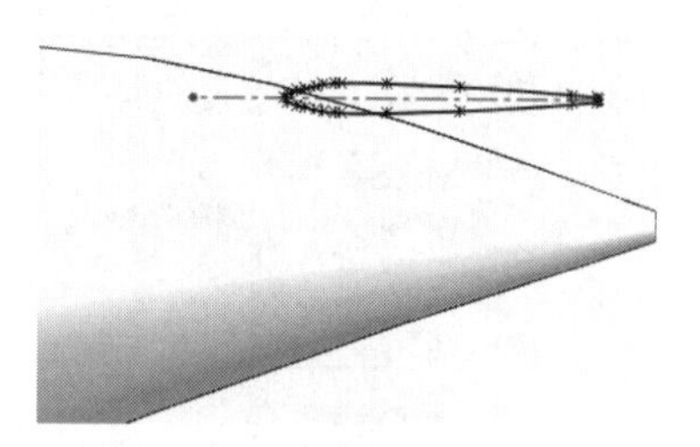
图8-60　绘制样条曲线

（7）创建基准面25。执行“插入”→“参考几何体”→“基准面”菜单命令，或者单击“特征”工具栏中的“基准面”按钮，弹出“基准面”属性管理器。选择“右视基准面”为参考面，输入偏移距离为1650mm。单击“确定”按钮✔，完成基准面25的创建。

（8）设置基准面。在左侧“FeatureManager设计树”中选择“基准面25”，然后单击“前导视图”工具栏中的“正视于”按钮，将该基准面作为绘制图形的基准面。单击“草图”工具栏中的“草图绘制”按钮，进入草图绘制状态。

（9）绘制草图。单击“草图”工具栏中的“点”按钮，在视图中绘制一点，弹出“点”属性管理器，输入坐标点，单击“确定”按钮✔，完成点的创建。重复“点”命令，在视图中创建其他点。点坐标如表8-4所示。

表8-4　点坐标

点	坐　标	点	坐　标
点1	45186, 1332	点7	41396, 1560
点2	44262, 1431	点8	41263, 1533
点3	43321, 1516	点9	41071, 1480
点4	42671, 1561	点10	40919, 1414
点5	41879, 1587	点11	40870, 1332
点6	41634, 1584		

（10）单击“草图”工具栏中的“中心线”按钮，绘制一条穿过点 1 和点 11 的水平中心线。

（11）单击“草图”工具栏中的“镜像实体”按钮，将点 2～点 10 以水平中心线进行镜像。

（12）单击“草图”工具栏中的“样条曲线”按钮，连接视图中所有点，单击“退出草图”按钮，完成样条曲线的绘制，如图 8-61 所示。

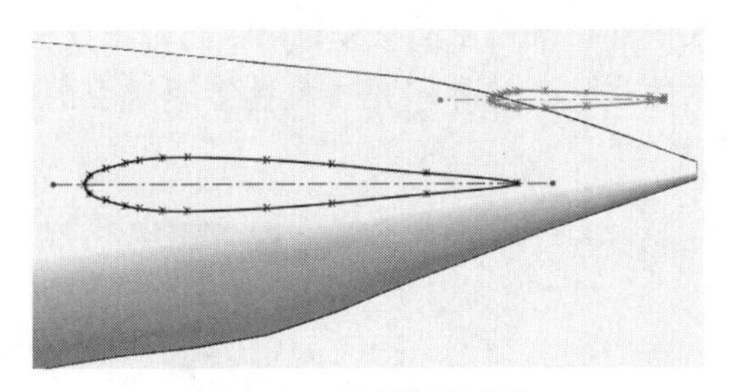

图 8-61　绘制样条曲线

Note

2. 创建曲面

（1）放样曲面。执行“插入”→“曲面”→“放样曲面”菜单命令，或者单击“曲面”工具栏中的“放样曲面”按钮，系统弹出“曲面-放样”属性管理器，如图 8-62 所示，依次选择图 8-60 和图 8-61 中的样条曲线为轮廓，单击“确定”按钮，生成放样曲面，如图 8-63 所示。

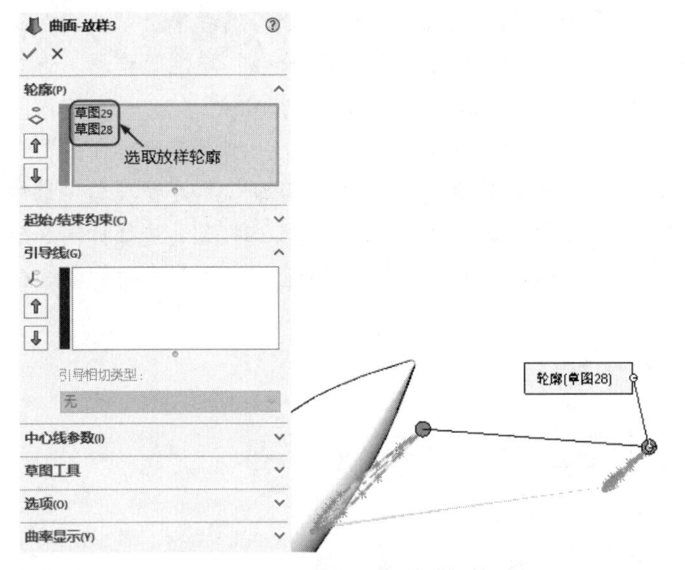

图 8-62　“曲面-放样”属性管理器

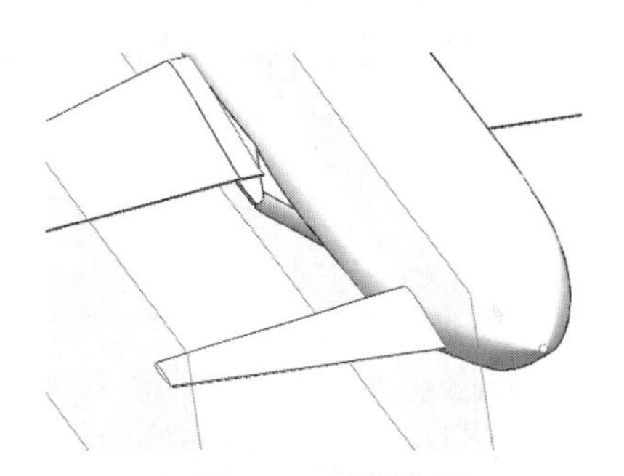

图 8-63　放样曲面

（2）设置基准面。在左侧“FeatureManager 设计树”中选择“基准面 25”，然后单击“前导视图”工具栏中的“正视于”按钮，将该基准面作为绘制图形的基准面。单击“草图”工具栏中的“草图绘制”按钮，进入草图绘制状态。

（3）绘制草图。单击“草图”工具栏中的“转换实体引用”按钮，将放样曲面在基准面 25 上的边线转换为图素。

（4）拉伸曲面。执行“插入”→“曲面”→“拉伸曲面”菜单命令，或者单击“曲面”工具栏中的“拉伸曲面”按钮，此时系统弹出如图 8-64 所示的“曲面-拉伸”属性管理器。选择上步创建的草图，设置“终止条件”为“给定深度”，输入深度为 1000mm，单击属性管理器中的“确定”按钮，拉伸曲面如图 8-65 所示。

曲面-拉伸
从(F)
草图基准面
方向 1(1)
给定深度
输入深度
1000.00mm
向外拔模(O)
封底
方向 2(2)
所选轮廓(S)

图 8-64　“曲面-拉伸”属性管理器

（5）平面曲面。执行“插入”→“曲面”→“平面区域”菜单命令，或者单击“曲面”工

Note

具栏中的“平面曲面”按钮，此时系统弹出如图 8-66 所示的“平面”属性管理器。选择图 8-66 所示的边线为边界，单击属性管理器中的“确定”按钮✔。

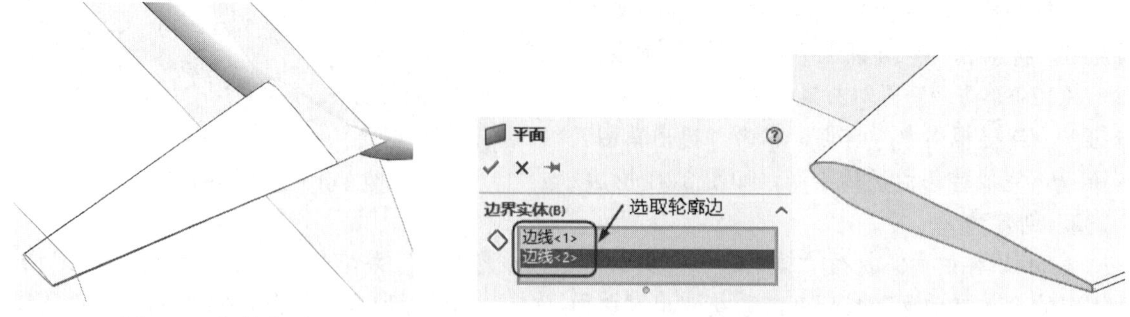

图 8-65　拉伸曲面　　　　图 8-66　“平面”属性管理器

（6）缝合曲面。执行“插入”→“曲面”→“缝合曲面”菜单命令，或者单击“曲面”工具栏中的“缝合曲面”按钮，此时系统弹出如图 8-67 所示的“曲面-缝合”属性管理器。选择放样曲面，拉伸曲面和平面区域基准面，单击属性管理器中的“确定”按钮✔。

（7）剪裁曲面。执行“插入”→“曲面”→“剪裁曲面”菜单命令，或者单击“曲面”工具栏中的“剪裁曲面”按钮，此时系统弹出如图 8-68 所示的“曲面-剪裁”属性管理器。选中“相互”单选按钮，选择机身和水平尾翼为裁剪曲面，选中“保留选择”单选按钮，选择如图 8-68 所示的水平尾翼和机身为要保留的面，单击属性管理器中的“确定”按钮✔，裁剪曲面如图 8-69 所示。

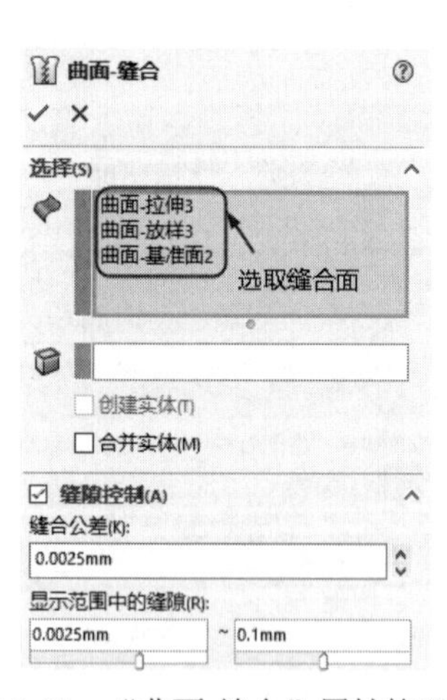

图 8-67　“曲面-缝合”属性管理器

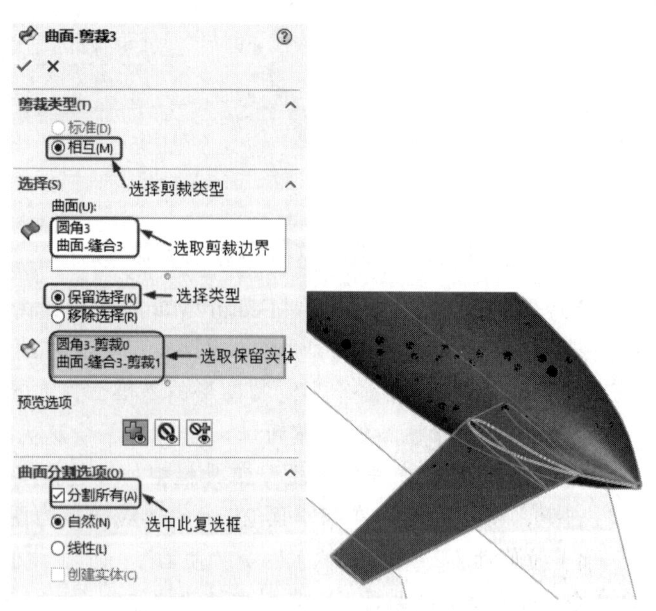

图 8-68　“曲面-剪裁”属性管理器

（8）镜像机翼。执行“插入”→“阵列/镜像”→“镜像”菜单命令，或者单击“特征”工具栏中的“镜像”按钮，此时系统弹出如图 8-70 所示的“镜像”属性管理器。选择“右视基准面”为镜像基准面，选择水平尾翼为要镜像的实体，单击属性管理器中的“确定”按钮✔，

Note

镜像水平尾翼如图 8-71 所示。

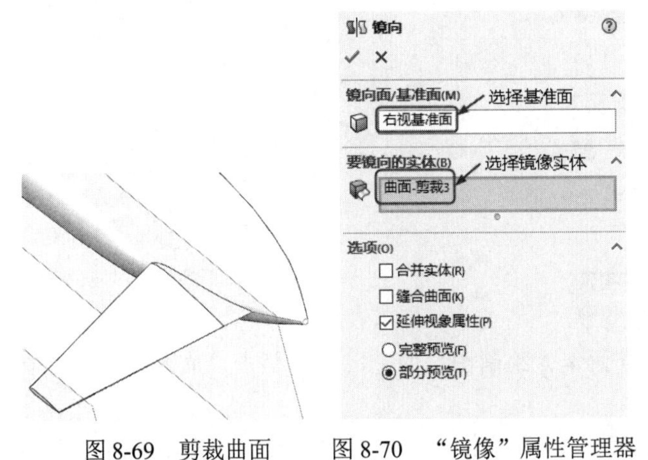

图 8-69　剪裁曲面　　图 8-70　“镜像”属性管理器

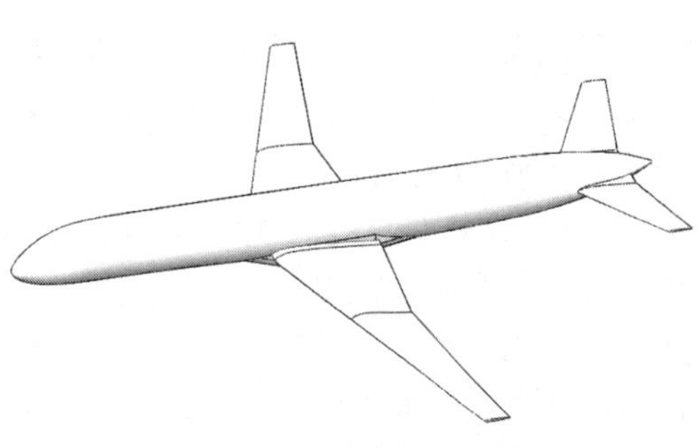

图 8-71　镜像水平尾翼

8.4　竖直尾翼

视频讲解

首先绘制放样轮廓线，然后创建引导线，再通过放样、拉伸创建竖直尾翼。

操作步骤如下。

1．创建曲线

（1）创建基准面 26。执行“插入”→“参考几何体”→“基准面”菜单命令，或者单击“特征”工具栏中的“基准面”按钮，弹出“基准面”属性管理器。选择“上视基准面”为参考面，输入偏移距离为 10034mm。单击“确定”按钮✔，完成基准面 26 的创建。

（2）设置基准面。在左侧“FeatureManager 设计树”中选择“基准面 26”，然后单击“前导视图”工具栏中的“正视于”按钮，将该基准面作为绘制图形的基准面。单击“草图”工具栏中的“草图绘制”按钮，进入草图绘制状态。

（3）绘制草图。单击“草图”工具栏中的“点”按钮，在视图中绘制一点，弹出“点”属性管理器，输入坐标点，单击“确定”按钮✔，完成点的创建。重复“点”命令，在视图中创建其他点。点坐标如表 8-5 所示。

表 8-5　点坐标

点	坐　标	点	坐　标
点 1	0, 47316	点 6	178, 45432
点 2	46, 47004	点 7	175, 45275
点 3	93, 46691	点 8	163, 45117
点 4	134, 46377	点 9	123, 44965
点 5	162, 46063	点 10	0, 44880

（4）单击“草图”工具栏中的“中心线”按钮，绘制一条穿过点 1 和点 10 的水平中心线。

（5）单击“草图”工具栏中的“镜像实体”按钮，将点 2～点 9 以水平中心线进行镜像。

（6）单击“草图”工具栏中的“样条曲线”按钮，连接视图中所有点，单击“退出草图”

按钮，完成样条曲线的绘制，如图8-72所示。

（7）创建基准面27。执行“插入”→“参考几何体”→“基准面”菜单命令，或者单击“特征”工具栏中的“基准面”按钮，弹出“基准面”属性管理器。选择“上视基准面”为参考面，输入偏移距离为2942mm。单击“确定”按钮✔，完成基准面27的创建。

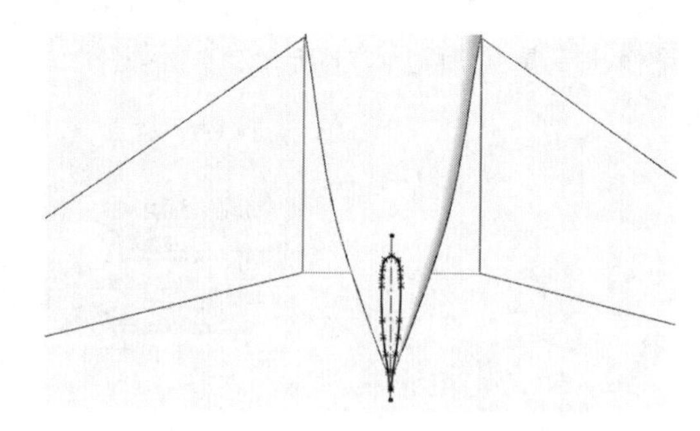
图8-72 绘制样条曲线

（8）设置基准面。在左侧“FeatureManager设计树”中选择“基准面27”，然后单击“前导视图”工具栏中的“正视于”按钮，将该基准面作为绘制图形的基准面。单击“草图”工具栏中的“草图绘制”按钮，进入草图绘制状态。

（9）绘制草图。单击“草图”工具栏中的“点”按钮，在视图中绘制一点，弹出“点”属性管理器，输入坐标点，单击“确定”按钮✔，完成点的创建。重复“点”命令，在视图中创建其他点。点坐标如表8-6所示。

表8-6 点坐标

点	坐　标	点	坐　标
点1	0, 44567	点7	200, 38079
点2	126, 43492	点8	178, 36860
点3	203, 42411	点9	147, 36252
点4	234, 41328	点10	97, 36056
点5	234, 40245	点11	0, 35973
点6	219, 39162		

（10）单击“草图”工具栏中的“中心线”按钮，绘制一条穿过点1和点10的水平中心线。

（11）单击“草图”工具栏中的“镜像实体”按钮，将点2～点10以水平中心线进行镜像。

（12）单击“草图”工具栏中的“样条曲线”按钮，连接视图中所有点，单击“退出草图”按钮，完成样条曲线的绘制，如图8-73所示。

（13）设置基准面。在左侧“FeatureManager设计树”中选择“右视基准面”，然后单击“前导视图”工具栏中的“正视于”按钮，将该基准面作为绘制图形的基准面。单击“草图”工具栏中的“草图绘制”按钮，进入草图绘制状态。

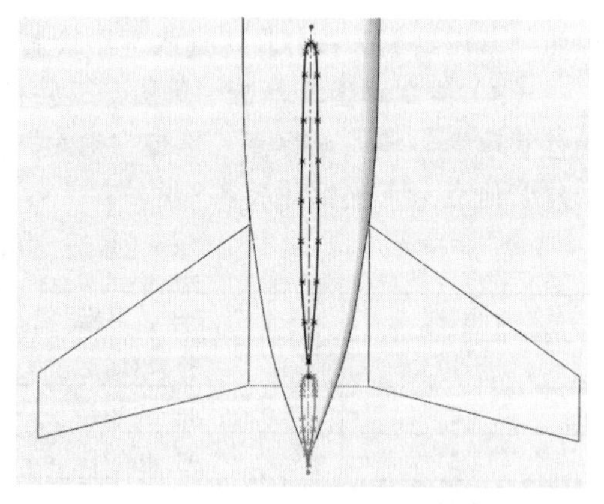
图8-73 绘制样条曲线

（14）单击“草图”工具栏中的“直线”按钮，绘制如图8-74所示的草图。单击“退出草图”按钮，完成草图绘制。

（15）设置基准面。在左侧“FeatureManager设计树”中选择“右视基准面”，然后单击“前

导视图”工具栏中的“正视于”按钮，将该基准面作为绘制图形的基准面。单击“草图”工具栏中的“草图绘制”按钮，进入草图绘制状态。

（16）单击“草图”工具栏中的“样条曲线”按钮，绘制如图 8-75 所示的草图。单击“退出草图”按钮，完成草图绘制。

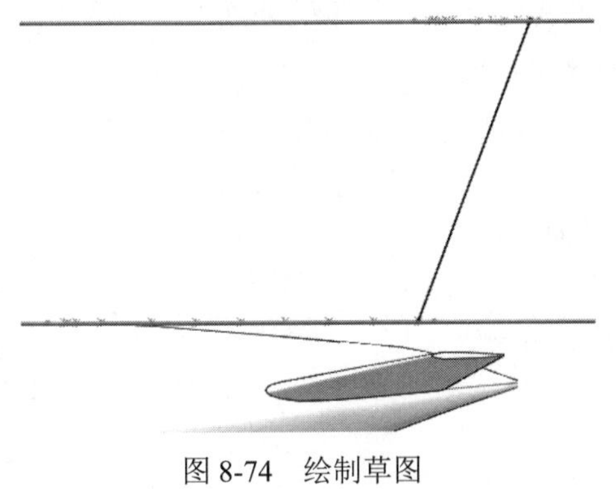

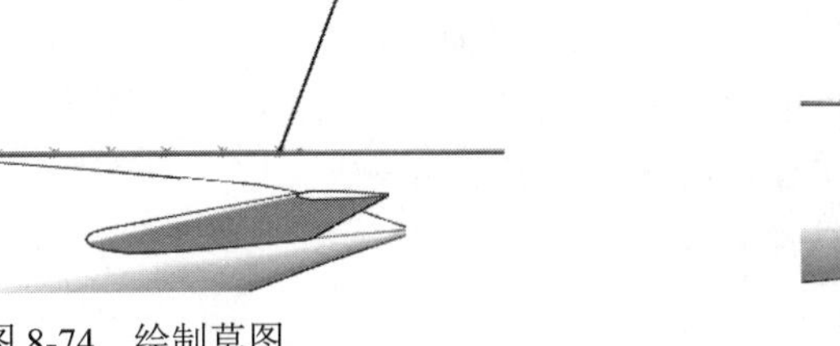

图 8-74　绘制草图

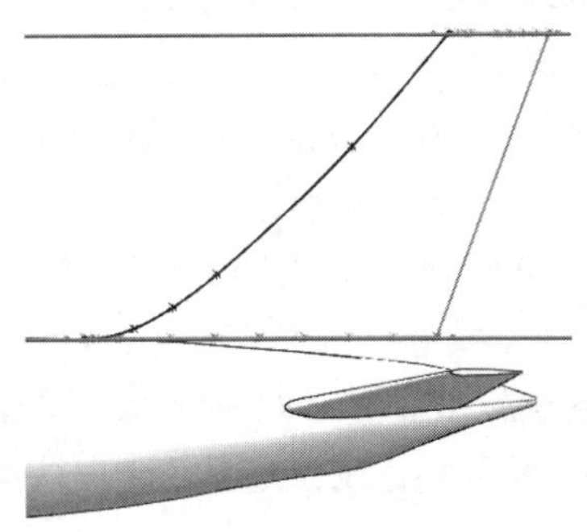

图 8-75　绘制草图

2. 创建曲面

（1）放样曲面。执行“插入”→“曲面”→“放样曲面”菜单命令，或者单击“曲面”工具栏中的“放样曲面”按钮，系统弹出“曲面-放样”属性管理器，如图 8-76 所示，依次选择图 8-72 和图 8-73 中的样条曲线为轮廓，依次选择图 8-74 和图 8-75 中的线段为引导线，单击“确定”按钮，生成放样曲面，如图 8-77 所示。

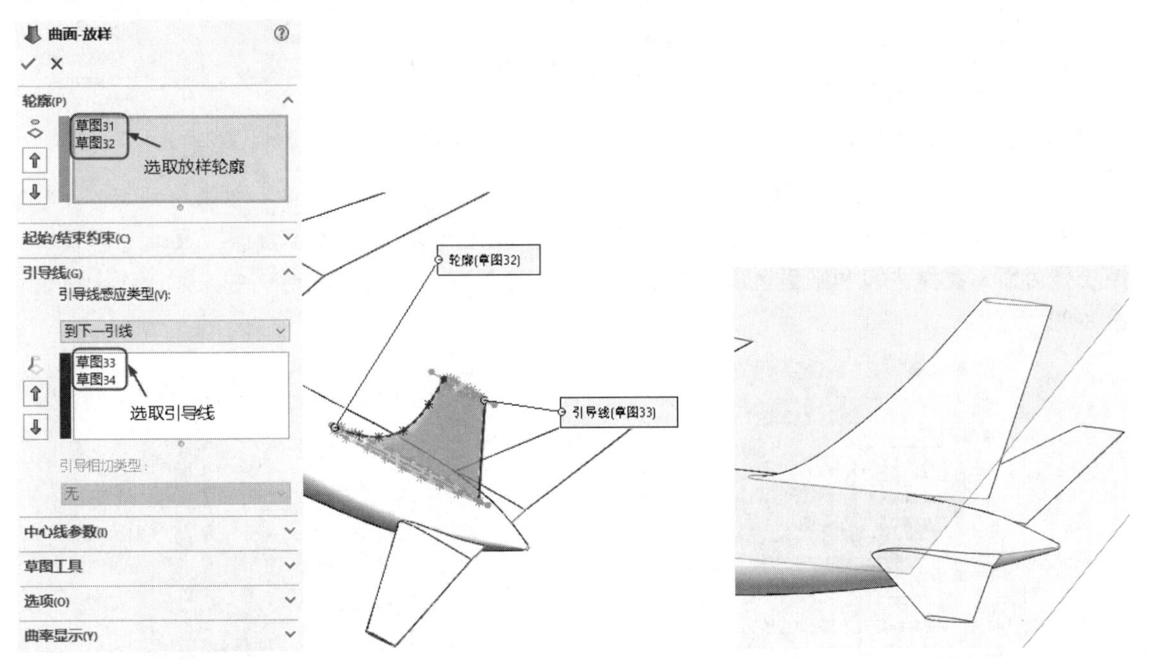

图 8-76　“曲面-放样”属性管理器

图 8-77　放样曲面

（2）设置基准面。在左侧“FeatureManager 设计树”中选择“基准面 27”，然后单击“前导视图”工具栏中的“正视于”按钮，将该基准面作为绘制图形的基准面。单击“草图”工具栏中的“草图绘制”按钮，进入草图绘制状态。

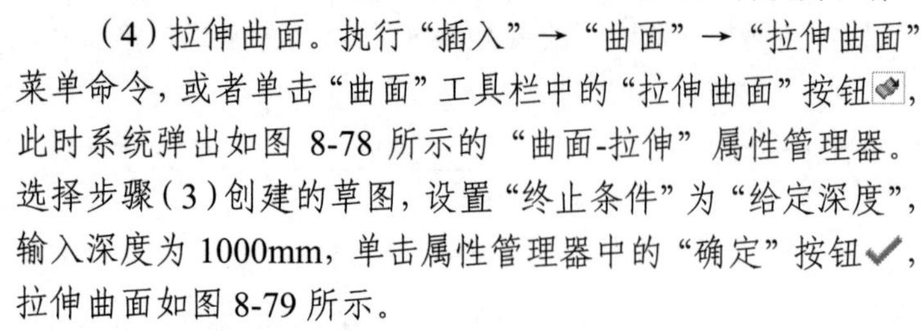

（3）绘制草图。单击“草图”工具栏中的“转换实体引用”按钮，将放样曲面在基准面25上的边线转换为图素。

（4）拉伸曲面。执行“插入”→“曲面”→“拉伸曲面”菜单命令，或者单击“曲面”工具栏中的“拉伸曲面”按钮，此时系统弹出如图8-78所示的“曲面-拉伸”属性管理器。选择步骤（3）创建的草图，设置“终止条件”为“给定深度”，输入深度为1000mm，单击属性管理器中的“确定”按钮✔，拉伸曲面如图8-79所示。

（5）平面曲面。执行“插入”→“曲面”→“平面区域”菜单命令，或者单击“曲面”工具栏中的“平面曲面”按钮，此时系统弹出如图8-80所示的“平面”属性管理器。选择如图8-80所示的边线为边界，单击属性管理器中的“确定”按钮✔。

图8-78 “曲面-拉伸”属性管理器

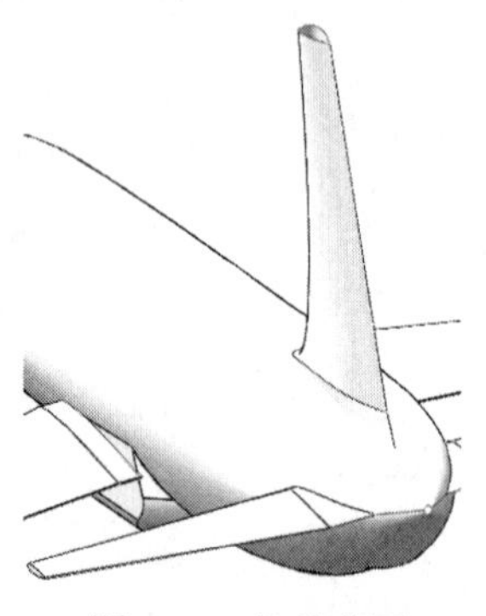

图8-79 拉伸曲面

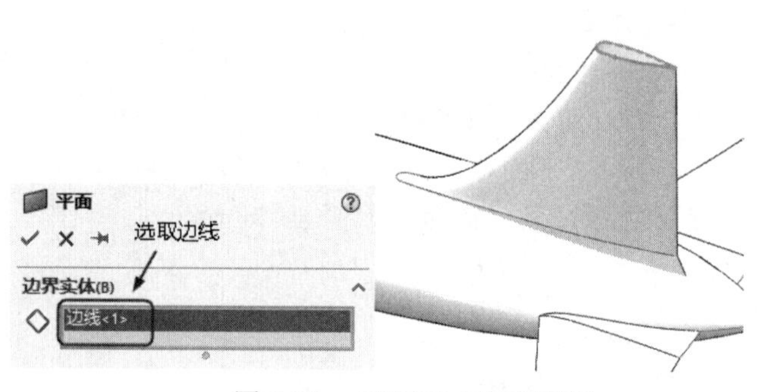

图8-80 “平面”属性管理器

（6）缝合曲面。执行“插入”→“曲面”→“缝合曲面”菜单命令，或者单击“曲面”工具栏中的“缝合曲面”按钮，此时系统弹出如图8-81所示的“曲面-缝合”属性管理器。选择放样曲面，拉伸曲面和平面区域基准面，单击属性管理器中的“确定”按钮✔，缝合曲面如图8-82所示。

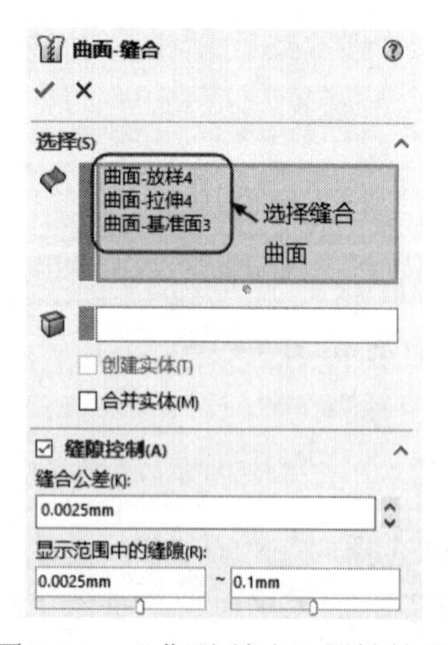

图8-81 “曲面-缝合”属性管理器

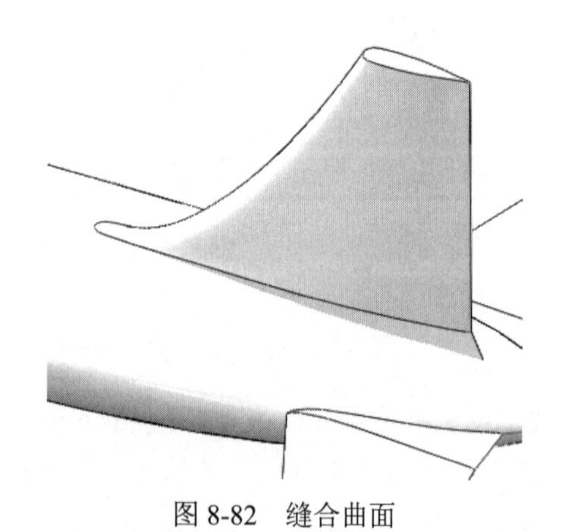

图8-82 缝合曲面

Note

（7）剪裁曲面。执行“插入”→“曲面”→“剪裁曲面”菜单命令，或者单击“曲面”工具栏中的“剪裁曲面”按钮，此时系统弹出如图 8-83 所示的“曲面-剪裁”属性管理器。选中“相互”单选按钮，选择机身和竖直尾翼为裁剪曲面，选中“保留选择”单选按钮，选择如图 8-83 所示的竖直尾翼和机身为要保留的面，单击属性管理器中的“确定”按钮✔，剪裁曲面如图 8-84 所示。

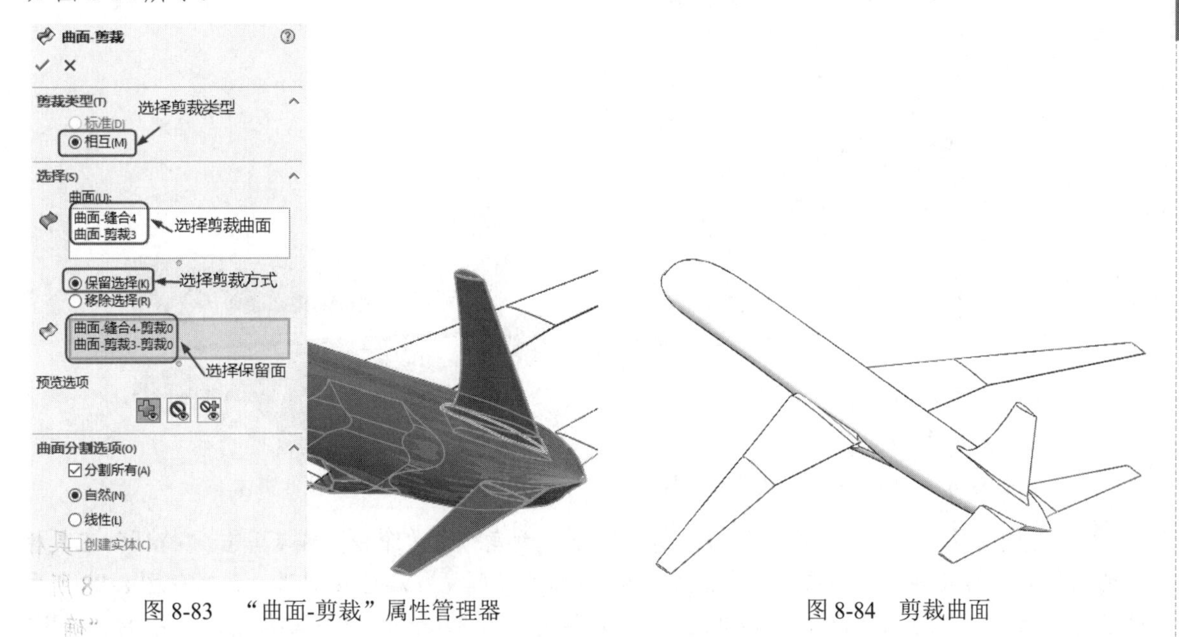

图 8-83　“曲面-剪裁”属性管理器　　　　图 8-84　剪裁曲面

视频讲解

8.5　发　动　机

首先绘制草图，通过拉伸、旋转创建发动机主体，然后通过倒角、圆角、拔模等对发动机进行细节处理，完成一侧发动机的创建，最后通过镜像创建另一侧发动机。

操作步骤如下。

（1）创建基准面 28。执行“插入”→“参考几何体”→“基准面”菜单命令，或者单击“特征”工具栏中的“基准面”按钮，弹出“基准面”属性管理器。选择“上视基准面”为参考面，输入偏移距离为 300mm，选中“反转”复选框，单击“确定”按钮✔，完成基准面 28 的创建。

（2）设置基准面。在左侧“FeatureManager 设计树”中选择“基准面 28”，然后单击“前导视图”工具栏中的“正视于”按钮，将该基准面作为绘制图形的基准面。单击“草图”工具栏中的“草图绘制”按钮，进入草图绘制状态。

（3）绘制草图。单击“草图”工具栏中的“边角矩形”按钮，绘制如图 8-85 所示的草图并标注尺寸。

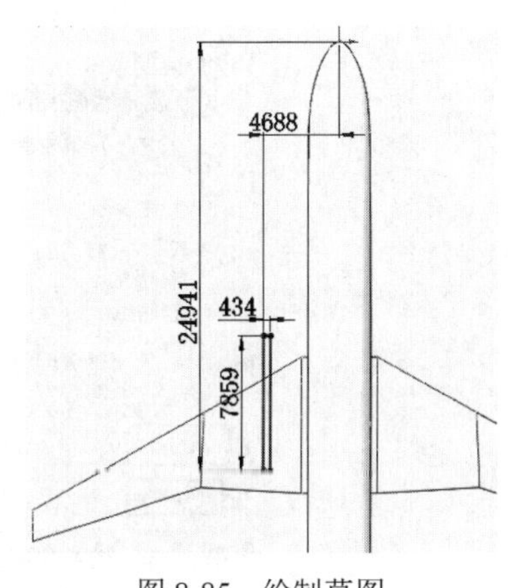

图 8-85　绘制草图

Note

（4）拉伸实体。执行“插入”→“凸台/基体”→“拉伸”菜单命令，或者单击“特征”工具栏中的“拉伸凸台/基体”按钮，此时系统弹出如图 8-86 所示的“凸台-拉伸”属性管理器。设置“终止条件”为“给定深度”，输入深度为 1200mm，单击属性管理器中的“确定”按钮✔，拉伸实体如图 8-87 所示。

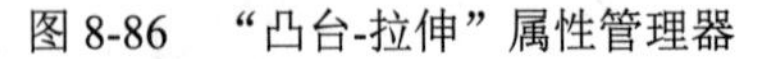
图 8-86 “凸台-拉伸”属性管理器

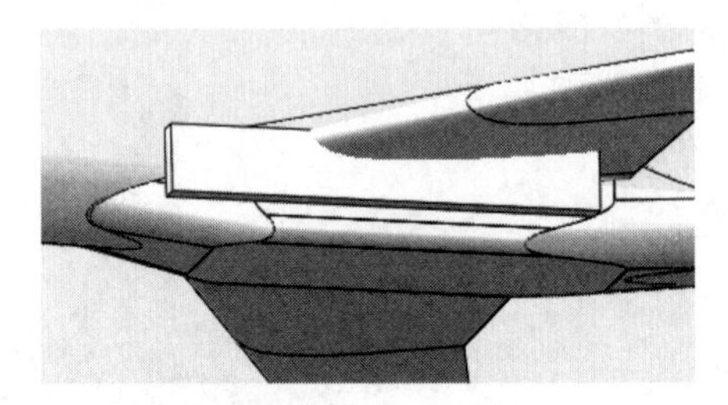
图 8-87 拉伸实体

（5）倒角处理。执行“插入”→“特征”→“倒角”菜单命令，或者单击“特征”工具栏中的“倒角”按钮，此时系统弹出如图 8-88 所示的“倒角”属性管理器。选择如图 8-88 所示的长方体下边线，输入距离 1 为 4700mm，输入距离 2 为 850mm，单击属性管理器中的“确定”按钮✔。重复“倒角”命令，选择如图 8-89 所示的长方体下边线，输入倒角距离 1 为 1200mm，输入倒角距离 2 为 1000mm。

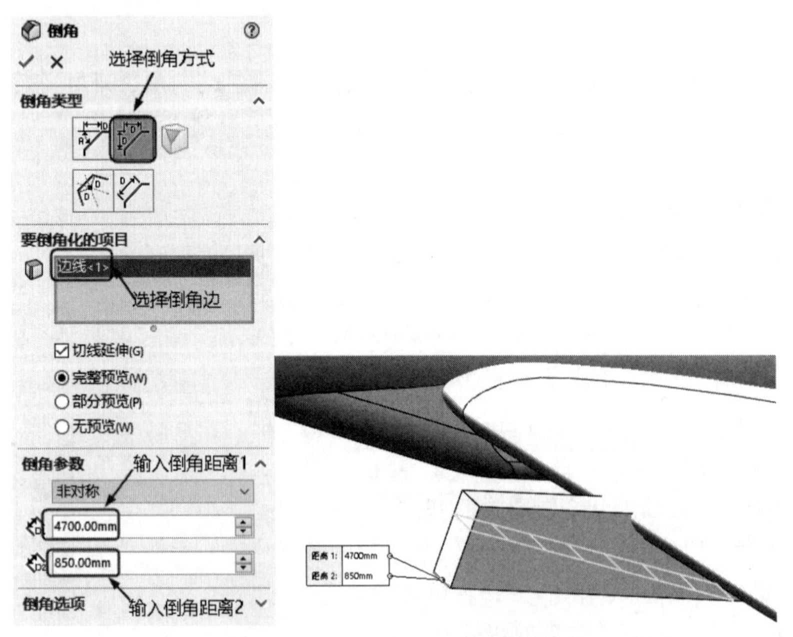

图 8-88 “倒角”属性管理器

Note

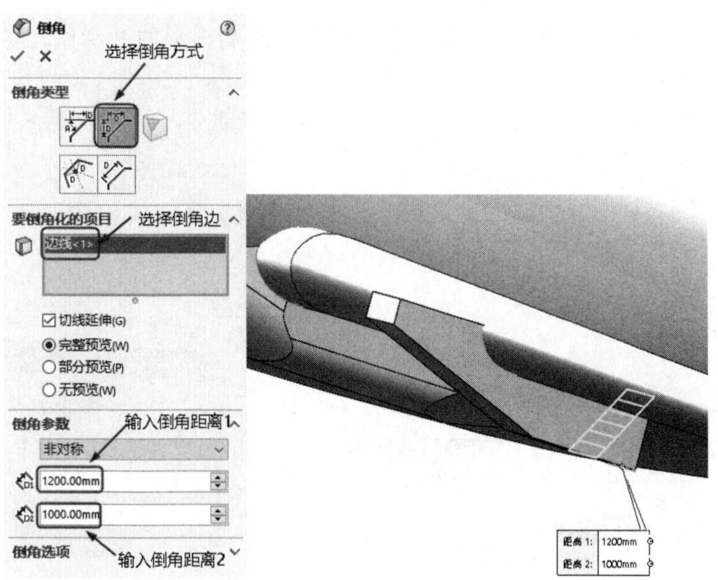

图 8-89　选择倒角边线

（6）创建基准面 29。执行“插入”→“参考几何体”→“基准面”菜单命令，或者单击“特征”工具栏中的“基准面”按钮，弹出“基准面”属性管理器。选择“右视基准面”为参考面，输入偏移距离为 4471mm，选中“反转”复选框，单击“确定”按钮✔，完成基准面 29 的创建。

（7）设置基准面。在左侧“FeatureManager 设计树”中选择“基准面 29”，然后单击“前导视图”工具栏中的“正视于”按钮，将该基准面作为绘制图形的基准面。单击“草图”工具栏中的“草图绘制”按钮，进入草图绘制状态。

（8）绘制草图。单击“草图”工具栏中的“直线”按钮和“样条曲线”按钮，绘制如图 8-90 所示的草图并标注尺寸。

（9）旋转实体。执行“插入”→“凸台/基体”→“旋转”菜单命令，或者单击“特征”工具栏中的“旋转凸台/基体”按钮，此时系统弹出如图 8-91 所示的“旋转”属性管理器。选择草图中的水平直线为旋转轴，输入旋转角度为 360 度，单击属性管理器中的“确定”按钮✔，旋转实体如图 8-92 所示。

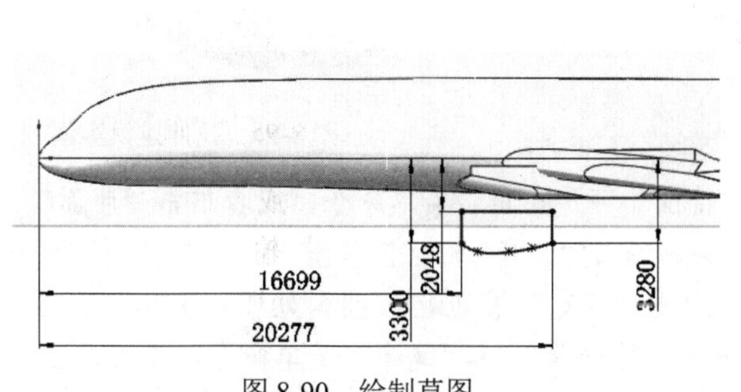

图 8-90　绘制草图

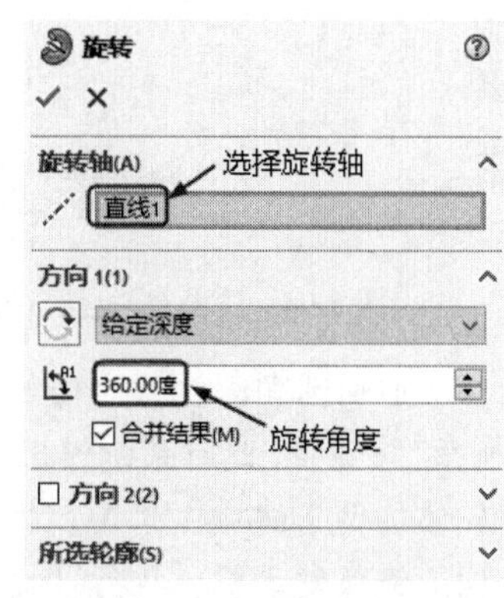

图 8-91　“旋转”属性管理器

（10）设置基准面。在视图中选择如图 8-92 所示的面 1 作为草图绘制面，然后单击“前导

视图”工具栏中的“正视于”按钮，将该基准面作为绘制图形的基准面。单击“草图”工具栏中的“草图绘制”按钮，进入草图绘制状态。

Note

（11）绘制草图。单击“草图”工具栏中的“圆”按钮，绘制如图 8-93 所示的草图并标注尺寸。

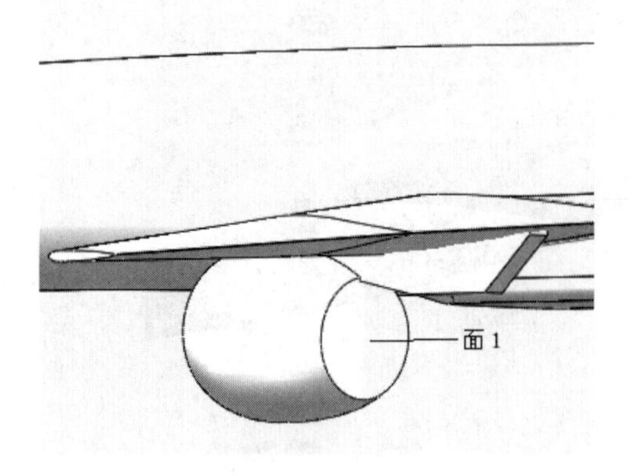

图 8-92　旋转实体

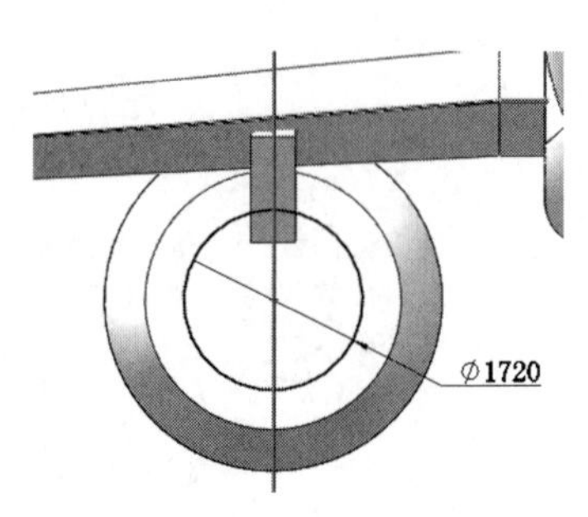

图 8-93　绘制草图

（12）拉伸实体。执行“插入”→“凸台/基体”→“拉伸”菜单命令，或者单击“特征”工具栏中的“拉伸凸台/基体”按钮，此时系统弹出如图 8-94 所示的“凸台-拉伸”属性管理器。设置“终止条件”为“给定深度”，输入深度为 2322mm，单击“拔模开/关”按钮，输入拔模角度为 12 度，单击属性管理器中的“确定”按钮✔，拉伸拔模实体如图 8-95 所示。

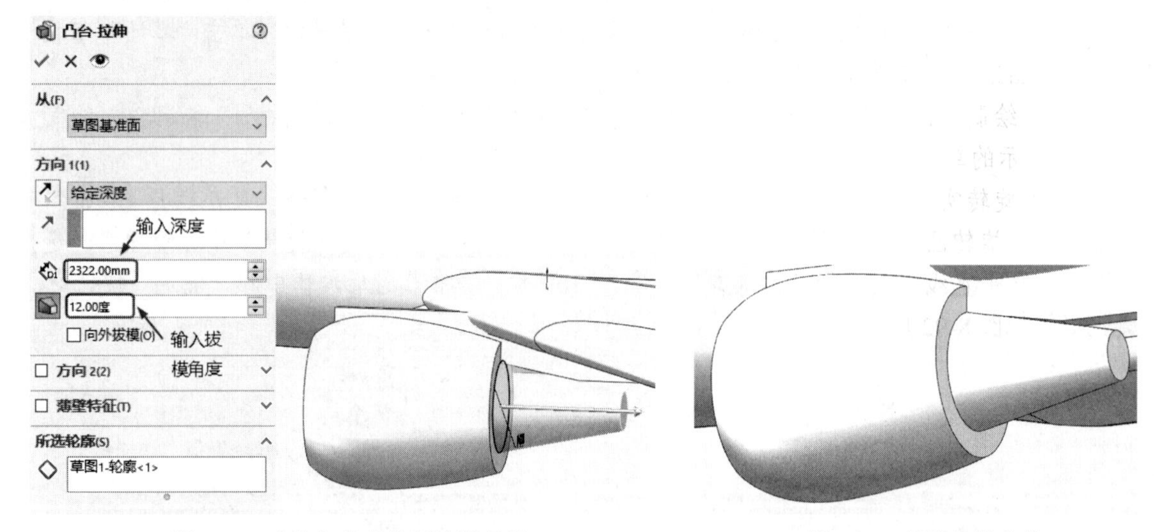

图 8-94　“凸台-拉伸”属性管理器

图 8-95　拉伸拔模实体

（13）曲面圆角。执行“插入”→“特征”→“圆角”菜单命令，或者单击“曲面”工具栏中的“圆角”按钮，此时系统弹出如图 8-96 所示的“圆角”属性管理器。输入圆角半径为 500mm，选择旋转体的两条边线，单击属性管理器中的“确定”按钮✔。圆角处理如图 8-97 所示。

（14）镜像发动机。执行“插入”→“阵列/镜像”→“镜像”菜单命令，或者单击“特征”工具栏中的“镜像”按钮，此时系统弹出如图 8-98 所示的“镜像”属性管理器。选择“右视基准面”为镜像基准面，在视图中选择创建的发动机为要镜像的实体，单击属性管理器中的“确

定”按钮✔。镜像发动机如图 8-99 所示。

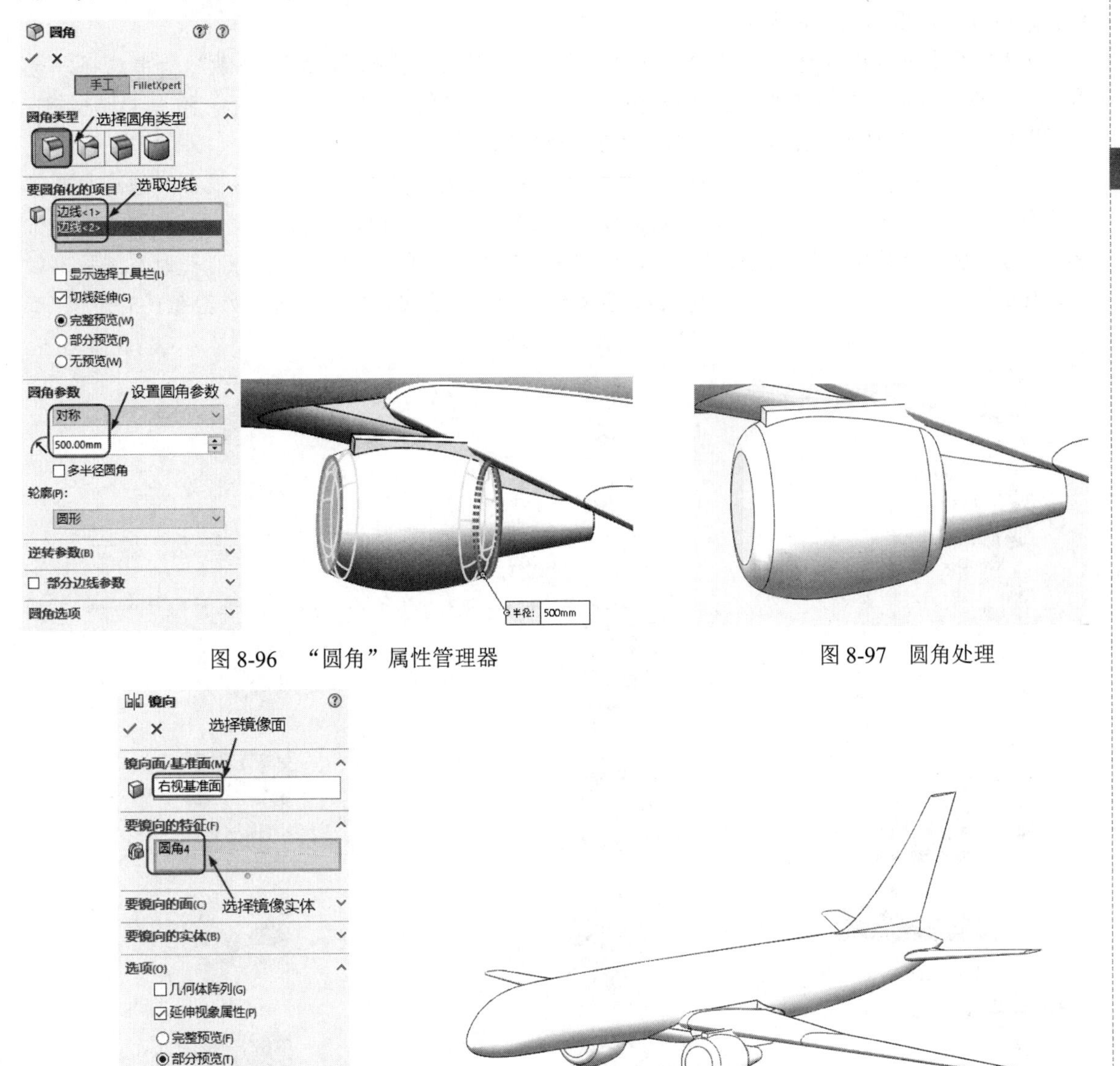

图 8-96　“圆角”属性管理器

图 8-97　圆角处理

图 8-98　“镜像”属性管理器

图 8-99　镜像发动机

8.6　渲　　染

操作步骤如下。

（1）设置飞机机身外观。单击“视图（前导）”工具栏中的“编辑外观”按钮，系统弹出如图 8-100 所示的“颜色”属性管理器和如图 8-101 所示的“外观、布景和贴图”属性管理器。先选择主要颜色，然后通过调节三基色控标微调设置的颜色，单击“确定”按钮✔，将所选择的颜色应用到飞机模型中；根据实际情况，在“颜色”属性管理器中，设置“高级”选项卡中的

Note

透明度、反射量、光泽量、漫射量以及表面粗糙度等，如图 8-100 所示，单击“确定”按钮✓，将所做的设置应用到飞机模型中。

（2）设置飞机机身材质。在“外观、布景和贴图”属性管理器的“外观”树中选择“金属”→“铝”选项，在下侧的钛面板中选择“抛光铝”选项，如图 8-101 所示，拖曳“抛光铝”到视图中的飞机模型上，在视图中可以预览到飞机模型的变化。

（3）设置火箭布景。单击任务窗格中的“外观、布景和贴图”中的“布景”按钮，选择任意布景，系统弹出如图 8-102 所示的对话框。在视图中右击，在弹出的快捷菜单中选择“编辑布景”命令，弹出“编辑布景”属性管理器，如图 8-103 所示。单击“浏览”按钮，此时系统弹出如图 8-104 所示的“打开”对话框，选择 sky 图案为背景，完成飞机布景设置，如图 8-105 所示。

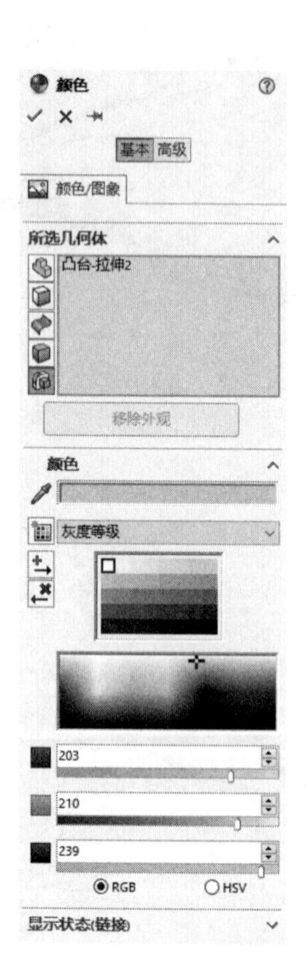

图 8-100 “颜色”属性管理器

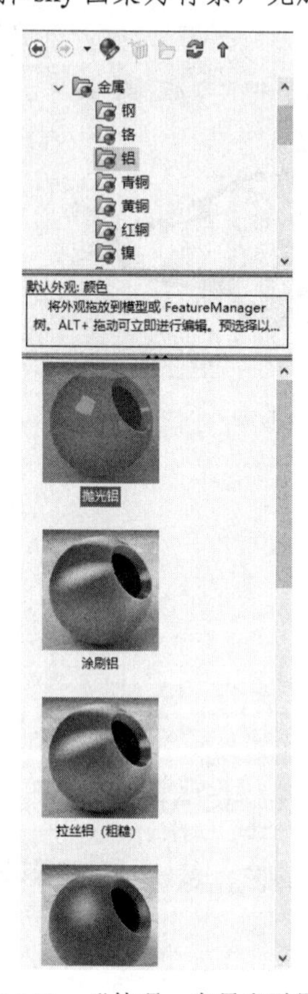

图 8-101 “外观、布景和贴图”属性管理器

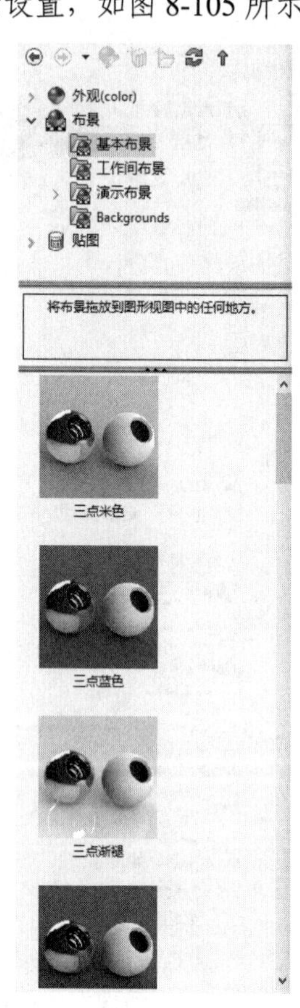

图 8-102 “外观、布景和贴图”任务窗格

（4）设置渲染选项。PhotoView 360 设置步骤：“工具菜单”→“插件”，选中 PhotoView 360 插件。执行 PhotoView 360→“选项”菜单命令，系统弹出如图 8-106 所示的“PhotoView 360 选项”属性管理器，用于设定渲染时的一些参数。

（5）渲染文件。执行 PhotoView 360→“最终渲染”菜单命令，弹出如图 8-107 所示的“最终渲染”对话框，系统按照预定的设置对文件进行渲染，渲染后的飞机模型如图 8-108 所示。

（6）渲染到文件。在弹出如图 8-107 所示的“最终渲染”对话框中单击“保存图像”按钮，将渲染效果的图形保存为一个图片文件。

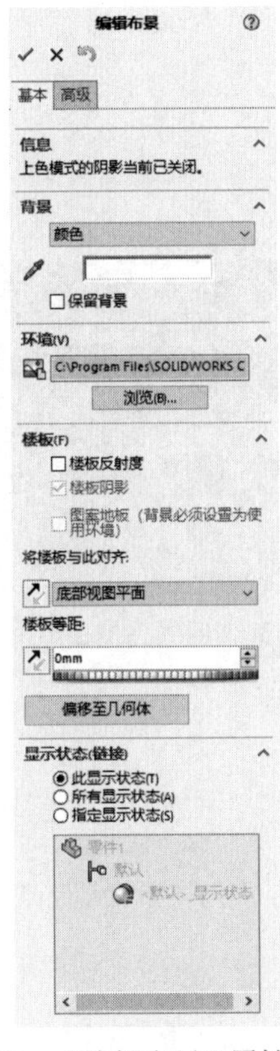

图 8-103　“编辑布景”属性管理器

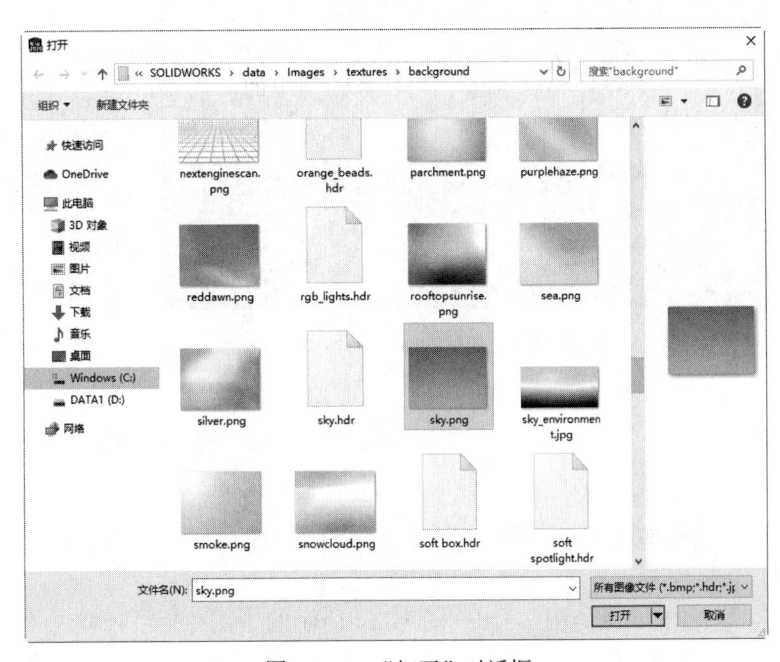

图 8-104　“打开”对话框

图 8-105　飞机布景设置

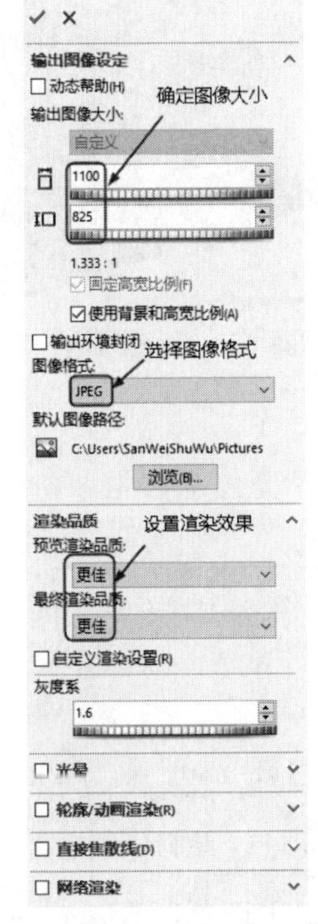

图 8-106　“PhotoView 360 选项”属性管理器

Note

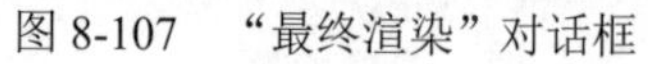

图 8-107 “最终渲染”对话框

图 8-108 渲染后的飞机模型

8.7 上机操作

绘制如图 8-109 所示的油烟机内腔。

操作提示：

（1）绘制如图 8-110～图 8-114 所示的草图并标注尺寸。

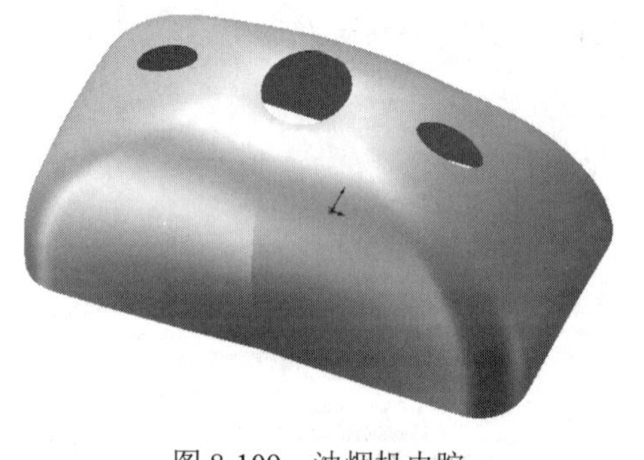

图 8-109 油烟机内腔

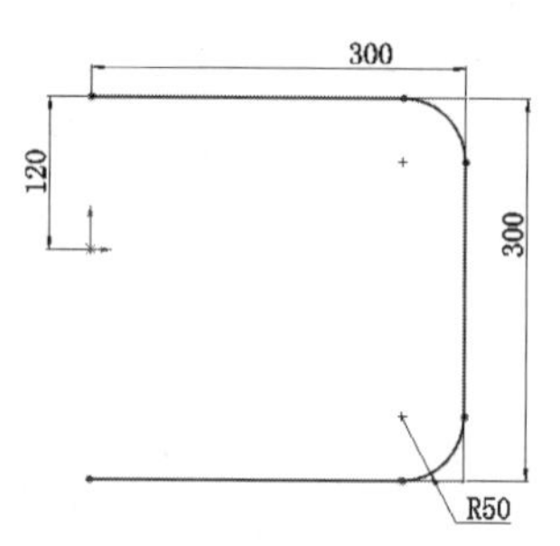

图 8-110 绘制草图 1

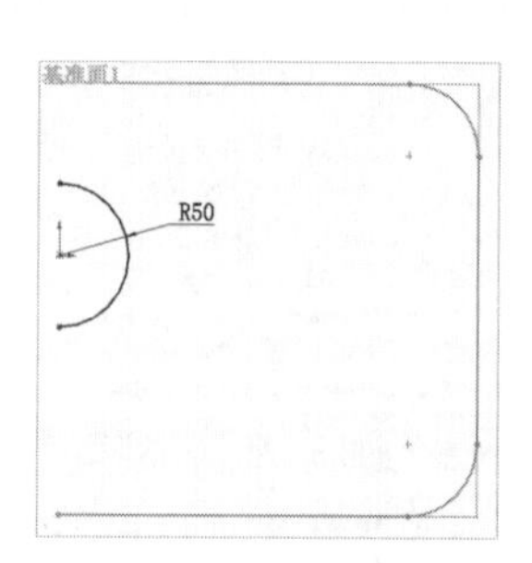

图 8-111 绘制草图 2

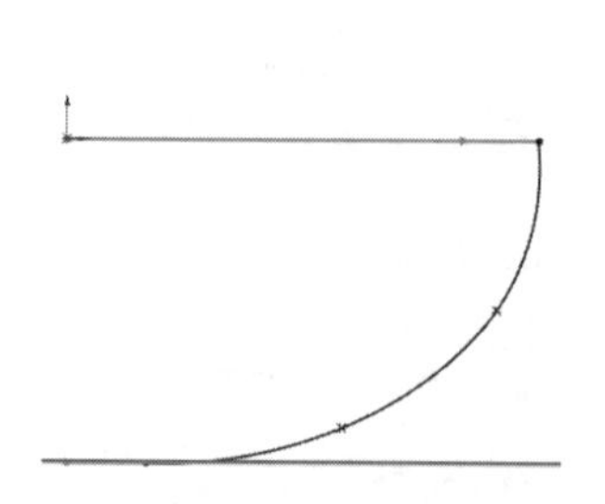

图 8-112 绘制草图 3

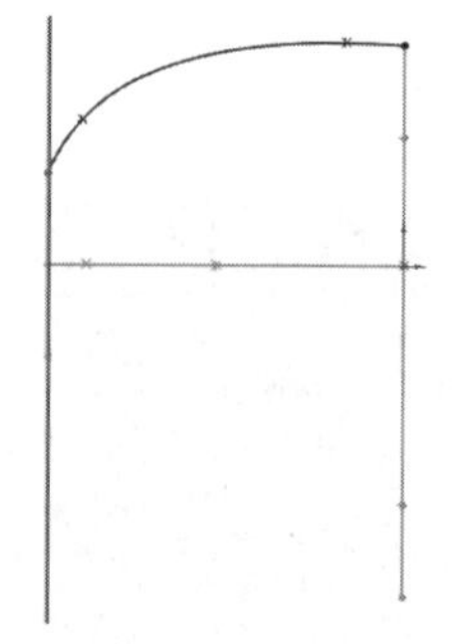

图 8-113 绘制草图 4

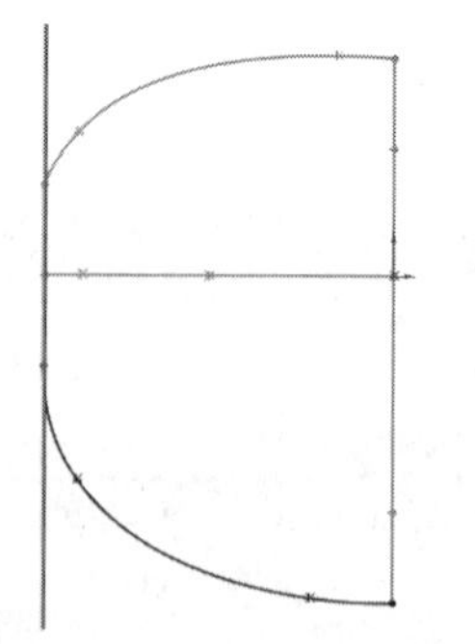

图 8-114 绘制草图 5

（2）以上面草图为基础创建边界曲面，如图 8-115 所示。

（3）绘制如图 8-116 所示的草图并标注尺寸。

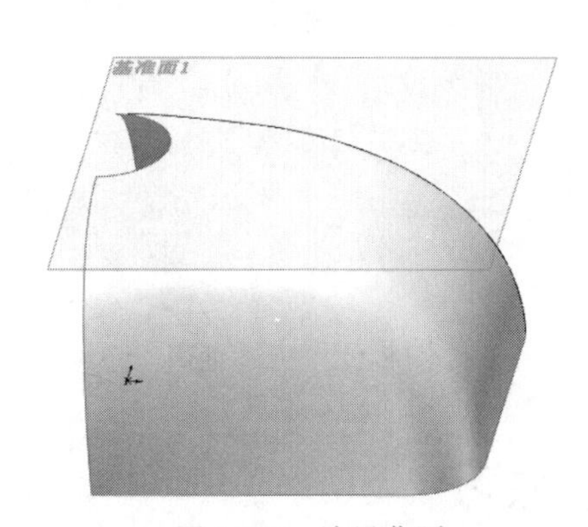

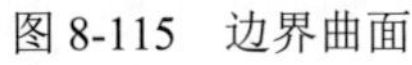

图 8-115　边界曲面

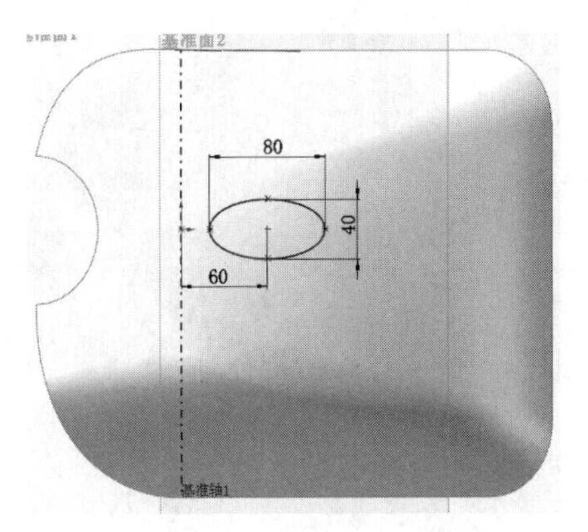

图 8-116　绘制灯孔草图

（4）选择上步绘制的草图为要投影的草图，选择边界曲面为分割的面，插入分割线，如图 8-117 所示。

（5）将上步创建的分割面删除，如图 8-118 所示。

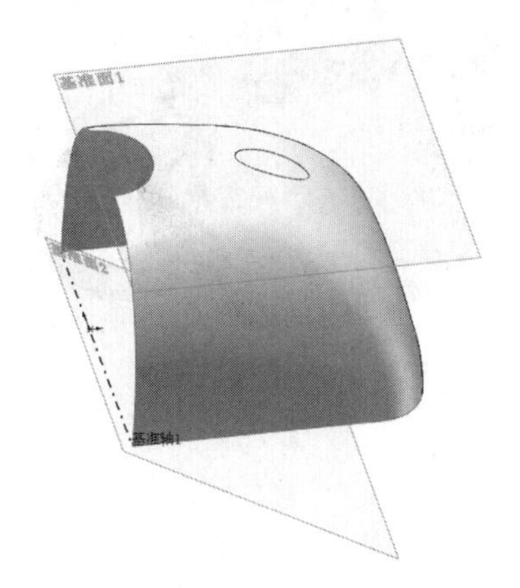

图 8-117　分割线

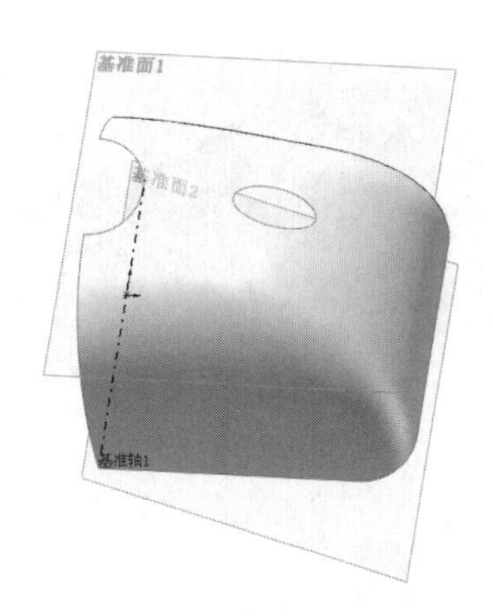

图 8-118　删除分割后的面

（6）镜像分割面，如图 8-119 所示。

（7）缝合视图中所有的曲面，如图 8-120 所示。

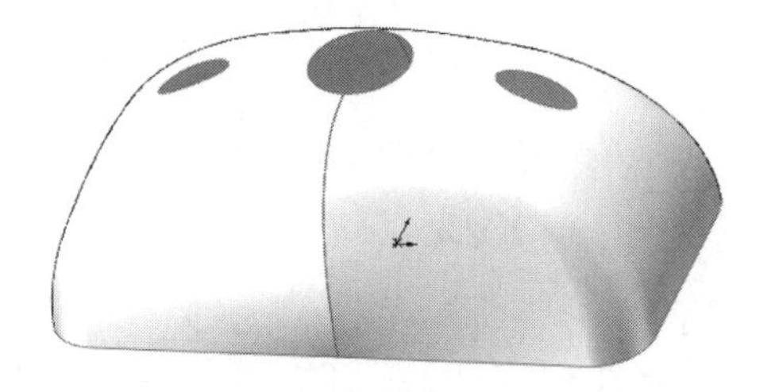

图 8-119　镜像曲面

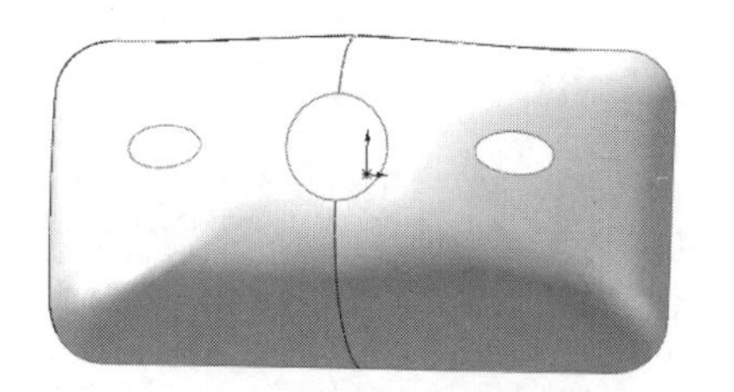

图 8-120　缝合曲面

（8）将缝合曲面的下边缘进行延伸，如图 8-121 所示。

（9）加厚曲面，如图 8-122 所示。

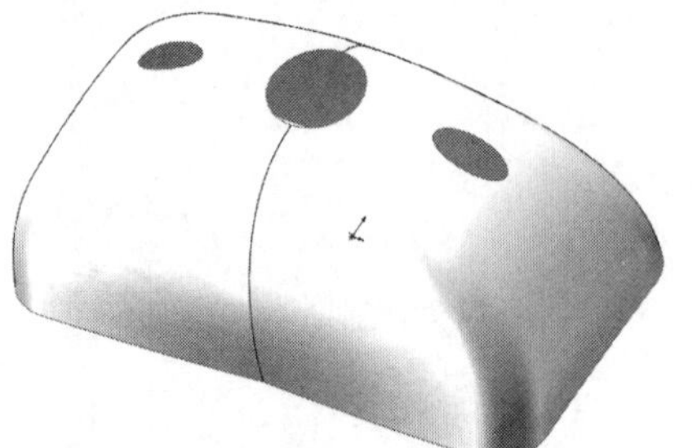

图 8-121　延伸曲面

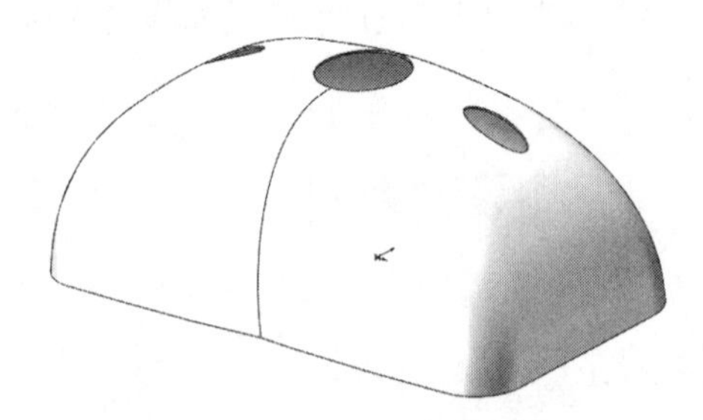

图 8-122　加厚曲面

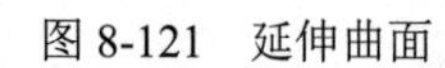

8.8　思考与练习

1．绘制如图 8-123 所示的卫浴把手。
2．绘制如图 8-124 所示的茶壶装配体。

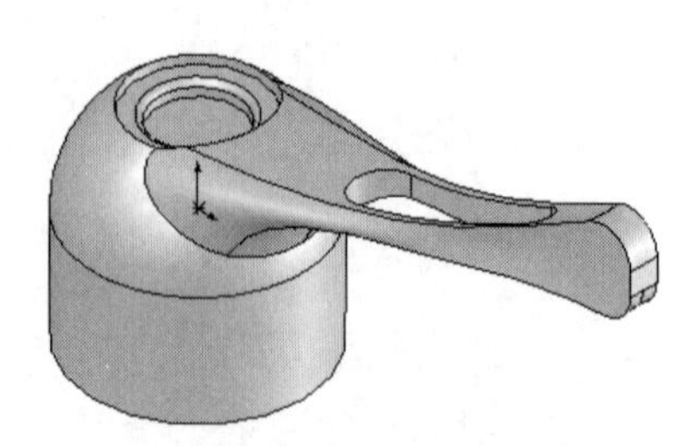

图 8-123　卫浴把手

图 8-124　茶壶装配体

第9章 装配体设计

本章学习要点和目标任务：

☑ 插入装配零件

☑ 删除装配零件

☑ 定位零部件

☑ 多零件操作

☑ 爆炸视图

要实现对零部件进行装配，必须首先创建一个装配体文件。本节将介绍创建装配体的基本操作，包括新建装配体文件、定位零件、多零件操作与爆炸视图。

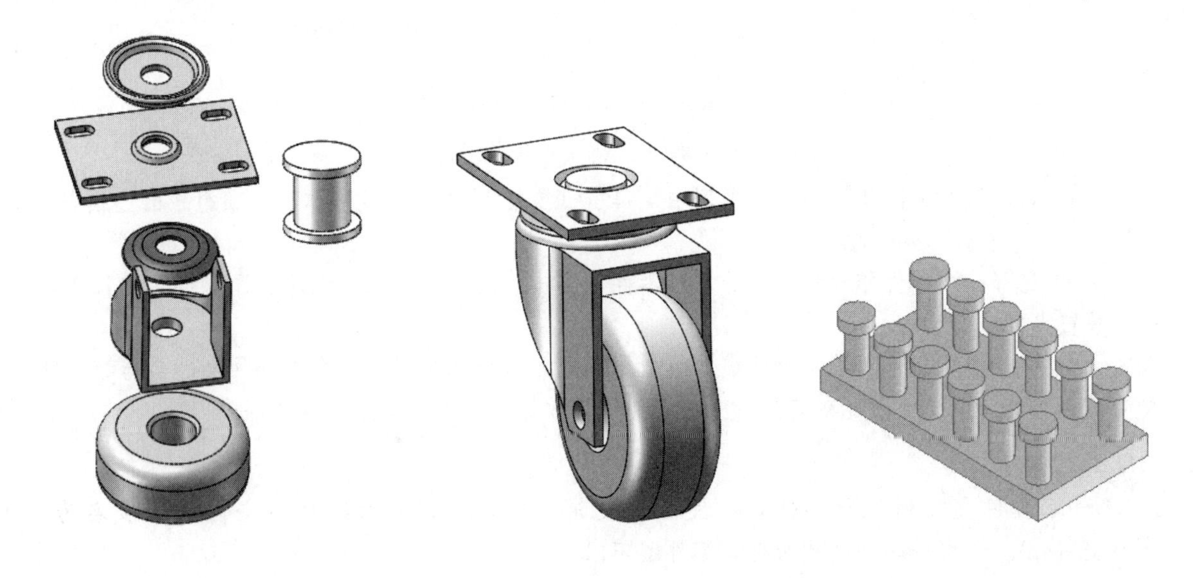

9.1 进入装配环境

Note

装配体制作界面与零件的制作界面基本相同，特征管理器中出现一个配合组，在装配体制作界面中出现如图 9-1 所示的“装配体”工具栏，对“装配体”工具栏的操作同前面介绍的工具栏操作相同。

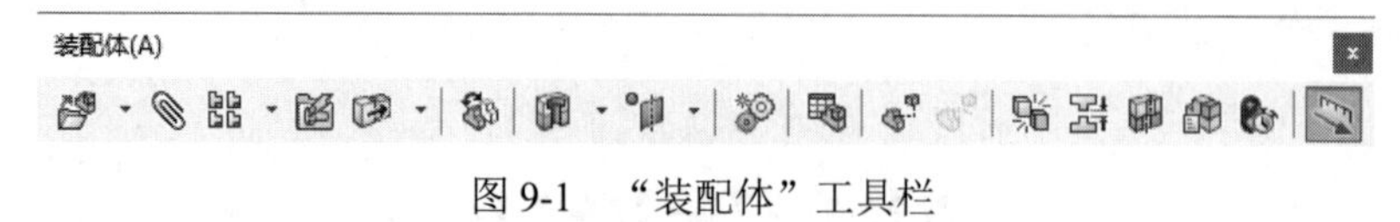

图 9-1 “装配体”工具栏

操作步骤如下。

（1）单击快速访问工具栏中的“新建”按钮，弹出“新建 SOLIDWORKS 文件”对话框，如图 9-2 所示。

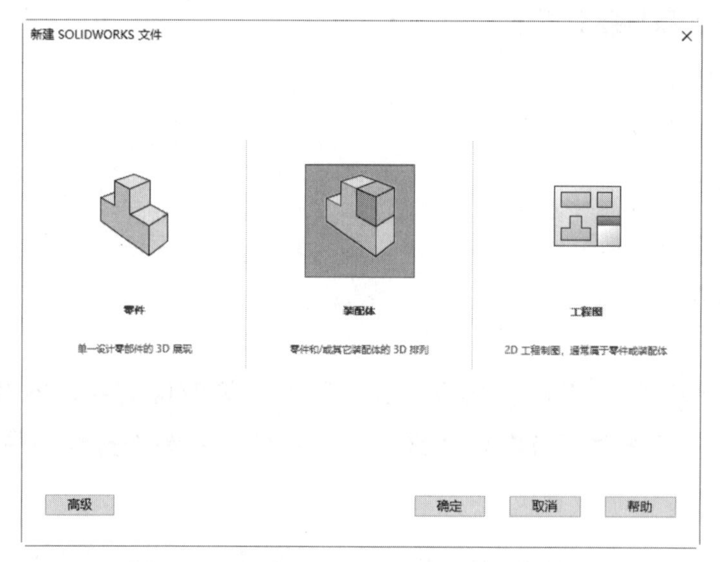

图 9-2 “新建 SOLIDWORKS 文件”对话框

（2）在对话框中单击“装配体”按钮，进入装配体制作界面，如图 9-3 所示。

（3）在“开始装配体”属性管理器中，单击“要插入的零件/装配体”选项组中的“浏览”按钮，弹出“打开”对话框。

（4）选择一个零件作为装配体的基准零件，单击“打开”按钮，然后在图形区合适位置单击以放置零件。

（5）将一个零部件（单个零件或子装配体）放入装配体中时，这个零部件文件会与装配体文件链接。此时零部件出现在装配体中，零部件的数据还保存在原零部件文件中。

提示：

对零部件文件所进行的任何改变都会更新装配体。保存装配体时文件的扩展名为“*.sldasm”，其文件名前的图标也与零件图不同。

Note

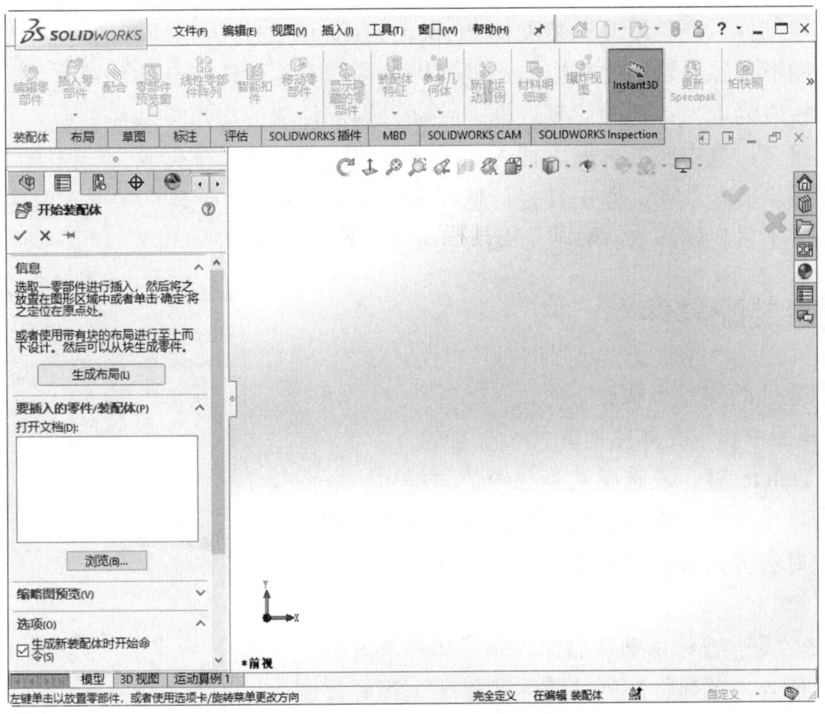

图 9-3 装配体制作界面

9.2 装配体基本操作

9.2.1 插入装配零件

视频讲解

执行插入零部件命令，主要有如下3种调用方法。

☑ 面板：单击“装配体”面板中的“插入零部件”按钮。

☑ 工具栏：单击“装配体”工具栏中的“插入零部件”按钮。

☑ 菜单栏：选择菜单栏中的“插入”→“零部件”→“现有零件/装配体”命令。

执行上述操作后，弹出“插入零部件”属性管理器，如图9-4所示。“插入零部件”属性管理器选项说明如下。

☑ “要插入的零件/装配体”选项组：选择已打开的零件或装配体插入当前装配体中，或者单击“浏览”按钮，打开现有零件或装配体插入当前装配体。

☑ “选项”选项组。

- 生成新装配体时开始命令：当生成新装配体时，选择以打开“开始装配体”属性管理器。
- 生成新装配体时自动浏览：如果打开文档下没有可用的部件，则打开“打开”对话框，以便可以浏览要插入的

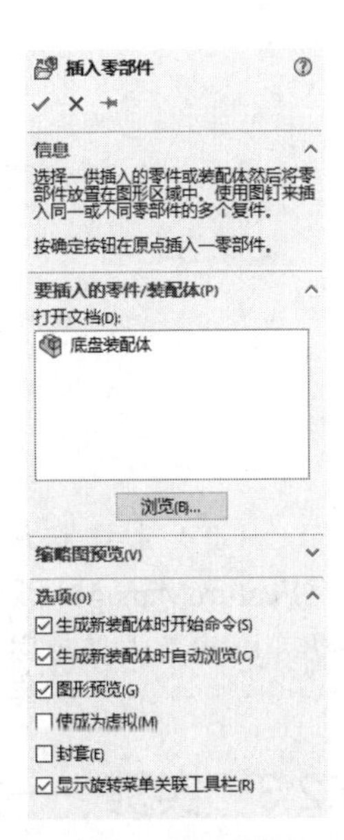

图 9-4 “插入零部件”属性管理器

零部件。要禁用开始装配体 PropertyManager 的行为，请取消选中此复选框。

- 图形预览：选中此复选框，能在图形区域看到所选文件的预览。
- 使成为虚拟：选中此复选框，使插入零部件成为虚拟零部件。
- 封套：选中此复选框，插入的零部件将成为封套零部件
- 显示旋转菜单关联工具栏：当插入组件时，显示“旋转”关联工具栏。可以使用关联工具栏围绕 X、Y 或 Z 轴旋转组件。

Note

视频讲解

9.2.2 删除装配零件

删除装配零件的操作步骤如下。

（1）在视图中选取要删除的零件。

（2）按 Delete 键，或选择菜单栏中的“编辑”→“删除”命令，或右击，在弹出的快捷菜单中选择“删除”命令，此时会弹出如图 9-5 所示的“确认删除”对话框。

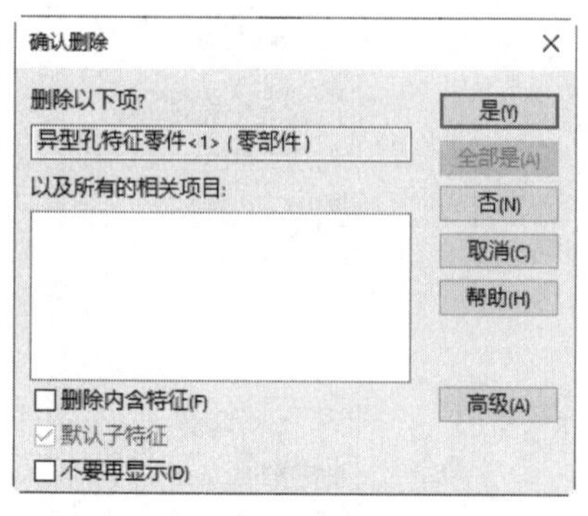

图 9-5 “确认删除”对话框

（3）单击“是”按钮以确认删除，此零部件及其所有相关项目（配合、零部件阵列、爆炸步骤等）都会被删除。

提示：

（1）第一个插入的零件在装配图中，默认的状态是固定的，即不能移动和旋转的，在“FeatureManager 设计树”中显示为“固定”。如果不是第一个零件，则是浮动的，在“FeatureManager 设计树”中显示为（-），固定和浮动显示如图 9-6 所示。

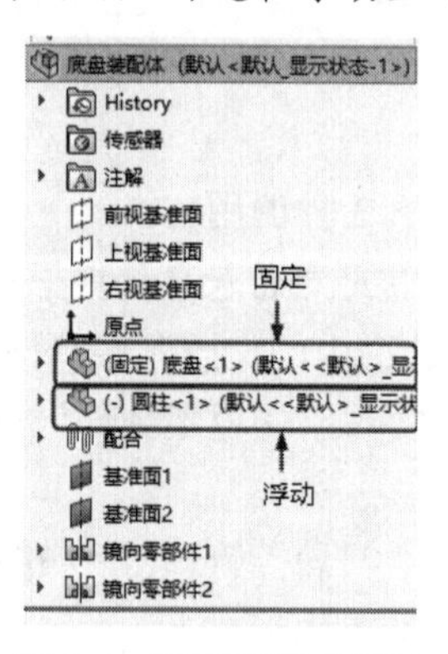

图 9-6 固定和浮动显示

（2）系统默认第一个插入的零件是固定的，也可以将其设置为浮动状态，右击“FeatureManager 设计树”中固定的文件，在弹出的快捷菜单中选择“浮动”命令。反之，也可以将其设置为固定状态。

视频讲解

9.2.3 实例——插入移动轮零件

在装配图中依次插入移动轮的各个零件，流程图如图 9-7 所示。

Note

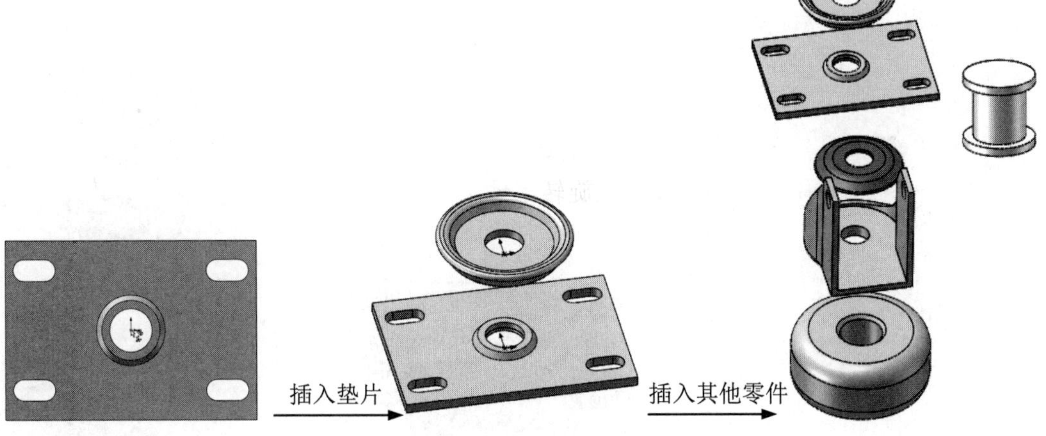

图 9-7 绘制流程图

操作步骤如下。

（1）新建文件。单击快速访问工具栏中的“新建”按钮，在弹出的“新建 SOLIDWORKS 文件”对话框中单击“装配体”按钮，然后单击“确定”按钮，创建一个新的装配文件。

（2）导入底座文件。在弹出的“开始装配体”属性管理器中单击“浏览”按钮，在打开的对话框中找到“底座.SLDPRT”文件（原始文件“\第 9 章\移动轮\底座.prt”），单击“打开”按钮，如图 9-8 所示，将底座零件放置到视图中的原点处如图 9-9 所示。

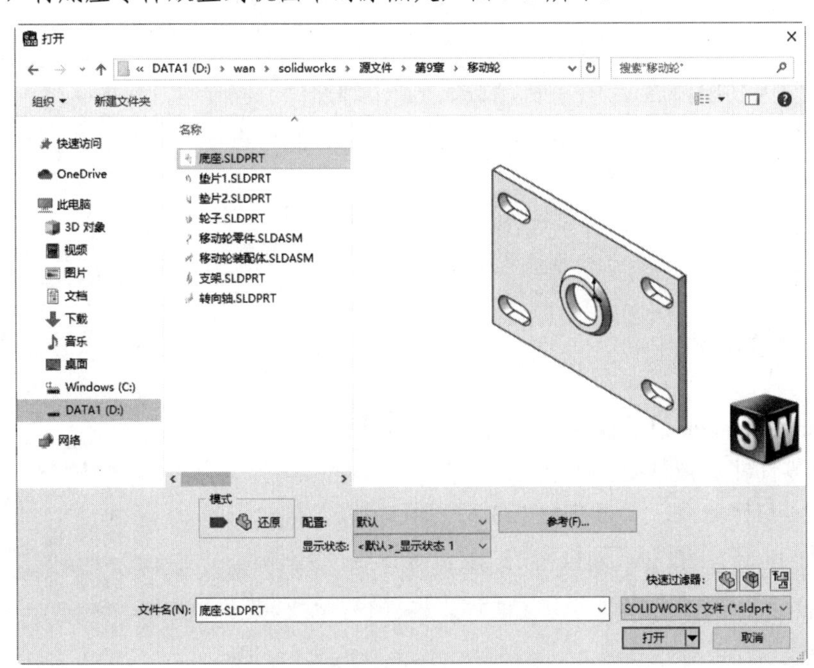

图 9-8 “打开”对话框

（3）导入垫片零件。单击“装配体”工具栏中的“插入零部件”按钮，在打开的对话框中找到“垫片 1.SLDPRT”文件（原始文件“\第 9 章\移动轮\垫片 1.prt”），单击“打开”按钮导入文件，将其放置到图中适当位置，如图 9-10 所示。

（4）导入其他零件。同步骤（2），分别导入支架、垫片 2、转向轴、轮子零件，如图 9-11 所示。

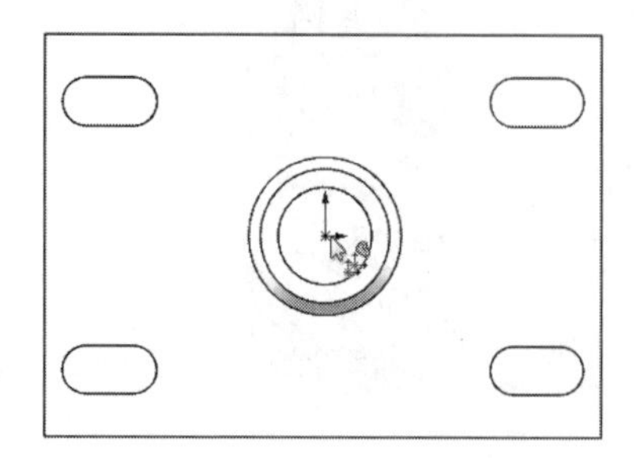

图 9-9　放置底座零件

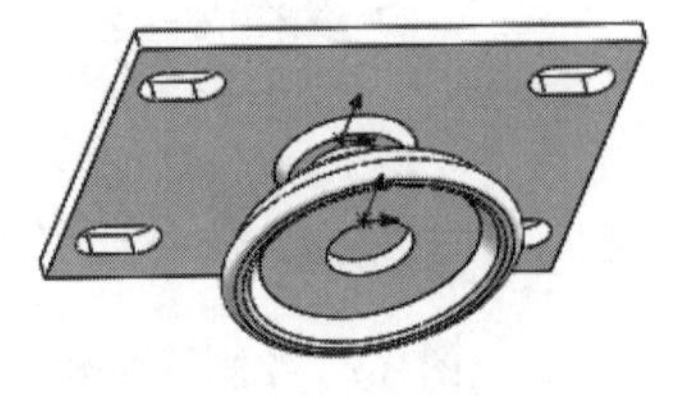
图 9-10　导入完成的模型

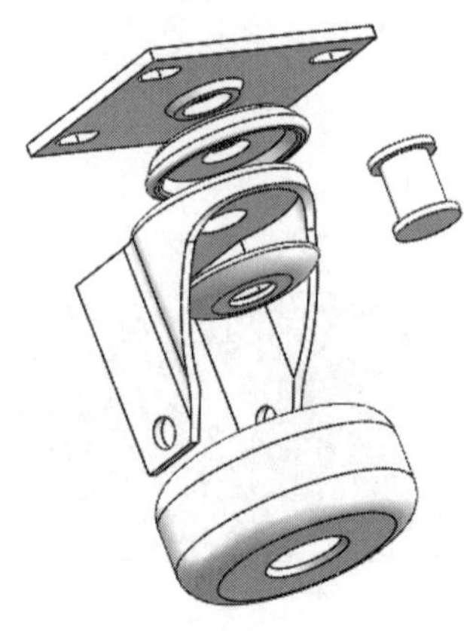
图 9-11　导入其他零件

（5）保存装配体。单击快速访问工具栏中的“保存”按钮，弹出“另存为”对话框，在“文件名”列表框中输入装配体名称“移动轮零件.sldasm”，单击“确定”按钮，退出对话框，保存文件。

9.3　定位零部件

在零部件放入装配体后，用户可以移动、旋转零部件或固定它的位置，用这些方法可以大致确定零部件的位置，然后再使用配合关系来精确地定位零部件。

选择需要编辑的零件，右击弹出如图 9-12 所示的快捷菜单，其中显示常用零部件定位命令。

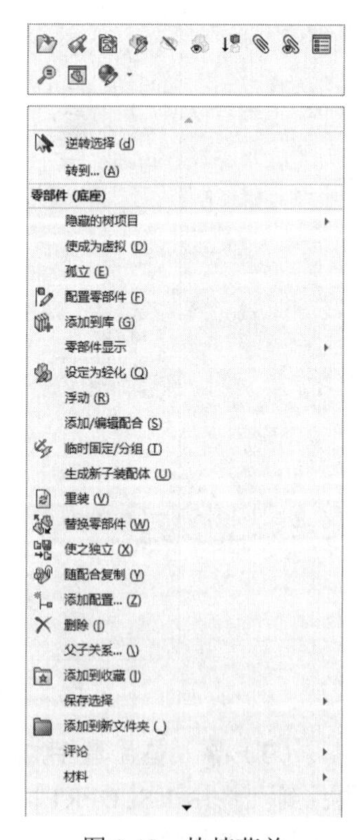

图 9-12　快捷菜单

视频讲解

9.3.1　移动零部件

在“FeatureManager 设计树”中，只要是前面有“(-)”符号的零件，该零件即可被移动。

执行移动零部件命令，主要有如下 3 种调用方法。

☑　面板：单击“装配体”面板中的“移动零部件”按钮。

☑　工具栏：单击“装配体”工具栏中的“移动零部件”按钮。

☑　菜单栏：选择菜单栏中的“插入”→“零部件”→“移动”命令。

执行上述命令，弹出“移动零部件”属性管理器，如图 9-13 所示。

Note

“移动零部件”属性管理器中的主要选项说明如下。

☑ 自由拖动：系统默认选项，可以在视图中把选中的文件拖动到任意位置。
☑ 沿装配体 XYZ：选择零部件并沿装配体的 X、Y 或 Z 方向拖动。视图中显示的装配体坐标系可以确定移动的方向，在移动前要在欲移动方向的轴附近单击。
☑ 沿实体：首先选择实体，然后选择零部件并沿该实体拖动。如果选择的实体是一条直线、边线或轴，所移动的零部件具有一个自由度。如果选择的实体是一个基准面或平面，所移动的零部件具有两个自由度。
☑ 由 Dalta XYZ：在属性管理器中输入移动 DaltaXYZ 的范围，如图 9-14 所示，然后单击“应用”按钮，零部件按照指定的数值移动。
☑ 到 XYZ 位置：选择零部件的一点，在属性管理器中输入 X、Y 或 Z 的坐标，如图 9-15 所示，然后单击“应用”按钮，所选零部件的点移动到指定的坐标位置。如果选择的项目不是顶点或点，则零部件的原点会移动到指定的坐标处。

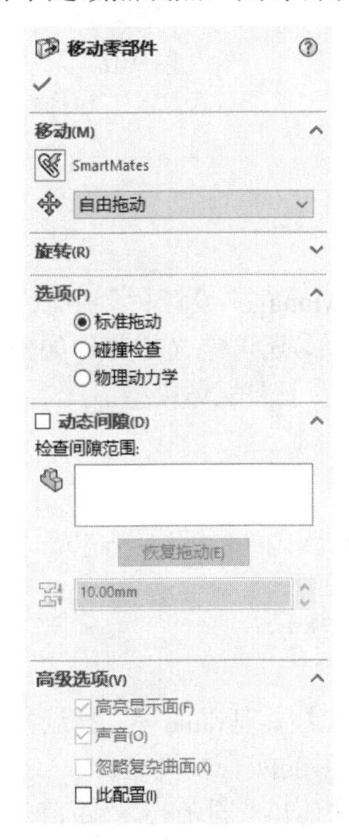

图 9-13　“移动零部件”属性管理器

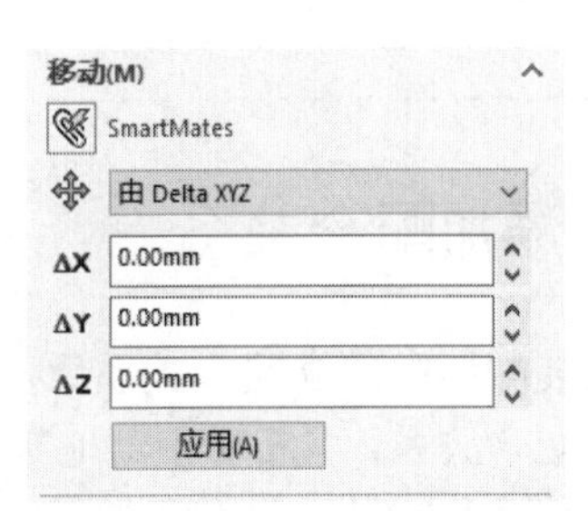

图 9-14　“由 Dalta XYZ”设置

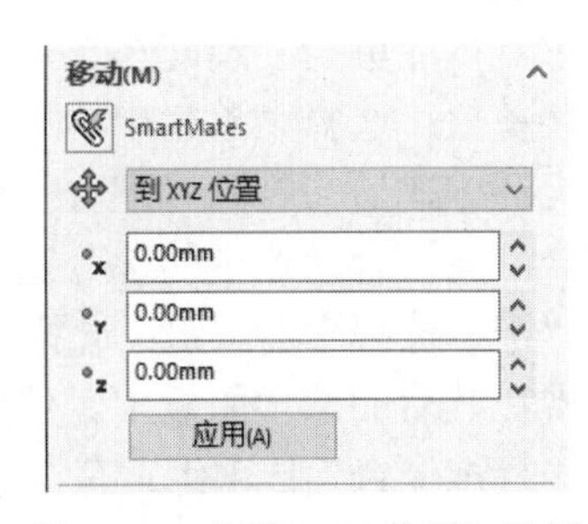

图 9-15　“到 XYZ 位置”设置

9.3.2　旋转零部件

视频讲解

在“FeatureManager 设计树”中，只要前面有“(-)”符号，该零件即可被旋转。

执行旋转零部件命令，主要有如下 3 种调用方法。

☑ 面板：单击“装配体”面板中的“旋转零部件”按钮。
☑ 工具栏：单击“装配体”工具栏中的“旋转零部件”按钮。
☑ 菜单栏：选择菜单栏中的“插入”→“零部件”→“旋转”命令。

Note

执行上述命令，弹出“旋转零部件”属性管理器，如图 9-16 所示。

在“旋转零部件”属性管理器中，旋转零部件的类型有以下 3 种。

☑ 自由拖动：选择零部件并沿任何方向旋转拖动。

☑ 对于实体：选择一条直线、边线或轴，然后围绕所选实体旋转零部件。

☑ 由 Dalta XYZ：在属性管理器中输入旋转 Dalta XYZ 的范围，然后单击“应用”按钮，零部件按照指定的数值进行旋转。

图 9-16 “旋转零部件”属性管理器

提示：

（1）不能移动或者旋转一个已经固定或者完全定义的零部件。

（2）只能在配合关系允许的自由度范围内移动和选择该零部件。

视频讲解

9.3.3 添加配合关系

当在装配体中建立配合关系后，配合关系会在“FeatureManager 设计树”中以按钮表示。

使用配合关系，可相对于其他零部件来精确地定位零部件，还可定义零部件如何相对于其他的零部件移动和旋转。只有添加了完整的配合关系，才算完成了装配体模型。

执行配合命令，主要有如下 3 种调用方法。

☑ 面板：单击“装配体”面板中的“配合”按钮。

☑ 工具栏：单击“装配体”工具栏中的“配合”按钮。

☑ 菜单栏：选择菜单栏中的“插入”→“配合”命令。

执行上述方式后，打开“配合”属性管理器，如图 9-17 所示。

“配合”属性管理器中的部分选项说明如下。

☑ “配合选择”选项组：选择想要配合在一起的面、边线、基准面等，被选择的选项会出现在其后的选项面板中。使用时可以参阅以下所列举的配合类型之一。

☑ “标准配合”选项组：有“重合”“平行”“垂直”“相切”“同轴心”“距离”“角度配合”等选项。所有配合类型会始终显示在属性管理器中，但只有适用于当前选择的配合时才可用。使用时可以根据需要切换“配合对齐”方式。

☑ “高级配合”选项组：如图 9-18 所示，有“轮廓中心”“对称”“宽度”“路径配合”“线性/线性耦合”5 种配合选项。用户可以根据需要切换“配合对齐”的方式。

☑ “配合”选项组：包含属性管理器打开时添加的所有配合，或正在编辑的所有配合。当“配合”框中有多个配合时，可以选择其中一个进行编辑。

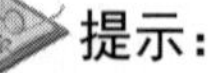
提示：

若要同时编辑多个配合，可先在“FeatureManager 设计树”中选择多个配合，然后右击并在弹出的快捷菜单中选择“编辑特征”命令，所有配合即会出现在“配合”框中。

图 9-17　“配合”属性管理器

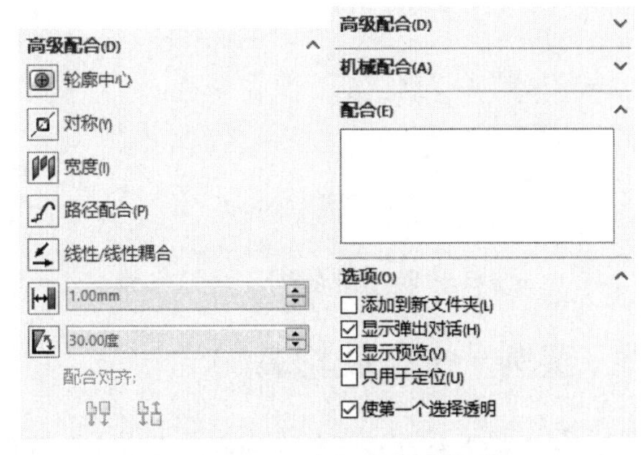

图 9-18　“高级配合”选项组

☑　“选项”选项组。

- 添加到新文件夹：选中该复选框后，新的配合会出现在特征管理器中的配合组文件夹中；取消选中后，新的配合出现在配合组中。
- 显示弹出对话：选中该复选框后，当添加标准配合时会出现“配合弹出”工具栏；取消选中后，需要在属性管理器中添加标准配合。
- 显示预览：选中该复选框后，为有效配合选择了足够对象后会出现配合预览。
- 只用于定位：选中该复选框后，零部件会移至配合指定的位置，但不会将配合添加到特征管理器中。
- 使第一个选择透明：选中该复选框后，选择的第一个零件变成透明，更加便于被挡在其后的零件的选择。

“配合”属性管理器中，配合组会出现在“配合”框中，以便编辑和放置零部件，但当关闭“配合”属性管理器时，不会有任何内容出现在特征管理器中。

9.3.4　删除配合关系

视频讲解

如果装配体中的某个配合关系有错误，用户可以随时将它从装配体中删除掉。执行删除配合命令，操作步骤如下。

（1）在“FeatureManager 设计树”中右击想要删除的配合关系。

Note

（2）在弹出的快捷菜单中选择“删除”命令，如图 9-19 所示，或按 Delete 键。弹出“确认删除”对话框，如图 9-20 所示，单击“是”按钮，以确认删除。

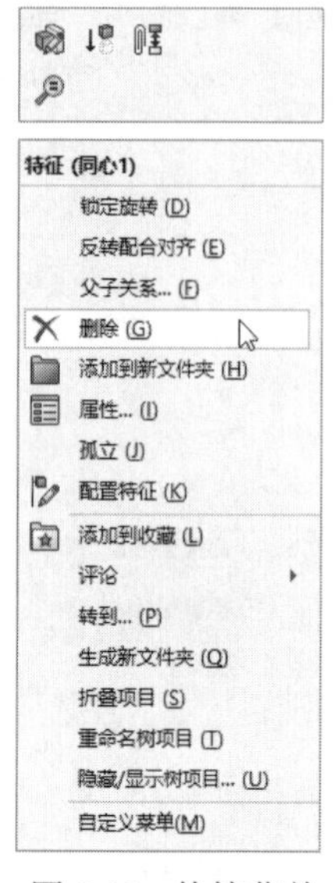

图 9-19　快捷菜单

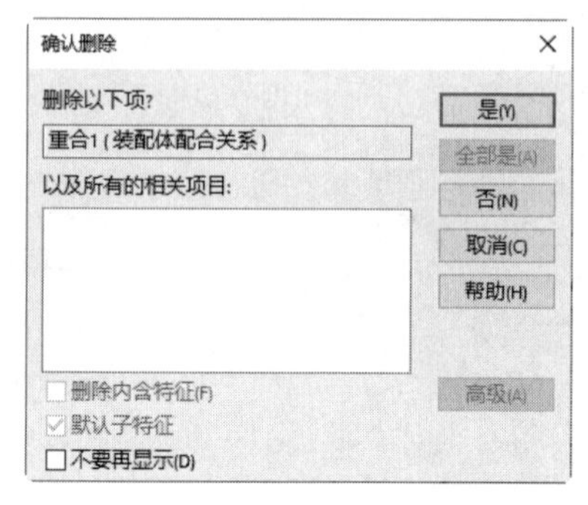

图 9-20　“确认删除”对话框

视频讲解

9.3.5　实例——移动轮装配

在 9.2.3 节插入移动轮零件上利用配合命令完成移动轮的装配，装配流程图如图 9-21 所示。

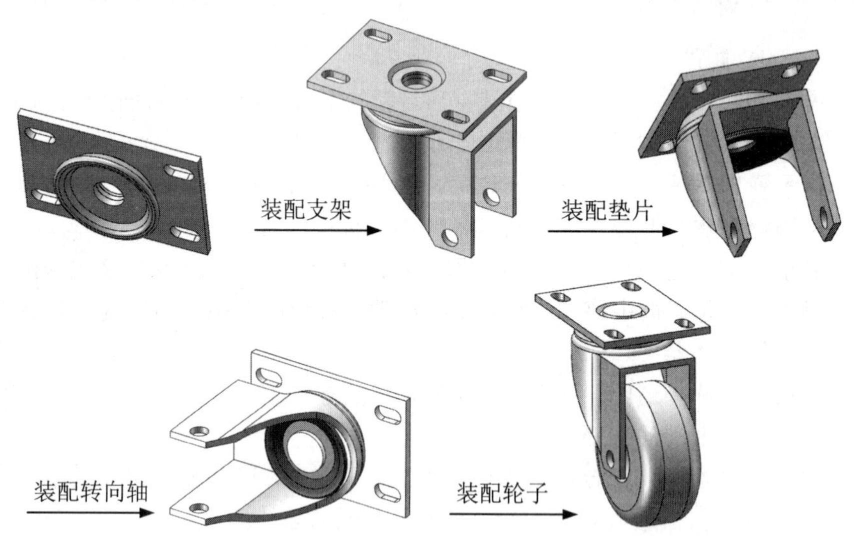

图 9-21　装配流程图

操作步骤如下。

（1）单击快速访问工具栏中的“打开”按钮，在弹出的“打开”对话框中选取“移动轮零件.sldasm”文件，单击“打开”按钮，打开装配体文件，进入装配体编辑环境。

（2）选择菜单栏中的“文件”→“另存为”命令，弹出“另存为”对话框，在“文件名”

列表框中输入文件名称“移动轮装配体.sldasm”，单击“保存”按钮，退出对话框，完成文件保存。

（3）装配垫片 1。单击“装配体”面板中的“配合”按钮，弹出“配合”属性管理器，选取垫片的下表面和底座的下表面为配合面，选择“重合”约束，如图 9-22 所示，单击“确定”按钮✓；选取垫片的圆柱面和底座孔圆柱面为配合面，选择“同轴心”约束，如图 9-23 所示，连续单击“确定”按钮✓，完成垫片 1 的装配，如图 9-24 所示。

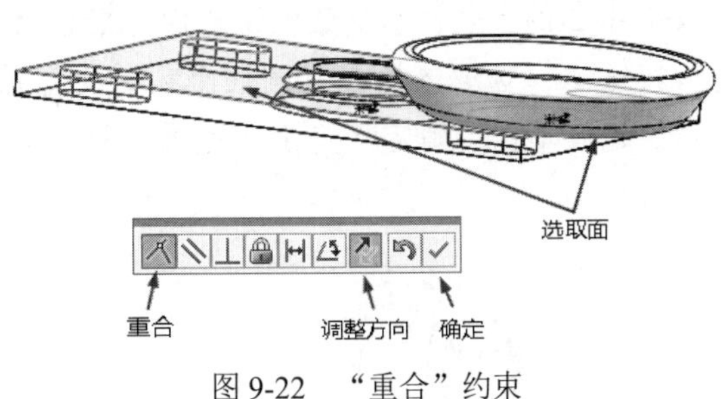
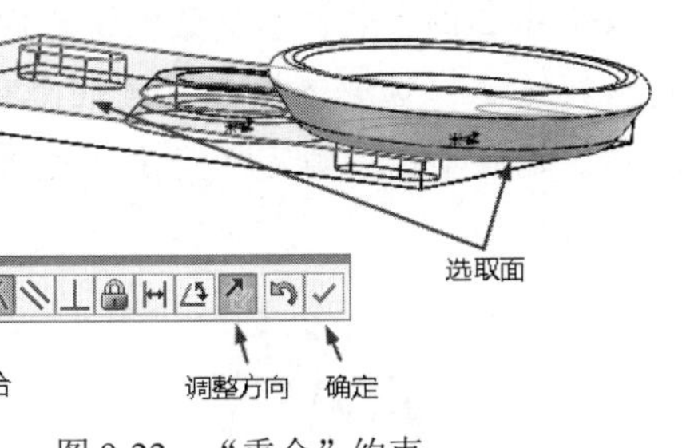

图 9-22 “重合”约束

Note

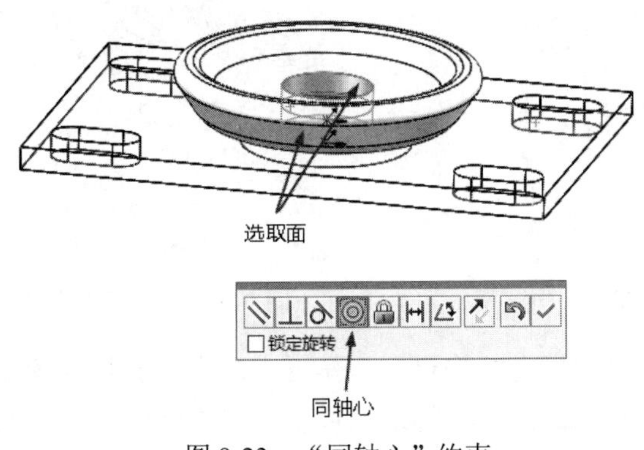

图 9-23 “同轴心”约束

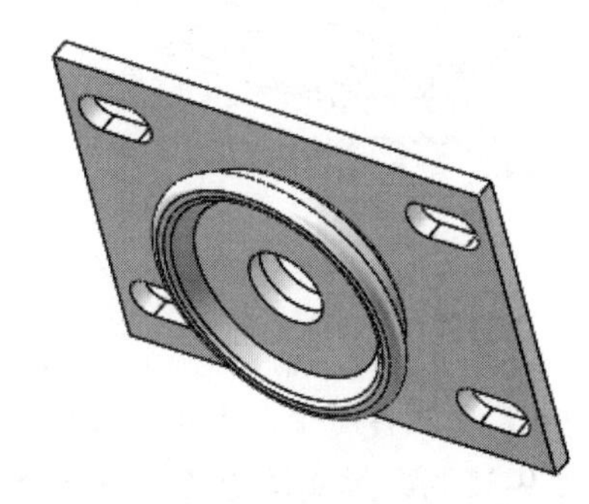

图 9-24 装配垫片 1

（4）装配支架。单击“装配体”面板中的“配合”按钮，弹出“配合”属性管理器，选取垫片的下表面和支架的上表面为配合面，选择“重合”约束，如图 9-25 所示，单击“确定”按钮✓；选取底座孔圆柱面和支架孔圆柱面为配合面，选择“同轴心”约束，如图 9-26 所示，单击“确定”按钮✓；选取垫片的圆柱面和底座孔圆柱面为配合面，选择“平行”约束，如图 9-27 所示，连续单击“确定”按钮✓完成支架的装配，如图 9-28 所示。

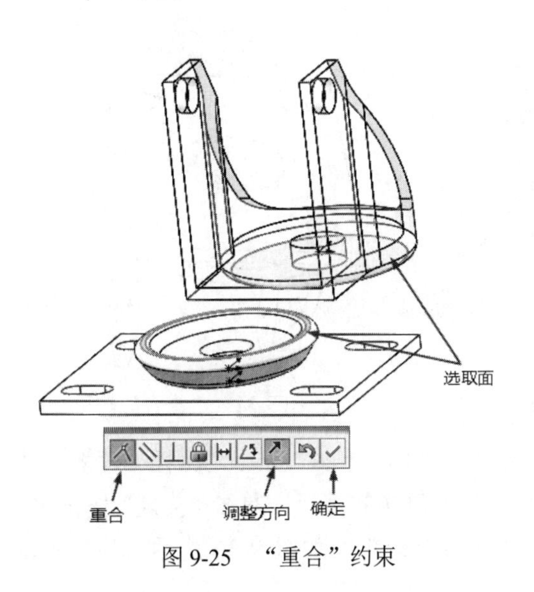

图 9-25 “重合”约束

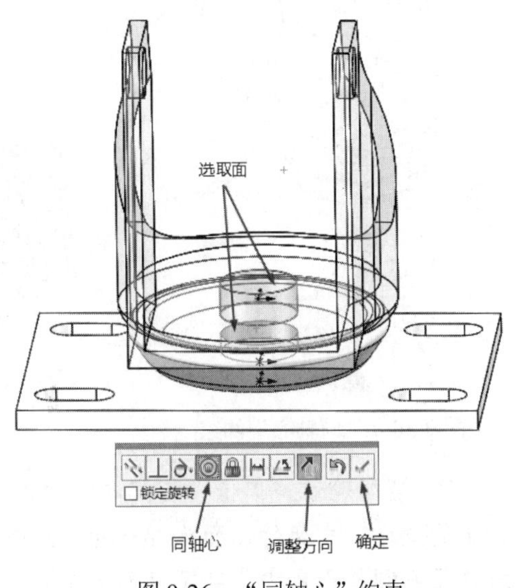

图 9-26 “同轴心”约束

Note

（5）装配垫片 2。单击“装配体”面板中的“配合”按钮，弹出“配合”属性管理器，选取垫片 2 的上表面和支架的下表面为配合面，选择“重合”约束，如图 9-29 所示，单击“确定”按钮✔；选取垫片 2 孔圆柱面和支架孔圆柱面为配合面，选择“同轴心”约束，如图 9-30 所示，连续单击“确定”按钮✔完成垫片 2 的装配，如图 9-31 所示。

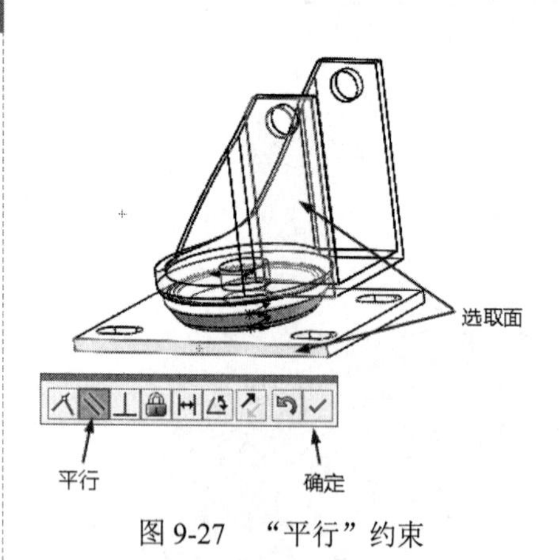

图 9-27 “平行”约束

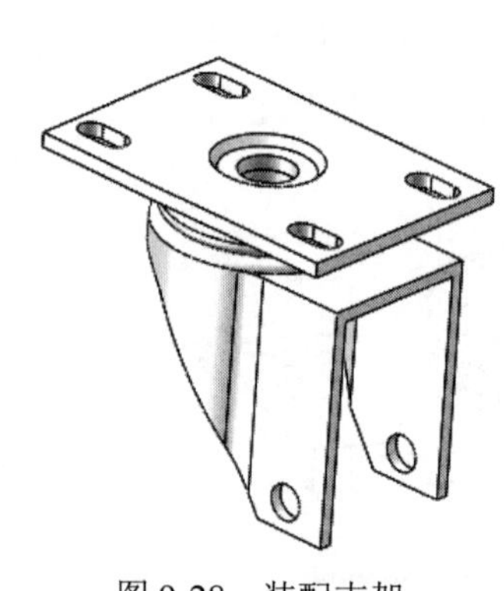
图 9-28 装配支架

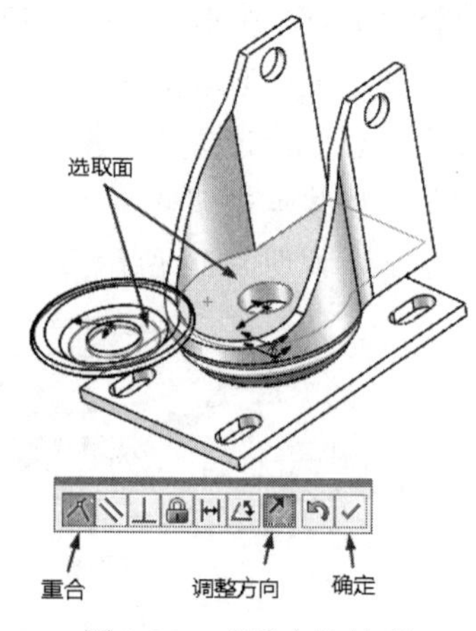

图 9-29 “重合”约束

（6）装配转向轴。单击“装配体”面板中的“配合”按钮，弹出“配合”属性管理器，选取图 9-32 所示面为配合面，选择“重合”约束，如图 9-32 所示，单击“确定”按钮✔；选取转向轴侧面和底座圆柱面为配合面，选择“同轴心”约束，如图 9-33 所示，连续单击“确定”按钮✔完成转动轴的装配，如图 9-34 所示。

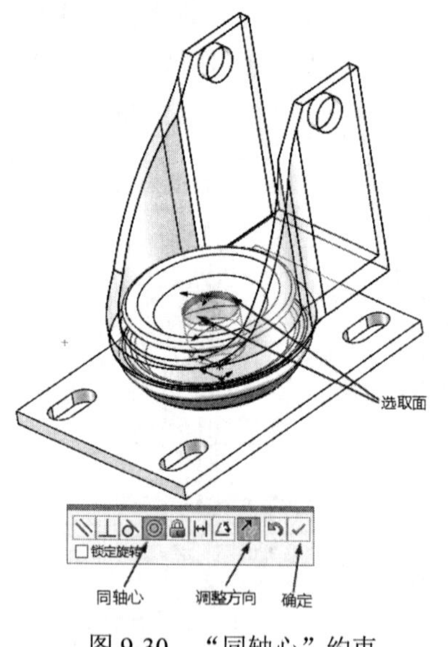

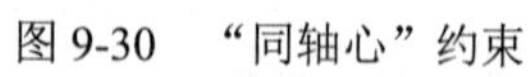
图 9-30 “同轴心”约束

图 9-31 装配垫片 2

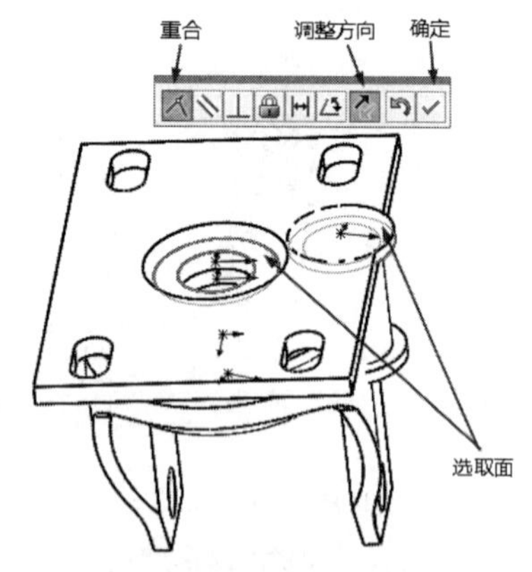

图 9-32 “重合”约束

（7）装配轮子。单击“装配体”面板中的“配合”按钮，弹出“配合”属性管理器，选取轮子的侧面和支架的侧面为配合面，选择“距离”约束，如图 9-35 所示，单击“确定”按钮✔；选取轮子孔圆柱面和支架孔圆柱面为配合面，选择“同轴心”约束，如图 9-36 所示，连续单击

Note

"确定"按钮✔完成轮子的装配，如图 9-37 所示。

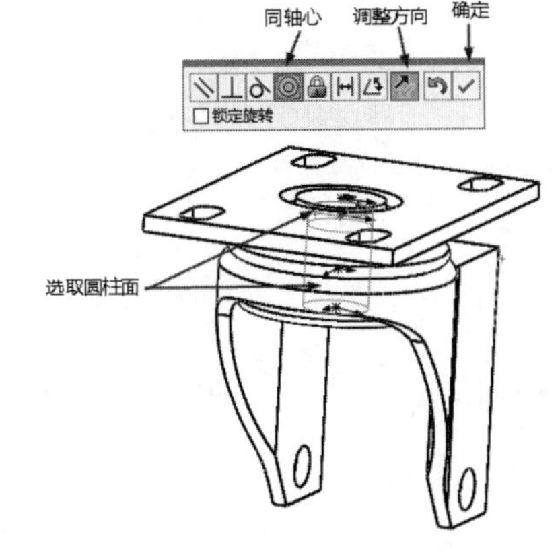

图 9-33　"同轴心"约束

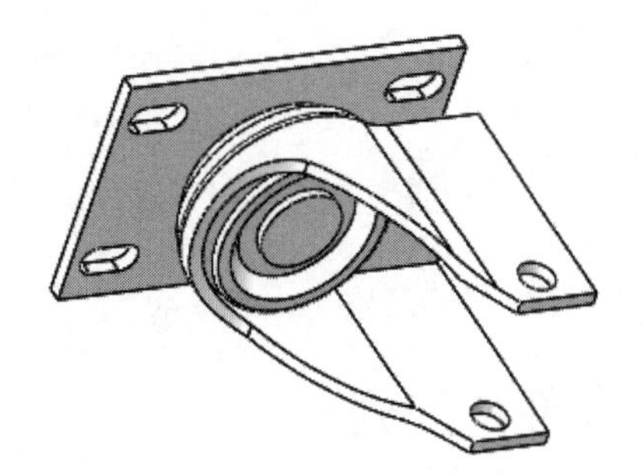

图 9-34　装配转动轴

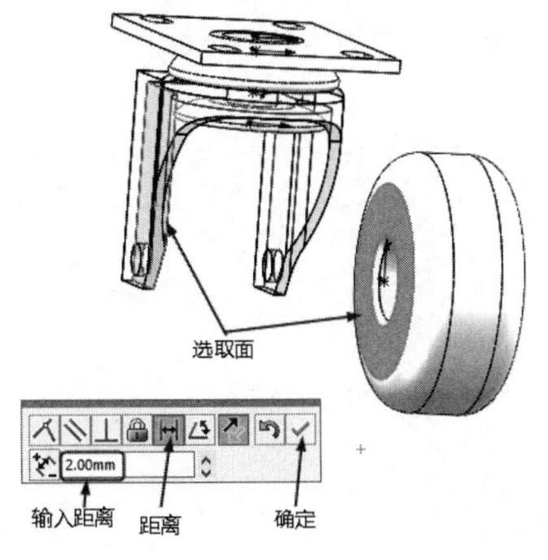

图 9-35　"距离"约束

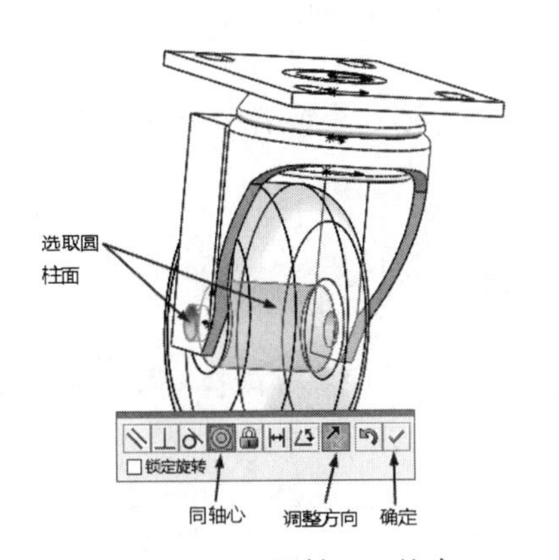

图 9-36　"同轴心"约束

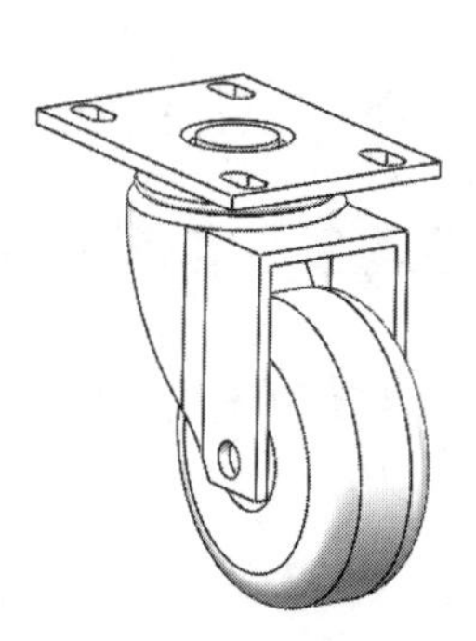

图 9-37　装配轮子

9.4　多零件操作

在同一个装配体中可能存在多个相同的零件，在装配时用户可以不必重复地插入零件，而是利用复制、阵列或者镜像的方法，快速完成具有规律性的零件的插入和装配。

9.4.1　零件的复制

视频讲解

SOLIDWORKS 可以复制已经在装配体文件中存在的零部件，如图 9-38 所示。

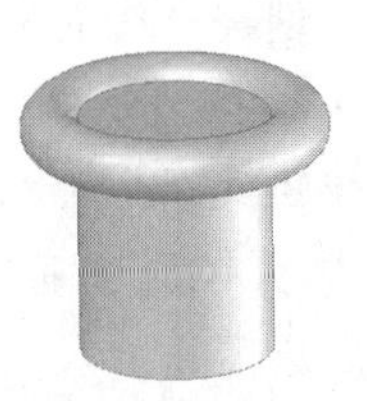

图 9-38　实体模型

（1）按住 Ctrl 键，在"FeatureManager 设计树"中选择需要复制的零部件，然后将其拖动到视图中合适的位置，复制后的装配体如图 9-39 所示，复制后的"FeatureManager 设计树"如图 9-40 所示。

（2）添加相应的配合关系，配合后的装配体如图 9-41 所示。

Note

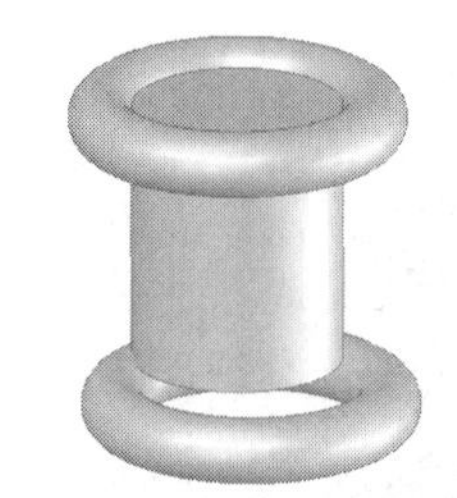

图 9-39　复制后的装配体

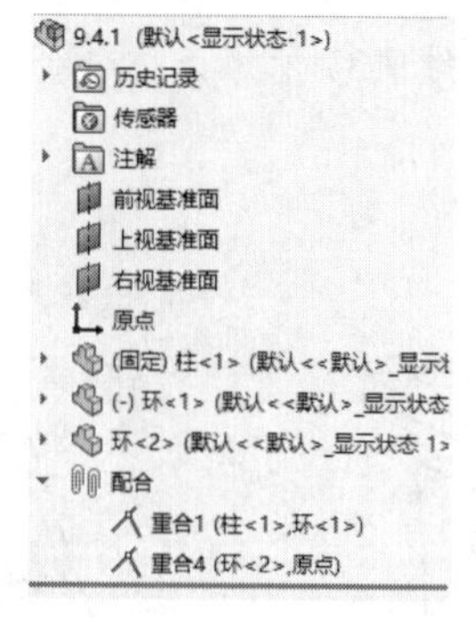

图 9-40　复制后的 FeatureManager 设计树

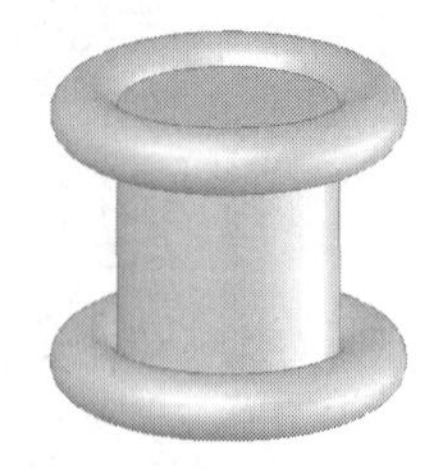

图 9-41　配合后的装配体

视频讲解

9.4.2　零件的阵列

（1）零件的阵列分为线性阵列、圆周阵列和特征阵列。如果装配体中具有相同的零件，并且这些零件按照线性、圆周或者特征的方式排列，可以使用线性阵列、圆周阵列和特征阵列命令进行操作。

（2）线性阵列可以同时阵列一个或者多个零部件，并且阵列出来的零件不需要再添加配合关系，即可完成配合。

视频讲解

9.4.3　实例——底座装配体

本例采用零件阵列的方法创建底座装配体模型，底座装配体流程图如图 9-42 所示。

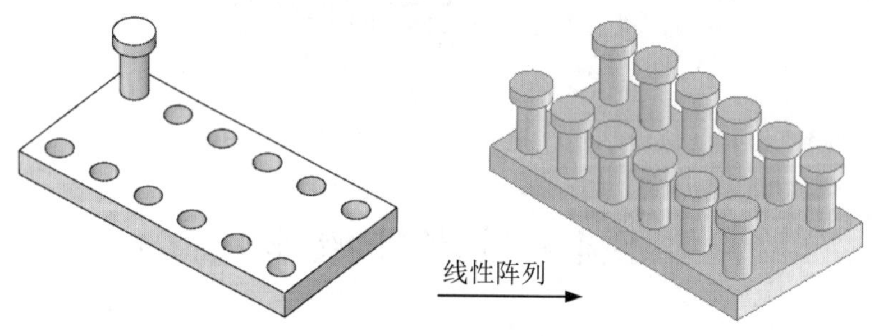

图 9-42　底座装配体流程图

操作步骤如下。

（1）新建文件。单击快速访问工具栏中的“新建”按钮，在弹出的“新建 SOLIDWORKS 文件”对话框中单击“装配体”按钮，然后单击“确定”按钮，创建一个新的装配文件。

（2）插入底座。单击“开始装配体”属性管理器中的“浏览”按钮，插入已绘制的名为“底座.sldprt”文件（原始文件“\第 9 章\底座装配体\底座.prt”），并调节视图中零件的方向，底座零件的尺寸如图 9-43 所示。

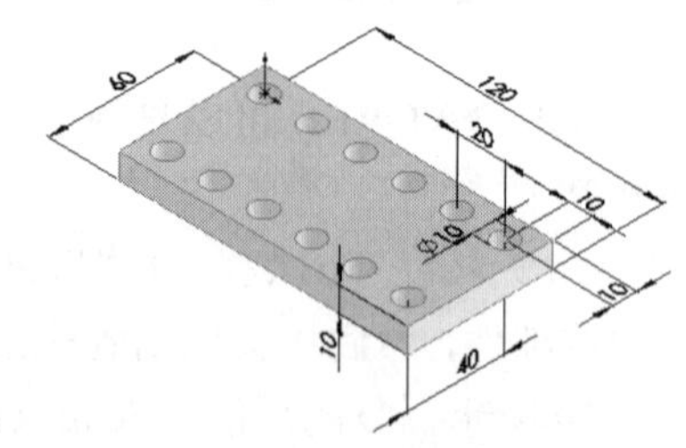

图 9-43　底座零件

（3）插入圆柱。单击“装配体”面板中的“插入零部件”按钮，插入已绘制的名为“圆柱.sldprt”文件（原始文件

"\第 9 章\底座装配体\圆柱.prt"），圆柱零件的尺寸如图 9-44 所示。调节视图中各零件的方向，插入零件后的装配体如图 9-45 所示。

（4）配合。单击"装配体"面板中的"配合"按钮，系统弹出"配合"属性管理器。将如图 9-45 所示的平面 1 和平面 3 添加为"重合"配合关系，将圆柱面 2 和圆柱面 4 添加为"同轴心"配合关系，注意配合的方向。单击"确定"按钮✔，配合后的视图如图 9-46 所示。

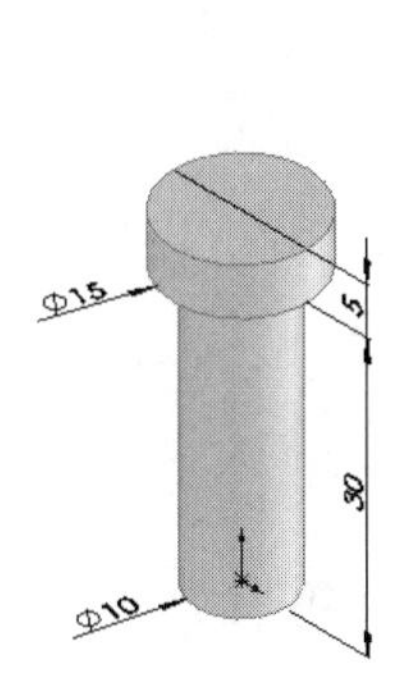

图 9-44　圆柱零件

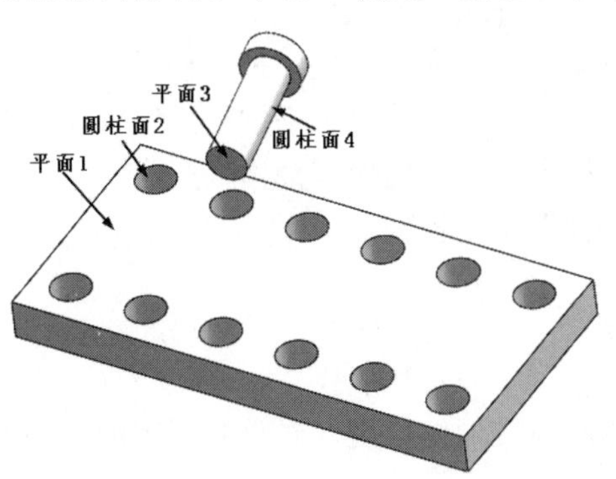

图 9-45　插入零件后的装配体

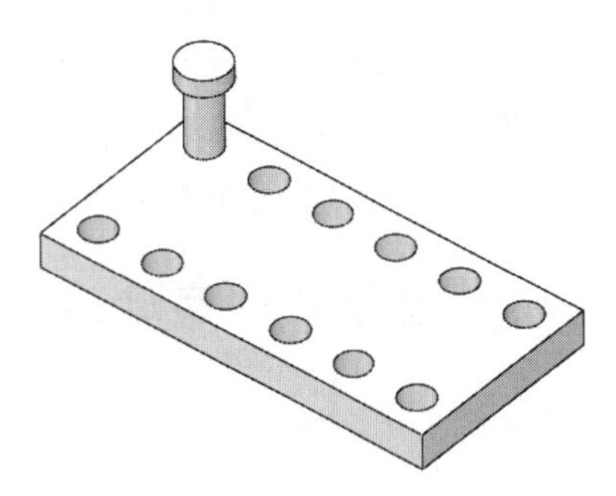

图 9-46　配合后的图形

（5）阵列零件。单击"装配体"面板中的"线性零部件阵列"按钮，系统弹出"线性阵列"属性管理器。在"要阵列的零部件"选项组中，选择如图 9-47 所示的圆柱；在"方向 1"选项组的（阵列方向）列表框中，选择如图 9-47 所示的边线 1，注意设置阵列的方向；在"方向 2"选项组的（阵列方向）列表框中，选择如图 9-47 所示的边线 2，注意设置阵列的方向，其他设置如图 9-47 所示。单击"确定"按钮✔，完成零件的线性阵列。线性阵列后的图形如图 9-42 所示，此时装配体的"FeatureManager 设计树"如图 9-48 所示。

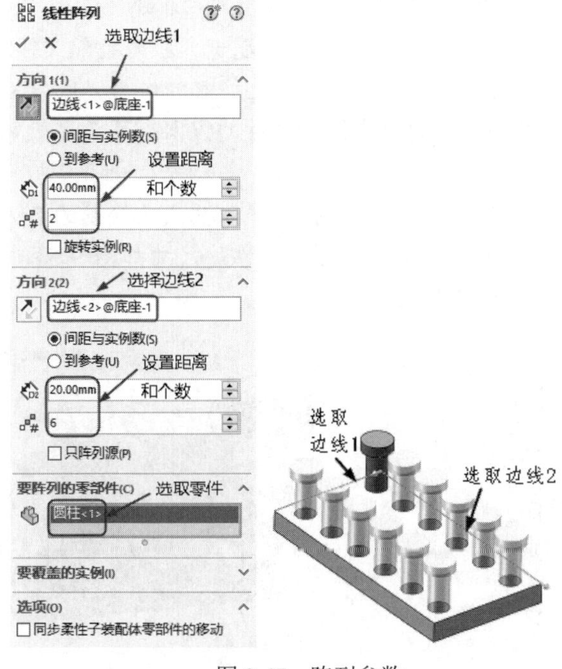

图 9-47　阵列参数

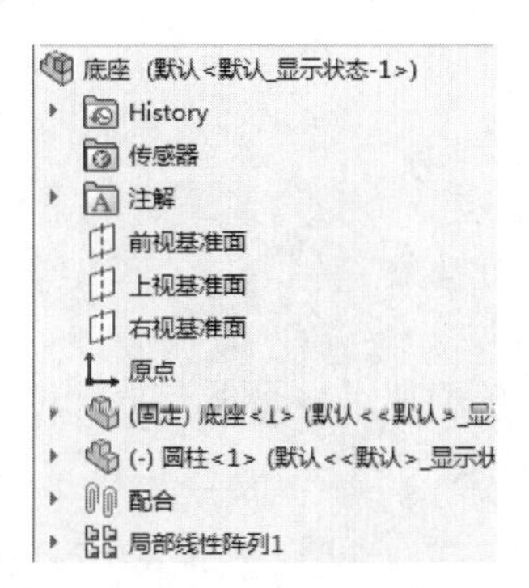

图 9-48　FeatureManager 设计树

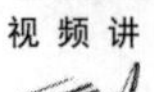

9.4.4 零件的镜像

装配体环境中的镜像操作与零件设计环境中的镜像操作类似。在装配体环境中，有相同且对称的零部件时，可以使用镜像零部件操作来完成。

执行镜像零部件命令，主要有如下3种调用方法。

☑ 面板：单击“装配体”面板中的“镜像零部件”按钮。

☑ 工具栏：单击“装配体”工具栏中的“镜像零部件”按钮。

☑ 菜单栏：选择菜单栏中的“插入”→“镜像零部件”命令。

执行上述命令，弹出“镜像零部件”属性管理器。

视频讲解

9.4.5 实例——底盘装配体

本例采用镜像零部件的方法创建底座装配体模型，底盘装配体流程图如图9-49所示。

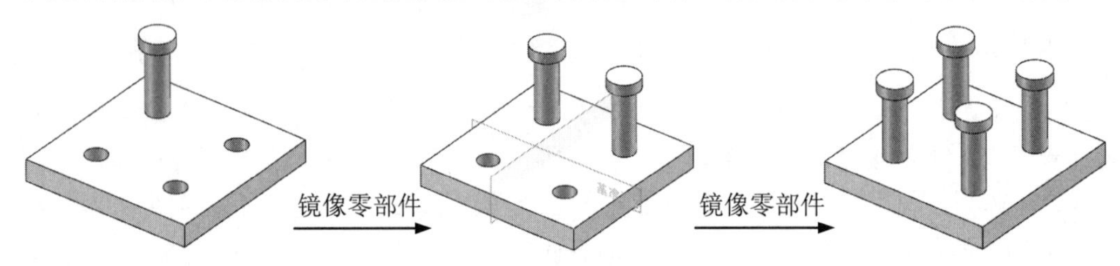

图9-49 底盘装配体流程图

操作步骤如下。

（1）新建文件。单击快速访问工具栏中的“新建”按钮，在弹出的“新建 SOLIDWORKS 文件”对话框中单击“装配体”按钮，然后单击“确定”按钮，创建一个新的装配文件。

（2）插入底盘。在弹出的“开始装配体”属性管理器中，插入已绘制的名为“底盘.sldprt”文件（原始文件“\第9章\底盘装配体\底盘.prt”），并调节视图中零件的方向，底盘平板零件的尺寸如图9-50所示。

（3）插入圆柱。单击“装配体”面板中的“插入零部件”按钮，插入已绘制的名为“圆柱.sldprt”文件（原始文件“\第9章\底盘装配体\圆柱.prt”），圆柱零件的尺寸如图9-51所示。调节视图中各零件的方向，插入零件后的装配体如图9-52所示。

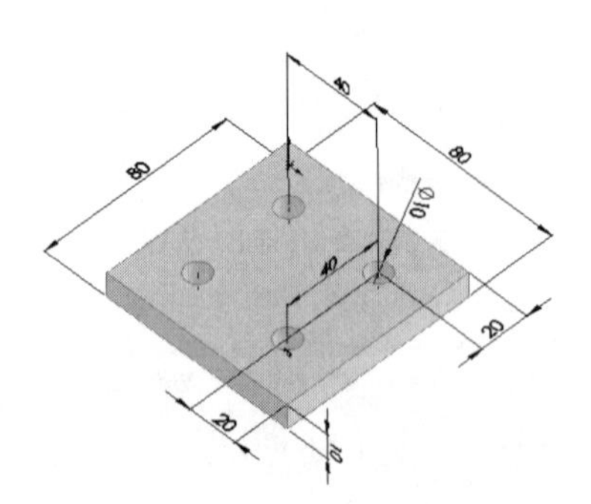

图9-50 底盘平板零件的尺寸

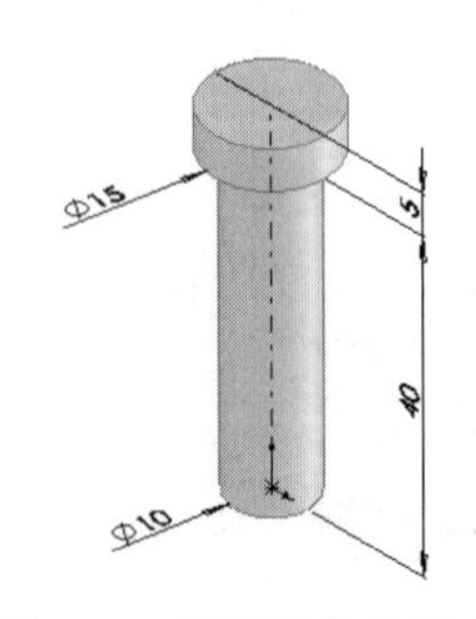

图9-51 圆柱零件的尺寸

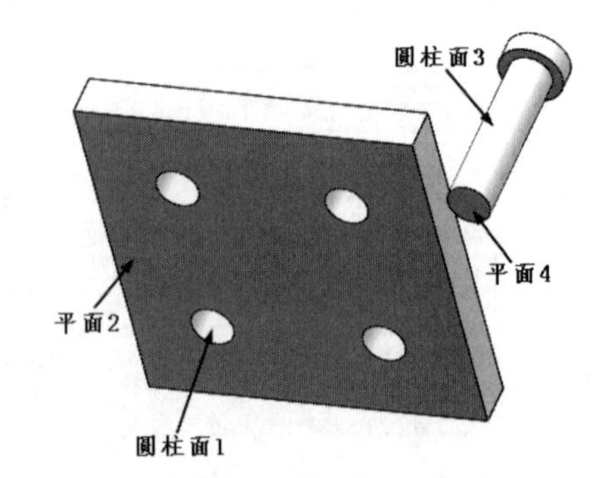

图9-52 插入零件后的装配体

Note

（4）配合。单击“装配体”面板中的“配合”按钮，系统弹出“配合”属性管理器。将如图 9-52 所示的平面 2 和平面 4 添加为“重合”配合关系，将圆柱面 1 和圆柱面 3 添加为“同轴心”配合关系，注意配合的方向。单击“确定”按钮✔，配合添加完毕。配合后的等轴测视图如图 9-53 所示。

（5）创建基准面。单击“装配体”面板中的“基准面”按钮，打开“基准面”属性管理器。选择如图 9-53 所示的面 1 为参考面；在“距离”文本框中输入 40mm，注意添加基准面的方向，其他设置如图 9-54 所示，添加如图 9-55 所示的基准面 1。重复该命令，添加如图 9-55 所示的基准面 2。

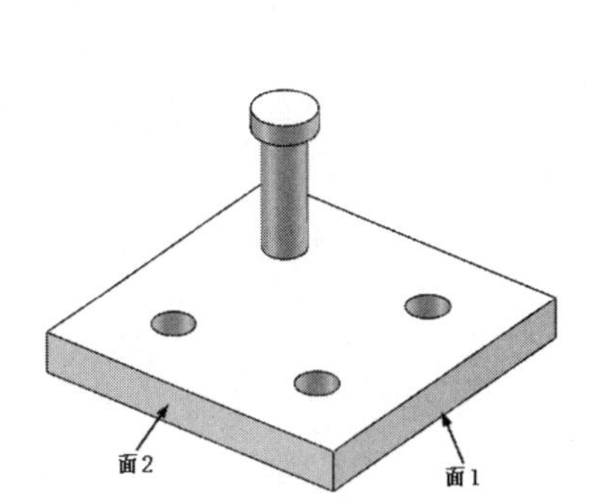

图 9-53　配合后的等轴测视图

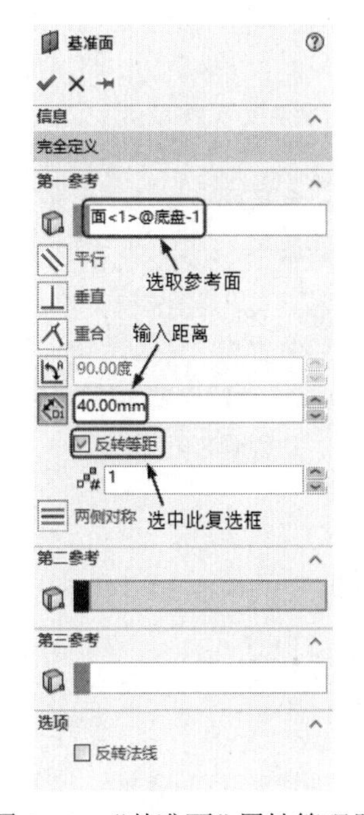

图 9-54　“基准面”属性管理器

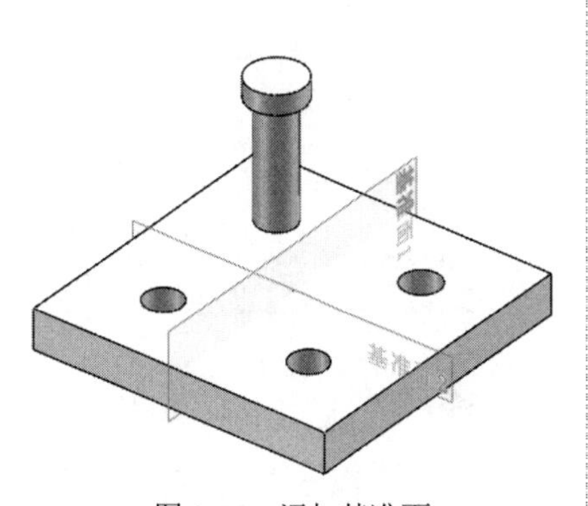

图 9-55　添加基准面

（6）镜像零部件 1。单击“装配体”面板中的“镜像零部件”按钮，系统弹出“镜像零部件”属性管理器。在“镜像基准面”列表框中，选择如图 9-55 所示的基准面 1；在“要镜像的零部件”列表框中，选择如图 9-55 所示的圆柱，如图 9-56 所示。单击“下一步”按钮，“镜像零部件”属性管理器如图 9-57 所示。单击“确定”按钮✔，零件镜像完毕，镜像后的图形如图 9-58 所示。

（7）镜像零部件 2。单击“装配体”工具栏中的“镜像零部件”按钮，系统弹出“镜像零部件”属性管理器。在“镜像基准面”列表框中，选择如图 9-58 所示的基准面 2；在“要镜像的零部件”列表框中，选择如图 9-58 所示的两个圆柱，单击“下一步”按钮。“镜像零部件”属性管理器如图 9-59 所示。单击“确定”按钮✔，零件镜像完毕，镜像后的装配体图形如图 9-60 所示。

（8）此时装配体文件的“FeatureManager 设计树”如图 9-61 所示。

提示：

从上面的案例操作步骤可以看出，不但可以对称地镜像原零部件，而且还可以反方向镜像零部件，要灵活应用该命令。

Note

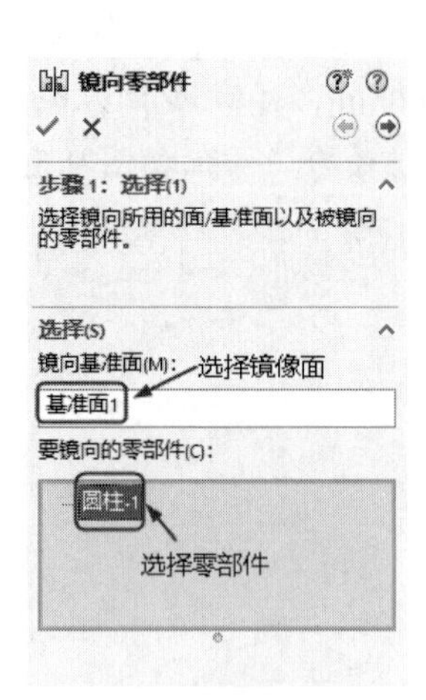

图 9-56 “镜像零部件”属性管理器 1

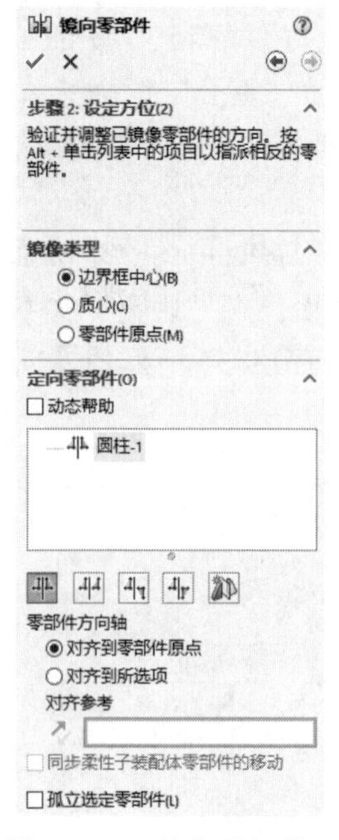

图 9-57 “镜像零部件”属性管理器 2

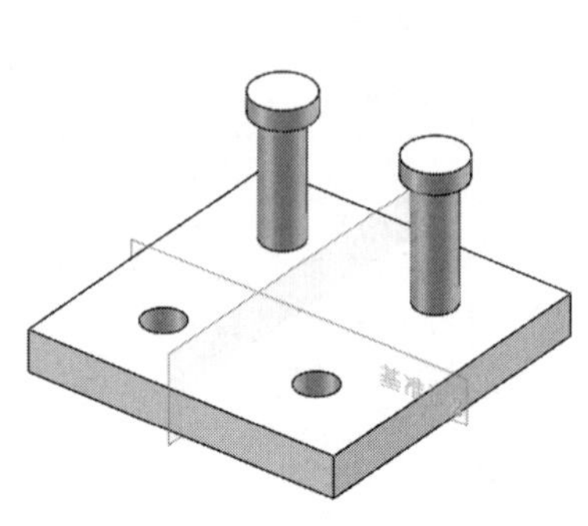

图 9-58 镜像零件

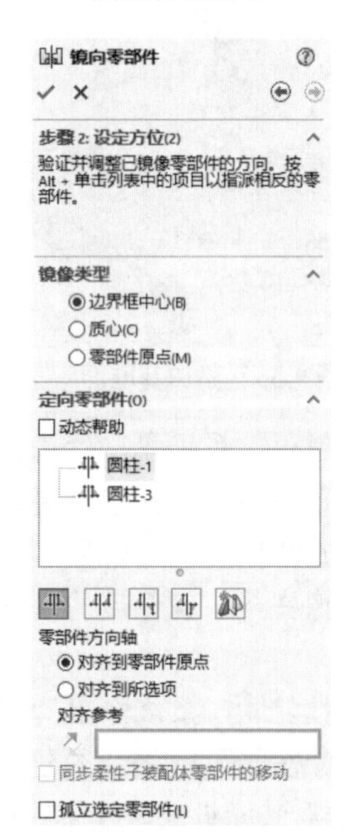

图 9-59 “镜像零部件”属性管理器

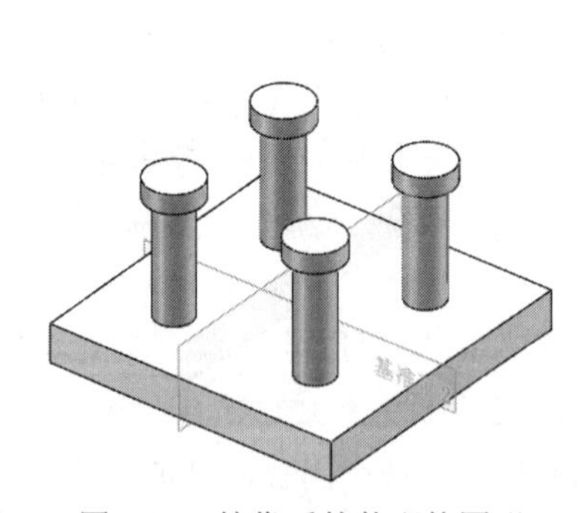

图 9-60 镜像后的装配体图形

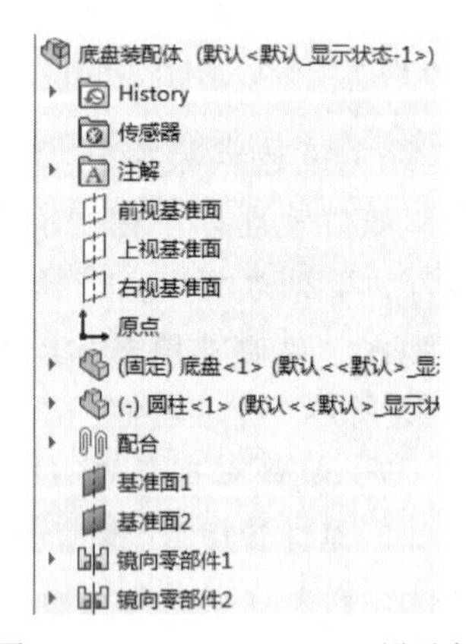

图 9-61 FeatureManager 设计树

视频讲解

9.4.6 干涉检查

用户可以在移动或旋转零部件时检查其与其他零部件之间的冲突。SOLIDWORKS 软件可以检查与整个装配体或所选的零部件组之间的碰撞。

用户可以发现对所选的零部件的碰撞，或对由于与所选的零部件有配合关系而移动的所有零部件的碰撞。

Note

执行干涉检查命令，主要有如下 3 种调用方法。

☑ 面板：单击“装配体”面板中的“干涉检查”按钮。

☑ 工具栏：单击“装配体”工具栏中的“干涉检查”按钮。

☑ 菜单栏：选择菜单栏中的“工具”→“干涉检查”命令。

执行上述方式后，弹出如图 9-62 所示的“干涉检查”属性管理器。“干涉检查”属性管理器中各选项的含义说明如下。

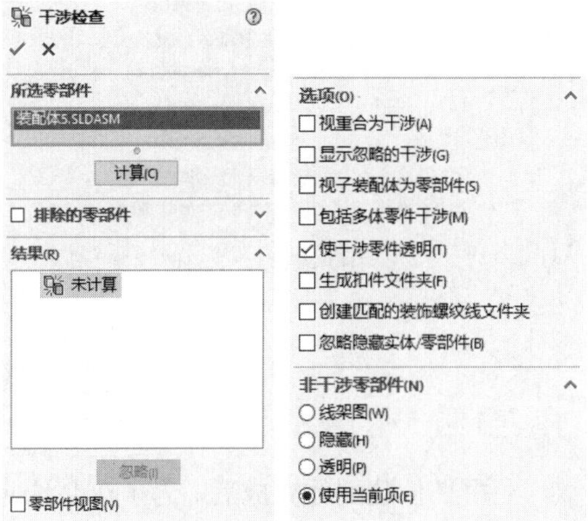

图 9-62　“干涉检查”属性管理器

☑ “所选零部件”选项组：用于显示为干涉检查所选择的零部件。根据系统默认，除非预选了其他零部件，否则出现顶层装配体。当检查一装配体的干涉情况时，所有零部件都将被检查。单击“计算”按钮，可以检查零件之间是否发生干涉。

☑ “排除的零部件”选项组：选中此复选框，激活此选项组。

- 要排除的零部件：列举选择要排除的零部件。
- 从视图中隐藏已排除的零部件：隐藏选定的零部件。
- 记住排除的零部件：保存零部件列表使其在下次打开属性管理器时被自动选定。

☑ “结果”选项组：用于显示检测到的干涉。每个干涉的体积出现在每个列举项的右边，当在结果中选择一干涉时，干涉将在图形区域以红色高亮显示。

- 忽略/解除忽略：单击为所选干涉在忽略和解除忽略模式之间转换。如果干涉设定为忽略，则会在以后的干涉计算中保持忽略。
- 零部件视图：选中该复选框后，将按零部件名称而不按干涉号显示干涉。

☑ “选项”选项组：如图 9-63 所示，其中各选项的含义如下。

- 视重合为干涉：选中该复选框，可将重合实体报告为干涉。
- 显示忽略的干涉：选中该复选框，在结果清单中以灰色按钮显示忽略的干涉。取消选中该复选框时，忽略的干涉将不列举。
- 视子装配体为零部件：当取消选中该复选框时，子装配体被看作单一零部件，这样子装配体零部件之间的干涉将不报出。
- 包括多体零件干涉：选中该复选框，以报告多实体零件中实体之间的干涉。
- 使干涉零件透明：选中该复选框，以透明模式显示所选干涉的零部件。
- 生成扣件文件夹：选中该复选框，可将扣件（如螺母和螺栓）之间的干涉隔离为在结果下的单独文件夹。
- 创建匹配的装饰螺纹线文件夹：在结果下，将带有适当匹配装饰螺纹线的零部件之

间的干涉隔离至命名为匹配装饰螺纹线的单独文件夹。

- 忽略隐藏实体/零部件：如果装配体包括含有隐藏实体的多实体零件，选中该复选框，可忽略隐藏实体与其他零部件之间的干涉。

☑ “非干涉零部件”选项组：如图 9-64 所示，设置以所选模式显示非干涉的零部件，包括“线架图”“隐藏”“透明”“使用当前项”4 个选项。

Note

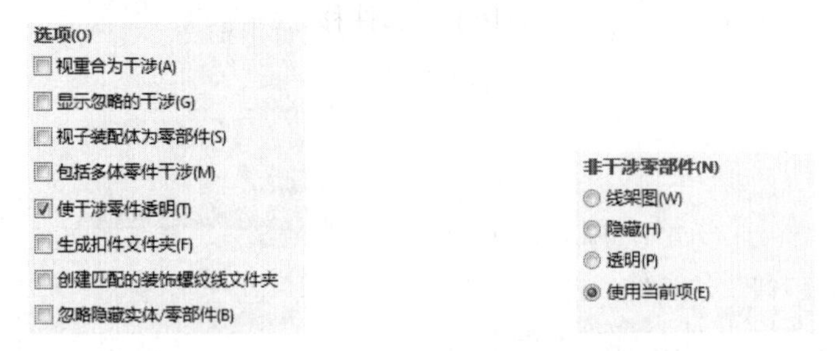

图 9-63 “选项”选项组　　　　图 9-64 “非干涉零部件”选项组

9.5 爆炸视图

在零部件装配体完成后，为了在制造、维修及销售中，直观地分析各个零部件之间的相互关系，我们将装配图按照零部件的配合条件来产生爆炸视图。装配体爆炸以后，用户不可以对装配体添加新的配合关系。

视频讲解

9.5.1 生成爆炸视图

爆炸视图可以很形象地查看装配体中各个零部件的配合关系，常被称为系统立体图。爆炸视图通常用于介绍零件的组装流程、仪器的操作手册及产品使用说明书中。

执行爆炸视图命令，主要有如下 3 种调用方法。

☑ 面板：单击“装配体”面板中的“爆炸视图”按钮。

☑ 工具栏：单击“装配体”工具栏中的“爆炸视图”按钮。

☑ 菜单栏：选择菜单栏中的“插入”→“爆炸视图”命令。

执行上述命令，弹出“爆炸”属性管理器，如图 9-65 所示。部分选项说明如下。

☑ “爆炸步骤类型”选项组。

- 常规步骤：通过平移和旋转零部件对其进行爆炸。
- 径向步骤：围绕一个轴，按径向对齐或圆周对齐爆炸零部件。

☑ “爆炸步骤”选项组：该选项组中会显示现有的爆炸步骤，包括如下两项。

- 爆炸步骤<n>：爆炸到单一位置的一个或多个所选零部件。

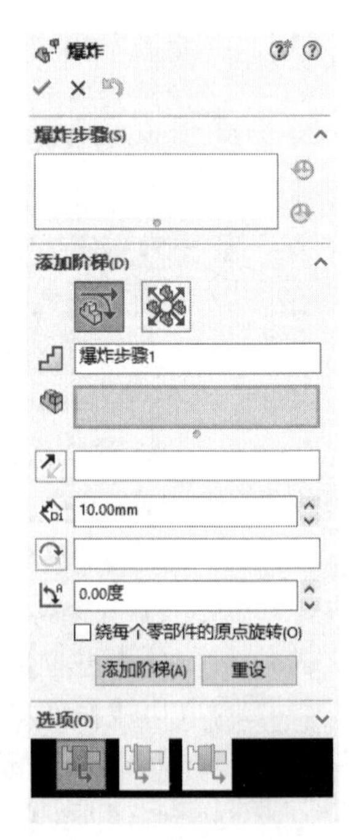

图 9-65 “爆炸”属性管理器

- 链<n>：选中“拖动后自动调整零部件间距”复选框，沿轴心爆炸的两个或多个成组的所选零部件。

☑ “添加阶梯”选项组。

- 爆炸步骤零部件：显示当前爆炸步骤所选的零部件。
- 爆炸方向：显示当前爆炸步骤所选的方向。如有必要，可以单击“反向”按钮。
- 爆炸距离：显示当前爆炸步骤零部件移动的距离。
- 应用：单击该按钮，可以预览对爆炸步骤的更改。
- 完成：单击该按钮，可以完成新的或已更改的爆炸步骤。

☑ “选项”选项组。

- 拖动后自动调整零部件间距：选中该复选框，将沿轴心自动均匀地分布零部件组的间距。
- 调整零部件链之间的间距：拖动后自动调整零部件间距放置的零部件之间的距离。
- 选择子装配体的零件：选中该复选框，可以选择子装配体的单个零部件。取消选中，可以选择整个子装配体。

☑ “重新使用子装配体爆炸”按钮：单击该按钮，表示使用先前在所选子装配体中定义的爆炸步骤。

9.5.2　实例——移动轮爆炸视图

利用爆炸视图命令分解移动轮各个零件，分解流程图如图 9-66 所示。

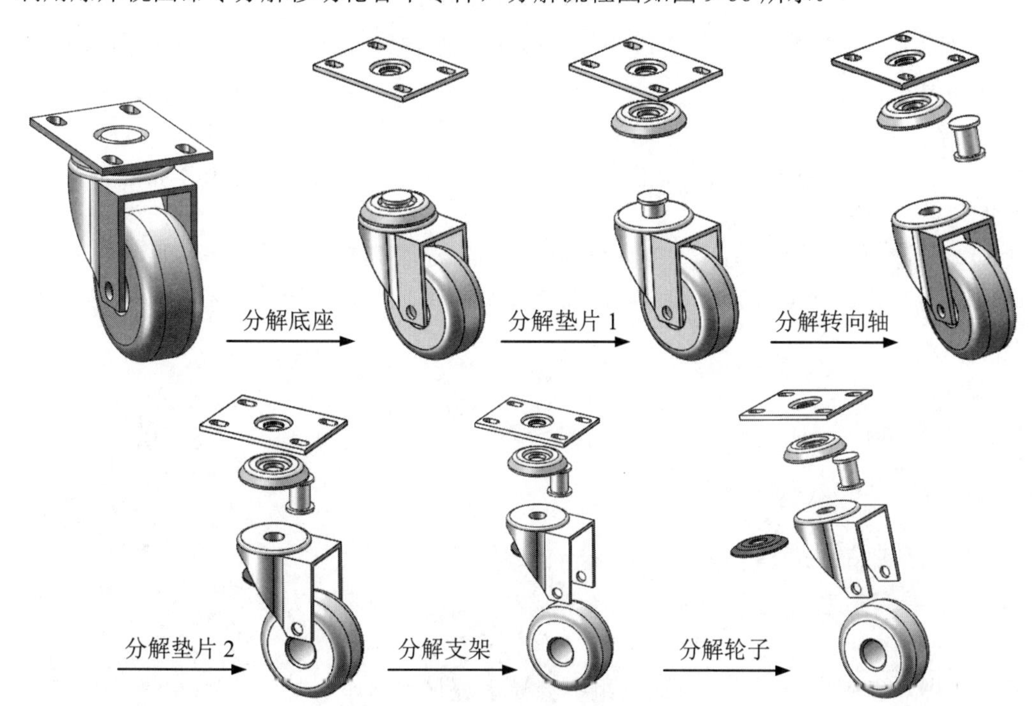

图 9-66　分解流程图

操作步骤如下。

Note

（1）打开文件。单击快速访问工具栏中的“打开”按钮，在弹出的“打开”对话框中选取“移动轮装配体.sldasm”文件，单击“打开”按钮，打开装配体文件，如图9-67所示。

（2）分解底座。单击“装配体”面板中的“爆炸视图”按钮，此时系统弹出如图9-68所示的“爆炸”属性管理器。在“添加阶梯”选项组的“爆炸步骤零部件”栏中，单击如图9-69所示的“底座”零件，此时装配体中被选中的零件被亮显，并且出现一个设置移动方向的坐标，如图9-69所示。

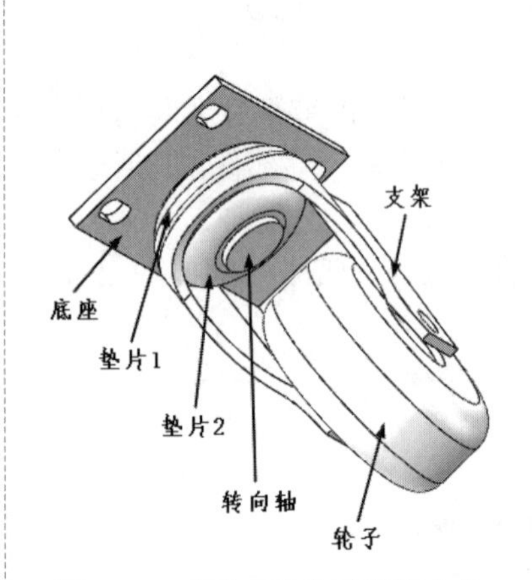

图9-67 “移动轮”装配体文件

图9-68 “爆炸”属性管理器

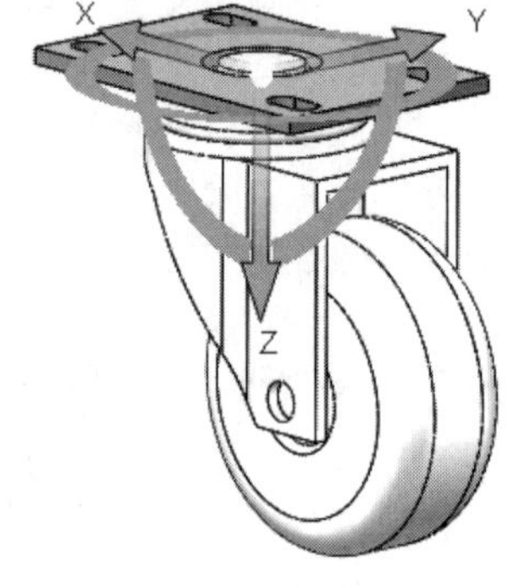

图9-69 选择零件后的装配体

单击如图9-69所示坐标的Z方向，然后在“爆炸距离”栏中输入爆炸的距离值为-100mm，如图9-70所示。

单击“添加阶梯”按钮，观测视图中预览的爆炸效果，然后单击“重设”按钮，第一个零件爆炸视图完成，如图9-71所示。

（3）分解垫片1。选取垫片1为要分解的零件，选取Z轴方向为分解方向，输入距离值为-70mm，如图9-72所示。单击“添加阶梯”按钮后单击“重设”按钮，完成垫片1的分解，如图9-73所示。

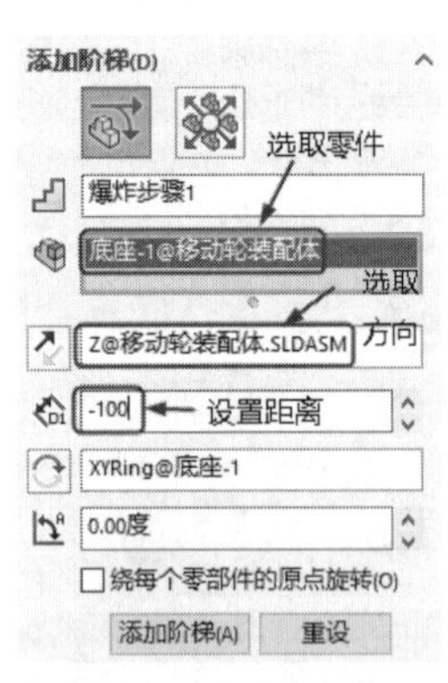

图9-70 “添加阶梯”选项组的设置

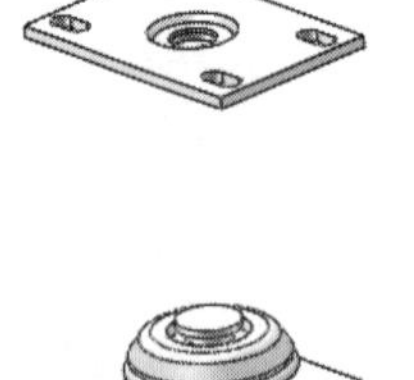

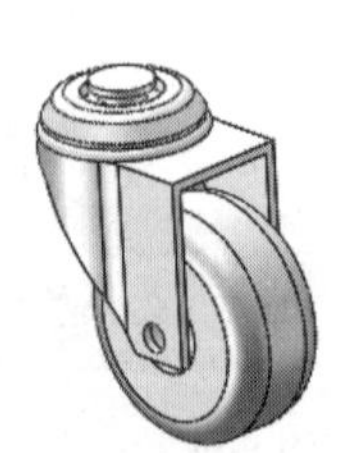

图9-71 第一个爆炸零件视图

图9-72 “添加阶梯”选项组的设置

（4）分解转向轴。选取转向轴为要分解的零件，选取Z轴方向为分解方向，输入距离值为

-40mm，单击“添加阶梯”按钮后单击“重设”按钮，再次选取转向轴为要分解的零件，选取 Y 轴方向为分解方向，输入距离值为-40mm，如图 9-74 所示。

（5）分解支架。选取支架为要分解的零件，选取 Z 轴方向为分解方向，输入距离值为-20mm，单击“添加阶梯”按钮后单击“重设”按钮，完成支架的分解，如图 9-75 所示。

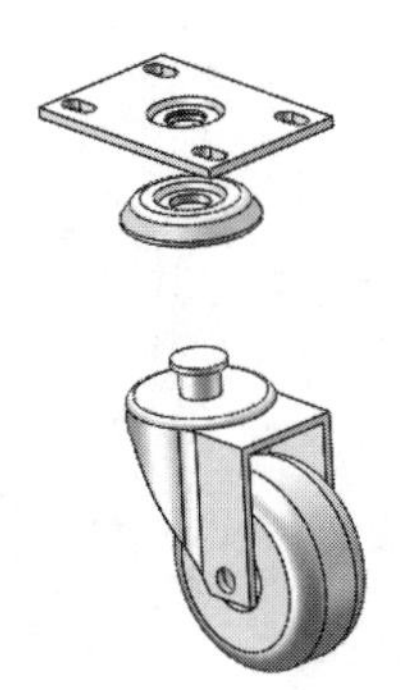

图 9-73　分解垫片 1　　图 9-74　分解转向轴　　图 9-75　分解支架

（6）分解轮子。选取轮子为要分解的零件，选取 Z 轴方向为分解方向，输入距离值为 40mm，单击“添加阶梯”按钮后单击“重设”按钮，完成轮子的分解，如图 9-76 所示。

（7）分解垫片 2。选取垫片 2 为要分解的零件，选取 X 轴方向为分解方向，输入距离值为 80mm，单击“添加阶梯”按钮后单击“重设”按钮，完成垫片 2 的分解，如图 9-76 所示。

提示：

在生成爆炸视图时，建议对每一个零件在每一个方向上的爆炸设置为一个爆炸步骤。如果一个零件需要在 3 个方向上爆炸，建议使用 3 个爆炸步骤，这样可以很方便地修改爆炸视

（8）修改爆炸步骤。在“爆炸”属性管理器中，右击“爆炸步骤”选项组中的“爆炸步骤 1”，如图 9-77 所示，此时“爆炸步骤 1”的爆炸设置出现在如图 9-78 所示的“在编辑爆炸步骤 1”选项组中。修改选项组中的距离参数，或者拖动视图中要爆炸的零部件，然后单击“完成”按钮，即可完成对爆炸视图的修改。

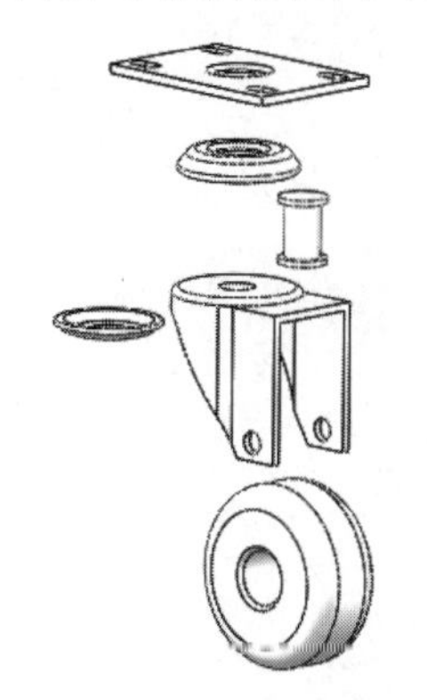

图 9-76　分解轮子和垫片 2

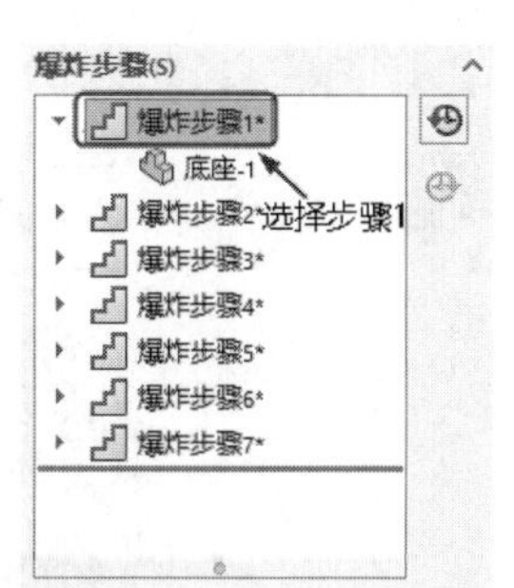

图 9-77　“爆炸”属性管理器

图 9-78　“在编辑爆炸步骤 1”选项组

（9）删除爆炸步骤。右击“爆炸步骤 1”，在弹出的快捷菜单中选择“删除”命令，该爆炸

步骤就会被删除，删除后的操作步骤如图 9-79 所示。零部件恢复爆炸前的配合状态，删除爆炸步骤 1 后的视图如图 9-80 所示。

（10）完成创建的移动轮爆炸视图如图 9-81 所示。

Note

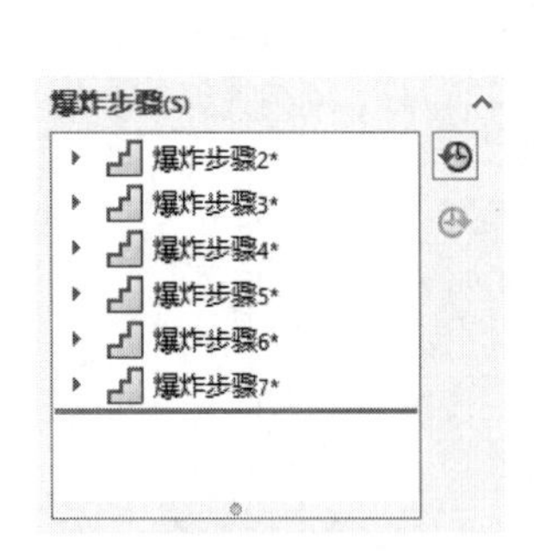

图 9-79　删除爆炸步骤后的操作步骤

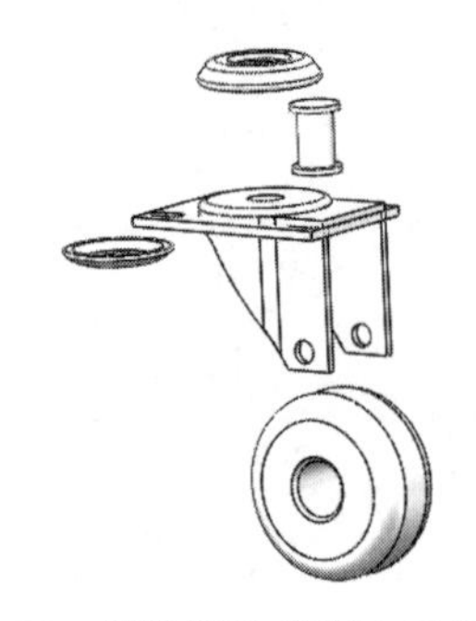

图 9-80　删除爆炸步骤 1 后的视图

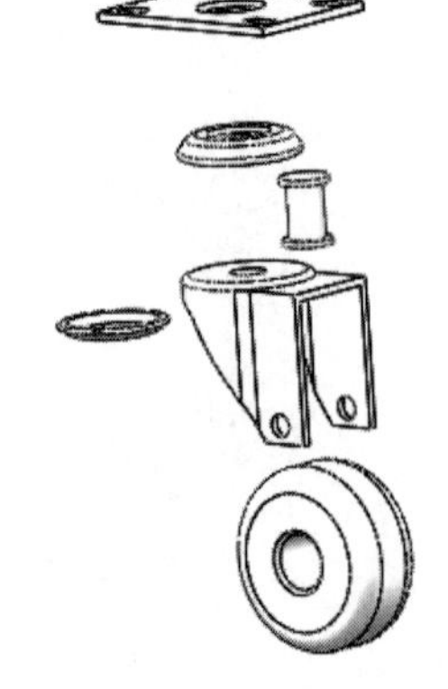

图 9-81　移动轮爆炸视图

视频讲解

9.6　综合实例——升降台

首先创建一个装配体文件，然后依次插入升降台装配体零部件，最后添加配合关系，并调整视图方向，装配流程图如图 9-82 所示。

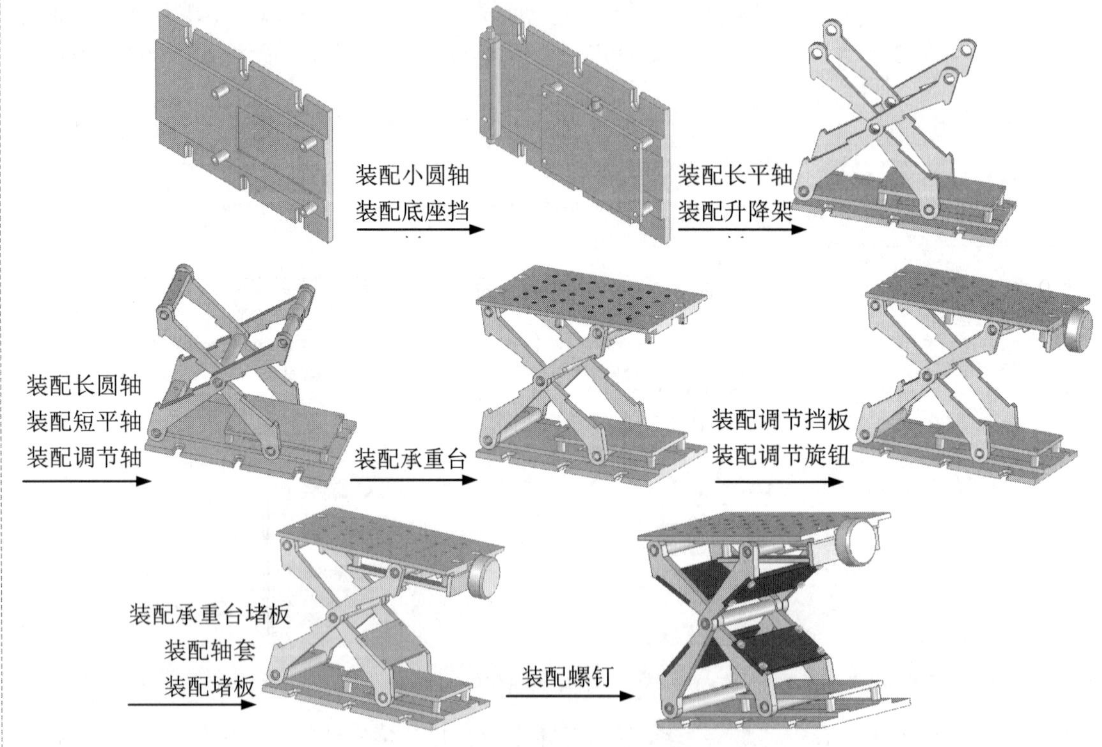

图 9-82　装配流程图

操作步骤如下。

（1）新建文件。单击快速访问工具栏中的“新建”按钮，在弹出的“新建 SOLIDWORKS 文件”对话框中单击“装配体”按钮，然后单击“确定”按钮，创建一个新的装配文件。

（2）插入底座。在打开的如图 9-83 所示的“开始装配体”属性管理器中单击“浏览”按钮，此时系统弹出如图 9-84 所示的“打开”对话框，在其中选择需要的零部件，即底座（随书光盘中的原始文件“\第 9 章\升降台\底座.prt”）此时所选的零部件显示在如图 9-84 所示的“预览”栏中。单击“打开”按钮，此时所选的零部件出现在视图中，插入底座后的图形如图 9-85 所示。

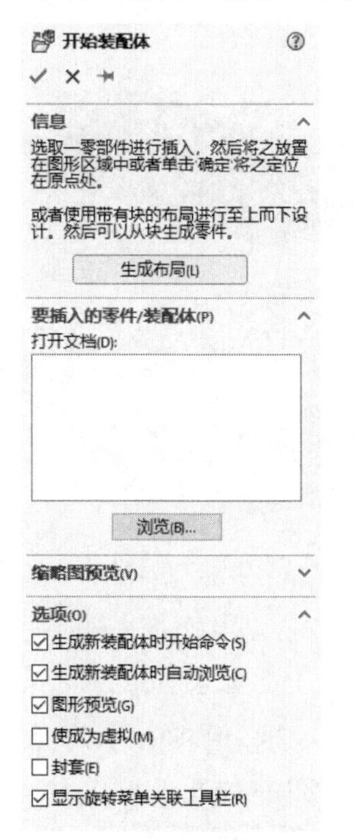

图 9-83　“开始装配体”属性管理器

图 9-84　“打开”对话框

（3）插入小圆轴。单击“装配体”面板中的“插入零部件”按钮，插入小圆轴（原始文件“\第 9 章\升降台\小圆轴.prt”）。具体步骤可以参考上面的介绍，将小圆轴插入图中合适的位置。插入小圆轴后的图形如图 9-86 所示。

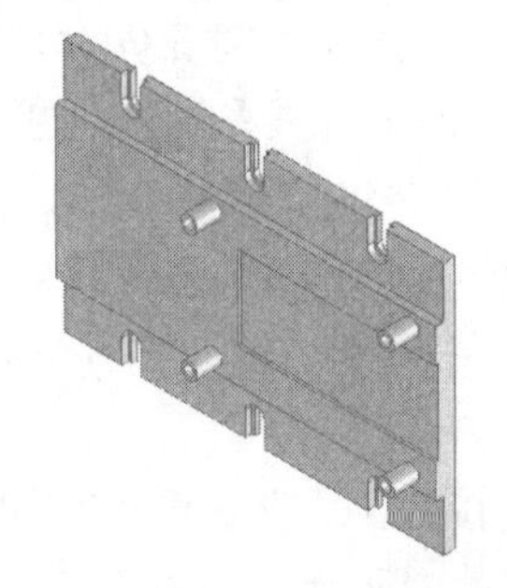

图 9-85　插入底座后的图形

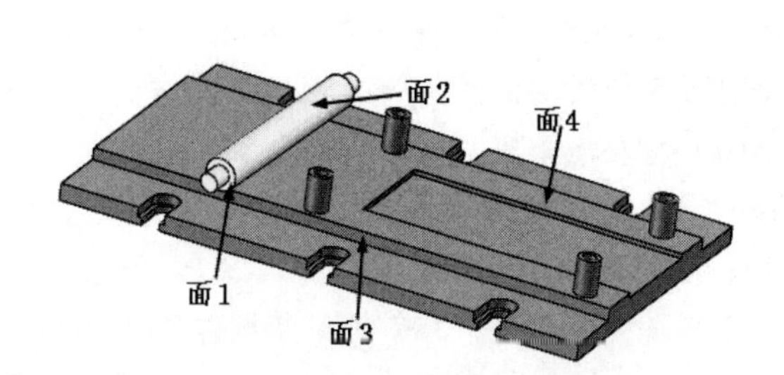

图 9-86　插入小圆轴后的图形

（4）添加配合关系。单击“装配体”面板中的“配合”按钮，此时系统弹出“配合”属性管理器。选择如图 9-86 所示的面 1 和面 3，单击对话框中的“重合”按钮，并调整对齐的方向，在视图中观测配合的效果，然后单击“确定”按钮✔。重复此命令，将图 9-86 中的面 2 和面 4 设置为“相切”配合关系，并调整相切的方向。配合后的图形如图 9-87 所示。

Note

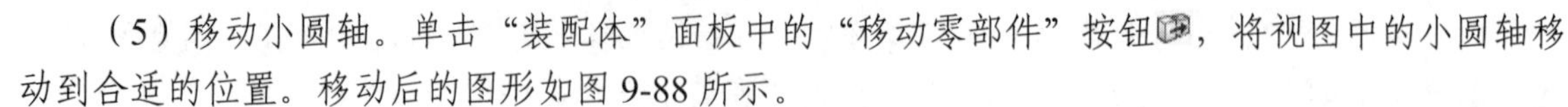
（5）移动小圆轴。单击“装配体”面板中的“移动零部件”按钮，将视图中的小圆轴移动到合适的位置。移动后的图形如图 9-88 所示。

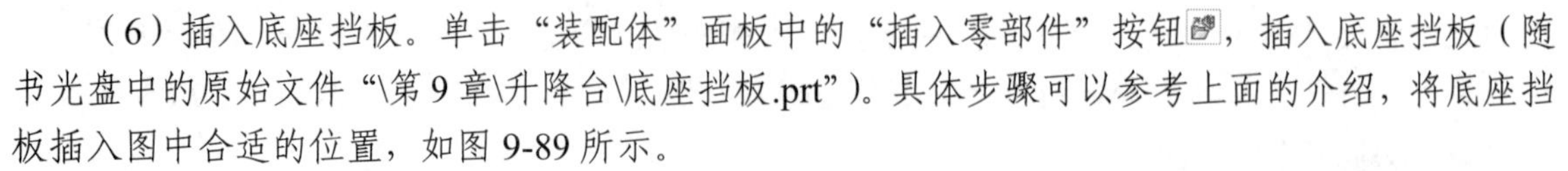
（6）插入底座挡板。单击“装配体”面板中的“插入零部件”按钮，插入底座挡板（随书光盘中的原始文件“\第 9 章\升降台\底座挡板.prt”）。具体步骤可以参考上面的介绍，将底座挡板插入图中合适的位置，如图 9-89 所示。

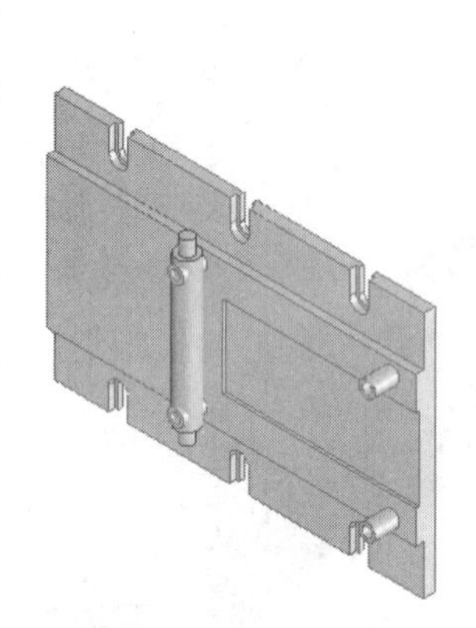
图 9-87　配合后的图形

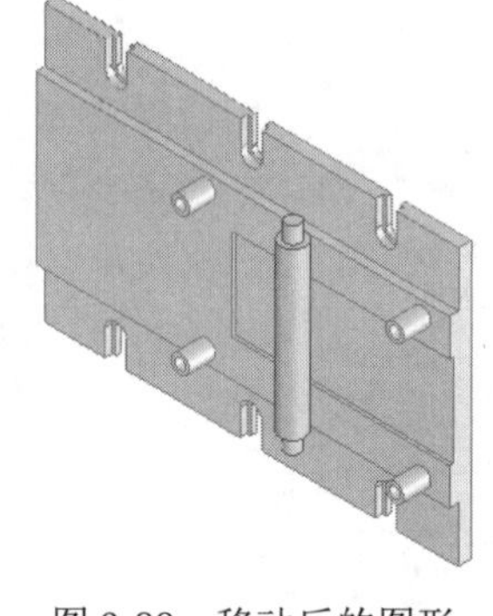
图 9-88　移动后的图形

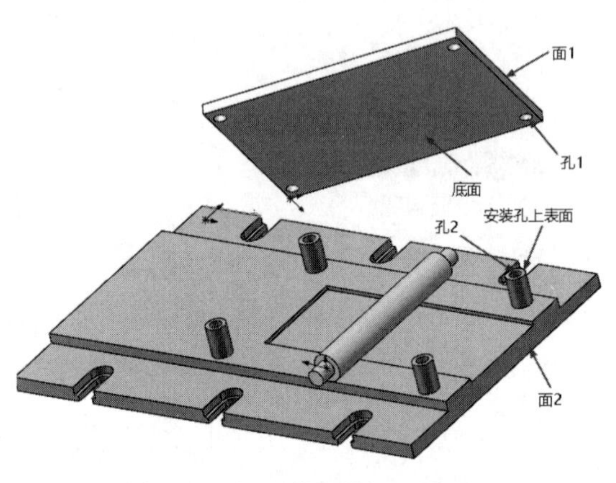

图 9-89　插入底座挡板后的图形

（7）添加配合关系。单击“装配体”面板中的“配合”按钮，此时系统弹出“配合”属性管理器。选择图 9-89 中底座挡板的下底面和底座安装孔的表面，单击“重合”按钮，并调整对齐的方向，在视图中观测配合的效果，然后单击“确定”按钮✔；选择图 9-89 中的面 1 和面 2，单击“平行”按钮，将其添加为“平行”配合关系；选择图 9-89 中的孔 1 和孔 2，单击“同轴心”按钮，将其添加为“同轴心”配合关系。配合后的图形如图 9-90 所示。

（8）插入长平轴。单击“装配体”面板中的“插入零部件”按钮，插入长平轴（原始文件“\第 9 章\升降台\长平轴.prt”）。具体步骤可以参考上面的介绍，将长平轴插入图中合适的位置。插入长平轴后的图形如图 9-91 所示。

（9）添加配合关系。单击“装配体”面板中的“配合”按钮，此时系统弹出“配合”属性管理器。选择如图 9-91 所示的面 2 和面 3，单击“重合”按钮，并调整对齐的方向，然后单击“确定”按钮✔。重复此命令，将面 1 和面 4 添加为距离为 9 的配合关系，并调整方向；将面 6 和侧面 5 处的侧面添加为“相切”配合关系。配合后的图形如图 9-92 所示。

（10）插入升降架。单击“装配体”面板中的“插入零部件”按钮，插入升降架（原始文件“\第 9 章\升降台\升降架.prt”）。具体步骤可以参考上面的介绍，将升降架插入图中合适的位置。插入升降架的图形如图 9-93 所示。

（11）添加配合关系。单击“装配体”工具栏中的“配合”按钮，此时系统弹出“配合”属性管理器。选择如图 9-93 所示中的面 2 和面 3，单击对话框中的“同轴心”按钮，然后单击“确定”按钮✔。重复此命令，将面 1 和面 4 添加为“重合”配合关系。配合后的图形如图 9-94 所示。

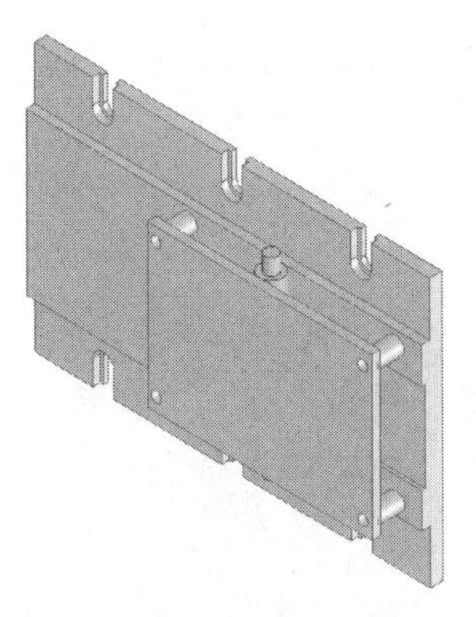

图 9-90　配合后的图形

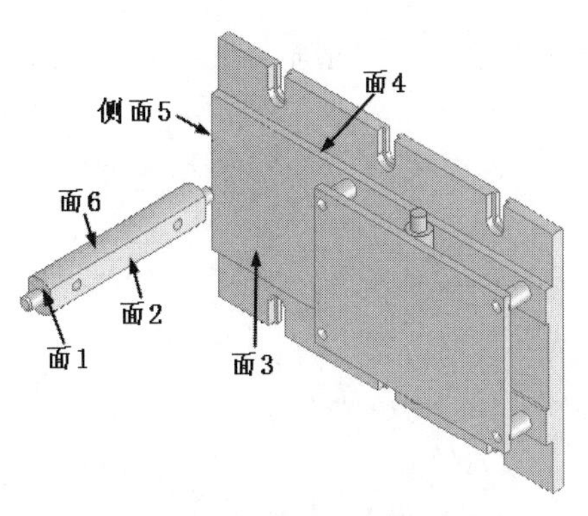

图 9-91　插入长平轴后的图形

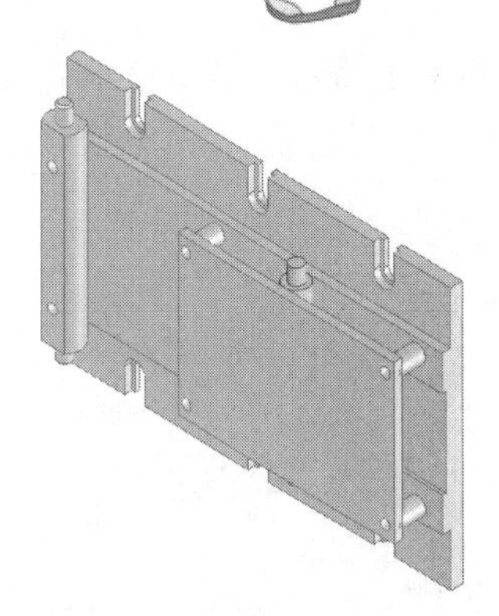

图 9-92　配合后的图形

（12）插入升降架。单击“装配体”面板中的“插入零部件”按钮，在小圆轴的另一侧插入升降架，具体步骤可以参考上面的介绍。配合后的图形如图 9-95 所示。

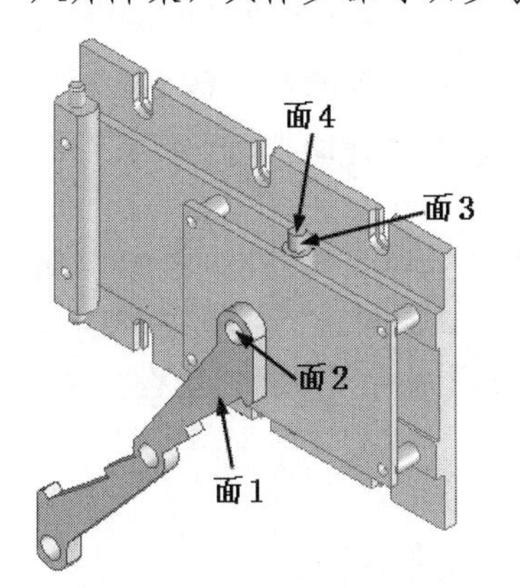

图 9-93　插入升降架后的图形

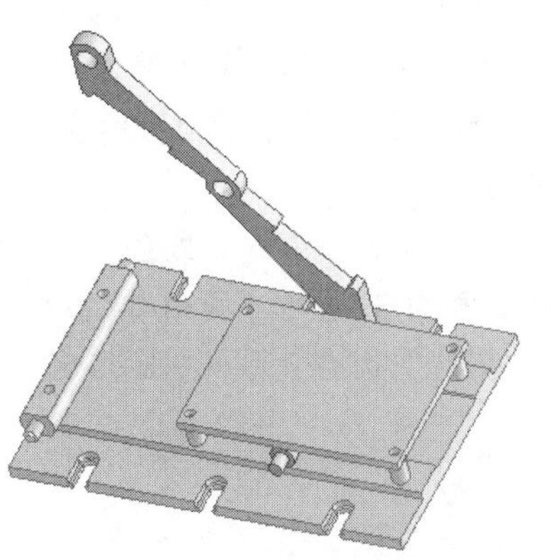

图 9-94　配合后的图形

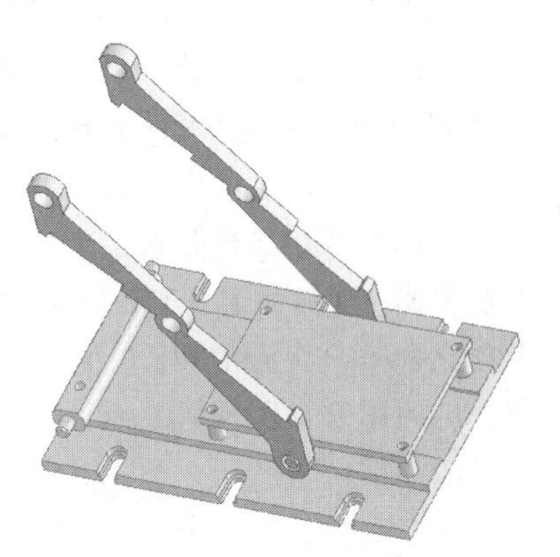

图 9-95　配合后的图形

提示：

在装配图中插入相同零件时，既可以使用菜单命令进行插入，也可以在“FeatureManager 设计树”中选择已插入的零件，然后按住 Ctrl 键，将零件调入视图中合适的位置。

（13）插入升降架。单击“装配体”面板中的“插入零部件”按钮，在长平轴的两侧插入升降架，具体步骤可以参考上面的介绍。配合后的图形如图 9-96 所示。

（14）添加配合关系。单击“装配体”面板中的“配合”按钮，此时系统弹出“配合”属性管理器。选择如图 9-96 所示的面 1 和面 2，单击“同轴心”按钮，然后单击对话框中的“确定”按钮✔。重复此命令，将面 3 和面 4 添加为“同轴心”配合关系。配合后的图形如图 9-97 所示。

（15）插入长圆轴。单击“装配体”面板中的“插入零部件”按钮，插入长圆轴（原始文件“\第 9 章\升降台\长圆轴.prt”）。具体步骤可以参考上面的介绍，将长圆轴插入图中合适的位置。插入长圆轴后的图形如图 9-98 所示。

（16）添加配合关系。单击“装配体”面板中的“配合”按钮，此时系统弹出“配合”属性管理器。选择如图 9-98 所示的面 1 和面 3，单击“同轴心”按钮，然后单击“确定”按钮✔。

重复此命令，将面 2 和面 4 添加为“重合”配合关系。配合后的图形如图 9-99 所示。

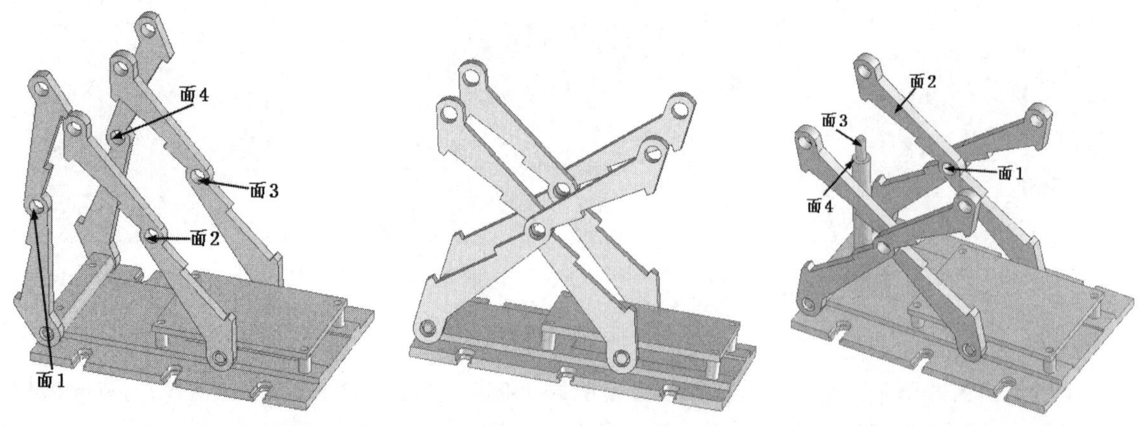

图 9-96　配合后的图形　　图 9-97　配合后的图形　　图 9-98　插入长圆轴后的图形

（17）插入短平轴。单击“装配体”面板中的“插入零部件”按钮，插入短平轴（原始文件“\第 9 章\升降台\短平轴.prt”）。具体步骤可以参考上面的介绍，将短平轴插入图中合适的位置。插入短平轴后的图形如图 9-100 所示。

（18）添加配合关系。单击“装配体”面板中的“配合”按钮，此时系统弹出“配合”属性管理器。选择如图 9-100 所示的面 2 和面 3，单击“同轴心”按钮，然后单击“确定”按钮✔。重复此命令，将面 1 和面 4 添加为“重合”配合关系；将面 5 和面 6 添加为“平行”配合关系。配合后的图形如图 9-101 所示。

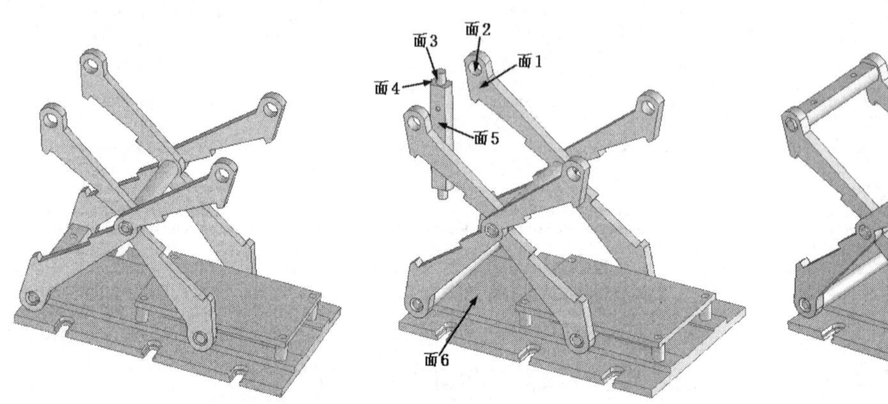

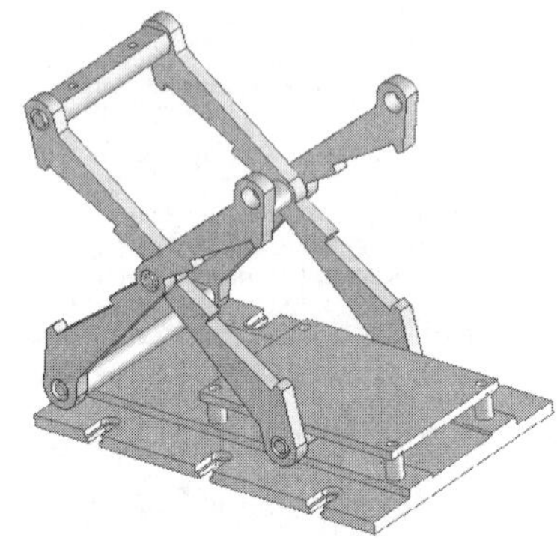

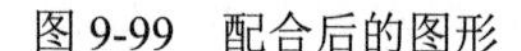

图 9-99　配合后的图形　　图 9-100　插入短平轴后的图形　　图 9-101　配合后的图形

（19）插入调节轴。单击“装配体”面板中的“插入零部件”按钮，插入调节轴（原始文件“\第 9 章\升降台\调节轴.prt”）。具体步骤可以参考上面的介绍，将调节轴插入图中合适的位置。插入调节轴后的图形如图 9-102 所示。

（20）添加配合关系。单击“装配体”面板中的“配合”按钮，此时系统弹出“配合”属性管理器。选择如图 9-102 所示的面 1 和面 3，单击“同轴心”按钮，然后单击“确定”按钮✔。重复此命令，将面 2 和面 4 添加距离为 1.5 的配合关系；将面 5 和面 6 添加为“平行”配合关系。配合后的图形如图 9-103 所示。

（21）插入承重台。单击“装配体”面板中的“插入零部件”按钮，插入承重台（原始文

件“\第 9 章\升降台\承重台.prt”)。具体步骤可以参考上面的介绍，将承重台插入图中合适的位置。插入承重台后的图形如图 9-104 所示。

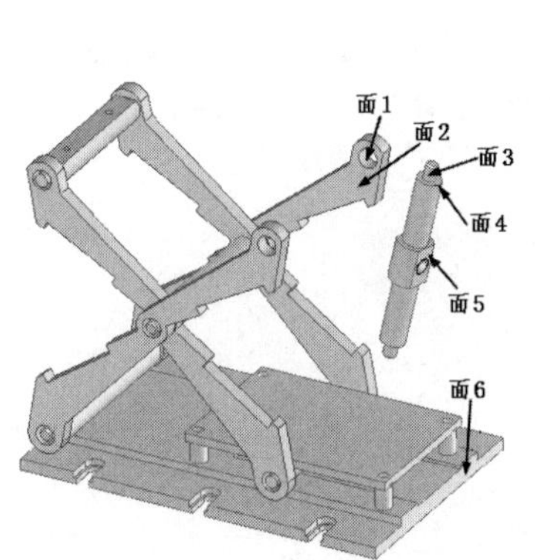

图 9-102　插入调节轴后的图形

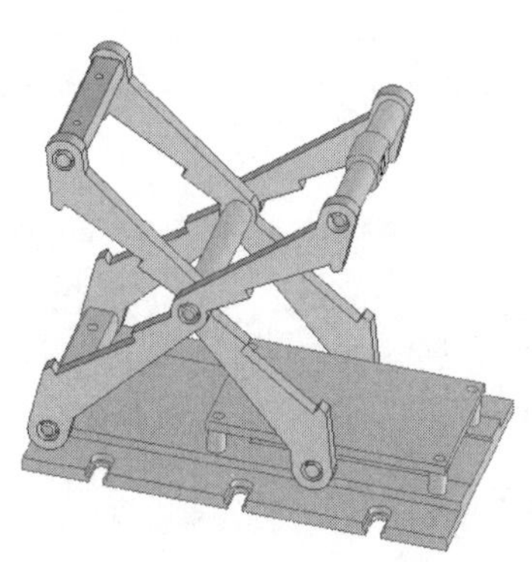

图 9-103　配合后的图形

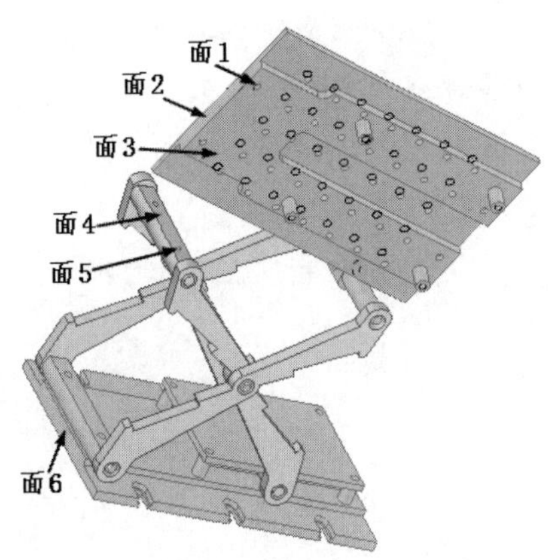

图 9-104　插入承重台后的图形

(22）添加配合关系。单击“装配体”面板中的“配合”按钮，此时系统弹出“配合”属性管理器。选择如图 9-104 所示的面 1 和面 5，单击“同轴心”按钮，然后单击“确定”按钮✔。重复此命令，将面 3 和面 4 添加为“重合”配合关系；将面 2 和面 6 添加为“平行”配合关系。配合后的图形如图 9-105 所示。

(23）插入调节挡板。单击“装配体”面板中的“插入零部件”按钮插入调节挡板（原始文件“\第 9 章\升降台\调节挡板.prt”)。具体步骤可以参考上面的介绍，将调节挡板插入图中合适的位置。插入调节挡板后的图形如图 9-106 所示。

(24）添加配合关系。单击“装配体”面板中的“配合”按钮，此时系统弹出“配合”属性管理器。选择如图 9-106 所示的面 1 和面 3，单击“同轴心”按钮，然后单击“确定”按钮✔。重复此命令，将面 2 和面 4 添加为“重合”配合关系；将面 5 和面 6 添加为“平行”配合关系。配合后的图形如图 9-107 所示。

图 9-105　配合后的图形

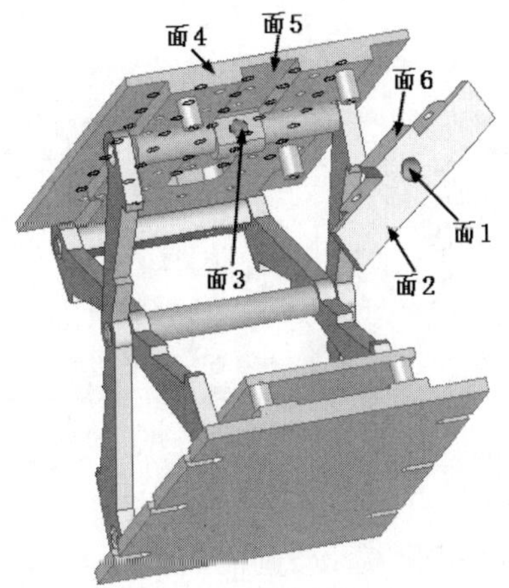

图 9-106　插入调节挡板后的图形

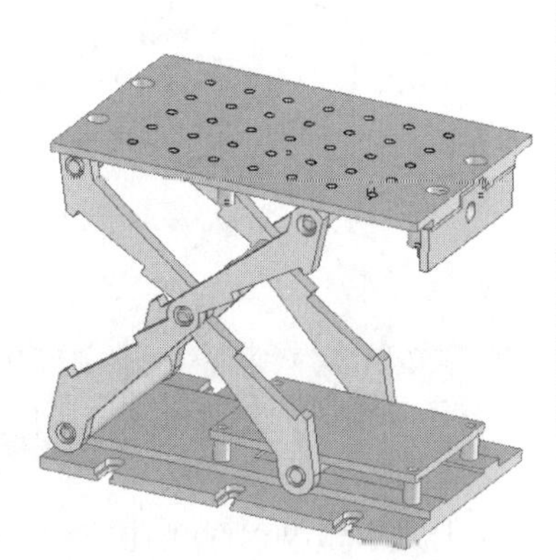

图 9-107　配合后的图形

(25）插入调节旋钮。单击“装配体”面板中的“插入零部件”按钮，插入调节旋钮（原

Note

始文件“\第9章\升降台\调节旋钮.prt”）。具体步骤可以参考上面的介绍，将调节旋钮插入图中合适的位置。插入调节旋钮后的图形如图9-108所示。

（26）添加配合关系。单击“装配体”面板中的“配合”按钮，此时系统弹出“配合”属性管理器。选择如图9-108所示的面1和面3，单击“同轴心”按钮，然后单击“确定”按钮✔。重复此命令，将面2和面4添加为“重合”配合关系。配合后的图形如图9-109所示。

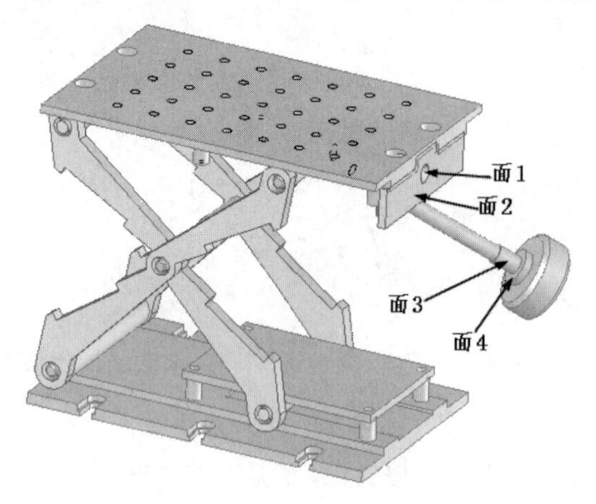

图9-108　插入调节旋钮后的图形

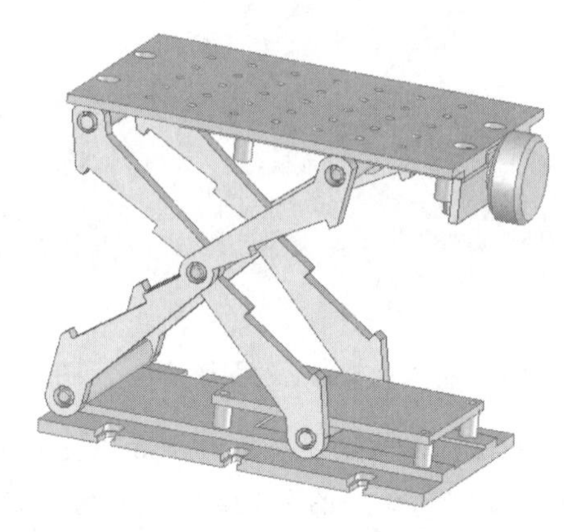

图9-109　配合后的图形

（27）插入承重台堵板。单击“装配体”面板中的“插入零部件”按钮，插入承重台堵板（原始文件“\第9章\升降台\承重台堵板.prt”）。具体步骤可以参考上面的介绍，将承重台堵板插入图中合适的位置。插入承重台堵板后的图形如图9-110所示。

（28）添加配合关系。单击“装配体”面板中的“配合”按钮，此时系统弹出“配合”属性管理器。选择如图9-110所示中的承重台支柱的螺纹孔和承重台堵板的孔，将其添加为“同轴心”配合关系；将支柱的下表面和承重台堵板的上表面添加为“重合”配合关系。重复插入和添加配合关系命令插入另一个挡板。配合后的图形如图9-111所示。

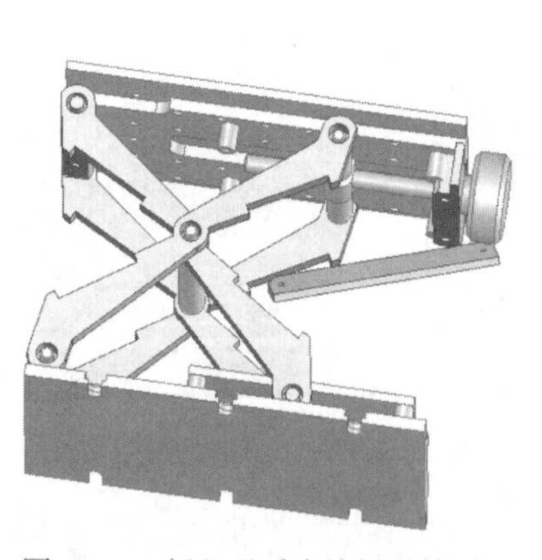

图9-110　插入承重台堵板后的图形

图9-111　配合后的图形

（29）插入轴套。单击“装配体”面板中的“插入零部件”按钮，插入轴套（原始文件“\第9章\升降台\轴套.prt”）。具体步骤可以参考上面的介绍，将轴套插入图中合适的位置。插入

轴套后的图形如图 9-112 所示。

（30）添加配合关系。单击“装配体”面板中的“配合”按钮，此时系统弹出“配合”属性管理器。选择如图 9-112 所示的面 2 和面 3，将其添加为“同轴心”配合关系；将面 1 和面 4 添加为“重合”配合关系。配合后的图形如图 9-113 所示。

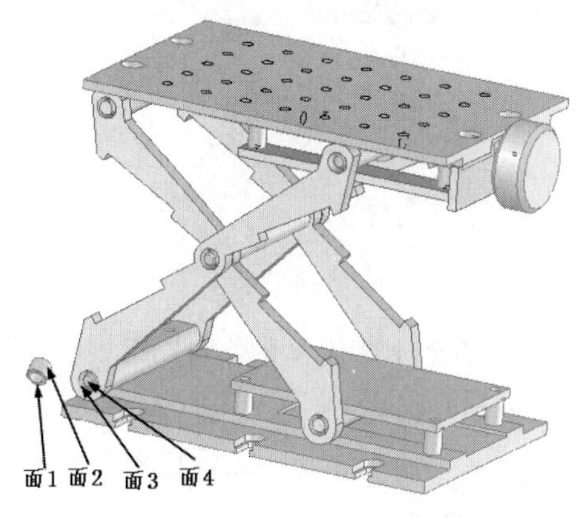

图 9-112　插入轴套后的图形

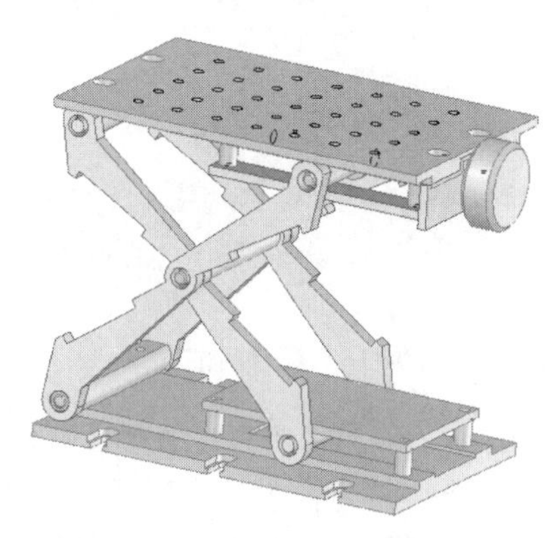

图 9-113　配合后的图形

（31）插入并装配其他轴套。重复步骤（29）和步骤（30）插入轴套并添加配合关系，将轴套插入图中合适的位置。插入其他轴套后的图形如图 9-114 所示。

（32）插入升降架小堵板。单击“装配体”面板中的“插入零部件”按钮，插入升降架小堵板（原始文件“\第 9 章\升降台\升降架小堵板.prt”）。具体步骤可以参考上面的介绍，将升降架小堵板插入图中合适的位置。插入小堵板后的图形如图 9-115 所示。

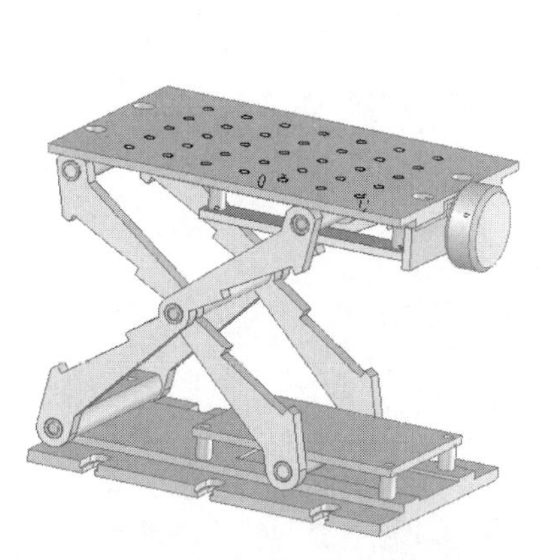

图 9-114　插入其他轴套后的图形

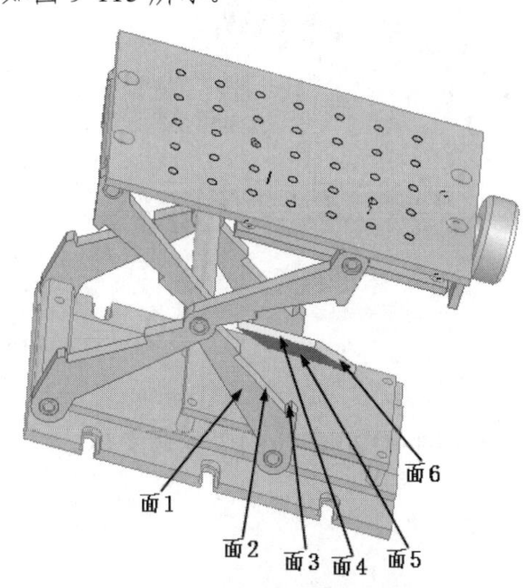

图 9-115　插入小堵板后的图形

（33）添加配合关系。单击“装配体”面板中的“配合”按钮，此时系统弹出“配合”属性管理器，选择如图 9-115 所示的面 2 和面 5，将其添加为“重合”配合关系，将面 1 和面 4 添加为“重合”配合关系；将面 3 和面 6 添加为“重合”配合关系。配合后的图形如图 9-116 所示。

（34）插入堵板并装配。重复步骤（32）和步骤（33），插入其他升降架堵板，包括大堵板并添加配合关系。具体步骤可以参考上面的介绍，将升降架堵板插入图中合适的位置。插入堵板

Note

后的图形如图 9-117 所示。

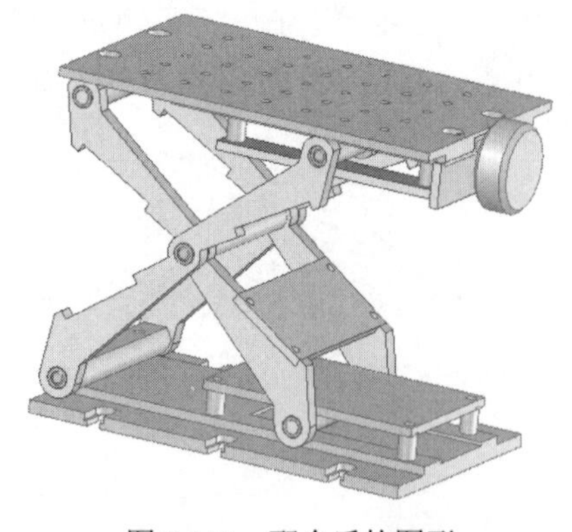

图 9-116　配合后的图形

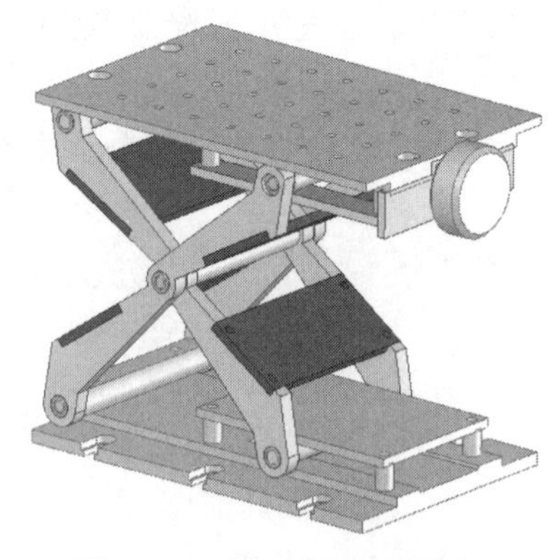

图 9-117　插入堵板后的图形

（35）插入螺钉。单击“装配体”面板中的“插入零部件”按钮，插入螺钉并添加配合关系（原始文件“\第 9 章\升降台\螺钉.prt”）。具体步骤可以参考上面的介绍，将螺钉插入图中合适的位置。插入螺钉后的图形如图 9-118 所示。最终结果如图 9-119 所示。

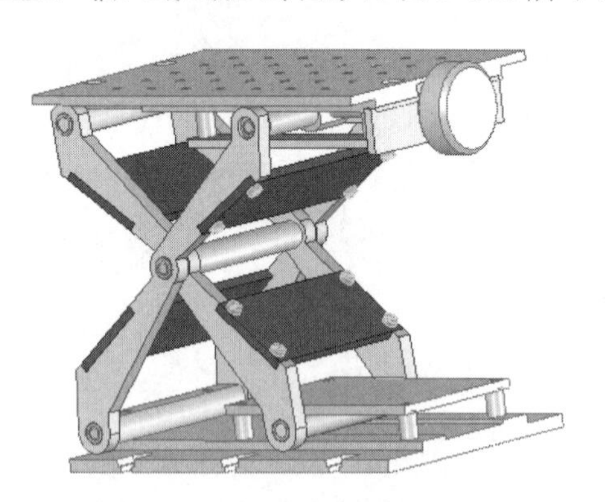

图 9-118　插入螺钉后的图形

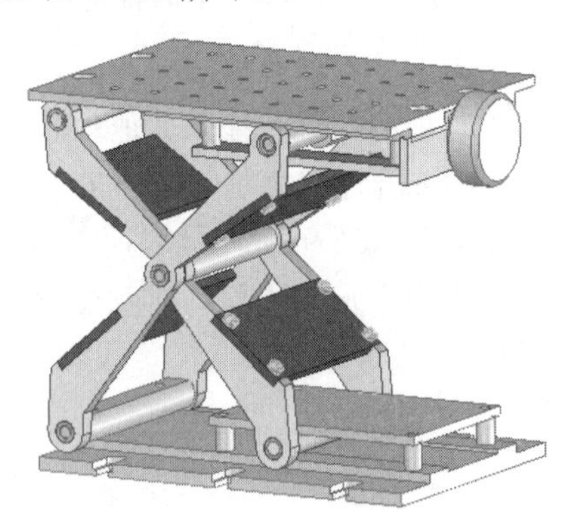

图 9-119　升降台装配图

9.7　上 机 操 作

创建如图 9-120 所示的手锤装配体。

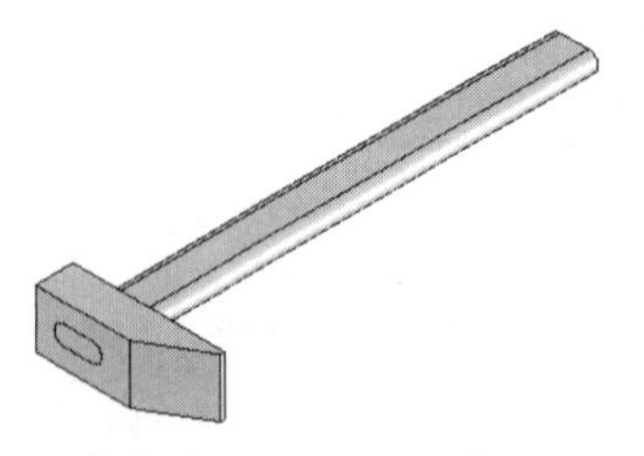

图 9-120　手锤装配体

操作提示：

（1）利用插入零件和配合命令，选择如图 9-121 所示的面 1 和面 2 为配合面，添加“同轴

心”配合关系。

（2）利用配合命令，选择如图 9-122 所示的面 1 和面 2，添加“重合”配合关系。

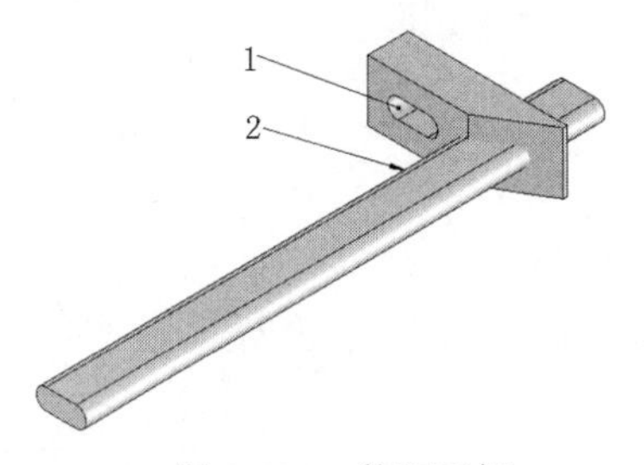

图 9-121　装配手柄

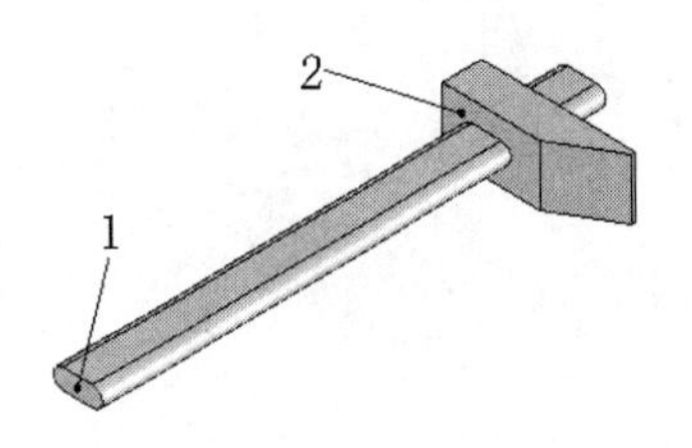

图 9-122　装配手柄

9.8　思考与练习

1．装配体的设计方法有哪几种？分别用在哪些场合？
2．在建立装配文件时常用到哪些装配方式？
3．创建如图 9-123 所示的手柄轴组件装配图。各零件图如图 9-124 所示。

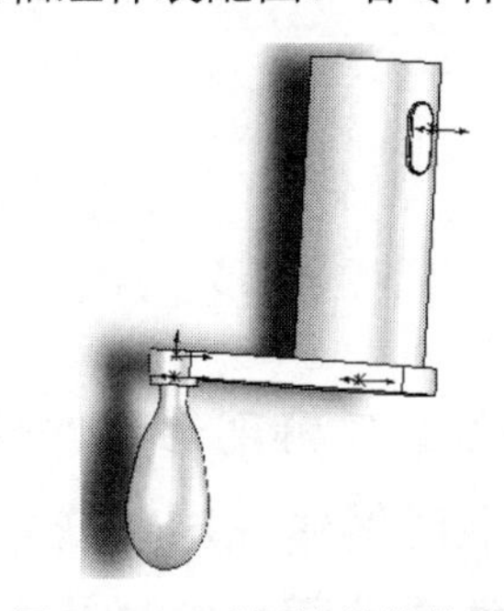

图 9-123　手柄轴组件装配图

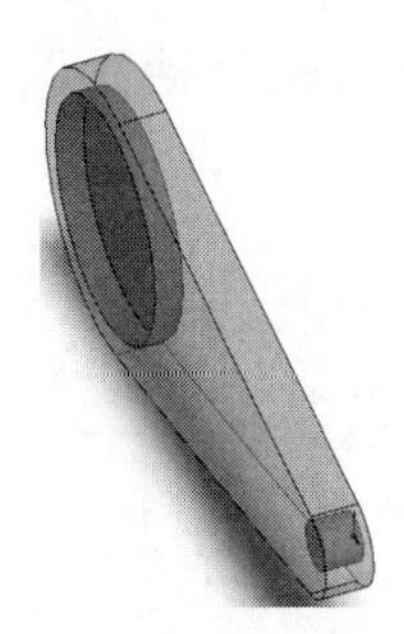

（a）底座

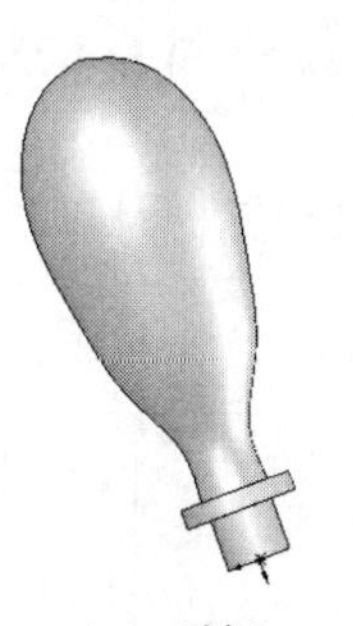

（b）手柄

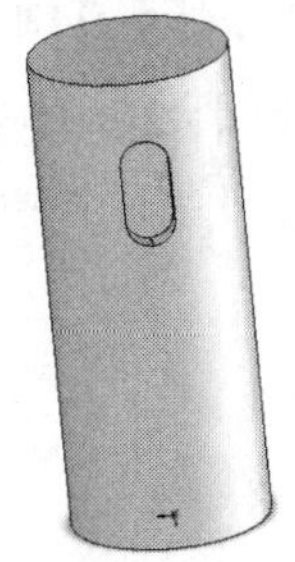

（c）圆柱杆

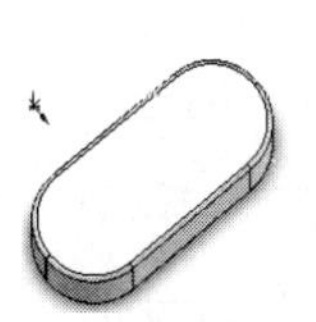

（d）平键

图 9-124　各零件图

工程图绘制

本章学习要点和目标任务：

- ☑ 工程图的绘制方法
- ☑ 创建视图
- ☑ 编辑工程视图
- ☑ 标注工程视图

默认情况下，SOLIDWORKS 系统在工程图和零件或装配体三维模型之间提供全相关的功能，全相关意味着无论什么时候修改零件或装配体的三维模型，所有相关的工程视图将自动更新，以反映零件或装配体的形状和尺寸变化；反之，当在一个工程图中修改一个零件或装配体尺寸时，系统也将自动地将相关的其他工程视图及三维零件或装配体中的相应尺寸加以更新。

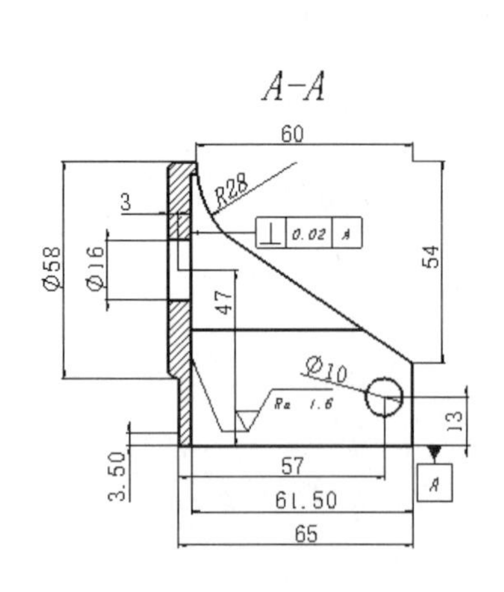

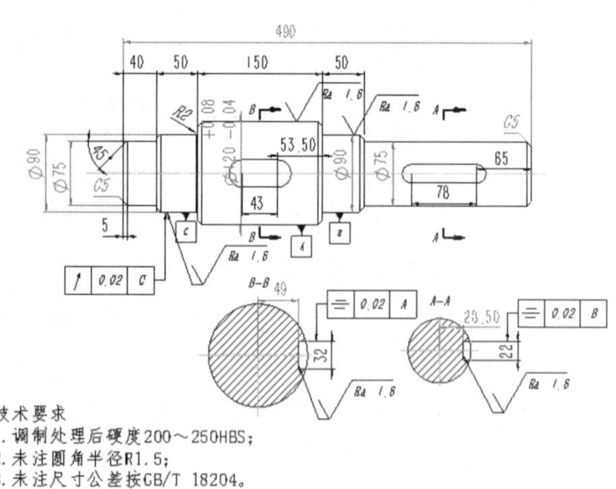

10.1　工程图的绘制方法

在安装 SOLIDWORKS 软件时，可以设定工程图与三维模型间的单向链接关系，这样当在工程图中对尺寸进行了修改时，三维模型并不更新。如果要改变此选项的话，只有重新安装一次软件。

此外，SOLIDWORKS 系统提供了多种类型的图形文件输出格式，包括最常用的 DWG 和 DXF 格式以及其他几种常用的标准格式。

工程图包含一个或多个由零件或装配体生成的视图。在生成工程图之前，必须先保存与它有关的零件或装配体的三维模型。

下面介绍创建工程图的操作步骤。

（1）单击快速访问工具栏中的“新建”按钮。

（2）在弹出的“新建 SOLIDWORKS 文件”对话框中单击“工程图”按钮，如图 10-1 所示，进入工程图状态。

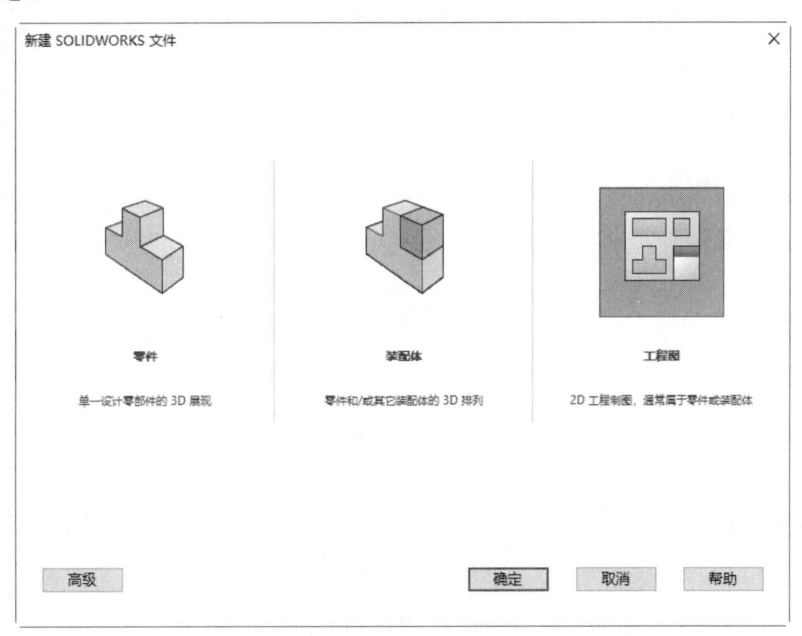

图 10-1　“新建 SOLIDWORKS 文件”对话框

（3）在图纸下方单击“添加图纸”按钮，在弹出的“图纸格式/大小”对话框中选择图纸格式，如图 10-2 所示。

☑　标准图纸大小：在列表框中选择一个标准图纸大小的图纸格式。

☑　自定义图纸大小：在“宽度”和“高度”文本框中设置图纸的大小。

如果要选择已有的图纸格式，则单击“浏览”按钮导航到所需的图纸格式文件。

工程图窗口中也包括“FeatureManager 设计树”，它与零件和装配体窗口中的“FeatureManager 设计树”相似，包括项目层次关系的清单。每张图纸有一个按钮，每张图纸下有图纸格式和每个视图的按钮。项目按钮旁边的‣符号表示它包含相关的项目，单击它将展开所有的项目并显示其

内容。工程图窗口如图 10-3 所示。

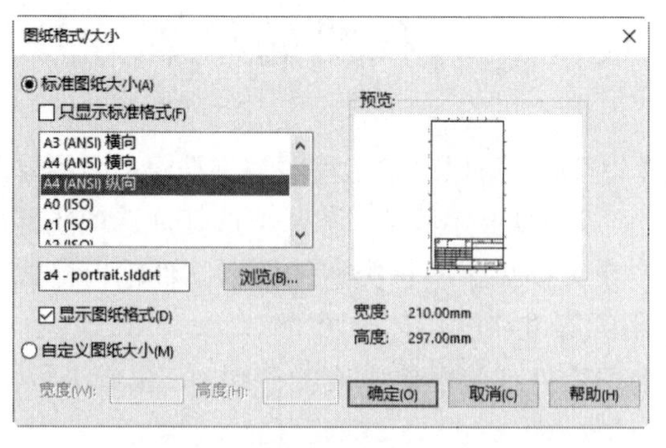

图 10-2 “图纸格式/大小”对话框

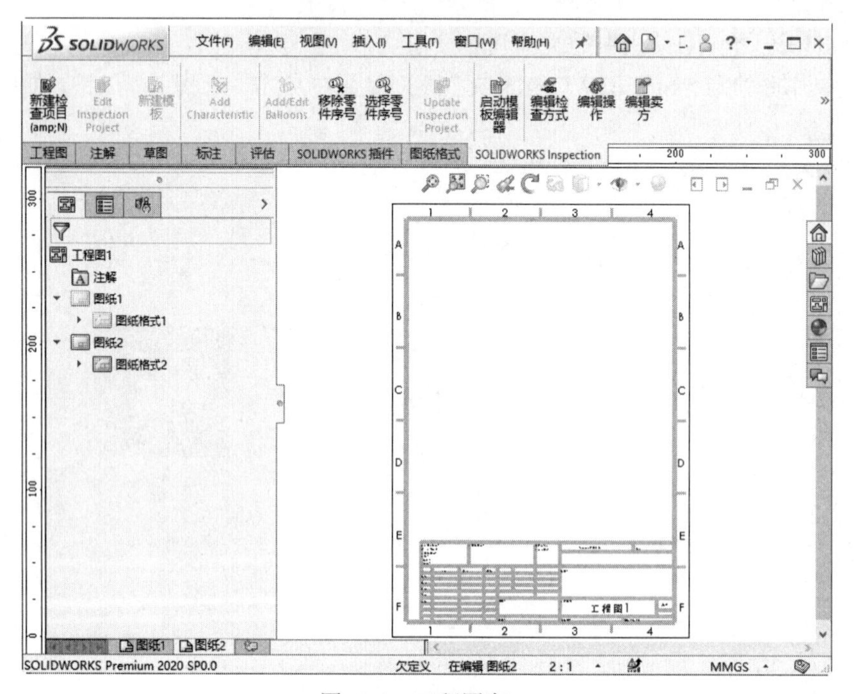

图 10-3 工程图窗口

标准视图包含视图中显示的零件和装配体的特征清单。派生的视图（如局部或剖面视图）包含不同的特定视图项目（如局部视图按钮、剖切线等）。

工程图窗口的顶部和左侧有标尺，标尺会报告图纸中鼠标指针的位置。选择菜单栏中的“视图”→“标尺”命令，可以打开或关闭标尺。

如果要放大到视图，右击“FeatureManager 设计树”中的视图名称，在弹出的快捷菜单中选择“放大所选范围”命令。

用户可以在“FeatureManager 设计树”中重新排列工程图文件的顺序，在图形区拖动工程图到指定的位置。

工程图文件的扩展名为“.slddrw”。新工程图使用所插入的第一个模型的名称。保存工程图时，模型名称作为默认文件名出现在“另存为”对话框中，并带有扩展名“.slddrw”。

10.2　创建视图

10.2.1　标准三视图

在创建工程图前，应根据零件的三维模型，考虑和规划零件视图，如工程图由几个视图组成，是否需要剖视图等。考虑清楚后，再进行零件视图的创建工作，否则如同用手工绘图一样，可能创建的视图不能很好地表达零件的空间关系，给其他用户的识图、看图造成困难。

标准三视图是指从三维模型的主视、左视、俯视 3 个正交角度投影生成 3 个正交视图。

在工具栏空白处右击弹出快捷菜单，选择“工程图”命令，在图中显示各命令按钮。

在标准三视图中，主视图与俯视图及侧视图有固定的对齐关系。俯视图可以竖直移动，侧视图可以水平移动。

执行标准三视图命令，主要有如下 3 种调用方法。

☑ 面板：单击“工程图”面板中的“标准三视图”按钮。

☑ 工具栏：单击“工程图”工具栏中的“标准三视图”按钮。

☑ 菜单栏：选择菜单栏中的“插入”→“工程图视图”→“标准三视图”命令。

执行上述命令，弹出“标准三视图”属性管理器，如图 10-4 所示。同时鼠标指针变为形状。

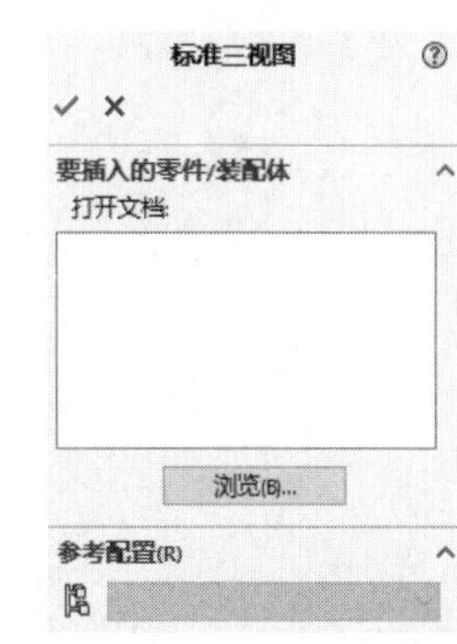

图 10-4　“标准三视图”属性管理器

10.2.2　实例——转向轴三视图

本例创建如图 10-5 所示的转向轴三视图。利用标准三视图命令直接创建转向轴的三视图。

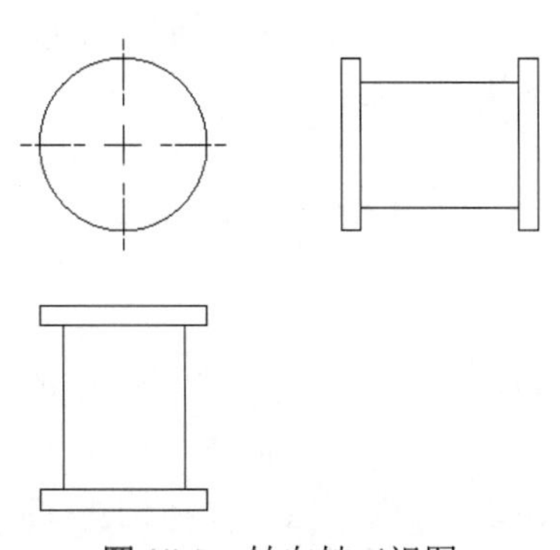

图 10-5　转向轴三视图

操作步骤如下。

（1）新建文件。单击快速访问工具栏中的“新建”按钮，在弹出的“新建 SOLIDWORKS

Note

文件”对话框中单击“工程图”按钮，然后单击“确定”按钮，创建一个新的工程图文件。

（2）创建三视图。单击“工程图”面板中的“标准三视图”按钮，弹出如图 10-4 所示的“标准三视图”属性管理器，单击“浏览”按钮，在弹出的“打开”对话框中选择“转向轴”零件（原始文件“\第 10 章\转向轴.prt”），如图 10-6 所示，单击“打开”按钮，自动生成三视图，如图 10-5 所示。

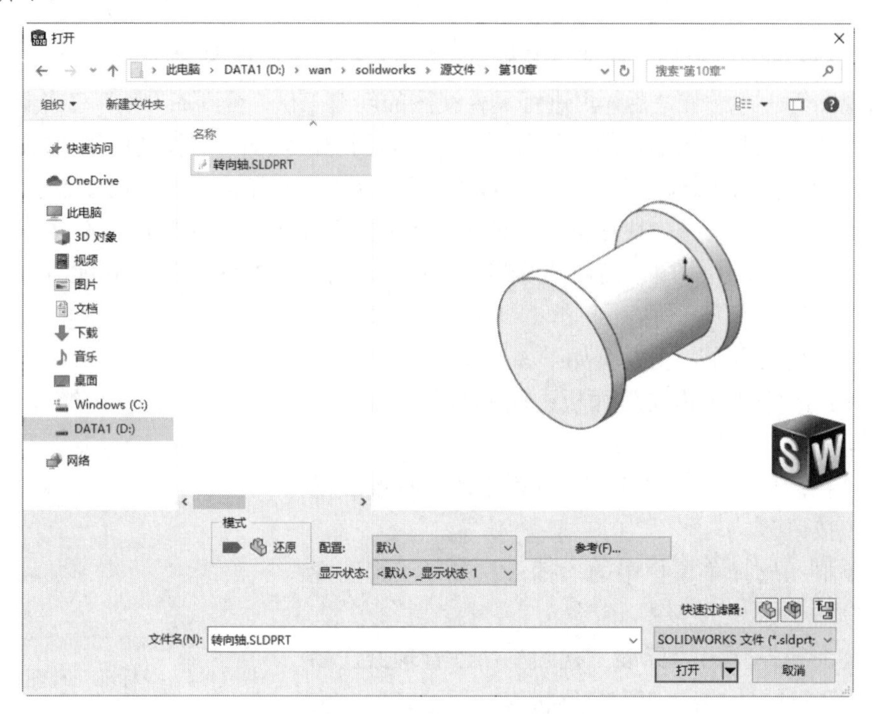

图 10-6 “打开”对话框

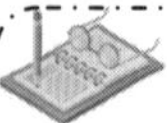

提示：

“标准三视图”属性管理器中提供了 4 种选择模型的方法。

（1）选择一个包含模型的视图。

（2）从另一窗口的“FeatureManager 设计树”中选择模型。

（3）从另一窗口的图形区中选择模型。

（4）在工程图窗口右击，在弹出的快捷菜单中选择“从文件中插入”命令。

视频讲解

10.2.3 模型视图

标准三视图是最基本也是最常用的工程图，但是它所提供的视角十分固定，有时不能很好地描述模型的实际情况。SOLIDWORKS 提供的模型视图解决了这个问题。通过在标准三视图中插入模型视图，可以从不同的角度生成工程图。执行模型视图命令，主要有如下 3 种调用方法。

☑ 面板：单击“工程图”面板中的“模型视图”按钮。

☑ 工具栏：单击“工程图”工具栏中的“模型视图”按钮。

Note

☑　菜单栏：选择菜单栏中的“插入”→“工程图视图”→“模型视图”命令。

执行上述方式后，弹出“模型视图”属性管理器，如图 10-7 所示。

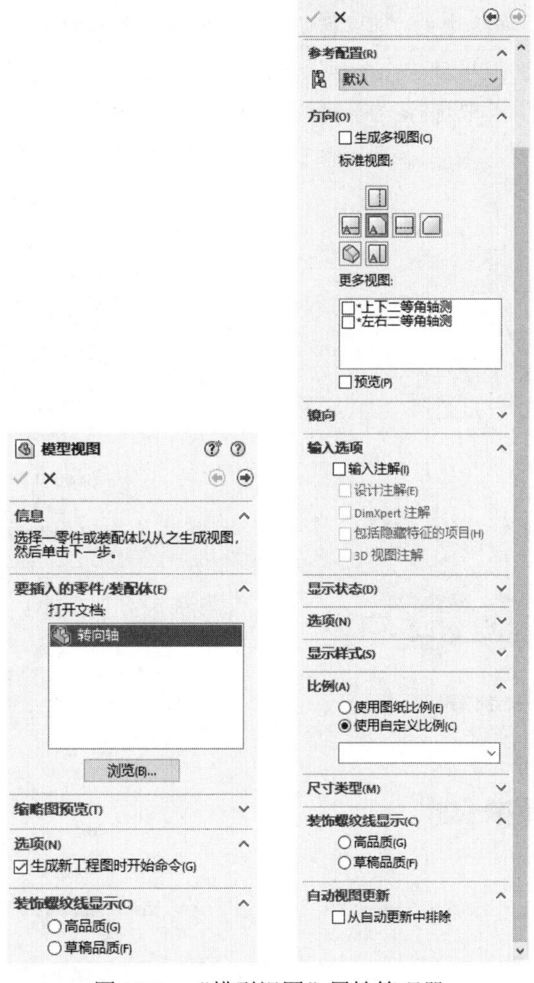

图 10-7　“模型视图”属性管理器

10.2.4　实例——转向轴轴测视图

视频讲解

本例创建如图 10-8 所示的转向轴轴测视图。利用模型视图命令创建轴测视图。

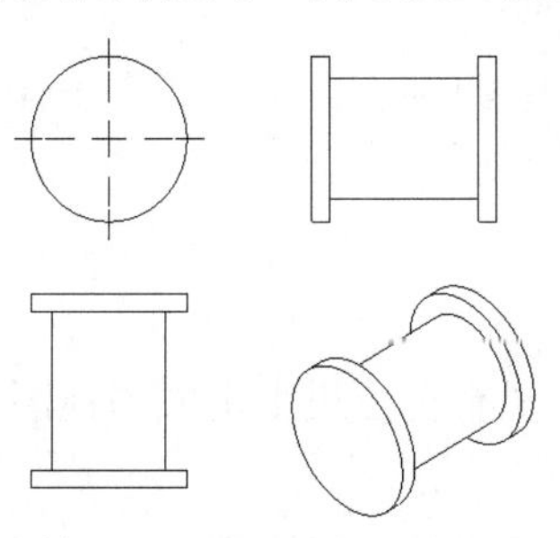

图 10-8　转向轴轴测视图

Note

操作步骤如下。

（1）单击快速访问工具栏中的“打开”按钮，在弹出的“打开”对话框中选择 10.2.2 节实例中创建的“转向轴三视图”文件，然后单击“打开”按钮，打开工程图文件。

（2）单击“工程图”面板中的“模型视图”按钮，弹出如图 10-9 所示的“模型视图”属性管理器 1，采用默认设置。单击“下一步”按钮，弹出如图 10-10 所示的“模型视图”属性管理器 2，在“方向”选项组中选择“等轴测”，在“比例”选项组中选中“使用图纸比例”单选按钮，拖动视图到适当位置，单击鼠标放置，单击“确定”按钮✔，完成轴测视图的创建。

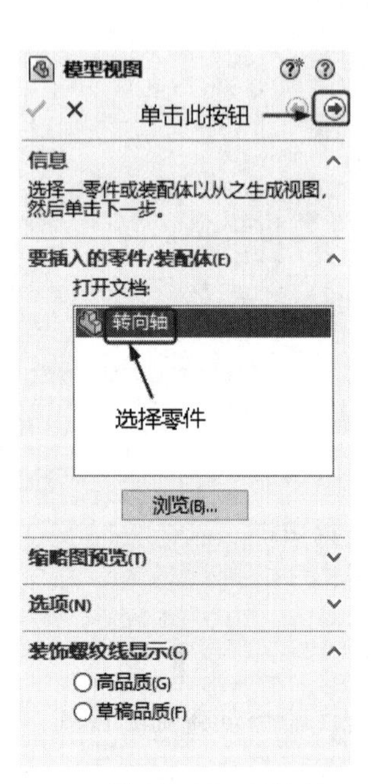

图 10-9　“模型视图”属性管理器 1

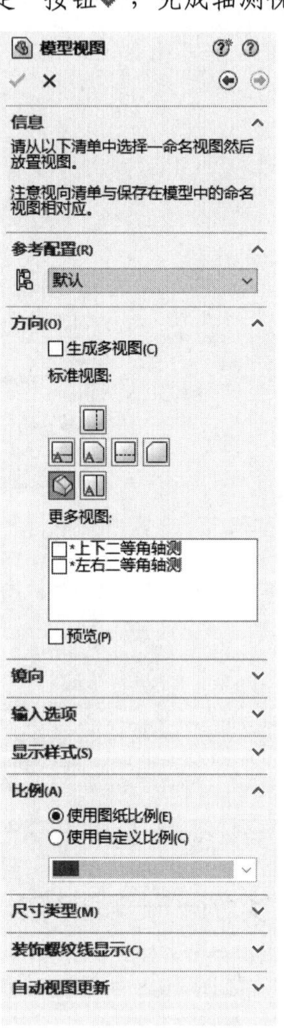

图 10-10　“模型视图”属性管理器 2

视频讲解

10.2.5　投影视图

投影视图是通过从正交方向对现有视图投影生成的视图。执行投影视图命令，主要有如下 3 种调用方法。

☑　面板：单击“工程图”面板中的“投影视图”按钮。

☑ 工具栏：单击“工程图”工具栏中的“投影视图”按钮。

☑ 菜单栏：选择菜单栏中的“插入”→“工程图视图”→“投影视图”命令。

要生成投影视图，可进行如下操作。

（1）单击“工程图”面板中的“投影视图”按钮。

（2）在工程图中选择一个要投影的工程视图。

（3）系统将根据鼠标指针在所选视图中的位置决定投影方向，可以从所选视图的上、下、左、右 4 个方向生成投影视图。

（4）系统会在投影的方向出现一个方框表示投影视图的大小。拖动这个方框到适当的位置后释放鼠标，则投影视图即被放置在工程图中。

（5）单击“确定”按钮✔，生成投影视图，如图 10-11 所示。

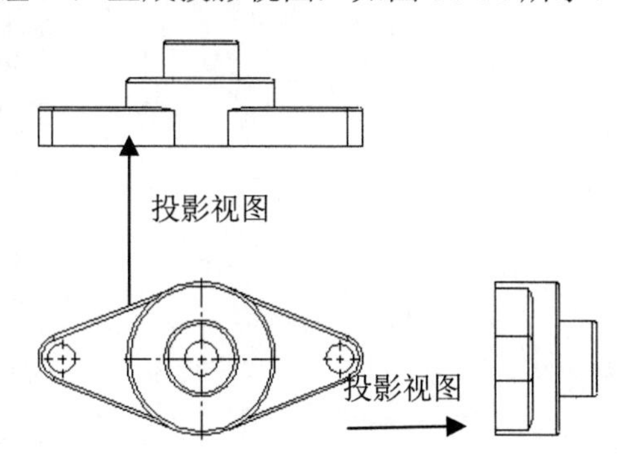

图 10-11　投影视图举例

10.2.6　剖面视图

剖面视图是指用一条剖切线分割工程图中的一个视图，然后从垂直于剖面方向投影得到的视图。执行剖面视图命令，主要有如下 3 种调用方法。

☑ 面板：单击“工程图”面板中的“剖面视图”按钮。

☑ 工具栏：单击“工程图”工具栏中的“剖面视图”按钮。

☑ 菜单栏：选择菜单栏中的“插入”→“工程图视图”→“剖面视图”命令。

执行上述命令，弹出如图 10-12 所示的“剖面视图辅助”属性管理器。选择切割线类型，并将切割线放置到适当位置，弹出如图 10-13 所示的“剖面视图”属性管理器。

“剖面视图”属性管理器部分选项说明如下。

☑ 反转方向：单击此按钮，则会反转切除的方向。

☑ 名称：指定与剖面线或剖面视图相关的字母。

☑ 部分剖面：如果剖面线没有完全穿过视图，选中此复选框，将会生成局部剖面视图。

☑ 横截剖面：选中此复选框，则只有被剖面线切除的曲面才会出现在剖面视图上。

☑ 使用图纸比例：选中此单选按钮，则剖面视图上的剖面线将会随着图纸比例的改变而改变。

☑ 使用自定义比例：选中此单选按钮，则自定义剖面视图在工程图纸中的显示比例。

视频讲解

Note

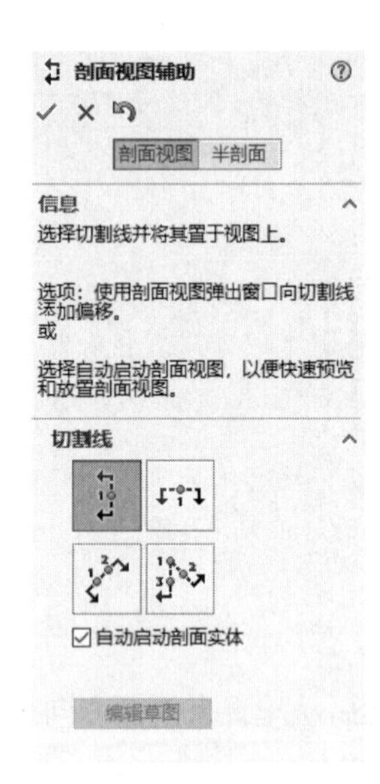

图 10-12 “剖面视图辅助”属性管理器

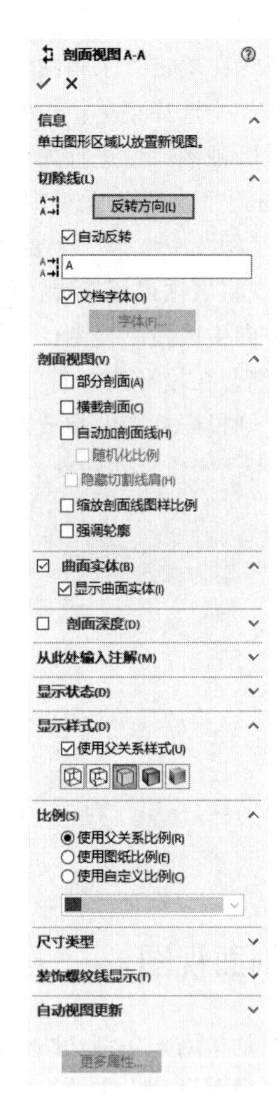

图 10-13 “剖面视图”属性管理器

视频讲解

10.2.7 实例——创建支架剖视图

首先创建前视图，然后利用投影视图命令创建俯视图，最后利用剖视图命令创建左视图，绘制流程图如图 10-14 所示。

操作步骤如下。

（1）新建文件。单击快速访问工具栏中的“新建”按钮，在弹出的“新建 SOLIDWORKS 文件”对话框中单击“工程图”按钮，然后单击“确定”按钮，创建一个新的工程图文件。

（2）创建主视图。单击“工程图”面板中的“模型视图”按钮，弹出“模型视图”属性管理器 1，单击“浏览”按钮，在弹出的“打开”对话框中选择“支架”零件（原始文件“\第 10 章\支架.prt”）。弹出如图 10-15 所示的“模型视图”属性管理器 2，在“方向”选项组中选择“前视图”，在“比例”选项组中选中“使用自定义比例”单选按钮，选择比例为 2∶1，拖动视图到适当位置，单击鼠标放置，完成前视图的创建，如图 10-16 所示。

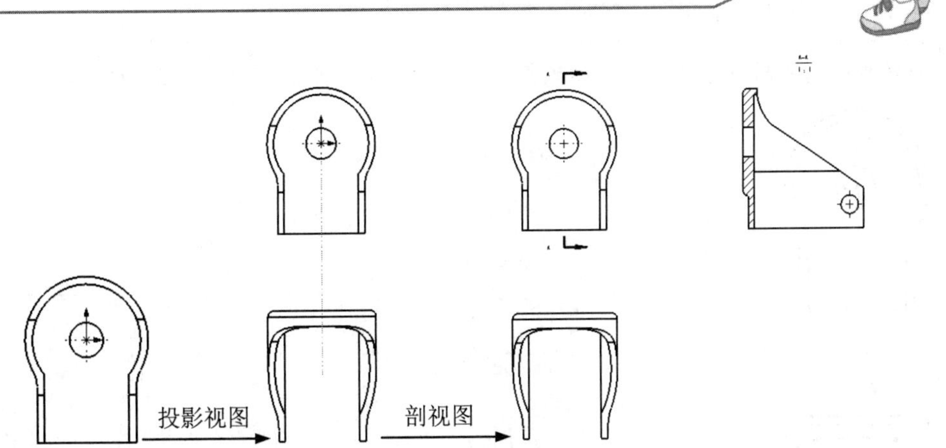

图 10-14　绘制流程图

（3）创建投影视图。完成前视图创建的同时弹出如图 10-17 所示的“投影视图”属性管理器，采用默认设置，拖动视图到适当位置，如图 10-18 所示，单击鼠标放置，单击“确定”按钮✔。

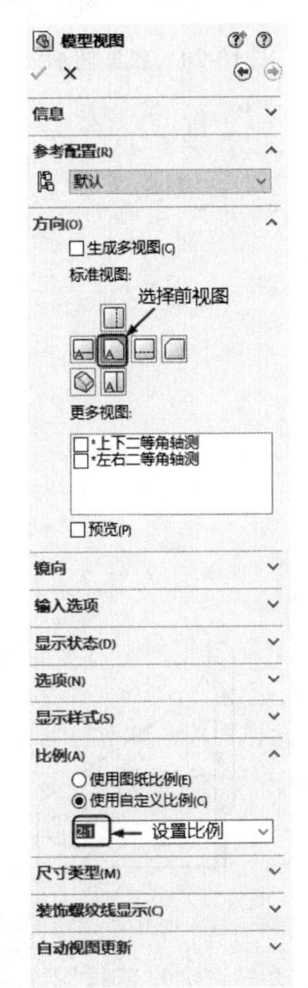

图 10-15　“模型视图”属性管理器 2

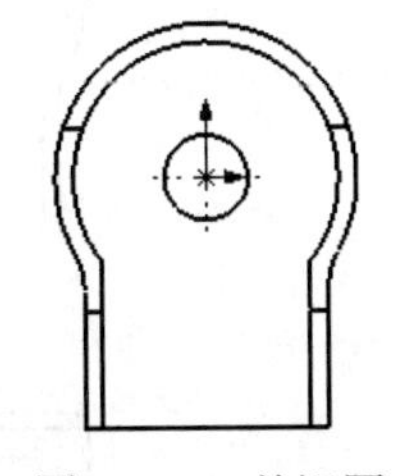

图 10-16　前视图

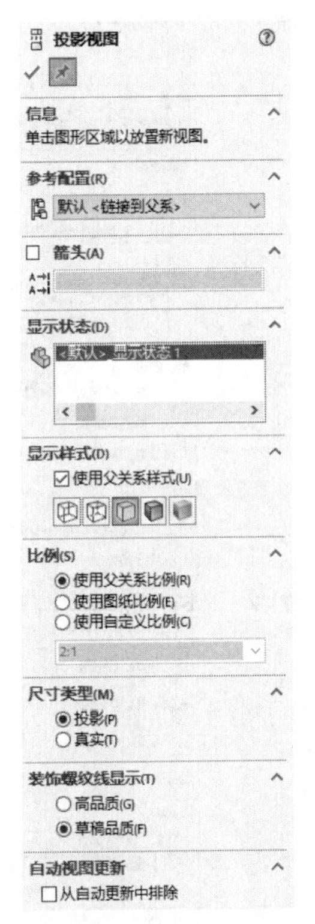

图 10-17　“投影视图”属性管理器

（4）创建剖视图。单击“工程图”面板中的“剖面视图”按钮，弹出如图 10-19 所示的“剖面视图辅助”属性管理器，选择“竖直”切割线，如图 10-20 所示，将切割线放置到主视图中的圆心位置，并单击小工具栏中的“确定”按钮✔，弹出如图 10-21 所示的“剖面视图 A-A”属性管理器，选中“自动反转”复选框，取消选中“文档字体”复选框，单击“字体”按钮，设置合适的

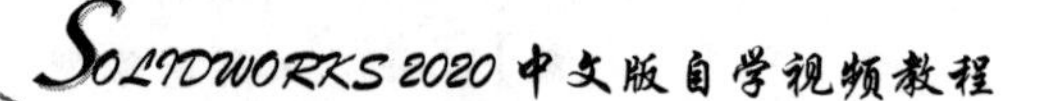

Note

字高。拖动视图到适当位置，单击鼠标放置，单击“确定”按钮✓，支架剖视图如图 10-22 所示。

图 10-18　拖动视图

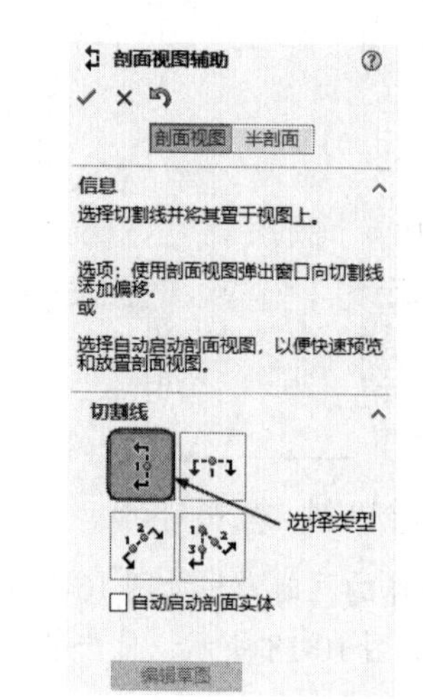

图 10-19　“剖面视图辅助”属性管理器

图 10-20　放置切割线

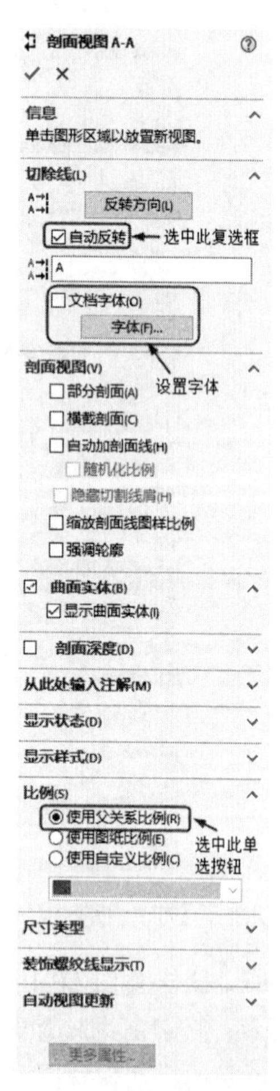

图 10-21　“剖面视图 A-A”属性管理器

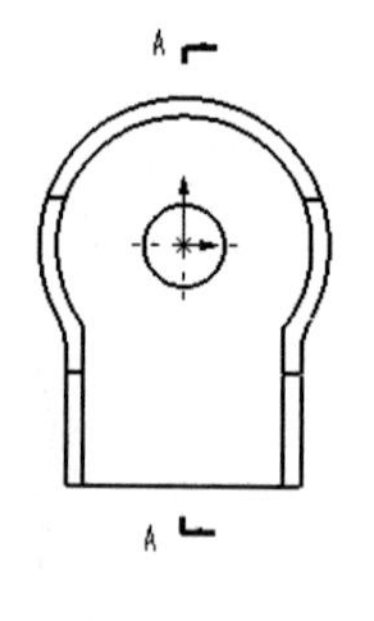
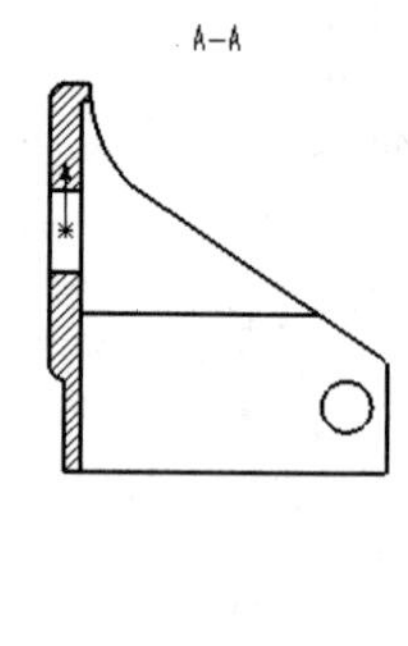
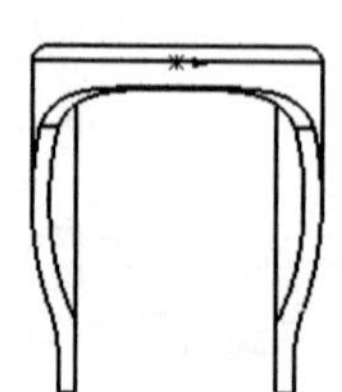

图 10-22　支架剖视图

10.2.8 辅助视图

辅助视图类似于投影视图，它的投影方向垂直所选视图的参考边线。执行辅助视图命令，主要有如下3种调用方法：

☑ 面板：单击“工程图”面板中的“辅助视图”按钮。

☑ 工具栏：单击“工程图”工具栏中的“辅助视图”按钮。

☑ 菜单栏：选择菜单栏中的“插入”→“工程图视图”→“辅助视图”命令。

执行上述方式后，弹出“辅助视图”属性管理器，如图10-23所示。

☑ 名称：指定与剖面线或剖面视图相关的字母。

☑ 反转方向：选中此复选框，则会反转切除的方向。

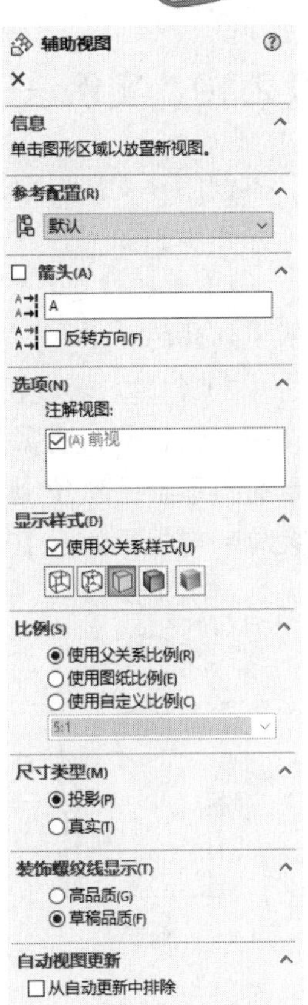

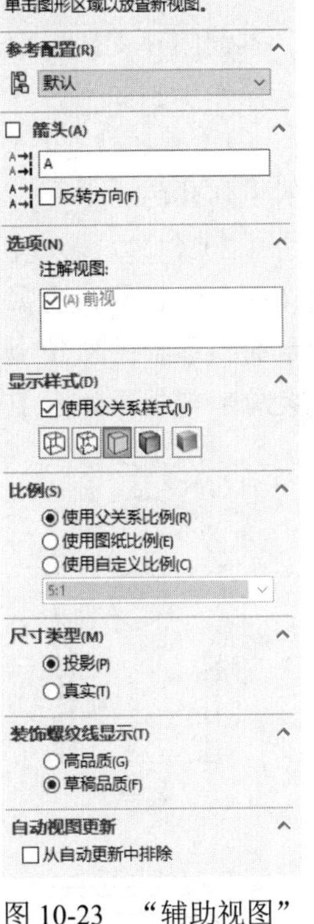

图10-23 “辅助视图”属性管理器

视频讲解

10.2.9 局部视图

可以在工程图中生成一个局部视图，来放大显示视图中的某个部分。局部视图可以是正交视图、三维视图或剖面视图。执行局部视图命令，主要有如下3种调用方法。

☑ 面板：单击“工程图”面板中的“局部视图”按钮。

☑ 工具栏：单击“工程图”工具栏中的“局部视图”按钮。

☑ 菜单栏：选择菜单栏中的“插入”→“工程图视图”→“局部视图”命令。

执行上述方式后，“草图”面板中的“圆”按钮被激活，利用它在要放大的区域绘制一个圆，系统弹出“局部视图”属性管理器。

“局部视图”属性管理器中选项说明如下。

☑ 样式：在该下拉列表框中选择局部视图按钮的样式，有“依照标准”“断裂圆”“带引线”“无引线”“相连”5种样式。

☑ 标号：在该文本框中输入与局部视图相关的字母。

☑ 完整外形：选中此复选框，则系统会显示局部视图中的轮廓外形。

☑ 钉住位置，选中此复选框，在改变派生局部视图的视图大小时，局部视图将不会改变大小。

☑ 缩放剖面线图样比例：选中此复选框，将根据局部视图的比例来缩放剖面线图样的比例。

提示：

局部视图中的放大区域还可以是其他任何的闭合图形。其方法是首先绘制用来作放大区域的闭合图形，然后再单击“局部视图”按钮，其余的步骤相同。

10.2.10　实例——创建支架局部剖视图

Note

视频讲解

本例创建支架局部剖视图，如图 10-24 所示。利用局部剖视图命令创建支架的局部剖视图。操作步骤如下。

（1）单击快速访问工具栏中的“打开”按钮，在弹出的“打开”对话框中选择 10.2.7 节实例中创建的“支架剖视图”文件，然后单击“打开”按钮，打开工程图文件。

（2）创建局部视图。单击“工程图”面板中的“局部视图”按钮，激活“草图”面板中的“圆”按钮，在需要创建视图的地方绘制一个圆形区域，如图 10-25 所示，弹出如图 10-26 所示的“局部视图 II”属性管理器，拖动视图到适当位置，单击鼠标放置，单击“确定”按钮，支架局部剖视图如图 10-24 所示。

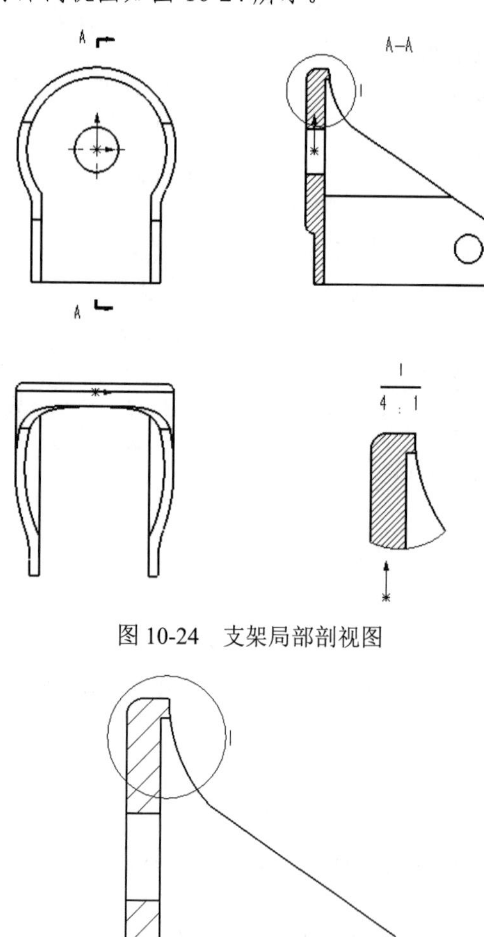

图 10-24　支架局部剖视图

图 10-25　绘制圆

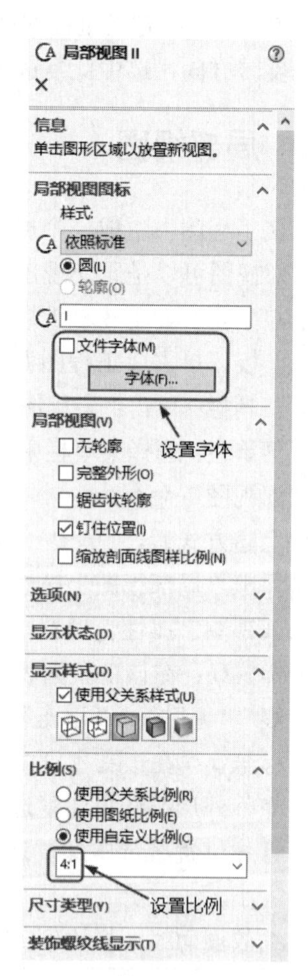

图 10-26　“局部视图 II”属性管理器

视频讲解

10.2.11　断裂视图

工程图中有一些截面相同的长杆件（如长轴、螺纹杆等），这些零件在某个方向的尺寸比其

他方向的尺寸大很多，而且截面没有变化。因此可以利用断裂视图将零件用较大比例显示在工程图上。执行断裂视图命令，主要有如下 3 种调用方法。

- ☑ 面板：单击“工程图”面板中的“断裂视图”按钮。
- ☑ 工具栏：单击“工程图”工具栏中的“断裂视图”按钮。
- ☑ 菜单栏：选择菜单栏中的“插入”→“工程图视图”→“断裂视图”命令。

执行上述命令，选择要断裂的视图，弹出“断裂视图”属性管理器，如图 10-27 所示，此时折断线出现在视图中。

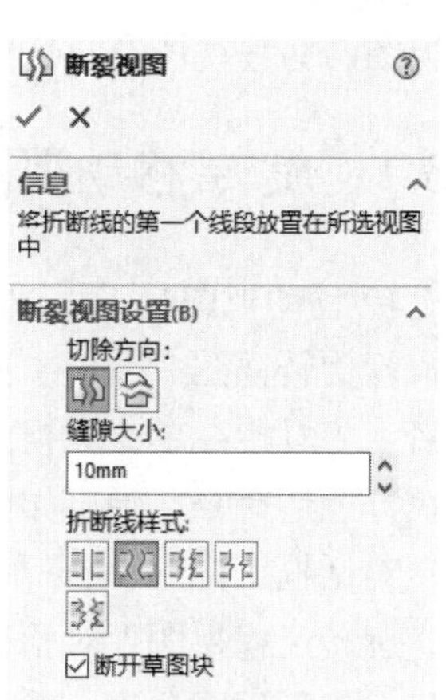

图 10-27　“断裂视图”属性管理器

“断裂视图”属性管理器中的部分选项说明如下。

- ☑ ：添加竖直折断线。
- ☑ ：添加水平折断线。
- ☑ 缝隙大小：设定缝隙之间的间距量。
- ☑ 折断线样式：定义折断线类型。包括直线切断、曲线切断、锯齿线切断和小锯齿线切断。

Note

视频讲解

10.2.12　断开的剖视图

断开的剖视图在工程图视图中剖切装配体的某部分以显示内部。会自动在所有零部件的剖切面上生成剖面线。执行断开的剖视图命令，主要有如下 3 种调用方法。

- ☑ 面板：单击“工程图”面板中的“断开的剖视图”按钮。
- ☑ 工具栏：单击“工程图”工具栏中的“断开的剖视图”按钮。
- ☑ 菜单栏：选择菜单栏中的“插入”→“工程图视图”→“断开的剖视图”命令。

执行上述命令，指针变为，绘制一闭合轮廓，弹出“断开的剖视图”属性管理器，如图 10-28 所示，此时折断线出现在视图中。

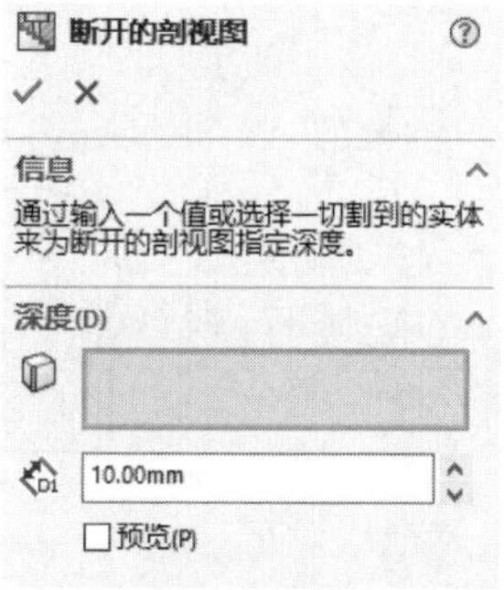

图 10-28　“断开的剖视图”属性管理器

“断开的剖视图”属性管理器中的选项说明如下。

- ☑ 深度参考：在同一或相关视图中选择几何体，如一条边线或轴。
- ☑ 深度：设定剖切深度。
- ☑ 预览：选中此复选框，断开的剖视图在更改深度时显示。如果工程图中有其他视图，则断裂和深度基准面出现在视图上。

10.3　编辑工程视图

工程图建立后，可以对视图进行一些必要的编辑。编辑工程视图包括移动视图、对齐视图、

删除视图、剪裁视图及隐藏视图等。

10.3.1 旋转/移动视图

Note

视频讲解

旋转/移动视图是工程图中常使用的方法，用来调整视图之间的距离。

执行旋转视图命令，主要有如下一种调用方法。

☑ 工具栏：单击“视图（前导）”工具栏中的“旋转视图”按钮。

执行上述命令，弹出如图10-29所示的“旋转工程视图”对话框。

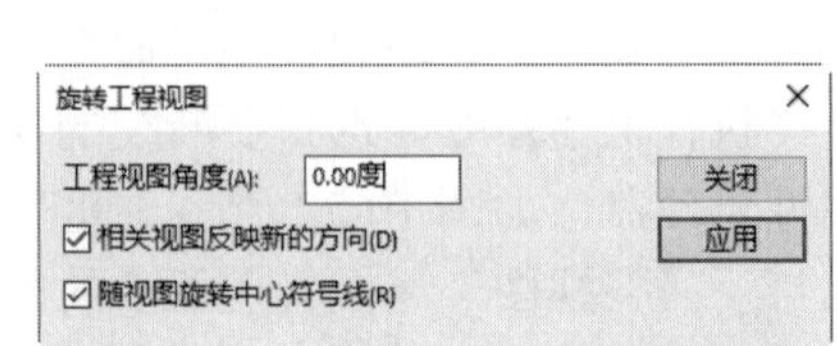

图10-29 “旋转工程视图”对话框

“旋转工程视图”对话框中选项说明如下。

☑ 工程视图角度：输入视图角度。也可以在图形中直接拖动视图，视图以45°增量捕捉，可以拖动视图到任意角度。

☑ 相关视图反映新的方向：选中此复选框，以更新任何从所旋转视图所生成的视图。

☑ 随视图旋转中心符号线：选中此复选框，在旋转视图时，视图中的中心线随视图转动。

视频讲解

10.3.2 实例——更改支架视图

本例更改支架视图，如图10-30所示。利用旋转视图命令更改剖视图的位置。

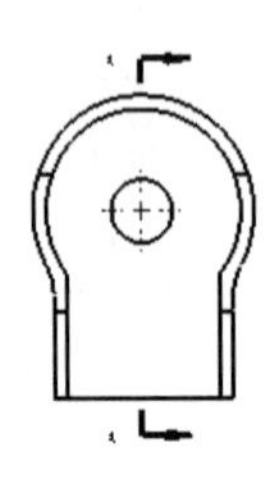

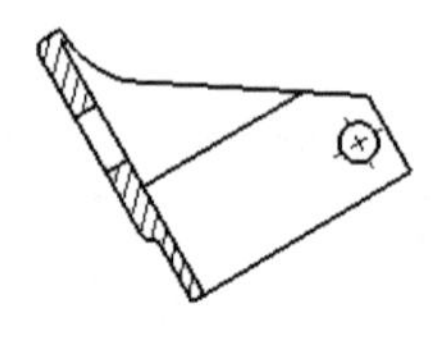

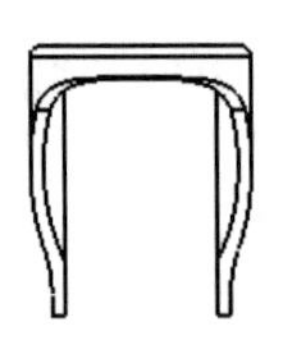

图10-30 更改支架视图

操作步骤如下。

（1）单击快速访问工具栏中的“打开”按钮，在弹出的“打开”对话框中选择10.2.7节实例中创建的“支架剖视图”文件，然后单击“打开”按钮，打开工程图文件。

（2）移动视图。选择移动的视图，单击选中该视图，视图框高亮显示。将鼠标移到该视图上，当鼠标指针变为时，按住鼠标左键拖动该视图到图中合适的位置，如图10-31所示，然后

释放鼠标左键。

（3）旋转视图。选择如图 10-31 所示的左视图，单击“视图（前导）”工具栏中的“旋转视图”按钮，弹出“旋转工程视图”对话框，在“工程视图角度”文本框中输入值 30，如图 10-32 所示，单击“应用”按钮，旋转视图；然后单击“关闭”按钮，关闭对话框。旋转后的工程图如图 10-33 所示。

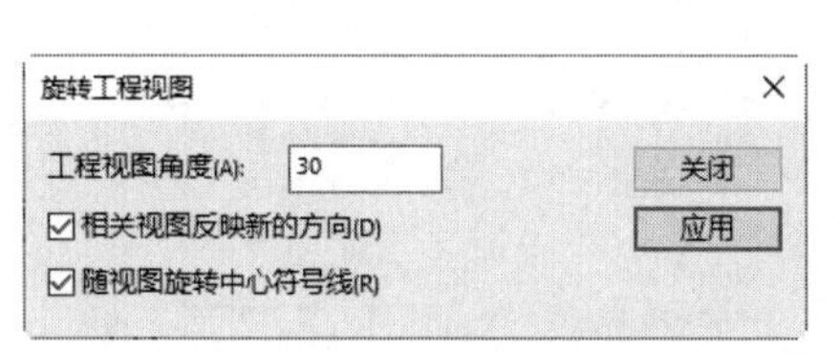

图 10-32 “旋转工程视图”对话框

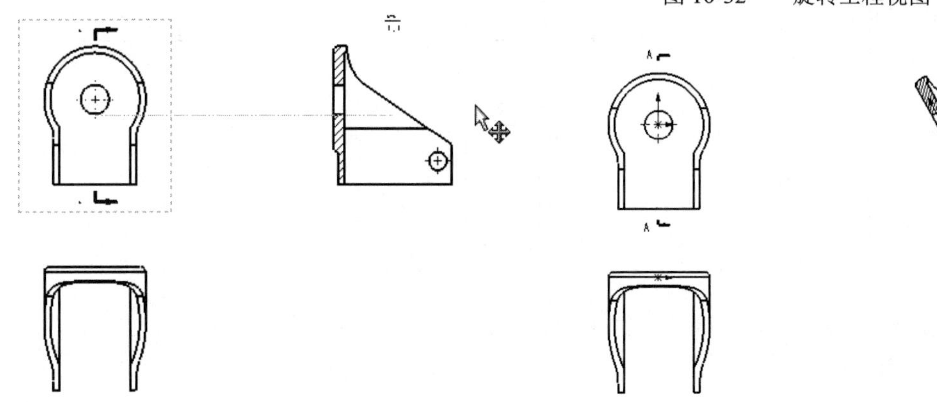

图 10-31 移动的视图

图 10-33 旋转后的工程图

提示：

对于被旋转过的视图，如果要恢复视图的原始位置，可以执行“旋转视图”命令，在“旋转工程视图”对话框的“工程视图角度”文本框中输入值 0 即可。

提示：

（1）在标准三视图中，移动主视图时，左视图和俯视图会跟着移动；其他两个视图可以单独移动，但始终与主视图保持对齐关系。

（2）投影视图、辅助视图、剖面视图及旋转视图与生成它们的母视图保持对齐，并且只能在投影方向移动。

10.3.3 对齐视图

建立标准三视图时，系统默认的方式为对齐方式。视图建立时可以设置与其他视图对齐，也可以设置为不对齐。要对齐没有对齐的视图，可以设置其对齐方式。

右击要对齐的视图，在弹出的如图 10-34 所示的快捷菜单中选择“视图对齐”→“默认对齐”命令。对齐后的工程图如图 10-35 所示。

Note

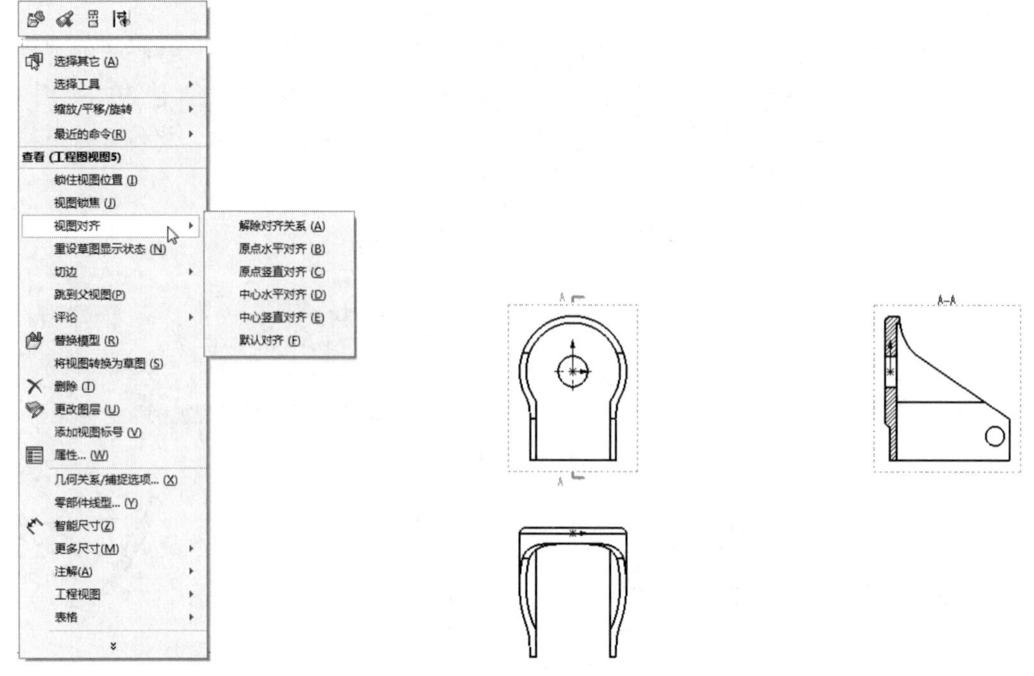

图 10-34　快捷菜单

图 10-35　对齐后的工程图

如果要解除已对齐视图的对齐关系，右击该视图，在弹出的快捷菜单中选择“视图对齐”→“解除对齐关系”命令即可。

视 频 讲 解

10.3.4　删除视图

对于不需要的视图，可以将其删除。删除视图有两种方式，一种是键盘方式，另一种是右键快捷菜单方式。

（1）键盘方式。单击选择需要删除的视图，按一下键盘中的 Delete 键，此时系统弹出如图 10-36 所示的“确认删除”对话框。单击“确认删除”对话框中的“是”按钮，删除该视图。

（2）右键快捷菜单方式。右击需要删除的视图，系统弹出如图 10-34 所示的快捷菜单，在其中选择“删除”命令。此时系统弹出“确认删除”对话框，单击对话框中的“是”按钮，删除该视图。

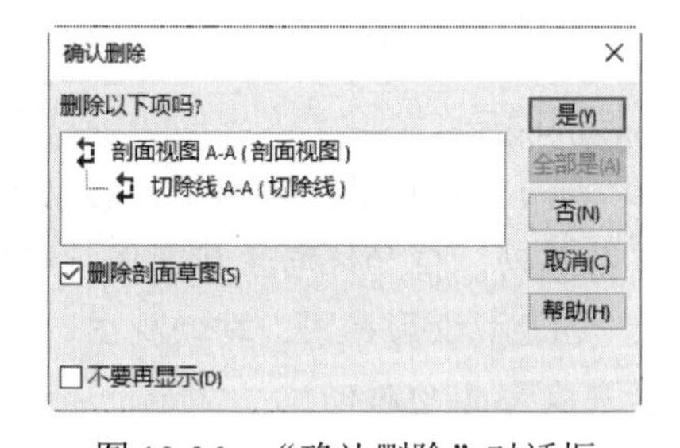

图 10-36　“确认删除”对话框

视 频 讲 解

10.3.5　剪裁视图

如果一个视图太复杂或者太大，可以利用剪裁视图命令将其剪裁，保留需要的部分。执行剪裁视图命令，主要有如下 3 种调用方法。

☑　面板：单击“工程图”面板中的“剪裁视图”按钮。

☑　工具栏：单击“工程图”工具栏中的“剪裁视图”按钮。

☑　菜单栏：选择菜单栏中的“插入”→“工程图视图”→“剪裁视图”命令。

执行剪裁视图之前首先要绘制一个封闭图形作为剪裁区域。

Note

视频讲解

10.3.6　实例——裁剪支架视图

首先绘制草图，然后根据所绘制的草图利用剪裁视图命令，裁剪支架视图，如图10-37所示。

操作步骤如下。

（1）单击快速访问工具栏中的“打开”图标，在弹出的“打开”对话框中选择10.2.7节实例中创建的“支架剖视图”文件，然后单击“打开”按钮，打开工程图文件。

（2）绘制草图。单击“草图”面板中的“样条曲线”按钮，在剖视图中绘制一个封闭图形，作为剪裁区域，绘制样条后的主视图如图10-38所示。

（3）单击“工程图”面板中的“剪裁视图”按钮，剪裁后的主视图如图10-39所示。

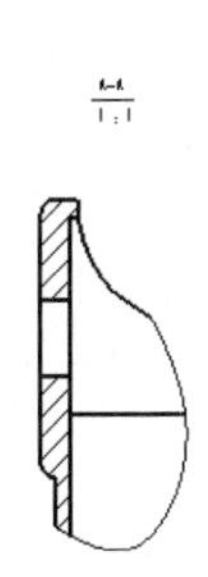

图10-37　剪裁支架视图

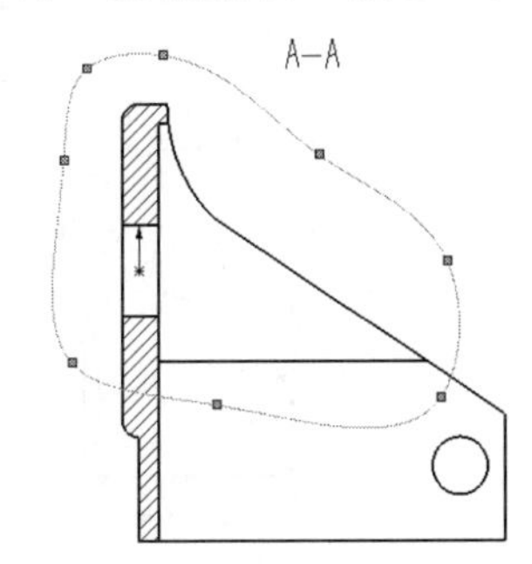

图10-38　绘制样条后的主视图

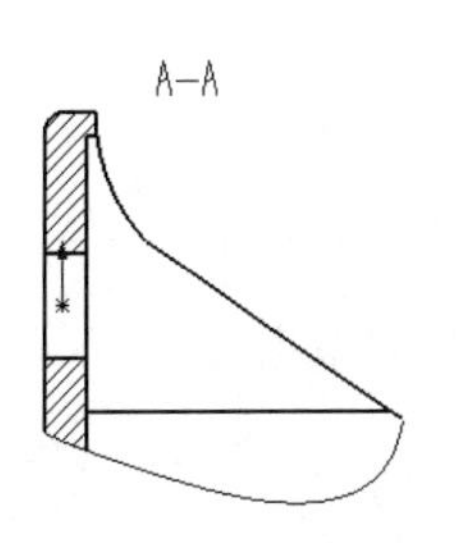

图10-39　剪裁后的主视图

提示：

执行剪裁视图命令前，必须先绘制好剪裁区域。剪裁区域不一定是圆，可以是其他不规则的图形，但是其必须是不交叉并且封闭的图形。

剪裁后的视图可以恢复为原来的形状。右击剪裁后的视图，此时系统弹出如图10-40所示的快捷菜单，选择“剪裁视图”→“移除剪裁视图”命令。

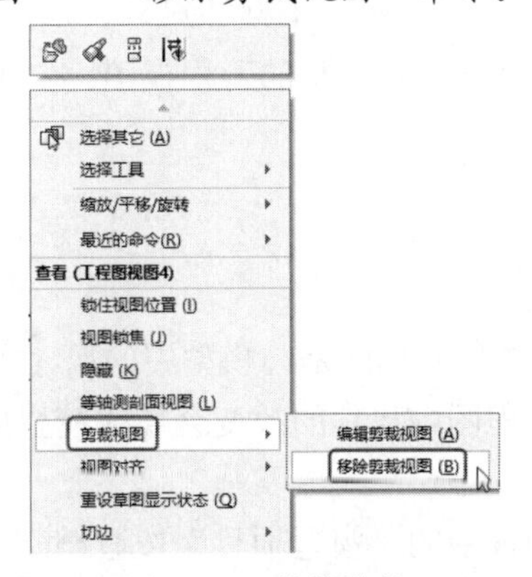

图10-40　快捷菜单

10.3.7 隐藏/显示视图

Note

视频讲解

在工程图中，有些视图需要隐藏，比如某些带有派生视图的参考视图。这些视图是不能被删除的，否则将同时删除其派生视图。

隐藏视图的步骤如下。

（1）在图形界面或者在“FeatureManager 设计树”中右击需要隐藏的视图，在弹出的快捷菜单中选择“隐藏”命令，隐藏视图。

（2）如果该视图带有从属视图，则系统弹出如图 10-41 所示的系统提示框，根据需要进行相应设置。

（3）对于隐藏的视图，工程图中不显示该视图的位置。选择菜单栏中的“视图”→“被隐藏视图”命令，可以显示工程图中被隐藏视图的位置，如图 10-42 所示。显示隐藏的视图可以在工程图中对该视图进行相应的操作。

图 10-41　系统提示框

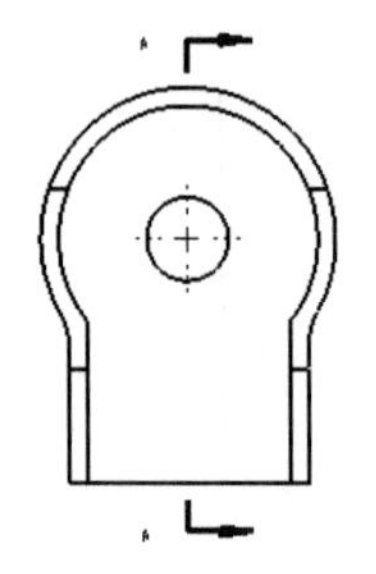

图 10-42　显示被隐藏视图的位置

（4）显示被隐藏的视图和隐藏视图是一对相反的过程，操作方法相同。

10.4　标注工程视图

工程图绘制完成以后，必须在工程视图中标注尺寸、几何公差、形位公差、表面粗糙度符号及技术要求等其他注释，才能算是一张完整的工程视图。本节主要介绍这些项目的设置和使用方法。

视频讲解

10.4.1 插入模型尺寸

SOLIDWORKS 工程视图中的尺寸标注是与模型中的尺寸相关联的，模型尺寸的改变会导致工程图中尺寸的改变。同样，工程图中尺寸的改变会导致模型尺寸的改变。执行模型项目命令，主要有如下 3 种调用方法。

☑ 面板：单击“注解”面板中的“模型项目”按钮。

☑ 工具栏：单击“注解”工具栏中的“模型项目”按钮。

☑ 菜单栏：选择菜单栏中的“插入”→“注解”→“模型项目”命令。

执行上述命令，弹出如图 10-43 所示的“模型项目”属性管理器。

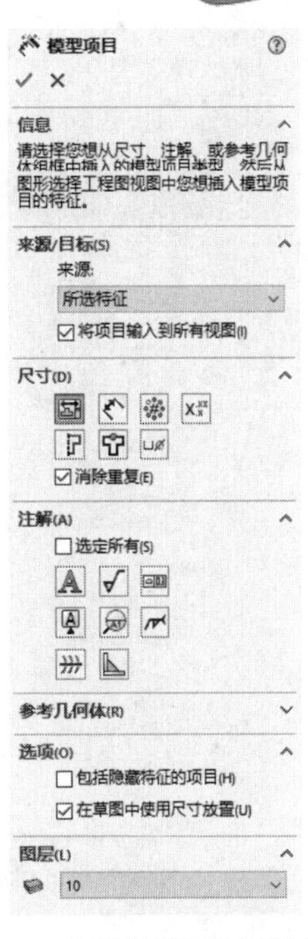

图 10-43　“模型项目”属性管理器

Note

提示：

插入模型项目时，系统会自动将模型尺寸或者其他注解插入工程图中。当模型特征很多时，插入的模型尺寸会显得很乱，所以在建立模型时需要注意以下几点。

（1）因为只有在模型中定义的尺寸，才能插入工程图中，所以，在将来特征建模时，要养成良好的习惯，并且是草图处于完全定义状态。

（2）在绘制模型特征草图时，仔细地设置草图尺寸的位置，这样可以减少尺寸插入工程图后调整尺寸的时间。

视频讲解

10.4.2　实例——标注支架尺寸

利用模型尺寸命令，自动标注支架尺寸，然后移动和删除尺寸。绘制支架尺寸的流程图如图 10-44 所示。

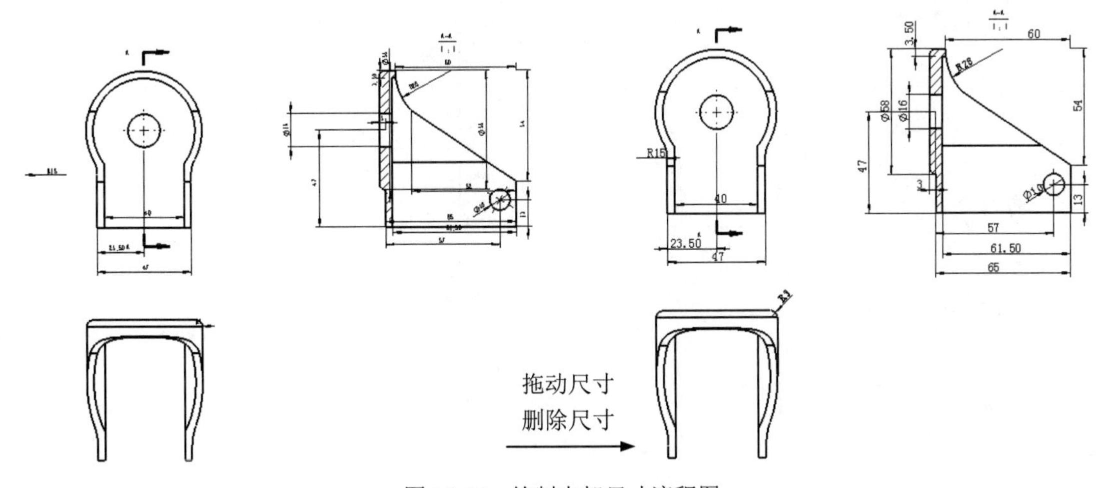

图 10-44　绘制支架尺寸流程图

操作步骤如下。

（1）单击快速访问工具栏中的“打开”按钮，在弹出的“打开”对话框中选择 10.2.7 节实例中创建的“支架剖视图”文件，然后单击“打开”按钮，打开工程图文件。

（2）标注尺寸。单击“注解”面板中的“模型项目”按钮，弹出如图 10-45 所示的“模型项目”属性管理器，在“来源”下拉列表框中选择“整个模型”选项，单击“确定”按钮，标注尺寸如图 10-46 所示。

（3）整理尺寸。拖动尺寸到适当位置，将不需要的尺寸删除，支架尺寸如图 10-47 所示。

Note

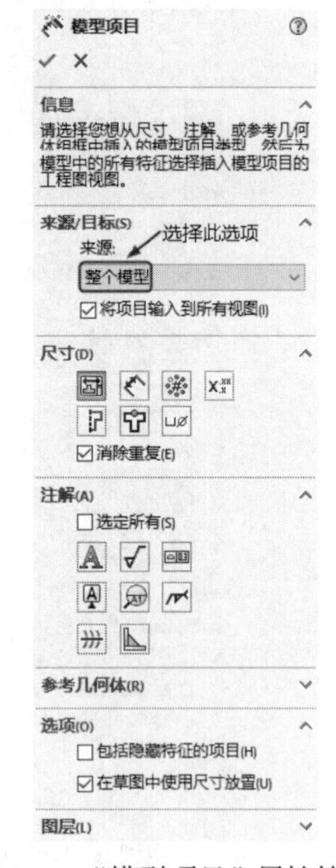

图 10-45　“模型项目”属性管理器

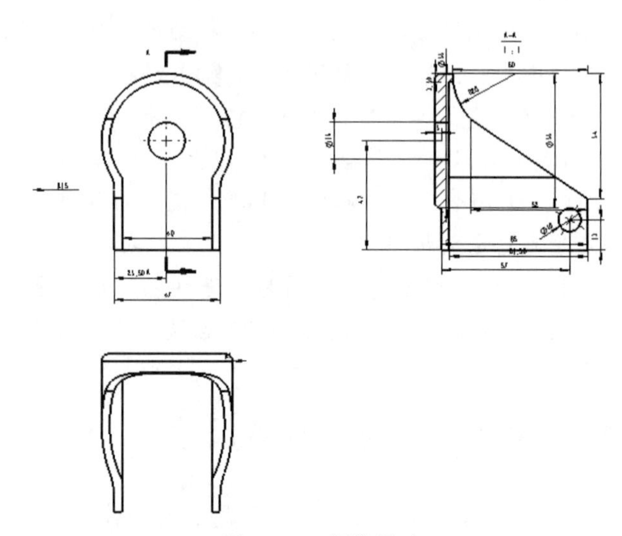

图 10-46　标注尺寸

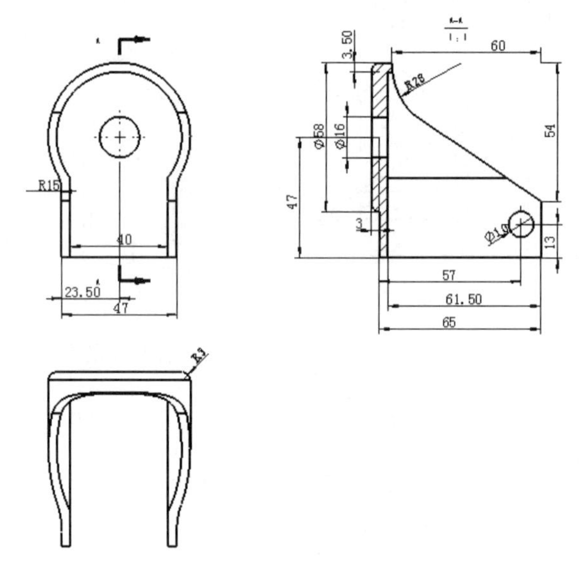

图 10-47　支架尺寸

视频讲解

10.4.3　修改尺寸属性

智能尺寸可以在工程图中进行尺寸标注，也可以进行一些属性修改，如添加尺寸公差、改变箭头的显示样式、在尺寸上添加文字等。执行智能尺寸命令，主要有如下 3 种调用方法。

☑　面板：单击“注解”面板中的“智能尺寸”按钮。

☑　工具栏：单击“注解”工具栏中的“智能尺寸”按钮。

☑ 鼠标：单击工程视图中某一个需要修改的尺寸。

执行上述方式后，此时系统弹出“尺寸”属性管理器，如图 10-48 所示。

“尺寸”属性管理器中的部分选项说明如下。

☑ “尺寸辅助工具”选项组。

- 智能尺寸标注：利用智能尺寸工具生成尺寸。
- 快速标注尺寸：启用或禁用快速尺寸操纵杆。
- DimXpert：使用工程图 DimXpert 应用尺寸，以完全定义制造特征和定位尺寸。

☑ “公差/精度”选项组。尺寸的公差共有 10 种类型，选择“公差/精度”选项组中的“公差类型”下拉菜单即可显示。下面介绍几个主要公差类型的显示方式。

- “无”显示类型：以模型中的尺寸显示插入工程视图中的尺寸，如图 10-49 所示。
- “基本”显示类型：以标准值方式显示标注的尺寸，为尺寸加一个方框，如图 10-50 所示。
- “双边”显示类型：以双边方式显示标注尺寸的公差，如图 10-51 所示。
- “对称”显示类型：以限制方式显示标注尺寸的公差，如图 10-52 所示。

图 10-48 “尺寸”属性管理器

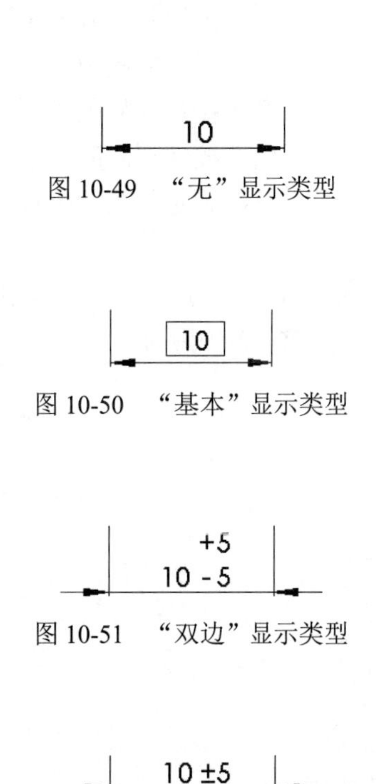

图 10-49 “无”显示类型

图 10-50 “基本”显示类型

图 10-51 “双边”显示类型

图 10-52 “对称”显示类型

☑ “标注尺寸文字”选项组。

- 使用“标注尺寸文字”设置框，可以在系统默认的尺寸上添加文字和符号，也可以

修改系统默认的尺寸。

- 设置框中的<DIM>是系统默认的尺寸，如果将其删除，可以修改系统默认的标注尺寸。将鼠标指针移到<DIM>前面或者后面，可以添加需要的文字和符号。
- 单击设置框下面的“更多符号”按钮，此时系统弹出如图10-53所示的“符号图库”对话框。在对话框中选择需要的标注符号，然后单击“确定”按钮，符号添加完毕。

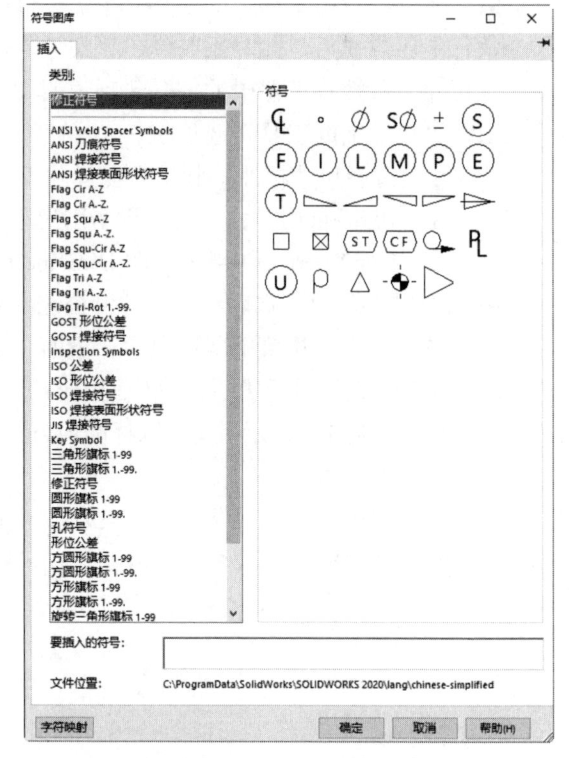

图10-53 “符号图库”对话框

如图10-54所示为添加文字和符号后的“标注尺寸文字”选项组，如图10-55所示为添加符号和文字前的尺寸（默认尺寸），如图10-56所示为添加符号和文字后的尺寸。

- 箭头在尺寸界限外面：单击“外面”按钮，箭头在尺寸界限外面显示，如图10-57所示。
- 箭头在尺寸界限里面：单击“里面”按钮，箭头在尺寸界限里面显示，如图10-58所示。
- 智能确定箭头的位置：单击“智能”按钮，系统根据尺寸线的情况自动判断箭头的位置。

箭头有11种标注样式，可以根据需要进行设置。在“样式”下拉列表框中可以选择需要的标注样式，如图10-59所示。

图10-54 设置好的“标注尺寸文字”选项组

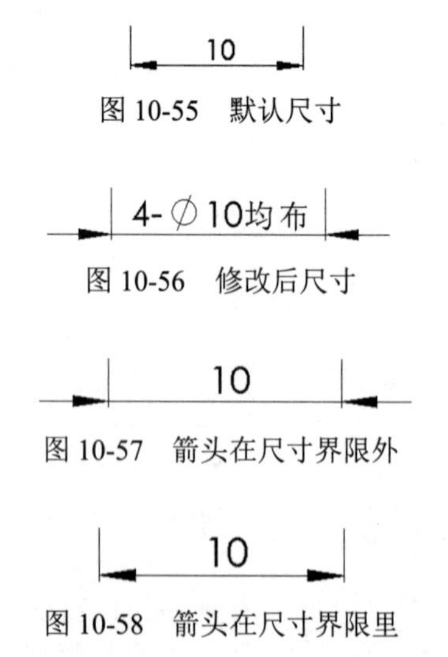

图10-55 默认尺寸

图10-56 修改后尺寸

图10-57 箭头在尺寸界限外

图10-58 箭头在尺寸界限里

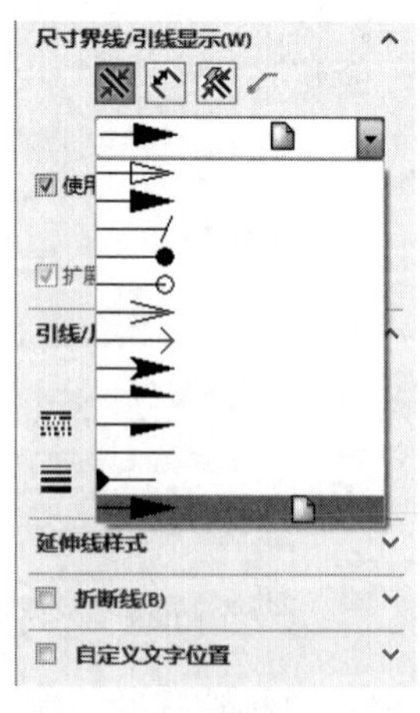

图10-59 箭头标注样式

提示：

本节介绍的设置箭头样式，只是对工程图中选中的标注进行修改，并不能修改全部标注的箭头样式。如果要修改整个工程图中的箭头样式，选择菜单栏中的“工具”→“选项”命令，在系统弹出的对话框中，按照图 10-60 所示进行设置。

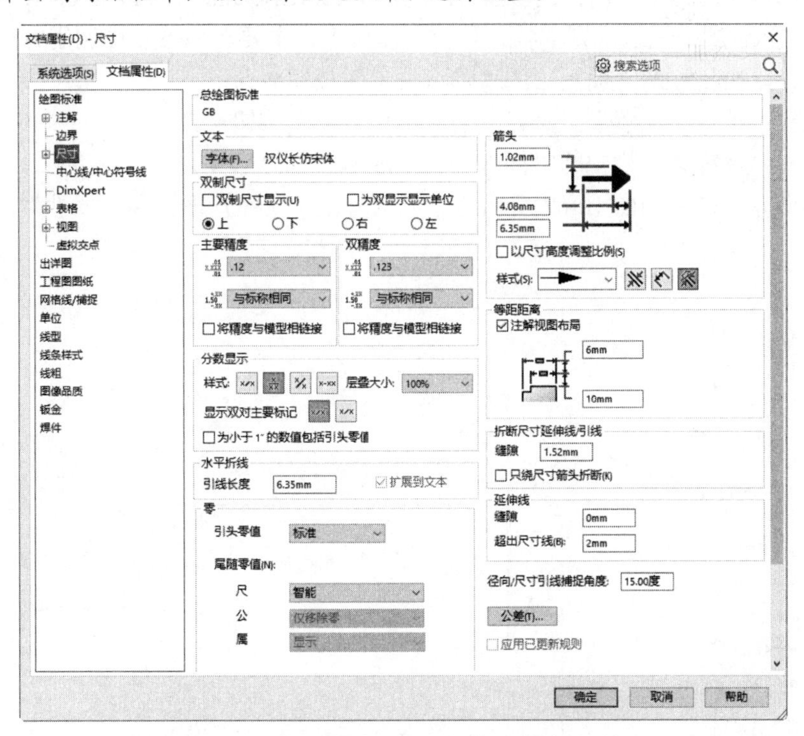

图 10-60　设置整个工程图的箭头样式对话框

设置框中的<DIM>是系统默认的尺寸，如果将其删除，可以修改系统默认的标注尺寸。将鼠标指针移到<DIM>前面或者后面，可以添加需要的文字和符号。

10.4.4　标注基准特征符号

有些形位公差需要有参考基准特征，需要指定公差基准。执行基准特征命令，主要有如下 3 种调用方法。

☑　面板：单击“注解”面板中的“基准特征”按钮。

☑　工具栏：单击“注解”工具栏中的“基准特征”按钮。

☑　菜单栏：选择菜单栏中的“插入”→“注解”→“基准特征符号”命令。

执行上述命令，弹出“基准特征”属性管理器，如图 10-61 所示。

图 10-61　“基准特征”属性管理器

10.4.5 标注形位公差

Note

视频讲解

为了满足设计和加工需要，需要在工程视图中添加形位公差，形位公差包括代号、公差值及原则等内容。SOLIDWORKS 软件支持 ANSI Y14.5 Geometric and True Position Tolerancing（ANSI Y14.5 几何和实际位置公差）准则。执行形位公差命令，主要有如下 3 种调用方法。

☑ 面板：单击“注解”面板中的“形位公差”按钮。

☑ 工具栏：单击“注解”工具栏中的“形位公差”按钮。

☑ 菜单栏：选择菜单栏中的“插入”→“注解”→“形位公差”命令。

执行上述命令，弹出如图 10-62 所示的“形位公差”属性管理器和“属性”对话框。

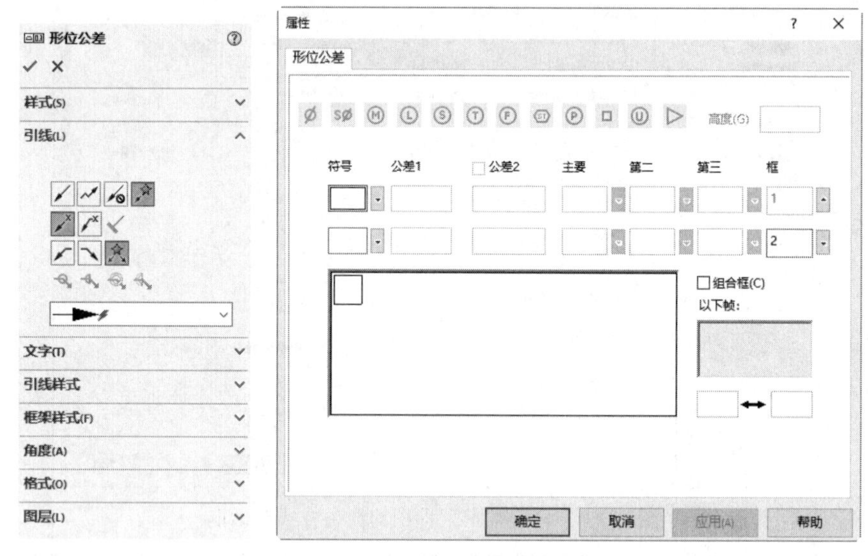

图 10-62 “形位公差”属性管理器和“属性”对话框

“形位公差”属性管理器以及形位公差“属性”对话框，其中部分选项含义分别介绍如下。

（1）“形位公差”属性管理器。

☑ “引线”选项组：显示可用的形位公差符号引线类型。使用时可参考前面介绍过的相关内容，这里不再赘述。

☑ “格式”选项组：允许使用默认字体，方法是取消选中“使用文档字体”复选框，然后单击“字体”按钮选择字体样式和大小。使用时可参考前面介绍过的相关内容，这里不再赘述。

☑ “引线样式”选项组：用来定义形位公差的箭头和引线类型。使用时可参考前面介绍过的相关内容，这里不再赘述。

☑ “图层”选项组：选择图层名称，可以将符号移动到该图层上。选择图层时，可以在带命名图层的工程图中进行。

（2）“属性”对话框。

☑ 材料条件：利用该选项可以选择要插入的材料条件，材料条件中各符号的含义如下。

- Ø：表示直径。

Note

- Ⓛ：表示最小材质条件。
- Ⓕ：表示自由状态。
- SØ：表示球性直径。
- Ⓢ：表示无论特征大小如何。
- Ⓣ：表示相切基准面。
- ST：表示统计。
- Ⓜ：表示最大材质条件。
- Ⓟ：表示投影公差。
- □：表示方形。
- Ⓤ：表示不相等排列的轮廓。

☑ 符号：利用该选项可以选择要插入的符号（如平行▱、垂直⊥等）。

提示：

只有那些适合于所选符号的材料条件才可以使用该选项。

☑ 高度：输入投影公差带（PTZ）值，数值会出现在第一框的公差方框中。

☑ 公差：利用该选项可以为“公差 1”和“公差 2”输入公差值。

☑ “主要”“第二”“第三”：可以为主要、第二及第三基准输入基准名称与材料条件符号。

☑ 框：在形位公差符号中生成额外框。

☑ 组合框：选中该复选框，表示组合两个或多个框的符号。

☑ 介于两点间：如果公差值适用于两个点或实体之间的测量，在框中输入点的标号。

视频讲解

10.4.6 标注表面粗糙度符号

表面粗糙度表示的零件表面加工的程度，因此必须选择工程图中实体边线才能标注表面粗糙度符号。

执行表面粗糙度命令，主要有如下 3 种调用方法。

☑ 面板：单击“注解”面板中的“表面粗糙度”按钮√。

☑ 工具栏：单击“注解”工具栏中的“表面粗糙度”按钮√。

☑ 菜单栏：选择菜单栏中的“插入”→“注解”→“表面粗糙度”命令。

执行上述命令，弹出“表面粗糙度”属性管理器，如图 10-63 所示。

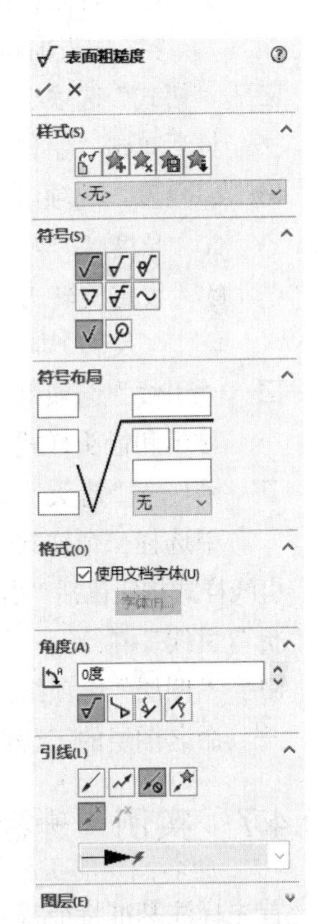

图 10-63　“表面粗糙度”属性管理器

“表面粗糙度”属性管理器，其中选项含义说明如下。

☑ “样式”选项组：该部分的内容与“注释”属性管理器中的相同，这里不再介绍。

☑ “符号”选项组。

- ☑：表示基本加工表面粗糙度。
- ☑：表示要求切削加工。
- ☑：表示禁止切削加工。
- ☑：表示 JIS 基本加工表面粗糙度。
- ☑：表示 JIS 要求切削加工。
- ☑：表示 JIS 禁止切削加工。
- ☑：表示要求当地加工。
- ☑：表示要求全周加工。

☑ “符号布局”选项组。

- 对于 ANSI 符号及使用 ISO 和 2002 以前相关标准的符号，用于指定最大粗糙度、最小粗糙度、材料移除系数、加工方法/代号、抽样长度、其他粗糙度值、粗糙度间隔和刀痕方向等。
- 对于使用 ISO 和 2002 相关标准的符号，则用于指定制造方法、纹理要求、纹理要求 2、纹理要求 3、加工系数、表面刀痕和方向等。
- 对于 JIS 符号，指定粗糙度/Ra、粗糙度 Rz/Rmax。
- 对于表面粗糙度参数的含义，当鼠标指针指向相应位置时会显示出具体标注的内容，如表面粗糙度参数最大值和最小值、标注加工或热处理方法代号、取样长度等。

☑ “格式”选项组：若要为符号和文字指定不同的字体，取消选中“使用文档字体”复选框后单击“字体”按钮即可。

☑ “角度”选项组。

- 角度：为符号设定旋转角度，正的角度逆时针旋转注释。
- 设定旋转方式：表示竖立，表示旋转 90°，表示旋转/垂直，表示垂直（反转）。

☑ “引线”选项组：该选项组中包括始终显示引线、自动引线、无引线、折断引线、智能显示和箭头样式。设定智能显示时会使用“工具”→“选项”→“文件属性”→“出详图”→“箭头”菜单命令指定的样式。当取消选中“智能显示”复选框时，可从列表框中选择一个样式。

引线样式按钮包括“引线”、“多转折引线”、“无引线”、“自动引线”、“直引线”和“折弯引线”。

☑ “图层”选项组：选择图层名称，可以将符号移动到该图层上。选择图层时，可以在带命名图层的工程图中进行。

视频讲解

10.4.7 实例——标注支架符号

首先标注基准特征符号，然后标注形位公差，最后标注粗糙度符号，标注支架符号的流程图如图 10-64 所示。

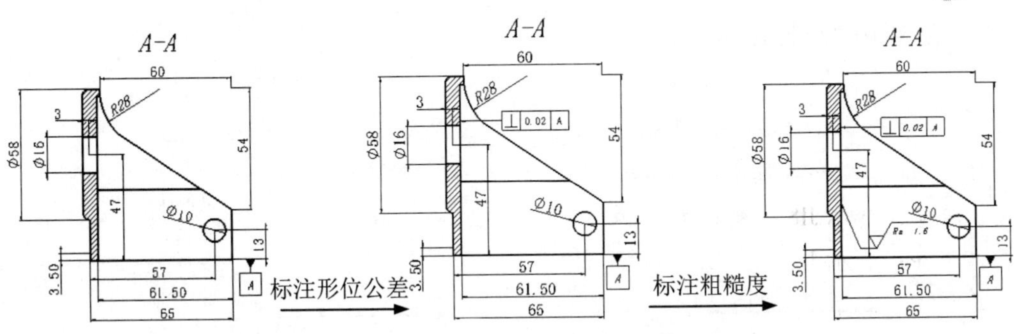

图 10-64 标注支架符号的流程图

操作步骤如下。

（1）单击快速访问工具栏中的“打开”按钮，在弹出的“打开”对话框中选择 10.4.2 节实例中创建的“标注支架尺寸”文件，然后单击“打开”按钮，打开工程图文件。

（2）标注基准符号。单击“注解”面板中的“基准特征”按钮，弹出如图 6-65 所示的“基准特征”属性管理器，输入标号为 A，取消选中“使用文件样式”复选框，选择“方形”样式，在视图中选取放置基准符号的边线，拖动基准符号更改符号长度，单击鼠标放置，单击“确定”按钮✓，完成基准符号的标注，如图 10-66 所示。

（3）标注形位符号。单击“注解”面板中的“形位公差”按钮，弹出如图 10-67 所示的“形位公差”属性管理器，在如图 10-68 所示的“属性”对话框中单击“符号”右侧的按钮，选择符号，输入公差为 0.02，单击“主要”右侧的按钮，输入基准为 A，单击“确定”按钮✓，在视图中选取放置形位公差的边线，拖动形位公差，单击鼠标放置，然后再单击“确定”按钮，如图 10-69 所示；完成形位公差的标注，如图 10-70 所示。

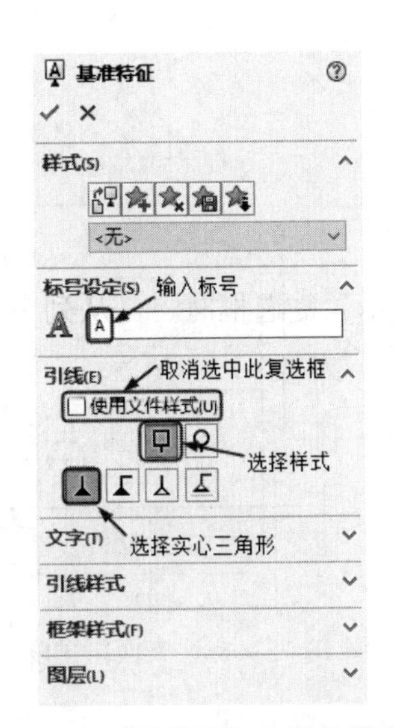

图 10-65 “基准特征”属性管理器

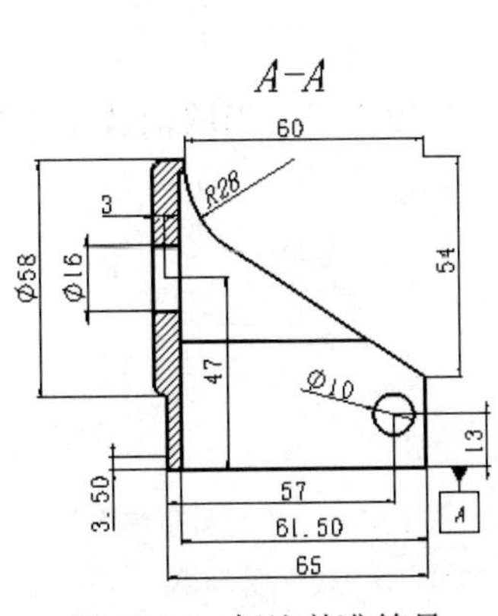

图 10-66 标注基准符号

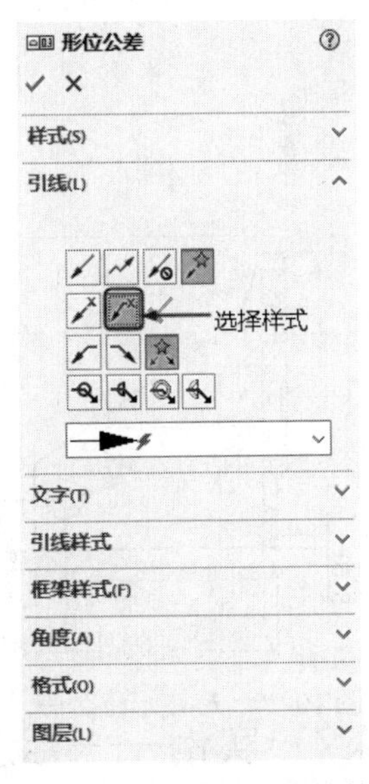

图 10-67 “形位公差”属性管理器

（4）标注表面粗糙度符号。单击“注解”面板中的“表面粗糙度符号”按钮，弹出如图 10-71 所示的“表面粗糙度”属性管理器，选择“要求切削加工”符号，输入值为 1.6，在视图中选取放置形位公差的边线，拖动形位公差，单击鼠标放置，单击“确定”按钮✓，完成表面粗糙

Note

度的标注，如图 10-72 所示。

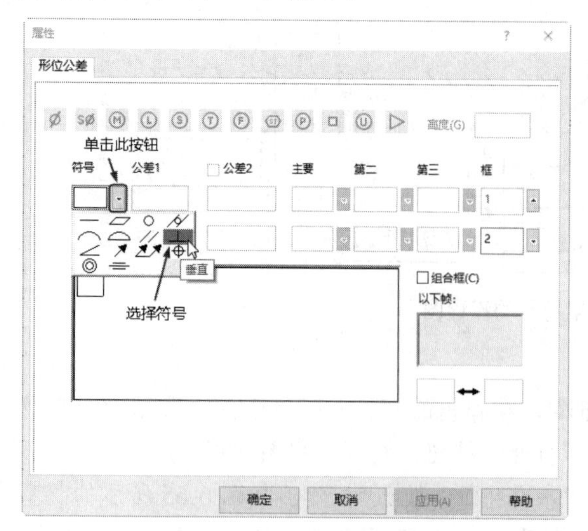

图 10-68　“属性”对话框

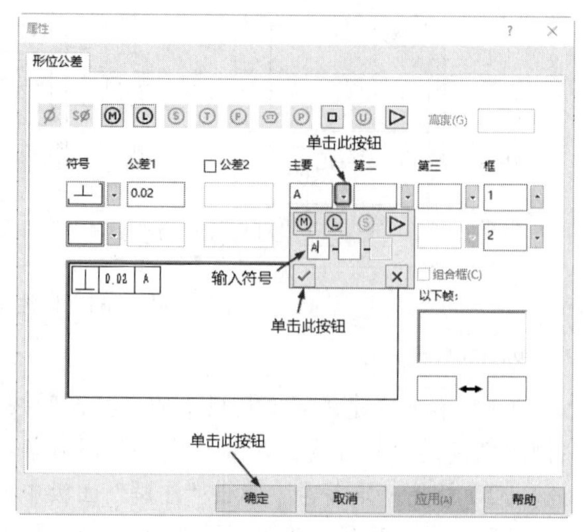

图 10-69　输入参数

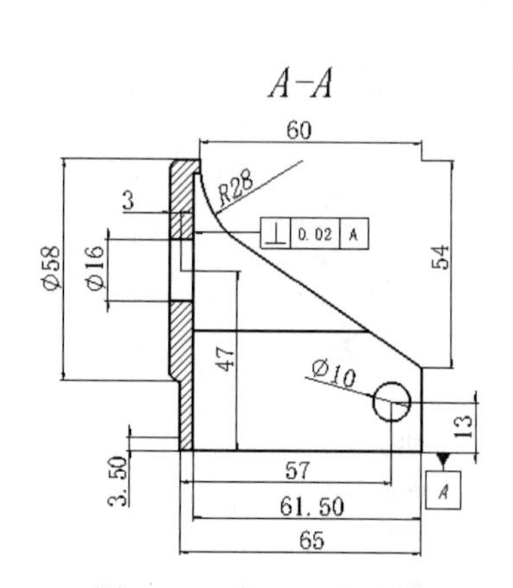

图 10-70　标注形位公差

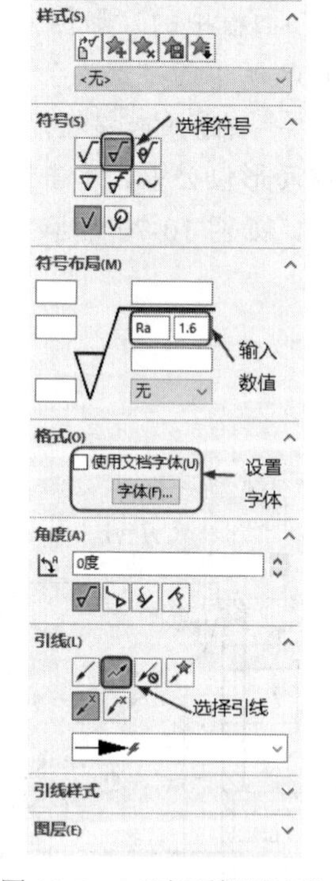

图 10-71　“表面粗糙度”属性管理器

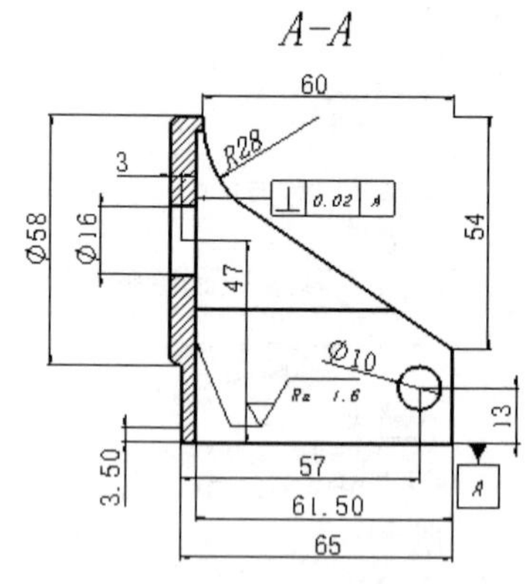

图 10-72　标注表面粗糙度

视频讲解

10.4.8　添加注释

在尺寸标注的过程中，注释是很重要的因素，如技术要求等。执行注释命令，主要有如下 3

种调用方法。

☑　面板：单击“注解”面板中的“注释”按钮A。

☑　工具栏：单击“注解”工具栏中的“注释”按钮A。

☑　菜单栏：选择菜单栏中的“插入”→“注解”→“注释”命令。

执行上述命令，弹出“注释”属性管理器，如图 10-73 所示。

10.4.9　实例——技术要求

本例利用注释命令绘制技术要求，如图 10-74 所示。

操作步骤如下。

（1）新建文件。单击快速访问工具栏中的“新建”按钮，在弹出的“新建 SOLIDWORKS 文件”对话框中单击“工程图”按钮，然后单击“确定”按钮，创建一个新的工程图文件。

（2）标注文字。单击“注解”面板中的“注释”按钮A，弹出“注释”属性管理器，将文本框放置到适当位置，单击鼠标放置，弹出 10-75 所示的“格式化”对话框，用鼠标拖动节点调整文本框大小，并在文本框中输入技术要求，如图 10-76 所示。

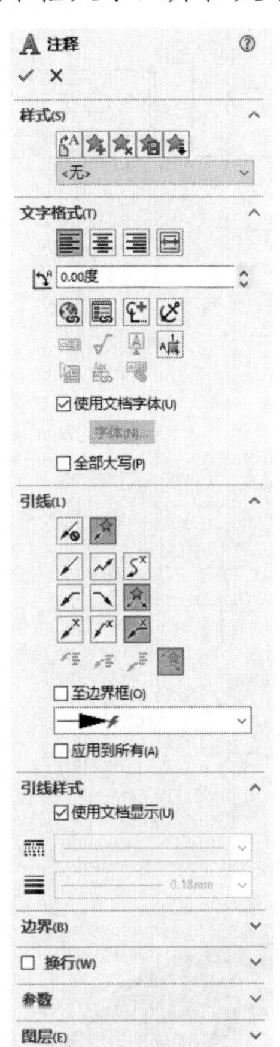

图 10-73　“注释”属性管理器

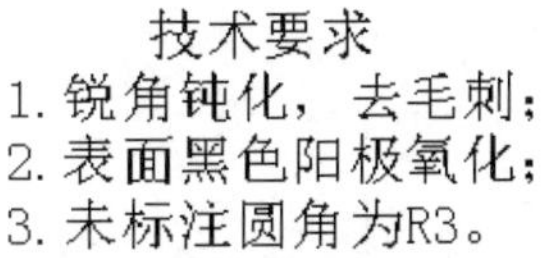

技术要求
1. 锐角钝化，去毛刺；
2. 表面黑色阳极氧化；
3. 未标注圆角为R3。

图 10-74　绘制技术要求

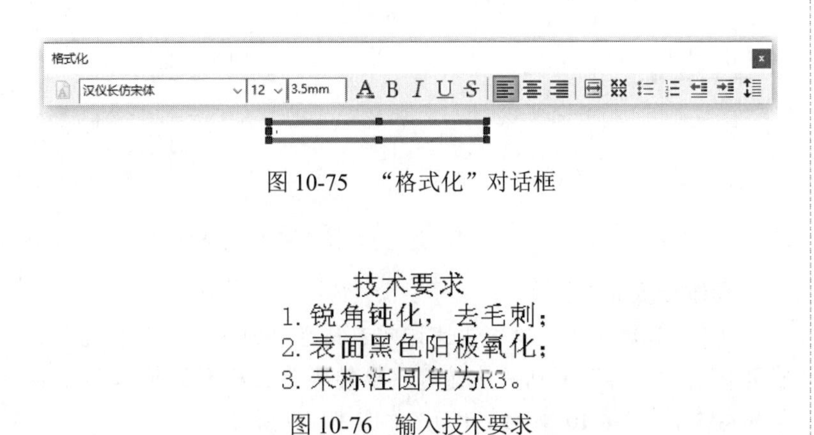

图 10-75　“格式化”对话框

图 10-76　输入技术要求

（3）修改文字。双击文字，弹出“注释”属性管理器和“格式化”对话框，在文本框中调

整字的位置，在对话框中修改文字样式和大小，如图 10-77 所示。

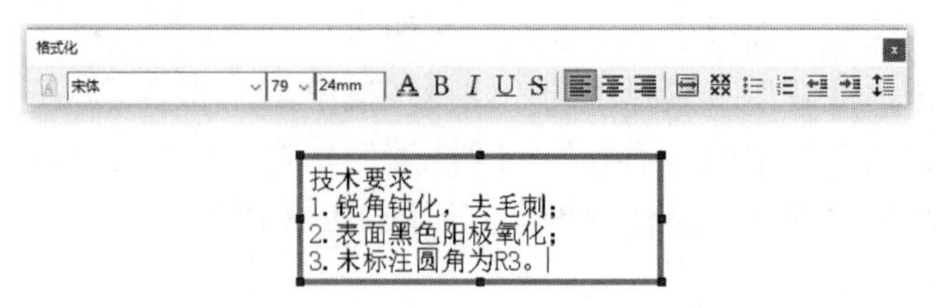

图 10-77　“格式化”对话框

Note

视频讲解

10.5　综合实例——轴工程图

轴类零件是机械中常见的零件，它的主要作用是支撑传动件，并通过传动件来实现旋转运动及传递转矩。

首先创建主视图，然后创建两个剖视图，对图形标注尺寸及公差，再标注基准符号、形位公差和粗糙度符号，最后标注技术要求，完成轴工程图的创建，绘制流程如图 10-78 所示。

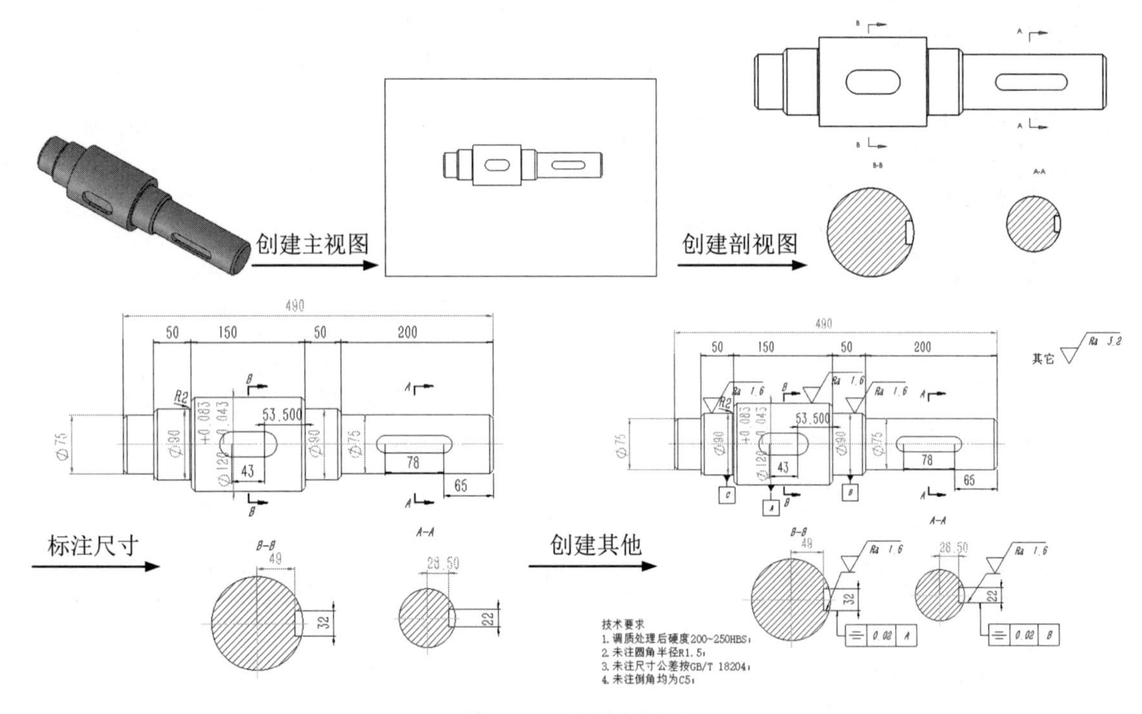

图 10-78　绘制流程图

操作步骤如下。

（1）新建文件。单击快速访问工具栏中的“打开”按钮，在弹出的“打开”对话框中选择将要转换为工程图的轴零件文件（原始文件“\第 10 章\轴.prt”），如图 10-79 所示。

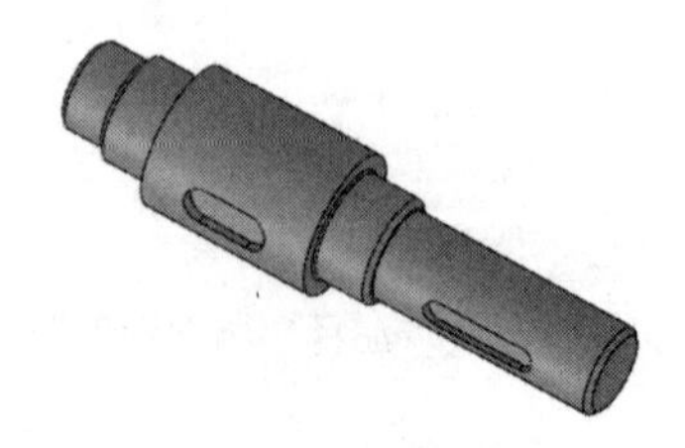

图 10-79　轴零件图

（2）创建主视图。单击“标准”工具栏中的“从零件制作工程图”按钮，单击左下角的“添加图纸”此时会弹出“图纸格

式/大小”对话框，选中“自定义图纸大小”单选按钮，输入图纸宽度为420mm，高度为297mm，如图10-80所示。单击“确定”按钮，完成图纸设置。此时在右侧将出现此零件的所有视图，如图10-81所示。将上视图拖动到图形编辑窗口，会出现如图10-82所示的放置框，在图纸中合适的位置放置正视图，如图10-83所示。

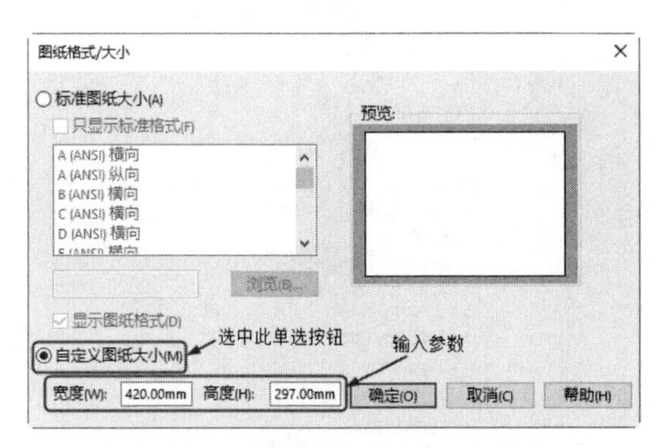

图10-80 “图纸格式/大小”对话框

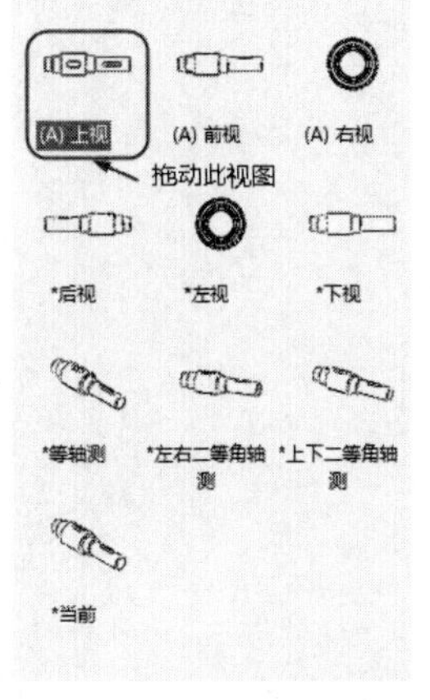

图10-81 零件视图框

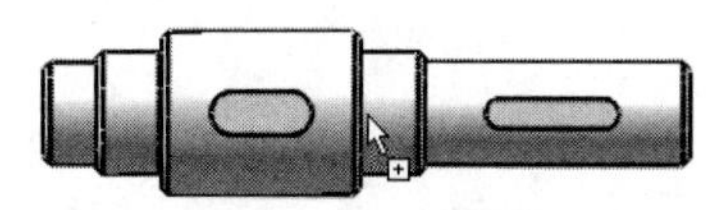

图10-82 上视图

（3）修改视图。在图形窗口中的空白区域右击，在弹出的快捷菜单中选择“属性”命令，此时会出现“图纸属性”对话框，如图10-84所示，设置“比例”为1∶2。单击“应用更改”按钮，将会看到此时的三视图在图纸区域显示呈放大一倍的状态，如图10-85所示。

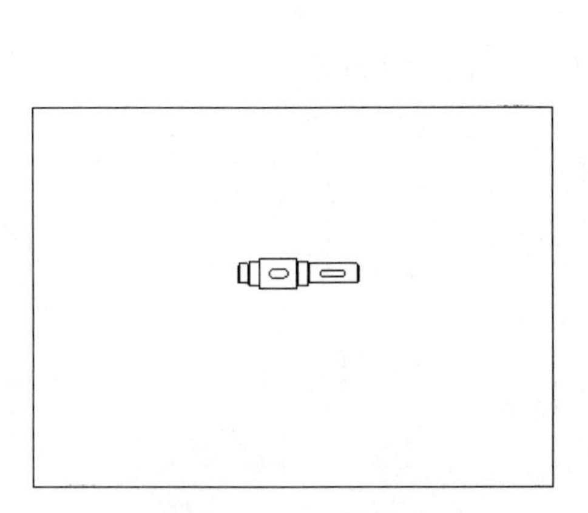

图10-83 正视图

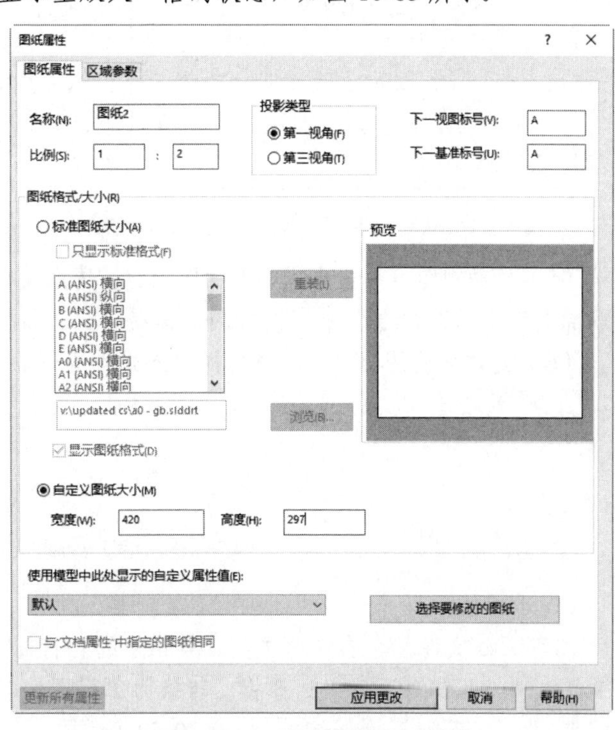

图10-84 “图纸属性”对话框

（4）创建剖视图A-A。单击“工程图”面板中的“剖面视图”按钮，在弹出的“剖面视

图辅助”属性管理器中选择“竖直”切割线，在图形操作窗口放置切割线，单击“确定”按钮✓系统弹出“剖面视图”属性管理器，在“切除线”选项组中单击“反转方向”按钮，如图10-86所示。单击“确定”按钮✓，生成剖面视图A-A，如图10-87所示。

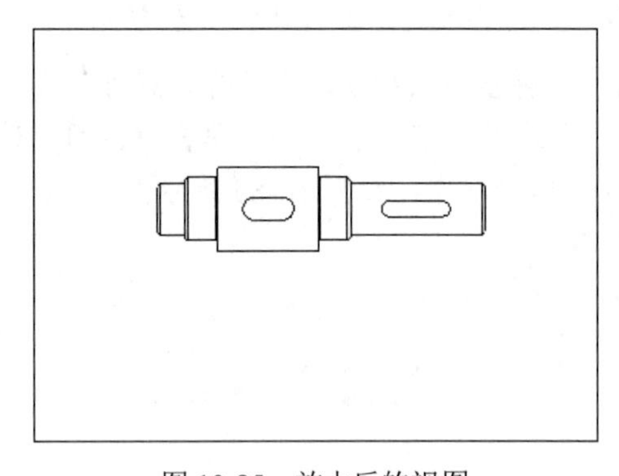

图10-85　放大后的视图

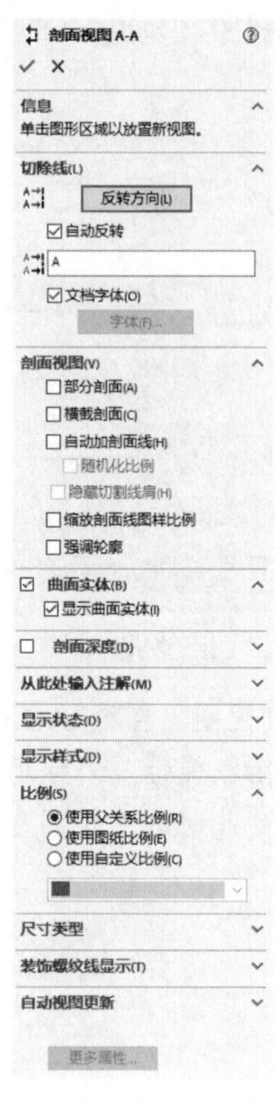

图10-86　“剖面视图”属性管理器

（5）移动视图。单击生成的剖面图*A-A*，选择菜单栏中的“工具”→“对齐工程图视图”→“解除对齐关系”命令。单击该视图，拖动它到正视图的下方。

（6）创建剖视图*A-A*。采用同样的方式生成剖面*B-B*，如图10-88所示。

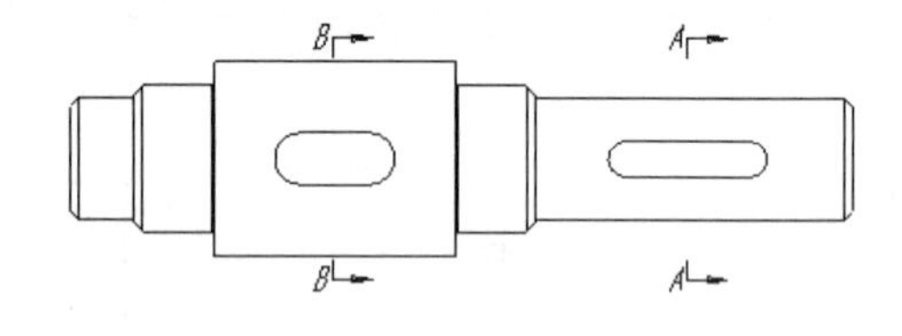

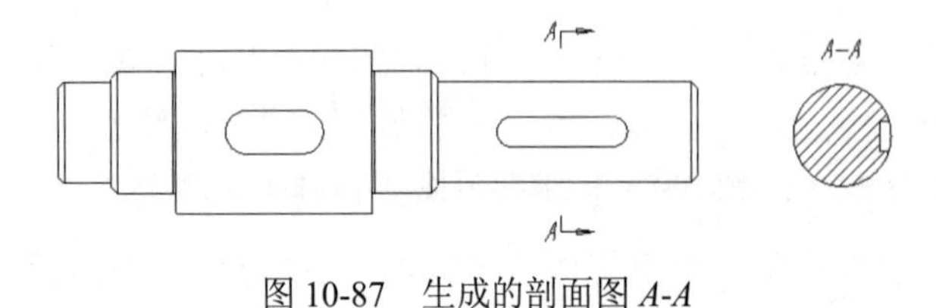

图10-87　生成的剖面图*A-A*

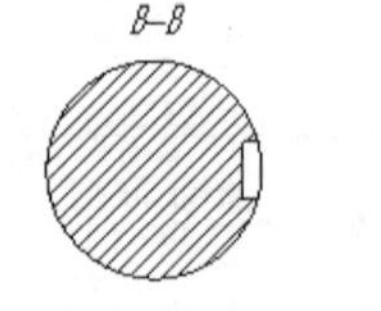

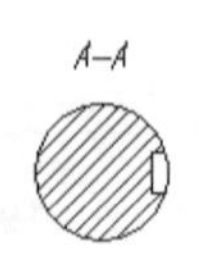

图10-88　移动后的视图

（7）标注基本尺寸。单击“注解”面板中的“模型项目”按钮，弹出“模型项目”属性管理器，设置各参数如图 10-89 所示。单击“确定”按钮✔，在视图中自动显示尺寸，如图 10-90 所示。

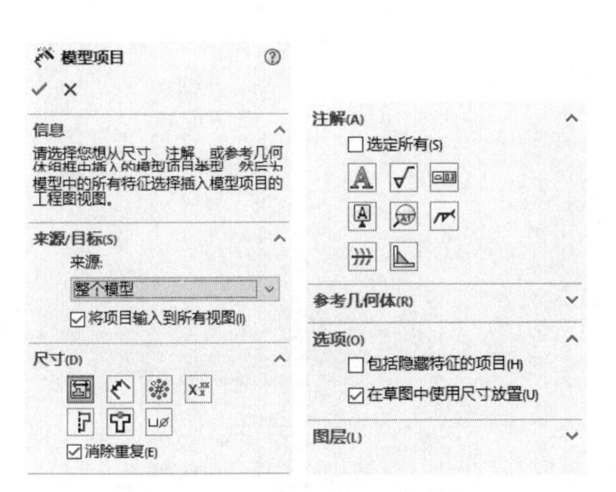

图 10-89　“模型项目”属性管理器

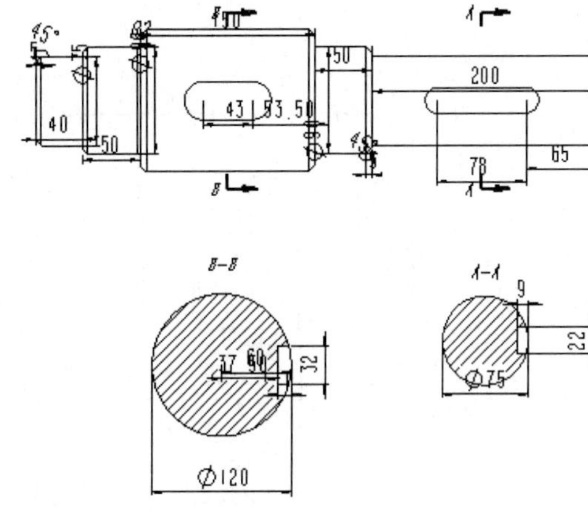

图 10-90　显示尺寸

（8）整理尺寸。在主视图中选择要移动的尺寸，按住鼠标左键移动，即可在同一视图中动态地移动尺寸位置。选中将要删除的多余的尺寸，然后按 Delete 键，即可将多余的尺寸删除，调整尺寸后的视图如图 10-91 所示。

（9）绘制中心线。单击“草图”面板中的“中心线”按钮，绘制视图中缺少的中心线，如图 10-92 所示。

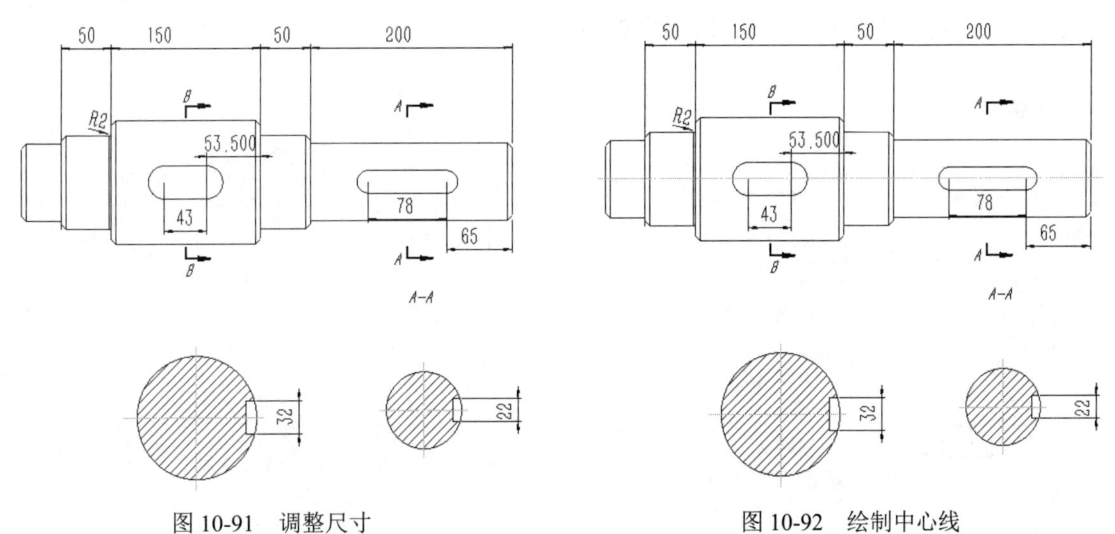

图 10-91　调整尺寸　　　　图 10-92　绘制中心线

（10）标注尺寸。单击“注解”面板中的“智能尺寸”按钮，标注视图中的尺寸，在标注过程中将不符合国标的尺寸删除。

（11）标注倒角尺寸。单击“注解”面板中的“倒角尺寸”按钮，标注视图中的倒角尺寸。最终添加的尺寸如图 10-93 所示。

Note

（12）标注尺寸公差。单击选择轴径为 Ø120 的尺寸标注，弹出“尺寸”属性管理器，在“公差/精度”选项组中选择公差类型为“双边”；输入上偏差为 0.083mm、下偏差为-0.043mm；在“单位精度”框内选择单位为“.123”、“公差精度”为“.123”；其他选项设置如图 10-94 所示。

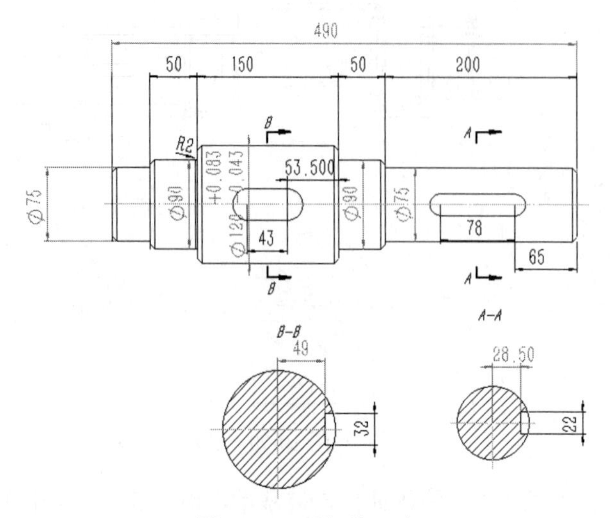

图 10-93　添加的尺寸

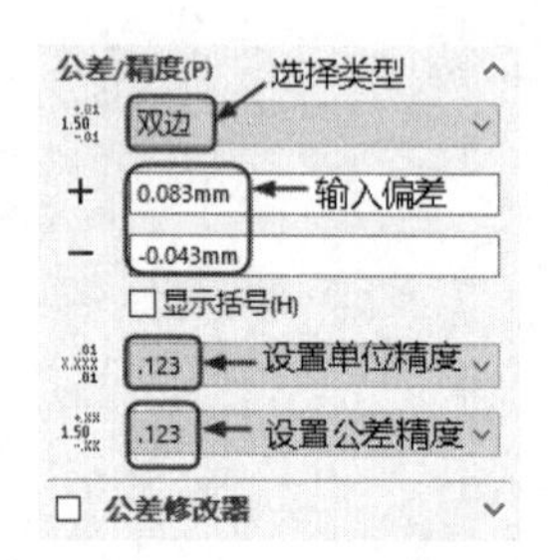

图 10-94　“尺寸”属性管理器

（13）标注粗糙度。单击“注解”面板中的“表面粗糙度符号”按钮，弹出“表面粗糙度”属性管理器，设置各参数如图 10-95 所示。设置完成后，移动鼠标指针到需要标注表面粗糙度的位置，单击即可完成标注。单击“确定”按钮，表面粗糙度即可标注完成。下表面的标注需要设置引线，标注表面粗糙度效果如图 10-96 所示。

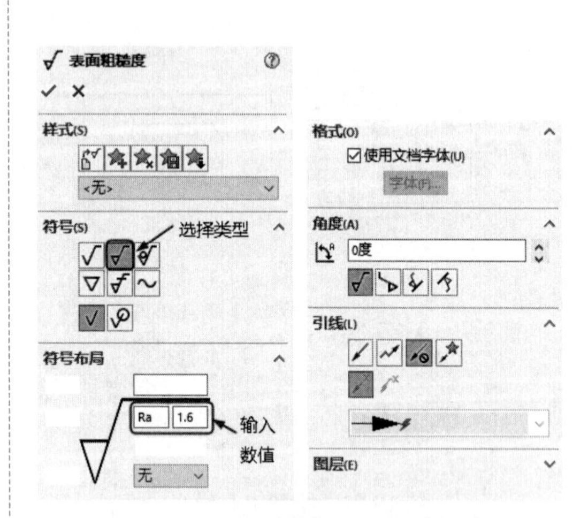

图 10-95　“表面粗糙度”属性管理器

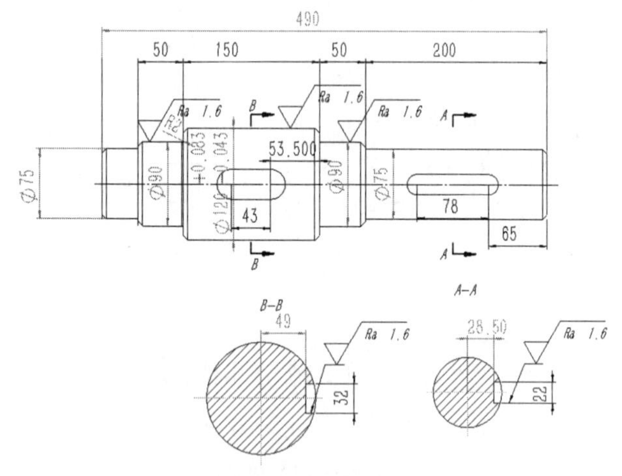

图 10-96　标注表面粗糙度

（14）标注基准符号。单击“注解”面板中的“基准特征”按钮，弹出“基准特征”属性管理器，设置各参数如图 10-97 所示。移动鼠标指针到需要添加基准特征的位置单击，然后拖动到合适的位置再次单击，完成标注。单击“确定”按钮退出，添加的基准符号如图 10-98

Note

所示。

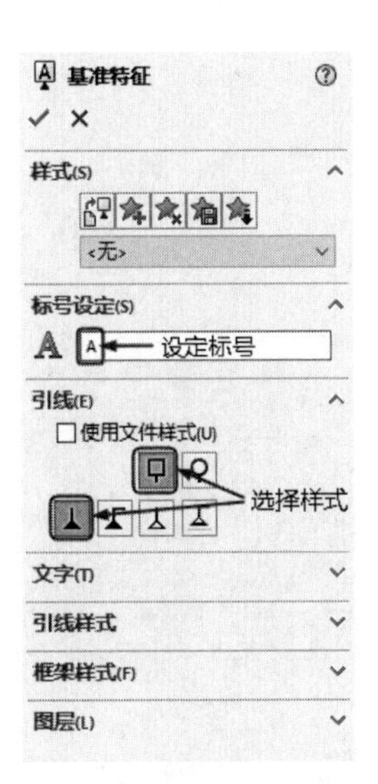

图 10-97　“基准特征”属性管理器

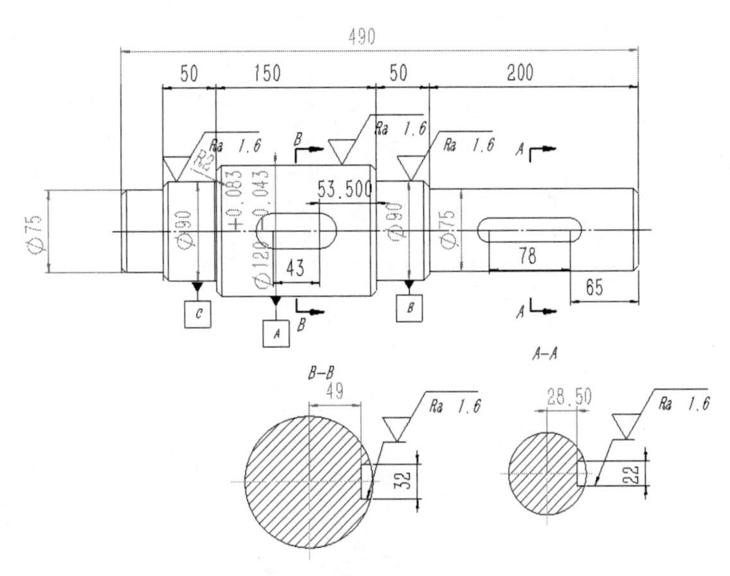

图 10-98　添加基准符号

（15）标注形位公差。单击“注解”面板中的“形位公差”按钮，弹出“形位公差”属性管理器及“属性”对话框，在属性管理器中设置各参数如图 10-99 所示，在对话框中设置各参数如图 10-100 所示。移动鼠标指针到需要添加形位公差的位置单击即可完成标注，单击“确定”按钮✔即可在图中添加形位公差符号，如图 10-101 所示。

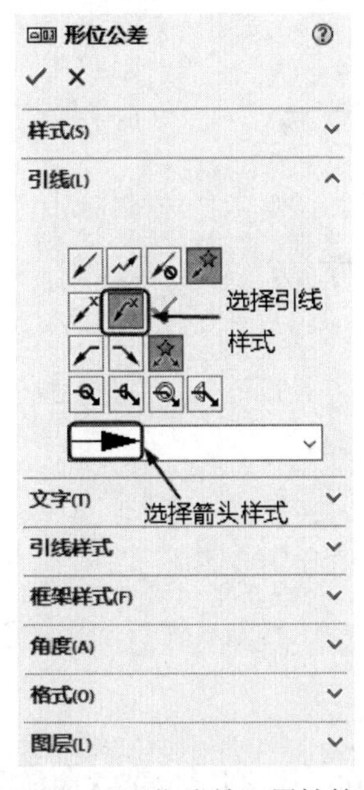

图 10-99　“形位公差”属性管理器

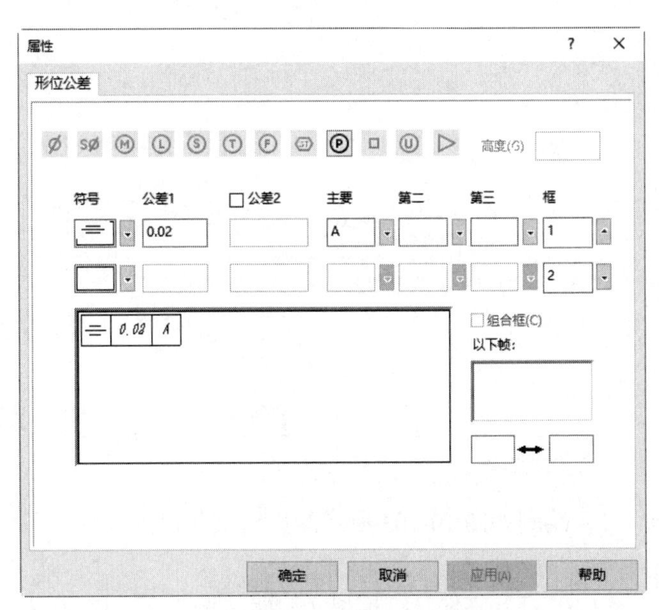

图 10-100　“属性”对话框

（16）单击“注解”面板中的“注释”按钮A，为工程图添加技术要求，如图 10-102 所示。

Note

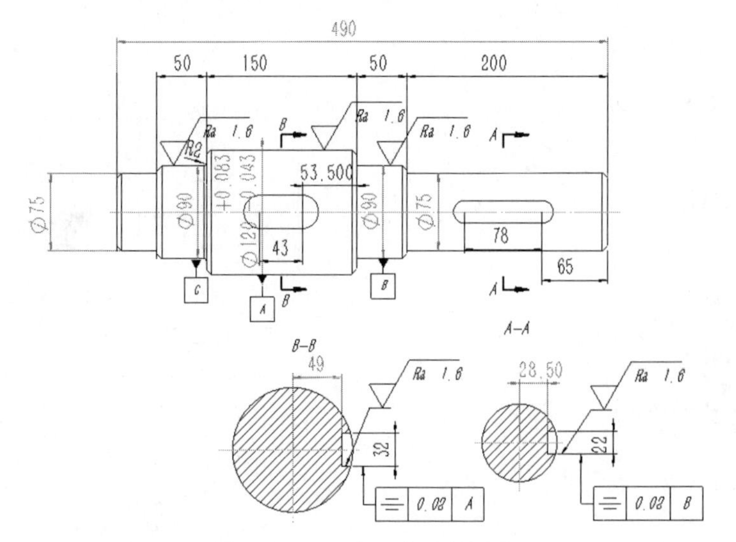

图 10-101　添加形位公差符号

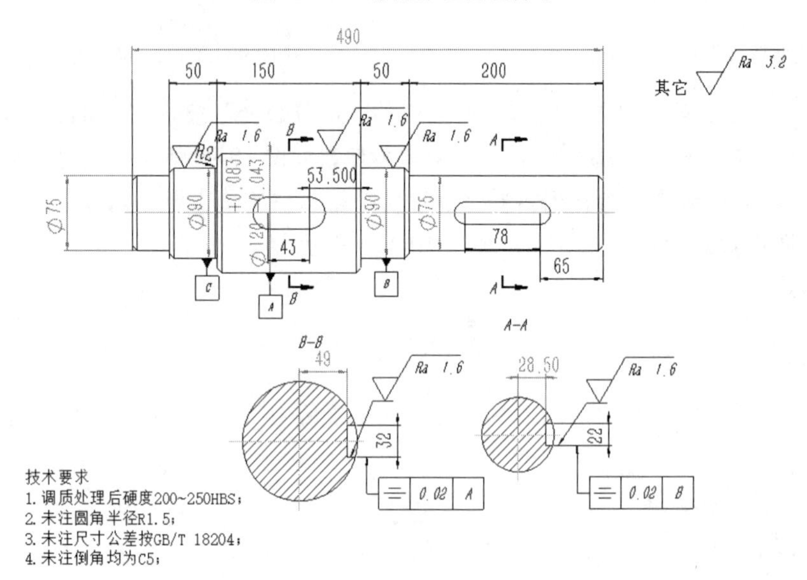

图 10-102　添加技术要求

10.6　上 机 操 作

1．绘制如图 10-103 所示的齿轮泵前盖工程图。

操作提示：

（1）打开零件三维模型（原始文件“\第 10 章\ 齿轮泵前盖.prt”），利用模型视图命令，生成基本视图。

（2）利用剖面视图命令，绘制剖视图。

（3）利用智能尺寸、粗糙度和注释命令，标注尺寸、粗糙度和技术要求。

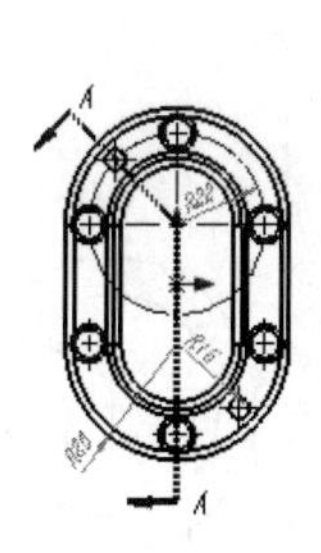

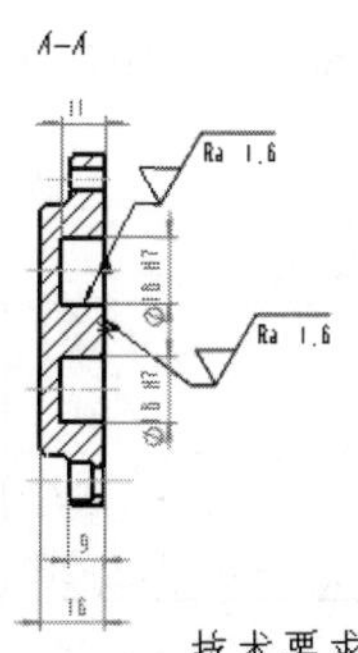

技术要求
1. 铸件应经时效处理。
2. 未注圆角R1～R3。
3. 盲孔φ16H7可先钻孔再经切削加工制成，但不得钻穿。

图 10-103　齿轮泵前盖工程图

2．绘制如图 10-104 所示的底座工程图。

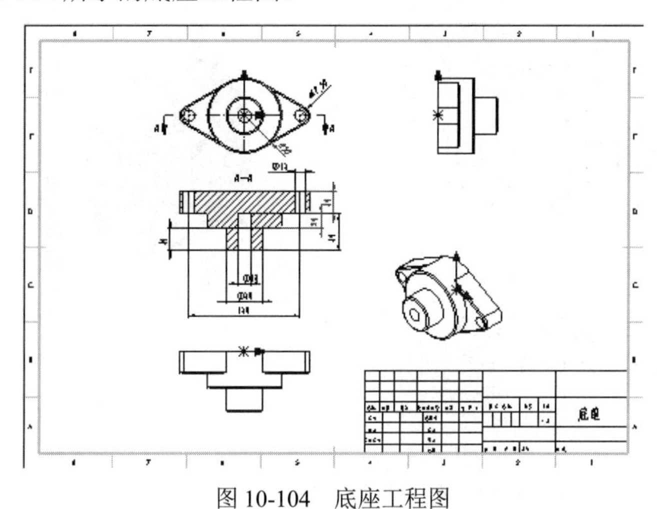

图 10-104　底座工程图

操作提示：

（1）打开零件三维模型（上机操作“\第 10 章\底座.prt”），利用模型视图命令生成视图。

（2）利用剖面视图命令，绘制剖视图。

（3）利用模型尺寸、标注尺寸、拖动和删除尺寸对尺寸进行整理。

10.7　思考与练习

1．怎样自定义图纸格式？

2．创建标准三视图有几种方法？各有什么异同？

3．怎样建立工程图文件模板？

4．视图怎样进行对齐？

5．注解怎样进行对齐？

Note

6．创建如图 10-105 所示的支撑轴工程图。

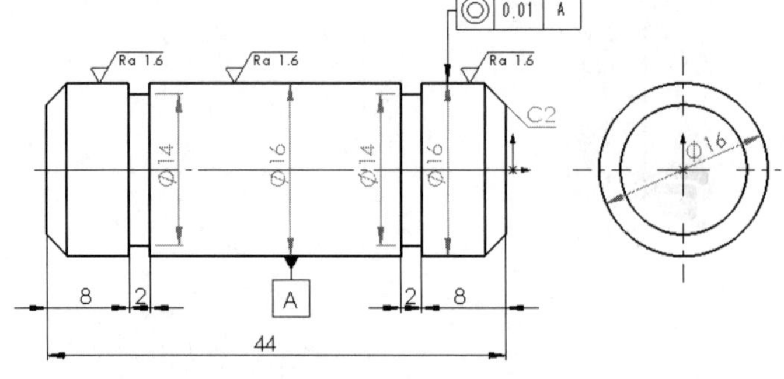

图 10-105　支撑轴工程图

7．创建如图 10-106 所示的油压缸前缸盖工程图。

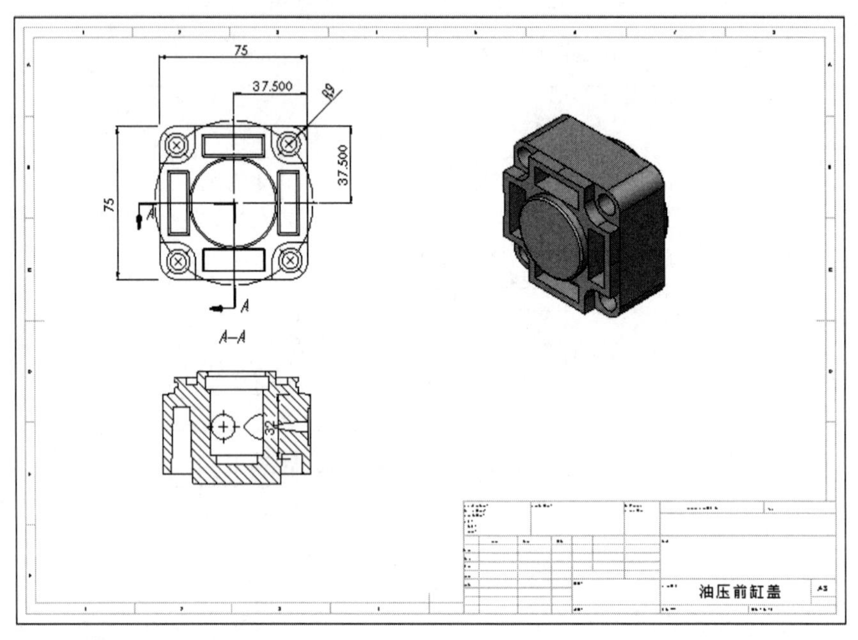

图 10-106　油压缸前缸盖工程图

球阀设计综合实例

本章学习要点和目标任务：

- ☑ 扳手
- ☑ 阀盖
- ☑ 阀体
- ☑ 装配体
- ☑ 球阀装配工程图

本章介绍球阀装配体组成零件的绘制方法和装配过程。球阀装配体由垫圈、压紧套、阀芯、阀杆、阀体、扳手、阀盖和阀体等零部件组成。

最后介绍球阀装配体的装配过程，还介绍了球阀装配体工程图的创建。

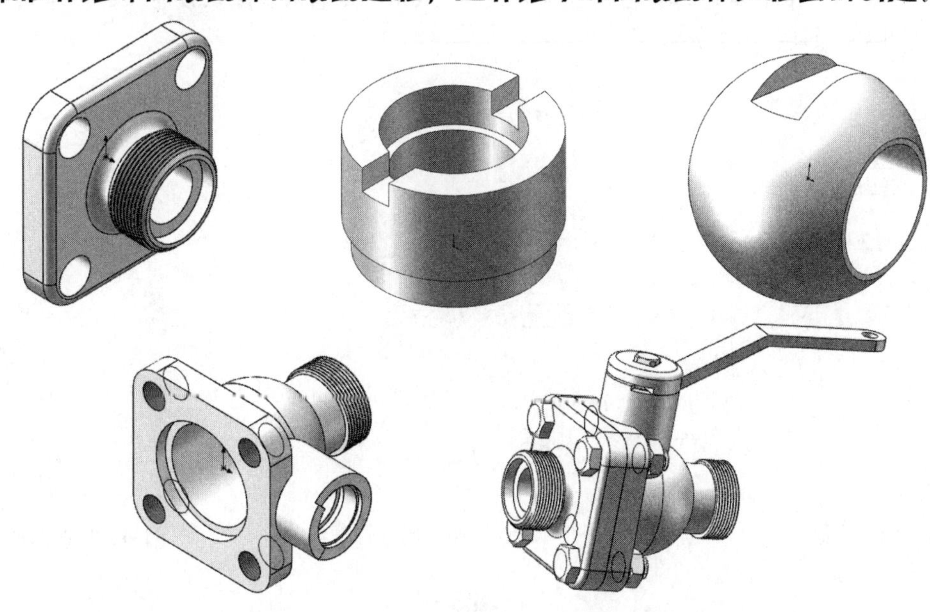

11.1 球阀零件

Note

视频讲解

球阀装配体由垫圈、压紧套、阀芯、阀杆、阀体、扳手、阀盖和阀体等零部件组成。本节主要介绍球阀各个零件的创建过程。

11.1.1 垫圈

首先绘制垫圈的外形轮廓草图通过拉伸成为垫圈。绘制的流程图如图 11-1 所示。

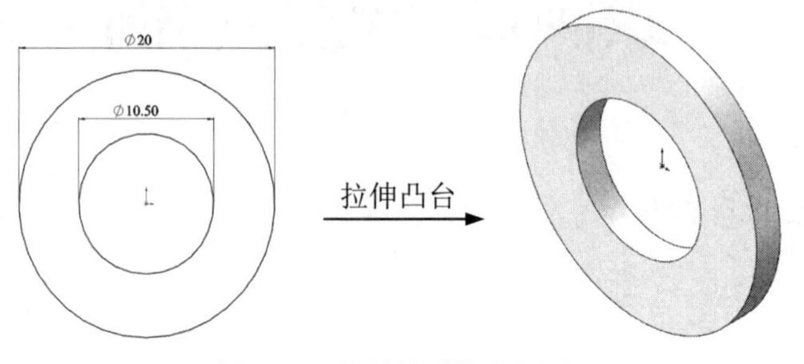

图 11-1 绘制垫圈的流程图

操作步骤如下。

（1）新建文件。单击快速访问工具栏中的“新建”按钮，在弹出的“新建 SOLIDWORKS 文件”对话框中单击“零件”按钮，然后单击“确定”按钮，创建一个新的零件文件。

（2）绘制草图。在左侧的“FeatureManager 设计树”中选择“前视基准面”作为绘制图形的基准面。单击“草图”面板中的“圆”按钮，绘制圆。单击“草图”面板中的“智能尺寸”按钮，对草图进行尺寸标注并进行修改，如图 11-2 所示。

（3）拉伸实体。单击“特征”面板中的“拉伸凸台/基体”按钮，此时系统弹出如图 11-3 所示的“凸台-拉伸”属性管理器。输入拉伸深度为 2mm，其他采用默认设置，然后单击“确定”按钮✔。拉伸实体如图 11-4 所示。

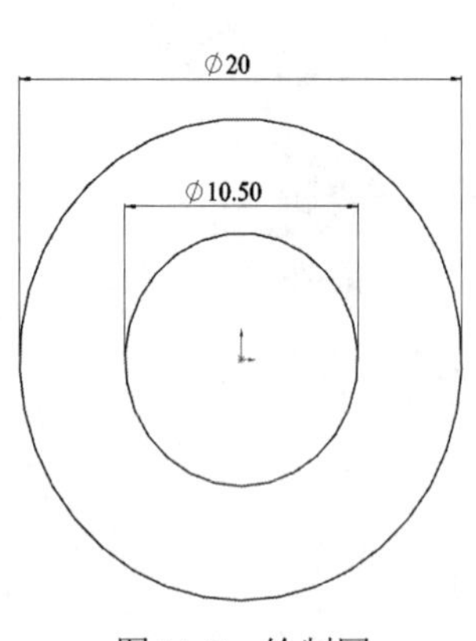

图 11-2 绘制圆

图 11-3 “凸台-拉伸”属性管理器

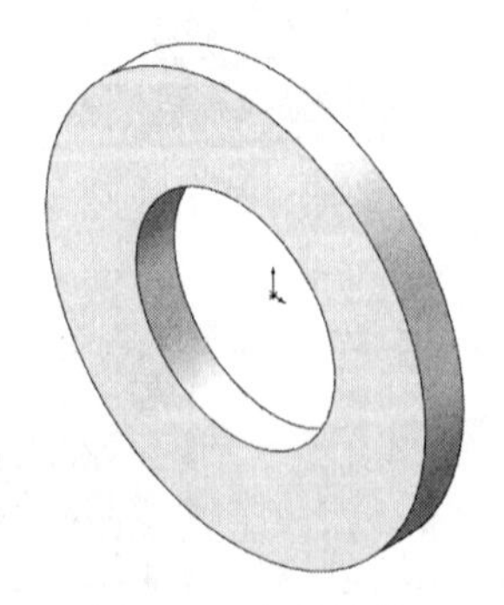

图 11-4 拉伸实体

Note

视频讲解

11.1.2　压紧套

首先绘制压紧套的外形轮廓草图，然后旋转成为压紧套轮廓，最后拉伸切除为凹槽。绘制压紧套的流程图如图 11-5 所示。

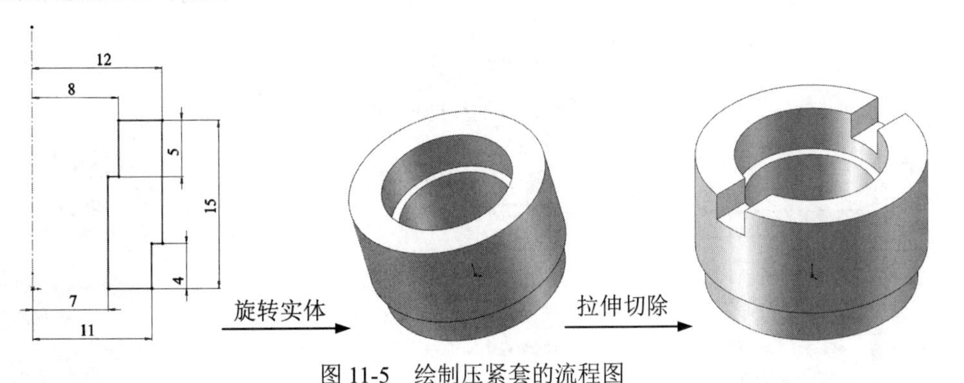

图 11-5　绘制压紧套的流程图

操作步骤如下。

（1）新建文件。单击快速访问工具栏中的“新建”按钮，在弹出的“新建 SOLIDWORKS 文件”对话框中单击“零件”按钮，然后单击“确定”按钮，创建一个新的零件文件。

（2）绘制草图。在左侧的“FeatureManager 设计树”中选择“前视基准面”作为绘制图形的基准面。单击“草图”面板中的“中心线”按钮，绘制一条通过原点的竖直中心线；单击“草图”面板中的“直线”按钮，绘制压紧套的草图轮廓。单击“草图”面板中的“智能尺寸”按钮，对草图进行尺寸标注并进行修改，如图 11-6 所示。

（3）旋转实体。单击“特征”面板中的“旋转凸台/基体”按钮，此时系统弹出如图 11-7 所示的“旋转”属性管理器。采用默认设置，然后单击“确定”按钮，旋转后的图形如图 11-8 所示。

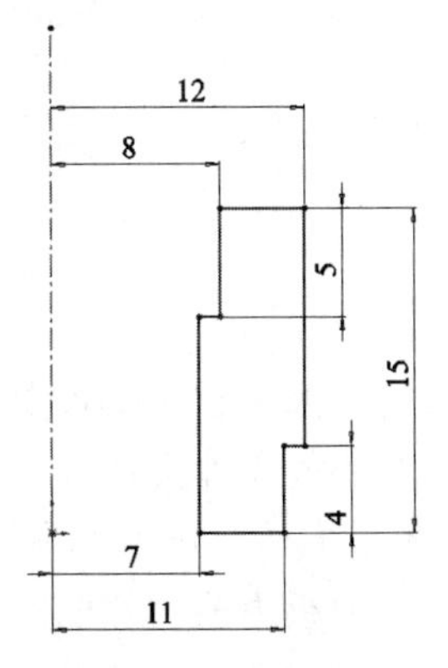

图 11-6　标注的草图

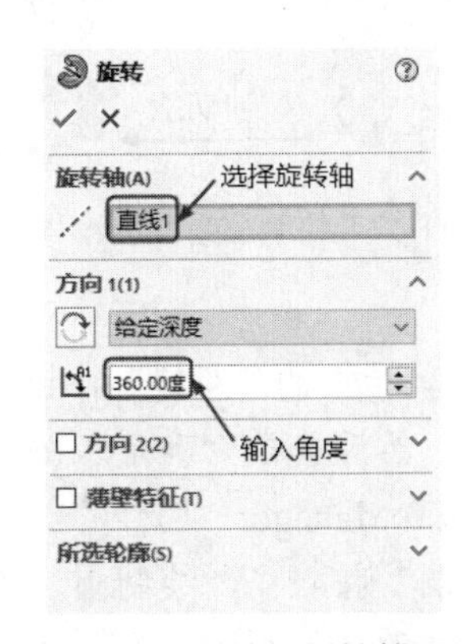

图 11-7　“旋转”属性管理器

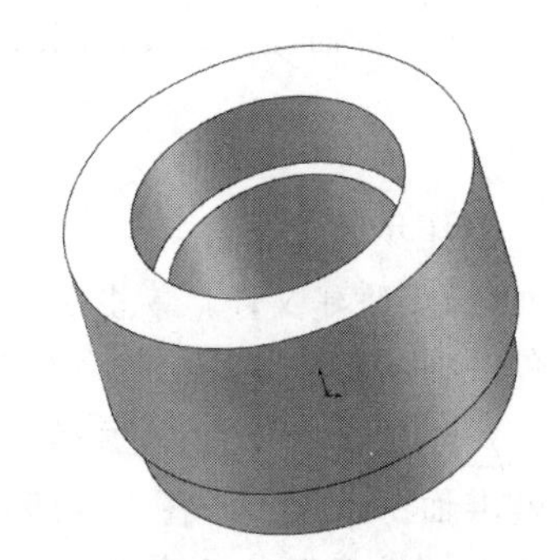

图 11-8　旋转后的图形

（4）绘制草图。在左侧的“FeatureManager 设计树”中选择“前视基准面”作为绘制图形的基准面。单击“草图”面板中的“边角矩形”按钮，绘制凹槽的草图轮廓。单击“草图”面板中的“智能尺寸”按钮，对草图进行尺寸标注并进行修改，如图 11-9 所示。

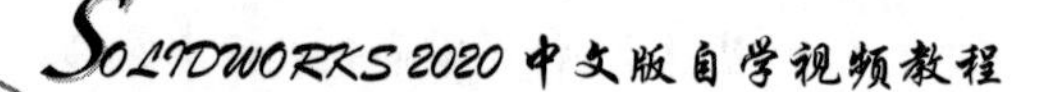

Note

（5）拉伸切除实体。单击“特征”面板中的“拉伸切除”按钮，此时系统弹出如图 11-10 所示的“切除-拉伸”属性管理器。设置“终止条件”为“两侧对称”，输入深度为 30mm，然后单击“确定”按钮✔，拉伸切除实体如图 11-11 所示。

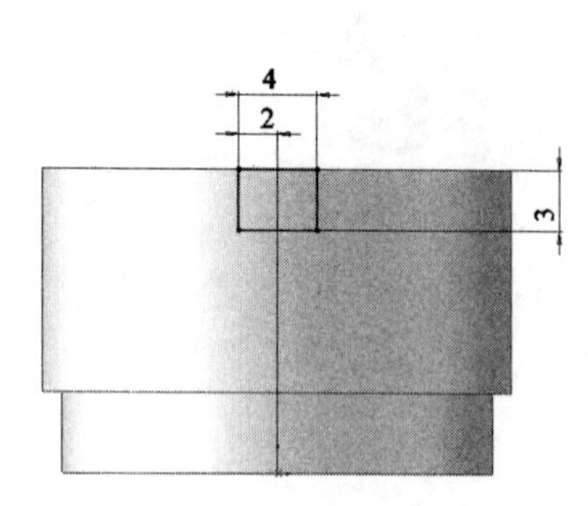

图 11-9　绘制草图

图 11-10　“切除-拉伸”属性管理器

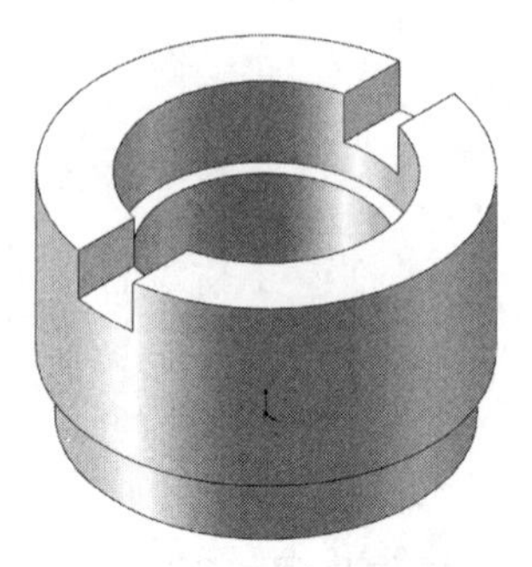

图 11-11　拉伸切除实体

视频讲解

11.1.3　密封圈

首先绘制密封圈的外形轮廓草图，通过拉伸成为密封圈轮廓，再绘制孔草图通过拉伸切除创建孔特征，最后创建旋转切除特征。绘制密封圈的流程图如图 11-12 所示。

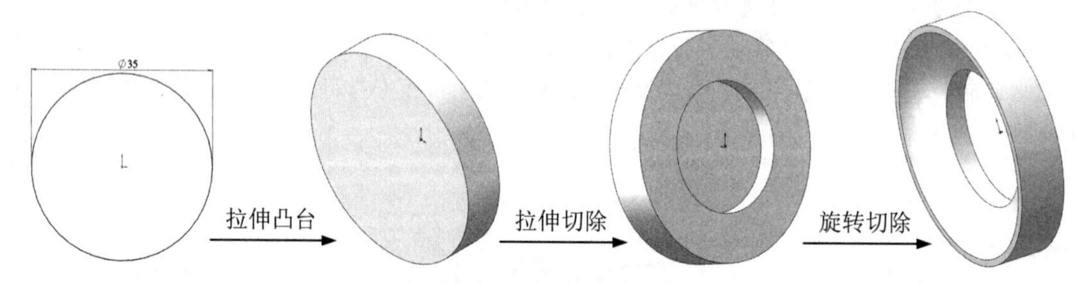

图 11-12　绘制密封圈的流程图

操作步骤如下。

（1）新建文件。单击快速访问工具栏中的“新建”按钮，在弹出的“新建 SOLIDWORKS 文件”对话框中单击“零件”按钮，然后单击“确定”按钮，创建一个新的零件文件。

（2）绘制草图。在左侧的“FeatureManager 设计树”中选择“前视基准面”作为绘制图形的基准面。单击“草图”面板中的“圆”按钮，绘制圆。单击“草图”面板中的“智能尺寸”按钮，对草图进行尺寸标注并进行修改，如图 11-13 所示。

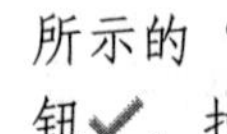

（3）拉伸实体。单击“特征”面板中的“拉伸凸台/基体”按钮，此时系统弹出如图 11-14 所示的“凸台-拉伸”属性管理器。输入深度为 7mm，其他采用默认设置，然后单击“确定”按钮✔。拉伸实体如图 11-15 所示。

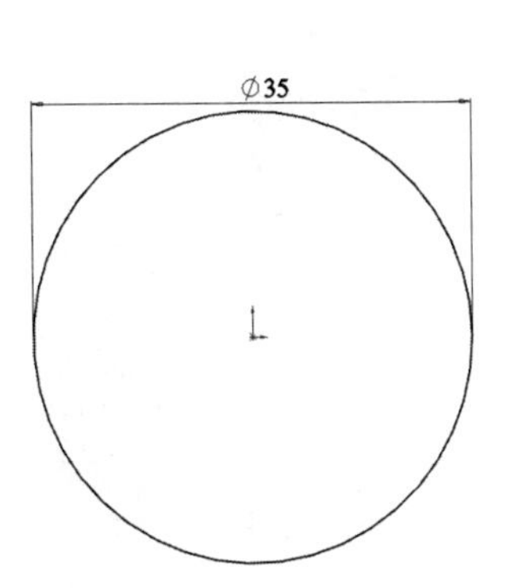

图 11-13　绘制圆

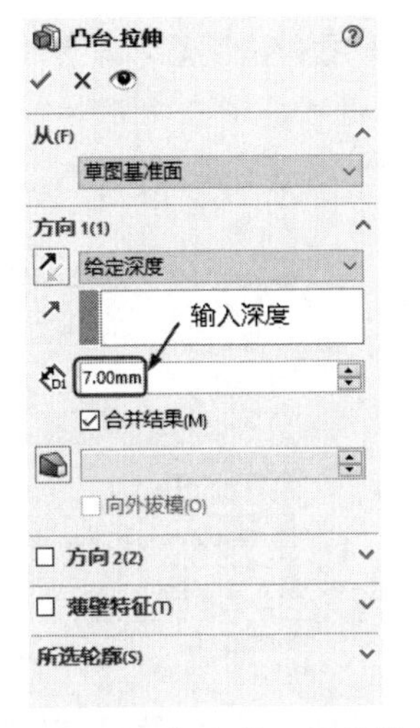

图 11-14　“凸台-拉伸”属性管理器

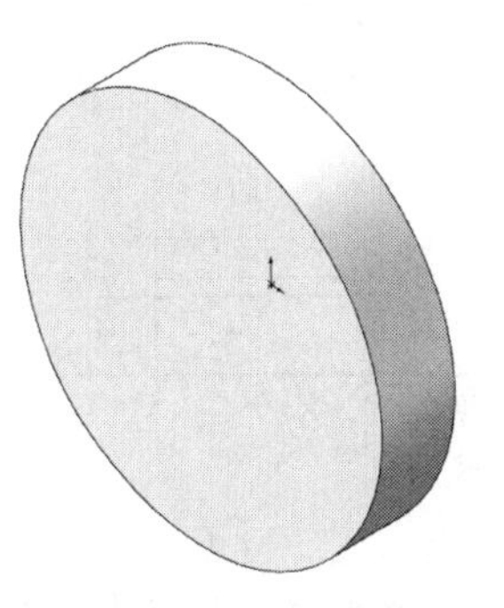

图 11-15　拉伸实体

（4）绘制草图。单击“视图”工具栏中的“旋转视图”按钮，改变视图的方向，然后选择如图 11-15 所示背面的平面作为基准面，单击“标准视图”工具栏中的“正视于”按钮。单击“草图”面板中的“圆”按钮，绘制圆；单击“草图”面板中的“智能尺寸”按钮，对草图进行尺寸标注并进行修改，如图 11-16 所示。

（5）拉伸切除实体。单击“特征”面板中的“拉伸切除”按钮，此时系统弹出如图 11-17 所示的“切除-拉伸”属性管理器。输入深度为 3mm，然后单击“确定”按钮✔，拉伸切除实体如图 11-18 所示。

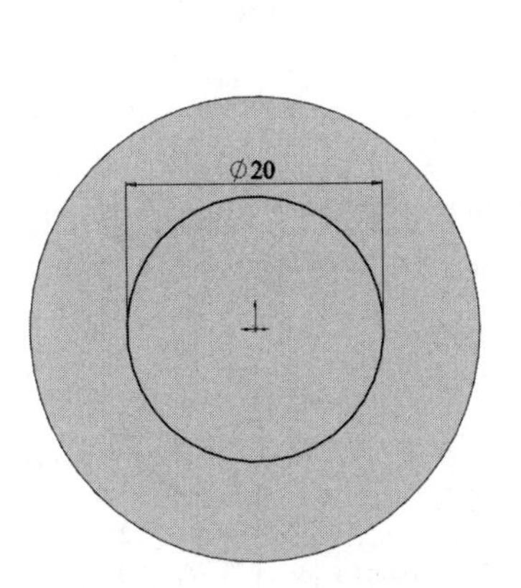

图 11-16　绘制草图

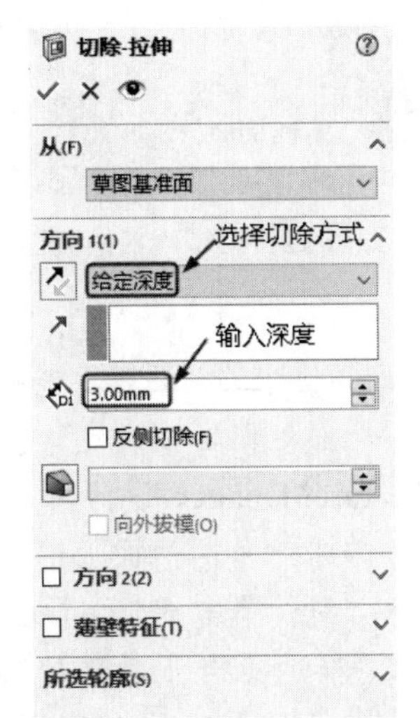

图 11-17　“切除-拉伸”属性管理器

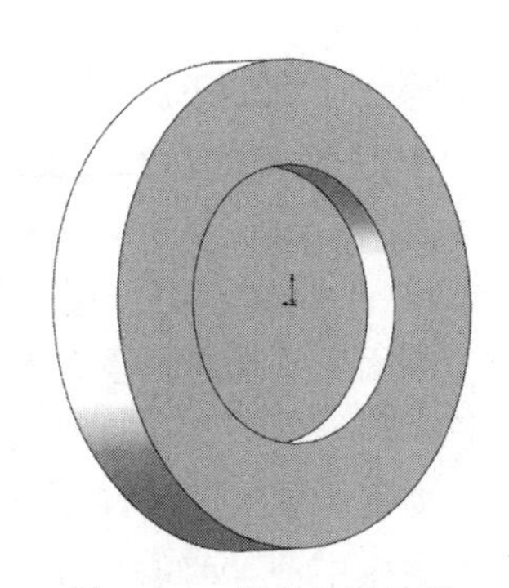

图 11-18　拉伸切除实体

（6）绘制草图。在左侧的“FeatureManager 设计树”中选择“上视基准面”作为绘制图形的基准面。单击“草图”面板中的“中心线”按钮，绘制一条通过原点的竖直中心线；单击“草图”面板中的“直线”按钮和“三点圆弧”按钮，绘制草图。单击“草图”面板中的“智能尺寸”按钮，对草图进行尺寸标注并进行修改，如图 11-19 所示。

（7）旋转切除实体。单击“特征”面板中的“旋转切除”按钮，此时系统弹出如图 11-20

所示的“切除-旋转”属性管理器。采用默认设置，然后单击“确定”按钮✔。旋转后的图形如图 11-21 所示。

Note

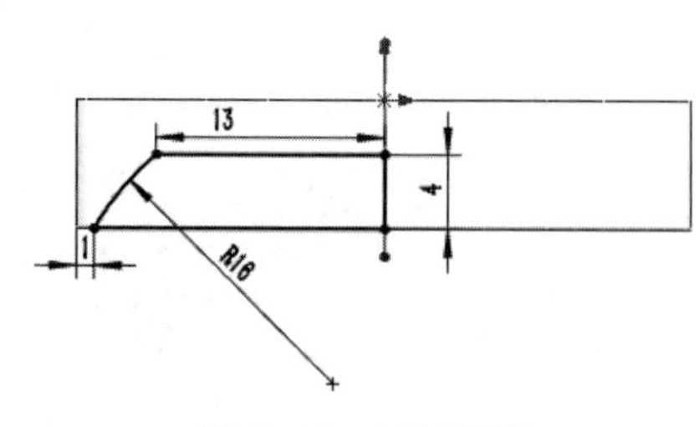

图 11-19　绘制草图

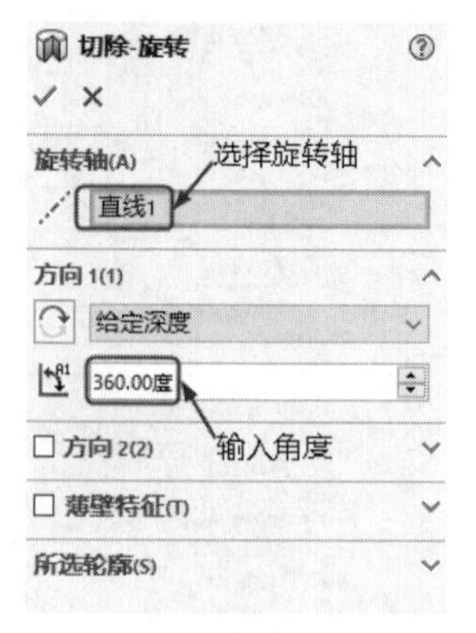

图 11-20　“切除-旋转”属性管理器

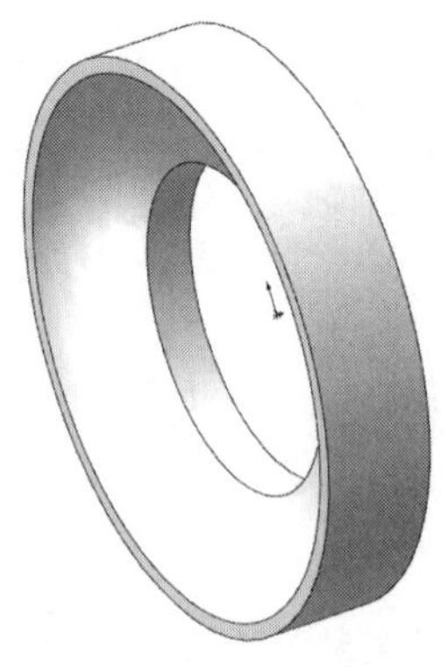

图 11-21　旋转后的图形

视频讲解

11.1.4　阀芯

首先绘制阀芯的外形轮廓草图，然后旋转成为阀芯主体轮廓，然后通过拉伸切除创建孔，最后通过拉伸切除创建槽。绘制阀芯的流程图如图 11-22 所示。

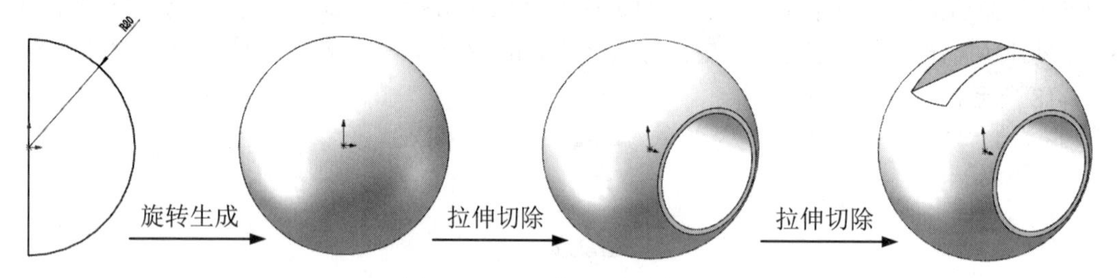

图 11-22　绘制阀芯的流程图

操作步骤如下。

（1）新建文件。单击快速访问工具栏中的“新建”按钮，在弹出的“新建 SOLIDWORKS 文件”对话框中单击“零件”按钮，然后单击“确定”按钮，创建一个新的零件文件。

（2）绘制草图。在左侧的“FeatureManager 设计树”中选择“前视基准面”作为绘制图形的基准面。单击“草图”面板中的“中心线”按钮，绘制一条通过原点的竖直中心线；单击“草图”面板中的“直线”按钮与“圆心/起/终点画圆弧”按钮，绘制草图轮廓。单击“草图”面板中的“智能尺寸”按钮，对草图进行尺寸标注并进行修改，如图 11-23 所示。

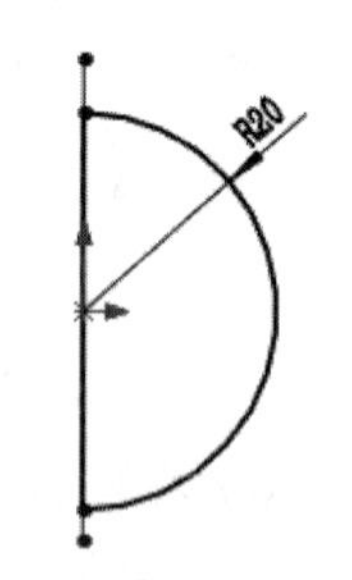

图 11-23　标注的草图

（3）旋转实体。单击“特征”面板中的“旋转凸台/基体”按钮，此时系统弹出如图 11-24 所示的“旋转”属性管理器。采用默认设置，然后单击“确定”按钮✔。旋转后的图形如图 11-25 所示。

（4）绘制草图。在左侧的“FeatureManager 设计树”中选择“前视基准面”作为绘制图形的基准面。单击“草图”面板中的“边角矩形”按钮，绘制凹槽的草图轮廓。单击“草图”面

板中的“智能尺寸”按钮，对草图进行尺寸标注并进行修改，如图 11-26 所示。

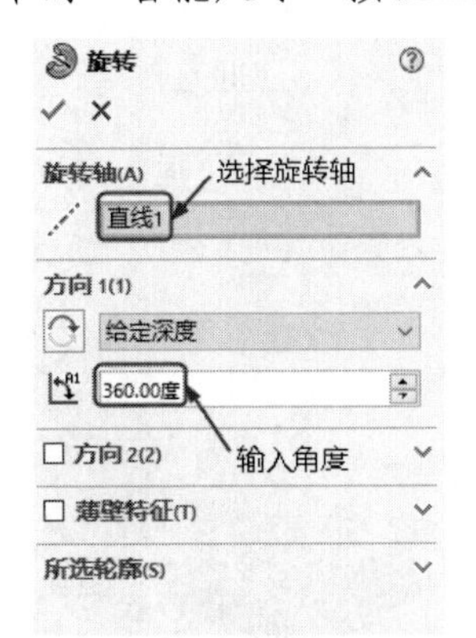

图 11-24　“旋转”属性管理器

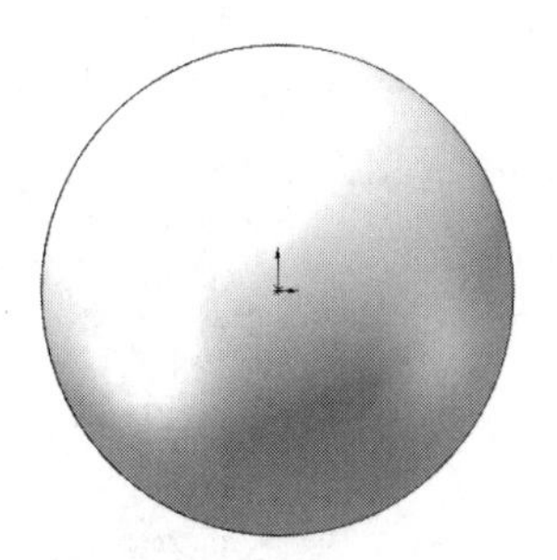

图 11-25　旋转后的图形

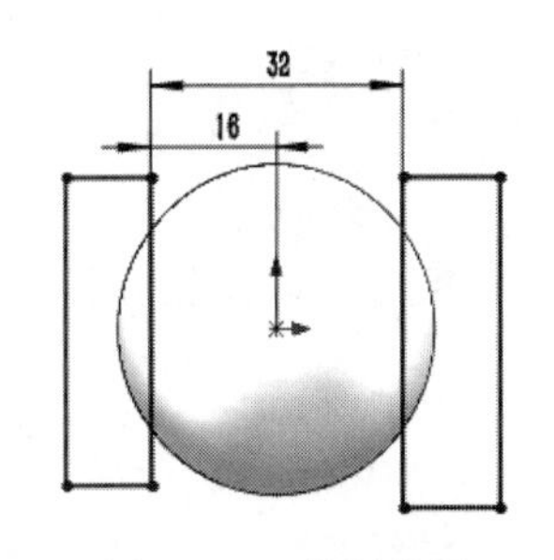

图 11-26　绘制草图

（5）拉伸切除实体。单击“特征”面板中的“拉伸切除”按钮，此时系统弹出如图 11-27 所示的“切除-拉伸”属性管理器。设置“终止条件”为“两侧对称”，输入拉伸深度为 40mm，然后单击“确定”按钮✓，拉伸切除实体如图 11-28 所示。

（6）绘制草图。选择图 11-28 中平面 1 作为基准面，单击“标准视图”工具栏中的“正视于”按钮。单击“草图”面板中的“圆”按钮，绘制圆，单击“草图”面板中的“智能尺寸”按钮，对草图进行尺寸标注并进行修改，如图 11-29 所示。

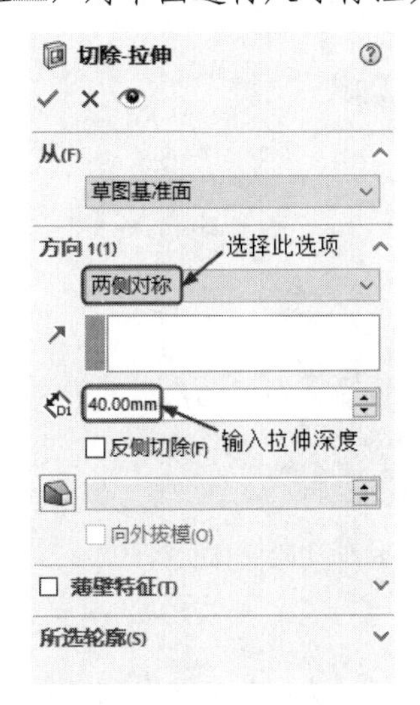

图 11-27　“切除-拉伸”属性管理器

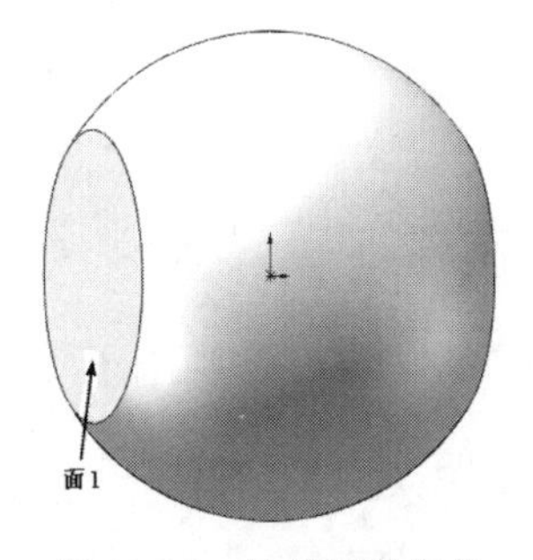

图 11-28　拉伸切除实体

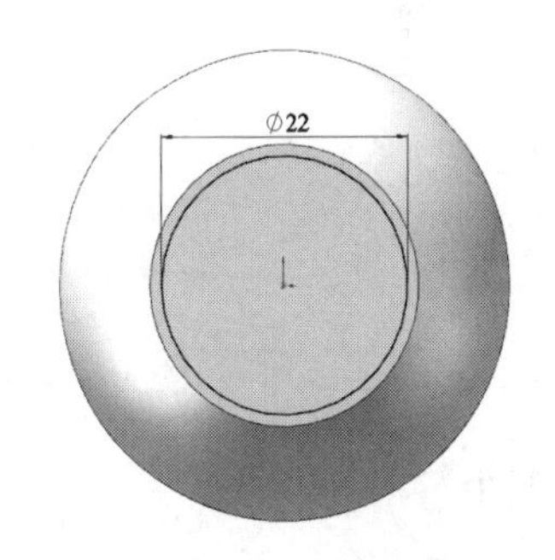

图 11-29　绘制草图

（7）拉伸切除实体。单击“特征”面板中的“拉伸切除”按钮，此时系统弹出如图 11-30 所示的“切除-拉伸”属性管理器。设置“终止条件”为“完全贯穿”，然后单击“确定”按钮✓。拉伸切除实体如图 11-31 所示。

（8）绘制草图。在左侧的“FeatureManager 设计树”中选择“前视基准面”作为绘制图形的基准面。单击“草图”面板中的“边角矩形”按钮，绘制矩形。单击“草图”面板中的“智能尺寸”按钮，对草图进行尺寸标注并进行修改，如图 11-32 所示。

Note

图 11-30 “切除-拉伸”属性管理器

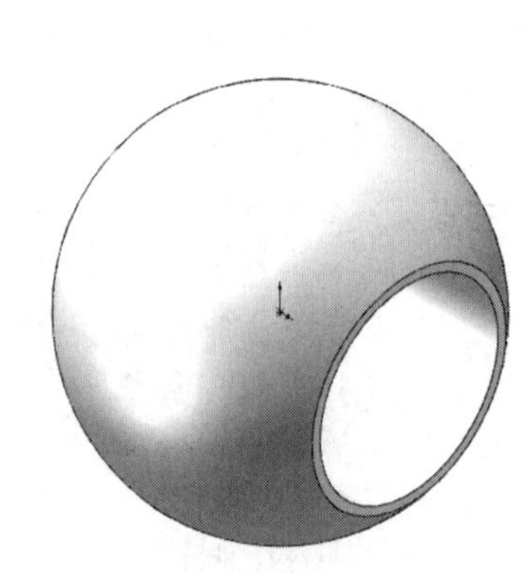

图 11-31 拉伸切除实体

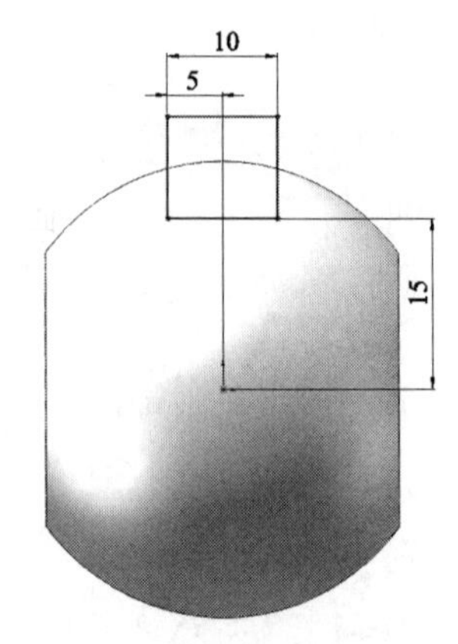

图 11-32 绘制草图

（9）拉伸切除实体。单击“特征”面板中的“拉伸切除”按钮，此时系统弹出如图 11-33 所示的“切除-拉伸”属性管理器。设置“终止条件”为“两侧对称”，输入拉伸深度为 30mm，然后单击“确定”按钮✓，拉伸切除实体如图 11-34 所示。

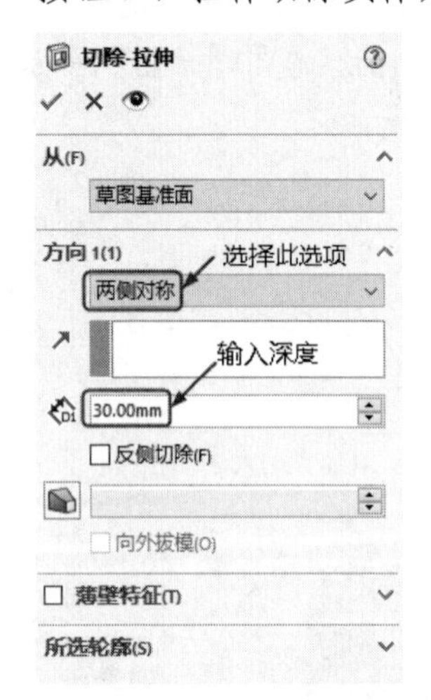

图 11-33 “切除-拉伸”属性管理器

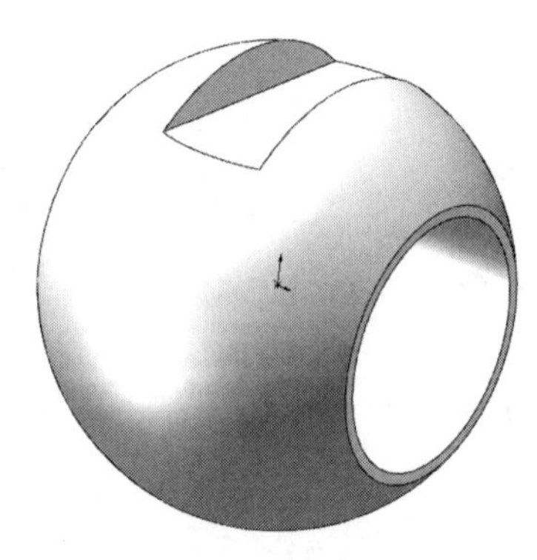

图 11-34 拉伸切除实体

视频讲解

11.1.5 阀杆

首先绘制通过旋转创建阀杆外轮廓，然后通过拉伸切除创建杆头，最后通过拉伸切除创建杆尾。绘制阀杆的流程图如图 11-35 所示。

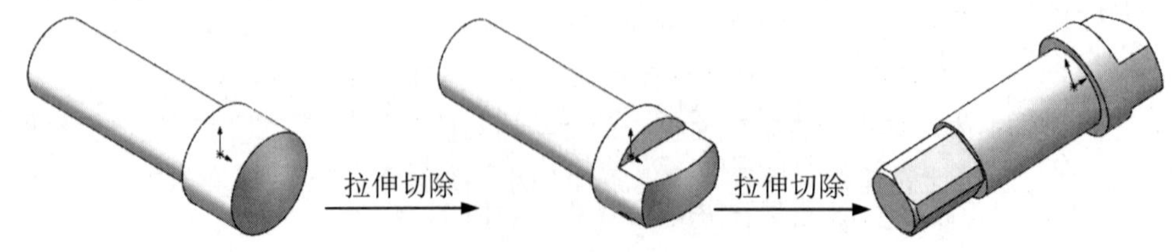

图 11-35 绘制阀杆的流程图

操作步骤如下。

（1）新建文件。单击快速访问工具栏中的“新建”按钮，在弹出的“新建 SOLIDWORKS 文件”对话框中单击“零件”按钮，然后单击“确定”按钮，创建一个新的零件文件。

（2）绘制草图。在左侧的“FeatureManager 设计树”中选择“前视基准面”作为绘制图形的基准面。单击“草图”面板中的“中心线”按钮，绘制一条通过原点的水平中心线；单击“草图”面板中的“直线”按钮和“三点圆弧”按钮，绘制旋转轮廓，修剪多余的线段。单击“草图”面板中的“智能尺寸”按钮，对草图进行尺寸标注并进行修改，如图 11-36 所示。

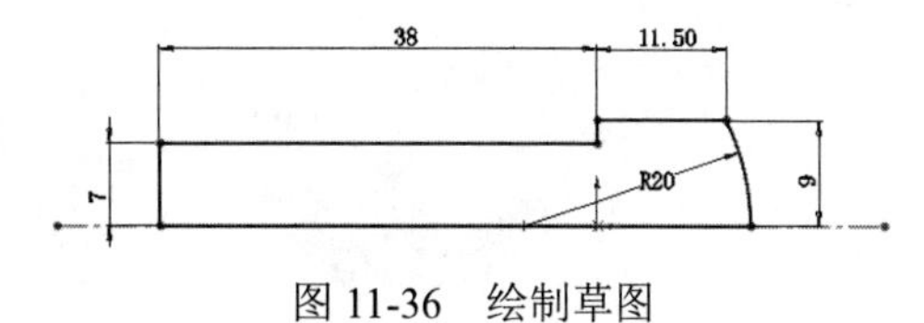

图 11-36　绘制草图

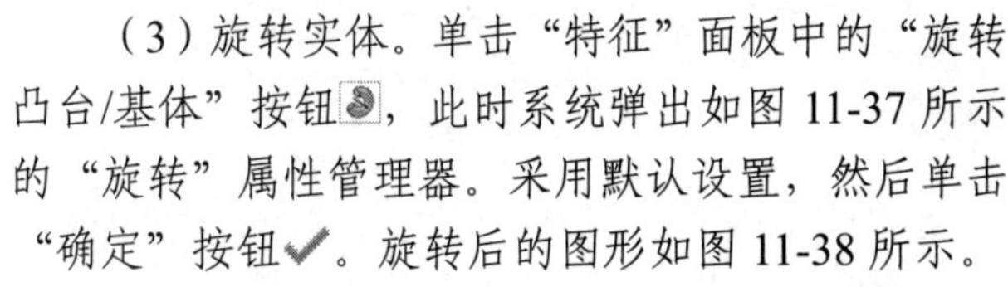

（3）旋转实体。单击“特征”面板中的“旋转凸台/基体”按钮，此时系统弹出如图 11-37 所示的“旋转”属性管理器。采用默认设置，然后单击“确定”按钮✓。旋转后的图形如图 11-38 所示。

（4）创建基准平面。在左侧的“FeatureManager 设计树”中选择“右视基准面”作为参考面。单击“特征”面板中的“基准面”按钮，弹出“基准面”属性管理器，输入距离为 5mm，如图 11-39 所示；单击“确定”按钮✓，生成基准面如图 11-40 所示。

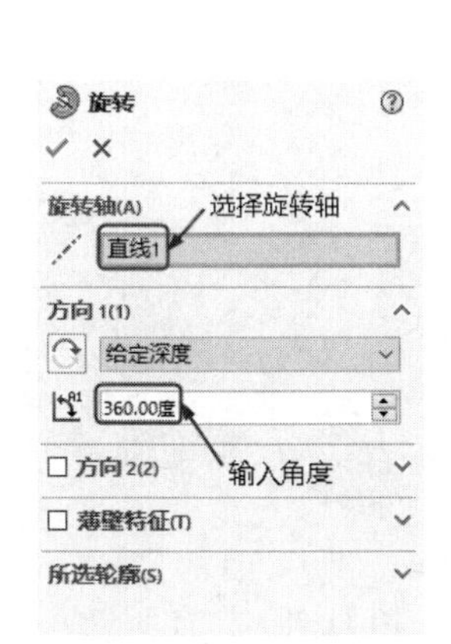

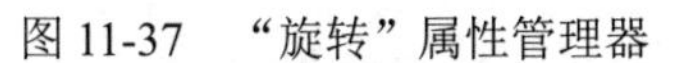

图 11-37　“旋转”属性管理器

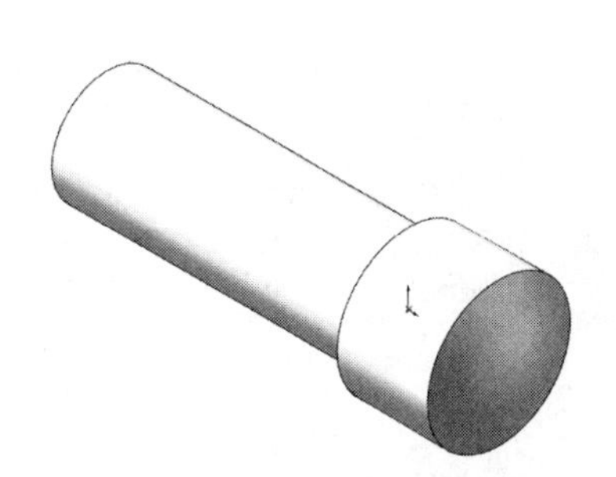

图 11-38　旋转后的图形

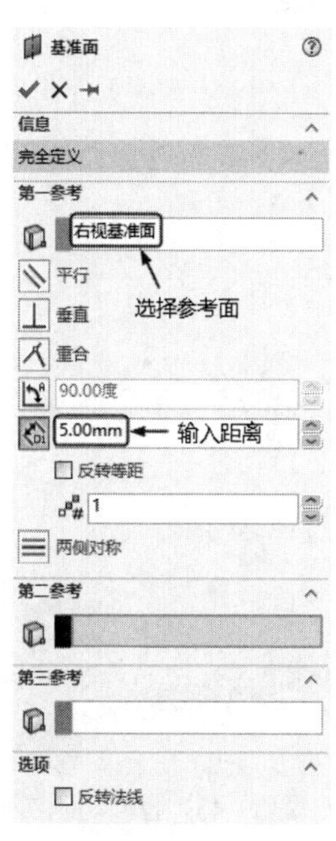

图 11-39　“基准面”属性管理器

（5）绘制草图。单击上步创建的基准面为绘制图形的基准面。单击“草图”面板中的“直线”按钮、“转换实体引用”按钮和“剪裁实体”按钮，绘制草图。单击“草图”面板中的“智能尺寸”按钮，对草图进行尺寸标注并进行修改，如图 11-41 所示。

（6）拉伸切除实体。单击“特征”面板中的“拉伸切除”按钮，此时系统弹出如图 11-42 所示的“切除-拉伸”属性管理器。设置“终止条件”为“完全贯穿”，然后单击“确定”按钮✓，隐藏基准面，拉伸切除实体如图 11-43 所示。

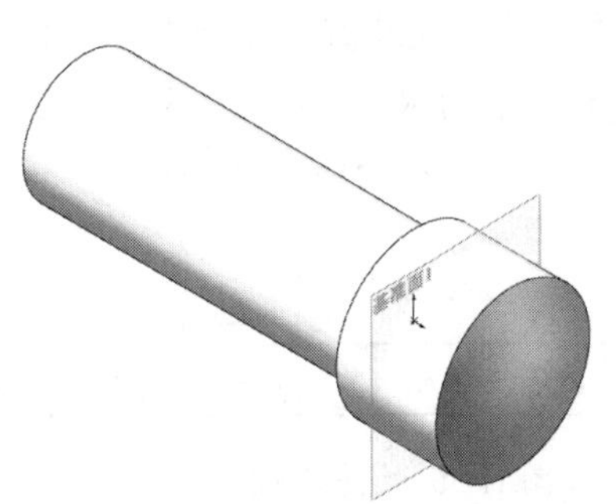

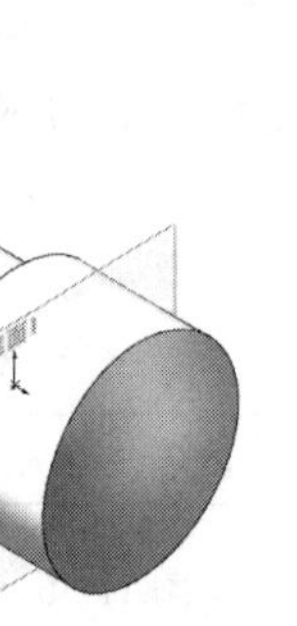

图 11-40　基准面

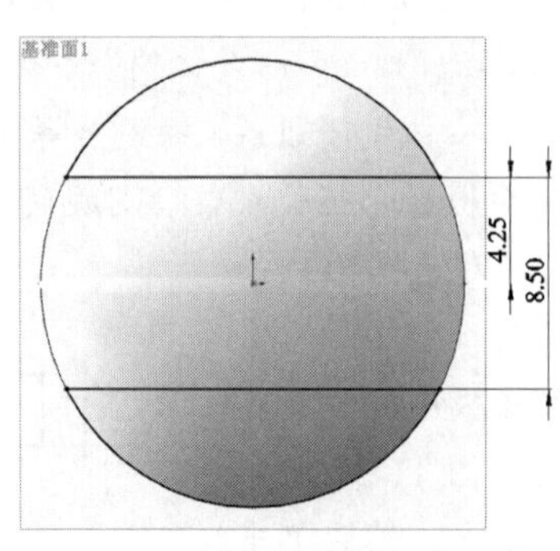

图 11-41　绘制草图

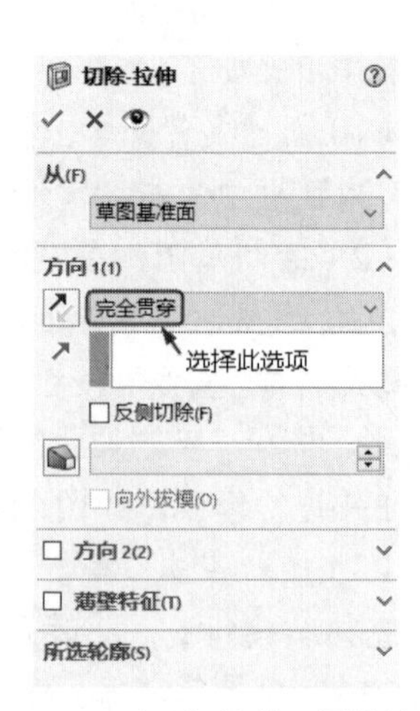

图 11-42　“切除-拉伸”属性管理器

（7）倒角。单击“特征”面板中的“倒角”按钮，此时系统弹出如图 11-44 所示的“倒角”属性管理器。选择“角度距离”选项，输入距离值为 0.9mm，输入角度值为 45 度，选取如图 11-43 所示的边线 1 为倒角边，然后单击“确定”按钮✔，倒角如图 11-45 所示。

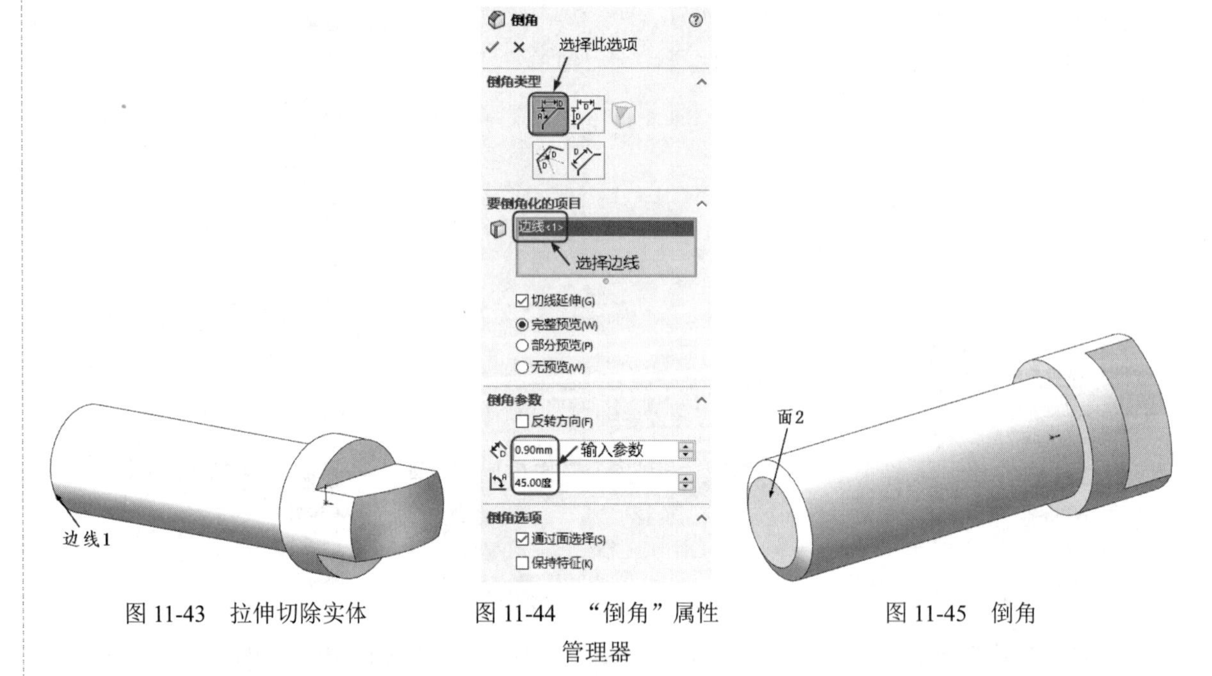

图 11-43　拉伸切除实体

图 11-44　“倒角”属性管理器

图 11-45　倒角

（8）绘制草图。选择如图 11-45 所示的面 2 作为基准面，单击“标准视图”工具栏中的“正视于”按钮。单击“草图”面板中的“转换实体引用”按钮、“圆形阵列”按钮、“直线”按钮和“剪裁实体”按钮，绘制草图，然后将斜线与圆添加相切几何关系，如图 11-46 所示。

（9）拉伸切除实体。单击“特征”面板中的“拉伸切除”按钮，此时系统弹出如图 11-47 所示的“切除-拉伸”属性管理器。输入深度为 14mm，其他采用默认设置，然后单击“确定”按钮✔。拉伸切除实体如图 11-48 所示。

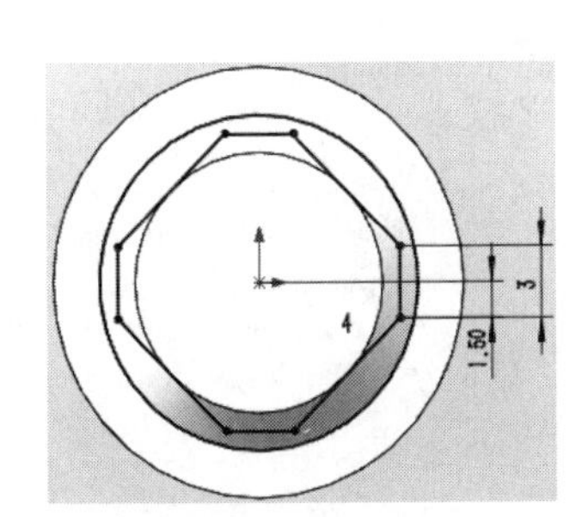

图 11-46　绘制草图

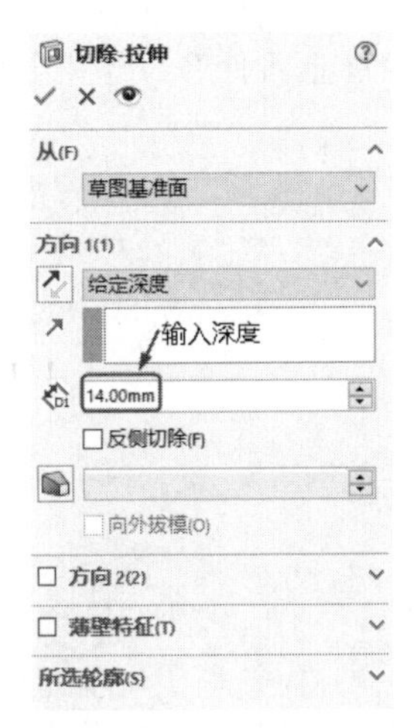

图 11-47　“切除-拉伸”属性管理器

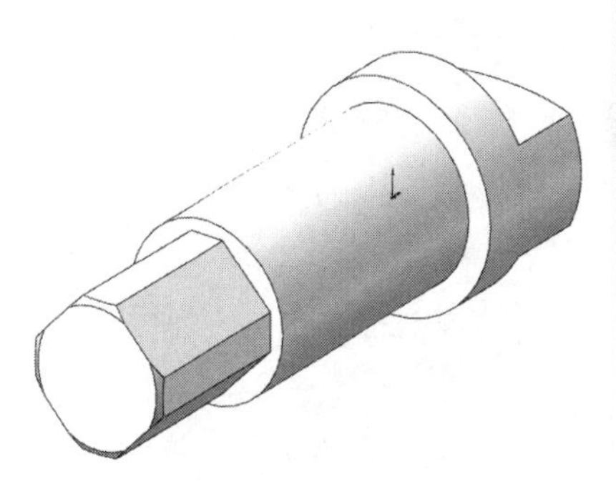
图 11-48　拉伸切除实体

11.1.6　扳手

首先绘制利用拉伸、拉伸切除命令创建卡扣，然后利用扫描命令创建手柄，最后圆角处理创建孔。绘制扳手的流程图如图 11-49 所示。

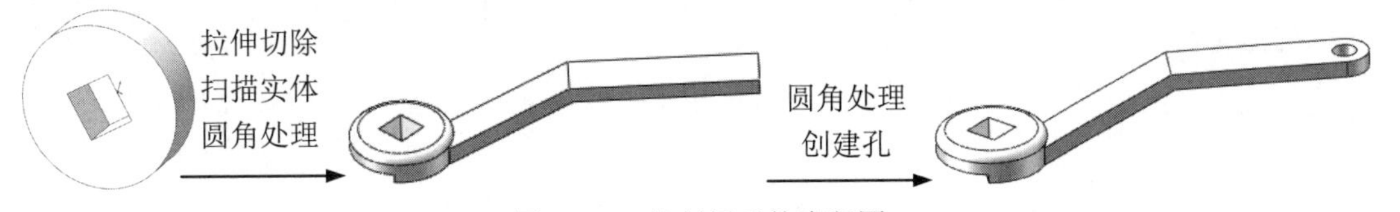

图 11-49　绘制扳手的流程图

操作步骤如下。

（1）新建文件。单击快速访问工具栏中的“新建”按钮，在弹出的“新建 SOLIDWORKS 文件”对话框中单击“零件”按钮，然后单击“确定”按钮，创建一个新的零件文件。

（2）绘制草图。在左侧的“FeatureManager 设计树”中选择“前视基准面”作为绘制图形的基准面。单击“草图”面板中的“圆”按钮，绘制圆。单击“草图”面板中的“智能尺寸”按钮，对草图进行尺寸标注并进行修改，如图 11-50 所示。

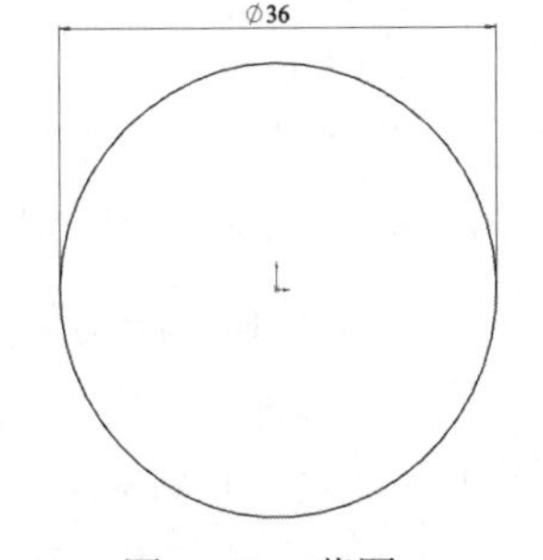

图 11-50　草图 1

（3）拉伸实体。单击“特征”面板中的“拉伸凸台/基体”按钮，此时系统弹出如图 11-51 所示的“凸台-拉伸”属性管理器。输入深度为 10mm，其他采用默认设置，然后单击“确定”按钮✔。拉伸实体如图 11-52 所示。

（4）绘制草图。单击鼠标滚轮，拖动滚轮，改变视图的方向，然后选择如图 11-52 所示的前表面作为基准面，单击“标准视图”工具栏中的“正视于”按钮。单击“草图”面板中的“正多边形”按钮，绘制正方形，单击“草图”面板中的“智能尺寸”按钮，对草图进行尺寸标注并进行修改，如图 11-53 所示。

（5）拉伸切除实体。单击“特征”面板中的“拉伸切除”按钮，此时系统弹出如图 11-54

Note

所示的“切除-拉伸”属性管理器。设置“终止条件”为“完全贯穿”，然后单击“确定”按钮✓，拉伸切除实体如图 11-55 所示。

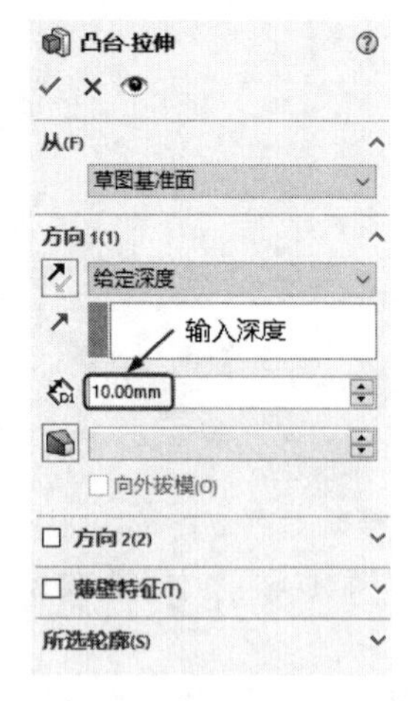

图 11-51 “凸台-拉伸”属性管理器

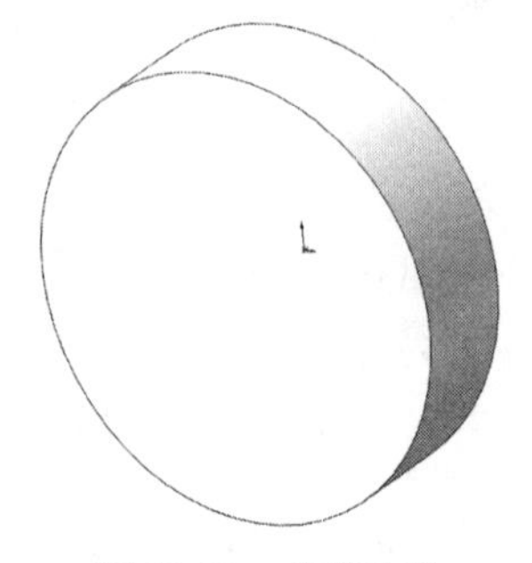

图 11-52 拉伸实体

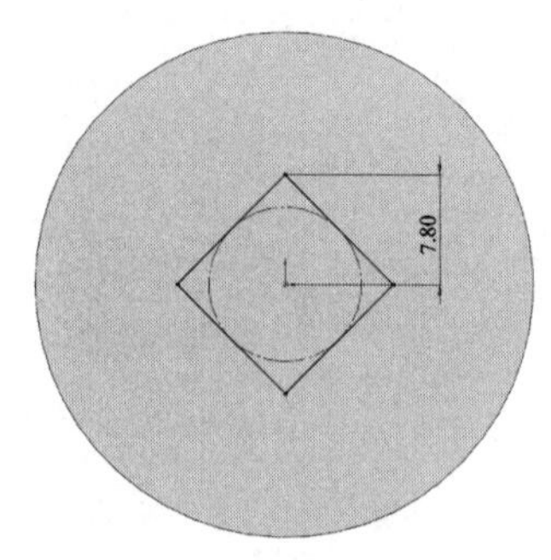

图 11-53 草图 2

（6）绘制草图。在左侧的“FeatureManager 设计树”中选择“上视基准面”作为绘制图形的基准面。单击“草图”面板中的“边角矩形”按钮，绘制草图；单击“草图”面板中的“智能尺寸”按钮，对草图进行尺寸标注并进行修改，如图 11-56 所示。

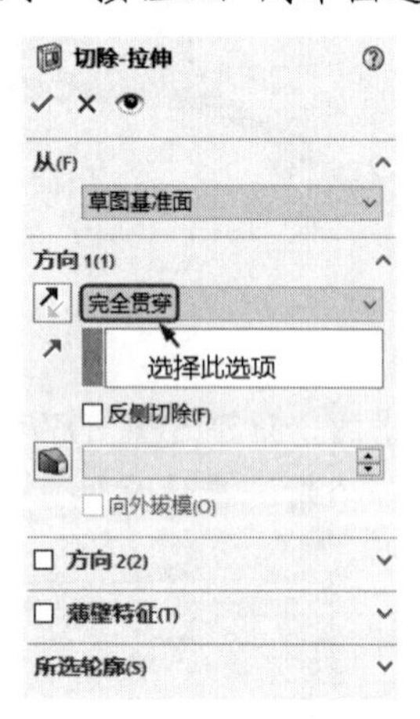

图 11-54 “切除-拉伸”属性管理器

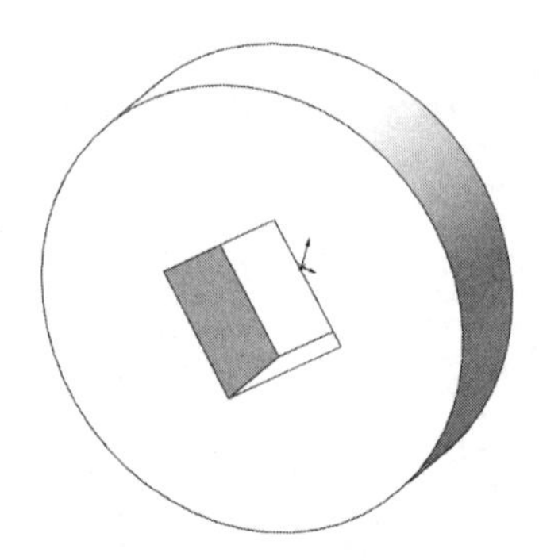

图 11-55 拉伸切除实体

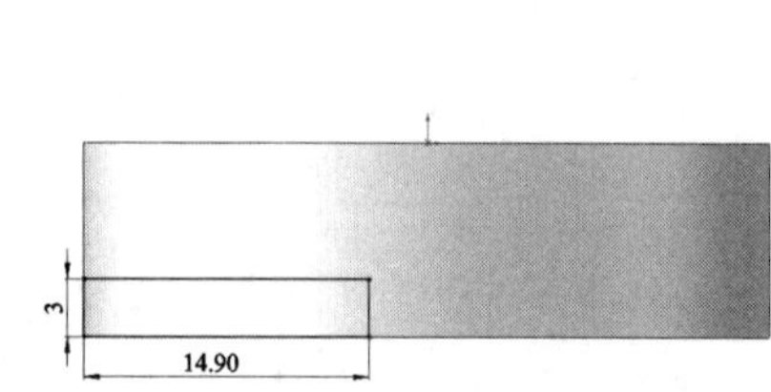

图 11-56 草图 3

（7）拉伸切除实体。单击“特征”面板中的“拉伸切除”按钮，此时系统弹出如图 11-57 所示的“切除-拉伸”属性管理器。设置“终止条件”为“两侧对称”，输入深度为 40mm，然后单击“确定”按钮✓，拉伸切除实体如图 11-58 所示。

（8）绘制草图。在左侧的“FeatureManager 设计树”中选择“上视基准面”作为绘制图形的基准面。单击“草图”面板中的“直线”按钮，绘制草图。单击“草图”面板中的“智能尺寸”按钮，对草图进行尺寸标注并进行修改，结果如图 11-59 所示。

（9）创建基准平面。单击“特征”面板中的“基准面”按钮，弹出“基准面”属性管理器，选择“右视基准面”为第一参考，选择如图 11-59 所示的点 1 为第二参考，如图 11-60 所示，然后单击“确定”按钮✓。创建的基准面如图 11-61 所示。

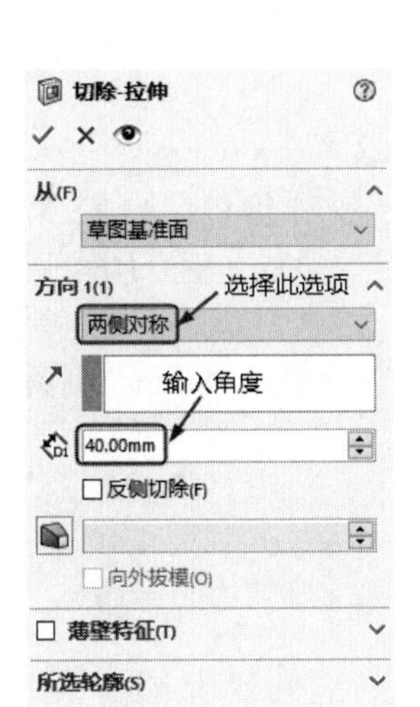

图 11-57　“切除-拉伸”属性管理器

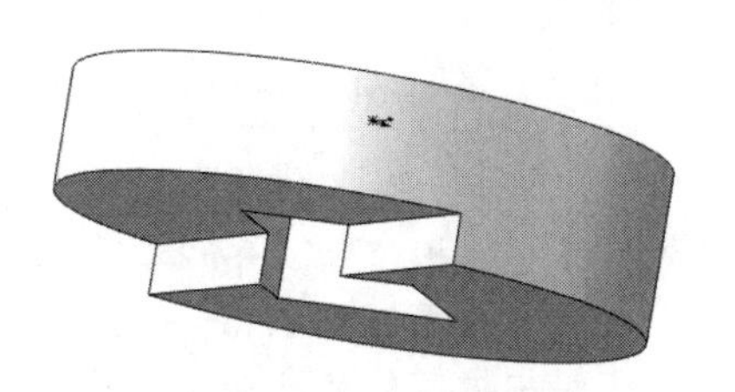

图 11-58　拉伸切除实体

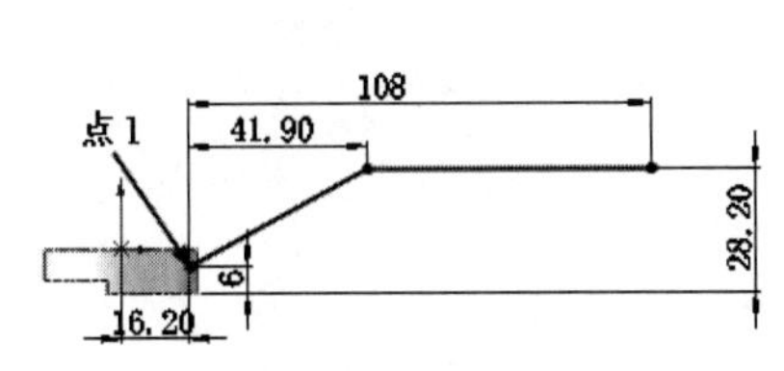

图 11-59　草图 4

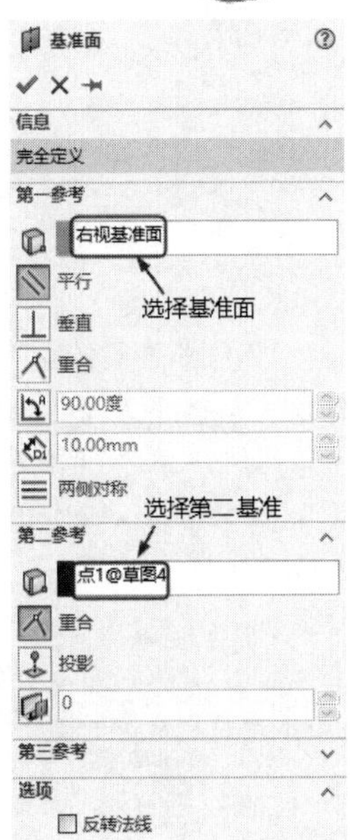

图 11-60　“基准面”属性管理器

（10）绘制草图。在左侧的“FeatureManager 设计树”中选择“基准面 1”作为绘制图形的基准面。单击“草图”面板中的“边角矩形”按钮，绘制草图。单击“草图”面板中的“智能尺寸”按钮，对草图进行尺寸标注并进行修改，如图 11-62 所示。

（11）扫描实体。单击“特征”面板中的“扫描”按钮，此时系统弹出如图 11-63 所示的“扫描”属性管理器。选择上一步绘制的草图 5 为扫描轮廓，选择第（8）步绘制的草图 4 为扫描路径，然后单击“确定”按钮✔。隐藏基准面，扫描实体如图 11-64 所示。

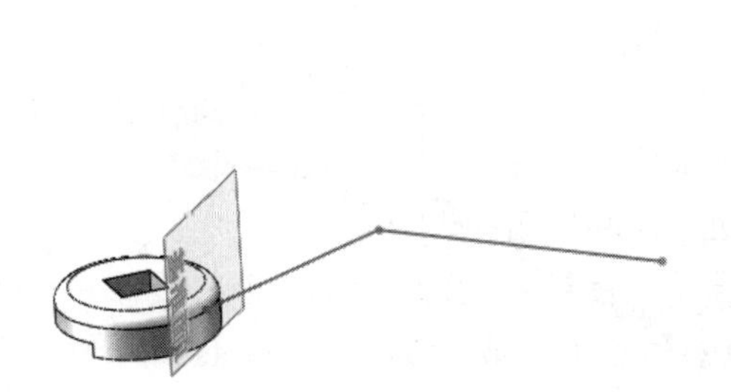

图 11-61　创建基准面

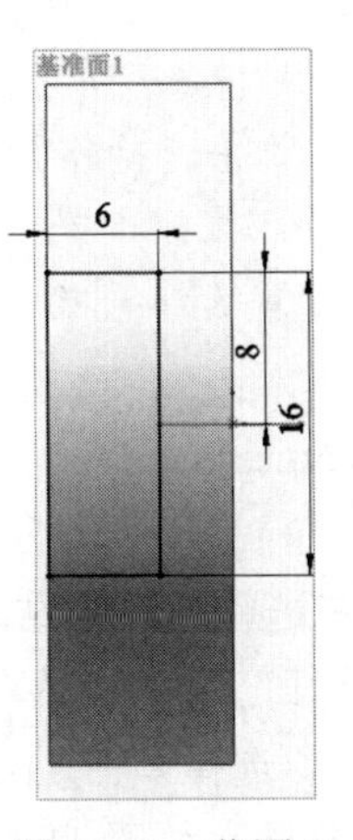

图 11-62　草图 5

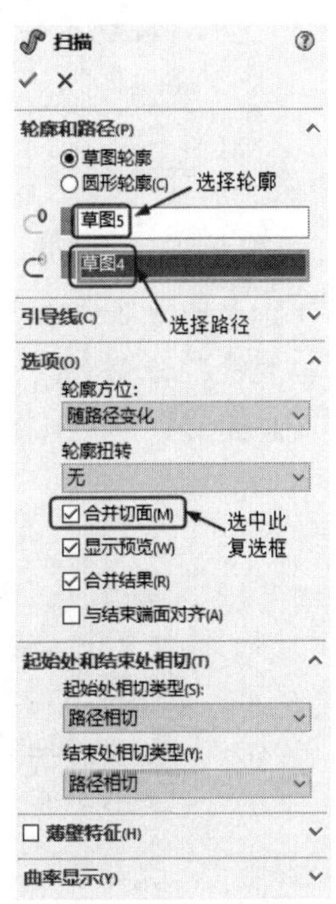

图 11-63　“扫描”属性管理器

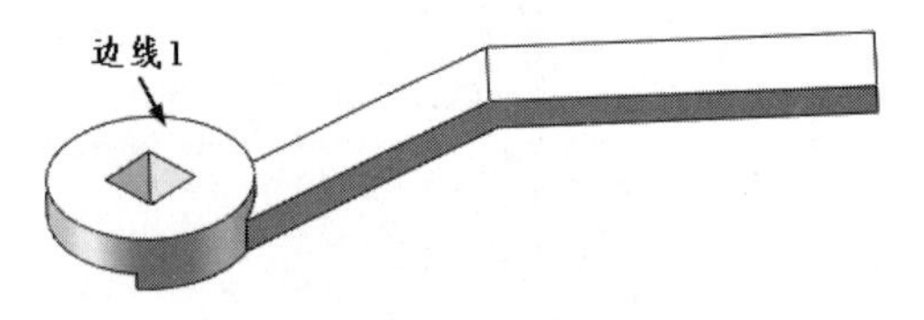

图 11-64　扫描实体

Note

（12）圆角实体。单击“特征”面板中的“圆角”按钮，此时系统弹出如图 11-65 所示的“圆角”属性管理器。选择“等半径”选项，输入半径值为 3mm，然后选取如图 11-64 所示的边线 1。然后单击“确定”按钮✓，倒圆角如图 11-66 所示。

（13）重复“圆角”命令，选取扫描实体的后两条棱边，设置圆角半径为 8mm，倒圆角如图 11-67 所示。

图 11-65　“圆角”属性管理器

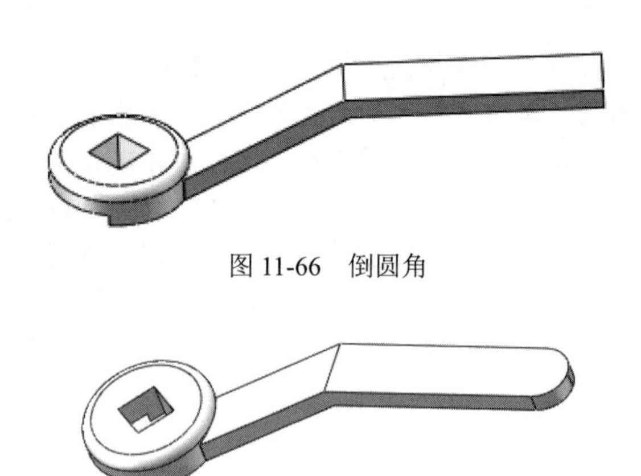

图 11-66　倒圆角

图 11-67　倒圆角

（14）创建孔。选取扫描实体的上表面为孔放置面。选择菜单栏中的“插入”→“特征”→“简单直孔”命令，此时系统弹出如图 11-68 所示的“孔”属性管理器。输入直径为 8mm，设置“终止条件”为“完全贯穿”，然后单击“确定”按钮✓，创建的简单孔如图 11-69 所示。

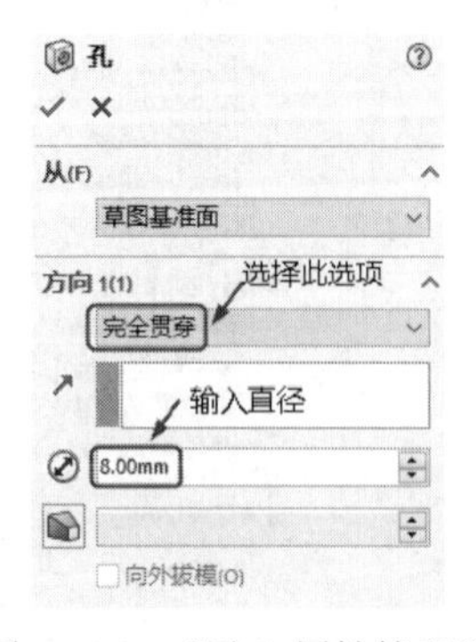

图 11-68　“孔”属性管理器

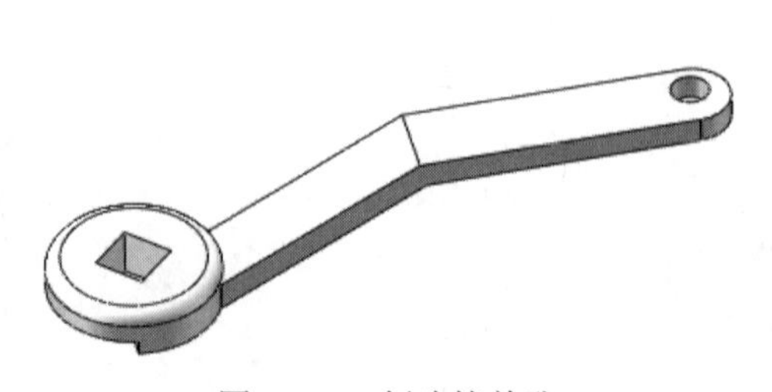

图 11-69　创建简单孔

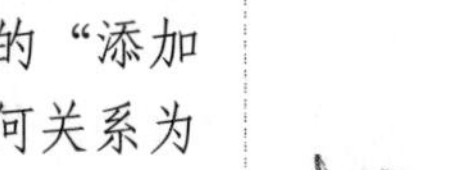

（15）编辑孔位置。在左侧的“FeatureMannger 设计树”中右击“孔 1”特征，弹出如图 11-70 所示的快捷菜单。单击“编辑草图”按钮，进入草图绘制环境。单击“草图”面板中的“添加几何关系”按钮，弹出“添加几何关系”属性管理器，选取圆弧和圆角边线，添加几何关系为“同心”，如图 11-71 所示；然后单击“确定”按钮✔，编辑孔位置如图 11-72 所示。

图 11-70　快捷菜单

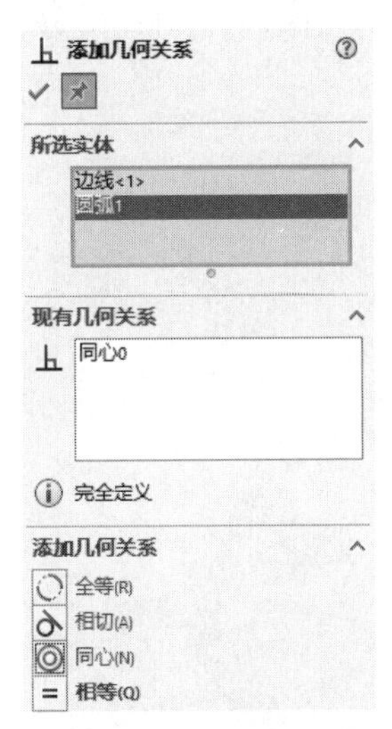

图 11-71　“添加几何关系”属性管理器

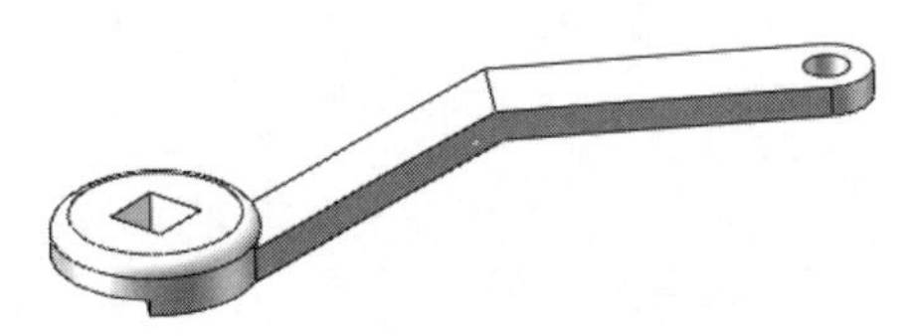

图 11-72　编辑孔位置

11.1.7　螺栓

首先通过拉伸创建螺栓主体，然后通过旋转切除创建螺帽，最后通过扫描切除创建螺纹。绘制螺栓的流程图如图 11-73 所示。

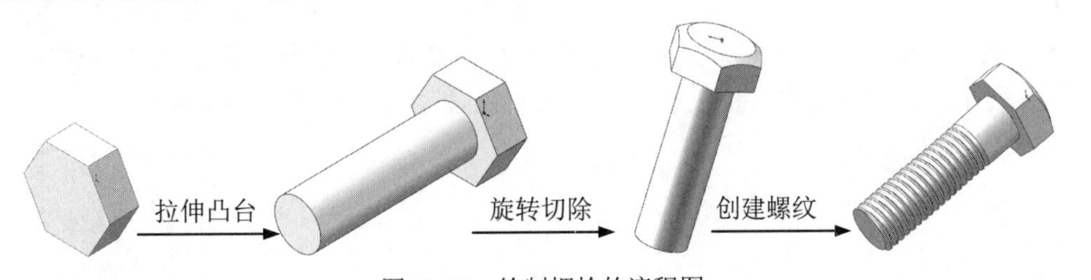

图 11-73　绘制螺栓的流程图

操作步骤如下。

（1）新建文件。单击快速访问工具栏中的“新建”按钮，在弹出的“新建 SOLIDWORKS 文件”对话框中单击“零件”按钮，然后单击“确定”按钮，创建一个新的零件文件。

（2）绘制螺帽草图。在“FeatureManager 设计树”中选择“前视基准面”作为绘图基准面，单击“草图”面板中的“多边形”按钮，绘制一个以原点为中心、内切圆直径为 16mm 的正六边形。

（3）创建拉伸实体。单击“特征”面板中的“拉伸凸台/基体”按钮，弹出“凸台-拉伸”属性管理器，输入深度为 6.4mm，其他采用默认设置，如图 11-74 所示，单击“确定”按钮✔，

Note

拉伸实体如图 11-75 所示。

（4）绘制草图。选择基体的顶面，然后单击“标准视图”工具栏中的“正视于”按钮，将该表面作为绘制图形的基准面。单击“草图”面板中的“圆”按钮，绘制一个以原点为圆心、直径为 10mm 的圆作为螺柱的草图轮廓。

（5）创建拉伸实体。单击“特征”面板中的“拉伸凸台/基体”按钮，系统弹出“凸台-拉伸”属性管理器，输入深度为 38mm，其他采用默认设置，单击“确定”按钮✔。绘制的螺柱如图 11-76 所示。

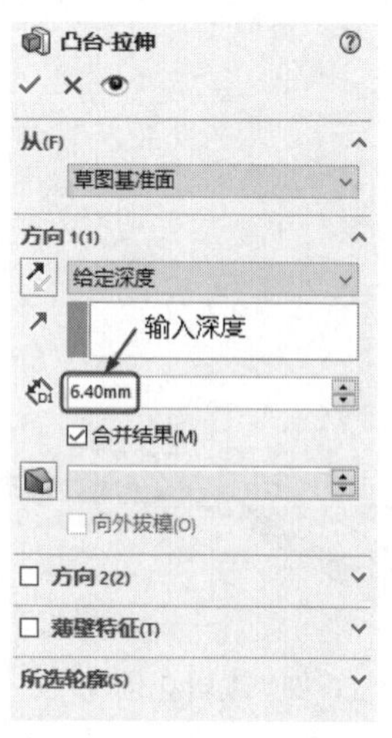

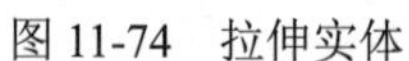
图 11-74　拉伸实体

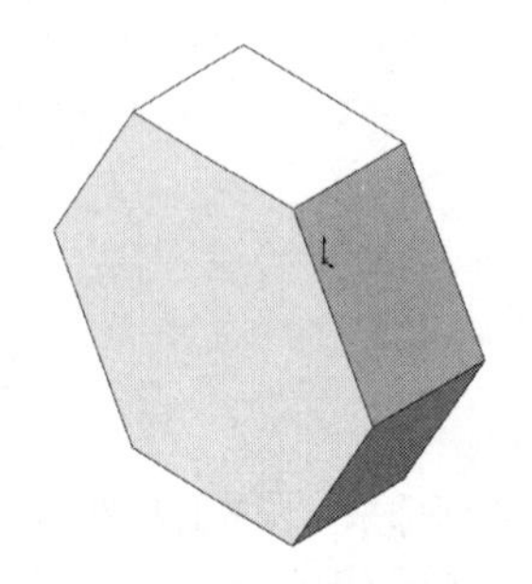
图 11-75　拉伸实体

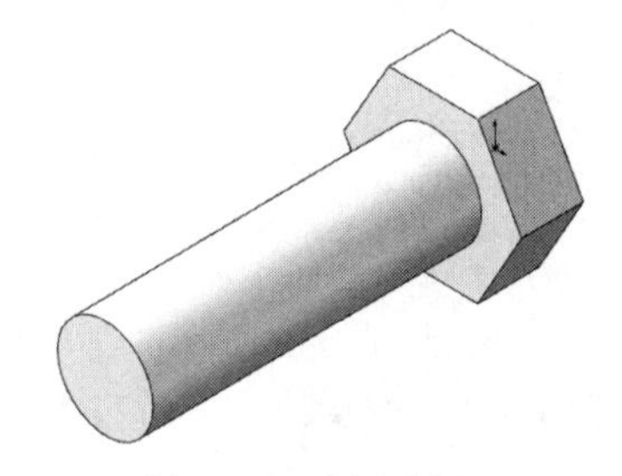
图 11-76　绘制螺柱

（6）绘制草图。在“FeatureManager 设计树”中选择“上视基准面”作为绘图基准面。单击“草图”面板中的“中心线”按钮和“直线”按钮，并标注尺寸，绘制如图 11-77 所示的直线轮廓。

（7）切除旋转实体。单击“特征”面板中的“旋转切除”按钮。在出现的提示对话框中单击“否”按钮，如图 11-78 所示。在弹出的“切除-旋转”属性管理器中保持各种默认选项，如图 11-79 所示，单击“确定”按钮✔，生成的切除-旋转特征如图 11-80 所示。

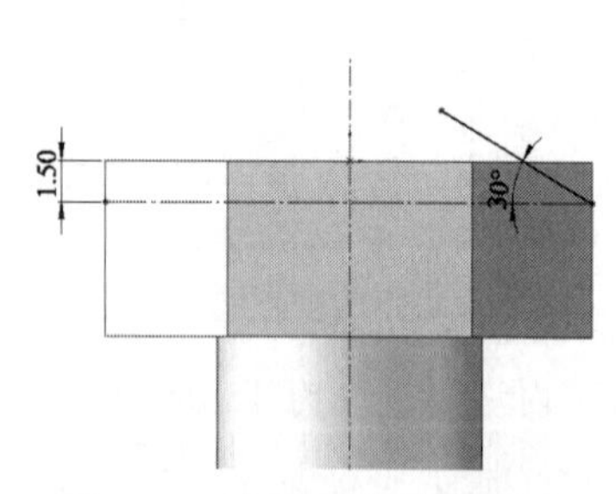

图 11-77　切除-旋转草图轮廓

图 11-78　提示对话框

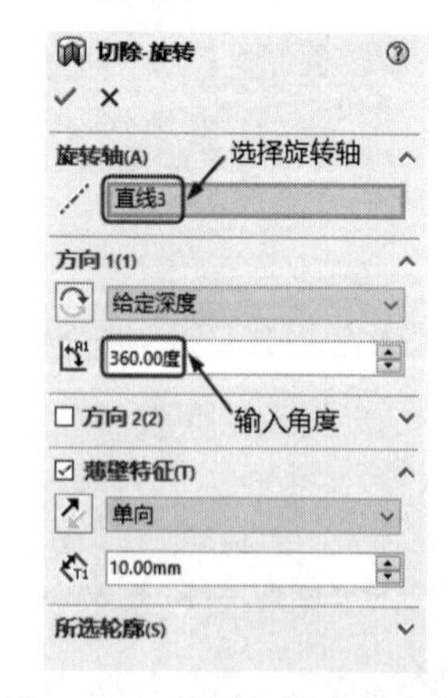

图 11-79　旋转切除实体参数

（8）绘制草图。在“FeatureManager 设计树”中选择“上视基准面”作为绘图基准面。单

击“草图”面板中的“直线”按钮，绘制草图；单击“草图”面板中的“智能尺寸”按钮，对草图进行尺寸标注并进行修改，如图 11-81 所示。然后单击绘图区右上角的“退出草图”按钮。

（9）绘制草图。选择螺柱的底面为草图绘制面，单击“草图”面板中的“转换实体引用”按钮，将该底面的轮廓圆转换为草图轮廓。

（10）绘制螺旋线。单击“特征”面板中的“螺旋线/涡状线”按钮，弹出“螺旋线/涡状线”属性管理器；选择定义方式为“高度和螺距”，设置螺纹高度为 26mm、螺距为 1.5mm、起始角度为 0 度，选中“反向”复选框，选择方向为“顺时针”，如图 11-82 所示，最后单击“确定”按钮✔，生成的螺旋线作为切除特征的路径，如图 11-83 所示。

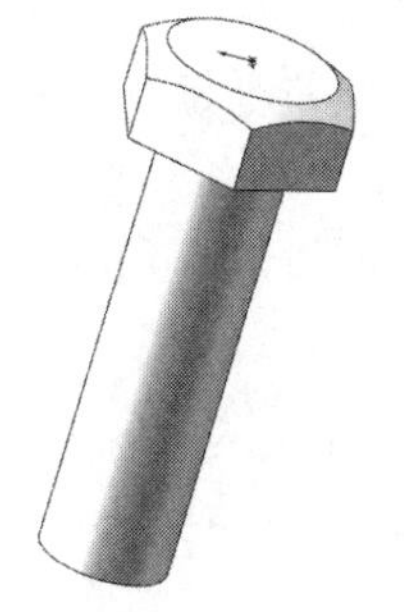

图 11-80　生成切除-旋转特征

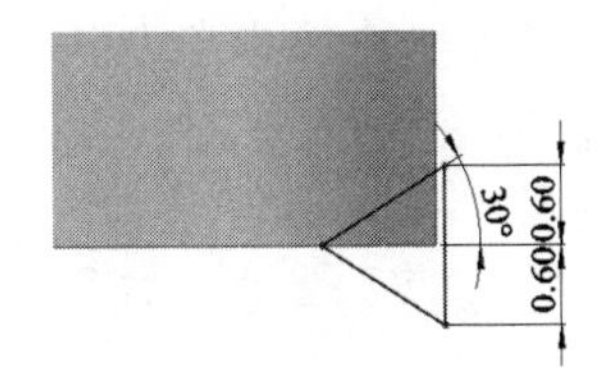

图 11-81　绘制草图

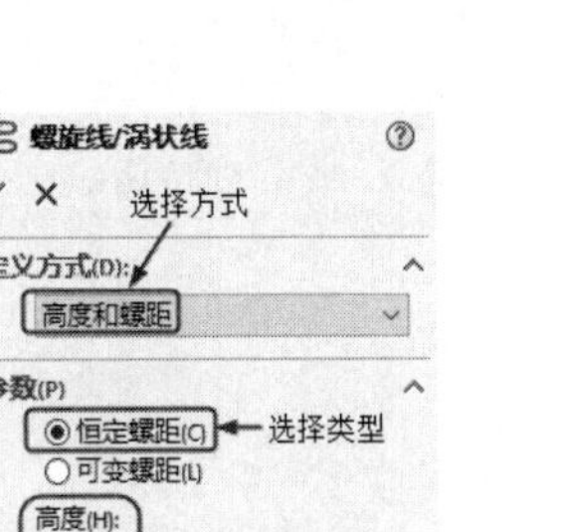
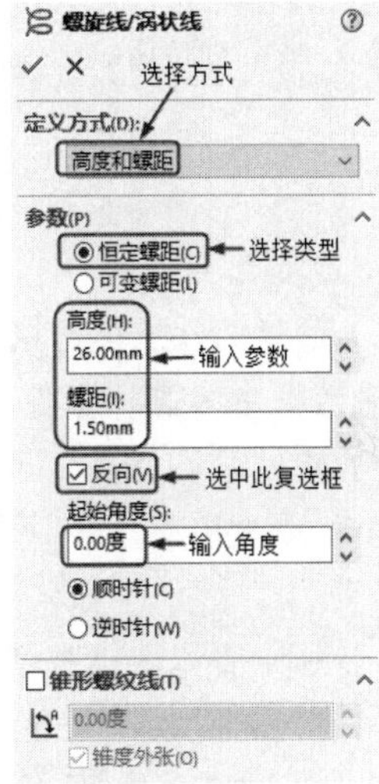

图 11-82　“螺旋线/涡状线”属性管理器

（11）生成螺纹。单击“特征”面板中的“扫描切除”按钮，弹出“切除-扫描”属性管理器；选择绘图区中的牙型草图 4 为轮廓；选择螺旋线作为路径草图，如图 11-84 所示，单击“确定”按钮✔，生成的螺纹如图 11-85 所示。

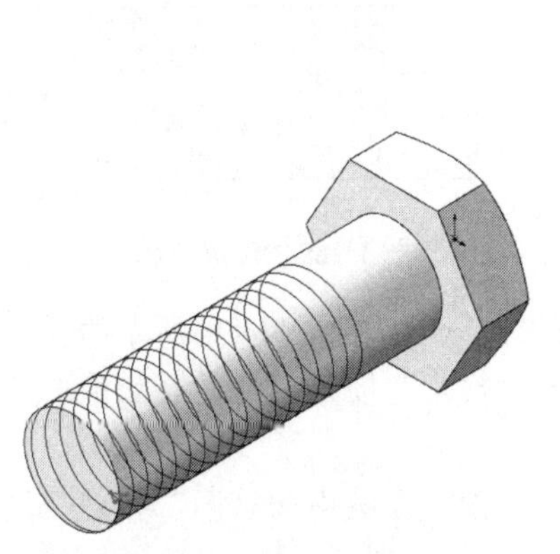

图 11-83　生成的螺旋线作为切除特征的路径

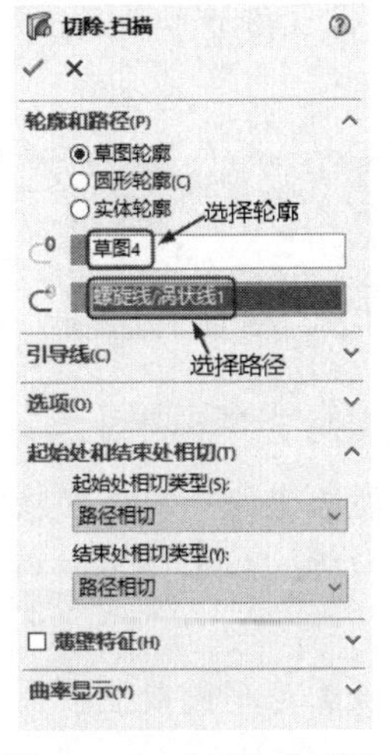

图 11-84　“切除-扫描”属性管理器

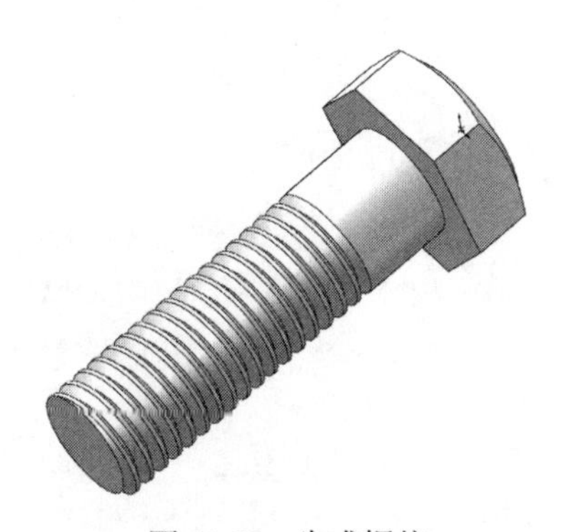

图 11-85　生成螺纹

11.1.8 螺母

首先通过拉伸创建螺母主体，然后通过旋转切除创建螺帽，最后通过扫描切除创建螺纹。绘制螺母的流程图如图 11-86 所示。

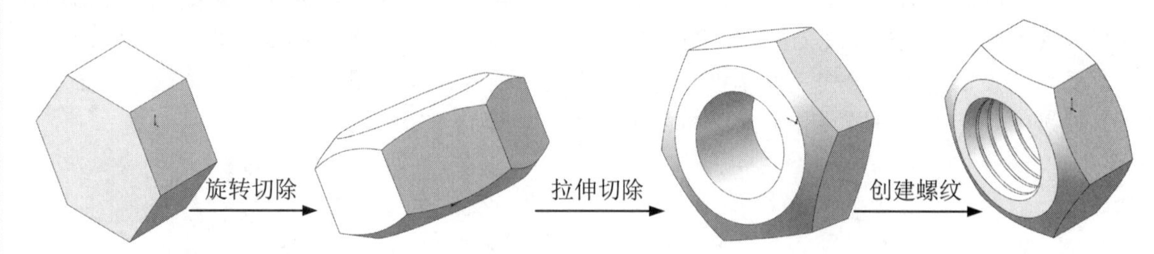

图 11-86 绘制螺母的流程图

操作步骤如下。

（1）新建文件。单击快速访问工具栏中的“新建”按钮，在弹出的“新建 SOLIDWORKS 文件”对话框中单击“零件”按钮，然后单击“确定”按钮，创建一个新的零件文件。

（2）绘制草图。在“FeatureManager 设计树”中选择“前视基准面”作为绘图基准面，单击“草图”面板中的“多边形”按钮，绘制一个以原点为中心、内切圆直径为 16mm 的正六边形。

（3）拉伸实体。单击“特征”面板中的“拉伸凸台/基体”按钮，弹出“凸台-拉伸”属性管理器，输入深度为 8.4mm，其他采用默认设置，单击“确定”按钮✓，拉伸生成一个 8.4mm 长的实体。拉伸实体如图 11-87 所示。

（4）绘制草图。在“FeatureManager 设计树”中选择“上视基准面”作为绘图基准面。单击“草图”面板中的“中心线”按钮，通过原点绘制一条竖直线段，然后再在凸台拉伸体的中间绘制一条水平直线；单击“草图”面板中的“直线”按钮，绘制三角形切除轮廓，标注尺寸，如图 11-88 所示。按住 Ctrl 键，依次拾取如图 11-88 所示的三角形草图和水平中心线。单击“草图”面板中的“镜像实体”按钮，将三角形草图以水平中心线镜像，如图 11-89 所示。

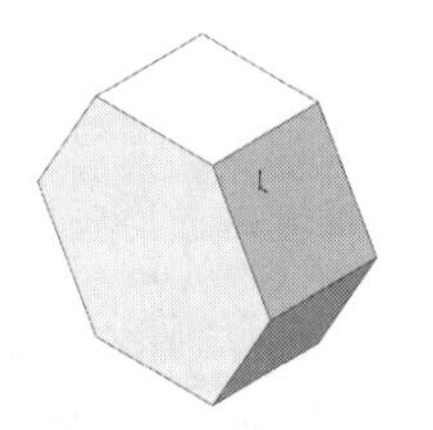

图 11-87 拉伸实体

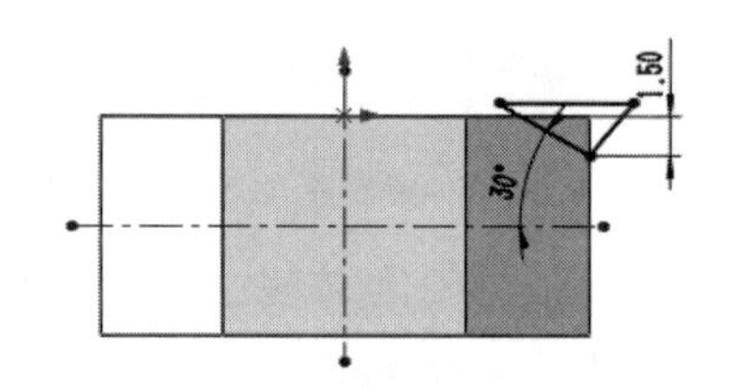

图 11-88 绘制切除草图

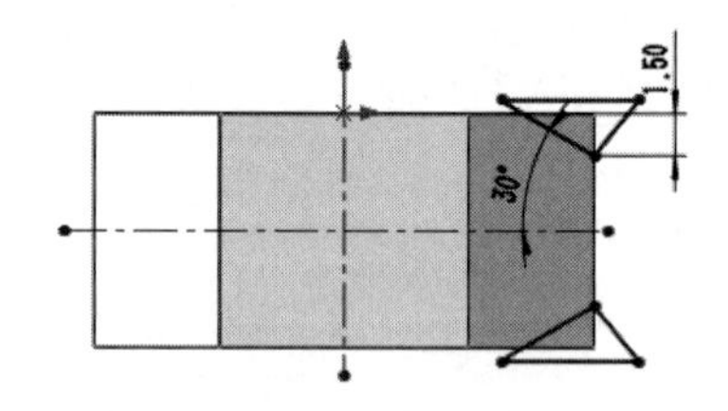

图 11-89 镜像草图

（5）旋转切除。单击“特征”面板中的“旋转切除”按钮，拾取如图 11-89 所示的竖直中心线作为旋转轴，其他设置默认，如图 11-90 所示。然后单击“确定”按钮✓。旋转切除实体如图 11-91 所示。

（6）绘制草图。选择螺母的上表面为草图绘制面。单击“草图”面板中的“圆”按钮，绘制一个直径为 9mm 的圆。

（7）拉伸切除实体。单击“特征”面板中的“拉伸切除”按钮，此时系统弹出如图 11-92

所示的“切除-拉伸”属性管理器。设置“终止条件”为“完全贯穿”，然后单击“确定”按钮✔。拉伸切除实体如图 11-93 所示。

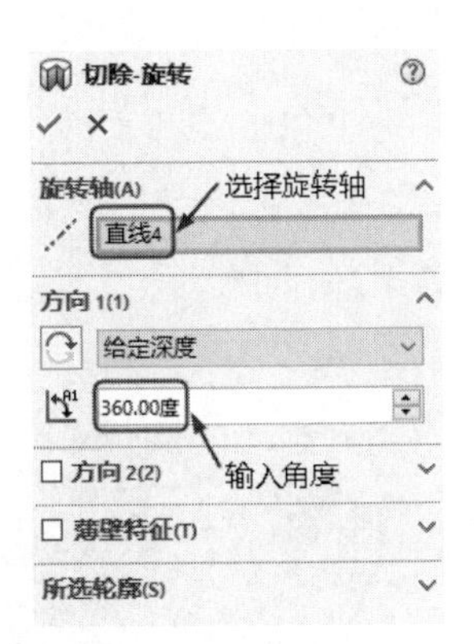

图 11-90 “切除-旋转”属性管理器

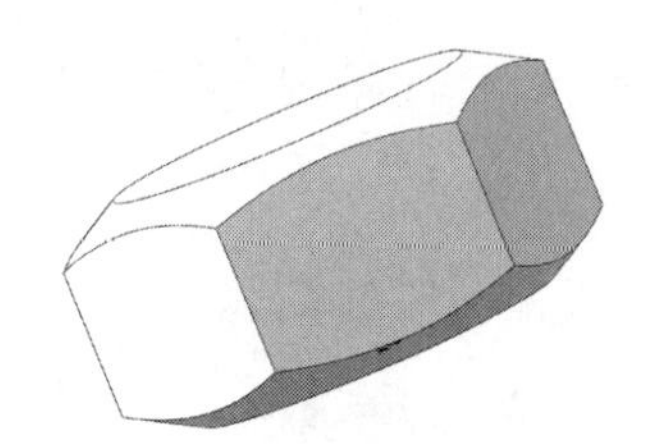

图 11-91 旋转切除实体

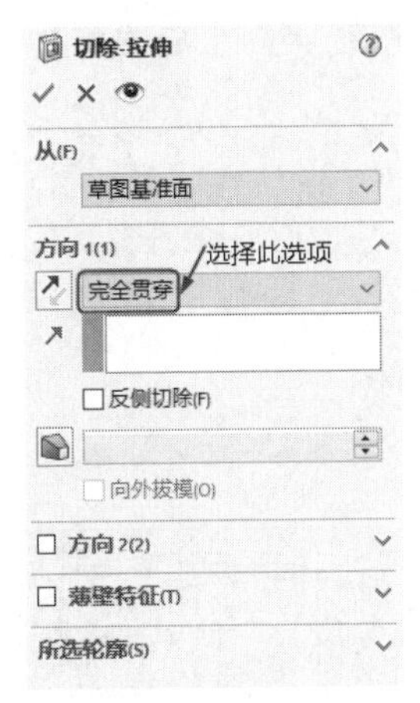

图 11-92 “切除-拉伸”属性管理器

（8）绘制螺纹牙形草图。在“FeatureManager 设计树”中选择“上视基准面”作为绘图基准面。单击“草图”面板中的“直线”按钮和“中心线”按钮，绘制切除轮廓，并标注尺寸，如图 11-94 所示。然后单击绘图区右上角的“退出草图”按钮。

（9）绘制草图。选择螺母的上表面为草图绘制面。单击“草图”面板中的“转换实体引用”按钮，将该底面的孔边线转换为草图轮廓。

（10）绘制螺旋线。单击“特征”面板中的“螺旋线/涡状线”按钮，弹出“螺旋线/涡状线”属性管理器；选择定义方式为“高度和螺距”，设置螺纹高度为 10mm、螺距为 5mm、起始角度为 180 度，选中“反向”复选框，选择方向为“顺时针”，如图 11-95 所示。最后单击“确定”按钮✔，生成的螺旋线如图 11-96 所示。

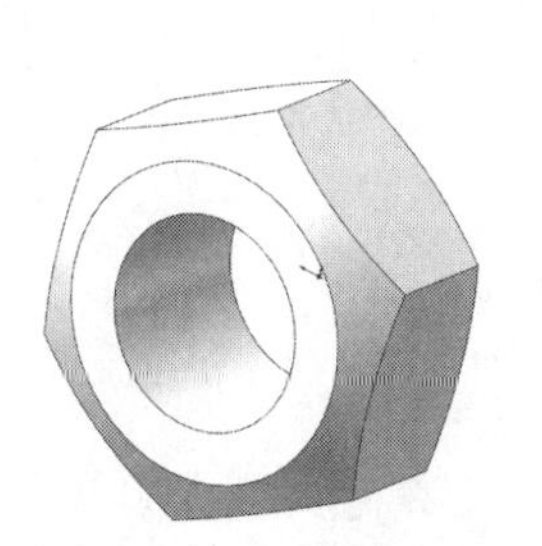

图 11-93 拉伸切除实体

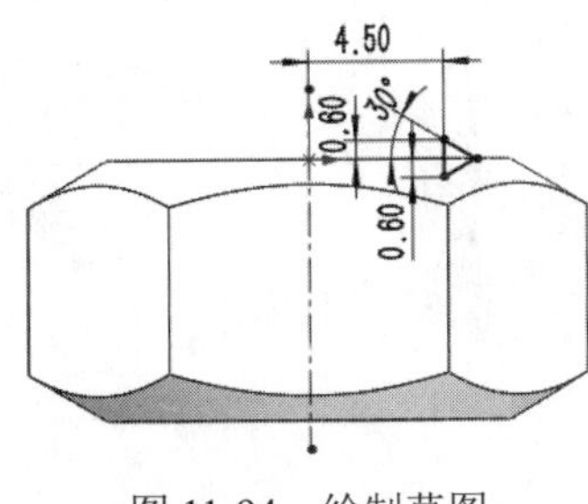

图 11-94 绘制草图

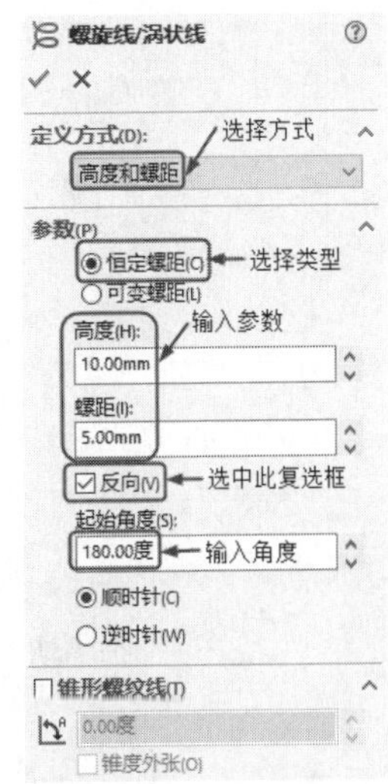

图 11-95 “螺旋线/涡状线”属性管理器

（11）生成螺纹。单击“特征”面板中的“扫描切除”按钮，弹出“切除-扫描”属性管理器；选择绘图区中的牙型草图6为轮廓；选择螺旋线作为路径草图，如图11-97所示，单击“确定”按钮✔，生成的螺纹如图11-98所示。

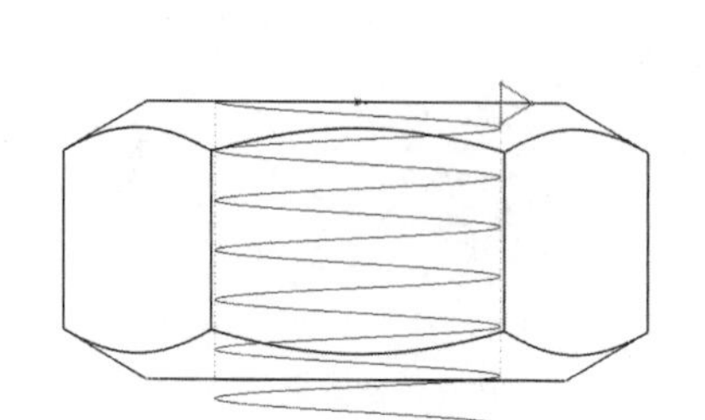

图11-96　生成的螺旋线

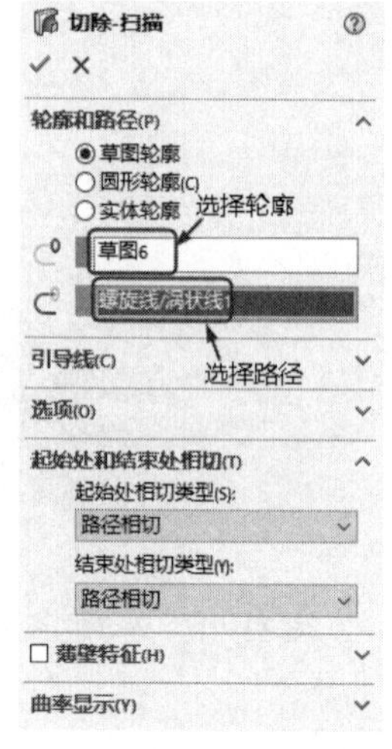

图11-97　“切除-扫描”属性管理器

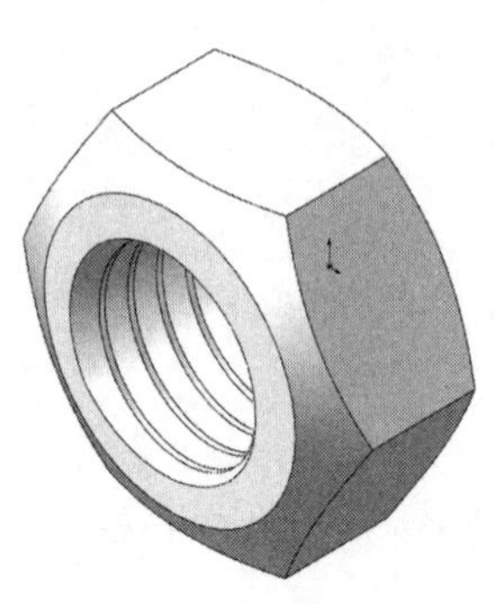

图11-98　生成螺纹

11.1.9　阀盖

视频讲解

首先通过拉伸创建阀盖主体和凸台，然后旋转切除创建内孔，最后扫描切除创建螺纹。绘制的流程图如图11-99所示。

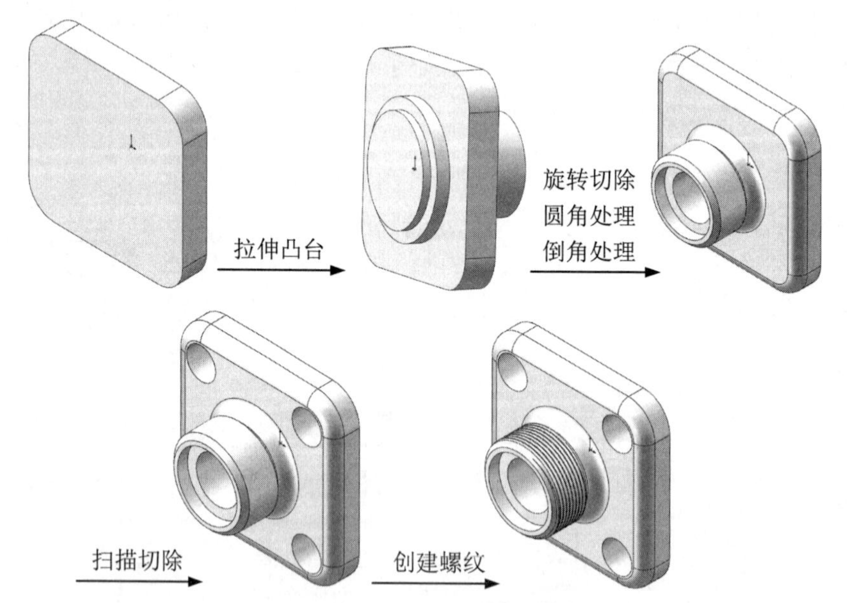

图11-99　绘制阀盖的流程图

操作步骤如下。

（1）新建文件。单击快速访问工具栏中的“新建”按钮，在弹出的“新建SOLIDWORKS

文件”对话框中单击“零件”按钮，然后单击“确定”按钮，创建一个新的零件文件。

（2）绘制草图。在左侧的“FeatureMannger 设计树”中选择“右视基准面”作为绘图基准面。单击“草图”面板中的“中心矩形”按钮，绘制一个矩形，通过标注智能尺寸使矩形的中心在原点。单击“草图”面板中的“绘制圆角”按钮，绘制矩形的圆角，如图 11-100 所示。

（3）拉伸实体生成底座。单击“特征”面板中的“拉伸凸台/基体”按钮，此时系统弹出“凸台-拉伸”属性管理器，输入拉伸深度为 12mm，其他采用默认设置，如图 11-101 所示。然后单击“确定”按钮✔，拉伸后的阀盖底座如图 11-102 所示。

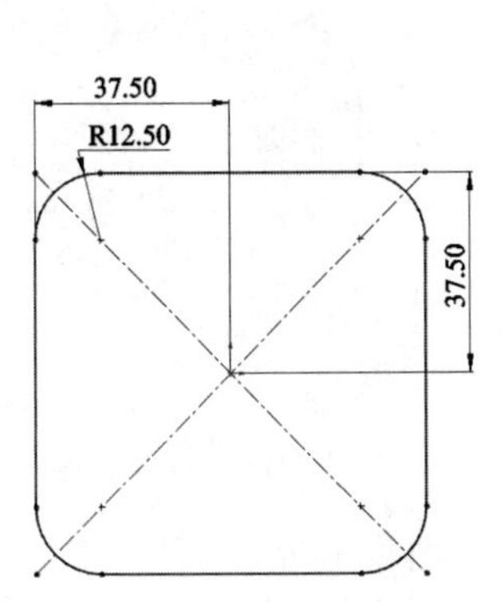

图 11-100　绘制矩形草图

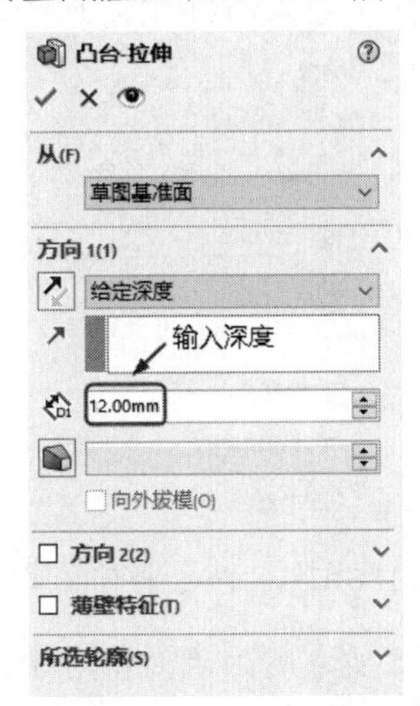

图 11-101　拉伸草图参数设置

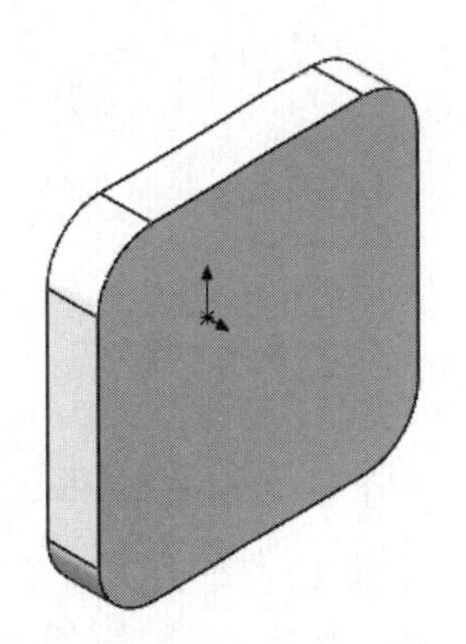

图 11-102　拉伸后的阀盖底座

（4）绘制草图。选择如图 11-102 所示的前表面作为绘图基准面，然后单击“草图”面板中的“圆”按钮，绘制圆。单击“草图”面板中的“智能尺寸”按钮，标注圆的直径及距圆点的距离，如图 11-103 所示。

（5）拉伸实体。单击“特征”面板中的“拉伸凸台/基体”按钮，此时系统弹出“凸台-拉伸”属性管理器，输入拉伸深度为 7mm，其他采用默认设置，如图 11-104 所示。然后单击“确定”按钮✔，拉伸实体如图 11-105 所示。

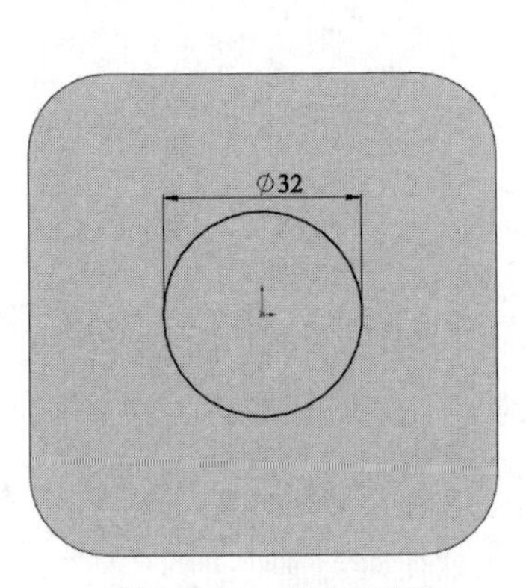

图 11-103　绘制草图

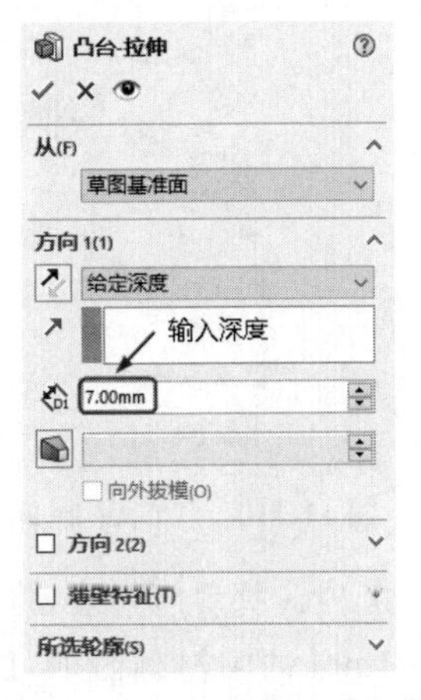

图 11-104　“凸台-拉伸”属性管理器

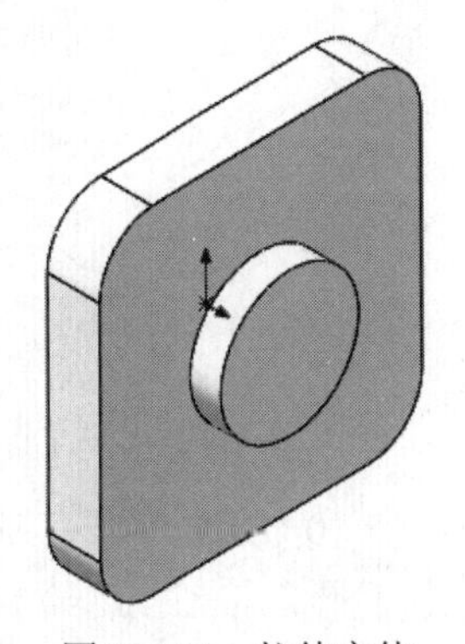

图 11-105　拉伸实体

（6）绘制草图。选择如图 11-105 所示的前表面作为绘图基准面，然后单击“草图”面板中

Note

的“圆”按钮⊙，绘制直径为36的圆，如图11-106所示。

（7）拉伸实体。单击“特征”面板中的“拉伸凸台/基体”按钮，此时系统弹出“凸台-拉伸”属性管理器，输入拉伸深度为15mm，其他采用默认设置，如图11-107所示。然后单击“确定”按钮✔，拉伸实体如图11-108所示。

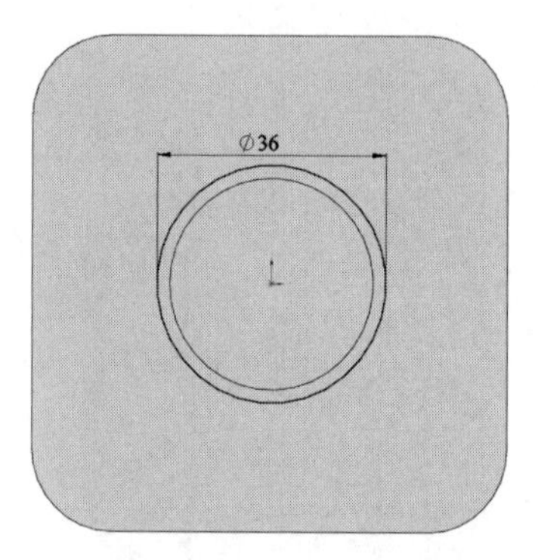

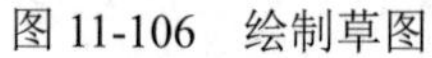

图11-106　绘制草图

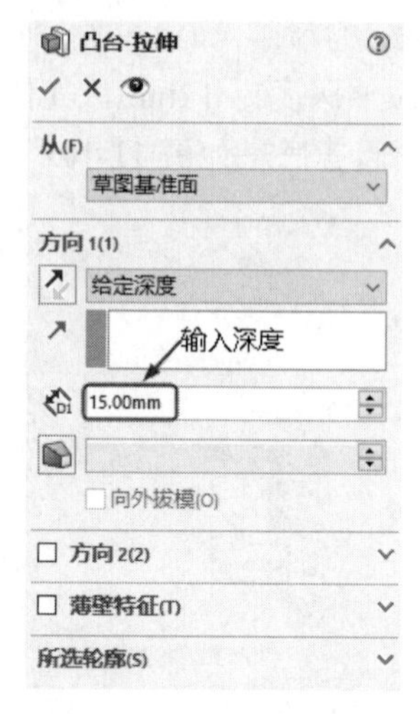

图11-107　“凸台-拉伸”属性管理器

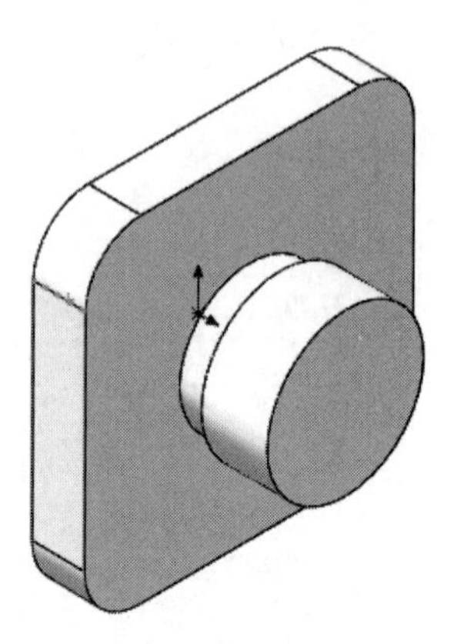

图11-108　拉伸实体

（8）绘制草图。选择如图11-108所示的后表面作为绘图基准面，然后单击“草图”面板中的“圆”按钮⊙，绘制圆，如图11-109所示。

（9）拉伸实体。单击“特征”面板中的“拉伸凸台/基体”按钮，此时系统弹出“凸台-拉伸”属性管理器，设置拉伸深度为5mm，其他采用默认设置，如图11-110所示。然后单击“确定”按钮✔，拉伸实体如图11-111所示。

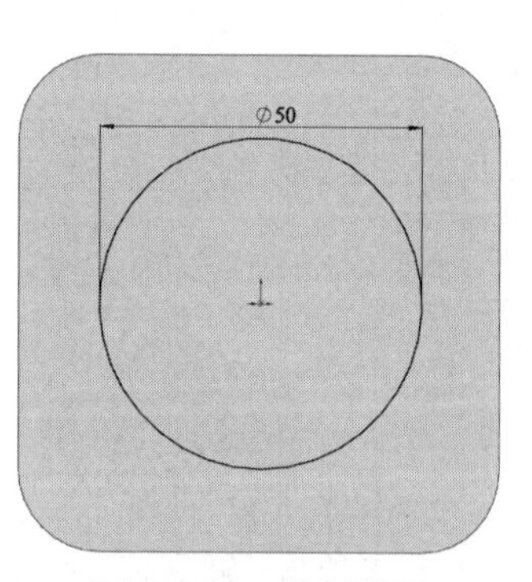

图11-109　绘制草图

图11-110　“凸台-拉伸”属性管理器

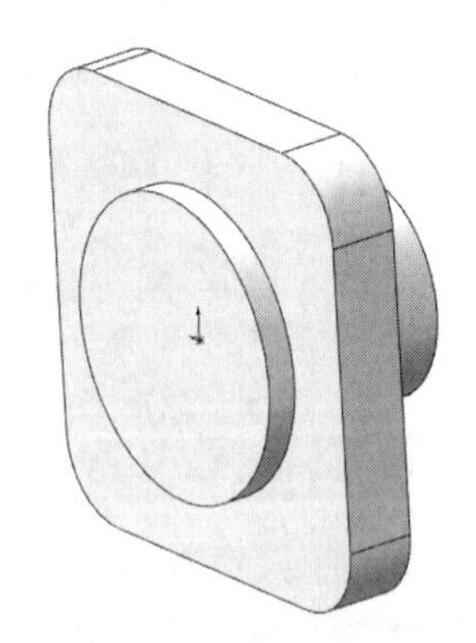

图11-111　拉伸实体

（10）绘制草图。选择如图11-111所示的前表面作为绘图基准面，然后单击“草图”面板中的“圆”按钮⊙，绘制直径为41mm的圆，如图11-112所示。

（11）拉伸实体。单击“特征”面板中的“拉伸凸台/基体”按钮，此时系统弹出“凸台-拉伸”属性管理器，设置拉伸深度为3mm，其他采用默认设置，如图11-113所示。然后单击“确

定”按钮✓，拉伸实体如图 11-114 所示。

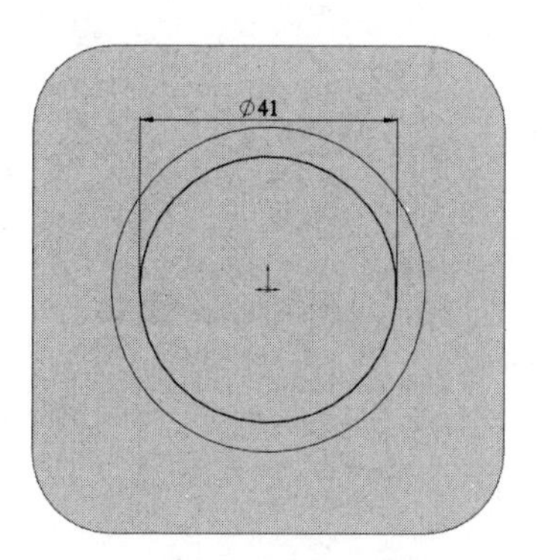

图 11-112　绘制草图

图 11-113　“凸台-拉伸”属性管理器

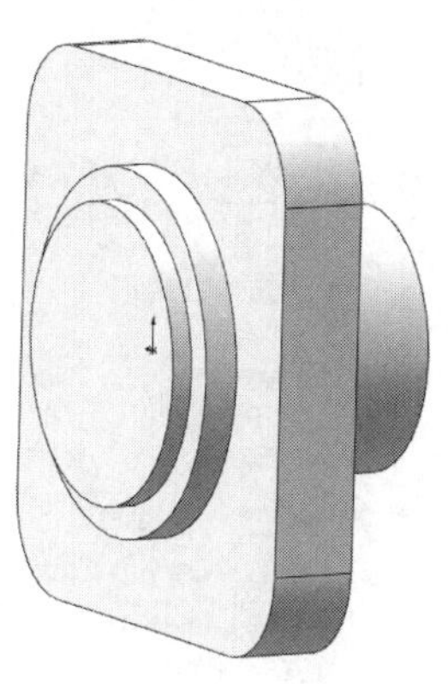

图 11-114　拉伸实体

（12）绘制草图。在左侧的“FeatureMannger 设计树”中选择“前视基准面”作为绘图基准面，然后单击“草图”面板中的“中心线”按钮和“直线”按钮，单击“草图”面板中的“智能尺寸”按钮，对草图进行尺寸标注并进行修改，如图 11-115 所示。

（13）旋转生成实体。单击“特征”面板中的“切除旋转”按钮，此时系统弹出“切除-旋转”属性管理器，采用默认设置，如图 11-116 所示。然后单击“确定”按钮✓。切除旋转生成的实体如图 11-117 所示。

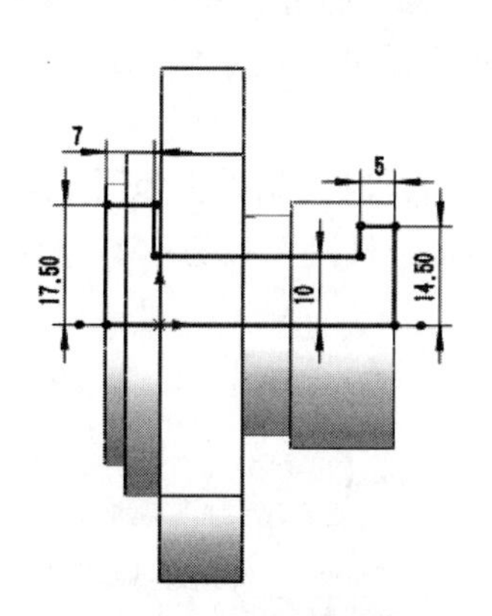

图 11-115　绘制草图

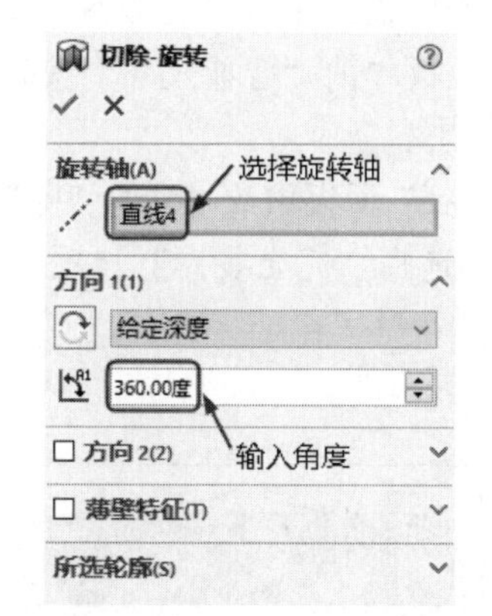

图 11-116　旋转实体参数设置

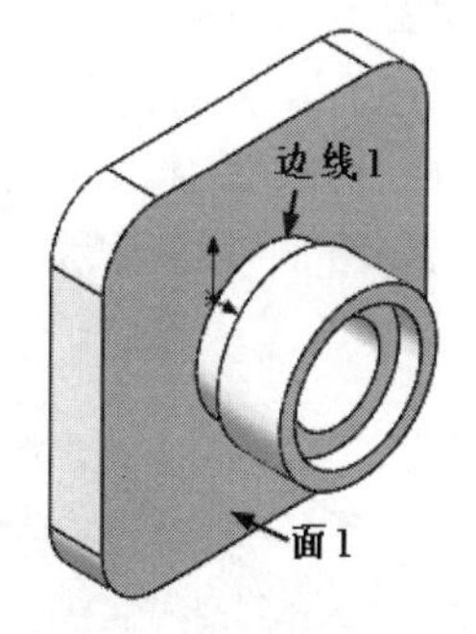

图 11-117　切除旋转生成的实体

（14）圆角实体。单击“特征”面板中的“圆角”按钮，此时系统弹出如图 11-118 所示的“圆角”属性管理器。输入半径值为 3mm，然后选取如图 11-117 所示的面 1 的所有边线。然后单击“确定”按钮✓，圆角处理如图 11-119 所示。

（15）重复“圆角”命令，对如图 11-117 所示的边线 1 进行倒圆角处理，设置圆角半径为 5mm，圆角处理如图 11-120 所示。

（16）倒角实体。单击“特征”面板中的“倒角”按钮，此时系统弹出如图 11-121 所示的“倒角”属性管理器。输入距离值 2mm，输入角度值 45 度，然后选取如图 11-120 所示的边线 2。然后单击“确定”按钮✓，倒角处理如图 11-122 所示。

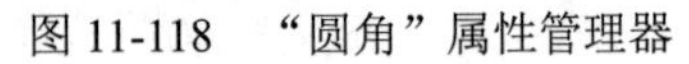

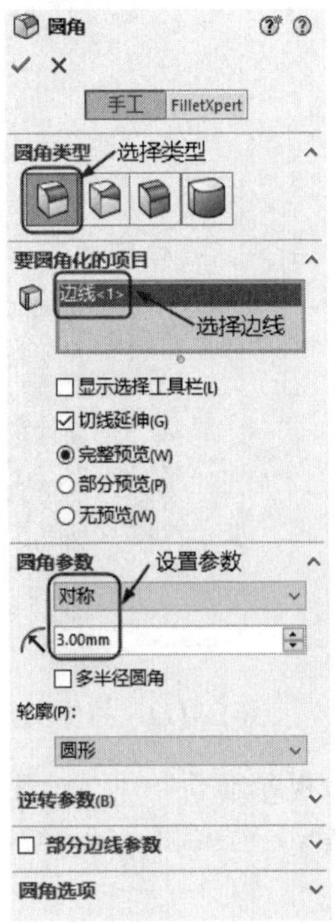

图 11-118 “圆角”属性管理器

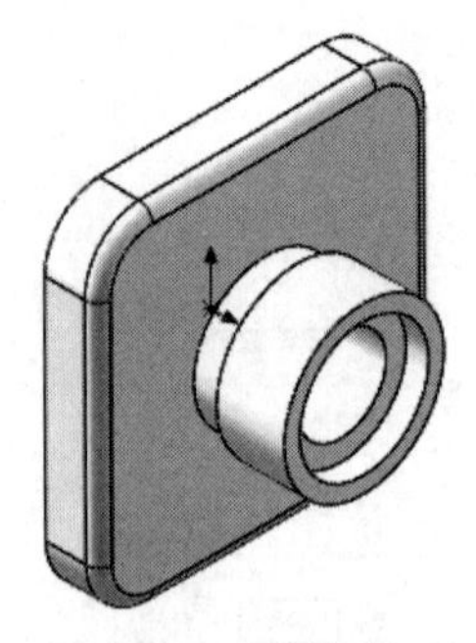

图 11-119 圆角处理

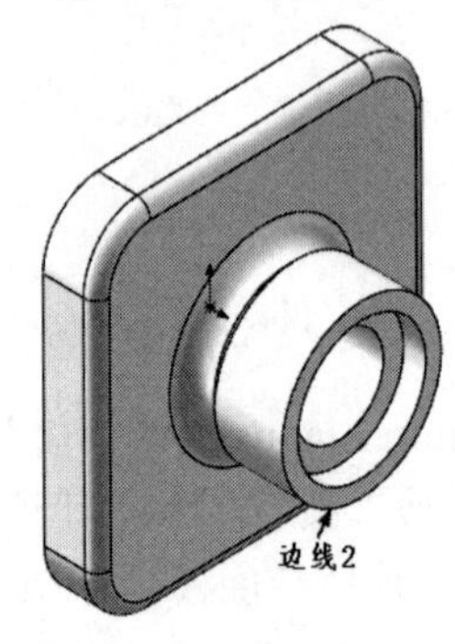

图 11-120 圆角处理

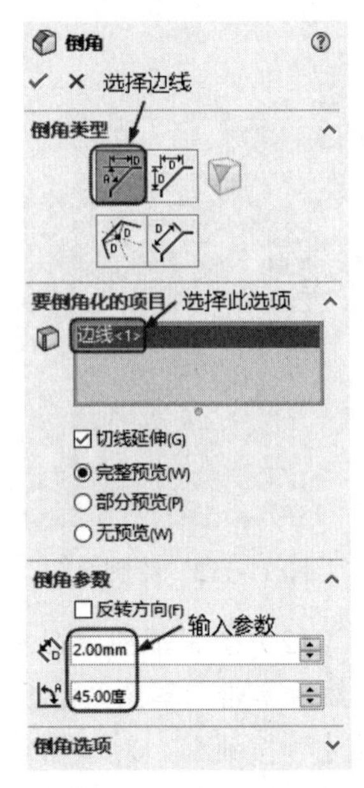

图 11-121 “倒角”属性管理器

（17）绘制草图。鼠标选择如图 11-122 所示的面 2 作为基准面，单击“标准视图”工具栏中的“正视于”按钮。单击“草图”面板中的“中心线”按钮、“圆”按钮和“圆周阵列”按钮，绘制草图，单击“草图”面板中的“智能尺寸”按钮，对草图进行尺寸标注并进行修改，如图 11-123 所示。

（18）拉伸切除实体。单击“特征”面板中的“拉伸切除”按钮，此时系统弹出如图 11-124 所示的“切除-拉伸”属性管理器。选择“完全贯穿”选项，然后单击“确定”按钮✔。绘制的安装孔如图 11-125 所示。

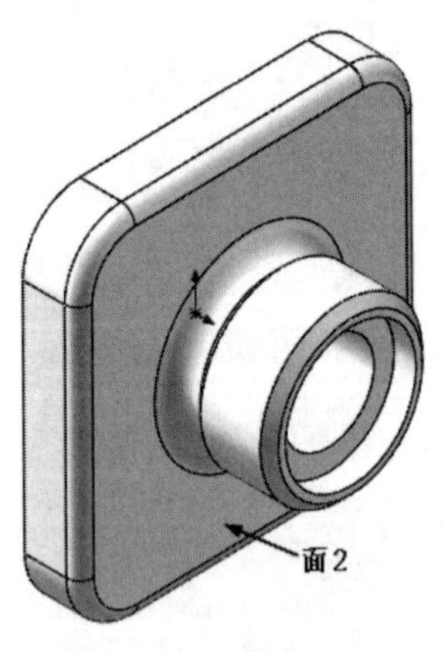

图 11-122 倒角处理

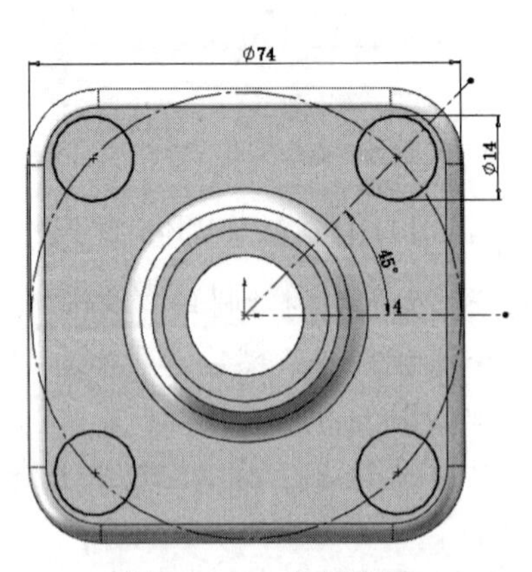

图 11-123 绘制草图

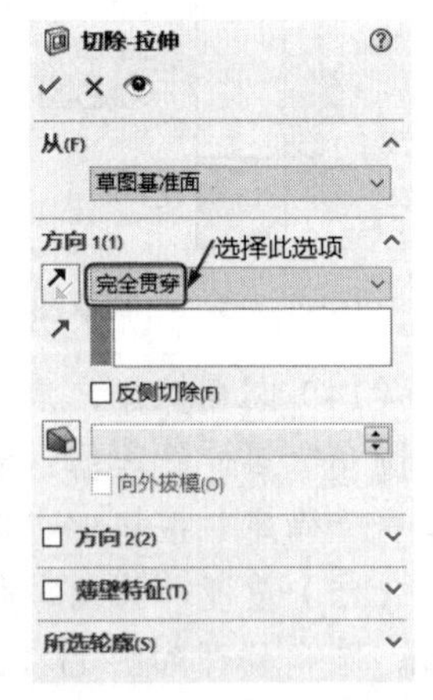

图 11-124 “切除-拉伸”属性管理器

（19）绘制草图。单击如图 11-125 所示的面 3，然后单击“标准视图”工具栏中的“正视于”

按钮，将该表面作为绘制图形的基准面。单击“草图”面板中的“转换实体引用”按钮，将边线 1 转换为草图实体。

（20）绘制螺旋线。单击“特征”面板中的“螺旋线/涡状线”按钮，弹出“螺旋线/涡状线”属性管理器，如图 11-126 所示。选择定义方式为“高度和螺距”，输入高度为 17mm，螺距为 1.5mm，选中“反向”复选框，起始角度为 0 度，选择方向为“顺时针”，然后单击“确定”按钮✔。生成螺旋线如图 11-127 所示。

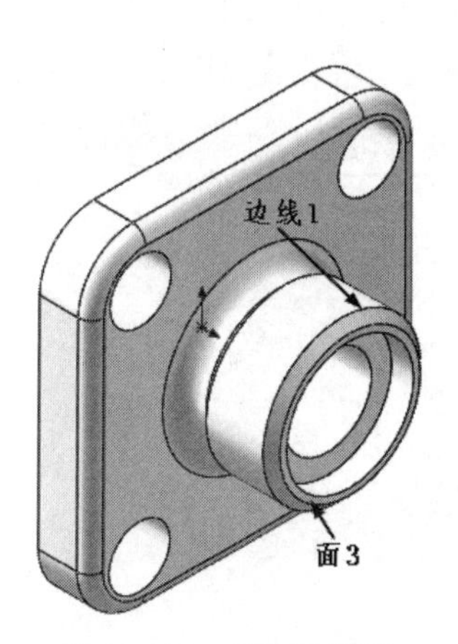

图 11-125　绘制安装孔

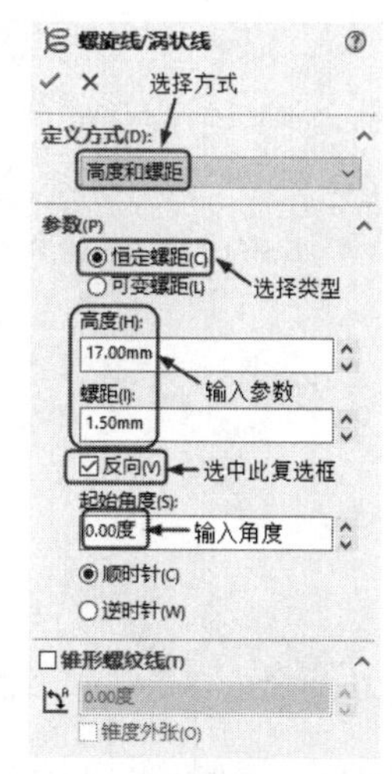

图 11-126　“螺旋线/涡状线”属性管理器

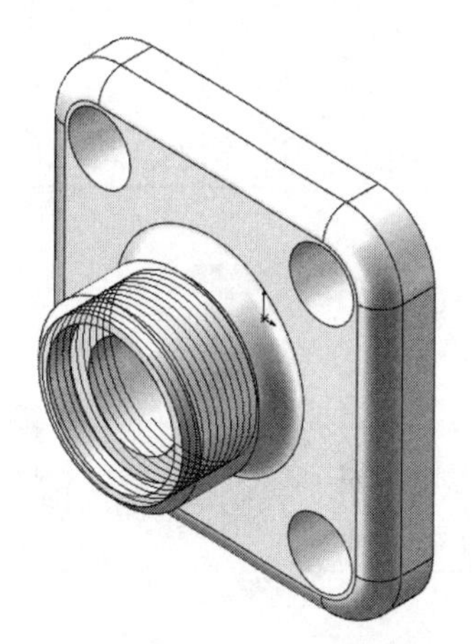

图 11-127　生成螺旋线

（21）绘制草图。在左侧的“FeatureMannger 设计树”中选择“上视基准面”作为绘图基准面，然后单击“标准视图”工具栏中的“正视于”按钮，将该表面作为绘制图形的基准面。单击“草图”面板中的“直线”按钮，绘制螺纹牙型草图，单击“草图”面板中的“智能尺寸”按钮，对草图进行尺寸标注并进行修改，如图 11-128 所示。

（22）绘制螺纹。单击“特征”面板中的“扫描切除”按钮，弹出“切除-扫描”属性管理器，选择图形区域中的牙型草图为扫描轮廓；然后选择螺旋线作为扫描路径，如图 11-129 所示，单击“确定”按钮✔。生成螺纹如图 11-130 所示。

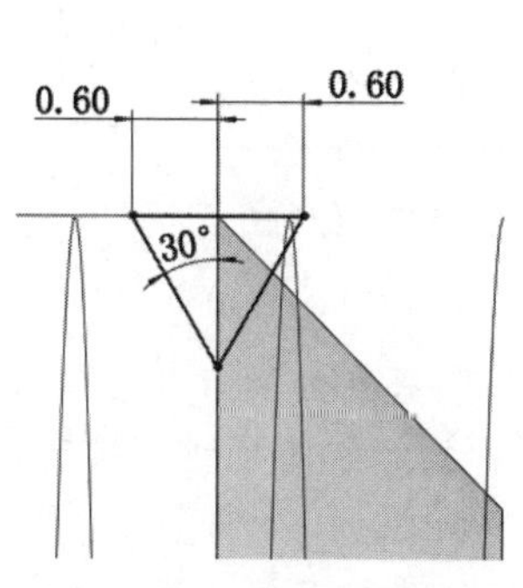

图 11-128　绘制牙型草图

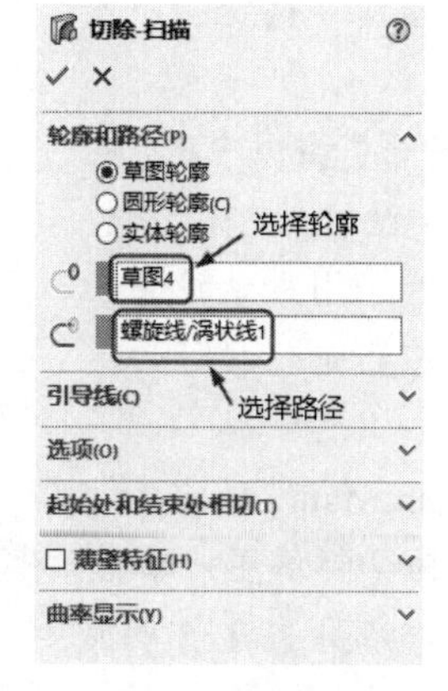

图 11-129　“切除-扫描”属性管理器

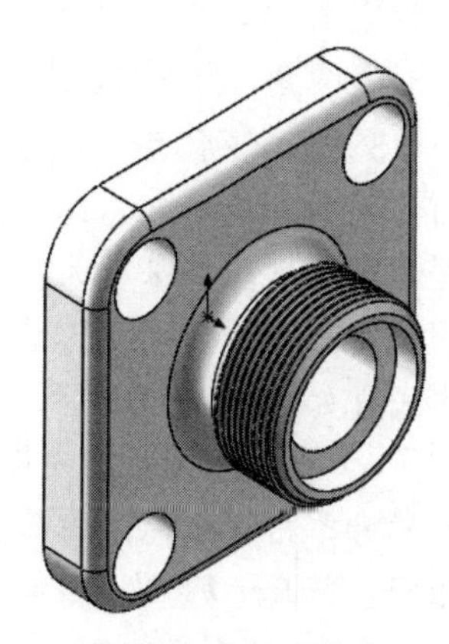

图 11-130　生成螺纹

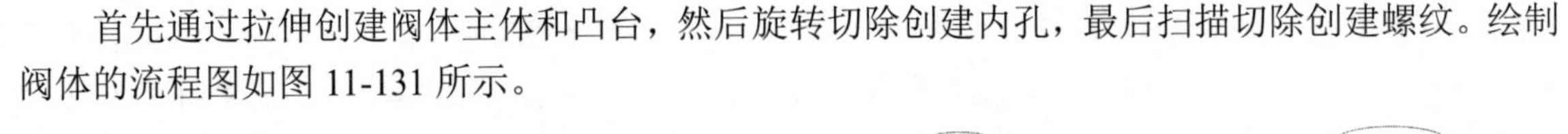

Note

视频讲解

11.1.10 阀体

首先通过拉伸创建阀体主体和凸台，然后旋转切除创建内孔，最后扫描切除创建螺纹。绘制阀体的流程图如图 11-131 所示。

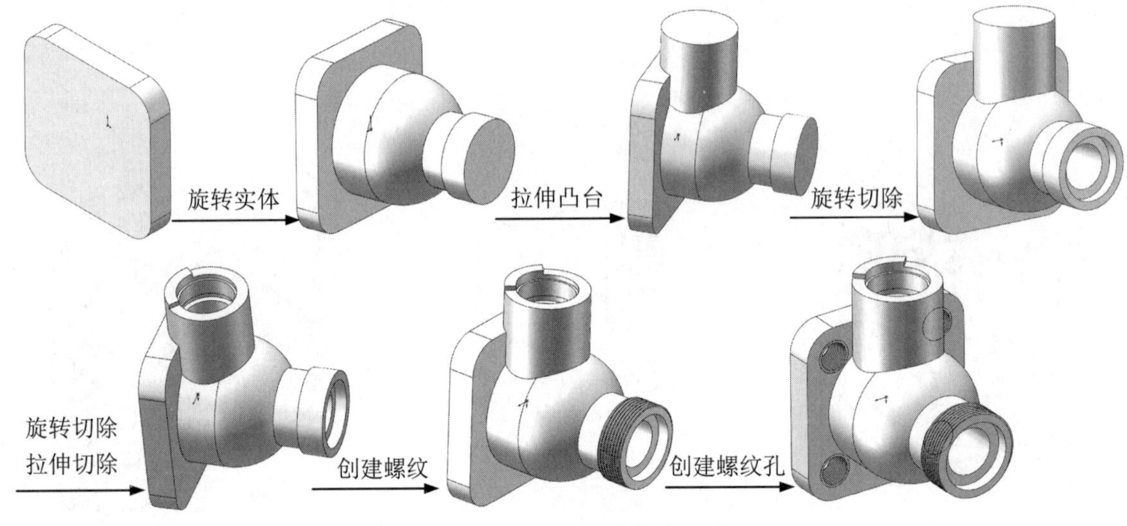

图 11-131 绘制阀体的流程图

操作步骤如下。

（1）新建文件。单击快速访问工具栏中的“新建”按钮，在弹出的“新建 SOLIDWORKS 文件”属性管理器中单击“零件”按钮，然后单击“确定”按钮，创建一个新的零件文件。

（2）绘制草图。在左侧的“FeatureMannger 设计树”中选择“前视基准面”作为绘图基准面。单击“草图”面板中的“草图绘制”按钮，进入草图编辑状态。然后单击“草图”面板中的“中心矩形”按钮，绘制一个矩形，通过标注智能尺寸使矩形的中心在原点。单击菜单栏中的“草图”面板中的“绘制圆角”按钮，绘制矩形的圆角，如图 11-132 所示。

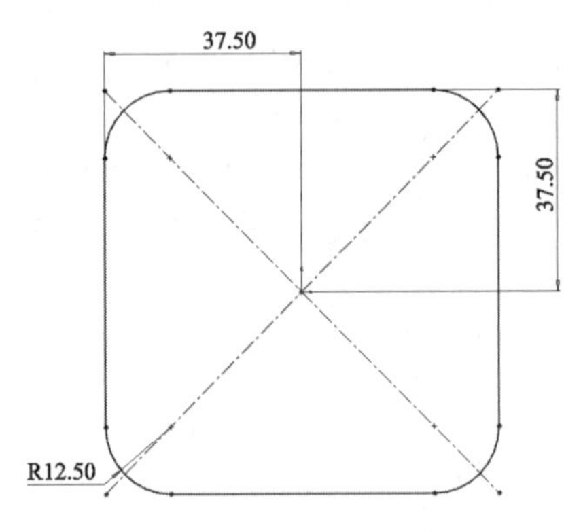

图 11-132 绘制矩形草图

（3）拉伸实体生成底座。单击“特征”面板中的“拉伸凸台/基体”按钮，此时系统弹出“凸台-拉伸”属性管理器，输入拉伸深度为 12mm，其他采用默认设置，如图 11-133 所示。然后单击“确定”按钮✔，拉伸后的阀体底座如图 11-134 所示。

（4）绘制草图。在左侧的“FeatureMannger 设计树”中选择“右视基准面”作为绘图基准面，然后单击菜单栏中的草图绘制工具绘制草图。单击“草图”面板中的“智能尺寸”按钮，对草图进行尺寸标注，调整草图尺寸，如图 11-135 所示。

（5）旋转生成实体。单击“特征”面板中的“旋转凸台/基体”按钮，此时系统弹出“旋转”属性管理器，如图 11-136 所示。采用默认设置，然后单击“确定”按钮✔。旋转生成的实

体如图 11-137 所示。

图 11-133 拉伸草图参数设置

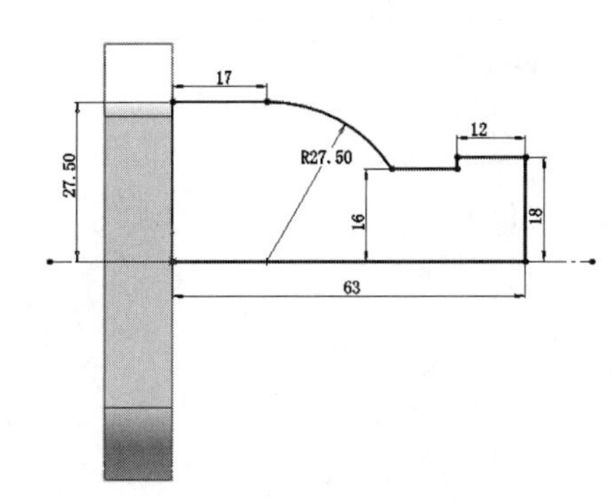

图 11-134 拉伸后的阀体底座

图 11-135 绘制旋转草图

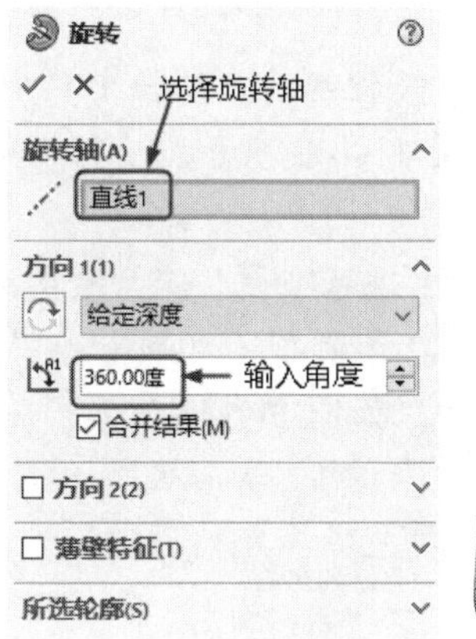

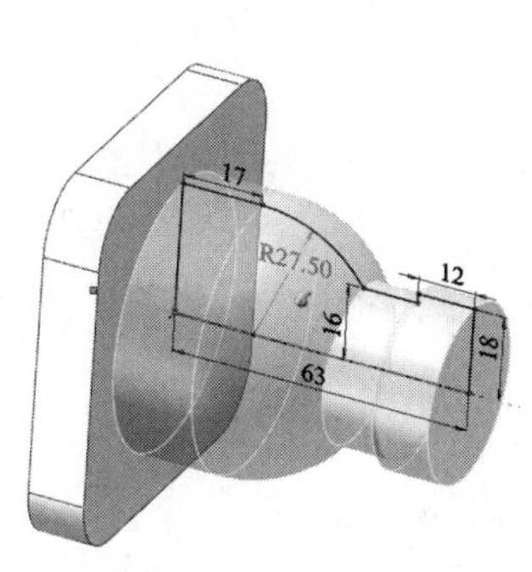

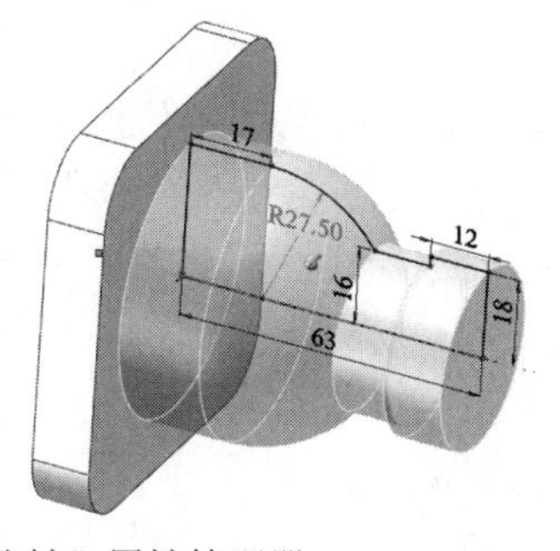

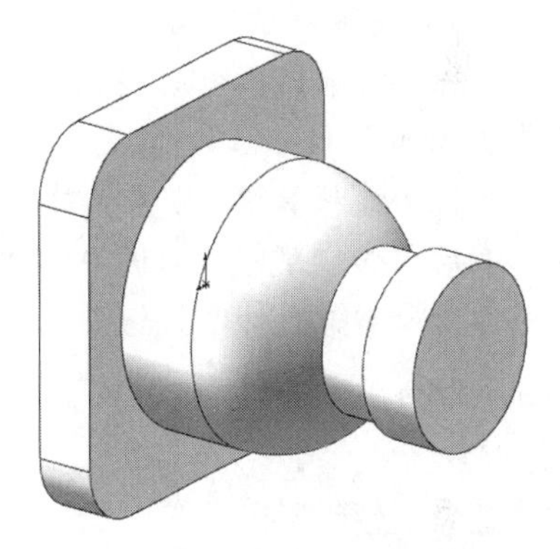

图 11-136 “旋转”属性管理器

图 11-137 旋转生成的实体

（6）绘制草图。在左侧的“FeatureMannger 设计树”中选择“右视基准面”作为绘图基准面，然后单击“草图”面板中的“圆”按钮，绘制圆。单击“草图”面板中的“智能尺寸”按钮，对草图进行尺寸标注并进行修改，如图 11-138 所示。

（7）拉伸实体。单击“特征”面板中的“拉伸凸台/基体”按钮，此时系统弹出“凸台-拉伸”属性管理器，设置“终止条件”为“给定深度”，输入拉伸深度为 56mm，其他采用默认设置，如图 11-139 所示。然后单击“确定”按钮，拉伸实体如图 11-140 所示。

（8）绘制草图。在左侧的“FeatureMannger 设计树”中选择“上视基准面”作为绘图基准面，然后单击“草图”面板中的“中心线”按钮和“直线”按钮，绘制草图。单击“草图”面板中的“智能尺寸”按钮，对草图进行尺寸标注，调整草图尺寸，如图 11-141 所示。

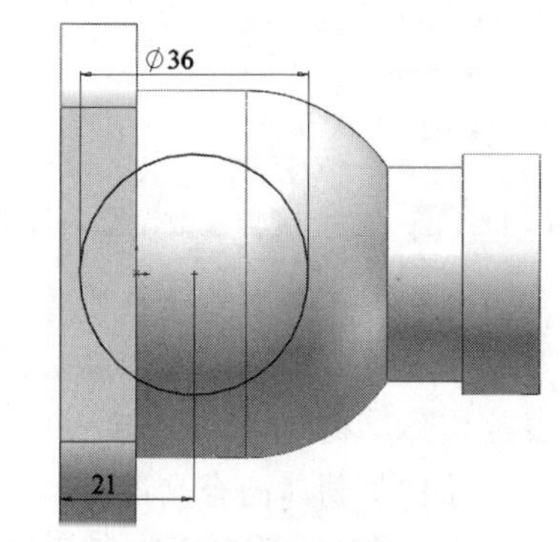

图 11-138 绘制圆草图

Note

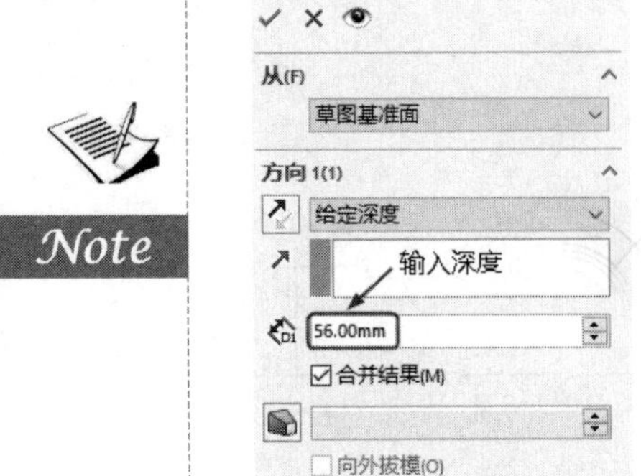

图 11-139　拉伸草图参数设置

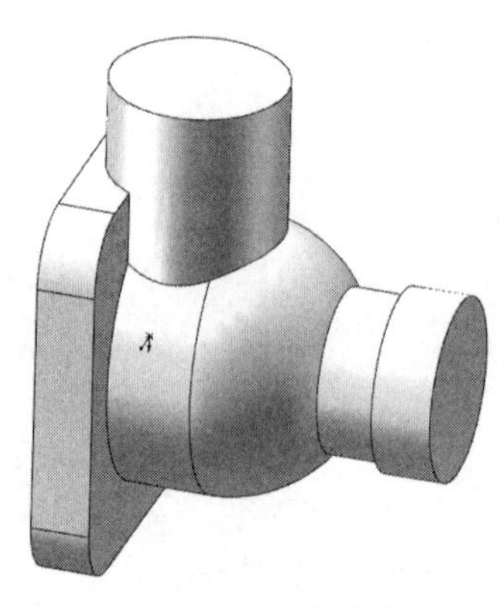

图 11-140　拉伸实体

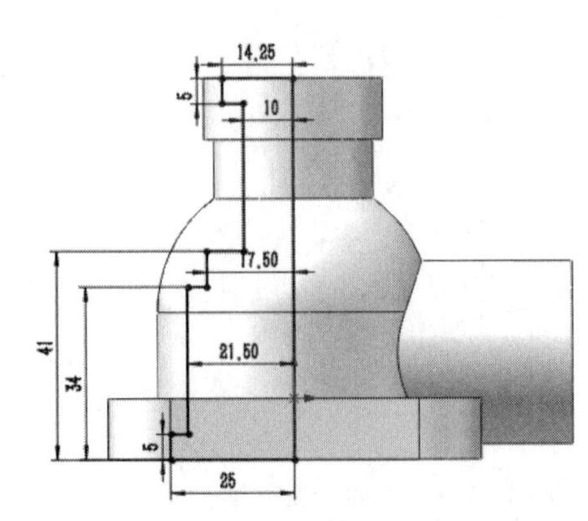

图 11-141　绘制旋转切除草图

（9）旋转切除生成实体。单击“特征”面板中的“旋转切除”按钮，系统弹出“切除-旋转”属性管理器，采用默认设置，然后单击“确定”按钮✔，如图 11-142 所示。旋转切除生成的实体如图 11-143 所示。

（10）绘制草图。在左侧的“FeatureMannger 设计树”中选择“上视基准面”作为绘图基准面，然后单击“草图”面板中的“中心线”按钮和“直线”按钮，绘制草图。单击“草图”面板中的“智能尺寸”按钮，对草图进行尺寸标注，调整草图尺寸，如图 11-144 所示。

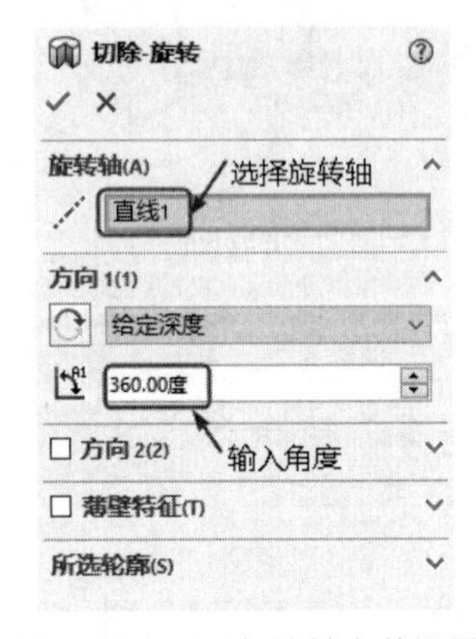

图 11-142　切除-旋转参数设置

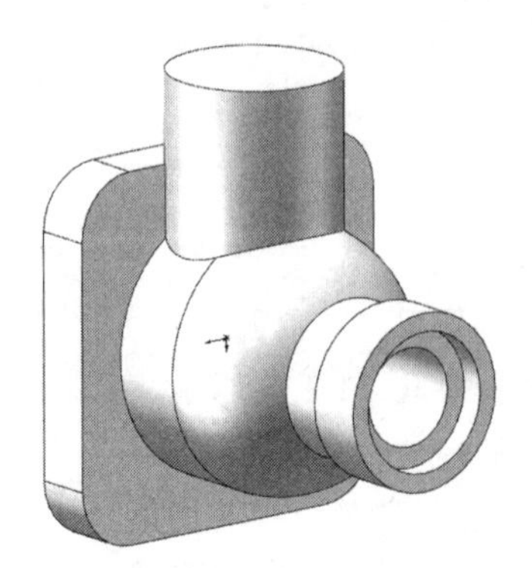

图 11-143　旋转切除生成的实体

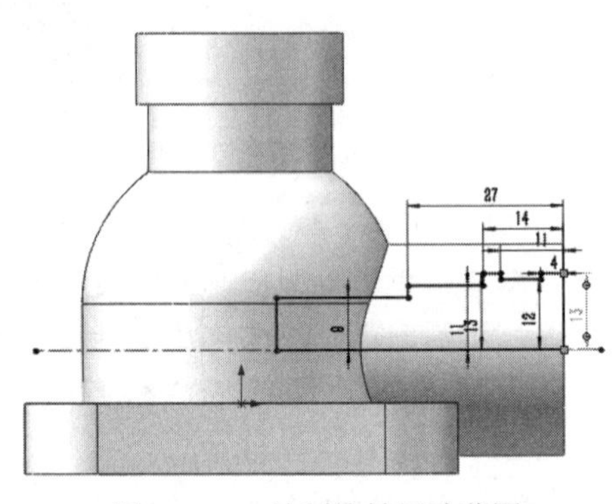

图 11-144　绘制旋转切除草图

（11）旋转切除生成实体。单击“特征”面板中的“旋转切除”按钮，系统弹出“切除-旋转”属性管理器，采用默认设置，然后单击“确定”按钮✔，如图 11-145 所示。旋转切除生成的实体如图 11-146 所示。

（12）创建凸台切除。

① 单击如图 11-146 所示的凸台拉伸实体的上端面，将其作为绘图基准面。单击“草图”面板中的“转换实体引用”按钮，将内外圆边线转换为草图。

② 单击“草图”面板中的“中心线”按钮和“直线”按钮，绘制 3 条过圆心的直线。然后单击“草图”面板中的“剪裁实体”按钮，将齿型草图的多余线条裁剪掉，并标注角度，

如图 11-147 所示。

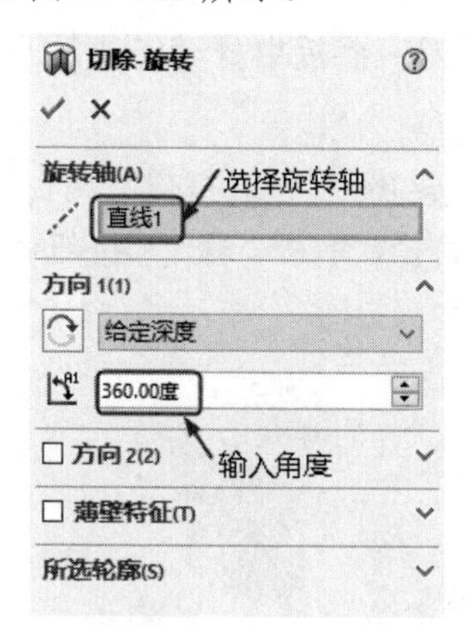

图 11-145 切除-旋转参数设置图

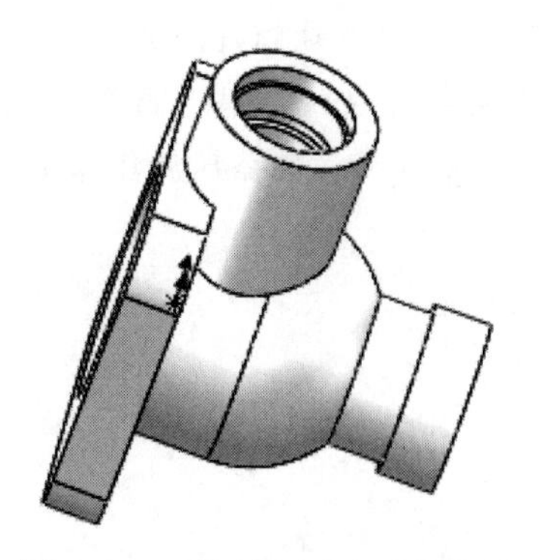

图 11-146 旋转切除生成的实体

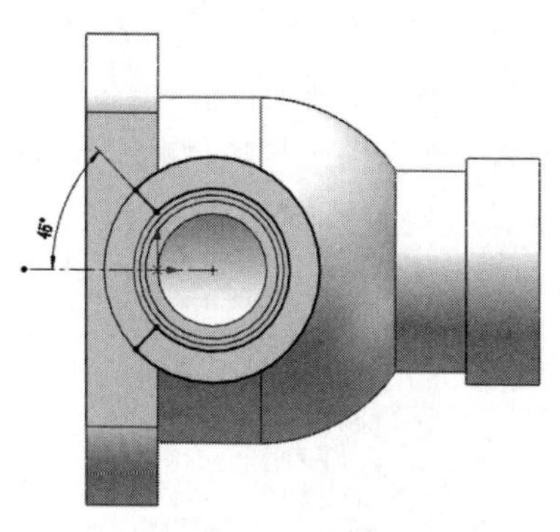

图 11-147 切除草图

③ 拉伸切除实体。单击“特征”面板中的“拉伸切除”按钮，弹出“切除-拉伸”属性管理器，设置拉伸切除深度为 2mm，如图 11-148 所示。然后单击“确定”按钮✓。拉伸切除实体如图 11-149 所示。

（13）绘制草图。单击如图 11-149 的面 1，然后单击“标准视图”工具栏中的“正视于”按钮，将该表面作为绘制图形的基准面。单击“草图”工具栏中的“转换实体引用”按钮，将面 1 的外边线转换为草图实体。

（14）绘制螺旋线。单击“特征”面板中的“螺旋线/涡状线”按钮，弹出“螺旋线/涡状线”属性管理器，如图 11-150 所示。选择定义方式为“高度和螺距”，输入高度为 15mm，螺距为 1.5mm，选中“反向”复选框，起始角度为 0 度，选择方向为“顺时针”，然后单击“确定”按钮✓。生成螺旋线如图 11-151 所示。

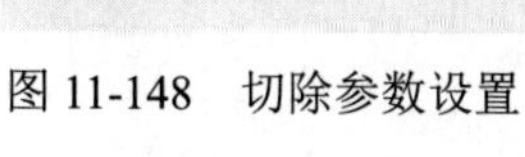

图 11-148 切除参数设置

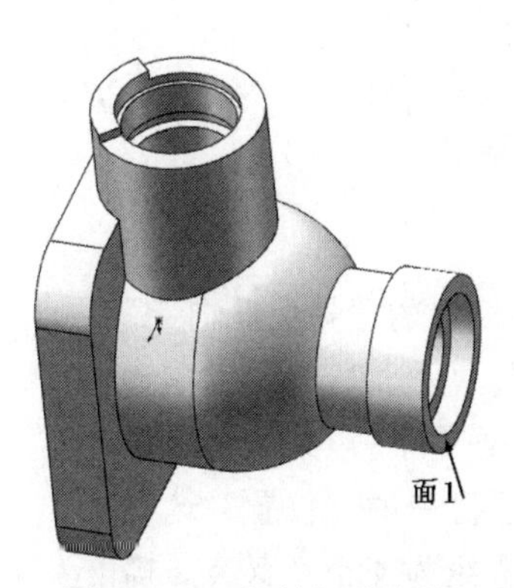

图 11-149 拉伸切除实体

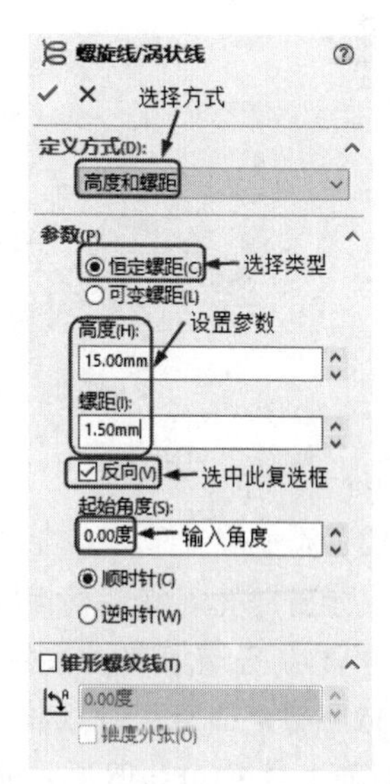

图 11-150 “螺旋线/涡状线”属性管理器

（15）绘制草图。在左侧的“FeatureMannger 设计树”中选择“上视基准面”作为绘图基准

面，然后单击“标准视图”工具栏中的“正视于”按钮，将该表面作为绘制图形的基准面。单击“草图”面板中的“直线”按钮，绘制螺纹牙型草图；单击“草图”面板中的“智能尺寸”按钮，对草图进行尺寸标注并进行修改，如图 11-152 所示。

Note

（16）绘制螺纹。单击“特征”面板中的“扫描切除”按钮，弹出“切除-扫描”属性管理器，选择图形区域中的牙型草图为扫描轮廓；选择螺旋线作为扫描路径，单击“确定”按钮✔。绘制螺纹实体如图 11-153 所示。

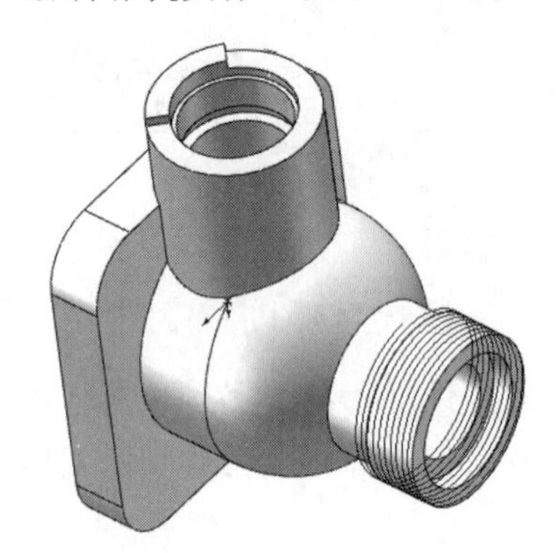
图 11-151　生成螺旋线

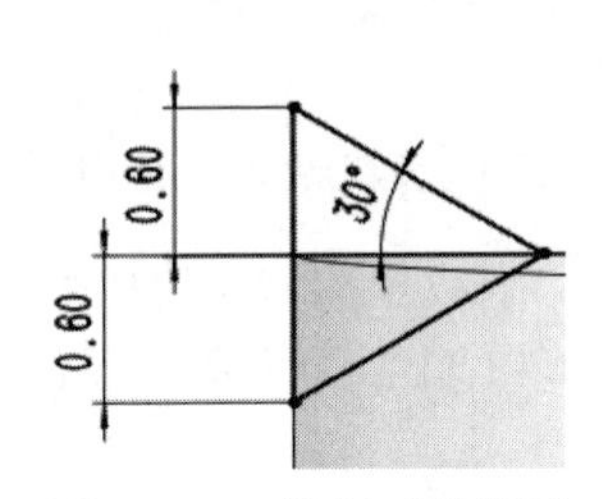

图 11-152　绘制牙型草图

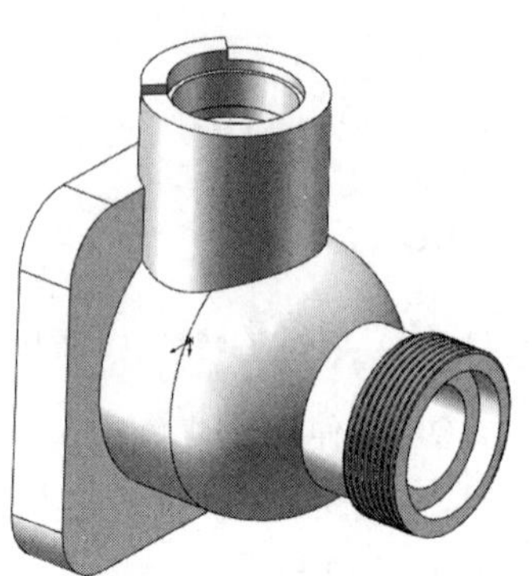
图 11-153　绘制螺纹实体

（17）绘制构造线。单击阀体的底座上表面的平面，然后单击“标准视图”面板中的“正视于”按钮，将该表面作为绘制图形的基准面。单击“草图”面板中的“圆”按钮和“直线”按钮，在其属性管理器中选中“作为构造线”复选框，绘制构造线草图如图 11-154 所示。

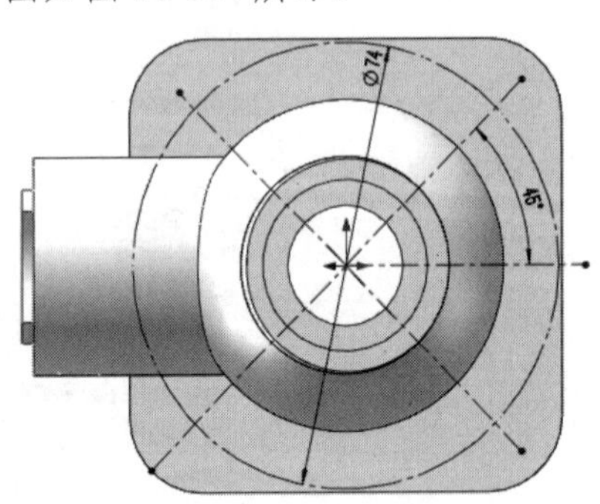

图 11-154　绘制构造线草图

（18）添加螺纹孔。单击“特征”面板中的“异型孔向导”按钮，弹出“孔规格”属性管理器，在“大小”选项组中选择 M14 规格，设置“终止条件”为“完全贯穿”。其他设置如图 11-155 所示。选择“孔规格”属性管理器中的“位置”选项卡。用鼠标依次单击如图 11-154 所示构造线的 4 个交叉点，确定螺纹孔的位置，如图 11-156 所示，最后单击“确定”按钮✔。绘制的阀体如图 11-157 所示。

图 11-155　孔规格参数设置

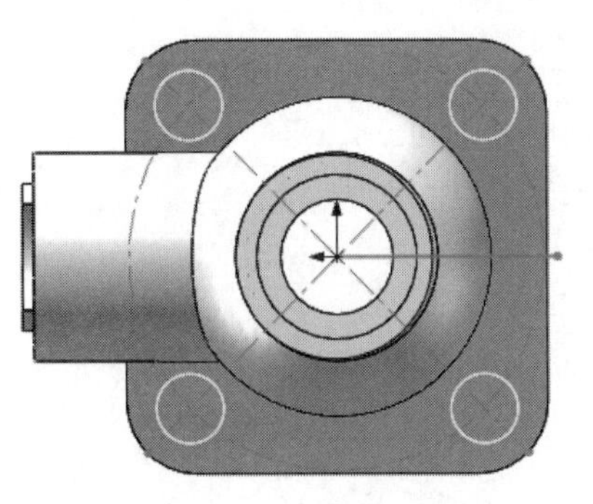

图 11-156 确定螺纹孔位置

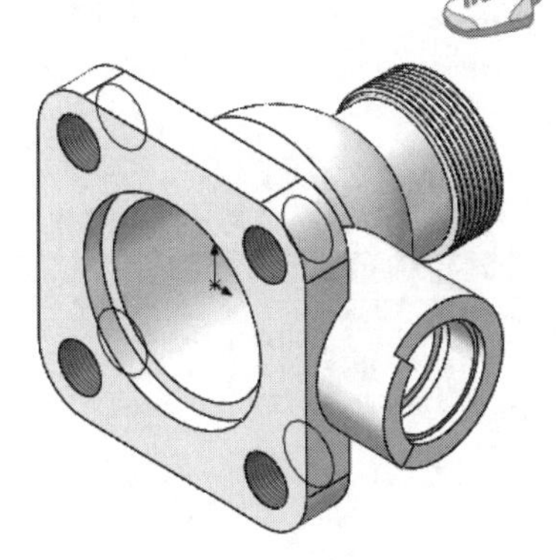

图 11-157 绘制的阀体

视频讲解

11.2 球阀装配体

首先创建一个装配体文件，然后依次插入球阀装配体零部件，最后添加配合关系。绘制球阀装配体的流程图如图 11-158 所示。

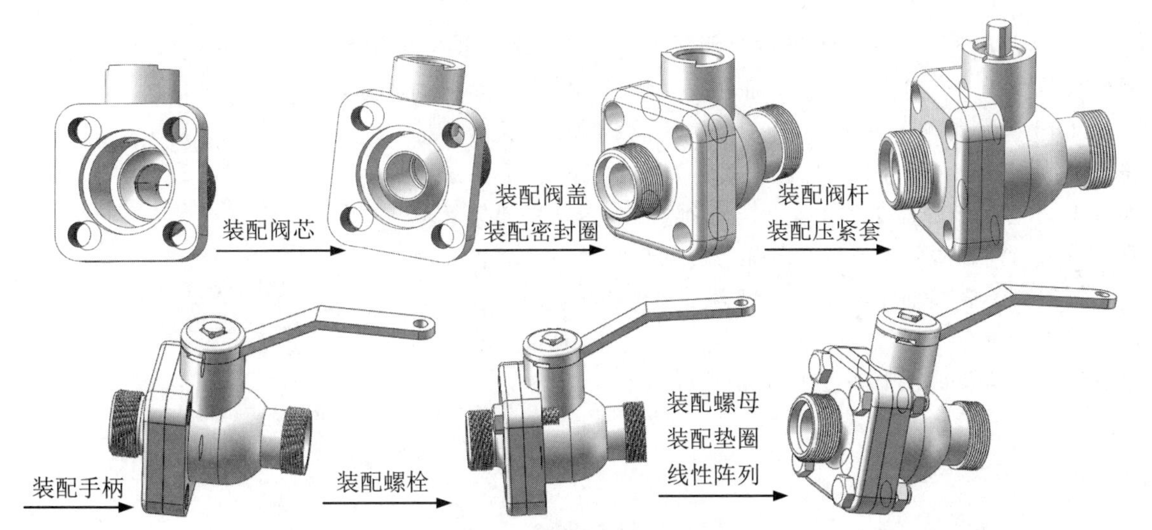

图 11-158 绘制球阀装配体的流程图

操作步骤如下。

1. 阀体-密封圈配合

（1）新建文件。单击快速访问工具栏中的“新建”按钮，在弹出的“新建 SOLIDORKS 文件”对话框中单击“装配体”按钮，再单击“确定”按钮，创建一个新的装配体文件。系统弹出“开始装配体”属性管理器，如图 11-159 所示。

（2）定位阀体。单击“开始装配体”属性管理器中的“浏览”按钮，系统弹出“打开”对话框，选择前面创建的“阀体”零件，如图 11-160 所示。在“打开”对话框中单击“打开”按钮，系统进入装配界面，光标变为形状，选择菜单栏中的“视图”→“原点”命令，显示坐标原点，将光标移动至原点位置，光标变为形状，如图 11-161 所示，在目标位置单击将阀体放入装配界面中。

Note

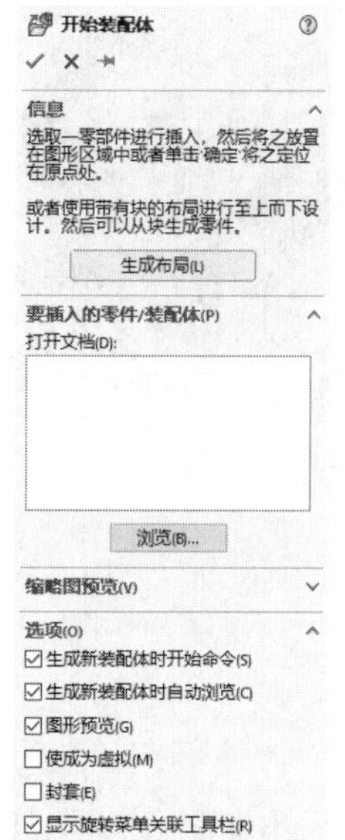

图 11-159 “开始装配体”属性管理器

图 11-160 打开所选装配零件

（3）密封圈。单击“装配体”面板中的“插入零部件”按钮，弹出“插入零部件”属性管理器，打开“密封圈”命令，将其插入装配界面中，如图 11-162 所示。

（4）添加装配关系。单击“装配体”面板中的“配合”按钮，系统弹出“配合”属性管理器，如图 11-163 所示。选择如图 11-162 所示的面 2 和面 4 为配合面，在“配合”属性管理器中单击“同轴心”按钮，添加“同轴心”关系，单击“确定”按钮✔。选择面 1 和面 3 为配合面，在“配合”属性管理器中单击“重合”按钮，添加“重合”关系，单击“确定”按钮✔，配合后的图形如图 11-164 所示。

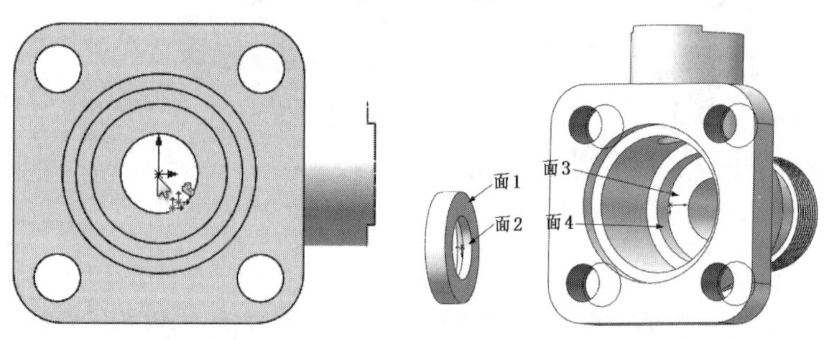

图 11-161 定位阀体　　图 11-162 插入密封圈

2. 装配阀芯

（1）插入阀芯。单击“装配体”面板中的“插入零部件”按钮，在弹出的“打开”对话框中选择“阀芯”，将其插入装配界面中，如图 11-165 所示。

（2）添加装配关系。单击“装配体”面板中的“配合”按钮，选择图 11-165 中的面 1 和面 2，添加“同轴心”关系；

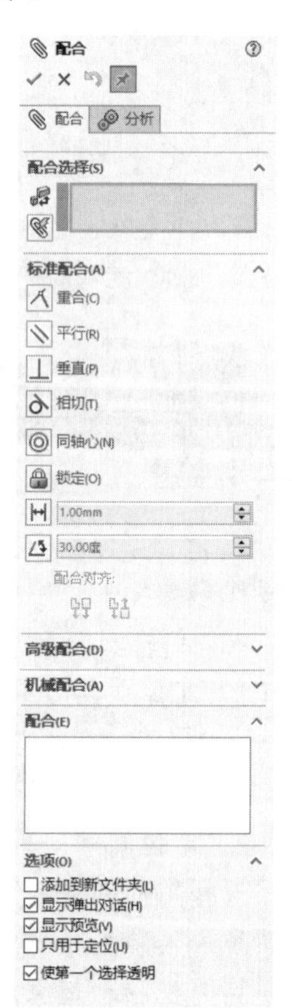

图 11-163 “配合”属性管理器

选择阀体的前视基准面和阀芯的右视基准面，添加“距离”关系，输入距离为 9mm；选择阀体的右视基准面和阀芯的上视基准面，添加“平行”关系；单击“确定”按钮✓，完成阀芯的装配，如图 11-166 所示。

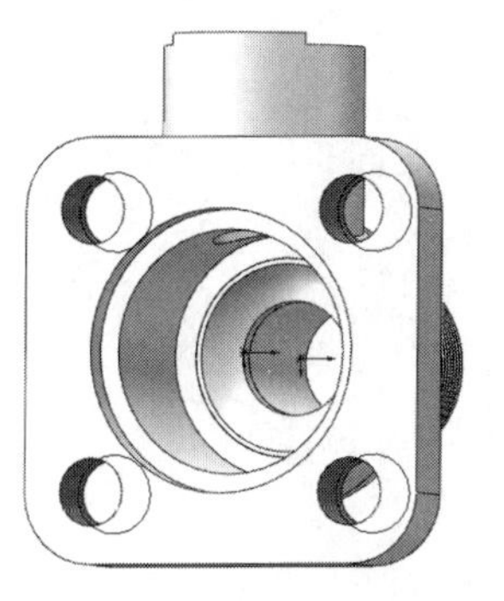

图 11-164　配合后的图形

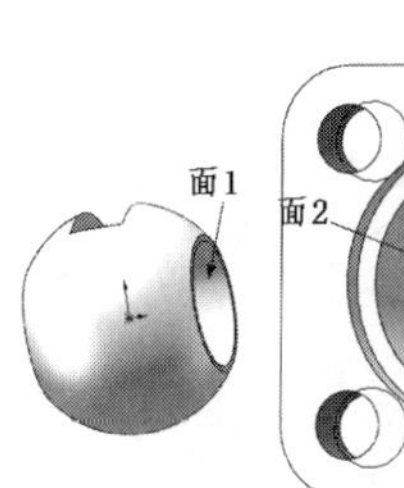

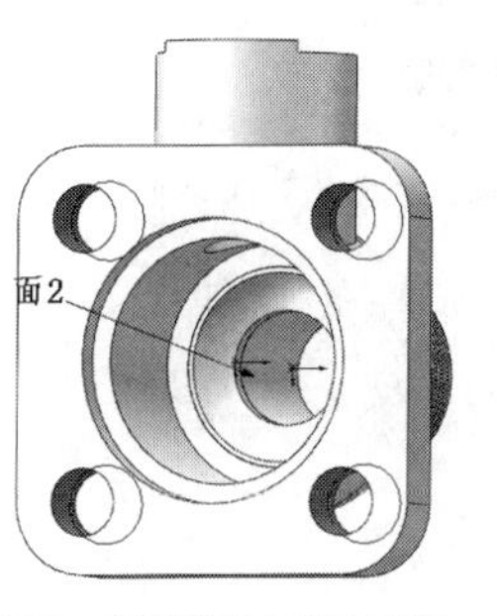

图 11-165　插入“阀芯”到装配体

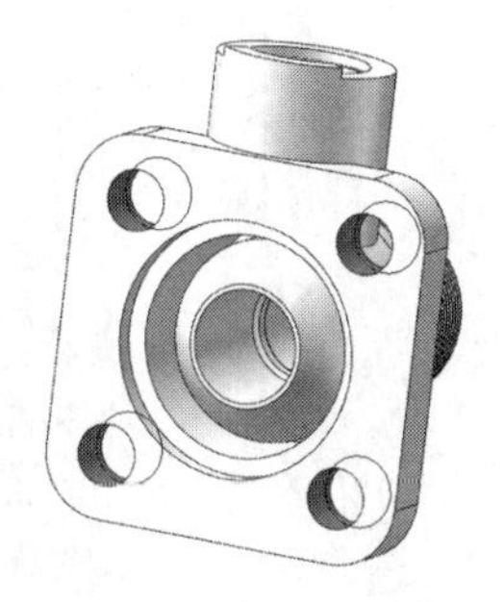

图 11-166　配合后的图形

3. 阀盖和密封圈的配合

（1）插入阀盖。单击“装配体”面板中的“插入零部件”按钮，在弹出的“打开”对话框中选择“阀盖”，将其插入装配界面中，如图 11-167 所示。

（2）插入密封圈。单击“装配体”面板中的“插入零部件”按钮，在弹出的“打开”对话框中选择“密封圈”，将其插入装配界面中，如图 11-168 所示。

（3）添加装配关系。单击“装配体”面板中的“配合”按钮，选择如图 11-168 所示的面 2 和面 4，添加“同心”关系；选择如图 11-168 所示的面 1 和面 3，添加“重合”关系，单击“确定”按钮✓，密封圈和阀盖的配合如图 11-169 所示。

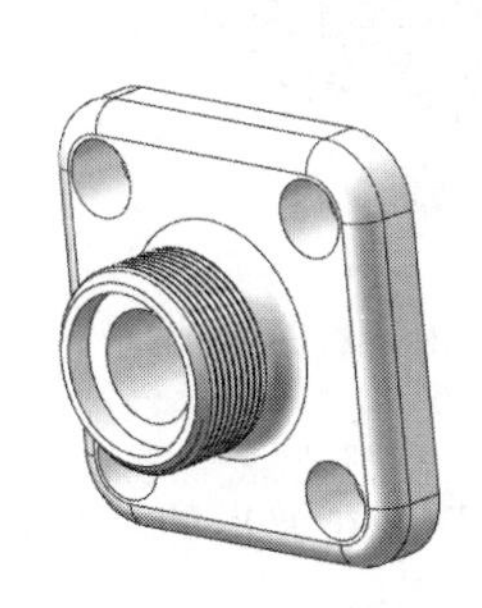

图 11-167　插入“阀盖”到装配体

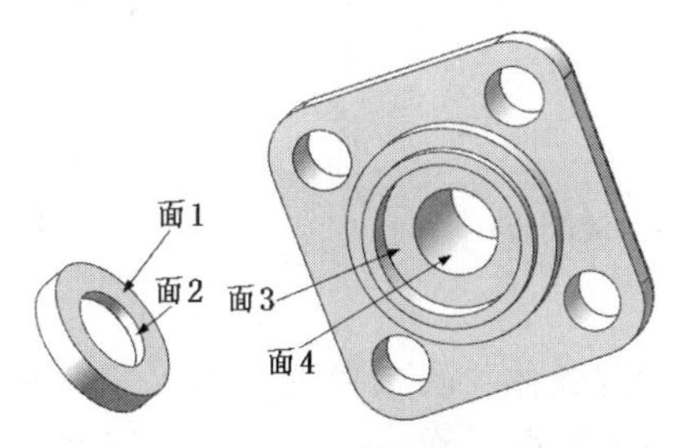

图 11-168　插入“密封圈”到装配体

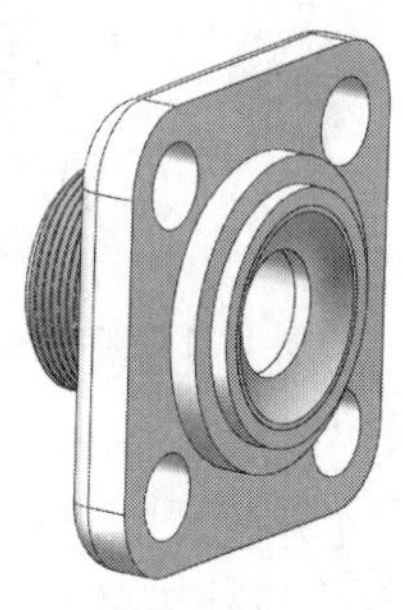

图 11-169　密封圈和阀盖的配合

（4）阀体和阀盖装配。单击“装配体”面板中的“配合”按钮，选择如图 11-170 所示的面 2 和面 4，添加“同心”关系；选择如图 11-170 所示的面 1 和面 3，添加“重合”关系；选择阀体右视图和阀盖前视图，添加“重合”关系；单击“确定”按钮✓，阀体和阀盖的装配如图 11-171 所示。

4. 装配阀杆

（1）插入阀杆。单击“装配体”面板中的“插入零部件”按钮，在弹出的“打开”对话框中选择“阀杆”，将其插入装配界面中，如图 11-172 所示。

（2）添加装配关系。单击“装配体”面板中的“配合”按钮，选择如图 11-172 所示的面 2 和面 5，添加“同心”配合关系；选择如图 11-172 所示的面 1 和面 4，添加“平行”配合关系；

选择如图 11-172 所示的面 3 和面 6，添加“相切”关系；单击“确定”按钮✓，配合后的图形如图 11-173 所示。

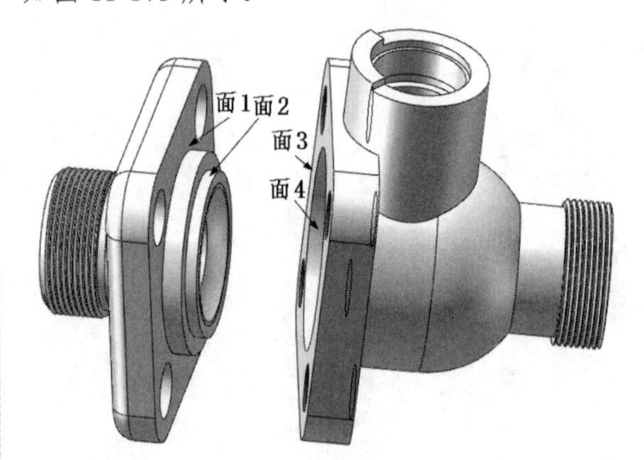

图 11-170　配合面

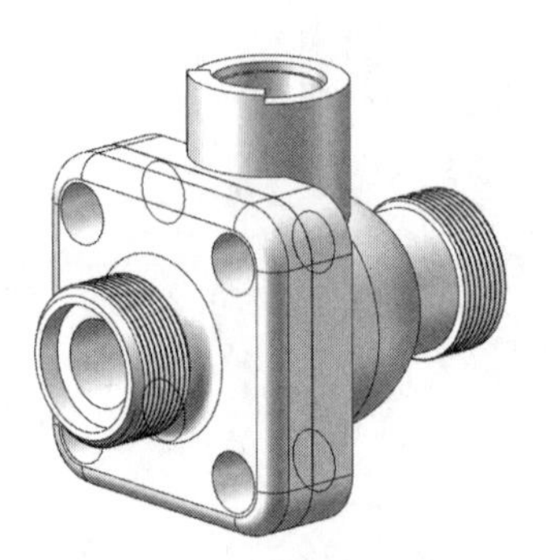

图 11-171　阀体和阀盖装配

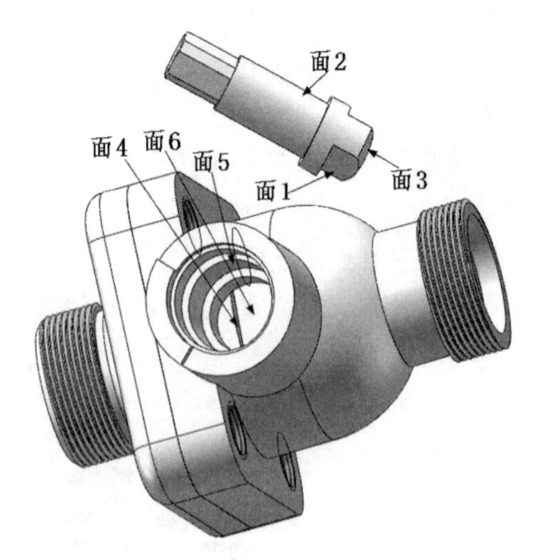

图 11-172　插入“阀杆”到装配体

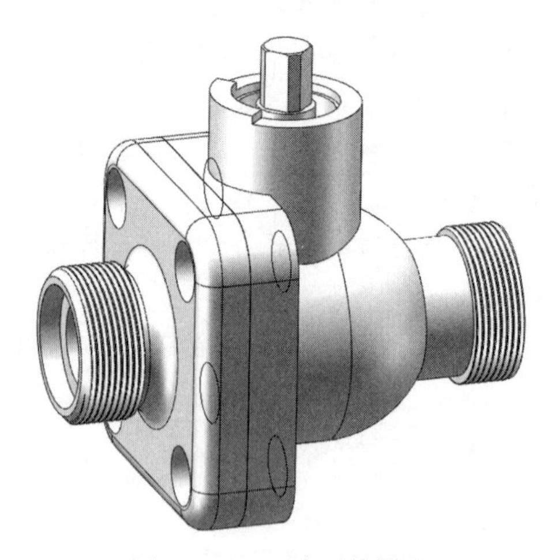

图 11-173　配合后的图形

5. 装配压紧套

（1）插入压紧套。单击“装配体”面板中的“插入零部件”按钮，在弹出的“打开”对话框中选择“压紧套”，将其插入装配界面中，如图 11-174 所示。

（2）添加装配关系。单击“装配体”面板中的“配合”按钮，选择图 11-174 中的面 2 和面 3，添加“重合”配合关系；选择图 11-174 中的面 1 和面 4，添加“同轴心”配合关系；单击“确定”按钮✓，配合后的图形如图 11-175 所示。

6. 装配扳手

（1）插入扳手。单击“装配体”面板中的“插入零部件”按钮，在弹出的“打开”对话框中选择“扳手”，将其插入装配界面中，如图 11-176 所示。

（2）添加装配关系。单击“装配体”面板中的“配合”按钮，选择如图 11-176 所示的面 5 和面 1，添加“同轴心”配合关系；选择如图 11-176 所示的面 3 和面 4，添加“平行”配合关系；选择如图 11-176 所示的面 2 和面 6，添加“重合”配合关系；单击“确定”按钮✓，配合后的图形如图 11-177 所示。

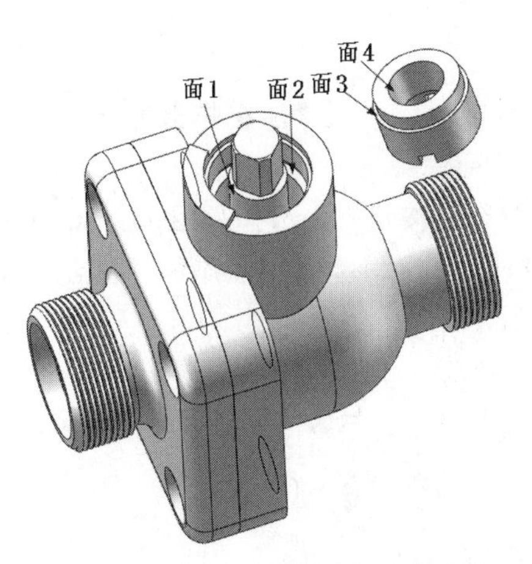

图 11-174 插入“压紧套”到装配体

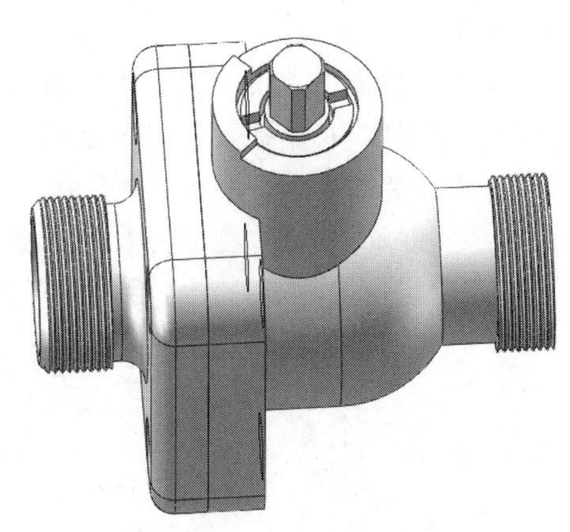

图 11-175 配合后的图形

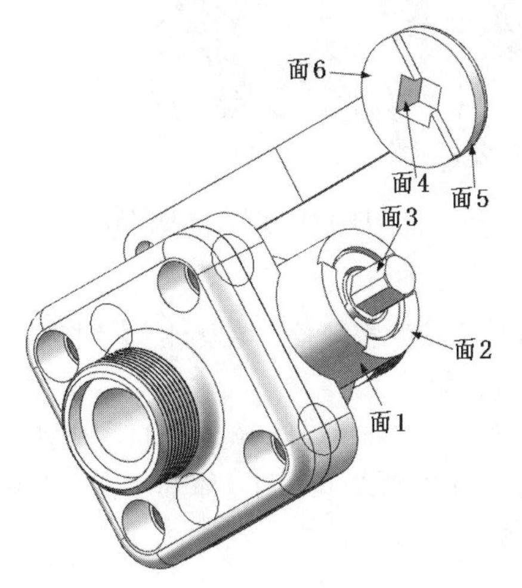

图 11-176 插入“扳手”到装配体

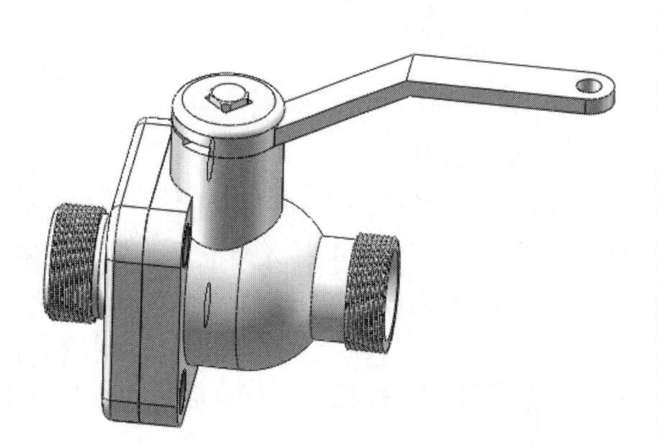

图 11-177 配合后的图形

7. 装配螺栓

（1）插入螺栓。单击“装配体”面板中的“插入零部件”按钮，在弹出的“打开”对话框中选择“螺栓”，将其插入装配界面中，如图 11-178 所示。

（2）添加装配关系。单击“装配体”面板中的“配合”按钮，选择如图 11-178 所示的面 2 和面 3，添加“同轴心”配合关系；选择如图 11-178 所示的面 1 和面 4，添加“重合”配合关系；单击“确定”按钮✓，配合关系后的图形如图 11-179 所示。

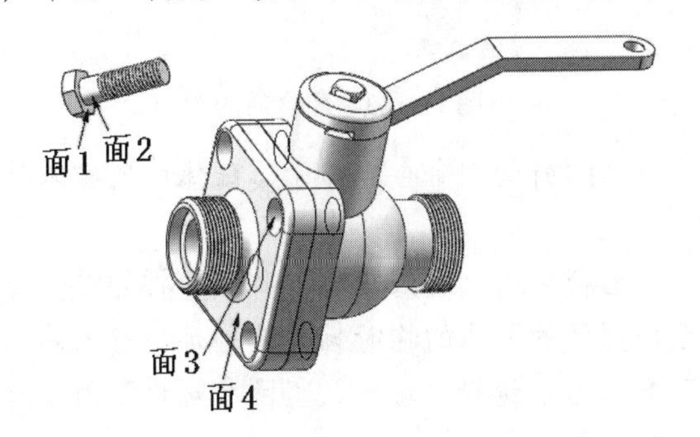

图 11-178 插入“螺栓”到装配体

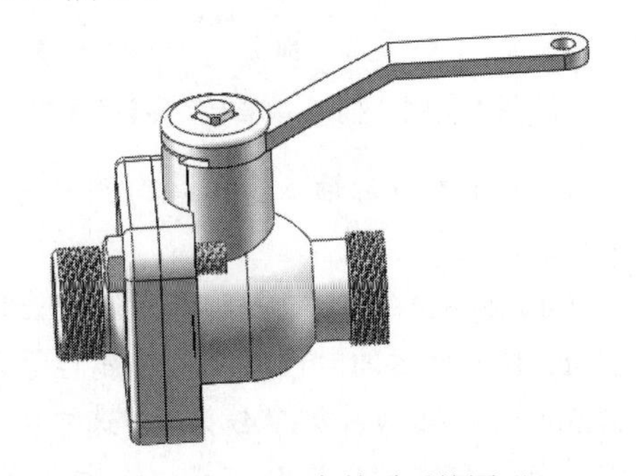

图 11-179 配合关系后的图形

Note

8. 装配垫圈

（1）插入垫圈。单击“装配体”面板中的“插入零部件”按钮，在弹出的“打开”对话框中选择“垫圈”，将其插入装配界面中，如图 11-180 所示。

（2）添加装配关系。单击“装配体”面板中的“配合”按钮，选择如图 11-180 所示的面 2 和面 3，添加“同轴心”配合关系；选择如图 11-180 所示的面 1 和面 4，添加“重合”配合关系；单击“确定”按钮✔，配合后的图形如图 11-181 所示。

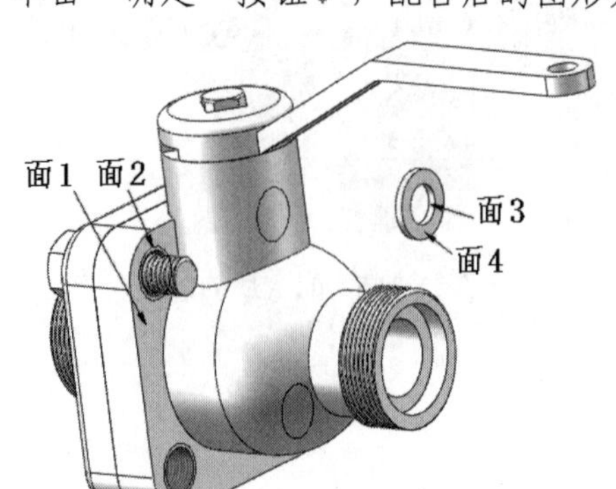

图 11-180　插入“垫圈”到装配体

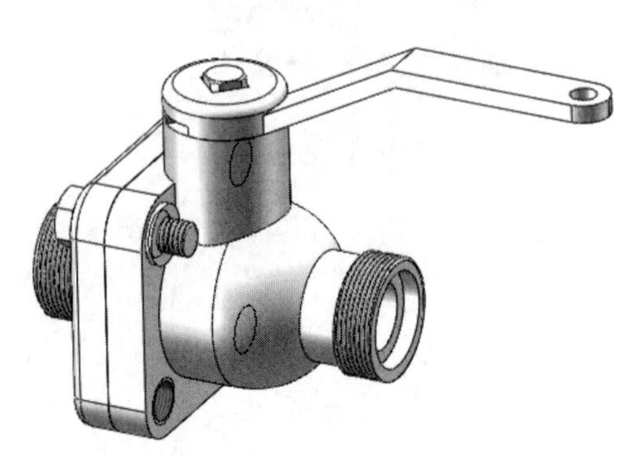
图 11-181　配合后的图形

9. 装配螺母

（1）插入螺母。单击“装配体”面板中的“插入零部件”按钮，在弹出的“打开”对话框中选择“螺母”，将其插入装配界面中，如图 11-182 所示。

（2）添加装配关系。单击“装配体”面板中的“配合”按钮，选择如图 11-182 所示的面 1 和面 3，添加“同轴心”配合关系；选择如图 11-182 所示的面 2 和面 4，添加“重合”配合关系；单击“确定”按钮✔，配合后的图形如图 11-183 所示。

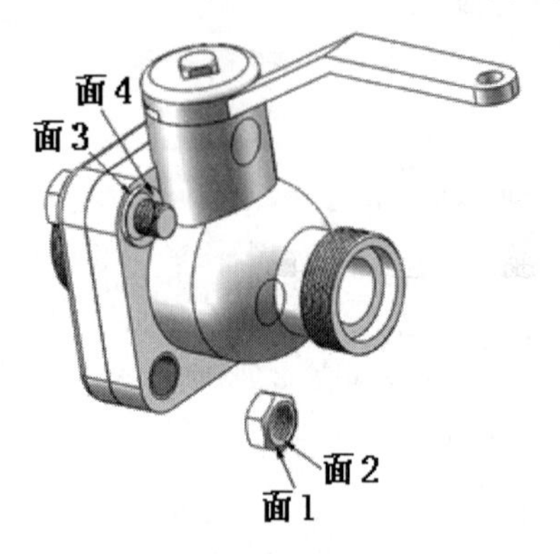

图 11-182　插入“螺母”到装配体

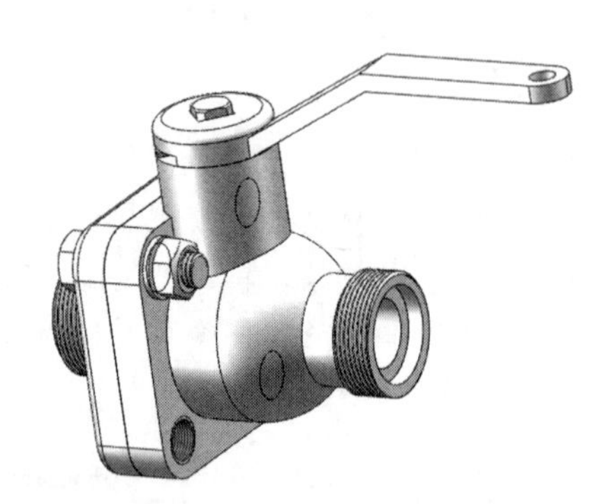
图 11-183　配合后的图形

（3）显示临时轴。选择菜单栏中的“视图”→“临时轴”命令，显示装配体中所有零件的临时轴。

（4）阵列螺栓、垫圈和螺母。单击“装配体”面板中的“圆周零部件阵列”按钮，弹出如图 11-184 所示的“圆周阵列”属性管理器，选择阀体的腔体的临时轴为阵列轴，输入阵列角度为 360 度，输入阵列个数为 4，选中“等间距”复选框，选择“螺栓、垫圈和螺母”为要阵列的零部件，单击“确定”按钮✔，结果如图 11-185 所示。

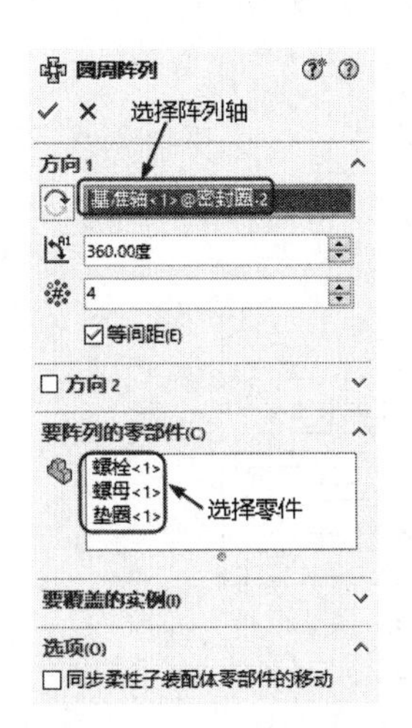

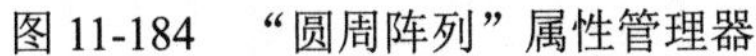

图 11-184　“圆周阵列”属性管理器

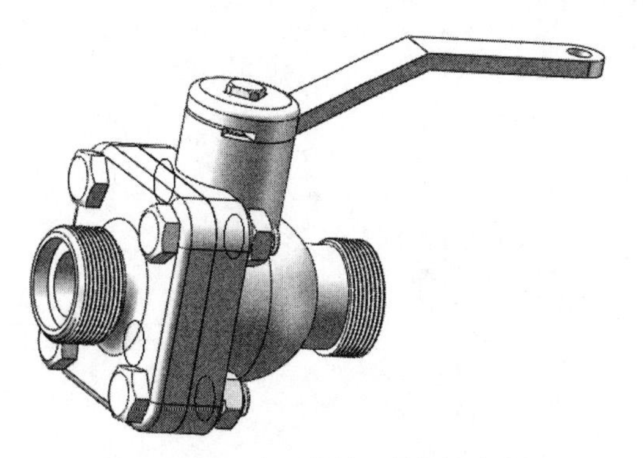

图 11-185　阵列螺栓、垫圈和螺母

11.3　球阀装配工程图

视频讲解

首先创建球阀俯视图，然后创建剖视图，在创建零件序号并生成零件明细表，最后标注尺寸和注释，如图 11-186 所示。

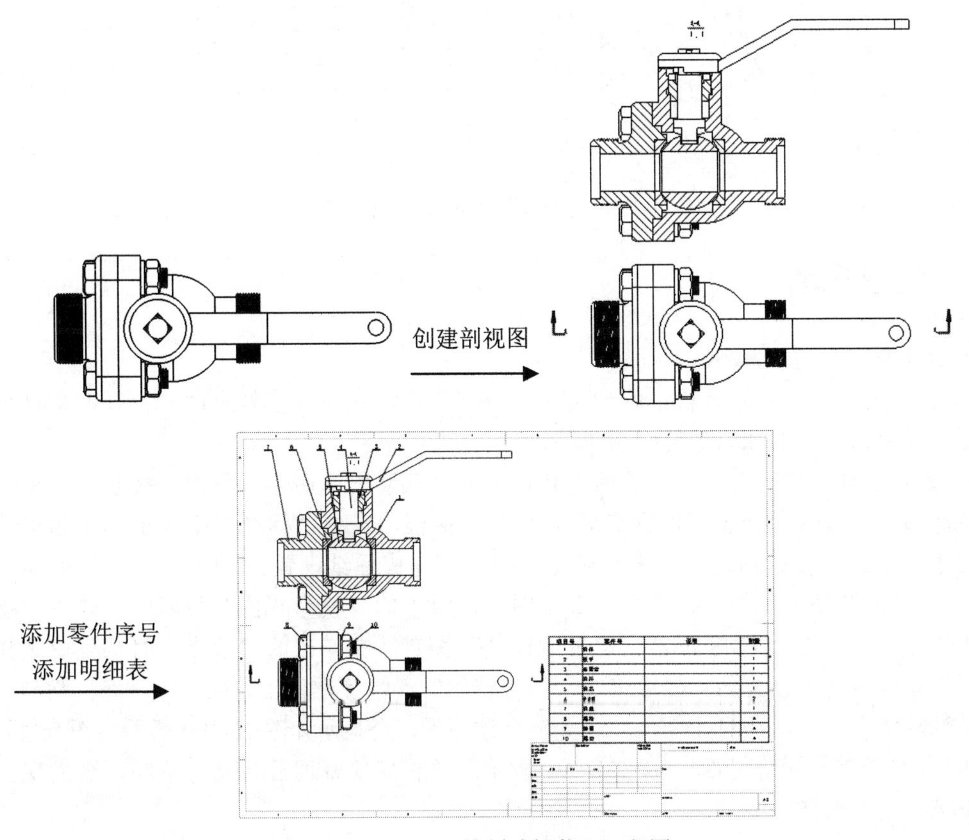

图 11-186　绘制球阀装配工程图

Note

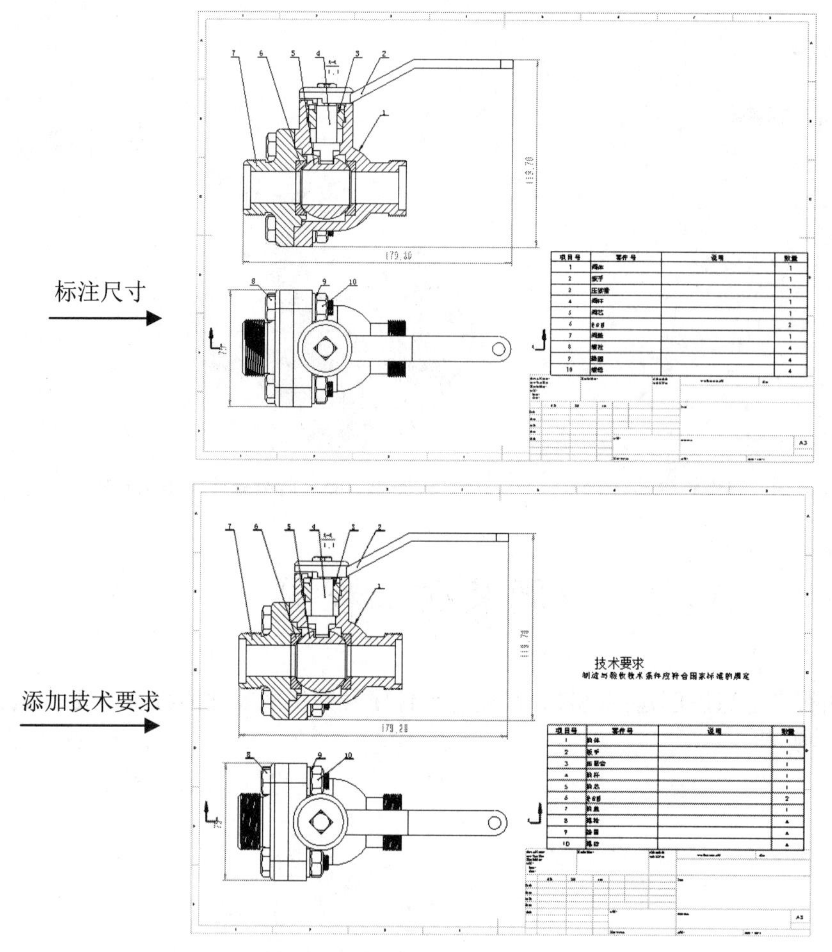

图 11-186　绘制球阀装配工程图（续）

11.3.1　创建视图

操作步骤如下。

（1）打开文件。选择菜单栏中的“文件”→“打开”命令，在弹出的“打开”对话框中，选择将要转换为工程图的球阀总装配图文件。

（2）进行图纸设置。单击快速访问工具栏中的“从装配图制作工程图”按钮，单击左下角的“添加图纸”按钮，弹出“图纸格式/大小”对话框，选中“标准图纸大小”单选按钮，设置图纸尺寸，如图 11-187 所示，单击“确定”按钮，完成图纸设置。

（3）在绘图区插入俯视图。单击“工程图”面板中的“模型视图”按钮，弹出“模型视图”属性管理器，如图 11-188 所示；单击“浏览”按钮，在弹出的“选择”对话框中选择要生成工程图的球阀总装配体文件，然后单击“模型视图”属性管理器上方的“下一步”按钮，进行模型视图参数设置，如图 11-189 所示，此时在绘图区，会显示如图 11-190 所示的图纸放置框，在图纸中合适的位置放置俯视图，如图 11-191 所示。放置完前视图后将光标下移，会发现上视图的预览会跟随光标出现。

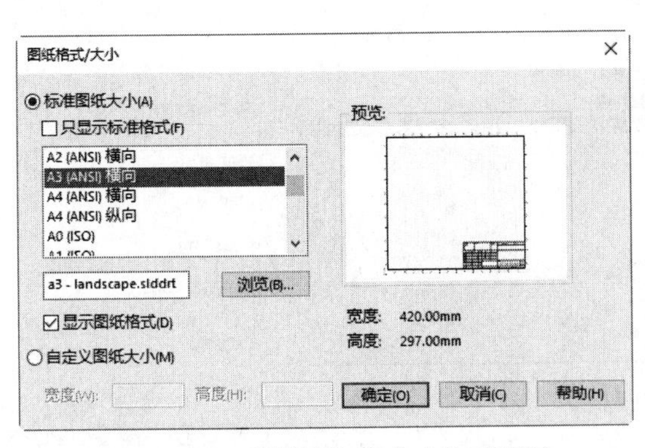

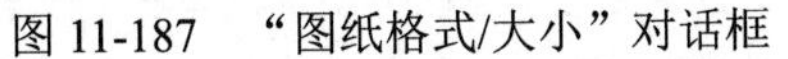

图 11-187　“图纸格式/大小”对话框

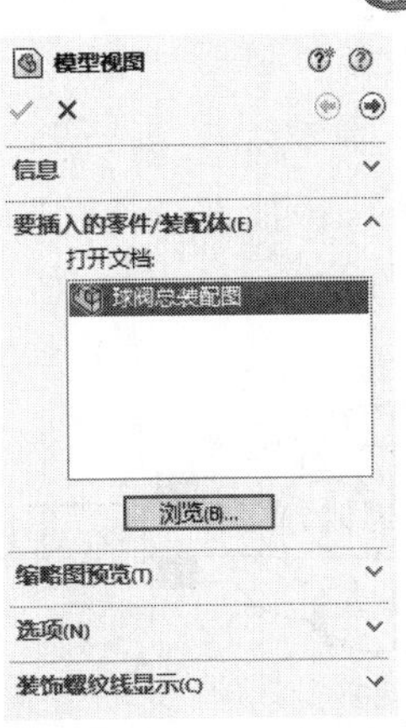

图 11-188　“模型视图”属性管理器

（4）创建前视图。单击“工程图”面板中的“剖面视图”按钮，弹出如图 11-192 所示的“剖面视图辅助”属性管理器，选择水平切割线，将其放置到如图 11-193 所示的俯视图圆心处，单击“确定”按钮✔，弹出“剖面视图”对话框，选中“自动打剖面线”“不包括扣件”“显示排除的扣件”复选框，在视图中选择阀杆和扳手为不剖切零件，如图 11-194 所示，单击“确定”按钮；系统弹出如图 11-195 所示的“剖面视图 A-A”属性管理器，采用默认设置，单击“确定”按钮✔，生成的前视图如图 11-196 所示。

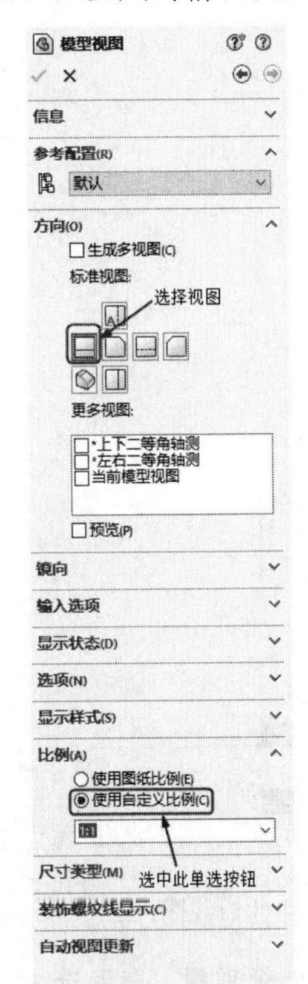

图 11-189　模型视图参数设置

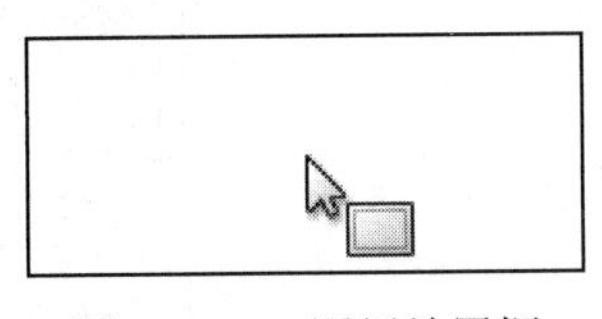

图 11-190　图纸放置框

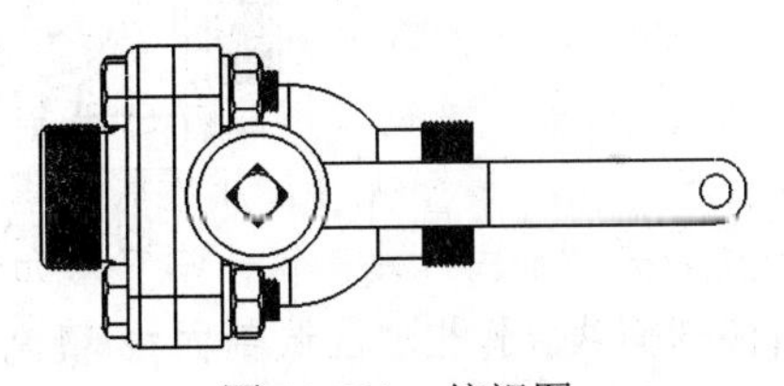

图 11-191　俯视图

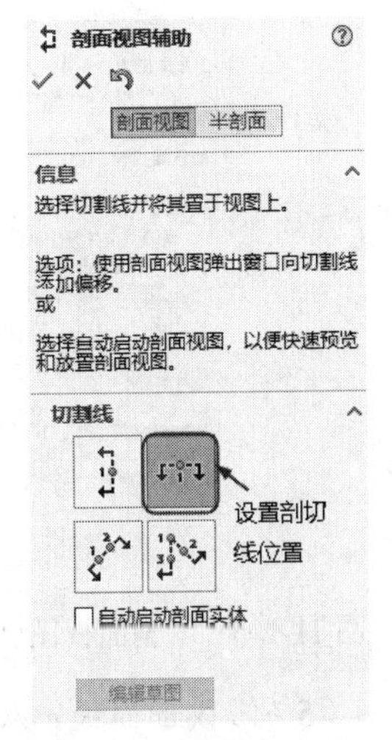

图 11-192　“剖面视图辅助”属性管理器

Note

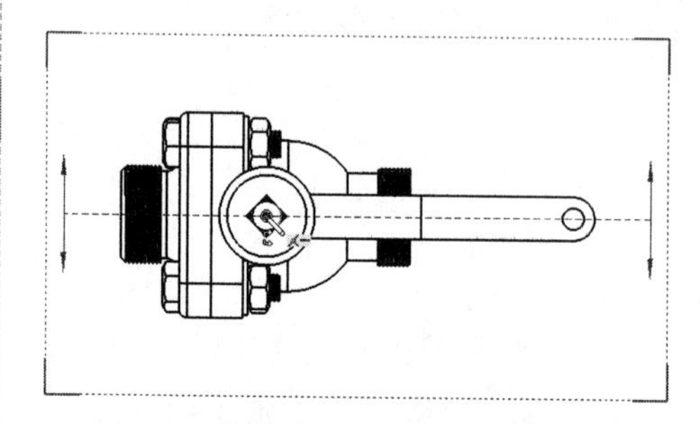

图 11-193　放置切割线

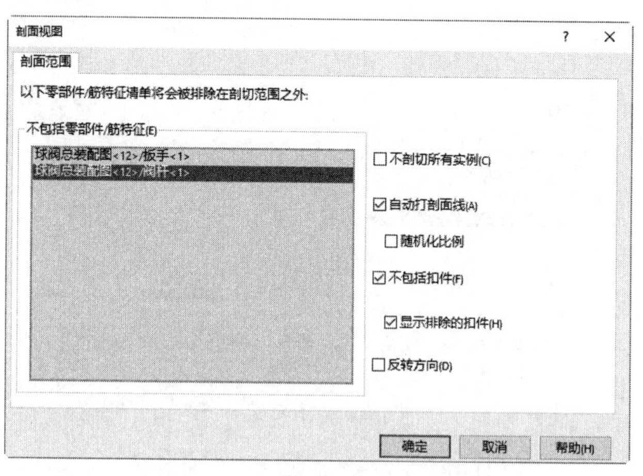

图 11-194　“剖面视图”对话框

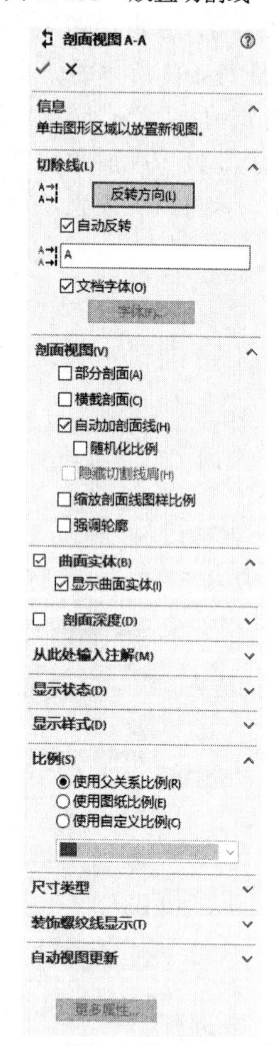

图 11-195　“剖面视图 A-A”属性管理器

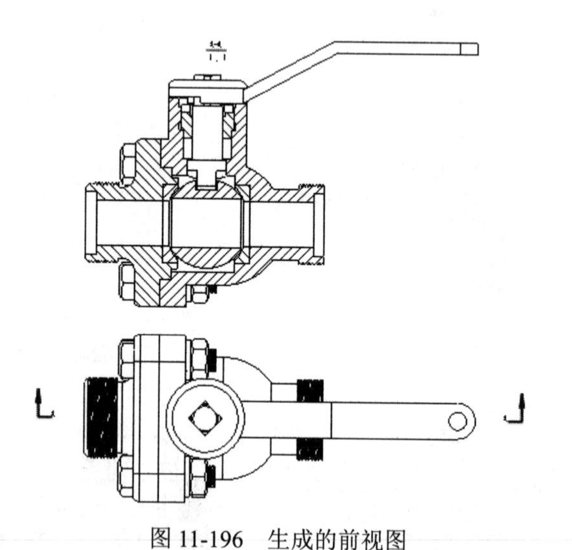

图 11-196　生成的前视图

（5）修改剖面线。双击密封圈剖面线，弹出“区域剖面线/填充”属性管理器，取消选中“材质剖面线”复选框，输入剖面线图样比例为 2，如图 11-197 所示，单击“确定”按钮✔，完成密封圈剖面线的修改。结果如图 11-198 所示。

Note

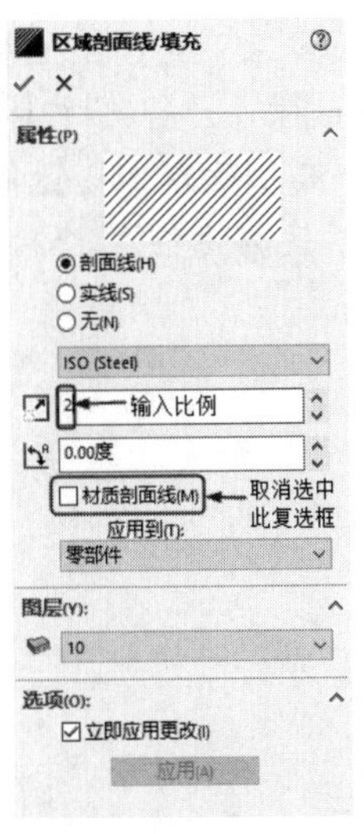

图 11-197　“区域剖面线/填充”属性管理器

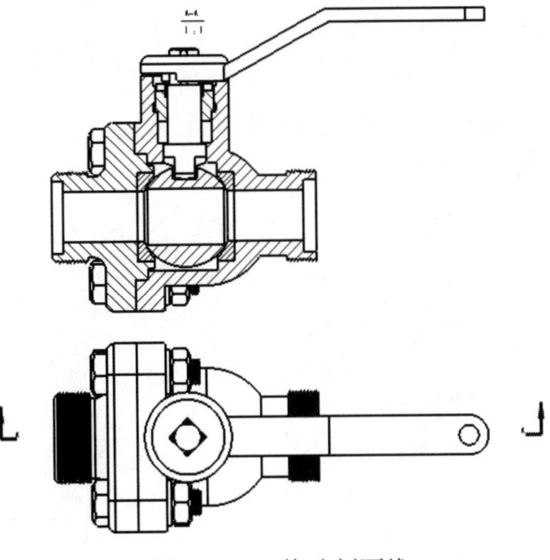

图 11-198　修改剖面线

11.3.2　创建明细表

操作步骤如下。

（1）添加零件序号。单击“注解”面板中的“自动零件序号”按钮，弹出“自动零件序号”属性管理器，可以设置零件序号的样式等，参数设置如图 11-199 所示，在视图中选择零件，将序号放置视图中适当位置，添加零件序号后的图形如图 11-200 所示。

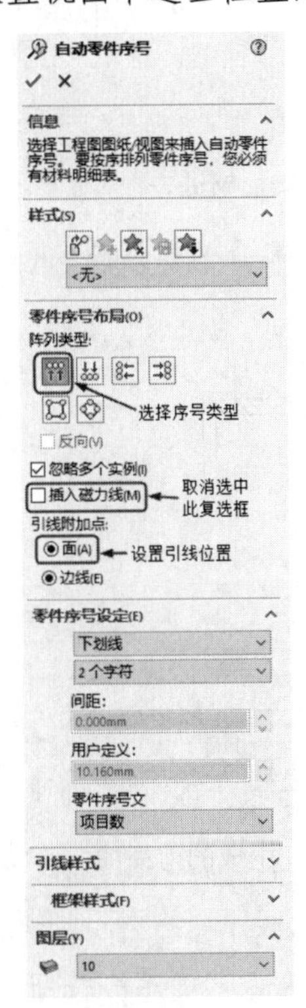

图 11-199　“自动零件序号”属性管理器

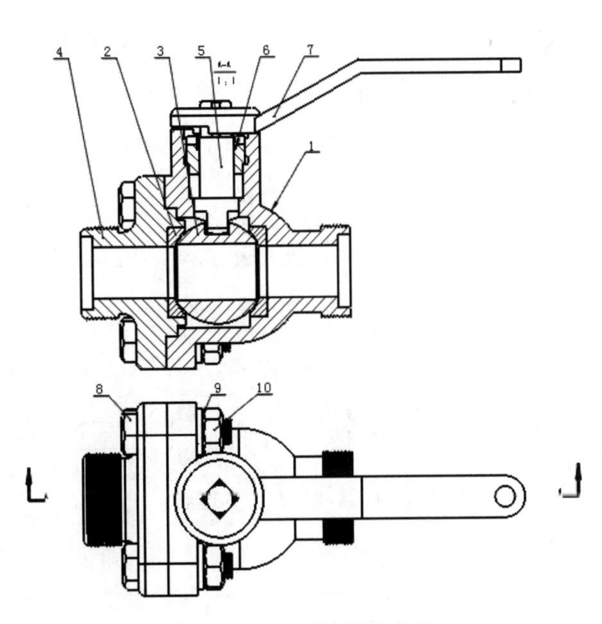

图 11-200　添加零件序号

Note

（2）生成材料明细表。工程图可包含基于表格的材料明细表或基于 Excel 的材料明细表，但两者不能同时包含。单击“注解”面板中的“材料明细表”按钮，选择刚才创建的前视图，弹出“材料明细表”属性管理器，参数设置如图 11-201 所示，单击“确定”按钮✔，在绘图区将显示跟随光标移动的材料明细表表格，在图纸的右下角单击，确定为定位点。添加明细表后的效果如图 11-202 所示。

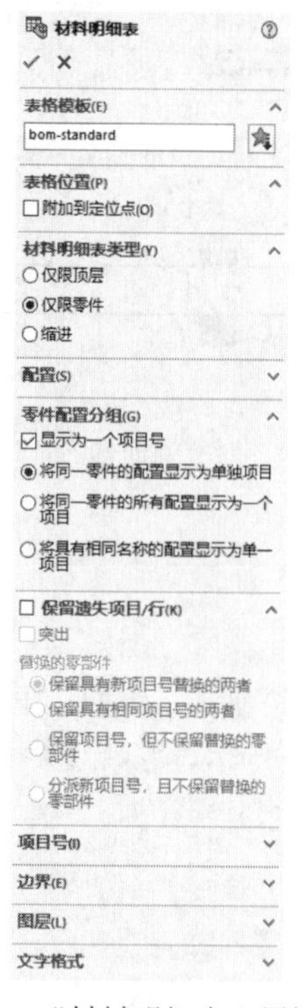

图 11-201　“材料明细表”属性管理器

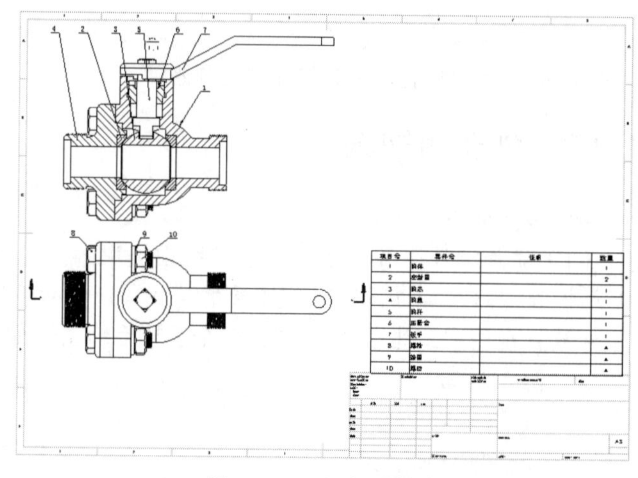

图 11-202　添加明细表

（3）调整序号。为了使序号按一定顺序排列，在明细表中拖动零件到要修改的位置。修改后的效果如图 11-203 所示。

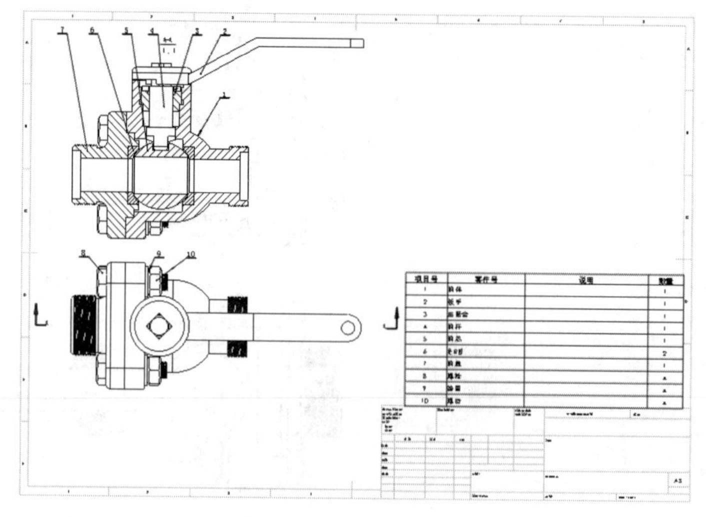

图 11-203　修改后的效果

11.3.3 标注尺寸和技术要求

操作步骤如下。

（1）为视图添加装配必要的尺寸。单击“注解”面板中的“智能尺寸”按钮，标注视图中的尺寸，最终得到的图形如图 11-204 所示。

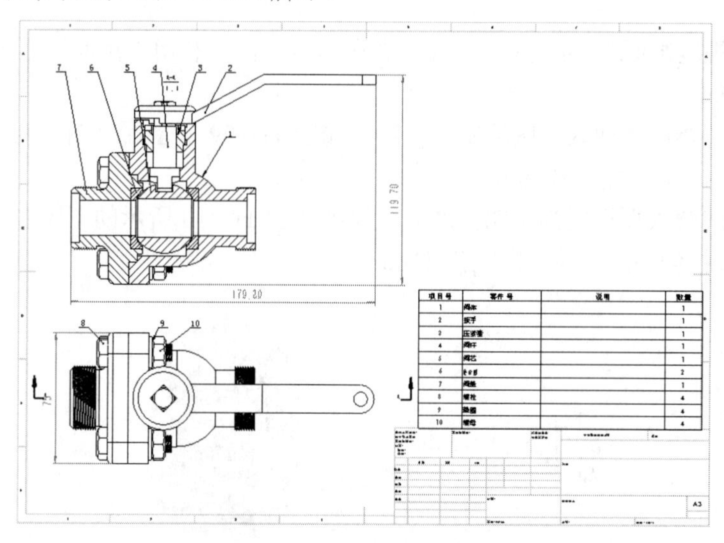

图 11-204 为视图添加装配必要的尺寸

（2）添加注释。单击“注解”面板中的“注释”按钮，弹出“注释”属性管理器，为工程图添加技术要求，如图 11-205 所示，完成工程图的创建，如图 11-206 所示。

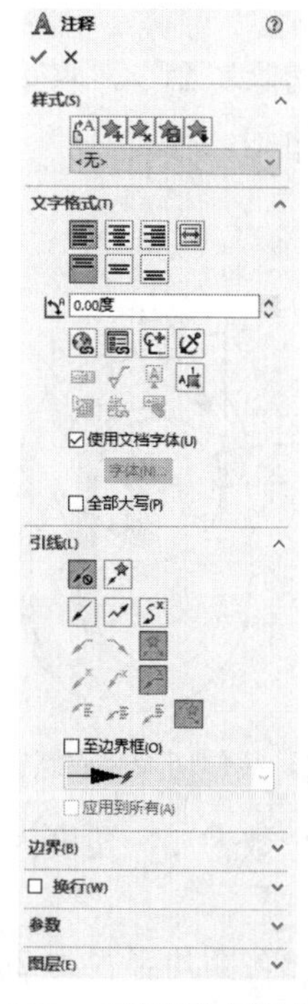

图 11-205 “注释”属性管理器

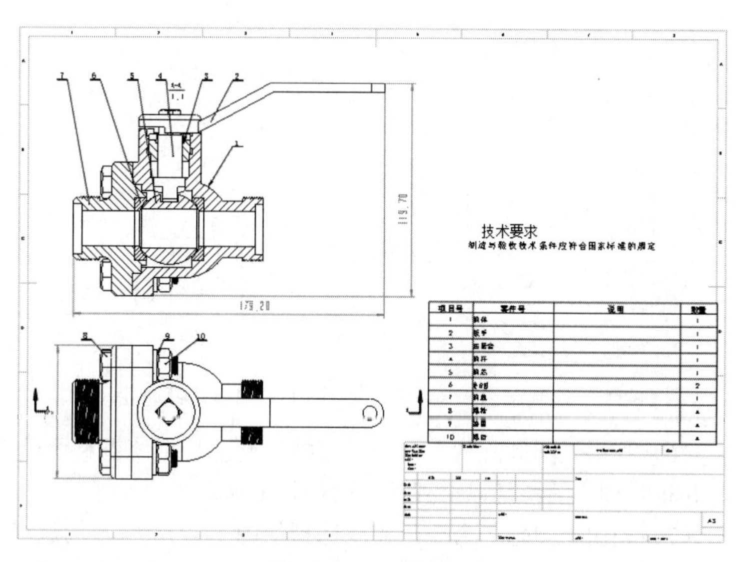

图 11-206 添加注释

Note

11.4 上机操作

1．绘制如图 11-207 所示的前盖。

操作提示：

（1）在“前视基准面”上绘制如图 11-208 所示的草图，利用“拉伸”命令，将草图进行拉伸，拉伸距离为 9mm。

（2）选取拉伸体的表面为草图绘制面，绘制如图 11-209 所示的草图，利用“拉伸”命令，将草图进行拉伸，拉伸距离为 12mm。

（3）将实体的较大面设置为绘图基准面，绘制如图 11-210 所示的草图，利用“拉伸切除”命令，将草图进行拉伸切除，拉伸距离为 11mm。

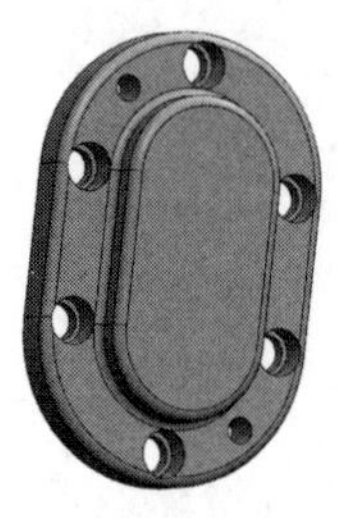

图 11-207　前盖

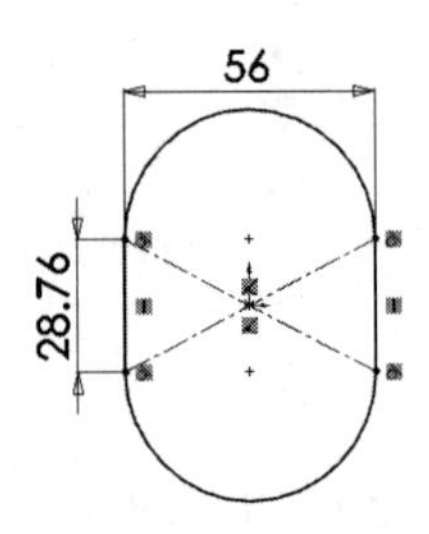

图 11-208　绘制草图

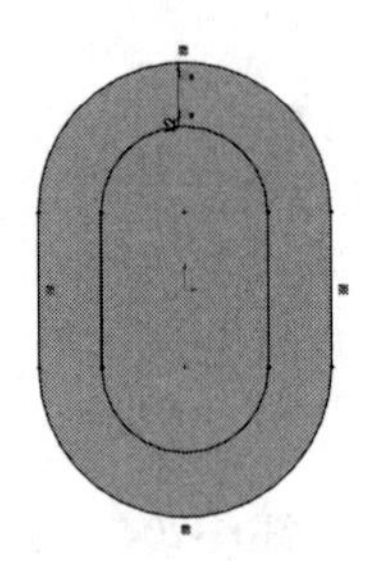

图 11-209　绘制草图

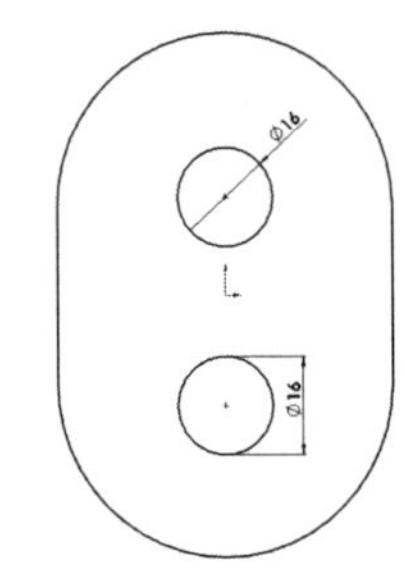

图 11-210　绘制草图

（4）以拉伸体的另一侧表面为草图绘制面，绘制如图 11-211 所示的草图，利用“拉伸切除”命令，将草图进行拉伸切除，拉伸距离为完全贯通。

（5）将实体的较大表面设置为绘图基准面，绘制草图，利用“拉伸切除”命令，将草图进行拉伸切除。螺钉通孔尺寸如图 11-212 所示，生成螺钉通孔如图 11-213 所示。

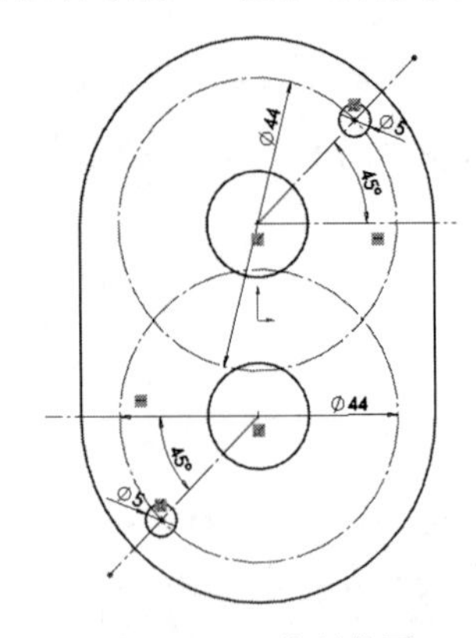

图 11-211　绘制草图

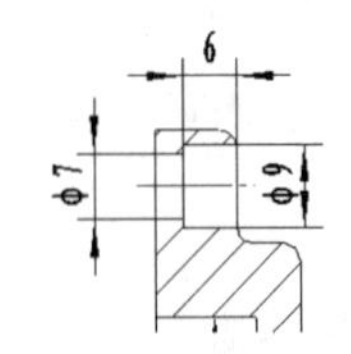

图 11-212　螺钉通孔尺寸

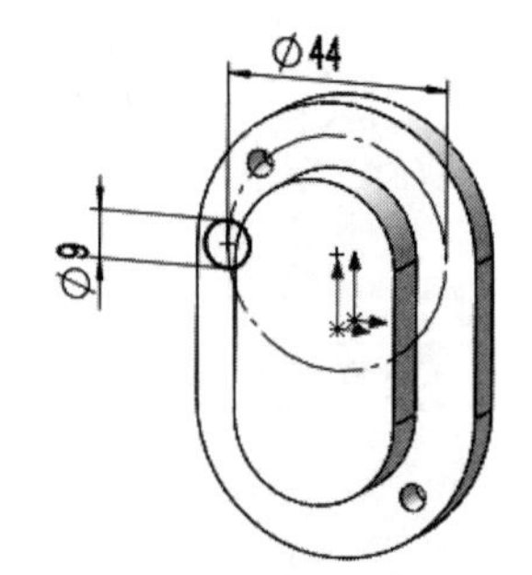

图 11-213　拉伸切除生成螺钉通孔

（6）利用“圆周阵列”命令，将螺钉通孔特征绕圆柱面阵列，阵列个数为 3，角度为 180 度，并将阵列后的特征以上视基准面进行镜像。

（7）利用“圆角”命令，依次选择如图 11-214 所示的边线 1 和边线 3，圆角半径为 2mm，进行圆角处理。将边线 2 倒圆角，圆角半径为 1.5mm，绘制的前盖如图 11-207 所示。

2．绘制如图 11-215 所示的圆柱齿轮。

操作提示：

（1）在“前视基准面”上绘制如图 11-216 所示的草图，利用“拉伸”命令，将草图进行拉伸，拉伸距离为 24mm。

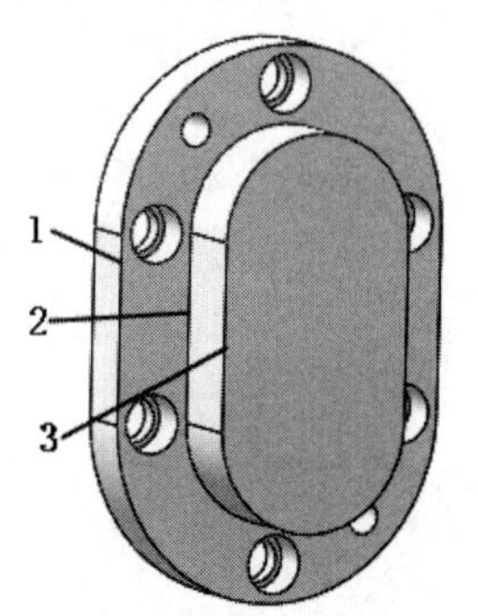

图 11-214　圆角边线

图 11-215　圆柱齿轮

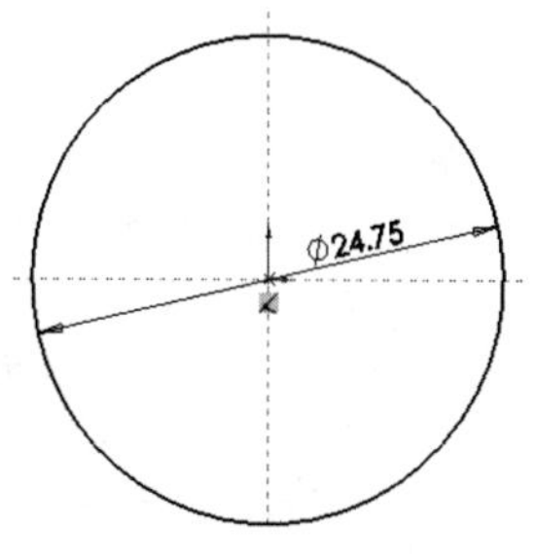

图 11-216　绘制草图

（2）选取拉伸体的表面为草图绘制面，绘制如图 11-217 所示的齿形草图，利用“拉伸”命令，将草图进行拉伸，拉伸距离为 24mm。

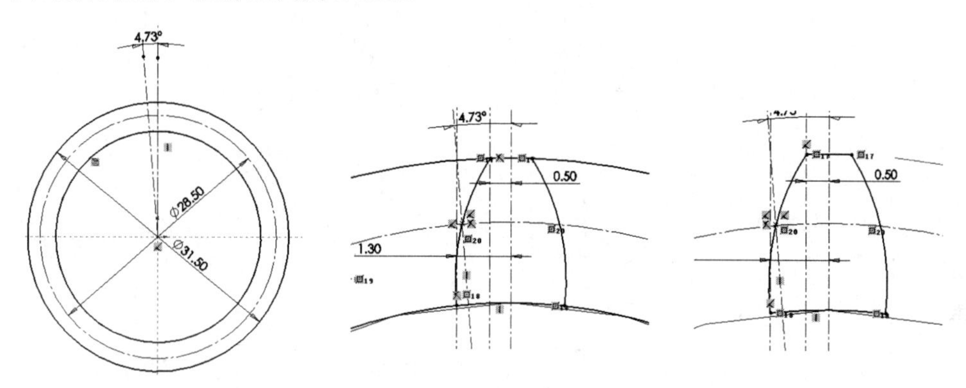

图 11-217　绘制齿形草图

（3）利用“圆周阵列”命令，将齿形特征绕圆柱面阵列，阵列个数为 19，角度为 360 度。

（4）以拉伸体的表面为草图绘制面，绘制如图 11-218 所示的草图，利用“拉伸切除”命令，将草图进行拉伸切除，设置拉伸距离为完全贯通。

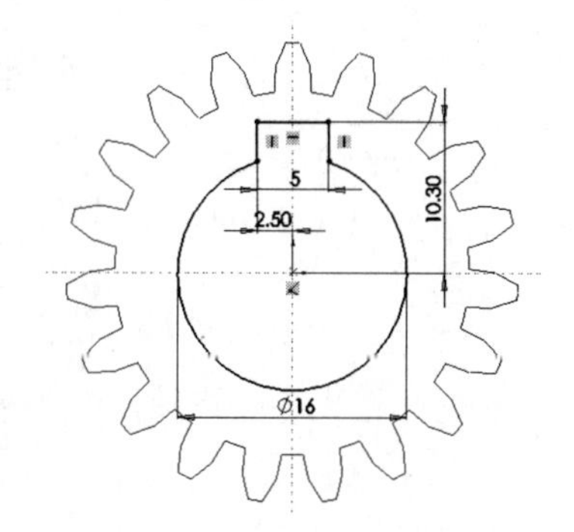

图 11-218　绘制草图

Note

11.5 思考与练习

1．根据如图 11-219～图 11-223 所示的零件图，创建齿轮泵零件。

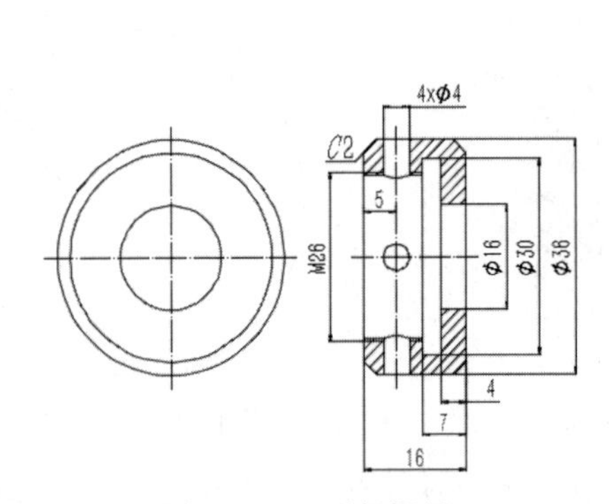

图 11-219 压紧螺母

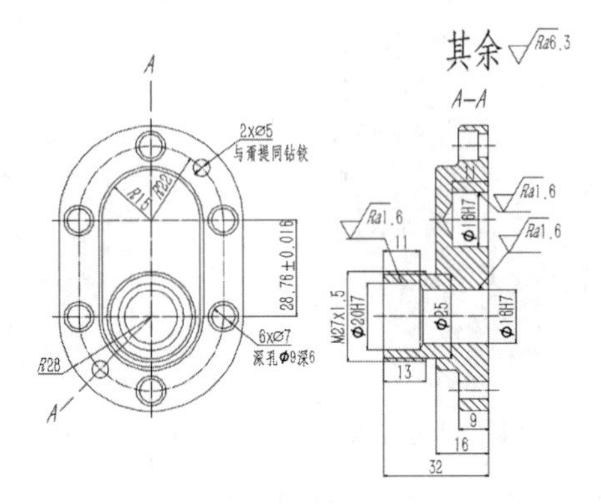

图 11-220 后盖

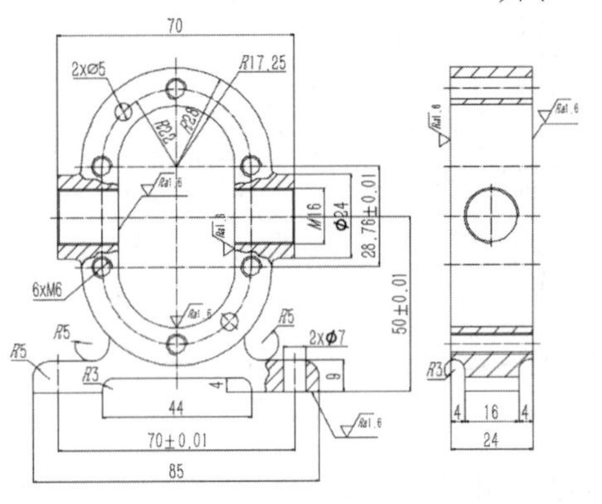

图 11-221 机座

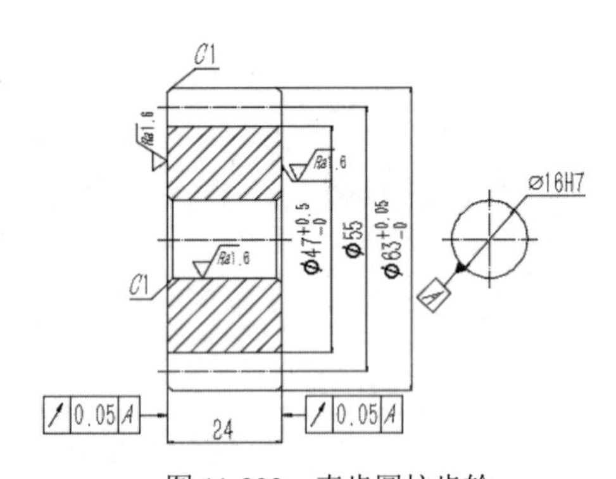

图 11-222 直齿圆柱齿轮

2．利用插入零部件命令和配合命令，装配齿轮泵，如图 11-224 所示。

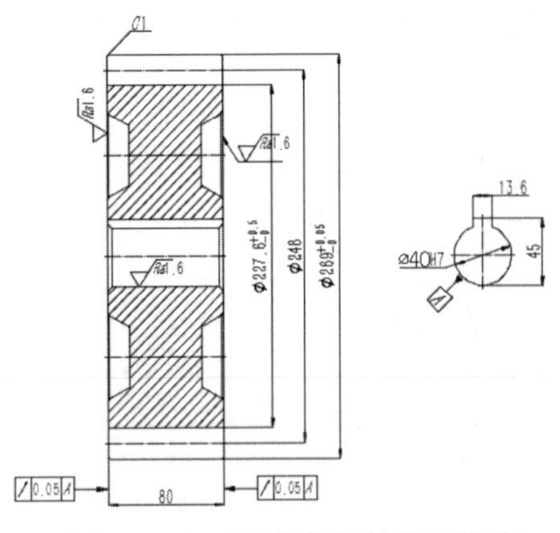

图 11-223 斜齿圆柱齿轮的工程图

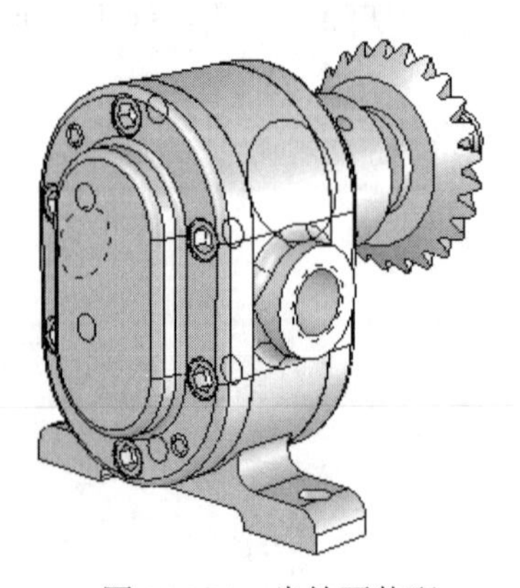

图 11-224 齿轮泵装配

3．利用工程图中的命令，创建如图 11-225 所示的齿轮泵装配工程图。

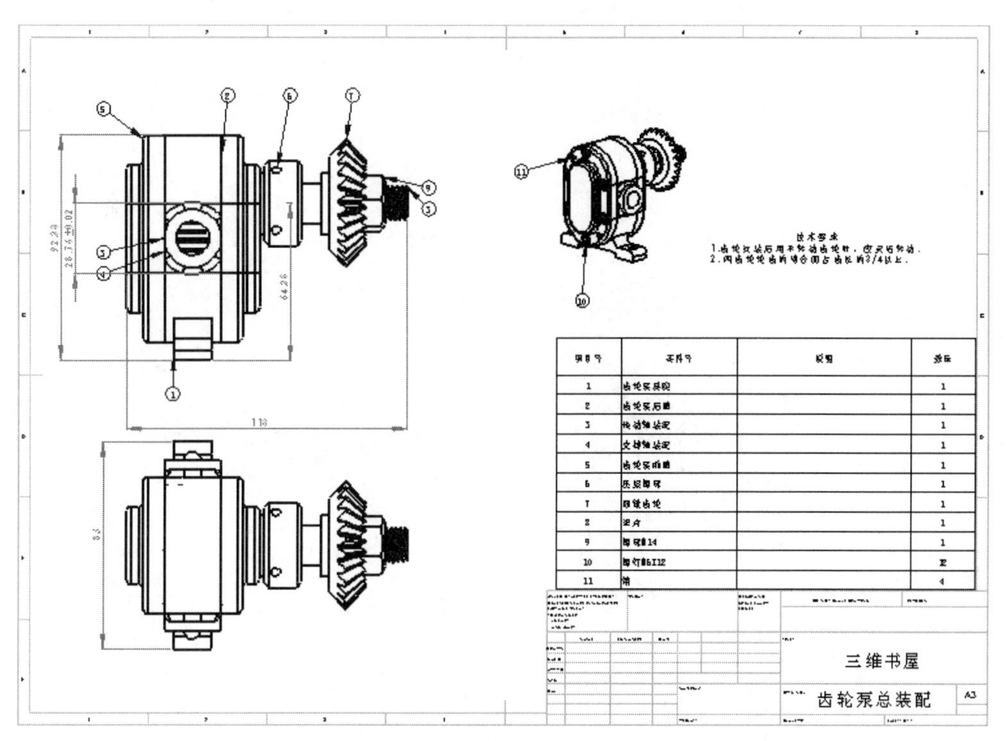

图 11-225　齿轮泵装配工程图